Elektronik Design: Theorie und Praxis

Ralf Schmidt · Dirk Hauschild · Ines Kluge

Elektronik Design: Theorie und Praxis

 Springer Vieweg

Ralf Schmidt
Hochschule Stralsund
Stralsund, Deutschland

Dirk Hauschild
Hochschule Stralsund
Stralsund, Deutschland

Ines Kluge
Putbus, Deutschland

ISBN 978-3-662-68675-1 ISBN 978-3-662-68676-8 (eBook)
https://doi.org/10.1007/978-3-662-68676-8

Die Deutsche Nationalbibliothek verzeichnet diese Publikation in der Deutschen Nationalbibliografie; detaillierte bibliografische Daten sind im Internet über http://dnb.d-nb.de abrufbar.

Planung/Lektorat: Michael Kottusch
Springer Vieweg ist ein Imprint der eingetragenen Gesellschaft Springer-Verlag GmbH, DE und ist ein Teil von Springer Nature.
Die Anschrift der Gesellschaft ist: Heidelberger Platz 3, 14197 Berlin, Germany

Das Papier dieses Produkts ist recyclebar.

Vorwort

Dieses Buch gibt einen umfassenden Überblick über die wichtigsten Bereiche des Elektronik Designs (Elektronischer Gerätebau).

Es umfasst Gebiete, die nach der Bereitstellung des Stromlaufplans vom Designer zu bearbeiten sind, um alle Daten und konstruktiven Unterlagen zur Herstellung eines Geräts bereitzustellen.

Die Kapitel sind so gestaltet, dass sie auch einzeln für sich gelesen werden können. Einige Inhalte sind in mehreren Kapiteln zu finden, da eindeutige Zuordnungen nicht immer möglich oder sinnvoll sind.

Durch den enormen Umfang des Fachgebiets Elektronik Design wurde eine Straffung des Inhalts notwendig. Besonderes Anliegen ist die Vermittlung eines praxisgerechten Wissens mit Beispielen und Erläuterungen zu den technischen und technologischen Grundlagen.

Um den Aufgaben eines Elektronik Designs gerecht zu werden, sind neben dem Designwissen auch Kenntnisse technologischer Verfahren und differenter Materialien unabdingbar, die immer mehr miteinander verschmelzen. Aus diesem Grund wurde den Darstellungen der Technologien größerer Raum gegeben.

Zunehmend bestimmen auch neue Technologien das Design. So bringt der 3D-Druck besonders angepasste Lösungen hervor und der Einsatz von flexiblen Schaltungsträgern erlaubt neue Gehäusedesigns.

Ein Schwerpunkt wurde auf die graphische Gestaltung gelegt. Originalphotos wurden verwendet, um aktuelle Darstellungen und neue Technologien aus der Industrie aufzuzeigen. Es sei vermerkt, dass die Berücksichtigung des Urheberrechtsgesetzes oft aufwändig war und viel Zeit beanspruchte.

Viel Unterstützung haben wir aus der Industrie, angefangen bei Ingenieurbüros über mittelständische Unternehmen bis hin zu Großkonzernen und Forschungseinrichtungen erhalten.

Alle Abbildungen des Buchs können unter https://link.springer.com/book/9783662686751 heruntergeladen werden.

Stralsund   Ralf Schmidt
Januar 2024   Dirk Hauschild
Ines Kluge

Inhaltsverzeichnis

Die Produktentwicklung – der Engineering Prozess

1

Inhaltsverzeichnis

© Der/die Autor(en), exklusiv lizenziert an Springer-Verlag GmbH, DE, ein Teil von Springer Nature 2024
R. Schmidt, D. Hauschild, I. Kluge, *Elektronik Design: Theorie und Praxis*,
https://doi.org/10.1007/978-3-662-68676-8_1

1.1 Der Produktlebenslauf

Der Produktlebenslauf eines neuen Produkts, angefangen von der ersten Idee über die Entwicklung und Konstruktion, die Herstellung, den Vertrieb, die Nutzung und schließlich bis hin zu einer allgemeinen Entsorgung, unterliegt immer mehr einer Systembetrachtung.

Einzelne spezifische Ingenieurdisziplinen können zunehmend nicht mehr losgelöst voneinander betrachtet werden, sondern nur noch in einem interdisziplinären Verständnis. War das Auto beispielsweise vor Jahren im Wesentlichen noch durch überwiegend mechanische Komponenten gekennzeichnet, so ist es heute ein wesentlich komplexeres System unterschiedlichster Ingenieurdisziplinen. So wird hier der Anteil der Elektronik, Optik und Optoelektronik (z. B. Head-up-Displays mit der Projektion wichtiger Daten, wie der Geschwindigkeit auf die Frontscheibe, LED-Beleuchtung) sowie der Software immer dominierender und führt zu wachsender Komplexität der Systeme. Ein Smartphone stellt mit seiner Elektronik, dem mechanischen Aufbau, seiner Software und seiner komplexen Display- und Bedientechnik ein opto-mechatronisches System dar.

So versteht man unter Mechatronik heute typischerweise die Integration von Mechanik, Elektronik und Software. Betrachtet man gerade das Beispiel Smartphone, dann sind hier besonders soziale und kommunikative Faktoren mit zu betrachten.

Eine moderne Produktentwicklung, angefangen bei der Schaltungsentwicklung bis hin zum konstruktiv-technologischen Design des Produkts muss die fertigungsgerechten

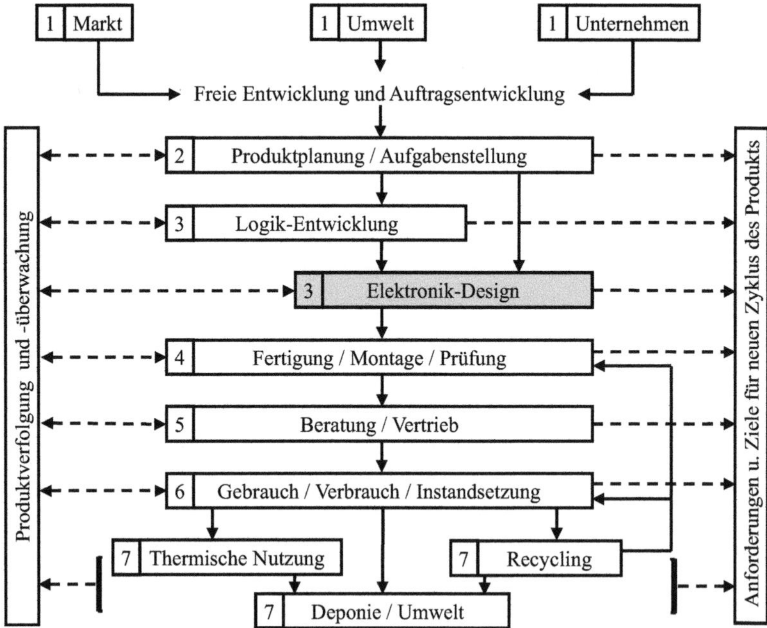

Abb. 1.1 Produktlebenslauf mit Einordnung des Elektronik Designs, in Anlehnung an [13]

Technologien umfassen, eine umweltverträgliche Nutzung erlauben und einen Höchstgrad von Recyclingfähigkeit oder anderweitiger Zweitnutzung ermöglichen (Nachhaltigkeit).

Die Abb. 1.1 zeigt den Produktlebenslauf mit seinen 7 Phasen, wobei das Gebiet des **Elektronik Designs** besonders hervorgehoben wird. Das Elektronik Design umfasst danach alle Designaufgaben, die die Schaltpläne in zunächst vollständige virtuelle elektronische Gerätetechnik umsetzen, die dann im Rahmen der Fertigung und Montage zu einer realen Gerätetechnik werden.

Durch die immer schnellere Entwicklung elektronischer Bauelemente, insbesondere von Integrierten Schaltkreisen, mit komplexeren Funktionen, höheren Taktraten und geringeren Verlustleistungen sowie immer leistungsfähigeren CAD- und Simulationssystemen (CAD computer-aided design) werden die Lebenszyklen immer kürzer. Der Druck, neue Produkte auf den Markt zu bringen, wächst immer weiter. Und hier tut sich bereits ein Widerspruch auf.

Einerseits sind i. d. R. neue Produkte insgesamt effizienter. Das können Eigenschaften sein wie:

- Geringerer Energieverbrauch, ausgedrückt und insbesondere für den Verbraucher sichtbar durch die Energieeffizienzklassen A bis G. Frühere zusätzliche Kennzeichen mit $+$, $++$ und $+++$ entfallen dabei.
- Höhere Taktfrequenzen verbunden mit steileren Impulsflanken digitaler ICs.
- Gewichtsreduktion bei mobilen Geräten wie Smartphones und Notebooks.
- Neues Design hinsichtlich Gewicht, Form, Farbe, Haptik und Ergonomie.
- Verbesserte Materialeigenschaften z. B. Realisierung einer höheren Wärmeleitfähigkeit zur besseren Kühlung von Bauelementen. Veränderte Rezepturen von Materialien zur Erzielung einer besseren Recyclingfähigkeit. Schaffung von zusätzlichen Oberflächenschichten mit besonderen Eigenschaften, wie Kratzfestigkeit bei Smartphonedisplays.
- Erhöhtes Speichervermögen und Vergrößerung der Ladezyklenzahl von Batterien als eine der Kernfragen der Elektromobilität.
- Erhöhung des Wirkungsgrads von Bauelementen und Baugruppen. Das ist bei einer LED die Lichtausbeute, angegeben in Lumen pro Watt (lm/W), die den erzeugten Lichtstrom zur aufgewendeten elektrischen Leistung angibt.
- Effizientere Herstellung des Produkts unter Nutzung neuerer Designprinzipien, neuerer Technologien, verbesserter betrieblicher Organisation, verbesserter Arbeitsteilung mit Kooperationspartnern etc.

Andererseits verbleiben Geräte in der Nutzung, obwohl es schon technisch (deutlich) bessere gibt. Einige Gründe seien hier genannt:

- Das vorhandene Gerät ist (noch) voll funktionsfähig und erfüllt die vom Nutzer gewünschten Funktionen.
- Wartung und Instandhaltung fallen nicht ins Gewicht, d. h. weder zeitlich noch durch höhere Kosten.

- Bestimmte Eigenschaften des vorhandenen Geräts dominieren, die bei einem neuen Gerät nicht so ausgeprägt sind. Das könnte z. B. die Zuverlässigkeit des vorhandenen Geräts sein, das noch bei Stürzen oder anderen rauen Umweltbedingungen funktioniert und das Neue eben dabei Schwächen aufweist.
- Die Kosten für das neue Produkt, sei es Kauf, Miete, Mietkauf oder Leasing, will oder kann der Nutzer, unabhängig von privater oder gewerblicher Nutzung (noch) nicht aufbringen.

Damit ergibt sich die Frage nach der optimalen Zeit eines solchen Produktlebenszyklus. Ein Unternehmen wird immer bestrebt sein, bewusst oder unbewusst, die Zykluszeit so lange wie möglich auszudehnen. Denn auf ein Produkt bezogen verringern sich damit die einmal getätigten Aufwendungen für Forschung, Entwicklung und Technologie. Vor allem der Wettbewerbsdruck begrenzt diese Zeit. Ein wesentliches Element dem zu begegnen stellen Produkte dar, die hochgradig Prinzipien und Technologien patentrechtlich zu schützen vermögen.

1.1.1 Phase 1: Einflussgrößen Markt, Umwelt und Unternehmen

1.1.1.1 Einflussgröße Markt

Grundsätzlich gilt: Man kann nur das entwickeln und herstellen, was verkauft werden kann. Einige sich daraus ergebende Fragestellungen sollen hier aufgezeigt werden:

- Welche Produkte erfordert der Markt und wie ist das zu erkennen?
- Gibt es Nischen, die mit neuen Produkten besetzt werden können?
- Wie können neue Bedürfnisse geweckt werden mit daraus resultierenden Produkten?
- Wird ein lokaler Markt betrachtet oder richtet sich das Hauptaugenmerk auf einen globalen Markt?
- Wie kann ein Markt beeinflusst werden, um bestimmte Produkte zu einer stärkeren Marktakzeptanz zu führen? Hier denke man beispielsweise an Möglichkeiten um die E-Mobilität zu steigern.
- Wie nimmt der Markt das neu entwickelte Produkt auf und ist ein Marketing dazu erfolgreich? So manch technisch hervorragendes Produkt konnte sich aufgrund einer nicht optimalen Marketingstrategie am Markt nicht durchsetzen, beispielsweise weil es unter einem nicht passenden Label angeboten wurde.

1.1.1.2 Einflussgröße Umwelt

Diese Einflussgröße stellt die Produktentwicklung in einen stärkeren Kontext zur Politik, dem Sozialwesen, der Ökologie und Nachhaltigkeit. Das bedeutet, dass durch diese Einflussnahmen ein langjährig wirtschaftlich erfolgreiches Produkt (stufenweise) aus dem Verkehr gezogen werden kann. Beispiele dazu gibt es für Produkte aus der Agrarindustrie

(Pflanzenschutzmittel) und dem Automobilbau (bestimmte Motorentypen). Wesentliche Einflussgrößen sind:

- Erfordernisse für bestimmte Entwicklungen, die i. d. R. gesamtgesellschaftliches Interessen haben und somit wesentliche Impulse und Vorgaben durch die Politik erfahren. Als ein erstes Beispiel ist die Forcierung der Elektromobilität zu nennen. Die stärksten Triebkräfte dürften hier wohl die endlichen Ressourcen des Erdöls und die Erfordernisse des Umwelt- und Klimaschutzes sein. Ein zweites Beispiel ist die verstärkte Nutzung regenerativer Energien, wohl aus den gleichen Hauptgründen. Ein drittes Beispiel hierfür ist die Bildung und damit verbunden die Bereitstellung von Fachpersonal auf den verschiedensten Bildungsebenen wie Facharbeiter, Ingenieure, Lehrer und Wissenschaftler.
- Wirtschaftspolitische Ereignisse auf nationaler und internationaler Ebene. Hierzu zählen insbesondere eine aus politischen Gründen durchzusetzende Exportpolitik (z. B. Produktembargos), Währungsschwankungen und Zollschranken.
- Gesetzgebungen und Richtlinien bestimmen bei vielen Produkten den Entwicklungsrahmen. Genannt seien dazu beispielsweise die Grenzwerte der CO_2-Emissionen bei Kraftfahrzeugen. Dazu gehören weiterhin Grenzwerte für Luft-, Boden- und Gewässerreinhaltung oder auch das Verbot bestimmter Stoffe wie Blei, Cadmium, Quecksilber u. a. in Elektro- und Elektronikgeräten in den neu zu entwickelnden Produkten entsprechend der RoHS II-Richtlinie (Restriction of certain Hazardous Substances), umgesetzt in deutsches Recht mit der Elektro- und Elektronikgeräte-Stoff-Verordnung (Elektro-StoffV) [3].
- Die Beantwortung ökologischer Fragestellungen rückt seit einigen Jahren immer weiter in den Fokus der Entwicklungen. Beispiele sind die zunehmende Verwendung regenerativer Rohstoffe wie Holz- und Holzkompositwerkstoffe unterschiedlichster Art oder der Pflanzeneinsatz bei der Reifenproduktion. Die Müll- und Abfallvermeidungen spielen eine immer größere Rolle. Hier sind es beispielsweise die Fragestellungen, wie ganze Verpackungstechnologien deutlich verbessert werden können und das Problem der Restkunststoffe gelöst werden kann. Gerade das Zersetzen von Kunststoffen in Mikropartikel führt zu immer größer werdenden Problemen in der Nahrungskette von Tieren und Menschen. Auch das Recycling von Elektronik ist bis heute nur ansatzweise gelöst.

1.1.1.3   Einflussgröße Unternehmen

Hierunter sollen alle Aktivitäten verstanden werden, die ein Unternehmen aus seiner inneren Struktur heraus unternimmt, um seine Ziele zu erreichen. Dazu einige erläuternde Punkte:

- Das sind Fragen nach dem grundsätzlichen Produktspektrum. Will das Unternehmen in den Massenmarkt z. B. mit Smartphones oder eine Nische besetzen z. B. im Kraftfahrzeugbereich mit einem Sportwagen. Sollen Luxusgüter, Mittelklasseprodukte oder Billigprodukte hergestellt werden? Sollen ganze Produktlinien (Produktfamilien) entstehen? Beispielsweise Fernseher von der kleinsten Bilddiagonalen wie 3" bis zu Diagonalen größer 100" oder sollen nur großformatige Geräte hergestellt werden?

- Wie geht das Unternehmen mit seinen eigenen Forschungs- und Entwicklungsleistungen um? Kernstück dabei dürfte die Frage sein, wie es gelingt Produkte so zu entwickeln, dass sie patentrechtlich geschützt werden können. Bei der Bewertung von Patenten sind unterschiedliche Innovationsgrade bzw. Erfindungshöhen der Patentansprüche festzustellen. *Genrich Altschuller*, der zwischen 1964 und 1974 tausende Patente bewertete, teilte die Innovationsgrade in fünf Niveaus ein, siehe dazu [10, S. 48 ff.].

Das erste Niveau mit der geringsten Erfindungshöhe bedeutet praktisch gesehen ingenieurtechnische Weiterentwicklungen und umfasste 32 %. Das fünfte Niveau stellt dagegen echte Entdeckungen dar, wobei die Erfindungen auf den neuesten wissenschaftlichen Erkenntnissen beruhen und nur 1 % umfassten. Den Patenten des fünften Niveaus folgen dann weitere Patente der niedrigeren Stufen zu weiteren ingenieurtechnischen Umsetzungen. Es ist unschwer zu erkennen, dass der Erfolg mit den genannten Niveaus deutlich wächst. Angemerkt werden soll hier, dass diese Aussagen nichts an ihrer Aktualität eingebüßt haben.

- Wie können die Mitarbeitermotivationen erhöht werden? Das betrifft Fragestellungen zum Durchsetzen eines betrieblichen Vorschlagwesens um Mitarbeiterideen überhaupt bzw. besser nutzen zu können, die Qualitätsverbesserung sowie die Reduzierung von Nacharbeit.

- Was wird unternommen, um die Mitarbeiterqualifikation auf den höchst möglichen bzw. ausreichend notwendigen Stand zu bringen?

- Wie gewinnt das Unternehmen überhaupt ausreichend qualifizierte Mitarbeiter, insbesondere unter dem Gesichtspunkt eines demographischen Wandels und einer möglichen Fachkräfteknappheit, beispielsweise bei neuesten Technologien wie Künstlicher Intelligenz KI oder Blockchain-Technologien?

- Wie werden alle möglichen Arten von computergestützten Technologien wie CAD computer-aided design, CAM computer-aided manufacturing, Simulationen, PPS Produktplanungssysteme, Produktverfolgung, auch e-Learning gehört dazu, im Unternehmen genutzt?

- Welche Stellung bezieht das Unternehmen zu den verschiedenen Produktdiversifikationen? Soll die Produktpalette erweitert werden? Beispielsweise baut ein Autohersteller zusätzlich zu den bisherigen PKWs auch Pick-ups (horizontale Diversifikation). Soll die Fertigungstiefe geändert werden, d. h. will das Unternehmen viele Teile des Produktes selbst entwickeln und herstellen oder sollen Teile an Kooperationspartner ausgelagert werden (vertikale Diversifikation)? Sollen völlig neue Produkte in das Portfolio aufgenommen werden, die bisher gar nichts mit dem vorhandenen Produktspektrum zu tun hatten? Beispielsweise übernimmt ein Messgerätehersteller auch die Herstellung von Fernsehgeräten (diagonale Diversifikation).

- Wie flexibel ist ein Unternehmen bei der Anpassung seiner organisatorischen Struktur? Klar ist die Frage, wie kann die Anzahl der Hierarchiestufen verringert werden.

1.1.1.4 Die Frage nach der Art der Entwicklung

Grundsätzlich ist in „Freie Entwicklung" und „Auftragsentwicklung" zu unterscheiden. Bei der „Freien Entwicklung" kommt der Entwicklungsauftrag aus dem Unternehmen selbst. Grundlage dafür sind eigene oder in Auftrag gegebene Marktrecherchen mit dem Erkennen von (hoffentlich vorhandenen) Marktlücken oder Erfordernissen und die darauf folgenden Entscheidungen zu einer Produkt- und/oder Technologieentwicklung. Ob diese Entscheidung tatsächlich richtig ist bzw. war entscheidet letztendlich erst der Markt, aber da ist das Erzeugnis bereits fertig und kann durchaus ein Flop sein.

Bei der „Auftragsentwicklung" erhält das Unternehmen den Entwicklungsauftrag von außen und entwickelt das Produkt entsprechend den Vorgaben im Pflichtenheft des Auftraggebers. Die hierbei häufig notwendige Präzisierung der Aufgabenstellung sollte, besser muss, bei komplexeren Produkten in Zusammenarbeit aller Partner erfolgen.

1.1.2 Phase 2: Die Aufgabenstellung – das Pflichtenheft

Ganz allgemein sind hier alle Eigenschaften und Parameter des zu entwickelnden Produkts zu fixieren. Das betrifft die technischen, wirtschaftlichen, ökologischen und sozialen Faktoren.

Bei einfachen Produkten wie einem Toaster sind es nur die drei erst genannten, wobei sich Ökologie auf die Energiebilanz des Gerätes und die Recyclingfähigkeit beschränken wird.

Bei sehr komplexen Systemen, man denke an weltweite Kommunikationsplattformen wie Faccbook oder dic Erschließung von Rohstoffressourcen, die beispielsweise mit einer Umsiedlung von Bevölkerungsteilen verbunden ist, werden die sozialen Faktoren zu bestimmenden Elementen.

Je detaillierter und präziser hier alles beschrieben werden kann, desto schneller und weniger fehlerbehaftet wird die Produktentwicklung stattfinden. Ungenügende Angaben führen während des Entwicklungs- und Herstellungsprozesses zu verstärkten Rückfragen und Änderungen und damit zu verlängerten Entwicklungszeiten und höheren Kosten.

Weiterhin ist eine ständige Marktbeobachtung unerlässlich, um schnell auf Veränderungen reagieren zu können, d. h. das Pflichtenheft ist kein starres Gebilde, sondern muss ständig aktualisiert werden, um nicht ein erfolgloses Produkt auf den Markt zu bringen. Das ist besonders dann von Bedeutung, wenn die Entwicklungszeit einen längeren Zeitraum beansprucht. Bei einem kurzen Entwicklungszeitraum, man denke an den o. g. Toaster, dürfte das von untergeordneter Bedeutung sein.

1.1.3 Phase 3: Entwicklung und Konstruktion

Die Arbeiten haben hier zunehmend interdisziplinären Charakter. Die folgenden wesentlichen Teilgebiete sollen das aufzeigen.

Elektronik

Hier geht es *erstens* um das logische Zusammenwirken elektronischer Bauelemente und Baugruppen, was praktisch dem Schaltplan (Stromlaufplan, Logikplan) entspricht. Dazu kommt *zweitens* die physikalische Umsetzung in ein reales Produkt. Das sind zwei ganz unterschiedliche Gebiete. So kann ein Stromlaufplan logisch korrekt sein, aber bei einer mangelnden physikalischen Realisierung, d. h. technischen Umsetzung, kann diese Logik sehr störanfällig sein, z. B. weil zu viele Störsignale auf den elektrischen Leitungen einkoppeln und so zu Fehlfunktionen führen. Oder ein Gerät sendet eine Störstrahlung aus und wird somit neben der Realisierung seiner eigenen Funktionen zu einer Störquelle in seiner Umgebung.

Elektromechanik

Darunter sind im Wesentlichen Wandler für elektrisch-mechanische Systeme und umgekehrt zu verstehen. Bekannte Produkte sind Relais, Generatoren sowie Elektromotoren. Weiterhin gehören zu dieser Gruppe alle Arten von Steckverbindungen für die Realisierung elektrischer Verbindungen, angefangen vom einfachsten 1-poligen Steckkontakt über vielpolige (z. B. 96-poligen) Steckverbinder für elektronische Baugruppen bis hin zu Spezialsteckern für die Leistungselektronik.

Mechanik

Dazu zählen Gehäuse, Schaltschränke und mechanische Konstruktionselemente wie Schrauben, Federn, Niete, Snap-In-Verbindungen, Stäbe und Platten bei Schaltschränken, Membranen für Drucksensoren, Lager, Schubstangen und mechanische Baugruppen wie Schalter, Getriebe für Drehmoment- und Drehzahlübersetzungen sowie Kupplungen.

Dabei geht es um Festigkeit, Stabilität und den Schutz der Elektronik vor Staubpartikeln und unterschiedlichen Wasserbeeinflussungen.

Optik

Hierzu zählen die optischen Teile, die für die Display- und Beleuchtungstechniken und die optische Signalverarbeitung eingesetzt werden. Das sind Bauelemente und Baugruppen wie Linsen und Linsensysteme, Umlenkspiegel, Prismen, Deckgläser (portable Geräte mit Touchscreens), Lichtwellenleiter und Mikrolinsenplatten für diffuses Licht.

Optoelektronik

Hierzu zählen LEDs für Beleuchtungsanwendungen in kleinen Geräten bis hin zu Hochleistungsanwendungen im Bereich von Straßenbeleuchtungen, LED-, LCD- und OLED-

Displaytechniken sowie unterschiedliche Typen von elektrisch-optischen und optisch-elektrischen Wandlern für die optische Signalübertragungen. Lichtwellenleiter kann man hierzu zählen wie auch zur Optik.

Software

Schwerpunktmäßig geht es hier um die Softwareentwicklung für Mikrocontroller. Die Anzahl der Elektronikgeräte mit Mikrocontrollern nimmt rasant zu und nur noch recht einfache Geräte haben festverdrahtete Hardware und kommen somit ohne Software aus. Der Vorteil von Geräten mit Mikrocontrollern liegt auf der Hand: Ändern von Parametern sowie von Funktionen durch ein Softwareupdate ohne die Hardware ändern zu müssen. Leistungsfähige Programmierumgebungen gibt es für alle Anwendungen und die Netzanbindungen der Geräte für das Aufspielen der Updates sind Standard und setzen sich bei immer mehr Geräten durch, wodurch sie den IoT (Internet of Things) zugeordnet werden können bzw. müssen. Das Steuern von Geräten über das Netz mittels Apps nimmt dabei eine dominierende Rolle ein.

Technologien und Materialien

Ganz einfach gesagt gilt hier: „Was nützt das beste Design eines Produktes, wenn es nicht hergestellt werden kann!" Es geht hier also um das fertigungsgerechte Design (Design for Manufacturing DfM bzw. Design for Assembly DfA siehe dazu auch Abschn. 1.5). Neue Technologien, häufig verbunden mit neuen Werkstoffen, gewinnen hier zunehmend an Bedeutung. Beispielhaft zu nennen wären hier Laser- und Plasmatechnologien sowie Technologien für Produkte der Mikro- und Nanotechnologien z. B. für Beschleunigungssensoren zum Auslösen von Airbags und die Nutzung des Lotuseffektes für saubere und selbstreinigende Oberflächen.

Bei den Werkstoffen sind besonders zu nennen die Hochleistungskunststoffe, neue Keramiken, Verbundwerkstoffe, neue Wandlerwerkstoffe für die Energiewandlung wie beispielsweise organische Polymere für die Photovoltaik sowie die Nutzung nachwachsender Rohstoffe z. B. für Geräteverkleidungen.

Das Ineinandergreifen von Design und Technologie gewinnt immer mehr an Bedeutung und ist teilweise schon heute nicht mehr voneinander zu trennen. Beispielhaft dafür sei der 3D-Druck genannt. Die Möglichkeiten dieser Technologie gestatten es, Bauteile völlig neu zu gestalten und noch viel besser als bisher an die technischen Erfordernisse, wie mechanische Beanspruchungen, anzupassen.

Nachhaltigkeit

Als Stützpfeiler der Nachhaltigkeit werden entsprechend des bekannten drei Säulenmodells Ökologie, Ökonomie und Soziales als gleichrangig nebeneinander stehend aufgefasst. Da hier viele Möglichkeiten der Interpretation gegeben sind und die Ökonomie beispielsweise stärker gewichtet werden kann (jeder kann jede der Säulen so auslegen wie er will), führte das zur Entwicklung des gewichteten drei Säulenmodels mit der Feststellung, dass die natürlichen Ressourcen die grundsätzlichen Elemente jeder nachhaltigen Entwicklung sind, oder anders ausgedrückt die „Haushaltung der Natur ist die alleinige Basis für unsere Ökonomie", [9, S. 129].

Produkt- und Technologieentwicklungen sollten also nicht nur den schonenden Umgang mit den natürlichen Ressourcen bedeuten, sondern vielmehr zu einem geschlossenen Kreislauf zwischen Rohstoff, Produkt und Nutzung führen. 100 %-iges Wiederverwenden der Werkstoffe nach abgeschlossener Nutzung sollte somit das Ziel sein. Aber ist das überhaupt erreichbar? Selbst die vollständige Wiederwendung von Stahlschrott erfolgt nicht wirklich zu 100 %, denn dazu ist zusätzliche Energie notwendig, die in den geschlossenen Kreislauf eingespeist werden muss.

Grundsätzlich kann somit festgestellt werden, dass das Ziel einer jeden Produktentwicklung, die immer auch mit einer bestimmten Fertigungstechnologie verbunden ist oder aber sogar neue Technologien erfordert, darin besteht, eine vollständige Wiederverwendung der Werkstoffe bei minimalem zusätzlichen Energieaufwand zu realisieren. Das ist einer der wesentlichsten Aspekte bei der gesamtgesellschaftliche Betrachtung einer jeden Produktentwicklung.

1.1.4 Phase 4: Herstellung und Test

Hier geht es um die Fertigung von Einzelteilen, die selbst auch sehr komplex sein können und die Montage von Einzelteilen zu Baugruppen und Geräten.

Mit der Entwicklung neuer Fertigungstechnologien besteht immer mehr die Möglichkeit, völlig neue und andersartige Produkte zu entwickeln. Dazu müssen natürlich diese Technologien dem Entwickler und Konstrukteur bekannt sein, was nicht immer der Fall ist. Andersartige Produkte können beispielsweise Baugruppen sein, die mit einer völlig neuen Technologie hergestellt werden, aber den bisherigen Funktionsumfang beibehalten. Innovation bedeutet in diesem Fall nicht ein funktional neues Produkt, sondern die Innovation liegt in veränderten Parametern wie höherer Zuverlässigkeit, niedrigeren Kosten und weiteren Eigenschaften wie z. B. verbesserte Haptik.

Unterschieden wird in Prozess- und Fertigungstechnologien. Die Prozesstechnologie beschäftigt sich mit den Methoden und Zusammenhängen von technologischen Abläufen. Das beinhaltet die Beschreibung, Modellbildung und Simulation sowie die Optimierung der Prozesse. Die Fertigungstechnologien beschreiben dagegen wie und womit etwas gefertigt werden kann. So kann mit der Lasertechnologie geschnitten, gebohrt, geschweißt und Material modifiziert z. B. gehärtet werden.

Wesentlich für eine erfolgreiche Produktherstellung, unabhängig wie komplex das Produkt auch sein mag, ist die Prüfung auf Fertigungs- und Montagefehler. Daran schließt sich ein Funktionstest an, der i. d. R. auch eine Reihe von produktspezifischen Tests beispielsweise bzgl. der Schwingungsfestigkeit, des Temperaturverhaltens und der mechanischen Belastbarkeit beinhaltet.

Ziel muss es grundsätzlich sein, jedes Produkt fehlerfrei nach dem Herstellungsprozess auszuliefern, was eine 100 %-ige Prüfungs- und Testprozedur voraussetzt. Es gibt jedoch eine Reihe von Produkten, insbesondere aus dem Massen- und Niedrigpreissegment, wo nicht jedes Produkt geprüft wird und statistische Methoden zur Anwendung kommen.

1.1.5   Phase 5: Beratung und Vertrieb

Unterschiedliche Produkte erfordern auch unterschiedliche Vertriebskanäle. Sie reichen vom Discounter über den Fachhandel bis hin zum Onlinehandel.

Besondere Beachtung muss dem Aufbau bzw. der Weiterentwicklung von Beratungs- und Servicecentern für die Produkte dieser Vertriebskanäle geschenkt werden. Der Kunde erwartet kurze Reaktionszeiten und kompetente Servicemitarbeiter, wenn Fragen zum Produkt, Fehlfunktionen u. ä. auftreten.

Bei Produkten, die netzfähig sind oder werden, treten Fragen zur Konfigurierung von Anlagen und Komponenten, der Ferndiagnose bei auftretenden Fehlern, der Updates, der Wartung und der Abrechnungen immer mehr in den Vordergrund. Fragen der Netzsicherheit und der Schutz vor Hackerangriffen spielen dabei eine immer größere Rolle.

Komplexere Produkte jedoch, die typischerweise relativ geringe Stückzahlen aufweisen, werden direkt oder über spezielle Vertriebsfirmen vertrieben. Verbunden damit sind häufig auch sehr intensive Beratungen und Schulungen zur Bedienung und ein Teil des Service. Das betrifft aus dem Elektronik-Technologie Bereich besonders die automatischen Bestücksysteme zur Platzierung von elektronischen Bauelementen auf Verbindungssubstraten und Laserbearbeitungsmaschinen zum Bohren, Schneiden und Strukturieren von Verbindungssubstraten und anderen Materialien. Auch die 3D-Drucker für den industriellen Bereich fallen darunter.

Hierzu sollte auch das Thema der Sicherstellung der Versorgung mit Ersatzteilen gezählt werden. Typischerweise wird davon ausgegangen, dass die Ersatzteilversorgung ca. zehn Jahre nach Auslaufen der Produktion sichergestellt wird. Unterliegen die Produkte aber einer sehr hohen Innovation und können innerhalb dieses Zeitraumes deutlich verbesserte Eigenschaften und günstigere Preise erwarten lassen, so verliert der Zehn-Jahres-Zeitraum seine Bedeutung.

Eine weitere Frage ist die nach der Art und Weise des Umfangs, Ersatzteile bereit zu stellen. Häufig werden Baugruppen zum Tausch angeboten, obwohl nur ein einzelnes Bauteil der Baugruppe ausgefallen ist. Typisch für derartige Fälle sind schadhafte Dichtungen bei mechatronischen Produkten. Bei elektronischen Baugruppen sind häufige Ausfälle durch defekte Elektrolytkondensatoren gegeben.

1.1.6 Phase 6: Nutzung

Sie ist gekennzeichnet durch die Nutzung der vorhandenen Funktionen, wobei ein Nutzer häufig nur einen Teil der möglichen Funktionen nutzt, womit sich die Frage stellt, welche Funktionen will ein Nutzer überhaupt haben.

Neben den verwendeten Funktionen rücken Ergonomie und Haptik (wie fasst und fühlt sich ein Objekt/Stoff an) immer weiter in den Fokus. Zu kleine Tasten, zu kleine Schriftgrößen, nicht entspiegelte Displays und unangenehme Haptik sind durchaus häufig anzutreffen. Menüführungen sind oft umständlich und Bedienfunktionen manchmal nur mit einem Handbuch zu finden. Ein Beispiel für gelungene Ergonomie stellen spezielle Seniorentelefone dar, die besonders große Tasten und Schriften aufweisen. Temporäre Modetrends spielen immer eine gewisse Rolle, wobei diese nicht zwangsläufig einer wirklichen funktionellen Ergonomie und Haptik folgen, d. h. nicht alles was schön ist, muss auch funktional sein. Hier dürften wohl eher kurzfristige Verkaufsargumente eine Rolle spielen.

Der Gebrauch muss sicher sein, d. h. der Nutzer darf sich hier nicht verletzen. Beispielsweise sollte ein Gerät keine scharfen Gehäusekanten aufweisen und bei Verwendung am 230 V-Netz müssen metallische Gehäuse im Regelfall mit einem Schutzleiter des Netzes (Schutzklasse I-Schutzerdung) verbunden sein.

Eine der wesentlichsten Fragen ist die nach der Zuverlässigkeit von Geräten, d. h. wie lange funktioniert ein Gerät bis zum ersten Ausfall. Die Berechnung der Zuverlässigkeit zusammen mit einer Streubreite ist hier dominierend. Aber ebenso stellt sich bei vielen Geräten, die einer extrem schnellen Innovation unterliegen die Frage, ob die Zuverlässigkeit überhaupt berechnet werden muss, wenn der Lebenszyklus des Produktes sehr kurz ist wie beispielsweise bei Smartphones.

Weiterhin greift ein Nutzer auch indirekt in die Entwicklung ein, indem er bestimmte Produkte nicht mehr kauft, weil sie beispielsweise gesundheitsschädigende Stoffe enthalten wie Weichmacher in Kunststoffen und somit die Entwicklung zwingt, andere Werkstoffe zu verwenden.

Auch stellt sich die Frage nach einer anderweitigen Nutzung des Gerätes, wenn ein neues angeschafft wird. Also was macht man mit einem älteren Smartphone, außer es zu entsorgen? Weitere Nutzung als Festnetztelefon, Navi und Autotelefon, Ersatz für eine Fernbedienung oder Babyphone etc.

1.1.7 Phase 7: Allgemeine Entsorgung

Hier wird alles zusammengefasst, was nach der Produktnutzung mit dem Produkt geschieht. Das sind thermische Nutzung, Recycling und Deponie. Von der besten Lösung, einer vollständigen Recyclingfähigkeit, ist man, wenn man alle Elektronik/Elektrotechnikprodukte betrachtet, noch weit entfernt. So wurden 2012 schätzungsweise nur 15 % des gesamten Elektroschrotts recycelt [8].

Dieses Problem zu lösen bedarf es sehr großer Anstrengungen in Forschung und Entwicklung. Das betrifft neue technologische Verfahren, neue Ansätze zur Finanzierung und neue Lösungen in der Logistik.

Beim Recycling sollten zunächst zwei Gruppen betrachtet werden. Die *erste Gruppe* umfasst alle Materialien und Verfahren, die zu einer Wiedergewinnung der Ausgangswerkstoffes führen, wie es beispielsweise bei Metallen möglich ist. Bei der *zweiten Gruppe* werden die recycelten Stoffe einer neuen und anderen Nutzung zugeführt. Das betrifft beispielsweise das feine Mahlen von Epoxidharzen zu Pulver, um es als Füllstoff zu gewinnen und anderweitig einsetzten zu können.

Auch muss nochmals darauf hingewiesen werden, dass ein 100 %-iges Recycling prinzipiell nicht möglich ist. Denn selbst wenn 100 % der Materialien wieder verwendet werden, so muss der notwendige Energieaufwand des Recyclingprozesses und die i. d. R. damit verbundenen Hilfs- und Betriebsstoffe davon abgezogen werden.

1.1.8   Kosten und Preis

Für die meisten Produkte gilt heute, dass eine Balance zwischen der Technik des Produkts und dem Preis vorhanden sein muss. Es nützt also die beste Technik nichts, wenn der Preis zu hoch ist und der Mehrwert durch beispielsweise zusätzliche Funktionen nur gering ausfällt. Ausnahmen dürften hierbei hochgradig Luxusartikel aus dem Bereich der Konsumgüter darstellen. Allerdings ist seit Jahren der Trend zu beobachten, dass der Preis immer stärker in den Vordergrund rückt und ein enormer Kostendruck entsteht. Und dieser hat nicht nur die Ursachen im immer stärker werdenden internationalen Wettbewerb, sondern auch in der extrem zunehmenden Wichtung einer Gewinnmaximierung. Das verursacht wiederum neue Probleme, von denen einige hier genannt seien:

- Es entstehen mangelhafte Konstruktionen und Designs aufgrund eines Zeitmangels.
- Der Einsatz wenig geeigneter, aber billiger Werkstoffe (z. B. schnellerer Verschleiß oder ungeeignet wegen minderwertigen und nicht optimalen Zusätzen) führt zu einer verringerten Lebensdauer.
- Der Einsatz von weniger geeigneten Werkstoffen kann zu gesundheitlichen Problemen führen. Als Beispiel dafür sei der Einsatz von Weichmachern in Kunststoffen für Kinderspielzeug genannt.
- Ein hoher Kostendruck führt spätestens mittelfristig zu fehlenden Qualifikationen und Motivationen bei Entwicklern, Konstrukteuren, Technologen und Facharbeitern.
- Eine unzureichende oder gar fehlende Betrachtung von Nachhaltigkeit und Recyclingfähigkeit wird spätestens mittelfristig zu einer Verringerung der Nachfrage eines Produktes führen, da das Ökologiebewusstsein der Käufer zunimmt.

Nur wenn es gelingt diesen Trend zu stoppen, können Probleme wirklich gelöst werden.

1.1.9 Produktverfolgung und -überwachung

Alle 7 Phasen sind dadurch gekennzeichnet, dass sie permanent überwacht werden. Das betrifft das Zeitmanagement, d. h. liegen alle Prozesse im vorgegebenen Zeitlimit und das technische Produktmanagement mit dem Überprüfen und Abgleichen des Pflichtenheftes mit den aktuellen Marktentwicklungen, um gegebenenfalls schnell mit Änderungen reagieren zu können. Wenn beispielsweise nicht rechtzeitig erkannt wird, wann die Nutzung eines Gerätes rückläufig ist, wird ein neues Produkt später oder gar nicht auf den Markt kommen und Wettbewerbsnachteile dürften somit zu erwarten sein.

1.1.10 Resümee

Um die Komplexität und das Zusammenspiel der 7 Phasen beherrschen zu können, ist ein systematisches und methodisches Denken innerhalb und zwischen den einzelnen Phasen eines Produktlebenszyklus notwendig.

Neben dem Spezialwissen eines Ingenieurs auf seinem Gebiet braucht er zunehmend auch ausreichend Grundkenntnisse anderer Gebiete, um Schnittstellen zwischen den einzelnen Bereichen optimal gestalten und u. U. auch Lösungen in andere und möglicherweise besser geeignete Disziplinen verlagern zu können.

Ein immer wiederkehrendes Problem stellen unzureichende und fehlerhafte Konstruktionen und Designs hinsichtlich ihrer fertigungsgerechten Gestaltung dar. Ursachen dürften in den meisten Fällen mangelnde Kenntnisse technologischer Prozesse sein, siehe dazu auch Designrules 3–6 im Abschn. 1.5.

Ein weiteres Augenmerk muss auf die Rückkopplungen der einzelnen Phasen zur Produktplanung/Aufgabenstellung gelegt werden. Marktlagen können sich sehr schnell ändern, so dass mit modifizierten Pflichtenheften und den folgenden Entwicklungen und Konstruktionen schnell reagiert werden kann. Im ungünstigsten Fall wird ansonsten ein Produkt in den Markt gebracht, dessen Eigenschaften überholt sind und das sogleich wieder aus dem Markt zu nehmen ist.

In immer stärkeren Maße gewinnen die Fragen der Nachhaltigkeit an Bedeutung. Hierbei geht es um die Minimierung des Materialeinsatzes, Verzicht auf die Verwendung knapper Rohstoffe z. B. Lithium, die Verwendung nachwachsender Rohstoffe sowie den Verzicht auf die Verwendung gefährlicher Stoffe. Und vieles was diese Gebiete betrifft, kann nur mittels Gesetzen realisiert werden. So regeln die ROHS-Richtlinen (Restriction of Hazardous Substances), umgesetzt in jeweils nationale Rechte mit entsprechenden Gesetzen [3], das Verbot bestimmter Stoffe wie Blei, Cadmium, Quecksilber, einigen Flammschutzmitteln und Weichmachern.

1.1.11 Anforderungen und Ziele für einen neuen Produktzyklus

Der Produktlebenszyklus ist ein betriebswirtschaftliches Konzept für die Betrachtung eines Produktes für den Zeitraum, der mit dem Markteintritt beginnt und mit der Herausnahme aus dem Markt endet.

Ein Produkt durchläuft während seiner Lebenszeit bestimmte Phasen, die eine Bewertung des Produktes hinsichtlich seiner Marktrelevanz und seines Markterfolges ermöglichen, Abb. 1.2 mit den charakteristischen 5 Phasen.

Damit verbunden sind die Fragen, wie sich Umsatz und Gewinn des Produktes entwickeln und wann das Produkt durch ein neues ersetzt werden soll oder muss. Diese Frage kann nicht eindeutig beantwortet werden, zu verschieden sind die Produkte und Produktfamilien mit ihren Lebenszyklen, Stückzahlen, Preisen, Gewinnen, Marktanteilen etc.

Betrachtet man beispielsweise Smartphones, so ist festzustellen, dass neben einem neuen Modell auch noch Vorgängermodelle hergestellt und vertrieben werden. Das wird solange beibehalten, bis die Nachfrage nach Vorgängermodellen deutlich sinkt, auch wenn die Preise reduziert werden und damit auch der Gewinn einbricht. Spätestens wenn der Gewinn unter einen kritischen Wert sinkt, wird es vom Markt genommen.

Aus dem Verlauf des Produktlebenszyklus lassen sich Maßnahmen abgeleitet, um das Produkt erfolgreicher im Markt zu platzieren und/oder länger im Markt zu halten, beispielsweise durch einen Produkt Relaunch, der in den Phasen des Verfalls oder schon vorher realisiert werden kann, Abb. 1.2-gestrichelt. Zu beachten ist dabei, dass dieser Produkt Relaunch eine ausreichende Vorlaufzeit benötigt.

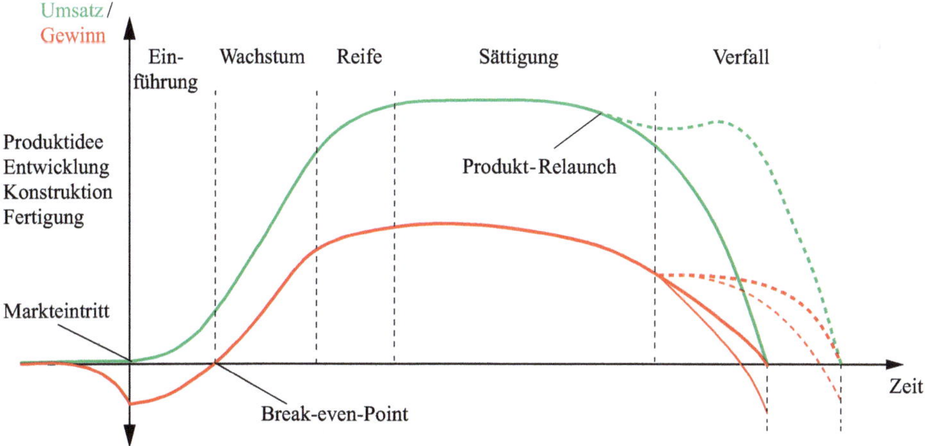

Abb. 1.2 Produktlebenszyklus

Phase 1 Markteinführung: Sie beginnt mit dem Verkauf des Produktes, wobei am Anfang die Investitionskosten noch nicht durch die Erlöse gedeckt werden können. Sie endet, wenn sich eine Marktakzeptanz abzeichnet und die Umsatzzahlen schneller steigen. Häufig wird dazu auch der Break-even-Point herangezogen, der den Punkt der Gewinnschwelle angibt.

Phase 2 Wachstum: Hier kommt es zu einem starken Wachstum und es wird Gewinn erzielt. Neue Kundengruppen werden erschlossen, es gibt Erweiterungen und Ersatzbeschaffungen. Die Phase endet, wenn das Wachstum stagniert oder beginnt rückläufig zu werden.

Phase 3 Reife: Es werden die höchsten Umsätze erzielt, aber zugleich wird auch die Marktaufnahmefähigkeit erreicht. Ziel muss es sein, diese Phase möglichst lange zu halten, was mit veränderten Marketingmaßnahmen einhergeht.

Phase 4 Sättigung: Der Umsatz stagniert und verringert sich, verbunden mit einer Gewinnreduzierung. In dieser Phase entscheidet das Unternehmen, ob es das Produkt noch eine Zeit lang im Markt weiterlaufen lässt, solange ein Mindestgewinn erwirtschaftet wird, oder ob ein Produkt Relaunch erfolgt. Das bedeutet, dass das Produkt durch Modifizierungen, Varianten oder Erweiterungen eine zweite Einführung erhält mit dem es einen nochmaligen Umsatzschub gibt. Das können beispielsweise Speichererweiterungen für ein elektronisches Gerät, eine Softwareerweiterung mit mehr Funktionen oder auch die Erhöhung der Batteriekapazität für ein mobiles Geräten sein.

Phase 5 Verfall: Umsatz und Gewinn sinken deutlich. Ab dem Break-even-Point, umgekehrt zu dem in Phase 1, bei dem jetzt die Kosten immer größer werden im Vergleich zu den Erlösen, sollte bzw. muss das Produkt vom Markt genommen werden. Innerhalb dieser Phase beginnt dann bereits die Einführung eines neuen Produkts in den Markt. Das ist beispielsweise sehr gut bei Smartphones zu beobachten.

1.2 Bestandteile elektronischer Geräte

Das Elektronik Design ist Bestandteil der Phase 3 des Produktlebenslaufs entsprechend Abb. 1.1 und umfasst kurz gesagt alle Aufgaben, die sich mit der konstruktiven Umsetzung von logischen Entwürfen, das sind Schaltpläne (auch Stromlaufplan oder Logikplan) allgemeinster Art der Elektrotechnik/Elektronik, beschäftigen. Jetzt müssen alle Daten bereitgestellt werden, damit eine vollständige Fertigung erfolgen kann.

Die konstruktive Umsetzung, auch geometrisch-stoffliche Umsetzung, sind die Gerätebestandteile, Abb. 1.3. Noch ist es ein virtuelles Produkt, ein reales wird es erst nach der Fertigung.

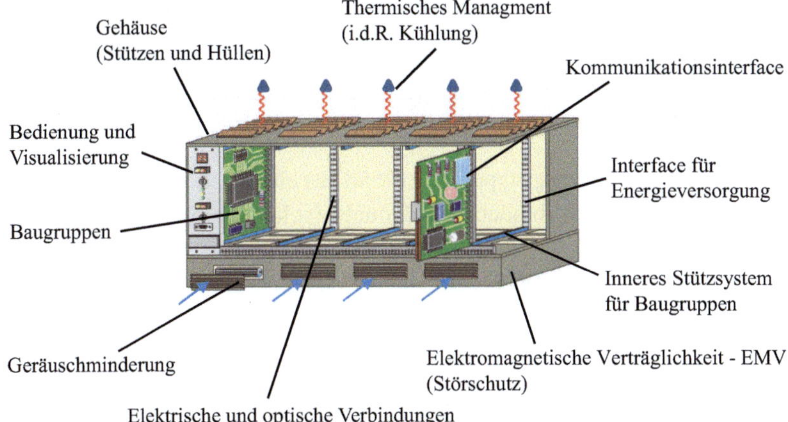

Abb. 1.3 Bestandteile eines elektronischen Gerätes

Äußere Stütz- und Hüllsysteme (Gehäuse)

Hier geht es um die konstruktive mechanische Gestaltung des Gehäuses. Stützsystem bedeutet, dass das Gehäuse so auszuführen ist, das alle Bestandteile wie Baugruppen, einzelne Bauelemente (z. B. Trafos, größere Elektrolytkondensatoren, mechanischen Teile, etc.) zueinander stabil fixiert werden, was häufig komplexere Designs erfordert. Hüllen bedeutet dagegen zunächst den Schutz vor Wasser- und Staubpartikeln, was zu sehr leichten Gehäuseverkleidungen führt, wobei ein zusätzliches Stützsystem für die Baugruppen- und Bauelementefixierung im Gerät dann notwendig ist.

Innere Stützsysteme für Baugruppen

Das innere Stützsystem fixiert die Baugruppen, Bauelemente, mechanischen Einzelteile sowie Kabel und Leitungen zueinander. Ein Schutz vor äußerer Beeinflussung ist hier nicht vorhanden, was einem völlig offenem Gerät entspricht.

Elektrische und optische Verbindungen

Die elektrischen und optischen Verbindungen beinhalten die Verdrahtungs- und Kontaktierungstechnologien.

Die Verdrahtungstechnologie umfasst die unterschiedlichen Arten der Montage von Kabeln und Leitungen. Das sind beispielsweise die Verlegung von Kabeln in Kanälen, das Zusammenbinden von Kabel zu Kabelbäumen, einzelne Leitungen oder das Zusammenfassen von parallel liegenden Kabeln zu Flachbandkabeln.

Die Kontaktiertechnologie beschreibt, wie elektrische und optische Kontakte hergestellt werden. Zu den elektrischen Kontaktierungen zählen beispielsweise Verschraubungen, Steckkontakte, Löt- und Schweißverbindungen, Crimpen (Leitungen werden in eine

Hülse gelegt und anschließend zusammengedrückt), elektrisch leitfähiges Kleben und Bonden. Optische Verbindungen zwischen 2 Lichtwellenleitern werden typischerweise gespleißt.

Baugruppen

Hier sind es elektronische Baugruppen, bestehend aus elektrischen Bauelementen, Verbindungssubstraten, die diese verbinden, und der entsprechenden Aufbau- und Verbindungstechnik dazu.

Opto-elektronische Baugruppen beinhalten zusätzlich optische Signalleiter in Form von Lichtwellenleitern und die entsprechenden elektro-optischen und opto-elektrischen Wandler. Der Einsatz von Lichtwellenleitern hat vor allem zwei Ziele. Zum einen können aufgrund der größeren Bandbreiten höhere Datenraten erreicht werden und zum anderen sind die Lichtwellenleiter störunempfindlich gegenüber der Einstrahlung elektromagnetischer Störsignale. Weitere Anwendungen sind insbesondere die LED-Technik für die unterschiedlichsten Beleuchtungssysteme, wie z. B. die Scheinwerferbaugruppen von Automobilen und die Displaytechnologien.

Zu den Elektro-mechanischen Baugruppen zählen Elektromotore und Generatoren. Auch Baugruppen mit einer Vielzahl von Relais sind möglich.

Insbesondere in mechatronischen Systemen finden sich eine Vielzahl mechanischer Baugruppen wie Getriebe und Verriegelungssysteme (Mechatronik bedeutet vereinfacht ausgedrückt die Integration von Mechanik, Elektronik und Informatik).

Systeme für das thermische Management

Mit zunehmender Integrationsdichte der Bauelemente sowie immer höheren Taktraten der Prozessoren steigen die Anforderungen, die elektrische Verlustleistung in Form von Wärme von den Bauelementen, Baugruppen und Geräten abzuführen. Temperaturerhöhungen über die Referenztemperatur, typischerweise sind das 20 °C, führen zur Verringerung der Lebensdauer der Bauelemente. Werden kritische Temperaturen länger überschritten, so führt das innerhalb kürzester Zeit zum Ausfall. Neben den absoluten Temperaturen geht es auch um Temperaturgradienten und lokale Hotspots, insbesondere aufgrund ungünstiger Wärmeflüsse auf Baugruppen und in Geräten. Das führt dazu, dass immer die gleichen Komponenten in einem Gerät ausfallen. Wird in einer Hochtemperaturumgebung Elektronik eingesetzt, so muss das umgekehrt betrachtet werden, d. h. wie kann hier die Elektronik vor der Umgebungstemperatur geschützt werden.

Elektromagnetische Verträglichkeit (EMV) – Störschutz

Jedes elektronische Gerät strahlt elektromagnetische Wellen ab und stellt somit eine Störquelle für seine Umgebung dar. Gleichzeitig unterliegt jedes Gerät zugleich Fremdeinstrahlungen. Beides darf nicht zu Fehlfunktionen durch diese Störeinkopplungen führen. Die Gesamtheit dieser Problematik wird unter dem Begriff Elektromagnetische Verträglichkeit zusammengefasst, die im Gesetz über die elektromagnetische Verträglichkeit von Betriebsmitteln [1] geregelt ist.

Damit ergeben sich die 3 Beeinflussungsorte dieser Strahlung mit dem Ziel der Ausschaltung bzw. der Reduzierung. Das sind der Ort der Störstrahlung (Störquelle), der Übertragungspfad und der Ort wo diese Störstrahlung störend wirkt (Störsenke).

Bedienung und Visualisierung

Bedienung und Visualisierung werden als getrennte Systeme ausgeführt und entsprechen dem Prinzip der Funktionstrennung.

Dabei erfolgt die Bedienung der Geräte direkt mittels Schaltern, Tastern, Tastaturen oder Joysticks sowie indirekt beispielsweise durch eine Gestensteuerung. Die Visualisierung ist komplett davon getrennt und erfolgt, angefangen von einfachen Statusanzeigen, z. B. durch einzelne LEDs bis hin zu komplexen Monitorsystemen auf LCD-, LED- oder OLED-Basis. Dazu gezählt werden auch Systeme wie Head-up Displays, die in Flugzeugen und Automobilen Anwendung finden, bei denen die Informationen direkt auf den Frontscheiben dargestellt werden.

Werden Bedienung und Visualisierung durch integrative Technologien in einem System zusammengefasst, liegt das Prinzip der Funktionsintegration vor. Ein typisches Beispiel dafür sind Touchscreens, wie man sie beispielsweise von Smartphones und Notebooks kennt.

Kommunikationsinterface

Das Kommunikationsinterface beschreibt die Kopplung der Signale zwischen Baugruppen und Geräten und wird i. d. R. durch standardisierte Schnittstellen realisiert, die sich aus 2 Arten zusammensetzen. Während das geometrisch-stoffliche Interface die konstruktive Ausführung der Kontaktstelle mit seiner Geometrie und seinen Werkstoffen beschreibt, stellt das elektrische Interface die elektrischen Parameter wie Signalpegel, Signalform, Frequenz oder auch Tastgrad dar. Diese Kopplung kann auf unterschiedliche Art erfolgen. Allgemein sind dies die leitungsgebundenen und nichtleitungsgebundenen Ausführungen. Zu den letztgenannten zählen kapazitive, induktive, optische sowie funktechnische Prinzipien.

Die Zuordnung der Signale zu den Anschlüssen der leitungsgebundenen Ausführungen (Anschlussbelegung) und zu den Kanälen der nichtleitungsgebundenen Ausführungen zählen zum elektrischen Interface.

Interface für die Energieversorgung

Auch hier besteht das Interface aus den beiden geometrisch-stofflichen und elektrischen Bestandteilen wie beim Kommunikationsinterface. Die Leistungsübertragung ist aber deutlich größer als beim Kommunikationsinterface. Bei Leistungsanwendungen können hier Ströme von mehreren 100 A fließen, was spezifische Designlösungen erfordert. Heute sind leitungsgebundene Ausführungen dominierend. Optische und kapazitive Prinzipien kommen aufgrund der niedrigen zu übertragenden Leistungen kaum vor, wobei induktive Kopplungen eine größere Rolle spielen. Dazu seien als Beispiele das Aufladen einer elektrischen Zahnbürste oder die Akkuaufladung eines E-Mobiles verstanden.

Geräuschminderung

Verursacher von Geräuschen in elektronischen Geräten sind im Wesentlichen Lüfter, Kühlaggregate und Wärmetauscher sowie die Bewegungen von Luftströmungen in Gehäusen und Kanälen. Erreichen kann man die Geräuschminderung *erstens* durch entsprechende geräuschmindernde Konstruktionen und Schallschutzmaßnahmen wie Schallschutzmatten. Gelingt es *zweitens* leistungsarme Schaltungstechnik zu etablieren, so können dieses Baugruppen kleiner dimensioniert und somit leiser werden oder sogar ganz entfallen. Und *drittens* können die Leistungen dieser aktiveren Belüftungsbaugruppen der jeweiligen Verlustleistung der Elektronik angepasst werden, denn nicht immer arbeitet eine elektronische Baugruppe bzw. ein Gerät mit voller Leistung.

1.3   Allgemeine Vorgehensweise beim Entwickeln und Konstruieren

Es gibt eine Reihe von Produktentwicklungsmodellen. Allen gemeinsam ist eine Anordnung von sequentiellen und getrennten Arbeitsschritten. Je nach Modell können dabei zusätzlich auch parallele und überlappende Prozesse dargestellt werden. Typische Darstellungen reichen von der Nutzung einfacher Grafiksymbole und deren Verknüpfung über Prozessbeschreibungen bis hin zu komplexen Petrinetzen, wie sie auch in der Automatisierungstechnik Verwendung finden.

Bei der Vorgehensweise lassen sich zwei Konzepte unterscheiden.

Das **Simultaneous Engineering (SE)** ist dadurch gekennzeichnet, dass verschiedenste Aufgaben überlappend und parallel ausgeführt werden. Das trifft beispielsweise zu, wenn neben einer Produktentwicklung die Fertigungstechnologien entwickelt werden und nicht nacheinander.

Beim **Concurrent Engineering (CE)** wird eine Aufgabe innerhalb einer Produkt- oder Technologieentwicklung auf einzelne Entwickler oder Gruppen aufgeteilt.

Wichtigste Ziele der beiden Konzepte sind dabei die Abstimmungen über die jeweiligen Schnittstellen der aufgeteilten Aufgaben und die Beantwortung der Frage, wie sicher bzgl. Änderungen die jeweiligen Ergebnisse oder der erzielte Stand der Technik sind. Zu viele Änderungen innerhalb einer Teilaufgabe könnten größeren Einfluss auf andere Teilaufgaben haben, was erhebliche Zeitverzögerungen der Produktentwicklung nach sich ziehen kann.

Da bei der Entwicklung komplexer Systeme das *SE* und *CE* aus Zeit- und Kostengründen zwingend notwendig sind, muss das allgemeine Modell [15, Blatt 2] (hier nicht weiter beschrieben) der Produktentwicklung entsprechend des zu entwickelnden Produkts oder der Produktgruppen angepasst werden, was zum spezifischen Modell des Produktentwicklungsprozesses führt [15, Blatt 2], Abb. 1.4. Hier werden die prinzipiellen sequentiellen Abläufe der Entwicklung und die Parallelisierung der Gesamtprozesse dargestellt.

Betrachtet man beispielsweise nur die Aktivitäten, so würde der Arbeitsschritt „Klären und Präzisieren des Problems bzw. der Aufgabe" abgeschlossen, bevor der Arbeitsschritt „Ermitteln von Funktionen und deren Strukturen" beginnt. Das ist dann realisierbar, wenn

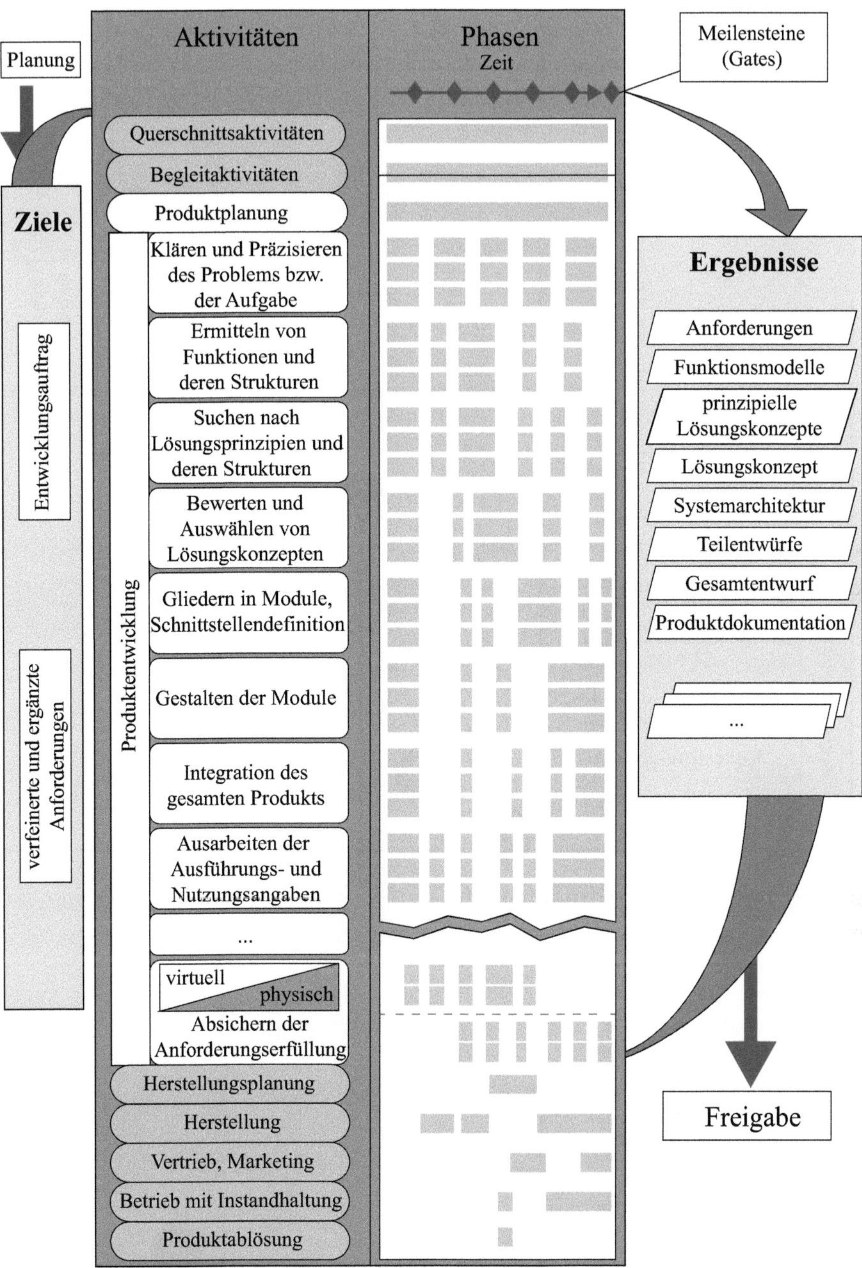

Abb. 1.4 Spezifisches Modell der Produktentwicklung [15, S. 9, Bild 3] mit Genehmigung des VDI e. V.

die Produktentwicklung insgesamt sehr wenig Zeit beansprucht. Geht eine Entwicklung aber über einen längeren Zeitraum etwa ab 6 bis 9 Monaten aufwärts, so ist diese ausschließlich sequentielle Betrachtung nicht mehr anwendbar. Da sich die Marktbedingungen sehr schnell ändern können, muss das in Entwicklung befindliche Produkt mit seinen

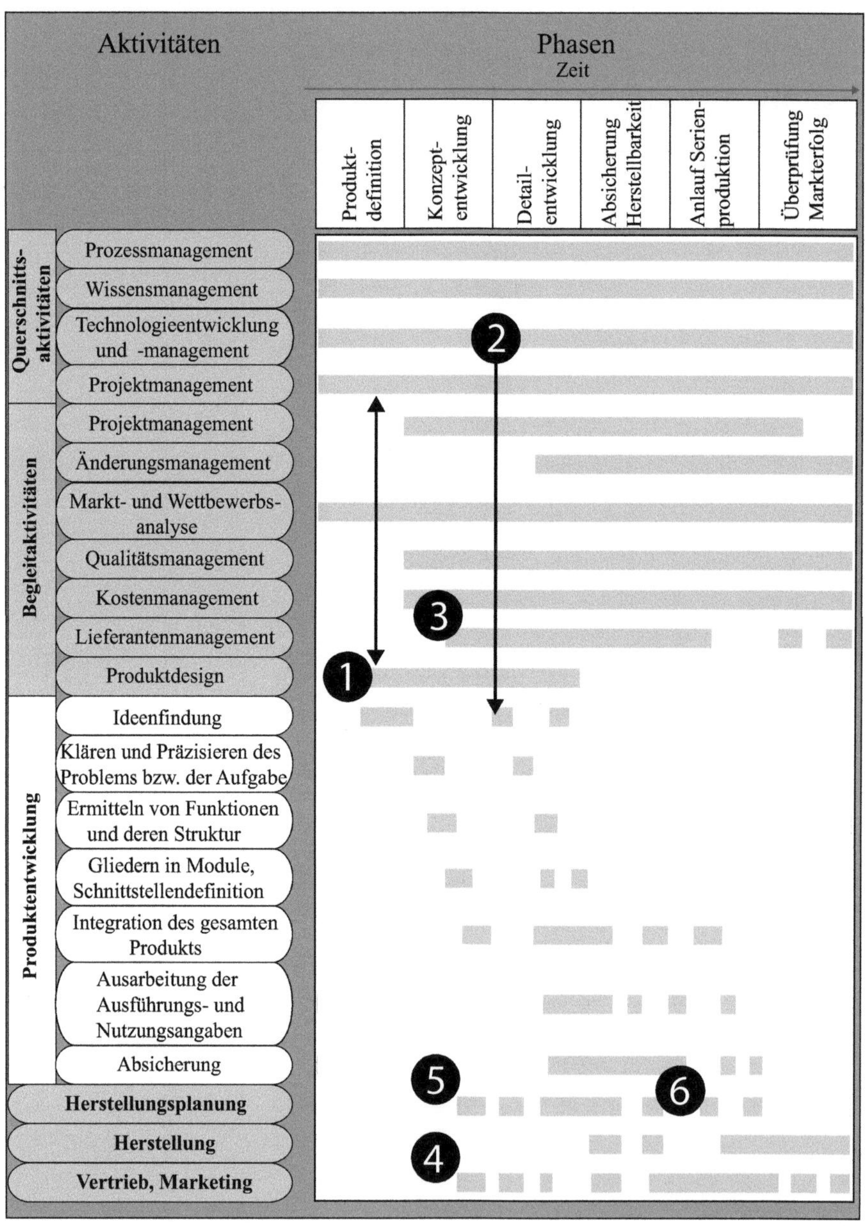

Abb. 1.5 Prozessbeschreibung am Beispiel Entwicklung von Elektrogeräten [15, S. 36, Bild A5] mit Genehmigung des VDI e. V.

Eigenschaften überprüft und gegebenenfalls angepasst werden. Die Folge davon ist, dass der Schritt des „Klären und Präzisierens des Problems bzw. der Aufgabe" entwicklungsbegleitend umgesetzt werden muss.

Das Beispiel „Entwicklung eines Elektrogerätes" [15, Blatt 2] soll dieses verdeutlichen. Das Produkt ist ein Elektrogerät niedriger bis mittlerer Komplexität, welches in Serie hergestellt werden soll. Die Eigenschaften resultieren aus den Anforderungen der Industriekunden. Strategisches Ziel des Unternehmens ist die Innovationsführerschaft der Kernkompetenzen, wobei neben der Funktion besonderes Augenmerk auf das Design gerichtet werden soll. Innerhalb des Unternehmens sind unterschiedliche Bereiche für die technische und technologische Entwicklung von Teilaufgaben zuständig, was entsprechender Abstimmungen bedarf. Das Industriedesign entsteht in Zusammenarbeit mit einem externen Designbüro. Zusätzlich gibt es eine enge Kooperation mit ausgewählten Industriekunden, um Kundenwünsche zielgenau erfassen zu können. Die Abb. 1.5 und die Tab. 1.1 zeigen die Aktivitäten und Phasen des spezifischen Modells des Produktentwick-

Tab. 1.1 Maßnahmen der Prozessgestaltung am Beispiel „Entwicklung von Elektrogeräten" [15, S. 36, Tab. A6] mit Genehmigung des VDI e. V.

Nr.	Erläuterung
1	Produktentwicklung, Industriedesign und Technologieentwicklung erarbeiten in Abstimmung mit dem Produktmanagement erste Ideen für die Neuentwicklung eines Produkts oder die Weiterentwicklung eines vorhandenen Produkts. Das Produktmanagement führt kontinuierlich Markt- und Wettbewerbsanalysen durch und erstellt auf dieser Basis, unter Berücksichtigung der Unternehmensstrategie, die Lastenhefte für die Elektrogeräte.
2	Die Technologieentwicklung unterstützt die Konzeptentwicklung und liefert abgesicherte Technologien für die eigentliche Geräteentwicklung zu.
3	Da für das Produkt ein hoher Anteil an Komponenten zugekauft wird, ist eine Einbindung des Lieferantenmanagements bereits bei der Konzeptentwicklung erforderlich. So kann das Lieferantenmanagement frühzeitig geeignete Lieferanten auswählen, um mit diesen parallel zur Entwicklung Lieferbedingungen zu klären.
4	Die geeigneten Vertriebs- und Marketingaktivitäten werden frühzeitig geplant, um die festgelegten Absatzzahlen für neue Geräte zu sichern. Geplante Stückzahlen beeinflussen wesentlich die von der Entwicklung zu erarbeitenden technischen Lösungen für die Elektrogeräte.
5	Zur Herstellung gehört für jedes Elektrogerät auch die Planung und Beschaffung der notwendigen Werkzeuge. Aufgrund langer Beschaffungszeiten für die Werkzeuge ist die Herstellungsplanung frühzeitig in den Entwicklungsprozess einzubinden.
6	Um das geforderte hohe Qualitätsniveau der Elektrogeräte zu erreichen, muss sichergestellt sein, dass sich die Geräte mithilfe der geplanten Herstellungsprozesse wie gefordert fertigen lassen. Dazu sind der Herstellungsprozess und das Produkt iterativ zu optimieren.

lungsprozesses, wobei insbesondere die Ausgestaltung der Phasen den Unterschied zum allgemeinen Modell ausmacht.

Weitere Ausführungen zum Thema sind zu finden in [4, 11, 12, 15] sowie mit stärkerem Fokus auf mechatronische Produkte in [14].

1.4 Die drei Grundregeln des Design

Die Grundregeln des Designs – Eindeutig, Einfach, Sicher und Zuverlässig – sind immer anwendbar.

Bei der Realisierung der Geräte gibt es eine Vielzahl von Konstruktions- und Entwicklungsprinzipien, die letztlich immer den 3 Grundregeln entsprechen. So kann ein Gerät ein elektrisch isolierendes Gehäuse erhalten oder der Schutzleiter einer Elektroinstallation wird mit einem Metallgehäuse verbunden. Damit wird eine gefährliche Berührungsspannung (Berührung spannungsführender Teile im Geräteinneren) unterbunden.

In diesen Fall werden die zwei Prinzipien der Grundregel – Sicher und Zuverlässig – eingehalten.

1.4.1 Grundregel 1: Eindeutig

Aus funktioneller Sicht bedeutet das, dass Ein- und Ausgangsgrößen mittels der Übertragungs- oder Systemfunktion eindeutig miteinander verknüpft werden müssen. Das betrifft die elektrischen und nicht-elektrischen Bestandteile.

Das gewählte Wirkprinzip, das auf einem physikalischen Effekt beruht, muss die Zusammenhänge zwischen Ursache und Wirkung exakt beschreiben. Das Zusammenspiel der einzelnen Wirkprinzipien führt zur Wirkstruktur, die das Lösungsprinzip der geforderten Aufgabe beschreibt. Die Energie-, Signal- und Stoffflüsse müssen dabei klar erkennbar sein.

Die folgenden Beispiele sollen das verdeutlichen.

Beispiel 1:
Steckt man eine Zusatzkarte (Slotkarte) auf das Motherboard eines PC, so geht das nur in einer Art und Weise. Eine Verpolung der Slotkarte ist nicht möglich, da sich ein asymmetrischer Schlitz auf der Kartenseite mit einem entsprechende Steg auf der Motherboardseite nur in einer einzigen Stellung zueinander stecken lassen. Damit ist ein eindeutiger Energie- und Signalfluss zwischen zwei Baugruppen gegeben.

Beispiel 2:
Bei einem Transformator wird die Transformation der Eingangsspannung u_1 in die Ausgangsspannungen u_2 eindeutig durch das Verhältnis der Windungszahl n_1 der Primärwicklung zur Windungszahl n_2 der Sekundärwicklung mit $u_1/u_2 = n_1/n_2$ gegeben, wobei das

zugrunde liegende physikalische Prinzip das Induktionsgesetz ist. Entsprechend werden auch Ströme, Leistungen und Widerstände eindeutig transformiert.

Beispiel 3:
Ein einfaches einstufiges Zahnradgetriebe, bestehend aus zwei Zahnrädern mit den jeweiligen Zahnraddurchmessern d_1 und d_2 sowie den Drehzahlen n_1 und n_2. Es hat ein Übersetzungsverhältnis von $i = n_1/n_2 = d_2/d_1$ und weist ein gegensinniges Drehen der beiden Zahnräder auf. Damit ist eindeutig die Übertragungsfunktion, hier die Drehzahltransformation, durch das Übersetzungsverhältnis i gegeben.

1.4.2   Grundregel 2: Einfach

Aus funktioneller Sicht bedeutet das eine möglichst geringe Teilezahl, mit einfachen Teilen, die übersichtlich montiert sein sollten. Gerade beim Aspekt der Einfachheit spielen neuere Fertigungstechnologien eine besondere Rolle. Komplizierte Gebilde, die aus einer größeren Anzahl von Teilen zusammen gesetzt werden und damit einen relativ hohen Montageaufwand benötigen, können heute mit deutlich weniger Teilen hergestellt werden, die zwar sehr komplexe Strukturen aufweisen, aber dennoch einfach aus Sicht der Fertigung sind, was nur auf den ersten Blick ein Widerspruch zu sein scheint.

Zwei Beispiele sollen das aufzeigen.

Beispiel 1:
Eine mechanische Baugruppe besteht aus mehreren relativ einfachen Teilen. Aufwändig ist die Montage der Einzelteile einschließlich der mechanischen Justierung der Teile zueinander.

Abhilfe kann hier der 3D-Druck schaffen. Diese Technologie ermöglicht es nun, die gesamte mechanische Baugruppe in einem Arbeitsgang ohne weitere Einzelteilmontagen und Justagen herzustellen. Das, ursprünglich als eine Baugruppe konzipierte Gebilde, wird nun nicht mehr als Baugruppe, sondern als ein Einzelteil betrachtet.

Darüber hinaus kann eine noch viel bessere Anpassung der Geometrie an die berechneten Belastungs- und Dimensionierungswerte erreicht werden.

Angewandt wird das bei relativ geringen Stückzahlen, da der 3D-Druck noch relativ zeitaufwändig ist. Auch bei der Fertigung von Ersatzteilen, die nicht mehr im Sortiment sind, kann hiermit Abhilfe geschaffen werden.

Beispiel 2:
Einfach aus technologischer und konstruktiver Sicht ist die Laserdirektstrukturierung (LDS-Verfahren) für elektronische Baugruppen.

Dabei wird ein einheitlicher Grundkörper, der auch eine kompliziertere Struktur aufweisen kann, im Spritzgussverfahren aus einem speziellen Polymer hergestellt. Dieses

Polymer ist eine metallorganische Verbindung, in deren Polymermatrix elektrisch leitfähige Partikel, wie Cu oder Pd, eingebettet sind. Ein Laserstrahl strukturiert und aktiviert nun dieses Polymerteil oberflächlich entsprechend den Vorgaben eines Stromlaufplans, so dass sehr unterschiedliche Funktionen realisiert werden können. Anschließend scheiden sich in chemischen Kupfer-, Nickel- und Goldbädern auf diesen aktivierten Strukturen die elektrisch leitfähigen Leiterbahnen für die elektronische Baugruppe ab.

Der Vorteil dieses Verfahrens besteht darin, dass nur ein einziges Grundteil hergestellt werden muss. Die Vielfalt der Funktionen erfolgt über die unterschiedlichen Laserstrukturierungen, die mittels Software den Laserstrahl führen. Damit wird es möglich, bei Vorhandensein eines Grundkörpers, sehr schnell die Baugruppen bzw. Gerätefunktion(en) zu ändern.

1.4.3 Grundregel 3: Sicher und Zuverlässig

Die **Sicherheit** besagt, dass die Gerätefunktionen und -eigenschaften weder Menschen, Tiere, allgemeine Sachen und Objekte sowie die Umwelt gefährden dürfen.

Erstens bedeutet das, dass die Gerätefunktionen korrekt ausgeführt werden müssen ohne Fehlfunktionen und Fehlinterpretationen.

Zweitens müssen Geräte nach einem Ausfall in einen sicheren Zustand versetzt werden. Fällt beispielsweise ein Gerät aus, weil sich eine spannungsführende 230 V-Leitung im Gerät gelöst hat und ein elektrisch leitendes Gehäuse kontaktiert, so besteht bei Berührung des Geräts Lebensgefahr. Sicherheit ist in diesem Fall nur dann gegeben, wenn das elektrisch leitende Gehäuse an einen Schutzleiter angeschlossen ist.

Die Sicherheitstechnik kann dabei als ein 3-Stufen-Model aufgefasst werden. In der ersten Stufe (unmittelbare Sicherheitstechnik) wird das Design so ausgelegt, dass überhaupt keine Gefährdung entstehen kann. In der zweiten Stufe (mittelbare Sicherheitstechnik) muss der zusätzliche Aufbau von Schutzsystemen erfolgen und in der dritten Stufe (hinweisende Sicherheitstechnik) erfolgt nur noch ein Gefahrenhinweis.

Die **Zuverlässigkeit** umfasst Mittel und Maßnahmen zur Reduzierung von Ausfällen aller Art. Für die Erhöhung der Zuverlässigkeit bedeutet das im Wesentlichen die Erhöhung der Lebensdauer von Bauelementen, Baugruppen, Verbindungen u. s. w. und die Nutzung von redundanten Systemen, insbesondere bei Geräten, bei denen Ausfälle nicht oder nur bedingt toleriert werden können.

Beispiel 1:
Ein Elektrogerät benötigt eine Spannungsversorgung von 3,3 V und 5 V Gleichspannung. Das kann in zwei Stufen erfolgen.

Erstens transformiert ein Trafo die 230 V Netzwechselspannung in eine Wechselspannung von 6 V und *zweitens* werden mittels Gleichrichtung und Spannungsstabilisierung die beiden geforderten Gleichspannungen generiert.

Die gesamte Technik ist im Elektrogerät integriert. Kommt es durch einen, wie auch immer gearteten Prozess dazu, dass die Spannung führende Leitung das Metallgehäuse berührt, so besteht die Gefahr eines Stromschlags. Neben den bereits oben genannten Möglichkeiten, einen Schutzleiter der Elektroinstallation mit dem Metallgehäuse zu verbinden oder ein elektrisch isolierendes Gehäuse zu verwenden, gibt es noch eine weitere Möglichkeit. Die gesamte Stromversorgung wird vom Gerät getrennt und separat, beispielsweise in einem gesonderten Raum oder wenn sie relativ klein ist auch in Unterputzdosen (Prinzip von Ladegeräten für Smartphones) untergebracht. Die beiden notwendigen Gleichspannungen werden dann über Leitungen zugeführt.

Beispiel 2:
Eine stationäre Maschine mit rotierenden Werkzeugen, wie eine Fräsmaschine, hat eine Sicherheitshaube über den rotierenden Teilen, damit der Bearbeiter nicht im laufenden Betrieb hineinfassen kann oder sogar Bekleidungsteile des Bedieners von den rotierenden Werkzeugen erfasst werden. Soll beispielsweise ein Werkstück oder Werkstückteil aus der Maschine entfernt werden, weil eine Störung droht, so kann die Haube erst dann geöffnet werden, wenn es zum Stillstand der Maschine gekommen ist. Dazu muss also eine Sicherheitsverriegelung vorhanden sein.

1.5 Design Guidelines

Allgemein werden hier Methoden, Regeln, Designrichtlinien und -vorgaben zusammengefasst, um das zu entwickelnde Produkt entsprechend den Anforderungen des Pflichten/ Lastenheftes zu gestalten. Sie können jeweils einer oder mehreren Phasen des Produktlebenslaufs, Abb. 1.1, zugeordnet werden und beschreiben damit Eigenschaften und Merkmale eines Produkts entsprechend dieser Phase(n).

Ausgedrückt werden diese Design Guidelines durch **Design for/to X** (allgemein: **DfX**), wobei das **X** für jeweils einen Schwerpunkt des Designs steht. So ist beispielsweise bei der Bedienung eines Geräts das Design for Ergonomics (ergonomiegerecht) von besonderer Bedeutung, wobei es beim Design einer elektronischen Baugruppe, die in einen Schaltschrank integriert wird, eine untergeordnete Rolle spielt.

Analysiert man die Vielzahl der Elektronikprodukte (und nicht nur der) hinsichtlich dieser **X**, so würde man ohne Zweifel feststellen, dass vieles nicht optimal oder häufig gar nicht betrachtet wurde und wird. Beispielhaft sei hier die Problematik der Entsorgung/ Recycling von Elektronik genannt. Die Frage, was nach der Nutzung von Elektronikgeräten mit diesem Elektronikschrott geschieht, kann derzeitig nur unzureichend beantwortet werden. Das ist nicht verwunderlich, da die Demontage von Elektronikgeräten mit der damit verbundenen Trennung der verwendeten Werkstoffe sehr aufwendig und kostenintensiv ist. Aufgrund zunehmendem Rohstoffmangels und steigender Preise nimmt das Recycling deutlich zu und entwickelt sich zu Schlüsseltechnologien.

Je komplexer das Produkt, desto mehr Spezialisten müssen in die Produktentwicklung involviert werden, um die ganze Bandbreite dieser **X** abdecken zu können.

Die folgenden wichtigsten **X** können grob in 5 Klassen Organisation/Logistik, Design/Test/Validierung, Anwenderorientierung, After Sales Fokus und Kostenorientierung eingeteilt werden, wobei viele der Design for X mehreren Klassen zugeordnet werden können. Aus diesem Grund wird hier auf eine solche Zuordnung verzichtet.

1. Design for Functionality (DfF)

Das Gerät ist so zu gestalten, dass die geforderte Aufgabe unter den definierten Bedingen immer erfüllt wird. Diese Bedingungen können beispielsweise sein: Temperatur- und Feuchtebereiche, eine Mindestzahl von Ladezyklen einer Batterie, eine Mindestlebensdauer, eine mechanische Festigkeit gegen das Fallen von Geräten aus einer definierten Höhe oder auch eine Wasserdruckfestigkeit für den Einsatz unter Wasser.

Verbunden mit dem DfF ist eine Vielzahl von weiteren DfX, die die Vorgaben technisch-technologisch umsetzen. So steht die Sicherstellung der Funktion in engem Zusammenhang mit der Zuverlässigkeit (DfRe-siehe Nr. 8). Ein Beispiel dazu ist die Verhinderung bzw. Minimierung von elektromagnetischen Störeinkopplungen in Geräte. Eine Möglichkeit besteht darin, Stromschleifen in ihrer Fläche zu minimieren, um die induktive Störeinkopplung zu reduzieren (Induktionsgesetz).

DfF sagt aber nichts darüber aus, welchen technischen Stand das Produkt haben muss oder soll. Wenn zwei Geräte die geforderten Funktionalitäten erzielen, sind weitere DFX heranzuziehen, um beide Varianten bewerten und eine Entscheidung für ein Gerät fällen zu können.

2. Design for Materials (DfMa)

Hierbei geht es nicht nur um die Wahl eines geeigneten, der Funktion angepassten Werkstoffs, sondern auch um das Zusammenspiel unterschiedlicher Werkstoffe. Dabei spielen die Temperaturabhängigkeiten der Eigenschaften eine wesentliche Rolle. Einige Beispiele sollen das verdeutlichen.

Bei der Montage von Silizium-Solarmodulen werden diese zum Schutz auf Glasscheiben montiert. Da Silizium und Glas Unterschiede in den thermischen Ausdehnungskoeffizienten, $\alpha_{Si} = 2{,}5 \cdot 10^{-6}\,\mathrm{K}^{-1}$ zu $\alpha_{Floatglas} = 9 \cdot 10^{-6}\,\mathrm{K}^{-1}$ aufweisen, wird zwischen diesen beiden eine Folie eingelegt, welche die Grenzflächenspannung aufnimmt, die bei erhöhter Temperatur (starke Sonneneinstrahlung) entsteht. Die Ausdehnungsunterschiede können durch angepasste Gläser, wie beispielsweise Borosilikatglas mit einem $\alpha_{Bor} = 3{,}2 \cdot 10^{-6}\,\mathrm{K}^{-1}$, weiter verringert werden. Klebt man dagegen Siliziumzellen direkt auf eine Plexiglasscheibe (PMMA = Polymethylmethacrylat) mit einem $\alpha_{Si} = 85 \cdot 10^{-6}\,\mathrm{K}^{-1}$, so wird es die Siliziumzelle nach kurzer Sonneneinstrahlung zerstören.

Eine weitere Eigenschaft ist das Kriechen, wo bei erhöhter Temperatur bzw. bei Belastung nahe der Fließgrenze eine plastische Verformung des Bauteils erfolgt. Das kann bei einer Aluminiumleitung geschehen, die mittels einer Verschraubung mit anderen Installationsteilen, wie weiteren verzweigenden Leitungen, verbunden ist. Durch die Verschraubung wird ein permanenter Druck aufgebaut und mit der Zeit verformt sich das Aluminium derart, dass die Verschraubung sich leicht zu lösen beginnt. Die Folge ist eine verringerte Kontaktfläche, die eine Erhöhung der Stromdichte zur Folge hat. Im Extremfall kann das zum Leitungsbrand an dieser Stelle führen.

3. Design for Manufacturing (DfM)

Hier wird die fertigungsgerechte Produktgestaltung beschrieben. Dabei sind alle Teile und Baugruppen des Produktes unter dem Hauptaspekt der Reduzierung der Kosten bis zur Montagereife vorzubereiten, ohne die Produktqualität zu mindern. Besteht eine Baugruppe aus einer Vielzahl von Einzelteilen, so bezieht sich das DfM auf diese Einzelteile. Werden neben Einzelteilen auch weitere Baugruppen zu einem komplexeren Gerät vereint, so bezieht sich das DfM auf jedes Einzelteil, die Einzelteile der jeweiligen Baugruppen und die Baugruppen selbst. Aus der Montagesicht werden dann diese Baugruppen wie Einzelteile behandelt.

4. Design for Assembly (DfA)

Die montagegerechte Gestaltung beginnt bereits in der Frühphase der Entwicklung. Im Fokus stehen dabei, die Reduktion der Teilezahlen, die Wahl des passenden Werkstoffes, eine einfache Montage, die Reduzierung der Fertigungs- und Montageschritte, das Vermeiden von Justagen und das Verwenden von Standardeinzelteilen und Modulen.

5. Design for Manufacturing and Assembly (DfMA)

Aufgrund der sehr starken Überlappung und gegenseitigen Beeinflussung werden DfX und DfA auch häufig zu DFMA zusammengefasst. DfM, DfA und die Fertigungsverfahren beeinflussen sich in immer stärkerem Maße.

Beispiel: Ein mechanisches Teil ist in der Form so kompliziert, dass es aus Einzelteilen zusammengesetzt werden muss, es stellt aus Sicht der Montage eine Baugruppe dar. Mit der 3D-Drucktechnik kann nun das komplizierte Teil als ein Teil hergestellt werden. Es entfällt somit nicht nur die Montage, sondern die gesamte Gestaltung des Teils kann komplett anders aussehen. Es gibt weitere Möglichkeiten zur Optimierung, da mit dieser Fertigungstechnologie die mechanischen Strukturen besser den berechneten Beanspruchungen angepasst werden können.

6. Design for Testability (DfT)

Bevor ein Gerät in den Verkehr gebracht wird, sollte bzw. muss es getestet werden. Das Gerät ist so zu entwickeln, dass der Test auf Fertigungsfehler und der Funktionstest ermöglicht werden. Nicht immer besteht die Forderung, jedes Gerät vor der Auslieferung umfangreich zu testen. Oftmals werden nur statistische Tests durchgeführt. Je komplexer das Produkt ist, desto umfangreicher die Tests.

Der Test auf Fertigungsfehler ist in jedem Fall zuerst durchzuführen. So müssen alle Lötstellen korrekt ausgeführt sein. Schon hier kann es Probleme geben. Wird ein Integrierter Schaltkreis montiert, der auf seiner Unterseite die elektrischen Anschlüsse hat, so kann hier i. d. R. eine defekte Lötstelle nicht separat nachgearbeitet werden. Eine Sichtkontrolle ist nicht möglich und nur mit einer Röntgenanalyse ist der Fehler zu finden.

Da die Geräte fast ausnahmslos über Prozessoren verfügen, die einfache Weihnachtsbaumbeleuchtung sei hier mal weggelassen, wird Prüfsoftware unumgänglich, wozu u. U. eigene Anschlüsse vorgesehen werden müssen.

7. Design for Yield (DfY)

Hier geht es um den Ertrag bzw. die Ausbeute von fertigen Produkten, die den gesamten Prozesses, angefangen bei der Planung bis zum Ende der Fertigung und Montage durchlaufen haben. Der Ertrag, Yield, ist das Verhältnis von fehlerfreien Produkten zur Gesamtanzahl der Produkte, typ. Angabe in %.

Werden also 100 Produkte insgesamt hergestellt und sind 80 davon fehlerfrei, festgestellt durch Tests nach der Fertigung/Montage, so ergibt das einen Ertrag von 80 %.

Werden neue Technologien eingeführt, so muss immer damit gerechnet werden, dass zunächst der Ertrag gering ist, da häufig Informationen über wahrscheinlich alle beteiligten Prozesse, angefangen vom Design bis zur Herstellung fehlen. Erst nach einer Einlaufkurve mit der Identifizierung von Fehlerquellen und dem Verstehen derselben können entsprechende Daten gewonnen werden, diese Prozesse fehlerfreier zu machen und den Ertrag zu steigern. Es ist nicht ungewöhnlich, dass auch nach längeren Prozessphasen der Ertrag nicht weiter gesteigert werden kann, weil man die Fehler zwar erkennt, aber die Ursachen dazu nicht beheben kann. Dann scheitert die Technologie für den betrachteten Prozess, was nicht heißt, dass sie nicht für andere Produkte geeignet ist.

Ein Beispiel dazu. In ein dünnes Trägermaterial aus dem Verbundwerkstoff Glasgewebe/Epoxidharz, wie es hauptsächlich für Substrate zur Montage von elektronischen Bauelementen verwendet wird, sollen hunderte Bohrungen mit einem Durchmesser von $< 200\,\mu\mathrm{m}$ und $100\,\mu\mathrm{m}$ Tiefe eingebracht werden. Das Plasmaätzen mit einem Sauerstoff-Fluorkohlenwasserstoff-Gemisch hat dabei eine Prozesszeit von ca. 25 Minuten für alle Bohrungen, unabhängig von der Anzahl der Bohrungen, da es ein paralleler Prozess ist. Die Geschwindigkeit war der große Vorteil des Verfahrens. Nachteilig, aber teilweise tolerierbar, waren die etwas zu großen Durchmessertoleranzen. Als großer Nachteil hat sich das Delaminieren des Verbundwerkstoffes herausgestellt, was letztlich zu sehr geringen Erträgen führte und die Ursachen dafür nicht eindeutig erkannt werden konnten. Für diesen Anwendungsfall konnte sich somit das Plasmaätzen nicht durchsetzen und wurde durch das sequentielle Laserbohren ersetzt.

Vier Hauptursachen von Ertragsverlusten seien hier genannt [17]:

- Systematische Fehler der Produktion. Das ist beispielsweise ein immer wiederkehrender und gleicher Versatz bei Bohrungen in Substraten.
- Parametervariationen beim Fertigungsprozess, wie Temperatur- oder Spannungsänderungen, beeinflussen die Leistungsparameter des fertigen Produktes. Bei Integrierten Schaltkreisen (ICs) können das beispielsweise Variationen in den Kanalbreiten oder den Dicken von Oxidschichten sein.

- Defekt-induzierte Fehler mit der Anfälligkeit der Fertigung durch Fremdpartikel und Kontaminationen.

  Fällt beispielsweise ein Fremdpartikel der Größe 50 µm auf ein Substrat und ist die zu übertragende Strukturbreite, die durch durch Fotolithographie von einem Original auf das Substrat übertragen werden soll, in der gleichen Größenordnung, so entsteht dort mit Sicherheit ein Strukturfehler.

  Dazu zählen auch die Entstehungen von Hillocks (Werkstoffanhäufungen) und Voids (Lunker, Leerstellen) auf den Leitungen von ICs infolge der Elektromigration, die zu Kurzschlüssen und Leitungsunterbrechungen führen. Elektromigration beschreibt einen Stofftransport infolge elektrischen Stroms.

- Design-induzierte Fehler, die durch Nichtbeachten von Regeln passieren, wie beispielsweise das Platzieren von elektronischen Bauelementen auf den Trägersubstraten zu dicht am Rand, so dass ein Einschieben der fertigen Baugruppe in ein Einschubsystem unmöglich wird.

8. Design for Reliability (DfRe)

Ein Gerät soll zuverlässig eine definierte Zeit funktionieren. Da stellt sich zugleich die Frage, was ist diese definierte Zeit. Bei all den Produkten, die einer hohen Innovation unterliegen, wie beispielsweise Smartphones, werden diese Zeiten geringer ausfallen als bei anderen.

Die Anforderungen an die Zuverlässigkeit reichen dabei von einem unproblematischen Ausfall (eine Baumbeleuchtung im Garten) über einen noch tolerierbaren Ausfall bis hin zu nicht tolerierbaren Ausfällen von Kraftwerken, besonderen medizinischen Einrichtungen, Serversystemen etc.

Grundsätzlich sollte gelten, dass jedes Gerät deutlich länger funktionieren sollte als der gesetzlich vorgegebene Garantiezeitraum von 2 Jahren, was nicht immer der Fall ist.

In diesem Zusammenhang muss auf die immer wieder geführte Diskussion der geplanten Obsoleszenz hingewiesen werden. Hierbei wird unterstellt, dass bei der Geräteentwicklung Schwachstellen eingebaut werden, die einen Ausfall des Geräts kurz nach der Garantie wahrscheinlich machen, gemäß des Sprichwortes: „Was lange hält, das bringt kein Geld". Eine Reihe von Geräteausfällen kurz nach der Garantie lassen diesen Schluss zwar zu, direkt bewiesen ist er jedoch nicht.

Zuverlässig funktionieren heißt, dass die geforderte Funktion ohne Einschränkung erfüllt wird. Das kann dadurch erreicht werden, dass alle elektronischen und nicht-elektronischen Bauelemente, Baugruppen und Geräte funktionieren oder aber, dass zusätzlich redundante Komponenten, Baugruppen und Systeme vorhanden sind, die bei einem Ausfall des ersten Systems die Funktion übernehmen.

Man denke beispielsweise an den Endlagenschalter einer Kranbahn in einer Halle. Fällt hier der mechanische Schalter aus, weil ein Schalthebel abgebrochen ist, so übernehmen ein induktiv wirkender Schalter und wenn dieser ausfällt, eine optische Lichtschranke die Funktion.

9. Design for Safety (DfS)

Das Design soll sicher sein. Dabei geht es um den Schutz des Menschen und der Umwelt vor den Gefahren eines Gerätes (Gefahrenfreiheit). Das bezieht sich auf eine elektrotechnische Gefährdung, wie einen Stromschlag, z. B. wenn ein spannungsführendes 230 V-Kabel berührt wird. Weiterhin geht es um die Sicherheit bei der Bedienung von Geräten und Anlagen. So muss verhindert werden, dass ein Maschinenbediener in eine Maschine fasst, bei der sich noch Teile bewegen, z. B. bei einer Presse.

Es gehört in jedem Fall eine Risikobeurteilung dazu. Das Risiko beschreibt als eine Wahrscheinlichkeitsaussage, wie sich aus Häufigkeiten möglicher Gefahren das Gefahrenpotenzial abschätzen lässt. Als Beispiel seien die aus vielen akkubetriebenen Geräten bekannten Lithium-Ionen-Batterien genannt. Wie hoch ist hier das Risiko eines Brandes? Eine Risikoabschätzung dürfte zeigen, dass mit extrem zunehmender Energiedichte (Leistung pro Volumen) die Brandgefahr durch eine nicht ausreichend kontrollierte Temperatur steigt.

10. Design for Minimum Risk (DfMR)

Ziel einer jeden Entwicklung wird es immer sein, Fehler zu vermeiden und Geräte so zu gestalten, dass sie auch bei widrigen Umgebungsbedingungen störungsfrei funktionieren. Die Vermeidung bzw. die Reduzierung des technischen Risikos eines Funktionsausfalls kann unter Umständen zu sehr aufwendigen und damit kostenintensiven Produkten führen. Das steht dann dem wirtschaftlichen Risiko, der Platzierung im Markt aufgrund eines hohen Preises mitunter entgegen. Hier sind also die technischen und wirtschaftlichen Risiken gegeneinander abzuwiegen. Selbstverständlich gibt es auch Ausnahmen. So muss der Reduzierung des technischen Risikos gegenüber dem wirtschaftlichen bei bestimmten medizinischen Geräten, beispielsweise für den OP-Bereich, klar der Vorrang eingeräumt werden.

11. Design for Ergonomics (DfE)

Die Ergonomie befasst sich mit der Frage, wie die Kommunikation zwischen Menschen und Geräten abläuft. Da geht es um die technische Ausgestaltung von Bedieneinheiten wie Tastern, Schaltern, Tastaturen und Touchscreens. Ein gutes Beispiel dafür sind vergrößerte Tasten bei Telefonen für ältere Menschen. Es hat sich eine Uhr mit eingebautem Taschenrechner mit kleinsten Tasten, die Vertiefungen aufwiesen, damit die Tasten mit einem Kugelschreiber bedient werden konnten, nicht durchgesetzt.

Bei den Visualisierungen, also den unterschiedlichsten Monitoren müssen die Darstellungen ausreichend groß sein.

Auch die Formen von Steckern/Buchsen spielen eine Rolle, d. h. wie fassen sie sich an und wie gut können sie gesteckt und wieder gezogen werden.

Die Softwareergonomie beschreibt dagegen, wie die Bedienoberfläche der Software gestaltet ist. Ziel muss es immer sein, diese so einfach und transparent zu gestalten, damit der Bediener sie schnell und problemlos und ohne Handbuch nutzen kann.

12. Design for Aesthetics (DfAe)

Neben der technischen Gestaltung der Produkte rücken immer mehr Fragen der Ästhetik und des persönlichen Empfindens in den Vordergrund. Dabei geht es insbesondere um die Produktgruppen, die von sehr vielen Käuferschichten nachgefragt werden. Das betrifft typisch den gesamten Heimelektronikbereich, die Kommunikationstechnik, insbesondere mit den Smartphones, oder auch den Automobilbereich. Aber auch der Industriebereich hat sich immer mehr diesen Fragen geöffnet mit besonderer Industriearchitektur oder dem Design von Maschinen und Anlagen. Vereinfacht gesagt, Form und Farbe sind ein wesentlicher Bestandteil der Produktentwicklung geworden.

Das persönliche Empfinden soll durch die Individualisierung von Produkten immer mehr Lifestyle-Gefühl, Modernität und Individualität ausdrücken. Damit ist nicht gemeint, dass ein Produkt nur individuell gefertigt wird, sondern dass es durch zusätzliche Merkmale und Eigenschaften ergänzt wird. Beispielhaft seien hier Griffschalen für Smartphones genannt, die mit unterschiedlichsten Graphiken bedruckt werden können.

Damit wird ersichtlich, dass das Umsetzen dieser Fragestellungen besonders der Mitarbeit, wenn nicht sogar der Dominanz, von Designern, Künstlern und Psychologen bedarf.

13. Design for Haptics (DfH)

Hierbei geht es allgemein um die Empfindung einer Berührung. Die Rezeptoren der Haut verbinden sich mit Informationen von Bewegungen und Verbindungen zwischen der Haut und einem Gegenstand und zeigen eine Empfindung entsprechend einer Oberflächengestaltung an, d. h. wie fühlt sich ein Gegenstand oder besser eine Oberfläche an. Zwei Beispiele sollen das verdeutlichen.

Bekanntlich gibt es unterschiedliche Gestaltungen der Innenverkleidung von Automobilen. Hier fängt es bei unterschiedlichen Hölzern bei Oldtimern an und geht über verschiedene Kunststoffverkleidungen und Kunstleder bis hin zu echtem Leder. Die Anmutung dieser Oberflächen ist individuell natürlich verschieden, aber am meisten wird doch eine echte Lederoberfläche als besonders angenehm empfunden und „fasst" sich einfach besser an. Da es als edel und relativ teuer gilt, kommt sicher noch ein weiterer psychologischer Aspekt hinzu.

Das Empfinden der Berührung kann als ein Werkzeug für das Interface zwischen Mensch und Gerät betrachtet werden. Dabei gibt es passive und aktive Systeme. Die passiven nehmen ein Signal entsprechend einer Berührung auf, während die aktiven mittels eigener Aktoren zusätzlich ein Feedback, beispielsweise über Vibrationen, geben. Typisch für ein solches Werkzeug ist ein Touchscreen, wie er bei einer Vielzahl von Geräten eingesetzt wird, wobei das am meisten verbreitete wohl die Anwendung in Smartphones ist. Die unterschiedlichen Bewegungen der Finger und ein unterschiedlicher Fingerdruck steuern so die Interaktion zwischen dem Bediener und dem Gerät.

14. Design against Corrosion (DaC)

Korrosionserscheinungen sind die Reaktionen eines Metalls oder einer Legierung mit seiner Umgebung. Die Oxidbildung kann dabei gewollt oder ungewollt sein. Die gewollte

Oxydation ist vor allem im Designbereich zu finden oder aber auch in der Oberflächengestaltung von Aluminium als natürliche Schutzschicht.

In der Elektronik ist sie eine unerwünschte Erscheinung. So oxidiert eine reine Kupferoberfläche schon sofort nach dem Reinigungsprozess. Nach wenigen Monaten hat sich eine leicht schwärzliche Oxidschicht aufgebaut, die ohne Hilfsmittel, das sind Flussmittel, nicht mehr zu löten ist. Insbesondere die am weitesten verbreitete Verbindungstechnik, das Löten, benötigt oxidfreie Oberflächen. Das bedeutet, dass der Ingenieur durch geeignete Maßnahmen diesen Prozesszustand schaffen muss, typischerweise durch die Anwendung oxidfreier Schutzschichten, wie beispielsweise ein Schichtaufbau von Nickel und Gold auf den Kupferanschlussflächen (Pads) der Verbindungssubstrate (Leiterplatten). Nickel stellt dabei eine Diffusionsbarriere zwischen Kupfer und Gold dar und Gold selbst ist der beste Korrosionsschutz, da es nicht korrodiert.

Eine weitere unerwünschte Wechselwirkung entsteht durch die elektrochemische Korrosion. Werden 2 oder mehrere Metalle/Legierungen unterschiedlichen elektrochemischen Potenzials zusammen gebracht und einer leitfähigen Umgebung (Elektrolyten) ausgesetzt, so korrodiert das mit dem negativeren Standardpotenzial, d. h. es löst sich auf. Das kann zu flächenhafter Korrosion, zu Lochfraß oder auch einem Materialabtrag an einer Lötstelle, hier durch aggressive Flussmittelrückstände, führen.

Auch Hilfsmittel für die Fertigung sind zu beachten. Werden aggressive Flussmittel verwendet um dickere Oxidschichten zu entfernen, so verursachen die Rückstände Korrosion und sind zwingend nach dem Prozess zu entfernen.

15. Design to Standards (DtS)

Das Einhalten von nationalen und internationalen Standards ist für das Zusammenwirken der unterschiedlichsten Elektronikkomponenten von fundamentaler Bedeutung. International gültige Standards werden dann typischerweise in nationale Regeln und Gesetze überführt.

Das betrifft, was die Elektronik angeht, besonders die geometrischen und elektrischen Schnittstellen der einzelnen Elektronikkomponenten. So hat eine Grafikkarte für einen PC eine genormte geometrische Schnittstelle, damit sie auf jeden Slot in einem beliebigen PC passt. Die elektrische Schnittstelle zeigt die Signalpegel und die Steckerbelegung an.

Eine konsequente und sehr umfassende Erweiterung dessen führte zum 19-Zoll-Aufbausystem, das weltweit gültig ist und es gestattet, in dieses definierte Schranksystem nur genau definierte Baugruppen beliebiger Hersteller zu integrieren. Von der Geometrie her bedeutet das, dass nur Baugruppen im Euro- oder Doppeleuroformat eingesetzt werden, siehe dazu auch das folgende Kapitel.

Während alle Integrierten Schaltkreise nach außen eine definierte Geometrie der Anschlüsse, der Anschlussbelegung und der Signalpegel aufweisen, kann das Design im Inneren relativ frei gestaltet werden.

Bezüglich der Gehäuse müssen Kleingeräte wie Brandmelder oder Smartphones nicht zwangsläufig standardisiert sein, wohl aber die Schnittstellen nach außen, wie die Anschlüsse für Ladekabel oder die Funkprotokolle.

Bei dieser Betrachtung ist in *Normen* und *Standards* zu unterscheiden. Während Normen Regeln, Regelwerke und Standards umfassen, die durch Normungsgremien veröffentlicht werden, können Standards auch ohne Normung geschaffen werden. Man kann diese dann durchaus als Quasinorm auffassen. Ein Beispiel dazu ist die IPC-A-610 Abnahmekriterien für elektronische Baugruppen, in der jeweils aktuellsten Fassung, derzeitig H in deutscher Fassung von Oktober 2020.

Im Folgenden werden die wesentlichen Normen und deren Abkürzungen erläutert:

- **DIN** (Deutsches Institut für Normung), die nationalen Normen werden zunehmend durch europäische und internationale Normen ersetzt.
- **EN** (Europäische Normen), sie dienen der Harmonisierung von Regeln und Standards und werden in jeweils nationales Recht überführt. Sie werden von einem der drei Gremien ratifiziert, den Europäischen Komitees für Normung (CEN) und für elektrotechnische Normung (CENELEC) sowie dem Europäischen Institut für Telekommunikationsnormen (ETSI).
- **ISO** (International Organization for Standardization) sind internationale Normen zur weltweiten Harmonisierung von Regeln und Standards, vorwiegend für Mechanik.
- **IEC** (International Electrotechnical Commission) für internationale Normen aus dem Gebiet der Elektrotechnik/Elektronik.
- **DIN EN** ist die Übernahme einer europäischen Norm in eine deutsche.
- **DIN EN ISO** ist die Übernahme einer von ISO oder CEN entstandenen Norm in eine deutsche.
- **DIN EN IEC** ist die Übernahme einer von IEC oder CEN entstandenen Norm in eine deutsche.
- **DIN ISO** ist die Übernahme einer internationalen Norm in eine deutsche.
- **DIN IEC** ist die Übernahme einer IEC-Norm in eine deutsche.

16. Design for Maintainability/Serviceability (DfMS)

Produkte unterliegen während ihrer Nutzung einem Verschleiß bzw. einer Abnutzung, einer Veränderung des Werkstoffverhaltens und ähnlichem. Daraus folgt, dass einzelne Teile oder Baugruppen ersetzt werden müssen.

Inhaltlich gehören zum instandhaltungsgerechten Design die Wartung mit dem Aufrechterhalten des IST-Zustandes, die Inspektion mit der Feststellung und Beurteilung des IST-Zustandes und die Instandsetzung als Wiederherstellungsmaßnahme. Grundsätzlich ist dabei in die *vorbeugende und sanierende Instandhaltung* zu unterscheiden. Während bei der ersteren die Bauteile nach vorgegeben Plänen vorbeugend ausgetauscht werden, so dass erst gar kein Ausfall entstehen kann, erfolgt bei der zweiten der Austausch nach einem Ausfall.

Ein Beispiel dazu: Wird ein mechanisches Teil einer dauernden Schwingungsbelastung ausgesetzt, so erfolgt nach einer bestimmten Lastwechselzahl und der Amplitude der Schwingungen ein Ermüdungsbruch (siehe dazu die Wöhlerkurve). Der vorbeugende Austausch des Teils verhindert in diesem Fall den Funktionsausfall, setzt aber voraus, dass die Bedingungen für die Ermüdungserscheinungen vorhersehbar sind. Sind diese Bedingungen nur unzureichend bekannt, müsste das Teil sehr früh ausgetauscht werden, was aus Kostengründen nicht immer sinnvoll ist.

Servicegerecht heißt, dass Instandhaltungsmaßnahmen praktikabel realisiert werden. Das sind die Fragen nach einer guten Zugänglichkeit der zu tauschenden Teile, ein geringer Demontage- und Montageaufwand oder auch der Verzicht auf Spezialwerkzeuge, wie beispielsweise der Verzicht auf Schrauben mit speziellen Köpfen, die Sonderschraubendreher benötigen.

Servicegerecht heißt aber auch, das Verschleißteile überhaupt ausgetauscht werden können. Immer häufiger ist zu beobachten, dass sehr einfache und damit sehr kostengünstige Verschleißteile wie Dichtungen nicht einzeln ausgetauscht werden können, sondern nur in Zusammenhang mit einer Baugruppe. Das kann in Verbindung mit dem Austauschaufwand dazu führen, dass ein neues Produkt dann billiger wird. Der Grund ist eindeutig – ein größerer Gewinn für den Hersteller, also gut für den Hersteller, schlecht für den Nutzer/ Verbraucher. Von Nachhaltigkeit kann hier dann nicht gesprochen werden.

Ein einfacher Teiletausch bedeutet auch den Verzicht auf Justagen, die sehr zeitaufwendig sein können und u. U. Spezialausrüstungen erfordern.

17. Design for Recycling/Disposal (DfRD)

Ziel einer jeden Produktentwicklung muss es sein, die Produkte so zu gestalten, dass nach Ablauf ihrer Nutzung eine möglichst hohe Recyclingrate erzielt werden kann.

Problematisch wird das immer dann, wenn eine Vielzahl unterschiedlichster Materialien in Verbundwerkstoffen vorkommt. Das Trennen in die einzelnen Werkstofffraktionen kann dann sehr aufwändig werden. Während bei Metallen eine Wiederverwertung problemlos möglich ist, verhält sich das bei Polymeren anders. Epoxidharze können nicht wieder entsprechend ihrer Ursprungsfunktion, wie Kleben oder Spachteln Verwendung finden, sondern müssen anderen Nutzungen zugeführt werden, wie beispielsweise als fein gemahlenes Füllmaterial.

Ist die Recyclingrate zu niedrig und nur mit hohem Aufwand zu steigern, so sollte eine Materialsubstitution in Betracht gezogen werden.

Das grundlegende Ziel des Materialeinsatzes mit einem 100 % Recycling, wie es oft gefordert wird, kann es prinzipiell nicht geben. Selbst wenn das verwendete Material vollständig wieder verwendet wird, erfordert jeder Recyclingprozess zusätzliche Energien. Es muss also in diesem Zusammenhang immer heißen „maximale Recyclingrate bei minimalstem Energieeinsatz".

Auch der Einsatz neuer Werkstoffe mit deutlich verbesserten Eigenschaften, wie beispielsweise höherer Festigkeit, führen zur Verringerung des Materialeinsatzes.

Verallgemeinert heißt das für die Produktentwicklung: Minimierung des Einsatzes aller Ressourcen mit sparsamstem Materialeinsatz, Reduzierung der Betriebsstoffe und der notwendigen Versorgungsenergien.

Die Entsorgung des Restprodukte auf Deponien muss auf ein Minimum reduziert werden. In diesem Zusammenhang ist auch die Entwicklung des Elektroschrottes zu sehen.

So betrug dieser 2019 weltweit 53,6 Mio t, von denen nur 9,3 Mio t, das entspricht 17,4 %, recycelt wurden. Bis 2030 wird mit einem Anstieg des Elektroschrotts auf 74,7 Mio t, das entspricht einer jährlichen Steigerung um ca. 2 Mio t, gerechnet [6].

18. Design for Quality (DfQ)

Die Vielfalt innerhalb der einzelnen Produktgruppen nimmt ständig zu. Um so wichtiger ist es, Kriterien und Eigenschaften herauszukristallisieren, die ein Produkt von anderen abgrenzt bzw. heraushebt. Die Qualität spielt dabei eine immer größere Rolle, so dass bereits bei der Planung des Produktes die Qualitätsparameter festgelegt werden müssen.

Ein Beispiel dafür ist der Touchscreen eines Smartphones. Qualität bedeutet hier insbesondere hohe Kratz- und Bruchfestigkeit. Bei einem Automobil sind es z. B. die Spaltmaße zwischen Karosserie und Türen.

Nur die Qualität ausschließlich im Fertigungsprozess zu betrachten reicht heute nicht mehr aus, vielmehr muss der gesamte Lebenszyklus betrachtet werden, siehe dazu auch das Design for Six Sigma (DfSS), Nr. 23.

19. Design for Logistics (DfL)

Die Entwicklungs- und Produktionskosten und die Kosten der gesamten Logistik müssen ein Minimum sein – eine fundamentale Aussage, die allerdings nicht immer Berücksichtigung findet. Die Logistik mit Verpackung, Transport, Lagerung, Auslieferung etc. der Produkte und die Logistik des Engineering sind nicht zu unterschätzende Kostenfaktoren. Logistik des Engineering bedeutet, dass Engineering-Personal des Unternehmens bei den Produzenten vor Ort sein muss, was teilweise mit erheblichen Reiseaufwendungen und Abstimmungs- und Überwachungsaktivitäten einhergeht, wenn die Produktion in sehr entfernten Regionen erfolgt. Dieser Aufwand kann durchaus schnell die Kostenvorteile einer billigen Produktion überschreiten.

Logistik bedeutet aber auch, dass Produkte mit großen Volumen und Massen so entwickelt und gestaltet werden müssen, dass sie überhaupt transportiert werden können. Montagen von Teilen müssen vor Ort möglich sein.

Mit der Produktmenge nimmt auch die Menge der Verpackungen zu, was zu neuen Herausforderungen der Entsorgung oder Wiederverwendung des Verpackungsmaterials führt. Insbesondere Kunststoffe sind hier als problematisch einzustufen, wobei die Zersetzung in Mikrokunststoffteile völlig neue Gesundheitsproblematiken nach sich zieht.

20. Design for Life Cycle (DfLC)

Hier erfolgt eine ganzheitliche Betrachtung der einzelnen Stufen eines Produktlebenszyklus mit seinen Wechselwirkungen und insbesondere Einflüssen auf die Umwelt, soziale und wirtschaftliche Umfelder. Die Methode dazu ist die Life Cycle Analysis, LCA. Wie gut diese Analyse ist, hängt von zwei entscheidenden Faktoren ab. *Erstens* der Definition der Ziele und des Umfangs der Betrachtung, wie die Auswirkungen des Produktes über den gesamten Produktlebenszyklus gesehen werden. *Zweitens* von der Datenbasis, die zur Verfügung steht, um alle Auswirkungen bewerten zu können. Eine solche Datenbasis ist oft schwer zu erhalten bzw. wird von Unternehmen oft unter Verschluss gehalten.

Stellt beispielsweise ein Unternehmen Papierbecher für Kaffee her, so müsste in der LCA auch betrachtet werden, wo und wie Bäume dazu geschlagen werden, welche Auswirkungen es auf die Umwelt gibt, wie wieder aufgeforstet wird, was das kostet und wie die sozialen Bedingungen vor Ort aussehen. Tut das Unternehmen das alles? Häufig wird in Unternehmen nur ein schmaler Ausschnitt betrachtet, insbesondere die Verpackung und der Transport oder nur des Endes des Lebenszyklus.

Für eine vollständige Analyse müssen fünf Hauptschritte betrachtet werden:

- Die *Materialgewinnung* aus den Rohstoffen mit der Problematik, dass bestimmte Rohstoffe dann nicht mehr existent sind. Man denke an die endlichen Vorkommen von Erdöl oder Kupfererz. Und es geht um den Energieverbrauch zur Extraktion.
- Bei der *Herstellung* fallen Reststoffe an, es entstehen Emissionen, man denke an die CO_2-Problematik und es wird Energie für die Prozesse benötigt.
- *Verpackung und Transport* binden Verpackungsmaterial, Betriebsstoffe und Energie. Kunststoffverpackungen mit der Entsorgungsproblematik und Abgase von Schiffsmotoren, die mit Schweröl betrieben werden, seien hier beispielhaft genannt.
- Während der *Nutzung* entstehen Energieverbräuche, Emissionen, Verunreinigungen von Gewässern etc.
- Das *Endes des Lebenszyklus* bedeutet, was passiert mit dem Schrott. Recycling, Deponie, Verbrennung seinen hier genannt, aber alles belastet die Umwelt.

An dieser Stelle muss festgestellt werden, dass die Betrachtung dieses Life Cycle Thinking in dieser Hinsicht noch relativ am Anfang steht. Bedingt durch die schnellen globalen Veränderungen, wie absehbare Endlichkeit vieler Rohstoffe, den zunehmenden CO_2 Emissionen, einem zunehmendem Energieverbrauch, einer wachsenden Erdbevölkerung und vielen weiteren Einflüssen, Prozessen und Parametern, wird sie schnell an Bedeutung gewinnen.

21. Design for (short)Time to Market (DfTM)
Je eher ein Produkt im Vergleich zu den Mitbewerbern auf dem Markt ist, desto höher ist der erzielbare Einstiegspreis des Produktes am Markt. Damit verbunden sind kurze Entwicklungs- und Konstruktionszeiten und eine schnelle Produktherstellung. Simultaneous Engineering (SE) und Concurrent Engineering (CE) sind dabei unverzichtbare Konzepte, siehe Abschn. 1.3.

22. Design to Cost (DTC)
Grundsätzlich geht es hier um ein aktives, vorausschauendes und immer wieder anzupassendes sowie kontrollierendes Kostenmanagement über den gesamten Lebenszyklus eines Produktes.

Den technischen Prozessen wird damit eine Methode des Kostenmanagements gleichberechtigt zur Seite gestellt. Das bedeutet, dass Kosten nicht allein das Ergebnis technischer Entwicklungen und Prozesse sind, wie bei der traditionellen Kostenrechnung, sondern als ein fester Bestandteil im Lastenheft verankert werden.

Hauptziel ist die Einhaltung des vorgegebenen Kostenrahmens unter Beibehaltung der geforderten technischen Funktionalität und des Design der fertigen Produkte.

Aktiv bedeutet dabei, dass diese Methode nicht starr ist, sondern das Kostenmanagement ständig operiert und nicht erst am Ende einer Entwicklung oder Teilentwicklung den erreichte Zustand kostenmäßig dokumentiert.

Vorausschauend und immer wieder anpassend bedeutet, den Markt der Kunden und Zulieferer ständig im Blick zu haben, um auf veränderte Marktsituationen sofort reagieren zu können. Das ist von besonderer Bedeutung für lange Zyklen, während dieser Zeit sich teilweise größere Veränderungen vollziehen können. So kann sich der Preis von zugelieferten Rohstoffen und Materialien in kurzer Zeit deutlich erhöhen, was sofortige Reaktionen des Kostenmanagements zur Folge haben muss.

Laufende Kontrollen der Kosten sollen helfen, Kostentreiber zu identifizieren und zusammen mit der Technikabteilung diese zu beseitigen. Werden besonders bei komplexeren Projekten Kostenüberschreitungen sichtbar, so muss es das Ziel sein, die Kosten nicht nach der Rasenmäher-Methode, also überall gleich bzw. mit dem gleichen Prozentsatz zu kürzen, sondern gezielt entsprechende Teile herauszufinden, für die eine Kostenreduktion am besten erscheint.

23. Design for Six Sigma (DfSS)

Das Six Sigma Konzept ist eine komplexe Methode zur Verbesserung von Produkten und Prozessen mit dem Ziel, das „Null-Fehler-Prinzip" umzusetzen [7, 16].

Six Sigma beschreibt die Güte oder Qualität von Prozessen, die es zu erreichen gilt. Sie resultiert aus der Normalverteilung, auch Gauß'sche Glockenkurve, Abb. 1.6, wobei die Toleranzgrenze für den Six Sigma Prozess mit einer Streubreite von $\pm 6\,\sigma$ festgelegt ist.

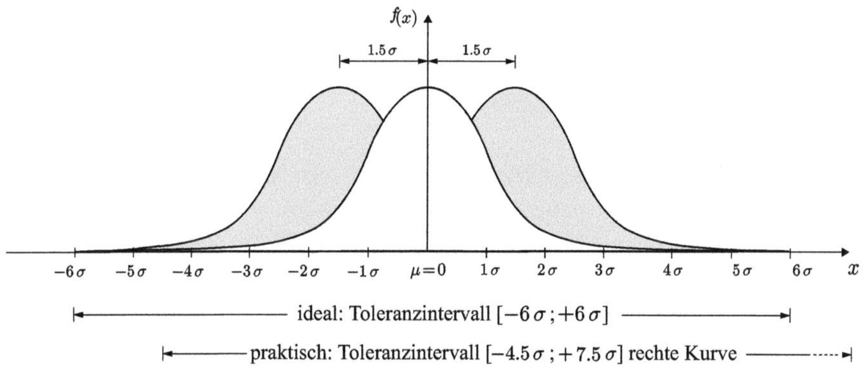

Abb. 1.6 Normalverteilung und Six Sigma

Zur Erläuterung: Der Kurve ist zu entnehmen mit welcher Häufigkeit $f(x)$ ein Wert x auftritt. Die jeweilige Fläche unter der Kurve zeigt an, wie häufig der Wert μ = Erwartungswert mit einer definierten Toleranz $\pm(1\ldots6)\,\sigma$ vorkommt. Für einen Bereich $\pm1\,\sigma$ liegen demnach 68,27 % innerhalb der Toleranzgrenzen, wogegen es in einem Bereich von $\pm3\,\sigma$ bereits 99,73 % sind. Fehlerhaft sind bei letzterem somit 0,27 % oder 2700 ppm (parts per million).

Betrachtet man nun einen Prozess im Sinne des Six Sigma, so stellt man fest, dass praktisch über einen Zeitraum gesehen der Prozess um den Mittelwert μ mit $\pm1,5\,\sigma$ schwankt, d. h. die Kurve sich entsprechend um diesen Betrag nach rechts und links verschiebt. Für die nach rechts verschobene Kurve ergibt sich das Toleranzintervall dann zu $[-4,5\,\sigma;\ +7,5\,\sigma]$. Die Fläche unterhalb dieser Kurve außerhalb dieses Toleranzintervalls stellt die Fehlerquote dar und beträgt dann 3,4 ppm [16, S. 4]. Eine nicht verschobene Kurve mit $\pm6\,\sigma$ würde dagegen eine Fehlerquote von 1,93 ppm aufweisen.

Während die konventionellen Six Sigma Ansätze nahezu ausschließlich die Produktionsprozesse betrachteten, gehen heutige Six Sigma Konzepte weit darüber hinaus.

Das Six Sigma DMAIC Konzept ist vor allem eine Methode zur Verbesserung/Optimierung von bestehenden Prozessen und Produkten und besteht aus fünf Phasen:

- *Define*: Der Umfang der Verbesserungen wird festgelegt und die Rahmenbedingungen dafür werden geschaffen.
- *Measure*: Der IST-Zustand der Prozesse wird ermittelt, d. h. alle notwendigen Daten werden zusammengetragen und die Zielgrößen werden bestimmt.
- *Analyze*: Analyse der Einflussfaktoren auf die Zielgrößen, insbesondere auch mit statistischen Methoden.
- *Improve*: Nach der Entwicklung und Testung einer oder mehrerer Lösungen, z. B. auf Basis unterschiedlicher Wirkprinzipien, erfolgen die Verbesserungen/Optimierungen für die Lösung bzw. für die aus mehreren ausgewählte Lösung.
- *Control*: Die Eigenschaften des realisierten Produkts werden mit denen in der Define Phase festgelegten abgeglichen und es muss sichergestellt werden, dass für einen definierten Zeitraum das auch erhalten bleibt, d. h. es muss beispielsweise eine Ersatzteilversorgung sichergestellt werden.

Jede dieser fünf Phasen hat eigene Methoden. So gehören beispielsweise statistische Test zur Phase Measure und statistische Analysen und Auswertungen zur Phase Analyze.

Für die Entwicklung neuer Produkte und Technologien ist die DMAIC-Methodik weniger geeignet, da sie auf die bestehenden Zustände (Produkte, Technologien und Prozesse) fokussiert ist. Beispielsweise fehlen in diesem Ansatz Bewertungskriterien für neu entwickelte oder zu entwickelnde Fertigungstechnologien. Das trifft auch auf den Einsatz völlig neu entwickelter Werkstoffe oder Werkstoffverbünde (Komposite) zu. Ein Beispiel hierfür ist der carbonfaserverstärkte Kunststoff (CFK), kurz auch nur Carbon, als ein Werkstoff der Aluminiumlegierungen ersetzt. Aber nicht nur ersetzt, sondern auch aufgrund veränderter und erweiterter Eigenschaften neue Einsatzperspektiven schafft. Um den neuen

Werkstoff im Zusammenhang mit den bisherigen Produkten, Technologien und Prozessen oder auch in einem neuen Kontext bewerten zu können, braucht es neue Ansätze.

Ein bekannter DfSS Ansatz ist beispielsweise die PIDOV-Methodik mit den fünf Phasen:

- *Plan*: Hier werden die Voraussetzungen und die Rahmenbedingungen für das Projekt geschaffen und das Ziel wird definiert. Diese Phase ist nahezu identisch mit der Phase Define des DMAIC-Methodik
- *Identify*: Die Anforderungen der Kunden (externe und eigene) werden ermittelt und analysiert mit dem klaren Ziel, eine möglichst exakte und vollständige Spezifikation der zu entwickelnden Produkte zu erhalten. Diese Phase unterscheidet sich erheblich von der 2. Phase Measure der DMAIC-Methodik, denn Measure ist hier nicht anwendbar, da es um Neues geht.
- *Design*: Hier werden unterschiedliche Lösungen erarbeitet, die i. d. R. auf unterschiedlichen Prinzipien basieren werden. Anschließend werden sie bewertet und eine Lösung wird ausgewählt. Kreativität bei der Lösungssuche steht hier im Vordergrund. Zum Bewerten und Vergleichen sind vor allem die Patentrecherchen zu nennen, da mögliche Patentverletzungen erkannt werden müssen.
- *Optimize*: Die ausgewählte Lösung wird im Detail ausgearbeitet. Das Ergebnis sind technische Zeichnungen, Berechnungen, Stücklisten, Stromlaufpläne etc. und weitere Spezifikationen sowie Hinweise/Vorgaben für die Fertigung.
- *Validate*: Letztlich werden die Vorgaben mit den erzielten Werten abgeglichen. Dazu werden Produkterprobungen durchgeführt und die technologischen Möglichkeiten der Herstellung überprüft.

Der klassische Six Sigma Ansatz orientiert sich insbesondere auf die Prozessseite. DfSS erweitert die Betrachtung um die Sicht auf die Produktentwicklung, was die eigentliche Innovation ausmacht. Dazu gehört auch eine neue Sichtweise bei der Kundenorientierung, d. h. schon in dieser frühesten Phase des Produktlebenszyklus sollen mögliche Fehlerquellen erkannt werden.

Diese Designregel ist die wohl umfassendste und kann als eine Klammer um alle anderen Regeln aufgefasst werden, um komplexe Produkte und Prozesse mit der Zielstellung des „Null-Fehler-Prinzips" realisieren zu können.

24. Security by Design

Security by Design (Secure by Design) ist ein ganzheitliches Konzept, das über den gesamten Produktlebenslauf betrachtet wird und das Ziel hat, die IT-Sicherheit von Hard- und Software sicherzustellen. Dabei geht es um die Verbindungen von Produkt zu Produkt und von Produkt zum Internet.

Ein wesentliches Element ist die Risikobewertung für mögliche Bedrohungslagen, sei es durch Cyberattacken oder unbeabsichtigte fehlerhafte Eingriffe durch andere Geräte/ Software oder Bedienfehler.

Security by Design ist nicht nur als ein Teil der Technik zu verstehen, sondern muss als grundlegende Unternehmensphilosophie aufgefasst werden.

Diese Philosophie ist kein „Kann" sondern ein „**Muss**".

Orientierungshilfen bieten [5] und [2].

1.6 Potenzielle Gegensätzlichkeiten der Design Guidelines

Betrachtet man die Design Guidelines, so ist zu erkennen, dass es eine Reihe von möglichen Gegensätzlichkeiten bei der Anwendung der Regeln gibt.

Beispiel 1:

Betrachtet werden das Design for Manufacturing and Assembly (DfMA) zusammen mit dem Design to Cost (DTC) einerseits und das Design for Maintainability/Serviceability (DfMS) andererseits.

So ist die Montage von Geräteteilen mittels Snap-In-Verbindungen technologisch einfach und schnell und somit kostengünstig. Muss man im Falle eines Gerätefehlers das Gerät demontieren, so machen gerade diese Snap-In-Verbindungen teilweise Probleme bei der Demontage von Geräteteilen. Entweder sind sie schlecht zu erkennen oder es sind zu viele oder die Zugänglichkeit der Verbindungen zum Lösen ist nicht gegeben oder alles zusammen. Die Folge davon ist, dass ein Demontagevorgang mit Beschädigungen einhergehen kann und neue Teile eingesetzt werden müssen, die zuvor gar nicht defekt waren.

Beispiel 2:

Eine weitere Gegensätzlichkeit kann zwischen dem Design for Materials (DfMa) und dem Design for Recycling/Disposal (DfRD) bestehen. Die besonderen Eigenschaften von Verbundwerkstoffen führen zu einer enormen Bandbreite der Anwendung. Je komplexer diese Werkstoffverbünde werden, um so technologisch anspruchsvoller und somit auch kostenintensiver werden Recycling und Entsorgung. So kann ein Epoxidharz/Glasgewebe z. B. mittels eines Sauerstoffplasmas in einzelne Fraktionen zerlegt werden. Die Sauerstoffradikale des Plasmas schließen die Polymerketten auf und lassen gasförmige Bestandteile zurück. Das Glasgewebe wird dabei nicht angegriffen. Der Verbundwerkstoff wird zwar zerlegt, aber mit einem hohen technologischen und finanziellen Aufwand. Dazu kommt, dass in den Gasbestandteilen auch Stoffe wie Fluor enthalten sein können, die als Ozonkiller gelten und damit gebunden werden müssen. Das alles verhindert derzeitig einen großtechnischen Recyclingeinsatz.

Fazit:

Die Design Guidelines durchziehen zusammen mit den sich innewohnenden Gegensätzlichkeiten den gesamten Produktlebenslauf und stellen Entwicklungs- und Fertigungsingenieure sowie Betriebswirte vor große Herausforderungen, die mit der Komplexität eines Produktes stark anwachsen.

Literatur

1. Bundesministerium der Justiz: *Gesetz über die elektromagnetische Verträglichkeit von Betriebsmitteln (EMVG)*. 14. Dezember 2016. Berlin,
2. Norm DIN EN IEC 62443-4-1 (VDE 0802-4-1) Oktober 2018. *IT-Sicherheit für industrielle Automatisierungssysteme – Teil 4-1: Anforderungen an den Lebenszyklus für eine sichere Produktentwicklung*
3. BUNDESMINISTERIUM DER JUSTIZ UND FÜR VERBRAUCHERSCHUTZ (Hrsg.): *Elektro- und Elektronikgeräte-Stoff-Verordnung – ElektroStoffV*. 19. April 2013 (BGBl. I S. 1111), Zuletzt geändert durch Art. 1 V v. 3.7.2018 I 1084. Berlin: Bundesministerium der Justiz und für Verbraucherschutz
4. EHRLENSPIEL, K.; MEERKAMM, H.: *Integrierte Produktentwicklung: Denkabläufe, Methodeneinsatz, Zusammenarbeit*. 7. Auflage. Carl Hanser Verlag GmbH & Co. KG, 2017
5. FIRMENSCHIFT: *Handreichung Security By Design – Leitfaden für die Entscheidungsebene*. Bundesverband IT-Sicherheit e. V. (TeleTrusT), 2023
6. FORTI, V.; BALDÉ, C. P.; KUEHR, R.; BEL, G.: *The Global E-waste Monitor 2020*. United Nations University (UNU)/UnitedNations Institute for Training and Research (UNITAR) – co-hosted SCYCLE Programme, International Telecommunication Union (ITU) & International Solid Waste Association (ISWA), Bonn/Geneva/Rotterdam, 2020
7. GAMWEGER, J.; JÖBSTL, O.; STRORMANN, M.; SUCHOWERSKYI, W.: *Design for Six Sigma*. Carl Hanser Verlag, 2009
8. GRAZER, F.: Erste und dritte Welt kämpfen gegen den Elektronikschrott. In: *Elektronik-Praxis* (25.09.2012)
9. GROBER, U.: *Die Entdeckung der Nachhaltigkeit*. Verlag Antje Kunstmann, München, 2013
10. HERB (HRSG.), R.; TERNINKO, J.; ZUSMAN, A.; ZLOTIN, B.: *TRIZ Der Weg zum konkurrenzlosen Erfolgsprodukt*. Verlag Moderne Industrie AG, 1998
11. LINDEMANN, U.: *Handbuch Produktentwicklung*. Carl Hanser Verlag GmbH & Co. KG, 2016
12. PAHL, G.; BEITZ, W.; BEDER, B. (Hrsg.); GERICKE, K. (Hrsg.): *Konstruktionslehre*. 9. Auflage. Springer Verlag, 2021
13. PAHL, G.; BEITZ, W.; FELDHUSEN, J.; GROTE, K.-H.: *Konstruktionslehre*. 7. Auflage. Springer Verlag, 2007
14. VEREIN DEUTSCHER INGENIEURE (Hrsg.): *Entwicklungsmethodik für mechatronische Systeme*. VDI 2206. Düsseldorf: Verein Deutscher Ingenieure, 2004
15. VEREIN DEUTSCHER INGENIEURE (Hrsg.): *Entwicklung technischer Produkte und Systeme – Gestaltung individueller Produktentwicklungsprozesse*. VDI 2221, Blatt 2. Düsseldorf: Verein Deutscher Ingenieure, 2019
16. WAPPIS, J.; JUNG, B.: *Null-Fehler-Management, Umsetzung von Six Sigma*. Carl Hanser Verlag, 2016
17. ZORIAN, Y.; GIZOPOULOS, D.: Guest Editors' Introduction: Design for Yield and Reliability. In: *IEEE Design & Test of Computers* (May–June 2004)

Gerätemodell und Geräteaufbau   2

Inhaltsverzeichnis

© Der/die Autor(en), exklusiv lizenziert an Springer-Verlag GmbH, DE, ein Teil von   45
Springer Nature 2024
R. Schmidt, D. Hauschild, I. Kluge, *Elektronik Design: Theorie und Praxis*,
https://doi.org/10.1007/978-3-662-68676-8_2

Am Anfang stehen die Fragen:

- Was macht das Gerät bzw. was soll das Gerät machen?
- Was sind seine einzelnen Funktionen oder gibt es eine Gesamtfunktion?
- Wie kann das Gerät systematisch entwickelt und konstruiert werden?
- Wie ist mit einer zunehmenden Komplexität eines Gerätes umzugehen?

Danach richten sich die Betrachtungen auf die Gerätesynthese. Damit soll es ermöglicht werden, die einzelnen Funktionen und deren geometrisch-stoffliche (konstruktive) Umsetzung gestalten zu können.

Allgemein betrachtet ändern sich in den Geräten die Flüsse von Energien, Stoffen (Material) und Signalen (Informationen). Die Umsätze dieser Kategorien sind die globalsten Unterscheidungen bei der Geräteentwicklung. Je nach Gerätetyp kommen Einzelne dieser Kategorien mehr oder weniger oder gar nicht vor.

Beim Smartphone ist die Signalbetrachtung das Wichtigste, aber ohne Energie geht es eben auch nicht. Stoffveränderungen kommen hier nicht vor, wenn die Veränderungen in den Akkus vernachlässigt werden.

Schaut man sich eine Galvanikanlage an, mit der ein Metallteil beispielsweise eine Edelmetallbeschichtung erhalten soll, so stehen hier die Stoffveränderungen und der Energieeinsatz im Vordergrund. Signale kommen nur untergeordnet vor, solange es sich um eine einfache Anlage ohne größere Steuerung handelt.

So macht es Sinn, an den Anfang der Entwicklung/Konstruktion eine Systembetrachtung zu stellen.

2.1 Systembeschreibungen

Systemtheorien und Systembeschreibungen sind in den unterschiedlichen Fachdisziplinen verschieden ausgeprägt. Grundsätzlich weisen aber alle technischen Systeme eine gemeinsame Grundstruktur auf.

2.1.1 Technische Systeme

Erstens grenzt sich zunächst ein System durch eine logische Systemgrenze von anderen ab. Das bedeutet, dass die einzelnen Teilsysteme nicht in einem physikalisch geschlossenen Gefäßsystem wie Gehäusen, Schaltschränken oder geschlossenen Räumen zusammengefasst sein müssen, sondern sie können räumlich getrennt angeordnet werden. Ein Beispiel dazu ist ein Desktop PC. Hier gehören zum System des PC der Desktop mit der Computerhard- und Software und davon abgesetzt eine Tastatur, eine Maus, ein Monitor und optional ein Drucker.

Zweitens gibt es innerhalb des Systems eine Menge von Elementen, die in bestimmten Relationen zueinander stehen. So ist ein Element eines PC das Motherboard, welches zum Element Stromversorgung eine bestimmte Relation hat, die Versorgung mit Energie.

Drittens hat ein System Ein- und Ausgangsgrößen, die grundsätzlich den drei Kategorien Energie, Stoff (Materie) und Information (Signal) zuzuordnen sind, wobei diese gleichberechtigt nebeneinander stehen. Je nach System haben diese eine mehr oder weniger ausgeprägte Wichtigkeit, weil einige Kategorien eben nicht vorkommen bzw. vernachlässigt werden können. Im technischen Sinne entsprechen sie:

Energie als Energieumsatz: Hier geht es nicht nur um Energie, sondern auch um Leistungen und Wirkungsgrade. So wird einem PC eine elektrische Leistung in Form von Strom × Spannung zugeführt und ein Wärmestrom abgegeben, beides in Watt, d. h. hierbei wird nahezu die gesamte zugeführte elektrische Energie in Wärme umgesetzt.

Einer LED wird ebenfalls eine elektrische Leistung zugeführt. Ein Teil davon wird in einen Lichtstrom, angegeben in Lumen (lm), und ein weiterer in einen Wärmestrom umgewandelt. Der Wirkungsgrad wird auch als Lichtausbeute bezeichnet und ist das Verhältnis von Lichtstrom und zugeführter elektrischer Leistung in lm/W. Je höher dieser Wert, desto besser ist die Ausbeute.

Stoff als Stoffumsatz: Stoffmengen werden insbesondere in Geräten und Anlagen der Verfahrenstechnik umgesetzt. Hauptsächlich geht es dabei um chemische und elektrochemische Prozesse. Das kann beispielsweise die Beschichtung einer Kupferanschlussfläche (Pad) mit einem Schichtsystem aus Nickel und Gold zum Schutz vor Korrosion sein oder auch die Umwandlungsvorgänge in einer Batterie.

Signal als Signalumsatz: Signale sollen hier synonym auch für Information stehen. Ein Beispiel dafür ist das Signalverhältnis von Feldamplituden vor und nach einem elektromagnetischen Schirm, der die Störpegel vor dem Auftreffen auf die Elektronik reduziert bzw. umgekehrt verhindert, dass Störsignale der Elektronik die Umwelt stören. Ein weiteres Beispiel ist das Signal-Rausch-Verhältnis, das angibt, wie stark sich ein Nutzsignal aus dem umgebenden allgemeinen Rauschen hervorhebt.

Viertens haben Systeme innere Zustände. Dazu gehören beispielsweise Zeitverzögerungen oder temporäre Speicherinformationen.

2.1.2 Die Sicht der Systemtheorie

Hier gibt es drei unterschiedliche Systemkonzepte mit der Beschreibung nach den Funktionen, der inneren Struktur und dem hierarchischen Aufbau. [14], Abb. 2.1.

Beim *funktionalen Konzept* wird das System von außen als eine „Black Box" betrachtet, das Ein- und Ausgänge besitzt, die aus mindestens einer der drei Kategorien – Stoff, Energie, Information – bestehen. Hier erfolgt die Systembeschreibung durch eine Funktionsbeschreibung ohne vorzugeben, wie eine gewünschte Funktion realisiert werden soll oder kann. Es bleibt dabei also auf einer virtuellen Ebene.

Das *strukturelle Konzept,* auch als „White Box" bezeichnet, zeigt die Elemente und die Relationen der einzelnen Elemente des Systems zueinander ohne aber eine Aussage dabei zu treffen, wie die Funktionen physikalisch zu realisieren sind, d. h. wie sie konstruktiv-technologisch umgesetzt werden. So kann in einem Fall eine Funktion einem konstruk-

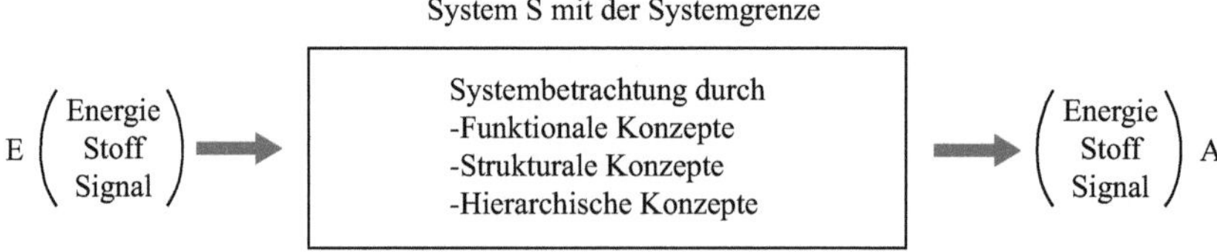

Abb. 2.1 Die 3 Grundkonzepte der Systembetrachtung

tiven Element zugeordnet werden, wogegen bei einem zweiten Fall zwei oder mehrere Funktionen durch ein konstruktives Element realisiert werden.

Das *hierarchische Konzept* beschreibt, wie die Elemente im inneren aufgebaut sind. Je nach Komplexität kann ein Element als ein System betrachtet werden, das wieder aus weiteren Subsystemen besteht. Diese Sicht kann die Funktionen hierarchisch gliedern.

Drei Hauptziele der Systembetrachtung

Erstens müssen alle Bestandteile eines Systems selbst und mit ihren Beziehungen (Relationen) zueinander erfasst werden.

Alle Ausgangsreaktionen auf die inneren Zustände und beliebige Eingangsdaten sind dabei zu erfassen. Eingangsdaten können von Schalter- und Tastaturbedienungen sowie Sensorsignalen herrühren; innere Zustände sind beispielsweise definierte Zeitverzögerungen.

Das einfache Beispiel einer Türverriegelung soll das demonstrieren, Abb. 2.2. Die Türverriegelung soll mittels zweier Lichtschranken so gesteuert werden, dass die Verriegelung die Tür nur öffnet, wenn beide Lichtschranken ein Signal liefern. Es sind also vier Elemente des Systems vorhanden, die zwei Lichtschranken LS1 und LS2, die Türverriegelung und die Tür selbst. Da die Lichtschranken jeweils 2 Zustände haben (Signal $\widehat{=}$ 1 und kein Signal $\widehat{=}$ 0), ergeben sich für die Eingangsgrößen der Türverriegelung 4 Kombinationen. Die Türverriegelung soll nur dann das Freigabesignal für die Tür geben, wenn beide Lichtschranken ein Signal (1) geben.

Entsprechend der Tabelle in Abb. 2.2 können hier auch andere Kombinationen der Lichtschrankensignale zur Türöffnung führen und zusätzliche Verzögerungs-und Zeitglieder eingebaut werden, die eine Mindestdauer eines Signals vorgeben, so dass erst dann eine Öffnung erfolgen kann.

Die Kombinatorik dieses Beispiels ist einfach, wenn aber die Möglichkeiten aufgrund vieler Eingangsdaten und inneren Zustände deutlich steigen, so wird die Komplexität dieser Problematik, das Erkennen aller Relationen, deutlich. Man denke nur daran, dass möglicherweise eine Kombination fehlt und diese zu einem gravierenden Crash führen kann.

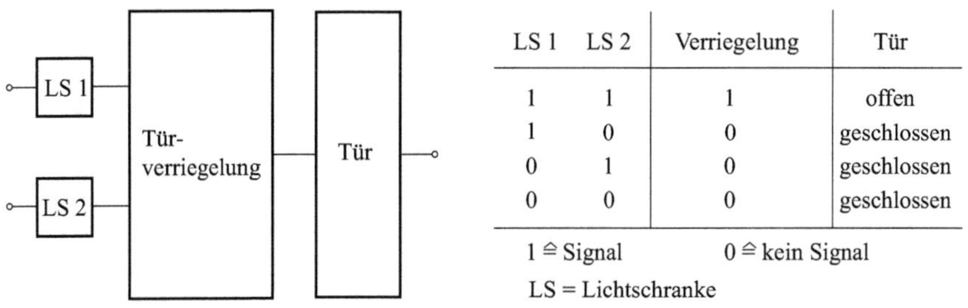

LS 1	LS 2	Verriegelung	Tür
1	1	1	offen
1	0	0	geschlossen
0	1	0	geschlossen
0	0	0	geschlossen

$1 \widehat{=}$ Signal $\qquad 0 \widehat{=}$ kein Signal

LS = Lichtschranke

Abb. 2.2 Beispiel: Signalfluss einer Türverriegelung

Zweitens muss ein komplexes System in geeigneter Art und Weise unterteilt werden können, damit es übersichtlich und auch realisierbar wird. Das bedeutet die Untergliederung in Subsysteme und u. U. weitere Unterteilungen, wobei die Schachtelungstiefe auch hier wieder von der Komplexität des Gesamtsystems abhängig ist. Alle drei oben erläuterten Konzepte können hier zum Einsatz kommen.

Drittens soll ersichtlich werden, wie Arbeiten parallel ausgeführt werden können, damit eine vertretbare Entwicklungs- und Konstruktionszeit erreicht werden kann. Dabei ist in die beiden Konzepte Simultaneous Engineering und Concurrent Engineering zu unterscheiden.

Das Simultaneous Engineering ist dadurch gekennzeichnet, dass verschiedenste Aufgaben überlappend und parallel ausgeführt werden. Das trifft beispielsweise zu, wenn neben einer Produktentwicklung die Fertigungstechnologien entwickelt werden und nicht nacheinander.

Beim Concurrent Engineering wird eine Aufgabe innerhalb einer Produkt- oder Technologieentwicklung auf einzelne Entwickler oder Gruppen aufgeteilt.

Wichtige Ziele der beiden Konzepte sind dabei die Abstimmungen über die jeweiligen Schnittstellen der aufgeteilten Aufgaben und die Beantwortung der Frage, wie sicher bzgl. Änderungen die jeweiligen Ergebnisses oder der erzielte Stand der Technik sind. Werden zu viele Änderungen innerhalb einer Teilaufgabe realisiert, die die Schnittstellen beeinflussen oder zu größeren Zeitverzögerungen führen, so beeinflusst das auch die anderen Teilaufgaben und somit das Gesamtsystem.

2.1.3 Das Problem komplexer Systeme

Die Gesamtproblematik komplexer Systeme ist in dem bekannten Satz von *Aristotels* „Das Ganze ist mehr als die Summe seiner Teile" zusammengefasst. Setzt man alle Elemente des Systems zusammen, so entsteht das geforderte Produkt. Das „mehr" bedeutet, dass zu den einzelnen Elementen die Beziehungen (Relationen) zwischen ihnen dazu kommen. Damit einher gehen neue Funktionen und Eigenschaften und i. d. R. auch solche, die unerwünscht sind und zu Problemen beim Funktionieren des Gesamtsystems führen.

Ein Beispiel soll das verdeutlichen. Ein Automobil besitzt eine ganze Reihe von Steuergeräten für die unterschiedlichsten Aufgaben. Für sich gesehen funktionieren diese Steuergeräte ohne Probleme. Bei der Montage des Automobils werden sie miteinander verbunden. Sind diese Verbindungen elektrische Leitungen, so besteht die Gefahr, dass Störeinstrahlungen und Störabstrahlungen elektromagnetischer Wellen erfolgen, da die Leitungen oder auch die durch spezielle Leitungsführung entstehenden Leiterschleifen wie Antennen wirken. Insbesondere die digitalen Impulse mit sehr steilen Flanken, die für hohe Taktraten notwendig sind, enthalten sehr hohe Sinusanteile (Fourieranalyse) und stellen ein besonderes Störpotenzial dar. Das „mehr" sind hier die Funktionen der elektrischen Leitung und die Störfunktionen.

2.2 Funktionelle Gerätebeschreibung

Es können zwei sehr unterschiedliche Betrachtungen hinsichtlich einer funktionellen Gerätebeschreibung gemacht werden. Einerseits ist die Summe aller Funktionen mit ihren Relationen zueinander zu sehen und andererseits ist der Geräteaufbau mit seiner physikalischen Funktionsstruktur zu betrachten.

Die Gesamtfunktion eines Geräts wird in geeigneter Weise in Teilfunktionen und Elementarfunktionen untergliedert, die eindeutig definiert werden müssen. Weiterhin sind die Schnittstellen zwischen allen diesen Teilen exakt zu fixieren. Daraus ergibt sich die Notwendigkeit, zunächst die unterschiedlichen Funktionsarten zu beschreiben.

2.2.1 Funktionsarten eines Systems

Die *Gesamtfunktion* erfasst die zu realisierende Aufgabe in ihrer Gesamtheit. Diese zu formulieren kann bei sehr komplexen Systemen u. U. nur sehr allgemein erfolgen. So ist die Gesamtfunktion eines Automobils vereinfacht „Fahren von A nach B". Doch das ist heute nicht mehr ausreichend. Eine Vielzahl von weiteren Funktionen ist hinzugekommen und erweitert die genannte Gesamtfunktion erheblich. In diesem Sinne eine Gesamtfunktion zu definieren wird damit recht schwierig, ist möglicherweise sogar überflüssig und wird dann ersetzt durch eine Vielzahl von Teilfunktionen, die mehr oder weniger parallel arbeiten.

Teilfunktionen realisieren einen Teil der Gesamtfunktion.

Elementarfunktionen sind Funktionen, die nicht weiter untergliedert werden und insbesondere als „Bausteine für komplexere Funktionen" dienen können. So gestattet eine Diode den Stromfluss nur in eine Richtung, was der Elementarfunktion entspricht. Werden vier Dioden zu einer Graetzschaltung zusammen gefasst, so kann aus der angelegten Wechselspannung eine Gleichspannung gewonnen werden, allerdings mit der Welligkeit der Eingangssinusschwingung, was dann einer Teilfunktion entspricht. Kommt noch ein „glättender" Kondensator dazu, so ist die Gesamtfunktion Gleichrichtung erreicht.

Die *Funktionsstruktur* verknüpft die Teilfunktionen und je nach Anwendung zusätzlich mit Elementarfunktionen zur Gesamtfunktion.

Dabei kann das Zusammenwirken der einzelnen Teil- und Elementarfunktionen sehr unterschiedlich sein, Abb. 2.3. Eine Gesamtfunktion entsteht beispielsweise erst, wenn bestimmte Teilfunktionen in einer Zwangsreihenfolge abgearbeitet werden (sequentielle Verknüpfung) -a). Bei einem weiteren Ansatz kann die Reihenfolge der Abarbeitung variiert werden -b). Auch eine parallele Abarbeitung der Teilfunktionen ergibt die Gesamtfunktion (parallele Verknüpfung) -c).

Weiterhin kann in *Haupt- und Nebenfunktionen* unterschieden werden. Die Hauptfunktionen sind dann die Teilfunktionen, die direkt der Gesamtfunktion dienen und stellen quasi Primärfunktionen dar. Bei einem Taschenrechner sind es beispielsweise die Rechenfunktionen.

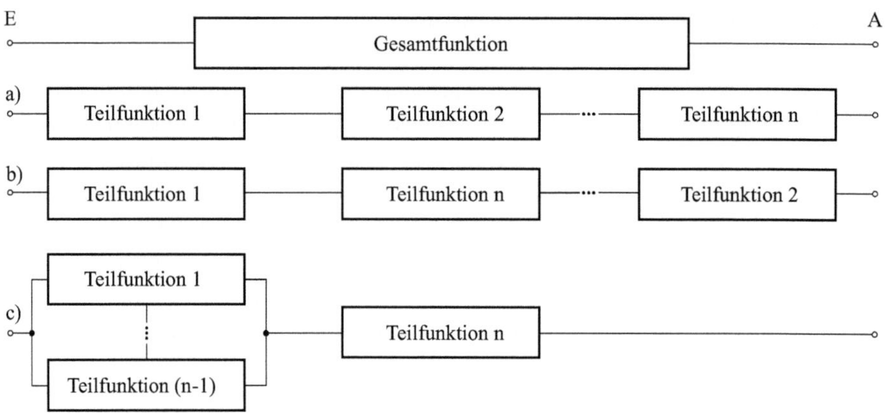

Abb. 2.3 3 Beispiele für Funktionsstrukturen von Systemen

Die Nebenfunktionen dienen im Wesentlichen der Unterstützung und Sicherstellung der Hauptfunktion, wozu man die Funktion Stromversorgung eines PC rechnen kann.

Diese Betrachtungsweise wird aber zunehmend dadurch aufgeweicht, dass die Bedeutung von Nebenfunktionen zunimmt und eine solche Unterscheidung dann nur noch wenig Sinn macht.

2.2.2 Allgemeines Funktionsmodell

Zunächst betrachtet man ein Gerät als eine Black Box, d. h. es interessieren alle Größen die auf das Gerät einwirken (Eingangsgrößen E) und die vom Gerät ausgehen (Ausgangsgrößen A) sowie die damit verbundenen Gerätegrundfunktionen, ohne die Details im Inneren zu betrachten, Abb. 2.4. Damit interessiert an dieser Stelle nicht, wie einzelne Funktionen realisiert werden, z. B. ob es eine festverdrahtete Hardware ist oder eine Prozessorsteuerung mit entsprechender Software.

2.2.2.1 Ein- und Ausgangsgrößen

Die Ein- und Ausgangsgrößen lassen sich in 4 Kategorien unterteilen:

- Benutzergrößen
- Prozessgrößen
- Kommunikationsgrößen
- Störgrößen

Benutzergrößen

Hierzu zählen alle Größen, die zum Bedienen von Geräten und Visualisieren von allgemeinsten Daten erforderlich sind. Gerätetechnisch (Hardware) zählen zum Bedienen

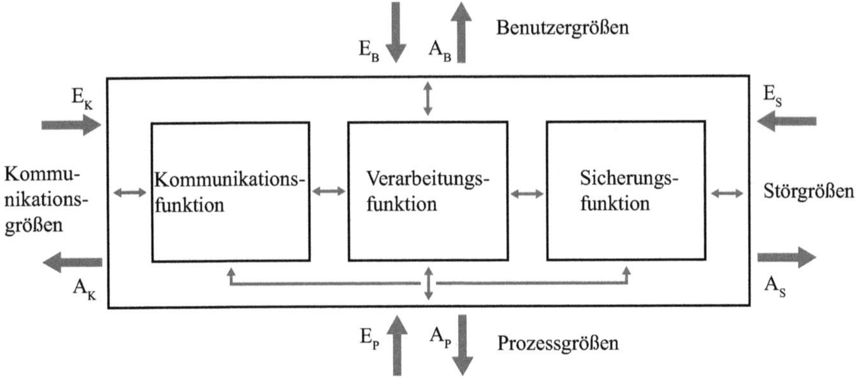

Abb. 2.4 Allgemeines Funktionsmodell mit vier Kategorien von Ein- und Ausgangsgrößen und drei Gerätegrundfunktionen

Systemteile wie Schalter, Tastaturen und Touchscreens dazu. Das Visualisieren fängt bei Einzelanzeigen wie einer einzelnen LED für Statusanzeigen an, geht über Leuchtzeilen bis hin zu Bildschirmen unterschiedlichster Ausführungen, wie LED-, LCD- oder OLED-Monitoren. Neben der Gerätehardware zählt auch der Teil der Software dazu, der die direkte Kommunikation mit dem Bediener realisiert. Das kann eine bestimmte Menüführung auf einem Monitor sein oder eine LED für bestimmte Statusanzeigen, die mit unterschiedlichen Frequenzen leuchtet.

Diese Gerätehardware und Software stellen die gesamte Benutzeroberfläche des Gerätes dar.

Prozessgrößen

Diese Größen umfassen alle Eingangsgrößen von Sensoren und alle Ausgangsgrößen, die mittels Aktoren nach außen abgegeben werden. Sie können alle 3 Kategorien, Energie, Stoff und Signal umfassen. Bei den Sensoren sind das Größen wie Temperatur, Feuchte, mechanischer Druck oder eine bestimmte Stoffkonzentration in einer Flüssigkeit. Zu den Prozessgrößen von Aktoren gehören beispielsweise Kräfte und Momente zur mechanischen Verriegelung von Schlössern, elektromagnetische Wellen von Antennen oder auch die Erzeugung eines Laserstrahls mittels einer Laserdiode.

Kommunikationsgrößen

Dazu gehören alle Größen, die Steuer-, Status- und Dateninformationen beinhalte und mittels Datenleitungen mit dem Gerät kommunizieren. Datenleitung ist dabei ein Oberbegriff, der leitungsgebundene Verbindungen, Funk und optische Leitungen in vielfältigster Form umfasst. Beispiele dafür sind die Kupferkoaxialleitungen für TV, Bluetooth Funkverbindungen für kurze Entfernungen bei Smartphones, einfache Lichtschranken oder auch Laserstrahlen für größere Distanzen.

Störgrößen

Störgrößen können alle Benutzer-, Prozess- und Kommunikationsgrößen überlagern und je nach Stärke die Funktion mehr oder weniger beeinträchtigen oder sogar zum Funktionsausfall führen. Bereits bei der Entwicklung eines Geräts muss alles getan werden, mögliche Störgrößen zu erkennen und Gegenmaßnahmen zu treffen.

Dabei geht es nicht nur um die Störeinwirkungen von außen auf das Gerät, sondern auch um das Gerät als Störquelle selbst. Wenn bekannt ist, dass ein Gerät in einer Umgebung mit stärkeren elektromagnetischen Feldern betrieben werden soll, muss eine geeignete Schirmung eben dieser elektromagnetischer Strahlung vorgesehen werden. Wird ein Gerät in einer feuchten Umgebung betrieben, so sollte eine bestimmte Dichtheit des Geräts vorhanden sein.

Und schließlich kann sich das Gerät auch selbst stören. Das trifft beispielsweise dann zu, wenn ein Stromkreis eines Geräts mittels kapazitiver, induktiver oder Strahlungskopplung ein Signal in einen anderen Stromkreis des gleichen Geräts einkoppelt.

2.2.2.2 Gerätegrundfunktionen

Ganz allgemein lassen sich 3 Grundgerätefunktionen unterscheiden:

- Verarbeitungsfunktion
- Kommunikationsfunktion
- Sicherungsfunktion

Verarbeitungsfunktion

Sie ermittelt aus den Eingangsgrößen entsprechend des Verwendungszwecks die entsprechende(n) Ausgangsgröße(n). Diese Transformation erfolgt mit der Gerätehardware und Software. Durch die Verwendung von prozessorgesteuerter Hardware kann die Anpassung an die jeweiligen Aufgaben in hohem Maße durch Softwaremodifikationen erreicht werden, womit für breite Anwendungen eine gemeinsame Hardware entwickelt und hergestellt werden kann und damit sehr kostengünstig wird. Beispiele sind die Speicherprogrammierbaren Steuerungen (SPS) und eine immer größer werdende Anzahl von Einplatinenrechnern wie, Raspberry Pi, Arduino, Banana PI, Beaglebone etc.

Im Fokus steht dabei die digitale Signalverarbeitung mit immer schnelleren Halbleiterchips verbunden mit höheren Taktfrequenzen und schnell wachsenden Datenspeichern. Das bedingt bei den digitalen Impulsen deutlich steilere Impulsflanken, die bei einer Fourierzerlegung höhere Sinusanteile aufweisen. Zur Übertragung derartiger Impulse müssen die Signalwege weiter verkürzt werden, was zu dichteren Schaltungen führt. Das bedingt dann wiederum die weitere Miniaturisierung der elektronischen Bauelemente und den Übergang zur Verarbeitung ungehäuster Halbleiterchips (Bare Chips) mit der Notwendigkeit neuer Montagetechnologien, Abschn. 3.7 bis 3.9.

Ein weiteres Problem von hochdichten Schaltungen besteht in der Abfuhr der Verlustleistung in Form von Wärme von den elektronischen Bauelementen. Neue Kühlkonzepte und leistungsarme Schaltungstechniken sind dabei der Schlüssel zum Erfolg.

Kommunikationsfunktion

Sie stellt allgemein den Datenaustausch mittels unterschiedlichster Übertragungswege sicher. Bei der Realisierung ist in physikalische Realisierungen und Netzwerkprotokolle zu unterscheiden.

Die physikalische Realisierung beschreibt die konstruktiv-technologische Umsetzung mit den unterschiedlichsten Konstruktionsformen von elektrischen Leitungen (wie Koaxleitungen für Antennenkabel oder verdrillte Leitungen), Funk und optischen Strecken, Ein- und Auskopplungselemente an den Geräten und Leitungen sowie die dazugehörigen Kontaktiertechnologien.

Die Netzwerkprotokolle definieren die Formate der Daten und Datenpakete und regeln die Abläufe des Datenverkehrs.

Die Kommunikationsfunktion wird zunehmend auch mit den Energie- und Stoffflüssen verbunden. So ist die Betrachtung der Energieflüsse von besonderem Interesse, wenn Systeme mit örtlich verteilten Komponenten vorliegen, die mit Energie versorgt werden müssen. Ist die Energieverteilung drahtgebunden, so muss das Leitungsnetz besonders betrachtet werden, da auf Leitungen allgemein Störungen relativ leicht einkoppeln können. Liegt für eine einzelne Komponente eine eigenständige Energieversorgung vor, wobei es unerheblich ist, ob sie beispielsweise von einer Batterie, einer Solarzelle oder einer drahtgebundenen Zentralquelle stammt, so müssen Vorkehrungen getroffen werden, um das System über einen etwaigen Energieausfall zu informieren, wozu wieder drahtgebundene oder drahtlose Kommunikationsleitungen notwendig sind.

Sicherungsfunktionen

Sie umfassen die inneren und äußeren Stütz- und Schutzfunktionen.

Die **inneren Stützfunktionen** dienen der Fixierung der Funktionselemente zueinander, wobei die Realisierung mittels Konstruktionselementen, wie Profilteilen, Rahmen, Schrauben, Nieten etc., erfolgt.

Die **äußeren Stützfunktionen** dienen der Kopplung des Geräts mit der Umwelt und werden durch Konstruktionselemente, wie Füße, Rollen, Griffe, etc., realisiert.

Die **Schutzfunktionen** lassen sich 3-fach untergliedern, siehe Abschn. 2.7.

Bei der *ersten* Schutzfunktion wird diese typischerweise als „hüllendes Element" in Form von Plattenverkleidungen realisiert. Je nach Ausführung der Umhüllung können unterschiedliche Schutzarten nach IPX_1X_2 unterschieden werden. Das IP steht für International Protection bzw. Ingress Protection und X_1 sowie X_2 beschreiben den Schutzgrad bzgl. des Berührungs- und Fremdkörperschutzes sowie des Wasserschutzes, Tab. 2.6 und 2.7.

Bei der *zweiten* Schutzfunktion geht es um den Schutz der Umwelt und des Menschen vor Fehlern und Einflüssen von Maschinen und Anlagen (Design for Safety). Ein Beispiel dazu sind Störungen durch elektromagnetische Wellen, die durch Antennenwirkungen von Stab- und Rahmenantennen ungewollt hervorgerufen werden. Ein weiteres Beispiel ist das unbeabsichtigte Berühren von spannungsführenden Teilen in einer Maschine durch fehlerhafte Kapselung.

Die *dritte* Schutzfunktion fasst den Schutz der Maschinen und Anlagen vor äußeren Einflüssen wie Fehlbedienungen durch Menschen oder auch bewussten Hackerangriffen zusammen.

Durch die immer stärkere Vernetzung der Geräte (Internet of Things – IoT) nimmt die Bedeutung der beiden zuletzt genannten Schutzfunktionen enorm zu. Die Prinzipien des Security by Design sind damit zwingend in den gesamten Produktlebenszyklus zu integrieren.

2.2.3 Funktionsmodell des Informationsflusses

Für weitere Betrachtungen eines Geräts muss dann das allgemeine Funktionsmodell hinsichtlich der 3 Kategorien (Energie, Stoff, Signal) detaillierter dargestellt werden. Dazu zeigt Abb. 2.5 die Funktionsstruktur bzgl. der Informationsflüsse eines Gerätes mit Steuerung und den folgenden Zuordnungen.

- Die **Benutzeroberfläche** stellt das Interface zwischen Mensch und Bedien- sowie visuellen Elementen dar. Hierbei geht es um Ergonomie (Tastengröße, Tastendruck, Zifferndarstellung, Bildschirmgrößen), Haptik (Empfindung der Berührung von Schaltern und Touchscreens) und Bediensicherheit.
- Die **Benutzerschnittstelle** ist das Interface zwischen den Bedien- und visuellen Elementen und der Steuerung. Sie besteht einerseits aus den physikalischen Verbindungen wie leitungsgebundenen Verbindungen, Funk, optischen Strecken, Lichtwellenleitern oder Feldkopplungen und andererseits aus Datenprotokollen für komplexere visuelle Systeme.
- Die **Prozessoberfläche** beschreibt das Interface zwischen den zu untersuchenden oder den zu steuernden Prozessen. Je näher man Sensoren und Aktoren an die Prozesse bringt, desto exakter können die Sensordaten aufgenommen und die Aktoraktionen ausgeführt werden, was ausreichend robuste Ausführungen voraussetzt. So muss ein Elektromotor in einer aggressiven Umgebung einen entsprechenden Gehäuseschutz aufweisen.
- Die **Prozessschnittstelle** stellt das Interface zwischen Sensoren und Aktoren einerseits und der Steuerung andererseits dar. Ebenso wie bei der Benutzerschnittstelle besteht dieses Interface aus den physikalischen Verbindungen und möglichen Datenprotokollen.
- Die **Kommunikationsschnittstellen** umfassen die Schnittstellen zu übergeordneten Systemen und/oder Systemen auf gleicher Hierarchiestufe. Auch hier bestehen die Schnittstellen aus physikalischen Verbindungen und Datenprotokollen.

Bei der Betrachtung der Abb. 2.5 zeigt sich, dass die Benutzer- und Prozessschnittstellen durchaus auch als Kommunikationsschnittstellen aufgefasst werden können. Charakteristisch ist weiterhin die zunehmende Ausstattung der vier Bestandteile – Bedienelemente,

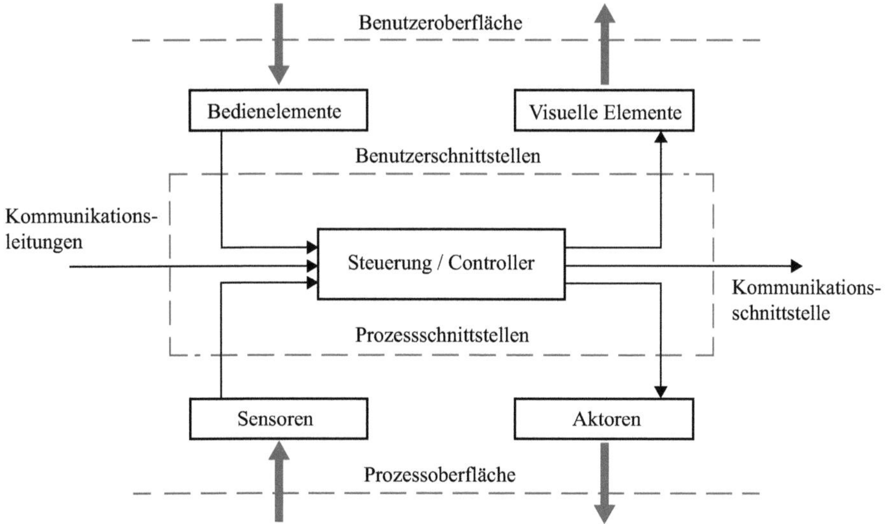

Abb. 2.5 Informationsfluss eines Geräts mit Steuerung

visuelle Elemente, Sensoren und Aktoren – mit eigenen Controllern, auch als smarte Subsysteme bezeichnet.

Die **Störgrößen** sind alle Daten und Signale, die als Störungen in allen 5 aufgezeigten Oberflächen und Schnittstellen auftreten können und die Nutzsignale dann überlagern. Diese Störungen sind vor allem elektromagnetischer Art und nehmen in ihrer Bedeutung durch die zunehmenden Funkverbindungen stark zu. Aber auch bei offenen optischen Verbindungen können Störungen, beispielsweise durch Fremdlicht, auftreten.

2.2.4 Systeme aus Sicht der physikalischen Realisierung

Die drei Konzepte entsprechend Abb. 2.1 stellen aus der Sicht der Systemtheorie mit den genannten drei Hauptzielen eine virtuelle Betrachtung dar, wobei das hierarchische Konzept auch schon eine stärkere Anlehnung an die physikalische Betrachtung hat. Bei der physikalischen Systemunterteilung, d. h. wie Geräte konstruktiv, technologisch und stofflich realisiert werden, sind zwei grundlegende Prinzipien zu unterscheiden, die bei den unterschiedlichsten Gerätetypen auch eine Vermischung aufweisen können.

2.2.4.1 Funktionsorientierter Geräteaufbau
Hier gilt:

$$\text{System } S = \sum_{i=1}^{n} \text{Teilsystem } S_i \text{ (gleiche Hierarchie)} = \sum_{i=1}^{n} \text{Teilfunktion } F_i$$

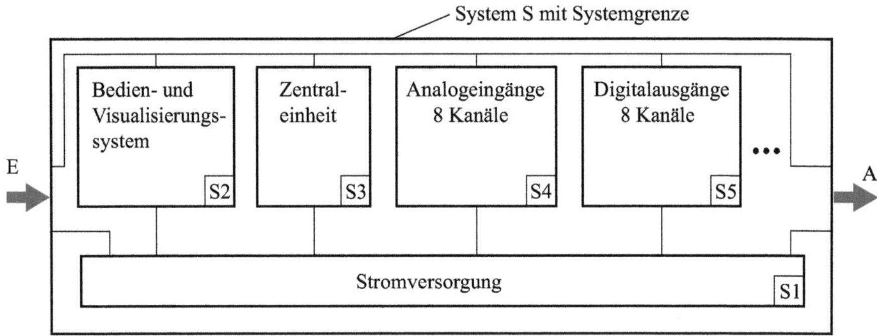

Abb. 2.6 Systemunterteilung nach Funktionen: Beispiel SPS mit 5 Teilfunktionen

Das bedeutet, dass **einer** Funktion bzw. Funktionengruppe **ein** physikalisches Element, wie beispielsweise einem Modul, zugeordnet wird. Die Abb. 2.6 zeigt dazu das Beispiel einer speicherprogrammierbaren Steuerung (SPS), wobei hier 5 Module mit den entsprechenden 5 Funktionen bzw. Funktionsgruppen zu sehen sind.

Die Vorteile des funktionsorientierten Geräteaufbaus liegen in der großen Variabilität und dem schnellen Wechsel der gesamten Gerätefunktion.

So kann durch einfaches „Ausklicken" aus einer Montageschiene beispielsweise des Moduls mit 8 Analogeingängen und ersetzen durch einfaches „Einklicken" eines Moduls mit 8 digitalen Eingängen die SPS schnell an andere Anforderungen angepasst werden.

2.2.4.2 Montageorientierter Geräteaufbau

Hier gilt:

$$\text{System } S = \sum_{i=1}^{n} \text{Teilsystem } S_i \text{ (gleiche Hierarchie)} \quad \text{mit} \qquad (2.1)$$

$$\text{Teilsystem } S_i = \sum_{k=1}^{m} \text{Teilfunktion bzw. Funktionengruppen } F_k \qquad (2.2)$$

Das bedeutet, dass **mehrere** Funktionen oder Funktionsgruppen **einem** Modul zugeordnet werden. Die Teilsysteme S_i können bei zunehmender Komplexität weiter unterteilt werden. Die Abb. 2.7 zeigt das am Beispiel eines Computers.

Der wesentliche Vorteil dieses montageorientierten Geräteaufbaus liegt in seiner Kompaktheit. Die Integration einer Vielzahl von Funktionen bedeutet aber im Gegenzug einen Verlust an Variabilität, da i. d. R. nicht alle Funktionen, die in einem Modul integriert sind, ausgetauscht oder erweitert werden können.

Eine Sonderform stellt die **Kompaktbauweise** dar, bei der ein Gerät ein oder mehrere Funktionen aufweist, was auf eine montageorientierte Struktur hinweist. Die Funktionen können aber nicht ausgetauscht werden, so das hier die Flexibilität des funktionsorientierten Geräteaufbaus fehlt. Diese Bauweisen sind eher für Geräte mit geringen Abmessungen und geringer Funktionenzahl.

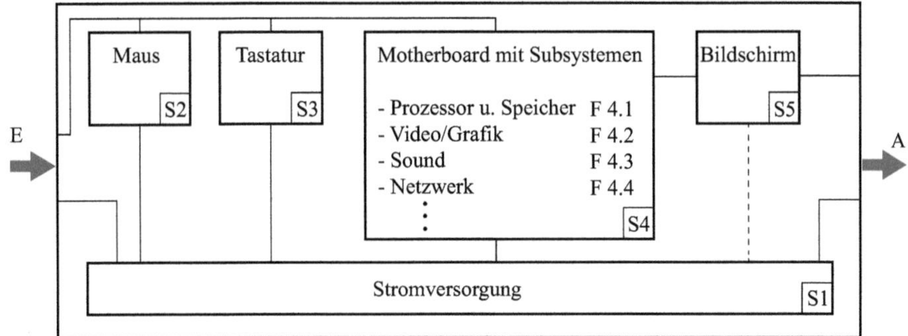

Abb. 2.7 Systemunterteilung nach Baustrukturen: Beispiel Computer

2.3 Konstruktiver Geräteaufbau

Der konstruktive Geräteaufbau (auch geometrisch-stofflicher Aufbau) ist die Realisierungsebene der funktionellen Beschreibung von Geräten. Dabei ergibt sich ein hierarchischer Aufbau entsprechend Abb. 2.8. Die Einzelteile der untersten Ebene sind elektronische Bauelemente, mechanische Teile (Stäbe, Platten), Verbindungselemente (Schrauben und Nieten), optische und opto-elektronische Bauteile (Linsen, Prismen und LEDs), um nur einige zu nennen. Besonders hervorheben muss man an dieser Stelle auch die Halbleiterchips, gemeint sind hier die Chips ohne Gehäuse, und deren Montage wie sie beispielsweise in Chipkarten zum Einsatz kommen, siehe Abschn. 3.7 bis 3.9.

Hinweis: Bei der Betrachtung von Geräten ist also zu unterscheiden in einen funktionellen hierarchischen und einen konstruktiv hierarchischen Geräteaufbau, wobei bei der Entwicklung i. d. R. mit dem funktionellen begonnen wird.

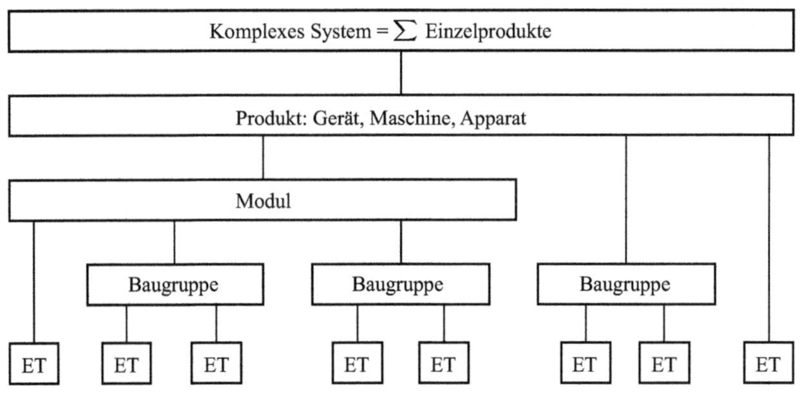

Abb. 2.8 Konstruktiver hierarchischer Aufbau

Im Rahmen des konstruktiven Geräteaufbau mit den genannten Sicherungsfunktionen können die Elemente zu deren Realisierung in drei Gruppen eingeteilt werden:

- Bauelemente für die inneren Stützfunktionen
- Bauelemente für die äußeren Stützfunktionen
- Bauelemente für die Schutzfunktionen

2.3.1 Bauelemente für die inneren Stützfunktionen

Platten- und Stabelemente sind die Grundelemente eines Stützsystems und stellen die erste Hierarchiestufe des Geräteaufbaus dar.

Stäbe

Sie haben grundsätzlich nur Stützfunktionen und bilden damit das Gerüst für ein Gerät, wobei die Querschnitte von einfachen Voll- und Hohlprofilen bis hin zu komplizierteren Querschnitten für Profile von kompletten Montagesystemen reichen, Abb. 2.9.

Diese Montagesysteme zeichnen sich dadurch aus, dass es neben den diversen Profilen eine große Anzahl von zusätzlichen Montageteilen gibt die es gestatten, ein komplettes Gerätesystem auch ohne großen Maschinenpark für die Herstellung der Einzelteile, zu realisieren. Die Abb. 2.10 zeigt beispielhaft einen Ausschnitt aus der Vielfalt der Montageteile derartiger Systeme. Charakteristisch für die gezeigten Spezialprofile ist, dass sie aufgrund von Hohlräumen relativ leicht sind und die vorhandenen Nuten für Montageaufgaben genutzt werden können.

Neben der Einhaltung der zulässigen mechanischen Belastungen, wie Zug, Druck, Biegung und Torsion (Scher- und Knickbelastungen spielen im Gerätebau eine eher untergeordnete Rolle) sind die Durchbiegungen von Horizontalstäben und die Verdrehungen (Torsionsbelastungen) zu berücksichtigen.

Platten

Bei Platten verhält sich das etwas anders. Diese müssen zur Realisierung der Stützfunktionen, besonders hinsichtlich der Biege- und Torsionsfestigkeit, entweder eine ausreichende Plattendicke aufweisen oder/und es müssen zusätzliche konstruktive Maßnahmen ergriffen werden. Die Abb. 2.11 zeigt einige Möglichkeiten der Realisierung zur Erhöhung der Biegefestigkeit. Die gezeigten zwei Konstruktionen von Vorspannungen mittels Wölbungen kommen hier selten vor, sondern finden eher bei Platten mit Hüllfunktionen Anwendung.

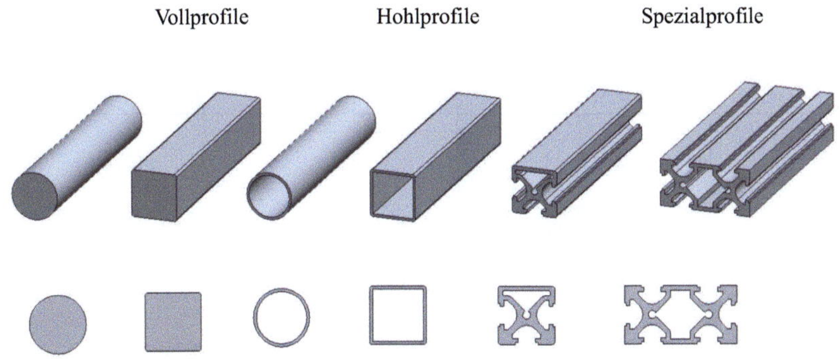

Abb. 2.9 Stabelemente

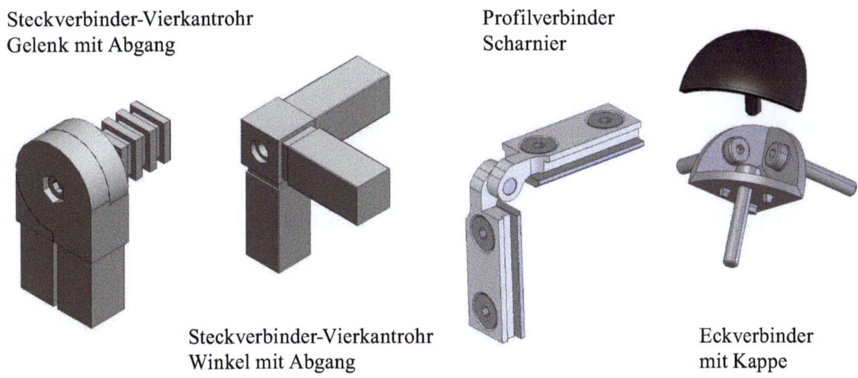

Abb. 2.10 Montageteile von Montagesystemen

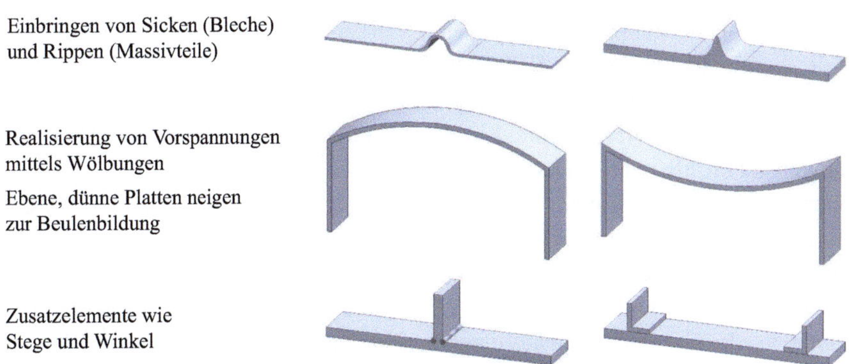

Abb. 2.11 Möglichkeiten zur Erhöhung der Biegefestigkeit von Platten

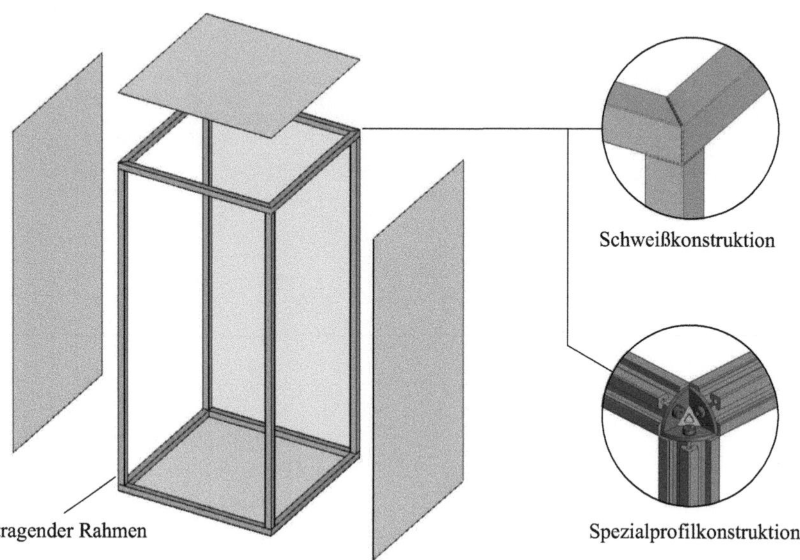

Abb. 2.12 Rahmenkonstruktion mit dem Prinzip der Funktionstrennung

2.3.2 Prinzipien des Geräteaufbau mit Stäben und Platten

Die Kombination von Stäben und Platten führt zu den folgenden vier prinzipiellen Geräteaufbauten und stellt damit die zweite Hierarchiestufe des Geräteaufbaus dar.

2.3.2.1 Rahmenkonstruktion

Bei diesem Konstruktionsprinzip wird ein stabiler Rahmen aus Profilen hergestellt, der entweder einzelne Bauelemente, ganze Baugruppen oder auch beides aufnimmt, Abb. 2.12. Die Verbindung der einzelnen Stäbe miteinander kann auf vielfältige Art und Weise erfolgen. Bei häufig verwendeten Vierkantrohren aus Stahl oder Edelstahl erfolgt die Verbindung typischerweise durch verschiedene Schweißverfahren. Bei Profilen kompletter Montagesysteme, die aus Aluminium bzw. Aluminiumlegierungen bestehen, kommen dagegen Eckverbinder zum Einsatz, die mittels Niet-, Klemm- oder Schraubverbindungen die Profile miteinander verbinden.

Eine Schutzfunktion ist nicht gegeben, da das Gerät bis hierhin offen ist. Daher liegt das Prinzip der Funktionstrennung zwischen Stütz- und Schutzfunktionen vor.

Eine Erweiterung der o. g. Rahmenkonstruktion betrifft die zusätzlichen Bauteile und Baugruppen für Einschubsysteme, Abb. 2.13. Diese Bauweise findet vor allem dort Anwendung, wo das Gesamtsystem aus einer Vielzahl von Baugruppen besteht. Hier werden zusätzliche Trägersysteme eingebaut, in diese dann Baugruppen eingeschoben werden können. Typisch ist das für große Serversystemen und Kommunikationsanlagen und findet seine konstruktive Umsetzung insbesondere im 19-Zoll-Aufbausystem, siehe Abschn. 2.5.

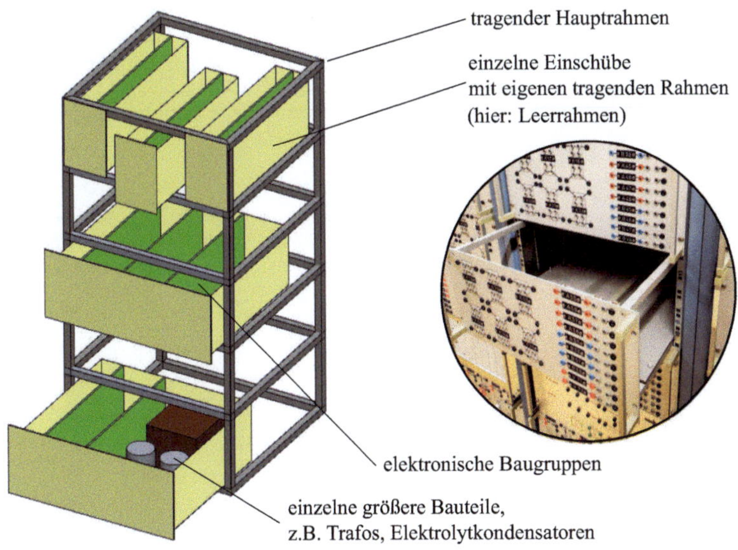

Abb. 2.13 Rahmenkonstruktion mit Einschubsystemen

2.3.2.2 Chassiskonstruktion

Die Chassiskonstruktion ist dadurch gekennzeichnet, dass eine biege- und torsionsfeste Grundplatte vorhanden ist, die alle Bauelemente und Baugruppen aufnimmt, Abb. 2.14. Eine Schutzfunktion ist nicht gegeben und muss durch zusätzliche Hüllungen geschaffen werden, womit auch hier das Prinzip der Funktionstrennung vorliegt. Diese Verkleidungen können in unterschiedlichster Weise realisiert werden. Eine Möglichkeit besteht in einer Haube, die einfach auf das Chassis aufgesetzt wird. Eine weitere hat für jede der nun ver-

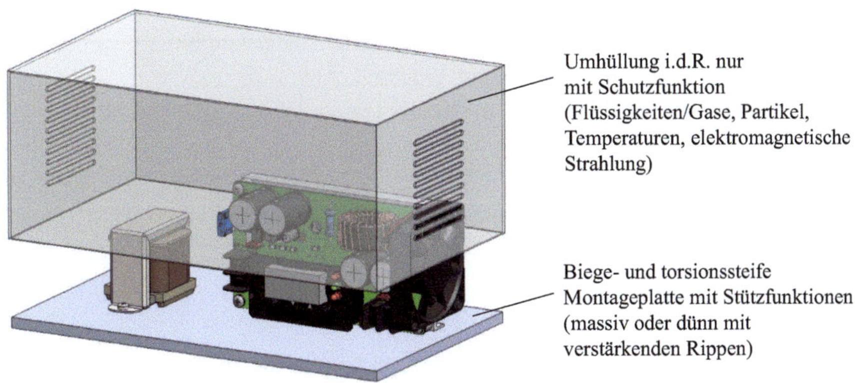

Abb. 2.14 Chassiskonstruktion mit dem Prinzip der Funktionstrennung

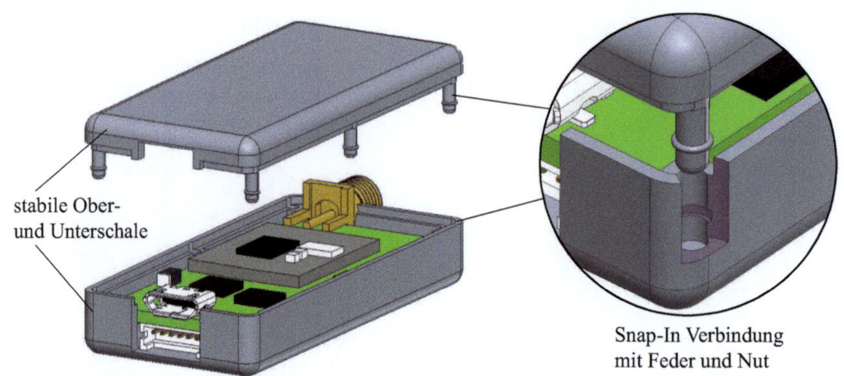

Abb. 2.15 Schalenkonstruktion mit dem Prinzip der Funktionsintegration

bleibenden 5 Seiten einzelne Plattenverkleidungen oder Seitenwände, die auch geklappt werden können.

2.3.2.3 Schalenkonstruktion

Im einfachsten Fall werden hier zwei biege- und torsionsfeste Schalen zusammen montiert, Abb. 2.15. Ein typisches Beispiel dafür ist ein Taschenrechner. Erweitern lässt sich das durch zusätzliche Zwischenplatten variabler Abmessungen, womit dann ein sehr variables Gehäusesystem entsteht. Derartige Schalen sind typischerweise aus Aluminiumlegierungen oder Kunststoffen. Die Schutzfunktion kann allerdings dabei eingeschränkt sein. Werden zwei Kunststoffschalen verwendet, so ist beispielsweise kein Schutz vor elektromagnetischer Störbeeinflussung gegeben. Gegenüber den Rahmen- und Chassiskonstruktionen liegt das Prinzip der Funktionsintegration von Stütz- und Schutzfunktionen vor.

2.3.2.4 Profil-Montage Konstruktion

Hierbei werden spezielle Stabprofile und Platten miteinander kombiniert, wobei die Platten Stütz- und Hüllfunktionen wahrnehmen müssen, Abb. 2.16.

Mittels standardisierter Platten- und Stabgeometrien lassen sich sehr variable Gehäusegrößen gestalten, was zu einem Baukastenprinzip ausgebaut werden kann, siehe Abschn. 2.4.3.

2.3.3 Bauelemente für die äußeren Stützfunktionen

Die äußeren Stützfunktionen umfassen alle Funktionen, die in irgendeiner Weise eine Schnittstelle zur Umgebung aufweisen und entsprechende Aktionen von Geräten in der Umwelt erlauben. Dazu zählen:

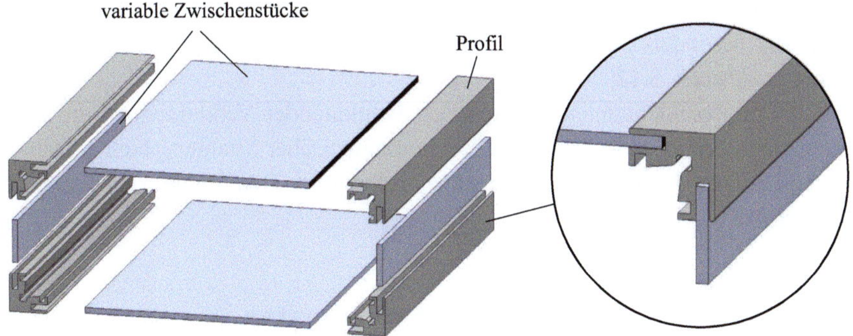

Abb. 2.16 Profil-Montage-Gehäuse

- Das Aufstellen von Geräten mittels unterschiedlichster Fußkonstruktionen.
- Das Rollen und Schieben mit festen und variablen Rollen und Schienensystemen mit unterschiedlichen Lagerausführungen (Gleit- und Wälzlagerungen).
- Das Tragen mittels diverser Griffe, Griffschalen, elastischer und nichtelastischer Gurte und Seile.
- Das Auf- und Einhängen von Geräten oder Geräteteilen mittels Haken, Ösen, Schlaufen und Bändern z. B. für elastische Montagen.

2.3.4 Bauelemente für die Schutzfunktionen

Schutzfunktionen können für einzelne Bauelemente, Baugruppen, Geräte und Gerätesysteme ausgelegt werden. Zu unterscheiden sind dabei die funktionalen und konstruktiv-technologischen Schutzmaßnahmen.

Zu den funktionalen Maßnahmen zählen u. a. der Schutz gegen:

- Feuchte, Flüssigkeiten und Gase
- Partikel unterschiedlichster Größen
- Temperatureinwirkungen hinsichtlich absoluter Temperaturen und Temperaturschwankungen
- Elektromagnetische Wellen
- UV-Strahlung

Die konstruktiv-technologischen Maßnahmen sind:

- Plattenverkleidungen aus vielen Stoffgruppen wie Stahllegierungen, Nichteisenlegierungen, insbesondere Aluminiumlegierungen, Kunststoffe und Kompositwerkstoffe, wie beispielsweise Laminate aus Glasgewebe mit Kunstharzen (wie Polyester und Epoxidharzen) sowie Hölzer.

- Elektrisch nichtleitende Schutzlacke, Gele, Vergussmassen, Parylene und Fluorpolymere, die besonders als Überzüge von elektronischen Baugruppen zur Anwendung
  kommen, Abschn. 3.12.
- Metallische Beschichtungen auf elektrisch nichtleitenden Verkleidungen, die als Schirmung einen besonderen Schutz vor elektromagnetischer Strahlung bieten. Dabei können bereits sehr dünne Beschichtungen zu akzeptablen Dämpfungsergebnissen führen,
  Abschn. 6.5.

2.4   Bauweisen – Aufbaustrategien von Geräten

Bei jeder Konstruktion ergeben sich die Fragen wie bzw. nach welchen Prinzipien die
Aufteilung der Funktionen auf elektrische/elektronische und nichtelektische Baugruppen
oder auch nur einzelne Bauelemente erfolgen soll.

Gesichtspunkte der Entscheidung für eine Bauweise sind:

- Anzahl und Komplexität der zu realisierende Funktionen.
- Separierung gleicher Funktionen für verschiedene Kanäle auf unterschiedlichen Sys-
  temeinheiten (Baugruppen, Geräten).
- Flexibilität des Geräts durch Austauschmöglichkeiten von Funktionen.
- Reparaturfähigkeiten einzelner Komponenten.
- Verwendbarkeit von Systemteilen (wie Baugruppen und Einzelteilen) in verschiedenen
  Produkten zur Kostenminimierung.

Aus dieser Sicht ergeben sich die 4 folgenden Bauweisen von Geräten.

2.4.1   Kompaktbauweise

Ein solches Gerät ist eine komplette Einheit. Eine Unterteilung in Funktionsbaugruppen
erfolgt hier nicht. Besteht ein hoher Funktionsumfang, so kann bzw. wird dieser schon
auf Ebene der Chips nach dem Prinzip System-on-Chip (SoC) realisiert. Dadurch kann
Platz innerhalb der Geräte reduziert werden, da zusätzliche Bauteile für die Montage von
Baugruppen eingespart werden. Der Funktionsumfang wird dann in komplexere Chips
verlagert oder es werden Hybridsysteme verwendet, die von außen betrachtet wie ein
elektrisches Bauelement anzusehen sind. Beispiele für diese Bauweise sind Kompakt-
steuerungen mit wenigen Ein- und Ausgängen, Taschenrechner und Smartwatches.

2.4.2 Baugruppen- und Modulbauweise

Zwei Sichtweisen sind hier zu unterscheiden. Zum einen kann eine Baugruppe als ein Modul mit einem definierten Funktionsumfang (beispielsweise eine Grafikkarte für einen PC) aufgefasst werden und zum anderen kann ein Modul aus mehreren Baugruppen bestehen, vgl. dazu nochmal Abb. 2.8. Letzteres entsteht immer dann, wenn der geforderte Funktionsumfang nicht auf einer Baugruppe realisiert werden kann. Wenn das Modul beispielsweise 3 Baugruppen umfasst, dann gibt es nach außen nur eine Schnittstelle und nicht 3. Im allgemeinen Sprachgebrauch wird zur Vereinfachung halber häufig Baugruppe gleich Modul gesetzt.

Gekennzeichnet ist diese Bauweise [13, S. 130 ff] dadurch, dass ein Produkt aus einzelnen austauschbaren Modulen/Baugruppen mit jeweils definiertem Funktionsumfang aufgebaut wird. Werden unterschiedliche Module miteinander kombiniert, so entstehen Varianten eines Basisprodukts. Bei Ausfall einer Funktion in einem Modul werden dann die betreffenden Module getauscht, was aus Sicht des Service vorteilhaft ist. Nachteilig dabei ist oftmals, dass auch ein kleiner Defekt wie beispielsweise der Ausfall eines Elektrolytkondensators (die Ausfallrate ist im Vergleich zu anderen Bauelementen relativ hoch) zum Austausch eines Moduls führt. So kann der Austausch eines Steuerungsmoduls einer Heizungsanlage trotz eines kleinen Defekts (Elektrolytkondensator) mehrere 100 € erreichen.

Grundsätzlich gilt also, dass Geräte nach diesem Prinzip sehr übersichtlich und servicefreundlich aufgebaut werden können.

2.4.3 Baukastenprinzip

Das Baukastenprinzip [11, S. 838–854] stellt eine Erweiterung der Modulbauweise, besonders hinsichtlich einer multivalenten Nutzung von Modulen, in den verschiedensten Produkten dar. Das Prinzip besagt, dass möglichst viele unterschiedliche Produkte aus möglichst wenigen unterschiedlichen Modulen aufgebaut werden sollen. Damit lässt sich die Anzahl unterschiedlicher Baugruppen in einer Vielzahl von Produkten verringern, so dass von den notwendigen Modulen entsprechend mehr hergestellt werden, was zu einer, teilweise auch drastischen, Kostensenkung eines Moduls führt.

Damit verbunden sind aber auch Einschränkungen. So müssen die geometrischen und elektrischen Schnittstellen zwischen jeweils einem Modul und den jeweiligen Modulaufnahmen der unterschiedlichsten Geräte abgestimmt sein, was zwangsläufig zu Standards der Interfacestrukturen führt. Das ist nicht negativ zu sehen, sondern auch im Interesse der Kunden.

Ein Beispiel für die Anwendung sind Speicherkarten mit denen die unterschiedlichsten Smartphones erweitert werden können. Aus der Automobilindustrie ist allgemein bekannt, dass die gleichen Motoren in den unterschiedlichsten Fahrzeugen zum Einsatz kommen. Das 19-Zoll-Aufbausystem kann hier ebenso eingeordnet werden.

2.4.4   Plattformstrategie

Dem Wesen nach ist diese Strategie der Modulbauweise zuzuordnen, da ein Produkt prinzipiell aus Modulen aufgebaut wird. Durch die Besonderheit des Vorhandenseins einer Plattform, welche die Grundlage aller Produkte einer Produktfamilie darstellt, ist es sinnvoll, diese Strategie von der Modulbauweise abzugrenzen und gesondert zu betrachten.

Die Plattform selbst ist das größtmögliche, zentrale und i. d. R. über einen längeren Zeitraum stabile Basis- bzw. Standardmodul, welches wiederum aus einer oder mehreren Baugruppen, einzelnen Komponenten, Schnittstellen und Funktionen besteht. Damit stellt das Standardmodul eine unabhängige Basis dar, die mit weiteren spezifischen Modulen die Variantenvielfalt einer Produktfamilie ausmacht. Charakteristisch ist, dass der Produktlebenszyklus der Plattform von den Lebenszyklen der Produktvarianten und somit der zusätzlichen spezifischen Module abgekoppelt ist.

Ein Beispiel ist die Plattformstrategie im Automotive-Bereich, wo verschiedene Fahrzeugtypen innerhalb eines Konzerns die gleichen zentralen Baugruppen/Module, wie Bodengruppe und Antriebsstrang, aufweisen.

Aus der Elektronik können als Beispiele die immer stärker in den Fokus rückenden Produktfamilien der Einplatinenrechner wie Arduino, Raspberry etc. genannt werden. Die Plattformen sind jeweils die Prozessorplatinen mit unterschiedlicher Ausprägung, was die weiteren Funktionen wie Speicherausstattung, Schnittstellen, Netzanbindung etc. angeht. Die Varianten der Produktfamilien entstehen durch die Vielzahl der spezifischen weiteren Module wie LCD-Displays, Tastaturen, Touchscreens, Stromversorgungspacks, weitere Module für diverse Schnittstellen, Sensormodule für Temperatur, Feuchte und Druck. Zu den spezifischen Modulen müssen auch die verschiedenen Betriebssysteme und Programmiersprachen gezählt werden. Durch die wachsende Anzahl der spezifischen Module wird die Vielfalt innerhalb einer Produktfamilie immer größer, was bleibt, ist die Plattform des Prozessormoduls.

Eine Plattform ist aber nicht nur als eine physikalische Struktur in Form eines Standardmoduls aufzufassen, sondern kann auch eine Produktarchitektur sein. Das bedeutet, dass eine funktionelle Struktur betrachtet wird ohne zu sagen, mit welchen Bauelementen und Baugruppen/Module diese realisiert wird. Beispielsweise kann eine bestehende Struktur mit aktuellen Bauelemente aufgebaut werden und die gleiche Struktur später mit neueren Elementen, wenn die bestehenden veraltet sind.

Nicht nur Produkte, sondern auch Technologien, wie beispielsweise die verschiedenen Mikroelektroniktechnologien, bilden derartige Plattformstrategien.

Ein Beispiel dazu sind Integrierte Schaltkreise in TTL-Technik (Transistor-Transistor-Logik) mit denen eine Flankensteilheit von ca. 30 ns erzielt wird. Die Flankensteilheit ist die Zeit von 10–90 % des Spannungshubes eines digitalen Impulses. Neuere ICs verwenden Technologien, die eine Flankensteilheit von deutlich unter 1 ns (ECL-Technik, Emitter gekoppelte Logik) realisieren, womit deutliche Steigerungen der Taktfrequenzen ermöglicht werden.

2.4.5 Geräteklassifikationen nach den Einsatzgebieten

Geräte und Schränke werden je nach Größe, Einsatzort, Montagemöglichkeiten und Schutzmaßnahmen klassifiziert. Dabei sind Indoor- und Outdoorsysteme sowie deren Schnittstellen zur Umgebung zu betrachten.

2.4.5.1 Geräte für den Indoorbereich

Sie zeichnen sich durch relativ konstante Umgebungsbedingungen, insbesondere Lufttemperaturen, minimale Temperaturschwankungen, Luftdrücke und relative Luftfeuchten aus.

Damit können viele Parameter der Geräte auf diese Bedingungen ausgelegt werden. Beispielsweise ist es damit einfach, die zulässige elektrische Verlustleistung eines Geräts, die in etwa der abführbaren Wärme entspricht, zu bestimmen. Erhöht sich die Umgebungstemperatur stark, wie es im Outdoorbereich bei direkter Sonneneinstrahlung vorkommt, so nimmt die abführbare Wärme und somit die zulässige elektrische Verlustleistung ab, da das Temperaturgefälle vom Geräteinneren nach außen abnimmt oder sogar negativ wird (Außentemperatur > Geräteinnentemperatur), Kap. 7.

An die Schutzarten, wie den Wasserschutz werden i. d. R. auch deutlich niedrigere Anforderungen gestellt, Abschn. 2.7.1.

Aus konstruktiver Sicht können derartige Systeme vorrangig hinsichtlich ihrer statischen, d. h. konstanten Belastungen ausgelegt werden, die aus den Eigengewichten der Komponenten, Baugruppen, Schrankeinbauten, Schränken und Gehäusen resultieren.

2.4.5.2 Geräte für den Outdoorbereich

Diese Geräte unterliegen deutlich höheren Beanspruchungen als Indoorgeräte. Schaltschränke werden häufig auch als Outdoor-Shelter bezeichnet.

Hier müssen die Klimazonen mit ihren absoluten Umweltwerten und großen Schwankungsbreiten berücksichtigt werden. Eine große Rolle spielen dabei die großen Temperaturschwankungen, bei denen mit bis zu $\Delta T = 80\,°C$ und teilweise auch höher gerechnet werden muss, was von großer Bedeutung für die notwendig abzuführende Wärme ist.

Dynamische Beanspruchungen durch Windlasten sind zu den statischen Lasten hinzuzurechnen, was die mechanischen Konstruktionen aufwändiger macht.

Weiterhin spielen Korrosionsprobleme bei feuchten und aggressiven Umgebungen, wie beispielsweise Seeluft, eine wesentliche Rolle.

Allgemein betrachtet sind die Vorgänge viel dynamischer als bei Indoorgeräten, was die Auslegung derartiger Systeme deutlich schwieriger macht.

2.4.5.3 Schnittstelle zur Umgebung

Je nach Größe und Nutzungsort lassen sich hinsichtlich ihrer konstruktiven Ausführungen fünf Gehäusetypen unterscheiden:

- *Tischgehäuse* (Desktops) mit einer Aufstellung auf Tischen, z. B. für Laborgeräte
- *Untertischgehäuse* (Tower) mit einer Aufstellung unter Tischen, z. B. Tower-PC, Workstation
- *Wandgehäuse* zur Montage an Wänden. Dazu zählen z. B. Zählerschränke in Wohnungen, die E-Zähler, Sicherungen und FI-Schutzschalter aufnehmen.
- *Traggehäuse* für den mobilen Einsatz wie beispielsweise Smartphones und mobile Messgeräte in besonders robusten Ausführungen.
- *Kleingehäuse* mit Aufnahmebreiten < 19 Zoll

2.5 Das 19-Zoll-Aufbausystem

Das 19-Zoll-Aufbausystem ist ein hochgradig standardisiertes Gerätesystem der Elektronik/Elektrotechnik und international sehr weit verbreitet. Die Bezeichnung „19-Zoll" hat seinen Ursprung in der 19 Zoll Abmessung der Frontplatten des Gerätesystems.

Dabei werden mechanische, elektromechanische und elektrisch/elektronische Bauteile und Baugruppen geometrisch aufeinander abgestimmt. Die Mechanik umfasst dabei alle Teile, die dem mechanischen Geräteaufbau mit den Stütz- und Schutzfunkionen zuzuordnen sind. Zur Elektromechanik gehören die Steckverbinderfamilien und ein Teil der Kontaktiertechniken, auf die umfassend im Abschn. 5.4 eingegangen wird. Die elektrischen und elektronischen Baugruppen, die in dieses Aufbausystem integriert werden, richten sich in ihrer Geometrie nach den mechanischen Vorgaben. Daraus resultiert eine sehr begrenzte Anzahl unterschiedlicher Baugruppengrößen.

2.5.1 Das 4-Ebenen-Konzept

Aus konstruktiver Sicht ist das 19-Zoll-Aufbausystem in Modulbauweise ausgeführt, wobei sich 4 hierarchische Ebenen unterscheiden lassen, Abb. 2.17. Modularität bedeutet, dass die Bauteile auf einer Ebene nahezu beliebig kombiniert und ausgetauscht werden können. Das wiederum ist ein wesentlicher Vorteil für den Austauschbau und die Flexibilität der Baugruppen.

Grundlage der Modularität sind definierte Teilungsschritte (Grundraster) für Breiten, Höhen und Tiefen innerhalb der 4 Ebenen sowie das Zusammenspiel dieser zwischen den Ebenen.

Bevor die 4 Ebenen näher erläutert werden, seinen hier die Teilungsschritte für die Montage der Baugruppen aufgeführt:

- Ausgangspunkt ist die 19-Zoll-Frontplatte mit einer Gesamtbreite einschließlich Befestigungsflansch von 19 Zoll = 482,6 mm. Die Höhenteilung ergibt sich aus dem Höhenschrittmaß U.

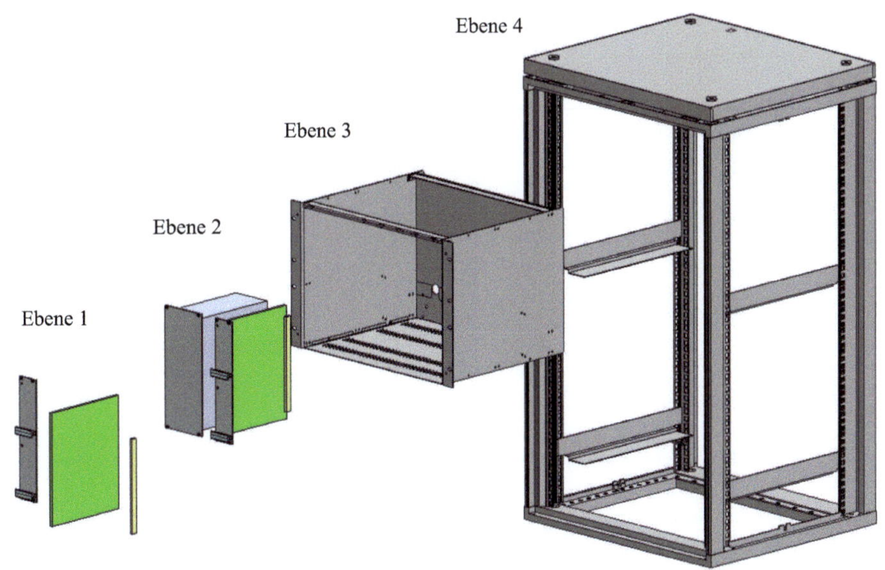

Abb. 2.17 19-Zoll-Aufbausystem: Modulare Bauweise mit 4 Ebenen

- Das Breitenschrittmaß T (auch TE) einer Baugruppe beträgt $1 \times T = 5{,}08$ mm (0,2"), womit sich Baugruppenbreiten von ($n \times 5{,}08$ mm) ergeben. Die kleinste Einbauraumbreite von 5,08 mm wird auch als Slot bezeichnet. Breiten mit $n = 1$ und 2 dienen hauptsächlich dem Abdecken von nicht verwendeten Einschubplätzen im Baugruppenträger, womit die kleinste praktische Baugruppenbreite $3 \times 5{,}08$ mm $= 15{,}24$ mm beträgt.
- Das Höhenschrittmaß U (auch HE) beträgt $U = 44{,}45$ mm (1,75"). Dementsprechend ergeben sich die Höhen der Frontplatten, der Leiterplatten, der Baugruppenträger sowie der Gestelle und Schränke.

2.5.2 Ebene 1: Komponenten

Grundsätzlich umfasst diese Ebene alle Komponenten, die für den Aufbau von Baugruppen der Ebene 2 erforderlich sind. Dazu zählen Leiterplatten, Steckverbinder, Frontplatten, Verbindungselemente für die Montage der Frontplatten auf/an den Leiterplatten und Komponenten in den Frontplatten wie Griffe zum Herausziehen der Baugruppen, Schalter, LEDs und BNC-Buchsen für Messgeräte. Abb. 2.18 und Tab. 2.1 zeigen dazu Abmessungen von typischen Frontplatten und Leiterplatten.

Die Höhenschritte reichen von 2U bis 12U, wobei die Vorzugsmaße 3U, 6U und 9U umfassen. Die Höhenmaße der Frontplatten und Leiterplatten werden den Höhenschritten zugeordnet und sind immer kleiner als die zugeordneten ($n \times U$) Höhen.

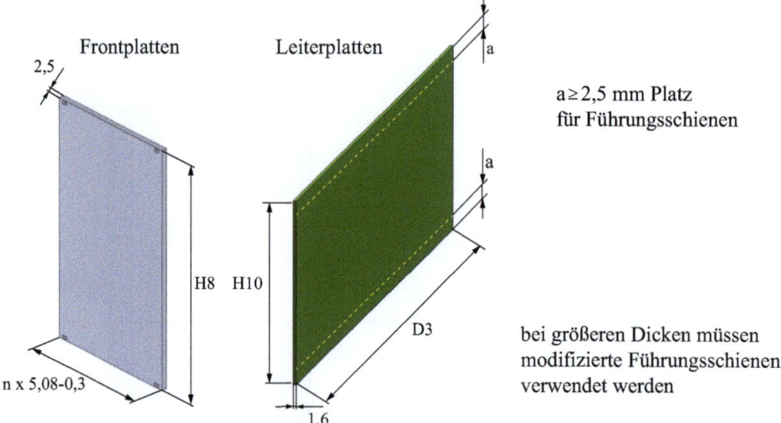

Abb. 2.18 Ebene 1: Komponenten Frontplatten und Leiterplatten

Tab. 2.1 Ebene 1: Höhenmaße von Leiterplatten und Frontplatten in mm (Vorzugsmaße)

Höhenschritt U	3U	6U	9U
H8 Frontplatten	128,55	261,90	395,25
H10 Leiterplatten	100	233,35	366,70

Die Tiefenmaße D3 der Leiterplatten sind 60 mm bis 160 mm in 20er Schritten, 220 mm und 280 mm. Vorzugsmaße sind hier 160 mm und 220 mm.

Besonders zwei Leiterplattenformate sind hier hervorzuheben:

- **Europaformat** (Eurokarte) mit Höhe $\times$ Tiefe $= (100 \times 160)\,$mm^2 in einem 3U hohen Baugruppenträger.
- **Doppeleuropaformat** (Doppeleurokarte) mit $(233{,}35 \times 160)\,$mm^2 in einem 6U hohen Baugruppenträger. Das sind 2 Europakarten übereinander plus der Platz, den eine Mittelstrebe in einem Baugruppenträger einnimmt, Abb. 2.19. Damit ist die Fläche ca. 17 % größer als die zweier Europakarten.

2.5.3   Ebene 2: Baugruppen

Bei den Baugruppen kann eine Unterteilung in 3 Typen erfolgen.

Die **Steckbaugruppe** (Steckplatte) besteht aus einer Leiterplatte, einer Frontplatte, Verbindungsstücken zwischen diesen beiden und Steckverbindern. Die Steckverbinder sind typischerweise Messerleisten, können jedoch bei inversen Steckverbindern auch

Buchsenleisten sein. In die Frontplatte selbst können weitere Bauelemente wie Ziehgriffe, LEDs, Schalter, BNC-Buchsen für Messleitungen, Schalter u. ä. integriert werden.

Die **Kassette** ist eine in sich geschlossene Baugruppe, die mehrere Steckplatten enthält. Sie weist ein eigenes Verdrahtungsfeld auf, das die einzelnen Steckplatten miteinander verbindet. Nur ein Übergabesteckverbinder stellt die Verbindung zwischen dem eigenen Verdrahtungsfeld und dem Verdrahtungsfeld des Baugruppenträgers her. Damit wird die Kassette montageseitig wie eine Steckplatte behandelt.

Der **Steckblock** ist ebenfalls eine in sich geschlossene Baugruppe mit einem Übergabesteckverbinder zum Verdrahtungsfeld des Baugruppenträgers. Er beinhaltet typischerweise eine Aufnahme für eine Leiterplatte und/oder zusätzlichen Platz für größere und voluminösere Bauteile wie Transformatoren und Elektrolytkondensatoren.

2.5.4 Ebene 3: Frontplatte, Baugruppenträger, Rückverdrahtung

Die **19-Zoll-Frontplatte** hat eine Gesamtbreite von 19 Zoll = 482 mm und ist in der Höhe entsprechend des Höhenschrittmaßes $U = 44{,}45$ mm in $n \times U$ eingeteilt.

Durch die modulare Bauweise wird aber nicht mehr diese 19-Zoll-Frontplatte verwendet, sondern wird ersetzt durch die Summe der Breiten der einzelnen Frontplatten, die zu den Steckbaugruppen, Steckblöcken und Kassetten gehören plus der linken und rechten Befestigungsflansche des Baugruppenträgers, die der Fixierung im Gestell dienen, Abb. 2.19.

Der **Baugruppenträger** mit seinen 3 Typen von Baugruppen hat eine maximale Breite von 449 mm und wird mit seinen Befestigungsflanschen im Gestell befestigt, Abb. 2.19. Der Platz für die Baugruppen ist in 84 Felder mit dem Breitenschrittmaß von $T = 5{,}08$ mm geteilt, womit sich die innere Gesamteinbaubreite für die Baugruppen zu $84 \times 5{,}08$ mm = 426 mm ergibt.

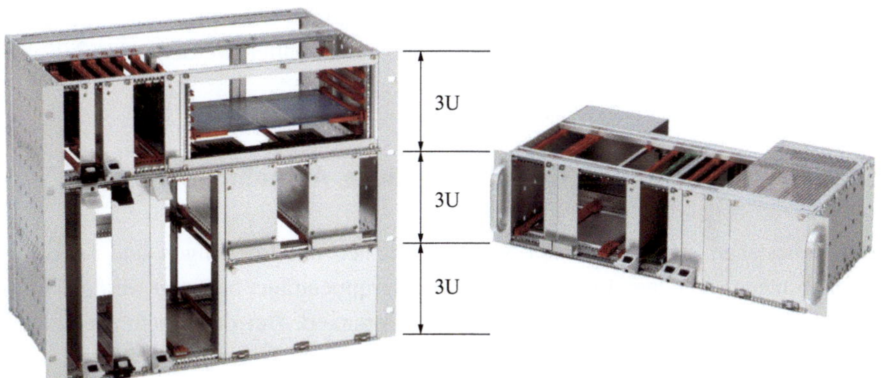

Abb. 2.19 Ebene 3: Zwei Baugruppenträger mit 3 U und 6 U sowie 3 U

Tab. 2.2 Ebene 3: Höhenmaße von Baugruppenträgern und Frontplatten in mm (Vorzugsmaße)

Höhenschritt U	3U	6U	9U
H1 Baugruppenträger	132,55	265,90	399,25

Abb. 2.20 Ebene 3: Multilayer-Rückverdrahtung (links) und Rückverdrahtungsfeld für diskrete Leitungen mit Steckverbindern (rechts)

Die Höhenschritte reichen von 2U bis 12U, wobei die tatsächlichen Höhenmaße etwas geringer sind, damit keine Kollisionen bei übereinander angeordneten Baugruppenträgern entstehen, Tab. 2.2.

Die **Rückverdrahtung** verbindet die Baugruppen gleicher und unterschiedlicher Einbauebenen miteinander, Abb. 2.20, mit zwei Ausführungsformen.

Bei der *ersten* besteht die Rückverdrahtung aus diskreten Leitungen, die mit den Anschlüssen der Steckverbinder kontaktiert werden, Abb. 2.20-rechts. Zur Kontaktierung wird häufig die Wire-Wrap-Verbindung (Wickelverbindung) verwendet, bei der die massiven Leitungen um quadratische oder rechteckige Wickelstifte gewickelt werden, Abschn. 5.4.3. Bei der *zweiten* Ausführungsform kommt eine Leiterplatte (Multilayer) zum Einsatz, auf die Steckverbinder mittels Löttechnologie montiert werden, Abb. 2.20-links.

2.5.5 Ebene 4: Schränke, Gestelle, Gehäuse, Aufnahmen

Gestelle bestehen aus senkrechten Montageschienen mit Lochungen und festgelegten Breitenabständen an denen Frontplatten und Baugruppenträger befestigt werden. Sie sind am Boden und an der Decke oder der Wand verankert. Bei den Lochungen sind die Montageraster nach den Typen I und II zu unterscheiden. Während beim Typ I das Lochungsraster dem Raster der Befestigungslöcher der Frontplatten und Baugruppenträger

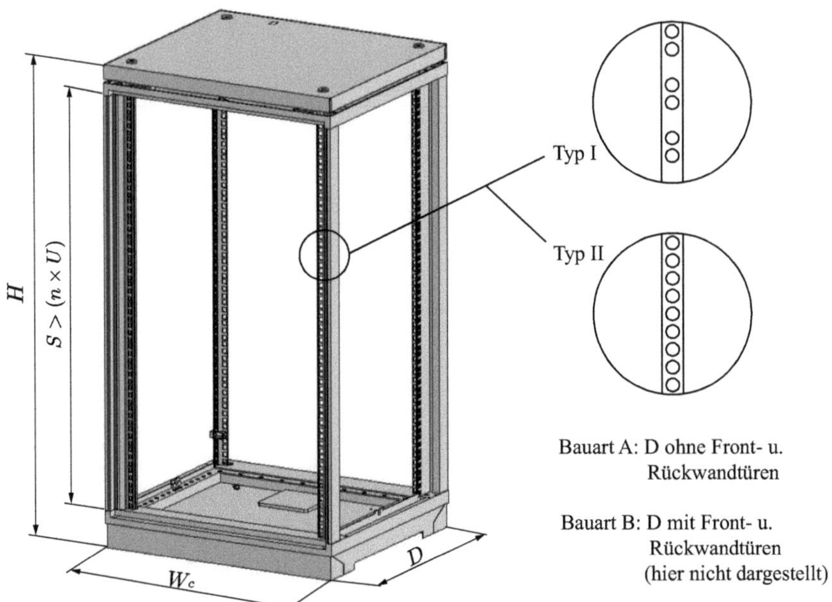

Abb. 2.21   Ebene 4: Schrank

entspricht, weist das Lochungsraster nach Typ II zusätzliche Löcher für weitere Befestigungsmöglichkeiten auf und hat somit eine größere Flexibilität.

Schränke sind nach dem Rahmenprinzip aufgebaut und stellen somit selbsttragende Konstruktionen dar, Abb. 2.21. Die senkrechten Montagschienen weisen Lochraster auf, die zur Befestigung der Frontplatten und Baugruppenträger dienen und den Typen I und II der Gestelle entsprechen. Sie können Füße, Rollen oder Sockelleisten aufweisen, einzeln und auch zu mehreren nebeneinander stehen, was typisch für Schränke im Bereich komplexer Telekommunikationsanlagen oder Serversystemen ist. Während Türen bei der Bauart B im Tiefenmaß D enthalten sind, werden sie in der Bauart A im Tiefenmaß D nicht berücksichtigt, Tab. 2.3.

Tab. 2.3   Ebene 4: Maße der Schränke nach Bauart A und B, in mm [7]

Gesamthöhe H		Höhe Baugruppenträger		Breite W_c / Tiefe D
800	$13 \times U = 577{,}85$	1600	$31 \times U = 1377{,}95$	550 600 700 750 800 900
1000	$18 \times U = 800{,}10$	1800	$36 \times U = 1600{,}20$	
1200	$22 \times U = 977{,}90$	2000	$40 \times U = 1778{,}00$	300 600 800 900 1000 1200
1400	$27 \times U = 1200{,}15$	2200	$45 \times U = 2000{,}25$	

Gehäuse sind Aufnahmen mit einer Höhe von $H < 800$ mm, wobei für kleine Gehäuse Aufnahmebreiten $< 19"$ charakteristisch sind.

So können Gehäuse unter Beachtung ausreichender Wärmeabfuhr auch gestapelt werden, z. B. für platzsparende Anordnungen von Laborgeräten, die häufig 3U und 6U Einbauten aufweisen.

2.6 Metrisches Aufbausystem

Verglichen mit dem 19"-Aufbausystem, Abschn. 2.5, spielt das metrische Aufbausystem bis heute keine wesentliche Rolle. Trotzdem sollen im Folgenden Eckpunkte des Aufbausystems aufgezeigt werden.

Die Basis des metrischen Aufbausystems [3, 4] ist das metrische Systemraster SU (Systemunit) von 25 mm sowie weiterer Unterteilungen von 2,5 und 0,5 mm.

Auch hier findet sich das 4-Ebenen-Konzept wieder, wie es aus dem 19"-Aufbausystem bekannt ist.

Das Rastermaß für die steckbaren Baugruppen in den Baugruppenträger beträgt 5 mm, im Vergleich zum 19"-Aufbausystem mit 5,08 mm. Die Tab. 2.4 und 2.5 zeigen dazu einige Maße für Baugruppenträger und Schränke.

Tab. 2.4 Metrische Bauweise: Ausgewählte Maße in mm [3]

Höhenmaße	6SU	12SU	18SU	24SU
Baugruppenträger H_{S0}	149	299	449	599
Leiterplatte H_{S3}	115	265	415	(565)
Tiefenmaße				
Baugruppenträger D_{S1}	175,5	225,5	250,5	300,5
Leiterplatte D_3	Tiefenmaße abhängig vom Steckverbinder			
Breitenmaße				
Baugruppenträger W_{S1}		425	475	600

Tab. 2.5 Metrische Bauweise: Maße der Schränke in mm [4]

Gesamthöhe H		Höhe Baugruppenträger		max. Breite W_c / Tiefe D
800	22×SU = 550	1600	54×SU = 1350	300 400 500 600 800
1000	30×SU = 750	1800	62×SU = 1550	900 1000 1200
1200	38×SU = 950	2000	70×SU = 1750	300 400 600 800 900
1400	46×SU = 1150	2200	78×SU = 1950	

2.7 Geräteschutz

Bei der Betrachtung des Geräteschutzes sind 3 Kategorien zu unterscheiden.

Erstens: Geräte dürfen die Umwelt und den Menschen über die Gerätefunktionen hinaus nicht beeinflussen (stören).

So dürfen elektromagnetische Wellen eines Funksenders nicht zu Fehlschaltungen eines anderen Geräts führen, außer bei einem Störsender, wobei in diesem Fall die Störfunktion eine definierte Gerätefunktion ist.

Zweitens: Umwelt und Menschen dürfen die Gerätefunktionen nicht störend beeinflussen.

So darf der Umwelteinfluss Regen nicht zu einem Kurzschluss im Gerät führen und eine menschliche Fehlbedienung eines Geräts nicht zu einer Fehlfunkion, z. B. einem unbeabsichtigten Ausschalten.

Drittens: Es dürfen Bauelemente oder Baugruppen eines Geräts die Gerätefunktionen selbst nicht störend beeinflussen.

Entsteht z. B. durch eine ungünstige elektrische Leitungsverlegung im Gerät eine große Leiterschleife, so wirkt diese als Sendeantenne und koppelt so Störsignale in einen anderen Stromkreis ein bzw. auch umgekehrt. Hierbei ist diese Sendeantenne dann zugleich auch Empfangsantenne.

Durch die immer stärkere Vernetzung der Geräte (Internet of Things – IoT) nimmt die Bedeutung der beiden zuletzt genannten Schutzfunktionen enorm zu, wobei der Geräteschutz durch sichere Software eine Schlüsselposition einnimmt.

Der Geräteschutz umfasst vor allem folgende Gebiete:

- Partikelschutz mit den beiden Aspekten, dass Fremdpartikel nicht in Geräte eindringen und Partikel des Geräts nicht in die Umwelt gelangen.
- Berührungsschutz von gefährlichen Teilen in Geräten. Dazu zählen der Schutz vor Spannung führenden Bauteilen (Schutz gegen elektrischen Schlag) und der Schutz vor bewegten Teilen verschiedenster Art wie rotierenden Wellen oder Schneidwerkzeugen.
- Wasserschutz unterschiedlichster Ausprägung, angefangen von Wassertropfen bis hin zu dauerhaftem Unterwasserschutz.
- Feuchtigkeit, insbesondere mit Kondensationserscheinungen.
- Mechanische Stöße und Vibrationen.
- Besondere Temperaturbedingungen mit extremen absoluten Temperaturen in Wüstengebieten und Polarregionen und großen Temperaturschwankungen zwischen Tag und Nacht sowie den Jahreszeiten.

- Aggressive Umgebungsbedingungen, hervorgerufen beispielsweise durch ätzende Flüssigkeiten und Gase.
- Korrosionserscheinungen, wobei besonders die elektrochemischen Korrosionen von Metallen und deren Legierungen in elektrisch leitenden Umgebungen (Elektrolyten) und die Korrosion unter Einwirkungen von Sauerstoff hier hervorgehoben werden sollen.
- Explosions- und Brandgefahren, beispielsweise bei der Arbeit mit Wasserstoff oder Li-Ionen Batterien.
- Elektromagnetische Verträglichkeiten, allgemein ausgedrückt die Beeinflussung durch elektromagnetische Wellen des eigenen und anderer Geräte.
- Lärmbeeinflussung insbesondere mit der Verringerung von Lärm, der von Geräten zur Wärmabfuhr, wie Ventilatoren und Klimageräten, stammt.
- Strahlungsbeeinflussungen, z. B. schädliche UV-Strahlung, die Werkstoffe zersetzen.

2.7.1 Schutzarten (Schutzgrade) nach dem IP-Code

Der IP-Code [8] ist ein Bezeichnungssystem, das den Umfang des Geräteschutzes durch ein Gehäuse beschreibt. Das ist der Schutz gegen das Eindringen von Fremdkörpern unterschiedlicher Größen (Fremdkörperschutz), gegen den Zugang zu gefährlichen Teilen (Berührungsschutz) und gegen das Eindringen von Wasser (Wasserschutz).

Der Geräteschutz wird angegeben in der Form $IPx_1x_2f_1f_2$. Dabei steht IP für International Protection bzw. Ingress Protection und x_1 (Ziffern $0 \cdots 6$ sowie X)und x_2 (Ziffern $0 \cdots 9$ sowie X) beschreiben den Schutzgrad bzgl. des Berührungs- und Fremdkörperschutzes sowie des Wasserschutzes, Tab. 2.6. Müssen die Kennziffern für x_1 und x_2 nicht angegeben werden, so sind sie durch ein jeweiliges X zu ersetzten.

Der zusätzliche Parameter f_1 (A, B, C, D), Tab. 2.7, gibt den Schutzgrad gegen den Zugang zu gefährlichen Teilen an, wobei der tatsächliche Schutzgrad höher sein muss als in der ersten Ziffer x_1 beschrieben. Oder f_1 wird verwendet, wenn nur der Schutz des Zuganges zu gefährlichen Teilen gegeben ist und die Ziffer x_1 durch X ersetzt wird.

Der ergänzende Buchstabe f_2 (H, M, S, W), Tab. 2.7, steht hinter der zweiten Ziffer x_2 oder einem der ergänzenden Buchstaben f_2.

Da der IPXX-Code aber nur einen Teil der notwendigen Schutzmaßnahmen abdeckt, müssen die darüber hinaus notwendigen Schutzmaßnahmen mittels der entsprechenden Produktnormen realisiert werden.

Tab. 2.6 Schutzarten nach DIN EN 60529 (VDE 0470-1) [8]

Kenn-ziffer	1.Kennziffer		2. Kennziffer
	Berührungsschutz	Fremdkörperschutz	Wasserschutz
0	Nicht geschützt	Nicht geschützt	Nicht geschützt
1	Geschützt gegen den Zugang zu gefährlichen Teilen mit dem Handrücken	Geschützt gegen feste Fremdkörper, 50 mm Durchmesser und größer	Geschützt gegen Tropfwasser
2	Geschützt gegen den Zugang zu gefährlichen Teilen mit einem Finger	Geschützt gegen feste Fremdkörper, 12,5 mm Durchmesser und größer	Geschützt gegen Tropfwasser, wenn das Gehäuse bis zu 15° geneigt ist
3	Geschützt gegen den Zugang zu gefährlichen Teilen mit einem Werkzeug, Sonde 2,5 mm Durchmesser darf nicht eindringen	Geschützt gegen feste Fremdkörper, 2,5 mm Durchmesser und größer	Geschützt gegen Sprühwasser
4	Geschützt gegen den Zugang zu gefährlichen Teilen mit einem Draht, 1,0 mm Durchmesser darf nicht eindringen	Geschützt gegen feste Fremdkörper, 1,0 mm Durchmesser und größer	Geschützt gegen Spritzwasser
5	Geschützt gegen den Zugang zu gefährlichen Teilen mit einem Draht, 1,0 mm Durchmesser darf nicht eindringen	Staubgeschützt	Geschützt gegen Strahlwasser
6	Geschützt gegen den Zugang zu gefährlichen Teilen mit einem Draht, 1,0 mm Durchmesser darf nicht eindringen	Staubdicht	Geschützt gegen starkes Strahlwasser
7			Geschützt gegen die Wirkungen beim zeitweiligen Untertauchen in Wasser
8			Geschützt gegen die Wirkungen beim dauernden Untertauchen in Wasser
9			Geschützt gegen Hochdruck und hohe Strahlwassertemperaturen

Tab. 2.7 Fakultative Buchstaben für die Schutzarten nach DIN EN 60529 [8]

Zusätzliche Buchstaben	Ergänzende Buchstaben
A Geschützt gegen den Zugang mit dem Handrücken	H Hochspannungsbetriebsmittel
B Geschützt gegen den Zugang mit dem Finger	M Geprüft auf schädliche Wirkungen durch den Eintritt von Wasser, wenn die beweglichen Teile des Betriebsmittels in Betrieb sind
C Geschützt gegen den Zugang mit Werkzeug	S Geprüft auf schädliche Wirkungen durch den Eintritt von Wasser, wenn die beweglichen Teile des Betriebsmittels im Stillstand sind
D Geschützt gegen den Zugang mit Draht	W Geeignet zur Verwendung unter festgelegten Wetterbedingungen und ausgestattet mit zusätzlichen schützenden Maßnahmen oder Verfahren

2.7.2 Schutzklassen

Hierbei geht es um den Schutz gegen einen elektrischen Schlag, festgelegt in der DIN EN 61140. Die Grundregel besagt *erstens*, dass aktive gefährliche Teile nicht berührbar sein dürfen und *zweitens*, dass berührbare leitfähige Teile weder unter normalen Bedingungen noch im Fehlerfall zu gefährlichen aktiven Teilen werden dürfen.

Dabei wird in den Basisschutz und den Schutz unter Einzelfehlerbedingungen unterschieden.

Unter **Basisschutz** versteht man den Schutz unter normalen Bedingungen, der das Berühren von gefährlichen aktiven Teilen verhindert. Dazu zählen Basisisolierungen, Abdeckungen/Umhüllungen, der Einbau von Hindernissen bzw. Zugriffserschwernissen oder auch die Anordnung von Teilen außerhalb von mit Händen erreichbarer Bereiche.

Der **Fehlerschutz** ist unabhängig und zusätzlich zum Basisschutz und umfasst eine ganze Reihe von Maßnahmen. Dazu zählen eine zusätzliche Isolierung, Schutzschirmung, die Meldung und Abschaltung von Hochspannungsanlagen, die automatische Abschaltung von Stromversorgungssystemen, die Trennung von Stromkreisen und andere. Eine besondere Rolle spielen dabei die Maßnahmen zum Schutzpotenzialausgleich.

Sie dürfen nur eine kleine Impedanz aufweisen, damit im Fehlerfall keine gefährlichen Potenzialunterschiede auftreten. Weiterhin darf der Schutzkontakt bei steckbaren Verbindungen (die Schukostecker im Haushalt) erst unterbrochen werden, nachdem die Versorgungskontakte getrennt wurden und beim Stecken müssen zuerst die Schutzkontakte Kontakt haben bevor die Versorgungskontakte verbunden werden.

Die Klassifizierung der Schutzmaßnahmen wird durch die Schutzklassen beschrieben, Abb. 2.22.

Die **Schutzklasse 0** hat eine Basisisolation als Basisschutz und keinen Fehlerschutz. Einen Anschluss an Schutzleiter gibt es nicht und der Schutz muss durch eine geeignete

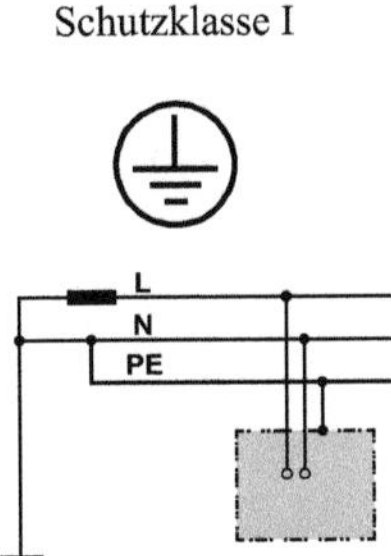

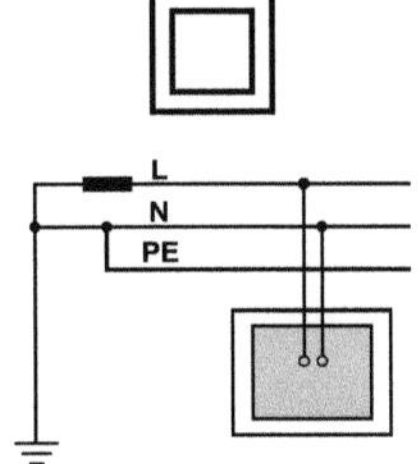

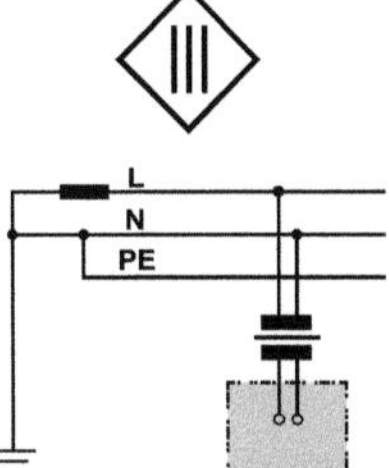

Geräte mit Schutzleiter. Alle leitfähigen Gehäuseteile werden mit dem Schutzleitersystem verbunden.

Geräte mit verstärkter bzw. doppelter Isolierung. Kein Anschluss zum Schutzleiter.

Geräte mit Schutzkleinspannung. Anschluss über Sicherheitstransformatoren.

Abb. 2.22 Schutzklassen

Umgebung sichergestellt werden. Ein Kennzeichen wie für die Schutzklassen I bis III gibt es nicht.

Die **Schutzklasse I** hat eine Basisisolierung als Basisschutz und eine Schutzverbindung für den Fehlerschutz. Hat ein Gerät elektrisch leitfähige Teile und sind diese nicht mittels einer Isolation von den gefährlichen aktiven Teilen getrennt, müssen sie wie gefährlich aktive Teile betrachtet werden. Das bedeutet, dass alle diese Teile mit einem niederohmigen Schutzleiter verbunden sein müssen. Die Kennzeichnung des Schutzleiters/Schutzes erfolgt entweder durch das Zeichen, Abb. 2.22, die Buchstaben PE oder die Farben Grün/Gelb.

Die **Schutzklasse II** weist eine Basisisolierung für den Basisschutz und eine zusätzliche Isolierung für den Fehlerschutz auf. Ein Anschluss derartiger Geräte an ein Schutzleitersystem darf nicht erfolgen, da im Fehlerfall durch den hohen Isolationswiderstand nur ein kleiner Fehlerstrom fließen würde, der das Auslösen einer Sicherung unmöglich macht. Die Kennzeichnung dieser Schutzklasse erfolgt nur mit dem Zeichen in Abb. 2.22.

Die **Schutzklasse III** verwendet ausschließlich Kleinspannungen ELV (Extra Low Voltage) mit einer Wechselspannung von $u_{\mathrm{eff}} \leq 50\,\mathrm{V}$ und einer Gleichspannung von $U \leq 120\,\mathrm{V}$. Für Wechselspannungen $u_{\mathrm{eff}} \leq 25\,\mathrm{V}$ und Gleichspannungen $U \leq 60\,\mathrm{V}$ ist kein Berührungsschutz notwendig, da diese Spannungen für Kinder und Tiere als ungefährlich gelten. Für elektrisches Kinderspielzeug gilt eine maximale Gleichspannung von $U_{\mathrm{max}} = 24\,\mathrm{V}$ oder die entsprechende Wechselspannung, siehe dazu die Richtlinie 2009/48/EG.

Bei den Kleinspannungen ELV sind drei Systeme zu unterscheiden:

- Beim SELV-System (Safety Extra Low Voltage, Sicherheitskleinspannung) gibt es keine Verbindung zu einem Schutzleiter oder Erde. Bei einem Trafo kann eine geerdete Schirmwicklung zwischen die Primär- und Sekundärwicklungen gelegt werden.

- Beim PELV-System (Protective Extra Low Voltage, Funktionskleinspannung mit elektrisch sicherer Trennung) werden Stromkreise und Gehäuse geerdet. PELV wird dann verwendet, wenn funktionale Gründe das erfordern. Beispiele dazu sind ein Potenzialausgleich zur Vermeidung von Funkenbildung oder die Ableitung von elektromagnetischen Störungen (Funktionserde).
- Beim FELV-System (Functional Extra Voltage, Funktionskleinspannung ohne elektrisch sichere Trennung) sind Erdungen und die Verbindung von Stromkreisen mit Schutzleitern erlaubt und die Gehäuse müssen mit dem Schutzleiter primärseitig verbunden sein.

2.7.3 Netzformen

Die Energieversorgung von Geräten kann durch verschiedene Arten erfolgen. Dazu zählen die Energieversorgungsnetze, drahtlose Energieübertragungen (induktiv, kapazitiv, Strahlung, Magnetresonanz), Batterien und Brennstoffzellen, autarke Generatoren und Energy Harvesting mit der Gewinnung von kleinen Energien aus der Umgebung (Vibrationen, Temperaturunterschieden, Luftbewegungen etc.).

Bezüglich des Schutzes sind besonders die Energieversorgungsnetze mit Spannungen von $230\,V_{eff}$ und höher zu betrachten, wobei der Schutz gegen elektrischen Schlag eine besondere Rolle spielt. Die Abb. 2.23 zeigt die Netzformen, die für Geräteanschlüsse bereitgestellt werden. Die Kurzbezeichnungen bedeuten:

T   zeigt die Erdanschlussart beim Netzanbieter an, direkt geerdet.

N   zeigt den geerdeten Neutralleiter, der leitend mit dem Sternpunkt des Versorgungssystems verbunden ist und einen Betriebsstrom führt.

C   hat einen kombinierten PEN Leiter, der als Neutralleiter (N) wirkt und eine Schutzfunktionen (PE) hat.

S   Schutzleiter (PE) und Neutralleiter (N) sind getrennte Leiter.

TN-C-Netz (Combined): Der Neutralleiter (N) und der Schutzleiter (PE) sind zu einem einzigen Leiter, PEN, zusammengefasst. Die Gehäuse auf der Verbraucherseite sind mit dem geerdeten Netzpunkt über den PEN verbunden. Berührt im Fehlerfall ein Außenleiter das Gehäuse (PEN), so fließt ein hoher Fehlerstrom, der die Sicherung des Außenleiters auslöst.

TN-S-Netz (Separated): Neutralleiter (N) und Schutzleiter (PE) sind im gesamten Netz getrennt. Der Sternpunkt des Betriebsstromkreises ist geerdet und die Geräte sind mit dem geerdeten Netzpunkt über den PE-Leiter verbunden. Berührt im Fehlerfall ein Außenleiter das Gehäuse (PE), so fließt ein hoher Fehlerstrom, der die Sicherung des Außenleiters auslöst.

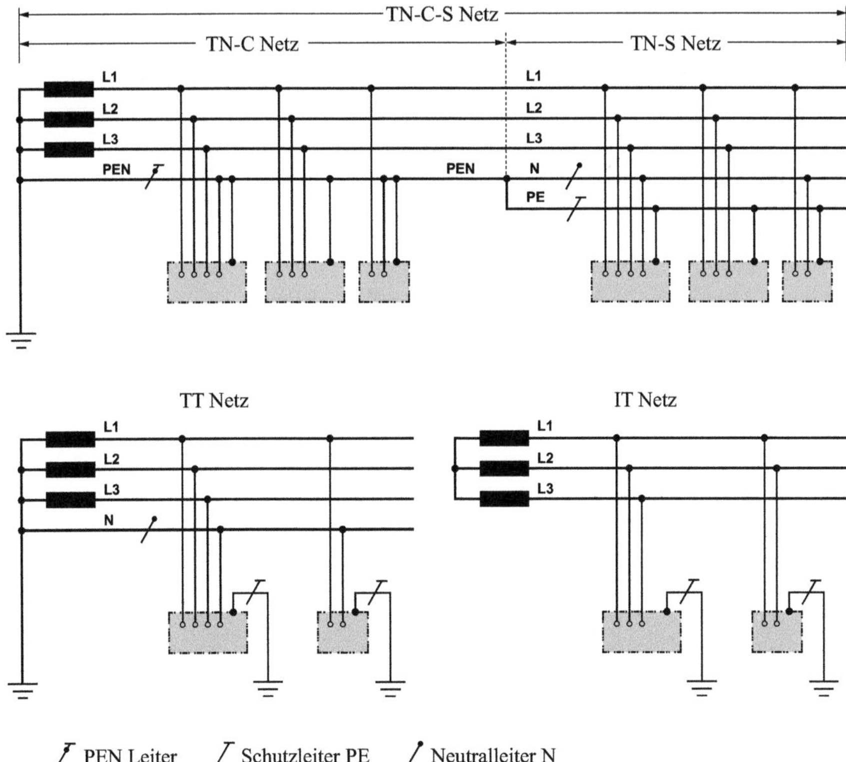

Abb. 2.23 Netzformen

TN-C-S-Netz: Hier sind die beiden Netzformen TN–C und TN–S gemeinsam vorhanden, wobei das TN-C-Netz direkt mit dem Energieerzeuger verbunden ist. In weiteren Netzabschnitten wird der PEN-Leiter in Neutralleiter (N) und Schutzleiter (PE) aufgeteilt. Die Geräte werden im TN-C-Netz mit dem PEN-Leiter und im TN-S-Netz mit dem PE-Leiter verbunden. Nach der Aufteilung des PEN in N und PE dürfen diese dann nicht mehr verbunden werden, worauf bei den Geräteanschlüssen geachtet werden muss. Teile des Betriebsstromes könnten dabei über den Schutzleiter fließen, was unzulässig ist. Berührt im Fehlerfall ein Außenleiter das Gehäuse (PEN bzw. PE), so fließt ein hoher Fehlerstrom, der die Sicherung des Außenleiters auslöst.

TT-Netz: Der Sternpunkt des Betriebsstromkreises ist geerdet und wird als Neutralleiter (N) geführt. Die Geräte sind geerdet und über die Erde miteinander verbunden und stellen damit den PE-Leiter dar. Der Schutzleiter ist also nicht mit dem Neutralleiter verbunden. Berührt im Fehlerfall ein Außenleiter das Gehäuse (PE), so fließt ein hoher Fehlerstrom, der die Sicherung des Außenleiters auslöst.

Tab. 2.8 Leiterarten im Wechselstromnetz

Leiterart	Kennung	Farbe
Außenleiter 1	L1	braun
Außenleiter 2	L2	schwarz
Außenleiter 3	L3	grau
Neutralleiter, Mittelleiter	N (neutral)	blau
Schutzleiter	PE (protective earth)	grün/gelb
Mittelleiter mit Schutzfunktion	PEN (protective earth neutral)	grün/gelb

IT-Netz: Hier sind alle aktiven Leiter von der Erde getrennt oder mittels einer hochohmigen Impedanz mit der Erde verbunden, womit es im Gegensatz zu den TN- und TT-Netzen ein ungeerdetes Netz darstellt. Die Gehäuse sind mit der örtlichen Erde (Potenzialausgleich) verbunden. Bei der Berührung eines stromführender Leiters oder eines unter Spannung stehendes Gehäuse passiert nichts. Der Grund liegt darin, dass der Sternpunkt des Transformators nicht geerdet ist und demzufolge kein Strom fließt. Damit ist ein hoher Schutz vor hohen Berührungsspannungen gegeben. Bei einem Isolationsfehler fließt nur ein kleiner Fehlerstrom, der nicht zum Ausfall des Netzes führt.

Die **Kennzeichnung** der Leiter in den Netzen ist Tab. 2.8 zu entnehmen.

2.7.4 Schutz gegen Netzstörungen

Ziel muss es sein, die Netzfrequenz von 50 Hz ohne weitere Störungen sicherzustellen. Da aber Störungen höherer Frequenzen auf den Netzleitungen nicht ausgeschlossen werden können, sollten oder müssen diese vor dem Gerät gefiltert werden, wozu Tiefpassfilter verwendet werden. Weiterhin müssen Überspannungen auf den Netzleitungen abgeleitet werden.

2.7.4.1 Netzfilter

Die Abb. 2.24 zeigt einen typischen Filter, der mit weiteren Bauelementen je nach Anforderungen aufgerüstet werden kann.

Die grundlegenden Bauelemente des Filters nach Abb. 2.24 sind:

Ein **X-Kondensator** C_x, der zwischen einen Außenleiter (L_1, L_2, L_3; umgangssprachlich Phase) und den Neutralleiter (N) geschaltet wird. Diese Kondensatoren unterscheiden sich in den Impulsspannungsfestigkeiten mit X1(4 kV), X2(2,5 kV) und X3(1,2 kV).

(Darüber hinaus ist auch eine Schaltung zwischen 2 Außenleitern möglich.)

Zwei **Y-Kondensatoren** C_y werden zwischen einen Außenleiter (L) oder den Neutralleiter (N) und der Schutzerde (PE) geschaltet. Die Unterscheidung erfolgt hier ebenfalls nach den Impulsspannungsfestigkeiten in Y1(8 kV), Y2(5 kV) und Y4(2,5 kV).

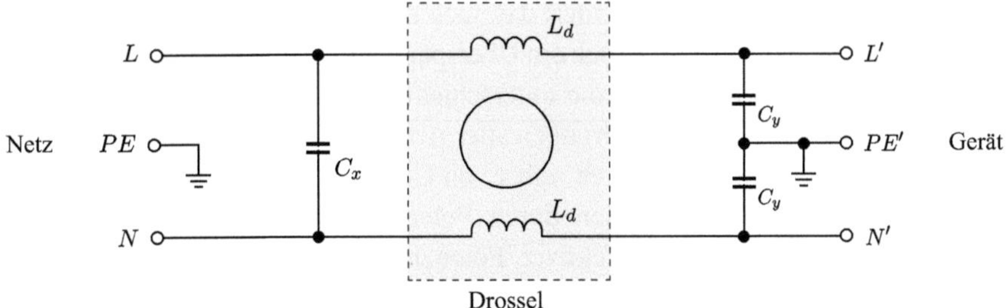

Abb. 2.24 Netzfilter mit optionalen Bauelementen

Eine **stromkompensierte Drossel** mit zwei identischen, aber gegenläufig gewickelten Wicklungen auf einem magnetischen Ringkern.

Im normalen Netzbetrieb heben sich die magnetischen Flüsse von Hin- und Rückstrom in der Drossel auf, so dass der Netzbetrieb dadurch nicht gestört wird.

Bei asymmetrischen Störungen (zwischen Außenleitern L bzw. Neutralleiter N und Schutzleiter PE) addieren sich die magnetischen Flüsse im magnetischen Ringkern, so dass eine hohe dämpfende Reaktanz entsteht, Abschn. 6.4.6, Punkt 2. Die beiden Y-Kondensatoren C_y zwischen L und PE sowie N und PE dämpfen die asymmetrischen Störungen insbesondere bei hohen Frequenzen.

Die symmetrischen Störungen (zwischen Außenleiter und Neutralleiter) werden durch den X-Kondensator C_x kurzgeschlossen.

Weitere Bauelemente müssen oder können der Schaltung zugefügt werden.

Ein **Widerstand R** mit typisch $1\,\text{M}\Omega$, der parallel zu C_x geschaltet wird, führt noch vorhandene Ladungen auf C_x ab, wenn eine Trennung vom Netz erfolgt und schafft dadurch einen Berührungsschutz.

Ein **zweiter C_x-Kondensator**, der parallel zu den beiden C_y-Kondensatoren geschaltet wird, erhöht die Dämpfung hinsichtlich netzseitiger symmetrischer Störungen.

Eine **Schutzleiterdrossel** kann in die Erdungsleitung (Schutzleiter PE) eingefügt werden. Dazu wird sie mit PE netzseitig und dem Verbindungspunkt der beiden C_y-Kondensatoren verbunden. Ziel ist es, die Wirkung einer Masseschleife für hohe Frequenzen zu reduzieren.

2.7.4.2 Überspannungsschutz

Der Überspannungsschutz [12, 15] hat in den letzten Jahren mit dem Einsatz von immer mehr elektrischen Geräten, einschließlich der E-Mobilität, enorm an Bedeutung zugenommen. Die Problematik lässt sich auch indirekt an den mehr als 400 000 Schadensfällen pro Jahr, die von den Versicherern abgewickelt werden, ablesen [15].

Zunächst muss auf die Einordnung von Blitzschutz und Überspannungsschutz eingegangen werden. Der vollständige Blitzschutz schützt das Gebäude mit dem äußeren Blitzschutz vor Brand- und Gebäudeschäden und dem inneren vor Überspannungen. Ist ein äußerer Blitzschutz vorhanden, so erfordert das auch zwingend einen inneren. Fehlt der äußere Blitzschutz, so muss grundsätzlich ein Überspannungsschutz installiert werden [5, 6].

Überspannungen im Netz haben die unterschiedlichsten Ursachen. Zum einen stellen Netze große Antennen dar, in die Störungen aller Art einkoppeln können und zum anderen leiten elektrische Leitungen Störungen selbst von Gerät zu Gerät weiter.

Schäden und Störungen entstehen durch Potenzialunterschiede, die besonders bei Schaltvorgängen auftreten. Ein effektiver Potenzialausgleich wird mit den kürzesten Verbindungswegen und ausreichenden Querschnitten geschaffen, wozu alle leitenden Quellen und Elemente, einschließlich Wasser- und Gasleitungen zählen. Aber bei elektrischen Leitungen gilt das nur eingeschränkt, denn die Netzleitungen will man nicht kurzschließen.

Um trotzdem einen Potenzialausgleich erzielen zu können, kommen Bauelemente und Schaltungen zum Einsatz, die im normalen Betriebszustand isolierend sind und erst im Störfall elektrisch leitend werden bis hin zum Kurzschluss. Von Bedeutung sind dabei die Schaltzeiten und mögliche Restströme.

Der Überspannungsschutz wird in drei Typen unterteilt.

Der **Überspannungsschutz Typ 1** ist der Blitzschutzableiter und dient der Ableitung von hochenergetischen Stoßströmen und schützt insbesondere vor direkten Blitzeinschlägen. Schutzpegel $< 4\,\mathrm{kV}$.

Der **Überspannungsschutz Typ 2** wird in Unterverteilungen und Schaltschränken verbaut und dient als Schutz vor indirekten Blitzeinschlägen und und Schaltvorgängen, weshalb der Energieeintrag geringer als bei Typ 1 ist. Schutzpegel $< 2{,}5\,\mathrm{kV}$.

Der **Überspannungsschutz Typ 3** wird direkt vor dem zu schützenden Endgerät installiert und auch als Geräteschutz bezeichnet. Dafür gibt es diverse Bauformen wie die Montage auf Hutschienen, als Gerätesteckdosen oder auch direkt auf elektronischen Baugruppen, womit der Schutz dann direkt in das Gerät integriert wird. Schutzpegel $< 1{,}5\,\mathrm{kV}$.

Überspannungsableiter
Der Überspannungsschutz verwendet spannungsbegrenzende Bauelemente als Ableiter [15], Abb. 2.25. Während die schaltenden Ableiter bei Überschreitung der Zündspannung in einen kurzschlussähnlichen Zustand gehen, nimmt bei begrenzenden Ableitern der Strom mit steigender Spannung kontinuierlich zu.

Gasentladungsableiter bestehen aus Keramik- oder Glaszylindern mit einer Edelgasfüllung und zwei oder drei Metallelektroden. Wird die Zündspannung überschritten, so zündet die Gasentladungsstrecke und der Widerstand zwischen den Elektroden sinkt ca. um den Faktor 10^{10} und die Spannung zwischen den Elektroden fällt bis auf $10\,\mathrm{V}$ ab, teilweise auch darunter.

Vorteilhaft ist, dass Ströme bis zu einigen $10\,\mathrm{kA}$ sicher abgeleitet werden können. Nachteilig ist ein Reststrom nach dem Abklingen der Überspannung.

Funkenstrecken sind i. d. R. gekapselt und weisen zwei Elektroden (Funkenhörner) in einem definierten Abstand zueinander auf. Gibt es eine Überspannung, so erfolgt ein Überschlag, verbunden mit einem Lichtbogen zwischen den Elektroden. Diese Entladungs-

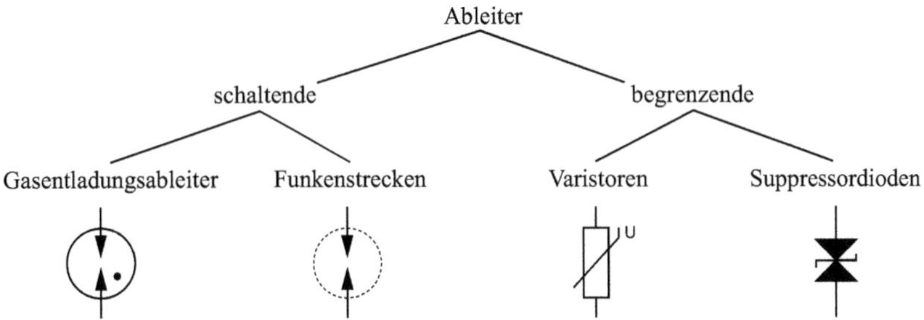

Abb. 2.25 Ableiter für Überspannungen, mit Genehmigung der MIKRO-M elektrophysikalischen GmbH

strecke schließt die Überspannung kurz, wobei hohe Ströme bis in einen zweistelligen kA-Bereich hinein fließen können. Nachteilig sind mechanische Schädigungen durch den Abbrand des Lichtbogens, wogegen Undichtigkeiten hier nicht auftreten.

Varistoren sind spannungsabhängige nichtlineare Widerstände, die bei einer Schwellspannung (Clamping Voltage) exponentiell gegen Null gehen. Sie bestehen aus Metalloxiden, insbesondere Zinkoxid, die zu Scheiben verschiedener Dicken mit unterschiedlichen Schwellspannungen verpresst werden.

Vorteilhaft ist das schnelle Umschalten im Bereich von Nanosekunden vom hochohmigen in den niederohmigen Zustand, wodurch ein nahezu verzögerungsfreies Ableiten von Überspannungen erreicht wird.

Suppressordioden (Transient Voltage Suppressordiode TVS, Transient Absorption Zener Diode TAZ) haben eine ähnliche U-I-Charakteristik wie Zenerdioden, aber deutlich höhere Durchbruchspannungen und sind in der Lage, Leistungen im Kilowatt-Bereich abzuleiten. Die Schaltzeiten in den niederohmigen Zustand liegen im Bereich von Pikoseckunden, was, wie bei Varistoren, zu einem nahezu verzögerungsfreien Ableiten der Überspannung führt.

Es gibt unidirektionale Ausführungen mit einer Zenerdioden-Charakteristik und bidirektionale Ausführungen, bei denen die Diode in beiden Richtungen im Sperrbereich arbeitet und demzufolge ± Durchbruchspannungen aufweist.

Schutzschaltungen

Die Abb. 2.26 zeigt Prinzipien typischer Schutzschaltungen [15].

Bei der **Parallelschaltung** von Gasentladungsableiter und Varistor wird der Varistor bei niedriger Energie aktiv und der Gasentladungsableiter bei hoher. Das bedeutet, dass der Gasentladungsableiter erst bei höheren Strömen (kA-Bereich) zündet und so den Varistor vor den hohen Energien schützt.

Bei der **Serienschaltung** von Varistor und Gasentladungsableiter dient der Varistor zur Begrenzung von Folgeströmen und der Gasentladungsableiter schaltet den Reststrom des Varistors ab. Eingesetzt wird diese Schaltung zum direkten Schutz von Geräten, kann aber auch vor einem E-Zähler eingebaut werden.

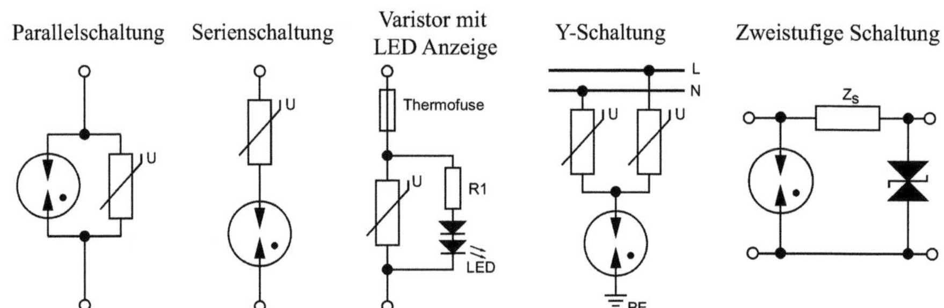

Abb. 2.26 Typische Schutzschaltungen

Bei den **Varistoren mit LED Anzeige** wird ein Varistor mit einer Thermosicherung in Reihe geschaltet. Bei einer Überhitzung, z. B. durch Alterung des Varistors verbunden mit einem erhöhten Leckstrom, wird die Thermosicherung aktiviert und trennt den Varistor vom Netz. Der Abgriff zwischen Varistor und Thermosicherung kann als Monitorabgriff genutzt werden, wobei die LED den intakten Betriebszustand anzeigt. Die Diode D (z. B. 1N4007) wird eingesetzt, da die zulässige Sperrspannung einer LED für die Netzspannung nicht ausreicht.

Beispiele sind die ThermoFuse Varistoren der T14 Serie (TDK Electronics) mit je einem Varistor und einer Thermosicherung sowie einem Monitorausgang. Der Scheibendurchmesser der Bauelemente beträgt 14 mm für Spannungen im Bereich von 130–420 V_{eff} und max. Strömen von 8 kA.

Bei der **Y-Schaltung** werden die beiden Leiter **L** und **N** gegen **PE** abgesichert. Ist der Y-Knoten zugänglich, so können die Elemente nach einer Netztrennung einzeln geprüft werden. Der Einsatz erfolgt typisch im Überspannungsschutz Typ 3.

Beim **zweistufigen Überspannungsschutz** für Signalleitungen werden ein Grobschutz mittels Gasentladungsableiter oder Funkenstrecke und ein Feinschutz, bestehend aus Varistor oder Suppressordiode, kombiniert. Der Grobschutz zündet i. d. R. oberhalb der Begrenzungsspannung des Feinschutzes bei ca. 500 bis 900 V und übernimmt damit den größten Teil der Überspanngsenergie.

Problematisch kann der Fall werden, wenn die Überspannungen klein sind und zunächst nur die Diode anspricht. Die damit verbundenen hohen Ströme müssen aber dann durch den vorgelagerten Grobschutz, wie einen Gasentladungsableiter, reduziert werden. Um die Wirkungen von Diode und Gasentladungsableiter optimal aufeinander abzustimmen, wird eine Serienimpedanz Z_s in die Leitung eingefügt. Im einfachsten Fall ist das ein Ohmscher Widerstand, verbunden aber mit Leistungsverlusten. Induktivitäten oder Kapazitäten haben den Nachteil der Frequenzabhängigkeit. Die Zündspannung des Gasentladungsableiters ergibt sich aus der Summe der Spannungen über der Serienimpedanz Z_s und der Suppressordiode. Weiterhin kann auch in die zweite Leitung eine Impedanz gelegt werden.

2.8   CE-Kennzeichnung und GS-Zeichen

2.8.1   CE-Kennzeichnung

2.8.1.1   CE-Kennzeichnungspflicht

Das CE-Kennzeichen auf einem Produkt, als ein Kennzeichen der Europäischen Union zeigt an, dass die Bestimmungen der für das Produkt geltenden EU-Richtlinien eingehalten werden.

Damit ergibt sich für das CE-gekennzeichnete Produkt der freie Warenverkehr innerhalb des Geltungsbereiches. Dieser Geltungsbereich umfasst die EU-Mitgliedsstaaten sowie die nicht EU-Staaten Liechtenstein, Island und Norwegen. In der Schweiz wird die CE-Kennzeichnung nicht verlangt. Erfordern hier jedoch branchenspezifische Gesetze Konformitätskennzeichen, dann kann das CE-Kennzeichen alternativ verwendet werden. Wie sich die CE-Kennzeichnung hinsichtlich Großbritannien auswirken wird, ist derzeitig noch unklar. Die Türkei als nicht EU-Mitglied und nicht Teil des EWR hat eine Vielzahl von Richtlinien übernommen, so dass entsprechende CE-gekennzeichnete Produkte vertrieben werden können.

Die Produkte, die der CE-Kennzeichnungspflicht unterliegen, ergeben sich aus den 25 EU-Richtlinien, die auf diese Produkte anzuwenden sind. Die hier definierten Anforderungen beziehen sich vor allem auf Sicherheitsaspekte, Gesundheitsfragen, Umweltverträglichkeiten und Energieeffizienz. Häufig können bzw. müssen mehrere Richtlichtlinien auf eine Produkt angewendet werden. Die folgende Übersicht zeigt diese EU-Richtlinien und die entsprechenden Nummern.

- Beschränkung der Verwendung bestimmter gefährlicher Stoffe in Elektro- und Elektronikgeräten, Richtlinie 2011/65/EU
- Bereitstellung elektrischer Betriebsmittel zur Verwendung innerhalb bestimmter Spannungsgrenzen auf dem Markt, Richtlinie 2014/35/EU
- Bereitstellung von Funkanlagen auf dem Markt, Richtlinie 2014/53/EU
- Bereitstellung von Messgeräten auf dem Markt, Richtlinie 2014/32/EU
- Elektromagnetische Verträglichkeit, Richtlinie 2014/30/EU
- Sicherheit von Spielzeug, Richtlinie 2009/48/EG
- Aktive implantierbare medizinische Geräte, Richtlinie 2007/47/EG
- Medizinprodukte, Verordnung 2017/745
- In-vitro-Diagnostika, Richtlinie 98/79/EG, Richtlinie 2011/100/EU
- Maschinen, Richtlinie 2006/42/EG
- Seilbahnen, Verordnung 2016/424
- Bereitstellung nichtselbsttätiger Waagen auf dem Markt, Richtlinie 2014/31/EU
- Aufzüge und Sicherheitsbauteile für Aufzüge, Richtlinie 2014/33/EU
- Bereitstellung einfacher Druckbehälter auf dem Markt, Richtlinie 2014/29/EU
- Bereitstellung von Druckgeräten auf dem Markt, Richtlinie 2014/68/EU
- Gasverbrauchseinrichtungen, Richtlinie 2009/142/EG

- Schaffung eines Rahmens für die Festlegung von Anforderungen an die umweltgerechte Gestaltung energieverbrauchsrelevanter Produkte, Richtlinie 2009/125/EG
- Umweltbelastende Geräuschemissionen von zur Verwendung im Freien vorgesehenen Geräten und Maschinen, Richtlinie 2000/14/EG
- Bereitstellung auf dem Markt und die Kontrolle von Explosivstoffen für zivile Zwecke, Richtlinie 2014/28/EU
- Geräte und Schutzsysteme zur bestimmungsgemäßen Verwendung in explosionsgefährdeten Bereichen, Richtlinie 2014/34/EU
- Schaffung eines Rahmens für die Festlegung von Anforderungen an die umweltgerechte Gestaltung energiebetriebener Produkte, Richtlinie 2008/28/EG und zur Änderung der Richtlinie 92/42EWG und weiterer
- Bereitstellung pyrotechnischer Gegenstände auf dem Markt, Richtlinie 2013/29/EU
- Sportboote und Wassermotorräder, Richtlinie 2013/53/EU
- Vermarktung von Bauprodukten, Verordnung 305/2011
- Persönliche Schutzausrüstungen, Verordnung 2016/425

Produkte wie Arzneimittel, Kosmetik oder auch Nahrungsmittel unterliegen keiner CE-Kennzeichnungspflicht.

Grundsätzlich gilt, dass es verboten ist, ein Produkt ohne CE-Kennzeichnung im Geltungsbereich auf den Markt zu bringen, für welches mindestens eine EU-Richtlinie gilt.

Hinweise

Es muss ausdrücklich darauf hingewiesen werden, dass die CE-Kennzeichnung weder ein Qualitätssiegel noch ein Gütezeichen ist.

Der Ausdruck „CE-Zertifizierung" ist irreführend, da eine Zertifizierung die Prüfung durch eine unabhängige Stelle suggeriert, eine herstellerunabhängige Prüfung jedoch nicht stattfindet.

Neben der verpflichtenden CE-Kennzeichnung besteht die Möglichkeit, das GS-Zeichen für Geprüfte Sicherheit als ein echtes Gütesiegel, Abschn. 2.8.2, auf dem Produkt anzubringen.

Die Behörden zur Marktüberwachung kontrollieren die Einhaltung der EU-Richtlinien und EU-Verordnungen. Sie leiten bei Verletzungen Sanktionen entsprechend der Schwere ein, die bis zum Untersagen der weiteren Inverkehrbringung oder sogar der Vernichtung der Produkte reichen können.

Weiterführende Informationen sind in folgenden Publikationen zu finden.

- Leitfaden für die Umsetzung der Produktvorschriften der EU 2016 (Blue Guide), Amtsblatt der EU C 272/1
- 25 o. g. EU-Richtlinien und EU-Verordnungen
- Merkblätter zur EU-Produktpolitik, IHK München und Oberbayern

2.8.1.2 Verantwortung für die CE-Kennzeichnung

Diejenige juristische oder natürliche Person, die erstmalig das Produkt im o. g. Geltungsbereich in den Verkehr bringt, ist für die CE-Kennzeichnung verantwortlich. Dabei sind vier Gruppen zu unterscheiden, Produktsicherheitsgesetz-ProdSG [10].

Der *Hersteller* bringt ein Produkt unter seinem Namen bzw. unter seiner Marke auf den Markt, unabhängig davon ob er das Produkt selbst hergestellt hat oder es entwickeln oder herstellen lässt.

Der *Bevollmächtigte* hat seinen Sitz im europäischen Wirtschaftsraum und nimmt im Auftrag des Herstellers dessen Aufgaben wahr.

Der *Importeur* ist im europäischen Wirtschaftsraum ansässig und bringt ein Produkt eines Staates, welcher nicht dem europäischen Wirtschaftsraum angehört, in den Verkehr.

Der *Händler*, als ein Glied in der Lieferkette, bringt ein Produkt auf den Markt, außerhalb des Herstellers und Importeurs.

CE-gekennzeichnete Produkte werden durch staatliche Stellen vor dem Inverkehrbringen weder geprüft noch freigegeben.

Bei bestimmten Produktgruppen, die als gefährlich eingestuft werden, muss eine externe und unabhängige Konformitätsstelle eingeschaltet werden, die die notwendigen Prüfungen und das Ausstellen der Bescheinigungen übernimmt. Diese „benannten Stellen" oder „notifizierte Stellen" sind im NANDO-Informationssystem der EU aufgelistet. Erkennbar sind sie auf dem Produkt als vierstelliger Code unterhalb des CE-Logos.

2.8.1.3 CE-Logo und die Konformitätserklärung

Die CE-Kennzeichnung erfolgt durch die Buchstaben CE, die das CE-Logo, Abb. 2.27, bilden und in [9, Anhang II] definiert sind, Mindesthöhe 5 mm.

An dieser Stelle sei darauf hingewiesen, dass insbesondere Veränderungen im Abstand der beiden Buchstaben oder Modifikationen der Buchstaben selbst, wie kürzerer oder längerer Mittelstriches des „E" auf Fälschungen schließen lassen.

Dem Produkt muss eine EU-Konformitätserklärung beigefügt werden, deren genauer Inhalt den jeweiligen EU-Richtlinien (in deren Anhängen) zu entnehmen ist und im Wesentlichen die folgenden Angaben enthalten muss:

- Name und Geschäftsadresse des Herstellers oder seines Bevollmächtigten
- Bezeichnung des Produktes mit Identifikationsnummer wie Typ-, Serien- oder Modellnummer
- Liste aller für das Produkt geltenden Rechtsvorschriften (EU-Richtlinien oder/und EU-Verordnungen) mit denen die Konformität hergestellt wurde

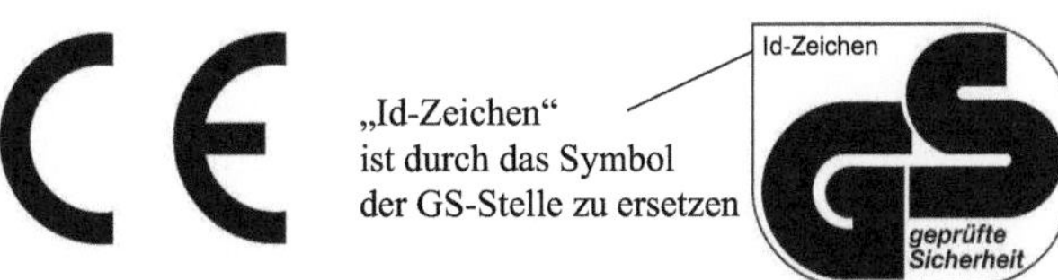

Abb. 2.27
CE-Kennzeichnung [9]
und GS-Zeichen [10]

- Die Erklärung, dass der Hersteller die alleinige Verantwortung für die Ausstellung trägt
- Gegebenenfalls Angaben zu weiteren harmonisierten europäischen Normen, sowie weiteren angewandten Normen und Spezifikationen
- Name und Kennnummer der „benannten (notifizierten) Stelle", wenn diese im Rahmen der Kennzeichnung beteiligt war
- Ort und Datum der Erklärung
- Name und Unterschrift des Herstellers oder Bevollmächtigten

Diese Konformitätserklärung ist auszustellen und zu unterschreiben, bevor das Produkt in den Verkehr gebracht wird und ist ab Datum des Inverkehrbringens 10 Jahre aufzubewahren.

2.8.1.4 Verfahrensablauf

Die folgenden 7 Schritte sind bei der CE-Kennzeichnung zu durchlaufen [2]:

1. Identifizierung der erforderlichen Rechtsvorschriften.
   Der Hersteller muss ermitteln, ob überhaupt EU-Richtlinien für sein Produkt zutreffen und wenn ja, welche es sind. Es sei darauf hingewiesen, dass auch mehre EU-Richtlinien zutreffen können.
2. Überprüfung der produktspezifischen rechtlichen Anforderungen.
   Der Hersteller hat dabei sicherzustellen, dass die Anforderungen der Richtlinien eingehalten werden.
3. Es ist zu prüfen, ob eine „benannte (notifizierte) Stelle" notwendig ist.
   Dazu legt jede für das Produkt geltende EU-Richtlinie fest, ob der Konformitätsnachweis durch den Hersteller oder eine „benannte Stelle" zu erbringen ist.
4. Durchführung der Konformitätsbewertung.
   Das Produkt ist durch den Hersteller zu testen und es ist die Konformität zu den EU-Richtlinien zu überprüfen. Besonderes Augenmerk muss auf die Risikobewertung gelegt werden. In diesem Zusammenhang sollten die harmonisierten europäischen Normen beachtet werden, da davon ausgegangen werden kann, dass diese die EU-Richtlinien erfüllen.
5. Erstellung der EU-Konformitätserklärung.
   Die Konformitätserklärung ist entsprechend der EU-Richtlinien für das betreffende Produkt auszufertigen, siehe Abschn. 2.8.1.3.
6. Erstellung der technischen Dokumentationen.
   Zum Tag der Inverkehrbringung des Produktes muss die technische Dokumentation entsprechend den EU-Richtlinien vorliegen. Typisch beinhalten sie Aussagen über Entwurf, Fertigung sowie Art des Produkts. Zuständigen nationalen Behörden muss auf Anfragen Einsicht gegeben werden. Sofern in den EU-Richtlinien nichts anderes vereinbart ist, so gilt auch hier eine Aufbewahrungsfrist von 10 Jahren.
7. Das Produkt ist mit der CE-Kennzeichnung zu versehen.

Zum Abschluss der 6 erläuterten Schritte ist die CE-Kennzeichnung in Form des CE-Logos, Abb. 2.27, auf dem Produkt anzubringen.

2.8.2   GS-Zeichen

2.8.2.1   Eigenschaften und Merkmale des GS-Zeichens, Prüfstellen

Das GS-Zeichen bedeutet „Geprüfte Sicherheit" und ist in Deutschland im Produktsicherheitsgesetz-ProdSG [10, §§20–23] geregelt, womit es ein staatlich geregeltes Zeichen darstellt. Das Logo des GS-Zeichens ist Abb. 2.27 zu entnehmen [10].

Die mit dem GS-Zeichen gekennzeichneten Produkte zeigen dem Nutzer, dass diese Produkte von einer unabhängigen GS-Stelle (Prüfstelle) geprüft wurden und damit bei zweckentsprechender Verwendung sicher und gefahrlos sind. Damit stellt das GS-Zeichen kein allgemeines Gütesiegel oder Gütezeichen dar. Eigenschaften hinsichtlich der Qualität, der Lebensdauer und der Leistungsfähigkeit sind nicht Gegenstand der Prüfung. Das GS-Zeichen können auch Produkte, die nicht in Deutschland hergestellt werden, erlangen.

Die Verwendung des Zeichens ist freiwillig und insbesondere als ein Marketinginstrument anzusehen.

Grundsätzlich müssen die Produkte, für die ein GS-Zeichen angestrebt wird, solchen Produktgruppen angehören, für die eine GS-Zertifizierung geeignet ist. Der Ausschuss für Produktsicherheit beim Bundesministerium für Arbeit und Soziales gibt entsprechende Empfehlungen für derartige Produkteignungen auf Basis des ProdSG [10, §33]. Ausgeschlossen werden solche Produkte, die eine Sicherheit nur suggerieren wie beispielsweise Fahrradschlösser. Weiterhin ausgeschlossen sind Trivialprodukte wie Wäscheklammern [1].

Die GS-Stellen sind von der Zentralstelle der Länder für Sicherheitstechnik (ZLS) anerkannte Prüfstellen und werden von der Bundesanstalt für Arbeitsschutz und Arbeitsmedizin (BAuA) bekannt gegeben [10].

2.8.2.2   Verfahrensablauf zur Erlangung des GS-Zeichens

Die folgenden 4 Schritte sind zur Erlangung des GS-Zeichens zu durchlaufen:

1. Antragstellung bei einer, von der Zentralstelle der Länder für Sicherheitstechnik (ZLS) anerkannten, GS-Stelle. Dabei muss sichergestellt werden, dass die fertigen Produkte dem zu prüfenden Baumuster entsprechen.
2. Die GS-Stelle erbringt durch eine Prüfung den Nachweis, dass das geprüfte Baumuster den Vorschriften des Produktsicherheitsgesetzes [10] und weiteren entsprechenden Rechtsvorschriften und technischen Spezifikationen genügt.
3. Der Nachweis der GS-Stelle dokumentiert, dass die Herstellungsvoraussetzungen für die verwendungsfertigen Produkte beachtet werden um sicherzustellen, dass diese verwendungsfertigen Produkte und das geprüftes Baumuster übereinstimmen.

4. Ausstellung der Bescheinigung über die Zuerkennung des GS-Zeichens durch die GS-Stelle. Diese Zuerkennung ist auf maximal 5 Jahre befristet oder auf ein bestimmtes Fertigungslos beschränkt.

2.8.3 Unterschiede zwischen CE-Kennzeichnung und GS-Zeichen

Das GS-Zeichen darf nicht mit der CE-Kennzeichnung verwechselt oder gleichgesetzt werden.

Die CE-Kennzeichnung ist für die Produkte verpflichtend, die der CE-Kennzeichnungspflicht entsprechend der EU-Richtlinien unterliegen, um ein Produkt im o. g. Geltungsbereich in den Verkehr bringen zu dürfen (freier Warenverkehr). Das GS-Zeichen ist dagegen ein freiwilliges Zeichen zum Ausweis einer geprüften Sicherheit von Produkten.

Ein GS-Zeichen wird nicht zuerkannt, wenn das verwendungsfertige Produkt eine CE-Kennzeichnung hat und die Anforderungen zur CE-Kennzeichnung entsprechend der EU-Richtlinien mindestens den Anforderungen an die GS-Zeichen-Zuerkennung entsprechen [10, §20].

Literatur

1. *Fragen und Antworten zum GS-Zeichen.* Bundesanstalt für Arbeitsschutz und Arbeitsmedizin. https://www.baua.de/DE/Die-BAuA/Aufgaben/Gesetzliche-und-hoheitliche-Aufgaben/Produktsicherheitsgesetz/FAQ/FAQ.html
2. *CE-Kennzeichnung.* IT-Recht Kanzlei, Alter Messeplatz 2, München. https://www.it-recht-kanzlei.de/Thema/ce-kennzeichen.html?page=3. Version: 04.07.2019
3. Norm DIN EN 60917-2-2 Juni 1996. *Modulordnung für die Entwicklung von Bauweisen für elektronische Einrichtungen – Teil 2: Strukturnorm; Schnittstellen-Koordinationsmaße für die 25-mm-Bauweise; Hauptabschnitt 2: Maßnorm; Maße für Baugruppenträger, Einschübe, Rückplatten, Frontplatten und steckbare Baugruppen.* – Beuth-Verlag, Berlin
4. Norm DIN EN 60917-2-1 Oktober 1995. *Modulordnung für die Entwicklung von Bauweisen für elektronische Einrichtungen – Teil 2: Strukturnorm; Schnittstellen-Koordinationsmaße für die 25-mm-Bauweise; Hauptabschnitt 1: Maßnorm; Maße für Schränke und Gestelle.* – Beuth-Verlag, Berlin
5. Norm DIN VDE 0100-443 Oktober 2016. *Errichten von Niederspannungsanlagen – Teil 4-44: Schutzmaßnahmen – Schutz bei Störspannungen und elektromagnetischen Störgrößen.* – Beuth-Verlag, Berlin
6. Norm DIN VDE 0100-534 Oktober 2016. *Errichten von Niederspannungsanlagen – Teil 5-53: Auswahl und Errichtung elektrischer Betriebsmittel – Trennen, Schalten und Steuern.* – Beuth-Verlag, Berlin
7. Norm DIN EN 60297-3-100 September 2009. *Bauweisen für elektronische Einrichtungen – Maße der 482,6-mm-(19-Zoll-)Bauweise-Teil 3-100: Hauptmaße von Frontplatten, Baugruppenträgern, Einschüben, Gestellen und Schränken.* – Beuth-Verlag, Berlin

8. Norm DIN EN 60529 (VDE0470-1) September 2014. *Schutzarten durch Gehäuse (IP-Code).* – Beuth-Verlag, Berlin

9. AMSBLATT DER EUROPÄISCHEN UNION (Hrsg.): *Verordnung (EG) Nr. 765/2008 DES EURO-PÄISCHEN PARLAMENTS UND DES RATES vom 9. Juli 2008 über die Vorschriften für die Akkreditierung und Marktüberwachung im Zusammenhang mit der Vermarktung von Produkten und zur Aufhebung der Verordnung (EWG) Nr. 339/93 des Rates.* Amsblatt der Europäischen Union, 13.8.2008

10. BUNDESMINISTERIUM DER JUSTIZ UND FÜR VERBRAUCHERSCHUTZ (Hrsg.): *Gesetz ueber die Bereitstellung von Produkten auf dem Markt (Produktsicherheitsgesetz-ProdSG).* Bundesministerium der Justiz und für Verbraucherschutz, 2011

11. FELDHUSEN, J.; GROTE, K.-H.: *Pahl/Beitz Konstruktionslehre.* 8. Auflage. Springer Verlag, 2013

12. FIRMENSCHRIFT: *Grundlagen Blitz- und Überspannungsschutz.* PHOENIX CONTACT, 2017 (TT 0416.001.L3)

13. LINDEMANN, U.: *Handbuch Produktentwicklung.* Hanser Verlag, 2016

14. ROPOHL, G.: *Allgemeine Technologie; eine Systemtheorie der Technik.* 3. Auflage. Univ.-Verlag Karlsruhe, 2009

15. ZIMMERMANN, N.: *Überspannungsschutz.* MIKRO-M elektrophysikalische Gesellschaft mbH, Thurnau, 2017

Design elektronischer Baugruppen 3

Inhaltsverzeichnis

3.1 Bestandteile der Baugruppen – Übersicht

Elektronische Baugruppen mit rein elektrischer Signalübertragung und optoelektronische Baugruppen mit elektrischer und optischer Signalübertragung mit Lichtwellenleitern werden hier betrachtet. Verbindungssubstrate mit beiden Signalübertragungen werden als elektro-optische Leiterplatte (EOCB – Electro-Optical Circuit Board) bezeichnet. Synonym wird EOCB aber auch für die entsprechend komplette Baugruppe verwendet.

Betrachtet man eine elektronische Baugruppe aus konstruktiv-technologischer Sicht, so lassen sich im Wesentlichen 7 Hauptkomponenten (1–7) unterscheiden. Weitere 3 Aspekte (8–10) müssen bei der Gesamtsicht auf die Baugruppe mitbetrachtet werden, Abb. 3.1.

3.1.1 Bauelemente

Im folgenden werden die Bauelemente in Gruppen unterteilt, wobei manche Bauelemente zugleich auch mehreren Gruppen zugeordnet werden können:

- **Passive und aktive elektronische Bauelemente** wie Widerstände, Induktivitäten, Kapazitäten, Dioden, Transistoren, IGBTs, Thyristoren und Integrierte Schaltkreise-ICs.
- **Elektro-mechanische Bauteile** wie Relais, Kleinmotoren, kleine Getriebemotoren, Schalter, bewegliche Kontaktelemente (z. B. Steckverbinder) und Lüfter zur Elektronikkühlung.
- **Optische Bauelemente** zur Realisierung der optischen Signalübertragung wie integrierte Lichtwellenleiter auf Basis von Polymeren und Gläsern, Abschn. 4.7, und Bauelemente wie Prismen, Linsen und Spiegel zur Lichtführung.
- **Optoelektronische Bauelemente** als elektrisch-optische und optisch-elektrische Wandler wie Laser- und Fotodioden. Besonderes Augenmerk muss auf die Power-LEDs gelegt werden, da diese i. d. R. eine Wärmableitung in das Verbindungssubstrat erfordern. Damit wird neben der elektrischen auch eine gute thermische Kontaktierung mit dem Verbindungssubstrat mittels eines besonders niedrigen Wärmeübergangswiderstands notwendig.
- **Wandlerelemente** unterschiedlichster Prinzipien in Form von Sensoren z. B. ein Beschleunigungssensor, der bei einem Aufprall einer Festplatte auf den Boden diese Kraft detektiert, so dass die Festplatte in eine bestimmte Ruhestellung gebracht werden kann (Bewegung des Schreib/Lesearms).
- **Transformatoren** als Wandler für Spannungs-, Strom- und Widerstandsgrößen, für Schaltnetzteile und Übertrager zur galvanischen Entkopplung von Signalen.
- **Energy Harvesting Sub-Systeme** zum Generieren kleiner Energien aus Umgebungsquellen wie Temperaturen bzw. Temperaturdifferenzen, Vibrationen, Luftströmungen, Bewegungen, Druckunterschieden und Licht etc. Damit können beispielsweise kleine Akkus geladen werden, die Speicherung von Gerätedaten erfolgen oder direkt kurzzeitige Aktionen, wie ein Funksignal oder ein Relaisanzug, ausgelöst werden.

Abb. 3.1 Konstruktiv-technologische Hauptkomponenten und weitere Aspekte bei der Betrachtung einer Baugruppe (Satellitenreceiver)

- **Sub-Systeme bzw. Sub-Baugruppen** beinhalten mehrere Bauelemente und Bauteile mit einer bestimmten Funktionalität. Diese werden aus Sicht der Baugruppe (Design und Montage) als ein Bauelement behandelt. Beispiele sind Single Inline Memory Module (SIMMs), die den Arbeitsspeicher von Computern beinhalten und häufig auch in Fassungen montiert werden sowie kleine Getriebemotoren, die den Motor, ein Getriebe und teilweise Controller beinhalten.

Von wesentlicher Bedeutung für den Montageprozess sind die Bauelementegehäuse (Packages) mit ihren elektrischen, optischen und thermischen Anschlüssen und die Betrachtung der ungehäusten Halbleiterchips (Bare Chips oder Nacktchips) für die direkte Chipmontage (Direct Chip Attach – DCA). Gerade diese direkte Verarbeitung von Chips spielt bei portablen Geräten und Geräten mit einem besonderen Fokus auf Miniaturisierung, z. B. bei medizinischen Geräten für minimal invasive Techniken und diagnostischen Systemen, eine herausragende Rolle.

Eng verbunden mit den Packages sind die Verlustleistungen der Bauelemente, wobei die Entwärmung eine immer größere Rolle spielt. Einer der treibenden Faktoren ist dabei die zunehmende Rechenleistung, verbunden mit immer höheren Taktfrequenzen.

3.1.2 Verbindungssubstrat

Das Verbindungssubstrat, Kap. 4, stellt die mechanische Trägerstruktur für Bauelemente und Funktionselemente dar und trägt die elektrischen sowie optischen Verbindungsleitungen.

Zur Realisierung dieser beiden Hauptaufgaben sowie zur Aufrechterhaltung eines sicheren und störungsfreien Betriebs müssen Verbindungssubstrate eine ganze Reihe von Funktionen erfüllen.

Im Sprachgebrauch werden Verbindungssubstrate, wenn sie eine starre Ausführung aufweisen, als Leiterplatten (Printed Circuit Board, PCB) und wenn sie aus Folien bestehen als flexible Leiterplatten (auch Flexschaltungen) bezeichnet. Besteht das Verbindungssubstrat aus beiden, dann spricht man von starrflexiblen Leiterplatten.

Weist das Substrat mehr als 2 Leitungslagen auf, so wird das als Multilayer bezeichnet. Umgangssprachlich wird synonym für den Multilyer auch Leiterplatte verwendet. Teilweise findet man den Ausdruck Board, der aber missverständlich sein kann, weil man unter Board i. d. R. ein bestücktes Verbindungssubstrat versteht, wie beispielsweise ein Motherboard beim PC.

Prinzipiell ist ein Verbindungssubstrat ein Schichtenaufbau aus einer oder mehreren tragfähigen Isolatorschichten (Dielektrikum) und elektrisch leitfähigen Schichten für Signale und Energieversorgung.

Besteht das Dielektrikum aus organischen Harzen wie z. B. Epoxy oder Polyimid und wird für starre Leiterplatten mit Gewebeeinlagen z. B. aus Glas oder Kevlar verstärkt, so spricht man auch von organischen Leiterplatten.

Dielektrika aus Keramiken, anorganische Leiterplatten, werden nicht nur für Hochtemperaturanwendungen eingesetzt, sondern aufgrund ihrer besonders guten Wärmeleitfähigkeit auch dort, wo die Wärmeableitung nicht nur vom Bauelement in die Luft, sondern auch durch das Substrat hindurch erfolgen soll oder muss. Ein Beispiel sind Power-LEDs, bei denen die Wärme vom Gehäuse mittels eines Thermoanschlusses (Thermopad) direkt in das Keramiksubstrat abgeführt wird.

Bauelemente können auf einer oder beiden Seiten des Verbindungssubstrats montiert und auch in dieses integriert werden. Im letzteren Fall wird das als Embedded Components bezeichnet.

Werden immer mehr Funktionen auch direkt in das Verbindungssubstrat integriert, so dass eine Trennung der Betrachtung von Substrat, integrierten passiven und aktiven Bauelementen, mechanischen sowie optischen Bauteilen und fluidischen Systemen (z,B. Kühlkanälen in Leiterplatten) praktisch nicht mehr erfolgen kann, so spricht man vom multifunktionalen Board (MFB) bzw. multifunktionalen Package (MFP).

3.1.3 Funktionselemente für die Elektromagnetische Verträglichkeit

Elektromagnetische Verträglichkeit (EMV), Kap. 6, bedeutet einerseits, dass elektromagnetische Strahlungen der Baugruppe nicht sich selbst und die Umgebung stören dürfen. Andererseits muss die Baugruppe vor möglichen Störstrahlungen der Umgebung geschützt werden.

Zusätzliche Elemente wie Gehäuse können eine ganze Baugruppe oder auch nur Sektionen, wie besondere HF-Teile, abschirmen.

Weitere Schutzmaßnahmen sind dagegen integraler Bestandteil der Verbindungssubstrate, wie Abschirmleitungen, spezielle Leitungsführungen zur Veränderung des Abstrahlfrequenzspektrums oder auch Erdungen.

Je höher die Frequenzen, desto größer wird die Problematik. Steigende Taktfrequenzen auf den Boards verlangen steilere Impulsflanken. Die Fourieranalyse zeigt, dass damit immer mehr hochfrequente Signalanteile auf den elektrischen Leitungen berücksichtigt werden müssen. Das führt dazu, dass Leitungsterminierungen notwendig werden, sofern kritische Leitungslängen überschritten werden.

Immer größere Packungsdichten von Bauelementen und Leitungen auf einem Verbindungssubstrat führen zwangsläufig zu dicht und parallel laufenden Leitungen (insbesondere auch Busleitungen), so dass das Übersprechen von Signalen zum Problem wird.

Hochempfindliche Leitungen für Sensorsignale müssen zunehmend auch auf den Verbindungssubstraten besonders behandelt werden, beispielsweise durch Schirmleitungen neben der Signalleitung (Guarding).

3.1.4 Funktionselemente zur Elektronikkühlung

Hier geht es um die Prinzipien der Entwärmung (Wärmeleitung, Konvektion und Strahlung) von Elektronik sowie die dazu verwendeten Bauelemente und Baugruppen wie Kühlkörper, Ventilatoren und Heatpipes, Kap. 7.

Die zunehmende Leistungsfähigkeit der Elektronik, verbunden mit einer weiteren Miniaturisierung, rückt die Entwärmung immer weiter in den Focus. Bedenkt man, dass eine Temperaturerhöhung um 10 °C die Lebensdauer in etwa halbiert, so wird die Bedeutung klar ersichtlich.

Die Entwärmungsproblematik greift aber nicht nur lokal in das Design von Boards ein, um ein Bauelement wie einen Prozessor zu kühlen, sondern wird immer mehr zu einer Systembetrachtung. Thermische Hotspots müssen vermieden werden mit dem Ziel, eine möglichst homogene Temperaturverteilung auf dem gesamten Board zu erreichen.

Damit wird ersichtlich, dass eine thermische Simulation nach dem ersten Entwurf der Baugruppe (Verbindungssubstrates) oftmals notwendig wird.

Neben einem Redesign der Bauelementeplatzierung muss unter Umständen auch der Lagenaufbau des Verbindungssubstrats mit weiteren Kupferlagen modifiziert werden.

So ist es auch nicht ausgeschlossen, dass ein vorgesehenes Kühlkonzept, z. B. mit Kühlkörpern auf einzelnen Bauelementen, durch ein komplett neues Kühlkonzept mit aktiven Bauelementen (Lüfter) oder auch die hoch effiziente Wärmeableitung mit Heatpipes ersetzt oder ergänzt werden muss.

So erfordert der Einsatz von Halbleiterchips aus dem Bereich der Leistungselektronik neue Kühlkonzepte. Großflächiges thermisches Kontaktieren der Chips mit dem Verbindungssubstrat erfordert besondere Kontaktiertechnologien wie die Silber-Sintertechnologien.

3.1.5 Mechanische Funktionselemente

Mechanische Funktionselementen lassen sich in drei Gruppen einteilen:

- **Befestigungselemente** wie Schrauben, Nieten, Abstandshalter, Bügel und Klemmen. Sie dienen der mechanischen Fixierung von Bauteilen wie Steckverbindern, Kühlkörpern, Gehäuseteilen, Frontplatten u. ä.
- **Gehäuse** zum Schutz der Baugruppe oder Teilen davon. Haben sie abschirmende Funktionen hinsichtlich der EMV und werden zusätzlich mit Referenzpotenzialen oder Erdungen verbunden, so ordnet man diese den Funktionselementen für die EMV zu.
- **Elemente für spezielle Funktionen** dienen der Zugentlastung von Leitungen zum Schutz der elektrischen Kontaktierungen, sind Ausziehmechanismen zum Herausziehen von Baugruppen aus Einschüben, Trägerstrukturen für die gesamte Baugruppe oder auch kleine Getriebe, sofern sie nicht Bestandteil eines Getriebemotors sind.
- **Frontplatten** für den Einsatz in 19-Zoll-Aufbausystemen.

3.1.6   Aufbau- und Verbindungstechnik (AVT)

Die AVT ist eine Integrationstechnologie, welche die konstruktiv-technologische Realisierung einer Baugruppe beschreibt. Die AVT stellt heute als eigenständige Ingenieurdisziplin die Klammer dar, die Verbindungssubstrate aller Art mit elektronischen und nichtelektronischen Bauelementen so miteinander verbindet, dass eine Baugruppe entwickelt und gefertigt werden kann.

Die klassische Trennung in Design und Technologie ist hier überholt und wird ersetzt durch die ganzheitliche Betrachtung von Design, Technologie, Werkstoffen und Zuverlässigkeit. Damit wird auch deutlich, dass an das Engineering der AVT immer höhere Anforderungen gestellt werden.

Da es bei einem Elektronikprodukt um eine Systemintegration geht, sollen hier wesentliche Schnittstellen erläutert werden.

Systementwurf – AVT
Hierbei geht es um den prinzipiellen Entwurf des Gesamtsystems. Es sind die Fragen zu beantworten:

- Wie und wo werden welche Bauelemente montiert?
  Beispiele: Bauelemente können auf einer Seite, auf beiden Seiten des Verbindungssubstrates oder in dieses integriert werden. Integrierte Schaltkreise (ICs) können mit und ohne Gehäuse verwendet werden.
- Welche Verbindungen werden zwischen Bauelementen hergestellt?
  Beispiele: Verwendung einfacher 2-Draht-Leitungen, geschirmte Leitungen oder Lichtwellenleiter.
- Welche Kontaktiertechnologien werden eingesetzt?
  Beispiele: Löten, elektrisch leitfähiges Kleben, Bondverfahren von ICs, elektrische Klettverbindungen, Einpress- und Crimpverbindungen.
- Wie werden die Baugruppen verkapselt?
  Beispiele: Schutzlackierung, Polymerverguss, Parylenbeschichtung.
- Welche Entwurfswerkzeuge sind für den Entwurf notwendig?
  Hier geht es um die Anwendung von CAD-Systemen hinsichtlich des mechanischen und elektrischen Designs sowie die Simulation mechanischer, elektrischer und thermischer Funktionen.

Mikro- und Nanoelektronik – AVT
Inhaltlich stehen hier die Technologien der Bauelemente und Verbindungssubstrate im Vordergrund. Ein Beispiel ist die Anwendung von Nanocarbonröhren für die direkte Kontaktierung ungehäuster Halbleiterchips im Rahmen der Flipchip-Technologien.

Dazu zählen auch besonders dünne Schutzbeschichtungen für Baugruppen.

Mikrosysteme – AVT

Mikrosysteme sind grundsätzlich Systeme die neben elektrischen auch nichtelektrische Komponenten aufweisen. Gerade die Miniaturisierung von nichtelektrischen Komponenten und die Verlagerung der Signalverarbeitung immer näher zum Prozess führen zum Zusammenwachsen der verschiedensten Technologien und Designs. Ein Beispiel dafür ist das Airbag System für Automotive-Anwendungen. Der verwendete Beschleunigungssensor ist ein miniaturisiertes und schwingungsfähiges Feder-Masse-System auf Siliziumbasis. Genutzt werden die Technologien der Silizium-Halbleitertechnik. Die Messelektronik löst den Aktor aus, der die Luftpatrone zündet und damit den Airbag aktiviert.

Zuverlässigkeit – AVT

Inhaltlich sind es Simulationen der Funktionen hinsichtlich der Zuverlässigkeit und Bewertung dieser. Es geht dabei nicht nur um eine möglichst hohe, sondern auch um eine dem Produkt angepasste, Zuverlässigkeit. Zu verstehen ist darunter beispielsweise, dass ein Smartphone nicht 50 Jahre funktionieren muss. Grund ist der besonders hohe Innovationsgrad dieser Produkte.

Technologie (Fertigung) – AVT

Zu unterscheiden ist in Verfahrens- und Prozesstechnologien. Während sich die Verfahrenstechnologie mit dem technischen „Wie" der Herstellung eines Produktes widmet, beschäftigt sich die Prozesstechnologie mit den Fragen der Gestaltung (Modellierung, Simulation, Optimierung), der Normung und Qualitätssicherung sowie der Kostenoptimierung flexibler Fertigungsprozesse.

Im Vordergrund stehen bei der Betrachtung der AVT die Verfahrenstechnologien. Hier sind die Fragen zu beantworten, wie ein Produkt gefertigt werden kann:

- Welche Technologien können für bestimmte Produkte eingesetzt werden?
- Was für Verfahren müssen neu entwickelt werden?
- Welche Verfahren können aus anderen technischen Disziplinen übernommen und u. U. modifiziert werden?
- Welche Produkte können mit neuen Verfahren neu entwickelt oder anders gestaltet werden?
  Ein Beispiel für diesen Paradigmenwechsel (zuerst die Technologie und dann das Design) sind die neuen Möglichkeiten der 3D-Drucker. Die sehr häufig neuen Designregeln gestatten es, Produkte anders zu gestalten. So lassen sich die Teilezahl einer Baugruppe reduzieren und die mechanischen Strukturen viel besser an die erforderlichen Dimensionierungen angepassen, was zu enormen Werkstoffeinsparungen führen kann ohne Verlust an Festigkeit. Es besteht die Möglichkeit, auch kompliziertere dreidimensionale Baugruppen mit Überhängen zu realisieren.

Kosten – AVT

Die Frage nach den Kosten stellt sich natürlich bei jedem Produkt und jeder Technologie. Ein neues Produkt setzt sich dann durch, wenn es durch eine neue Technologie einen Mehrwert aufweist oder aber kostengünstiger angeboten werden kann. Die AVT bestimmt durch ihren Design- und Technologieansatz die Kosten in hohem Maße.

Ein Beispiel dazu. Die elektronischen Bauelemente werden auf einem ersten Substrat nur auf einer Seite montiert. Das zweite Substrat erfährt eine Montage der Bauelemente auf beiden Seiten bei gleicher Substratgröße. Die Größen der beiden Baugruppen sollen deshalb gleich sein, weil sie in ein übergeordnetes Gerätesystem eingeschoben werden. Die Kosten für die Bauelemente sind gleich, aber die Kosten für eine zweiseitige Bestückung sind wegen des größeren Fertigungsaufwandes höher. Warum also die zweite Variante wählen?

Trends der AVT

Bei der Entwicklung und Anwendung neuer Technologien stehen die folgenden Punkte im Fokus:

- **Reduzierung der Geometrie** in allen 3 Dimensionen. So werden beispielsweise Halbleiterchips von ca. $630\,\mu$m Dicke auf unter 20 bis $50\,\mu$m reduziert, womit diese dann direkt in die Verbindungssubstrate integriert werden können (Embedded Components).
- **Reduzierung der Massen.** Das bedeutet beispielsweise den Übergang von Halbleiterbauelementen mit Gehäusen zu der direkten Verarbeitung von Halbleiterchips ohne Gehäuse (Direct Chip Attach), was zugleich auch mit einer Geometrieverringerung verbunden ist.
- **Erhöhung der Funktionalität und Frequenz.** Das bedeutet, mehrere Chips in einem Gehäuse zu montieren. Eine Erhöhung der Taktfrequenz steigert eine notwendige Rechenleistung, eine Erhöhung der Eigenfrequenz des Schwingungssystems eines MEMS kann den Anwendungsbereich eines Sensors erweitern.
- **Entwicklung neuer Kontaktiertechnologien.** Ein erster Schritt in diese Richtung war der Beginn des bleifreien Lötens vor einigen Jahren. Neue Kontaktiertechnologien, wie die Kletttechnologien mit dünnen metallischen Nanofadenstrukturen oder die oben schon genannte Chipkontaktierung mit Nanocarbonröhrchen, sind hier zu nennen.

3.1.7 Baugruppenschutz

Der Schutz vor den unterschiedlichsten Umwelteinflüssen erfolgt entweder durch ein elektrisch leitendes oder isolierendes Baugruppengehäuse mit oder ohne zusätzliche Baugruppenbeschichtungen oder Vergussmassen. Auch gehäuselose Anwendungen sind möglich, bei denen ein Vergießen oder Umspritzen der Baugruppen den Schutz, einschließlich der Gehäusefunktionen, übernimmt, Abschn. 3.12.

Die Baugruppen werden im Betrieb immer härteren und aggressiveren Umwelteinflüssen ausgesetzt. Zwei Hauptursachen seien dafür genannt.

Erstens rückt die Elektronik immer näher an die zu beeinflussenden Prozesse heran, was insbesondere bei Automotive-Anwendungen zu beobachten ist.

Zweitens werden immer neue Anwendungsgebiete der Elektronik in extremen Umgebungen erschlossen, wie Steuerungen von Maschinen und Anlagen unter extremen Temperaturen und hohen Luftfeuchtigkeiten.

3.1.8 Normen und Standards

Während Normen Regeln, Regelwerke und Standards umfassen, die durch Normungsgremien veröffentlicht werden, können Standards auch ohne Normung geschaffen werden. Die Standardisierung ist eine notwendige Voraussetzung für den Baugruppenaustausch und die Integration von Baugruppen weiterer Hersteller. Siehe dazu Design to Standards (DtS), Abschn. 1.5.

Hier soll besonders auf das Regelwerk für die elektronischen Baugruppen, die IPC-A-610 „Abnahmekriterien für elektronische Baugruppen" [38], hingewiesen werden, das für die Elektronikfertigung von großer Bedeutung ist.

Die Standardisierung des Designs bezieht sich auf drei Gesichtspunkte:

Erstens die Geometrien der Baugruppen, die nur dort von Bedeutung sind, wo sie in standardisierte Gefäßsysteme, wie dem 19-Zoll-Aufbausystem, integriert werden müssen.

Zweitens die geometrische Belegung der Kontakte von Steckern und Steckverbindern, d. h. welcher Pin ist mit welchem Signal oder Power/Masse belegt.

Drittens die Geometrie der Stecker und Steckverbinder, wobei es insbesondere um das Rastermaß der Kontakte geht.

3.1.9 Kosten

Entwicklung und Design entscheiden hochgradig über die Kosten und somit den Preis, wobei hier davon ausgegangen wird, dass ein realer kostendeckender Preis angesetzt wird, was nicht immer der Praxis entspricht.

Zwei Hauptfaktoren dürften bei der Kostenbetrachtung dominierend sein:

Erstens der Wettbewerbsdruck bei gleichartigen Produkten, z. B. die Vielzahl von Grafikkarten für PC's oder Smartphones einer Leistungsklasse.

Zweitens hohe Preise bei Produkten mit einem oder mehreren Alleinstellungsmerkmalen in einer Leistungsklasse. Hier kann durchaus sehr schnell ein Verzicht auf das Produkt aufgrund des zu hohen Preises entstehen.

3.1.10 Produktklassifikation

Für die Entscheidung, ob eine Baugruppe nach der Montage akzeptiert werden kann oder nicht, müssen entsprechende allgemeingültige Kriterien vorhanden sein. Die technischen Kriterien zur Abnahme von Baugruppen sind in der Richtlinie IPC-A-610H, „Abnahmekriterien für elektronische Baugruppen" [38], zusammengefasst mit einer Produkteinteilung in 3 Klassen, zitiert aus [38]:

Klasse 1: Allgemeine Elektronikprodukte
Hierzu gehören Produkte bei denen die Hauptanforderung das Funktionieren der fertig bestückten Baugruppe ist.

Klasse 2: Elektronik mit höheren Ansprüchen
Hierzu gehören Produkte, bei denen stetige Funktion sowie erweiterte Lebensdauer erforderlich sind und bei denen unterbrechungsfreier Betrieb erwünscht, jedoch nicht kritisch ist. Typischerweise verursacht die Einsatzumgebung im Betrieb keine Ausfälle.

Klasse 3: Hochleistungselektronik
Dazu gehören alle Produkte, bei denen eine kontinuierliche hohe Leistungsfähigkeit oder Leistungsbereitstellung auf Abruf unverzichtbar ist.

Ein Funktionsausfall kann nicht toleriert werden wie beispielsweise bei lebensrettenden oder anderen kritischen Systemen. Die Einsatzumgebung der Geräte kann ungewöhnlich rau sein.

Der Kunde (Anwender) ist dafür verantwortlich die Klasse festzulegen, nach der die Baugruppe bewertet wird. Wenn der Anwender und der Hersteller die Abnahmeklasse nicht gemeinsam festlegen und dokumentieren, kann der Hersteller dies tun.

3.2 Through Hole Technology – THT (Durchstecktechnik)

3.2.1 Das Prinzip

Bei dieser Bauelementemontage, Abb. 3.2, werden die Anschlüsse der Bauelemente durch Bohrungen des Verbindungssubstrates gesteckt. Diese Bohrungen können eine metallisierte Hülse aufweisen, d. h. sie sind elektrisch durchkontaktiert (DK) oder aber enthalten keine Durchkontaktierung (NDK).

Die mechanische Befestigung sowie die elektrische Kontaktierung erfolgen durch Lötprozesse, wobei die Bauelementeanschlüsse und die Pads mit dem Zusatzwerkstoff Lot verbunden werden. Die Bauelemente der Durchstecktechnik werden auch als Through

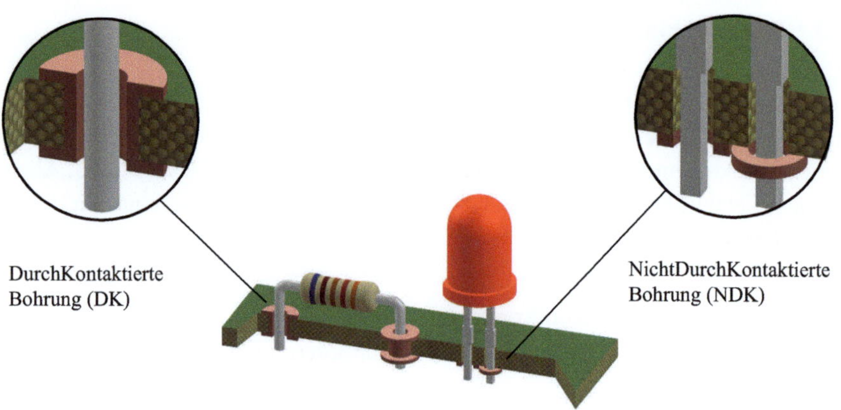

Abb. 3.2 Prinzip der Durchstecktechnik (THT)

Hole Devices (THDs) bezeichnet. Der Fall mit den nicht durchkontaktierten Bohrungen findet i. d. R. nur bei einfachen Produkten Verwendung und ist immer die kostengünstigste Lösung. Eine beidseitige Montage auf Verbindungssubstraten ist möglich, wird aber nicht empfohlen.

3.2.2 Through Hole Devices – THDs (Durchsteckbauelemente)

Eine Klassifizierung von Packages kann nach unterschiedlichen Gesichtspunkten erfolgen wie Werkstoff des Gehäuses, Anzahl und Form (gerade, abgewinkelt) der Anschlüsse, Anordnung der Anschlüsse am Bauelementekörper (radial, axial) und Größe der Gehäuse. Je nach Schwerpunktsetzung überwiegen ein oder mehrere dieser Eigenschaften.

Im Folgenden wird eine Einteilung in 12 Klassen gezeigt, die den praktischen konstruktiv-technologischen Erfordernissen gerecht wird, Tab. 3.1.

Die Klasse THD-8 (Dual-In-Line-Package) beinhaltet neben den ICs auch Fassungen. Vom technologischen Standpunkt aus ist jedoch die Montage mit einem Sockel nicht beendet, da der IC noch gesteckt werden muss. Auch verringert sich die Zuverlässigkeit durch zusätzliche Kontakte.

Tab. 3.1 THD-Gehäuse

THD-1: Gehäuse mit 2 axialen Anschlüssen

- die Farbringe der passiven Bauelemente (R, L, C) zeigen die elektrischen Werte sowie die Toleranzen an, Tab. A.1
- DO-Gehäuse für Dioden, der Ring zeigt die Polarität nach Datenblatt
- dargestellt sind hier die bereits um 90° abgewinkelten Anschlüsse für die Montage. Die Lieferung erfolgt mit nicht abgewinkelten Anschlüssen in Gurten, siehe dazu auch Abb. 3.3

THD-2: Gehäuse mit 2 radialen Anschlüssen

- LEDs, auch 3 Anschlüsse in Reihe bei 2-farbigen LEDs
- passive Bauelemente (L, C)
- je nach Bedarf werden die Drahtanschlüsse gekürzt sowie mit oder ohne Abstand montiert

THD-3: Metallgehäuse mit einseitigen Anschlüssen

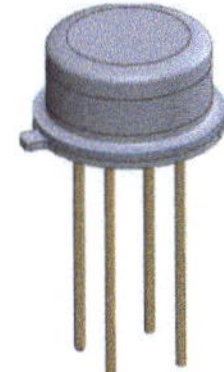 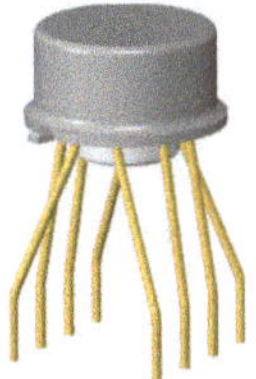

- TO-Gehäuse für Transistoren und ICs z. B. Operationsverstärker (OPV).
- hier können Kühlkörper, typisch in Form von Sternen, aufgesteckt werden
- mit 3 bis 10 Drahtanschlüssen

THD-4: Runde Metallgehäuse mit Anschlussflansch

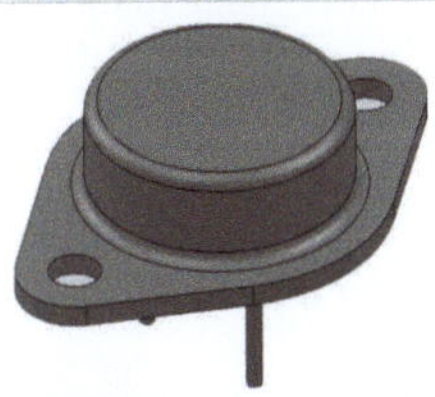

- TO-Gehäuse, spez. Leistungselektronik
- an den Flansch werden Kühlkörper, in Form von Platten- oder Rippenkörpern zur Wärmeabfuhr montiert
- Potenzialtrennung zwischen Bauteil und Kühlkörper erfolgt durch eine dünne Isolierscheibe

THD-5: Kunststoffgehäuse ohne Kühlflächenanschluss

 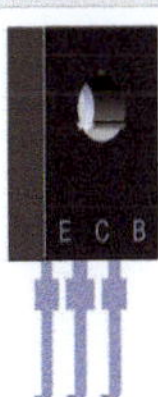

- TO-Gehäuse für Dioden, Transistoren, Thyristoren, Triacs sowie Spannungsregler geringerer Leistung (Strom)
- die Drahtanschlüsse können in einer Linie, kreisförmig oder auch abgewinkelt angeordnet sein, siehe dazu THD-6

Tab. 3.1 (Fortsetzung)

THD-6: Kunststoffgehäuse mit Kühlflächenanschluss

- TO-Gehäuse wie THD-5 aber mit deutlich größerer Leistung (Strom)
- mit unterschiedlichsten Kühlkörpern wie Platten oder Rippenprofile
- Kühlkörperanschluss mittels integriertem Metallflansch, wie dargestellt, oder mittels auf der Rückseite angebrachter metallischer Teilflächen

THD-7: Single-In-Line-Package (SIP auch SIL)

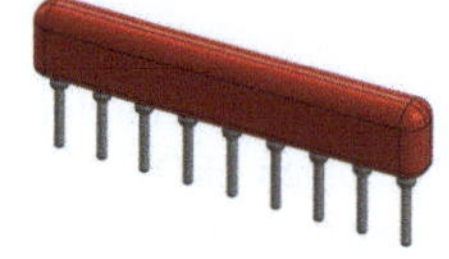

- einreihig angeordnete Anschlüsse
- beinhalten Widerstandsnetzwerke, Induktivitäten und Dioden
- quaderförmige Ausführungen z. B. für LED-Beleuchtungsstreifen und kompakte DC/DC-Wandler für die Leiterplattenmontage

THD-8: Dual-In-Line-Package (DIP oder DIL)

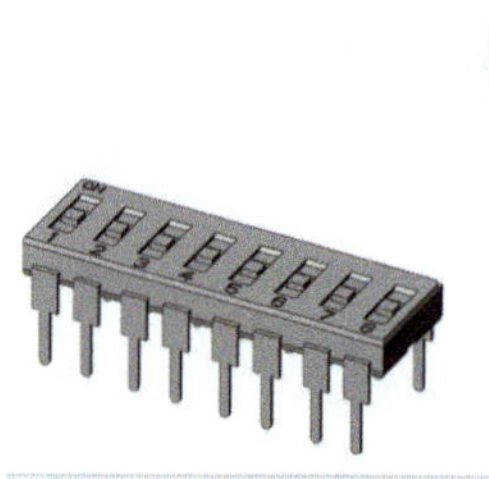

- Gehäuse für ICs, DIP-Schalter, Sockel und Fassungen
- Gehäuse mit Anschlüssen an 2 Gehäuseseiten mit bis zu 68 Anschlüssen
- Gehäusewerkstoff Kunststoff (PDIP) oder Keramik (CERDIP)
- Pin 1 markiert durch Punkt/Einkerbung

THD-9: Pin-Grid-Array (PGA)

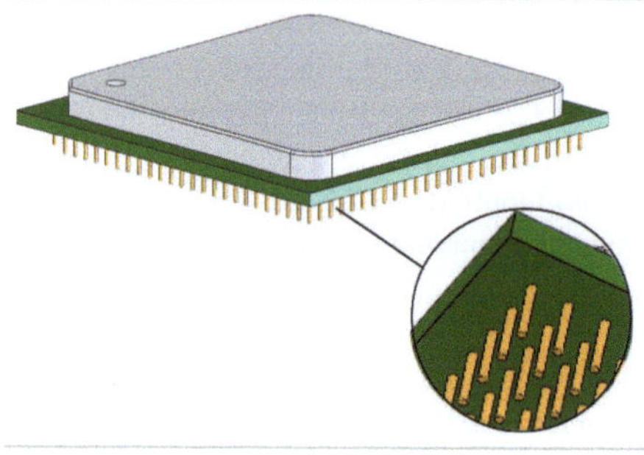

- Gehäuse für ICs aus Kunststoff oder Keramik
- Anschlussstifte sind flächig unter dem Gehäuse angeordnet
- häufig werden die PGA's in Fassungen gesetzt
- zur Wärmeabfuhr werden Kühlkörper in Form von Rippen oder Stehlen auf das Gehäuse montiert

Tab. 3.1 (Fortsetzung)

THD-10: Steckverbinder

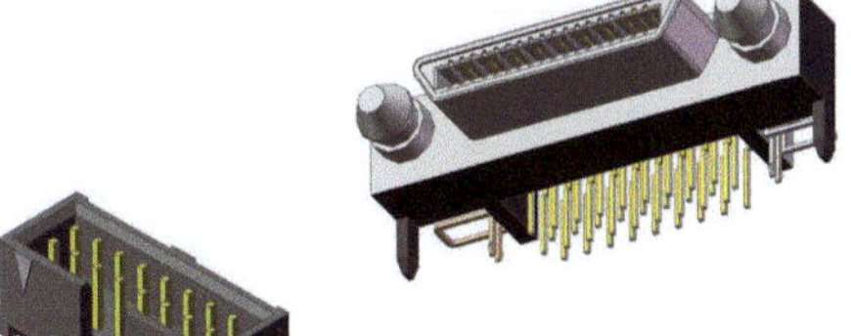

- sehr große Formenvielfalt mit geraden und abgewinkelten Anschlüssen
- ein- und mehrzeilige Kontaktreihen
- besondere Ausführungen auch für Hochstromanwendungen
- in der Regel mit zusätzlichen Befestigungsmöglichkeiten wie Schrauben und Nieten zur mechanischen Entlastung der elektrischen Verbindungen (Lötstellen)

THD-11: Einpresselement

- anzusehen als eine THD-Sonderform
- Einpressen von Dioden und Thyristoren in Kühlkörper
- Standardgleichrichter für Hochstromanwendungen

THD-12: Einpressstifte

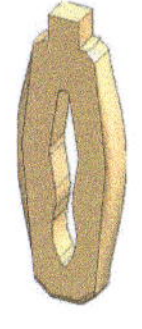

- spezielle THD-Teile für Hochstromanwendungen
- flexible (links) und massive (rechts) Einpressstifte
- Parallelschaltung von Stiften für höhere Ströme

3.2.3 Montage von Duchsteckbauelementen (THDs)

Unter Montage sollen hier, wie auch bei allen anderen Montagetechnologien, alle Fertigungsprozesse verstanden werden, die die Bauelemente mit dem Verbindungssubstrat (Leiterplatte) funktionsfähig verbinden.

Die Montage lässt sich in 4 Hauptprozessschritte einteilen.

1. Vorbereitung der Bauelemente

Viele THDs werden in gegurteter Form geliefert, Abb. 3.3. Beispielhaft sind das hier Elektrolytkondensatoren (a) und Widerstände (b). Nach einer entsprechenden Vereinzelung müssen die Anschlüsse dem jeweiligen Baugruppendesign und der Montagetechnologie angepasst werden. Daraus ergeben sind folgende Prozessschritte für die Bauelementevorbereitung der Bauelemente mit axialen Anschlüssen, Abb. 3.4:

1. Anschlussdrähte auf Länge schneiden
2. Anschlussdrähte um 90° biegen

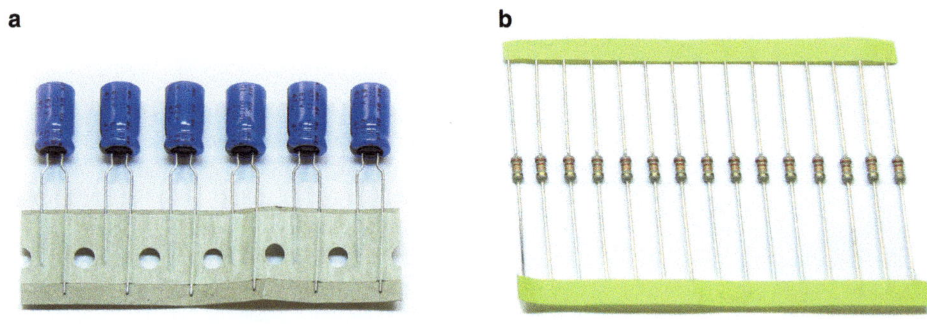

Abb. 3.3 Gegurtete Bauelemente: Elkos (**a**) und Widerstände (**b**)

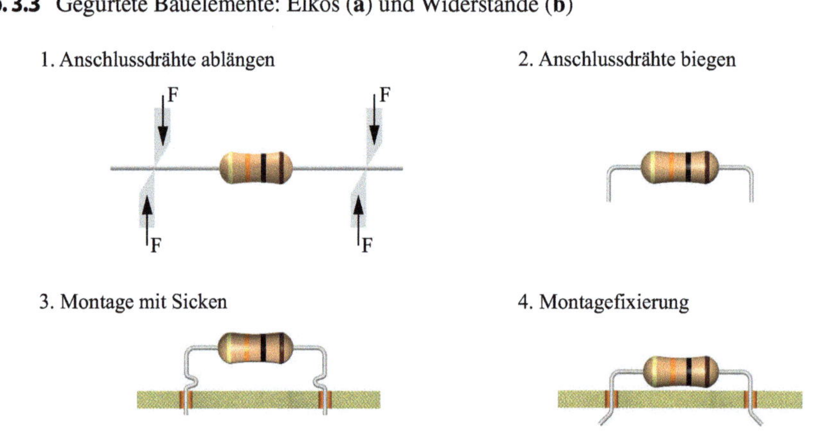

Abb. 3.4 Bauelementevorbereitung von Bauelementen mit axialen Anschlussdrähten (Klasse-THD1)

3. Optional: Sicken in die Anschlüsse bringen, womit ein definierter Abstand des Bauelementes zum Substrat realisiert werden kann
4. Optional: Nach der Montage den überstehenden Draht leicht biegen zur Verbesserung der mechanischen Stabilität

Weitere Vorbereitungen sind das Anordnen von Bauelementen in Gurten entsprechend der Bestückreihenfolgen (heute eher selten).

Bei Bauelementen mit radialen Anschlüssen müssen die Anschlussdrähte fast immer auf die erforderliche Länge gekürzt werden. Teilweise erfordert das Design auch das Auseinanderbiegen der Anschlüsse, wenn das Raster auf der Leiterplatte dies erfordert.

2. Bestückung der Leiterplatte mit den Bauelementen

Die Abb. 3.5 zeigt, wie THDs vertikal und horizontal jeweils mit axialen und radialen Anschlüssen auf der Leiterplatte montiert werden können.Ausführlicher, verbunden mit Fehlerbeschreibungen, sind die Montagen in der IPC-A-610H [38] zu finden.

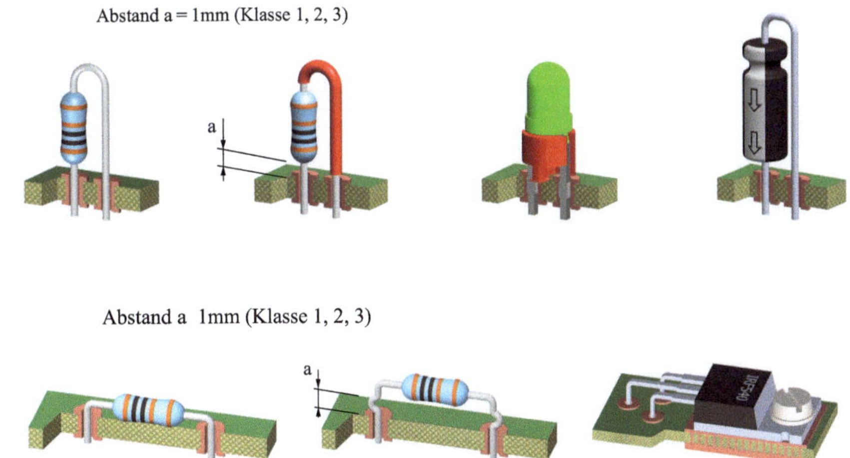

Abb. 3.5 Vertikale horizontale THD-Montage – axiale und radiale Anschlüsse

3. Herstellen der elektrischen und mechanischen Verbindung

Die typische Verbindungstechnologie ist das Löten. An dieser Stelle geht es erst einmal nur um das prinzipielle Verständnis, ausführlicher werden die Lötverbindungen und -verfahren im Abschn. 5.4.2 beschrieben. Löten ist eine stoffschlüssige Verbindung zwischen den Pins der Bauelemente und den Pads (z. T. auch Lands) auf den Verbindungssubstraten mittels eines Zusatzwerkstoffes, des Lotes.

Lote sind niedrigschmelzende Legierungen mit den Hauptbestandteilen Zinn (Sn), Kupfer (Cu) und Silber (Ag). In Ausnahmefällen dürfen noch bleihaltige Lote verwendet werden.

Neben der elektrischen Verbindung erfolgt gleichzeitig eine mechanische Fixierung der Bauelemente, womit das Prinzip der Funktionsintegration vorliegt. Reicht diese Art der mechanischen Fixierung nicht aus, so müssen zusätzliche Maßnahmen, wie im Folgenden Punkt 4 erläutert, ergriffen werden.

Die Abb. 3.6 zeigt eine mit THDs bestückte Baugruppe, die mit einer Geschwindigkeit v durch eine Wellenlötanlage bewegt wird. Dabei wird das flüssige Lot mittels einer Pumpe durch eine schlitzförmige Düse, die so breit sein muss wie die zu lötende Baugruppe, gedrückt. Die dadurch entstehende Lotwelle oder auch Schwall (daher auch der Name Wellenlöt- oder Schwalllötanlage) bringt das verflüssigte Lot zu den Verbindungsstellen. Das sind die Pins der Bauelemente und die Pads des Verbindungssubstrats. Das Lot benetzt die metallisierten Bohrungen und steigt durch die Kappilarwirkung auf. Nachdem die Baugruppe die Lötzone verlassen hat, kühlt sie ab und die Lötstelle wird ausgebildet.

Infolge der Transportgeschwindigkeit v der Baugruppe über den Lotwellen werden, alle Lotstellen eines Boards innerhalb von ca. 5 bis 15 Sekunden je nach Baugruppengröße gelötet. Das ist nicht die gesamte Prozesszeit in einer Lötanlage, sondern nur die Zeit des unmittelbaren Kontakts des Boards mit den Lotwellen. Somit kann von einem quasi-par-

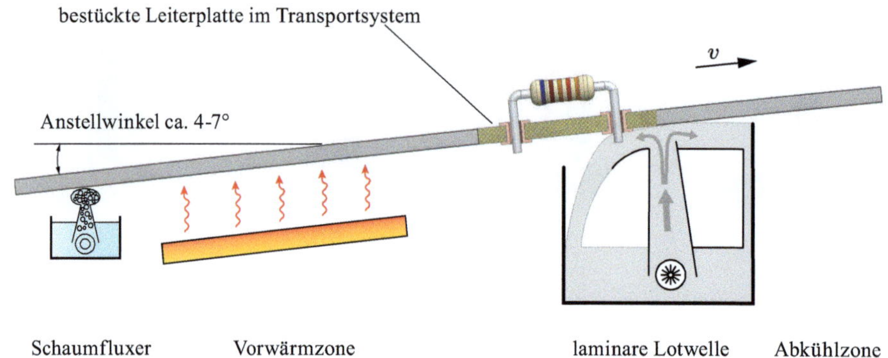

Abb. 3.6 Wellenlötung einer mit THDs bestückten Leiterplatte

allelen Prozess gesprochen werden, d. h. die Lötverbindungen werden nahezu gleichzeitig hergestellt.

Will man nur einzelne Kontakte löten, z. B. von Steckverbindern, dann kommt das Selektivlöten zum Einsatz, bei dem eine Minilötwelle in Form einer Düse verwendet wird.

Ein weiteres Verfahren zum Löten von THDs ist das Kolbenlöten (auch automatisiert möglich), wobei der Lötdraht aufgeschmolzen und zusätzlich die beiden zu verbindenden Teile mittels eines, i. d. R. temperaturgeregelten, Lötkolbens erwärmt werden, so dass eine Lötstelle ausgebildet werden kann. Da hier eine Verbindung nach der anderen hergestellt wird, spricht man von sequentiellen Lötverfahren.

3.2.4 Mechanische Befestigung von Bauelementen

Eine zusätzliche mechanische Fixierung eines Bauelements (Bauteilsicherung) ist immer dann notwendig, wenn die elektrischen Verbindungen die mechanischen und thermo-mechanischen Beanspruchungen nicht aufnehmen können. Diese Beanspruchungen sind die Folgen relativ großer Massen von Bauelementen, Zug- und Druckbeanspruchungen beim Verbinden von Steckverbindern oder unterschiedlichen thermischen Ausdehnungen infolge unterschiedlicher Werkstoffe. Abb. 3.7 zeigt 4 typische Lösungen für die zusätzliche Fixierung von Bauelementen. Eine weitere Sicherung, hier nicht gezeigt, besteht im Umbiegen der Anschlussdrähte nach dem Bestückvorgang.

1. Sicherung mittels Bauteilclips
2. Ein Klebepunkt (bei größeren Bauteilen auch mehrere)
3. Drahtbügelsicherung
4. Sicherung, hier mit Verschraubung zwischen Substrat und Zusatzwinkel und Nietverbindung zwischen Zusatzwinkel und Steckverbinder

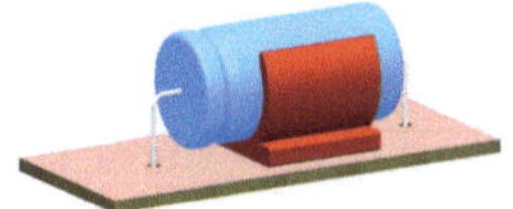

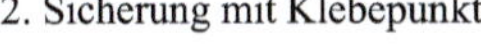

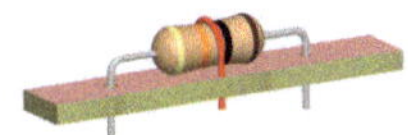

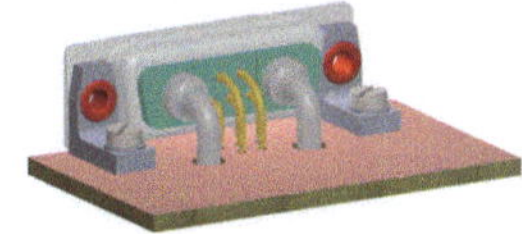

Abb. 3.7 Zusätzliche mechanische Bauelementefixierungen

3.3 Surface Mount Technology – SMT (Oberflächenmontage)

3.3.1 Das Prinzip

Bei dieser Bauelementemontage werden die Bauelemente mit ihren Anschlüssen direkt auf die Pads des Verbindungssubstrates montiert, ohne dass dabei Bohrungen für die Bauelementeanschlüsse im Substrat notwendig sind. Diese Montagen können auf der Oberseite (Top), der Unterseite (Bottom) wie auch beidseitig erfolgen, Abb. 3.8.

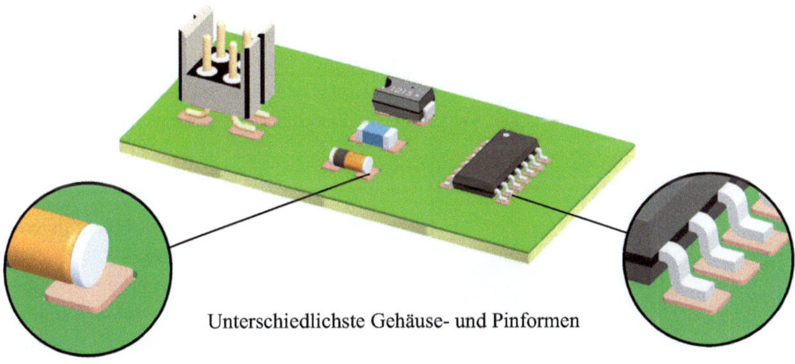

Abb. 3.8 Prinzip der Oberflächenmontage (SMT)

3.3.2 Surface Mount Devices – SMDs (Oberflächenmontierte Bauelemente)

Klassifizierungen bezüglich der Gehäuse können in mehrfacher Hinsicht erfolgen, wie nach der Anzahl der elektrischen Anschlüsse, dem Gehäusewerkstoff oder dem Design der elektrischen Anschlüsse. Die nachfolgende Klassifikation, Tab. 3.2, beruht im Wesentlichen auf dem Anschlussdesign, da hier die direkteste Verbindung zur Fertigungstechnologie besteht.

Tab. 3.2 SMD-Gehäuse mit einer Einteilung nach Anschlussformen

SMD-1: Chip-Bauteile – nur Unterseitenanschlüsse

- quaderförmige Chip-Bauform überwiegend für Widerstände und Kondensatoren die nur 2 Pads auf der Unterseite für die Kontaktierung (Löten) aufweisen
- Bauformgrößen siehe Tab. 3.3

SMD-2: Chip-Bauteile mit 1, 3 und 5 Anschlussseiten

- Bauformgrößen siehe Tab. 3.3
- 3 und 5 Seitenanschlüsse gezeigt
- einseitiger Anschluss: die lötfähige Fläche ist die vertikale Seite des Bauteils

SMD-3: Zylindrische Endkappen-Anschlüsse (MELF)

- metallisierte Anschlusskappen
- Dioden (Band für die Polung), Widerstände, Kondensatoren, Induktivitäten
- wenn vorhanden, entsprechen die Farbringe denen der THD-Bauelemente

SMD-4: Anschlussflächen in Einbuchtungen

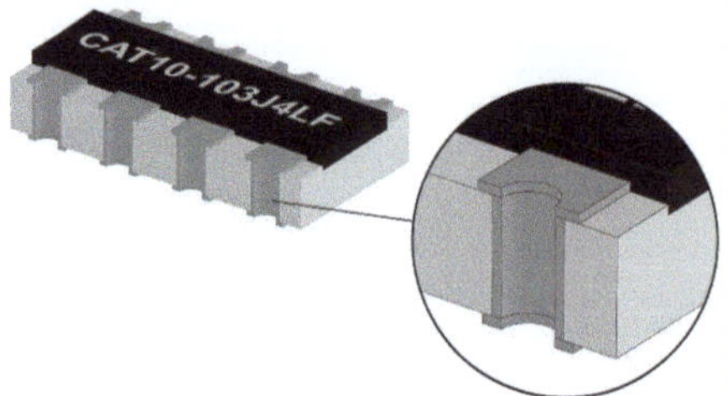

- die Anschlussflächen sind metallisierte Einbuchtungen im Gehäuse
- die Pads auf der Leiterplatte ragen über das Gehäuse heraus, so das sich immer ein Lötmeniskus beim Lötprozess ausbilden kann

Tab. 3.2 (Fortsetzung)

SMD-5: Flache und runde sowie abgeflachte Gull Wing Anschlüsse

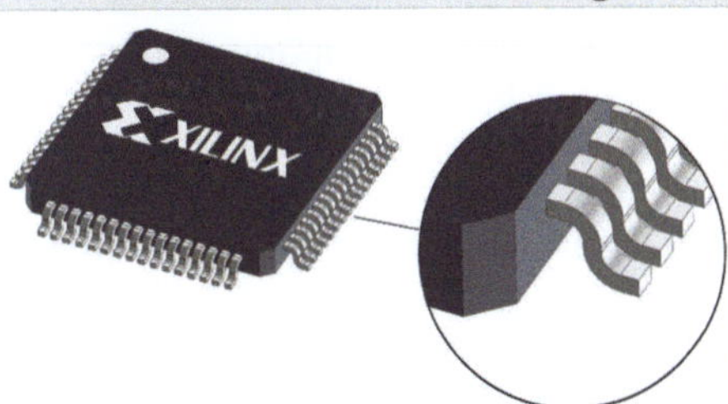

- typische Gehäuse für ICs und Transistoren
- S-förmige rechteckige oder runde Anschlüsse
- zwei- und vierseitige Anordnung der Anschlüsse, z. B. SO14 – zweireihige Pinanordnung mit jeweils 7 Pins

SMD-6: „J"-förmige Anschlüsse

- Gehäuse für ICs
- J-förmige Anschlüsse, die unter das Gehäuse reichen
- zwei- und vierseitige Anordnung der Anschlüsse, z. B. PLCC44 – Plastic Leaded Chip Carrier mit insgesamt 44 Pins
- auch mit Keramikgehäuse – JLCC

SMD-7: Stoß- oder „I" (Butt)-Anschlüsse

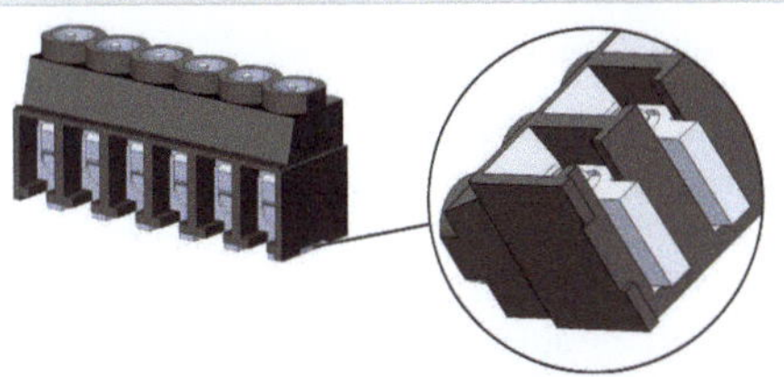

- runde und rechteckige Stiftformen
- modifizierte THD-Anschlüsse für die SMD-Montage
- Rechteckanschlüsse mit Löchern und Verwendung von Lot-Preforms, die auf den Pads befestigt sind

SMD-8: Flache Lötfahnen-Anschlüsse

- auch als Flat Lug Lead bezeichnet
- für unterschiedliche Bauelemente, insb. auch ICs
- auch ein typischer Anschluss für Mono-Akkus (Typ D) für den Geräteeinbau
- Anschlüsse an zwei oder vier Gehäuseseiten

SMD-9: Nach innen geformte „L"-förmige Band-Anschlüsse

- die Pads befinden sich teilweise unter dem Gehäuse und reichen teilweise über das Gehäuse hinaus, was die Kontrolle der fertigen Lötstelle unter dem Gehäuse erschwert
- das Lot soll mit dem L-Anschluss und dem außen liegenden Padteil einen Lötmeniskus bilden

Tab. 3.2 (Fortsetzung)

SMD-10: Flächig angeordnete Anschlüsse	
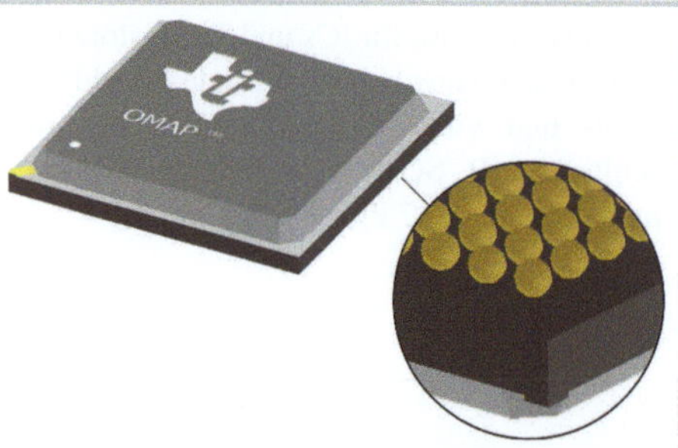	• bei diesen Gehäusen (Ball Grid Array's-BGAs) sind die Anschlüsse in Form von Lötballs unter dem Gehäuse angeordnet • die Anordnung der Balls reicht von einreihigen Ballanordnungen auf allen vier Seiten bis zu vollständiger flächenhafter Anordnung • ist das Gehäuse $\leq$ 1,2 × Chipgröße, so liegt ein CSP (Chip Scale Package) vor
SMD-11: Unterseitenanschlüsse (BTC-Bottom Termination Components)	
	• besitzt keine Anschlussdrähte, sondern metallisierte Anschlussflächen und z. T. große Kühlflächen für eine gute Wärmeableitung • sie sind dünn und daher besonders geeignet für Mobilgeräte • notwendig sind sehr exakte Lotmengen und Röntgengeräten zur Kontrolle
SMD-12: Bauteile mit Unterseitenanschlüssen an Wärmesenken	
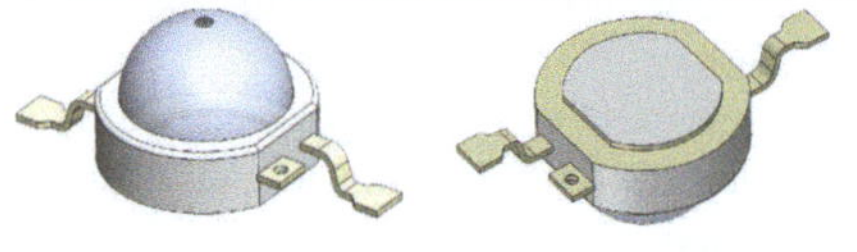	• bedrahtete u. unbedrahtete Anschlüsse • grundsätzlich sind große wärmeleitende Kontaktflächen auf der Unterseite vorhanden • besonders als Gehäuse für Power-LEDs mit einer Wärmeableitung direkt in das Substrat
SMD-13: Nach außen geformte „L"-förmige Band-Anschlüsse	
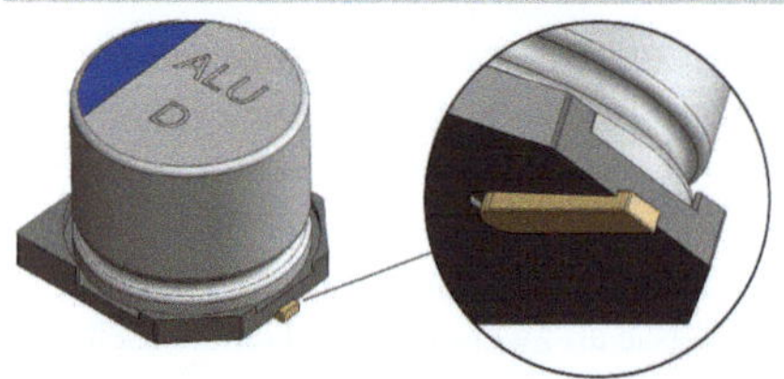	• etwas seltener vorkommendes Gehäuse mit leicht vorstehenden L-Anschlüssen • bei den gepolten Bauelementen muss für die Kenntnis der Polung auf die Datenblätter zurückgegriffen werden, da diese nicht immer eindeutig sind

Die Abb. 3.9 zeigt SMD-Anschlüsse (Terminals) noch detaillierter.

Die fehlende Zugänglichkeit der Anschlüsse unterhalb der Gehäuse erschwert das Testen und verhindert Reparaturen einzelner fehlerhafter Kontakte.

Bei den Chip-Bauformen sind 2 Bezeichnungen zu unterscheiden. Die Tab. 3.3 zeigt dazu die wichtigsten Bauformgrößen:

Die **Bauform Non Metric** (in Inch, imperial) und die **Bauform Metric** (Metrischer Code). So beschreibt die Bauform Non-Metric 0805 eine Chipbauform, wobei die Ziffern 08 die Länge und 05 die Breite dieser Bauform (Quader), jeweils in 1/100 inch bezeichnen.

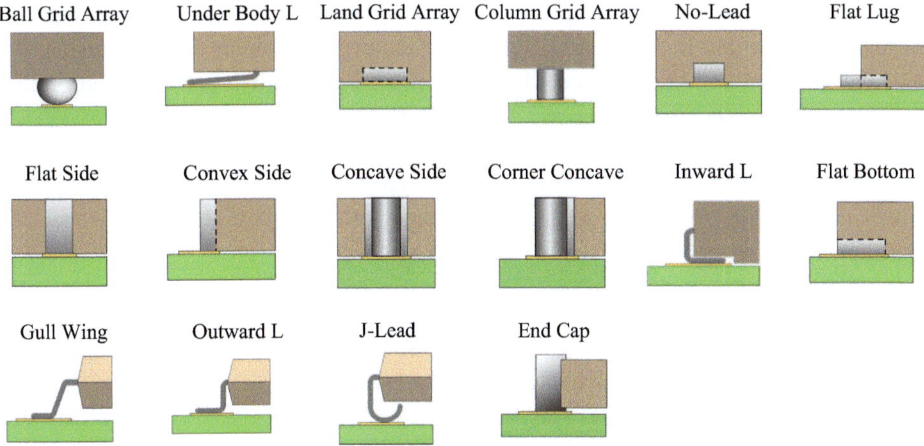

Abb. 3.9 SMD-Terminals [45], mit Genehmigung CSK-CAD Systeme Kluwetasch

Tab. 3.3 Typische Chip-Bauformen für SMDs

Bauform Imperial	Länge x Breite in (inch x inch)	Bauform Metric	Länge x Breite in (mm x mm)	Leistung in Watt
008004	0,008 x 0,004	0201	0,25 x 0,125	–
–	–	03015	0,3 x 0,15	0,02
01005	0,016 x 0,008	0402	0,4 x 0,2	0,03
0201	0,024 x 0,012	0603	0,6 x 0,3	0,05
0402	0,040 x 0,020	1005	1,0 x 0,5	0,1
0603	0,063 x 0,031	1608	1,6 x 0,8	0,1
0805	0,079 x 0,050	2012	2,0 x 1,25	0,125
1206	0,126 x 0,063	3216	3,2 x 1,6	0,25
1210	0,126 x 0,098	3225	3,2 x 2,5	0,5
1812	0,181 x 0,126	4532	4,5 x 3,2	0,75
2010	0,200 x 0,100	5025	5,0 x 2,5	0,75
2512	0,250 x 0,126	6330	6,4 x 3,2	1,0

Das bedeutet, das Bauteil ist $08 \cdot (1/100)$ inch $= 0,08$ inch $= 2,032$ mm lang und entsprechend $05 \cdot (1/100)$ inch $= 0,05$ inch $= 1,27$ mm breit. Bis auf sehr geringe Unterschiede entspricht das auch der metrischen Bauform 2012.

Designer und Technologen müssen aber in jedem Fall die Bezeichnung richtig interpretieren.

Geringe Unterschiede zwischen den verschiedenen Dickschicht- und Dünnschichtwiderständen sowie den Herstellern bezüglich der Geometrien, Toleranzen, Leistungen, Betriebsspannungen und kurzzeitigen Überspannungen sind möglich und dann den Datenblättern der Hersteller zu entnehmen.

Im Vergleich: QFP (Typ: SMD-5) und BGA (Typ: SMD-10)
Vor- und Nachteile dieser zwei wichtigen Packages sollen aufgezeigt werden, wobei sich die Schlussfolgerungen entsprechend Abb. 3.10 ergeben:

- Sind die Packageabmessungen (gemeint ist hier der Körper ohne Pins) eines BGAs gleich oder sogar kleiner als der eines QFPs, so können bei gleichem Anschlussraster beim BGA deutlich mehr Pins untergebracht werden.
- Bei gleicher Pinzahl kann das Anschlussraster auf dem BGA vergrößert werden, was technologisch Vorteile schafft (Toleranzen können vergrößert werden).
- Nachteilig bei BGAs ist die Unzugänglichkeit der Anschlüsse nach der Montage. Das erschwert die Kontrolle der Anschlüsse (Testsysteme wie Röntgen sind kosten- und zeitintensiv) nach dem Lötprozess und eine Reparatur eines einzelnen fehlerhaft gelöteten Anschluss ist fast unmöglich.

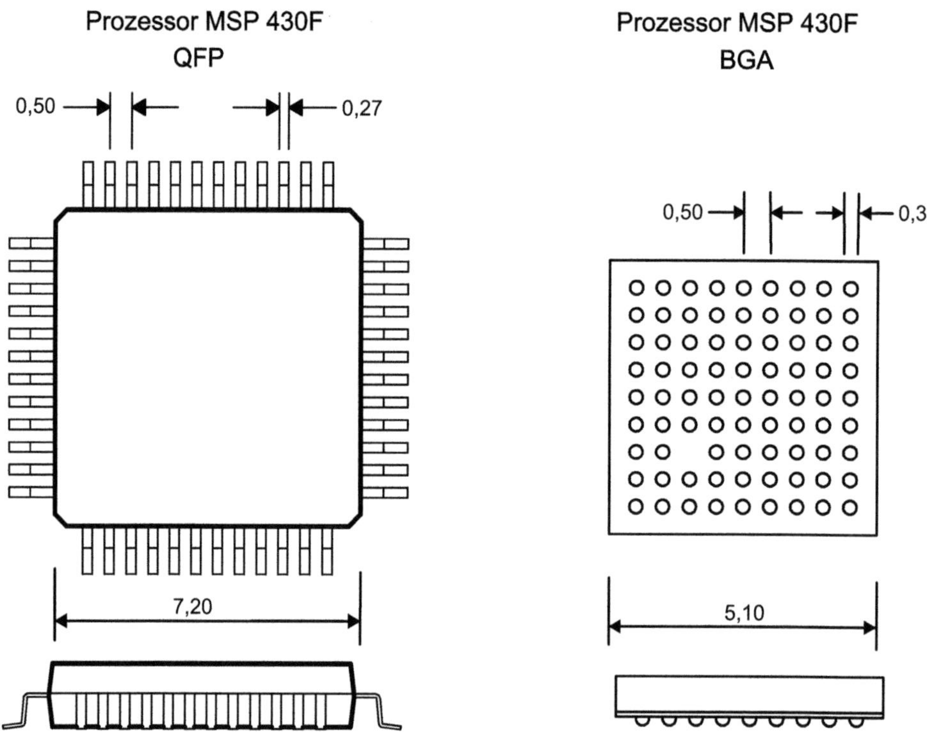

Abb. 3.10 Vergleich der Packages QFP mit 48 Pins und BGA mit 80 Pins

Einige Entwicklungsrichtungen von SMD-Packages

- Erhöhung der Anzahl der elektrischen Anschlüsse (Pins).
- Verringerung der Pinabstände, entspricht dem Rastermaß (pitch), und wird gemessen von Mitte Pin zu Mitte Pin. Beispielhaft sind die folgenden Rastermaße genannt, die auch die Problematik der metrischen und angloamerikanischen Maßsysteme (gebräuchlich in der Elektronik sind insbesondere 1 mil = 25,4 μm, 1 inch = 2,54 cm und 1 foot = 30,48 cm) aufzeigen:
  2,54; 1,27; 1,00; 0,8; 0,65; 0,635; 0,5; 0,4; 0,3 alles in mm.
- Verringerung der Gehäusedicken mit $d < 0,7$ mm.
- Reduktion der Außenabmessungen.
- Veränderung des Designs der elektrischen Anschlüsse.
- Integration mehrerer Chips, entweder horizontal, vertikal oder beides in einem Package, was zu einer Systemintegration im Package, System-in-Package (SiP), führt.

3.3.3 Montage oberflächenmontierter Bauelemente (SMDs)

Hierbei sind sind 2 Montageprinzipien zu unterscheiden.

3.3.3.1 SMD-Montage mit Lotpastendepots und Reflowlötung

Die Abb. 3.11 zeigt die drei Hauptprozessschritte:

Lotpastenauftrag, Bauelementebestückung und Herstellung der elektrischen Verbindung mittels Löten.

Prozessschritt 1.1: Der Lotpastenauftrag

Der Auftrag der Lotpaste (Lotkugeln mit Flussmittel und weiteren Additiven) auf die Pads der Leiterplatte kann mittels verschiedener Technologien erfolgen.

Standard ist der Lotpastendruck mittels Schablone, Abb. 3.12. Die Schablonen bestehen i. d. R. aus Edelstahl, teilweise auch mit einer Nanobeschichtung, und werden mit einem Laser geschnitten. Die Dicken liegen zwischen 50 und 180 μm, wobei sich diese nach den Aperturen (Öffnungen in der Schablone entsprechend der Padgrößen) und dem notwendigen Lotpastenvolumen richten. Durch diese Aperturen wird nun mittels Rakel

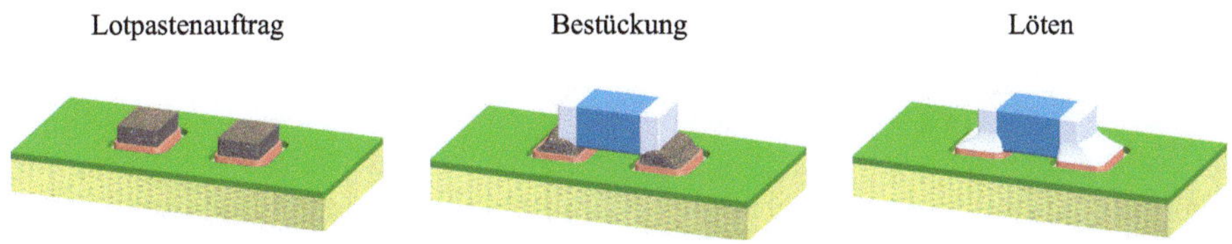

Abb. 3.11 SMD-Montage mit Lotpastendepots und Reflowlötung

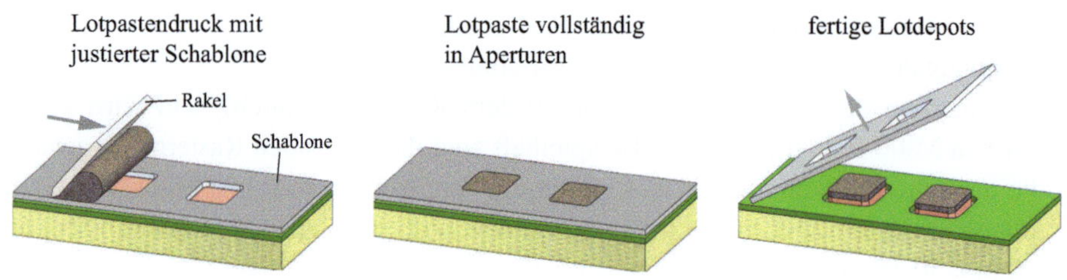

Abb. 3.12 Lotpastendruck mittels Schablone (Standardverfahren)

die Lotpaste auf die Pads gedrückt. Nach Abheben der Schablone soll ein gleichmäßiges Lotpastendepot auf den Pads verbleiben.

Der Prozess wird beeinflusst durch die Qualität der Lotpaste selbst, das Design der Schablone, die Oberflächenbeschaffenheit der Schablone und der Laserschnittkanten in der Schablone, die Oberflächeneigenschaften der Pads und die Prozessparameter des Rakeln selbst. Im Einzelnen sind das:

- Die Zusammensetzung der Lotpaste. Von Bedeutung ist hier die Größe der Lotkugeln (Typ 1 bis 7 mit unterschiedlichen Bereichen der Lötkugeldurchmesser, vgl. Kap. 5, Tab. 5.16).
- Die Viskosität, d. h. Fließfähigkeit der Lotpaste. Ist die Viskosität (Zähigkeit) zu hoch, dann lässt sich die Paste nicht ausreichend gut in die Öffnungen rakeln, ist sie zu niedrig, zerfließt das Lotpastendepot nach dem Entfernen der Schablone, da die stabilisierenden Wände der Schablonenschnitte wegfallen.
- 3 wesentliche Designregel sollen hier genannt werden, Abb. 3.13.
  Erstens müssen mindesten 5 Kugeln nebeneinander in die Schablonenöffnung passen, 5-Körner-Regel.
  Zweitens soll das Flächenverhältnis der Öffnung in der Schablone zur Fläche der vertikalen Schnitte mindestens 0,66 betragen. Je nach Oberflächenbeschaffenheit kann aber dieser Wert variieren.
  Drittens sollen die Ecken der Schnitte ausreichend gerundet sein, damit sich die Adhäsionskräfte zwischen Kugeln und Schablonenwand infolge geringerer Flächenkontakte reduzieren und somit mehr Lot auf den Pads nach dem Entfernen der Schablone verbleibt.
- Die wesentlichste Eigenschaft der Schablonenoberfläche und der lasergeschnittenen Vertikalflächen ist, dass die Kugeln so wenig wie möglich dort haften sollen, d. h. Ziel ist die Reduktion dieser Adhäsionskräfte.
  Zwei Möglichkeiten seien hier genannt: Zum einen werden die Schablonen mit einer abweisenden Nanoschicht überzogen und zum anderen werden insb. die Laserschnitte mit einem Elektropolierverfahren glatt geschliffen. Studien darüber zeigen allerdings auch sehr unterschiedliche Ergebnisse.

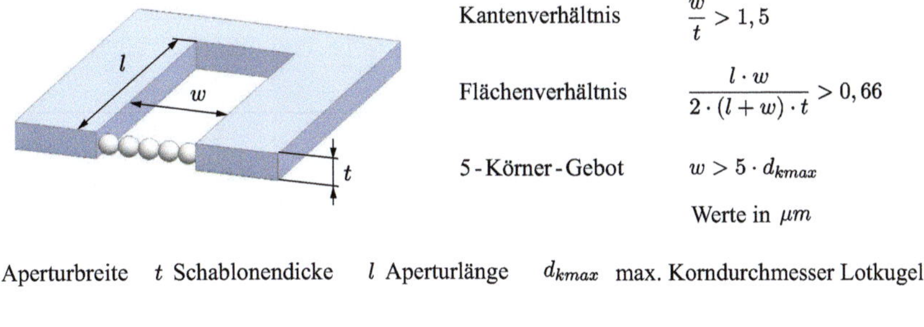

$$\frac{w}{t} > 1,5$$

$$\frac{l \cdot w}{2 \cdot (l + w) \cdot t} > 0,66$$

$$w > 5 \cdot d_{kmax}$$

w Aperturbreite t Schablonendicke l Aperturlänge d_{kmax} max. Korndurchmesser Lotkugel

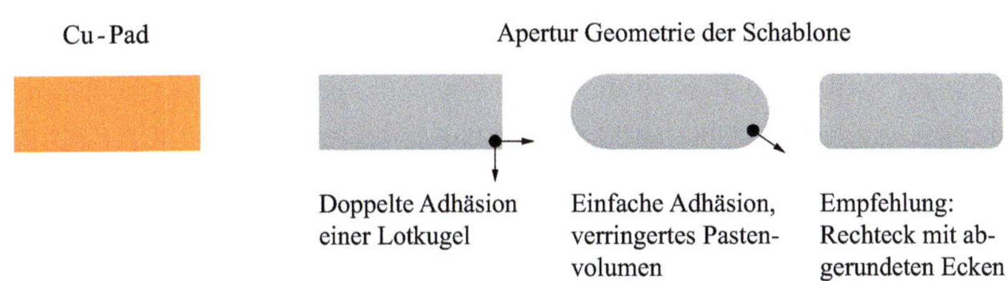

Abb. 3.13 Designregeln für den Lotpasten-Schablonendruck

- Die Adhäsionskräfte zwischen der Padoberfläche und den Kugeln sollen andererseits so groß wie möglich werden. Da nahezu alle Pads aus Kupfer bestehen und Kupfer schnell korrodiert, erhalten sie einen Korrosionsschutz und zu diesem müssen die Adhäsionskräfte wirken.
- Die technologischen Parameter des Rakeln sind: Die Rakelgeschwindigkeit, der Anpressdruck des Rakels auf die Schablone, der Anstellwinkel des Rakels zur Schablone, die Form der Rakelspitze und der Rakelwerkstoff sowie die Abhebegeschwindigkeit der Schablone von der Leiterplatte.
- Nach 1 bis 4 Rakelvorgängen muss die Schablone gereinigt werden, um Lotpastenverschmierungen zu entfernen, die ansonsten zu Kurzschlüssen in der weiteren Montage führen könnten.

Alternativ zum Schablonendruck kann das Jet-Printing angewandt werden, wobei die Lotpaste schablonenlos mittels eines Dispensers aufgetragen wird. Als ein serielles Verfahren ist es daher deutlich langsamer als der Schablonendruck und somit nicht für die Massenfertigung geeignet. Vorteile sind eine hohe Flexibilität, das Entfallen der Schablonenkosten sowie ein geringerer Pastenverbrauch gegenüber dem Schablonendruck.

Die Abb. 3.14 zeigt die Lotdepots mittels Schablonendruck und Jet-Printing.

Diese Ausführlichkeit zum Lotpastenauftrag, speziell zum Schablonendruck, hat seinen Grund: Dieser Prozessschritt verursacht die meisten Fertigungsfehler während der SMD-Montage.

Abb. 3.14 Lotdepots mittels Schablonendruck und Jet-Printing, mit Genehmigung der TAUBE ELECTRONIC GmbH, Berlin

Prozessschritt 1.2: Die Bauelementebestückung

Nach dem Lotpastendruck werden die Bauelemente manuell oder automatisch auf den Pads platziert, wobei die Pins in die Lotpastendepots gedrückt werden. Dabei werden die Lotdepots verformt, wobei sich Lotpastenkurzschlüsse zwischen den Pads ausbilden können. Das ist unkritisch, solange nur eine schmale Verbindung entsteht. Infolge der Oberflächenspannung der Lote reißen diese schmalen Verbindungen beim Erwärmen bis bzw. kurz über die Schmelzgrenze der Lotkugeln wieder auf und die zuvor deformierten Lotpastendepots bilden dann eine stoffschlüssige Verbindung zwischen Pad, Pin und Lot aus. Selbst bei geringen Stückzahlen an Baugruppen, wie sie z. B. beim Musterbau mit 1–20 Stück typisch sind, werden automatische Bestückungen vorgenommen.

Zwei grundsätzliche Prinzipien sind dabei zu unterscheiden:

- Pick & Place
- Collect & Place

Beim Pick & Place-Prinzip fährt ein Bestückkopf zum Bauelementemagazin, pickt dort mittels einer Vakuumpipette ein Bauelement auf und positioniert dieses an der zuvor definierten Bestückposition der Baugruppe, Abb. 3.15. Der Bestückkopf kann in jedem Fall immer nur ein Bauelement aufnehmen. Die Flexibilität hinsichtlich der Bauelemente ist sehr hoch, die Bestückleistung jedoch im Vergleich zum Collect & Place-Prinzip deutlich geringer.

Die Bestückleistungen in Bauelemente/h sind theoretische Werte der Hersteller, die in jedem Fall an der jeweils konkreten Baugruppe zu verifizieren sind.

Beim Collect & Place-Prinzip hat der Bestückkopf ein eigenes kleines Magazin zur Aufnahme von Bauelementen. Abb. 3.16 zeigt dazu eine Ausführung mit 12 Bauelementeaufnahmen. In diesen Kopf werden dann weitere Funktionen integriert, wie Drehen eines Bauelements, Testen auf elektrische Werte, Positionsbestimmung bzgl. der Aufnahmepipette (optische Zentrierung) und Entfernen falscher Bauelemente.

Zur exakten Positionierung sind Verfahren notwendig, bei denen einerseits die Lage der Leiterplatte im Bestücksystem erfasst werden muss und andererseits die Lage der Bauelemente zur Bauelementeaufnahme ausgemessen wird. Die Abweichungen werden optisch mittels Visionsystemen erfasst und dann in die neuen Bestückkoordinaten eingerechnet.

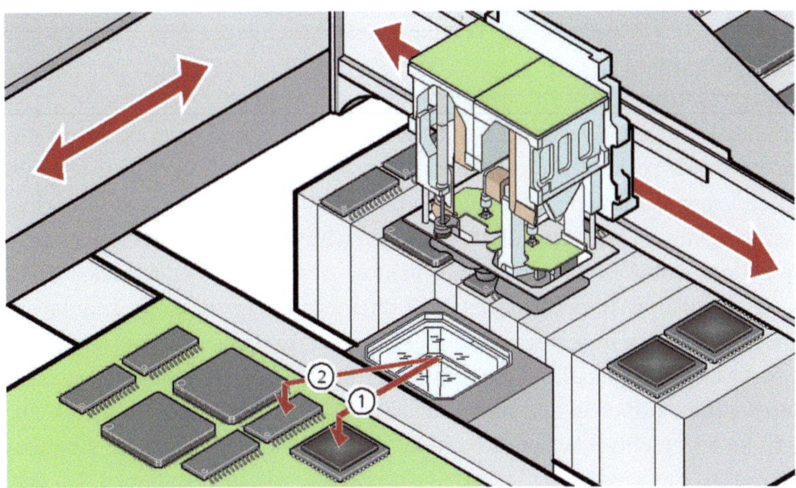

Abb. 3.15 Automatische Bestückung: Pick & Place-Prinzip [7], mit Genehmigung der ASM Assembly Systems GmbH & Co. KG

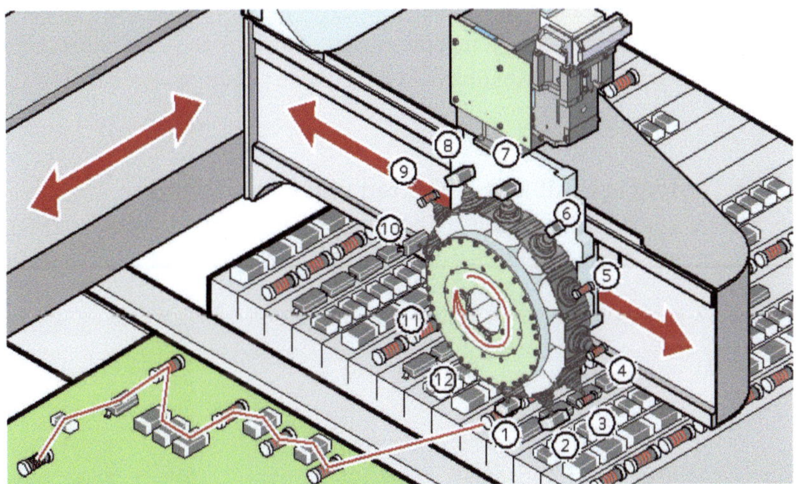

Abb. 3.16 Automatische Bestückung: Collect & Place-Prinzip [7], mit Genehmigung der ASM Assembly Systems GmbH & Co. KG

Prozessschritt 1.3: Herstellung der elektrischen Verbindung

Die elektrischen Verbindungen werden durch Reflowlöten (Wiederaufschmelzen) hergestellt, wobei die Lotkugeln der Lotpastendepots aufgeschmolzen werden und eine stoffschlüssige Verbindung zwischen Pad, Pin und Lot entsteht. Die einzelnen Verfahren des Reflowlötens unterscheiden sich darin, welche physikalischen Vorgänge zum Aufschmelzen der Lotkugeln zur Anwendung kommen und werden unter dem Begriff Reflowlöten zusammen gefasst:

Wärmestrahlung mittels Infrarotstrahlungsquellen mit ca. 650 °C Strahlertemperatur, was kritisch ist, wenn die Verweildauer der zu lötenden Teile nicht exakt kontrolliert wird. Das führt entweder bei zu geringer Prozesszeit zu fehlerhaften Lötstellen (kalte Lötstellen) oder bei zu langer zu Bauteilschädigungen bis hin zum Ausfall oder zu Vorschäden, die die Zuverlässigkeit undefiniert ändern. Diese Verfahren sind deutlich rückläufig.

Konvektion, wobei eine warme Gasströmung, entweder Luft oder Stickstoff, mit einer um ca. 20 °C höheren Temperatur als die Löttemperatur (exakter die Liquidustemperatur des Lotes) das Lot in der Lotpaste aufschmilzt. Hierbei bewirkt eine Erhöhung der Strömungsgeschwindigkeit des Gases eine Vergrößerung der Wärmeübertragung.

Kondensation, wobei an den verhältnismäßig kühlen Lotstellen ein inerter Dampf, in dem sich die komplette Baugruppe befindet, kondensiert und dabei die Kondensationswärme freisetzt, die wiederum die Lotkugeln in der Lotpaste aufschmilzt. Da der Dampf nicht mehr als die Siedetemperatur aufweist, wird ein Überhitzen prozessseitig unterbunden. Die Siedeflüssigkeit wird entsprechend der Schmelztemperatur (Liquidustemperatur) des Lotes ausgewählt und sollte eine Siedetemperatur haben, die ca. 10 bis 20 °C höher liegt als die Liquidustemperatur des Lotes.

Bei allen 3 Verfahren muss ein Temperaturprofil, Aufwärmen – deutliche Temperaturerhöhung zum Lotschmelzen – Abkühlen, in der Anlage gefahren werden.

3.3.3.2 SMD-Montage mit Klebepunkten und Wellenlötung

Die Abb. 3.17 zeigt die Prozessschritte: Kleberauftrag zum Befestigen eines SMDs, Bauelementebestückung, Aushärten des Klebers, Wenden der Baugruppe und Wellenlöten zur

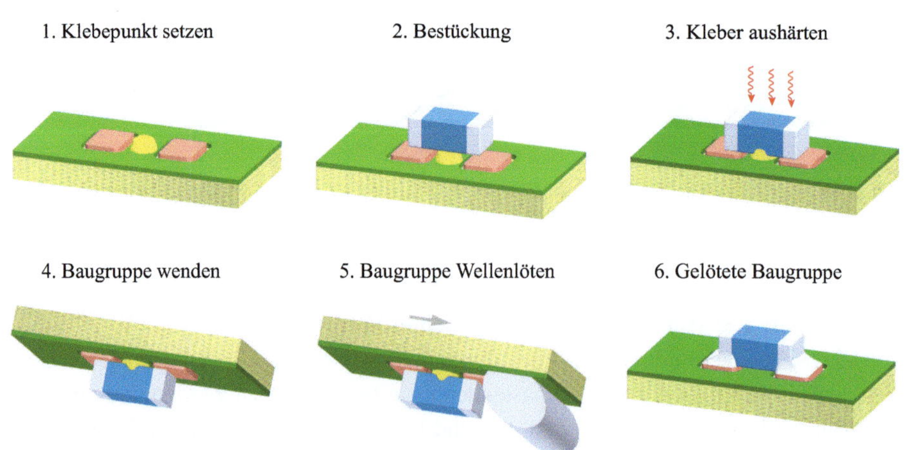

Abb. 3.17 SMD-Montage mit Klebepunkten und Wellenlötung

Herstellung der elektrischen Verbindung. Dieses Montageprinzip kommt dann zur Anwendung, wenn die SMDs auf der Bottomseite platziert werden.

Prozessschritt 2.1: Der Kleberauftrag

Je nach Größe der SMDs werden ein oder mehrere Klebepunkte auf das Verbindungssubstrat aufgebracht. 3 typische Verfahren werden dazu angewandt.

Erstens der Schablonendruck, der ähnlich wie der Lotpastendruck mittels Schablone erfolgt. Da bei diesem Verfahren alle Klebepunkte nahezu gleichzeitig aufgebracht werden, kann man von einem parallelen Prozess sprechen.

Zweitens der Auftrag mit einem Dispenser, das ist eine Dosierdüse mit der die Klebepunkte alle sequentiell hergestellt werden.

Drittens der Auftrag mittels Pin Transfer, bei dem eine Nadel in den Kleber getaucht wird. Beim Herausziehen bleibt ein Tropfen hängen, der sich dann bei Berührung mit dem Verbindungssubstrat wieder von der Nadel löst und auf dem Substrat verbleibt.

Der Kleber muss in seiner Viskosität (Zähigkeit) so eingestellt sein, dass er dabei die Pads berührt und beim Auftrag nicht zerläuft. Verschmierungen beim Kleberauftrag können so leicht zu Fertigungsfehlern, insbesondere mangelhaften Lötstellen, führen.

Prozessschritt 2.2: Die Bauelementebestückung

Nach dem Kleberauftrag erfolgt die Bestückung der SMDs allerdings ohne vorher Lotpaste zu drucken. Das für die elektrische Verbindung notwendige Lot wird erst nach dem Kleberaushärten durch das Wellenlöten zur Lötstelle transportiert. Beim Bestücken, genauer beim Absetzen der Bauelemente, werden die Klebepunkte mehr oder weniger deformiert und dürfen auch dann nicht in irgendeiner Form die Pads berühren.

Prozessschritt 2.3: Aushärten des Klebers

Mit dem Aushärten des Klebers werden alle SMDs auf dem Verbindungssubstrat fixiert. Technologisch werden dazu i. d. R. vorhandene Reflowlötanlagen, wie unter Prozessschritt 1.3 beschrieben, verwendet. Die typischen Aushärtezeiten dieser Kleber liegen im Bereich von 90 Sekunden bei 150 °C bis zu 6 Minuten bei 100 °C.

Prozessschritt 2.4: Herstellung der elektrischen Verbindung

Bei diesem letzten Prozessschritt wird das Lot in flüssiger Form zu den Lotstellen gebracht. Das geschieht durch eine oder 2 hintereinander geschaltete Lotwellen, daher auch der Name Wellenlöten oder Schwalllöten. Damit kommt hier das gleiche Lotverfahren zum Einsatz wie beim Löten von THDs, vgl. Wellenlöten von THDs Abb. 3.6.

An dieser Stelle soll noch einmal deutlich herausgestellt werden:

- Beim Montageprinzip 1 wird das Lot in Form von Lotpaste auf die Pads aufgetragen und kein Kleber zum Fixieren der SMDs verwendet
- Beim Montageprinzip 2 wird keine Lotpaste, dafür aber ein Kleber zum SMD-fixieren verwendet und das Lot in Form einer flüssigen Lotwelle zur Verbindungsstelle gebracht

3.3.4   Unterschiede zwischen THT und SMT

Im Folgenden seien einige Unterschiede der beiden Technologien genannt, die die Vorteile der SMT zeigen. Insbesondere in der Leistungselektronik, einer Vielzahl von Steckverbindern und bei größeren Bauteilen ist die THT (noch) sehr stark vertreten.

- Deutlich größere Zahl von Anschlüssen bei SMDs gegenüber THDs.
- Bei den SMDs entfallen die Anschlussdrähte und somit die dazu notwendigen Bohrungen/Durchkontaktierungen im Substrat wie bei den THDs. Damit entsteht mehr Platz für elektrische Leitungen und Bauelemente bzw. die Baugruppe kann weiter verkleinert werden.
- Die Packages von SMDs sind deutlich kleiner als die von THDs unter der Voraussetzung gleicher funktionaler ICs, womit die Packungsdichte der Baugruppe weiter erhöht werden kann. Die Abb. 3.18 zeigt das am Beispiel des Bauelementes SN7400, das 4 Nandgatter mit je 2 Eingängen und 1 Ausgang enthält sowie 2 Pins für die Energieversorgung, zusammen also 14 Pins. Zusätzlich wird dabei noch die reine Halbleiterchipgröße dargestellt, die bei der direkten Chipverarbeitung (Direct Chip Attach, DCA) von Bedeutung ist, vgl. Abschn. 3.7 und folgende.
- Mit der Reduktion der SMD-Packages erfolgt auch eine Gewichtsreduktion.
- Die Induktivitäten der SMD-Pins sind deutlich kleiner als die der THDs, womit sich ein ein verbessertes HF-Verhalten erzielen lässt.
- SMDs lassen sich effektiver montieren, was sich kostengünstig auswirkt.
- Einige SMDs wie BGAs und Chip-Bauformen weisen einen Selbstzentriereffekt auf, d. h. wenn sie nicht exakt auf den Pads positioniert wurden, so zentrieren sie sich beim Lötvorgang infolge der Oberflächenspannung des Lotes selbst (Floating).
- Relativ hoher Investitionsaufwand einer automatisierten SMT-Fertigungsstrecke, wobei nur mit einer Volumenproduktion die Kosten eines Produkts gesenkt werden können.

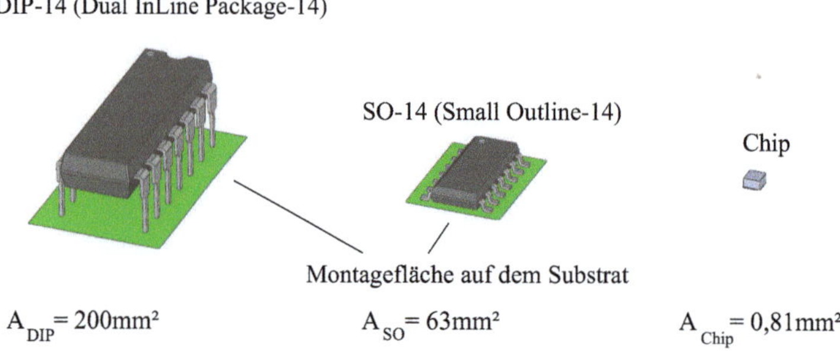

Abb. 3.18 Montageflächen von THD, SMD und ungehäustem Chip des SN7400

3.4 Einpresstechnik

Die Einpresstechnik ist eine lötfreie Montage- und Kontaktiertechnologie, für die sich zwei wesentliche Anwendungsgebiete ergeben, Abb. 3.19.

Einpressen von Anschlussstiften in Leiterplatten/Multilayer

Dabei werden massive oder flexible Einpressstifte in metallisierte Bohrungen einer Leiterplatte gepresst, wodurch zugleich elektrische und mechanische Verbindungen entstehen, die auch gasdicht sind. Bestücken und kontaktieren stellen in diesem Falle einen Prozessschritt dar!

Verwendet wird diese Technologie für die Übertragung höherer Ströme. Für besonders hohe Ströme werden Konfigurationen von mehreren parallel geschaltet Einpressstiften verwendet. So lassen sich Beispielsweise mit 16 parallel geschalteten Einpressstiften bis zu 350 A bei 20 °C übertragen, REDCUBE-Würfel Abb. 5.36.

Da es sich hier hauptsächlich um eine elektrische Kontaktierung handelt, wird sie ausführlich im Abschn. 5.4.4 behandelt.

Einpressen von Bauelementen in massive Körper

Leistungsbauelemente wie Einpressdioden und -thyristoren werden in massive Kühlkörper gepresst, um neben den elektrischen und mechanischen Verbindungen auch effiziente, wärmeleitende Verbindungen zum Kühlkörper herstellen zu können. Dabei muss berücksichtigt werden, dass bei Einpressdioden das Gehäuse zugleich die Kathode darstellt, die elektrisch leitend mit dem Kühlkörper verbunden wird mit dem Ergebnis, dass der Kühlkörper nicht potenzialfrei ist.

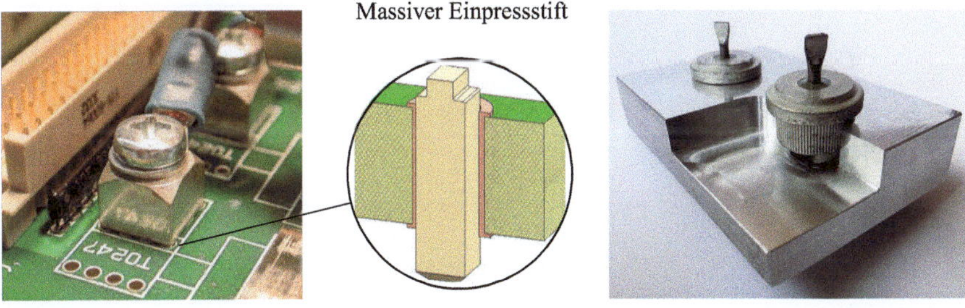

Abb. 3.19 Beispiele für Einpresstechnik: Hochstromkontakte auf Leiterplatten (links) und Einpressdioden in Kühlkörper (rechts)

3.5 Pin-in-Paste-Technologie (PiP-Technologie)

Weitere Bezeichnungen dafür sind Through Hole Reflow Technology (THR-Technology) oder auch Pin in Hole intrusive Technik. Aufgrund der spezifischen Anforderungen an die Packages werden diese Bauelemente hier als THR-Komponenten (auch PTH-Komponenten), im Gegensatz zu den THDs der Through Hole Technology, bezeichnet.

3.5.1 Das Prinzip: Pin-in-Paste

Bei dieser Montageart werden geeignete Durchsteckbauelemente, die THR-Komponenten, mittels der SMT-Prozesse montiert. Die Zielstellung besteht dabei darin, diese THR-Komponenten komplett in den SMT-Prozess zu integrieren. Das bedeutet gleiche Prozesse

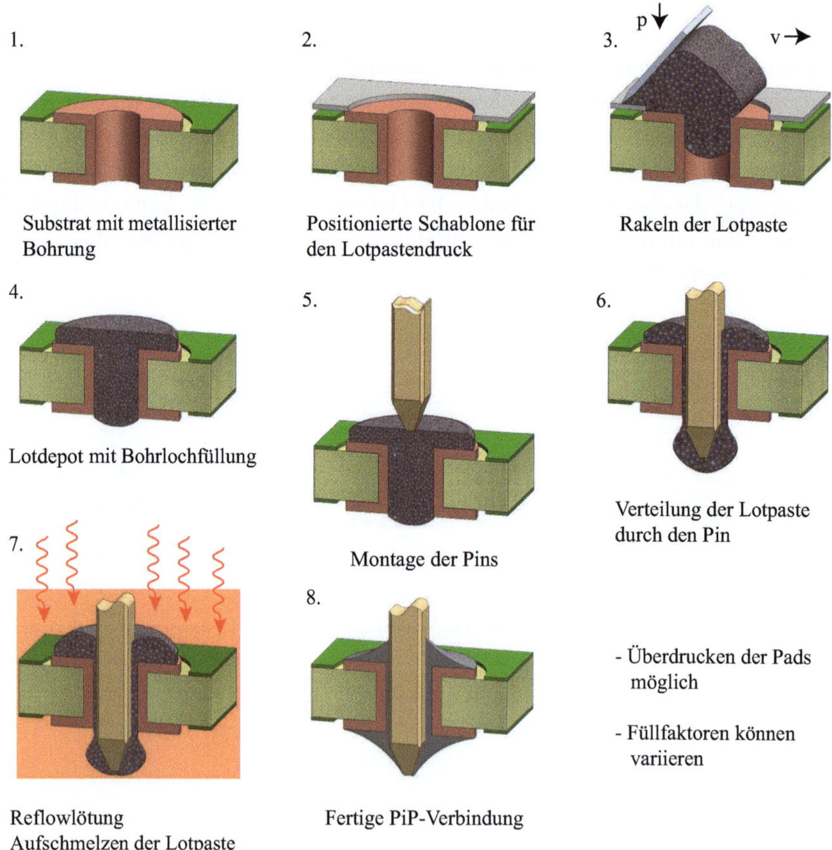

Abb. 3.20 Prozessschritte der PiP-Technologie nach [71]

für das Auftragen der Lotpaste, eine automatische Bestückung und das Reflow- bzw. Dampfphasenlöten, womit das Wellenlöten entfällt. Neben niedrigeren Kosten, eine Wellenanlage muss also nicht mit kalkuliert werden, wird auch der Temperaturstress der Baugruppe reduziert. Die Abb. 3.20 zeigt dazu die wesentlichen Prozessschritte der THR-Montage [71].

3.5.2 Die einzelnen Technologieanforderungen

3.5.2.1 Anforderungen an THR-Komponenten

Durch die veränderten Technologieanforderungen müssen die THR-Komponenten gegenüber den traditionellen THDs hinsichtlich Design und Werkstoffen modifiziert werden. Im Folgenden werden die wesentlichen Merkmale dieser Komponenten erläutert:

- Die THR's müssen der Reflowtemperatur standhalten. Dazu sind zwingend die exakten Angaben über Anzahl der Temperaturzyklen (Reflowzyklen), die Prozesszeit sowie die maximal zulässige Temperatur dem Datenblatt für das jeweilige Bauelement zu entnehmen. Richtwerte dazu sind 1 bis 2 Temperaturzyklen mit 10 bis 20 Sekunden Einwirkzeit bei einer maximale Temperatur von 260 °C. Typische Hochtemperatur-Kunststoffe sind z. B. Polyamide (PA4.6) oder auch Liquid Crystal Polymer (LCP).
- Der Bauteilkörper darf bei der Montage nicht in das gedruckte Lotdepot gesetzt werden. Das ist besonders von Bedeutung, wenn das Lotdepot überdruckt wird, d. h. das Lotdepot größer als das Pad ist. Neben diesem horizontalen Freiraum muss ein ausreichender Abstand zwischen dem Bauelementekörper und der Leiterplatte gegeben sein, der „Stand-Off", der durch die Ausbildung ausreichend hoher Rippen oder Stege der THR-Komponenten erreicht wird.
- Der Pin sollte max. 1,5 mm aus der Durchkontaktierung auf der Bottomseite herausragen.
- Die THR's sollten maschinell bestückt werden können. Dazu gehört die Kenntnis der Volumen, Massen und Oberflächenbeschaffenheiten der Bauelemente und es müssen entsprechende Aufnahmewerkzeuge für die Maschine, i. d. R. automatische Bestücker, vorhanden sein. Typischerweise sind die Oberflächen glatt, so dass Standardvakuumpipetten als Aufnahmewerkzeuge verwendet werden können. Weiterhin sollten diese Bauelemente in einer für den Bestücker angepassten Lieferform bereit stehen, um von den Aufnahmewerkzeugen direkt und ohne umzumagazinieren aufgenommen werden zu können.
- Bei den Pingeometrien sind 3 grundsätzliche Formen zu unterscheiden: rund, quadratisch und rechteckig.
- Die Pin-Toleranzen müssen so klein wie möglich sein, da zu große Toleranzen zu größeren Bohrlöchern führen und somit den Lotpastendruck erschweren und Änderungen im Füllgrad der Bohrung hervorrufen.

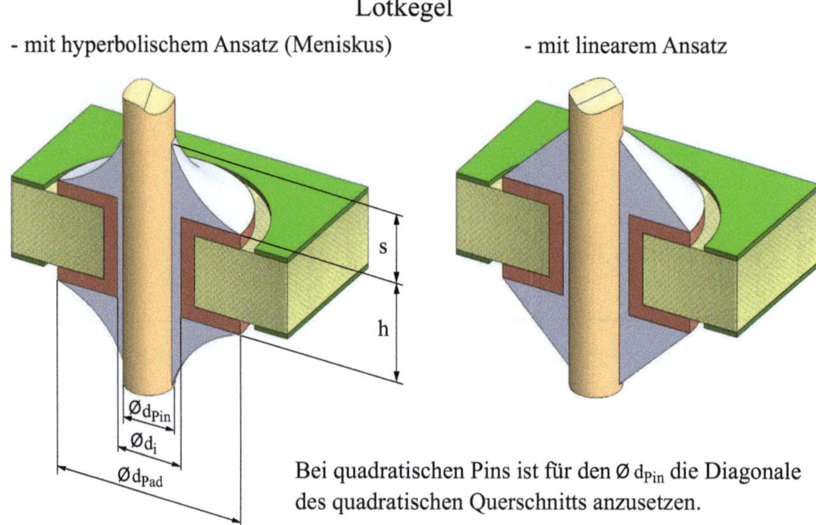

Bei quadratischen Pins ist für den Ø d_{Pin} die Diagonale des quadratischen Querschnitts anzusetzen.

Abb. 3.21 Lotstelle der PiP-Technologie

3.5.2.2 Das Lotvolumen

Das Verhältnis von Pin-Geometrie und Bohrlochdurchmesser ist von besonderer Bedeutung, da hiervon der Füllgrad der bestückten Bohrung abhängig ist. Abb. 3.21 zeigt die korrekt ausgeführte Verbindungsstelle wobei die oberen und unteren Lotkegel praktisch eine Meniskusausbildung haben sollten. Ein vereinfachtes Modell zeigt die Lotkegelausbildung mit einem linearen Verlauf.

Das notwendige Lotvolumen V_{Lot} der Lotstelle bestimmt sich zu:

$$V_{\text{Lot}} = V_{\text{Bohrung}} - V_{\text{Pin}} + (2 \cdot V_{\text{Lotkegelhülse}}) \tag{3.1}$$

Betrachtet werden runde und quadratische Pinquerschnitte mit jeweils hyperbolischem Lotkegel (Meniskusausbildung) entsprechend $f(x) = m/x + n$, siehe dazu auch [4], und linearem Lotkegel.

Runder Pin (rund) und zwei lineare Lotkegel (lin), Gl. (3.2):

$$V_{\text{Lot-rund-lin}} = \frac{\pi}{4}h(d_i^2 - d_{\text{Pin}}^2) + \frac{\pi}{6}s(d_{\text{Pad}}^2 + d_{\text{Pad}}d_{\text{Pin}} - 2d_{\text{Pin}}^2) \tag{3.2}$$

Runder Pin (rund) und zwei hyperbolische Lotkegel (hyp), Gl. (3.3):

$$V_{\text{Lot-rund-hyp}} = \frac{\pi}{4}h(d_i^2 - d_{\text{Pin}}^2) + \frac{\pi}{2}s(d_{\text{Pad}}d_{\text{Pin}} - d_{\text{Pin}}^2) \tag{3.3}$$

Quadratischer Pin (quad) und zwei lineare Lotkegel (lin), Gl. (3.4):

$$V_{\text{Lot-quad-lin}} = h\left(\frac{\pi}{4}d_i^2 - \frac{1}{2}d_{\text{Pin}}^2\right) + \frac{2}{3}s\left(\frac{\pi}{4}d_{\text{Pad}}^2 + \frac{\ln\left(1 + \sqrt{2}\right)}{\sqrt{2}}d_{\text{Pin}}d_{\text{Pad}} - d_{\text{Pin}}^2\right) \tag{3.4}$$

Quadratischer Pin (quad) und zwei hyperbolische Lotkegel (hyp), Gl. (3.5):

$$V_{\text{Lot-quad-hyp}} = h\left(\frac{\pi}{4}d_i^2 - \frac{1}{2}d_{\text{Pin}}^2\right) + s\left(\sqrt{2}\ln\left(1 + \sqrt{2}\right)d_{\text{Pin}}d_{\text{Pad}} - d_{\text{Pin}}^2\right) \qquad (3.5)$$

Dabei sind:

d_i Innendurchmesser der fertig metallisierten Bohrung

d_{Pad} Durchmesser des Lötpads

d_{Pin} Durchmesser des runden Pins bzw. Diagonale des quadr. Pins

h Höhe der metallisierten Bohrung (LP-Dicke und 2 × Dicke der Pads)

s Lotkegelhöhe

Das folgende Beispiel zeigt die Lotvolumen bei Verwendung runder und quadratischer Pins mit den linearen und hyperbolischen Lotkegeln.

$d_i = 1{,}45\,\text{mm}$ d. h. Bohrungsdurchmesser ohne Metallisierung = 1,5 mm und 25 μm Cu-Metallisierung der Bohrungswände

$d_{\text{Pad}} = 2{,}40\,\text{mm}$ Paddurchmesser

$d_{\text{Pin}} = 1{,}13\,\text{mm}$ Durchmesser runder Pin

$d_{\text{Pin}} = 1{,}13\,\text{mm}$ Diagonale quadratischer Pin, alle Kanten 0,8 mm

$h = 1{,}55\,\text{mm}$ Leiterplattendicke = 1,5 mm und Pads mit 25 μm Dicke

$s = 0{,}50\,\text{mm}$ Lotkegelhöhe (Meniskushöhe)

	Pin$_{\text{rund-lin}}$	**Pin$_{\text{rund-hyp}}$**	**Pin$_{\text{quad-lin}}$**	**Pin$_{\text{quad-hyp}}$**
V$_{\text{Lot}}$ in mm³	2,554	2,132	3,216[1]	2,622[1]

[1] man beachte hier den kleineren Querschnitt des quadratischen Pins!

Die Einsparungen der Meniskus-Lotstelle betragen somit rund 16 % bei runden Pins und rund 19 % bei quadratischen Pins gegenüber den Lotstellen mit linearen Lotkegeln.

Eine Meniskusausbildung sollte für die fertige Lötstelle immer angestrebt werden und gilt nach wie vor als ein wichtiges Qualitätskriterium.

Beim Aufschmelzvorgang der aufgedruckten Lotpaste verflüchtigen sich die Flussmittel und Additive, so dass nach Gl. (3.6) näherungsweise gilt:

$$V_{\text{Lotpaste}} \approx 2V_{\text{Lot}} \qquad (3.6)$$

Sind eben mehr als 50 % flüchtige Bestandteile in der Lotpaste enthalten, so führt auch ein linearer Ansatz zu einer Meniskusausbildung der fertig gelöteten Verbindung.

Auch der Schablonendruck der Paste hat einen größeren Einfluss darauf, weil nach dem Pastendruck ein Teil der Lotpaste an den Schnitträndern der Schablone haften bleibt und somit nicht das gesamte berechnete Volumen erreicht wird.

Damit das flüssige Lot beim Lötprozess auch den Raum zwischen metallisierter Bohrung und Pin vollständig ausfüllt, muss eine ausreichende Kapillarwirkung in diesem Spalt vorhanden sein. Nach [53] sollten die metallisierten Bohrungen 0,1 bis 0,2 mm größer sein als der Pindurchmesser. In [71] wird eine Faustformel für quadratische Pins angegeben, bei denen der Bohrungsdurchmesser 0,3 mm größer sein sollte als die Diagonale des quadratischen Pins.

Das Schablonendesign

Neben den technologischen Parametern beim Druck der Lotpaste hat das Design der Lotpastenschablone entscheidenden Einfluss auf die aufzubringende Lotpaste. Die Lotpaste für die THR-Komponenten und die SMD-Bauelemente wird in einem Prozessschritt mittels einer gemeinsamen Schablone gedruckt. In der Regel wird sich die Dicke der Schablone dann nach den Anforderungen der SMD-Bauelemente richten. Die typischen Dicken liegen hierbei zwischen 100 und 150 µm. Das zu druckende Pastenvolumen ergibt sich entsprechend Gl. (3.7) mit Gl. (3.6) zu:

$$V_{\text{Lotpaste}} = f\,V_{\text{Bohrung}} + V_{\text{Schab}} = f\,\frac{\pi}{4}d_i^2 h + \frac{\pi}{4}d_s^2 a = 2V_{\text{Lot}} \qquad (3.7)$$

Dabei sind V_{Schab} das Volumen der Schablonenöffnung mit a der Schablonendicke und f der Füllfaktor der Bohrung. Ein $f = 1$ bedeutet, dass die Bohrung vollständig gefüllt ist und keine Lotpaste unterhalb der Leiterplatte hervor steht. Je nach Druckparametern kann aber auch deutlich mehr Lotpaste in die Bohrung gedrückt werden, die dann auf der Unterseite herausquillt und somit ein $f = 1 \dots 2$ erreichen kann. Für die Schablonendicke a ergibt sich nach Umstellung der Gl. (3.7) die Gl. (3.8) zu:

$$a = \frac{2V_{\text{Lot}} - f\,\frac{\pi}{4}d_i^2 h}{\frac{\pi}{4}d_s^2} \qquad (3.8)$$

Mit den Werten des obigen Beispiels:

$d_i = 1,45\,\text{mm}$

$d_s = 2,30\,\text{mm}$ typisch ist der Pastendruck umlaufend 50 µm kleiner als das Pad $((2,4 - 0,1)\,\text{mm})$

$h = 1,55\,\text{mm}$

$V_{\text{Lot}} = 2,62\,\text{mm}^3$ quadratischer Pin mit hyperbolischem Lotkegelverlauf (Pin$_{\text{quad-hyp}}$)

Für variable Füllfaktoren folgt:

$a_1 = 646\,\mu\text{m}$ für den Füllfaktor $f = 1$

$a_{1,8} = 155\,\mu\text{m}$ für den Füllfaktor $f = 1,8$, d. h. dass die Lotpaste mit $0,8\,h = 1,24\,\text{mm}$ auf der Unterseite der Leiterplatte herausgedrückt wird.

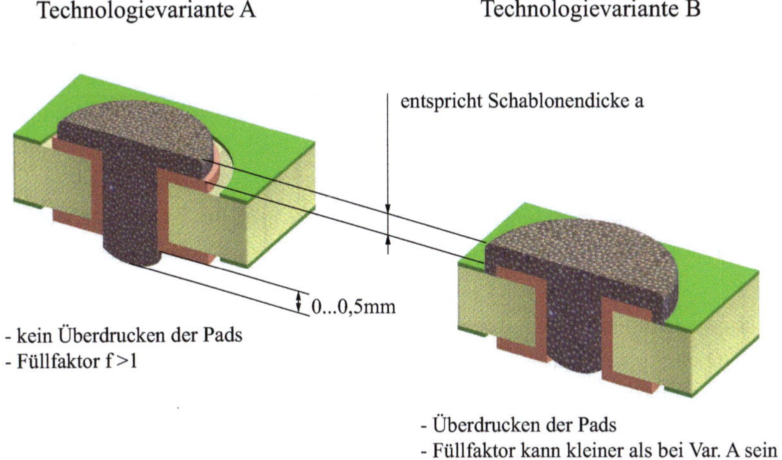

Abb. 3.22 Lotpastendruck der PiP-Technologie

Das Beispiel zeigt, dass das notwendige Lotpastenvolumen mit einer Schablonenöffnung, die kleiner ist als das Pad, nur mit einem deutlich größeren Füllfaktor als 1 erzielt werden kann – Technologievariante A, Abb. 3.22. Nach [71] steht die Lotpaste zwischen 0 und 0,5 mm auf der Unterseite hervor, so dass davon ausgegangen werden kann, dass Füllfaktoren von $f = 1{,}8$ nur schwer zu erzielen sind. Eine Schablonendicke von 646 μm ist nicht realisierbar, auch nicht partiell an den Stellen, wo sie benötigt wird.

Das bedeutet, dass das notwendige Lotvolumen hier nur erreicht werden kann, wenn die Schablonenöffnung größer gemacht wird, teilweise sogar größer als das Pad d_{Pad}. Das bedeutet Überdrucken der Pads mit der Lotpaste, was zu Verbindungen zwischen den gedruckten Pasten der einzelnen Pads führen kann – Technologievariante B, Abb. 3.22. Dadurch wird das Prozessfenster kleiner, verbunden mit der Gefahr, dass die Ausschussrate steigt.

Wie groß der Füllfaktor werden kann, ist von der Viskosität und der Nasshaltekraft der jeweiligen Paste, sowie den Prozessparametern des Pastendrucks abhängig.

Kann weder ein ausreichend großer Füllgrad noch ein Überdrucken der Pads oder beides ein ausreichend großes Lotpastenvolumen garantieren, so muss der Spalt zwischen Stift und Bohrung verringert werden, was beim Bestücken des Stiftes zu größeren Pastenverschiebungen und Lunkern beim anschließenden Lötprozess aufgrund mangelnder Kapillarwirkung im Spalt führen kann. Weiterhin verringert sich die Bestücktoleranz, was wiederum ein kleineres Prozessfenster zur Folge hat.

Die Lotpaste

Da THR-Komponenten mit den SMD-Bauteilen in einem Prozess verarbeitet werden, sind Schablone und Lotpaste identisch. Das kann aber dazu führen, dass ein Kompromiss einzelner Eigenschaften in Kauf genommen werden muss. Prinzipiell gelten hier für die

Lotpaste alle Aussagen, die bereits im Abschn. 3.3.3.1 (Prozessschritt 1.1: Der Lotpastendruck), gemacht wurden.

Ergänzende Eigenschaften dazu sind:

Als besondere Eigenschaften der Paste sind das gute Verfüllen der Bohrung, das Verbleiben der Paste in der Bohrung und am Bauteil-Pin nach dem Montagevorgang hervorzuheben. Das bedeutet gutes Fließverhalten und gute Nasshaltekraft der Paste. Wird die Viskosität der Paste verringert (wird dünnflüssiger) so besteht die Gefahr, dass die Paste unten aus der Bohrung heraustropft und damit den Füllgrad reduziert [53].

Die Prozessparameter

Neben den Bestückparametern wie Einsteckgeschwindigkeit, Kraft, Verweilzeit etc. sind es vor allem die Prozessparameter des Lotpastendrucks die von Bedeutung sind, siehe dazu Abschn. 3.3.3.1. Zusätzlich dazu ist die Verfüllung der Bohrung ein entscheidender Punkt. Eine Vergrößerung der Füllgrades wird erreicht durch eine geringere Rakelgeschwindigkeit, einen geringeren Rakelwinkel und einen vergrößerten Rakeldruck. Der Rollendurchmesser der Lotpaste, die sich vor dem Rakel herschiebt sollte größer als 25 mm sein. Optional kann auch ein Doppeldruck erfolgen, was aber in Verbindung mit den Lotpastendepots für SMDs problematisch werden kann.

3.5.3 Das modifizierte Prinzip: Pin-in-Paste in Kombination mit Lot-Preforms

Sollte das Lotvolumen nicht ausreichend sein, so können Lot-Preforms, das sind massive Lotstücke in Form von SMD-Bauteilen in Chip-Form entsprechende der Klasse SMD1, vgl. Tab. 3.2, zusätzlich bestückt werden, Abb. 3.23. Reicht das Volumen eines Preforms nicht aus, so können entweder ein größeres oder mehrere kleine zur Anwendung kommen. Die Abstände der Bauelementekörper müssen so groß sein, dass diese nicht in die Paste ragen (Stand-Off). Die Tab. 3.4 zeigt eine Auswahl typischer Lot-Preforms in Chip-Ausführungen. Andere Geometrien wie Ringe, Zylinder u. ä. sind ebenfalls möglich. Für eine automatische Bestückung müssen die Preforms in Tapes geliefert werden.

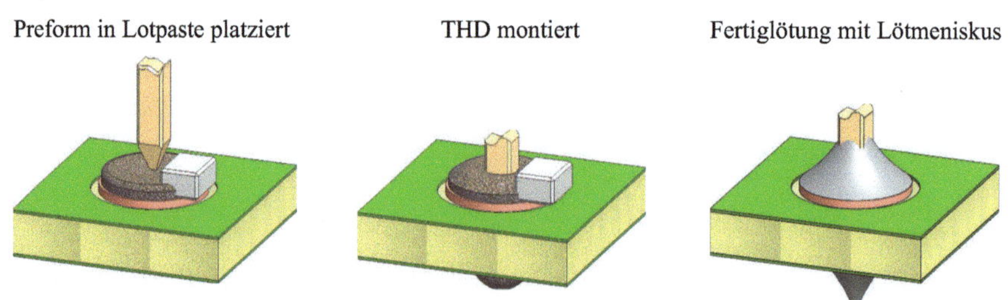

Abb. 3.23 PiP-Technologie mit Lot-Preforms

Tab. 3.4 Lot-Preforms im Chip-Design nach [56] (Auswahl)

Bauform Non-Metric	Länge x Breite x Höhe in (mm x mm x mm)	Volumen in mm^3
0201	0,47 x 0,28 x 0,28	0,037
0402	1,00 x 0,50 x 0,50	0,250
0603	1,60 x 0,80 x 0,80	1,024
0805	2,01 x 1,30 x 0,76	1,986
1406	3,56 x 1,52 x 0,77	4,167

Aufgrund des massiven Lot-Preforms spielt der Stand-Off eine besondere Rolle. Dem aufzuschmelzenden Preform muss genügend Raum zum Fließen des flüssigen Lotes in Richtung Bohrung gegeben werden. Ist das nicht der Fall, so führt das zu Lotkugelanhäufungen um das THR herum. Das bedeutet, dass nicht unbedingt jedes THR auch für den PiP-Prozess mit Lot-Preforms geeignet ist. Das kann also dazu führen, dass bestimmte THRs extra für diese Montagart bzgl. des Stand-Off's modifiziert werden müssen.

Untersuchungen nach [82] haben folgendes gezeigt:

- Beim Einsatz von Lotpreforms gibt es keine Unterschiede zwischen runden und quadratischen Pads.
- Es gibt kaum Unterschiede zwischen bleihaltigen und bleifreien Loten.
- Das Lot-Preform kann beliebig in der Lotpaste platziert werden solange mindestens 15 % des Lot-Preforms innerhalb der Lotpaste liegen.
- Das Volumen des Lot-Preforms kann bis zum 9-fachen des Volumens der Lotpaste betragen unter der Bedingung einer Stickstoffatmosphäre beim Lötvorgang.
- Für das optimale Verhältnis von Bohrungs- zu Pindurchmesser gilt: Bohrungsdurchmesser = Pindurchmesser + (0,5....1,0 mm)
- Der Pin sollte max. 0,5 mm aus der Durchkontaktierung auf der Bottomseite herausragen (zum Vergleich bei der PiP-Technologie 1,5 mm)

Für das zur Verfügung stehende Lot (gemeint ist das Massivlot) wird Gl. (3.7) durch den Einsatz eines Lot-Preforms modifiziert, Gl. (3.9):

$$V_{\text{Lot-Mod}} = \left(f \frac{\pi}{4} d_i^2 h + \frac{\pi}{4} d_s^2 a \right) 0{,}5 + V_{\text{Lot-Preform}} \tag{3.9}$$

Gesucht ist bei einer vorgegebenen Schablonendicke a, bedingt durch die Lotdepots der SMDs, das Volumen des bzw. der Lot-Preform(s), Gl. (3.10).

$$V_{\text{Lot-Preform}} = V_{\text{Lot-Mod}} - \left(f \frac{\pi}{4} d_i^2 h + \frac{\pi}{4} d_s^2 a \right) 0{,}5 \tag{3.10}$$

Mit den Werten des obigen Beispiels:

$d_i = 1,45\,\text{mm}$, $d_s = 2,3\,\text{mm}$, $h = 1,55\,\text{mm}$, $V_{\text{Lot}} = 2,627\,\text{mm}^3$ (quadratischer Pin mit hyperbolischem Meniskusverlauf siehe Tabelle) und einem Füllfaktor $f = 1$ ergibt sich das Lot-Preform Volumen zu:

$$V_{\text{Lot-Preform}} = 1,020\,\text{mm}^3$$

Zur Realisierung dieses notwendigen Lotvolumens kann ein Lot-Preform 0603 mit einem Volumen von $1,024\,\text{mm}^3$ entsprechend Tab. 3.4 eingesetzt werden.

3.6 Flyover®-Konzept

3.6.1 Prinzip und Eigenschaften

Beim Flyover®-Konzept, SAMTEC, INC., werden High Speed Kabelverbindungen nach dem Prinzip „Fly over" über einer Leiterplatte verlegt und stellen damit quasi Bypässe zur Leiterplatte dar, Abb. 3.24. Der Hauptgrund für den Einsatz liegt in der Übertragung hoher Datenraten bis zu 112 Gbit/s pro Kanal. Gerade wenn viele Kanäle notwendig werden wird es schwierig, diese in Leiterplattentechnologien zu realisieren.

Bei der Betrachtung von Datenraten sind zwei Modulationstechniken zu unterscheiden.

Die **NRZ** (Non Return to Zero, auch PAM2) Modulationstechnik verwendet zwei Amplitudenwerte um die logischen „0" und „1" darzustellen.

Bei der **PAM4** (Pulse Amplitude Modulation 4-Level) Modulationstechnik kommen vier Amplitudenwerte zur Anwendung, um vier Kombinationen von zwei Bit darzustellen – 00, 01, 10, 11.

Mit NRZ können also zwei Bit und bei PAM4 vier Bit pro Taktzyklus übertragen werden. Das bedeutet, dass bei jeweils gleicher Taktfrequenz die Datenrate bei PAM4 doppelt so hoch ist wie bei NRZ.

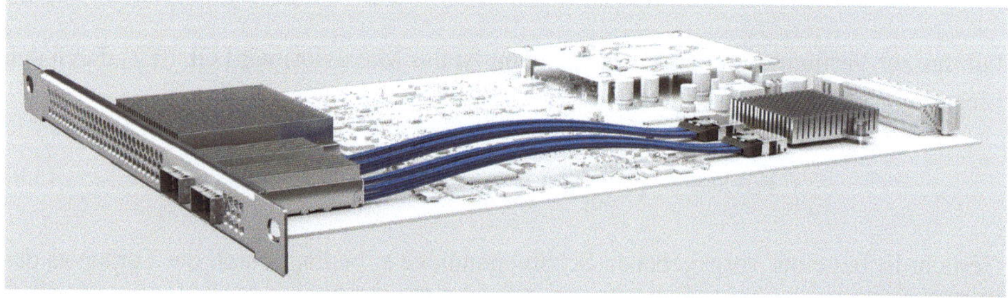

Abb. 3.24 Flyover®-Konzept: Elektrische und optische Leitungen als Bypass zur Leiterplatte, mit Genehmigung der SAMTEC, INC., New Albany © 2022

Die folgenden Eigenschaften zeichnen das Flyover®-Konzept aus:

- Die Leitungen stellen Bypässe zu den verlustbehafteten Leitungen der Leiterplatten dar.
- Datenraten von bis zu 56 Gbit/s bei NRZ und 112 Gbit/s bei PAM4.
- Werden High Speed Leitungen außerhalb der Leiterplatte verlegt, so können einfachere Basismaterialien verwendet werden.
- Das Routen der Leitungen auf der Leiterplatte und somit auch das Leiterplattenlayout werden einfacher, was bei mehreren High Speed Kanälen auch zur Reduzierung der Lagenzahl der Leiterplatte führen wird.
- Verringertes Übersprechen, insbesondere bis 40 GHz, was eine Verbesserung der Signalintegrität bedeutet.
- Einfacheres thermisches Handling durch besseres Zusammenspiel bei flexibler Platzierung der ICs und aktiver und passiver Kühlung.
- Weniger bzw. einfachere IC-Hardware.

Die Hochleistungskabel kommen in einer speziellen Twinax-Ausführung zur Anwendung, Abb. 3.25. Der Unterschied zu anderen derartigen Kabeln besteht in der Technologie. Hierbei werden im Gegensatz zu anderen, die beiden Adern in einem Schritt von einem Dielektrikum umschlossen (Co-extrudiert), was zu besonders geringen Toleranzen und einem homogenerem Dielektrikumsmantel führt. Die Tab. 3.5 zeigt dazu die verwendeten Drahtdurchmesser und Dämpfungswerte.

Die theoretischen Laufzeitunterschiede (Skews) zwischen den beiden komplementären Signalen auf den Adern mit 14 ps/m bei 14 Gbit/s, 7 ps/m bei 28 Gbit/s und 3,5 ps/m bei

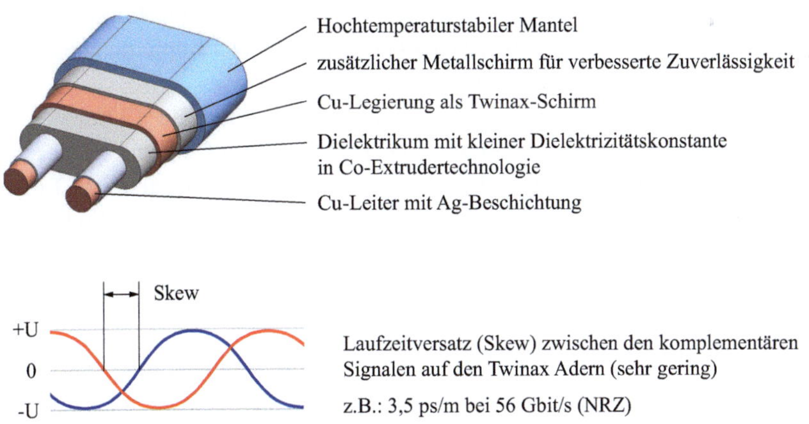

Abb. 3.25 Hochleistungskabel in einer speziellen Twinax-Ausführung, mit Genehmigung der SAMTEC, INC., New Albany © 2022

Tab. 3.5 Drahtdurchmesser und Dämpfungswerte, SAMTEC, INC

Parameter	28 AWG	30 AWG	32 AWG	34 AWG	36 AWG
Drahtdurchmesser in mm	0,32	0,25	0,20	0,16	0,12
Dämpfung bei 28 Gbit/s in dB bei 1 m Länge	-3,9	-4,7	-5,9	-7,2	-8,7
Dämpfung bei 56 Gbit/s in dB bei 1 m Länge	-6,0	-7,0	-8,7	-10,6	-12,7

56 Gbit/s jeweils in der NRZ-Technik dürfen nicht überschritten werden. In der Praxis werden diese Skews z. T. deutlich unterschritten.

Innerhalb des Flyover®-Konzeptes gibt mehrere Serien. Exemplarisch seien zwei genannt.

Die Serie Novaray® ist ein extremes High-Speed Kabel mit 8 bis 32 Signalpaaren (Kanälen), die pro Kanal 56 Gbit/s (NRZ) übertragen können. Damit ergibt sich bei 32 Kanälen eine Datenrate von insgesamt 1792 Gbit/s. Die zukünftigen 72 zu realisierenden Kanäle erlauben dann eine gesamte Datenrate von 4 Tbit/s.

Die Serie Firefly™ ist durch eine Kompatibilität von Kupfer- und Glasfaserleitung charakterisiert mit einer Datenrate von 28 Gbit/s, siehe folgender Abschnitt.

3.6.2   Serie: Firefly™ Micro Flyover System™

Diese Serie ist eine Kabellösung für Datenraten bis 28 Gbit/s pro Kanal mit sehr kleinen Footprints.

Charakteristisch für diese Serie ist, dass es eine Steckerkompatibilität zwischen den Kupfer- und Glasfaserkabeln gibt, so dass bei einer aktuellen Kupfernutzung ein Upgrade auf eine Glasfaser problemlos möglich ist.

Die kupferbasierenden Kabel sind in Konfigurationen mit 8 oder 12 Kanälen verfügbar.

Die Glasfaserkabel weisen ebenfalls 8 oder 12 Kanäle auf, wobei es 12 Kanäle unidirektional gibt mit den Richtungen Tx oder Rx als auch bidirektional mit 12 Tx und 12 Rx. Bei den 8 Kanälen sind 4 Tx und 4 Rx, so dass es für einen echten bidirektionalen Link defacto 4 Kanäle sind.

Bei voller Ausschöpfung der 12 Kanäle ergibt sich somit eine Datenrate von insgesamt bis zu 336 Gbit/s pro Kabelstrang.

Bei den Steckern für für die Glasfaserkabel sind die elektrisch optischen Wandler (VCSEL, vertical-cavity surface-emitting lasers) als optische Einheiten in diese integriert.

Die Abb. 3.26 zeigt Stecker- und Buchsenausführungen für Kupfer- und Glasfaserleitungen, wobei Stecker mit den optischen Einheiten unterschiedliche Kühlkörper zur Wärmeableitung tragen können.

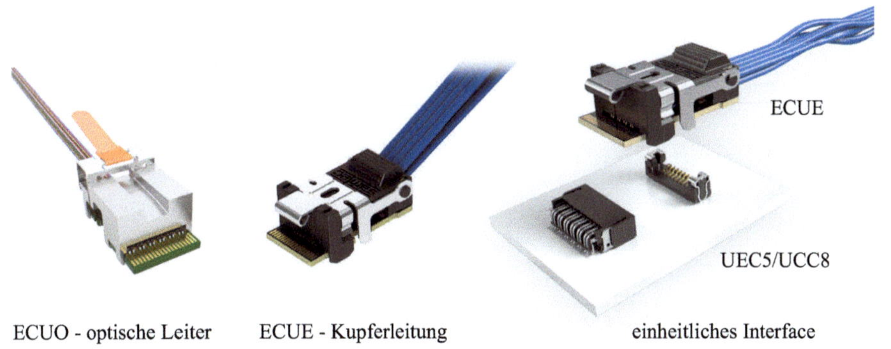

Abb. 3.26 Stecker und Buchsen für Kupfer- und Glasfaserkabel, Firefly™ mit Genehmigung der SAMTEC, INC., New Albany © 2022

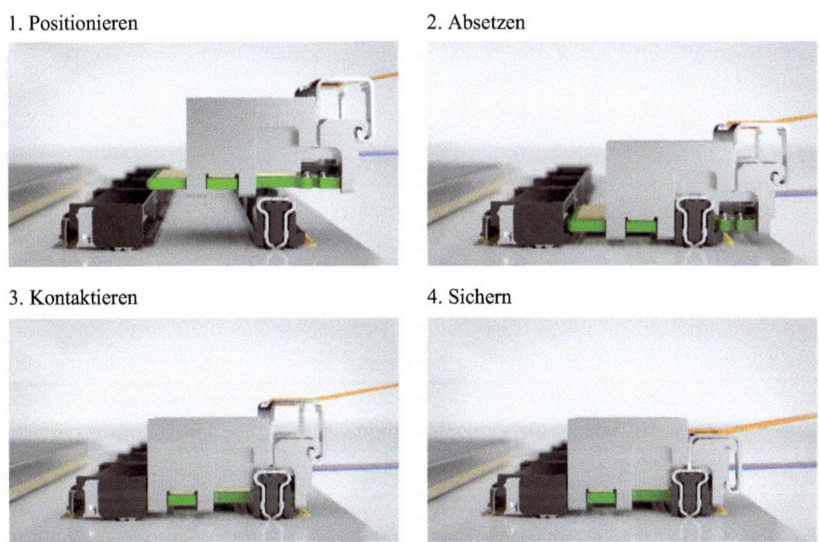

Abb. 3.27 Montageschritte von Kupfer- und Glasfaserkabeln, FireFly™ mit Genehmigung der SAMTEC, INC., New Albany © 2022

Die Abb. 3.27 zeigt die Montageschritte zum Kontaktieren von Kupfer- und Glasfaserkabeln der Firefly™-Serie.

Ein realisiertes Board mit Kabeln der Serien Firefly™ und Novaray® zeigt die Abb. 3.28.

Abb. 3.28 Board mit Flyover®-Konzept und Kabeln der Serien Firefly™ und Novaray® mit Genehmigung der SAMTEC, INC., New Albany © 2022

3.7 Direct Chip Attach (DCA) – Übersicht

Das grundsätzliche Prinzip der Direct Chip Attach-Technologien besteht in der direkten Montage von Chips (ungehäuste ICs). Andere Bezeichnungen dafür sind Direktmontage, Nacktchipmontage oder Bare Chip Technologien. Eine weitere Bezeichnung ist Chip-on-Board (COB). Dieser Ausdruck wird einerseits synonym für alle DCA-Technologien verwendet, andererseits bezeichnet er auch nur eine der DCA-Technologien, die Chip and Wire-Technologien (C & W). Nur aus dem entsprechenden Kontext heraus kann die tatsächliche Anwendung erkannt werden.

Die Zielstellungen hinsichtlich der Anwendung liegen in den weiteren, z. T. sehr deutlichen, Miniaturisierungen. Damit verbunden sind höhere Packungsdichten der Bauelemente, eine Massenreduktion sowie verbesserte elektrische Eigenschaften, da sich Leitungslängen auf den Verbindungssubstraten und Leitungsinduktivitäten verringern. Damit sind diese Technologien besonders für mobile Anwendungen mit immer höheren Frequenzen prädestiniert.

Geliefert werden die Chips als „Known Good Die (KGD)", die vor der Montage die spezifizierten Prüfprozesse durchlaufen haben.

Besonders effizient sind diese Technologien bei Schaltungen, die nahezu ausschließlich Chips verwenden, da passive Bauelemente nicht in der Art miniaturisiert werden können. Chips werden insbesondere im Rahmen der Multichipmodule, MCM's, eingesetzt, die in Formen der MCM-C (Mehrlagenkeramiken und Dickschichttechniken), MCM-D (Dünnfilmtechniken) und MCM-L (Leiterplattentechnologien auf Basis organischer Materialien wie Epoxy) zur Anwendung kommen.

Zu unterscheiden ist einerseits in die geometrischen Anordnungen der Chips zueinander sowie zu Substraten und andererseits in die Montage- und Kontaktiertechnologien der Chips selbst.

Hinsichtlich der Anordnungsgeometrie ergeben sich die folgenden Fälle:

- **Chips auf Chips**. Diese Montagetechnologien gehören zu den 3D-Montagen und verringern den Platz auf einem Substrat und erhöhen somit die Packungsdichte der Bauelemente. Weiterhin führt das zu einer Systemintegration, da von außen gesehen die Baueinheit wie ein Bauelement betrachtet werden kann.
- **Chips auf Interposern**. Interposer sind Substrate, die zwischen den Chips und dem eigentlichen Hauptsubstrat liegen und auch als Subbaugruppe aufgefasst werden können.
- **Chips auf Substraten**. Hier werden die Chips entweder allein oder im Mix mit gehäusten Bauelementen montiert. Dieser Fall schließt nicht aus, dass es zusätzlich Subbaugruppen mit Chips auf Interposern auf dem Hauptsubstrat gibt.

Aus Sicht der Montage und Kontaktierung lassen sich drei grundsätzliche Technologien unterscheiden:

- **Chip and Wire Technologien** (C & W), Abschn. 3.8
  Charakteristisch ist hier die Verbindung zwischen Chips, Chips mit den Pins der Bauelementegehäuse (Standard bei gehäusten ICs) und Chips mit Verbindungssubstraten. Die Verbindung erfolgt mittels Bonddrähten oder Bondbändchen (bes. für die Leistungselektronik).
- **Flipchip Technologien** (FC), Abschn. 3.9
  Hier werden auf den Chip-Pads oder den Substratpads, was weniger der Fall ist, zusätzliche Bumps (Höcker) notwendig, die entweder auf der kompletten Waferebene (Waferbumping) oder auf Single ICs prozessiert werden. Damit entstehen die kürzesten Verbindungen mit den besten HF-Eigenschaften und dem geringsten Platzbedarf (Chipgröße gleich Bauelementegröße).
  Eine gewisse Konkurrenz zu den Flipchip-Technologien stellen die CSP-Gehäuse dar, die nur 1,2 mal so groß sind wie die Chips selbst, aber zu den gehäusten ICs gehören, siehe auch Tab. 3.2, Bauelement SMD-10.
- **Tape Automated Bonding** (TAB), Abschn. 3.10
  Auch hier werden zusätzliche Bumps notwendig. Darüber hinaus müssen diese Bumps mit Cu-Anschlussbändern versehen werden, die sich auf einer Trägerfolie befinden, wobei mit diesen Cu-Anschlussbändern die äußeren Kontaktierungen mit anderen Chips und Substraten hergestellt werden. Der Platzbedarf gegenüber den Flipchip-Technologien ist deutlich größer, da die Cu-Bänder über den Chip herausstehenden.

3.8   Chip and Wire Technologien (C & W)

3.8.1   Das Prinzip

Die Abb. 3.29 zeigt die drei wesentlichen Prozessschritte der Chip and Wire Technologien mit der Hauptcharakteristik des Drahtbondens, weshalb diese Technologien auch kurz als Drahtbonden (Wire Bonding) bzw. Bändchenbonden (Ribbon Bonding) bezeichnet werden.

1. Die-Bonding

Unter Die-Bonding versteht man den ersten Prozessschritt, bei dem die Chips mit ihrer Rückseite auf dem Substrat fixiert werden, so dass die Anschlusspads nach oben zeigen. Das wird auch als face-up Montage bezeichnet und gewährleistet das folgende sichere Drahtbonden. Andere Bezeichnungen sind Die Attach(ment) oder Chip Attach(ment).

Typische Verfahren sind: Kleben, Löten, Diffusionslöten, Eutektisches Bonden, Ag-Sintern, Nanowiring (Verbindung mit Nanodrähten) und Anglasen.

Von Bedeutung ist das Die-Bonding für ein besonders effektives Ankoppeln von Leistungshalbleitern an das Substrat hinsichtlich kleinster elektrischer und thermischer Übergangswiderstände sowie einer hohen Zuverlässigkeit.

2. Drahtbonden

Beim Drahtbonden bzw. Bändchenbonden sind die folgenden Gesichtspunkte zu betrachten.

1. Grundformen der Bonds und deren Kombinationen
   - Die Abb. 3.30 und 3.31 zeigen die Grundformen sowie zwei spezielle Bondausführungen
   - Ball/Wedge-Verbindung, erster Bond ein Ball-Bond und zweiter Bond ein Wedge-Bond (Keilform)
   - Wedge/Wedge-Verbindung, beide Bonds haben ein Keilform
   - Stud Bumps: Dabei wird der Bonddraht über einem Ballbond definiert abgerissen oder abgeschnitten. Der entstehende Bump (Höcker) wird dann mittels der Flipchip Technologien kontaktiert, Abschn. 3.9.4.12.

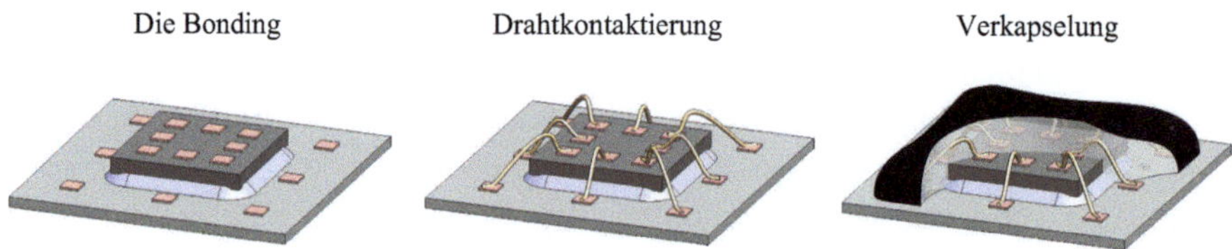

Abb. 3.29   Prozessschritte der Chip and Wire Technologien

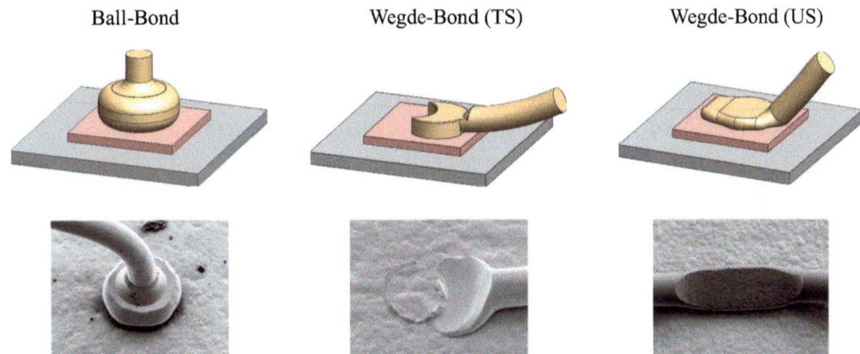

Abb. 3.30 Bondgrundformen: Ball-Bond (TS/TC-Bonds), Wedge-Bond (TS-Bond) und Wedge-Bond (US-Bond), REM-Bilder mit Genehmigung der Bond-IQ GmbH

Abb. 3.31 Spezielle Doppelbonds, mit Genehmigung der Bond-IQ GmbH

Safety-Bump
zusätzlicher Ball-Bond
auf einem Wedge-Bond

Stitch-on-Bump
ein Wedge-Bond
auf einem Ball-Bond

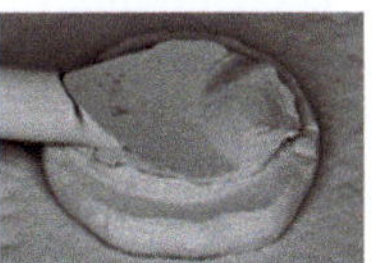

2. Bondtechnologien mit den Prozessparametern
   - Ultraschallbonden (US-Bonden) mit
     Druck bzw. Kraft, Ultraschall (Leistung, Frequenz, Amplitude), Bondzeit
   - Thermosonicbonden (TS-Bonden) mit
     Druck bzw. Kraft, Ultraschall (Leistung, Frequenz, Amplitude), Temperatur, Bondzeit
   - Thermokompressionsbonden (TC-Bonden) mit Druck bzw. Kraft, Temperatur, Bondzeit
3. Bonddrahtformen und -stärken
   - Dünndrahtbonden mit Durchmessern $\leq 100\,\mu$m
   - Dickdrahtbonden mit Durchmessern $> 100\,\mu$m
   - Bändchenbonden (rechteckige Querschnitte)
4. Typische Materialien von Bonddrähten
   - Gold und Goldlegierungen, mit Reinheitsgraden wie 4N (99,99 %), 3N (99,9 %) oder 2N (99,0 %)
   - Aluminium und Aluminiumlegierungen wie AlMg für verbesserten Korrosionsschutz für Al-Dickdrähte und AlSi1 für Al-Feindrähte
   - Kupfer und Kupferlegierungen
   - Kupfer mit Palladiumbeschichtungen sowie Palladiumbeschichtungen mit Flash-Gold (besonders dünn)

- Kupfer mit Aluminiumbeschichtungen
- Silberlegierungen mit typisch 1–11 % Legierungsbestandteilen

5. Materialkompatibilität von Bonddrähten und zu kontaktierenden Pads
   - Eine stoffschlüssige Verbindung muss sich ausbilden können
   - Die Technologien dürfen nicht zur Schädigung der Kontaktstelle führen, z. B. durch zu hohen Druck

3. Glob Top

Als Glob Top wird der Schutz der gebondeten Einheit, bestehend aus dem IC oder den ICs, den Bonddrähten, den Kontaktierung sowie Anschlussstrukturen auf dem Substrat, vor den Umwelteinflüssen verstanden.

3.8.2 Die-Bonding

3.8.2.1 Bestimmende Eigenschaften der Die-Bonding Verbindungen

Beim Die-Bonding (auch Chipbonding) werden die Chips mit ihrer Rückseite mit dem Substrat verbunden, wobei die jeweilige Verbindungstechnik, siehe folgende Kapitel, die zu erzielenden Eigenschaften der Die-Bonding Verbindung bestimmt. Zu den bestimmenden Eigenschaften der Chip-Substratverbindung gehören, Abb. 3.32:

- Die *mechanische Fixierung* des Chips auf dem Substrat muss so erfolgen, dass sie insbesondere auch durch die Temperaturlastwechsel im Betriebs- und Ruhezustand aufrecht erhalten wird.
- Die Verbindung muss die *thermomechanischen Spannungen* aufnehmen, die infolge unterschiedlicher Wärmeausdehnungskoeffizienten von Chip und Substrat im Betriebszustand wirken. Dabei geht es um die mechanischen Spannungen in der Chip-Substratverbindung bei Verwendung zusätzlicher Verbindungswerkstoffe wie Klebern, Loten und Sinterwerkstoffen und den Grenzflächenspannungen zwischen diesen und dem Chip bzw. Substrat.
- Der *thermische Widerstand* R_{th} begrenzt die abführbare Verlustleistung und muss so klein wie möglich gehalten werden.

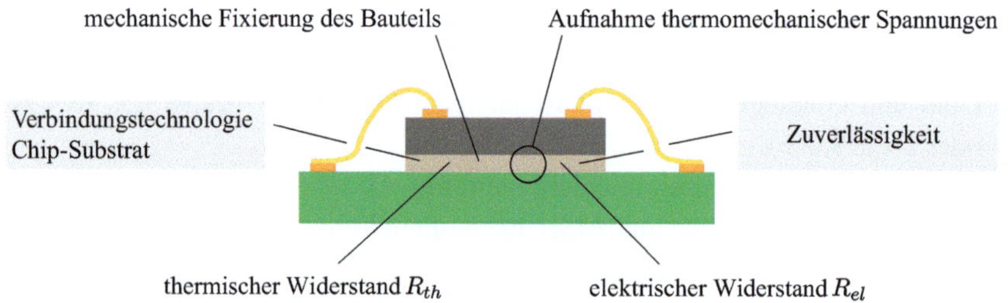

Abb. 3.32 Bestimmende Eigenschaften der Die-Bonding Verbindung

- Der *elektrische Widerstand* R_{el} ist vor allem bei Leistungs-MOSFET's von Bedeutung, bei denen Source oder Drain mittels Die-Bonden kontaktiert werden, welcher möglichst klein sein muss.
- Je geringer die Chip-Substrat-Verbindung beansprucht wird, desto zuverlässiger funktioniert diese. Ein besonderer Indikator ist dabei die zu erreichende homologe Temperatur T_h.

$$T_h = \frac{\text{Betriebstemperatur } T_{max}}{\text{Schmelztemperatur } T_s} \qquad \text{Temperaturangaben in Kelvin!} \qquad (3.11)$$

Je niedriger dieser Wert ist, desto geringer wird die Beanspruchung und desto zuverlässiger ist die Verbindung.

3.8.2.2 Lotverbindungen

Bei den Lotverbindungen finden i. d. R. nur bleifreie Lote Anwendung. Die Tab. 3.6 zeigt dazu wichtige thermische und elektrische Eigenschaften, die insbesondere im Vergleich zum Silbersintern von Bedeutung sind. Weiterhin muss berücksichtigt werden, dass die Temperaturen bei den Lötprozessen deutlich über den Schmelztemperaturen der Lote selbst liegen. Beim Reflowlöten sind das ca. 20 bis 30 °C. So beträgt die Prozesstemperatur der Lotlegierung Sn96,5Ag3Cu0,5 250 °C. Bleihaltige Lote wie Pb95Sn5 und Pb92,5Sn5Ag2,5 können für Hochtemperaturanwendungen aufgrund von Ermüdungserscheinungen nicht verwendet werden [89]. Zudem steht die RoHS (Restriction of certain Hazardous Substances, umgesetzt in [12]) mit dem Verbot von Pb-haltigen Loten dem entgegen.

Die Tab. 3.7 gibt einen Überblick über die homologen Temperaturen bei definierten Betriebstemperaturen am Beispiel zweier typischer Lotlegierungen.

Beachtet werden muss, dass die typischen maximalen Betriebstemperaturen von Si-Halbleitern bei $\leq$ 150 °C, bei Bauelementen der neuesten Generation bis zu 175 °C liegen, während SiC-Halbleiter für die Leistungselektronik Werte > 200 °C aufweisen.

Die hohen Werte der homologen Temperaturen bei höheren Betriebstemperaturen führen zu einer Verringerung der Zuverlässigkeit und bedeuten, dass in diesen Fällen anderer Verbindungstechnologien wie Transient Liquid Phase Bonding (TLPB), eutektisches Bonden oder Sintertechnologien zum Einsatz kommen müssen.

Tab. 3.6 Lote

Lote	T_s - Schmelz temperatur °C	κ - elektr. Leitfähigkeit 10^6 S/m	λ - Wärme leitfähigkeit W/(m·K)
Sn96,5 Ag3,5	221	7,8	70
Sn96,5 Ag3 Cu0,5	217 – 220	7,5	59
Au80 Sn20	280	6,1	57
Au88 Ge12	361	6,9	44

Tab. 3.7 Homologe Temperaturen typischer Lotlegierungen

Lotlegierung T_s	Betriebstemperaturen in °C/K				
	100/374	125/399	150/424	175/449	200/474
Sn96,5 Ag3,5 $T_s=221\,°C/495\,K$	0,76	0,81	0,86	0,91	0,96
Au80 Sn20 $T_s=280\,°C/554\,K$	0,68	0,72	0,77	0,81	0,86

3.8.2.3 Transient Liquid Phase Bonding (TLPB)

Andere Bezeichnungen für diese Technologie sind Solid Liquid Interdiffusion (SLID) Bonding und Diffusionslöten [72].

Bei dieser Verbindungstechnologie wird das zwischen Chip und Substrat liegende Lot vollständig zu intermetallischen Phasen (IMP) legiert. Diese intermetallischen Phasen entstehen durch Diffusionsvorgänge zwischen den hochschmelzenden Oberflächen wie Cu und Ag der Substrate und Chips einerseits und dem niedrigschmelzenden Lot zwischen diesen andererseits. In [79] heißt es dazu, Zitat: „Der niedrigschmelzende Fügewerkstoff schmilzt auf, woraufhin der hochschmelzende Fügewerkstoff in die Schmelze diffundiert und zur Ausbildung von höherschmelzenden intermetallischen Phasen führt". Entscheidend dabei ist, dass die Schmelztemperaturen der Lote deutlich unter denen der entstehenden intermetallische Phasen liegen. Bei der Zuverlässigkeitsbetrachtung (Betrachtung des Belastungslevels) mittels der homologen Temperaturen ist dann nicht die Schmelztemperatur des Lotes, sondern die der intermetallischen Phase(n) zu verwenden. Das führt zu deutlich niedrigeren Werten der homologen Temperaturen.

Das TLPB-Stoffsystem Cu-Sn-Cu weist die zwei intermetallischen Phasen Cu_6Sn_5 und Cu_3Sn mit den Schmelztemperaturen T_s von 415 °C bzw. 676 °C auf. Wenn nach einer Prozesszeit von 60 min noch beide Phasen vorhanden sind, hat sich die Cu_6Sn_5 Phase nach 120 min Prozesszeit vollständig in die Cu_3Sn-Phase umgewandelt. Ebenso verhält es sich bei einem Sn-Lot mit Sn-umhüllten Cu-Partikeln, bei dem diese Umwandlung bereits vollständig nach 40 min bei einer Prozesstemperatur von 250 °C erfolgt ist [41].

Zusammenfassend kann festgestellt werden, dass kürzere Reflowzeiten die Entstehung beider Intermetallischer Phasen induzieren und längere Reflowzeiten vollständig zur Cu_3Sn-Phase führen. Einer effektiven Fertigung stehen jedoch längere Prozesszeiten entgegen.

Ein weiteres TLPB-Stoffsystem Ag-Sn-Ag weist ebenfalls zwei intermetallischen Phasen Ag_3Sn und $Ag_{85}Sn_{15}$ mit den Schmelztemperaturen T_s von 480 °C bzw. 650 °C auf, die sich nach dem Verhältnis der beiden Ausgangsmaterialien (Ag, Sn) einstellen. Damit ergeben sich für die beiden Phasen Ag_3Sn und $Ag_{85}Sn_{15}$ die Schichtdickenverhältnisse Ag:Sn von ca. 2:1 bzw. ca. 4:1 [79].

In [41] ist eine Übersicht weiterer TLPB-Stoffsysteme, Füller und Bondparameter zu finden.

Tab. 3.8 Homologe Temperaturen intermetallischer Phasen von TLPB-Verbindungen

TLPB-Stoffsystem IMP: T_s	Betriebstemperaturen in °C/K				
	100/374	125/399	150/424	175/449	200/474
Cu-Sn-Cu Cu_3Sn: 676 °C/950 K	0,39	0,42	0,45	0,47	0,50
Cu-Sn-Cu Cu_6Sn_5: 415 °C/689 K	0,54	0,58	0,62	0,65	0,69
Ag-Sn-Ag Ag_3Sn: 480 °C/754 K	0,50	0,53	0,56	0,60	0,63
Ag-Sn-Ag $Ag_{85}Sn_{15}$: 650 °C/924 K	0,41	0,43	0,46	0,49	0,51

Cu_3Sn entsteht ausschließlich nur bei längeren Reflowzeiten und die Phasen Ag_3Sn und $Ag_{85}Sn_{15}$ bei Schichtdickenverhältnissen Ag:Sn von ca. 2.1 bzw. 4:1

Aus den Tab. 3.7 und 3.8 ist ersichtlich, dass die Zuverlässigleit der TLPB-Verbindungen denen der Lotverbindungen deutlich überlegen ist.

Nachteilig sind die ungünstigeren Prozessparameter beim TLPB mit höheren Drücken und längeren Prozesszeiten. Eine Prozesskonfiguration mit besonders günstigen Parametern soll aber hervorgehoben werden:

Bondtemperatur 280 °C, Bonddruck 0,5 MPa und Bondzeit 8 sec mit Ultrasonic-Unterstützung [41, Tab. 2].

3.8.2.4 Eutektisches Bonden

Eutektisches Bonden ist ein Schmelzlöten mit eutektischen Reaktionsloten. Dabei wird die Eigenschaft zweier (oder auch mehrerer) Metalle ausgenutzt, um eine eutektische Legierung bei bestimmten Konzentrationsverhältnissen der Metalle auszubilden, wobei deren Schmelzpunkt i. d. R. deutlich unter denen der Metalle selbst liegt. Werden die Metallschichten vor dem Lötprozess zusammengebracht, so entsteht schon ein Phasenzustand, der ein Schmelzen der Lotverbindung bei der eutektischen Temperatur ermöglicht [88, S. 355].

Von besonderem Interesse ist das eutektische Au-Si Stoffsystem mit der Zusammensetzung 81,4 at.-%Au 18,6 at.-%Si (78,7 Vol.-%Au 21,3 Vol.-%Si bzw. 96.8 Gew.-%Au 3,2 Gew.-%Si). Die Diffusionsprozesse zur Ausbildung des Eutektikums während der schmelzflüssigen Phase von Au und Si ineinander werden durch einen angelegten Kontaktdruck beschleunigt. Die hier vorhandene schmelzflüssige Phase hat den Vorteil, dass Unebenheiten der Oberflächen ausgeglichen werden können. Mit einer Schmelztemperatur von 363 °C liegt diese Legierung deutlich unter den Schmelztemperaturen von Si und Au mit 1414 °C bzw. 1064 °C. Um die Haftfestigkeit der eutektischen Legierung am Silizium zu verbessern, werden 30 bis 200 nm dünne Ti- oder Cr-Schichten verwendet. Die Angaben für die Prozesstemperaturen zur Erzielung einer vollständigen Verbindung der Bondfläche reichen von 400 °C bis zu +100 °C über der Legierungstemperatur [60].

Neben dem Die-Bonding wird das eutektische Bonden bei der Montage von Mikrosystemen zur Erzielung hermetisch dichter Systeme verwendet.

Darüber hinaus gibt es eine Vielzahl weiterer Stoffsysteme zum Verbinden von Substraten wie Si-Al, Au-In, Cu-Sn.

3.8.2.5 Kleben

Das Kleben von Chips kann auf den unterschiedlichsten Verbindungssubstraten wie organischen Materialien (Epoxy, Polyimid), Keramiken, Glas und metallischen Schichten erfolgen. Besonders hervorzuheben sind die deutlich geringeren Temperaturbelastungen mit typisch $\leq 150\,°C$ während der Kontaktierung im Vergleich zu anderen Kontaktierverfahren. Kurzzeitig sind Kleber bis $200\,°C$ und teilweise auch deutlich darüber hinaus beständig, was für die meisten darauf folgenden elektrischen Kontaktierverfahren ausreicht. Die infolge unterschiedlicher Wärmeausdehnungskoeffizienten von Chip und Substrat auftretenden Scherspannungen in der Kleber-Verbindungsstelle können gut abgefangen werden.

Als Kleber finden überwiegend Epoxidharze, aber auch Silikone, Polyimide und Acryle Anwendung. Werden bestimmte Eigenschaften der Verbindungsstelle erforderlich, so können zur Anpassung der Kleber Füller zugesetzt werden, womit sich unterschiedliche Klebertypen ergeben.

Füller aus metallischen Partikeln oder Flakes wie Ag aber auch Au oder Ni führen zu isotrop leitfähigen Klebern.

Keramische Füller wie Al_2O_3 mit bis zu 75 Vol.-% verbessern die Wärmeleitfähigkeit von Epoxy deutlich.

Für *IC-Chips* finden überwiegend nichtleitende und gut wärmeleitende Kleber Anwendung.

Bei *Leistungs-MOSFET's*, bei denen Source oder Drain mit dem Substrat kontaktiert werden, muss der elektrische Übergangswiderstand möglichst klein sein, womit isotrop leitfähige Kleber zum Einsatz kommen.

LEDs lassen sich in drei Typen unterscheiden [54]. Bei den *lateralen LEDs* liegen die Anschlüsse in einer Ebene und werden mittels Drähten mit dem Substrat verbunden, wodurch keine elektrische Leitfähigkeit des Klebers notwendig ist. Bei den *vertikalen LEDs* befinden sich die Anschlüsse an verschiedenen Seiten. Damit muss das Substrat elektrisch leitfähig sein und wird mittel elektrisch leitfähiger Kleber mit dem unten liegenden LED-Anschluss verbunden. Die *Flipchip-LEDs* weisen ebenfalls lateral liegende Anschlüsse auf, wobei diese mit den Anschlüssen nach unten bestückt werden (Face down), siehe Abschn. 3.9.7.2, und ebenfalls elektrisch leitfähige Kleber erfordern. *Laterale Leistungs-LEDs* erfordern elektrisch leitfähige Kleber aufgrund der Notwendigkeit, die Verlustleistung über das Substrat abzuführen.

Ag-gefüllte Kleber erzielen Wärmleitfähigkeiten bis $120\,W/(mK)$. Die Größe der verwendeten Ag-Flake liegt zwischen 1 und $10\,\mu m$ und die ausgehärteten Schichtdicken weisen Dicken von 20 bis $30\,\mu m$ auf.

Technologie des Chipklebens
Die drei folgenden Technologien kommen dabei zur Anwendung.

1. Kleberauftrag

- *Dispensen*: Dabei wird der Kleber mittels einer Kanüle punktgenau platziert. Die Klebermenge wird dabei durch die Viskosität des Klebers, den Kanülendurchmesser, den Dosierdruck sowie die Dosierzeit gesteuert.
  Geeignet ist dieses Verfahren für kleine bis mittlere Stückzahlen.
- *Pin Transfer*: Dabei wird eine Nadel (Pin) in den Kleber getaucht, nimmt den Kleber auf und wird anschließend auf das Substrat transferiert. Damit der Kleber beim Kontakt auf dem Substrat verbleibt, muss die Adhäsionskraft zwischen Kleber und Substrat ausreichend groß sein.
  Dabei können mehrere Nadeln parallel arbeiten, was die Effektivität deutlich erhöht und sich dadurch das Verfahren auch für große Stückzahlen eignet.
- *Schablonendruck*: Durch die Öffnungen (Aperturen) einer Metallschablone wird der Kleber mittels Rakel auf das Substrat gedrückt, ähnlich wie bei der SMD-Montage. Weist die Schablone eine einheitliche Dicke auf, so sind die Kleberdepots auch alle gleich. Es besteht auch die Möglichkeit Schablonen mit unterschiedlichen Dicken zu nutzen. Für eine gute Druckqualität sind neben den Werkstoffparametern wie Viskosität, Größe und Form der Füllstoffe, eine Reihe von technologischen Parametern wie Rakeldruck und -geschwindigkeit, Rakelneigung sowie Oberflächenbeschaffenheit der Schablone von Bedeutung.
  Geeignet ist das Verfahren für größere Stückzahlen, wogegen es sich für kleinere Stückzahlen aufgrund der Schablonenkosten weniger eignet.

2. Chipplatzierung

Bei der Platzierung eines Chips ist die Aufsetzkraft von wesentlicher Bedeutung. Sie bestimmt die Dicke und Homogenität der Kleberfuge sowie die Ausbildung der Geometrie der Kleberanhaftungen an den Chipseiten.

Eine zu große Aufsetzkraft kann zu Kleberüberschüssen bis auf die Chipoberseite führen und Pads für die elektrische Kontaktierung überdecken. Eine zu geringe Aufsetzkraft führt zu größeren Fugendicken mit der Gefahr von Lufteinschlüssen.

3. Kleberaushärtung

Bei diesem Prozess geht es um Aushärtetemperaturen und -zeiten. Dazu zwei Beispiele: Die Aushärtung bei hohen Temperaturen bewirkt in einer kurzen Zeit eine vollständige Aushärtung, führt aber auch zu höheren Versprödungen. Niedrigere Temperaturen erfordern dementsprechend längeren Zeiten und führen u. U. zu geringeren Festigkeiten, ermöglichen aber auch einen besseren Abbau der thermo-mechanischen Spannungen in der Verbindung. Abgeschätzt werden kann das Verhältnis von Temperatur und Zeit mittels der Faustformel, dass sich bei einer Temperaturerhöhung um 10 °C die Reaktionszeit um den Faktor 0,8 bis 0,25 verringert, häufig wird ein mittlerer Wert von 0,5 angegeben, (RGT-Regel, Reaktionsgeschwindigkeit-Temperatur-Regel).

Zur Erleichterung bei der Anwendung geben Kleberhersteller entsprechende Werte an, beispielsweise:

- Epoxykleber DA 587[1]: 5 min @ 130 °C oder 2 min @ 150 °C
- Epoxykleber DA 2556[2]: 60 min @ 90 °C oder 15 min @ 130 °C

3.8.2.6   Silbersintern

Unter Sintern versteht man allgemein die Ausbildung von festen Körpern aus den Partikeln pulverförmiger Ausgangsstoffe unter Einwirkung von Temperatur, Druck und Prozesszeit.

Beim Silber-Verbindungssintern (kurz Silbersintern) für das Die-Bonding werden Chip und Substrat mittels einer dünnen Silberschicht miteinander verbunden, wobei die Verbindungsstellen Edelmetallisierungen aufweisen müssen. Die Prozessparameter Sintertemperatur, -druck und -zeit sowie die Trocknung der aufgebrachten und noch nicht gesinterten Ag-Schichten bestimmen die Struktur, Dichte und Porosität der gesinterten Ag-Schicht. Sie bestimmen damit die mechanischen Eigenschaften wie E-Modul, Zug- und Scherfestigkeiten, Plastizität sowie die elektrischen und thermischen Leitfähigkeiten. Die Abb. 3.33 zeigt einen Prozessablauf unter Verwendung einer Ag-Paste.

Die Verbindungsausbildung erfolgt durch intermetallische Diffusionsprozesse zwischen den Ag-Partikeln des Verbindungsmaterials sowie den Ag-Partikeln und den metallisierten Grenzflächen von Chip und Substrat, ohne das eine schmelzflüssige Phase entsteht.

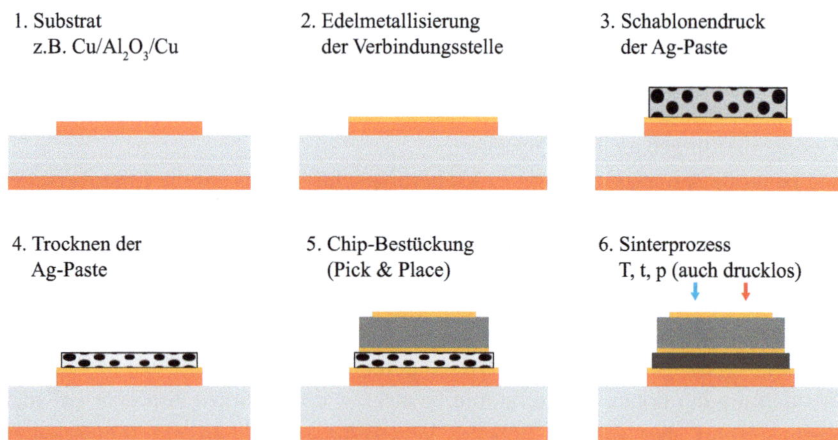

Abb. 3.33 Prozessfolge eines Ag-Sinterprozesses mit einer Ag-Paste

---

[1] DELO Industrie Klebstoffe GmbH & Co. KGaA.
[2] DELO Industrie Klebstoffe GmbH & Co. KGaA.

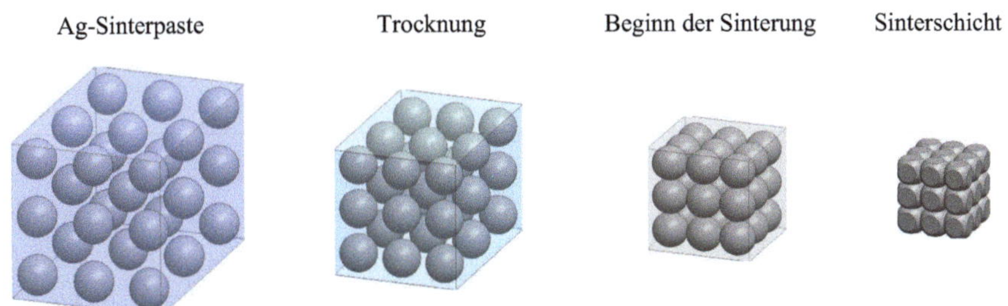

Abb. 3.34   Stufen des Sinterprozesses

Ein einfaches Modell des vollständigen Sinterprozesses, angefangen vom Druck einer Sinterpaste bis zur fertig gesinterten Schicht, zeigt die Abb. 3.34. Dabei sollten nach dem Trocknen der Sinterpaste möglichst alle organische Lösungsmittel verdampft sein, da sie sonst beim nachfolgenden Sinterprozess die Diffusionsvorgänge behindern.

Bei den *Sinterschichtdicken* sind insbesondere zwei Faktoren zu beachten.

Erstens ist die Dicke einer aufgetragenen Ag-Paste (Nassschichtdicke) um den Faktor 2,5 größer als die der gesinterten Schicht. Und *zweitens* weist eine dickere Sinterschicht eine höhere Lebensdauer hinsichtlich der thermischen Lastwechsel auf, was im größeren Volumen begründet ist, das die Relativbewegungen von Substrat und Chip besser ausgleichen kann.

Bei den *Sinterdrücken* ist zu unterscheiden in druckunterstütztes und druckloses Sintern mit Drücken von 0 bis 40 MPa.

Die *Sintertemperaturen* der Ag-Sinterprozesse liegen im Bereich von 190 bis 300 °C und damit deutlich unter der Schmelztemperatur des Silbers mit 962 °C. Das ergibt beim Silbersintern homologe Temperaturen, vgl. Gl. (3.11), von 0,38 bis 0,46 und sind in etwa nur halb so groß wie beim Stahlsintern mit 0,75 bis 0,9, zitiert in [35].

Das Silbersintern kommt vor allem bei SiC- und GaN-Leistungshalbleitern zur Anwendung, da hier deutlich höhere Betriebstemperaturen mit > 200 °C im Vergleich zu denen der Si-Halbleiter mit max. 150 °C bzw. 175 °C möglich sind und somit höhere Anforderungen an die Die-Substrat-Verbindungen gestellt werden. Eine starke Triebkraft der Anwendung dieser Technologien ist die rasant steigende E-Mobilität. Die Tab. 3.9 zeigt einige Parameter von Sintersilber und Loten im Vergleich, wobei die homologen Temperaturen T_h für die jeweiligen Betriebstemperaturen von 75 °C und 150 °C einen deutlichen Unterschied zugunsten des Sintersilbers zeigen, Gl. (3.11).

Sie sind ein Indikator für die thermomechanischen Beanspruchungen der Ag-Sinterverbindung. Je größer die Differenz zwischen Betriebs- und Schmelztemperaturen wird, d. h. je kleiner damit das Verhältnis (Temperaturen in Kelvin!) zwischen diesen wird, desto geringer ist die Beanspruchung.

Tab. 3.9 Parameter von Silber, Sintersilber und Loten im Vergleich

	Ag	Sinter-Ag	Au88 Ge12	Sn96,5 Ag3,5
λ	430	180 - 360 bei 5 - 20 % Poren 140 druckfrei Sintern, zit. [35]	44	70
κ	61,4	40 bei 15 % Poren, zit. [35]	6,9	7,8
T_s	962	962	361	221
T_{h150}		0,34	0,67	0,86
T_{h75}		0,28	0,55	0,71

λ - Wärmeleitfähigkeit in W/(m·K) κ - elektrische Leitfähigkeit in MS/m
T_s - Schmelztemperatur in °C
T_{h150} und T_{h75} - homologe Temperaturen bei 150 bzw. 75 °C

Zur Interpretation der homologen Temperatur eines Werkstoffs kann die folgende Einteilung zugrunde gelegt werden [76]:

$T_h < 0{,}4$:	Verbindungswerkstoff ist mechanisch stabil.
$0{,}4 \leq T_h \leq 0{,}6$:	Verbindungswerkstoff ist im Kriechbereich und reagiert sensibel auf Belastungen.
$T_h > 0{,}6$:	Verbindungswerkstoff hält den Belastungen nicht stand.

Damit ist aus der Tab. 3.9 zu sehen, dass für die Leistungshalbleiter die Lote nur bedingt in Frage kommen und nur die Ag-Sinter-Verbindungen den mechanischen Belastungen standhalten.

In [46] wird als Grenze für die Eignung eines Lotes der Wert $0{,}8 \cdot T_s$ (absolute Schmelztemperatur) angegeben, womit sich für die Lote Au88 Ge12 und Sn96,5 Ag3,5 die max. zulässigen Betriebstemperaturen von 224 bzw. 122 °C ergeben. Bei einem Faktor von 0,6 als max. Grenze entsprechend obiger Einteilung sinken die max. zulässigen Betriebstemperaturen dieser Lote dann auf 23 bzw. 107 °C. Damit soll hier auf die Diskrepanzen hinsichtlich der Werkstoffeignung zwischen den homologen Temperaturen von 0,8 und denen der obigen Interpretationen hingewiesen werden.

Im Wesentlichen sind 4 Gesichtspunkte beim Silbersintern zu betrachten:

- Der Ag-Sinterwerkstoff.
- Der Substratwerkstoff.
- Die Oberflächenbeschaffenheit der zu verbindenden Chips und Substrate.
- Die Fertigungsverfahren mit der Unterscheidung in druckunterstütztes und druckloses Sintern.

Eine Literaturrecherche zu Sintertechnologien ist in [2] und [3] und Untersuchungen zu Festigkeiten und Lebensdauern sind z. B. in [35] und [33] zu finden.

Ag-Sinterwerkstoff

Der Ag-Sinterwerkstoff liegt als *Paste* mit Ag-Partikeln und organischen Lösungsmitteln vor, wobei letztere während des Sinterprozesses verdunsten bzw. sich zersetzen. Der Auftrag der Sinterpaste auf das Substrat erfolgt durch Schablonendruck, Abb. 3.33, oder mittels Dispensen je nach Losgröße. Eine weitere Möglichkeit ist die Bereitstellung eines (vorgetrockneten) *Sinterfilms* auf einem Trägermaterial, der auf die Unterseite des Chips im Rahmen des Chip-Bestückprozesses übertragen wird [64].

Insbesondere unterscheiden sich die Pasten durch ihre Partikelgrößen. Dabei kommen Pasten entweder mit Nano- oder Mikropartikeln sowie Hybridpasten mit beiden zur Anwendung. Das Ziel der Entwicklung von Nano-Pasten war und ist es, drucklos sintern zu können. Darüber sind Nano-Pasten mit organischer Umhüllung der Partikel zur Verhinderung der Agglomeration der Ag-Partikel untersucht worden, um damit den Anteil der organische Bestandteile in der Paste zu verringern, da diese die Diffusionsprozesse behindern. Die Formen der Partikel sind kugelförmig oder liegen in Flake-Form vor.

In [2] wird die Aussage abgeleitet, dass Nano-Ag keine Schwerpunkte mehr darstellen. Allerdings gibt es dazu aus dem asiatischen Raum neuere Veröffentlichungen [89, 90, 92]. Probleme bei den Nanopasten liegen in der stärkeren Neigung zur Agglomeration, in einer hohen Reaktivität, Sicherheitsbedenken (Gesundheitsfragen wegen Nanopartikeln), der Herstellung und dem Handling.

Substrate

Die am häufigsten verwendeten Substrate für Silbersinteranwendungen sind DCB-Substrate (DCB-Direct Copper Bonding, auch DBC, Kupfer direkt auf Keramikträgern) aufgrund ihrer thermischen und elektrischen Performance. Als Keramiken kommen hier Aluminiumoxid Al_2O_3 und Siliziumnitrid Si_3N_4 zur Anwendung, Tab. 3.10, wogegen Aluminiumnitrid AlN aufgrund seines spröden Verhaltens hier nicht eingesetzt wird.

Tab. 3.10 Keramiken für DCB Substrate [14, 30]

Eigenschaft	Al_2O_3	$Si_3N_4{}^{1)}$	$AlN{}^{3)}$
Biegefestigkeit MPa	450	650	450
Bruchzähigkeit MPa/$\sqrt{m}$	3,8 - 4,2	6,5 - 7	3-3,4
Wärmeleitfähigkeit$^{2)}$ bei 20 °C W/(m·K)	24	90	170
Wärmeausdehnungskoeffizient bei 20 - 300 °C 10^{-6}/K	6,8	2,5	4,7

[1] großer Schwankungsbereich der Werte, abhängig vom Hersteller
[2] zu beachten ist die Temperaturabhängigkeit der Wärmeleitfähigkeit, für Si_3N_4 liegt sie bei realen 50 W/(m·K) bei 120 °C
[3] AlN zum Vergleich, nicht für Sinteranwendungen

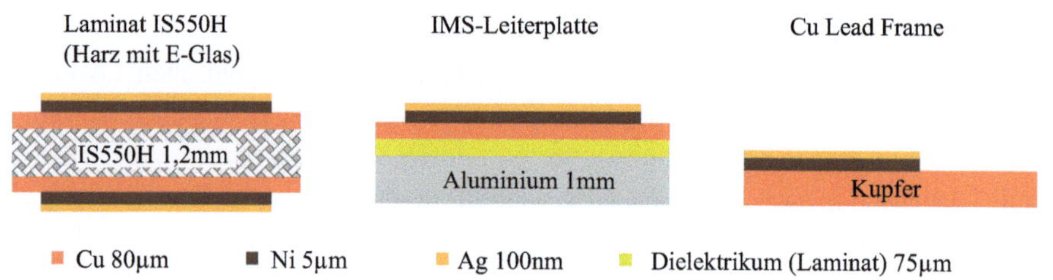

Abb. 3.35 Sinteroberflächen für Non-DCB Substrate [83]

Daneben rücken auch Non-DCB-Substrate in den Focus, von denen die folgenden, im Zusammenhang mit der verwendeten Edelmetallmetallisierung, erfolgreich untersucht wurden [83], Abb. 3.35:

- IS550H-hochtemperaturbeständiges Leiterplattenmaterial (Harz mit E-Glas) mit einer Glasübergangstemperatur von T_g von 200 °C (Fa. Isola)
- IMS-Leiterplatte (Insulated Metal Substrate)
- Cu Lead Frames (Metallanschlussstrukturen für Kontakte und Bonddrähte)

Oberflächen von Chip und Substrat

Die Oberflächen von Chip und Substrat müssen Edelmetalloberflächen aufweisen. Dazu zählen Au, Ag sowie auch Pd und Pt, wobei Au die größte Verbreitung hat. Die Tab. 3.11 zeigt Technologien zur Realisierung von Au-Schichten auf DCB-Substraten.

Eine weitere Möglichkeit besteht im Sputtern von 500 nm dicken Ag-Schichten auf die zu verbindenden Cu-Kontaktoberflächen [31]. Danach werden beide besputterten Oberflächen mit einer Ag-Paste beschichtet und bei 230 °C, 70 MPa und 30 min gesintert. Es zeigte sich nach thermischen Alterungsvorgängen eine verbesserte Verbindungsqualität, die auf Diffusionsvorgängen bei vergrößerten Kontaktflächen beruht.

Die gleichzeitige Sintermontage von Chips für das mechanische Die-Bonding und das elektrische Kontaktieren von Dickschichtwiderständen und Keramikkondensatoren ist nachgewiesen worden [63]. Dazu wurden für die Chips und das DCB-Substrat Metallisierungen von 200 nm Silber verwendet. Die Oberflächen der passiven Bauelemente,

Tab. 3.11 Oberflächen von DCB-Substraten für Sinterschichten bei 10 MPa und 250 °C [11]

Verfahren	Schichtenaufbau
ENIG	$(4\text{-}7\,\mu m)$Ni/$(60\text{-}100\,nm)$Au
ENEPIG	$(4\text{-}7\,\mu m)$Ni/$\sim 150\,nm$ Pd/$(80\text{-}100\,nm)$Au
EPIG	$\sim 150\,nm$ Pd/$150\,nm$ Au
ISIG	$(0{,}1\text{-}0{,}4\,\mu m)$Ag/$150\,nm$ Au

Bauform 0805, waren dagegen mit AgPd beschichtet. Beim Sintern wurden zwei Ag-Pasten mit jeweils Nano- und Mikropartikeln verwendet. Von Bedeutung ist hier der Nachweis, dass mit einem drucklosen Sintern zugleich SMD-Komponenten gesintert werden konnten.

Bei den Non-DCB Substraten, siehe Substrate, wurden Schichtaufaufbauten von 5 μm Ni/100 nm Au verwendet [83], Abb. 3.35.

Druckunterstütztes Sintern

Ein zunehmender Sinterdruck führt zu einer Vergrößerung der Kontaktflächen zwischen den Ag-Partikeln, womit eine Werkstoffverdichtung und Reduzierung der Porosität verbunden ist. Weiterhin werden die Diffusionsprozesse verstärkt, was zu höheren Reaktionsgeschwindigkeiten und somit verringerter Prozessdauer führt. Die Wahl des Sinterdrucks hängt stark von der Ag-Partikelgröße des Ag-Sinterwerkstoffes ab [89].

Hoher Druck > 15 MPa:	3–30 μm Ag-Flakes und Partikel
Mittlerer Druck 5–15 MPa:	1–3 μm; subμm (< 1 μm); mikro-nano scale
Niedriger Druck < 5 MPa:	< 100 nm; nano-subμm und nano-mikro scale

Eine Übersicht über die Parametersätze für Sinterdruck, Temperatur und Zeit ist in [35] zu finden. Ein typischer Parametersatz ist Sinterdruck 40 MPa, Sintertemperatur 240 °C und Sinterzeit 120 s.

Mit zunehmendem Sinterdruck verringert sich die Porosität. So sinkt sie von 20 % bei 10 MPa auf 8 % bei 30 MPa bei einer fixen Sintertemperatur zwischen 200 und 250 °C und einer Sinterzeit von 2 min. Weiterhin steigt mit zunehmendem Druck, damit verbundener verringerter Porosität, und zunehmender Zeit die Zugfestigkeit (kurz Festigkeit). Die Zunahme des E-Moduls verstärkt dagegen die thermische Beanspruchung aufgrund der Fehlanpassung zwischen Chip, Ag-Sinterverbindung und Substrat. Aber, mit zunehmender Temperatur sinkt der E-Modul und die Verbindung wird duktiler, $E = 60\,$GPa bei 25 °C und $E = 21\,$GPa bei 150 °C [13].

Die Scherfestigkeit ist von Interesse, da bei höheren Temperaturen und ungleichen Wärmeausdehnungskoeffizienten von Chip, Sinterschicht und Substrat die Gefahr einer Kontaktabscherung besteht. So ergibt sich eine äquivalente Zugfestigkeit aus der einachsigen Scherfestigkeit zu [86], zitiert in [35, S. 17]:

$$\text{Zugfestigkeit } \sigma = \sqrt{3} \cdot \text{Scherfestigkeit } \tau \qquad (3.12)$$

Zur Abschätzung der Größenordnungen können die Werte von [35] herangezogen werden. Bei Verwendung einer Mikrosinterpaste mit Flakes und einer Sintertemperatur von 300 °C sowie einer Sinterzeit von 5 min ergaben sich bei Sinterdrücken von 15 und 30 MPa Scherfestigkeiten von 60 bzw. 100 MPa. Diese reduzierten sich bei 1 min auf 45 bzw. 80 MPa. Ein höherer Sinterdruck verringert einerseits die Sinterzeit, andererseits erhöht sich aber die Gefahr von Bauelementeschädigungen.

Der Einsatz von Nanopartikeln hat insbesondere zum Ziel, den Sinterdruck weiter zu reduzieren bis hin zum drucklosen Sintern. So wurden ein IGBT ($8{,}8 \times 8{,}8\,\mathrm{mm}^2$) und eine Freilaufdiode ($8{,}8 \times 5{,}1\,\mathrm{mm}^2$) unter Verwendung von Ag-Nanosinterfilmen mit $3\,\mathrm{MPa}$, $130\,^{\circ}\mathrm{C}$ und $60\,\mathrm{s}$ gesintert [89].

Double Sided Sintering und Direct Pressed Die Technologie
Ausgangspunkt der Die-Sintertechnologien ist das einseitige Sintern der Chips auf einem DCB-Substrat, **Single Sided Sintering**, mit anschließendem Al, AlCu oder Cu Drahtbonden, Abb. 3.36-links.

Das **druckunterstützte Double Sided Sintering** (DSS), Abb. 3.36-rechts, unterscheidet sich vom einseitigen dadurch, dass die zweite Sinterschicht eine Flexschaltung mit dem Chip verbindet und damit das Drahtbonden ersetzt.

Diese Flexschaltung besteht aus einer 2-seitig Cu-kaschierten Folie, die mittels Vias mit dem Chip verbunden wird und damit eine viel größere Verbindungsfläche schafft als bei Bonddrähten mit dem Resultat, dass der Spitzenstrom um 25 % vergrößert werden kann. Mit der DSS Technologie wird damit ein vollständig bestücktes Substrat bereitgestellt, allerdings noch ohne die Ankopplung von Kühlkörpern.

Die **Direct Pressed Die (DPD) Technologie** erweitert das Double Sided Sintering (DSS) um die Montage von Kühlkörpern. Das kann auf unterschiedlichen Wegen erreicht werden. Zum einen kann die Kontaktierung eines Kühlkörpers mittels einer dritten Sinterung erfolgen, was eine starre Verbindung ergibt. Zum anderen kann das DSS-Substrat flexibel an diverse Kühlmöglichkeiten hinsichtlich Design und Werkstoffen wie Al, Cu oder Keramiken wie AlN zur Potenzialtrennung montiert werden [43], Abb. 3.37.

Eine DPD-Baugruppe besteht somit aus dem DSS-Substrat, dem Drucksystem und (unterschiedlichen) Kühlelementen.

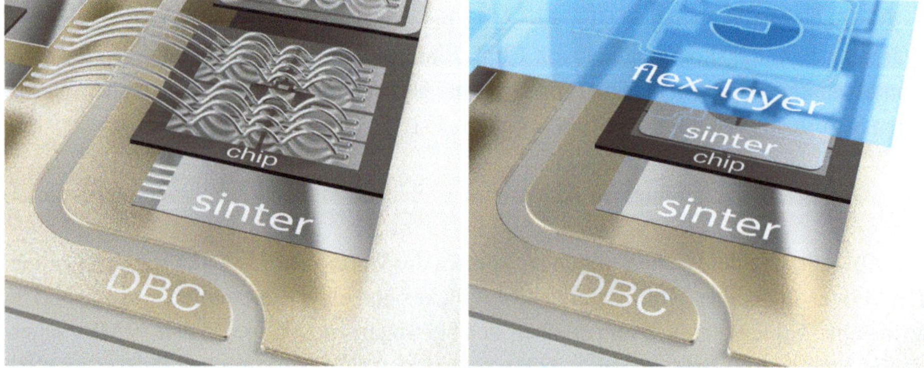

Abb. 3.36 Ag-Sintertechnologien: Single Sided Sintering mit Drahtbonden und Double Sided Sintering (DSS) mit Flexlayern [77], mit Genehmigung der SEMIKRON Elektronik GmbH & Co. KG

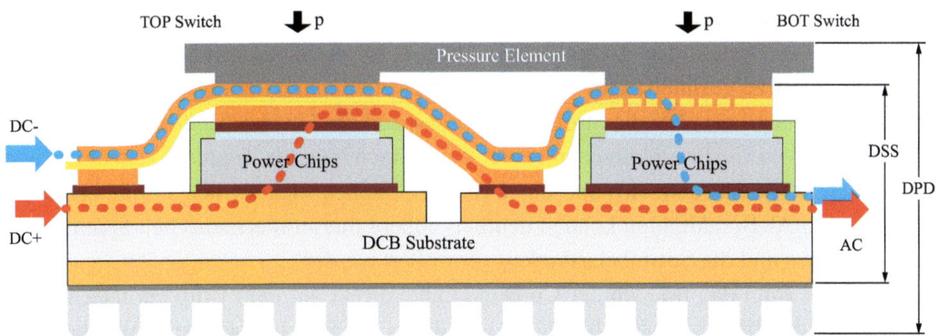

Abb. 3.37 DPD-Baugruppe, bestehend aus einem DSS-Substrat, Druckelement und Kühlkörper mit thermischer Anpassung, mit Genehmigung der SEMIKRON Elektronik GmbH & Co. KG

Der Anpressdruck zwischen dem DSS-Substrat und dem Kühlkörper mit einer Zwischenlage, beispielsweise thermisch leitfähiger Paste, wird mittels Verschraubung des Druckelements mit dem Kühlkörper realisiert (hier im Bild nicht gezeigt).

Die Abb. 3.38 zeigt den realen DPD- Aufbau der „Leistungsmodul-Plattform eMPack®" von Semikron.

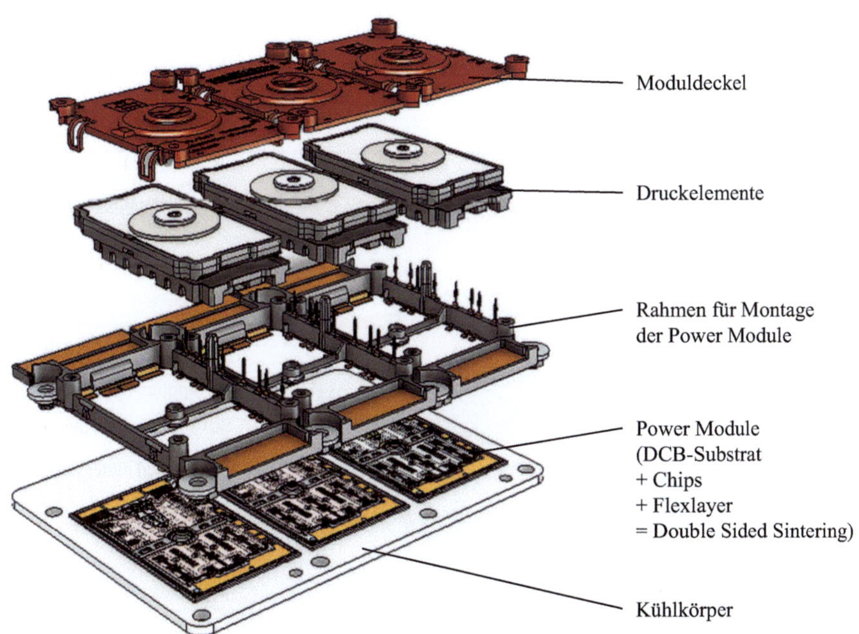

Abb. 3.38 Realer Aufbau einer DFD-Baugruppe (eMPack®), mit Genehmigung der SEMIKRON Elektronik GmbH & Co. KG

Die Top System (DTS)

Beim Die Top System von Heraeus [21], Abb. 3.39, werden Leistungshalbleiter-Dies mit dem Substrat gesintert. Die elektrische Oberseitenkontaktierung der Dies mit Al-Bonddrähten begrenzt aber die Strombelastbarkeit und die Lastwechselfestigkeit. Mit der Verwendung von Cu-Bonddrähten mit einer rund 5-fach höheren Zugfestigkeit, einer rund 0,7-fachen Wärmeausdehnung und einer rund 1,3-fachen elektrischen Leitfähigkeit im Vergleich zu Al-Bonddrähten können deutlich höhere thermomechanischen Spannungen aufgenommen und die Strombelastbarkeit vergrößert werden.

Probleme kann das Bonden der Cu-Bonddrähte direkt auf dem Chip verursachen, da Kupfer deutlich härter ist als Aluminium und damit die Bruchgefahr beim Wirebonding des Chips steigt. Behoben wird das Problem beim DTS dadurch, dass eine zusätzliche Cu-Folie auf die Kontaktfläche der Chipoberseite aufgesintert wird. Darauf kann dann mittels angepasster Cu-Bonddrähte (PowerCu Soft, Heraeus) problemlos gebondet werden.

Technologisch wird zuerst eine Ag-Sinterpaste auf ein DCB-Substrat gedruckt, vgl. dazu Abb. 3.33. Anschließend werden die Chips und gleich danach die bereits mit Ag-Paste beschichteten Cu-Plättchen im Pick & Place Verfahren bestückt. Durch sehr geringen Druck bei Temperaturen von 100–150 °C wird ein Verrutschen verhindert. Alternativ kann dazu auch ein B-Stage Kleber verwendet werden. Da die Cu-Plättchen bereits mit der Ag-Paste beschichtet sind, ist das für den Fertiger (EMS, Electronic Manufacturing Service) besonders vorteilhaft. Die Sinterung erfolgt bei $\sim 20\,\text{MPa}$ und $\sim 250\,°\text{C}$, woran sich dann das Cu-Drahtbonding typisch mittels Thermosonicbonden (TS) mit Ball/Wedge-Verbindungen anschließt, Abschn. 3.8.3.

Mit dem DTS lassen sich mehr als 50 % höhere Stromdichten und deutlich höhere Zuverlässigkeiten erzielen.

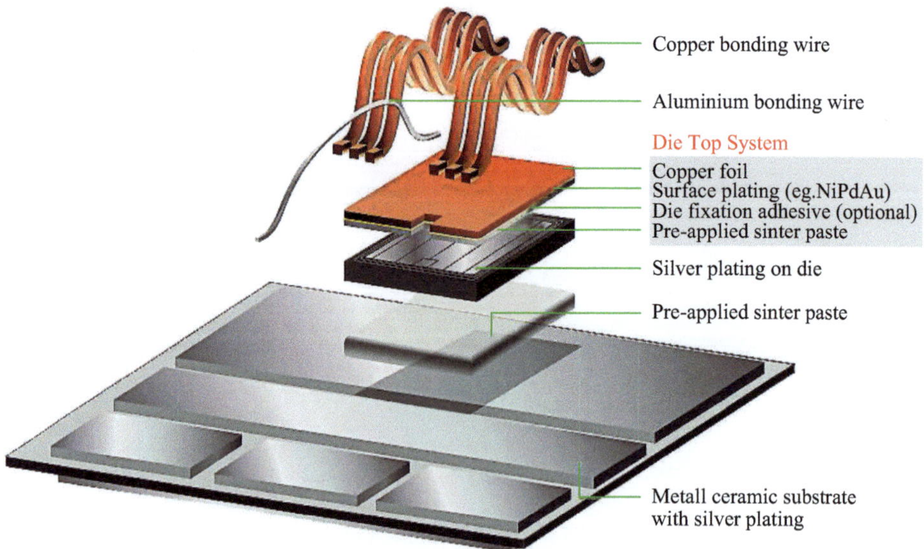

Abb. 3.39 Die Top System (DTS) [21], mit Genehmigung der Heraeus Holding GmbH

Druckloses Sintern

Nano-, Nano/Submikro- und Nano/Mikropasten erreichen unter bestimmten Bedingungen dichte Sinterstrukturen bei druckarmem oder sogar drucklosem Sintern. Um eine große Porenfreiheit erzielen zu können, muss diese schon vor dem Sinterprozess realisiert werden, wozu spezielle Muster beim Sinterpastenauftrag mittels Dispensen und Schablonendruck entwickelt wurden.

So wurden für druckloses Sintern mit einer Nanopaste bei 250 °C und einem optimales Design Scherfestigkeiten von etwa 30 MPa (Chipfläche >100 mm^2) und 45–80 MPa (Chipfläche 4–25 mm^2) erreicht [89].

Druckarm gesinterte Silberschichten mit Sinterdrücken < 1 MPa sollen hier mit eingeordnet werden. In [35] sind dazu die folgenden Wert zusammengefasst.

Nanopaste: Scherfestigkeiten von 7–38 MPa bei Drücken von 0–0,36 MPa

Mikropaste (Flakes): Scherfestigkeit 36 MPa bei einem Druck von 0,36 MPa Hybridpaste: Scherfestigkeit 42 MPa bei einem Druck von 0,07 MPa

Die Scherfestigkeiten und damit auch die Zugfestigkeiten liegen unter denen der druckunterstützten Sinterprozesse.

Ein besonderer Vorteil wird in der Kompatibilität des drucklosen Sinterns zu den Vakuum-Reflowprozessen für Lote gesehen, was ein geringeres Investment im Vergleich zum druckunterstützen Sintern bedeutet [89].

3.8.2.7 NanoWired Verbindungen

Die Nanowired Verbindungstechnologien (Nanowired GmbH) sind eine Gruppe von Technologien, bei denen sich mittels Nanodrähten, die auf elektrisch leitenden Oberflächen aufgewachsen sind, Kontakte herstellen lassen [75].

Ausführlich werden diese Technologien im Abschn. 5.4.11 beschrieben, daher wird an dieser Stelle die Anwendung für das Die-Bonding nur überblicksmäßig behandelt. Die Abb. 3.40 zeigt 4 dieser Technologien.

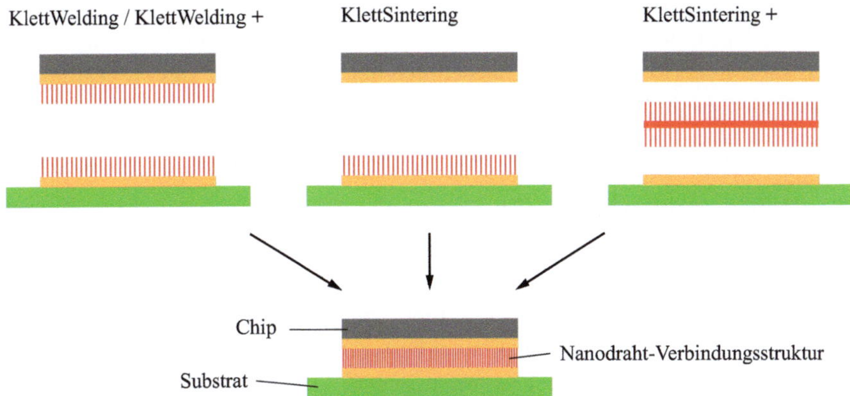

Abb. 3.40 Die-Bonding mittels Nanowiring Technologien

Grundsätzlich teilen sich die NanoWired Technologien in zwei Typen.

Erstens: Die Technologie zur Herstellung von metallischen Nanodrahtstrukturen, auch als „metallischer Rasen" bezeichnet, auf elektrisch leitenden Oberflächen – NanoWiring. Als Materialien für die Nanodrähte kommen vor allem Kupfer, Gold, Silber und Nickel zum Einsatz mit Durchmessern im Bereich von 30 nm–4 µm und Längen von 1–50 µm. Technologie hier nicht dargestellt.

Zweitens: Die Verbindungstechnologien zur Kontaktierung von Bauteilen mit Nanodrahtstrukturen. Charakteristisch dafür sind die jeweiligen Platzierungen der Nanodrahtstrukturen, Abb. 3.40.

Beim KlettSintering+ verfügen weder Chip noch Substrat über die Nanodrahtstrukturen, sondern es wird ein extra Tape verwendet. Dieses besteht aus einer Metall- oder Polyimidfolie mit beidseitigen Nanodrahtstrukturen für elektrisch leitende oder isolierende Anwendungen. Die weiteren Unterschiede liegen in den Prozessparametern. So erfolgt das Klettwelding bei Raumtemperatur, während das KlettWelding+, das KlettSintering sowie das KlettSintering+ Temperaturen über 170 °C benötigen.

3.8.2.8 Anglasen

Beim Anglasen werden Chips mittels niedrigschmelzender Glaslote auf Keramiksubstraten befestigt.

Das Substrat wird zunächst mit dem Glaslot, bestehend aus Glaspulver sowie einer organischen Trägersubstanz, beschichtet, wobei Druck- und Sputterverfahren mit Schichtdicken von ca. 1 bis 10 µm zur Anwendung kommen. Die Chips werden anschließend in das aufgeschmolzene Glaslot mit Schmelztemperaturen je nach Glaslottyp im Bereich von 400 bis 650 °C gedrückt, womit nach dem Abkühlen stabile und hermetisch dichte Verbindungen entstehen.

Ein komplett hermetisch dichtes Bauelement ist erreichbar, wenn das Gehäuse nach dem Drahtbonden in das nochmals aufgeschmolzene Lot gedrückt wird.

Zur besseren Anpassung an Silizium kann ein Silberglaslot verwendet werden, bei dem sich nach dem Aufschmelzvorgang die Trägerbestandteile verflüchtigt haben und als Verbindungsschicht das Glas mit den eingebetteten Ag-Partikeln verbleibt. Verbesserte thermische, elektrische und mechanische (Verringerung der Versprödung) Eigenschaften und eine angepasste Kompatibilität hinsichtlich der Unterschiede in den Wärmeausdehnungskoeffizienten sind die Folge.

3.8.3 Thermosonicbonden (TS-Bonden)

Das TS-Bonden ist ein Pressschweißverfahren, das zu einer unlösbaren stoffschlüssigen Verbindung zwischen Pad und Bonddraht führt. Hierbei erfolgt zunächst eine plastische Verformung des Bonddrahts aufgrund seiner besseren Duktilität. Infolgedessen kommt es zu einer Annäherung der Kristallgitter, verbunden mit Adhäsionskräften. Im letzten Schritt erfolgen Diffusionsvorgänge, die zur stoffschlüssigen Verbindung führen.

Mit dem TS-Bonden werden Ball/Wedge-Verbindungen realisiert, wobei der Ball-Bond grundsätzlich der erste Bond ist.

Anwendung findet diese Technologie beim Verbinden von ICs mit den Leads der Lead-Frames. Das sind lötfähige Metallstreifen (Frames), die mit einzelnen Kontakten (Leads) verbunden sind, womit die Bauelementeanschlüsse gehäuster Bauelement hergestellt werden. Die Verbindungen der Frames mit den einzelnen Kontakten werden in einem weiteren Schritt getrennt. Aus Sicht der Geräteentwickler ist das von untergeordneter Bedeutung, da er hier nur einen bedingten Zugriff hat.

Bedeutsamer für den Geräteentwickler sind die Bonddrahtverbindungen vom IC zum Verbindungssubstrat und direkt zwischen den Chips, unter Umgehung der Leiterbahnen des Substrates – Chip to Chip (C2C).

Die Abb. 3.41 zeigt die wesentlichen Prozessschritte der Herstellung einer Ball-Wedge-Verbindung.

Im 1. Schritt wird der Bonddraht durch die Kapillare des Bondwerkzeugs so weit vorgeschoben, dass im 2. Schritt durch eine elektrische Entladung (electronic flame-off) das Ende des Drahtes aufgeschmolzen wird und sich infolge der Oberflächenspannung eine Kugel ausbildet. Im 3. Schritt wird der erste metallurgische Ballbond durch die Prozessparameter Druck, Ultraschall, Temperatur und Bondzeit erzeugt. Die Schritte 4 und 5 zeigen die Bewegung des Bonddrahtes zum zweiten Bondpad und die Ausbildung des zweiten metallurgischen Bonds (Wedgebond). Im abschließenden 6. Schritt wird der Draht separiert und die nächste Bondverbindung kann gestartet werden.

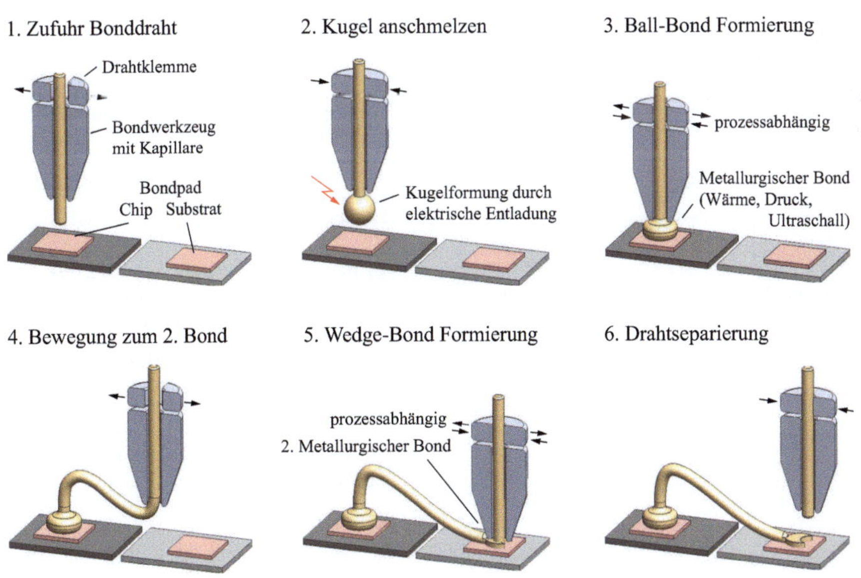

Abb. 3.41 Thermosonic-Bonden

Die Klammer, die zur jeweiligen Fixierung des Bonddrahtes dient, ist bei den Prozessschritten der Bondherstellung entweder offen oder geschlossen, was prozess- und anwenderabhängig ist. Auch beim Verziehen des Bonddrahtes, 4. Prozessschritt, kann die Klammer geschlossen sein.

Verwendet werden Au-, Cu-, Cu/Pd-, Ag-Bonddrähte, wobei die Eignung eine entsprechende Materialkompatibilität zwischen Bonddraht und Padoberfläche voraussetzt, siehe dazu auch Tab. 4.6. Insbesondere finden Standard-Au-Bonddrähte im Bereich von 25 μm bei Bondverbindungen für Signalleitungen Anwendung.

Die Werte der Prozessparameter variieren in weiten Bereichen und sind anwenderabhängig. Die Kräfte (werden häufig anstelle von Drücken angegeben) liegen im Bereich von 0,3–0,7 N, die Temperaturen (Substrat) im Bereich von 150 °C bis hinunter zur Raumtemperatur. Die Frequenzen umfassen den Bereich von 60–300 kHz, typische Frequenzen sind 60 und ca. 140 kHz und die Prozesszeiten liegen zwischen 10 und 40 ms.

Da die Prozessparameter in der Lage sein müssen, eine stoffschlüssige Verbindung herzustellen ohne Schädigungen hervorzurufen, ist die Duktilität von mindestens einem der beiden Fügeteile von großer Bedeutung. Die entstehenden plastischen Verformungen müssen als Vorstufe für die folgenden Diffusionsvorgänge angesehen werden.

Hinsichtlich des Designs der Ball/Wedge-Verbindung ist im Gegensatz zur Wedge/Wedge-Verbindung die Möglichkeit gegeben, den Bonddraht nach dem Ballbonding in jede beliebige Richtung zum 2. Bond ziehen zu können. Damit liegt der folgende Wedge-Bond auf einem beliebigen Ort einer Kreisbahn um den Ball-Bond herum. Die Abb. 3.42 zeigt die Bondgeometrien der Ball/Wedge-Verbindungen.

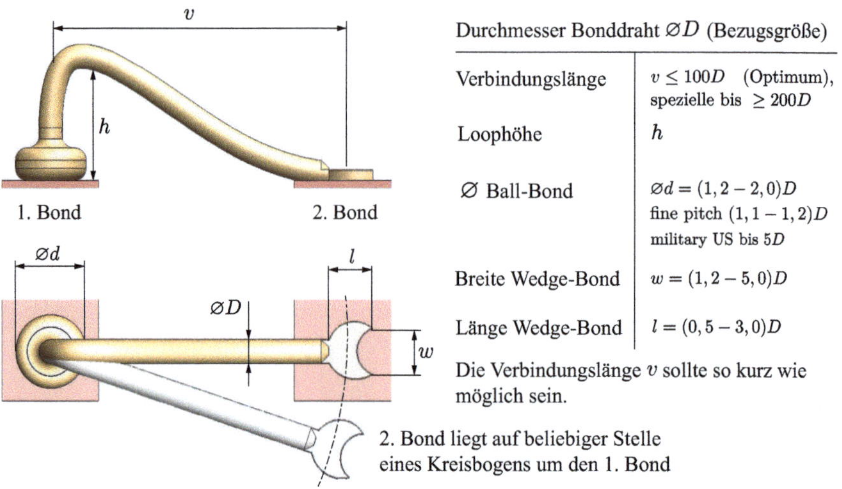

Abb. 3.42 Bondgeometrien der Ball/Wedge-Verbindungen, TS-Bonden

3.8.4 Ultraschallbonden (US-Bonden)

Das Ultraschallbonden, Abb. 3.43, zählt zu den Kaltpressschweißverfahren mit den Prozessparametern Druck, Ultraschall und Bondzeit, bei dem die Pads mit den Bonddrähten miteinander verschweißt werden, ohne dass eine schmelzflüssige Phase dabei entsteht.

Am Anfang des Prozesses werden durch die Reibung infolge der Ultraschallschwingungen Kontaminationen und Oxide abgerieben. Das ist besonders für Aluminiumdrähte mit ihren harten Oxidschichten von Bedeutung. Anschließend kommen die Kristallgitter in einen direkten Kontakt miteinander und es bilden sich Bondinseln mit intermetallischen Zonen heraus, die den Draht an der Unterseite fixieren, so dass die weiteren Ultraschallschwingungen des Drahtes nur zu plastischen Deformationen im Draht führen. Mit der Zunahme der Bondzeit wachsen die einzelnen intermetallischen Bondinseln zusammen und bilden eine geschlossene, stoffschlüssige Verbindung.

Das Verfahren benötigt im Vergleich zum TS-Bonden keine Substratheizung und kein Anflammen des Bonddrahtes.

Mit dem US-Bonden werden ausschließlich Wedge/Wedge-Verbindungen realisiert.

Die Anwendungen des US-Bondens entsprechen denen des TS-Bondens, wobei drei weitere Gesichtspunkte zu betrachten sind:

Erstens können mit dem US-Boden auch temperaturempfindlichere Bauteile durch den Wegfall der Substratheizung gebondet werden.

Zweitens findet das US-Bonden stärkeren Einsatz beim Bonden von Leistungshalbleitern, insbesondere durch den Einsatz von Al-Bonddrähten.

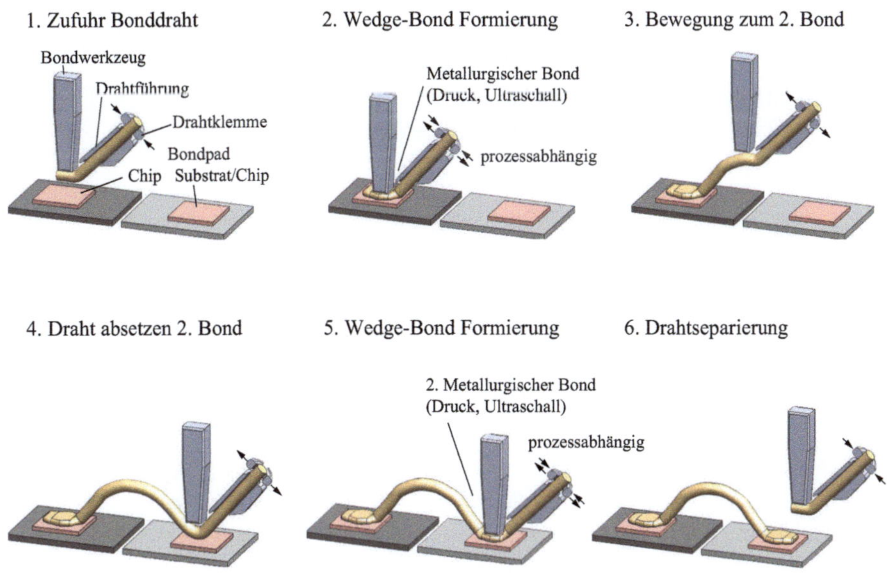

Abb. 3.43 Prozessschritte des Ultraschallbondens

Drittens ist das Design der Bondverbindung gegenüber dem TS-Bonden eingeschränkt, da es nicht wie beim TS-Bonden nach dem ersten Ballbond beliebige Richtung für die Drahtverbindung gibt, sondern nur eine Vorzugrichtung. Dabei kann der Draht nur in der Längsachse des Wedge-Bonds gezogen werden, vgl. Abb. 3.42 und 3.44.

Die Abb. 3.43 zeigt die wesentlichen Prozessschritte der Herstellung einer Wedge/Wedge-Verbindung.

In einem 1. Schritt wird der Bonddraht durch die Drahtführung unter einem definierten Winkel so weit vorgeschoben, so dass im 2. Schritt durch das Bondwerkzeug mittels Druck, Ultraschall und Bondzeit der erste Wedge-Bond erzeugt werden kann. In den Schritten 3 und 4 wird der Bonddraht zur zweiten Bondstelle geführt und abgesetzt, wobei der Bonddraht in Richtung der Mittellinie des ersten Wedges geführt werden muss. Im 5. und 6. Schritt wird der zweite metallurgischen Wedge-Bond erzeugt und der Bonddrahts abgetrennt.

Die Klammer, die zur jeweiligen Fixierung des Bonddrahtes dient, ist bei den Prozessschritten der Bondherstellung entweder offen oder geschlossen, was prozess- und anwenderabhängig ist. Auch beim Verziehen des Bonddrahtes, 3. und 4. Prozessschritt, kann die Klammer geschlossen sein.

Prinzipiell können alle Bonddrähte unter Berücksichtigung der Materialkompatibilität mit den Padoberflächen verwendet werden. Besonders verbreitet sind Al- und Cu-Bonddrähte für die Leistungshalbleiter.

Wie beim TS-Bonden variieren die Prozessparameter in Abhängigkeit der Bonddrähte und Oberflächen. Die Ultraschallfrequenzen liegen typisch zwischen 60 und 140 kHz, wobei für dicke Aluminiumdrähte und -bändchen die Frequenzen zwischen 40 und 80 kHz und für dünne Aluminium- und Golddrähte zwischen 100 und 140 kHz liegen. Die Amplituden der Ultraschallschwingungen liegen bei 1 bis 2 μm für dünne und bei 3 bis 5 μm für dicke Drähte. So weisen beispielsweise die Bondkräfte und Bondzeiten für 25 bis 33 μm AlSi1-Bonddrähte Werten zwischen 0,3 und 0,6 N bzw. 5 und 60 ms auf.

Die Abb. 3.44 zeigt die Bondgeometrien der Wedge/Wedge-Verbindungen.

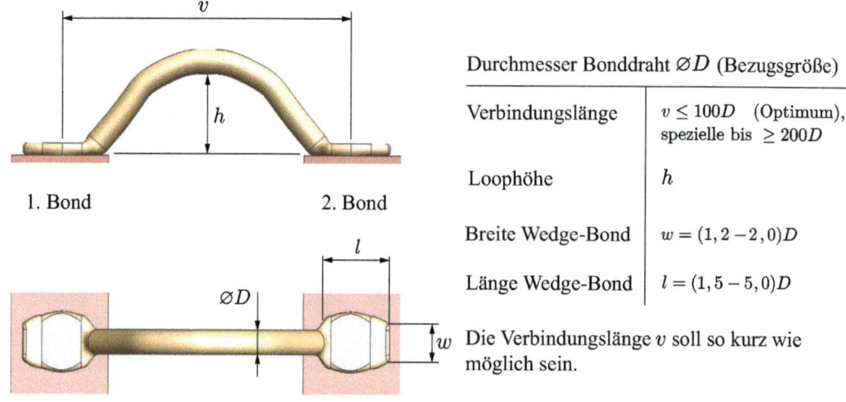

Verbindungslänge	$v \leq 100D$ (Optimum), spezielle bis $\geq 200D$
Loophöhe	h
Breite Wedge-Bond	$w = (1,2 - 2,0)D$
Länge Wedge-Bond	$l = (1,5 - 5,0)D$

Die Verbindungslänge v soll so kurz wie möglich sein.

Abb. 3.44 Bondgeometrien der Wedge/Wedge-Verbindungen, US-Bonden

3.8.5 Thermokompressionsbonden (TC-Bonden)

Das TC-Bonden ist ein Pressschweißverfahren, das zu einer unlösbaren, stoffschlüssigen Verbindung zwischen Pad und Bonddraht führt. Dabei werden die Metalle der Pads und der Bumps unter Druck, Temperatur und Prozesszeit in direkten Kontakt gebracht, wobei sich zumindest der Bump plastisch verformt und dadurch die Kontaktfläche ausbildet. Im Bereich der entstehenden Grenzfläche findet eine Interdiffusion zwischen den Atomen der beiden Metalle statt. Verunreinigungen, Oxide, Feuchtigkeit sowie größere Oberflächenrauheiten beeinträchtigen die in der Diffusionszone entstehende Verbindung und führen zu Zuverlässigkeitsproblemen.

Die Prozessschritte für das TC-Bonden von Drähten entsprechen weitgehend denen des TS-Bondens, vgl. Abb. 3.41. Unterschiede bestehen darin, dass beim TC-Bonden der Ultraschalleintrag entfällt und der Wärmeeintrag anders ist. Dieser erfolgt häufig über eine Kombination von beheizter Kapillare, die den Bonddraht führt, und einem Heizsubstrat, das den Chip trägt.

Die Au-Drähte zeichnen sich besonders durch eine gute Verformbarkeit und Oxidbeständigkeit aus, allerdings erweisen sich die relativ hohen Kosten als nachteilig. Die häufig eingesetzten Au-Drähte mit einem Durchmesser von 25 μm haben eine Prozesstemperatur von ca. 300 °C, eine Andruckkraft zwischen 0,3 bis 0,9 N und Prozesszeiten von 20 bis 200 ms.

Neben Au werden auch andere Drahtmaterialien TC gebondet. Zu nennen sind Al und Cu, die mit 400 °C aber deutlich höhere Prozesstemperaturen aufweisen als Au und eine sauerstofffreie Prozessumgebung am Bondkopf erfordern sowie Cu-Drähte mit Pd-Beschichtungen und Ag-Drähte. Die Weltmarktverteilung der verschiedenen Bonddrähte für das Jahr 2017 zeigt 40 % für Au, 35 % für Cu/Pd, 16 % für Cu und 9 % für Ag [54, S. 143–144].

Dic Prozcsstcmpcraturcn und Andruckkräfte liegen deutlich über den Werten des TS-Bondens, womit eine zu lange Prozesszeit hinsichtlich der Zuverlässigkeit kritisch werden kann.

Für Padabstände < 25 μm eignen sich besonders Pads mit EP- oder EPAG-Oberflächenschichten (Electroless Palladium; Electroless Palladium Autocatalytic Gold – Handelsname Pallabond) mit einer Schichtdicke 80–150 nm Pd (EP) bzw. Schichtdicken 40–150 nm Pd plus 40–100 nm Au (EPAG). Hier gibt es im Gegensatz zu den länger bekannten Oberflächenschichten Ni/Au (ENIG) und Ni/Pd/Au (ENEPIG), vgl. Tab. 4.6, keine Ni-Schicht, was zu geringeren Padabständen führt und zugleich das Problem der Rissbildung beim Bondprozess infolge der Bondkräfte umgeht.

Neben dem Bonden von einzelnen Bonddrähten können auch ganze Chips, die mit Bumps (Höcker) versehen sind, mit diesem Verfahren gebondet werden, Abb. 3.45. Das setzt voraus, dass Bumps entweder einzeln auf einem Chip oder auf einen ganzen Wafer (Waferbumping) hergestellt werden. Alternativ ist das Bumping auch auf Substraten möglich.

Anwendung findet das TC-Bonden bei Flichip-Technologien, Abschn. 3.9.

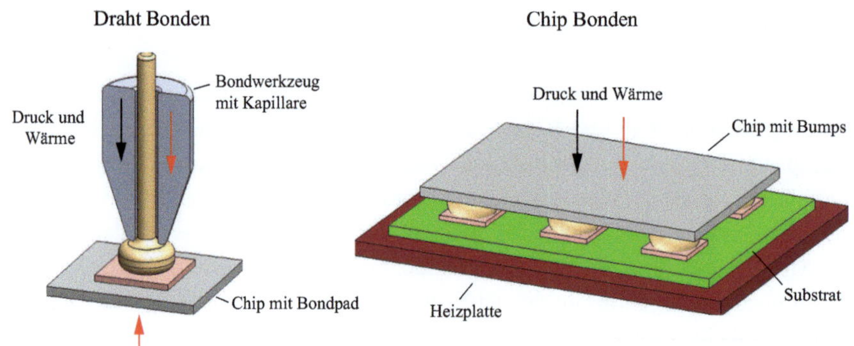

Abb. 3.45 Thermokompressionsbonden von Drähten und gebumpten Chips

3.8.6 SB^2-WB Laser Soldered Wire Bonding

SB^2-WB [22] ist eine kombinierte Laserlot-Drahtbond-Technologie, die die Bonddrahtzufuhr, wie sie vom TS-, US- und TC-Bonden bekannt ist, mit dem Lotkugeljetting, dem Bereitstellen einzelner verflüssigter Lotkugeln, kombiniert, Abb. 3.46.

Im Gegensatz zu den genannten Bondverfahren erfolgt hier die Verbindung nicht durch Verschweißen, sondern durch Löten, wobei weder Ultraschall, noch Druck oder höhere Temperaturen zum Einsatz kommen.

Zur Anwendung kommen Drahtmaterialien wie Au, Cu, Ag, Pd, Pt sowie Padmaterialien NiAu, Au, Ag, Cu (OSP-Schutz, geringe Oxidschichten).

Zunächst wird der Bonddraht auf dem Pad positioniert. Parallel dazu fällt eine Lotkugel, Durchmesser je nach Anwendung zwischen 30 und 1200 µm, aus dem Lotkugelreser-

Abb. 3.46 Prinzip des SB$_2$-WB Laser Soldered Wire Bonding, mit Genehmigung der PacTech-Packaging Technologies GmbH

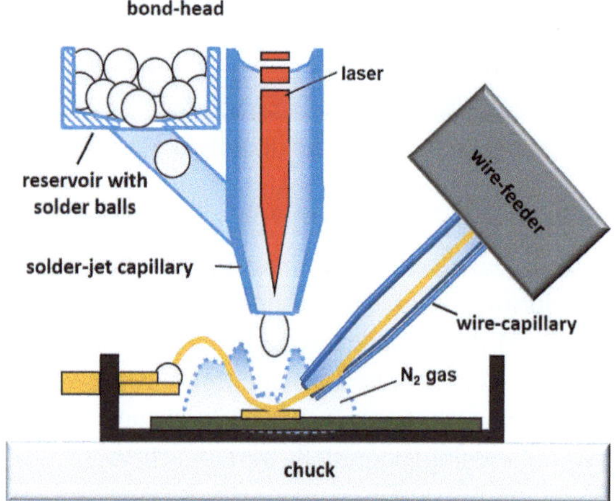

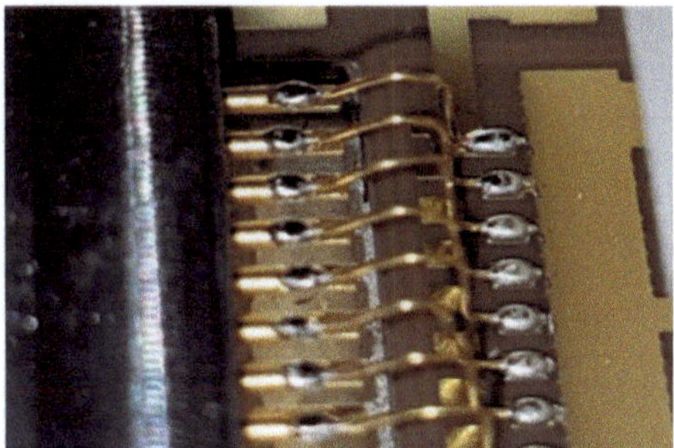

Abb. 3.47 SB_2-WB Laser Soldered Wire Bonding: Bändchen und Drähte, mit Genehmigung der PacTech-Packaging Technologies GmbH

voir in eine Keramikkapillare und wird mittels eines NIR-Laserstrahls (Wellenlänge nahe am Infrarot) aufgeschmolzen. Dieser verflüssigte Lottropfen wird danach auf die Bondstelle appliziert und es bildet sich unter einer N_2-Atmosphäre die Kontaktstelle aus.

Prozessparameter sind Laserenergie, Laserpulsbreite, N_2-Druck, Bondabstand und Drahtposition. Die Variationen dieser Parameter zusammen mit verschiedenen Drahtdurchmessern und Lotvolumen führen zu unterschiedlichen Ausprägungen der Verbindungsstelle, z. B. Draht vollständig oder nur hälftig vom Lot ummantelt.

Als ein Applikationsbeispiel wird ein Ultraschallsensors beschrieben, bei dem ein $80\,\mu m$ Cu-Draht mit einem Schutzmantel aus Polyurethan verwendet wurde. Die Pads des LTCC Substrats (Low Temperature Cofired Ceramic mit Sintertemperaturen $< 900\,°C$) waren Ag-Metallisierungen und die Kupferkontakte verzinnt. Die Lotkugeln (Legierung SAC305, bestehend aus 96,5 % Sn, 3 % Ag und 0,5 % Cu) mit einem Durchmesser von $760\,\mu m$ wurden mit einer NIR-Laserpulsenergie von $1400\,mJ$ aufgeschmolzen.

Die Abb. 3.47 zeigt mit SB^2-WB gebondetet Drähte und Bändchen.

3.8.7 Verkapselungen auf Board-Ebene

Zum Schutz der gebondeten Strukturen, bestehend aus den Bare Chips, den Bonddrähten und den Bondkontakten, werden sie mit geeigneten Polymeren umhüllt. Dazu wird eine Umweltbarriere geschaffen, um Korrosion infolge von Feuchtigkeit oder umgebenden chemischen Stoffen und das Eindringen von Partikeln, die zu Kurzschlüssen führen könnten, zu verhindern. Weiterhin entsteht ein Schutz vor mechanischen Beeinflussungen, die die Bruchneigungen der Bonddrähte verringern. Ein Zugriff auf die gebondeten Strukturen wird unterbunden, da beim Entfernen der Verkapselung i. d. R. die Bonddrähte zerstört werden.

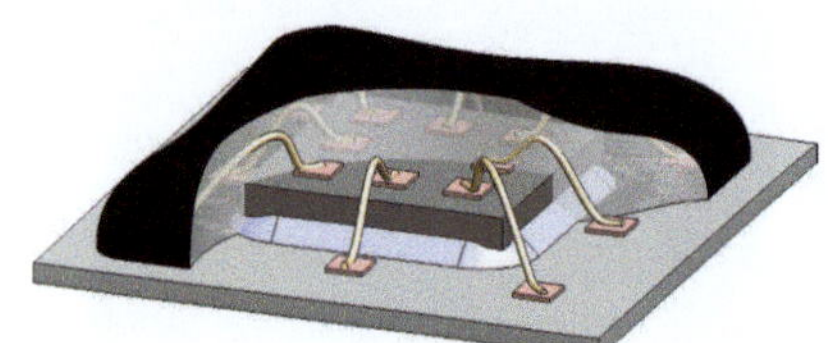
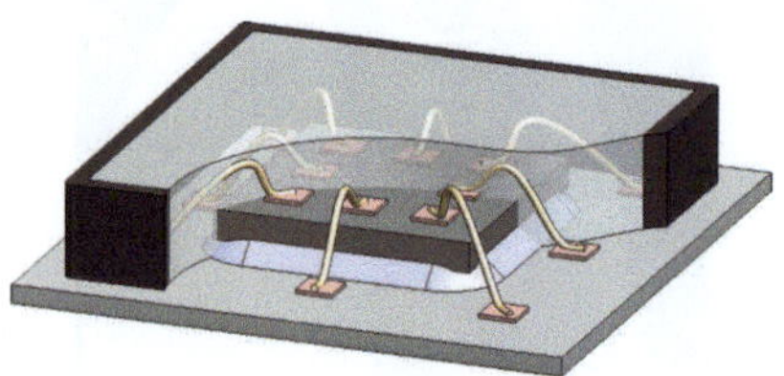

Abb. 3.48   Verkapselungen auf Boardebene: Glob Top und Dam and Fill

Bei der Verkapselung lassen sich zwei Prinzipien unterscheiden, Abb. 3.48.

- *Glob Top* mit einer Verkapselung aus einem Vergussmaterial.
- *Dam and Fill* (*Frame and Fill*) mit einem hochviskosen Polymer für einen Rahmen um den Chip und ein niedrigviskoses zum Verfüllen des Rahmens.

Glob Top

Bei diesem Verfahren wird ein flüssiges Polymer mittels Dispenser auf den Chip und die Bonddrähte aufgebracht und umfließt durch eine angepasste Viskosität Chip und Bonddrähte. Typisch fährt der Dispenser dabei eine rechteckförmige Spirale von außen nach innen ab.

Anschließend erfolgt die Aushärtung des Polymers durch einen Energieeintrag mittels Wärme, UV-Strahlung oder sogar bei Raumtemperatur.

Auf jeden Fall muss vermieden werden, dass bei zu niedriger Viskosität das Polymer zu breit fließt und den Chip zu wenig bedeckt. Typische Viskositätswerte liegen im Bereich von 3.300 bis 5.500 mPas. Die Mindestüberdeckung an der höchsten Stelle der gebondeten Struktur (Ort der Loopspitze des Bonddrahtes) sollte 0,2 mm betragen.

Mit diesem Vergussverfahren werden mechanische Beanspruchungen, wie sie beim Spritzgießen durch den Spritzdruck entstehen und zu Verformungen der Drähte und zu einer Kurzschlussgefahr führen können, vermieden.

Mit der zunehmenden Miniaturisierung der zu vergießenden Bauelemente ist es möglich, auch nur mit einer zentralen Materialdosierung, die Dosierkapillare befindet sich über der Bauteilmitte, den Glob Top zu realisieren.

Dam and Fill

Bei diesem Zwei-Stufen-Verfahren wird ein erstes Polymer mittels eines Dispensers als Rahmen um die gebondete Struktur gezogen, wobei die notwendige Rahmenhöhe durch mehrfaches Abfahren der Rahmenstruktur entsteht. Anschließend wird mit einem gut fließfähigen Polymer mit einer niedrigeren Viskosität als die des Rahmenpolymers das Volumen aufgefüllt. Die Polymere für den Rahmen zeichnen sich durch eine besondere

Standfestigkeit und die für die Verfüllung durch eine besondere Fließfähigkeit aus. In jedem Fall muss eine Materialkompatibilität zwischen den beiden Polymeren gegeben sein.

Ein Vergleich von Dam and Fill Viskositäten soll das verdeutlichen. So gelten für die Dam/Fill Kombinationen DF6982/DF6958 110.000,00/5.500,00 mPas und KB694/4668 180.000,00/3.300,00 mPas (Fa. DELO Industrie Klebstoffe GmbH & Co. KGaA). Die Faktoren der Viskositätsunterschiede zwischen Dam and Fill betragen somit 20 bzw. 55. Wasser hat zum Vergleich 1 mPas.

Anschließend erfolgt wieder ein Aushärteprozess. Hier sollte die Mindestüberdeckung ebenfalls 0,2 mm betragen.

Als Polymere für die Verkapselung kommen ein- und zweikomponentige Epoxidharze, Polyurethane und modifizierte Urethane und Acrylate zur Anwendung. Letztere sind transparent und eignen sich daher besonders für die Verkapselung von LED-Chips.

Silikone sind aufgrund ihrer sehr guten Flexibilität und Medienresistenz gut geeignet. Sie haben aber einen entscheidenden Nachteil, denn sie sind benetzungsstörend. Das bedeutet die Notwendigkeit besonderer Reinheit der Prozessumgebungen bis hin zu extra Räumen für die Verarbeitung.

Die wesentlichsten Prozessparameter sind Aushärtetemperatur, Aushärtezeit, Viskosität und Topfzeit des jeweiligen Polymers. Die Aushärtung erfolgt durch Wärmeeintrag, UV-Strahlung oder auch bei Raumtemperatur. Generell gilt, dass mit zunehmender Aushärtetemperatur die Aushärtezeit z. T. deutlich gesenkt werden kann, was die Fertigungseffektivität erhöht. So werden beispielsweise für den Epoxy-Verguss FP 4323 (Fa. Henkel) folgende Aushärteparameter angegeben: 4 h bei 150 °C und 1 h bei 170 °C. Dem steht allerdings der Grundsatz entgegen, dass Prozesstemperaturen so niedrig wie möglich gehalten werden sollten, um Bauteilschädigungen zu vermeiden.

Aus Sicht der fertigen Verkapselung nach dem Aushärteprozess und der vorgesehenen Anwendung müssen die folgenden Parameter betrachtet werden.

- Glasübergangstemperatur, die den den thermischen Einsatzbereich vorgibt.
- Elastizitätsmodul und Schrumpfung, die die mechanischen Eigenschaften beschreiben.
- Feuchteabsortion für die Betrachtung kritischer feuchter Umgebungen, da durch die Herabsetzung des Isolationswiderstandes eine Kurzschlussgefahr sowie Korrosionsprobleme entstehen können.
- Hohe Wärmeleitfähigkeit, um den Wärmewiderstand zu minimieren und damit eine bessere Ableitung der Verlustleistung in Form von Wärme zu ermöglichen. Dazu werden entsprechende Füllstoffe wie Al_2O_3 beigemischt.
- Angepasste Wärmeausdehnungskoeffizienten (CTE Coefficient of Thermal Expansion) von Verguss-Polymeren und Chips, da bei zu großen Unterschieden die Scherspannungen zwischen Chip und Polymer so groß werden können, dass Abrisse entstehen und die Lebensdauer erheblich eingeschränkt wird. Füllstoffe wie Al_2O_3 oder SiO_2 verringern diese Unterschiede.

3.8.8 Stromtragfähigkeit von Bonddrähten

Betrachtet man einen stromdurchflossenen Bonddraht, so ergibt sich das folgende Energiegleichgewicht.

Der Energieeintrag durch Strom und Zeit in den Bonddraht ist gleich der notwendigen Energie zum Erwärmen des Drahtes von der Umgebungs- auf die Schmelztemperatur plus der Wärmeverluste an die Umgebung. Dabei ist die Wärmeleitung der dominierende physikalische Vorgang bei der Wärmeübertragung in den Bonddrähten. Konvektion und Strahlung können dabei vernachlässigt werden.

Aus dieser Betrachtung lässt sich mit dem Ersetzen der Schmelztemperatur durch eine max. Zieltemperatur für den stationären Betriebszustand die maximale Stromtragfähigkeit I_max für einen Bonddraht angeben [39], siehe dazu auch [40, S. 126–130]:

$$I_\mathrm{max} = \frac{\pi \cdot d^2}{2 \cdot l} \sqrt{\frac{2 \cdot \lambda (T_\mathrm{max} - T_0)}{\rho}} \tag{3.13}$$

T_max maximale Zieltemperatur des Bonddrahtes
T_0 Substrattemperatur
d, l Durchmesser und Länge des Bonddrahtes
λ, ρ Wärmeleitfähigkeit und spez. elektr. Widerstand des Bonddrahtes

Die maximale Temperatur des Bonddrahtes T_max ergibt sich aus der homologen Temperatur T_h:

$$T_h = \frac{\text{Betriebstemperatur } T_\mathrm{max}}{\text{Schmelztemperatur } T_s} \qquad \text{Temperaturangaben in Kelvin!} \tag{3.14}$$

Oberhalb einer homologen Temperatur von $T_h \geq 0{,}4$ laufen thermisch aktivierte Prozesse von allein ab und Kriechvorgänge werden dann zu den entscheidenden Vorgängen der Drahtdeformationen. Mit Gl. (3.14) und der Bedingung $T_h \leq 0{,}4$ ergibt sich die maximale Betriebstemperatur des Bonddrahtes zu:

$$T_\mathrm{max} = 0{,}4 \cdot (T_s + 273) - 273 \qquad [T_\mathrm{max}, T_s] = {}^\circ\mathrm{C} \tag{3.15}$$

Von besonderer Bedeutung ist ein Vergleich von Al- und Cu-Bonddrähten für Anwendungen in der Leistungselektronik mit Drahtdurchmessern $\geq 150\,\mu\mathrm{m}$. Für Al- und Cu-Bonddrähte mit Schmelztemperaturen von 660 °C und 1085 °C ergeben sich mit Gl. (3.15) maximale Betriebstemperaturen von 100 °C bzw. 270 °C. In [40] wird für Al auch eine homologe Temperatur von $T_h = 0{,}5$ angegeben, die dann zu $T_\mathrm{max} = 194$ °C führt.

Vergleicht man den Einsatz von Al- und Cu-Bonddrähten bei gleicher maximaler Betriebstemperatur, so ergibt sich eine um den Faktor 1,6 höhere Stromtragfähigkeit für den Cu-Bonddraht.

Während bei einer Betriebstemperatur von 100 °C für Al die homologe Temperatur 0,4 beträgt, sinkt sie bei Cu auf 0,28, was zu einem deutlich besseren mechanischen Verhalten führt.

Erweiterte Ansätze zur Berechnung der Stromtragfähigkeit unter Berücksichtigung der Temperaturabhängigkeiten der Wärmeleitfähigkeit und des spezifischen elektrischen Widerstandes sowie des Einflusses von Vergussmassen sind [62, S. 426–435] bzw. [29, S. 35–38] zu entnehmen.

3.9 Flipchip-Technologien (FC)

3.9.1 Prinzip

Die Abb. 3.49 zeigt das Montageprinzip der Flipchip-Technologie. Hauptkennzeichen dabei ist das Vorhandensein von Bumps (Höckern), entweder auf dem Chip oder dem Substrat, wobei das Herstellen der Bumps auf einzelnen Chips oder auf einem ganzen Wafer praktisch vorherrschend ist.

Die Technologie gliedert sich in 4 Hauptprozesse:

- Die Bumps und die dazu angepassten Bumping-Technologien.
- Die Platzierung des Chips auf dem Substrat.
- Die Kontaktierungsverfahren zwischen den Bumps und den Pads des Substrates bzw. des Chips.

1. Bumping
(verschiedene Bumps, hier: Lot-Ball Bumps)

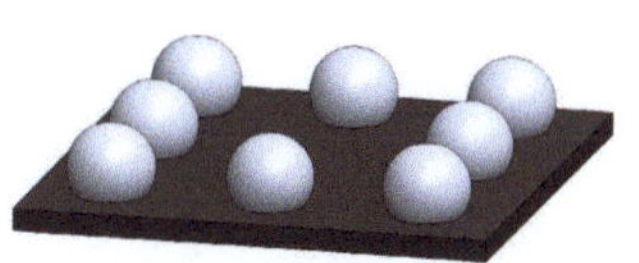

2. Platzierung des Chips auf dem Substrat

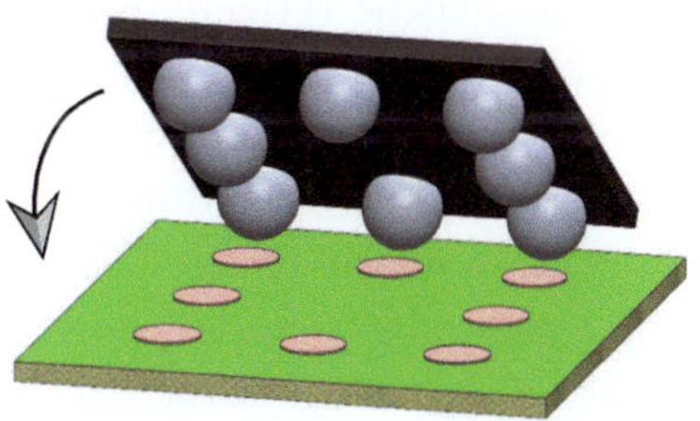

3. Ausbildung der Verbindungsstelle
(diverse Kontaktierverfahren)

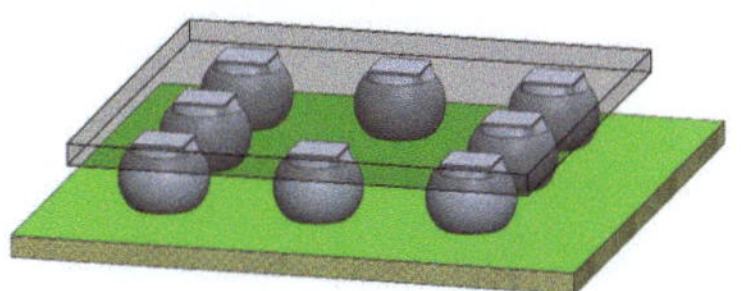

4. Underfiller zwischen Chip und Substrat für
die notwendige Zuverlässigkeit

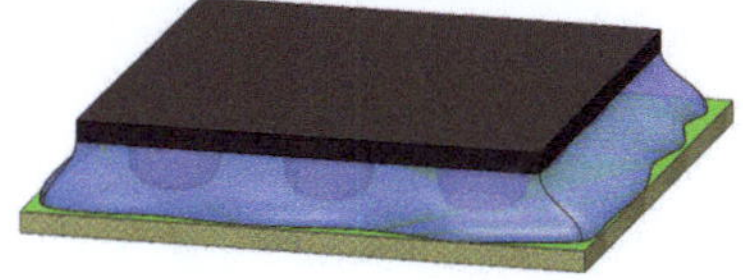

Abb. 3.49 Prinzip der Flipchip Technologie

- Die Prozesse zur Erzielung der notwendigen Zuverlässigkeit und dem Schutz des Designs. Hier geht es vor allem um den Underfiller, der als eine Polymerlage zwischen Chip und Substrat eingebracht wird, um thermomechanische Beanspruchungen zu verringern.

Auf Grund der enormen Verkürzung der Verbindung von Chip zu Substrat ergeben sich deutlich verbesserte elektrische Eigenschaften. Die Verringerungen der parasitären Kapazitäten und Induktivitäten der Verbindung ermöglichen verbesserte Anwendungen im High-Speed-Design, d. h. die Verwendung von noch schnelleren Chips mit noch größerer Flankensteilheit. Die Flankensteilheit ist die Zeit, typ. in nsec, zwischen 10 und 90 % des Spannungshubes eines digitalen Pulses. Aufgrund dessen sind höhere Taktfrequenzen möglich. Vom High Speed Design spricht man, wenn diese Zeit kleiner als 1 ns ist.

Eine der Hauptforderungen bei der Montage ist, dass die zu verarbeitenden Chips fehlerfrei sein müssen, da Nacharbeiten und Reparaturen sehr kostenaufwändig sind oder gar nicht realisiert werden können. Da bei der Chipherstellung keine 100%-ige Ausbeute erreicht werden kann, müssen die fehlerhaften Chips vor der Montage aussortiert werden. Die Chips die nach der Fertigung die geforderten Qualitäten und Zuverlässigkeiten erreichen, werden als „Known Good Die" (KGD) bezeichnet. Teilweise bezeichnet man auch den ganzen Prozess dazu als einen solchen [51, Kap. 16, S. 491–521].

Die Chips werden getestet, wobei die elektrischen Tests die korrekte Funktion zeigen und Röntgentests Fehler in der Kristallstruktur sowie Schäden in der weiteren Verarbeitung der Wafers aufspüren.

Das Ziel des Burn-in Tests ist es, möglichst alle Frühausfälle zu erkennen und stellt vereinfacht gesagt, einen Test für den Dauerbetrieb des Chips dar. Hierbei wird quasi eine gewisse Voralterung der Chips durch eine höhere Temperaturbelastung oder/und Temperaturwechsel typ. zwischen -50 und $+150°C$ und höheren Spannungen erzielt.

Zwei grundsätzliche Verfahren bei der Bumpherstellung sind zu unterscheiden.

Beim **Single Chip Bumping** werden die Chips zunächst aus dem Wafer vereinzelt. Die Herstellung der Bumps erfolgt dann auf den vereinzelten Chips, wobei alle Bumps sequentiell hergestellt werden, was nur einen geringen Durchsatz zur Folge hat. Dadurch ist dieses Verfahren nicht für die Massenproduktion geeignet. Vorteilhaft jedoch ist, dass auch Prototypen und Kleinserien, insbesondere auch für die Forschung und Entwicklung, schnell und kostengünstig realisierbar werden.

Beim **Wafer Bumping oder Wafer Level Bumping** werden alle Bumps auf den Chips bereits auf Waferebene hergestellt, was einen hohen Durchsatz garantiert und somit für die Massenproduktion geeignet ist. Vorteilhaft dabei ist auch die größere Auswahl und Flexibilität bei den Formen und Werkstoffen der Bumps sowie den Kontaktiertechnologien mit den Substraten.

Im allgemeinen Sprachgebrauch wird häufig in das Wafer Level Chip Scale Package (WLCSP) und das Flipchip-Bumping (FC) unterschieden. Der Hauptunterschied zwischen beiden liegt im Anwendungsgebiet [65]. Während die WLCSPs auf Standard-Leiterplatten montiert werden, nutzen FCs hochdichte Schaltungen (High Density Interconnection = HDI oder High Definition Substrates) wie Interposer. Das sind Substrate, die ausschließlich in Modulen und Packages genutzt werden, wobei häufig mehrere ICs auf einem Interposer mittels FC-Technik montiert und dann mit einem Package versehen werden. Weitere Unterschiede der FCs gegenüber der WLCSPs sind kleinere Bump-Raster und Durchmesser, höhere Pinanzahlen, geringere Bump-Höhen sowie teilweise unterschiedliche Technologien. Die Bumps in FC-Technik werden ausschließlich direkt auf den Bondpads, Bump on I/O, der ICs gefertigt. Die Abb. 3.50 [66] zeigt die 3 konstruktiv-technologischen Bumpausführungen der WLCSP, wobei die 2 Ausführungen in Bump on I/O als FC angesehen werden können, wenn die o. g. Unterschiede zutreffen:

- Pad Direct Bumping: Der Bump hat die gleiche Position auf dem Chip wie das Bondpad selbst. Aufgrund nur einer Passivierungslage besteht hier eine erhöhte Gefahr von Schädigungen, wie Rissbildungen, die während der Temperaturzyklen bei der Fertigung vorhanden sind, was wiederum den Einsatz dieses Designs begrenzt.
- Repassivierung: Bump und Bondpad haben auch hier die gleiche Position. Die Repassivierung entkoppelt Bump und UBM vom ersten Passivierungslayer, womit eine höhere Zuverlässigkeit der Verbindung von Chip über Bump zum Substrat erzielt wird.
- Redistributionlayer-RDL (Padumverlegung): Der Umverdrahtungslayer RDL zusammen mit nun 2 Repassivierungslayern erhöht zum einen die Zuverlässigkeit weiter. Zum anderen können die Bumps besser flächenhaft auf dem Chip verteilen werden, was einerseits größere Bumps gestattet und anderseits größere Pinzahlen realisieren lässt.

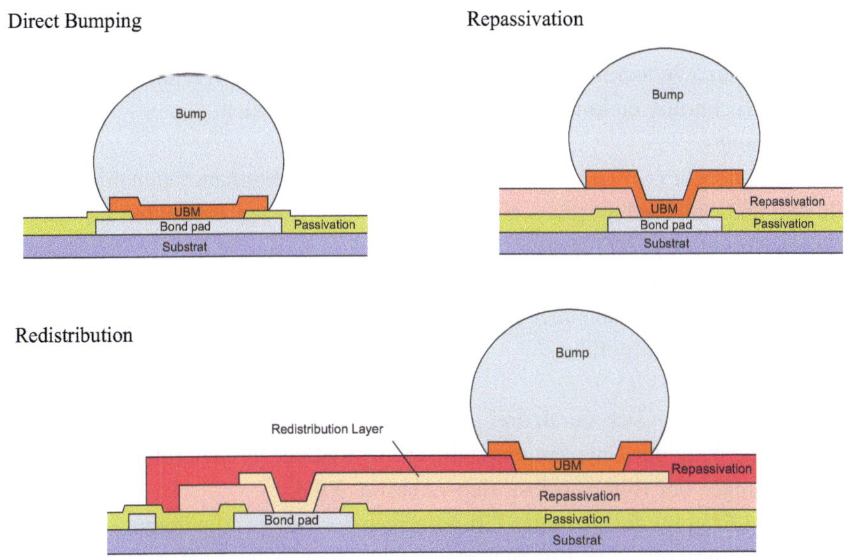

Abb. 3.50 Die 3 Technologiedesigns beim WLCSP nach [66]

Zwischen Bump und Bondpad wird in der Regel eine metallische Zwischenschicht, die Unterbumpmetallisierung (UBM), realisiert, Abschn. 3.9.3.

Nach dem Bumping-Prozess auf Wafer Level werden die Chips vereinzelt und stellen, zusammen mit den Single Chips mit Bumps, die jeweils kleinsten Bauelemente-Package bzw. Montagetechniken eines Chips auf einem Substrat dar. Sie sind dann genauso groß in der Flächenausdehnung wie der Chip selbst.

3.9.2 Bump-Klassifizierung

Einerseits bedingen sich Werkstoffe der Bumps sowie deren Fertigungstechnologien und bestimmen damit das Design der Bumps selbst. Andererseits müssen die Bumps in Zusammenhang mit der Kontaktiertechnologie zum Substrat hin betrachtet werden. Daraus ergibt sich die folgende Klassifikation:

- *Nichtaufschmelzbare Bumps aus Hochtemperaturloten.* Die Kontaktierung mit den Substratpads erfolgt mit Niedrigtemperaturloten, die typischerweise in Pastenform auf die Substratpads aufgebracht werden, dann beim Kontaktierprozess aufschmelzen und die Hochtemperaturlote anlegieren.
- *Aufschmelzbare Bumps aus Niedrig- und Hochtemperaturloten.* Diese Lote schmelzen beim Kontaktierprozess auf, benetzen dabei die Substratpads und bilden beim Erstarren die elektrische Verbindung aus.
- *Nichtaufschmelzbare Bumps aus Nichtlotwerkstoffen* wie Au, Cu und Ni. Der Einsatz erfolgt insbesondere dort, wo Löten nicht praktikabel ist. Die Kontaktierung dieser Bumps erfolgt vorzugsweise durch Kleben und Bondtechnologien wie Thermokompressionsbonden, Ultraschallbonden oder Thermosonicbonden. Gegenüber dem Löten sind aber spezielle technologische Ausrüstungen erforderlich. Die Fertigungsstrecken der SMT-Technologien können dazu nicht verwendet werden.
- *Polymerbumps.*
- *Carbon Nanotube (CNT)/Lot-Hybrid Bumps*, wobei Carbonnanofäden mit Lot ummantelt sind und elektrisch gesehen eine Parallelschaltung von Carbon und Lot darstellen.
- *Carbon Nanotube (CNT) Bumps.*
- *Bumps ohne Unterbumpmetallisierung.* Sie gehören im Sinne der Werkstoffe zu den beiden o. g. Bumps, da sie aber im Gegensatz zu allen anderen keine UBM aufweisen, sind sie hier extra aufgeführt.

Das Bumping zeichnet sich durch drei grundlegende Prozesse aus:

Zur Abscheidung der Unterbumpmetallisierung und der Passivierungsschichten sowie den Herstellungen der Bumps selbst, siehe Abschn. 3.9.4.

Die Abb. 3.51 zeigt die typischen Grundformen der Bumps, die immer im Zusammenhang mit den Bumping- und Kontaktiertechnologien zu betrachten sind, siehe folgende Kapitel.

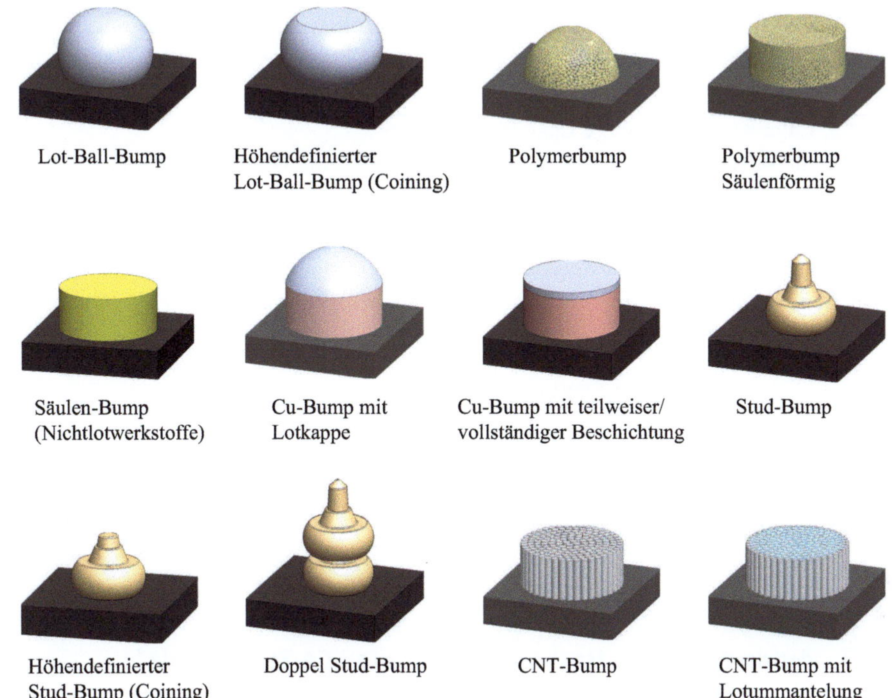

Abb. 3.51 Grundformen der Bumps

3.9.3 Die Unterbumpmetallisierung

Ganz allgemein stellt die Unterbumpmetallisierung (UBM – Under Bump Metallisation/ Metallurgy) die Verbindungsschicht zwischen dem Bump und dem Pad des Chips, dem Bondpad, dar. Das ist der wohl gebräuchlichste Ausdruck, andere Bezeichnungen dafür sind Bump Limiting Metallurgy (BLM) oder Under Bump Layer (UBL).

Zunächst werden auf dem Wafer die Passivierungs-, Repassivierung- bzw. Redistributionslayer entsprechend Abb. 3.50 abgeschieden. Die Passivierungen bestehen aus Siliziumoxiden oder -nitriden, Polymeren wie Polyimiden (PI) oder Benzocyclobuten (BCB) sowie Siliziumoxynitriden (sind Keramiken). Danach erfolgt die Abscheidung der UBM mittels Aufdampfen, Sputtern oder chemischer Metallabscheidung. An die UBM werden eine Reihe von Anforderungen gestellt, die nicht von einer einzelnen Metallschicht allein realisiert werden können und somit ein Schichtenaufbau notwendig wird. Damit ergeben sich Lagen-Strukturen mit bis zu 4 Lagen. Welche Lagen benötigt werden, hängt vom anschließenden Bumpwerkstoff und der Technologie zur Bumpherstellung selbst ab.

Die 1.Adhäsionslage schafft eine ausreichende Adhäsion zwischen UBM und Bondpad einerseits und UBM und Passivierung bzw. Repassivierung andererseits, vgl. Abb. 3.50.

Die 2. Lage stellt eine Diffusionsbarriere zur Verhinderung von Diffusionsvorgängen dar, die insbesondere zur Verschlechterung oder gar Verhinderung nachfolgender Lötprozesse bei Lotbumps führen können.

Die 3. Lage ist eine lötfähige Lage für Lotbumps.

Die finale 4. Lage ist ein Oxydationsschutz, womit eine Benetzungsfähigkeit erhalten werden soll und besteht in der Regel aus Au oder Pd.

Weiterhin soll ein niedriger Ohmscher Widerstand innerhalb der UBM und des Übergangs zum Bondpad realisiert werden.

Ein Beispiel für einen solchen Aufbau mit nachfolgend prozessierten Lotbumps aus dem Lot Sn95.5Ag4Cu0.5 ist die UBM [69] mit:

$$50\,nm\,Cr \;/\; 200\,nm\,Ni \;/\; 300\,nm\,Cu \;/\; 20\,nm\,Pd.$$

Der Aufbau einer UBM richtet sich grundsätzlich nach dem gewählten Bumpwerkstoff und der Bumptechnologie.

3.9.4 Bumping-Technologien

3.9.4.1 Aufdampfen von Hochtemperaturloten C4-Technologie

Die erste Flipchip-Technologie wurde von IBM in den 1960er Jahren unter dem Namen C4-Technologie bzw. Controlled Collapse Chip Connection eingeführt. Diese Technologie beschreibt die Bumpherstellung und die Verbindungsausbildung des Chips mit dem Substrat. Das Bumping auf Basis von Aufdampfprozessen ist in Abb. 3.52 dargestellt.

Abb. 3.52-links zeigt die Prozessschritte des Aufbringens der Passivierungsschicht (Polyimid), das Auflegen einer Maske-1 mit anschließendem Freiätzen der Pads und die sequentiellen Abscheidungen der einzelnen UBM-Lagen. Die UBM besteht aus den Lagen Cr/CrCu/Cu/Au (Original IBM). Da Cr und Cu nicht mischbar sind, entsteht zwischen diesen keine metallurgische Verbindung. Somit ist es notwendig, diese gemeinsam abzuscheiden, was zu einer Phasenregion mit einer Dicke um einige 10 nm führt [50, S. 233]

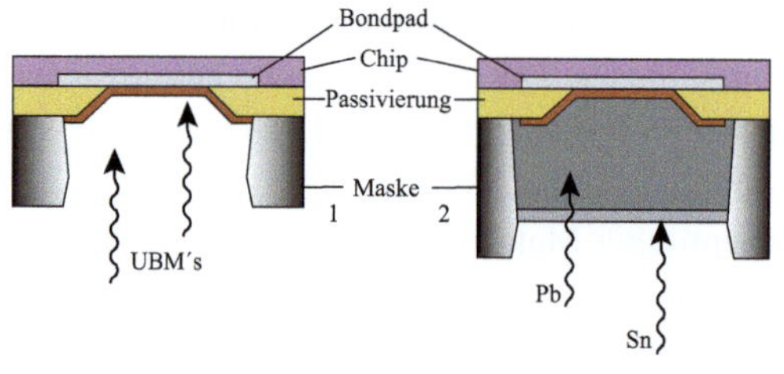

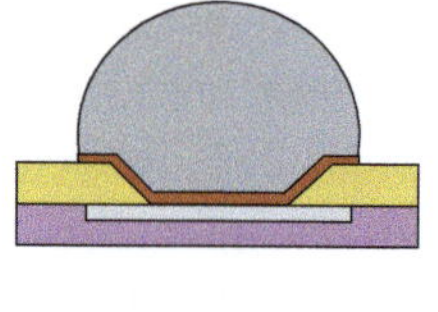

Passivierung auf Chips
Pads frei ätzen (Passivierung)
Abscheiden der UBM-Lagen

Sequentielles Abscheiden
von Pb und Sn aus der
Lotlegierung PbSn

Entfernen der Metallmaske 2
und Reflowlötung

Abb. 3.52 Aufdampfprozesse von C4-Bumps

und so eine mechanische Verbindung schafft. Weitere mögliche UBM's sind z. B. Ti/Cu; TiW/Cu; Ti/NiV.

Abb. 3.52-Mitte zeigt das Aufdampfen der Hochtemperaturlote Pb95Sn5 und Pb97Sn3 auf die freiliegenden Pads mittels einer Maske-2, die vorzugsweise aus Molybdän (Mo) besteht, da der Wärmeausdehnungskoeffizient von Mo nahe dem des Siliziums liegt und eine besonders gute Langzeitstabilität bei höheren Temperaturen gegeben ist. Die genannten Lote schmelzen im Bereich zwischen 305–320 °C und weisen Prozesstemperaturen von bis zu 360 °C auf, was für die Montage auf Keramiksubstraten von besonderer Bedeutung ist. Infolge der ungleichen Reaktionskinetik beim Aufdampfen des Lots scheidet sich zuerst Pb und dann erst Sn mit einer leicht trapezförmige Querschnittsstruktur ab.

Abb. 3.52-rechts zeigt den letzten Prozessschritt, bei dem mittels eines Reflow-Lötprozess die Lotschichten aufgeschmolzen werden, sich vermischen und infolge der Oberflächenspannung des Lots eine Kugel, den Bump, formen. Zwischen dem Sn des Lots und dem Cu der UBM kommt es zur Ausbildung einer Intermetallischen Phase, die für die notwendige Adhäsion zwischen Chip und Bump sorgt.

Wird ein definiertes Lotvolumen bei einer gegebenen Maskenöffnung abgeschieden, so ist die fertige Bumphöhe nur ein Funktion der UBM-Fläche.

Hinweis: Verwendung bleihaltige Lote nur in Ausnahmefällen (siehe RoHS).

3.9.4.2 Elektrochemische Metallabscheidung von Loten und Nichtlotwerkstoffen

Lote

Bei den Loten werden die Pb-reichen Lote wie Pb97Sn3, die PbSn-Lote wie das eutektische Lot Pb37Sn63 (charakterisiert durch die niedrigste Schmelztemperatur einer Pb-Sn-Legierung und Schmelztemperatur ist gleich Erstarrungstemperatur) und die Pb-freien Lote auf Basis SnCu, SnAg sowic dic 3-Phasen-Lotc SnAgCu (SAC), allc mit mchr als 95 % Sn, abgeschieden.

Man beachte auch hier die Anwendung bleihaltige Lote nur in Ausnahmefällen (RoHS).

Nichtlotbumps

Zu den Nichtlotbumps zählen Au-Bumps in relativ flacher Säulenform und Cu-Pillars (Cu-Säulen), die deutlich höher sein können. Die Abb. 3.53 zeigt die Prozessfolgen für Lote mit 2 Varianten und für Au.

Die Abscheidung der Cu-Bumps entspricht der von Au, wobei bei Cu weitere Schichten noch dazu kommen.

Nach dem Auftragen der Passivierung und deren Strukturierung mit dem Freilegen der Bondpads, erfolgt die vollflächige Abscheidung der UBM, typischerweise mittels Sputtern. Gegenüber dem Aufdampfen lassen sich deutlich größere Haftfestigkeiten der UBM erzielen. Entsprechend den verwendeten Bumpwerkstoffen werden die UBM-Lagen und die technologischen Parameter angepasst. Besonders hervorzuheben ist, dass die Pb-freien

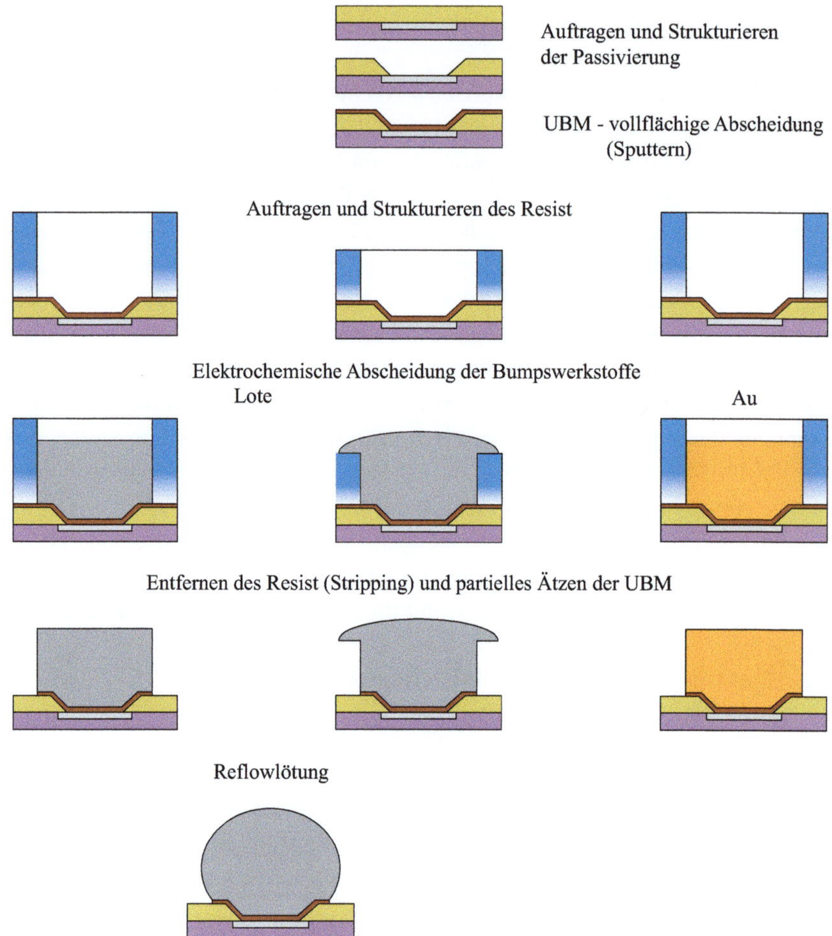

Abb. 3.53 Elektrochemische Abscheidung von Bumps

und Sn-reichen Lote besonders reaktiv mit der UBM sind. Das macht einen modifizierten UBM-Aufbau mit robusteren Reaktionsbarrieren wie typischerweise einer zusätzlichen Ni-Schicht notwendig. Der photostrukturierte Resist begrenzt die elektrochemische Metallabscheidung auf die Bumpgröße. Bei der nun folgenden elektrochemischen Metallabscheidung (galvanische Abscheidung, Elektroplattieren) werden die in einem Elektrolyten vorliegenden Metallionen mittels einer äußeren Stromquelle an der Kathode, hier den Bondpads, abgeschieden (Aufnahme von Elektronen an der Kathode = Reduktionsvorgang). Voraussetzung dafür ist, dass die zu beschichtenden Bondpads elektrisch leitend mit der Kathode der Stromquelle verbunden sein müssen. Aufgrund der Vielzahl der Bondpads können diese nicht einzeln kontaktiert werden, so dass eine gemeinsame elektrisch leitende Schicht diese Verbindung schafft, die nach dem Abscheideprozess teilweise wieder entfernt werden muss. Im Falle der elektrochemischen Abscheidung übernimmt eben die UBM diese Rolle. Die UBM hat also nicht nur die Funktion als UBM, sondern stellt technologisch zugleich eine Opferschicht dar.

Die Höhe der Bumps wird durch die Dicke des Resist bestimmt. Verwendet man eine dünnere Resistschicht und will den gleichen Bump wie in Abb. 3.53-links gezeigt erzielen, so lässt man die Struktur über den Resist wachsen, womit die bekannte Mushroom-Struktur entsteht, Bildmitte. Danach werden der Photoresist durch ein Strippingverfahren und die UBM-Teile, die für die elektrochemische Abscheidung notwendig waren, durch einen chemischen Ätzprozess entfernt.

Bei den Lotwerkstoffen folgt als letztes ein Reflowprozess, bei dem das Lot aufgeschmolzen wird und sich infolge der Oberflächenspannung zu einem kugelförmigen festen Lotbump formt.

Für den Au-Bump ist der Herstellungsprozess mit dem Stripping des Resist und UBM-Ätzen abgeschlossen. Eine konische Form mit einem Fußdurchmesser von 10 μm und an der Spitze des Bumps deutlich verkleinertem Topdurchmesser kann erzielt werden, wenn ein unterschnittener Photoresist verwendet wird.

Die Herstellung der Cu-Bumps bedarf i. d. R. weiterer Prozessschritte, da zusätzliche Funktionsschichten für unterschiedliche Montagetechnologien notwendig sind. Die Abb. 3.54 zeigt dazu fertig prozessierte Cu-Bumps.

Für die WIT-Struktur (Wire Interconnect Technology, [51]) (Abb. 3.54-a) erfolgt nach der Cu-Abscheidung und dem Stripping des Resist eine Ni-Abscheidung als Diffusionsbarriere. Diese Bumps haben einen Durchmesser von 10 μm der sich nach oben leicht vergrößert, eine Höhe von 50 μm und sind auf 25 μm-Pads gebumpt. Der Rasterabstand (pitch) beträgt 50 μm. Das Bumping kann sowohl auf dem Chip als auch auf dem Substrat erfolgen, wobei die Kontaktierung jeweils durch Löten erfolgt.

Bei den Cu-Bumps mit Lotkappe (Abb. 3.54-b) erfolgen nach dem Cu die Abscheidungen der Ni-Diffusionsbarriere und des Lots, heute typischerweise Pb-frei, gefolgt vom Stripping des Resist. Die Ni-Barriere verbessert die Beständigkeit hinsichtlich Elektromi-

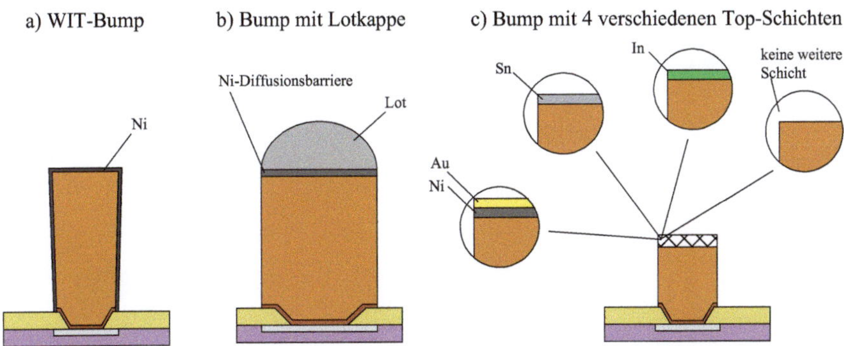

Abb. 3.54 Typische Cu-Bump-Strukturen

gration deutlich, was Untersuchungen in [36] mit 75 μm SnAg1.8 Bumps gezeigt haben. Elektromigration ist ein Stofftransport infolge des Stromes in Leitern, vorzugsweise entlang der Korngrenzen, und führt zu Voids (Stofflücken) und Hillocks (Stoffansammlungen) und ist eine der Hauptursachen für Ausfälle.

Der abschließende Reflowprozess umschmilzt das Lot und formt die Bumpkappen. Durchmesser und Höhen werden in weiten Grenzen realisiert, beispielhaft hierfür seien Durchmesser von 20–65 μm und Höhen incl. bleifreier Lotkappen von 20–75 μm [5] genannt.

Die Cu-Bumps nach (Abb. 3.54-c) haben planare Funktionsschichten bzw. auch in einem Falle gar keine. Die Größen variieren in weiten Bereichen mit typischen Durchmessern von 10–120 μm und Höhen von 3–30 μm.

3.9.4.3   Stromlose Metallabscheidung nach dem ENIG-Verfahren

Das ENIG-Verfahren (Electroless Nickel Immersion Gold) basiert auf der selektiven Abscheidung von Nickel und einer sehr dünnen Au-Schicht auf Al-Pads [91], Abb. 3.55.

Es findet Anwendung bei der Abscheidung der UBM mit Dicken von 5 μm Ni und 0,05–0,08 μm Au.

Vergrößert man die Ni-Schicht deutlich, so kann zugleich ein Bump realisiert werden, womit eine Funktionsintegration von UBM und Bump vorliegt. Die Abb. 3.55 zeigt zusammengefasste Prozessschritte dieses Verfahrens.

Zunächst wird auf der Rückseite des Wafers ein Resist aufgetragen (Spincoating), um diese vor einer Ni-Abscheidung zu schützen, was in der Abb. nicht dargestellt ist. Nach dem Bumpingprozess wird der Resist wieder entfernt.

In den Prozessschritten 1 und 2 erfolgen die Passivierung der Waferoberfläche und das Freistellen der Pads sowie die Padreinigung, insbesondere das Entfernen von Oxiden. Im 3. Prozessschritt werden die Al-Pads mit einer Zn-Behandlung aktiviert und schaffen so die Grundlage für die stromlose Ni-Abscheidung im 4. Prozessschritt. Im 5. Prozessschritt

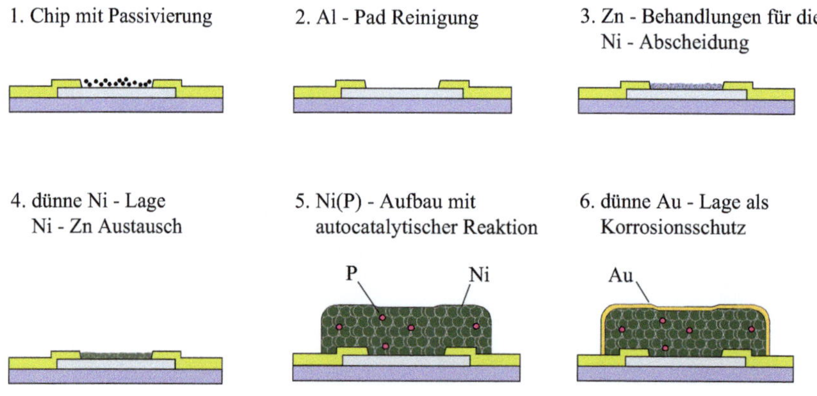

Abb. 3.55 Zusammengefasste Prozessschritte des ENIG-Verfahrens

erfolgt nun der stromlose Aufbau der Bumps mit einem Überwachsen auf die Passivierungsschicht, so dass eine Pilzform entsteht, deren Größe von der Abscheidezeit abhängig ist. Im 6. Prozessschritt wird stromlos die Au-Schicht abgeschieden und somit die Lötbarkeit der Bumps erhält.

Erreichbar sind Ni-Höhen von $20\,\mu m$, die Au-Schicht beträgt $0{,}05$–$0{,}5\,\mu m$.

3.9.4.4 Strukturierter Druck von Lotpasten

Strukturierter Druck bedeutet, dass die Lotpaste grundsätzlich nur auf die Pads aufgetragen wird. Das kann durch einen Schablonendruck oder durch photostruktierbare Lacke, die temporär auf den Wafer aufgetragen werden, erfolgen.

Schablonendruck

Bei diesem Verfahren wird eine angepasste viskose Lotpaste durch Öffnungen (Aperturen) einer Metallschablone direkt auf die Pads des Wafers gedrückt, Abb. 3.56.

Ausgangspunkt im 1. Prozessschritt ist die UBM, z. B. $5\,\mu m$ Ni$/0{,}05$–$0{,}08\,\mu m$ Au nach dem ENIG-Verfahren (Electroless Nickel Immersion Gold). In den Prozessschritten 2, 3 und 4 erfolgen die Ausrichtung der Schablone zum Wafer und der eigentliche Lotpastendruck mittels Rakel. Im 5. Prozessschritt wird die Schablone entfernt, was kritisch sein kann. Sind die Aperturen sehr klein und es haften noch Lotkugeln der Lotpaste an den Rändern der Aperturen, so kann das zu einer, u. U. inakzeptablen, Verringerung des Lotdepots auf den Pads führen. Für qualitativ gute Lotbumps muss eine ausreichende Konturenstabilität gegeben sein. Einerseits muss die Lotpaste niedrigviskos sein, damit sie gut durch die Aperturen gedrückt werden kann, andererseits muss sie höherviskos sein für eine gute Konturenstabilität. Im 6. Prozessschritt wird die Lotpaste aufgeschmolzen und es erfolgt die Ausbildung der Lotbumps.

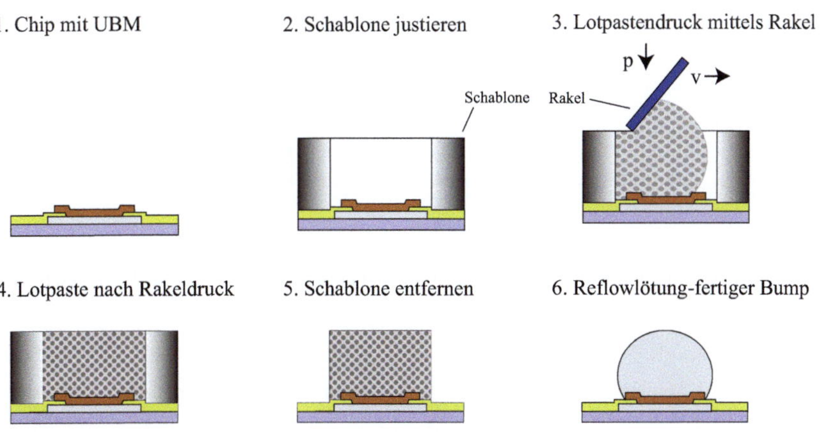

Abb. 3.56 Lotpastendruck mittels Metallschablone

Lotpastendruck mittels einer photostrukturierten Maske

Bei diesem Verfahren wird auf den Wafer vollflächig ein photostrukturierbarer Resist aufgetragen, der im Anschluss photolithographisch entsprechend der Padstruktur des Wafers strukturiert wird. Die Lotpaste wird im Anschluss, ähnlich wie beim Schablonendruck, in die Aperturen des Photolacks gedrückt. Anschließend erfolgt das Reflowlöten zur Ausbildung der Bumps und danach das Entfernen (Stripping) des Resist.

Realisierte Bumps weisen einen Durchmesser von 25 μm bei einem Pitch von 60 μm auf.

3.9.4.5 Maskenloses Lotbump-Verfahren

Neben dem Drucken von Lotpaste mittels Schablonendruck, kann auch ein maskenloses Verfahren Anwendung finden. In [8] wird dazu die maskenlose Solder Bump Maker Technologie (SBM) für die Montage von 3D SiP Modulen (System-in-Package) vorgestellt, Abb. 3.57. Hierbei wird keine Lotpaste verwendet, sondern eine Kompositpaste aus Lotpulver und einem Polymer, bei der das Verhältnis von Polymer zu Lotpulver (Sn-58Bi) 7:3 beträgt. Das Polymer hat die Funktion, Oxide vom Lotpulver und den Pads während des Bumpingprozesses zu entfernen. Die besonderen rheologischen Eigenschaften (Verformungs- und Fließeigenschaften) der SBM-Paste führen zur Ausbildung der Bumps ohne weitere Formen oder Ausrichtungen zu den Pads.

Im 1. Prozessschritt wird die Unterbumpmetallisierung (UBM), in diesem Fall Ti/Ni/Au, aufgebracht. In den Prozessschritten 2 und 3 folgen die temporäre Montage eines Rahmens, der den Wafer begrenzt, und das Einfüllen der SBM-Paste. Im 4. Prozessschritt wird die SBM-Paste abgezogen, wobei die resultierende Ebenheit für die Gleichmäßigkeit der Bumps von wesentlicher Bedeutung ist. Der 5. Prozessschritt, das Reflowlöten bei 200 °C und 20 sec, führt zur Ausformung der Bumps. Im 6. Prozessschritt

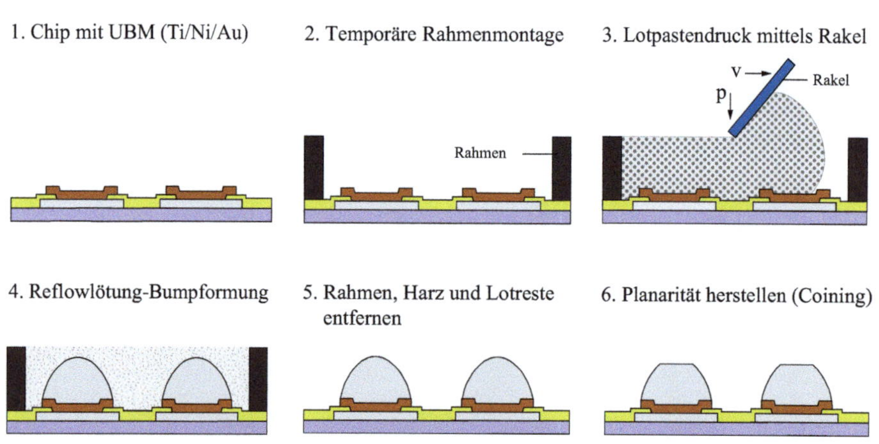

Abb. 3.57 Solder Bump Maker

werden die Polymer- und Lotpulverreste mit Lösungsmitteln und Ultraschall ausgewaschen.

Betrachtet man den gesamten Prozess, so ist diese Technologie in den Low-Cost-Bereich einzuordnen.

3.9.4.6　C4NP-Technologie (Controlled Collapse Chip Connection New Process)

Mit dem C4NP-Verfahren werden Lotbumps auf Waferebene mittels eines Lotkugeltransfers hergestellt. Dabei werden definierte Volumen geschmolzenen Lots unterschiedlichster Legierungen in Kavitäten eines Glassubstrats gefüllt. Nach einem Reflowprozess und der Ausbildung der Lotkugeln in den Kavitäten erfolgt der simultane Transfer aller Lotkugeln auf die Pads des Wafers [49, 70] zitiert auch in [87, S. 101–106], Abb. 3.58.

Im 1. Prozessschritt erfolgt die Herstellung der Glasform mit zu den Pads des Wafers spiegelbildlich angeordneten Kavitäten im Glas. Bedeutsam dabei ist, dass Glas und Silizium annähernd den gleichen Wärmeausdehnungskoeffizienten aufweisen. Dadurch entstehen bei den folgenden Reflowprozessen nahezu keine Verschiebungen zwischen den Geometrien der Kavitäten und der Padstruktur des Wafers. Die Strukturierung des Glases erfolgt photolithographisch mit einem anschließenden Glasätzprozess.

Beim 2. Prozessschritt werden mittels eines Füllkopfes die einzelnen Kavitäten gefüllt, indem die Glasform unter dem Füllkopf bewegt wird. Mit einer N_2-Schutzgasunterstützung wird die Oxidation unterbunden.

Der 3. Prozessschritt ist ein Reflowprozess mit dem Ergebnis, dass in allen Kavitäten feste Lotkugeln entstehen, die 10–20 μm über die Glasoberfläche ragen und nicht

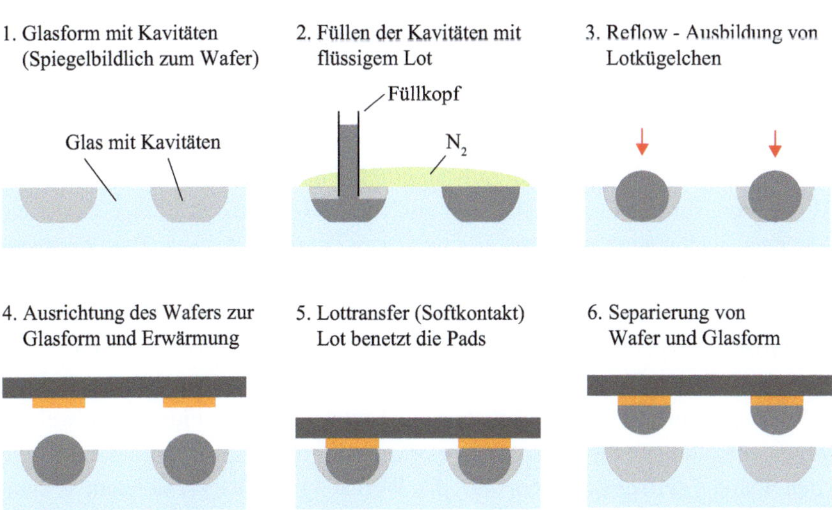

Abb. 3.58 Prozessschritte der C4NP-Technologie

zwangsweise alle mittig in den Kavitäten liegen. Dabei erfolgt keine Benetzung zwischen Lotkugeln und Glasform, was die Grundlage für den folgenden Lotkugeltransfer ist.

Im 4. Prozessschritt erfolgt die exakte Ausrichtung von Wafer und Glasform.

Der 5. Prozessschritt ist der Lottransferprozess. Dabei werden Wafer und Glasform so erwärmt, dass bei Entstehen des Kontakts die aufgeschmolzenen Lotkugeln die Pads des Wafers benetzen. Sie verbleiben dort, da sie nicht in der Glasform aufgrund der fehlenden Benetzung festgehalten werden. Auch wenn die Lotkugeln nicht exakt in der Mitte der Kavität liegen, werden sie durch die Oberflächenspannung bei den Benetzungs- und Reflowprozessen exakt auf die Pads gezogen.

Der 6. Prozessschritt ist die Separierung von Wafer und Glasform, womit der Lottransferprozess abgeschlossen ist.

Die C4NP-Technologie ist kompatibel mit allen, mit Lot benetzungsfähigen Oberflächen einschließlich Ni, Cu und Au. Die bleifreien Lote wie Sn2.0Ag und Sn0.7Cu sind besonders reaktiv mit Cu-Oberflächen.

Da hier feste Lote und nicht Pasten mit Fluxerbestandteilen verwendet werden, entstehen auch keine Voids in den Lotbumps auf dem Wafer.

Im Vergleich zu elektrochemisch hergestellten Bumps ergibt sich eine Kostenreduktion um 10–30 %.

3.9.4.7   Simultaner Transfer von Preform Lotkugeln

Preform Lotkugeln sind vorgeformte einzelne Lotkugeln, die sich in einem Reservoir befinden. Beim simultanen Transfer dieser Lotkugeln aus dem Reservoir ist zu unterscheiden, ob sie auf einen Wafer oder auf ein Substrat erfolgen.

Unterscheidungskriterium ist die deutlich größere Anzahl der zu platzierenden Lotkugeln beim Wafer und der Möglichkeit eines Rework bei fehlenden oder fehlerhaften Lotkugeln auf dem Wafer. Das simultane Substratbumping hat weniger Lotkugeln und ein Rework muss nur in den Fällen erfolgen, bei denen die Anschlüssen der zu montierenden Packages nicht zugänglich sind, wie beispielsweise bei BTC's, siehe Tab. 3.2 SMD-11.

Eine Methode zum simultanen Waferbumping ist das Verfahren Wafer Level Solder Sphere Transfer [67, 68], Abb. 3.59.

Die Prozessschritte 1a mit dem Auftrag eines Flussmittels mittels Schablonendruck und 1b mit der Aufnahme der Lotkugeln aus einem Reservoir mit eingeschaltetem Vakuum können weitgehend parallel verlaufen, was Prozesszeit spart. Das Werkzeug zur Lotkugelaufnahme ist spiegelbildlich zur Padstruktur des Wafers, so dass alle Pads simultan gebumpt werden können.

Im 2. Prozessschritt erfolgt die Inspektion der Lotkugeln und die Ausrichtung zwischen Werkzeug und Wafer.

Im 3. Prozessschritt setzt das Werkzeug alle Lotkugeln in das Flussmittel, welches zur Fixierung der Lotkugeln dient.

In den 4. und 5. Prozessschritten wird das Werkzeug bei ausgeschaltetem Vakuum abgehoben, es erfolgt das Umschmelzen der Kugeln zu fertig prozessierten Lotbumps und das Entfernen der Flussmittelreste.

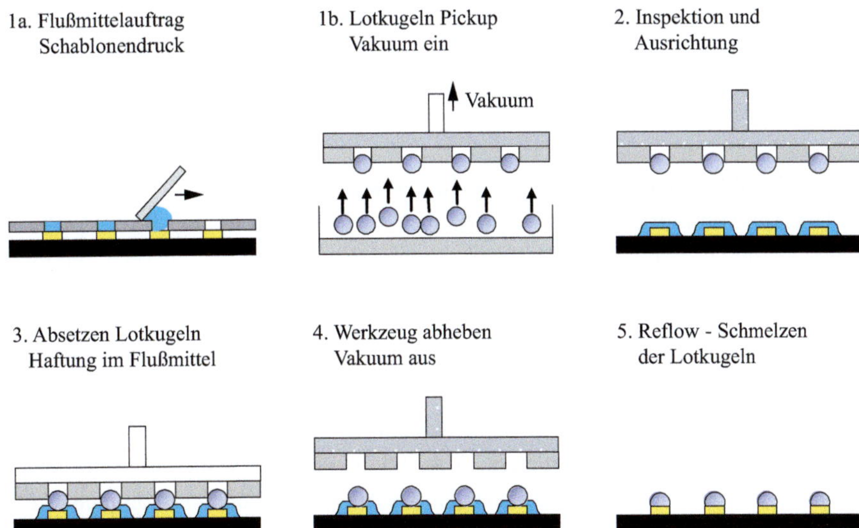

Abb. 3.59 Wafer Level Solder Sphere Transfer [67, 68], leicht modifiziert, mit Genehmigung der PacTech-Packaging Technologies GmbH

3.9.4.8 Laser Solder Ball Jetting-SB^2

Anders als bei den Massenverfahren, bei denen quasi alle Bumps parallel prozessiert werden, erfolgt hier das Platzieren und Aufschmelzen der Lotbumps seriell, Abb. 3.60. Dabei fallen einzelne Lotkugeln aus einem Reservoir in eine Kapillare, deren Öffnung deutlich kleiner ist als der Lotkugeldurchmesser. Ein Laserstrahl schmilzt die Lotkugel auf und drückt sie zusammen mit einem N_2-Strahl durch die Kapillaröffnung auf das Pad. Weiterhin verhindert das N_2 Oxydationsvorgänge. Da dieser gesamte Prozess flussmittelfrei erfolgt, entfallen die Reinigungsschritte für das Entfernung von Flussmittelrückständen.

Realisierbar sind Bumps mit Durchmessern von 30–2000 μm. Das kleinste Rastermaß (pitch) liegt bei 40 μm.

Abb. 3.60 Serielles Lotbumping: Laser Solder Ball Jetting-SB^2, mit Genehmigung der PacTech-Packaging Technologies GmbH

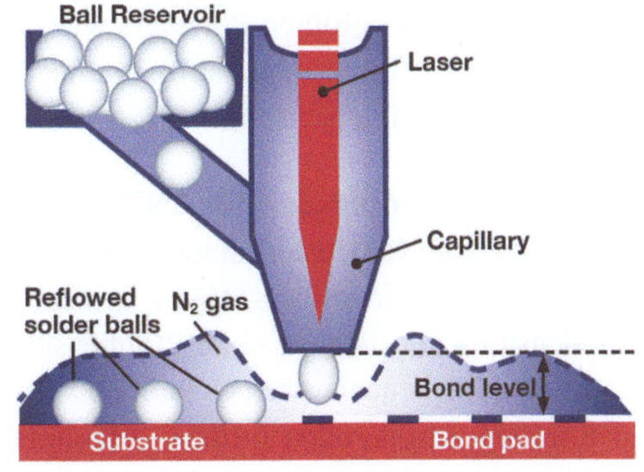

Die Anwendung reicht von niedrigschmelzenden Loten auf Basis von Indium mit Schmelztemperaturen ab 60 °C über bleifreie Lote mit Schmelztemperaturen von 138 °C (Sn58 Bi42) bis 278 °C (Sn20 Au80) bis hin zu hochschmelzenden bleihaltigen Loten bei 310 °C.

3.9.4.9   Strukturierter Druck leitfähiger Polymere

Beim Drucken von leitfähigen Polymeren, auch als Polymer Flipchip-Prozess (PFC) bezeichnet, werden ICA-Polymere (Isotropic Conductive Adhesive) eingesetzt, die im Ausgangszustand leitfähig sind und isotrope Eigenschaften haben, d. h. in allen Richtungen die gleiche Leitfähigkeit aufweisen. Sie bestehen aus einem Harzsystem und leitenden Füllstoffen, typischerweise Ag-Partikeln, und werden in duroplastische und thermoplastische Polymere unterschieden.

Die Prozessschritte sind ähnlich dem Schablonendruck von Lotpasten mit entsprechend modifizierten Prozessparametern, Abb. 3.56 (1) bis (5), wobei als Ausgangspunkt UBM's wie 0,5–1,0 µm Pd oder 3,0–5,0 µm Ni/Au zur Anwendung kommen. Anstelle des Reflowlötens bei Lotpasten (6) erfolgen hier nun Aushärtungsprozesse, die den unterschiedlichen Polymeren angepasst werden. Bei den duroplastischen Polymeren ist in den vollständig ausgehärteten Zustand (C-Stage) und in den teilweise ausgehärteten Zustand (B-Stage) zu unterscheiden. Beim Trocknungsprozess der thermoplastischen Polymere entweichen die Lösungsmittel und bilden dann einen festen Bump.

Typische Durchmesser und Höhen liegen im Bereich von 50–75 µm und Rastern kleiner 120 µm. Im Unterschied zu den deutlich höheren Prozesstemperaturen beim Reflowlöten mit ca. 20 °C über der Schmelztemperatur, liegen die Aushärtungstemperaturen im Bereich von 70–150 °C. Diese deutlich niedrigeren Prozesstemperaturen prädestinieren die PFC für temperatursensible Anwendungen. Ein weiterer Unterschied zwischen den Polymer- und Lotbumps besteht darin, dass die Polymerbumps keinen Selbstjustageeffekt aufweisen. Das bedeutet, dass ein fehlerhafter Druckprozess durch den Aushärtungsvorgang nicht zum Selbstjustieren auf den Pads führen kann, wie das beim Erstarren eines flüssigen Lotes infolge seiner Oberflächenspannung erfolgt, was demzufolge besondere Sorgfalt beim Polymerdruck erfordert.

Eine weitere Möglichkeit für PFCs besteht darin, anstelle der Schablone einen photostrukturierten Resist zu verwenden, der nach dem Druck eines thermoplastischen und mit Ag-Partikeln gefüllten Polymers wieder entfernt wird. Das ist vergleichbar mit dem Lotpastendruck mittels photostrukturierter Maske s. o. Diese Technologie wird als Micro Machined Bumping bezeichnet [54, S. 442–443].

3.9.4.10   Technologien für CNT- und CNF-Bumps

Grundlage der Kohlenstoffnanoröhren (Carbon Nanotubes, CNT) und Kohlenstoffnanofasern (Carbon Nanofibers, CNF) ist das Graphen. Es ist eine der Modifikationen des Kohlenstoffs und liegt in einer 2-dimensionalen-hexagonalen Struktur vor, wobei jedes C-Atom mit 3 benachbarten C-Atomen Verbindungen eingeht. CNT und CNF unterscheiden sich im strukturellen Aufbau, d. h. darin, wie aus dem Graphen die 3-dimensionalen Strukturen entstehen [9], Abb. 3.61.

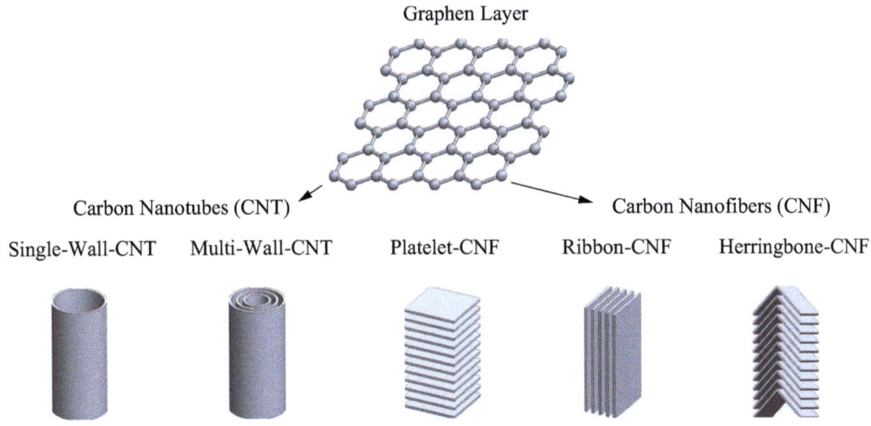

Abb. 3.61 Graphen Layer und abgeleitete Strukturen für Carbon Nanotubes (CNT) und Carbon Nanofibers (CNF) – schematische Darstellung

Rollt man diese Graphenstrukturen zu Zylindern zusammen, so entstehen Carbon Nanotubes, die je nach Orientierung beim Zusammenrollen unterschiedliche CNT-Strukturen mit unterschiedlichen thermischen, elektrischen und mechanischen Eigenschaften entstehen lassen. Nur ein Zylinder wird als Single-Wall-CNT (SWCNT) bezeichnet und werden mehr als 2 bis über 10 Zylinder ineinander gesteckt, so liegt ein Multi-Wall-CNT (MWCNT) vor.

Bei den Carbon Nanofibers gibt es im Wesentlichen drei Grundstrukturen [42, S. 180–182] [57]. Während bei der Platelet-CNF die Graphen Layer senkrecht übereinander gestapelt werden, sind sie bei der Ribbon-CNF parallel zur Wachstumsachse angeordnet. Bei der Herringbone-CNF sind die Graphen Layer schräg zur Faserachse angeordnet, wie bei einer Fischgräte oder gestapelten Cups.

Die Tab. 3.12 zeigt Eigenschaften von CNT und CNF, wobei Schwankungen auf den morphologischen Aufbau und Defekte zurückzuführen sind.

Tab. 3.12 Physikalische Eigenschaften von CNT und CNF [85]

Eigenschaften	SWCNT	MWCNT	CNF
Durchmesser μm	0,5 - 2	5 - 200	10 - 500
Länge	bis zu 20 cm	einige 100 μm	einige 100 μm
E-Modul TPa	1 - 1,3	0,5 - 1,2	0,3 - 0,7
Zugfestigkeit GPa	45 -150	bis 150	3 - 12
Elektr. Leitfähigkeit S/cm	550	80 - 1000	300
Wärmeleitfähigkeit W/(K·m)	1000 - 6000	300 - 3000	800 - 2000

CNT/CNF benötigen katalytische Schichten wie Fe, Co, Va und Cr zum Aufwachsen, wobei verfahrensseitig CVD-Verfahren (Chemical Vapor Deposition, chemische Gasphasenabscheidung), PECVD (Plasma-Enhanced Chemical Vapor Deposition, CVD mit Plasmaunterstützung) und das Elektrospinning angewandt werden. Nachteilig sind die hohen Prozesstemperaturen mit $T > 600\,°C$. Dadurch können i. d. R. diese Bumps nicht direkt auf den Zielpads prozessiert werden, sondern wachsen erst auf einer Zwischenschicht auf und werden danach auf das Zielpad transferiert.

Die Abb. 3.62 zeigt eine Technologie für ein solches Transferverfahren, was sich durch seine CMOS-Kompatibilität auszeichnet [81].

In den Prozessschritten 1.1 bis 1.3 erfolgt die Preparierung des Spendersubstrates mit den CNTs. Dazu wird das Silizium-Spendersubstrat mit $10\,nm$ Al_2O_3 und anschließend mit $1\,nm$ Fe beschichtet (PVD-Verfahren). Danach wächst die CNT Struktur bei $625\,°C$ und wird dann auf Raumtemperatur herunter gekühlt. Es entstehen Multi-Wall-CNTs mit einem durchschnittlichen Durchmesser von $5\,nm$ und durchschnittlich 5 Zylindern. Schließlich werden auf der CNT Struktur mittels einer Maske eine $35\,nm$ Ti-Schicht und eine $1\,\mu m$ SAC-Lotschicht (Sn/Ag/Cu-Lot) abgeschieden.

Die 2. Prozessschritte umfassen die Vorbereitungen des Zielsubstrats.

Dabei werden entsprechend der CMOS-Strukturen $35\,nm$ Ti und $1\,\mu m$ Au mittels photostrukturierter Resiste auf dem Zielsubstrat abgeschieden.

Die 3. Prozessschritte umfassen den CNT-Transfer. Dazu werden Spender- und Zielsubstrat zueinander platziert und in direkten Kontakt miteinander gebracht. Es schließt sich der Reflowprozess bei $250\,°C$ an. Ein zusätzlicher Druck sorgt für einen guten Kontakt ohne Lufteinschlüsse. Durch Zugkräfte auf die beiden Substrate in entgegengesetzter Richtung erfolgt die Separierung der Strukturen.

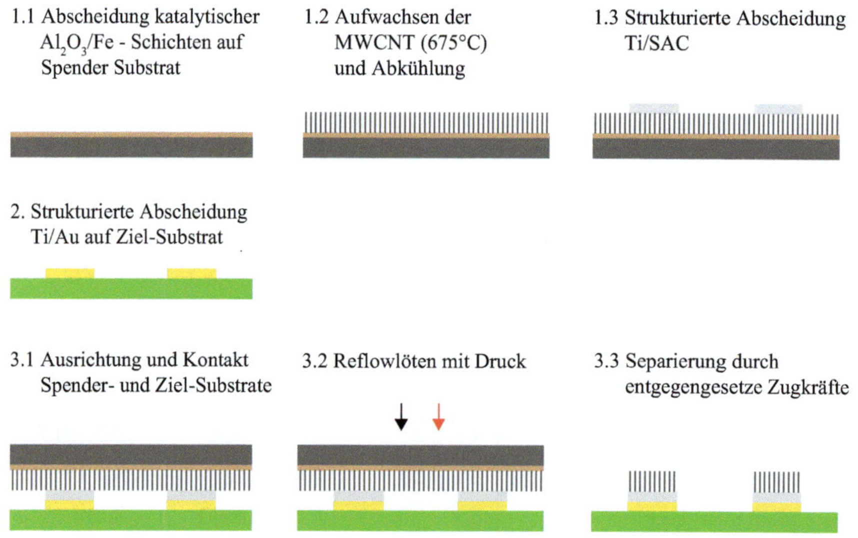

Abb. 3.62 CMOS-kompatibles Verfahren zum Transfer von CNT-Arrays [81]

Es entsteht eine Verbindung von CNT zum Substrat: CNT-Ti-SAC-Au-Ti. Aufgrund der niedrigen Reflowtemperatur von 250 °C ist der Prozess CMOS kompatibel.

3.9.4.11 CNF-Lot-Kompositbump

In [19] wird eine Technologie für Kompositbumps vorgestellt, bei der Carbon Nanofibers in ein InSn-Lot eingebettet werden. Dazu wird wie in Abb. 3.62 ein Si-Spendersubstrat mit katalytischen Al- oder Ti/Au-Schichten verwendet, auf denen die CNFs bei 390 °C aufwachsen und anschließend in einem Sputterverfahren mit Au beschichtet werden.

Auf den Pads des Zielsubstrat (Si-Wafer) werden niedrigschmelzende InSn-Lot-Bumps aufgebracht.

Im Transferprozess werden die CNF-Strukturen in die aufgescholzenen Lotbumps getaucht und bleiben nach der Separierung von Spender- und Zielsubtrat am Lot haften. Grund dafür ist die gute Benetzung des Lotes mit den Au-beschichteten CNFs. Nach dem Reflowprozess bei 170 °C entstehen somit Kompositbumps eines Lotes mit eingebetteten CNFs. Die gute Benetzung sorgt nicht nur für den Transfer der CNFs, sondern verhindert auch die Kurzschlussneigung des Lotes zwischen den Pads, was zu besonders kleinen Pitches führt. Erreichbar sind Bumpdurchmesser von 10–20 µm.

3.9.4.12 Stud Bump Bonding

Stud Bumps sind durch modifizierte Ball-Wedge-Bonder erzeugte Kontakthöcker, die nach dem Ball-Bond Prozess und einem nachfolgenden Abreißen oder Abschneiden des Bonddrahts entstehen. Da die Bumpingprozesse sequentieller Natur sind, eignen sie sich nicht für die Massenfertigung, sondern werden vorwiegend zum Stud Bump Bonding auf einem Single Wafer oder einzelnen Chips eingesetzt. Die Herstellung der Stud Bumps auf dem Substrat ist ebenfalls möglich. Diesem Nachteil steht eine deutlich höhere Flexibilität entgegen, weil die für das parallele Bumping bei den Flipchip-Technologien zusätzlichen Maskierungen und Schichtenaufbauten entfallen.

Zu unterscheiden sind drei Stud Bump Typen, Abb. 3.63.

Beim *Standard Bump* verbleibt nach der Drahttrennung noch ein Spitze. Zur Erzielung einer besseren Planarität aller Bumps und zur Vergrößerung der Kontaktfläche zwischen

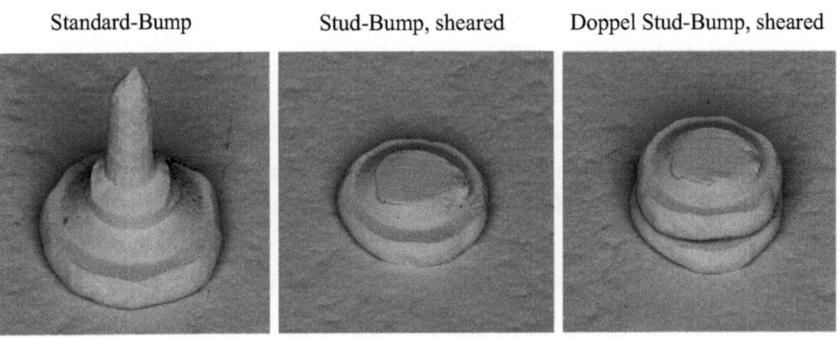

Abb. 3.63 Stud Bumps mit Genehmigung der Bond-IQ GmbH, Berlin

Bump und Komplementärpad werden diese abgeflacht (Coining) und es entstehen *Coined Stud Bumps* oder *Sheared Bumps*. *Stacked Bumps* oder *Doppel Stud-Bumps* werden verwendet, wenn der Abstand (Stand-Off) zwischen Pad und Chip vergrößert werden soll, um höhere Elastizitäten und Schersicherheiten der Anschlüsse zu erreichen.

Am weitesten verbreitet sind die Stud Bumps auf Basis von Gold und Goldlegierungen. Derartig gebumpte Chip werden bei den Flipchip-Technologien mittels Thermokompressions- und Thermosonicbonden mit dem Substrat verbunden, wobei die Temperaturen beim TC-Bonden mit ca. 250 °C deutlich höher liegen als beim TS-Bonden mit ca. 150 °C.

Weitere Materialien für Stud Bumps sind Platin und Kupfer. Nachteilig beim Kupfer ist die größere Härte und die Notwendigkeit einer Schutzatmosphäre beim Bumpingprozess zur Verhinderung der Oxidation, allerdings ist Kupfer auf Grund der geringeren Kosten wieder interessant.

3.9.5 Kontaktierung mittels Lötverfahren

3.9.5.1 Das Prinzip

Hierbei geht es um Lötverbindungen unter Verwendung eines Lotwerkstoffes. Hier kommen bleihaltige und bleifreie Lote auf Basis von SnCu-, SnAg- und SnAgCu-Legierungen zur Anwendung, wobei entsprechend der RoHS bleihaltige Lote in der Elektronik nur in Ausnahmefällen zur Anwendung kommen dürfen. Weiterhin ist zu unterscheiden in Hochtemperatur- und Niedrigtemperaturlote, weil insbesondere die Hochtemperaturlote entsprechend temperaturkompatible Substrate voraussetzen und für organische Substrate wie FR4 nicht geeignet sind.

Grundsätzlich kann dabei in die folgenden Lotverbindungstypen unterschieden werden:

- Die Bumps selbst bestehen aus dem Lotwerkstoff, der beim Reflowlöten aufschmilzt und somit kein weiteres zusätzliches Lot erfordert. Werden hier Hochtemperaturlote verwendet, so kommen i. d. R. Keramiksubstrate für die Leistungselektronik zur Anwendung. Bei Niedrigtemperaturloten z. B. für temperatursensible Schaltungen können auch organische Substrate wie FR4 verwendet werden.
- Die Bumps bestehen aus einem höherschmelzenden Lot und ein niedriger schmelzendes Lot wird auf die Pads des Substrats aufgebracht. Beim Aufschmelzvorgang schmilzt nur dieses auf und legiert das Hochtemperaturlot der Bumps an, womit insbesondere auch FR4-Substrate (Glasübergangstemperaturen ≤ 180 °C) verwendet werden können.
- Die Bumps bestehen aus einem Hochtemperaturlot, das von einem Niedrigtemperaturlot umhüllt ist. Das schmilzt beim Reflowprozess auf und geht mit den Pads eine stoffschlüssige Verbindung ein.

- Die Bumps bestehen aus einem Nichtlotwerkstoff wie Kupfer, Gold oder Nickel und werden mit einem Lot mittels Reflowprozess verbunden. Dabei kann das notwendige Lot auch bereits Bestandteil eines Bumps sein, wie in Form einer Lotkappe auf einem Kupferbump.

3.9.5.2 Underfilling

Neben dem Reflowprozess der Lotbumps für die elektrische Verbindung von Chip und Substrat bzw. Chip mit Chip müssen die thermomechanischen Beanspruchungen sowie Umwelteinflüsse im Betriebszustand berücksichtigt werden.

Für eine hohe Zuverlässigkeit der Verbindungen sind ein kleiner Wärmeausdehnungskoeffizient (CTE) und ein großer E-Modul von Bedeutung.

Der Underfiller ist ein duro- oder thermoplastisch nichtleitendes Polymer, das in den Spalt zwischen Chip und Substrat eingebracht werden muss und die folgenden zwei Aufgaben hat:

Erstens: Aufgrund unterschiedlicher Wärmeausdehnungskoeffizienten von Chip und Substrat kommt es in den Bump-Kontakten zu Scherspannungen, die bei Überschreiten einer kritischen Größe die Kontakte abscheren und so zum Ausfall führen. Der Underfiller fängt diese Scherspannung in zweierlei Richtung ab. Einerseits nimmt er die Scherspannungen in sich auf, d. h. die Kohäsionskräfte innerhalb der Lote müssen größer sein als die Scherkräfte, und andererseits muss auch die Adhäsion an den beiden Grenzflächen Chip/Underfiller und Substrat/Underfiller größer sein als die Abscherkräfte.

Zweitens: Der Underfiller verhindert das Eindringen von Feuchte und feinen Partikeln in den Spalt, die zu Kurzschlüssen führen könnten.

Das Underfilling kann also als eine Lage angesehen werden, die mechanischen Spannungen umverteilt und in sich aufnimmt.

Die Abb. 3.64 zeigt 4 Verfahren der Montage von Flipchips mit Lotbumps in Verbindung mit dem Auftrag unterschiedlicher Underfiller.

Konventionelles Underfilling

Bei diesem Verfahren, Abb. 3.64-oben, wird zunächst ein Flussmittel auf das Substrat aufgetragen, in das dann der gebumpte Chip positioniert wird. Das Flussmittel wirkt als Haftmittel für den Chip und zugleich als Antioxidationsmittel beim folgenden Reflowlötprozess. Es schließt sich ein Reinigungsprozess des Spaltes Chip-Substrat an, bevor ein ausreichend niedrigviskoser Underfiller an ein oder zwei Seiten des Chips mittels Dispenser aufgetragen wird. Durch die Kapillarwirkung zwischen Spalt und Substrat wird dieser ausgefüllt, wobei dieser Prozess den kritischen Teil darstellt. Er verläuft relativ langsam und es kann dazu führen, dass der Spalt nicht vollständig ausgefüllt wird und Lunker darin entstehen. Mit zunehmender Chipgröße, zunehmender Pinanzahl (Bumps) und verringertem Pitch vergrößert sich das Problem. Im letzten Prozessschritt wird der Underfiller ausgehärtet.

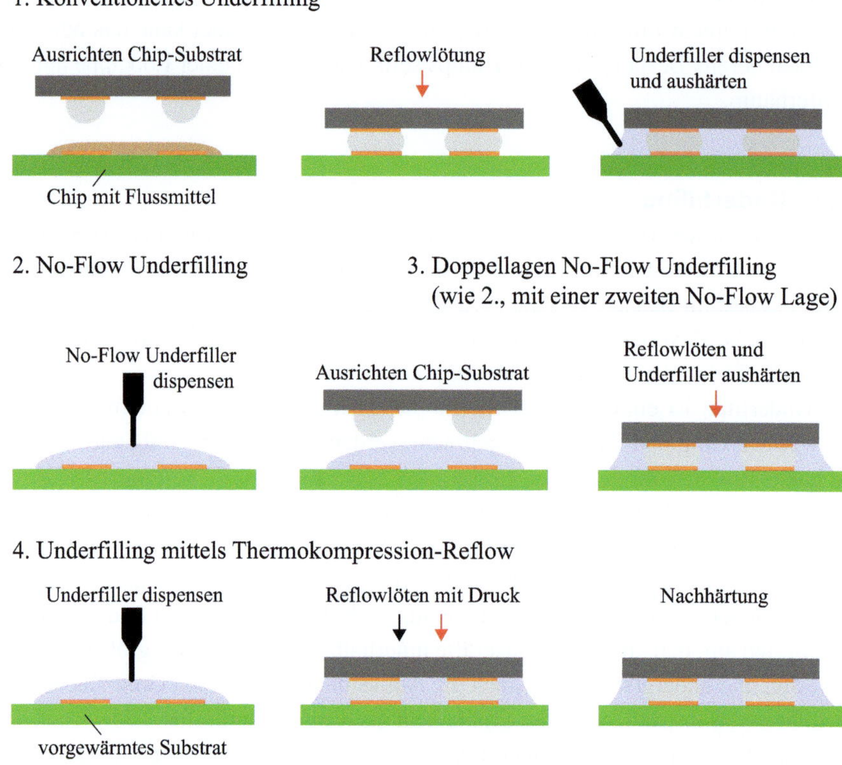

Abb. 3.64 4 Verfahren zur Flipchip Kontaktierung von Lotbumps durch Reflowlöten verbunden mit dem Underfillerauftrag [54]

Anmerkung: In der Literatur wird die Kapillarwirkung häufig simuliert als ein Kapillarstrom zwischen zwei Platten. Da die Bumps diesen jedoch behindern, was bei zunehmender Bumpzahl immer stärker wird, erscheinen derartige Ansätze nicht mehr realistisch.

No-Flow Underfilling (NUF)
Im Gegensatz zum konventionellen Underfilling wird hier zuerst der Underfiller aufgetragen und dann Reflow gelötet, Abb. 3.64-Mitte. Damit diese Prozessreihenfolge fehlerfrei erfolgen kann, müssen bestimmte Eigenschaften des No-Flow Underfillers gegeben sein [54, S. 343].

- Der NUF muss eine ausreichende Fluxer-Kapazität aufweisen, um Oxide auf den Lotbumps und Pads beseitigen zu können.
- Eine ausreichende Topfzeit des NUF ist notwendig, damit die Lötverbindung vor dem Aushärten des Underfillers ausgebildet werden kann. Ein zu schnelles Gelieren des Underfillers behindert bzw. verhindert die Verbindungsausbildung.

- Der NUF sollte entweder aushärten während des Reflowprozesses, d. h. in-line, oder off-line bei Temperaturen unter 175 °C.
- Der NUF sollte keinen oder nur einen geringen Anteil von Füllern enthalten, da ein Füllereinsatz dazu führen würde, dass Partikel auf den Lotbumps und Pads verbleiben und somit die Verbindungsausbildung behindern oder ganz verhindern würden.

Der Nachteil der NUF entsteht durch das Fehlen von Füllern (SiO_2), wodurch der CTE relativ groß wird, was lokal zu mechanischen Beanspruchungen mit der Tendenz zu Brüchen führt.

Doppellagen No-Flow Underfilling

Dieses Verfahren, ähnlich Abb. 3.64-Mitte, weist zwei NUK-Lagen auf, wobei sich die erste durch eine relativ hohe Viskosität und keine Füllerbestandteile auszeichnet und die zweite mit SiO_2-Partikeln gefüllt ist. Nach dem Auftragen der beiden NUK-Layer erfolgt das Reflowlöten und das teilweise oder vollständige aushärten der Underfiller. Die erste NUK-Lage gewährleistet eine gute Lotbumpverbindung wegen fehlender Füller und die zweite reduziert den CTE aufgrund der Füller und somit auch die thermomechanischen Beanspruchungen. Mit einem Fülleranteil SiO_2 von 65 Gew.-% konnten hohe Ausbeuten realisiert werden, zitiert in [54, S. 348]

Underfilling mittels Thermokompression-Reflow

Bei diesem Verfahren, Abb. 3.64-unten, mit einem zusätzlichen Druck wird das Kontaktproblem, wenn man nur eine NUK-Lage mit Füllern verwenden würde, umgangen. Zunächst wird der NUK mit Füller auf ein vorgewärmtes Substrat mittels Dispenser aufgetragen. Anschließend erfolgt die Verbindungsausbildung durch die Einwirkung von Druck und Temperatur (Thermokompression), wobei gleichzeitig der Reflowprozess erfolgt und sich die Lotbumpverbindungen ausbilden. Entscheidend dabei ist, dass durch diesen Prozess die Füllerpartikel von den Padoberflächen und Lotbumps verdrängt werden. Abschließend erfolgt ein Nachhärten des gebondeten Designs. Für eine gute Verbindung gilt ein Fülleranteil von bis zu 60 Gew.-%

Notwendig ist das Underfilling auch bei Anwendungen der ICA (isotrop leitenden Kleber) und der NCA (nichtleitenden Kleber), Abschn. 3.9.7 und 3.9.8.

Neben der Anwendung bei den Flipchip Technologien findet das Underfilling Anwendung bei den CSPs (Chip Scale Package), den BGAs (Ball Grid Array) und den LGAs (Land Grid Array).

Neben den vollflächigen Lösungen findet auch partielles Underfilling an den Ecken und Kanten von Bauelementen statt.

Eine weitere Möglichkeit des Underfillings ist das Wafer Level Underfilling, bei dem der Underfiller entweder auf einen gebumpten Wafer oder einen Wafer ohne Bumps aufgetragen wird, wobei der Underfiller im B-Stage Zustand (teilvernetzt und noch nicht voll ausgehärtet) verbleibt. Anschließend wird der Wafer in die Chips vereinzelt [54, S. 353–359].

Zusammenfassend kann gesagt werden, dass sich durch den Einsatz von No-Flow Underfillern die Flichip Technologie besonders gut in die Prozessreihenfolge der SMD-Montage integrieren lässt.

3.9.6 Kontaktierung mit anisotrop leitfähigen Klebern/Filmen (ACA, ACF)

3.9.6.1 Prinzip

Die Kontaktierung mit anisotrop leitfähigen Klebern und Filmen zählt wie die Kontaktierung mit isotrop leitfähigen und nicht leitfähigen Klebern, Abschn. 3.9.7 und 3.9.8, zu den adhäsiven Bondtechnologien.

Bei anisotrop leitfähigen Klebern und Filmen sind in einer Klebermatrix leitfähige und typisch kugelförmige Partikel stochastisch verteilt. Zu unterscheiden ist in die ACA (Anisotrop Conductive Adhesive), die eine Paste darstellen, die ACF (Anisotrop Conductive Film), die einlagige Filme sind und mehrlagige ACF, die neben der Lage mit leitfähigen Partikeln noch eine oder zwei Lagen eines elektrisch nicht leitenden Klebers aufweisen. In allen Fällen wird der ACA/ACF vollflächig unter dem ganzen Chip aufgebracht. Typisch ist, dass nach dem Kontaktierprozess eine elektrische Leitfähigkeit nur in Z-Richtung hergestellt wird und die beiden horizontalen x- und y-Richtungen zu den benachbarten Bumps isolierend sind.

3.9.6.2 ACA-Verfahren

Die Abb. 3.65 zeigt drei technologische Varianten.

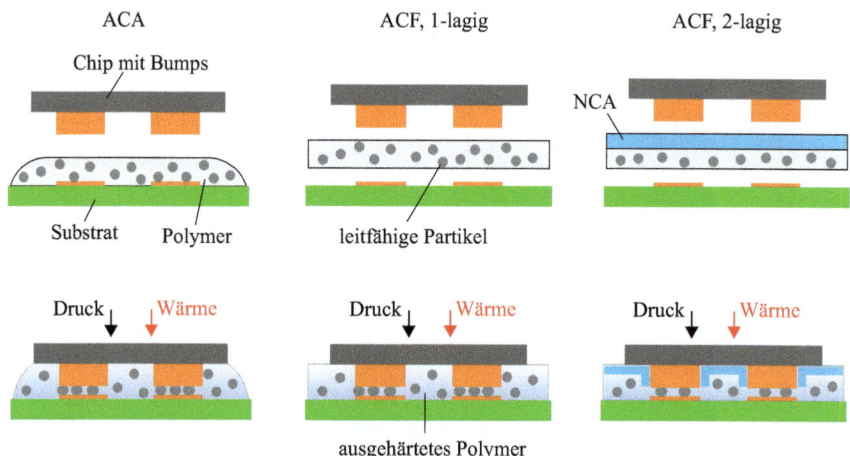

Abb. 3.65 Adhäsives Bonden mit anisotrop leitfähigen Klebern (ACA), ein- und zweilagigen anisotrop leitfähigen Filmen (ACF)

Im 1. Prozessschritt werden bei allen drei ACA/ACFs die Kleber zwischen Chip und Substrat platziert. Während die ACA mittels Dispenser oder Druckverfahren aufgetragen werden, erfolgt bei den ACFs ein Zuschnitt in Chipgröße und ein Vorlaminieren auf dem Substrat.

Im 2. Prozessschritt werden durch den anliegende Druck die elektrischen Verbindungen hergestellt. Die leitfähigen Partikel bauen nur vertikale Kontakte (z-Richtung) zwischen den Pads von Chip und Substrat auf. Wärme oder Strahlungsenergie härten den Kleber aus. Druck und Temperatur, auch leicht zeitversetzt, stellen einen Thermokompressionsprozess dar. Zwischen den Bumps gibt es aufgrund der niedrigen Partikelkonzentration keinen Kontakt.

Das Thermokompressionsbonden wird begrenzt durch unterschiedliche Aushärtegrade des Klebers, langsames Aushärten und thermische Schädigungen der Chips. Um das zu umgehen, kann auch das Ultraschallbonden bei Verwendung von Lotbumps oder direkten Metall-Metall-Kontakten zur Anwendung kommen.

Bei den ACFs mit zwei Lagen beinhaltet nur eine Lage die Partikel, deren Dichte kleiner ist als bei einlagigen ACFs, womit die Kurzschlussneigung weiter verringert werden kann. Die zweite und nichtleitende Lage (Non-Conductive Adhesive, NCA) liefert genügend Harz, um die sichere mechanische Verbindung zwischen Chip und Substrat herzustellen.

Einen Underfiller wie bei ICAs, Abschn. 3.9.7 gibt es nicht.

3.9.6.3 Leitfähige Partikel

Hinsichtlich ihrer Härte und Elastizität sind zwei Typen von Partikeln zu unterscheiden, die zu unterschiedlichen Verformungen führen. Während bei den harten Ni-Partikeln die Bumps und Partikel deformiert werden, erfolgt bei den weichen Partikeln wie Gold oder metallisierten Polymeren nur die Deformation der Partikel.

Die Partikelgrößen betragen typisch 3 bis 10 μm (z. T. bis 38 μm für Smart Cards) und die Partikeldichte liegt zwischen 5 und 20 Vol.-%.

Metallpartikel

als die einfachste Form wie Au, Ag, Ni, In und Pb-freie Lote wie SnBi.

Nichtleitende Partikel mit Metallbeschichtungen

Der Kern besteht aus einem Polymer, welches bei Druck gut verformbar ist und dadurch eine Kontaktfläche aufbauen kann. Die Beschichtungen sind typisch Ni, Ni/Au, Cu/Ag, Ag. Nachteilig ist, dass die Metallbeschichtungen brechen können und der Kontakt teilweise oder ganz verloren gehen kann.

Bei deutlich kleiner werdenden Polymerpartikeln wie 20 nm mit 1 nm Metallbeschichtungen zeigt sich eine zunehmende Druckfestigkeit in Abhängigkeit von der metallischen Beschichtungsdicke.

Darüber hinaus finden auch metallbeschichtete Glaskerne Anwendung.

Metallpartikel mit einer isolierenden Beschichtung
Die Isolierlage schützt vor Kurzschlüssen. Sie wird erst durch den Bonddruck aufgebrochen und legt damit den Metallkern zur Kontaktierung frei.

Polymerpartikel mit einer Metallschichtung und Isolationslage
Die Isolationslage wird durch den Bonddruck im Bereich der Bumps und Pads aufgerissen, so dass die Metallbeschichtung einen Kontakt herstellen kann. Die Kontaktfläche entsteht wieder durch die Verformung des Polymerkerns. Im lateralen Bereich bleibt die 10 nm-Isolationslage intakt, so dass Kurzschlüsse zwischen den Partikeln nahezu ausgeschlossen werden. Letztlich kann dadurch die Partikelkonzentration erhöht werden.

Nanopartikel
Ein Nachteil der Kontaktierung mittels ACA/ACF sind die höheren Kontaktwiderstände der Verbindungen im Vergleich zum Löten. Zur Reduzierung der Kontaktwiderstände müssen die Partikel miteinander verschmolzen werden und eine metallische Verbindung schaffen. Da Ag aber erst bei 961 °C schmilzt und die Glasübergangstemperaturen T_g von FR4 zwischen 120 und 180 °C liegen, ist ein Verschmelzen der Ag-Partikel nicht möglich. Abhilfe schafft der Ag-Sinterungsprozess mit Nanopartikeln < 100 nm, womit die Schmelztemperaturen auf 100 bis 250 °C gesenkt werden können und bereits ab 150 °C eine durchgehend feste Lage entsteht. Der Kontaktwiderstand bei Verwendung von 20 nm-Partikeln verringert sich mit zunehmender Prozesstemperatur von $10^{-3}\ \Omega$ bei 150 °C auf $5 \cdot 10^{-5}\ \Omega$ bei 220 °C. Daraus folgt, dass bei höheren Temperaturen mehr Partikel sintern und trotzdem die Isolationen zwischen den Kontakten in x- und y-Richtung erhalten bleiben [61, S. 355–357].

Nanofasern mit eingebetteten leitenden Partikeln
Der Druck während des Kontaktierprozessses führt zu einem Harzfluss der ACA/ACF in die x- und y-Richtungen. Dabei werden die Partikel mitgerissen, reichern sich zwischen den Kontaktbumps an und führen so zu einer Kurzschlussneigung. Metallisierte Polymerpartikel konnten das Problem für fine pitch ACAs nicht komplett lösen.

Ein Lösungsansatz zur Unterdrückung der Partikelbewegung in ACAs besteht darin, Polymerbumps mit einer Ni/Au-Beschichtung, Durchmesser 3 μm, in Nylon 6-Nanofasern einzubetten (Conductive Partikel Incorporated Nanofiber, CPIN), wobei der Durchmesser einer Nanofaser einige 10 nm beträgt. Diese Fasern verweben sich zu einem Netz, dass in zwei 8 μm dicke B-Stage Epoxy-Lagen eingebettet wird. Somit entsteht eine Kompositstruktur Epoxy-Layer/CPIN/Epoxy-Layer.

Neben Nylon 6-Fasern sind auch Fasern auf Basis von Polyvinylidenfluorid (PVDF) und Ethylenvinylalkohol (EVOH) mit ähnlichen Ergebnissen prozessiert worden. Die Ergebnisse zeigen den erfolgreichen Einsatz bei Rastermaßen < 20 μm (fine pitch) [61, S. 372–395].

3.9.6.4 Klebermatrix

Zum Einsatz kommen thermoplastische und duroplastische Polymere.

Bei Thermoplasten muss die Glasübergangstemperatur T_g einerseits hoch genug sein, damit das Polymer nicht bei den Betriebstemperaturen beginnt zu fließen. Andererseits muss T_g niedrig sein, um Schädigungen während der Montage zu vermeiden. Vorteilhaft gegenüber Duroplasten wie Epoxy ist, dass sie durch Erwärmen wieder fließfähig werden und eine Reparatur gestatten. Nachteilig ist das unzureichende Fixieren der Partikel, was zu vergrößerten Kontaktwiderständen führt. Weiterhin erholt sich die Kleberlage von der Druckbeanspruchung („spring back"), was zu einer mehr als Verdreifachung des Kontaktwiderstandes führt [6].

Duroplaste wie Epoxy liefern einen niedrigen Kontaktwiderstand, da sie nach dem Aushärten eine hohe Presskraft aufrechterhalten. Da die Aushärtung aber nicht reversibel ist, ist eine Reparatur ausgeschlossen.

3.9.7 Kontaktierung mit isotrop leitfähigen Klebern (ICA)

3.9.7.1 Prinzip

Die Kontaktierung mit isotrop leitfähigen Klebern zählt wie die Kontaktierung mit anisotrop leitfähigen und nicht leitfähigen Klebern, Abschn. 3.9.6 und 3.9.8, zu den adhäsiven Bondtechnologien.

Bei den isotrop leitfähigen Klebern sind in einer Klebermatrix leitfähige Partikel verteilt, die im Gegensatz zu den ACA/ACF elektrische Leitfähigkeiten in allen drei Raumrichtungen aufweisen. Damit wird sofort ersichtlich, dass die ICA nur im Bereich der Pads von Chip und Substrat aufgebracht werden können, da sonst Kurzschlüsse zwischen den benachbarten Kontakten entstehen würden.

Zum Erklären der elektrischen Leitfähigkeit eines ICA wird die Perkolationstheorie herangezogen, die zeigt, wie sich die elektrische Leitfähigkeit mit der Partikelkonzentration ändert. Bei geringen Partikelkonzentrationen bleiben ICA hochohmig mit einem spezifischen Widerstand von $\approx 10^{12}\ \Omega\mathrm{cm}$. Bei einem kritischen Wert (Perkolationsgrenzwert) sinkt der spezifische Widerstand nahezu schlagartig und verringert sich nur geringfügig bei weiterer Zunahme der Partikelkonzentration. Zum einen ist es das Ziel, die maximal effektive Partikelkonzentration zu verwenden, zum anderen aber verschlechtert sich das mechanische Verhalten eines ICA mit deren Zunahme. Die Partikelkonzentrationen liegen für kugelförmige Ag-Partikel und Flakes bei 40 bzw. 20 Vol.-%. Praktische Anwendung finden besonders die Ag-Flakes mit 70–80 Gew.-%! Die zu erreichenden spezifischen Widerstände liegen in der Größenordnung von $5 \cdot 10^{-4}\ \Omega\mathrm{cm}$ für kugelförmige Ag-Partikel und Flakes und für Pulver mit 50–150 nm Ag-Nanopartikeln bei $10^{-2}\ \Omega\mathrm{cm}$ [48], [61, S. 345–355].

3.9.7.2 ICA-Verfahren

Bei der FC-Kontaktierung mittels ICA wird unterschieden in Verbindungen, die ausschließlich auf ICA-Basis bestehen, den *Polymerbonds*, und solche, die ICA mit metallischen Bumps kombinieren, den *Metall-Polymer-Bonds*.

Zur Verbindungsherstellung mittels ICA wurden diverse Verfahren entwickelt, von denen im Folgenden einige beispielhaft erläutert werden.

Polymer Bump Interconnect PFC (gedruckte Polymerbumps)

Die Abb. 3.66 zeigt dazu drei Verfahren [87, S. 228–231]. Allen dreien ist gemeinsam, dass in einem ersten Schritt die ICA-Bumps mittels Schablonendruck, ähnlich wie er aus der SMD-Technologie zum Drucken von Lotpaste bekannt ist, prozessiert werden. Die Ni/Au-Unterbumpmetallisierungen (UBM) der Al-Padoberflächen weisen Schichtdicken zwischen 3 und 5 μm auf. Die Höhen der ausgebildeten Polymerbumps liegen bei 50 bis 75 μm und das Rastermaß (pitch) variiert zwischen 100 und 200 μm der fertig prozessierten Verbindungen.

Bei der Variante a erfolgt nach dem Druck der ICA-Paste auf dem Chip ein Aushärteprozess, so dass diese Bumps dann einem C-Stage Zustand aufweisen. Im anschließenden Montageprozess wird der Chip mit den ausgehärteten Bumps in die ICA-Pasten Bumps des Substrates gedrückt. Der folgende Wärmeeintrag härtet die ICA-Paste aus, so dass ein vollständiger Polymerbond entsteht.

Die Variante b verwendet auf dem Chip B-Stage ICA Bumps (B-Stage nicht bzw. nur teilausgehärtete Polymere) auf Basis einkomponentiger Epoxidharze. Da diese noch formbar sind, muss keine ICA-Paste auf das Substrat aufgebracht werden und es reicht nach

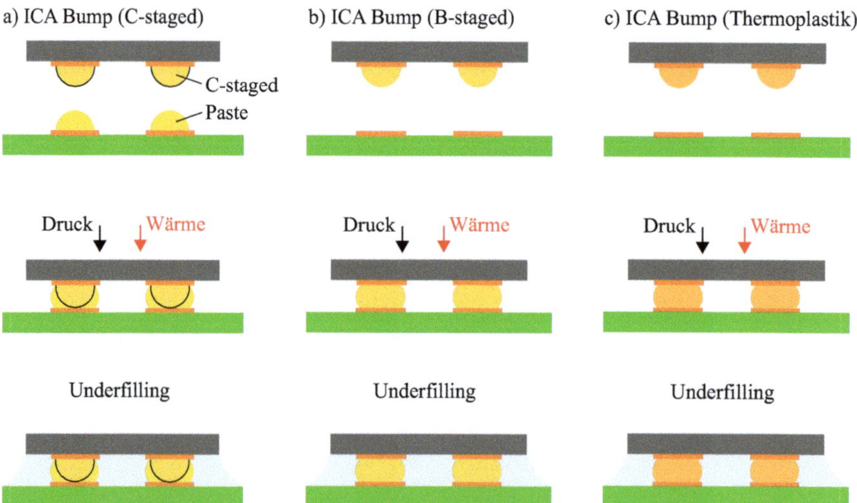

Abb. 3.66 Prozessvarianten mit gedruckten ICA-Polymerbumps

dem Fixieren des Chips auf dem Substrat ein Wärmeeintrag zur Formierung des Polymerbonds.

Die Variante c verwendet im Gegensatz zu den Varianten a und b ICA Bumps mit einer Klebermatrix aus Thermoplasten, die sich nach einer Erwärmung plastisch verformen und aufschmelzen und nach dem Abkühlen den Polymerbond ausbilden.

Als letzter Schritt erfolgt bei allen das Auftragen eines Underfillers, siehe ausführlich Abschn. 3.9.5.2.

Ob thermo- oder duroplastische ICA eingesetzt werden, ist von der Anwendung abhängig. Thermoplastische Bumps erfordern weniger Prozessschritte und sind aufgrund des geringeren Elastizitätsmoduls bei größerer Fehlanpassung der Wärmeausdehnungskoeffizienten von Chip und Substrat besser geeignet, was allerdings durch passende Underfiller dann weniger eine Rolle spielt. Duroplastische ICA, besonders Epoxy, werden bei höheren Temperaturanforderung eingesetzt.

Polymerbumps mittels photostrukturierter Padmasken

Die Abb. 3.67 zeigt die wesentlichen Prozessschritte [28], zitiert in [87], wobei die Herstellung der thermoplastischen Polymerbumps auf Waferebene erfolgt.

Ausgangspunkt ist im 1. Prozessschritt die Herstellung der mit Cr/Au (0,02 μm/0,2–0,5 μm) beschichten Pads auf Waferebene und Ni/Au (2,5 μm/1 μm) beschichteten Substratpads.

Im 2. Prozessschritt wird ein photostrukturierbarer Lack mittels Spincoating aufgebracht und mittels Maske, Belichtung und Entwicklung so strukturiert, dass die Pads freiliegen. Die Schichtdicke, im vorliegende Fall 100 μm, bestimmt die Höhe der entstehenden Polymerbumps.

Im 3. Prozessschritt werden die Strukturen des Lacks mit einer thermoplastischen ICA-Paste mittels eines Dispensers oder mit einem Druckverfahren verfüllt. Danach erfolgt das Aushärten des ICA. Verfüllen und Aushärten erfolgt zweimal, da nach dem ersten eine konkave Oberfläche des Bumps durch das Verflüchtigen des Lösungsmittels entsteht.

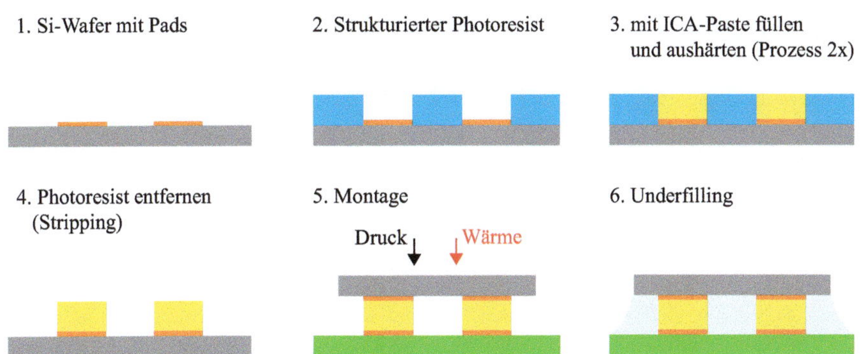

Abb. 3.67 Prozessschritte für Polymerbumps mit photostrukturiertem Lack

Im 4. Prozessschritt wird der Photoresist entfernt (Stripping) und anschließend der Wafer in die Chips vereinzelt.

Im 5. Prozessschritt erfolgt die Montage mit den optimalen Prozessbedingungen Anpressdruck 0,9 MPa, Prozesszeit zwischen 30 und 60 Sekunden sowie Prozesstemperaturen für Chip 315 °C und Substrat 120 °C.

Im 6. Prozessschritt wird zwischen Chip und Substrat ein Underfiller aufgetragen, siehe weiter unten der Abschnitt Underfilling.

Dip-Transfer-Verfahren für Metall-Polymer-Verbindungen

Hierbei werden massive Stud- oder Säulenbumps zusammen mit einer ICA-Paste, die in einem Dip-Verfahren auf die einzelnen Bumps aufgetragen wird, verwendet [10] zitiert auch in [87, S. 233–235], Abb. 3.68. Entwickelt wurde das Verfahren für die Kontaktierung von LCD-Displays.

Ausgangspunkt sind die Prozessschritte 1 und 2. Hier werden die Bumps vorzugsweise in konischer Form bzw. als eingeebnete Au-Stud Bumps bereitgestellt. Bei Verwendung von Au-Stud Bumps erfolgt das Einebenen (Coining) in einem zusätzlichen Prozess, der bei galvanischen Bumps entfällt. Die ICA-Paste zum Benetzen der Bumps liegt in Form eines ICA-Pasten Layers auf einem Montagesubstrat vor, wobei mit der Schichtdicke des Pastenlayers die Pastenmenge auf den Bumps in Grenzen gesteuert werden kann.

In den Prozessschritten 3 und 4 wird der Chip in den ICA-Pastenlayer gedippt und anschließend herausgezogen, so dass Bumps mit anhaftender ICA-Paste entstehen.

Im Prozessschritt 5 erfolgt die Platzierung des Chips und die anschließende Aushärtung des ICA-Klebers, so dass ein Metall-ICA-Bond entsteht.

Im 6. Prozessschritt wird ein Silikon-Underfiller zwischen Chip und Substrat aufgetragen, der auch bei niedrigen Temperaturen selbstaushärtend ist, siehe nächster Abschnitt Underfilling.

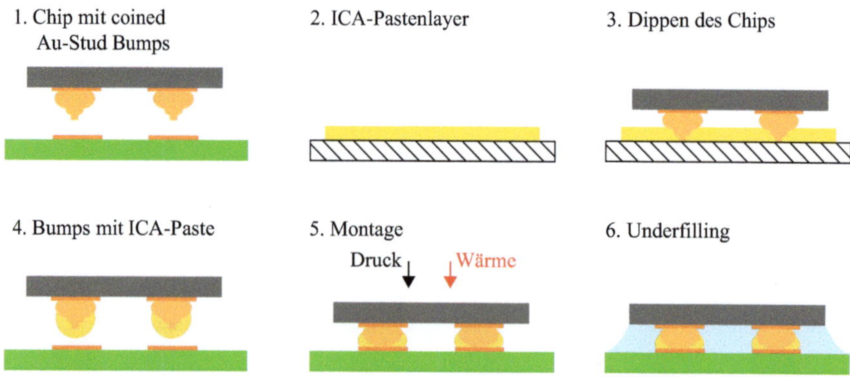

Abb. 3.68 Dip-Transfer-Verfahren für Metall-Polymer-Bumps

Erreichbar sind ein Rastermaß von $50\,\mu m$, wobei mit kleineren Stud Bumps ein Wert von $10\,\mu m$ erreichbar scheint, Isolationswiderstände zwischen benachbarten Bumps von $> 10^{11}\,\Omega$ und Kontaktwiderstände $< 1\,\Omega$.

Underfilling

Der Underfiller ist ein duro- oder thermoplastisch nichtleitendes Polymer, das sich zwischen Chip und Substrat befindet. Es nimmt die thermomechanischen Spannungen infolge der unterschiedlicher Wärmeausdehnungskoeffizienten von Chip und Substrat im Betriebszustand auf und ist für die Zuverlässigkeit unabdingbar. Weiterhin versiegelt es den Raum zwischen Chip und Substrat und schützt so vor Feuchtigkeit und dem Eindringen von Partikeln.

Ausführlich dazu siehe Abschn. 3.9.5.2.

3.9.7.3 Leitfähige Partikel

Metallpartikel

Am meisten verbreitet ist Ag in Form von Flakes in Größen von 1–$20\,\mu m$. Im Gegensatz zu auch verwendeten Cu- und Ni-Partikeln weist das Silberoxid Ag_2O ebenfalls eine gute elektrische Leitfähigkeit auf. Weiterhin werden auch Au und Carbon verwendet.

Kupferpartikel mit Silberbeschichtung

Kritisch bei Cu-Partikeln ist die Ausbildung einer Kupferoxidschicht, verbunden mit der Vergrößerung des elektrischen Widerstandes. Um das zu umgehen, erfolgt eine Ag-Beschichtung der Cu-Partikel, wobei sich kugelförmige Partikel als besonders stabil herausgestellt haben.

Niedrigschmelzende Füllpartikel

Hier wird leitfähiges Pulver, bestehend aus Ag, Al, Au, Cu, Pd oder Pt, mit niedrigschmelzenden Metallen wie Bi, In, Sn, Sb oder Zn beschichtet. Diese niedrigschmelzenden Schichten verbinden sich untereinander und mit den Bondpads von Chip und Substrat [54, S. 437–438].

Nanopartikel

Ag-Nanodrähte erreichen ähnliche elektrische Werte wie Ag-Partikel in Mikrometergröße bei deutlich geringerer Füllerkonzentration. Eine bessere elektrische Leitfähigkeit wird durch geringere Kontaktwiderstände zwischen den Nanodrähten erreicht. Auch lassen sich bessere mechanischen Eigenschaften, insbesondere eine bessere Scherfestigkeit, erzielen.

Cu-Nanopartikel erhalten eine organische Beschichtung für den Oxidationsschutz. Der Anteil am Kleber beträgt 80 Gew.-%. Ein derartiger ICA ist stabiler als ein ICA mit reinen Cu-Partikeln, jedoch schlechter als ein Ag-gefüllter ICA.

Kohlenstoffnanoröhren (Carbon Nanotubes, CNTs) entstehen durch das Aufrollen einer Graphenschicht zu einem Zylinder, wobei die Aufrollrichtung bestimmt, ob halbleitende oder metallisch leitende Eigenschaften entstehen. Ein Zusatz von CNTs zu Ag-gefüllten ICAs kann die elektrische Leitfähigkeit deutlich erhöhen, sogar bei Unterschreiten des Perkolationsgrenzwerts. Allerdings gibt es noch eine Reihe technologischer Probleme. Im Gegensatz zu CNT-dotierten ICA stehen die CNTs, die direkt auf die Pads aufgebracht werden und damit CNT-Bumps darstellen.

Bei *Ag-Flakes mit Ag-Nanobeschichtung* werden die Ag-Flakes über eine Zwischenschicht mit einer Schicht aus 50 nm Ag-Partikeln beschichtet. Beim Kontaktierprozess sintern die Nanopartikel und bilden die Verbindung aus. Die elektrischen Eigenschaften der Verbindung sind abhängig von der Dichte der Ag-Nanobeschichtung und der Dicke der Zwischenschicht.

Eine Übersicht über leitfähige Partikel ist in [54, S. 436–440] zu finden.

### 3.9.8	Kontaktierung mit nicht leitfähigen Klebern (NCA)

#### 3.9.8.1	Prinzip

Die Kontaktierung mit nicht leitfähigen Klebern zählt wie die Kontaktierung mit anisotrop und isotrop leitfähigen Klebern, Abschn. 3.9.6 und 3.9.7, zu den adhäsiven Bondtechnologien.

Die nicht leitenden Kleber (Non-Conductive Adhesive, NCA) beinhalten im Gegensatz zu den isotrop und anisotrop leitenden Klebern (ICA, ACA) keine leitenden Partikel. Die elektrische Verbindung wird durch den unmittelbaren Kontakt zwischen den Bumps und den Substratpads während des Bondprozesses mittels Druck und Temperatur hergestellt, wodurch sich zugleich der kleinste Kontaktwiderstand realisieren lässt. Der zwischen Chip und Substrat befindliche NCA presst nach dem Aushärten infolge seiner Schrumpfung die Bumps auf die Pads und hält dadurch die Kontaktierung aufrecht.

Das bedeutet aber auch, dass die Adhäsionskräfte an den Grenzflächen Kleber/Substrat und Kleber/Chip ausreichend groß sein müssen.

#### 3.9.8.2	NCA-Verfahren

Die Abb. 3.69 zeigt das Verfahren mit drei unterschiedlichen Bumps 2a, 2b und 2c.

Im 1. Prozessschritt wird auf das Substrat am Ort des Chips die NCA-Paste mittels Schablonendruck oder Dispenser aufgetragen.

Der 2. Prozessschritt mit a. bis c. zeigt Chips mit jeweils drei typischen Bumps, Au-Stud Bump, Au-Bump sowie einen Lotbump (hier umschmolzene Lotpaste).

Beim 3. Prozessschritt durchstoßen die Bumps des Chips den NCA-Layer, verdrängen dabei die NCA-Paste und es beginnt die Deformation der Bumps durch den anliegenden Druck.

Im 4. Prozessschritt erfolgt die vollständige Ausformung der Kontaktstelle und nach einer Haltezeit ist die NCA-Paste ausgehärtet.

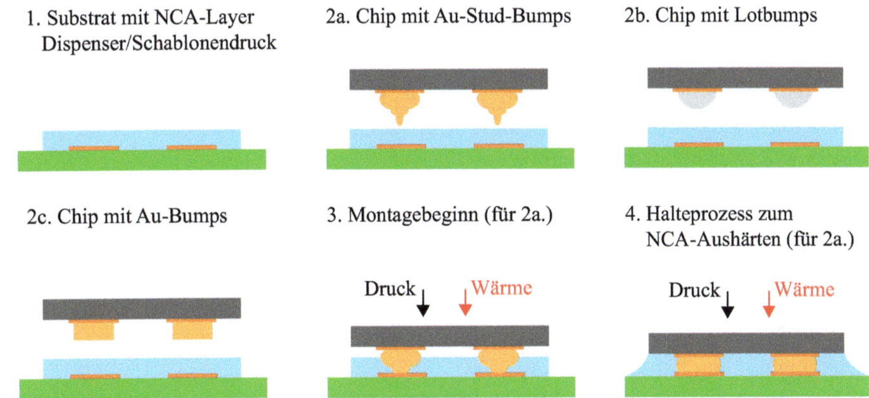

Abb. 3.69 Flipchip-Kontaktierung mittels nicht leitfähiger Kleber (NCA)

Im Gegensatz zur ICA-Kontaktierung mit einem zusätzlichen Underfiller, integriert der NCA zugleich die Funktionen eines Underfillers und die der Halte- bzw. Anpressfunktion (Prinzip der Funktionsintegration).

Die Vorteile der NCA liegen in erreichbaren Rastermaßen von unter $20\,\mu\mathrm{m}$, keiner Kurzschlussneigung wie bei den ACAs sowie geringeren Kontaktwiderständen als bei ACAs infolge größerer Kontaktflächen. Weiterhin sind NCA kostengünstiger als ACAs und ICAs. Und wie oben erläutert, entfällt der Underfiller im Vergleich zum ICA.

3.9.8.3 Bumps und Bumpmaterialien

Grundsätzlich müssen Bumpmaterialien verwendet werden, die eine Verformbarkeit aufweisen, so dass beim Bondprozess ausreichend große Kontaktstellen ausgebildet werden können und metallische Kontakte entstehen, Abb. 3.51.

Dazu zählen Au-Stud Bumps, zylindrische Au- und Ni/Au-Bumps, zylindrische Cu-Bumps mit Lotkappen sowie metallisierte Polymerbumps.

Au-Bumps sind weit verbreitet, jedoch kostenintensiv.

Lotbumps in Form von Halbkugeln durch aufgeschmolzene Lotpasten, in Form von flachen Zylindern infolge galvanischer Herstellungsprozesse oder als coined Lothalbkugeln (höhendefiniert), weisen beim Bonden infolge ihrer guten Verformbarkeit eine Kurzschlussneigung zu benachbarten Bumps auf. Das kann durch die Cu-Bumps mit Lotkappen umgangen werden, Abb. 3.54.

3.9.8.4 NCA-Materialien

Für die Zuverlässigkeit der Verbindungen sind die folgenden Eigenschaften und Parameter von besonderer Bedeutung [44]:

- Der *Wärmeausdehnungskoeffizient CTE* sollte klein sein, um die Scherspannungen an den Phasengrenzen NCA/Chip und NCA/Substrat sowie zwischen den Bumps und NCA zu minimieren, da typischerweise der CTE von NCA's größer ist als der von

Chips und Substraten. Zu große Scherspannungen führen zur Verringerung des Anpressdrucks und letztlich zur Delaminationen und zum Bruch.

- Der *Elastizitätsmodul E* soll groß sein, um eine größere Haltekraft der Verbindungen zu realisieren. Ein großer E-Modul führte nach Temperaturwechseltests nur zu geringen Änderungen der Kontaktwiderstände.
- Die *Glasübergangstemperatur* T_g sollte groß sein. Über T_g ist die Schrumpfung Null und nimmt mit abnehmender Temperatur zu, so dass sie dann bei Raumtemperatur ihr Maximum erreicht. Damit wird das dauerhafte Zusammendrücken von Chip und Substrat gewährleistet, ausreichend Adhäsion des NCA zu Chip und Substrat vorausgesetzt. Zugleich entsteht eine Biegung im Chip, die an den Rändern zu verringerten Scherspannungen führt.
- Die *Feuchtigkeitsaufnahme* soll klein sein. Absorbierte Feuchtigkeit verringert die Adhäsion an den o. g. Phasengrenzen und führt zu einem reduzierten Anpressdruck und damit verbunden zu vergrößerten Kontaktwiderständen.

Zum Einstellen von speziellen Werten der Parameter können Zusatzstoffe wie SiO_2 oder modifizierte multifunktionale Epoxy verwendet werden.

3.9.9 Kontaktierung mittels NanoWired Verbindungstechnologien

Die Nanowired Verbindungstechnologien (Nanowired GmbH) sind eine Gruppe von Technologien, bei denen sich mittels Nanodrähten, die auf elektrisch leitenden Oberflächen aufgewachsen sind, Kontakte herstellen lassen [75].

Ausführlich werden diese Technologien im Abschn. 5.4.11 beschrieben, daher wird an dieser Stelle die Anwendung für die Flipchip-Kontaktierungen nur überblicksmäßig behandelt. Die Abb. 3.70 zeigt dazu drei dieser Technologien. Grundsätzlich teilen sich die NanoWired Technologien in zwei Typen:

Erstens: Die Technologie zur Herstellung von metallischen Nanodrahtstrukturen, auch als „metallischer Rasen" bezeichnet, auf elektrisch leitenden Oberflächen – NanoWiring. Als Materialien für die Nanodrähte kommen vor allem Kupfer, Gold, Silber und Nickel zum Einsatz mit Durchmessern im Bereich von 30 nm–4 μm und Längen von 1–50 μm. Technologie hier nicht gezeigt.

Zweitens: Die Technologien zur Kontaktierung von Bauteilen mittels dieser Nanodrahtstrukturen. Charakteristisch für die dargestellten Technologien sind die jeweiligen Platzierungen der Nanodrahtstrukturen, Abb. 3.40.

Beim KlettWelding und KlettWelding+ weisen die Pads von Chip und Substrat die Nanodrahtstrukturen auf. Die beiden Technologien unterscheiden sich jedoch vor allen durch die Prozesstemperaturen, wobei sich das KlettWelding mit einer Prozesstemperatur von ca. 20 °C besonders für temperatursensible Anwendungen anbietet. Da beim KlettSintering nur ein Verbindungspartner, typisch der Chip, die Nanodrahtstrukturen aufweist, ist diese Technologie besonders kostengünstig.

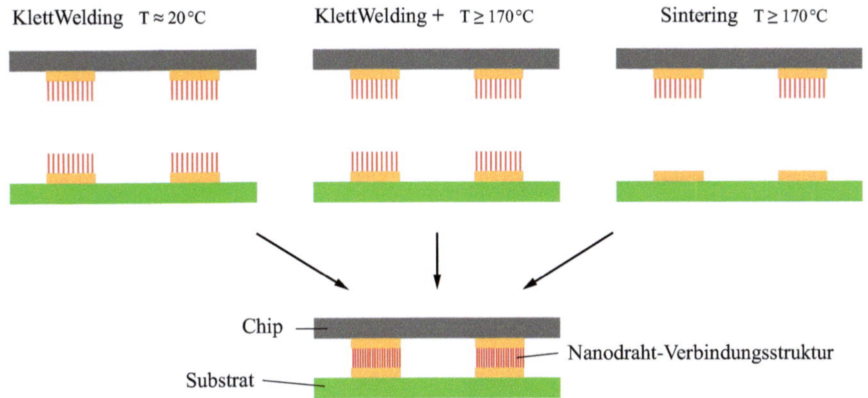

Abb. 3.70 Flipchip-Kontaktierung mittels KlettWelding Technologie

3.10　Tape Automated Bonding (TAB)

Tape Automated Bonding [32, 50] ist eine der drei Direct Chip Attach (DCA) Technologien und geht auf das Jahr 1965 zurück, wobei der Ausdruck des TAB selbst aus dem Jahre 1971 stammt. Diese Technologie spielt heute so gut wie keine Rolle mehr, es sind aber Technologieteile in heute angewandten DCA Technologien wiederzufinden. Deshalb wird sie hier kurz erläutert, Abb. 3.71.

Auf einem Polymerträgerfilm (Polyimid) sind Cu-Anschlussbänder, geätzt aus einer Kupferfolie, aufgebracht, worauf die Chips platziert und kontaktiert werden. Dieser Polymerträgerfilm weist seitliche Perforationen für das Rolle-zu-Rolle (reel-to-reel) Verfahren auf. Dieser Trägerfilm mit den kontaktierten Chips wird auf einer Rolle, wie z. B. auch SMD-Widerstände, geliefert.

Im Inneren der Anschlussstruktur erfolgt die Kontaktierung der Chips und wird als Inner Lead Bonding (ILB) bezeichnet, Abb. 3.72. Dabei kommen unterschiedliche Bond-

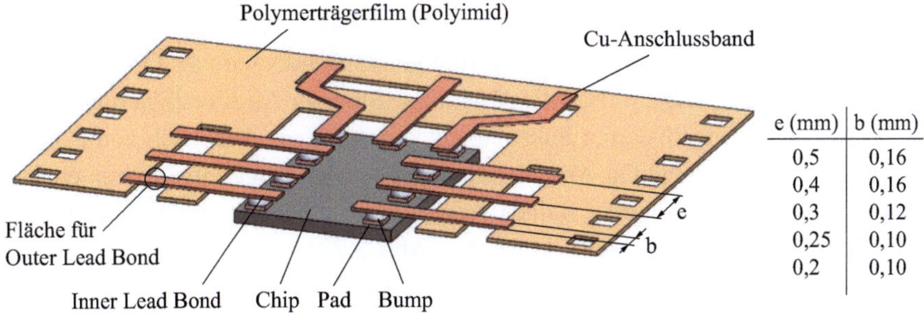

e (mm)	b (mm)
0,5	0,16
0,4	0,16
0,3	0,12
0,25	0,10
0,2	0,10

Abb. 3.71 Tape Automated Bonding: TAB-Tape bestehend aus Polymerträgerfilm mit Cu-Anschlussbändern und kontaktiertem Chip

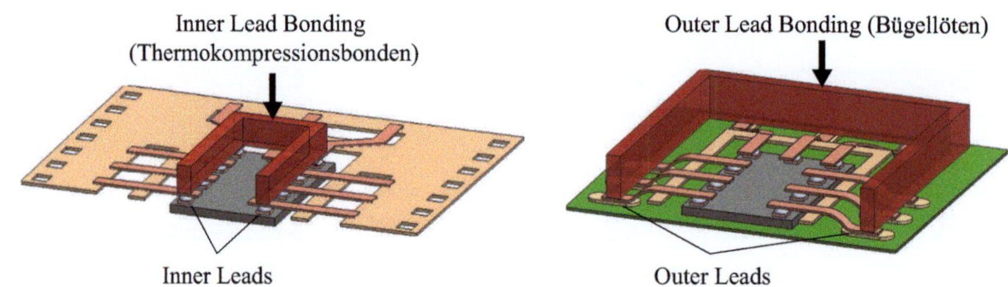

Abb. 3.72 Inner Lead Bonding (ILB) des Chips und Outer Lead Bonding (OLB) auf dem Verbindungssubstrat

verfahren wie Thermosonic-, Ultraschall- und Thermokompressionsbonden (TS, US, TC), Abschn. 3.8.3, 3.8.4 und 3.8.5, zum Einsatz, wobei die notwendigen Au-Bumps entweder auf den Chips oder den Cu-Anschlussbändern platziert sein müssen. Die Abb. 3.72 zeigt ein simultanes Thermokompressionsbonden (Druck, Temperatur, Zeit) mit einem speziellen, an die Kontaktstrukturen von Chip und Cu-Anschlussbändern angepassten, Werkzeug. Dieses Verfahren übt einen relativ hohen Bonddruck aus und erfordert eine sehr gute Planarität der Bumps, was mit zunehmender Anzahl der Kontakte problematisch wird.

Um das zu vermeiden, wird ein Single Point Bonding mit einem sequenziellen Bonding aller Kontakte eingesetzt, was zu einer höheren Ausbeute, aber auch deutlich geringerer Effektivität, führt.

Auch ein bumploses Verfahren wurde für das ILB von Hewlett-Packard entwickelt.

Eine Kontaktierung mittels Lotbumps und angepassten Lotbügeln für simultanes Löten ist ebenfalls möglich.

Die TAB-Tapes weisen drei unterschiedliche Ausführungsformen auf.

1. Cu-Anschlussbänder ohne eine Dielektrikumsunterstützung, 2. Zwei-Lagen Tapes, wobei das Cu direkt mit der Polyimidfolie verbunden ist und 3. Drei-Lagen Tapes, bei denen das Cu mittels eines Klebers mit der Polyimidfolie verbunden ist. Nur die Typen 2. und 3. können vor der Montage auf einem Substrat vorgetestet werden.

Die Platzierung der TAB-Bauelemente kann nach den Prinzipien Face-up oder Facedown (Chipanschlüsse oben oder unten) erfolgen. Die sich anschließende Kontaktierung der TAB-Bauelemente mit den Pads des Verbindungssubstrats wird als Outer Lead Bonding (OLB) bezeichnet. Dazu weisen die Anschlüsse Sn- oder Au-Metallisierungen auf und werden mit den Sn-metallisierten Substratpads verlötet. Zum Ausgleich von Planaritätsunterschieden der Pads und Cu-Anschlussbändern werden Bügellötverfahren eingesetzt, die entweder einen Rahmen oder Balken verwenden, die beheizt und mit einem leichten Druck auf die Kontaktstellen gedrückt werden, Abb. 3.72.

Nach der Montage können die Chips mit den Anschlüssen, oder auch nur die Chips, partiell mit einem Polymer ummantelt werden, Abschn. 3.8.7.

3.11 Embedded Component Technologies (ECT)

3.11.1 Prinzip

Grundanliegen der Embedded Component Technologies ist das Einbetten unterschiedlichster Komponenten oder auch ganzer physikalischer Wirkstrukturen direkt in ein Verbindungssubstrat, typisch in einen Multilayer.

Damit wandelt sich die klassische Leiterplatte bzw. Baugruppe mit einer zweidimensionalen ein- und/oder beidseitigen Bauelementemontage zu einer dreidimensionalen Aufbaustruktur. Die Abb. 3.73 zeigt anhand eines multifunktionalen Boards (MFB) eine Reihe von Möglichkeiten dazu [47].

Da die Problematik der Embedded Components viel stärker in das Design und die Technologie der Verbindungssubstrate eingreift als in die allgemeinen Betrachtungen zur Baugruppe mit den Bestück- und Verbindungstechnologien, wird sie daher hier nur überblicksmäßig betrachtet und ausführlicher im Abschn. 4.5 – Embedded Component Technologies (ECT) – behandelt.

Einige wesentliche Eigenschaften seien hier genannt:

- Erhöhung der Packungsdichte durch Nutzung der freien Innenbereiche von Multilayern, auch verbunden mit kürzeren Leitungslängen.
- Integration von elektrischen und nichtelektrischen Bauelementen (wie optische Komponenten zur optischen Signalübertragung) sowie kompletten physikalischen Wirkstrukturen wie Sensoren und Aktoren.
- Integrierte Schirmungen von sensiblen Leitungen werden ermöglicht.
- Integrierte Kühlmechanismen wie fluidische Kanalsysteme und Heatpipes
- Integrierter Plagiatschutz

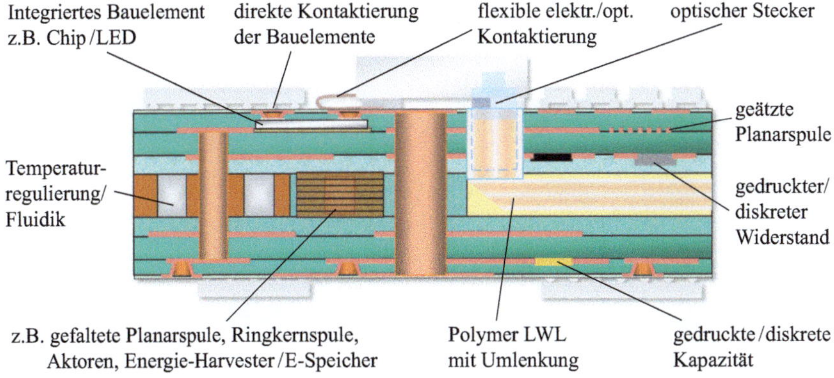

Abb. 3.73 Multifunktionales Board (MFB) mit eingebetteten Komponenten, mit Genehmigung der Würth Elektronik GmbH & Co. KG

3.11.2　Eingebettete Komponenten und Strukturen

Je nach Technologie und Komplexität der einzubettenden Komponenten und Strukturen lassen sich 4 Klassen unterscheiden.

3.11.2.1　Diskrete elektrische Bauelemente

Hier werden passive und aktive SMD-Bauelemente sowie Halbleiterchips mit und ohne Bumps eingebettet. Prinzipiell können alle SMD-Bauelemente verwendet werden. Der Lagenaufbau beschränkt in jedem Fall die Bauelementdicke, womit diese die wichtigste geometrische Eigenschaft darstellt. Das führt i. d. R. dazu, dass nur kleine SMD-Formen und IC-Packages mit geringen Dicken sowie Halbleiterchips integriert werden können. Bei besonders dünnen Multilayerlagen werden Halbleiterchips auf 30 bis 50 µm abgedünnt, was zusätzliche Prozessschritte erfordert und damit erhöhte Kosten nach sich zieht.

Montageprinzipien

Die Abb. 3.74 zeigt 4 typische Montageprinzipien zum Einbetten von diskreten aktiven und passiven Bauelementen nach [24], ausführlich im Abschn. 4.5.2.3.

1. **MICROVIA.embedding Variante 1**, Abb. 3.74-1: Prinzip der Face-down Montage mit den Anschlüssen nach unten auf einer Cu-Leiterbahn und der Kontaktierung mittels nicht leitfähiger Kleber (NCA), Abschn. 3.9.8.2.
2. **MICROVIA.embedding Variante 2**, Abb. 3.74-2: Prinzip der Face-up Montage auf einer Multilayerlage. Die Chip-Montage kann mit nichtleitfähigen oder isotrop leitfähigen Klebern (NCA, ICA), Löten oder Sintern erfolgen, Abschn. 3.8.2. Die Kontaktierungen an die oberen Leiterbahnen erfolgen mittels metallisierter Vias (Laserbohren und galvanischer Cu-Auftrag).

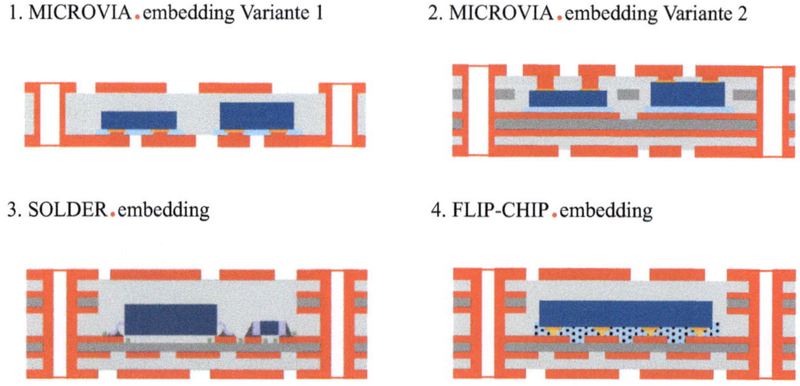

Abb. 3.74 Montageprinzipien diskreter aktiver und passiver Bauelemente für Embedded Substrate nach [24] mit Genehmigung der Würth Elektronik GmbH & Co. KG

3. **SOLDER.embedding**, Abb. 3.74-3: SMD-Montage, wobei die Kontaktierung mit (bleifreien) Loten erfolgt. Prinzipiell sind alle SMD-Bauteile möglich, eingeschränkt auf max. Baugrößen von $(10 \times 10)\,\text{mm}^2$, Bauformen bis 1206 (imperial, Tab. 3.3) und die Bauteildicken sind abhängig vom Lagenaufbau.
4. **FLIP-CHIP.embedding**, Abb. 3.74-4: Eine weitere Face-down Montage, wobei ein anisotrop leitfähiger Kleber (ACA) verwendet wird, Abschn. 3.9.6.2.

3.11.2.2 Elektrische Bauelemente auf Basis von Schichtmaterialien

Grundsätzlich sind das Komponenten, die erst mit der Herstellung eines Multilayers entstehen. Prinzipiell gibt es dazu zwei Möglichkeiten:

Erstens werden funktionelle Schichten eines Multilayers ausgenutzt, die naturgemäß schon Bestandteil des Multilayers sind.

Das sind beispielsweise Dielektrikumslagen, die allerdings eine höhere relative Dielektrizitätskonstante als sonst üblich aufweisen und zusammen mit zwei Kupferlagen eine oder auch mehrere getrennte integrierte Kapazitäten bilden.

Zweitens werden mittels Dünn- und Dickschichttechnologien funktionelle Schichten auf den einzelnen Multilayerlagen erzeugt.

So können mittels Dickschichttechnik Widerstände in Form von Widerstandspasten gedruckt werden, wobei zum Erzielen geringer Toleranzen der Widerstandswerte ein Lasertrimmen erfolgen kann. Induktivitäten lassen sich durch dünne gefaltete Leitungslagen integrieren.

Bei den Dünnfilmtechniken werden dünne Widerstandsschichten beispielsweise durch eine chemische Gasphasenabscheidung (vapor deposition) abgeschieden und anschließend entsprechend der notwendigen Form und Widerstandswerte strukturiert. Typische Schichtmaterialien sind NiCr, CrSiO oder auch NCAS (Widerstandlegierung NiCrAlSi) mit Werten des Schichtwiderstandes[3] von 25 bis 1000 Ω/sq (CrSiO) [23].

3.11.2.3 Nichtelektrische Komponenten

Hierzu zählen fluidische Komponenten wie Kanalsysteme zur Flüssigkeitskühlung von Leiterplatten sowie die Integration von Heatpipes.

Weiterhin gewinnt die Integration optischer und optoelektronischer Komponenten für die optische Signalübertragung im Rahmen der Elektro-optischen Leiterplatten (Electro-Optical Circuit Board, EOCB) an Bedeutung. Dazu zählen Lichtwellenleiter (LWL) auf Basis von Polymeren und Dünnglas, zusätzliche optische Komponenten zur 90° Strahlumlenkung wie Spiegel oder 45° Prismen und je nach Design elektrisch-optische bzw. optisch-elektrische Wandler.

---

[3] Ω/sq oder Ω pro Quadrat oder OPS ist dimensional gleich Ω und wird ausschließlich zur Charakterisierung von Schichtwiderständen verwendet.

3.11.2.4   Physikalische Wirkstrukturen – Sensoren und Aktoren

Die Einbettung kompletter physikalischer Wirkstrukturen, wie Sensoren und Aktoren, wird i. d. R. immer Schichten eines Multilayers oder/und zusätzliche spezielle Funktionsschichten, die in den Multilayer zu integrieren sind, beinhalten. Darüber hinaus werden weitere diskrete Bauelemente erforderlich. Somit entstehen Leiterplattenstrukturen mit integrierten Mikrosystemkomponenten. Auf das Beispiel einer thermopneumatischen Mikropumpe wird im Abschn. 4.5.5.1 eingegangen.

3.11.3   Herstellung von Kavitäten für die Einbettung diskreter Bauelemente

Diskrete Bauelemente benötigen zur Einbettung Kavitäten im Multilayer, die tiefer sein müssen als die Gesamthöhe der Bauelemente einschließlich der Anschlüsse und einem Sicherheitszuschlag. Die Technologien der Kavitäten spielen neben dem Verschließen dieser nach der Bauelementmontage eine Schlüsselrolle. Im Abschn. 4.5.6 werden dazu drei Technologien detaillierter vorgestellt.

3.12   Baugruppenschutz

Elektronische Baugruppen müssen zur Sicherstellung ihrer Funktionen einen angemessenen Schutz erhalten, der von den Einflussfaktoren des jeweiligen Einsatzgebietes abhängig ist. Zusätzlich ist die vorgesehene Einsatzzeit und die Lagerzeit von Komponenten zu berücksichtigen, da insbesondere Ersatzteile einen ausreichend langen Zeitraum vorgehalten werden müssen und während der Lagerzeiten und danach im Rahmen von Langzeitschäden keine Ausfälle auftreten dürfen. Zu den wesentlichen Einflussfaktoren gehören:

klimatische Faktoren
- Temperatur/Temp.-gradient
- Luftdruck
- Feuchte
- Taupunkt/Betauung
- schädliche Gase
- UV-Strahlung
- Wassereinwirkung Regen, Spritzwasser
- Staubpartikel

mechanische Faktoren
- Vibrationen
- Stoßbelastungen
- Abrieb (Reibvorgänge)
- Oberflächenverschleiß

chemisch/biologische Faktoren

- Laugen, Öle, Säuren z. B. auch korrosive Flussmittelreste
- Schimmelbefall

Eine Vielzahl elektronischer Baugruppen wird ohne weiteren Schutz in Geräte und Schaltschränke eingebaut und arbeitet innerhalb der vorgesehenen Lebensdauer fehlerfrei. Reicht jedoch der Schutz der Gehäuse und Schaltschränke nicht aus, so müssen die Baugruppen einen zusätzlichen Schutz erhalten.

Zum Erreichen eines optimalen Schutzes sollten die folgenden Auswahlkriterien beachtet werden:

- Definieren der für den jeweiligen Betrieb in Frage kommenden tatsächlichen und u. U. zu erwartenden Einflussfaktoren (ist eine der grundsätzlichen Aufgaben beim Baugruppen/Leiterplattendesign).
- Auswahl geeigneter konstruktiv-technologischer Lösungen, siehe unten.
- Auswahl geeigneter Materialien.
- Betrachtung technologischer Möglichkeiten zur Umsetzung des Schutzes, sowohl eigener als auch möglicher Kooperationspartner.
- Berücksichtigung notwendiger Nachbearbeiten und Reparaturfähigkeiten.
- Kostenbetrachtung.

Je nach Art des Schutzes kann auch das Gehäuse entfallen, wobei dann das Material, zusammen mit dessen konstruktiver Ausführung, die Gehäusefunktionen übernimmt. Der Schutz der Baugruppen lässt sich aus konstruktiv-technologischer Sicht wie folgt einteilen:

- Montage von Baugruppen ohne weiteren Schutz in Geräte.
- Verkapselung von Chips auf Board-Ebene mit zwei Verfahren:
  Beim *Glob Top* erfolgt die Verkapselung (einfacher Verguss) mit einem flüssigen Polymer. Das *Dam and Fill* nutzt ein höherviskoses Polymer als Rahmen um die Chips, der dann mit einem niedrigviskosen Polymer gefüllt wird, welches die Chips überdeckt, siehe Abschn. 3.8.7
- Schutzbelackung der Baugruppe und anschließende Montage in Geräte.
- Verguss der Baugruppen und anschließende Montage in Geräte.
- Montage der Baugruppe in ein Gehäuse bzw. Gehäuseteil und anschließender Verguss, wobei das Gehäuse nach dem Verguss nicht entfernt wird.
- Baugruppenverguss ohne Verwendung weiterer Gehäuse.
- Umspritzen der Baugruppe mit Thermo- oder Duroplasten, wobei das umspritzte Polymer zugleich das Gehäuse darstellt.

Entsprechend den Einsatzanforderungen kommen als Beschichtungsmaterial Lacke, Vergussmassen, Parylene und Fluorpolymere zu Anwendung.

3.12.1 Einflussfaktor Feuchte

Bei den Einflussfaktoren ist die Feuchte von besonderer Bedeutung [84]. Sie muss immer im Zusammenhang mit anderen Einflussfaktoren wie Temperatur, Luftdruck und Taupunkt sowie den Materialeigenschaften der Schutzlacke und Vergussmassen gesehen werden. Die folgenden Parameter sind zu betrachten.

Die **Absolute Feuchte** gibt an, wie viel Gramm Wasserdampf in einem Kubikmeter Luft enthalten sind.

Die **Relative Feuchte** (RF) gibt die prozentuale Sättigung der Luft mit Wasser bei einer bestimmten Temperatur an. 100 % rel. Feuchte bedeutet, dass die Luft vollständig mit Wasser bzw. Wasserdampf gesättigt ist und kein Wasser mehr aufnehmen kann. Alles was über den 100 % ist, schlägt sich als Kondenswasser nieder. Je wärmer die Luft ist, desto mehr Wasser kann sie aufnehmen.

Beispiel:
- 30 °C und   20 % relative Feuchte: Wasseraufnahme   6 g/m^3
- 80 °C und   20 % relative Feuchte: Wasseraufnahme 58 g/m^3
- 30 °C und 100 % relative Feuchte: Wasseraufnahme 30 g/m^3

Der **Taupunkt** ist die Temperatur, bei der die Luft vollständig mit Wasserdampf gesättigt ist (RF 100 %). Wird die Temperatur jetzt unter die Taupunkttemperatur gesenkt, bei der sie weniger Wasserdampf aufnehmen kann, so kondensiert die Wasserdampfdifferenz. Bei Beschichtungsvorgängen geschieht das also, wenn hohe Umgebungslufttemperaturen und/ oder hohe Luftfeuchtigkeiten auf eine kältere Bauteiloberfläche treffen. Die Tab. 3.13 zeigt dazu die Taupunkttemperaturen für zwei typische Umgebungstemperaturen T_u.

Ein problemloser Betrieb wird in einem Bereich der relativen Feuchte von 40–70 % gesehen. Für Beschichtungs- und sich anschließende Trocknungsprozesse sollte die Oberflächentemperatur mindesten (3–6 °C) über der Taupunkttemperatur liegen.

Das folgende Beispiel verdeutlicht die Problematik. Es werden für die Beschichtungsprozesse die zwei Umgebungstemperaturen von 20 und 25 °C einmal mit einer RF von 45 % und einmal mit einer RF von 70 % angenommen. Die Tab. 3.14 zeigt dazu die ermittelten Mindestoberflächentemperaturen.

Tab. 3.13 Taupunkttemperaturen [74]

T_u	Taupunkttemperaturen bei relativen Luftfeuchten										
°C	40 %	45 %	50 %	55 %	60 %	65 %	70 %	75 %	80 %	85 %	90 %
20	6,0	7,7	9,3	10,7	12,0	13,2	14,4	15,4	16,4	17,4	18,3
25	10,5	12,2	13,9	15,3	16,7	18,0	19,1	20,3	21,3	22,3	23,2
Kontaminationen verringern den Taupunkt z.T. erheblich!											

Tab. 3.14 Mindestoberflächentemperaturen bei Umgebungstemperaturen von 20 und 25 °C und RF von 45 und 70 %

T_u	Min. Oberflächentemperaturen = Taupunkt + 6 °C bei RF	
	45 %	70 %
20 °C	7,7 °C + 6 °C = 13,7 °C	14,4 °C + 6 °C = 20,4 °C
25 °C	12,2 °C + 6 °C = 18,2 °C	19,1 °C + 6 °C = 25,1 °C

Die Problematik wird ersichtlich, wenn die Baugruppe beispielsweise bei 15 °C gelagert wird und die Oberflächentemperatur diese Temperatur angenommen hat. Wird sie nun dem Beschichtungsprozess zugeführt, dann kann sie nur für den Fall 20 °C und RT 45 % korrekt beschichtet werden, da die Oberflächentemperatur mit 15 °C mit 1,3 °C über dem Mindestwert liegt. In den drei anderen Fällen liegen die Mindestoberflächentemperaturen mit 18,2, 20,4 und 25,1 °C über der 15 °C-Baugruppentemperatur, was Probleme erwarten lässt.

Zu große Feuchte kann hochgradig zu Delaminationen der Beschichtung und aufgeplatzten Bauelementeverkapselungen infolge des inneren Dampfdrucks entstehen.

Parameter für typische Beschichtungsmaterialien sind die **Wasserdampfdurchlässigkeit** in $(g \cdot mm)/(m^2 \cdot 24\,h)$ und die **Wasseraufnahme** in %, Tab. 3.15. Entscheidend sind aber nicht diese Parameter für sich, sondern wie sie sich auf die Baugruppe auswirken. Diese Auswirkungen werden durch den SIR-Wert (Surface Insulation Resistance, Isolations/Feuchtewiderstand) ausgedrückt. Entsprechend der IPC-CC-830C [37] soll der SIR größer als 500 MΩ für Epoxy und 5 GΩ für alle anderen Stoffe sein (Testbedingungen 65 °C, 90 %RF).

Tab. 3.15 Wasseraufnahme und Wasserdampfdurchlässigkeit von Polymeren und Silikon [52], Parylene [15]

	Acryl	Epoxid	Polyurethan	Parylene	Silikon
Wasseraufnahme in % nach 24h	0,3	0,5 - 1	0,6 - 0,8	<0,01 - 0,1	<0,1
Wasserdampfdurchlässigkeit $g \cdot mm/(m^2 \cdot 24h)$	13,9	0,5 - 0,94	0,93 - 3,4	0,06 - 0,59	1,7 - 46,8

Parylene sind spezielle Polymere für den Baugruppenschutz und dünne, flexible Leiterplatten. Es gibt ein Basispolymer und eine Reihe weiterer Modifikationen.

3.12.2 Feuchtebedingte Ausfälle

Da die Feuchte unterschiedliche Eigenschaften der Materialien z. T. gravierend ändern kann, hat das letztlich Einfluss auf das Ausfallverhalten der Baugruppen. Im Folgenden werden die häufigsten Ausfallursachen genannt.

Elektrochemische Migration

Dabei wandern bei einem angelegten elektrischen Feld positive Ionen von der Anode zur Kathode und scheiden sich dort als metallische Baumstruktur ab, die als Dendrit bezeichnet wird. Das setzt eine Mindestfeuchte zur Ausbildung des Ionenstromes voraus. Mit zunehmender Miniaturisierung und der damit verbundenen Verringerung der Leiter- und Padabstände vergrößert sich die elektrische Feldstärke bei gleicher Spannung, was den Prozess beschleunigt. Die Gefahr des Dendritenwachstums steigt mit zunehmender Feuchte und Temperaturschwankungen und kann innerhalb von Minuten zum elektrischen Ausfall infolge von Kurzschlüssen führen.

Kriechströme

Die zunehmende Feuchte führt zu einer Erhöhung der elektrischen Leitfähigkeit, infolgedessen sich der Oberflächenwiderstand verringert und die Ausbildung von Kriechströmen ermöglicht. Verstärkt wird das durch Verunreinigungen mit stärkeren hygroskopischen Eigenschaften auf der Leiterplatte.

Korrosion

Korrosion verschlechtert die elektrische Leitfähigkeit und führt durch die Materialzersetzung zum Bauteilausfall.

Signaleinflüsse

Besonders bei hochohmigen Schaltungen können geringe Feuchtigkeitsschwankungen große Auswirkungen haben, da sie hochohmige Widerstandswerte signifikant verringern und damit beispielsweise Referenzspannungen verschieben, was zum Funktionsausfall oder zu Fehlschaltungen führen kann. Wobei letzteres der Worst Case ist. Ein Ausfall ist „besser"als eine Fehlschaltung, bei der nicht klar ist, was passiert.

3.12.3 Schutzlacke

Befindet sich eine Baugruppe in einem Gehäuse, so stellt dieses den primären Schutz dar und die Schutzlackierung der Baugruppe dient dann als zusätzlicher sekundärer Schutz.

Die Unterscheidung der Schutzlacke erfolgt nach ihrer chemischen Zusammensetzung, dem Lösungsmitteleinsatz oder lösungsmittelfrei, der Art der Trocknung/Aushärtung sowie in ein- und zweikomponentige Lacke (1K, 2K) [20].

3.12.3.1 Einteilung der Lacksysteme

Lacksysteme nach der chemischen Zusammensetzung
Dazu zählen, in Klammern die Abkürzungen der IPC:

- Polyacrylate (AR)
- Epoxy (ER)
- Polyurethane (UR)
- Silikone (SR)

Darüber hinaus gibt es Hybridlacke z. B. auf Basis von Polyurethan mit einer Silikonbeimischung (SCC3 Electrolube), sowie die 2K-Lacke oder auch Polyurethan/Acrylatester.
Nach [20] lassen sich die folgenden Lacksysteme unterscheiden.

Physikalisch aushärtende Lacksysteme
Diese Lacke trocknen durch das Verdunsten der Lösungsmittel, wobei je nach Lösungsmittel ein sehr schnelles Trocknen ermöglicht wird. Mit einer dem jeweiligen Lack angepassten Verdünnung kann der Lack entfernt werden ohne weitere Bauteile zu schädigen, was für Reparaturzwecke besonders vorteilhaft ist. Zu dieser Gruppe gehören die Polyacrylatlacke.

Wasserverdünnbare Schutzlacke
Bei diesen Lacken wird das Lösungsmittel größtenteils durch Wasser ersetzt, das wasserlösliche Bindemittel enthält. Nach einem extrem schnellen Trocknen ist der Lackfilm resistent gegen Wasser, anders als die physikalisch aushärtenden Lacke, die nach dem Trocknen anfällig sind bzgl. ihres eigenen Lösungsmittels. Derartige Lacke besitzen sehr gute dielektrische Eigenschaften sowie eine hohe Feuchteresistenz und sind zudem geruchsneutral während der Verarbeitung und danach.

Oxidativ härtende Lacksysteme
Diese Lacke weisen schwach vernetzte und in Lösungsmitteln gelöste Bindemittel auf. Mit Beginn der Trocknung verdunsten die Lösungsmittel und der verbleibende Polymerfilm geliert. Bei weiterer Sauerstoffzufuhr verfestigt sich das Gel und es entsteht mit der vollständigen Vernetzung ein fester Lackfilm. Da diese Prozesse mehrere Tage dauern können, werden dann auch erst die notwendigen Kriechstromfestigkeiten und

Durchschlagsfestigkeiten erreicht. Zu dieser Gruppe gehören modifizierte Polyurethane, Epoxide und Polyacrylate.

Chemisch härtende Lacksysteme

Eine Gruppe dieser Lacksysteme sind Zwei- oder Mehrkomponentensysteme, auf Basis von Polyurethan- und Epoxidharzen. Vor der Verarbeitung werden die Komponenten im jeweiligen Mischungsverhältnis miteinander vermischt, wodurch die Viskosität zunimmt und die Reaktionszeit beginnt. Die Lösungsmittel verdunsten und die Komponenten reagieren chemisch miteinander. Die Topfzeit ist die Zeit ab diesem Zeitpunkt bis zu dem Punkt, wo die Viskosität zu hoch wird und keine Verarbeitung mehr möglich ist. Diese begrenzte Verarbeitungszeit ist ein Nachteil derartiger Lacksysteme. Je nach Anwendungsfall sind Lacksysteme mit angepassten Topfzeiten, i. d. R. möglichst lang (mehrere Stunden), auszuwählen. Dieses Lacksystem weist besondere Resistenzen gegenüber vielen chemischen Stoffen auf.

Feuchtigkeitsaushärtende 1K-Polyurethanlacke sowie feuchtigkeitsaushärtende Silikonlacke härten ebenfalls chemisch aus.

UV-härtende Lacksysteme

Die Ausbildung eines Lackfilms erfolgt hier unter der Einwirkung von UV-Strahlung, die idealerweise zu einer vollständigen Polymerisation der Monomere und Polymere bei Raumtemperatur führt. Da durch die Schattenwirkung der Bauteile die Strahlung u. U. ungleichmäßig auf den Lack trifft, können unterschiedliche Polymerisationsgrade und damit nicht ausgehärtete Lackfilmbereiche entstehen.

Um dieses Problem zu umgehen, ist ein weiterer chemischer Aushärtemechanismus notwendig, der durch die immer vorhandene Luftfeuchtigkeit zustande kommt und etwas langsamer abläuft. Ein Beispiel dafür sind die Lacke des Twin-Cure Systems [18]. Sie basieren auf Polyurethan/Acrylatester (ELPEGUARD Twin-Cure DSL 1600 und DSL 1602) und Silikon (ELPEGUARD Twin-Cure DSL 1707) mit Einsatzbereichen von 65–130 °C bzw. 65–200 °C.

Da mit diesen Lacken dickere Schichten von 200–500 μm realisiert werden können, stellen sie ein Bindeglied zwischen den Dünnschichtlacken und Vergussmassen dar.

3.12.3.2 Schichtdicken

Neben der Lackauswahl, entsprechend der verwendeten Lacksysteme, hat die Schichtdicke einen wesentlichen Einfluss auf die Schutzwirkung.

Lackbeschichtungen haben grundsätzlich die Eigenschaft, sich den Formen der Leiterplatte und der Bauelemente anzupassen, was zu Conformal Coatings führt. Von besonderer Bedeutung dabei ist, auch eine ausreiche Kantenüberdeckung zu gewährleisten. Die Schichtdicken von Conformal Coatings liegen in den Bereichen von 30–130 μm für Polyacryl-, Epoxy- und Polyurethanlacke und 50–150 μm für Silikonlacke.

Eine Verdopplung der Schichtdicke führt in etwa zu einer Verdopplung der Schutzwirkung. Nachteilig bei dicken Schichten bis zu 300 μm sind die überproportional zunehmenden Trocknungs- bzw. Aushärtezeiten, da Lösungsmittel einen deutlich längeren Weg zum Verdunsten zurücklegen müssen und der Sauerstoff bei oxidativ aushärtenden Lacken ebenfalls einen längeren Weg für die vollständige Aushärtung in der gesamten Lacktiefe benötigt. Werden dickere Lackschichten notwendig, so bietet sich neben einer Dickschichtlackierung auch eine Zweifachlackierung an, wobei sich die Prozesszeiten wie bei einer Dickschichtlackierung verlängern.

Das gilt nicht für UV-Dickschichtlacke, da die Zeiten deutlich kürzer sind.

Bei oxidativ-härtenden Schutzlacken verbieten sich solche Schichtdicken, da die Gefahr besteht, dass sich Bereiche mit nicht ausgehärtetem Lack bilden.

3.12.3.3 Auftragsverfahren von Schutzlacken

Vor den Beschichtungsprozessen sind Reinigungsschritte notwendig. Kontaminationen verringernden den Taupunkt z. T. deutlich, womit die Kondensationsgefahr steigt. Verunreinigungen wie Öle und Fette reduzieren die Haftfestigkeit der Beschichtung. Zu den typischen Beschichtungsverfahren zählen:

- Pinselauftrag
- Vorhanggießverfahren, bei dem der Lack über eine Rolle wie ein Vorhang auf die Baugruppe fällt, die auf einem Transportband unter dem Lackvorhang durchbewegt wird
- Sprühen (auch für selektive Bereiche, manuell, automatisch)
- Tauchlackierung (auch für selektive Bereiche, manuell, automatisch)

Die Abb. 3.75 zeigt eine Baugruppe mit einer selektiven Schutzlackbeschichtung.

Abb. 3.75 Teilbelackung (blauer Bereich) einer Baugruppe, mit Genehmigung der Lackwerke Peters GmbH & Co. KG

3.12.4 Vergussmassen

3.12.4.1 Vergussmassen und Anwendungsprinzipien

Wird ein Gehäuse zusammen mit einer Baugruppe vergossen, so kann man das Gehäuse als primären Schutz und den Verguss als sekundären Schutz auffassen. Im Vergleich zu Schutzlacken weisen Vergussmassen jedoch bessere mechanische Eigenschaften und aufgrund der größeren Dicken auch einen besseren Feuchteschutz auf.

Ein Baugruppenverguss kann auch das Gehäuse ersetzen, womit der Verguss alle Gehäusefunktionen übernimmt wie mechanische Stabilität, Schutz vor Partikelbeeinflussung und den primären Schutz vor Feuchte. In diesem Fall liegt das Konstruktionsprinzip der Funktionsintegration vor, im Gegensatz zum Prinzip der Funktionstrennung bei Verwendung eines Gehäuses.

Die Vergussmassen unterscheiden sich nach ihrer chemischen Zusammensetzung, der Art der Trocknung bzw. Aushärtung, der Konsistenz der Masse nach dem Verguss (fest, gelartig) sowie der Anzahl der Komponenten der Vergussmassen mit typisch ein und zwei Komponenten (1K, 2K). Seltener kann noch eine Beschleunigerkomponente dazu kommen.

3.12.4.2 Vergussmassen-Materialien

Die wichtigste Unterscheidung der Vergussmassen ist die nach der chemischen Zusammensetzung.

- Epoxy (1K, 2K)
- Polyurethane (2K)
- Silikon (2K) und Silikon-Gele
- Polyamide und Polyolefine

Die zweikomponentigen Epoxy, Poyurethane und Silikone härten bei Raumtemperatur oder/und zusätzlicher Wärmeinwirkung aus, während einkomponentige Epoxysysteme immer eine Wärme- oder UV-Einwirkung benötigen. Dabei führt eine Erhöhung der Aushärtetemperatur zu einer z. T. deutlichen Verringerung der Aushärtezeit, was bei temperatursensiblen Baugruppen beachtet werden muss. Die Silikon-Gele verbleiben in einem weichen Zustand.

Epoxidharze

Die unterschiedlichsten Rezepturen bedienen ein breites Feld von Anwendungen, angefangen bei unterschiedlichen Farben, einschließlich hoher Transparenz, sehr guter Wasser- und Chemikalienbeständigkeit, guter Wärmeleitfähigkeit, niedriger Viskosität für dünne Beschichtungen und solche mit schwer zugänglichen Bereichen bis hin zu flammhemmenden Epoxy. Neben der Verwendung als Vergussmasse werden die Epoxidharze auch als Kleber verwendet.

Die 2K-Epoxidharze härten zwar bei Raumtemperatur aus, aber die Zeit zur vollständigen Aushärtung dürfte in den meisten Fällen zu groß sein, so dass mit einer zusätzlichen Wärmezufuhr der Prozess beschleunigt werden sollte bzw. muss. Den starken Temperatureinfluss bis zur vollständigen Aushärtung zeigt das Beispiel der Vergussmassen ELPE-CAST Wepox VU 4085 Reihe [58]:

$$14\,\text{Tage}/18 - -23\,°C; \qquad 2,5\,\text{h}/80\,°C; \qquad 60\,\text{min}/100\,°C; \qquad 30\,\text{min}/125\,°C$$

Die 1K-Epoxidharze werden entweder durch UV-Strahlung oder Erwärmung ausgehärtet. Ein Beispiel dafür ist das wärmeaushärtende Epoxidharz ER2219 [16] mit:

$$40\,\text{min}/90\,°C; \qquad 30\,\text{min}/100\,°C; \qquad 15\,\text{min}/120\,°C.$$

Diese Typen sind eher für den Verguss lokaler Bereiche und einzelner Komponenten, wie Spulen in der Elektrotechnik, vorgesehen.

Polyurethanharze
Wie bei Epoxidharzen gibt es auch hier durch die unterschiedlichsten Rezepturen ein breites Anwendungsfeld. Im Vergleich zu den Epoxidharzen ist die Eigenerwärmung beim Aushärteprozess geringer, verbunden mit einer geringeren Schrumpfung. Die weite Streuung der Eigenschaften reicht von höchster Transparenz für LED-Anwendungen sowie diffusen Ausführungen für die LED-Lichtstreuung, über sehr hohe Wärmleitfähigkeiten, niedrige relative Dielektrizitätskonstanten von ≈ 3 für HF-Anwendungen bis hin zu hochbeständigen Ausführungen hinsichtlich UV-Einstrahlung, Säuren, Laugen, Wasser und Schimmelbefall.

Die Aushärtezeiten liegen in ähnlichen Bereichen wie die von Epoxidharzen mit 30 min/125 °C für das Polyurethan Wepuran VT 3406 [73] für sensible Bauelemente und 3 h/60 °C für das Universalpolyurethan UR5547 [17]. Darüber hinaus gibt es viele, die bei Raumtemperatur aushärten.

PUR-Vergussmassen dominieren den Elektronikverguss.

Silikone
Bei der Aushärtung von Silikonen treten nahezu keine Erwärmungen auf.

Sie zeichnen sich besonders durch eine hohe Elastizität sowie eine hohe Dauertemperaturbeständigkeit und einen großen Temperaturbereich aus (Wepesil VU 4691 E [59] mit −65 bis +200 °C und kurzzeitig 250 °C). Aufgrund ihrer guten Schneidfähigkeit können Baugruppen relativ einfach repariert werden, indem die entsprechen Vergussteile herausgeschnitten werden. Weiterhin verfügen die Silikone über sehr gute chemische Resistenzen und sind witterungsbeständig.

Typische Aushärtezeiten liegen bei 24 h/25 °C und 10 min/100 °C.

Abb. 3.76 Verguss einer elektronischen Baugruppe und Zweifachverguss einer LED-Schiene für diffuse Beleuchtung mit FERMADUR, mit Genehmigung der Sonderhoff Holding GmbH

Polyamide und Polyolefine

Die beiden Produktklassen Polyamide und Polyolefine sind einkomponentige thermoplastische Schmelzklebstoffe, die als Vergussmaterialien bei den Low-Pressure-Molding Verfahren, siehe nachfolgendes Abschn. 3.12.4.3 eingesetzt werden.

Beispiele zum Verguss:

Die Abb. 3.76 zeigt den Verguss einer elektronischen Baugruppe und den zweifachen Verguss einer LED-Schiene, bei der die erste Lage transparent ist und die zweite (weiße) Lage die LED-Strahlung für eine diffuse Beleuchtung streut. In beiden Beispielen kommt FERMADUR, ein 2K-Polyurethan zum Einsatz.

3.12.4.3 Umspritzen von Baugruppen

Neben dem drucklosen Vergießen von Baugruppen können diese auch mit einem Harz umspritzt werden, womit der Verguss grundsätzlich auch die Gehäusefunktionen übernimmt und ein Gehäuse selbst überflüssig macht. Dazu sollen zwei Verfahren erläutert werden.

Transfer-Molding

Das Transfer-Molding (TM) wird seit langem für das Packaging von Bauelementen mit Leadframes eingesetzt und kann auch für den Verguss von elektronischen Baugruppen angewandt werden.

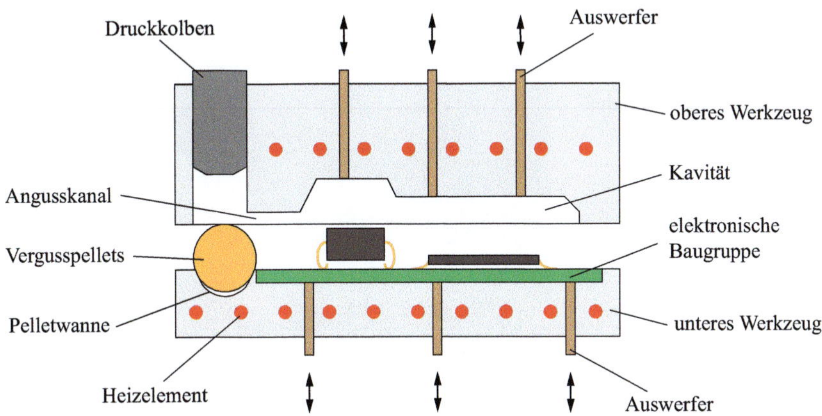

Abb. 3.77 Prinzip des Transfer-Molding

Die Abb. 3.77 zeigt das Prinzip des Verfahrens, ausführlich behandelt in [34]. Nach dem Einlegen der Baugruppe in das untere Werkzeug und dem Schließen der beiden Formen werden die Vergusspellets soweit erwärmt, dass sie aufschmelzen, bei Epoxy Molds typisch zwischen 170 und 185 °C. Durch den Druckkolben wird dann das fließfähige Polymer durch den Angusskanal in die Kavität des oberen Werkzeugs gedrückt. Der Druck führt zum einen zur Kompression von Lufteinschlüssen im Vergussmaterial und verdichtet so den Verguss und zum anderen wird verbleibende Luft aus der Kavität über Entlüftungsöffnungen nach außen gedrückt. Nach der nahezu 100%-igen Füllung der Kavität beginnt der Aushärteprozess. Mit dem Gelieren des Vergusses endet auch das Fließen des Materials und der Druckkolben kann entspannt werden. Mittels der Auswerferstifte wird die Baugruppe nach dem Öffnen aus den beiden Werkzeugen gedrückt. Mit dem letzten Temperschritt wird die Endhärte des Vergusses erreicht.

Ein Anwendungsfall des Verfahrens ist das Overmolding eines Getriebesteuergeräts (Transmission Control Units, TCU's) für ein Neungang-Automatikgetriebe [55], Abb. 3.78. Als Vergussmaterial kommt ein Duroplast, modifiziertes Epoxy mit einer Hitzebeständigkeit von 300 °C, zu Anwendung. Das Overmolding überdeckt dabei die Topseite der Baugruppe, wogegen die Bottomseite frei bleibt.

Die Anforderungen an eine solche Baugruppe sind hoch, da sie direkt in das Getriebe integriert wird. Sie ist temperaturstabil und öldicht, d. h. dass es keine Diffusion von Getriebeöl an den Grenzflächen zwischen Leiterplatte und Vergussmaterial gibt. Erzielt wurden eine Gewichtsersparnis von 45 %, die Reduzierung der Dicke von 20 auf 10 mm sowie eine gute Wärmespreizung über die gesamte Baugruppe und eine sehr hohe Vibrationsbeständigkeit. Aus Sicht der Zuverlässigkeit wurden die geforderten 2000 Temperaturschockzyklen mit 4000 ohne feststellbare Schäden weit übertroffen.

Abb. 3.78 Overmolding eines Getriebesteuergerätes [55], Dicke 10 mm, mit Genehmigung der Vitesco Technologies GmbH

Low Pressure Molding

Das Low Pressure Molding (LPM, Niederdruckverguss) ist eine modifizierte Spritzgießmethode mit der eine Vielzahl elektronischer Komponenten wie komplette elektronische Baugruppen, Stecker, Mikroschalter, Sensoren u. v. m. eine Schutzbeschichtung erhalten. Dabei sind zwei Ausführungsformen zu unterscheiden.

Im *ersten Fall* erfolgt ein Umspritzen der Komponenten derart, dass das umspritzte Material mechanische, chemische und klimatische Schutzfunktionen ohne eine Gehäusefunktion realisiert, d. h. dass derartige Komponenten danach in ein Gehäuse montiert werden müssen. Um in diesem Fall materialsparend zu arbeiten, wird die Endkontur des Umspritzens den Konturen der Komponenten weitgehend angepasst. Die Abb. 3.79-rechts zeigt dazu einen quasi conformalen Verguss einer elektronischen Baugruppe.

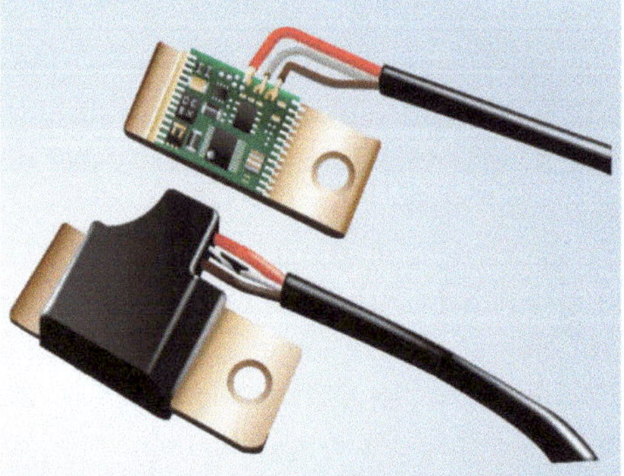
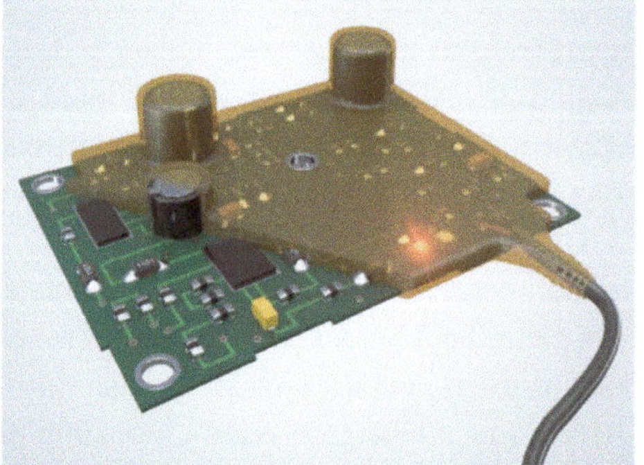

Abb. 3.79 Technomelt®-LPM: Batteriesensor vor und nach dem Verguss und Verguss einer elektronischen Baugruppe, mit Genehmigung der Henkel AG & Co. KGaA

Im *zweiten Fall* werden die Komponenten so umspritzt, dass neben den Schutzfunktionen auch die Gehäusefunktion realisiert werden kann, womit sich Kosteneinsparungen durch eine effektivere Fertigung aufgrund weniger Prozessschritte und Einzelteile ergeben. Als Beispiel zeigt die Abb. 3.79-links einen umspritzten Batteriesensor.

Charakteristisch für das Verfahren sind drei Schritte:

Im *ersten Schritt* wird das zu umspritzende Teil in das untere Formteil eingelegt und anschließend mit dem oberen Formteil verschlossen. Beim Vorhandensein von angeschlossenen Kabeln, werden diese mit den Anschlüssen mit eingelegt, so dass die Kabel aus der verschlossenen Form herausragen.

Im *zweiten Schritt* werden thermoplastische Schmelzklebstoffe (Hotmelts) in die geschlossene Form gespritzt. Die Prozesszeit liegt typisch im Bereich von 10–60 sec, teilweise auch darüber. Charakteristisch für das LPM sind Drücke im Bereich von 5–25 bar (60 bar), die damit deutlich mit dem Faktor 20 bis 25 unter denen des Spritzgießens liegen. Die Vergusstemperatur liegt 40–50 °C über der Erweichungstemperatur des Polymers, wodurch das Polymer schmelzflüssig wird und die Viskosität auf 1–10 Pas sinkt (entspricht in etwa der Konsistenz von Honig). Damit reichen die genannten niedrigen Drücke, was für einen schonenden Verguss von Bedeutung ist [27]. Bei höherviskosen Polymeren müssen dementsprechend höhere Drücke verwendet werden.

Im *dritten Schritt* erfolgt das Abkühlen, wobei der Verguss aushärtet. Kurz nach der Entnahme aus der Form ist die umspritzte Komponente weiter verarbeitbar. Es benötigt keine weiteren UV- oder wärmebehandelnden Prozesse zur weiteren Aushärtung.

Im *vierten Schritt* werden die Komponenten getestet.

Die für das LPM verwendeten thermoplastischen Schmelzklebstoffe sind die zwei Produktklassen Polyamide und Polyolefine.

Mit diesen Vergussmassen lassen sich Dichtigkeiten bis zur Schutzklasse IP68 erzielen (Schutzklassen siehe Abschn. 2.7.2); der Temperaturanwendungsbereich beträgt −50 °C–150 °C und für Hochtemperaturanwendungen auch darüber.

Ein entscheidender Punkt ist die zu erzielende Haftfestigkeit des Vergusses. Die Oberflächenspannungen von Verguss- und Substratmaterial sollen dazu gleich sein, wobei Anpassungen durch Oberflächenbehandlungen z. B. mittels Plasmaverfahren erreicht werden können. Die Beschichtungen von Metallteilen benötigen aufgrund ihrer guten Wärmeleitfähigkeit ein spezielles Equipment mit einer gezielten Erwärmung der Bauteile [27].

Bevorzugt werden Polyamide eingesetzt. Reicht die Haftung nicht aus, so kommen thermoplastische Polyolefine, insbesondere bei vernetzten Polymeren wie Polyethylen, zum Einsatz. Beide Produktgruppen können auch zusammen verwendet werden, wobei die Polyolefine in der Regel als Haftvermittler fungieren. Generelle Aussagen, ob eine Haftfestigkeit ausreichend ist, sollten immer durch eigenen Test verifiziert werden.

Beispielhaft für die LPM-Technologien sei hier das Technomelt®-LPM [26] genannt, das als ein Gesamtsystem das Engineering, die Materialien, das Equipment zusammen mit den Formen sowie die technischen Dienstleistungen dazu umfasst. Die Abb. 3.79 zeigt zwei Beispiele, wobei der quasi conformale Verguss der elektronischen Baugrup-

Tab. 3.16 Ausgewählte Technomelt-LPM Polyamid-Materialien für 6 Eigenschaftsgruppen [26]

Technom	Eigenschaften	Temperatur Farbe	Anwendungen
PA 6208 N	hohe Adhäsion	-40 °C - 100 °C Amber/Schwarz	Türsensoren, Security-Token, Connectoren, Mikro Inverter
PA 2692	hochtemperatur-beständig	-40 °C - 175 °C Amber	Mobil- u. Temp.-sensoren, Motorcontroller
PA 646	große Härte	-40 °C - 125 °C Schwarz	Controller, Feuchtesensoren, Schalter, elektrische Motoren
PA 2384	lösungsmittel-beständig	10 °C - 175 °C Amber	Med.-u. Security Sensoren, Outdoor Batterien
PA 6344	UV-resistent	-40 °C - 100 °C Schwarz	Sensoren, Smart Meter, Beleuchtung, Solarmodule
PA 6773	Optimierte Wärmeleitfähigkeit	-30 °C - 100 °C Grau	0,8 - 1,0 W/(m·K) bei 24 °C Mehrfache der anderen PA!

Farben je nach nach Technomelt PA: Schwarz, Amber, Grau, Transparent
Prozesstemperaturen über alle Technomelt PA: 180 °C - 260 °C
Typ. Wärmeleitfähigkeiten: 0,15 - 0,25 W/(m·K) innerhalb 22 °C - 200 °C

pe (rechts) materialsparend ist, aber keine Gehäusefunktion wahrnehmen kann, anders als beim Batteriesensor.

Als Vergussmaterialien kommen verschiedene Polyamide zur Anwendung, die lösungsmittelfrei sowie konform zu den REACH (Registration, Evaluation, Authorisation and Restriction of Chemicals)-Vorschriften und zur RoHS-(Restriction of Hazardous Substances)-Direktive sind. In der Tab. 3.16 sind ausgewählte Materialien für das Verfahren zusammengestellt.

3.12.5 Parylene

3.12.5.1 Parylenvarianten

Parylene sind Varianten spezieller Polymerbeschichtungsmaterialien, wobei das Basisprodukt das Parylen N (Poly(para-xylylen)) ist. Bei den weiteren Varianten C, D, F-AF4, F-VF4 sowie HT® und ParyFree® (eingetragene Marken von Specialty Coating Systems, Inc.) werden Wasserstoffatome durch Chlor- oder Fluoratome oder Nichthalogenide substituiert [25], Abb. 3.80.

Das Einsatzgebiet der Parylene reicht weit über die Elektronik hinaus. Einige Anwendungen seien hier genannt: Elektronische Baugruppen, Backplanes, Stents, Katheder, chirurgische Instrumente, Implantate, Dichtungen, LEDs, optische Linsen, Sensoren, MEMS (micro-electro-mechanical systems).

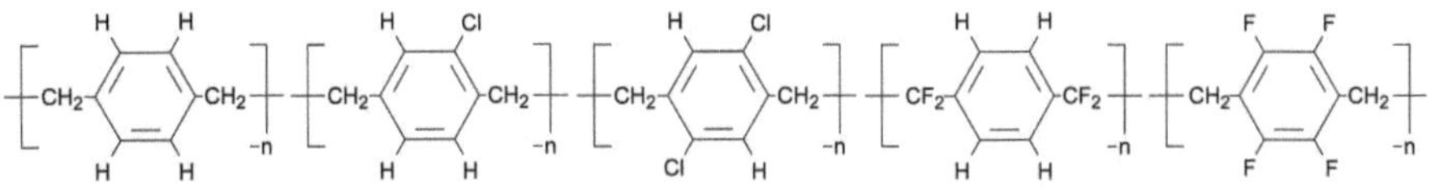

Parylen N   Parylen C   Parylen D   Parylen F-AF4   Parylen F-VT4

weiteres Parylen: ParyFree®, wobei mindestens 1 H-Atom durch ein Nichthalogen substituiert wird

Abb. 3.80 Chemische Strukturformeln der Parylene

Die Palette der zu beschichtenden Materialien reicht von Metallen über Polymere, Keramiken, Gläser, Silikone und Papier bis hin zu biologischen Objekten. In der Tab. 3.17 sind die wesentlichsten Eigenschaften zu finden, wobei je nach Quellen Unterschiede möglich sind.

3.12.5.2 Beschichtungsprozesse

Bevor die eigentliche Parylenbeschichtung erfolgt, müssen die Oberflächen gereinigt werden. Der erste Reinigungsschritt erfolgt typisch mit einer HFE-Lösung (Hydrofluorether),

Tab. 3.17 Ausgewählte technische Daten von Parylenen [15]

Eigenschaft	N	C	D	F-VF4	F-AF4
Schmelzpunkt °C	410	290	380	>460	>500
Ausdehnungskoeffizient 10^{-6}/K	69	35	38	36	36
Wärmeleitfähigkeit W/(m·K)	0,120	0,082	–	0,096	0,096
Dauerbetriebstemperatur °C	90	125	160	190	350
Kurzzeitige Spitzentemperatur °C	120	200	300	300	450
Zugfestigkeit MPa	45	69	76	52	52
E-Modul MPa	2400	3200	2800	2500	2500
Bruchdehnung %	250	200	200	200	200
Wasseraufnahme % nach 24h	0,01	0,06	<0,1	<0,009	<0,01
Durchschlagsfestigkeit V/25 μm	7000	5800	5500	5500	5500
rel. Dielektrizitätskonst. 1 MHz	2,65	2,95	2,80	2,16	2,17
Wasserdampfdurchlässigkeit (g·mm)/(m^2·24h)	0,59	0,06	0,10	0,23	0,22
Gasdurchlässigkeit (cm^3·mm)/(m^2· 24 h·atm)					
- Stickstoff N_2	7,70	0,37	1,77	4,85	4,80
- Sauerstoff O_2	11,8	2,8	12,6	23,5	23,5
- Kohlendioxid CO_2	84,25	3,03	5,12	95,60	95,40
- Wasserstoff H_2	212,6	43,3	94,5	–	–

dem ein zweiter mittels einer Plasmabehandlung (Prozessgase beispielsweise O_2 oder O_2/CF_4) als Feinreinigung folgt. Diese Technologien sind auch aus der Reinigung z. B. von Schalterkontakten bekannt. Dieser kann entweder in der gleichen Prozesskammer wie die nachfolgen Beschichtungsprozesse oder in separaten Anlagen erfolgen. Die Herstellung der Parylenbeschichtung selbst erfolgt in einem CVD-Prozess (Chemical Vapor Deposition), hier dargestellt für die Beschichtung mit Parylen N, Abb. 3.81.

Dabei wird in einem ersten Schritt das feste Ausgangsmaterial, bezeichnet als Dimer, bei Temperaturen von ca. 150 °C verdampft. Im zweiten Schritt, der Pyrolyse, wird das Dimer-Gas dann bei mehr als 500 °C in seine Monomere aufgespalten. Anschließend strömt dieses Gas in die Abscheidekammer, wo die Monomere auf dem Substrat bei Raumtemperatur zur Parylen N Schicht (Poly(para-xylylen)) polymerisieren.

Dieser Beschichtungsprozess ist kosten- und zeitaufwendiger als eine Belackung und wird demzufolge für höherwertige bzw. hinsichtlich des Schutzes höher beanspruchte Elektronik eingesetzt.

3.12.5.3 Eigenschaften

Schichten und Schichtdicken

Da keine Flüssigphase beim Beschichtungsprozess entsteht, entfallen auch die Probleme, die mit Flüssigfilmen verbunden sind wie Brückenbildungen, ungleichmäßige Schichtdicken insbesondere in Kantenbereichen bis hin zu Filmabrissen und Filmanhäufungen. Darüber hinaus sind Parylene lösungsmittelfrei, so dass kein Ausgasen, verbunden mit Porenbildungen, entsteht.

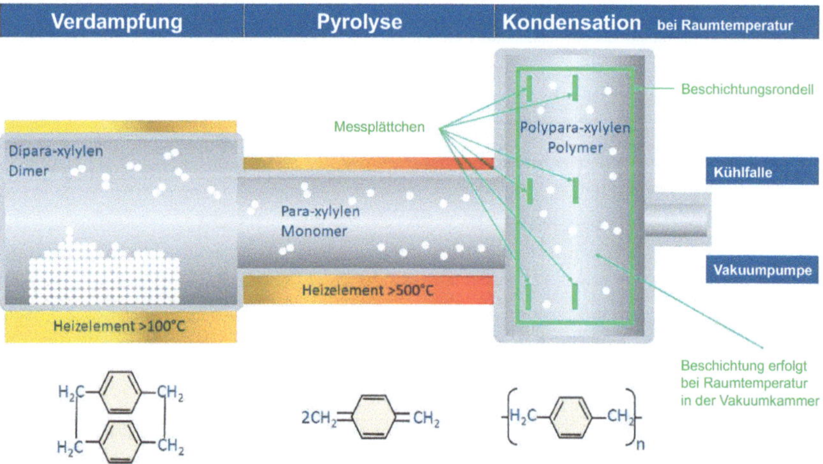

Abb. 3.81 CVD-Prozess zur Parylenbeschichtung, mit Genehmigung der Heicks Industrieelektronik GmbH

Die CVD-Prozesse ermöglichen Schichtabscheidungen im Bereich von etwa 100 nm bis 75 μm mit einer hohen Gleichmäßigkeit. Die entstehenden Schichten passen sich somit hervorragend an die zu beschichtenden Konturen von Leiterplatte und Bauelementen an und dürften somit von allen Beschichtungsformen das beste Conformal Coating darstellen. Die homogene Schicht, insbesondere auch im Kantenbereich, zeigt Abb. 3.82-rechts. Eine Standarddicke für eine Baugruppe liegt beispielsweise bei 18 ± 5 μm (Heicks Industrieelektronik).

Aufgrund der Abscheidung aus der Gasphase entsteht eine hohe Spaltgängigkeit, die von keinem Lack erreicht werden kann.

Eine Möglichkeit Pads für die nachträgliche Kontaktierung, z. B. von Kabeln freizustellen, besteht in der Maskierung vor dem Beschichtungsprozess. Bei einer weiteren Freistellung erfolgt der Freischnitt durch einen lokalen Laserabtrag, Abb. 3.82-links.

Bauelemente, die nicht gasdicht sind wie beispielsweise Relais, müssen sehr sorgfältig durch einen temporären Schutz, wie Abkleben, vor dem Abscheideprozess geschützt werden oder sind erst danach zu bestücken.

Thermische Eigenschaften

Hierbei sind vor allem die Dauerbetriebstemperaturen und kurzfristigen Spitzentemperaturen von Bedeutung. Dabei sollten, wenn verschiedene Typen verwendet werden können, diejenigen ausgewählt werden, die den entsprechenden Substrattemperaturen entsprechen. Es muss also nicht ein Parylen F-AF4 mit 350 °C sein, wenn die zulässige Substrattemperatur 130 °C beträgt.

Bei höheren Temperaturen müssen die unterschiedlichen Ausdehnungskoeffizienten beachtet werden. So betragen diese bei FR4 11–16 ppm/°C und bei den Parylenen 35–69 ppm/°C.

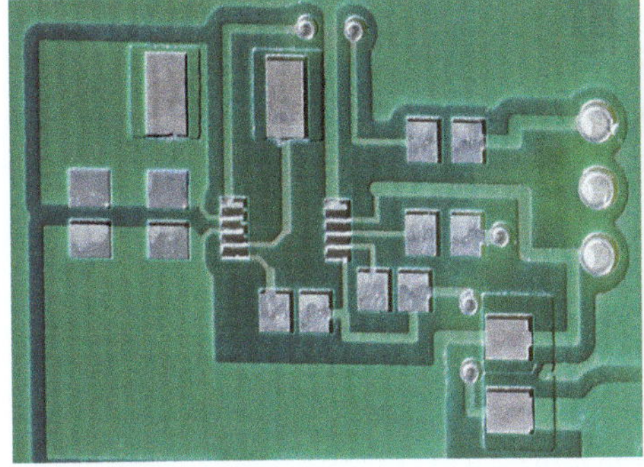
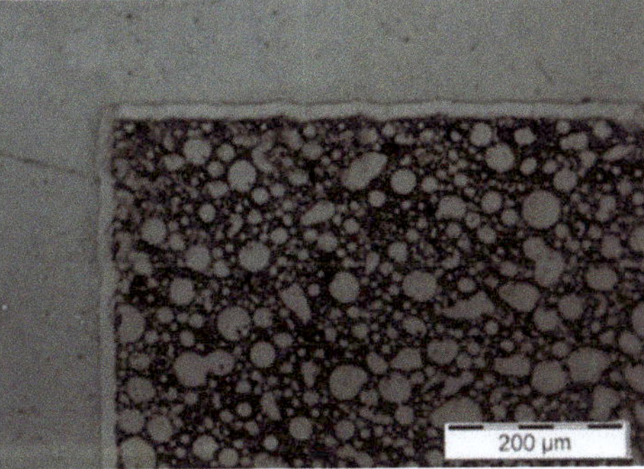

Abb. 3.82 Parylen-Beschichtung: Laserfreischnitte von Kontaktstellen und homogene Parylenschicht, insbesondere auch im Kantenbereich, mit Genehmigung der Heicks Industrieelektronik GmbH

Mechanische Eigenschaften

Die Abscheidung der Parylenschichten erfolgt bei Raumtemperatur, wobei keine inneren Spannungen entstehen.

Die niedrigen Elastizitätsmodule führen zu einer hohen Biegsamkeit, auch bei niedrigen Temperaturen. Neben der Schutzfunktion sind Parylenschichten auch als flexible Leiterplatten realisierbar [80], siehe auch Abschn. 4.4.1.

Elektrische Eigenschaften

Charakteristisch sind hohe Durchschlagsfestigkeiten ab 5500 V/25 μm aufgrund besonders reiner Beschichtungen ohne Fehlstellen, Poren und Verunreinigungen. Die niedrigen Werte für die Verlustfaktoren und relative Dielektrizitätskonstanten resultieren in niedrigen Verlusten für HF-Anwendungen.

Barriereeigenschaften

Parylene weisen niedrige Gas- und Wasserdampfdurchlässigkeiten, Tab. 3.17, auf und bieten damit einen hervorragenden Korrosionsschutz. Die Gasdurchlässigkeiten von Parylen C entspricht dabei in etwa denen von Epoxy und bei der Wasserdampfdurchlässigkeit ist das Parylen C dem Epoxy um den Faktor 12 überlegen [25]. Weiterhin weisen Parylene eine hohe Resistenz gegenüber Chemikalien auf und sind in organischen Lösungsmitteln bis 150 °C unlöslich.

Optische Eigenschaften

Alle Parylene weisen ab einer Wellenlänge von etwa 300 nm eine hohe Transparenz auf und sind unterhalb von 280 nm infolge hoher Absorption nahezu intransparent [25]. Die Parylene N, C, D und ParyFree® sind nicht UV-stabil, wogegen die Varianten F-AF4 und HT® eine hohe UV-Stabilität aufweisen und somit auch für den Außenbereich geeignet sind.

Biokompatibilität und Biostabilität

Beides wurde entsprechend ISO 10993 zertifiziert. Bei Verwendung als flexible Leiterplatte mit einer Parylenbeschichtung und biokompatiblen Materialien wie Gold und Titan entstehen vollständig biokompatible Leiterplatten.

3.12.6 Fluorpolymere

Fluorpolymere werden im allgemeinen nicht als Beschichtungswerkstoff bezeichnet, sondern als Surface Modifier mit Schichtdicken von 1 bis 2 μm [1].

Sie bilden keine Beschichtung im Sinne der gängigen Normen aus, sondern sollen als Oberflächenauflage zu Veränderungen der Oberflächeneigenschaften führen und somit einen Schutz gegen schädliche Einflüsse ausbilden.

Zur Beschichtung mit einem Fluorpolymer (besonders bekannt ist PTFE Polytetra-fluorethylen, Teflon) werden die Baugruppen ca. 30 sec in eine Lösung, Lösungsmittel Hydrofluorether, getaucht. Bereits während des Herausziehens aus dem Tauchbad beginnt das Lösungsmittel zu verdunsten und der Trocknungsprozess der Beschichtung beginnt, der dann innerhalb weniger Sekunden abgeschlossen ist.

Infolge der sehr geringen Oberflächenspannung und geringen Viskosität werden sehr gleichmäßige Schichtdicken erzielt und auch unterhalb von Bauelementen erfolgt eine Schichtenausbildung. Derartige Beschichtungen sind wasser-, öl- und silikonabweisend sowie nicht entflammbar und bieten einen sehr guten Schutz vor Feuchte und Korrosion.

Weitere Auftragsverfahren sind Sprühen und Spritzen, wobei die Spaltgängigkeit schlechter als beim Tauchen ist.

Ein Beispiel dafür ist die „3M™ Novec™ 2704 Elektronik Oberflächenbeschichtung" von 3M mit einem 4%-igen Anteil von Fluorpolymer. Das Material ist nicht entflamm-bar und nur gering toxisch. Die Schichtdicken liegen im Bereich von $0{,}1{-}4\,\mu$m je nach Applikationsmethode, die Durchschlagsfestigkeit beträgt $2500\,V/25\,\mu$m und die Wärme-leitfähigkeit $0{,}1\,W/(m \cdot K)$.

Hinweis: Fluorpolymer-basierende Stoffe sind langlebig und schwer abbaubar, da die an die C-Atome gebundenen F-Atome nur schwer getrennt werden können. Produkte auf dieser Basis finden darüber hinaus sehr breite Anwendungsfelder und sind derzeitig, trotz Umweltbedenken, kaum zu ersetzen [78].

Literatur

1. Norm DIN EN 61086-1 Dezember 2004. *Beschichtungen für bestückte Leiterplatten (conformal coatings) – Teil 1: Begriffe, Einteilung und allgemeine Anforderungen. –* Beuth-Verlag, Berlin
2. ALBRECHT, H.-J.; BUSSE, D.; DAHLBÜDDING, A.: Sintertechnologie-Ein Überblick, Teil 1. In: *PLUS, Leuze Verlag* (2020), Nr. 10, S. 1353–1364
3. ALBRECHT, H.-J.; BUSSE, D.; DAHLBÜDDING, A.: Sintertechnologie-Ein Überblick, Teil 2. In: *PLUS, Leuze Verlag* (2020), Nr. 11, S. 1504–1519
4. ALBRECHT, O.; BELLMANN, B.; FREIBERG, S.; GUELDNER, G.; NOETZOLD, G.; MITT-WEIDA, M.; OPPERMANN, M.; WOLTER, K.-J.: Pin-in-Paste für klein- und großvolumi-ge Aluminium-Elektrolytkondensatoren-Technologieentwicklung und Zuverlässigkeitsuntersu-chungen. In: *Elektronische Baugruppen und Leiterplatten EBL 2014, 7.DVS/GMM-Tagung, Fellbach, 11. und 12. Febr.* (2014)
5. AMKORTECHNOLOGY: *Copper Pillar.* Amkor Technology, Rev. Date 02/19
6. ASAI, S.; SARUTA, U.; TOBITA, M.; TAKANO, M.; MIYASHITA: Development of an anisotropic conductive adhesive film (ACAF) from epoxy resin. In: *Journal of Applied Polymer Science,* 56, Issue 7, p. 769–777 (16 May 1995)
7. ASM: SIPLACEX – Series, The World's fastest SMT-Plattform / ASM Assembly Systems GmbH & Co. KG. – Specification from SR.605.xx, 08/2011 Edition
8. BAE, H.-C.; CHOI, K.-S.; EOM, Y.-S.; LIM, B.-O.; SUNG, K.-J.; JUNG, S.; KIM, B.-G.; KANG, I.-S.; MOON, J.-T.: 3D SiP module using TSV and novel solder bump maker. In: *Proceedings of 2010 Electronic Components and Technology Conference,* 2010

9. BAOWAN, D.; COX, B. J.; HILDER, T. A.; HILL, J. M.; THAMWATTANA, N.: *Modelling and Mechanics of Carbon-based Nanostructured Materials (Micro and Nano Technologies)*. William Andrew, 2017

10. BESSHO, Y.; HORIO, Y.; TSUDA, T.; ISHIDA, T.; SAKURAI, W.: Chiop-on-Glas Mounting Technology of LSIs for LCD Module. In: *Processings of the 6th International Microelectronics Conference, Tokyo* (May 30–June 1, 1990)

11. BLANK, T.; SCHERER, T.; BRUNS, M.; MEISSNER, M.; AN, B.; LEYRER, B.; WEBER, M.: Low-Temperatur Silver Sintering Process on High Performance ENIG, EPIG, ENEPIG and ISIG Surfaces for Power Electronic Systems and Huge Battery Systems 2016 6th Electronic System-Integration Technology Conference (ESTEC 2016), S. 315–420

12. BUNDESMINISTERIUM DER JUSTIZ UND FÜR VERBRAUCHERSCHUTZ (Hrsg.): *Elektro- und Elektronikgeräte-Stoff-Verordnung – ElektroStoffV*. 19. April 2013 (BGBl. I S. 1111), Zuletzt geändert durch Art. 1 V v. 3.7.2018 I 1084. Berlin: Bundesministerium der Justiz und für Verbraucherschutz

13. CALABRETTA, M.: Silver Sintering for Silicon Carbide Die Attach:Process Optimization and Structural Modeling. In: *Appl. Sci. 2021, 11, 7012*. https://doi.org/10.3390/app11157012

14. DATENBLATT: *curamik CERAMIC SUBSTRATES, Technical data sheet*. Rogers Corporation, 2021

15. DATENBLATT: *Technical Data Sheet Polyparylene*. Systems GmbH, 2023

16. DATENBLATT: *ER2219 Epoxy Resin*. ELECTROLUBE; MacDermid Alpha, Issue: 02 February 2022

17. DATENBLATT: *UR5547 Polyurethan*. ELECTROLUBE; MacDermid Alpha, Issue: 03 February 2022

18. DATENBLÄTTER: *ELPEGUARD Twin-Cure DSL 1600 E-FLZ Reihe, LP230812D-11/301168d_001; ELPEGUARD Twin-Cure DSL 1602 FLZ /400, LP232510D-4/301399d_004, ELPEGUARD Twin-Cure DSL 1707 FLZ, LP230902D-2/300096d_001*. Lackwerke Peters GmbH & Co. KG

19. DESMARIS, V.; SALEEM, A. M.; SHAFIEE, S.; BERG, J.; KABIR, M. S.; JOHANSSON, A.: Carbon Nanofibers (CNF) for Enhanced Solder-based Nano-Scale Integration and on-chip Interconnect Solutions. In: *IEEE Electronic Components and Technology Conference, pp. 1071–1076 (2014)*

20. DIETRICH, R.; HEUSER, P.; PETERS, W.; SUPPA, M.: Schutzlacke und Vergussmassen als Beschichtungsstoffe für elektronische Baugruppen. In: *Technologie-Forum: Schutzüberzüge für elektronische Baugruppen, ZVE-IZM Oberpfaffenhofen, 24. September 2002, überarbeitet 2005 Ref.-Nr. 150*

21. FERY, C.: Sintern statt Löten erlaubt höhere Leistungsdichte. In: *Elektronikpraxis 2019*, Nr. 10

22. FETTKE, M.; KOLBASOW, A.; FRIEDRICH, G.; PALYS, A.; BEJUGAM, V.; TEUTSCH, T.: SB-WB: A new process solution for advanced wire-bonding. In: *IEEE 69th Electronic Components and Technology Conference (ECTC) (28–31 May 2019)*, S. 47–54

23. FIRMENSCHRIFT: *Next Generation Integrated Thin Film Resistor*. Ticer Technologies, Arizona 85224 (480.223.0891)

24. FIRMENSCHRIFT: *DEVICE.embedding, DESIGN GUIDE*. Version 3.0 / 05.2023 / 504726 DE. Würth Elektronik GmbH & Co. KG, Circuit Board Technology, 05/2023

25. FIRMENSCHRIFT: *Eigenschaften von SCS Parylene*. 002 12/19. Speciality Coating Systems, Inc., Indianapolis, USA, 2019

26. FIRMENSCHRIFT: *Low Presure Molding Solutions*. Henkel Corporation, 13887/LT-4182 (10/19) US, 2019

27. FIRMENSCHRIFT: *Low Pressure Molding, Technologie, Anwendung, Equipment (Whitepaper)*. OptiMel Schmelzgußtechnik GmbH, Iserlohn, 2022

28. GAYNES, M.; KODNANI, R.; OIERSON, M.: Flip Chip Attach with Thermoplastic Electrically Conductive Adhesive. In: *Proceedings of 3rd International Conference on Adhesive Joining and Coating Technology in Electronics Manufacturing, Binghampton, NY* (Sept 1998, pp. 244–251)

29. GERLACH, A.; MAROLT, D.; SCHEIBLE, J.: Der Bond-Rechner: Ein Werkzeug zur Dimensionierung von Bonddrähten. In: *Proceedings zur 6. GMM/GI/ITG-Fachtagung Zuverlässigkeit und Entwurf, Fachbericht 73* (2012)

30. GOETZ, M.: Siliziumnitrid-Substrate für die Leistungselektronik. In: *all-electronic, e-paper, Hüthig* (04.Mai 2018)

31. GÖKDENIZ, Z.; MÜNDLEIN, M.; KHATIBI, G.; STEIGER-THIRSFELD, A.; NICOLICS, J.: Ermüdungsverhalten hoch-belasteter Ag-Sinterverbindungen. In: *Elektronische Baugruppen und Leiterplatten EBL 2020, Fellbach*, S. 204–209

32. GREIG, W. J.: *Integrated Circuit Packaging, Assembly and Interconnections.* Springer Verlag, 2007

33. HEILMANN, J.: *Lebensdauermodellierung für gesinterte Silberschichten in der leistungselektronischen Aufbau- und Verbindungstechnik durch isotherme Biegeversuche als beschleunigte Ermüdungstests.* Dissertation, Technische Universität Chemnitz, 2019

34. HERA, D.: *Leiterplattenbasiertes Packaging zur Systemintegration mittels Film-Assisted Transfer Molding.* Dissertation, Institut für Mikrointegration der Universität Stuttgart, 2018

35. HERBOTH, T.: *Gesinterte Silber-Verbindungsschichten unter thermomechanischer Beanspruchung.* Dissertation, Albert-Ludwigs-Universität Freiburg, 2015

36. HSIAO, Y.-H.; CHEN, C.-F.; YANG, P.-F.; LEE, C.-C.; LIU, M.-C.; LIN, K.-L.; CHIA-WEN CHENVONE, K.: The Physics of Cu Pillar Bump Interconnect under Electromigration Stress Testing. In: *2014 Electronic System-Integration Technology Conference (ESTC 2014), Helsinki*, 16–18 September 2014

37. IPC: *IPC-CC-830C Qualification and Performance of Electrical Insulating Compound for Printed Wiring Assemblies.* Fachverband Elektronik Design (FED), Berlin, www.fed.de und weitere, December 2018

38. IPC: *IPC-610H DE, Abnahmekriterien für elektronische Baugruppen.* Fachverband Elektronik Design (FED), Berlin, www.fed.de und weitere, Oktober 2020

39. JACOB, M.: *Heat Transfer.* Bd. I. Wiley, 1949

40. KAESTLE, C.: *Qualifizierung der Kupfer-Drahtbondtechnologie für integrierte Leistungsmodule in harschen Umgebungsbedingungen.* FAU University Press, 2018 (FAU Studien aus dem Maschinenbau, Band 310)

41. KANG, H.; SHARMA, A.; JUNG, J. P.: Recent Progress in Transient Liquid Phase and Wire Bonding Technologies for Power Electronics. In: *Metals 2020, 10, 934*; https://doi.org/10.3390/met10070934

42. KAR, K. K. (Hrsg.): *Handbook of Nanocomposite Supercapacitor Materials II.* Springer Verlag, 2020

43. KASKO, I.; BERBERICH, S. E.; SPANG, M.; OEHLING, S.: SiC MOS Power Module in Direct Pressed Die Technology and some Challenges for Implementation. In: *Proceedings of the 2020 32nd International Symposium on Power Semiconductor Devices and IC's (ISPSD) September 13–18, 2020, Vienna, Austria*

44. KIM, S.-C.; KIM, Y.-H.: Review paper: Flip Chip bonding with anisotropic conductive film (ACF) and nonconductive adhesive (NCA). In: *Current Applied Physics 13* (2013), S. 14–24

45. KLUWETASCH, K.-H.; HAUSHERR, T.: The PCB Footprint Expert Solution. In: *CSK-CAD Systeme Kluwetasch, PCB Libraries, Inc.* (2022)

46. KNOERR, M.; SCHLETZ, A.: Power Semiconductor Joining through Sintering of Silver Nanoparticles: Evaluation of Influence of Parameters Time, Temperature and Pressure on Density, Strength and Reliability. In: *CIPS 2010*

47. KOSTELNIK, J.: Multi-Funktionale Boards-MFB-mit embedded Componets. In: *18. Europäisches Elektroniktechnologie-Kolleg, Colonia de Sant Jordi* (2015)

48. KOTTHAUS, S.; GÜNTER, B. H.; HAUG, R.; SCHÄFER, H.: Study of Isotropically Conductive Bondings Filled with Aggregates of Nano-Sized Ag-Particles. In: *IEEE Transaction on Components, Packaging and Manufacturing Technology- Part A, Vol.20. NO.1* (March 1997)

49. LAINE, E.; RUHMER, K.; PERFECTO, E.; LONGWORTH, H.: C4NP as a High-Volume Manufacturing Method for Fine-Pitch and Lead-Free FlipChip Solder Bumping. In: *IEEE 1st Electronic-Systemintegration Technology Conference* (2006)

50. LAU, J. H.: *Chip on Board Technologies for Multichip modules*. Van Nostrand Reinhold, 1994

51. LAU, J. H.: *Flip Chip Technologies*. McGraw-Hill, 1995

52. LICARI, J. J.: *Coating Materials for Electronic Applications*. Noyes Publications, 2003

53. LINDLOFF, A.: Pin in Paste – Pastendruck für bedrahtete Bauelemente. In: *DEK* (2004)

54. LU, D.; WONG, C. P.: *Materials for Advanced Packaging*. 2. Auflage. Springer Verlag, 2017

55. LUDWIG, K.; STEINAU, M.; SAUERBIER, J.: Overmolding für gehäueselose Getriebesteuerungen. In: *Automobiltechnische Zeitschrift, ATZ* (2021), Nr. 123, S. 26–31

56. MACDERMIDALPHA: ALPHA Solder Preforms for PCB Assembly. In: *MacDermidAlpha, Waterbury, CT 06702 USA* (March, 2022). https://www.macdermidalpha.com/assembly-solutions/ products/ solder-preforms/alpha-exactalloy-tape-reel-solder-preforms

57. MARTIN-GULLON, I.; VERA, J.; CONESA, J. A.; GONZALEZ, J. L.; MERINO, C.: Differences between carbon nanofibers produced using Fe and Ni catalysts in a floating catalyst reactor. In: *Carbon44*, 2006, 1572–1580

58. MERKBLATT: *ELPECAST Wepox VU 4085*. "LP200812D-2/301164d_000. Lackwerke Peters GmbH & Co. KG

59. MERKBLATT: *Wepesil VU 4691 E*. LP191507D-2/301105d_001. Lackwerke Peters GmbH & Co. KG

60. MESCHEDER, U.: *Mikrosystemtechnik*. 2. Auflage. Teubner-Vieweg Verlag, 2004

61. MORRIS, J. E. (Hrsg.): *Nanopackaging*. Springer Verlag, 2018

62. NOBAUER, G. T.; MOSER, H.: Analytical Approach to Temperature Evaluation in Bonding Wires and Calculation of Allowable Current. In: *IEEE Transaction on Advanced Packaging 23 (2000) Nr.3*, p. 426–435

63. NOVAK, M.; HELPAP, C.; BEART, K.; SCHMIDT, T.; SCHUCH, B.: Ag-Sintern als alternative Verbindungstechnik in der Automobilelektronik. In: *Elektronische Baugruppen und Leiterplatten EBL2014, Fellbach*, S. 78–83

64. NOVAK, M.; GRÜBL, W.; MÜLLER, J.; SCHLETZ, A.: Selektives Ag-Sintern auf Organischen Leiterplatte. In: *Elektronische Baugruppen und Leiterplatten EBL 2020, Fellbach*

65. NXPSEMICONDUCTORS: Flip chip. In: *AN11761* (Rev. 3 – 3 October 2016)

66. NXPSEMICONDUCTORS: Wafer level chip size package. In: *AN10439* (Rev. 6 – 24 August 2015)

67. OPPERT, T.; DOHLE, R.; GORYWODA, M.; KANDLER, B.; BURGER, B.: Progress in Wafer Level Bumping, Flip Chip Assembly and Electromigration Performance in Flip Chip Lead-Free Solder Connections with 30um or 40um Diameter. In: *Nano Science and Technology, Singapore* (October 26–28, 2016,)

68. OPPERT, T.; STRANDJORD, A.; TEUTSCH, T.; AZDASHT, G.; ZAKEL, E.: METHODS OF MICRO BALL BUMPING FOR WAFER LEVEL and 3-DIMENSIONAL APPLICATIONS USING SOLDER SPHERE TRANSFER AND SOLDER JETTING. In: *Conference: SMTA Pan PacificAt: Kauai, Hawaii, USA* (2012)

69. PANNICKE, D.; HIRSCH, S.; MIKUTA, R.; BURTE, E. P.; SCHMIDT, B.: Research on an Under-Bump-Metallisation for lead free Flip-Chip-Process. In: *51th Internationales Wissenschaftliches*

Kolloquium, Technische Universität Illmenau, September 11–15, 2006, 2006. – ISSN 1089–8190, S. 1–3

70. PERFECTO, E. D.; HAWKEN, D.; LONGWORTH, H. P.; COX, H.; SRIVASTAVA, K.; OBERSON, V.; SHAH, J.; GARANT, J.: C4NP Technology: Manufacturability, Yields and Reliability. In: *Proceedings 58th Electronic Components and Technology Conference, pp. 1641–1647* (2008)

71. PHOENIXCONTACT: *Basics Connectors for SMT production.* Phoenix Contact GmbH & Co. KG, 2008. – MNR 52004352/2008

72. PLACHA, K.; TULEY, R. S.; SALVO, M.; CASALEGNO, V.: Solid-Liquid Interdiffusion (SLID) Bonding of p-Type Skutterudite Thermoelectric Material Using Al-Ni Interlayers. In: *Materials, 11, 2483; doi:103390/ma11122483* (2018)

73. REPORT: *ELPECAST Wepuran VT 3406, LP221811D-3/301472d_001.* Lackwerke Peters GmbH & Co. KG

74. RIETZ, A. (Hrsg.): *Feuchte im Bauwerk – Ein Leitfaden zur Schadensvermeidung.* Kompetenzzentrum "Kostengünstig und qualitätsbewusst Bauen" im Institut für Erhaltung und Modernisierung von Bauwerken e. V. an der TU Berlin, 2007

75. ROUSTAIE, F.; QUEDNAU, S.; WEISSENBORN, F.; BIRLEM, O.: Low-Resistance Room-Temperature Interconnection Technique for Bonding Fine Pitch Bumps. In: *Journal of Material Engineering and Performance* 30(5), DOI https://doi.org/10.1007/s11665-021-05649-9 (May 2021)

76. SCHEUERMANN, U.: A Technology Platform for Advanced Power Electronic Systems. In: *Power Electronics Europe* (2012, Issue 3)

77. SCHLEICHER, M.: *Disruptiver Ansatz additiv hergestellter Schaltungsträger.* FED & VDE/VDI SAET, 2021-12-08

78. SCHLIPF, M.: Ohne Fluorpolymere wird es nicht gehen. In: *Jahrbuch 2023, Dichten, Kleben, Polymer* (2023), S. 462–472

79. SCHUMACHER, A.; WILDE, J.: *Stressarme Montage von Mikrosystemen für Hochtemperaturanwendungen durch TLB-Bonden.* Forschungsvereingung Hahn-Schickard-Gesellschaft für angewandte Forschung e. V. Villingen-Schwenningen, 2019

80. SELBMANN, F.; ROSCHER, F.; SOUZA TORTATO, F. de; WIEMER, M.; OTTO, T.; JOSEPH, Y.: An ultra-thin and highly flexible multilayer Printed Circuit Board based on Parylene. In: *Smart Systems Integration (SSI), Grenoble* (27–29 April 2021)

81. SIAH, C. F.; LUM, L. Y. X.; WAG, J.; GOH, S. C. K.; TAN, C. W.; HU, L.; COQUET, P.; LI, H.; TAN, C. S.; TAY, B. K.: Development of a CMOS-Compatible Carbon Nanotube Array Transfer Method. In: *Micromachines 2021,12, 95*

82. SUBBARAYAN, G.; PRIORE, S.; KOEP, P.; LEWIN, S.; RAUT, R.; SETHURAMAN, S.: Investigation for Use of Pin in Paste Reflow Process with Combination of Solder Preforms to Eliminate Wave Soldering. In: *Proceedings of 2011 IPC APEX Conference, Las Vegas, NV* (2011)

83. SUBBIAH, N.; SCHIFFMACHER, A.; SONG, X.; WILDE, J.: Comparision of Silver Sintered Assemblies on Non-DCB Substrates. In: *CIPS 2020*, S. 43–49

84. SUPPA, M.: Schutzlackierungen – Problemstellungen und Lösungen. In: *Systemintegration in der Mikroelektronik*, 3,- 5.-Juni 2008, Nürnberg, S. 41–57

85. TEDDY, J.: *CVD synthesis of carbon nanostructures and their applications as supports in catalysis*, TOULOUSE UNIVERSITY INSTITUT NATIONAL POLYTECHNIQUE DE TOULOUSE, Diss., 2009

86. THOBEN, M.: *Zuverlässigkeit von großflächigenVerbindungen in der Leistungselektronik.* VDI Verlag, VDI Reihe 9 Nr..363, 2002

87. TONG, H.-M.; LAI, Y.-S.; WONG, C. P.: *Advanced Flip Chip Packaging.* Springer Verlag, 2013

88. WITTKE, K.; SCHEEL, W.: *Handbuch der Lötverbindungen.* 1. Auflage. Eugen. G. Leuze Verlag, Bad Saulgau, 2011

89. YAN, H.; LIANG, P.; MEI, Y.; FENG, Z.: Brief Review of Silver Sinter-bonding Processing for Packaging High-temperature Power Devices. In: *Chinese Journal of Electrical Engineering* Vol.6 No.3, p. 25–34 (Sept. 2020)
90. YAN, J.: A Review of Sintering-Bonding Technology Using Ag Nanoparticles for electronic packaging. In: *Nanomaterials 2021,11*: https://doi.org/10.3390/nano11040927
91. ZAKEL, E.; TEUTSCH, T.; BLANKENHORN, R.: Process Makes Electroless Nickel/Gold Wafer Bumping Economical for Flip-Chip Packaging. In: *Chip Scale Review*, March (2003)
92. ZHANG, H.-Q.; BAI, H.-L.; JIA, Q.; GUO, W.; LIU, L.; ZOU, G.-S.: High Electrical and Thermal Conductivity of Nano-Ag Paste for Power Electronic Applications. In: *Acta Metallurgica Sinica (English Letters)*; https://doi.org/10.1007/s40195-020-01083-3 (2020), S. 1543–1555

Verbindungssubstrate 4

Inhaltsverzeichnis

4.1 Allgemeine Betrachtungen

Betrachtet man die Bestandteile der Elektronik, so ist das Verbindungssubstrat nicht das komplexeste Bauteil verglichen beispielsweise mit einem Mikroprozessor, aber ohne dieses dürfte es kaum ein elektronisches Gerät geben.

Beim Design eines Verbindungssubstrats gibt es Besonderheiten. Wird der Logikplan (Schaltplan, Stromlaufplan), der als fehlerfrei vorausgesetzt wird, konstruktiv-technologisch in Form eines Verbindungssubstrats umgesetzt, so kann nicht mit Sicherheit davon ausgegangen werden, dass die Schaltung dann auch einwandfrei funktioniert. Bei einfachen Anwendungen, niedrigen Frequenzen und leistungsarmen Schaltungen wird es problemlos sein. Sobald aber hohe Frequenzen, steile Impulsflanken, große Leistungen und große elektrische Ströme vorherrschen, gewinnen neben den geometrischen Designregeln wie Leiterbahnbreiten und -abstände und Verlegung von Leiterbahnen auf verschiedenen elektrischen Lagen eines Substrats andere Betrachtungen immer mehr an Bedeutung und werden z. T. zu entscheidenden Faktoren.

Dazu gehören die Betrachtungen zur Elektromagnetischen Verträglichkeit (EMV), Kap. 6, die den störungsfreien Aufbau hinsichtlich elektromagnetischer Strahlung umfassen. Insbesondere geht es hier um Schirmungen, Lagenaufbauten der Verbindungssubstrate, Leitungsführungen und -längen, sowie Ankopplungen von Schaltungsteilen an Referenzpotenziale wie analoge und digitale Massen für analoge bzw. digitale Schaltungsteile.

Weitere Betrachtungen umfassen das thermische Management, Kap. 7, der Verbindungssubstrate. Ein Teil dieser Problematik wird nahezu unabhängig von den Verbindungssubstraten gelöst, beispielsweise durch montierte Kühlkörper auf Bauelementen. Für einen anderen Teil rücken zunehmend die Verbindungssubstrate in den Fokus. Dazu zählen Anwendungen, bei denen bedingt durch das Design der Bauelemente selbst, ein Großteil der Wärme über das Substrat abgeführt werden muss. Diese Bauteile, wie Power-LEDs und Leistungshalbleiterchips, werden thermisch gut leitend mit dem Verbindungssubstrat verbunden, wobei das Substrat die weitere Entwärmung gewährleisten muss. Das kann durch großflächige und dicke Metalllagen des Verbindungssubstrates realisiert werden, z. B. IMS-Leiterplatten Abschn. 4.6.5.

4.2 Funktionen der Verbindungssubstrate

Verbindungssubstrate umfassen eine ganze Gruppe unterschiedlichster Ausführungen, wobei sie zur Sicherstellung der vorgesehen Funktion(en) die zwei Hauptaufgaben, Träger von diversen Bauteilen und Realisierung der Verbindungen zwischen diesen, aufweisen. Die überwiegende Anzahl der Typen von Verbindungssubstraten realisiert beide Hauptaufgaben. Nur wenige Verbindungssubstrate dienen der rein elektrischen bzw. optischen Verbindung.

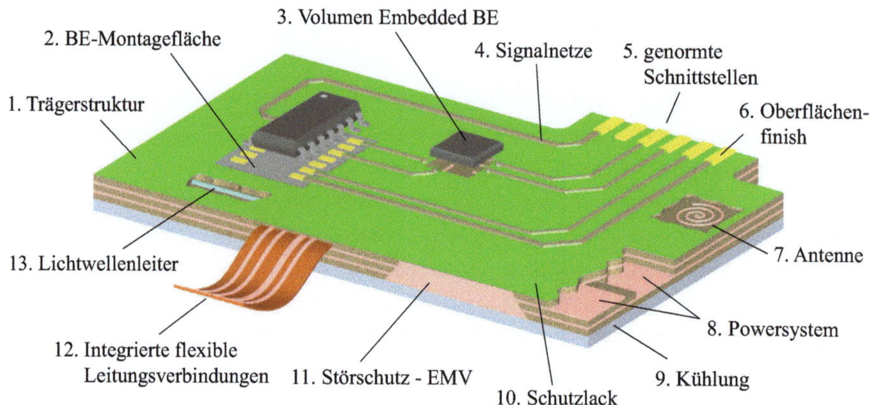

Abb. 4.1 Funktionen von Verbindungssubstraten

Zum Sicherstellen der beiden Hauptaufgaben müssen eine Reihe von Funktionen durch das Verbindungssubstrat erfüllt werden, wobei je nach Komplexität der Schaltung bestimmte Funktionen eine größere oder kaum eine Rolle spielen. So sind die Funktionen, die das thermische Management einer Baugruppe aus dem Bereich der Leistungselektronik betreffen von wesentlicher Bedeutung, wogegen sie bei einer Schaltung für die Weihnachtsbaumbeleuchtung kaum eine Rolle spielen.

Im Folgenden werden die wichtigsten Funktionen von Verbindungssubstraten erläutert, Abb. 4.1.

1. Mechanische Trägerstruktur

Die mechanischen Eigenschaften sind abhängig vom Anwendungsfall.

Für starre Verbindungssubstrate werden Eigenschaften wie hohe Biegefestigkeit, geringe Verwölbungen und Verdrehungen und eine hohe Vibrationsfestigkeit (z. B. dürfen Leiterbahnen bei Vibrationen nicht brechen) gefordert.

Bei flexiblen Verbindungssubstraten sollen kleine Biegeradien möglich sein und bei dynamischen Anwendungen müssen hohe Biegewechselfestigkeiten gewährleistet werden, da ansonsten eine beginnende Rissbildung schnell zum Ausfall führt.

Ein Beispiel ist die Verbindung einer fest installierten Baugruppe in einem Gerät mit dem beweglichen Druckkopf in einem Tintenstrahldrucker mittels flexibler Verbindungssubstrate, bestehend aus einer Polyimidfolie mit kupferbeschichteten elektrischen Leitern.

2. Montageflächen für Bauelemente

Jedes Bauelement benötigt einen Montageplatz auf dem Verbindungssubstrat. Das kann auf der Top-Seite, der Bottom-Seite oder beiden erfolgen. Die maximal benötigte Fläche ergibt sich aus den maximalen Abmessungen des jeweiligen Bauelementes einschließlich herausstehender Anschlüsse plus einem Sicherheitsrand um das Bauteil herum.

3. Volumen für eingebettete Bauelemente

Es sind Volumen innerhalb eines Verbindungssubstrates für eingebettete Bauelemente (Emdedded Components) bereitzustellen. Reicht die relativ geringe Dicke eines Verbindungssubstrates aufgrund der größeren Dicke der Bauelemente nicht aus, so müssen diese in der Schichtdicke reduziert werden. Für die Einbettung von Halbleiterchips werden diese in der Dicke bis auf ca. 10 bis 50 μm reduziert.

4. Signalnetze

Bei mehrlagigen Leiterplatten, den Multilayern, werden die Leiterbahnen in x- und y-Richtung den elektrischen Cu-Lagen zugeordnet.

Höhere Frequenzen und EMV-sichere Leiterplatten (EMV, Elektromagnetische Verträglichkeit) erfordern definierte Leitungsimpedanzen, bei denen die Signalleitungen entsprechenden Referenzlagen (Versorgungsspannungen und Massen) zugeordnet werden müssen – man spricht dann von impedanzkontrollierten Leiterplatten.

Bei einem komplexeren Design kann die Unterscheidung in Signale und Takte sinnvoll sein.

5. Genormte Schnittstellen

Die Betonung liegt hier auf Normung. Sie gewährleistet den Austausch von Baugruppen, beispielsweise im Reparaturfall, und die Integration von Baugruppen weiterer Hersteller in das System.

Erstens betrifft das die geometrische und stoffliche Ausführung von Verbindern wie Größe, Anzahl und Rastermaß der Anschlüsse, Werkstoffe der Gehäuse sowie der Anschlüsse und deren Oberflächenbeschaffenheit.

Zweitens definiert die Norm die Belegung der Anschlüsse mit den elektrischen bzw. optischen Signalen sowie Versorgungsspannungen und Massen.

6. Oberflächenfinish

Da die Kupferleiterbahnen relativ schnell korrodieren und die entstehenden Kupferoxidschichten als Isolator wirken, müssen die Kontakte einen Korrosionsschutz erhalten. Je nach Anforderungen sind unterschiedliche Materialien zu verwenden. Häufiges Betätigen von Steck-, Tipp- und Schleifkontakten aufgrund des Verschleißes ist besonders zu berücksichtigen.

7. Antennen

Da drahtlose Übertragungstechniken immer mehr zunehmen, müssen Antennen in das Verbindungssubstrat integriert werden.

Ein besonderer Schwerpunkt liegt dabei auf den Richtcharakteristiken dieser Antennen bei mobilen Geräten, da sie hinsichtlich der Richtwirkung universell ausgelegt werden müssen.

8. Versorgungsnetze

Die Versorgungsnetze mit ihren unterschiedlichen digitalen und analogen Spannungen und Massen müssen die Bauelemente mit Energie versorgen.

Bei impedanzkontrollierten Leiterplatten stellen sie zusammen mit den Signalnetzen definierte Leitungsimpedanzen bereit, deren Einhaltung bei Anwendung höherer Frequenzen und EMV-sichere Leiterplatten notwendig ist.

9. Kühlung

Neben der Wärmeabfuhr direkt von den Bauelementen durch Kühlkörper, wird die Wärme auch durch die Verbindungssubstrate abgeführt. Dazu benötigt man besonders gute thermische Ankopplungen der Bauelemente an die Verbindungssubstrate, eine gute Wärmeverteilung und dann folgend eine gute Wärmeabfuhr von den Verbindungssubstraten selbst.

Das ist besonders für Leistungshalbleiter, die als Chips montiert werden, und Power-LEDs von Bedeutung. Vernachlässigt man das bei diesen Bauelementen, so ist eine Überhitzung, verbunden mit einem Ausfall, sehr wahrscheinlich.

Da die elektrischen Leistungen und damit verbunden die Verlustleistungen in Form von Wärme enorm zugenommen haben, ist eine unzureichende Kühlung heute nahezu ein k. o. Kriterium.

10. Schutzlack

Der Schutzlack wird als Lötstopplack bezeichnet, was historische Gründe hat. Damit beim Wellenlöten nicht auch die Leiterbahnen mit Lot benetzt werden, wurde Lötstopplack eingesetzt, der nur die Pads zum Löten freihielt. Im Laufe der Entwicklung hat sich der Lötstopplack zu einem echten Schutzlack entwickelt.

Weitere Funktionen wie der Schutz vor mechanischen Beschädigungen und Feuchte sowie eine Verbesserung der Durchschlagsfestigkeit (ist die elektrische Feldstärke, ab der sich im Isolierstoff ein elektrisch leitender Pfad ausbildet) sind dazu gekommen.

11. Störschutz – EMV

Hierbei geht es um das Gebiet der Elektromagnetischen Verträglichkeit – EMV.

Insgesamt kann der Störschutz bzgl. elektromagnetischer Wellen in drei Gruppen eingeteilt werden. *Erstens* Schutz der Baugruppen vor einfallender Störstrahlung, *zweitens* Schutz der Umgebung (alles außerhalb der betrachteten Baugruppe, also auch eine benachbarte Baugruppe im gleichen Gerät) vor der Störstrahlung der Baugruppe und *drittens* Schutz der Baugruppe vor der eigenen Störbeeinflussung. Die letztere beinhaltet dabei nicht nur Störstrahlung, sondern auch anderer Kopplungsmechanismen, wie Störsignale auf gemeinsamen Masseleitungen.

Zwei Beispiele für die Reduzierung von Störstrahlungen:

Eine Kantenmetallisierung der Verbindungssubstrate reduziert die Störabstrahlungen erheblich.

Ist die Abstrahlung einer Leiterbahn, die wie eine Stabantenne hinsichtlich Frequenz und Amplitude wirkt zu hoch, so ändert sich beides, indem die Leiterbahn umverlegt wird. Zum Beispiel durch Einfügen mehrerer Knicke, womit neue Leitungsstücke mit veränderten Abstrahlcharakteristiken entstehen.

12. Integrierte flexible Leitungsverbindungen

Integriert man flexible Leiterplatten (Folien) mit ein oder mehreren Kupferlagen in starre Leiterplatten und führt diese aus diesem Design heraus, so hat man elektrische Leitungen an der starren Leiterplatte, die ohne zusätzliche elektrische Verbinder auskommen. Es entsteht eine starrflexible Leiterplatte.

Der Vorteil besteht in der Einsparung von Verbindern, beispielsweise Steckverbindern, verbunden mit einer Platzeinsparung und der Verringerung von Kontaktstellen, was zu einer Erhöhung der Zuverlässigkeit führt.

Diese Designs ermöglichen neue Wege beim Einbringen auch komplexerer Verbindungssubstrate in Geräte.

13. Lichtwellenleiter

Die optische Datenübertragung mit Lichtwellenleitern (LWL) führt *erstens* zu einer Vergrößerung der zu übertragenden Datenrate und *zweitens* sind die LWL nicht durch elektromagnetische Wellen beeinflussbar, was die Datenübertragung im Vergleich zu Kupferleitungen zuverlässiger macht.

Die Verbindung von optischen und elektrischen Signalübertragungen führt zur Elektrooptischen Leiterplatte (EOCB, Elektro optical Circuit Board).

Verbindungssubstrate lassen sich entsprechend ihrer Anwendungen, Eigenschaften und Werkstoffe in die folgenden Typen unterscheiden.

4.3   Starre Leiterplatten (Rigid Printed Circuits – RPC)

Sie bestehen aus Substrataufbauten und -werkstoffen, die nur minimale Biegungen und Verwölbungen zulassen und für die Montage vieler und auch schwerer Bauelemente geeignet sind. Das Design reicht von einlagigen Leiterplatten bis hin zu mehrlagigen Multilayern.

4.3.1   Ein- und zweilagige Leiterplatten

Die Abb. 4.2 zeigt die Ausführungen ein- und zweilagiger Leiterplatten.

Sie bestehen aus einem starren dielektrischen Kern mit entweder ein- oder zweiseitiger Kupferkaschierung, die entsprechend der elektrischen Leiterbilder und Bauelementenanschlüsse (Pads) strukturiert werden. Durch chemische und galvanische Prozesse werden in der Bohrung Metallschichten aufgetragen, die eine Cu-Hülse ausbilden und die Durchkontaktierung darstellen.

Abb. 4.2 Ein- und zweilagige Leiterplatten

Einlagige Leiterplatten

Das Leiterbild befindet sich auf der Bottomseite. Die Bestückung mit THDs erfolgt auf der Topseite und die von SMDs auf der Bottomseite, wobei auch eine Mischbestückung möglich ist. Da nur eine Seite für Leiterbahnen zur Verfügung steht, werden i. d. R. Leiterbahnkreuzungen entstehen, die mit zusätzlichen Drahtbrücken und Nullohmwiderständen umgangen werden müssen.

Insgesamt lassen sich nur sehr einfache Schaltungen realisieren.

Zweilagige nicht durchkontaktierte Leiterplatten (NDKL)

Sie können mit THD-Bauelementen auf der Topseite und prinzipiell auch mit SMD-Bauelementen auf beiden Seiten bestückt werden, wobei sich die notwendigen Kontaktierungen zur Verbindung der Leitungsnetze typischerweise mit den Drahtanschlüssen der THD-Bauelemente ergeben.

Eine einseitige SMD-Montage ist möglich, wobei Leitungskreuzungen wie bei einlagigen Leiterplatten realisiert werden müssen.

Eine zweiseitige SMD-Montage macht zusätzliche Bauelemente wie Drähte oder Stifte in den nichtdurchkontaktierten Bohrungen zur Verbindung der Leitungsnetze notwendig.

Die Anwendung ist auch hier auf einfache Schaltungen begrenzt.

Zweilagige durchkontaktierte Leiterplatte (DKL)

Einseitige THD-Montage auf der Topseite und zweiseitige SMD-Montagen werden realisiert. Eine zweiseitige THT-Montage, z. B. bei Steckverbindern, ist auch möglich, wenn sie selektiv und schwallgelötet gelötet werden. Die Durchkontaktierungen werden mittels metallisierter Bohrungen (Via's) hergestellt.

Mit diesem Leiterplattentyp lassen sich dagegen schon komplexere Schaltungen umsetzen, da höhere Bauelemente- und Leitungsdichten erzielbar sind.

Allerdings sind die Kosten deutlich höher als bei den o. g. Leiterplattentypen, da zusätzliche Prozessschritte für die Metallisierung der Bohrungen anfallen.

Dieses Leiterplattendesign besteht aus einem Trägermaterial, am häufigsten FR4 (Glasgewebe in einem Epoxidharz) und den Cu-kaschierten Top-und Bottomlagen. Die Strukturierung erfolgt durch Ätzen der beiden Kupferlagen.

Für den höheren Frequenzbereich sind sie weniger geeignet, da die Bedingungen für einen störungsfreien Betrieb hier nicht eingehalten werden können.

Zwei Verfahrensabläufe sind in den Anlagen A.8 und A.9 zu finden.

4.3.2 Multilayer

Steigt die Anzahl der Bauelemente und der damit verbundenen Verbindungsleitungen so an, dass es Probleme gibt alles auf einer zweilagigen Leiterplatte zu realisieren, so muss eine Aufteilung auf zusätzliche ein- oder zweilagige Leiterplatten oder der Einsatz eines Multilayers erfolgen.

Der Einsatz von Multilayern ist unumgänglich, wenn höhere Frequenzen auf den Leitungen übertragen werden müssen.

Gekennzeichnet werden Multilayer *erstens* durch das Vorhandensein von mindestens 4 elektrischen Lagen, wobei i. d. R. die Lagenstufung geradzahlig ist, *zweitens* durch metallisierte Durchgangsbohrungen und *drittens* optional durch vergrabene metallisierte Vias (Buried Vias), die sich im Multilayerinneren befinden und von außen nicht zugänglich sind und/oder Blind Vias.

Weiterhin gestatten Multilayer die Ausführung von kompletten elektrischen Lagen als digitale und analogen Massen sowie (verschiedene) Versorgungsspannungen der Bauelemente, Abb. 4.3.

Die Möglichkeit der Trennung von Signalen und Versorgungsspannungen hinsichtlich unterschiedlicher Multilayerlagen lässt spezielle Leitertopologien mit definierten Leitungsimpedanzen zu, Abb. 4.9, Tab. 6.11 und 6.12.

Von besonderem Interesse sind dabei die Microstrip- und Stripline-Designs mit denen sich die Möglichkeiten ergeben, impedanzkontrollierte Multilayer für den High Speed Bereich zu realisieren, siehe Abschn. 7.7, Tab. 6.11 und 6.12.

Technologisch stellen besonders die hochlagigen Multilayer (bekannt sind Multilayer mit über 80 Lagen) eine Herausforderung dar. Je mehr Lagen beim Montageprozess des Multilayers zueinander registriert (justiert) werden müssen, desto größer werden die An-

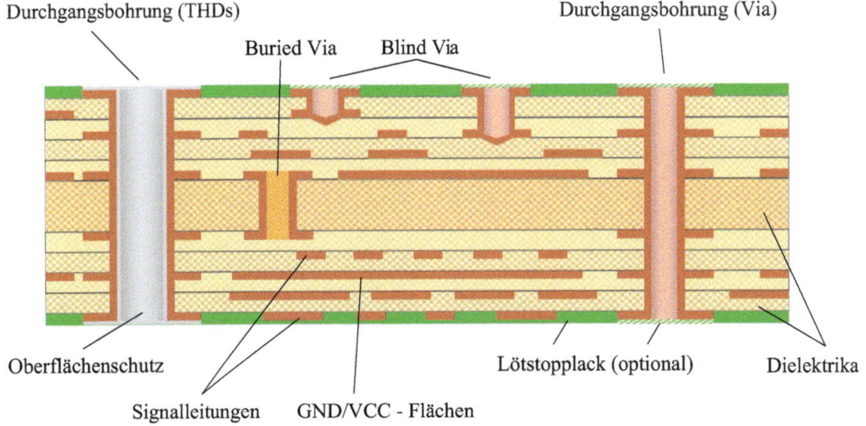

Abb. 4.3 Multilayer, Beispiel eines 10-lagigen Aufbaus

forderungen an die Genauigkeiten der einzelnen Lagen und Montagewerkzeuge. Praktisch bedeutet das die Notwendigkeit immer kleinerer Toleranzen.

Die Hauptprozessschritte der Fertigung eines 4-Lagen-Multilayers sind in Tab. A.10 zu finden.

4.3.3   HDI-Leiterplatten (High Density Interconnection)

Ziel der HDI-Leiterplatten ist es, die Packungsdichten elektronischer Bauteile auf Leiterplatten zu vergrößern.

Hauptkennzeichen sind *erstens* die Umsetzung als Multilayer, *zweitens* feine Leiterstrukturen mit Leiterbreiten und -abständen von $\geq (75 \cdot s100)$ μm und *drittens* Microvias mit Durchmessern ≥ 100 μm (Standardmicrovias) und ≥ 125 μm (Microvias, Lagen 1–3). In der Regel kommen Buried Vias und Durchgangsvias dazu, Abb. 4.4.

Die Abb. 4.6 zeigt eine Übersicht der HDI-Design Regeln [26].

Gebohrt werden Microvias überwiegend mit single UV- oder kombinierten UV/CO_2-Lasersystemen, die anschließend verkupfert werden. Die Abb. 4.5 zeigt links ein fehlerfrei

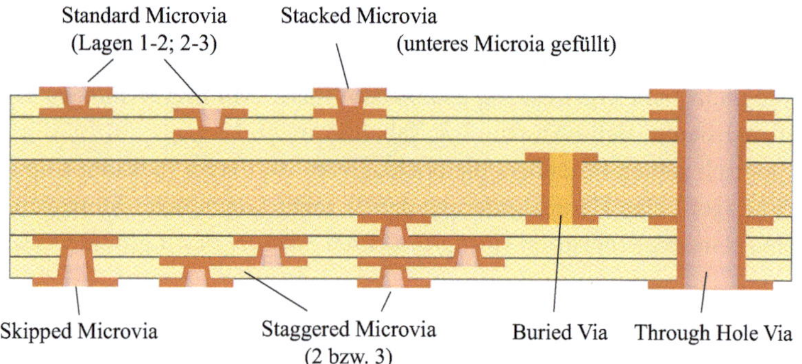

Abb. 4.4   High Density Interconnection-Multilayer, HDI

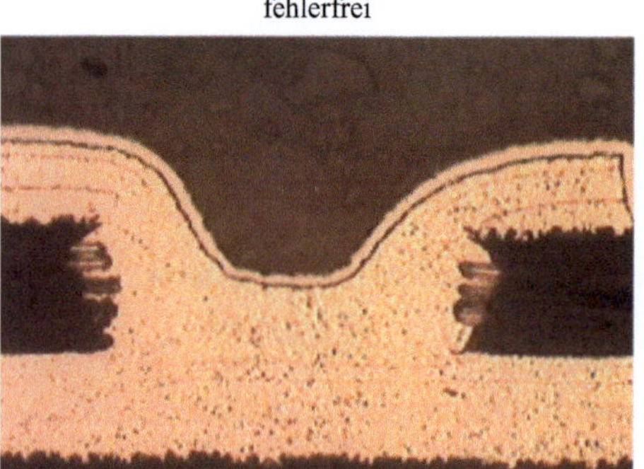

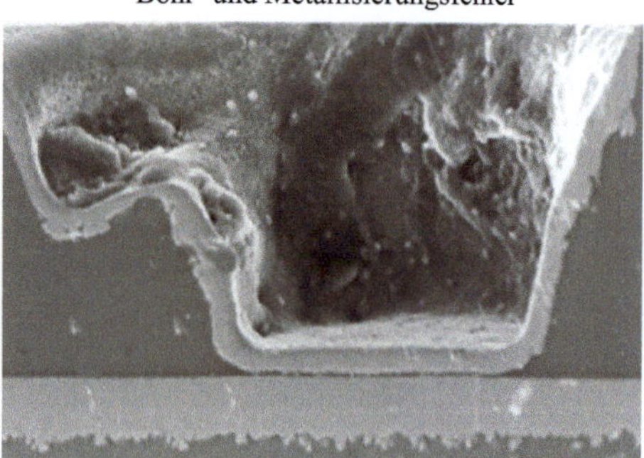

Abb. 4.5   Lasergebohrte Microvias, fehlerfrei links [26], fehlerbehaftet rechts, links mit Genehmigung der Würth Elektronik GmbH & Co. KG

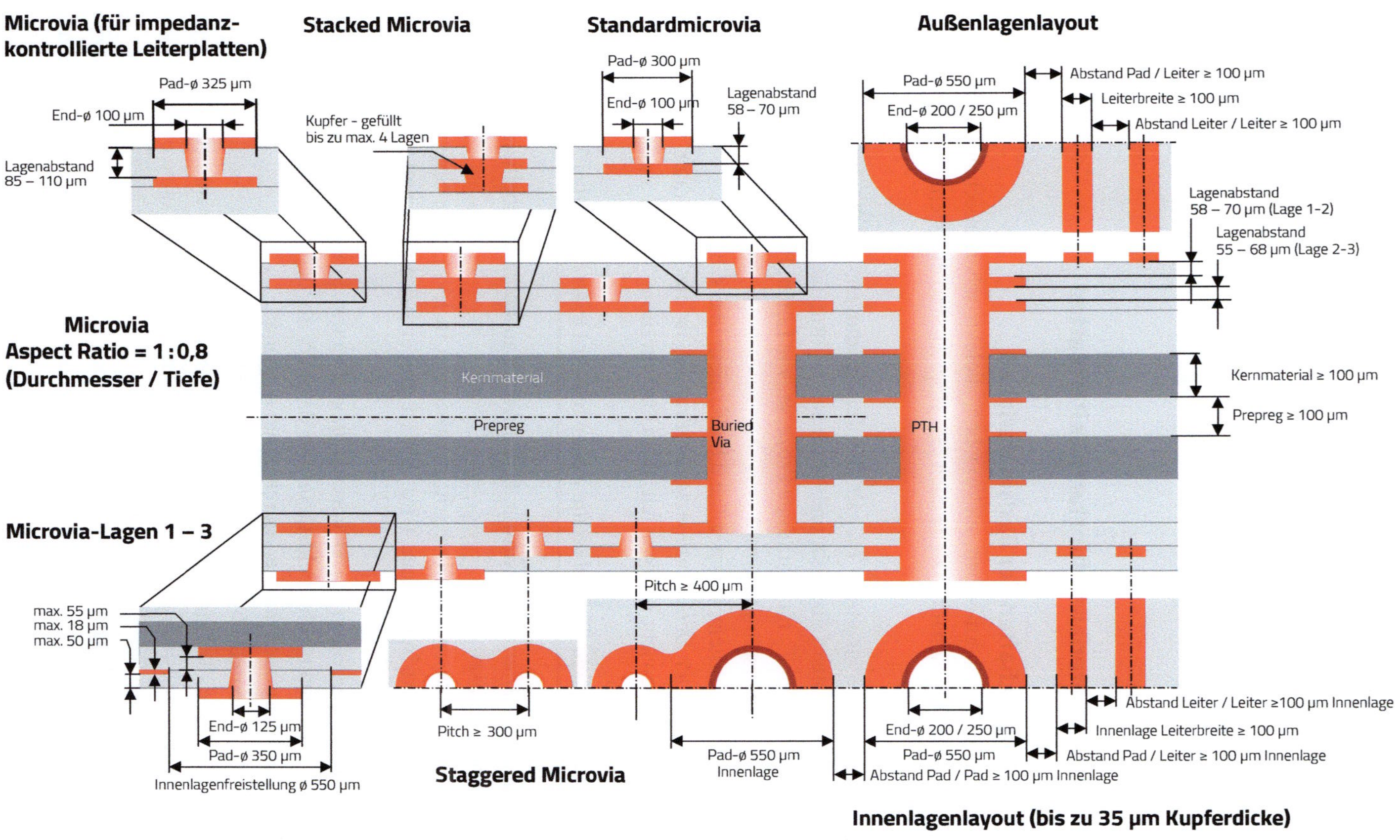

Abb. 4.6 HDI-Designregeln [26], mit Genehmigung der Würth Elektronik GmbH & Co. KG

lasergebohrtes und verkupfertes Microvia und rechts ein Microvia mit Fehlern beim Bohr-
prozess, der Verkupferung und mit einer $1{,}2\,\mu\mathrm{m}$ Isolationsschicht zwischen Kupferhülse
und Multilayerlage.

Je nach Lage und Anforderung werden die Microvias nicht gefüllt, mit Epoxy und
einer anschließenden Metallisierung versehen oder zu $60\cdots90\,\%$ mit Kupfer aufgefüllt.
Bei den Stacked Microvias müssen die unteren Microvia extra gefüllt werden, wogegen
sich die Staggered Microvias beim Pressvorgang der Lagen verfüllen.

4.3.4 Basismaterialien für starre Leiterplatten

4.3.4.1 Eigenschaften der Basismaterialien

Aus der Fülle der thermischen, elektrischen, dielektrischen, mechanischen und chemischen Materialeigenschaften, siehe auch [39, Kap. 2], sind die wichtigsten hier aufgeführt:

- *Glasübergangstemperatur* T_g, gibt die Temperatur an, bei der das Material in einen
  plastischen Zustand übergeht und damit seine Formstabilität verliert. Zeitlich bedingt
  darf das Material T_g für bestimmte Prozesse, wie Löten, Pressvorgänge, Aushärten von
  Lacken u. ä. überschreiten.
  Die Dauerbetriebstemperatur sollte $0{,}8 \cdot T_g$ nicht überschreiten.
- *Zersetzungs- oder Delaminationstemperatur* T_d, ist die Temperatur, bei der das Basis-
  material $5\,\%$ Gewicht verloren hat. Bei Überschreitung von T_d sind die Schädigungen
  irreversibel.
- Die *Werte T_{266} und T_{288}* geben die Zeiten bis zur Delamination bei $266\,°\mathrm{C}$ bzw. $288\,°\mathrm{C}$
  an.
- *Coefficient of Thermal Expansion CTE* (Wärmeausdehnungskoeffizient).
- *Wärmeleitfähigkeit* λ.
- *Spannungsdurchschlag* (Dielectric Breakdown) in kV, ist die Spannung, bei der ein
  Isolierstoff elektrisch leitend wird. Sie ist größer bei dicken und kleiner bei dünnen
  Materialien.
- *Durchschlagsfestigkeit* E_d (Dielectric bzw. Electric Strength) in $\mathrm{kV/mm}$, ist physi-
  kalisch eine elektrische Feldstärke und definiert als der Potenzialunterschied zweier
  leitender Elektroden dividiert durch deren Abstand.
  Zumindest theoretisch ist das gegenüber dem Spannungsdurchschlag ein konstanter
  Wert. Während die Durchschlagsfestigkeit mehr ein Materialparameter ist, spiegelt der
  Spannungsdurchschlag in V eine Systemeigenschaft wieder ohne dabei den Elektro-
  denabstand, wie bei E_d, explizit auszuweisen.
- *relative Dielektrizitätskonstante Dk bzw.* ε_r, geht in die Berechnung der Kapazität von
  Kapazitätslagen (VCC zu GND) bei Multilayern ein sowie in die Berechnung von

Leitungsimpedanzen, essenziell für die Übertragung höherer Frequenzen im Rahmen des High Speed Designs.

- *Verlustfaktor d (Df,* tan(δ)*)*, beschreibt die Verluste im Dielektrikum infolge endlicher Widerstände und ist definiert als Wirkleistung zu Blindleistung. Bei einer theoretischen Wirkleistung von Null mit $R \to \infty$, ergäbe sich somit $d = 0$.
- *Zugfestigkeit σ_z.*
- *Biegefestigkeit σ_b*, ist besonders für dynamische Anwendungen bei flexiblen und starr-flexiblen Leiterplatten von Bedeutung.
- *Elastizitätsmodul E*, beschreibt den Widerstand gegenüber Verformung. Zum Vergleich: $E_{\text{Al}_2\text{O}_3} \approx 350\,\text{GPa}$, $E_{\text{Cu}} \approx 120\,\text{GPa}$, $E_{\text{FR4-längs}} \approx 25\,\text{GPa}$
- *Feuchtigkeitsaufnahme*, ist insbesondere von Interesse bei nasschemischen Fertigungsprozessen.
- *Entflammbarkeit.*
- *Harzgehalt und Harzfluss bei Prepregs*, spielt insbesondere bei Pressvorgängen ein Rolle und ist ein Parameter, der in die Enddicke bei verpressten Multilayern eingeht.

4.3.4.2   Bestandteile der Basismaterialien

Aus den folgenden Materialien lassen sich Basismaterialien zusammensetzen:

1. Harzsysteme

- Bestehen aus einer Reihe von Harzen oder auch Harzblends.
- Bestimmen im Wesentlichen die Eigenschaften des Basismaterials.
- Mit zusätzlichen Füllstoffen lassen sich die Eigenschaften weiter verändern. So verbessern beispielsweise Keramikfüller die Wärmeleitfähigkeit und der Einsatz von Talkum hat nicht nur gute Wärmeleitfähigkeiten, sondern verringert auch den Bohrerverschleiß.

In zunehmendem Maße spielen Materialien für hohe Frequenzen im Rahmen des High Speed Designs in der Kommunikationstechnik (5G) und höhere Einsatztemperaturen wie im Automobilbereich eine Rolle. Dabei ist die Auswahl der Harzsysteme von entscheidender Bedeutung. Die Tab. 4.1 zeigt eine Übersicht von Harzsystemen hinsichtlich des Einsatzes bei höheren Frequenzen.

2. Laminate   bestehend aus:

- Einem oder mehreren verpressten Prepregs gleicher oder auch unterschiedlicher Typen.
- Ein- oder beidseitig aufgebrachte Kupferfolien mit Dicken im Bereich von 5 bis 400 μm, wobei die Dicken 18/35/70/105 μm Standardwerte darstellen.

Tab. 4.1 Harzsysteme [30, Table 1.1, S. 7] mit zusätzlichen Erläuterungen, Genehmigung der BR Publishing, Inc./I-Connect007.com und Isola

Typische Harzsysteme	Kategorie	Dk	Df
Epoxy	High Loss	$3{,}6\cdots5{,}0$	$\geq 0{,}020$
Epoxy, speziell HF	Standard Loss	$3{,}6\cdots5{,}0$	$0{,}015\cdots<0{,}020$
Polyimid, Blends	Standard Loss	$3{,}7\cdots3{,}8$	$0{,}013\cdots<0{,}021$
Epoxy Blends, d.h. mit SMA, PPO, BMI, CE	Mid Loss	$3{,}4\cdots4{,}0$	$0{,}010\cdots<0{,}015$
Epoxy Blends, d.h. mit SMA, PPO, BMI, CE	Low Loss	$3{,}4\cdots4{,}0$	$0{,}007\cdots<0{,}010$
PPO/PPE, BMI, CE	Very Low Loss	$2{,}8\cdots3{,}4$	$0{,}005\cdots<0{,}007$
PPO/PPE & Blends; Hydrocarbons	Ultra Low Loss	$2{,}8\cdots3{,}4$	$0{,}002\cdots<0{,}005$
PTFE, Blends von PPE, Hydrocarbon, Füllern, proprietäre Verbindungen	"Extrem" Low Loss	$2{,}0\cdots3{,}0$	$0{,}0015\cdots<0{,}002$
Proprietäre Systeme	PTFE Alternative	$2{,}0\cdots3{,}0$	$<0{,}0015$

Dk - relative Dielektrizitätskonstante;   Df - Verlustfaktor $(\tan(\delta))$;
PPE - Polyphenylenether (älterer Name PPO) ;   CE - Cyanatester;
SMA - Styrol Maleinsäureanhydrid;   BMI - Bismaleimid;   HF - High Frequency

3. Prepregs   bestehend aus:

- Einem Verstärkungsmaterial, typisch sind Glasgewebe verschiedener Typen. Am häufigsten wird E-Glas (E = Elektronikanwendungen) mit den Bestandteile SiO_2 (52–56 %), CaO (16–25 %), Al_2O_3 (12–16 %), B_2O_3 (5–10 %), MgO (0–5 %), Na_2O + K_2O + andere Oxide (0–2 %) verwendet.
- Einem Harzsystem in einem noch nicht ausgehärtetem Zustand, mit unterschiedlichen Harzgehalten im Verstärkungsmaterial. Die Tab. 4.2 zeigt als Beispiel dazu die Standardprepregs des Basismaterials 370HR. Die Kenntnis dieser Größen ist für die Dicken der jeweiligen Dielektrikumsschichten des verpressten Multilayers von Bedeutung, da diese Werte in die Berechnung der Leitungsimpedanz eingehen (wichtig für das High Speed Design).

Tab. 4.2 Prepreg-Typen (Standard) Material 370HR Isola

Typ	Harzgehalt in %	Dicke in μm	Typ	Harzgehalt in %	Dicke in μm
106	76	61	2113	59	102
1080	66	76	2116	56	122
1080	68	81	1652	51	145
1080	71	91	7628	45	185
3313	55	97	7628	50	208

4. Kupferfolien:

- Kupferfolien mit unterschiedlichen Dicken, siehe Laminate.
- Anwendung beim Aufbau i. d. R. nur in Verbindung mit Prepregs.

5. Epoxy beschichtete Kupferfolien (Resin Coated Copper, RCC)

- Kupferfolie mit einer nur teilweise ausgehärteten Epoxyschicht (B-Stage), so dass direkt eine Verpressung erfolgen kann.
- Kupferfolie mit einer voll ausgehärteten (C-Stage) und einer teilweise ausgehärteten Epoxyschichtung (B-Stage). Dabei dient die C-Stage Schicht der Schaffung einer definierten Dielektrikumsdicke und die B-Stage Schicht der Verklebung.

Beide Typen sind insbesondere für die Herstellung von Microvias mittels CO_2-und UV-Lasern sowie Plasmaätzen geeignet. Das Plasmaätzen ist ein paralleles Verfahren, wobei tausende Löcher innerhalb von 30 min gebohrt werden können, allerdings mit Einschränkungen der Durchmesser- und Formgenauigkeit.

Laser haben deutlich weniger Durchsatz, können aber sehr exakt und bis unter 50 μm Durchmesser bohren. Viel kleiner macht keinen Sinn, weil dann das *Aspektverhältnis* $= \varnothing_{\text{loch}}/Lochtiefe$ zu klein wird und Probleme bei der Metallisierung auftreten. Der Richtwert ist 1:1.

4.3.4.3   Einteilung der Basismaterialien

Entsprechend den Anwendungen ergibt sich die folgende Einteilung:

- Einfache Anwendungen, Tab. 4.3
- Standardanwendungen auch mit höheren zulässigen Temperaturen, Tab. 4.4
- Hochleistungsanwendungen, High Speed Design, Hochtemperatur, Tab. 4.5

Tab. 4.3 Basismaterialien für einfache Anwendungen

Basis-material	Aufbau	Bemerkung
FR1	Phenolharz getränktes Hartpapier	nur noch formal
FR2	Phenolharz getränktes Hartpapier	geringe Anwendung
FR3	Epoxidharz getränktes Hartpapier	
CEM-1	Epoyx-Glasgewebe Außen/Hartpapierkern	einfache Produkte

Tab. 4.4 Basismaterialien für Standardanwendungen und zum Teil höheren Temperaturen (Gruppen und Beispiele)

Basis-materialien	T_g	Dk	Df	@ f	λ	CTE (x/y/z)
CEM-3, Epoxy/Glasgewebe mit Glasvlieskern, lower T_g						
ST210G Shengyi	122	5,1	0,013	0,001	≥ 1	-/-/29
FR4, Epoxy/Glasgewebe low T_g						
DE104 Isola	135	4,32	0,024	5	0,36	16/13/70
FR4, Epoxy/Glasgewebe, mid T_g						
IS400 Isola	150	3,9	0,022	0,5	0,36	13/13/50
FR4, Epoxy/Glasgewebe, high T_g						
370HR Isola	180	3,92	0,025	10	0,40	11/11/45
IS410 Isola	180	3,87	0,023	10	0,50	11/11/55
FR4, Epoxy/Glasgewebe, very high T_g						
IS415 Isola	200	3,71	0,0125	10	0,4	13/13/45
Polyimid-Blends/Glasgewebe						
P95/P25 Isola	260	3,73	0,021	10	0,4	13/14/55

Dk - relative Dielektrizitätskonstante
Df - Verlustfaktor $(\tan(\delta))$
f - Frequenz für Dk und Df in GHz
CTE - Coefficient of Thermal Expansion in ppm/°C
T_g - Glasübergangstemperatur in °C
λ - Wärmeleitfähigkeit in W/(m·K)

4.3.5 Oberflächenfinish von Pads und Kontaktstellen

Freiliegende Kupferpads der Leiterplatte würden sofort an der Luft beginnen zu oxidieren, wobei die sich ausbildenden Oxidschichten die verschiedenen Kontaktierprozesse nicht nur beeinträchtigen, sondern auch vollständig unterbinden können, was zum Totalausfall führt.

Tab. 4.5 Basismaterialien für Hochleistungsanwendungen (Gruppen und Beispiele)

Basis- materialien	T_d	Dk	Df	@ f	λ	CTE (x/y/z)
PTFE/Glasvlies						
IsoClad® 917 Rogers		2,17	0,0013	10	0,26	46/47/236
PTFE/Glasgewebe						
AD300D™ Rogers	500	2,97	0,0021	10	0,37	24/23/98
TLY-5 Taconic		2,2	0,0009	10	0,22	20/20/280
PTFE/Keramik/Glasgewebe						
RO3203™ Rogers	500	3,02	0,0016	10	0,48	13/13/58
RO3210™ Rogers	500	10,2	0,0027	10	0,81	13/13/34
RF-35 Taconic		3,5	0,0018	1,9	0,24	19/24/64
PTFE/Keramik						
RO3003™ Rogers	500	3,0	0,001	10	0,5	17/16/25
Hydrocarbon/Keramik						
TMM3® Rogers	425	3,27	0,002	10	0,7	15/15/23
Hydrocarbon/Keramik/Glasgewebe						
RO4003C™ Rogers	425 280*	3,38	0,0027	10	0,71	11/14/46
Proprietäre Harzsysteme						
Tachyon® 100G Isola	360 200*	3,04 3,02	0,0021 0,0021	2 10	0,42	15/15/45
Astra® MT77 Isola	360 200*	3,0 3,0	0,0017 0,0017	2 10	0,45	12/12/ 50 - 70

Dk - relative Dielektrizitätskonstante
Df - Verlustfaktor $(\tan(\delta))$
f - Frequenz für Dk und Df in GHz
CTE - Coefficient of Thermal Expansion in ppm/°C
* T_g - Glasübergangstemperatur in °C
T_d - Delaminationstemperatur in °C
λ - Wärmeleitfähigkeit in W/(m·K)

Das Oberflächenfinish hat im Wesentlichen drei Aufgaben:

- Schaffung bzw. Erhöhung der Benetzbarkeit der Pads für einen guten Kontaktierprozess der Bauelemente beim Löten.
- Oxidfreie Oberflächen für Steck-, Tipp- und Schleifkontakte.
- Erhöhung der Lagerfähigkeit durch den Kupferkorrosionsschutz.

Die Tab. 4.6 zeigt eine Übersicht über gängige Materialien für das Oberflächenfinish.

Tab. 4.6 Typisches Oberflächenfinish für Leiterplatten

Oberfläche mit Schichtenaufbau	Löten	Al-Bonden	Au-Bonden	Einpresstechnik	Leitkleben	Steckkontakte
HAL bleihaltig SnPb, RoHS beachten[*] (1 - 30) μm auch bis 50 und 70 μm	✓	-	-	✓	-	-
HAL bleifrei SnCuNi, SnAg (1 - 30) μm auch bis 50 μm	✓	-	-	✓	-	-
chem. Sn, (0,8 - 1,3) μm	✓	-	-	✓	✓	-
chem. Ni/Au (ENEG) (3 - 7) μm/(0,3 - 0,7) μm Dickgold	✓	-	✓	b	✓	a
chem. Ni/Au (ENIG) (3 - 7) μm/(0,06 - 0,15) μm Sudgold	✓	✓	-	b	✓	a
chem. Ni/Pd/Au (ENEPIG) (4-6) μm/(0,1 - 0,2) μm/(0,05 - 0,15) μm	✓	✓	✓	b	✓	a
galv. Ni/Au (4 - 6)/(0,5 - 1) μm Softgold	✓	✓	✓	-	✓	a
gal. Ni/Au (4 - 6)/(1,0 - 3,0) μm Kontaktgold	-	-	-	-	-	✓
chem. Pd/Au (EPIG) (0,1 - 0,3) μm/(0,1 - 0,3) μm	✓	✓	✓	✓	✓	a
chem. Ag, (0,2 - 0,4) μm	✓	✓		✓		-
direct immersion Au (DIG) (0,05 - 0,3) μm, Au direkt auf Cu ohne Ni	✓	✓	✓			
OSP, (0,2-0,6)μm	✓	-	-	c	-	-

[*] - RoHS Richtlinie "Restriction of certain Hazardous Substances", umgesetzt in [8]
a - abhängig von der Steckzyklenanzahl
b - bedingt geeignet aufgrund der harten Ni - Schicht, Neigung zur Rissbildung
c - nur für flexible Einpressstifte; Anwendung bei massiven Einpressstiften unklar

Bis auf die HAL-Oberflächen weisen alle anderen eine (sehr) gute Koplanarität auf

Lagerfähigkeit: chem. Sn und OSP ca. 6 Monate, chem. Ag ca. 9(12) Monate, alle anderen 12 und teilweise deutlich mehr Monate (alle lagerungsabhängig)

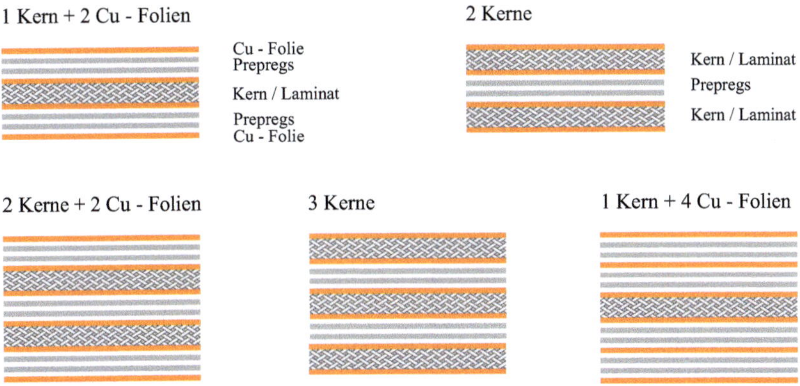

Abb. 4.7 Konstruktiv-technologischer Lagenaufbau von 4- und 6-lagigen Multilayern (Beispiele)

4.3.6   Konstruktiv-technologische Lagenaufbauten

Der konstruktiv-technologische Lagenaufbau beschreibt den Multilayer hinsichtlich der Geometrien und Materialien sowie der technologischen Realisierbarkeit.

Zum Aufbau von Multilayern gibt es eine ganze Reihe von Varianten aus ein- und zweilagig kaschierten Laminaten und Prepregs unterschiedlichster Gewebearten, Dicken und Harzanteilen sowie Kupferfolien. Die Abb. 4.7 zeigt dazu einige Beipiele 4- und 6-lagiger Multilayer.

Das Einbringen von Buried Vias erfordert zusätzliche Pressvorgänge zur Herstellung eines Multilayers. Diese sequentiellen Prozessschritte werden unter dem Begriff Sequentiell Build Up (SBU) zusammengefasst.

4.3.7   Elektrische Lagenzuordnung und Leitertopologien

Den einzelnen Lagen werden analoge und digitale Signale und ggf. auch separate Taktsignale sowie analoge und digitale Versorgungsspannungen und Massen zugeordnet. Um eine effektive Raumausnutzung zu gewährleisten, verlegt man die Signale mit ihren in x- und y-Richtungen auf jeweils eigenen Lagen. Die Abb. 4.8 zeigt dazu einige Beispiele.

Nicht jeder Lagenaufbau ist für alle Anwendungen geeignet.

Der linke Aufbau in Abb. 4.8 ordnet den Signallagen S1 und S2 jeweils eine Referenzlage GND (Masse) oder VCC zu, was zwei Microstrip-Designs ergibt.

Beim mittleren Aufbau entsprechen die Zuordnungen von S1 und S3 dem linken Aufbau. S2 weist dagegen 2 Referenzlagen auf, was zu einem zusätzlichen Stripline-Design führt.

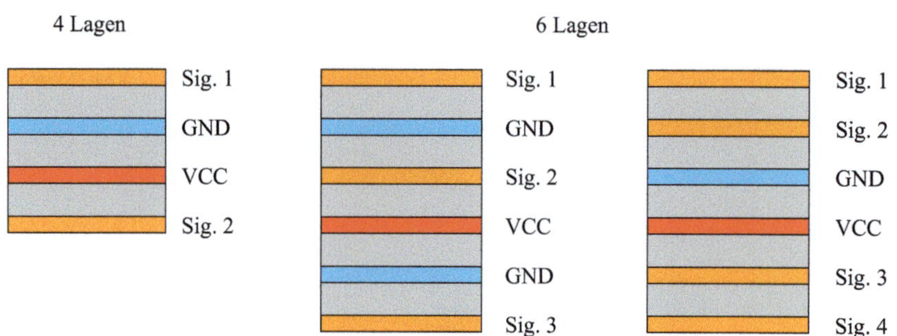

Abb. 4.8 Elektrische Lagenzuordnungen bei Multilayern

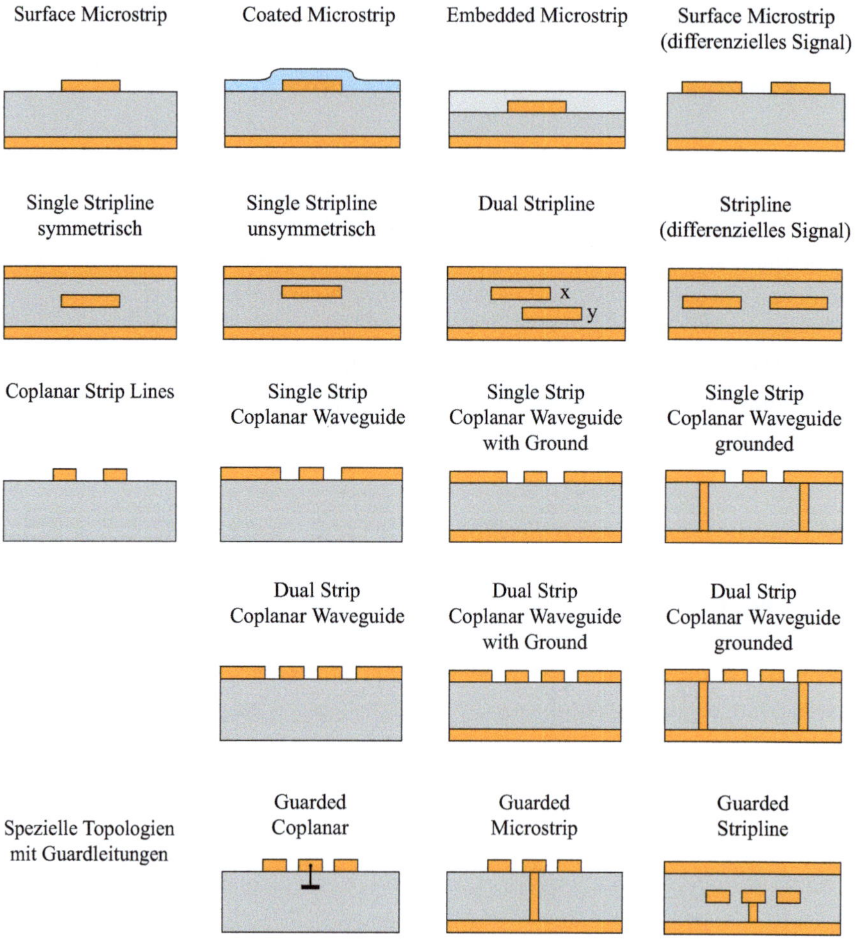

Abb. 4.9 Leitertopologien

Der rechte Aufbau ist der ungünstigste, da für S1 und S4 die Masse- und VCC-Lagen nicht als Referenzlagen angesehen werden, da jeweils eine weitere Signallage dazwischen liegt. Ist das aus Sicht der Störunempfindlichkeit (niedrige Frequenzen) unerheblich, so ist es wiederum die beste Lösung, da bei 6 Lagen 4 Signallagen sind, im Gegensatz zum mittleren Aufbau.

Neben den verschieden Microstrip- und Stripline-Designs (Impedanzabschätzungen siehe Tab. 6.11 und 6.12) gibt es weitere Topologien, Abb. 4.9, wobei die Microstrip und Stripline Aufbauten die wichtigsten hinsichtlich des Einsatzes bei höheren Frequenzen, High Speed Design, sind.

Die Coplanar Aufbauten werden teilweise für einfachere Schaltungen verwendet. Bei den grounded Flächen kann es problematisch sein, da u. U. zu wenig Platz für Bauelemente und Leiterbahnen verbleibt.

Die Guardleitungen dienen zum Unterdrücken des Signalübersprechens und werden insbesondere für empfindliche Leitungen verwendet, Abschn. 6.6.8.

Der wohl wesentlichste Punkt, die richtige Topologie zu finden, sollte immer den Einsatzumgebungen und Anwendungen angepasst werden. Dazu siehe die Regeln zum EMV-gerechten Baugruppenentwurf Abschn. 6.7.

4.3.8 Stromtragfähigkeit

Beim Stromfluss durch einen Leiter entsteht eine Verlustleistung $I^2 R$, die den Leiter erwärmt. Die Ableitung dieser Wärme ist von einer Reihe von Faktoren abhängig.

Dazu zählen die Lage des Leiters auf bzw. im Multilayer, die Lage des Leiters zum Multilayerrand, die Leiterdichte, die Dicken und Wärmeleitfähigkeiten der Dielektrikums- und Kupferlagen sowie die Stromdichten benachbarter Leiter. Zusätzlich müssen die Umgebungsparameter in Betracht gezogen werden, wie Umgebungstemperatur, Geschwindigkeiten der Luftzirkulation sowie die Luftfeuchtigkeit. In [37] werden Einflussgrößen und Verhalten von stromdurchflossenen Leitern erläutert.

Für einen längeren Leiter, der über den gesamten Multilayer verläuft, entstehen so Bereiche unterschiedlicher Erwärmung, woraus ersichtlich ist, dass es einen geschlossenen analytischen Ausdruck für einen Leiter nicht geben kann, sondern nur für Leiterteile.

Allerdings haben neuere Untersuchungen [2] gezeigt, dass die Aussagen der IPC-2221 nur begrenzt gültig sind. Hier wurden Messungen aus den 1950er Jahren als Richtlinie empfohlen. Insbesondere die Temperaturunterschiede von Innen- und Außenleiter entsprechen nicht der Realität. Tatsächlich gibt es nur marginale Temperaturunterschiede, wobei ein Innenleiter sogar geringfügig kühler ist als ein Außenleiter.

Die IPC-2152 korrigierte dann ein Reihe von Unstimmigkeiten der IPC-2221. Trotzdem konnte den neuen Entwicklungen, weil einlagig, auch hier nicht in ausreichendem Maße Rechnung getragen werden.

Tab. 4.7 Koeffizienten für die Stromtragfähigkeiten nach Gl. (4.3) [2]

Lagenaufbauten und Koeffizienten B_{pcb}			
1. *siehe*[1)] 	2. $B_{pcb} = 59,5$[2)] 	3. $B_{pcb} = 70$ 	4. $B_{pcb} = 42$ 
5. $B_{pcb} = 33,3$ 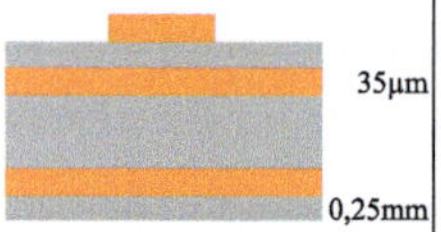	6. $B_{pcb} = 45,5$ 	7. $B_{pcb} = 38,5$ 	[1)] *IPC* - 2152 [2)] *IPC* - 2221

Für den Lagenaufbau 1, Tab. 4.7, kann die aus der IPC-2152 abgeleitete Formel verwendet werden [6, Gl. 5.5] (1 oz entspricht 35 µm Kupferdicke):

$$\Delta T = 215{,}3 \cdot I^2 \cdot b^{-1{,}15} \cdot h^{-1} \qquad \text{gültig für } h = 2{,}8\,\text{mil und } 4{,}1\,\text{mil} \tag{4.1}$$

b, h Leiterbreite und -höhe $[b] = \text{mil}$ $[h] = \text{mil}$;
I Strom $[I] = \text{A}$;
ΔT Temperaturerhöhung über Umgebungstemperatur $[\Delta T] = \text{K}$

Oder mit metrischen Einheiten:

$$\Delta T = 80 \cdot I^2 \cdot b^{-1{,}15} \cdot h^{-1} \qquad \text{gültig für } h = 70\,\mu\text{m und } 105\,\mu\text{m} \tag{4.2}$$

b, h Leiterbreite und -höhe $[b] = \text{mm}$ $[h] = \mu\text{m}$;
I Strom $[I] = \text{A}$;
ΔT Temperaturerhöhung über Umgebungstemperatur $[\Delta T] = \text{K}$

Für die Lagenaufbauten 2 bis 7, Tab. 4.7, entstanden aus Ergebnissen numerischer Simulationen folgende 3 Formeln [2, Gl. 10.6][1]:

$$\Delta T \approx B_{\text{pcb}} \cdot I^2 \cdot b^{-1{,}45} \cdot h^{-1} \tag{4.3}$$

b, h Leiterbreite und -höhe $[b] = \text{mm}$ $[h] = \mu\text{m}$;
I Strom $[I] = \text{A}$;
B_{pcb} Koeffizient entsprechend Leiteraufbauten 2 bis 7, Tab. 4.7

[1] Nach Rücksprache mit Dr. Adam, Autor von „Elektronikkühlung" 2021, wird Gl. (4.3) nur für die Lagenaufbauten 2 bis 7, Tab. 4.7, benutzt. Für den Lagenaufbau 1 wird auf die Gl. (4.2) zurückgegriffen. Koeffizienten der entsprechenden Gleichungen und Tabelle aus „Elektronikkühlung" wurden hier neu zusammengefasst.

Für dünne Folien dürfen die IPC-Ansätze nicht verwendet werden. So ergibt sich für eine 0,3 mm dünne Polyimidfolie (PI) der Koeffizient:

$$B_{pi} \approx 4{,}9 \qquad (4.4)$$

Grund ist die geringe Wärmespreizung aufgrund zu geringer Foliendicke.

Für Keramiken ergibt sich wegen ihrer sehr guten Wärmeleitfähigkeiten:

$$q\Delta T \approx C_d \cdot b^{-1,1} \cdot h^{-1} \cdot I^2 \qquad (4.5)$$

b, h Leiterbreite und -höhe $[b] = \mathrm{mm}$ $[h] = \mu\mathrm{m}$;

I Strom $[I] = \mathrm{A}$;

C_d $(h = 0{,}5\,\mathrm{mm}) \approx 22$ $C_d\ (h = 1\,\mathrm{mm}) \approx 15{,}8$

4.4 Flexible, starrflexible und semiflexible Leiterplatten

4.4.1 Flexible Leiterplatten

Sie werden auch als Flexschaltungen bezeichnet und sind Folienschaltungen auf Basis von Trägerpolymeren und Kupfermetallisierungen für die Leiterbahnen mit sehr guter Verformbarkeit, insbesondere mit guter Biegeverformung. Zusätzliche Torsionsverformungen sind möglich und erweitern das Anwendungsspektrum hinsichtlich der Montage in unregelmäßigen Geräteräumen.

4.4.1.1 Anwendungen und Eigenschaften

- Sie können als reine Verbindungselemente, anstelle von Flachbandkabeln aber auch Einzelleitern, eingesetzt werden.
- Werden sie partiell verstärkt (Stiffener), so können dort Bauelemente bestückt werden.
- Die Anordnung von Stiffenern am Ende der Flexschaltung lässt die Gestaltung direkter Steckverbinder zu, was Steckerleisten einspart, zur Gewichts- und Platzreduktion beiträgt und die Zuverlässigkeit erhöht.
- Von Interesse ist auch die Montage von Chips und anderen kleinsten passiven Bauelementen im Größenbereich von 0201 und kleiner.
- Relativ kleine Biegeradien, in Abhängigkeit von der Dicke und dem Material, sind realisierbar, siehe Abschn. 4.4.3, Biegeradien.
- Flexschaltungen mit ein- und zweilagigen Kupferlagen können für dynamische Systeme verwendet werden, wobei die Biegeradien entsprechend deutlich vergrößert werden müssen.
- Mit dem Design sind auch definierte Leitungsimpedanzen realisierbar, wie sie beim High Speed Design mit Taktfrequenzen von $f_t > 100\,\mathrm{MHz}$ bzw. Flankenanstiegs- und Abfallzeiten digitaler Impulse mit t_r bzw. $t_f < 1\,\mathrm{ns}$ notwendig sind.

4.4.1.2 Konstruktiv-technologischer Aufbau

Die Abb. 4.10 zeigt Aufbauten mit einer Trägerfolie (Polyimid) sowie ein- und zweiseitiger Kupfermetallisierung. Das Kupfer kann entweder mit einem Kleber oder kleberlos mit der tragenden Polymerschicht verbunden werden.

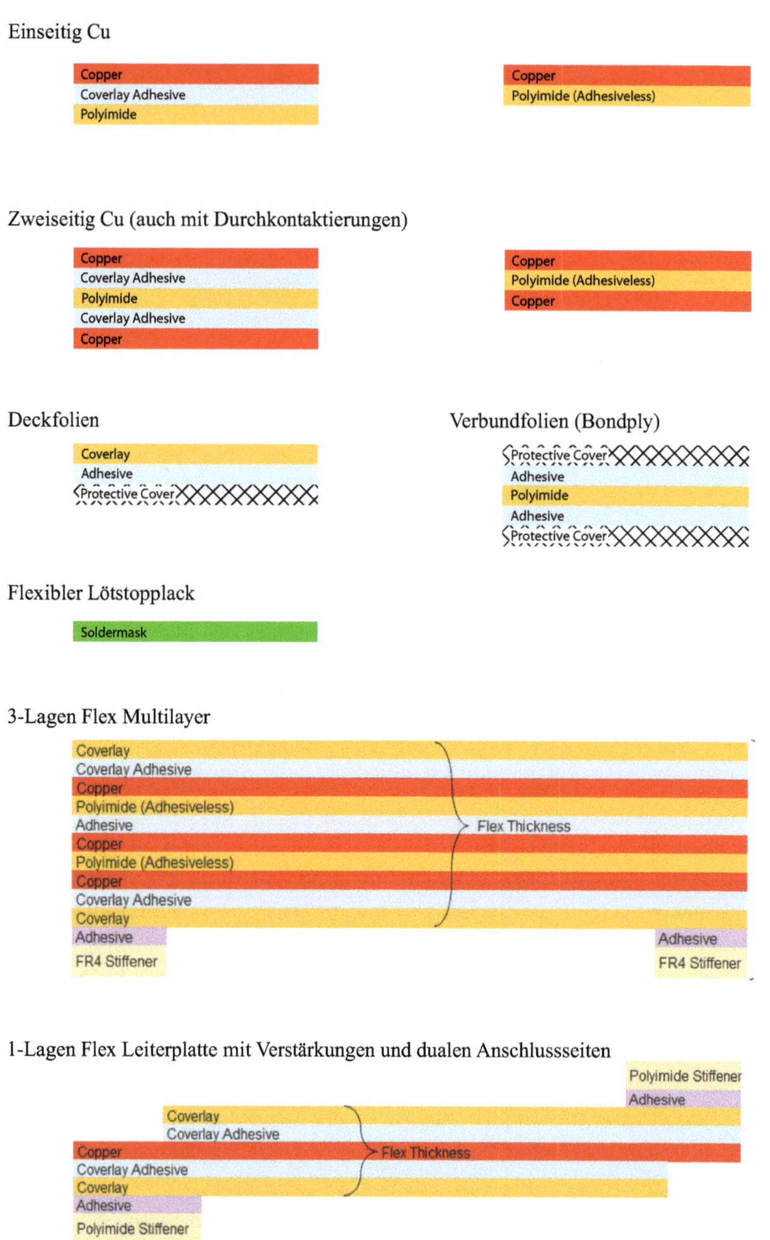

Abb. 4.10 Flexible Leiterplatten-Grundtypen und 2 Beispiele, Beispiele [19] mit Genehmigung Epec Engineered Technologies, New Bedford

Zum Schutz werden typischerweise Deckfolien, Coverlayer mit Kleberschichten, aufgebracht. Eine weitere Möglichkeit besteht in der Verwendung eines modifizierten, flexiblen Lötstopplacks.

Wenn mehrere Anordnungen der Grundtypen miteinander kombiniert werden, so verwendet man Verbundfolien, Bondplys, bestehend aus einer Polymerfolie mit beidseitig aufgebrachten Kleberschichten.

Die prinzipielle 3-Lagen-Multilayeranordnung, hier ohne Bondply, ist mit Verstärkungen (Stiffener) versehen, die für die Bauelementemontage oder Terminierungen für den Anschluss an andere Baugruppen notwendig sind.

Die 1-lagige Flexschaltung mit dualen Anschlussseiten gestattet den Zugriff auf eine Kupferlage von zwei Seiten des Designs. Dieses Design findet Anwendung bei ZIF-Kontakten (Zero Insertion Force) ohne Druck- oder Zugbeanspruchungen.

4.4.1.3 Materialien

Die Materialien der flexiblen Leiterplatten lassen sich wie folgt einteilen:

1. Flexible Cu-Laminate

Sie bestehen aus flexiblen Laminaten (Folien), die ein- oder beidseitig mit Cu-Folien kaschiert sind, wobei die Verbindung zwischen ihnen mittels Klebern oder kleberlos erfolgt. Im einzelnen sind das:

- **Flexible Laminate** bestehen aus verschiedenen Polymeren wie PET (Polyethylenterephthalat) und PEN (Polyethylennaphthalat) für einfache Anwendungen, PI (Polyimid) als dem Industriestandard und LCP (Liquid Crystal Polymer) für hoch beanspruchte Anwendungen z. B. im HF-Bereich.
  PET und PEN, mit Klebern, weisen max. Betriebstemperaturen von 85 °C bzw. 160 °C auf, wogegen PI, kleberlos, und LCP mit 220 °C bzw. 280 °C deutlich darüber liegen. Auch die Spannungsfestigkeit von PI, kleberlos, liegt mit 250 V/µm deutlich über den Werten von PET/PEN, mit Klebern, und LCP mit 200 V/µm bzw. 150 V/µm.
  Die typischen Dicken für Polyimid betragen: 12,5/25/50/75/100/125 µm.
- **Kleber** (Acryl oder Epoxy) für die Verbindung von Cu-Folien und flexiblen Substraten. Typische Dicken sind 13/20/25 µm.
- **Haftvermittler** werden für die kleberlosen Anordnungen verwendet, um die Haftung von flexiblen Laminaten und den Kupferfolien zu gewährleisten. Eine Möglichkeit für PI-Laminate besteht im Sputtern einer Cromschicht im nm-Bereich.
  Haftvermittler mittels Kleber siehe Klebesysteme.
- **Kupferfolien** mit zwei Arten. RA-Kupfer (Rolled Annealed, warm gewalzt) zeichnet sich durch eine sehr gute Verformbarkeit sowie eine geringe Oberflächenrauheit aus und ist besonders gut für HF-Anwendungen geeignet. Das ED-Kupfer (Electro Deposited, elektrolytisch abgeschieden) ist das Standardverfahren besonders für starre Leiterplatten und wird auch bei flexiblen Leiterplatten mit geringerer Flexibilität eingesetzt.
  Die typischen Kupferdicken betragen: 5/7/9/12/18/35/70 µm.

2. Schutzschichten

Sie bilden Deckschichten zum Schutz vor mechanischen Beeinflussungen wie Kratzern auf den Oberseiten der Kupferlagen und lassen sich in zwei Gruppen einteilen:

- **Coverlayer**, die aus einem Flexmaterial wie PI und einer Kleberschicht bestehen und auflaminiert werden, wobei freizustellende Bereiche vorher gefräst oder gelasert werden. Lasern nach dem Laminieren ist auch möglich, jedoch aufwendiger und kostenintensiver, da die Freistellungen flächenhaft weggelasert werden müssen.
  Sie sind besonders für eine hohe Flexibilität geeignet.
- **Photostrukturierbare Folien**, die auflaminiert werden und über Filmbelichtung und nasschemisches Entwickeln das Freistellen notwendiger Bereiche erzielen, z. B. für Steckkontakte. Die Anwendung ist eher gering
- **Flexible Lötstopplacke** mit modifizierten Harz- und Füllstoffanteilen. Das Aufbringen erfolgt im Siebdruckverfahren und optional mit anschließender Filmbelichtung und nasschemischem Entwickeln.

3. Klebesysteme

Entsprechend ihrer Funktion lassen sich 2 Typen unterscheiden:

- **Reine Klebefolien** (Sheets) verbinden flexible Laminate mit Kupferfolien zu Flexschaltungen und dienen der Verbindung flexibler Leiterplatten mit starren Leiterplatten.
- **Bondply's** bestehen aus einem flexiblen Laminat, am häufigsten PI, mit einer beidseitigen Kleberbeschichtung, wobei die Kleberschichten nur teilausgehärtet (B-stage) sind. Sie werden eingesetzt, um mehrere flexible Cu-Laminate miteinander zu verbinden und flexible Multilayer herzustellen, vgl. Abb. 4.10 – Multilayer.

4. Partielle Verstärkungen (Stiffener)

Stiffener sind partielle Verstärkungen für Bauelementmontagen aus FR4, Polyimiden, Aluminium oder Edelstahl zur Erhöhung der Festigkeit, besonders an den Enden für Steckverbindungen.

4.4.2　Ultradünne flexible Leiterplatten

In [41] wird eine ultradünne flexible Leiterplatte mit einer Gesamtdicke von $< 20\,\mu\mathrm{m}$ und drei elektrischen Leitungslagen vorgestellt. Dabei wird Parylen als Dielektrikum verwendet.

Parylene sind Polymere, bei denen Wasserstoffatome durch Chlor- oder Fluoratome oder Nichthalogenide substituiert werden, ausführlicher dazu siehe Abschn. 3.12.5. Dabei wird das Parylen nicht nur als Dielektrikum verwendet, sondern zugleich auch als

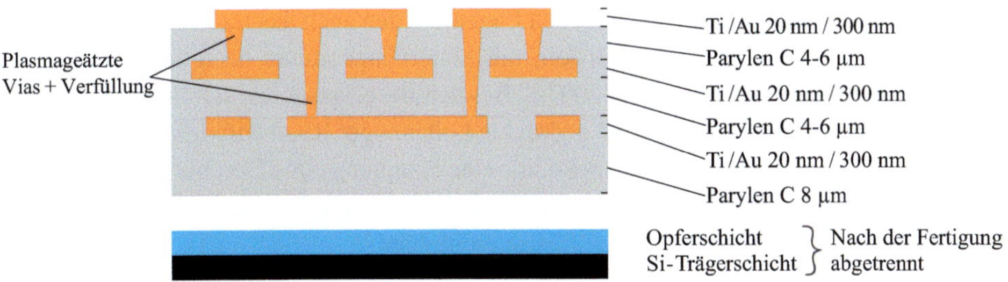

Abb. 4.11 Ultradünne flexible Leiterplatte mit Parylen C-Dielektrika [41]

Schutzschicht der Leiterplatte bzw. Baugruppe. Der Aufbau der Parylenschicht erfolgt durch CVD-Verfahren (Chemical Vapour Deposition) mit dem sich sehr dünne homogene Schichten erzielen lassen.

Aufgrund der guten Biostabilität und Biokompatibilität sind sie besonders für medizinische Anwendungen wie Wearables und Implantate geeignet. Sie verfügen über gute dielektrische Eigenschaften wie eine relative Dielektrizitätskonstante < 3 und einen geringen Elastizitätsmodul für gute Verformbarkeit etc., vgl. Tab. 3.17.

Im vorliegenden Fall wurde Parylen C verwendet, das aus dem Basisprodukt Parylen N durch die Substitution von Wasserstoffatomen durch Chloratome entsteht. Die Abb. 4.11 zeigt den realisierten dreilagigen Aufbau.

Im Folgenden werden die wesentlichen Prozessschritte erläutert:

1. Auf einem 6"-Silizium Wafer mit einer wasserlöslichen Opferschicht wird die erste Lage Parylen C mit 8 μm mittels CVD-Verfahren abgeschieden. In der Abb. 4.11 wird diese bereits getrennt vom Leiterplattendesign gezeigt, da sie nach dem Fertigungsprozess vom eigentlichen Design getrennt wird.
2. Es folgt die erste Leitungslage mit 20 nm Ti und 300 nm Au im Sputterverfahren, die nach einer Photomaskierung entsprechend der Leiterbilder geätzt wird.
3. Die zweite Parylen C-Schicht mit 4–6 μm wird mittels CVD abgeschieden.
4. Es folgt die zweite Leitungslage mit 20 nm Ti und 300 nm Au im Sputterverfahren mit anschließender Photomaskierung und Ätzung der Leiterbilder.
5. Die dritte Schicht Parylen C mit 4–6 μm wird abgeschieden.
6. Bevor die dritte Leitungsschicht abgeschieden wird, erfolgt das Plasmaätzen mit einem Sauerstoffplasma mittels zweier Photomaskierungen, eine für die Via's Top bis Bottom und die zweite Top bis Mitte.
7. Die dritte Leitungslage mit ebenfalls 20 nm Ti und 300 nm Au wird abgeschieden und metallisiert zugleich die Via's. Es folgt wie oben die Leiterbildstrukturierung.
8. Im letzten Schritt wird die flexible Parylen Leiterplatte vom Träger getrennt, wie in Abb. 4.11 dargestellt.

Neben dem Sputtern der drei metallischen Lagen wurden auch das Jet Printing mit Silbertinte und der Schablonendruck realisiert, mit Sintertemperaturen nach dem Auftrag der Tinten/Pasten von 120 °C bzw. 60–200 °C. Bei den Biegeversuchen schnitten die gesputterten Schichten besser ab, während gedruckte Leiter sogar Risse aufwiesen.

Bei einer Parylendicke von 2,2 µm konnte eine Spannung ohne Durchbruch von 1000 V erreicht werden. Da die Durchbruchspannung auch abhängig ist von der Metallisierungsmethode, wird eine Parylenschicht > 2,2 µm empfohlen.

4.4.3 Starrflexible Leiterplatten

Eine starrflexible Leiterplatte besteht aus einer oder auch mehreren flexiblen Leiterplatten und mindestens einem starren Leiterplattenteil, wobei die Enden der flexiblen Leiterplatte integraler Bestandteil der starren Leiterplatten sind.

4.4.3.1 Anwendungen und Eigenschaften

Sie entsprechen denen der flexiblen Leiterplatten und werden mit den folgenden Punkte erweitert:

- Bei der Verbindung von zwei oder mehreren starren mit flexiblen Teilen entfallen die ansonsten zusätzlichen elektrischen Kontaktierungen beispielsweise mittels Steckverbinder oder direkte Lötverbindungen, was die Zuverlässigkeit erhöht.
- Durch die hohe Flexibilität können die starrflexiblen Leiterplatten auch in komplizierteren Raumgeometrien platziert werden.
- Mit einem Flexteil können auch deutlich mehr als zwei starre Teile miteinander verbunden werden.
- Durch 180° Biegungen lassen sich mehrere starre Teile übereinander stapeln, was zu Sandwichbauweisen führt, wobei auf ausreichende Möglichkeiten zur Wärmabfuhr geachtet werden muss.

4.4.3.2 Systembetrachtung von Starrflex-Systemen

In Bezug auf eine Systembetrachtung lassen sich drei Starrflex-Systeme unterscheiden, Abb. 4.12 [27].

1. Inhomogenes System

Hier stellen die starren und flexiblen Teile zunächst physisch getrennte Teile dar, die erst durch die Kontaktierungen der flexiblen und starren Teile zu einem inhomogenen System werden.

Die flexiblen Verbindungen zwischen den beiden starren Teilen können als Einzelleitungen, auch gebunden in Kabelbäumen, Flachbandkabeln und flexiblen Leiterplatten

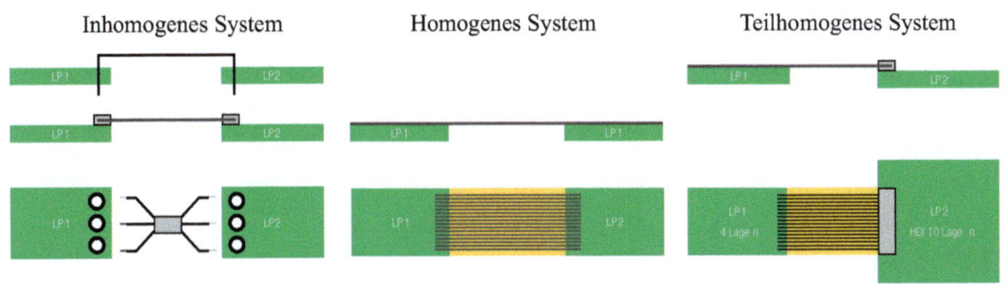

Abb. 4.12 Starrflexible Leiterplatten in der Systembetrachtung [27], mit Genehmigung der Würth Elektronik GmbH & Co. KG

ausgeführt werden. Zur Anwendung kommen eine oder auch mehrere unterschiedliche Kontaktiertechnologien, Abschn. 5.4, für eine starr-flex-Verbindung.

Betrachtet man eine Steckverbindung, so ergeben sich 3 Kontaktstellen pro Verbindung (Leiterplatte-Buchse, Buchse-Stecker, Stecker-Leitung) und somit 6 für eine vollständige Leitung. Der Aufwand für die Verbindung bedeutet also 2 Buchsen(leisten), 2 Stecker(leisten) und der zusätzliche Kontaktieraufwand.

2. Homogenes System

Starre und flexible Teile stellen hier eine physisch geschlossene Baugruppe dar, d. h. die Enden der flexiblen Teile sind integraler Bestandteil der starren Leiterplatten, Abb. 4.12-Mitte.

Die Aufbauten der flexiblen Teile entsprechen denen der flexiblen Leiterplatten. Zusätzliche Bauelemente für die Verbindungen, wie Buchsen- und Steckerleisten von Federklemmverbindungen, Schneidklemmen u. a. wie bei inhomogenen Systemen, entfallen.

Die Verbindung der Leiterzüge der Flexteile mit denen der starren Leiterplatte erfolgt über Vias. Das bedeutet, das pro Verbindung 2 Vias notwendig sind, im Vergleich zu 6 bei Steckkontakten eines inhomogenen Systems.

Damit ergeben sich eine verbesserte Zuverlässigkeit, Platz- und Massenreduzierungen sowie ein reduzierter Montageaufwand (Wegfall der Montagen für die Verbindungstechniken).

3. Teilhomogenes System

Dieses System verbindet Eigenschaften der inhomogenen und homogenen Systeme miteinander. Einerseits besteht die integrale Anordnung von flexiblen und starren Teilen und andererseits eine trennbare Verbindung zwischen flexiblen und starren Teilen. Die Abb. 4.12-rechts zeigt die Verbindung auch sehr unterschiedlich großer, starrer Leiterplatten.

4.4.3.3   Konstruktiv-technologischer Aufbau von Starrflex-Leiterplatten

Grundsätzlich lassen sich 4 Aufbautypen unterscheiden, je 2 für homogene und teilhomogene Systeme. Die Anzahl der starren Teile bzw. Stiffener ist nicht auf zwei beschränkt, sondern es können auch mehr vorhanden sein, ähnlich wie bei einem Kabelbaum. Die Abb. 4.13 zeigt schematisch diese 4 Aufbautypen, wobei zum besseren Verständnis der Aufbauten immer nur 2 starre Teile/Stiffener dargestellt werden

Die folgende Abb. 4.14 zeigt Beispiele für typische Aufbauten von Starrflex-Leiterplatten. Die meisten verfügen über 1 oder 2 Cu-Lagen, wobei unterschiedlichste Kerndicken möglich sind. Die am häufigsten verwendete Kerndicke ist 75 μm und umfasst das flexible Laminat (als Standard Polyimid, PI) mit einer Dicke vom 25 μm und die beidseitigen Arcyl- oder modifizierten Epoxykleber von je 25 μm zum Bonden der Cu-Folien.

Charakteristisch beim Stack-up in Abb. 4.14-oben ist, dass die beiden Flexlagen nicht miteinander verbunden sind (Air Gap). Bei kurzen Flexlängen kann das u. U. zum Stauchen der innen liegenden Flexlage führen, wogegen sich gebondete 2 Flexlagen (mit 4 Cu-Lagen) besser biegen lassen. Bei der Verbindung zweier Flexlagen wird ein Bondply zwischen beiden verwendet und die beiden jeweils innen liegenden Coverlayer mit den Klebern entfallen, Abb. 4.14-Mitte.

In der Abb. 4.14-unten ist neben dem starren Teil ein Stiffener (partielle Verstärkung) dargestellt, der hier im Rahmen eines teilhomogenen Systems zur Unterstützung für eine Steckverbindung auflaminiert wird. Eine Überlappung von minimal 0,75 mm des Stiffeners mit dem Coverlayer auf der Top-Seite ist notwendig, um die Bruchgefahr an dieser Stelle zu reduzieren (Überlappung hier nicht gezeigt).

Bei allen drei gezeigten Aufbauten sind die Coverlayer der Flex-Teile nur teilweise in die starren Teile eingeführt. Diese Art wird als *selektiver Coverlayer* (Bikini Design) bezeichnet. Bei den *embedded Coverlayern* sind die Coverlayer der Flexteile dagegen vollständige Lagen in den starren Teilen.

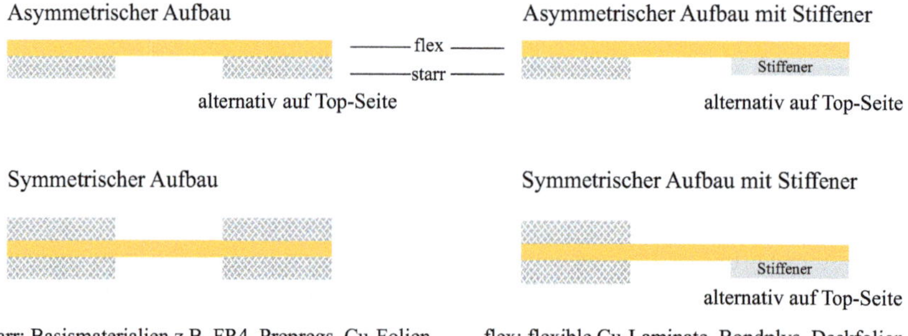

Abb. 4.13 Aufbautypen von Starrflex-Leiterplatten für homogene (links) und teilhomogene (rechts) Systeme

Homogenes System: 6 Lagen starr mit 4 Lagen flex

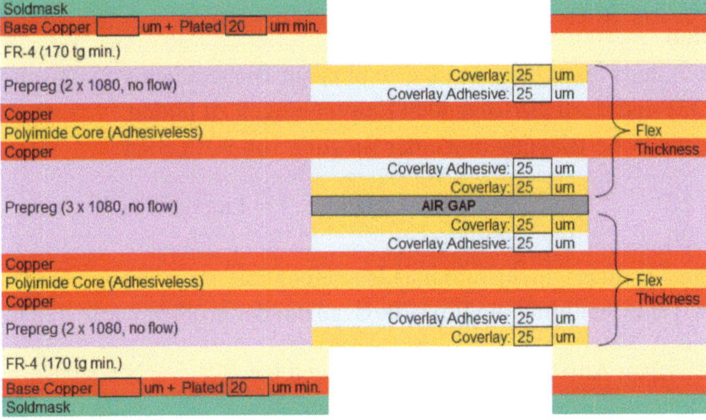

Homogenes System: 4 Lagen starr mit 2 Lagen flex

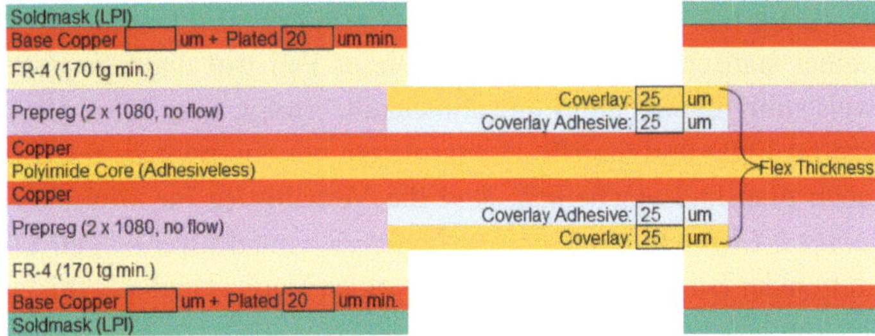

Teilhomogenes System: 4 Lagen starr mit 2 Lagen flex mit Stiften

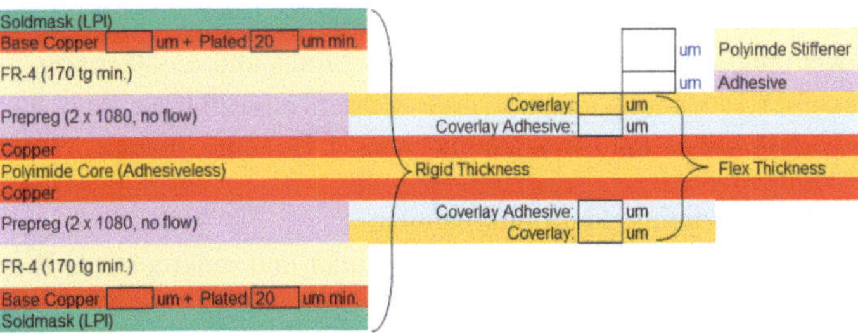

Abb. 4.14 Starrflex-Leiterplatten-Beispiele [19] mit Genehmigung Epec Engineered Technologies, New Bedford

4.4.3.4 Designregeln für Flex- und Starrflex-Leiterplatten

Biegeradien

Hinsichtlich der Flexibilität sind die minimalen Biegeradien von entscheidender Bedeutung. In [33] sind dazu die folgenden Empfehlungen zu finden.

Für die statische Biegung und einer Biegung von 90° gelten:

- $r_{min} = 10 \cdot t$ für 1 und 2 Cu-Lagen t = Lagendicke
- $r_{min} = 20 \cdot t$ für Multilayer
- Sind die Flexlagen nicht miteinander verbunden, so kann der Koeffizient verringert werden. Dann bestimmt die Einzelflexlage mit der größten Dicke den min. Biegeradius.

Für dynamischen Anwendungen bei Biegungen von 90° ergeben sich:

- $r_{min} = 100 \cdot t$ für 1 Cu-Lage
- $r_{min} = 150 \cdot t$ für 2 Cu-Lagen
- Multilayer werden für dynamische Anwendungen nicht empfohlen

Hinweise: Liegt nur eine geringe Anzahl N von Biegezyklen mit $N \leq 10$ vor, so geht man von einer statischen Belastung aus. Dieser Fall tritt dann ein, wenn die Biegung beispielsweise nur einmal beim Einbau in Geräte erfolgt.

Während für Flex- und Starrflex-Leiterplatten mit ein- oder zwei Cu-Lagen die Faustformeln noch plausibel erscheinen, sind die Verhältnisse bei Multilayern vollkommen anders. Bereits 6-Lagen Flexschaltungen lassen sich nur schwer biegen. Daraus folgt, dass zwar ein minimaler Biegeradius angegeben werden kann, jedoch nur mit einer sehr kleinen Biegeauslenkung (Amplitude).

Für Interessierte wird in diesem Zusammenhang auf die „Wöhler-Kurve" (Technische Mechanik) hingewiesen.

Masseflächen und Leiterbahnen

Masseflächen sind zur Verbesserung der Flexibilität und aus technologischen Gründen, wie verbesserter Trocknung, in Form eines Rasters auszuführen, Abb. 4.15-links.

Für *Leiterbahnen im Biegebereich* gilt, Abb. 4.15-Mitte, rechts:

- gleichmäßige Verteilung der Leiterbahnen
- Verlegung der Leiterbahnen parallel zueinander und senkrecht zur Biegelinie
- konstante Leiterbahnbreite
- bei breiteren Leiterbahnen sollen diese außen liegen

Vias

Vias im Biegebereich der Flex-Leiterplatte sind nicht zu empfehlen und sind zu vermeiden. Werden Vias in einer Flex-Leiterplatte verwendet, dann sollten sie einen minimalen Abstand von > 1,27 mm zum Biegebereich aufweisen.

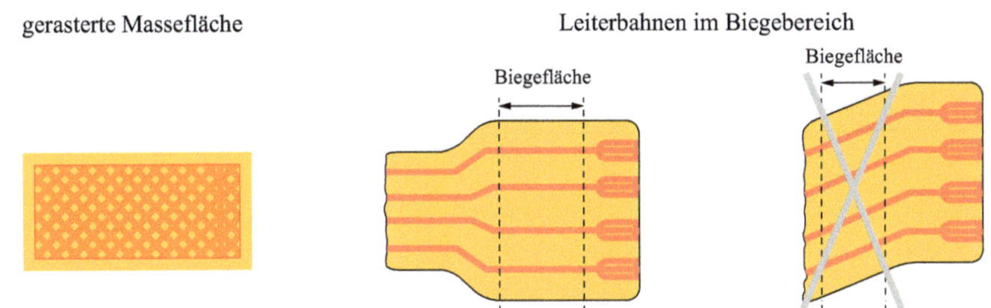

Abb. 4.15 Designregeln für Masseflächen und Leiterbahnen für Flex- und Starrflex-Leiterplatten

Terminierung von Flex- und Starrflex-Leiterplatten
Enden von Flex-Leiterplatten und von Starrflex-Leiterplatten, bei teilhomogenen Systemen, werden mit geeigneten Bauelementen oder speziellen Leiterplattendesigns abgeschlossen. Die Abb. 4.16 zeigt dazu einige Beispiele.

4.4.4   Semiflexible Leiterplatten

Sind keine dynamischen Biegeverformungen erforderlich, sondern nur eine statische, wie sie typischerweise beim Einbau in ein Gerät vorkommen, dann können kostengünstige Semiflex-Leiterplatten verwendet werden.

4.4.4.1   Konstruktiv-technologischer Aufbau

Konstruktiver Aufbau und Technologie entsprechen weitgehend denen der starren Leiterplatten mit einem zusätzlichen Prozessschritt am Ende der Fertigungskette. Um dünne biegsame Bereiche zu erhalten, erfolgt ein Tiefenfräsen in den starren Leiterplattenverbund hinein, Abb. 4.17.

Die Abb. 4.18 zeigt eine Semiflex-Leiterplatte, bestehend aus 4 starren Teilen und 3 tiefengefrästen Biegebereichen.

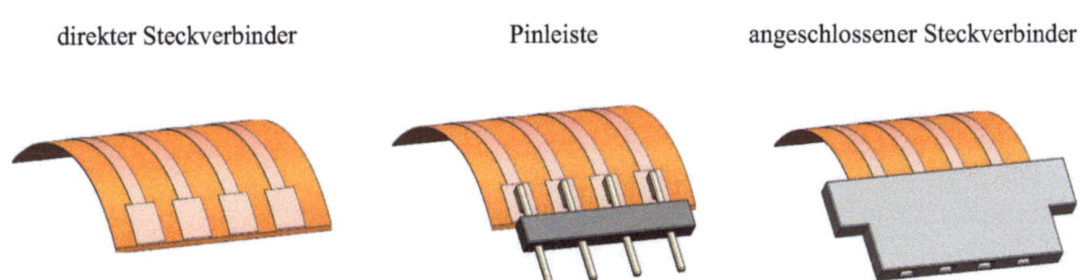

Abb. 4.16 Terminierung von von Flex- und Starrflex-Leiterplatten (Beispiele)

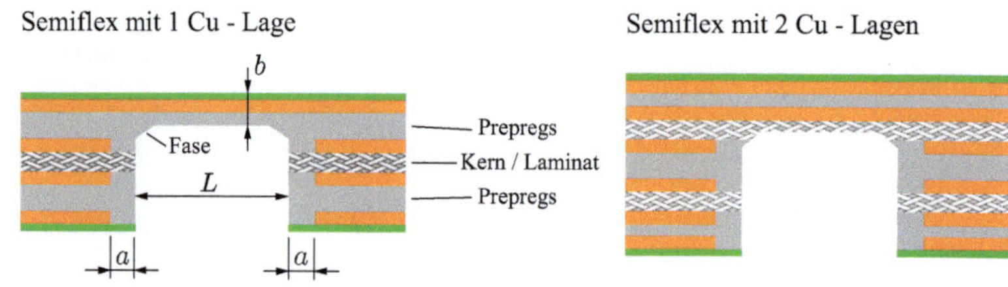

L = Länge der Tiefenfräsung $a = 230\,\mu m$ $b = (200 \pm 50)\,\mu m$ Fase: $\approx 0,4 \times 45°$

Abb. 4.17 Semiflex-Leiterplatten mit 1 und 2 Cu-Lagen im Biegebereich

Abb. 4.18 Beispiel einer Semiflex-Leiterplatte mit 4 starren Teilen und 3 tiefengefrästen Biegebereichen, mit Genehmigung der KSG GmbH, Gornsdorf

4.4.4.2   Designregeln für Semiflexible Leiterplatten

Wesentliche Designregeln sind nachfolgend aufgeführt; weitere Regeln und Richtlinien sind in [10] zu finden:

- Semiflex-Leiterplatten sind nicht für dynamische Anwendungen, sondern nur für statische, insbesondere für einmaliges Biegen beim Geräteeinbau, anzuwenden.
- Standardmaterial FR4, $T_g = 130\,°C$. Es erfolgt keine Verwendung von flexiblen Materialien, wie Polyimidfolien.

- Grundsätzlich ist ein möglichst großer Biegeradius anzustreben.
- Der zulässige Biegewinkel in Form von Kreisbögen, der für den Einbau in Geräte wichtig ist, ergibt sich im Wesentlichen aus der verbleibenden Dicke b im Biegebereich, der Länge L dieses tiefengefrästen Bereichs sowie dem minimal zulässigen Biegeradius r. In den abgedünnten Biegebereichen werden nur ein und zwei Kupferlagen verwendet, die im Biegebereich außen liegen müssen. Das einlagige Kupfer und das außen liegende Kupfer bei zweilagigem Kupfer werden bei der Biegung auf Zug beansprucht.
- Für die minimalen Biegeradien gelten:

  $r_{\mathrm{min}} = 4\,\mathrm{mm}$ für eine Kupferlage und

  $r_{\mathrm{min}} = 5\,\mathrm{mm}$ für zwei Kupferlagen
- Die minimale Länge L_{min} des Biegebereiches ergibt sich aus dem erforderlichen Biegewinkel ϑ, dem minimalen Biegeradius r_{min} und der Breite der Fase c zu:

$$L_{\mathrm{min}} = \left(\frac{\pi}{180}\right) \cdot \vartheta \cdot r_{\mathrm{min}} + 2 \cdot c \qquad [L_{\mathrm{min}}, r_{\mathrm{min}}, c] = \mathrm{mm} \quad [\vartheta] = {}^\circ \qquad (4.6)$$

typische Breite der Fase $\approx 0{,}4\,\mathrm{mm}$
- Im Biegebereich müssen die Kupferlagen außen liegen, Abb. 4.19
- Die Abdeckung im Biegebereich erfolgt mit einem flexiblen Lötstopplack oder Coverlayern wie Polyimid.
- Zur Vermeidung von möglichen Kurzschlüssen sind die Kupferlagen von der Tiefenfräsung einzurücken, Parameter $a = 230\,\mu\mathrm{m}$, Abb. 4.17.

  Die Gesamtdicke im Biegebereich bei einlagigem Kupfer beträgt $b = (200 \pm 50)\mu\mathrm{m}$, Abb. 4.17.

  Die minimalen Abstände eines Pads vom Biegerand betragen $1\,\mathrm{mm}$ für flexiblen Lack und $1{,}5\,\mathrm{mm}$ für Coverlayer (Polyimid) im Standardfall.

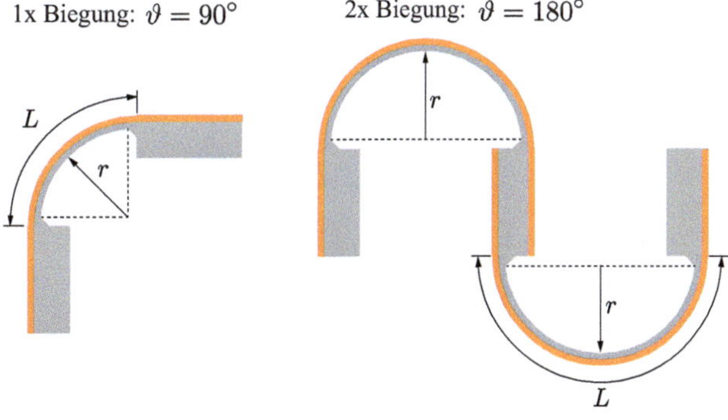

Abb. 4.19 Biegung von Semiflex-Leiterplatten mit außenliegenden Kupferlagen

4.5   Embedded Component Technologies (ECT)

4.5.1   Prinzip

Grundanliegen der Embedded Component Technologies ist das Einbetten unterschiedlichster Komponenten oder auch ganzer physikalischer Wirkstrukturen direkt in ein Verbindungssubstrat.

Damit wandelt sich die klassische Leiterplatte mit einer zweidimensionalen ein- und/oder beidseitigen Bauelementemontage zu einer dreidimensionalen Aufbaustruktur. Die Abb. 4.20 zeigt anhand eines multifunktionalen Boards (MFB) eine Reihe von Möglichkeiten dazu [34].

Eigenschaften

Da sehr unterschiedliche Komponenten und Wirkstrukturen eingebettet werden können, treffen die im Folgenden erläuterten Eigenschaften nicht auf alle gleichermaßen zu:

- Erhöhung der Packungsdichte durch Verwendung der bisher nicht genutzten inneren Bereiche von Multilayern. Dadurch kann einerseits die Geometrie der Baugruppe bei gleicher Funktionalität verkleinert oder andererseits bei gleicher Baugruppengröße durch mehr Bauelemente die Funktionalität erhöht werden.
- Die Erhöhung der Packungsdichte führt zu kürzeren Leitungslängen, was den Einsatz von Schaltkreisen mit steileren Impulsflanken ermöglicht und somit höhere Schaltgeschwindigkeiten (Taktfrequenzen) erlaubt.
- Integrierte Schirmungen von sensiblen Leitungen werden ermöglicht.
- Eine Massenreduktion kommt zustande, indem die Massen innerhalb des Multilayers durch die Bauelemente selbst ersetzt werden. Das mag zunächst gering erscheinen, aber in der Summe wird das für mobile Kleingeräte interessant.

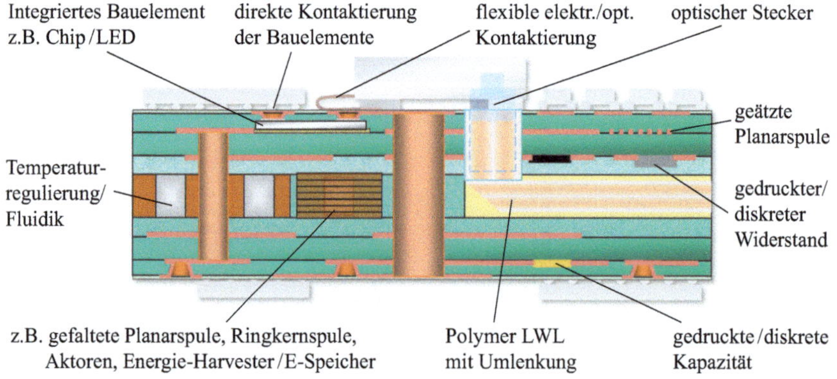

Abb. 4.20 Multifunktionales Board (MFB) mit eingebetteten Komponenten [34], mit Genehmigung der Würth Elektronik GmbH & Co. KG

- Ein Schwerpunkt muss auf die eingebetteten Komponenten gelegt werden, die im Betriebszustand einen so großen Energieumsatz haben, so dass die Kühlung nicht vernachlässigt werden kann. Das gilt daher besonders für eingebettete Chips (Mikroprozessoren), da mit zunehmender Taktfrequenz die Verlustleistung ansteigt.
- Eine Verbesserung der Substratkühlung lässt sich durch integrierte Kühltechnologien erzielen. Dazu zählen dickere integrierte Kupferinnenlagen, die über metallisierte Bohrungen (thermischen Vias), am besten gefüllt mit Kupfer, mit den Bauelementen verbunden sind und so die von den Bauelementen freigesetzte Wärme auf mehrere Lagen aufspreizen. Weitere Möglichkeiten bieten fluidische Kanalsysteme für die Wasserkühlung und integrierte Heatpipes. Ausführlicher werden die Heatpipes im Abschn. 7.7.4 erläutert.
- Durch die Einbettung kann ein integrierter Plagiatschutz realisiert werden.

Je nach Technologie und Komplexität der einzubettenden Komponenten und Strukturen lassen sich 4 Klassen unterscheiden.

4.5.2   Diskrete elektrische Bauelemente

Hierbei werden passive und aktive SMD-Bauelemente sowie Halbleiterchips mit und ohne Bumps eingebettet. Prinzipiell können alle SMD-Bauelemente eingebettet werden. Der Lagenaufbau beschränkt in jedem Fall die zulässige Bauelementedicke, womit diese die wichtigste geometrische Eigenschaft darstellt. Das wird i. d. R. dazu führen, das nur spezielle kleine SMD-Formen und bei dünnen Substraten nur abgedünnte Chips integriert werden können, was im letzten Fall zusätzliche Prozessschritte erfordert und damit erhöhte Kosten verursacht.

4.5.2.1   Aktive Bauelemente

Eingebettet werden ICs, Transistoren und Dioden einschließlich LEDs als diskrete Bauelemente in Form dünner SMD-Gehäuse und als Halbleiterchips mit und ohne Bumps.

Bei den SMD-Bauelementen sind besonders die von Interesse, die geringe Dicken aufweisen. Dazu zählen beispielsweise die DFN-Gehäuse (Dual Flat No-Lead) mit Dicken zwischen 0,4 und 0,9 mm und die der Klasse der Bottom Termination Components (BTC's), Tab. 3.2 SMD-11, zugeordnet werden.

Bei besonders geringen Einbettdicken eines Multilayers wie ca. 80 μm können nur Chips verwendet werden, die von ihrer Ursprungsdicke auf 30 bis 50 μm, teilweise noch geringer, abgedünnt werden.

4.5.2.2   Passive Bauelemente

Die passiven Bauelemente Widerstand, Kapazität und Induktivität werden als diskrete Bauelemente, insbesondere in der Chip-Bauform (Größen siehe Tab. 3.3), verwendet.

Tab. 4.8 Chip Widerstände für Embedded Substrate [21]

Typ Imperial	Höhe mm	Leistung W	Nenn-spannung V	Widerstandsbereich in Ω XR73H / XR73B E24, E96 / E24	TCR ppm/K
XR73 1H 0201	0,13	0,063	50	10 - 1 MΩ/10 - 10 MΩ	± 200
				1,0 - 9,1/1,0 - 9,1	± 400
XR73 1E 0402	0,14			10 - 1 MΩ/ –	± 100
				1 - 9,76/1,0 - 10 MΩ	± 200
				1,02 MΩ - 10 MΩ/1,0 - 10 MΩ	± 200

Temperaturbereich -55 · · · +155 °C; Toleranzen E24: ±5 % (J) und E96: ±1 % (F)

TCR - Temperature Coefficient of Resistance

Die Tab. 4.8 und 4.9 zeigen dazu Widerstände und Embedded Keramikkondensatoren der Bauformen 0201 und 0402 (Imperial). Die z. Z. kleinste Bauform 008004 $(0,25 \times 0,125)$mm^2 mit einer Höhe von 0,125 mm erreicht Kapazitätswerte von 220 pF bis 22 nF (Klasse 2 Keramikkondensator Typ X5R) und 0,2 pF bis 8,5 pF (Klasse 1 Keramikkondensator Typ COG)[1].

Größere Bauformen wie 0603 wurden ebenfalls schon eingebettet.

Welche Dicke ein Bauelement für eine Einbettung aufweisen kann, stellt sich nicht nur aus der Betrachtung der zur Verfügung stehenden Multilayerlagen, sondern auch danach, ob die entstehende Verlustleistung ausreichend abgeführt werden kann.

4.5.2.3 Montageprinzipien

Da die Bestückung der diskreten Bauelemente immer in den Kavitäten der Multilayer erfolgt, ist deren Herstellung von besonderer Bedeutung.

Die Abb. 4.21 und 4.22 zeigen 4 Montagetechnologien für unterschiedliche Bauelemente [48]. Allen gemeinsam sind dabei zwei wesentliche Prozesse:

Erstens werden alle Bauelemente auf einem Substrat, das kann eine Folie oder ein Laminatkern sein, bestückt, was der klassischen Vorgehensweise einer Baugruppenbestückung entspricht.

Zweitens erfolgt die Herstellung der Kavitäten durch vorstrukturierte Prepregs, Abschn. 4.5.6, wo auch zwei weitere Fertigungsprozesse zur Herstellung von Kavitäten mittels Lasern erläutert werden.

Drittens werden die vorstrukturierten Prepregs zusammen mit den Bauelementen und weiteren Prepregs und Cu-Lagen verpresst, wobei die Kavitäten vollständig mit den Prepregharzen ausgefüllt werden müssen.

---

[1] Bei COG Keramikkondensatoren der Dielektrikumsklasse 1 wird die Kapazität durch Temperaturen, Spannungen und Alterungen kaum beeinflusst. Die X5R Keramikkondensatoren der Dielektrikumsklasse 2 weisen eine relativ hohe Kapazitätstoleranz auf. Das dritte Zeichen, in diesem Fall R, gibt eine Toleranz von ± 15 % an.

Tab. 4.9 Embedded Keramikkondensatoren (Fa. Taiyo Yuden, Wittig Electronic GmbH)

Embedded Kondensatoren Bauform 0201 (Imperial)
Größe (0,6 x 0,3 mm²), Typ X5R (-55 ⋯ +85 °C, Tol. ± 15 %)

Bauhöhe	Spannung	Kapazitätswerte in μF						
mm	in V	0,01	0,022	0,047	0,1	0,22	0,47	1,0
0,15	2,5				✓	✓		
	4				✓	✓		
	6,3				✓	✓		
0,22	2,5				✓	✓		
	4				✓	✓		
	6,3				✓	✓		
0,33	2,5	✓	✓	✓	✓	✓	✓	✓
	4	✓	✓	✓	✓	✓	✓	✓
	6,3	✓	✓	✓	✓	✓		✓
	10	✓	✓	✓	✓	✓		
	16	✓	✓	✓	✓			
	25	✓	✓					
	35	✓	✓					
	50	✓						

Embedded Keramikkondensatoren Bauform 0402 (Imperial)
Größe (1,0 x 0,5 mm²), Typ X5R (-55 ⋯ +85 °C, Tol. ± 15 %)

Bauhöhe	Spannung	Kapazitätswerte in μF					
mm	in V	0,1	0,22	0,47	1,0	2,2	4,7
0,11	2,5	✓	✓	✓	?		
	4	✓	✓	?			
	6,3	✓	✓				
0,15	2,5	✓	✓	✓	✓		
	4	✓	✓	✓			
	6,3	✓	✓	✓			
	10	✓					
0,15	2,5	✓	✓	✓	✓	✓	?
	4	✓	✓	✓	✓	✓	
	6,3	✓	✓	✓			
	10	✓					

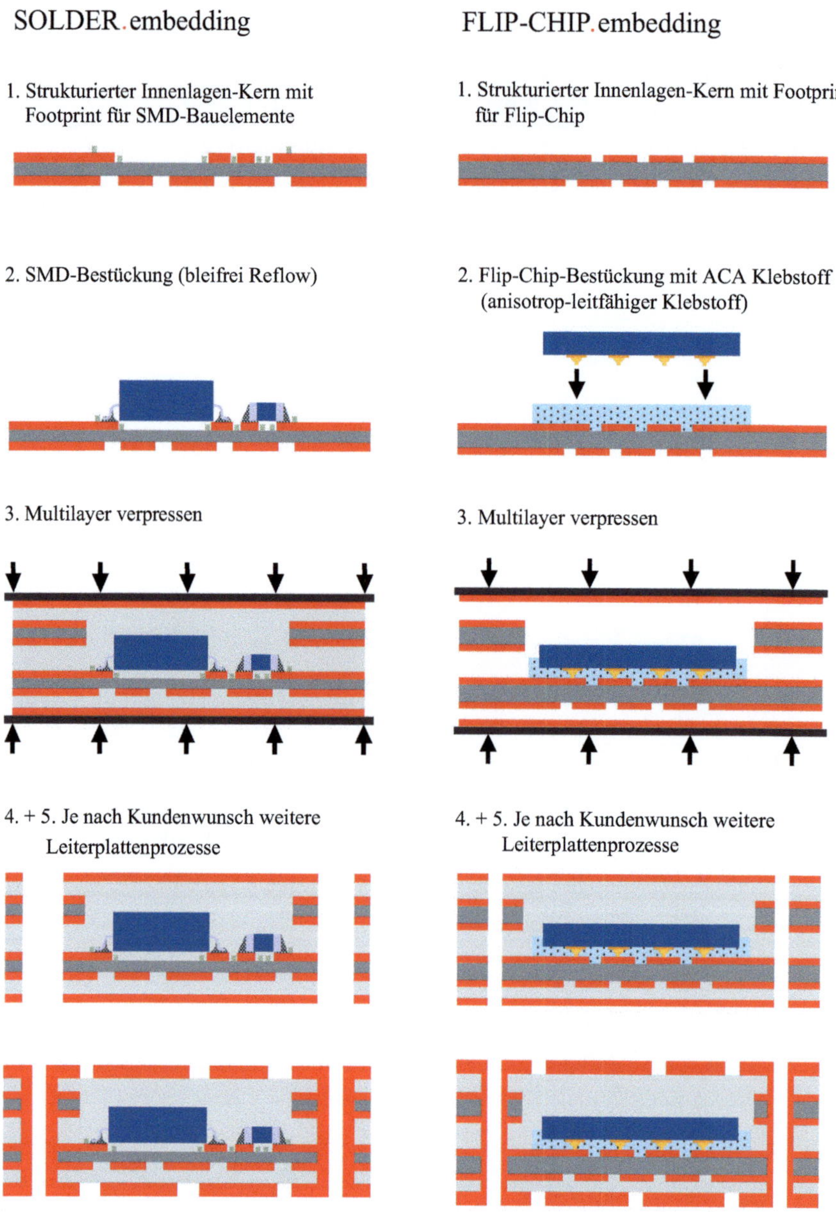

Abb. 4.21 ECT: SMD-Montage mit Lötverbindungen und Flipchip-Montage mit anisotrop leitfähigen Klebern [15] mit Genehmigung der Würth Elektronik GmbH & Co. KG

MICROVIA.embedding Variante 1

1. Kupferfolie als Startsubstrat

2. Bestückung (face-down) auf der Kupferfolie
   mit nicht leitfähigem Klebstoff *

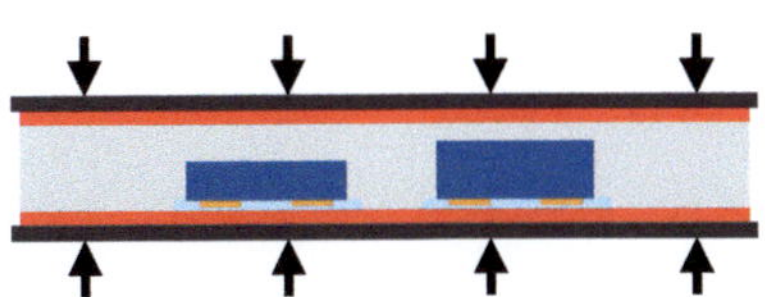

3. Multilayer verpressen

4. Öffnen des Kupfers und des Klebstoffes mit
   dem Laser bis zur Chipmetallisierung

5. Kupfermetallisierung & -strukturierung für
   die Herstellung einer elektrischen Verbindung
   zwischen Chip und Leiterplatte

MICROVIA.embedding Variante 2

1. Strukturierter Innenlagen-Kern

2. Bestückung (face-up) auf dem Kern mit
   leitfähigem o. nicht leitfähigem Klebstoff *

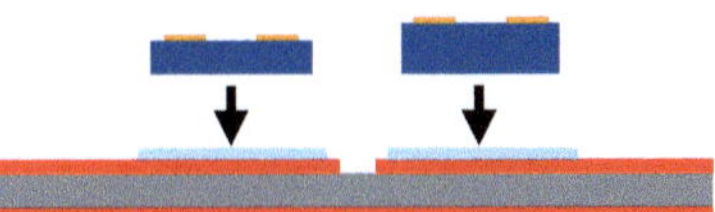

3. Multilayer verpressen

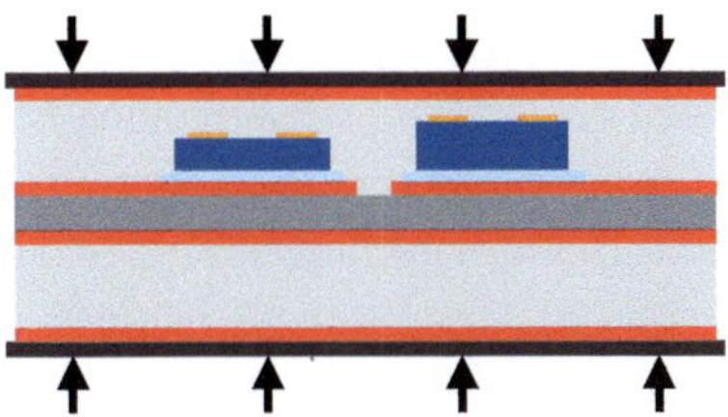

4. Öffnen des Kupfers und Leiterplatten-Harzes
   mit dem Laser bis zur Chipmetallisierung

5. Kupfermetallisierung & -strukturierung für
   Herstellung einer elektrischen Verbindung
   zwischen Chip und Leiterplatte

* leitfähiger Klebstoff (ICA - isotropic conductive adhesive)
  nicht leitfähiger Klebstoff (NCA - non-conductive adhesive)

Abb. 4.22   ECT: Face-down und Face-up Chip-Montage mit leitfähigen und nicht leitfähigen Klebern und Microvia-Kontaktierungen[15] mit Genehmigung der Würth Elektronik GmbH & Co. KG

4.5.3 Elektrische Bauelemente auf Basis von Schichtmaterialien

Grundsätzlich sind das Komponenten, die erst mit der Herstellung eines Multilayers entstehen. Prinzipiell gibt es dazu zwei Möglichkeiten:

Erstens werden funktionelle Schichten eines Multilayers ausgenutzt, die naturgemäß schon Bestandteil des Multilayers sind.

Das können beispielsweise Dielektrikumslagen sein, die allerdings eine höhere relative Dielektrizitätskonstante als sonst üblich aufweisen und zusammen mit zwei Kupferlagen eine oder auch mehrere getrennte integrierte Kapazitäten bilden. Induktivitäten können mit spiralförmigen Leiterbahnen einer geätzten Cu-Innenlage realisiert werden.

Zweitens werden mittels Dünn- und Dickschichttechnologien funktionelle Schichten auf den einzelnen Multilayerlagen erzeugt. So können mittels Dickschichttechnik Widerstände in Form von Widerstandspasten gedruckt werden, wobei zum Erzielen geringer Toleranzen der Widerstandswerte eine Lasertrimmung erfolgen kann. Induktivitäten lassen sich durch dünne gefaltete Leitungslagen realisieren.

Bei den Dünnfilmtechniken werden dünne Widerstandsschichten beispielsweise durch eine chemische Gasphasenabscheidung (vapor deposition) abgeschieden und anschließend entsprechend der notwendigen Form und Widerstandswerte strukturiert. Beispiele sind die isotropen Widerstandsschichten von Ticer Technologies [14], Tab. 4.10.

Im Folgenden werden die Gleichungen zur Berechnung der Dimensionen von Schichtwiderständen nach [9] angegeben.

Die grundlegende Berechnung des Widerstands erfolgt mit:

$$R = R_\mathrm{s} \cdot \frac{l}{w} = R_\mathrm{s} \cdot n \tag{4.7}$$

R Widerstand in Ω

R_s Schichtwiderstand $[R_\mathrm{s}] = \Omega/\mathrm{sq}$

l, w Länge und Breite des Schichtwiderstands

n Anzahl der Quadrate

Tab. 4.10 Widerstandsschichten, Ticer Technologies [14]

Widerstandsschicht	NiCr	NCAS[3]	CrSiO
Schichtwiderstand in Ω/sq[1]	25, 50, 100	25, 50, 100, 250	1000
TCR[2] in ppm/K	< 110	-20	-300
Widerstandstoleranz in %	± 5	± 5	± 7

Die Dicken der Widerstandsschichten liegen zwischen 0,01 und 0,1 μm

[1] Ω/sq oder Ω pro Quadrat oder OPS ist dimensional gleich Ω und wird ausschließlich zur Charakterisierung von Schichtwiderständen verwendet

[2] TCR - Temperature Coefficient of Resistance   [3] NCAS - Legierung Ni Cr Al Si

Bei der Bestimmung von Länge und Breite des Schichtwiderstands muss die Verlustleistung P betrachtet werden. Für diese gilt:

$$P = 6{,}407 \cdot A^{0,4522} \qquad [P] = \mathrm{mW} \tag{4.8}$$

bzw.

$$A = \left(\frac{P}{6{,}407}\right)^{\frac{1}{0,4522}} \tag{4.9}$$

A Querschnitt des Schichtwiderstands $[A] = \mathrm{mil}^2$

Die Dimensionen ergeben sich dann aus:

$$A = w \cdot (w \cdot n) \quad \text{bzw.} \tag{4.10}$$

$$w = \sqrt{\frac{A}{n}} \quad \text{und} \tag{4.11}$$

$$l = n \cdot w \quad [l, w] = \mathrm{mil} \tag{4.12}$$

Beispielrechnung für einen $100\,\Omega$-Widerstand und einer Verlustleistung von $200\,\mathrm{mW}$, ausgeführt mit einem Schichtwiderstand von $25\,\Omega/\mathrm{sq}$ [9].

Mit den obigen Gln. ergeben sich die folgenden Werte:

$$n = \frac{100}{25} = 4 \tag{4.13}$$

$$A = \left(\frac{200}{6{,}407}\right)^{\frac{1}{0,4522}} = 2016{,}9\,\mathrm{mil}^2 \tag{4.14}$$

$$w = \sqrt{\frac{2016{,}9}{4}} = 22{,}45\,\mathrm{mil} = 570{,}2\,\mathrm{\mu m} \tag{4.15}$$

$$l = 4 \cdot 22{,}45\,\mathrm{mil} = 89{,}8\,\mathrm{mil} = 2280{,}9\,\mathrm{\mu m} \tag{4.16}$$

Bei einem weiteren Verfahren wird eine NiP-Schicht elektrochemisch auf einer Cu-Folie abgeschieden (galvanische Abscheidung), die als OhmegaPly RCM® (Resistor-Conductor Material) bezeichnet wird. Anschließend erfolgt das Auflaminieren dieser Schicht auf ein Dielektrikum, Abb. 4.23 [18].

Zur Erzielung der geforderten Schichtwiderstände muss die OhmegaPly-Schicht strukturiert werden. Die Abb. 4.24 zeigt dazu die zusammengefassten Prozessschritte.

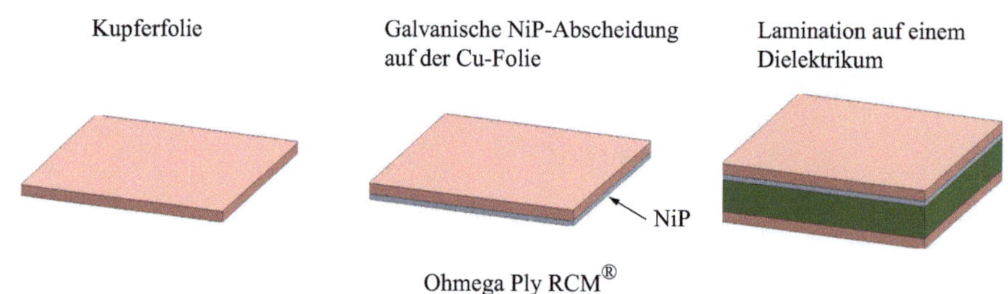

Abb. 4.23 Herstellung der OhmegaPly RCM® (Resistor-Conductor Material) Schicht und Lamination auf einem Dielektrikum [18]

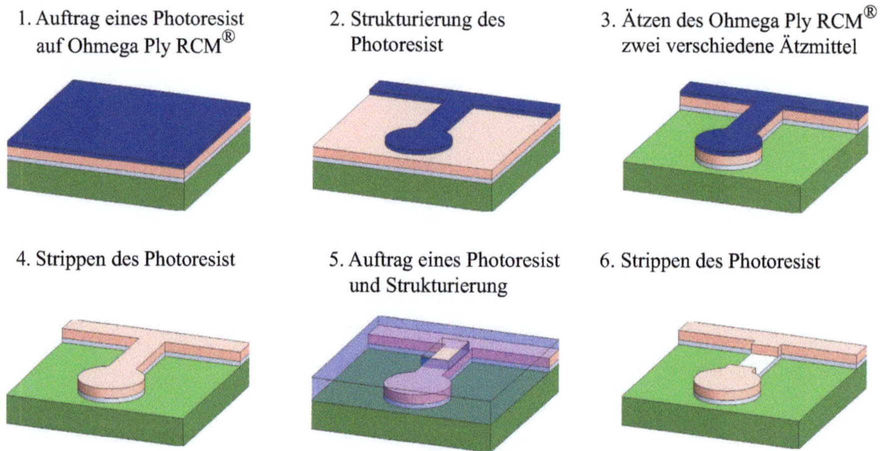

Abb. 4.24 Prozessschritte für einen Schichtwiderstand OhmegaPlyRCM®

4.5.4 Nichtelektrische Komponenten

Hierzu zählen fluidische Komponenten, die Kanalsysteme zur Flüssigkeitskühlung von Leiterplatten umfassen und die Integration von Heatpipes. Das Thema Heatpipes wird ausführlicher im Abschn. 7.7.4 behandelt.

Zu den Komponenten für die optische Signalübertragung gehören Lichtwellenleiter (LWL) auf Basis von Polymeren und Dünnglas, wobei diese als eigenständige Lagen in die Multilayer integriert werden. Weiterhin werden teilweise zusätzliche optische Komponenten zur 90° Strahlumlenkung, wie Spiegel oder 45° Prismen, nötig. Je nach Design können auch elektrisch-optische bzw. optisch-elektrische Wandler in den Multilayer integriert werden. Leiterplatten mit optischer Signalübertragung werden als Elektro-optische Leiterplatten (Electro-Optical Circuit Board, EOCB) bezeichnet und ausführlicher im Abschn. 4.8 behandelt.

4.5.5 Physikalische Wirkstrukturen – Sensoren und Aktoren

Die Einbettung kompletter physikalischer Wirkstrukturen wird i. d. R. immer Schichten eines Multilayers oder/und zusätzliche spezielle Funktionsschichten, die in den Multilayer zu integrieren sind, umfassen.

Darüber hinaus werden weitere diskrete Bauelemente für die elektrische Ansteuerung von integrierten Aktoren und die Sensorelektronik für die integrierten Sensoren erforderlich. Somit entstehen Leiterplattenstrukturen mit integrierten Mikrosystemkomponenten.

Auf das Beispiel einer thermopneumatischen Mikropumpe wird im Folgenden Kapitel eingegangen.

Weiterhin können Mikrosensoren für Neigungen, Beschleunigungen, Drücke und Vibrationen [4] integriert werden.

4.5.5.1 Thermopneumatische Mikromembranpumpe

In [45] wird eine thermopneumatische Mikromembranpumpe auf Basis der Leiterlattentechnologie vorgestellt, die zur Versorgung von Zellkulturen mit Nährstoffen geeignet ist, Abb. 4.25. Dabei werden die für eine Mikropumpe notwendigen Ein- und Auslassventile, die Fluidkanäle sowie das Aktorsystem, das den Volumenstrom durch die Fluidkanäle antreibt, vollständig in einen Multilayer integriert. Die Ansteuerelektronik wird auf der Topseite des gleichen Multilayers bestückt, so dass mit einer Baugruppe eine komplett funktionsfähige Mikropumpe vorliegt.

Die Abb. 4.25 zeigt den schematischen Aufbau ohne die Ansteuerelektronik. Die Mikropumpe ist aus 4 doppelseitig Cu-kaschierten Laminatkernen aufgebaut. Das Aktorsystem besteht aus der Aktorkammer, der Aktormembran, die die Aktorkammer einseitig begrenzt, und einem in der Kammer befindlichen Heizelement aus Konstantandraht mit einem Durchmesser von $70\,\mu$m und einer $10\,\mu$m Isolation. Rechts und links neben der Aktorkammer sind die Ein- und Auslassventile in Form von Membranventilen angeordnet. Die Membranen der beiden Ventile und die Aktormembran bestehen aus einer gemeinsamen dünnen Polymerfolie, die zwischen die mittleren Laminatkerne laminiert wurde. Verwendet wurden dafür Polyimidfolien mit Dicken von 8, 13 und $25\,\mu$m und Polyesterfolien mit Dicken von 6, 13 und $23\,\mu$m.

Im Ausgangszustand a) ist das Heizelement ausgeschaltet und die Ein- und Auslassventile sind infolge der mechanischen Einspannung der Membranfolie geschlossen.

Wird das Heizelement eingeschaltet b), so erwärmt sich die Luft in der Aktorkammer und drückt die Aktormembran nach außen. Dadurch baut sich ein Druck in den Fluidkanälen auf, wobei dieser Druck zusätzlich auf die Membran des Einlassventils drückt und es geschlossen hält und zugleich das Auslassventil für den Volumenstrom öffnet.

Wird das Heizelement abgeschaltet c), so kühlt sich die Luft in der Aktorkammer ab, die Aktormembran geht in die Ausgangslage zurück und saugt damit den Volumenstrom an. Das führt dazu, dass das Auslassventil geschlossen und das Einlassventil geöffnet werden.

a) Ausgangszustand: Heizer aus, Ventile geschlossen

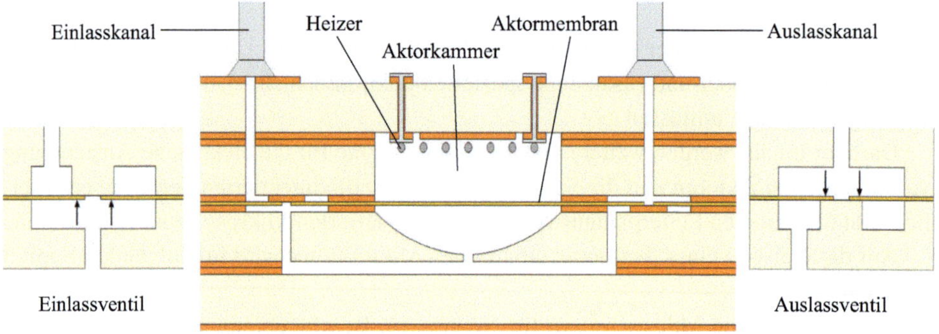

b) Heizer einschalten: Eingangsventil geschlossen, Ausgangsventil öffnet

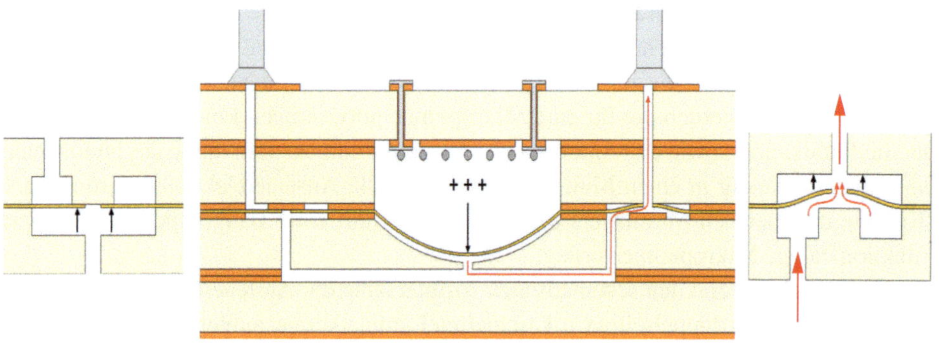

c) Heizer ausschalten: Eingangsventil öffnet, Ausgangsventil schließt

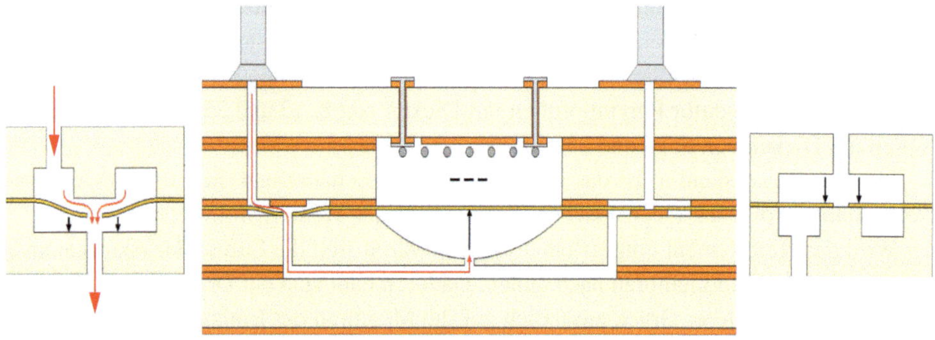

Abb. 4.25   Arbeitsphasen einer Mikropumpe in Leiterplattentechnik mit integrierten Ein- und Auslassmembranventilen, Kanälen und Pumpenaktor [45], mit Genehmigung Prof. Dr. Ansgar Wego

So führt das ständige Ein- und Ausschalten des Heizelements zum Fördern eines Volumenstroms.

Neben dem Medium Luft in der Aktorkammer wurden auch Flüssigkeiten untersucht. Hintergrund hierbei ist, dass bei einer Flüssigkeit ein Zusammenhang zwischen der Temperaturzunahme und der Dampfdruckerhöhung bei etwa konstantem Volumen besteht, d. h. dass sich mit einer geringen Verdampfungsenthalpie eine große Druckerhöhung bei gleichzeitig nur geringer Temperaturerhöhung erzielen lässt. Dazu wurden Versuche mit Diethylether und Wasser unternommen. Diethylether verflüchtigte sich in kurzer Zeit durch Diffusionsvorgänge durch die Wände und die Aktormembran und Wasser verursachte Korrosion.

Auch andere Heizelemente wie strukturiertes Kupfer, Dünnschichtheizelemente, Graphitstäbe und weitere wurden untersucht, wobei sich der Konstantandraht als am effektivsten erwiesen hat.

Mit dieser hier gezeigten Mikromembranpumpe wurden bei einer mittleren Leistungsaufnahme von elektrisch 1 Watt und einer Betriebsfrequenz von ca. 1 Hz Förderraten von bis zu $500\,\mu$l/min erreicht.

Die Aktorelektronik befindet sich auf der gleichen Leiterplatte.

4.5.6 Herstellung von Kavitäten für diskrete Bauelemente

Diskrete Bauelemente benötigen zur Einbettung Kavitäten im Multilayer, die tiefer sein müssen als die Gesamthöhe der Bauelemente einschließlich der Anschlüsse und einem Sicherheitszuschlag. Die Technologie der Kavitäten spielt neben dem Verschließen dieser nach der Bauelementmontage eine Schlüsselrolle.

Es gibt drei Verfahren zur Herstellung der Kavitäten:

1. Strukturierte Prepregs
Die Kavitäten werden durch vorstrukturierte Prepregs erzeugt. Die Bauelemente werden zunächst auf einer Innenlage des Multilayers bestückt. Das kann ein- oder auch beidseitig erfolgen. Ebenso ist der Einsatz mehrerer bestückter Innenlagen möglich. Danach erfolgt das Verpressen der Prepregs mit den Kavitäten sowie weiterer Prepregs und Cu-Lagen. Von Bedeutung dabei sind die Anzahl der vorstrukturierten Prepregs und die jeweiligen Prepregtypen. Entscheidend ist, dass der Harzfluss beim Verpressen des Multilayers die Kavitäten vollständig, d. h. hohlraumfrei, ausfüllt, damit es bei den nachfolgenden Lötprozessen nicht zu Ausfällen kommt.

2. Mit Lasern ausgeschnittene Kavitäten auf Trennschichten
Hierbei wird das zu entfernende Material für die Kavität während der Fertigung des Multilayers auf eine Trennschicht aufgebracht. Ein Laserschnitt erfolgt nur an den Rändern der Kavität, Abb. 4.26-links. Anschließend wird das freigeschnittene Volumenstück abgehoben und ein Reinigungsschritt entfernt die Trennschicht. Da nur die Ränder gelasert

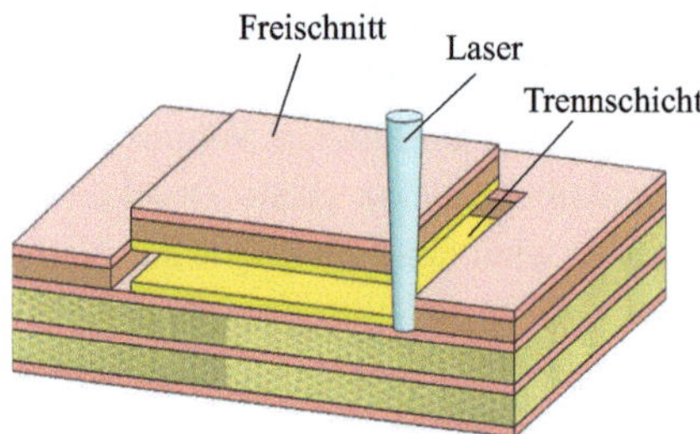

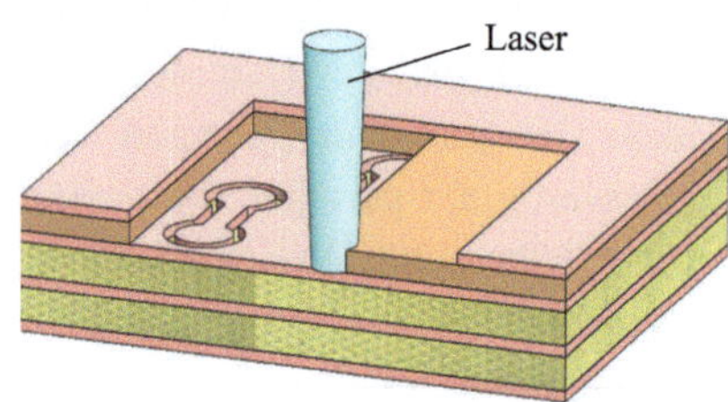

Abb. 4.26 Laserfreischneiden und vollflächiges Lasern von Kavitäten

werden, ist das Verfahren deutlich schneller als das vollflächige Lasern der Kavitätenvolumen.

3. Vollflächig gelaserte Kavitäten
Bei diesem Verfahren wird vollflächig Material eines Multilayers in der notwendigen Tiefe abgetragen, Abb. 4.26-rechts. Dazu fährt ein Laserstrahl diese Fläche mäanderförmig ab, was relativ zeitaufwändig ist und sich somit nicht für die Massenproduktion eignet.

4.5.7 Veränderungen in der Prozesskette

Zu den wesentlichsten Aspekten bei den Embedded Components Technologien zählen Veränderungen in der Prozesskette. Während die Prozesskette ohne eingebettete Komponenten rein sequentiell ist und die Abfolge – Leiterplatten/Baugruppendesign – Leiterplattenfertigung – Baugruppenmontage aufweist, wird sie bei der Nutzung von eingebetteten Komponenten verändert. So werden innerhalb der Leiterplattenfertigung Teile der Baugruppenmontage mit dem Bestücken und Kontaktieren realisiert. Will der Leiterplattenfertiger dies selbst realisieren, so ist er gezwungen, die dafür notwendigen Bestück- und Kontaktiertechnologien selbst vorzuhalten, was bei geringer Nachfrage nicht sinnvoll erscheint. Wird dagegen dieser Teilprozess ausgelagert, so bedeutet das zusätzlichen logistischen und vor allem auch zeitlichen Aufwand.

4.6 Hochstrom- und Power-Leiterplatten

Mit der zunehmenden Leistungsdichte der Leistungselektronik wachsen auch die Hochstromanwendungen, die in die Leiterplatte/Multilayer integriert werden und die Anforderungen an das Wärmemanagement. Die Abb. 4.27 zeigt dazu eine Übersicht der Leistung- und Power-Technologien.

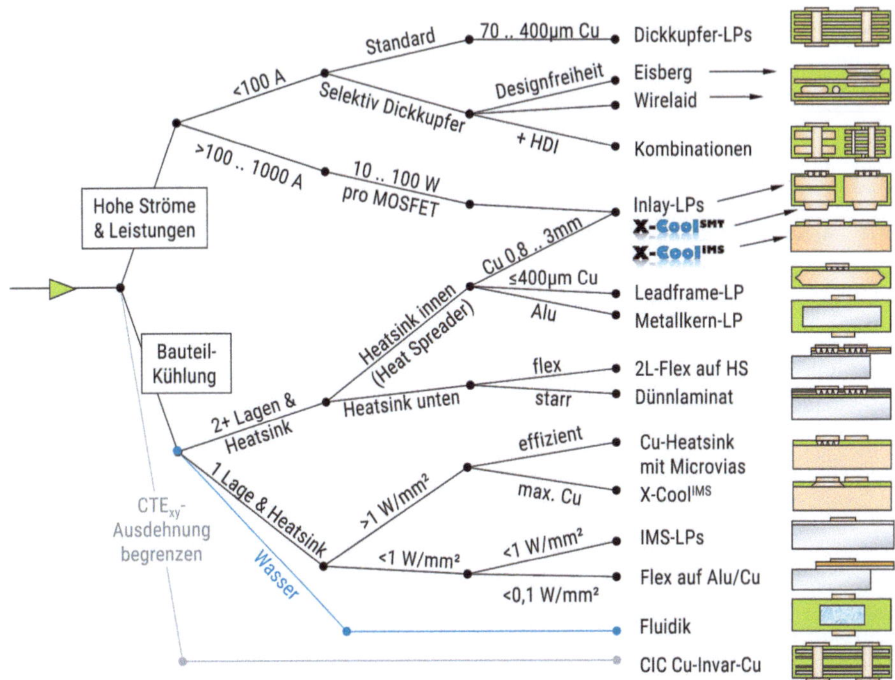

Abb. 4.27 Technologien von Hochstrom- und Power-Leiterplatten [35], mit Genehmigung der AN-DUS ELECTRONIC GmbH

Treiber für diese Entwicklungen sind beispielsweise Wechselrichter, Ladeelektronik, Akkutechnik, Motorsteuerungen und DC/DC-Konverter sowie Bauelemente mit einer hohen Leistungsdichte wie Power-LEDs. Besondere Herausforderungen sind smarte Lösungen, bei denen Controller- und Leistungsteile nicht mehr getrennt auf zwei Leiterplatten verteilt sind, sondern auf einer Platine integriert werden.

Zur Realisierung von Hochstromleiterplatten gibt es mehrere Technologien, bei deren Anwendung die folgenden Punkte zu betrachten sind:

- Design und damit verbunden die Technologie der Hochstromanwendung
- Integration von Steuer- und Hochstromleitungen
- Stromtragfähigkeit mit partiellen Dauerströmen von 10 bis 500 A und Spitzenströmen bis 1000 A der Hochstromleiter
- Wärmemanagement mit speziellen Lagenaufbauten von Multilayern
- Anschlusstechniken

Neben dem Wärmemanagement von Hochstromleitern spielt das Wärmemanagement von Bauteilen eine große Rolle.

Das sind Leistungshalbleiter und Power-LEDs, wobei bei letzteren die Wärme nahezu ausschließlich über das Substrat abgeführt werden muss. Dazu sind spezielle Substrate mit hoher Wärmespreizung und kleinsten thermischen Übergangswiderständen vom Bauteil zur Wärmespreizung notwendig.

4.6.1 Dickkupfer-Technologie

Dickkupferaufbauten, Abb. 4.28, weisen typische Dicken von 105 bis 400 μm auf. Die Fertigungsprozesse entsprechen im Wesentlichen denen der herkömmlichen Leiterplattentechnologien. Unterschiede gibt es bei den Ätz- und Bohrprozessen. So beträgt die Prozessdauer beim Ätzen der Kupferschichten das 10- bis 15-fache und führt zu typischen Ätzprofilen, deren Querschnitte mit zunehmender Kupferdicke immer mehr von der Rechteckform abweichen. Das muss bei der Querschnittsbetrachtung und somit beim zulässigen Strom berücksichtigt werden.

Angewandt werden diese Technologien bei doppelseitigen Leiterplatten und Multilayern. Signalleitungen müssen aufgrund ihrer geringeren Dicken auf separaten Lagen verlegt werden.

4.6.2 Iceberg-Technologie

Diese Technologie, Abb. 4.29, gestattet die Integration von unterschiedlichen Kupferdicken wie 105 μm und 400 μm auf einer Ebene durch Einbetten des dickeren Kupfers in das gleiche Basismaterial. Im Ergebnis entstehen auf den Top- und Bottomseiten gleiche Kupferhöhen, die eine nachfolgende Standardbestückung ermöglichen.

4.6.3 HSMtec-Technologie

Bei der HSMtec-Technologie, Abb. 4.30, werden rechteckige 0,5 mm dicke Kupferprofile auf den geätzten Leiterbahnen von Innen- und Außenlagen mittels Ultraschallbonden aufgebracht. Die Kupferprofile können dabei sehr gut an die örtlichen Erfordernisse angepasst werden.

Das betrifft *einerseits* die Übertragung hoher Ströme, die lokal oder über ein ganzes Board verteilt sind, und *andererseits* Wärmespreizungen in einem Multilayer, um bei lokal auftretenden Hotspots die Wärme besser ableiten zu können, z. B. bei Power-LEDs.

Leistungs- und Steuerelektronik lassen sich auf bzw. in einer Leiterplatte/Multilayer integrieren, was zu einer sehr kompakten Bauweise führt.

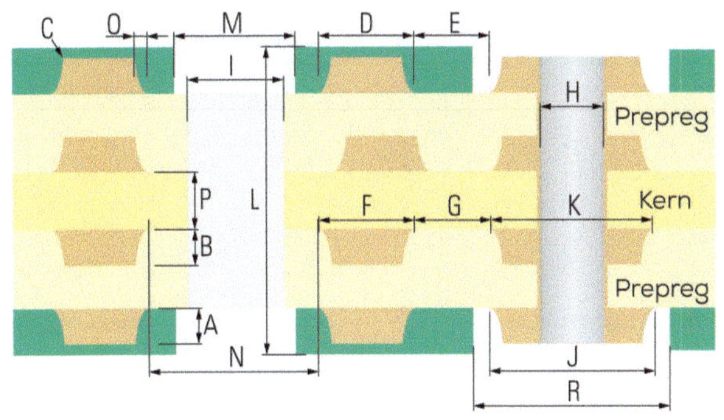

Symb.	Beschreibung	Kriterium	Grenzwerte / Toleranzen
A	Endkupfer Außenlage (AL)	Cu-Dicke 50 µm, 70 µm, 105 µm, 175 µm, 210 µm	+ 15 %/- 10 %
B	Endkupfer Innenlage (IL)	Cu-Dicke 70 µm, 105 µm, 175 µm, Cu-Dicke 210 µm, 400 µm	+ 10 %/- 20 % + 10 %/- 15 %
C	Lötstopplack an der Leiterkante	min. 5 µm	
D / E	Line/Space auf der Außenlage (AL)	Cu-Dicke 50 µm	min. 150 µm/190 µm
		Cu-Dicke 70 µm	min. 190 µm/240 µm
		Cu-Dicke 105 µm	min. 250 µm/320 µm
		Cu-Dicke 175 µm	min. 380 µm/460 µm
		Cu-Dicke 210 µm	min. 420 µm/520 µm
F / G	Line/Space auf der Innenlage (IL)	Cu-Dicke 70 µm	min. 145 µm/150 µm
		Cu-Dicke 105 µm	min. 175 µm/190 µm
		Cu-Dicke 175 µm	min. 310 µm/350 µm
		Cu-Dicke 210 µm	min. 370 µm/420 µm
		Cu-Dicke 400 µm	min. 680 µm/700 µm
H	durchkontaktierter Enddurchmesser	Summe aller durchbohrten Cu-Dicken	min. ⅔ der Summe (AR 6:1)
I	nicht durchkontaktierter Bohrdurchmesser	LP-Dicke ≥ 0,5 – 1,0 mm	min. 0,3 mm
		LP-Dicke > 1,0n – 1,6 mm	min. 0,4 mm
		LP-Dicke > 1,6 – 2,4 mm	min. 0,5 mm
		LP-Dicke > 2,4 – 3,2 mm	min. 0,6 mm
J / K	Kupfer-Paddurchmesser Außen- und Innenlage	Cu-Dicke 50 µm	H + 350 µm
		Cu-Dicke 70 µm	H + 450 µm
		Cu-Dicke 105 µm	H + 450 µm
		Cu-Dicke 175 µm	H + 650 µm
		Cu-Dicke 210 µm	H + 750 µm
		Cu-Dicke 400 µm	H +1150 µm
L	Leiterplattendicke	0,5–3,2 mm Dickentoleranz ± 10%	
M	Maskenfreistellung an nicht durchkontaktierter Bohrung	Cu-Dicke ≤ 105 µm	I + 400 µm
		Cu-Dicke > 105 µm	I + 1000 µm
N	Kupferfreistellung an nicht durchkontaktierter Bohrung	Cu-Dicke ≤ 105 µm	I + 800 µm
		Cu-Dicke > 105 µm	I + 1200 µm
O	Unterätzung auf Innenlage/Außenlage	Cu-Dicke 50 µm, 70 µm	max. 40 µm
		Cu-Dicke 105 µm, 140 µm	max. 60 µm
		Cu-Dicke 175 µm, 210 µm	max. 80 µm
		Cu-Dicke 400 µm	max. 200 µm
P	Dicke Dielektrikum (Laminat)		min. 100µm
R	Maskenfreistellung Kupferpad	Cu-Dicke ≤ 105 µm	J + 200 µm
		Cu-Dicke > 105 µm	J + 600 µm

Abb. 4.28 Designregeln Dickkupfer-Technologie [25], mit Genehmigung der KSG GmbH, Gornsdorf

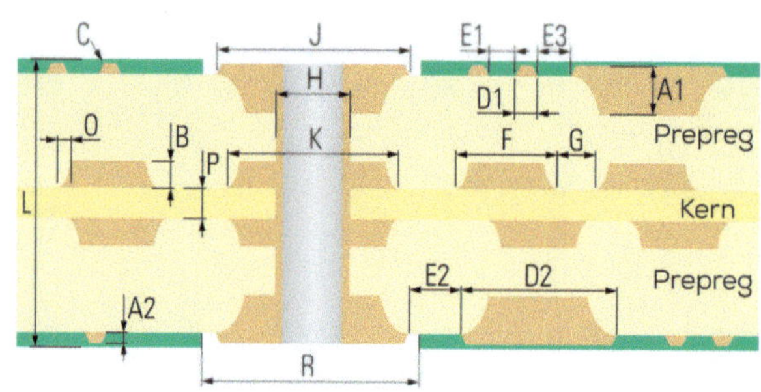

Symb.	Beschreibung	Kriterium	Grenzwerte/Toleranzen
A1	Endkupfer Außenlage (AL)	Cu-Dicke 400 µm	+/- 15 %
A2	Endkupfer Außenlage (AL)	Cu-Dicke 105 µm	+ 15 %/- 10 %
B	Endkupfer Innenlage (IL)	Cu-Dicke 18 µm, 35 µm, 70 µm, 105 µm, 210 µm	+/- 10 %
C	Lötstopplack auf Leiterkante	Cu-Dicke 105 µm und 400 µm	min. 5 µm
D1/E1 D2/E2	min. Line/Space auf der Außenlage	Cu-Dicke 105 µm	250 µm / 320 µm
		Cu-Dicke 400 µm	1,2 mm / 0,4 mm
E3	min. Abstand zwischen 400 µm und 105 µm Kupferdicke auf der Außenlage	Cu-Dicke 105 µm und 400 µm	400 µm
F/G	Line/Space auf der Innenlage (IL)	Cu-Dicke 35 µm	85 µm /100 µm
		Cu-Dicke 70 µm	145 µm /150 µm
		Cu-Dicke 105 µm	175 µm /190 µm
		Cu-Dicke 210 µm	370 µm /420 µm
H	durchkontaktierter Enddurchmesser	Summe aller durchbohrten Cu-Dicken	min. ⅔ der Gesamtkupferdicke bzw. AR < 6:1
J	Kupfer-Paddurchmesser Außenlage	Cu-Dicke 105 µm	H + 450 µm
		Cu-Dicke 400 µm	H + 1,4 mm
K	Kupfer-Paddurchmesser Innenlage	Cu-Dicke ≤ 35 µm	H + 150 µm
		Cu-Dicke ≤ 105 µm	H + 450 µm
		Cu-Dicke ≤ 210 µm	H + 750 µm
L	Leiterplattendicke	1,6 mm (doppelseitig) – 3,2 mm Dickentoleranz ± 10 % mm	
O	Unterätzung auf Innenlage/Außenlage	Cu-Dicke 105 µm	60 µm
		Cu-Dicke 210 µm	80 µm
		Cu-Dicke 410 µm	500 µm
P	Dicke Dielektrikum (Laminat)	Cu-Dicke ≤ 105 µm	min. 150 µm
		Cu-Dicke > 105 µm	min. 200 µm
R	Maskenfreistellung Kupferpad	Cu-Dicke 105 µm und 400 µm, mit min. lötbaren Restring 100 µm, sonst J + 600 µm	siehe J

Endoberfläche chem. Sn, chem./galv. Ni/Au, Entek möglich. Innenlagen mit einer Kupferdicke oberhalb 105 µm erfordern eine minimale Kupferbelegung von ca. 75 % mit möglichst gleichmäßiger Verteilung. Für die Datenübermittlung der Außenlagen ist zur Beschreibung der Dickkupferbereiche ein zusätzliches File, ein eigener D-Code oder eine Markierung erforderlich.

Abb. 4.29 Designregeln Iceberg-Technologie [25], mit Genehmigung der KSG GmbH, Gornsdorf

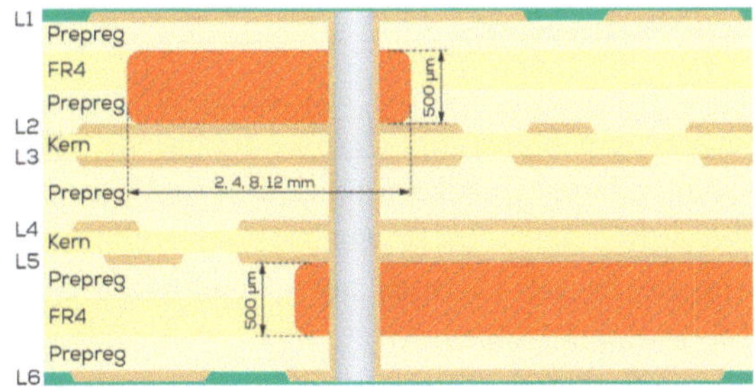

Nr.	Designregeln
1	Standardenddicken für HSMtec-Leiterplatten betragen 0,8 bis 3,2 mm.
2	Möglich sind maximal 3 Lagen für die Kupferquerschnitte mit Kupferprofilen sowie Ströme > 500 A.
3	Die Kupferprofilbreiten betragen 2, 4, 8, 12 mm bei einer Dicke von 0,5 mm. Die Längen sind variabel, aber minimal 15 mm.
4	Die Kupferdicken auf den Leiterplatten zum Ultraschallbonden der Kupferprofile betragen 70 oder 105 µm.
5	Der minimale Abstand zwischen den Profilen beträgt 2,20 mm.
6	Die Leiterbahn zur Montage der Kupferprofile muss umlaufend 1 mm breiter sein als das Kupferprofil.
7	Kupferprofile dürfen nicht auf benachbarte Lagen platziert werden.
8	Auf der gegenüberliegenden FR4-Kernseite des Kupferelementes ist eine potenzialunabhängige Kupferauflage von mindestens der gleichen Größe vorzusehen. Sie dient zur eindeutigen Auflage des Kupferprofils für das Ultraschallbonden.
9	Hochstromleiterbahnen sollten direkt und geradlinig ausgeführt werden, d.h. möglichst wenig Richtungsänderungen.
10	Der Lagenwechsel zwischen den Kupferprofilen ist mittels Durchkontaktierungen möglich.
11	Verbindungen zwischen Kupferprofilen und Kühlkörpern können mittels Thermovias realisiert werden.

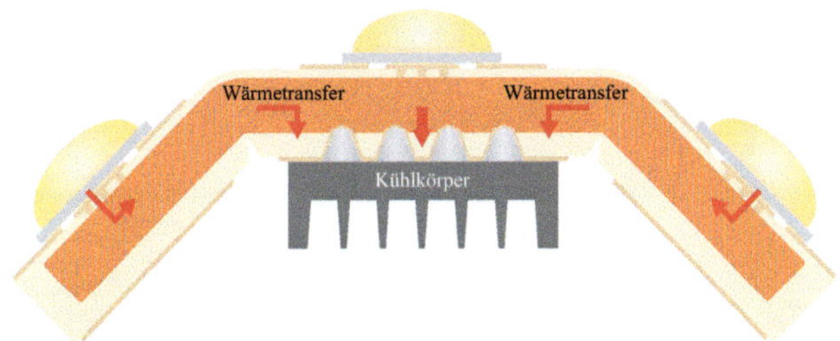

Abb. 4.30 Designregeln HSMtec-Technologie mit einem Beispiel [17, 32], mit Genehmigung der KSG GmbH, Gornsdorf

4.6.4   JUMA.shape-Technologie

Die JUMA.shape-Technologie liefert eine fertig strukturierte Hochstromlage (Shape-Layer), die von den Leiterplattenherstellern ohne weitere Operationen und Materialien in Multilayer integriert werden kann. Im Ergebnis dessen ergibt sich insgesamt eine sehr kostengünstige Leiterplatte, bei der Hochstrompfade und feinste Signalleitungen einfach in einer Platine realisiert werden können.

Die Abb. 4.31 zeigt die Fertigung eines Shape-Layers.

Im *ersten* Prozessschritt werden die Strukturen der Hochstromkupferleiter, die Shapes, aus einer Kupferfolie geätzt. Die anschließende chemische Aufrauung dient einer besonders festen Verbindung zwischen Shapes und Prepregs und ergibt eine hohe Zuverlässigkeit.

Die Shapedicken betragen 300, 500 oder 800 µm.

Im *zweiten* Prozessschritt werden 50 µm dicke Abstandshalter (Shape Armatures) für 60 µm-dicke Prepregs oder dem geforderten Spannungsabstand angepasste Abstandhalter auf die Shapes geschweißt. Sie garantieren, dass die nachfolgenden Verbindungen zwischen den Shapes und der unteren Kupferlage frei von Deformationen bleiben. Sie stellen somit ausschließlich mechanische Fixierungen während des Verpressens der Multilayer dar.

Im *dritten* Prozessschritt erfolgt die Montage des Shape-Layers. Dabei werden die Abstandshalter mit der behandelten Kupferinnenseite durch Mikrodiffusionsschweißen miteinander verbunden, wobei die Prepregs an diesen Stellen perforiert sind.

Die Abb. 4.32 zeigt einen 6-Lagen-Multilayer, (4+2)-Aufbau, mit 4 Signal- und 2 Shape-Lagen.

Hotspots wie Power-LEDs können mittels Thermovias mit Shapes verbunden werden, die dann als Wärmespreizung und -ableitung verwendet werden.

Weiterhin können 3D-Strukturen realisiert werden. Die Abb. 4.33 zeigt dazu eine 90°-Struktur für einen Schraubanschluss.

Optional besteht die Möglichkeit, in den Shape eine kleine Leiterplatte mit einem langen Leiterzug zu integrieren, um so einen effektiven, platzsparenden und kostengünstigen Shunt zu realisieren. Über die Widerstandsänderung infolge der Temperaturerhöhung der

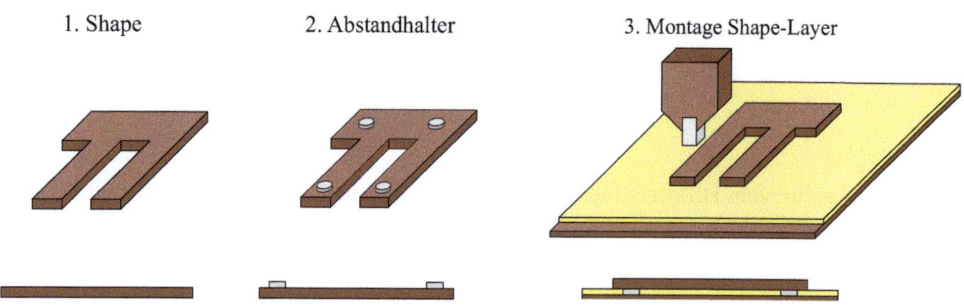

Abb. 4.31 Prozessschritte eines Shape-Layers [22], mit Genehmigung der JUMATECH GmbH

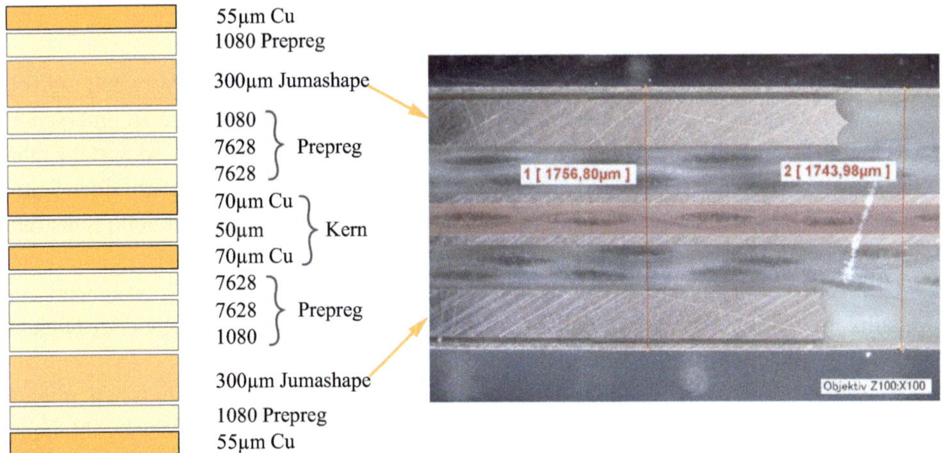

Abb. 4.32 Aufbau eines 6-Lagen-Multilayers mit Schliffbild [22], mit Genehmigung der JUMA-TECH GmbH

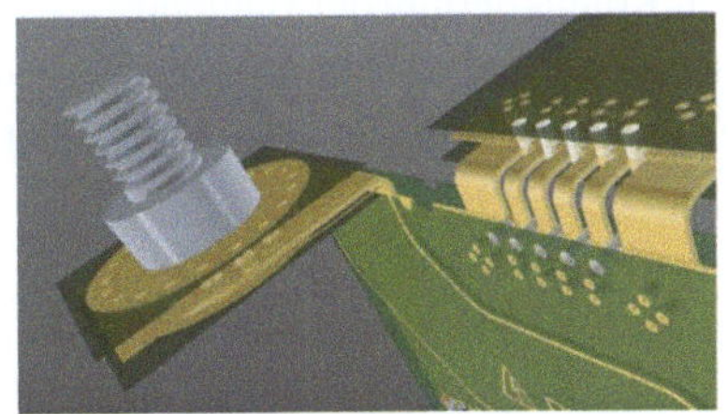

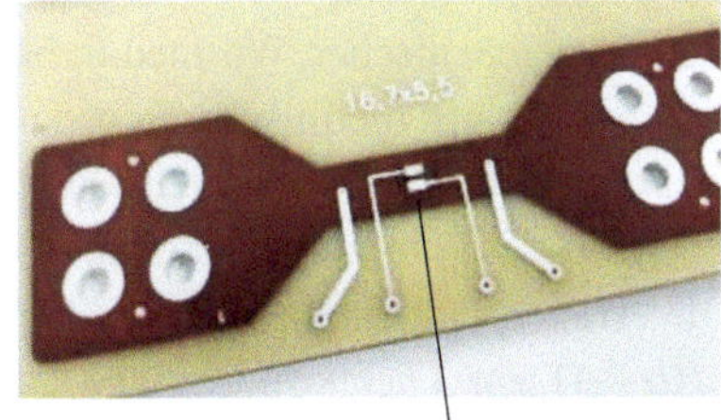

Shunt (integrierte Leiterplatte mit langem Leiterzug)

Abb. 4.33 3D-Struktur und Shuntintegration zur Temperaturmessung [22], mit Genehmigung der JUMATECH GmbH

Kupferleiterbahn kann dann die Temperatur des Shapes und mit der Gesamtanordnung auch der zu messende Strom ermittelt werden, Abb. 4.33.

Zusammenfassend hier die Regeln zum Leiterplattendesign:

- Signalleitungen und Hochstrom-Shapes werden im Standard CAD Tool auf unterschiedlichen Lagen verlegt.
- Die Shapes liegen grundsätzlich innen, vgl. 6-Lagen-Multilayer Abb. 4.32.
- Die Dicken der Shapes betragen 300, 500 oder 800 µm.
- Die maximalen Biegeradien von Shapes sind 135°.
- Standardmäßig werden zwischen Shape und Kupferlage 60 µm-dicke Prepregs gelegt. Kundenwünsche gestatten aber auch dickere Shapes, z. B. um den Spannungsdurchschlag zu erhöhen..
- Für Durchgangsbohrungen und große Bohrungen für Befestigungen, die keinen Kontakt zu den Shape haben dürfen, sind entsprechende Öffnungen in den Shapes vorzusehen.

4.6.5   IMS-Leiterplatten

Charakteristisch für IMS Leiterplatten (Insulated Metal Substrate) ist die Verwendung von Metallen als Trägermaterial. Aus konstruktiver Sicht sind dabei zwei Fälle zu unterscheiden. Wird das metallische Trägermaterial in eine Leiterplatte integriert, so spricht man von einem Metallkern. Liegen die elektrischen und dielektrischen Lagen auf einer Seite, dann ist es eine metallische Trägerplatte. Während es letztere als kommerzielle Substrate gibt, sind erstere kundenspezifische Ausführungen.

Die Abb. 4.34 zeigt den grundsätzlichen Aufbau eines IMS-Substrats, bestehend aus Metallplatte, Dielektrikumslage und Kupferschicht, wobei die Eigenschaften der Dielektrikumslage eine Schlüsselrolle einnehmen.

Beispielhaft hierzu ist eine geätzte Leiterstruktur für eine Power-LED zu sehen mit den beiden elektrischen Anschlusspads und dem größeren Thermopad für die Wärmeableitung in die Metallplatte.

Für eine gute Wärmeableitung sind folgende Parameter von Bedeutung:

- Möglichst große Kupferflächen zur thermischen Kontaktierung der Bauteile.
- Geringer spezifischer Wärmedurchlasswiderstand der Dielektrikumslage $R_\lambda = d/\lambda$ (im amerik. als thermische Impedanz bezeichnet). Das bedeutet eine dünne Lage d und/oder eine hohe Wärmeleitfähigkeit λ.
  Begrenzt wird die min. Dicke durch die erforderliche Durchschlagsfestigkeit.
- Die Trägerplatte sollte einen geringen thermischen Übergangswiderstand $R_{thu} = 1/(\alpha \cdot A)$ zur Dielektrikumslage aufweisen, d. h. dass der Wärmübergangskoeffizient α groß sein muss.
- Für eine große Effektivität der Trägerplatte ist ein Werkstoff mit möglichst hoher Wärmeleitfähigkeit zu wählen. Je kleiner damit der thermische Widerstand der Trägerplatte wird, desto geringer sind die Energieverluste der Platte selbst. Die Wärmeleitfähigkeiten von Cu, Al(Legierung 6061) und Al(Legierung 5052) betragen 400, 170 bzw. 140 W/(m · K). Damit ergeben sich für die drei thermischen Widerstände bei gleicher Plattengeometrie und gleicher Durchströmungsrichtung folgende Verhältnisse: $R_{th\text{-}cu} = 0{,}43 \cdot R_{th\text{-}al}(\text{Leg. } 6061)$ und $R_{th\text{-}cu} = 0{,}35 \cdot R_{th\text{-}al}(\text{Leg. } 5052)$.

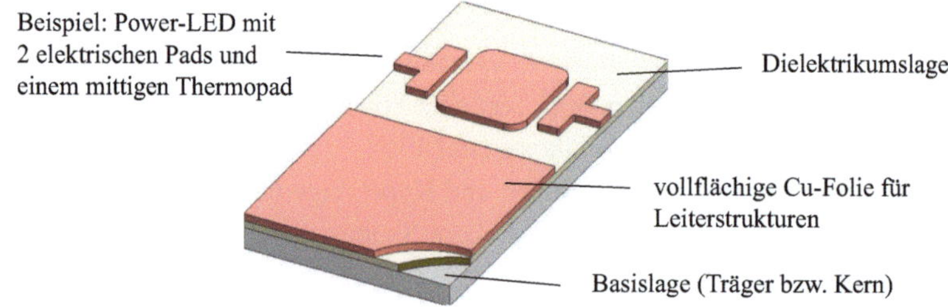

Abb. 4.34 Aufbau eines IMS-Substrats mit Beispiel einer Leiterstruktur

- Je dicker die Platten, desto stabiler ist das System und je geringer werden die thermischen Widerstände. Dem entgegen stehen ein höheres Gewicht und höhere Kosten. Verringert man die Plattendicke, so führt das zur Vergrößerung der lateralen thermischen Widerstände der Platte, so dass die Wärmeausbreitung erschwert wird und sich die Homogenisierung der Temperaturverteilung abschwächt.

- Je dicker die Platte wird, desto größer wird ihre Wärmekapazität. Die Zeitkonstante für Aufwärm- und Abkühlvorgänge ergibt sich aus dem Wärmeübergangswiderstand vom Dielektrikum zur Platte R_{thu} und der Wärmekapazität der Platte C zu $\tau = R_{\text{thu}} \cdot C$. Je größer diese wird, desto langsamer erwärmt sich die Platte und desto länger kann ein Wärmestrom vom Bauelement in die Platte fließen. Eine dickere Platte fördert die Homogenisierung der Temperaturverteilung durch geringere laterale thermische Widerstände.

IMS-Materialien

Entsprechend Abb. 4.34 geht es um Materialien für die metallischen Träger und Kerne (Basismaterialien), die Dielektrika und die Cu-Folien für die Leiterstrukturen. Wie bereits erwähnt, nehmen die Dielektrika eine Schlüsselrolle ein. Zur Anwendung kommen Prepregs, Keramiken und besonders Blends aus Polymeren mit Keramik-Füllern. Die Polymere sind dabei für die elektrische Isolation zuständig und die Keramikpartikel für die Einstellung der Wärmeleitfähigkeit. Dazu zeigt die Tab. 4.11 eine Auswahl derartiger Materialien.

Tab. 4.11 Eigenschaften von IMS-Dielektrika (Auswahl) [11, 23]

Typ	λ W/m·K	d μm	R_λ K·cm^2/W	U_d kVAC	T_g °C
VT-4BC5	10	100/150	0,10/0,15	8/10	180
VT-4B7 SP	7,0	40	0,06	3	100
VT-4B7	7,0	75/100/150	0,11/0,14/0,22	7/8/10	100
VT-4B5	4,2	50 - 200	0,13 - 0,49	4 - 12	120
VT-4B3	3,0	50 - 180	0,17 - 0,61	4 - 11	130
HPL	3,0	38/50/152	0,13/0,17/0,25	5/7,7/17,4	185
HT	2,2	76/152/225	0,32/0,71/1,03	8,5/11/20	150
MP-06503	1,3	76	0,58	8,5	90
SJR-05804	2,7	100	0,18	9,2	66

λ - Wärmeleitfähigkeit   d - Dicke T_g - Glasübergangstemperatur
R_λ=d/λ - spezifischer Wärmedurchlasswiderstand U_d - Durchbruchspannung

Die max. Betriebstemperatur (MOT) liegt außer bei HT über T_g.
Die Dielektrika nur in Verbindung mit den Basismaterialien und Kupferlagen

Tab. 4.12 Basismaterialien und Materialien für die Kupferleitungslagen

	Basismaterial Aluminium	**Basismaterial Kupfer**
Dicke in mm	0,5 - 5	0,5 - 3
Wärmeleitfähigkeit in W/mK	Al(Leg. 5052): 140 Al(Leg. 6061): 170	Cu(Leg. C1 100): 400
Wärmeausdehnungs-koeffizient in ppm/K	25	17

Seltener wird als Basismaterial auch Edelstahl verwendet.

Standarddicken der Kupferleitungslagen in μm
18/35/70/105/140/210/280/350/410

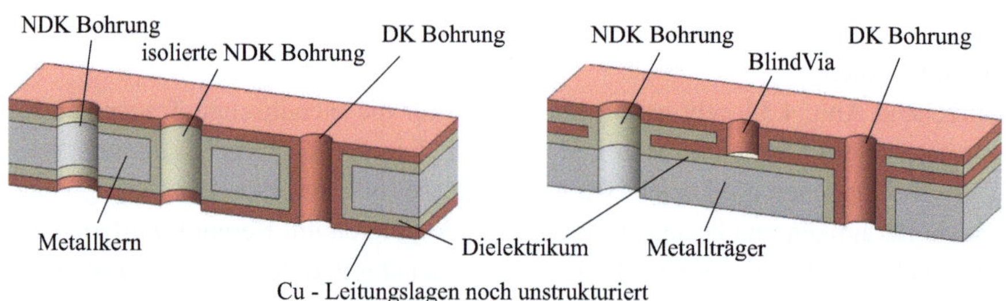

Abb. 4.35 symmetrische und asymmetrische zweilagige IMS-Leiterplatten

Besonders gut lassen sich die Materialien mittels des spezifischen Wärmedurchlass-widerstands $R_\lambda = d/\lambda$ vergleichen, da diese Werte, im Gegensatz zu den thermischen Widerständen, flächenunabhängig sind.

Die Tab. 4.12 zeigt die Basismaterialien und Standardkupferdicken. Die häufig eingesetzten Dicken betragen bei Aluminium 1 mm (1,02 mm = 0,040") sowie 1,5 mm (1,57 mm = 0,062") und bei Kupfer 1 mm (1,02 mm = 0,040").

Aufbau von IMS-Leiterplatten

Der einfachste Fall, Abb. 4.34, besteht aus einem Metallträger, einer Dielektrikumslage und einer Kupferlage und kann als Fertigsubstrat bezogen werden. Die Abb. 4.35 zeigt einen symmetrischen und einen asymmetrischen zweilagigen Aufbau. Unterschiedliche Bohrungstypen sind möglich, wobei bei den gezeigten Anordnungen die ersten Prozess-schritte im Bohren der Basismaterialien bestehen.

4.6.6 Stromtragfähigkeit bei Hochstrom-Leiterplatten

Die Stromtragfähigkeit von Hochstromleiterplatten ist im Wesentlichen von 4 Einflussfaktoren abhängig [32].

1. Temperaturen der Leiter und Umgebung

Mit zunehmender Temperatur steigt der ohmsche Widerstand eines Leiters entsprechend:

$$R = R_{20} \cdot (1 + \alpha \cdot \Delta T) \tag{4.17}$$

α linearer Temperaturkoeffizient bei empfohlener Umgebungstemperatur von 20 °C

ΔT Temperaturdifferenz zwischen Leiter und 20 °C

Exakt gehört noch ein quadratischer Term $\beta \Delta T^2$ dazu (β-quadratischer Temperaturkoeffizient), der aber bei Temperaturdifferenzen unter 100 K bzw. °C vernachlässigt werden kann.

Der Strom ergibt sich allgemein aus $P = I^2/R$ und mit Gl. (4.17) zu:

$$I = \sqrt{\frac{P}{R_{20} \cdot (1 + \alpha \cdot \Delta T)}} \tag{4.18}$$

Für den Referenzstrom gilt:

$$I_0 = \sqrt{\frac{P}{R_{20}}} \qquad \text{Leiter auf Umgebungstemperatur} \tag{4.19}$$

Bildet man den Quotienten aus einem allgemeinen Strom bei erhöhter Temperatur Gl. (4.18) und dem Referenzstrom Gl. (4.19) und löst nach I auf, so folgt:

$$I = \frac{1}{\sqrt{1 + \alpha \cdot \Delta T}} \cdot I_0 \tag{4.20}$$

Legt man einen Kupferleiter mit einem linearen Temperaturkoeffizienten von $\alpha \approx 4 \cdot 10^{-3}\,\text{K}^{-1}$ und eine Temperaturdifferenz von 25 K zugrunde, so ergibt sich mit Gl. (4.20):

$$I = 0{,}95 \cdot I_0 \tag{4.21}$$

Das bedeutet, dass die Stromtragfähigkeit bei einer Temperaturerhöhung der Leiterbahn um 25 °C über der Raumtemperatur von 20 °C um 5 % abnimmt.

Das heißt im Umkehrschluss, dass zur Kompensation dieser Stromverringerung der Ausgangsstrom um den Faktor $\sqrt{1 + \alpha \cdot \Delta T}$ erhöht werden muss.

Für den o. g. Fall der Kupferleitung mit einem ΔT von 25 °C ist der Strom also um ca. 5 % zu erhöhen.

2. Zulässige Erwärmung der Leiterbahn

Erstens ist die zulässige Erwärmung der Leiterplatte abhängig von der Art der Strombelastung wie Dauerstrom, Kurzzeitimpulse oder gepulster Ströme.

Zweitens muss die maximale Temperaturdifferenz zwischen Leiter und Umgebung beachtet werden. Je höher diese Differenz, desto größer sind die Energieverluste durch die entstehende Wärme. Sollen diese gesenkt werden, so muss der Leiterwiderstand reduziert, also der Leiterquerschnitts vergrößert werden. Eingeschränkt wird das u. U. durch Restriktionen des Bauvolumens.

Drittens bestimmt der Lagenaufbau die zulässige Erwärmung, siehe nächster Abschnitt.

Viertens ist die Verbindung zwischen den Kupferleitern und den Prepregs bzw. Laminaten mittels der Epoxidharze zu beachten. Dabei begrenzen die thermischen Eigenschaften der Epoxy-Kleber die Haltbarkeit des Verbunds. Oberhalb der Glasübergangstemperatur T_g steigen die Wärmeausdehnungskoeffizienten der Epoxidharze (der Polymere im allgemeinen) deutlich an, was zu einer extrem großen Fehlanpassung zwischen Leiter und Kleber führt, mit dem Ergebnis von Deformationen und Delaminationen. Im allgemeinen geht man davon aus, dass die Dauereinsatztemperatur mindestens 25 °C unter der Glasübergangstemperatur liegen muss. Daraus folgt, dass es keine eindeutige Definition für eine zulässige Temperatur geben kann.

Praktische zu betrachtende Temperaturdifferenzen ΔT sind 20 °C und 40 °C. Geht man aber auch von einer Umgebungstemperatur von 40 °C aus, so ergibt sich mit einem ΔT von 40 °C eine Leitertemperatur von 80 °C. Somit verbleibt ein guter Sicherheitsabstand zur o. g. unteren Grenze von (T_g–25 °C).

T_g für Epoxy liegt zwischen 130 und 170 °C, Hoch-T_g-Material > 170 °C.

Die Abb. 4.36 zeigt am Beispiel einer Kupferschichtdicke von 210 μm, wie sich die zulässigen Ströme mit den Temperaturdifferenzen und verwendeten Leiterquerschnitten

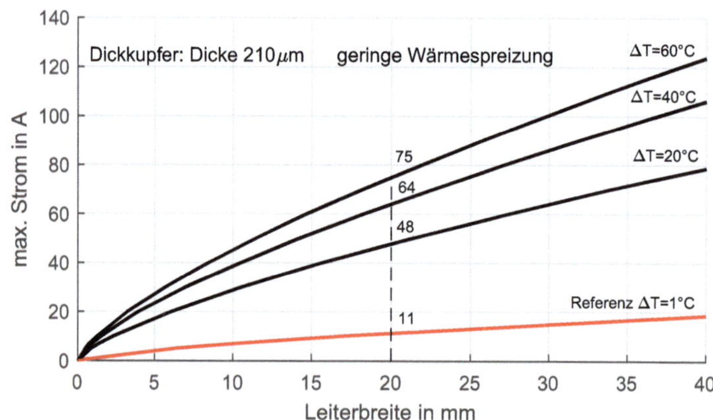

Abb. 4.36 Maximaler Strom in Abhängigkeit von der Kupferschichtdicke und den zulässigen Temperaturdifferenzen

ändern. Die Kurve für ein ΔT von 1 °C dient als Referenz, da hier eine praktische Temperaturerhöhung von nur 1 °C verwendet wird (theoretisch wären das 0 °C) und damit der Einfluss bei Temperaturerhöhungen besonders deutlich gemacht werden kann.

Hinweis: Grundlage aller Diagramme ist der Hochstromkalkulator von KSG, Stand 3/2023 mit zusätzlicher Berücksichtigung der Erwärmung der Hochstromleiter.

3. Lagenaufbau

Dabei geht es vor allem um 4 verschiedene Varianten der Wärmespreizung durch weitere Kupferflächen, die Wahl der Kupferschichtdicken für die Hochstromleiter und die Parallelschaltung zur Stromvergrößerung [32].

Die Tab. 4.13 zeigt 4 Leiterplattendesigns mit unterschiedlichen Wärmespreizungen. Je dichter eine bzw. zwei Kupferflächen an den Hochstromleiter gelegt werden, desto besser ist die Wärmspreizung, bedingt durch die sehr gute Wärmeleitfähigkeit von Kupfer.

Die Abb. 4.37 zeigt zum Vergleich den Einfluss der Kupferschichtdicken auf den zulässigen Strom bei jeweils gleicher Temperaturdifferenz von 20 °C und einem Design mit nur geringer Wärmspreizung entsprechend Tab. 4.13.

Die Abb. 4.38 zeigt die Stromverläufe als Funktion der Leiterbreiten mit den 4 Wärmespreizungen aus Tab. 4.13 bei jeweils gleichen Kupferdicken von 210 μm und der Temperaturdifferenz ΔT von 20 °C.

Wie ändert sich nun der Strom bei einer Querschnittsänderung des Leiters.

Dazu werden zwei Kupferleiter mit den Widerständen R_1 mit dem Querschnitt A_1 und R_2 mit dem Querschnitt $A_2 = 2A_1$ jeweils gleicher Länge 1 betrachtet. Für die Ströme I_1

Tab. 4.13 Wärmespreizung nach [32] mit einem Beispiel

Wärmespreizung mit Kupferlagen			
gering keine Kupferlage	mittel 1 Kupferlage unt.	höher 1 Kupferlage	hoch 2 Kupferlagen
Beispiel Dickkupfer: d = 210 μm ΔT = 20 °C I = 50 A			
$b_1 = 21{,}2$ mm	$b_2 = 12{,}6$ mm	$b_3 = 9{,}9$ mm	$b_4 = 8{,}4$ mm
Minderungsfaktor der Leiterbreiten bzgl. Wärmespreizung "gering"			
1	0,6	0,47	0,4

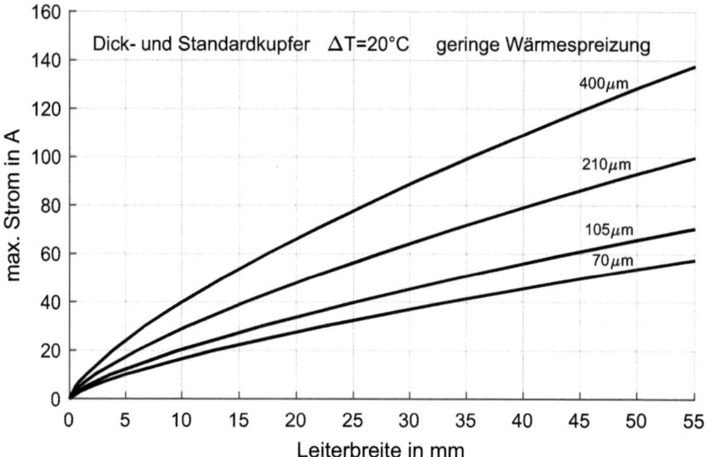

Abb. 4.37 Stromtragfähigkeit verschiedener Lagenaufbauten

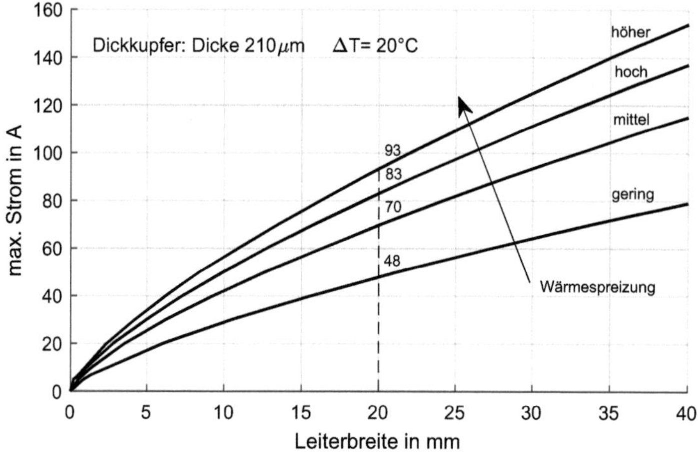

Abb. 4.38 Einfluss der Wärmespreizung auf den maximal zulässigen Strom

und I_2 gilt dann bei gleicher Leistung P und daher bei annähernd gleicher Temperatur sowie $R = \rho_{cu} \cdot l / A$:

$$I_1 = \sqrt{\frac{P}{R_1}} = \sqrt{\frac{P \cdot A_1}{\rho_{cu} \cdot l}} \quad \text{und} \tag{4.22}$$

$$I_2 = \sqrt{\frac{P}{R_2}} = \sqrt{\frac{P \cdot A_2}{\rho_{cu} \cdot l}} = \sqrt{\frac{P \cdot 2 \cdot A_1}{\rho_{cu} \cdot l}} \tag{4.23}$$

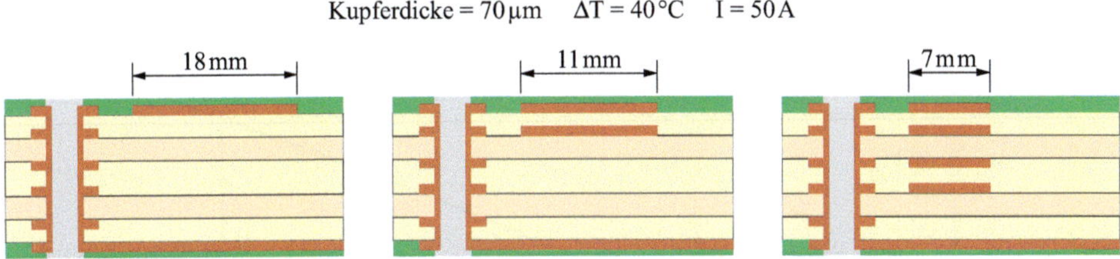

Gleicher Querschnitt => ungleiche Strombelastung der Einzelleiter

Abb. 4.39 Parallelschaltung von Hochstromleitern [32], mit Genehmigung der KSG GmbH, Gornsdorf

Teilt man I_2 durch I_1 und löst nach I_2 auf, so ergibt sich:

$$I_2 = \sqrt{2} \cdot I_1 \tag{4.24}$$

Eine Querschnittsverdopplung durch eine verdoppelte Leiterdicke führt zu einer Stromzunahme um den Faktor $\sqrt{2}$! Man beachte, dass es um die Verdopplung der Leiterdicke geht, denn nur dann liegen die vergleichbaren Wärmespreizungen entsprechend der Tab. 4.13 vor.

Verdoppelt man den Querschnitt durch Verdopplung der Leiterbreite, so ergibt das einen höheren Strom und der Faktor für die Stromzunahme ist größer als $\sqrt{2}$. Das bedeutet, dass eine Stromzunahme um den Faktor $\sqrt{2}$ schon bei einer Vergrößerung der Leiterbreite um den Faktor $\approx 1{,}6$ und nicht erst beim Faktor 2 erreicht wird. Grund ist die bessere Wärmespreizung durch die größere Oberfläche des breiteren Leiters.

Mit der Parallelschaltung von Leitern wird die gesamte Stromtragfähigkeit erhöht. Allerdings tragen nicht alle Leiter den gleichen Teilstrom, da unterschiedliche Wärmeabflüsse vorliegen. Die Abb. 4.39 zeigt das am Beispiel von 70 μm dicken Hochstromleitern bei 50 A.

Würden gleiche thermische Verhältnisse vorliegen, so ergäbe das bei 2 und 4 Leitern jeweils Leiterbreiten von 9 bzw. 4,5 mm.

4. Einzelleiter und Bündelleiter

Bündelleiter sind mehrere einzelne Leiter mit unabhängigen Strömen, die dicht nebeneinander liegen und daher nicht einzeln betrachtet werden können. Dabei ergibt sich die Frage, wie breit jeder einzelne Leiter des Bündels sein muss.

Das folgende Beispiel zeigt die Vorgehensweise:

Ausgangspunkte sind ein Einzelleiter mit einem Strom von 15 A und ein Bündelleiter, bestehend aus drei einzelnen Leitern mit je 15 A. Die Leiterdicken für alle Leiter betragen 210 μm bei einer geringen Wärmespreizung und einer Temperaturdifferenz von $\Delta T = 20$ °C, Abb. 4.40.

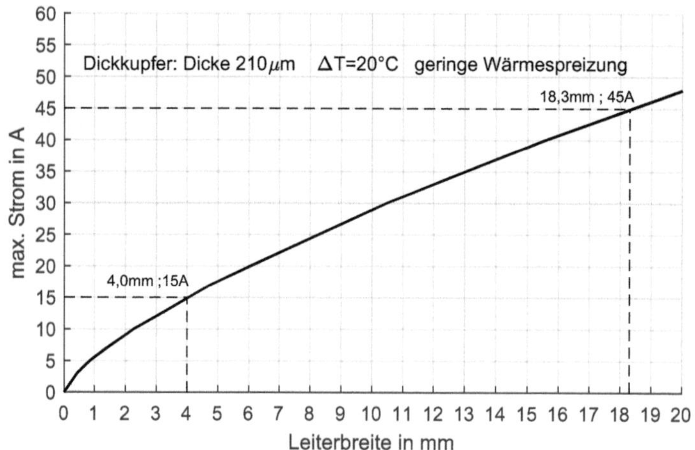

Abb. 4.40 Werte zur Bestimmung der Leiterbreiten von Bündelleitern

Die Kurve zeigt für den Einzelleiter bei einem Strom von 15 A eine Leiterbahnbreite von 4,0 mm.

Zur Bestimmung der Breiten der einzelnen Leiter des Bündelleiters addiert man die einzelnen Ströme der drei einzelnen Leiter zu 3 × 15 A = 45 A. Mit diesem Wert ergibt sich aus dem Diagramm eine Leiterbahnbreite von 18,3 mm. Diese wird nun durch die Anzahl der einzelnen Leiter (3) geteilt und es ergeben sich die Leiterbahnbreiten der drei einzelnen Leiter zu 18,3 mm/3 = 6,1 mm. Dieser Wert ist mit dem Faktor 1,5 deutlich höher als die Leiterbahnbreite des Einzelleiters mit 4,0 mm, da die Leitererwärmung eines einzelnen Leiters des Bündelleiters die Wärmeabflüsse der jeweils anderen verringert.

Sind die Ströme in den einzelnen Leitern des Bündelleiters unterschiedlich, so gehen die entsprechenden Stromverhältnisse dann auch in die Verhältnisse der Leiterbahnbreiten ein.

Stromtragfähigkeit von HSMtec-Leiterplatten

Während bei den Dickschicht- und Iceberg-Technologien die Leiterbreiten nahezu beliebig gestaltet werden können, gilt das für die HSMtec-Leiterplatten nur in eingeschränkten Maße. Grund dafür sind die Breiten der Kupferprofile mit 2, 4, 8 und 12 mm, woraus sich die Verwendung einer Stromtabelle anbietet, Tab. 4.14. Reicht ein 12 mm-Profil nicht aus, so können weitere parallel dazu geschaltet werden.

Tab. 4.14 Stromtabelle für HSMtec-Kupferprofile [32], mit Genehmigung der KSG GmbH, Gornsdorf

Aufbau	Geringe indirekte Wärmespreizung				Hohe indirekte Wärmespreizung			
	geringe indirekte Wärmespreizung FR4 160 mm x 100 mm x 1,6 mm				hohe indirekte Wärmespreizung FR4 160 mm x 100 mm x 1,6 mm			
	Cu-Profil 2 x 0,5mm	Cu-Profil 4 x 0,5mm	Cu-Profil 8 x 0,5mm	Cu-Profil 12 x 0,5mm	Cu-Profil 2 x 0,5mm	Cu-Profil 4 x 0,5mm	Cu-Profil 8 x 0,5mm	Cu-Profil 12 x 0,5mm
Delta T [°C]	Ampere	Ampere	Ampere	Ampere	Ampere	Ampere	Ampere	Ampere
10	11,1	18,4	30,4	40,8	20,1	33,2	54,9	73,7
20	15,7	26,0	43,0	57,6	28,4	47,0	77,7	104,3
30	19,3	31,8	52,6	70,6	34,8	57,6	95,2	127,7
40	22,2	36,8	60,7	81,5	40,2	66,5	109,9	147,4
50	24,9	41,1	67,9	91,1	45,0	74,3	122,9	164,9
60	27,2	45,0	74,4	99,8	49,3	81,4	134,6	180,6
70	29,4	48,6	80,4	107,8	53,2	88,0	145,4	195,1
80	31,4	52,0	85,9	115,3	56,9	94,0	155,4	208,5
90	33,4	55,1	91,1	122,3	60,3	99,7	164,8	221,2
100	35,2	58,1	96,0	128,9	63,6	105,1	173,8	233,1

4.7   Molded Interconnect Devices

4.7.1   Prinzip

Molded Interconnect Devices (MID, 3D-MID) sind spritzgegossene Schaltungsträger, die nach heutigem Verständnis nicht nur mechanische und elektrische Funktionen vereinen, wie zu Beginn der Einwicklung, sondern zunehmend thermische, optische und fluidische Funktionsstrukturen beinhalten. Mit dieser zunehmenden Funktionsvielfalt wird heute der Ausdruck MID in einem erweiterten Verständnis hinsichtlich **Mechatronic Integrated Devices** gesehen [39, S. 814].

Auf der einen Seite werden sie als räumliche Schaltungsträger angesehen und erlauben dadurch die Zuordnung zu den Verbindungssubstraten in diesem Kapitel. Auf der anderen Seite können sie auch als räumliche Baugruppen betrachtet werden und wären dann den Baugruppen, Kap. 3, zuzuordnen.

Das Grundprinzip der 3D-MID-Technologie besteht in der Verwendung von räumlichen Bauteilen, die selektiv metallisiert werden und damit unterschiedlichste Funktionalitäten erhalten.

Zu den mechanischen Funktionen der MID-Bauteile zählen:

- Die Geometrie des MID-Grundkörpers ist unter zwei Gesichtspunkten zu betrachten. *Erstens* wird das MID-Teil zugleich Gehäuse oder Gehäuseteil oder *zweitens* fungiert es ausschließlich als 3D-Leiterplatte.
- Die Trägerstruktur für Bauelemente zusammen mit einer ausreichenden Stabilität, optional mit Verstärkungsrippen für erhöhte Torsions- und Biegefestigkeiten, womit das Gesamtsystem dünnwandiger ausgeführt werden kann.
- Montageclips und Abstandshalter für übergeordnete Montagen.
- Optionen für fluidische Kanäle.

Die Funktionen der metallisierten Strukturen sind:

- Leiterbahnen, Pads für Bauteile, Antennen, vollflächige Abschirmflächen und Kontaktstrukturen für Schalteranordnungen.
- Thermopads für die Wärmeabfuhr von Leistungshalbleitern, die aus technologischer Sicht zusammen mit den elektrischen Strukturen gefertigt werden.

Tab. 4.15 Geometrische Klassifizierung räumlicher Schaltungsträger [12] mit Genehmigung der Forschungsvereinigung Räumliche Elektronische Baugruppen 3-D MID e. V.

Dimension	Typ	Merkmale	Skizze für den Bestückprozess
2D	0	Planare Prozessfläche	
2½D	1A	Planare Prozessfläche, 3D-Elemente auf der gegenüberliegenden Seite	
	1B	Planare Prozessfläche, 3D-Elemente auf der Prozessseite	
	1C	Mehrere planparallele Prozessflächen	
n×2D	2	Mehrere planparallele Prozessflächen im Winkel	
3D	3A	Regelflächen, z.B. Zylinderflächen	
	3B	Freiformflächen	

Die MID-Technologie erlaubt eine große Vielfalt an geometrischen Designmöglichkeiten, Tab. 4.15. Entsprechend den Designtypen sind besondere Designregeln und technologische Besonderheiten zu beachten. So erfordern komplexe Geometrien, bei denen beispielsweise Wandungen, die im Winkel von 90° zueinander stehen, technologische Rotationsbewegungen des Bauteils während der Strukturierungsprozesse.

Die Vorteile der MID-Technologie liegen in der weiteren Miniaturisierung, verbunden mit Gewichtseinsparungen, sowie einer (z. T. sogar deutlichen) Reduzierung der Teilezahl der Baugruppe bzw. des Geräts, was auch eine Verringerung des Montageaufwands bedeutet. Aus Sicht des Gesamtsystems führt das nicht nur zu geringen Kosten, sondern erhöht auch die Zuverlässigkeit des Produkts. Die hier realisierte Funktionsintegration hat auch Nachteile. So lassen sich einzelne Funktionen nicht mehr unabhängig von anderen optimal gestalten, was zu Kompromisslösungen führt.

Es gibt eine Reihe von Verfahren der MID-Technologie [29] mit unterschiedlichen Regeln, die beim Design eines Produktes berücksichtigt werden müssen. Im Folgenden werden 3 ausgewählte Verfahren vorgestellt.

4.7.2 Laserdirektstrukturierung (LDS)

Beim LDS-Verfahren wird ein Polymer, versetzt mit einem speziellen Additiv, mittels eines Laserstrahls aktiviert, so dass danach an diesen Stellen eine selektive Metallabscheidung erfolgen kann. Die Abb. 4.41 zeigt die Prozessschritte, wobei der letzte bereits der Baugruppenmontage zuzuordnen ist.

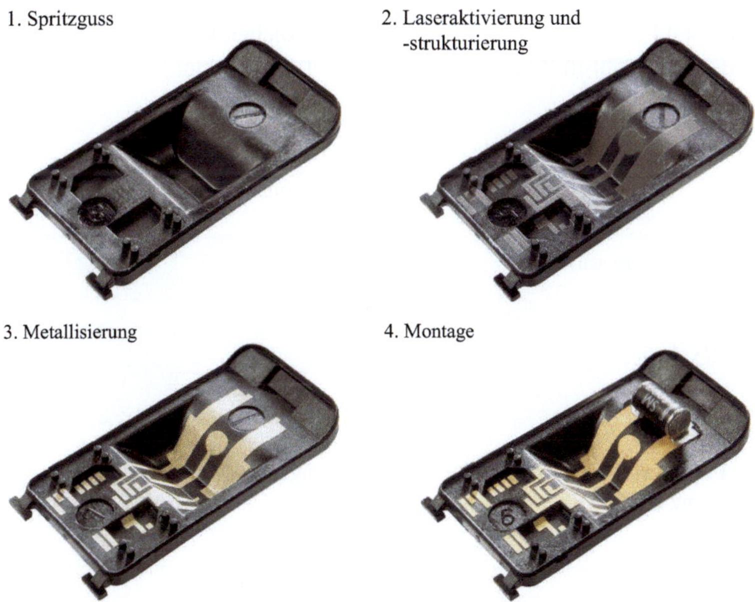

Abb. 4.41 Prozessschritte der Laserdirektstrukturierung (LDS), mit Genehmigung der OECHSLER AG, Ansbach

1. Prozessschritt – Spritzgussteil

Das Bauteil wird in einem Spritzgussverfahren hergestellt, was bei höheren Stückzahlen besonders kostengünstig ist. Entscheidender Faktor ist das spezielle LDS-Compound, das aus dem Basispolymer, Füllstoffen und einem speziellen LDS-Additiv (metallorganische Verbindung) besteht. Derzeitig (Stand 03/2023) zugelassene thermoplastische Polymere der LPKF AG sind [24]:

ABS	PC/ABS	PC	PC+PET	PA/PPA	PBT	COP
PPO	PPE	PPS	PEI	PEEK	LCP	

PEI, PEEK und LCP zählen zu den Hochleistungskunststoffen, die sich besonders durch hohe thermische und chemische Resistenzen und eine Biokompatibilität auszeichnen

2. Laseraktivierung und -strukturierung

Ein Laserstrahl strukturiert das thermoplastische Spritzgussteil entsprechend des geforderten Leiterlayouts. Zuerst verdampft dabei die oberste Polymerschicht und aktiviert danach die Metallkeime des LDS-Additivs, wo dann die chemische Metallisierung einsetzt. Weiterhin entsteht durch den Laser eine Mikrorauheit, die eine zusätzliche mechanische Verankerung der folgenden Metallschicht bewirkt, Abb. 4.42.

Folgende **Designregeln** sind zu beachten, um eine ausreichende Aktivierung und Mikrorauheit des Bauteil erreichen zu können. Einige der Regeln gehören zwar zum Spritzguss, sind hier aber mit aufgeführt, Abb. 4.43.

Konische Bohrungen können beim Spritzguss der Teile hergestellt werden, wobei bei dicken Schichten ein beidseitiger Konus erforderlich wird, wie in Abb. 4.43 zu sehen ist. Die Abb. 4.44 zeigt dazu das Schliffbild einer solchen konischen Bohrung und zum Vergleich dazu das Schliffbild einer metallisierten Laserbohrung.

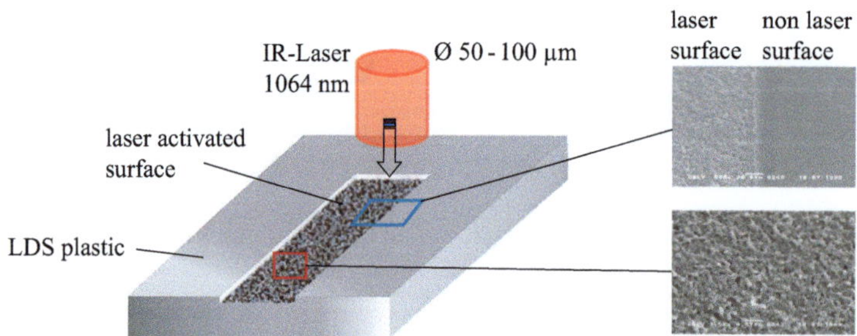

Abb. 4.42 Laserdirektstrukturierung: Polymeraktivierung und Mikrorauheit, mit Genehmigung der LPKF Laser & Electronics SE

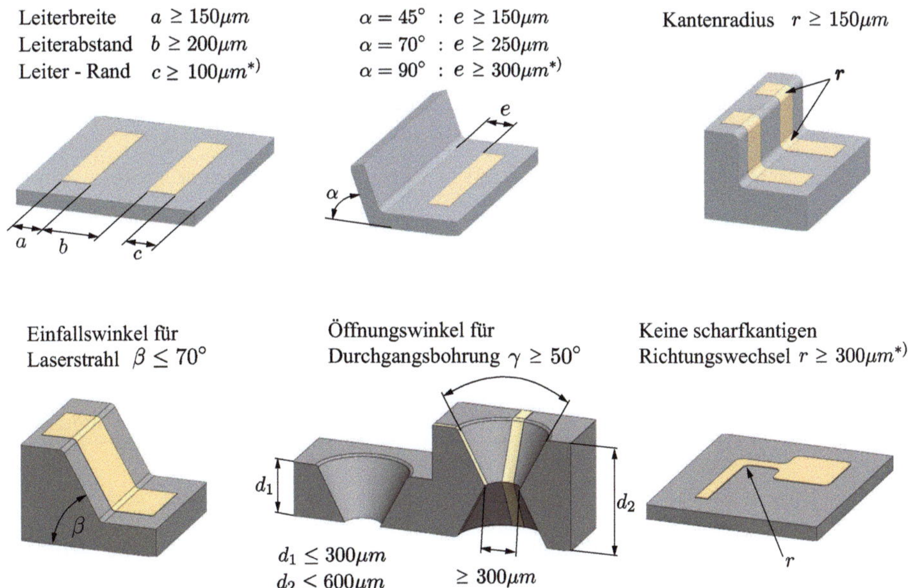

Abb. 4.43 Laserdirektstrukturierung: LDS MID Designregeln nach [16] mit ergänzenden Regeln [*)] nach [20]

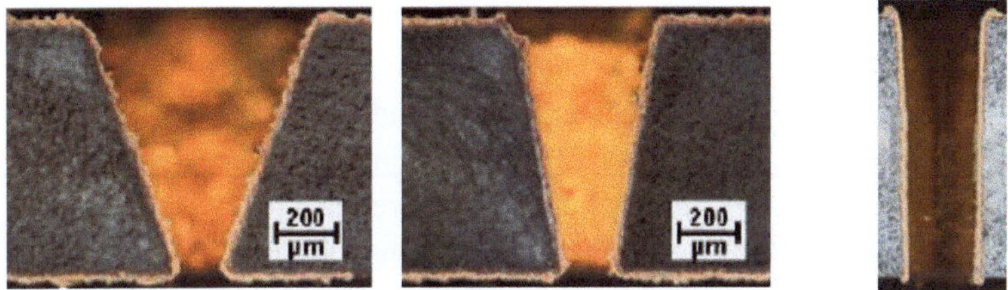

Abb. 4.44 Konische Spritzguss-Bohrungen und zylindrisches Laservia, mit Genehmigung der LPKF Laser & Electronics SE

3. Metallisierung

Eine Metallisierung kann strukturiert für Leiterbahnen und vollflächig z. B. für Abschirmflächen realisiert werden. Als Metallisierungsverfahren kommen die stromlose und galvanische Verkupferungen zur Anwendung, Tab. 4.16.

Da bei der galvanischen Verkupferung die zu metallisierenden Strukturen elektrisch leitend mit dem Minuspol einer elektrischen Quellen verbunden sein müssen, beschränkt das die Anwendung auf bestimmte Strukturen, wie beispielsweise gut zugängliche Kontaktierungsstellen. Vor den Metallisierungsprozessen müssen Ablationsreste der Laserbearbeitung entfernt werden.

Tab. 4.16 Prozessschritte: Stromlose und galvanischen Metallisierungen [13]

Stromlose 2-stufige Kupfermetallisierung	Galvanische (elektro-chemische) Kupfermetallisierung
Ablationsreste der Laserbearbeitung entfernen	
Stromlose Cu-Abscheidung mit $\approx 2\,\mu$m (electroless copper strike)	
Stromlose Cu-Abscheidung bis zur Endschichtdicke $\leq 15\,\mu$m	galvanische Cu-Abscheidung bis zur geforderten Endschichtdicke
Mikroätzen	
Stromlose Abscheidung einer Pd-Schicht (Pd-Aktivierung)	
Stromlose Abscheidung einer 5-$8\,\mu$m dicken Nickelschicht	
Immersion Gold mit Schichdicken von $0{,}1$-$0{,}3\,\mu$m Immersion Gold in Verbindung mit stromlos Nickel (ENIG-Verfahren) als Anlaufschutz	

4. Montage

Im weitesten Sinn gehört die Montage nicht zum 3D-MID Substrat, aber die geometrischen Formen sind mit den Möglichkeiten der Bauelementemontage hier wesentlich enger verknüpft als bei den 2D-konventionellen Substraten.

Aus der Klassifikation, Tab. 4.15, sind die Montagemöglichkeiten ersichtlich, wobei die SMD- und Chipdirektmontagen zur Anwendung kommen.

THD-Bauelemente dürften eher seltener eingesetzt werden, da sie bei größeren Stückzahlen wellengelötet werden, was bei 3D-Substraten schwierig sein dürfte. Ausnahmen hier sind Einpressbauteile.

Die Montage auf geneigten Flächen ist heute Stand der Technik.

Verfahren zur Kontaktierung sind Löten, Abschn. 5.4.2, Leitkleben, Abschn. 3.9.6 und 3.9.7, Drahtbonden, Abschn. 3.8.4 und die Einpresstechnik, Abschn. 5.4.4.

Die Abb. 4.45 zeigt die Anwendung des Verfahrens für ein MID-Package.

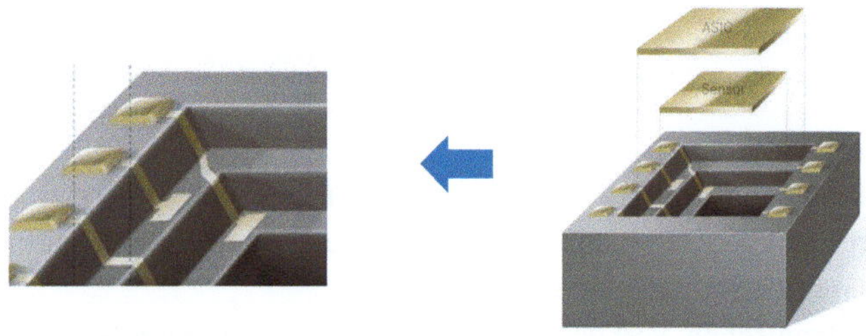

Abb. 4.45 LPKF Packaging, mit Genehmigung der LPKF Laser & Electronics SE

4.7.3 Aerosol-Jet-Verfahren

4.7.3.1 Prinzip und Materialien

Die Aerosol-Jet-Verfahren sind kontaktlose additive Fertigungsverfahren, die zur Herstellung der Strukturen keine Metallisierungen, Photomaskierungen und Ätztechnologien benötigen und dadurch besonders materialeffektiv sind.

Dabei wird ein Aerosolstrahl, der aus einer Tinte erzeugt wird, auf ein Substrat geschrieben. Die Partikel des Strahls, Partikelgrößen von 1 bis 5 μm, scheiden sich auf dem Substrat ab und werden anschließend ausgehärtet.

Zum Einsatz kommen die folgenden **Aerosol-Jet Materialien** [1]:

- Metallische Tinten, insbesondere auf Basis Ag, Au, Cu, Pt, Ni, Al
- Widerstandstinten
- Dielektrika wie Polyimide, SU-8 (Epoxy Resist), UV-Kleber und -Acryle
- Halbleiter
- weitere wie Photo- und Ätzresiste, DNA, Proteine und Enzyme

Bei der Strukturierung von 3D-MIDs geht es zunächst um elektrisch leitende Strukturen, wobei am häufigsten Silbertinten zum Einsatz kommen.

Für die Substrate gibt es eine große Materialvielfalt aus den Bereichen der Polymere, Keramiken und Metallen. Bei den Polymeren muss auf die Kompatibilität zu den Aushärteprozessen geachtet werden, da die Glasübergangstemperaturen relativ niedrig sind und bei einigen Aushärteverfahren, wie Ofenhärtung, diese in den Bereich der Aushärtetemperaturen kommen.

Die Verfahren lassen sich im Wesentlichen in 4 Teilprozesse unterteilen:

- Herstellung eines Aerosols durch die Zerstäubung eines Fluids (Tinte), wobei das pneumatisch und durch Ultraschall erfolgen kann.
- Transport des Aerosols mit teilweise verfahrensabhängigen zusätzlichen Prozessen zur Nachbehandlung des erzeugten Aerosols.
- Abscheidung des Aerosols mittels spezieller Düsentechnik mit aerodynamischer Strahlführung
- Aushärteprozesse der gedruckten Strukturen

4.7.3.2 Pneumatische Aerosol-Erzeugung

Die Abb. 4.46 zeigt das pneumatische Aerosol-Jet-Verfahren.

In einem *ersten Prozessschritt* erfolgt die Aerosol-Erzeugung in einer Prozesskammer, dem Atomizer. Hier befindet sich die zu zerstäubende Tinte, die in einem Steigrohr aufsteigt. Ein Trägergas wird durch eine Düse gedrückt und dabei beschleunigt, so dass durch den entstehenden Unterdruck die obersten Tintenschichten im Steigrohr abgerissen werden und zusammen mit dem Trägergas ein Aerosol entsteht. Große, mit hohen Massenträgheiten behaftete, Teilchen kollidieren mit der Wand und gelangen zurück in das Tintenreservoir.

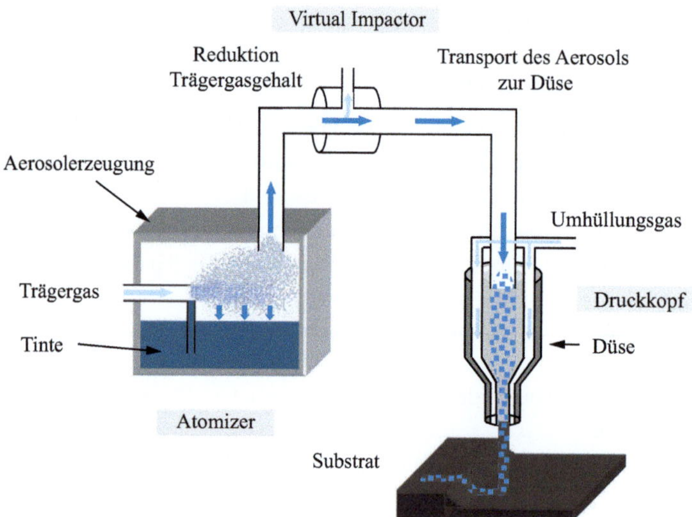

Abb. 4.46 Prinzip der pneumatischen Aerosol-Erzeugung mit Atomizer und Virtual Impactor sowie Druckprozess [29], mit Genehmigung der Carl Hanser Verlag GmbH & Co. KG

Die Tinte weist einen Viskositätsbereich von 1–1000 mPas auf und die Partikelgrößen der Tinte liegen bei 500 nm, was eine stabile Tinte gewährleistet.

Im *zweiten Prozessschritt* gelangt das Aerosol durch ein Transportsystem und den Virtual Impactor zur Düse für die Aerosolabscheidung. Im Virtual Impactor werden die besonders kleinen Teilchen mit geringen Massenträgheiten durch einen Gasstrom, der quer zum Aerosolstrom verläuft, aus diesem entfernt. Das ist notwendig, da zu kleine Teilchen zum Übersprayen bei der Aerosolabscheidung durch die Düse führen und Kurzschlüsse hervorrufen kann.

4.7.3.3 Ultrasonic Aerosol-Erzeugung

Bei diesem Verfahren lösen sich durch die Einkopplung von Ultraschall und die dadurch entstehenden ultraschallinduzierte Kavitäten und Oberflächenwellen Tröpfen aus einer Tinte, die sich in einem Behälter befindet. Dabei wird ein Übertragungsmedium für den Ultraschall, typisch Wasser benutzt, das sich um den Tintenbehälter herum befindet. In Verbindung mit einem Trägergas, das die entstehenden Tröpfchen aufnimmt, entsteht dann der Aerosolstrom

Die Tinte weist eine Viskosität im Bereich von 1–15 mPas auf und die Partikelgrößen der Tinte liegen bei 50 nm, Hersteller Optomec.

Ein Virtual Impactor ist hier nicht notwendig.

4.7.3.4 Aerosol-on-Demand (AoD) Jet-Druckkopf

Dieses neue, in der Entwicklung sehr weit fortgeschrittene Verfahren, vereint die Funktionen der Aerosol-Herstellung und des Transportes zur Düse in einem speziellen Druckkopf [42]. Dabei werden in den Grundkörper mit Düse eine wechselbare Fluidführung, ein Piezoaktor und ein elastisches Bauteil integriert. Der Piezoaktor versetzt das in die Fluidleitung gelangte Fluid in Schwingungen, so dass es anschließend direkt an der Öffnung der Düse zerstäubt. Das Mantelgas, das den Fluidstrom umschließt, führt am Düsenaustritt zu einem konvergierenden und beschleunigten Aerosolstrom. Der Piezoaktor kann den Strahl schnell schalten, so dass kein zusätzlicher Shutter zur Strahlunterbrechung notwendig ist.

Vorteilhaft ist, dass nur eine geringe Fluidmenge benötigt wird, da die Aerosolerzeugung direkt vor der Düse erfolgt, eine freie Raumorientierung des Druckkopfes möglich ist und der Prozess shutterlos erfolgt.

4.7.3.5 Druckprozess

Der Aerosolstrom strömt aus dem Transportkanal (der sich auch weiter verjüngen kann, um die Strömungsgeschwindigkeit zu erhöhen) direkt in eine Düse und wird dabei von einem Mantelgas (N_2) umschlossen. Aerosolstrom und Mantelgas werden dann durch die Düsenöffnung gedrückt, was am Düsenaustritt zur Ausbildung eines kollimierten Aerosolstrahls führt. Dadurch wird erreicht, dass der Durchmesser des Aerosolstroms deutlich kleiner werden kann als der Durchmesser der Düse selbst. Der Abstand Düse-Substrat liegt zwischen 1 und 5 mm.

Die Tröpfchengrößen beim Druckprozess liegen im Bereich von 1–5 µm, wobei die Tröpfchen selbst aus den Nanopartikeln und umgebenden Fluiden bestehen. Eine Vielzahl von Parametern beeinflusst den Druckvorgang [47] wie Maschinenaufbau, Prozessparameter, Zerstäubungsmaterialien, Substratwerkstoffe und Umgebungsbedingungen. Bei den Substratwerkstoffen sind beispielhaft die Oberflächenbehandlungen mit Plasmaverfahren zu nennen, um die Haftung und den Materialfluss auf der Oberfläche zu optimieren.

4.7.3.6 Nachbehandlungen und Strukturgrößen

Nach dem Druckprozess muss sich eine Nachbehandlung anschließen, was bei metallischen Tinten, wie die am häufigsten verwendeten Silbernanotinten, Sinterprozesse erfordert. Ausführlicher zum Silbersintern siehe Abschn. 3.8.2.6.

Zur Anwendung kommen verschiedene Methoden [31, S. 10–11].

Das **Ofensintern** erfolgt bei Temperaturen von 100 bis 350 °C und belastet das gesamte Substrat, wodurch nicht alle möglichen Substratwerkstoffe verwendet werden können. Die elektrische Leitfähigkeite liegt hier zwischen dem 0,5- bis 0,7-fachen des metallischen Silbers.

Das **Mikrowellensintern** führt zur Erwärmung der Metallpartikel und belastet das Substrat weniger thermisch. Die erzielte elektrische Leitfähigkeit liegt bei einem Drittel des metallischen Silbers.

Das **Lasersintern** ist ein selektiver Prozess, bei dem nur die gedruckten Strukturen mit einem Laser bestrahlt werden. Die Temperaturbelastung des Substrates ist demzufolge sehr gering, was auch den Einsatz von Polymeren ermöglicht. Allerdings besteht hier die Gefahr, dass nur die Leiteroberflächen sintern. Die elektrische Leitfähigkeit liegt bei etwa einem Drittel des metallischen Silbers.

Bei der **elektrischen Sinterung** wird ein Gleichstrom an die gedruckten Leiterstrukturen gelegt, was zur Erwärmung und im Folgenden zur Sinterung der Partikel ohne große thermische Belastungen des Substrates führt. Die elektrische Leitfähigkeit ist etwa halb so groß wie die des metallischen Silbers.

Weitere Verfahren sind **photonische** und **chemische Sinterungen**.

Mit dem Aerosol-Jet-Verfahren lassen sich Strukturbreiten $\geq 10\,\mu$m erzielen.

4.7.4 Heißprägeverfahren

Beim Heißprägen drückt ein strukturierter Stempel, dessen hervorstehenden Strukturen dem Leiterbild entsprechen, eine galvanisch hergestellte Kupferfolie auf das Substrat. Durch hohen Druck und Temperaturen von ca. 300 °C schmilzt das thermoplastische Polymer lokal an den Stellen der Stempelstrukturen auf und es kommt zu einer haftfesten Verbindung zwischen Substrat und aufgedrückten Kupferfolienteilen. Bei diesem Druckprozess erfolgt ein Abscheren der Folie an den Kanten der Stempelstrukturen, so dass anschließend die Restfolie einfach entfernt werden kann und nur die aufgedrückten Folienteile auf dem Substrat verbleiben.

Die Foliendicken liegen im Bereich von 12–100 μm. So ergeben sich für 12 μm und 18 μm-Folien minimale Strukturbreiten von 300 μm bzw. 500 μm.

Vorteilhaft ist die schnelle Verfahrenstechnik, die keine galvanischen und chemischen Metallisierungsprozesse und auch keine Ätzprozesse aufweist.

Als nachteilig erweisen sich die sehr eingeschränkten räumlichen Freiheitgrade der Strukturierung, was eher für eine 2D-Anwendung spricht, und die relative Unflexibilität des vorgefertigten Werkzeugstempels.

4.7.5 2K-MID-Technologie

Grundlage dieser Technologie ist das Zweikomponentenspritzgussverfahren, wobei das MID-Teil in zwei aufeinander folgenden Spritzgussprozessen und einer abschließenden stromlosen Metallisierung der Leiterbilder hergestellt wird, Abb. 4.47.

Im *ersten Spritzguss* erfolgt die Formgebung des Bauteils mit der Erzeugung eines Vorspritzlings, bestehend aus einem nicht-metallisierbaren Polymer.

Im *zweiten Schritt* wird der Vorspritzling umspritzt, wobei mit der Geometrie des Spritzgusswerkzeugs das Leiterbild festgelegt wird. Entscheidend dabei ist, dass hier ein metallisierbares Polymer (katalytisches Polymer) verwendet wird, das einen Katalysator für die nachfolgende Metallisierung enthält.

Im *dritten Schritt* erfolgt die Erzeugung einer Mikrorauheit und die Freilegung der Katalysatorkeime des katalytischen Polymers durch eine nasschemische Behandlung. Danach wird die katalytische Leiterbildstruktur mit einem stromlosen Metallisierungsverfah-

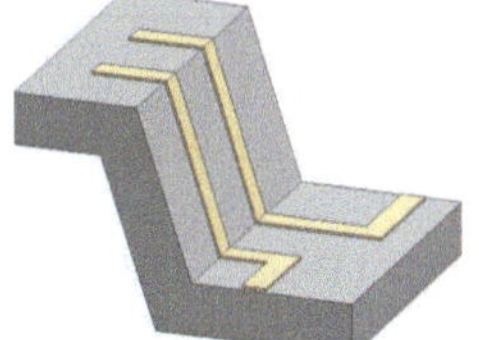

Abb. 4.47 2K-MID

ren verkupfert, ähnlich dem LDS-Verfahren. Im letzten Schritt wird ein Oberflächenfinish (stromlos) aufgetragen.

Die typischen Strukturbreiten und -abstände liegen bei 300 µm. Besonders im Unterschied zum Heißprägen weist das Verfahren hohe räumliche Designfreiheiten auf. Durch die höheren Werkzeugkosten des Zweikomponentenspritzguss ist das Verfahren eher für die Massenproduktion geeignet und schließt damit auch Designvarianten aus.

4.8 Elektro-optische Leiterplatten

4.8.1 Prinzip

Elektro-optische Leiterplatten (Electro-Optical Circuit Boards – EOCB) sind dadurch gekennzeichnet, dass sie neben den elektrischen auch optische Signalübertragungen mittels Lichtwellenleitern (LWL) aufweisen.

Grundlegende Aussagen über Wirkprinzipien und Eigenschaften zu den Lichtwellenleitern sind im Abschn. 5.2.9 zu finden.

Die optischen Signalübertragungen zeichnen sich gegenüber den elektrischen dadurch aus, dass höhere Bandbreiten und Datenraten realisiert werden können. Pro I/O-Pin werden derzeitig Bandbreiten und Datenraten von 25 Gbit/s bzw. 50 Gbit/s erreicht, wobei die Grenzen bei 112 Gbit/s gesehen werden. Hochleistungsprozessoren mit Speicherbandbreiten von 10 Tbit/s und Switches von Routern mit künftigen 50 Tbit/s erfordern demzufolge optische Übertragungsstrecken, um die Anzahl der elektrischen Strecken nicht ausufern zu lassen [3].

Ein weiterer Grund ist die Unempfindlichkeit gegenüber elektromagnetischen Beeinflussungen, d. h. die optische Übertragungsstrecke hat keine EMV-Probleme (Elektromagnetische Verträglichkeit). Allerdings müssen die Laser- und Photodioden als Wandlerelemente hier ausgeklammert werden, da elektromagnetische Störungen einkoppeln können.

Die Abb. 4.48 zeigt das Grundschema einer elektrisch gekoppelten optischen Übertragungsstrecke. Dazu gehören senderseitig Lasertreiber (LDD-laser diode driver) und

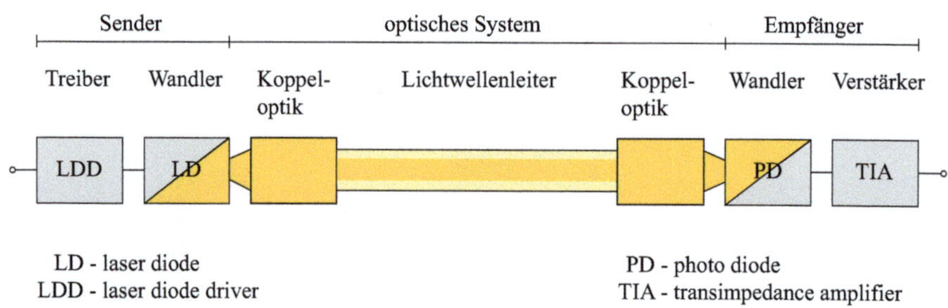

Abb. 4.48 Grundschema einer elektrisch gekoppelten optischen Übertragungsstrecke

Laserdioden (LD) als elektrisch-optische Wandler und empfängerseitig Photodioden (PD) als optisch-elektrische Wandler und Transimpedanzverstärker (TIA-transimpedance amplifier) zur Stromverstärkung und als Strom/Spannungsconverter. Das optische System besteht aus den Koppeloptiken mit Anpassungs- und Strahlumlenkelementen wie Linsen, Prismen und Spiegeln sowie dem Lichtwellenleiter selbst, wobei je nach Anwendungsfall optische Komponenten entfallen.

Entsprechend den Anforderungen lassen sich drei wesentliche anwendungsorientierte Architekturen unterscheiden.

Fasergebundene Verbindungstechnik

Auf Baugruppenebene zählen die Verbindungen von einzelnen optischen Komponenten mit den Anschlusskonnektoren der Baugruppen dazu.

Bei größeren Entfernungen zwischen den zu verbindenden Systemen, wie beispielsweise in Datencentern, werden LWL in diskreten Ausführungen (Einzel- bzw. Mehrfachfasern) eingesetzt, siehe dazu auch die Glasfasern der Serie Firefly™ des Flyover®-Konzeptes, von SAMTEC,. INC. Abschn. 3.6.2.

Overlaytechnologie

Die Overlaytechnologie nutzt in Polymerfolien eingebettete Lichtwellenleiter.

Die Strukturierungen mittels Heißprägen oder lithographischer Verfahren lassen nicht nur optische Kanäle zu, sondern ermöglichen auch die Realisierung weiterer passiver optischer Strukturen wie Verbindungen oder Abzweigungen.

Hinsichtlich der Baugruppenmontage erfolgt die Montage dieser strukturierten Folie erst nach den Bauelementebestück- und Lötprozessen, womit die Temperaturbelastungen durch Lötvorgänge bei der Bauelementmontage entfallen, aber zusätzliche Prozessschritte notwendig werden.

Inlaytechnologie

Werden die Lichtwellenleiter direkt in einen Multilayer eingebettet, so liegen *integrierte Lichtwellenleiter* vor. Diese werden als eigenständige und separate Multilayerlagen gefertigt und zusammen mit Laminaten, Prepregs sowie Kupferfolien zu einem hybriden Multilayer verpresst.

Diese integrierten Lichtwellenleiter werden entweder auf Basis von Polymeren oder modifizierten Dünngläsern hergestellt. Dabei werden die lichtleitenden Schichten (Kerne) vollständig von einem Polymer bzw. Glas mit niedrigerer Brechzahl als die der lichtleitenden Schichten ummantelt.

4.8.2 Inlaytechnologie und Koppelkonzepte

Die Abb. 4.49 zeigt einen Multilayer mit einem integrierten Lichtwellenleiter und zwei Varianten der Kopplung zwischen den E/O-Wandlern (Laser- bzw. Photodiode) und dem integrierten Lichtwellenleiter [39, S. 884-886].

Bei der *direkten Kopplung*, Abb. 4.49-links, fallen die optischen Achsen von Lichtwellenleiter und E/O-Wandler zusammen. Durch die hierbei nahezu direkten Kopplungen entfallen weitere optische Bauelemente wie Linsen oder Strahlumlenkelemente wie Spiegel oder Prismen. Konstruktiv lassen sich zwei Ausführungen unterscheiden.

Erstens erfolgt die Montage eines Submoduls mit dem jeweiligen E/O-Wandler (blau/grau) in eine Kavität des Multilayers.

Zweitens kann der Wandler in den Multilayer eingebettet werden und wird mittels Vias mit den LDD/TIA-Komponenten (braun/grau) auf der Bottom- oder Topseite des Multilayer verbunden.

Bei der *indirekten Kopplung*, Abb. 4.49-rechts, werden die Strahlen bis zu den E/O-Wandlern geführt, die als Chip- oder SMD-Bauelemente auf den Top- oder Bottomseiten des Multilayers montiert werden. Die optischen Achsen von Lichtwellenleiter und E/O-Wandlern stehen senkrecht aufeinander und erfordern dadurch eine 90° Strahlumlenkung. Die am häufigsten verwendete Methode ist die Ausnutzung der Totalreflexion, wobei die Enden der Lichtwellenleiter um 45° angeschnitten werden. Das erfordert zusätzliche optische Bauelemente, um die Strahlen umzulenken und zu fokussieren. Durch den längeren Weg weitet sich der Strahl auf, was zusätzliche fokussierende Mikrooptiken (blau) erfordert.

In [39, S. 886] wird darauf hingewiesen, dass diese Kopplungsproblematik der Schlüssel für die kommerzielle Anwendung darstellt.

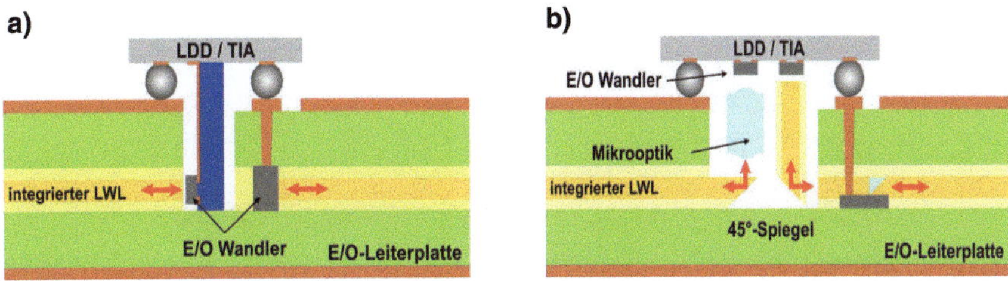

Abb. 4.49 EOCB-Inlaytechnologie mit integriertem Lichtwellenleiter mit direkten (a) und indirekten (b) Kopplungen [39], mit Genehmigung des Eugen G. Leuze Verlages KG

4.8.3 Integrierte Lichtwellenleiter auf Basis von Polymeren

Es gibt eine große Anzahl von Polymeren, die hier eingesetzt werden können [28, S. 227]. Im Gegensatz zu den integrierten Lichtwellenleitern auf Basis Dünnglas haben sie größere Dämpfungen in [dB/cm]. Im Wellenlängenbereich λ von 600 bis 900 nm ist die Dämpfung gering. So umfasst der Dämpfungsbereich Werte von 0,0033 dB/cm bei 830 nm für Perfluordioxolpoymer und bis 0,6 dB/cm bei 850 nm für Epoxy-SU8. Im interessierenden Wellenlängenbereich der Telekommunikation von 1300 bis 1500 nm steigen die Dämpfungswerte deutlich an.

Der Vorteil der Polymere liegt in der relativ einfachen Strukturierbarkeit der Trägerpolymere. Die Abb. 4.50 zeigt eine Auswahl typischer Herstellverfahren. Das Resultat ist in jedem Fall ein Polymerkern mit einer höheren Brechzahl n_k als das umgebende Mantelpolymer, das der Trägerfolie entspricht (grundsätzlich gilt: $n_m < n_k$).

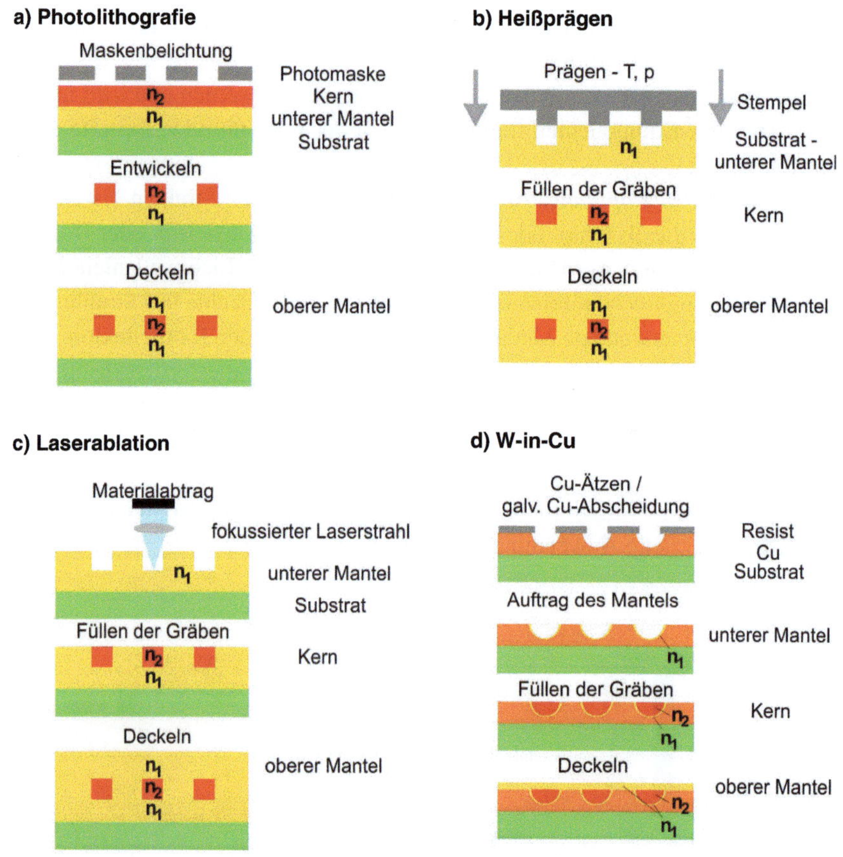

Abb. 4.50 Herstellverfahren von integrierten Lichtwellenleitern auf Basis von Polymeren (Auswahl) [39], mit Genehmigung des Eugen G. Leuze Verlages KG

Ein wesentlicher Qualitätsparameter ist die Oberflächenrauheit an der Phasengrenze Kern/Mantel. Ist diese zu hoch, so reflektieren die Strahlen nicht ausschließlich an der Phasengrenze, sondern streuen unter den unterschiedlichsten Winkeln, was zu Dämpfungsverlusten führt. Die Rauheit sollte kleiner als $\lambda/10$ besser noch $\lambda/20$ der Lichtwellenlänge λ sein.

4.8.4 Integrierte Lichtwellenleiter auf Basis von modifiziertem Dünnglas

Die Technologie des Ionen-Austausches (ion exchange) in dünnen Gläsern wird genutzt, um Brechzahlunterschiede im Glas zu erzeugen. Dabei werden bewegliche Ionen im Glas, typisch Na^+, durch andere Ionen wie Li^+, K^+, Rb^+, Cs^+, Cu^+, Ag^+ oder Tl^+ substituiert. Die am häufigsten angewandten Quellen für diese Ionen sind die entsprechenden schmelzflüssigen Nitrate (Salze), wie beispielsweise Silbernitrat $AgNO_3$ für Ag^+.

Ein erster Auswahlparameter ist der nach dem Ionenaustausch erzielte Brechzahlunterschied, wobei mit den Salzen $AgNO_3$ für Ag^+ und $TlNO_3$ für Tl^+ die größten Brechzahlunterschiede von $\Delta n = 0,1$ bzw. $\Delta n = 0,1$ bis $0,2$ erzielt werden können [40]. Allerdings ist der Einsatz von Tl (Thallium) aufgrund seiner Toxizität kritisch.

Ein zweiter Auswahlparameter ist der Schmelztemperaturbereich des Salzes. Dieser muss mit dem zu dotierenden Glas abgestimmt werden. So wie bei metallischen Legierungen der Schmelzpunkt gegenüber den Einzelelementen sinkt, ist das auch bei Mischsalzen der Fall. Während die Flüssigphase von $AgNO_3$ zwischen $T = 212$ bis $440\,°C$ liegt, reduziert sich der Schmelzpunkt des eutektischen Mischsalzes $AgNO_3 : KNO_3$ mit $62\,\%$ mol $AgNO_3$ auf $131\,°C$.

Sind die Ionenquellen schmelzflüssige Salze, so erfolgen die Ionenaustauschprozesse durch thermische Diffusion, die durch Anlegen eines elektrischen Feldes beschleunigt werden können.

Ein besonderer Vorteil des $Ag^+ \leftrightarrow Na^+$-Ionenaustausches ($Ag^+$ als Dotierionen und Na^+ als Ionen des Glases) besteht in der Möglichkeit, einen dünnen Ag-Film als Ionenquelle nutzen zu können.

Die Abb. 4.51 zeigt 1- und 2- Schritt-Prozesse für den Ionenaustausch ohne den Einsatz von Mischsalzen.

Bei den **2-Schritt-Prozessen** erfolgt im *ersten Schritt* das Eindiffundieren der Ag-Ionen in das Glas. Der Prozess kann rein thermisch a) oder mit Feldunterstützung zur Beschleunigung der Prozesse b) oder c) erfolgen.

In einem *zweiten Schritt* werden die Ag-Ionen im Glas vergraben, was thermisch d) oder mit Feldunterstützung e) erfolgt. Ein ausführliches Beispiel dafür ist in [38] zu finden.

Der **1-Schritt-Prozess** kombiniert einen strukturierten Metallfilm mit einer Salzschmelze auf der Anodenseite, so dass sich der Ag^+-Verarmung der Metallfilmquelle das Vergraben des Wellenleiters direkt anschließt.

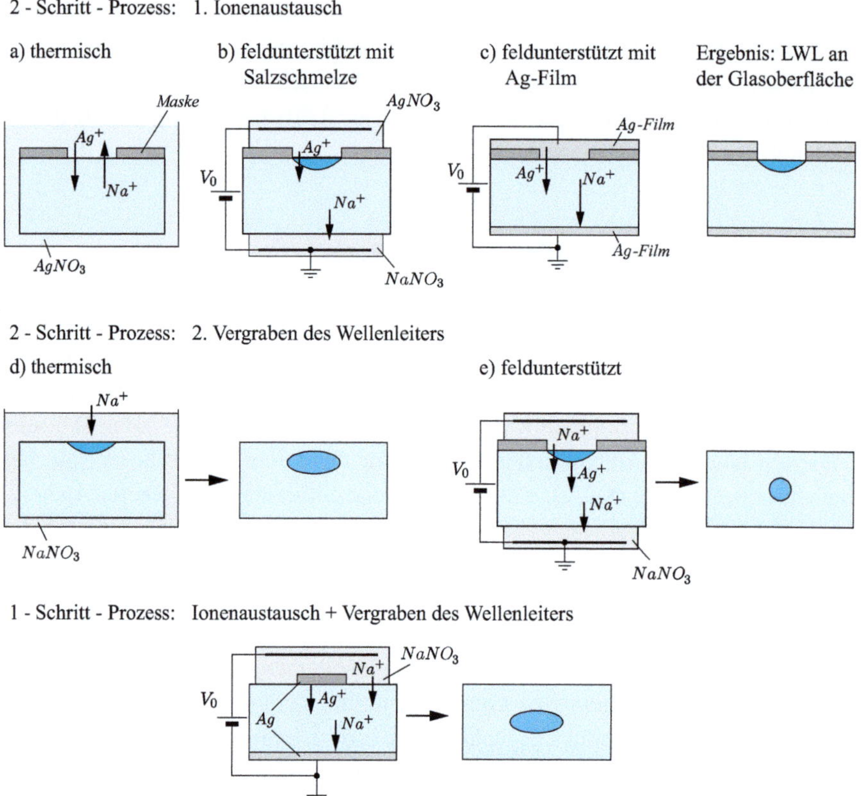

Abb. 4.51 1- und 2- Schritt-Prozesse für Diffusion und Vergraben von optischen Wellenleitern in Glas mit Ag^+ Dotierionen und Na^+ Ionen des Glases nach [7, 44]

Als Maskierungen werden metallische Masken aus Aluminium und Titan sowie dielektrische aus Aluminiumoxid, Siliziumdioxid und Siliziumnitrid eingesetzt.

Da die Strukturen der Maske die Geometrien der Wellenleiter vorgeben, muss beachtet werden, dass die Diffusion nicht nur in vertikaler, sondern auch in lateraler Richtung erfolgt. Damit gibt es keine 1:1-Abbildung der Strukturbreiten von Maske und Wellenleiter, was entsprechende Verringerungen der Strukturbreiten der Maske erfordert.

Die erzielten Dämpfungen liegen im Bereich von 0,006 dB/cm bei 1550 nm (Fraunhofer, IZM), dem besonders wichtigen Bereich der Telekommunikation.

Weiterhin sind Sensoranwendungen aufgrund der biologischen Eigenschaften und hohen chemischen Resistenz des Glases in der Medizin von Interesse.

4.9 CAD-Leiterplatten- und Baugruppenentwurf

4.9.1 Herausforderungen

Früher war der Leiterplattenentwurf gekennzeichnet durch das Platzieren von Bauelementen und das Entflechten der Verbindungen (Umsetzen der logischen Verbindungen eines Stromlaufplans in Kupferleitungen). Die Herausforderungen sind heute viel komplexer und lassen sich wie folgt zusammenfassen:

- Zunehmende Materialvielfalt, um die Materialien für die jeweiligen Anwendungen optimal einsetzen zu können. Einige Beispiele seien hier genannt.
  So werden unterschiedliche Keramiken für besonders gut wärmeleitende Substrate z. B. für Power-LEDs eingesetzt. Keramische Kühlkörper finden Anwendung, wenn eine Potenzialfreiheit gefordert wird. Weiterhin gibt es spezielle Substratmaterialien für Hochfrequenzanwendungen. Die Spanne für den Baugruppenschutz reicht von diversen Lacken über Vergussmassen bis hin zu plasmabgeschiedenen dünnen Polymerschichten.
- Zunehmende Taktfrequenzen und immer kleiner werdende Flankenanstiegszeiten der digitalen Signale erfordern neue Konzepte für die Signal- und Powerintegrität (SI, PI) sowie die Elektromagnetische Verträglichkeit (EMV).
- Die zunehmenden Verlustleistungen von Bauelementen verbunden mit höheren Packungsdichten der Bauelemente, erfordern neue Kühlkonzepte.
- Hochstromleiterplatten mit Strömen bis 1000 A finden eine immer breitere Anwendung, insbesondere in der E-Mobilität, Wechselrichtern und Frequenzumrichtern.
- Hohe Anforderung kommen auf das Design zu, wenn Hochstrom- und Steuerteile auf einem Board zu realisieren sind.
- Zunehmend werden Elektronik bzw. Teile der Elektronik dichter an die zu steuernden Prozesse verlagert. Hier entstehen neue Anforderungen hinsichtlich der mechanischen Beanspruchungen wie Vibrationen und Schocks sowie erhöhte Temperaturen und aggressive Umweltbedingungen wie oxidierende und aggressive Gase.
- Fragen der Elektromagnetischen Verträglichkeit (EMV) werden über das Betrachten höherer Frequenzen hinaus stärker in den Fokus gerückt.
- Simulationswerkzeuge für SI, PI und EMV sowie das thermische Management sind heute Standard, außer für einfache Anwendungen.

Die besonders im Fokus stehenden elektrischen Kategorien/Eigenschaften werden im Folgenden betrachtet.

1. High Speed Design (HSD)
Die zunehmenden Taktfrequenzen, mit der damit notwendigerweise verbundenen Verringerung der Flankenanstiegs- und -abfallzeiten der Impulsflanken, erfordern neue Konzepte

des Leiterplattenentwurfs. Während bei Taktfrequenzen unter 10 MHz die Frage des Routens aller Verbindungen im Vordergrund stand und steht, stellen die höheren Frequenzen völlig neue Herausforderungen an die Entwickler/Layouter.

Die Grenzen für das High Speed Design sind nicht eindeutig definiert.

In [5] werden dazu Taktfrequenzen von $f_t > 100\,\text{MHz}$ oder Flankenanstiegs- und -abfallzeiten (rise time, fall time) von t_{rise} bzw. $t_{\text{fall}} < 1\,\text{ns}$ angegeben, wogegen sie in [46] mit $f_t > 1\,\text{GHz}$ und t_{rise} bzw. $t_{\text{fall}} < 0{,}3\,\text{ns}$ definiert werden.

Je niedriger die Taktfrequenzen f_t und je größer die Flankenanstiegs- und -abfallzeiten t_{rise} bzw. t_{fall} der ICs für das eigene Design gewählt werden, um so sicherer und zuverlässiger wird die Leiterplatte/Baugruppe.

Bei bipolaren Technologien sind t_{rise} und t_{fall} im allgemeinen unterschiedlich mit $t_{\text{fall}} < t_{\text{rise}}$. In Datenblättern werden oft typische Werte angegeben, die in der Praxis mitunter deutlich unterschritten werden, was bedeutet, dass man deutlich kleinere Werte als angegeben verwenden sollte.

Als Worst Case sollte also gelten $k \cdot \min(t_{\text{rise}}; t_{\text{fall}})$ mit $k \approx 0{,}5 \cdots 0{,}25$.

2. Signalintegrität (SI)

Ganz allgemein werden hier alle elektrischen Eigenschaften der Signalverbindungen zusammengefasst, die im Zusammenwirken mit den digitalen Signalen zu Verzerrungen und Veränderungen der Signale führen. Dazu gehören u. a.:

- Ringing, welches das Über- und Unterschwingen mit den maximalen Amplituden (overshoot und undershoot) des digitalen Signals um seinen Pegel beschreibt, was bei zu großen Amplituden zu Fehlschaltungen führen kann.
- Die Reflexionen auf den Leitungen aufgrund von Fehlanpassungen der Leitungsimpedanzen mit den Ein- und Ausgangsimpedanzen der ICs
- Das Übersprechen von Signalen einer Signalleitung auf andere
- Signalabschwächungen
- Verschlechterung der Flankensteilheit digitaler Impulse
- Hochfrequente Störungen von Schaltvorgängen
- Kapazitive Belastungen der Signalleitungen

3. Powerintegrität (PI)

Hier geht es um alle Störeinflüsse, die im Zusammenhang mit den Energieversorgungsnetzen auf bzw. in den Multilayern stehen. Das betrifft insbesondere:

- Die Auslegung der verschiedenen Powerlagen mit digitalen und analogen Spannungen sowie die digitalen und analogen Masselagen im Multilayer, d. h. welche Lagen sind mit welchen Versorgungsspannungen/Massen belegt.
- Die Power- und Masse-Verbindungen zu den Bauelementen, einschließlich der Vias. Hier auftretende zusätzliche Spannungsabfälle infolge von Leitungsinduktivitäten führen bei Masseanschlüssen zu Potenzialverschiebungen (Ground Bounce).

- Störfrequenzen auf den Zuleitungen der Versorgungsspannungen, verursacht durch Schaltvorgänge, die in andere Bauelemente eindringen.
- Signalrückwege werden durch die geringsten Leitungsimpedanzen bestimmt, was bedeutet, dass diese Pfade dicht unterhalb der Signalpfade verlaufen und damit nicht unbedingt dem geometrisch kürzesten Weg entsprechen.

4. Elektromagnetische Verträglichkeit (EMV)

Diese Kategorie umfasst drei Probleme:

- Abstrahlende elektromagnetische Wellen der Baugruppe dürfen die umgebenden biologischen und technischen Systeme in ihrer Funktion nicht stören oder schädigen.
- Umgebende Störstrahlung darf die in dieser Umgebung befindlichen Systeme nicht in ihrer Funktion beeinträchtigen.
- Die Baugruppe darf sich selbst auch nicht stören.

Die Betrachtungen zur EMV treffen selbstverständlich nicht nur auf das High Speed Design zu, sondern auf alle elektronischen Systeme. Mit den zunehmenden Frequenzen werden diese Probleme aber immer größer, da drahtlose Datenübertragungen extrem zunehmen. Hier sei als Beispiel der Mobilfunkstandard G5 (C-Band) mit den Frequenzen zwischen 3,4 und 3,7 GHz genannt.

5. Signalintegrität und Elektromagnetische Verträglichkeit

SI und EMV müssen angesehen werden wie die zwei Seiten einer Medaille, sie sind unterschiedlich aber beide notwendig. Ein gutes SI-Design bedeutet nicht zwingend, dass auch ein gutes EMV-Design vorliegt und ein gutes EMV-Design garantiert nicht ein gutes SI-Design.

SI bedeutet, siehe oben, dass ein Signal vom Sender zum Empfänger mit einer ausreichenden Signalqualität ankommt. Aber liegt ein unzureichendes EMV-Design vor, bei dem z. B. unerwünschte äußere elektromagnetischen Beeinflussungen das SI-Design stören können, dann ist quasi eine Seite der Medaille gestört und das Gesamtsystem der elektrischen Baugruppe ist nicht oder nur teilweise funktionsfähig.

Liegt ein gutes EMV-Design vor und das SI-Design ist unzureichend z. B. durch Überschreiten von kritischen Leitungslängen, die zu Signalreflexionen führen, so wird die andere Seite der Medaille gestört und die elektronische Baugruppe ist dann ebenfalls nicht oder nur teilweise funktionsfähig.

30 Designregeln dazu sind im Abschn. 6.7 zusammengestellt.

6. CAD-Entwurfsstruktur

Der Entwurf erfolgt mit CAD-Entwurfssystemen unterschiedlicher Komplexität. Die Abb. 4.52 zeigt dazu die Grundstruktur, wobei die drei Blöcke möglichst unabhängig voneinander agieren und mit definierten Schnittstellen für die Datenübergabe verbunden sind. Die nachfolgenden Abschnitte erläutern diese ausführlicher.

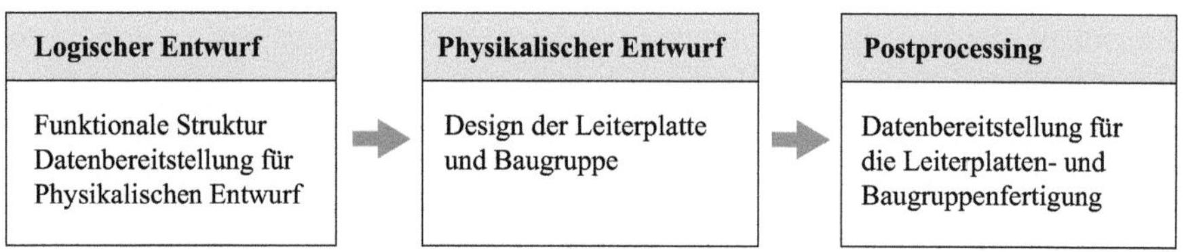

Abb. 4.52 Grundstruktur der CAD-Entwurfssysteme

Die immer komplexeren Aufgaben haben zum Berufsbild „PCB Designer(in)" geführt. Der IPC[2] und FED[3] führen dazu spezielle Schulungen durch, die mit der international verwendeten Bezeichnung „CID" (Certified Interconnect Designer-Basic) bzw. „CID+" abgeschlossen werden.

4.9.2 Logischer Entwurf

Die folgenden Aufgaben und Ziele sind Bestandteile des Logischen Entwurfs:

- Schaltungsentwicklung und -berechnung.
- Simulation der Funktionen.
- Electrical Rule Check (ERC) zur Vermeidung logischer Fehler und Berücksichtigung von Designregeln entsprechend der verwendeten Schaltkreistechnologien.
  So würde z. B. ein IC-Ausgang, der versehentlich an Masse angeschlossen wurde, hier erkannt werden.
- Definition von Regelsätzen (Constraint Manager) für den physikalischen Entwurf, wie Leitungsimpedanzen, definierte Leitungslängen zur Vermeidung von Signalreflexionen, Leiterbreiten, Viatypen und -anzahl von einzelnen Leitungen etc.
- Verifikation des logischen Entwurfs hinsichtlich der Spezifikation bzw. des Lastenhefts. So können sich im Laufe der Entwicklung Änderungen von Vorgaben des Lastenhefts ergeben, die neu berücksichtigt werden müssen.
- Optimierung des Entwurfs, das bedeutet z. B. Vermeidung von nicht notwendigen Schaltungsredundanzen.
- Bei der Parallelisierung von Entwurfsaufgaben (mehrere Entwickler) sind vollständige und eindeutige Dokumentationen der Schnittstellen notwendig.
- Dokumentation des Entwurfs.
- Schaffung der Datenbasis für den physikalischen Entwurf.

---

[2] IPC, Association Connecting Electronics Industries.
[3] FED Fachverband Elektronikdesign und -fertigung e. V.

4.9.3 Physikalischer Entwurf

Der physikalische Entwurf ist die geometrisch-stoffliche Umsetzung des logischen Entwurfs, womit das Design der Leiterplatte bzw. Baugruppe entsteht. Dabei müssen alle Funktionen des logischen Entwurfs so realisiert werden, dass sie den geforderten technischen, ökologischen und wirtschaftlichen Vorgaben des Lastenhefts genügen. Das klingt zunächst einfach, ist es aber nicht.

So gibt der Stromlaufplan nicht an, wie die Bauelemente zu platzieren sind. Das spielt aber eine dominierende Rolle beim High Speed Design mit Flankensteilheiten der digitalen Signale ≤ 1 ns, wo Leitungslängen eine kritische Länge nicht überschreiten dürfen und somit die Platzierung von Bauteilen zueinander indirekt festlegen.

Der physikalische Entwurf gliedert sich in die Partitionierung, die Bauteil-Platzierung und das Routen der Verbindungen.

4.9.3.1 Partitionierung

Grundsätzlich ist die Partitionierung die Aufteilung des Gesamtsystems in Teilsysteme mit entsprechenden Ebenen. Die folgende Übersicht zeigt die Ebenen zur Partitionierung:

- System $\rightarrow$ $(1 \cdots n)$ Geräte
- Gerät $\rightarrow$ $(1 \cdots m)$ Baugruppen
- Baugruppe $\rightarrow$ $(1 \cdots k)$ Leiterplatten
- Leiterplatte $\rightarrow$ $(1 \cdots s)$ Cluster mit definierten Schaltungsteilen wie analoge und digitale Schaltungsteile, Stromversorgung, hochempfindliche Teile insbesondere mit hochohmigen Eingangsstufen.
- Zuordnung von logischen Funktionen $\rightarrow$ $(1 \cdots p)$ physikalischen Bauteilen. Das bedeutet, dass z. B. 4 logische NAND-Gatter einem Baustein 7400 zugeordnet werden. Aus Gründen unterschiedlicher funktioneller Zuordnungen können sie aber auch auf mehrere 7400 verteilt werden.

4.9.3.2 Bauteil-Platzierung

Die Platzierung der Bauelemente besteht nicht nur in der einfachen Anordnung der Bauelemente auf der Leiterplatte, sondern weist eine Reihe weiterer **Ziele** auf:

1. Grundsätzlich müssen die Bauelemente so platziert werden, dass ein nachfolgendes 100%iges Routing der logischen Verbindungen gewährleistet wird. Dabei setzt das Routing die logische Verbindungen des Stromlaufplans in physikalisch-reale Verbindungen um.
2. Kritische Verbindungen erfordern kurze Leitungslängen, was zu definierten Lagen von Bauelementen zueinander führt. Dazu zählen Bauelemente mit kleinen Signalanstiegszeiten zwischen denen eine kritische Länge nicht überschritten werden darf. Bauteile mit hochohmigen Eingängen sollten kurze Verbindungen aufweisen, da kleine Störströme bei hochohmigen Eingängen zu höheren Spannungspegeln führen und Störungen hervorrufen können.

3. Bauteile mit einem gemeinsamen Takt sollen gleich lange Leitungen zum Taktgenerator haben, damit keine unterschiedlichen Signallaufzeiten auf den Taktleitungen erfolgen, was ansonsten zu Fehlschaltungen führen kann. Ist das nicht möglich, so kann durch Einfügen einer Multilayerlage nur für die Taktsignale Abhilfe geschaffen werden.

4. Gleichmäßige Verteilung von Bauelementen mit höherer Verlustleistung zur Vermeidung von zu inhomogener Wärmeverteilungen auf der Leiterplatte.

5. Je nach Erfordernis einer Miniaturisierung sollte eine möglichst hohe Bauelementepackungsdichte erreicht werden, unter Beachtung von Punkt 1. Sie wird aber weiterhin begrenzt durch die damit abnehmende Wärmeabfuhr.

Allgemeine Vorgehensweise bei der Bauteil-Platzierung
Die folgenden 4 Punkte sind dabei zu beachten.

1. Set-up Regel definieren

- Am Anfang muss geprüft werden, ob Funktionscluster zu bilden sind. Das bedeutet, dass der logische Zusammenhang von Bauteilen einigen der nachfolgenden Punkte 2 bis 4 teilweise entgegenstehen kann, z. B. wenn mehrere Funktionskanäle auf der Leiterplatte realisiert werden.

- Festlegung des Lagenaufbaus. Damit verbunden ist die Überprüfung, ob die Leitungen des Lagenaufbaus die erforderlichen Impedanzen einhalten können, wenn das durch die Taktfrequenzen und Flankenanstiegszeiten der Signale von Bedeutung wird.

- Festlegung von Bauteilabständen. Teilweise kann das auch im Rahmen der Erstellung von Footprints der Bauteile selbst erfolgen. *Erstens* soll verhindert werden, dass sich Bauteile infolge von Toleranzen bei zu dichten Abständen u. U. überlappen und *zweitens* sollen montagebedingte Abstände Berücksichtigung finden.

- Festlegung von Bauteilorientierungen. Definierte Lagen von 0 und 90° zum Leiterplattenrand sind typisch. 45° Lagen werden häufig für QFPs verwendet, wenn diese wellengelötet werden.

- Festlegung von Platzierungslagen. Dazu zählen Top und/oder Bottom Platzierungen sowie Embedded Components.

2. Kritische Bauteile
Kritische Bauteile sind diejenigen, die definierte Positionen auf der Leiterplatte zwingend erfordern:

- Das sind beispielsweise Steckverbinder auf den Baugruppen, die in übergeordnete Aufbausysteme, wie z. B. das 19-Zoll-Aufbausystem, auf Backplanes gesteckt werden.

- Schalter und Befestigungsbohrungen, die von der Mechanik des Gerätes vorgegeben werden.

- Bauteile mit hochempfindlichen Eingängen sollen so platziert werden, dass die Längen der Eingangsleitungen kurz sind, um Störeinkopplungen zu vermeiden. Wenn das nicht möglich ist, dann sind zusätzliche Abschirmleitungen (Guardleitungen) anzuwenden, Abschn. 6.6.8.

- schwere/große Bauteile platzieren.

3. Hochpolige Bauteile

Das betrifft die hochpoligen ICs, insbesondere die hochpoligen BGAs und zusammen mit diesen die entsprechenden Abblock/Bypasskondensatoren.

4. Niedrigpolige Bauteile

Hierbei geht es um die niedrigpoligen Bauteile, die nicht zwingend eine spezielle Positionierung erfordern. Abblock/Bypasskondensatoren der ICs zählen nicht dazu.

Platzierungsregeln

Bei der Bauteilplatzierung geht es um die Platzierungsorte und die Einhaltung die Abstände der Bauelemente zueinander sowie zum Leiterplattenrand.

Weiterhin muss die Platzierung den technologischen Erfordernissen gerecht werden, d. h. die Werkzeuge und Ausrüstungen müssen in der Lage sein, die Bauteile so zu bestücken, dass sie den technologischen Durchlauf fehlerfrei und ohne Beeinträchtigungen überstehen. Werden Bauteile beispielsweise zu dicht am Leiterplattenrand positioniert, so kollidieren sie u. U. mit den Einspannvorrichtungen für die Leiterplatte des Transportsystems in der Montagelinie.

Da mit der Bauteilplatzierung auch direkt die Leiterlängen vorbestimmt werden, wird damit Einfluss auf die Leitungsimpedanzen und die Störsicherheit der Leitungen genommen.

Im Folgenden sind wesentliche Platzierungsgrundregeln aufgeführt:

- Fixlagen der Bauelemente beachten, s. o. wie Steckverbinder und Schalter.
- Bauteile entsprechend der kürzesten Leitungslängen platzieren, auch wenn das aus der Sicht der Impedanzen nicht erforderlich sein sollte. Hier geht es dann in erster Linie um die Störsicherheit bzgl. des Einkoppelns von Signalen benachbarter Leitungen.
- Mögliche Überlappungen von Bauteilen beachten und Platz für Montagetechniken berücksichtigen.
- Lage der Abblock/Bypasskondensatoren so dicht wie wie möglich an den ICs (Minimierung der Zuleitungsinduktivitäten).
- Geometrische Höhenunterschiede benachbarter Bauteile berücksichtigen.
- Abstände der Bauelemente zum Leiterplattenrand sollen minimal 3 mm betragen, da Platz für die Transportmechanismen bei der Montage und die Nuttiefen der Führungsschienen bei Einschubbaugruppen benötigt wird.
- Sperrbereiche auf Leiterplatten beachten wie Durchbrüche oder Bereiche, die von anderen, nicht zur Baugruppe gehörenden Teilen, benötigt werden.
- Bauteilplatzierungen für das nachfolgende Wellenlöten sind zu beachten. Hierbei entsteht ein Abschattungseffekt durch Bauteilkörper, so dass die Lotwelle nicht immer die

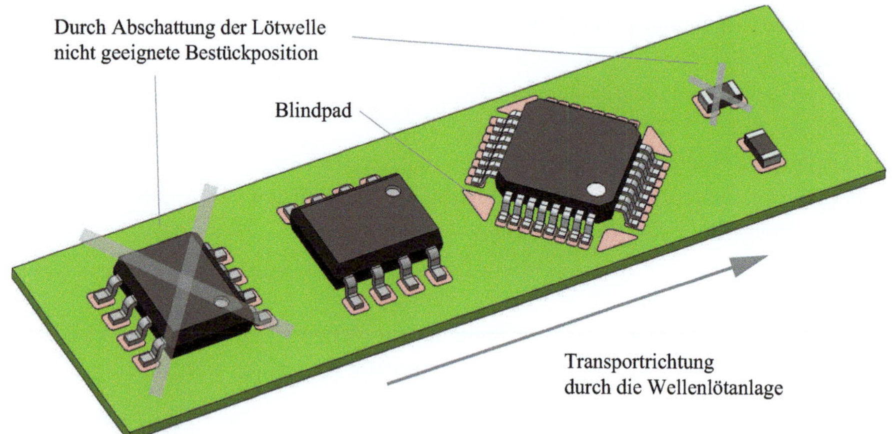

Abb. 4.53 Platzierung von Bauteilen für das Wellenlöten

im Schattenbereich der Bauteile liegenden Anschlüsse korrekt kontaktieren kann. Abhilfe schaffen angepasste Platzierungsausrichtungen der Bauteile, Abb. 4.53. Bei den QFPs stellt die 45°-Ausrichtung einen Kompromiss dar, wobei in den Ecken Blindpads (Abrisspads) ohne elektrische Funktionen angeordnet werden können, da die letzten 2 Pins eine Neigung zum Kurzschluss aufweisen.

- Bauteilhöhen verifizieren. Passt die Baugruppe in das vorgesehene Gehäuse bzw. reicht die Einbaufeldbreite des Aufbausysteme aus. Kritisch wird es, wenn diese Einbaufeldbreite zu gering ist und nicht vergrößert werden kann.
- Auch müssen Platzierungsabstände von Testnadeln für die Baugruppentestung berücksichtigt werden, die als Bauteil definiert werden können bzw. müssen. Als Bauteil definiert, dürfen sie aber nicht in der Stückliste stehen, da sie integrale Bestandteile der Leiterplatte sind.
- Schirmungen und Abstände für die EMV sind zu berücksichtigen, z. B. wenn Schaltungsteile ein eigenes Schirmgehäuse erfordern.

Footprintdesign

Das Footprintdesign beschreibt nicht nur die Geometrien der Anschlusspads für die Bauteilanschlüsse auf den Leiterplatten, sondern auch die der damit verbundenen weiteren Schichten und Materialien wie Lötstopplacke, Klebepunkte, Lotpastendrucke, Abstände sowie Sicherheitszonen.

Die Abb. 4.54 zeigt dazu die relevanten grundsätzlichen Geometrien.

Für den jeweiligen Footprint eines Leiterplattendesigns werden nicht alle diese Parameter verwendet. So benötigt man für die Montage eines SMDs mittels einer Lotpaste und Reflowlötung eine Lotpastenmaske (Geometrie c) und keinen Klebepunkt (Geometrie d).

Die Abb. 4.54 zeigt einen Footprint mit einer Lötstopplackfreistellung, die größer ist als das Kupferpad, bezeichnet als Non-Solder Mask Defined Pad (NSMD). Ist die Frei-

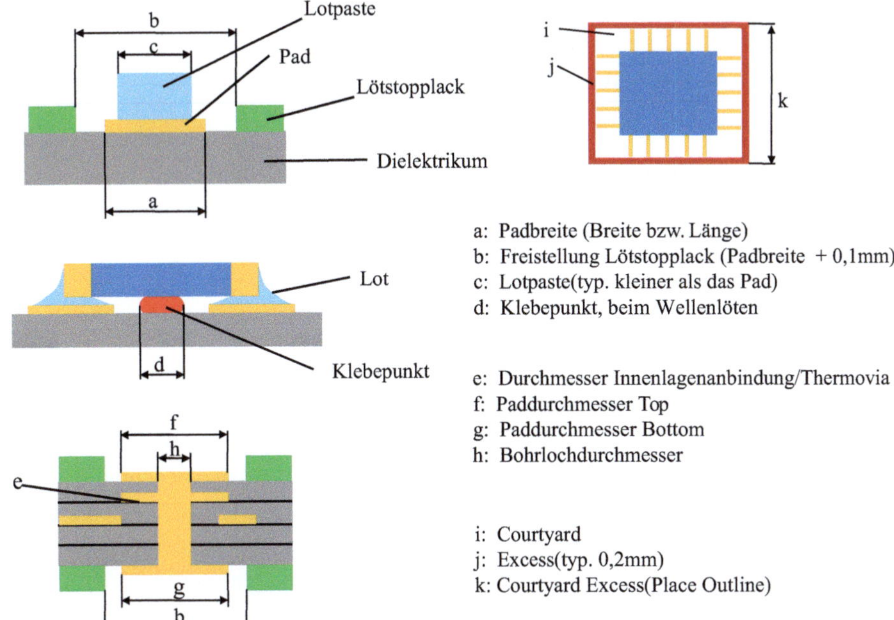

Abb. 4.54 Footprintdesign für SMDs und THDs

stellung des Lötstopplacks kleiner als das Kupferpad, so liegt ein Solder Mask Defined Pad (SMD) vor. Die Fertigung letzterer erfordert sehr geringe Toleranzen, wobei die Freistellung durch Laser erfolgt und demzufolge langsamer und teurer ist als die der NSMDs, da hier photolithographisch gearbeitet wird und alle Pads parallel freigestellt werden.

Die folgende Übersicht zeigt Quellen für Footprints:

- Der weltweit gültige Standard IPC-7351B für die Form, Größe und Abstände von Lötflächen bzw. ganzen Footprints für ein Bauteil.
- Die Plattform www.ultralibrarian.com stellt kostenlos Symbole, Footprints und 3D-Modelle in allen gängigen CAD-Tool Formaten von Bauteilherstellern zur Verfügung.
- Optimierung der Footprints durch die Unternehmen selbst durch Anpassung an die eigenen Technologien.
- Datenblätter von Herstellern bzw. Daten, die aus Referenzdesigns übernommen werden.
- „Das Neue Proportionale Anschlussflächen Dimensionierungskonzept" [43]. Hier werden die Anschlussflächen auf der Leiterplatte proportional zur Größe der Bauteilanschlüsse definiert, unter besonderer Berücksichtigung der Lötprozesse (Benetzung, Kapillarwirkung, Kraftübertragungen, etc.).

4.9.3.3 Routing

Ausgangspunkte und Aufgaben

Die Voraussetzung für ein Routing sind:

- Das Substrat mit allen platzierten Bauteilen
- Menge von Verbindungsnetzen = Netzliste = $\sum$ aller logischen Verbindungen
- Jedes Netz mit einer Menge von Verbindungspunkten

Aufgaben und Ziele

Das Routing (Verdrahtung, Entflechtung) setzt die logischen Verbindungen des Stromlaufplans in physikalische Leiterbahnen mit definierten Verläufen, Längen, Breiten und indirekt auch den Dicken um. Dabei müssen sie die entsprechenden Anforderungen an die Signal- und Powerintegrität (SI, PI) erfüllen sowie die Elektromagnetische Verträglichkeit (EMV) sicherstellen. Zwei Beispiele für die SI und die EMV sollen das verdeutlichen.

Stellt sich beim Routen heraus, dass eine Leitung die kritische Länge überschreitet und somit mit Signalreflexionen zu rechnen ist, so gibt es drei Möglichkeiten zur Lösung des Problems. *Erstens*, die Leitung wird neu verlegt, *zweitens* bei der vorliegenden Leitung wird eine zusätzliche Leitungsterminierung realisiert oder *drittens* eine neue Bauteil-Platzierung wird vorgenommen.

Eine Leitung zwischen zwei Bauteilen wirkt auch immer als Antenne zur Abstrahlung. Stellt man durch Simulationen und/oder Baugruppentests fest, dass eine Leitung ein zu großes Störspektrum mit zu großen Amplituden aufweist, so ändert man bei feststehender Bauteil-Platzierung die Verlegung der Leiterbahn, so dass eine andere Antennenwirkung mit verändertem Frequenzspektrum und Amplituden entsteht. Das kann aber mit der Vergrößerung der Leitungslänge einhergehen und somit die Signalintegrität entsprechend beeinflussen.

Anzustreben ist eine homogene Netzdichte und die Auslegung der Leitungsabstände so groß wie möglich, sofern das nicht den Anforderungen der SI und PI entgegensteht.

Die Anzahl der Verdrahtungsebenen und Vias sind aus Kostengründen zu minimieren.

Randbedingungen

Die folgenden wesentlichen Bedingungen sind beim Routen zu beachten, bzw. bei Autoroutern als Parameter mit anzugeben:

- Verdrahtungsmetrik mit den Eigenschaften:
  - Manhattan-Routing, d. h. alle Leitungen werden orthogonal zueinander verlegt, um i. d. R. die optimalste Platzausnutzung zu erzielen.
  - Zulassen von 45° verlegten Leitungen oder auch beliebiger Winkel zwischen den Leitungen. Das macht aber aus Gründen der Effektivität der Platzausnutzung nur unter bestimmten Bedingungen Sinn.

– Vorzugsrichtungen von Leiterbahnen auf einzelnen Lagen angeben. Bei Multilayern führt das insgesamt zur optimalen Platzausnutzung auf dem gesamten Board.
– Kein Routing von Signalleitungen auf VCC- und GND-Lagen, bis auf Ausnahmen.
- Festlegen der Verdrahtungslagen.
- Festlegen der Leiterbahnbreiten und -abstände.
- Festlegen von Viatypen und -größen wie Durchgangsbohrungen, Thermovias zur Anbindung von Durchkontaktierungen in VCC- und GND-Lagen sowie Blindvias zwischen zwei und mehr Lagen.

Prinzipielle Vorgehensweise

Zwei Grundsätze sind hier zu beachten, siehe dazu die 30 Regeln im Abschn. 6.7.

Erstens ist ein sequentielles Routen der einzelnen Leitungsarten entsprechend der vordefinierten Eigenschaften, siehe oben, wie folgt vorzunehmen:

1. Zuerst werden die Versorgungssysteme mit den Versorgungsspannungen, häufig auch mehr als eine, und die Groundsysteme mit digitalen und analogen Massen (Referenzpotenzialen) aufgebaut.
2. Signalleitungen werden verlegt, wobei es erforderlich werden kann, hierbei zusätzlich in Signal und -Taktleitungen zu unterscheiden. Grund ist, dass es z. B. bei Schaltungen mit zentralen Takten gleiche Leitungslängen für gleiche Signallaufzeiten zwischen Takt und Empfängern geben muss. Ist das zusammen mit den Signalleitungen auf den einzelnen Leitungsebenen nicht möglich, so muss eine zusätzliche Ebene für die Taktleitungen in Betracht gezogen werden.
3. Die Leitungen zwischen ICs und Abblock/Bypasskondensatoren müssen so kurz und breit wie möglich ausgeführt werden, um die Zuleitungsinduktivitäten so gering wie möglich zu halten. Die Induktivitäten stellen zusammen mit den Kapazitätswerten Reihenschwingkreise dar, die nur im Resonanzfall die höchste Störentkopplung ausweisen.

Zweitens sind die Leitungssysteme entsprechend der o. g. Verdrahtungsmetrik aufzubauen.

Realisierungen

Beim Routen lassen sich die folgenden Fälle unterscheiden.

Für einfache Anwendungen kann das Routen per Hand, ohne automatische Unterstützung von Autoroutern, erfolgen.

Bei komplexeren Designs werden Autorouter eingesetzt, die eine Vielzahl von Routingmethoden verwenden. Dabei kommen rasterorientierte Router zum Einsatz, welche die Strukturen mit einer Anzahl vordefinierter Rasterpunkte definieren und somit speicherintensiv sind. Für anspruchsvollere Designs werden rasterlose Router (Shape Based Router) verwendet, welche die Strukturen als Form (Shape) definieren, weniger Speicher benötigen und schneller sind.

Auch Mischvarianten sind möglich, wobei spezielle Leiterbahnen zunächst per Hand verlegt werden und anschließend Autorouter zum Einsatz kommen.

Seit 2023 gibt es die ersten Lösungen, die Regeln bei der Platzierung und Routing mit Lösungsvorschlägen mittels künstlicher Intelligenz unterstützen.

4.9.4 Postprocessing

Im dritten und letzten Teil erfolgt die Aufbereitung und Konvertierung der Daten für die Fertigungsprozesse der Leiterplatten und Baugruppen. Das Postprocessing umfasst die folgenden Bestandteile.

1. Design Rule Check (DRC)
Vergleich des realisierten Design (Geometrie) mit den Vorgaben wie:

- Abstände Track-Track; Track-Via, Track-Boardrand etc.
- Überlappung von Bauteilen
- offene Pins

Erst wenn die Überprüfung durch den DRC keine Fehler anzeigt, wird das Design freigegeben.

2. Schnittstelle zur Leiterplattenfertigung
Diese Schnittstelle umfasst alle Daten, die zur Leiterplattenfertigung notwendig sind. Dazu zählen je nach Design:

- Leiterbilder der einzelnen Lagen.
- Lötstoppmasken für die Top- und Bottom-Lagen.
- Viadaten für Durchgangsbohrungen für Bauteilanschlüsse, Durchgangsbohrungen nur für elektrische Durchkontaktierungen, Blindvias zwischen bestimmten Lagen und Buried Vias (vergrabene Bohrungen zwischen Innenlagen, die von außen nicht mehr zugänglich sind).
- Leiterplattenkonturen mit Außenmaßen und Maße für Durchbrüche.
- Positionsdrucke von Bauteilen, z. B. Nummerierungen laut Stückliste.
- Informationen zum Leiterplattenaufbau wie Materialien, Dicken, Oberflächenfinish von Pads und Kantenbearbeitung (geschnitten, gefräst).

3. Schnittstelle zur Baugruppenmontage
Je nach Montage gehören zu dieser Schnittstelle:

- Koordinaten für die Bauteilbestückung. Für die automatische Bestückung werden diese in die Bestückautomaten übernommen. Bei teilautomatischen Bestückungen nutzen beispielsweise Laserpointer diese Daten zum Anzeigen der Bestückposition, dann verbunden mit einer manuellen Bestückung.

- Daten der Lotpastenmaske für die SMD-Bestückung bei einer Reflowlötung; alternativ die Koordinaten für Dispenser bei geringen Stückzahlen, da Dispensen seriell und damit langsam erfolgt.
- Daten der Klebemaske für die SMD-Bestückung bei einer Wellenlötung; alternativ auch dazu die Koordinaten für Dispenser.
  Werden THDs auf der Topseite und SMDs auf der Bottomseite platziert und alles wellengelötet, so benötigt man nur eine Klebemaske für die SMDs. Werden nur SMDs reflowgelötet, so benötigt man nur Pastenmasken.
- Stückliste. Sind vorher Testpads als Bauteil definiert worden, so dürfen diese in der Stückliste nicht auftauchen, da sie integrale Bestandteile der Leiterplatte sind.

4. Schnittstelle Testung

Grundsätzlich ist in zwei Testkomplexe zu unterscheiden:

- Bare-Board-Test, die Testung der unbestückten Leiterplatte. Dabei geht es um etwaige Kurzschlüsse zwischen Leitungen (Shorts), Leitungsunterbrechungen (Opens) sowie Leitungsimpedanzen, wobei nicht alle Leitungen des Designs dazu getestet werden.
- Baugruppentests mit dem Test der vollständig bestückten Baugruppe. Diese Testungen umfassen den Test auf Montagefehler wie z. B. Lötbrücken, offene Lötstellen oder fehlende Bauteile und den Funktionstest.

Dazu werden die Netzlisten in die Prüfsysteme übernommen.

5. Übergabeformate

Unabhängig davon, mit welchen internen Datenformaten die einzelnen CAD-Systeme arbeiten, werden diese in einheitliche und standardisierte Übergabeformate konvertiert. So ergeben sich definierte Schnittstellen zwischen den CAD- und CAM-Systemen. Dazu zählen [36]:

- Extended Gerber (RS-274X) als ein im ASC-II-Format lesbarer Befehlssatz, der Befehle und Koordinaten zum Zeichnen der Objekte enthält. Blendenwerte für die Größensteuerung der Objekte sind in einer Aperturtabelle zusammengefasst. Mit diesem Format werden die Leiterplattenlagen vollständig beschrieben, so dass keine weiteren Informationen notwendig sind.
- Das Format ODB++ hat zum Ziel, alle Daten des Designs für die Fertigung, die Baugruppenmontage und den Test in einer Datei zusammenzufassen und zu übertragen. Insbesondere enthält ODB++ auch den vollständigen Lagenaufbau. Auch kann meist, im Gegensatz zum Gerber-Format, die Unterscheidung in Pads und Leiterbahnen erkannt werden.

- Aus den beiden genannten Formaten hat sich das herstellerunabhängige XML basierende Datenformat entsprechend IPC-2581 herausgebildet.

  Von Bedeutung ist, dass im Gegensatz zu den Formaten von Gerber und ODB++, die jeweils von nur einer Firma kommen, hier ein breites Konsortium dahinter steht, das den offenen und herstellerunabhängigen Standard garantiert. So ist der komplette Lagenaufbau bereits enthalten und es können 4 verschiedene Dateien für unterschiedliche betriebliche Prozesse, unter anderem auch für den Einkauf, ausgegeben werden.

6. Materialdisposition

Dieser Punkt zählt eher indirekt zum Postprocessing. Drei Schwerpunkte seien dazu genannt:

- Die im Punkt „Schnittstelle zur Baugruppenmontage" genannte Stückliste gehört hier dazu.
- Weiterhin bauen Unternehmen ihre eigene, firmeninterne Artikelstammdatei auf. Dabei gibt es zwei Fälle zu unterscheiden:

  Erstens: Ein Bauteil erhält eine firmeninterne Artikelnummer, die für alle Bauteile gilt, egal von welchem Hersteller/Lieferanten sie kommen. Damit können auf unterschiedlichen Baugruppen für ein und dasselbe Bauteil also auch Bauteile unterschiedlicher Hersteller/Lieferanten montiert sein.

  Zweitens: Ein Bauteil erhält eine firmeninterne Artikelnummer, die nur für das Bauteil eines Herstellers gilt. Damit wird sichergestellt, dass auf allen Baugruppen nur Bauteile des einen Herstellers verbaut werden, z. B. weil es eine Kundenforderung ist.
- Lagerhaltung. Einerseits sollten die Lagerbestände möglichst klein sein, um Kosten zu sparen, andererseits müssen Bauteile vorgehalten werden, um schnell auf Produktionsstarts reagieren zu können und längere Lieferzeiten kompensieren zu können.

Literatur

1. *Aerosol Jet Materials*: *Aerosol Jet Materials*, website von April 2023. https://optomec.com/printed-electronics/aerosol-jet-materials/
2. ADAM, J.; SCHMIDT, W.-D.: *Elektronik-Kühlung in Leiterplatten-Design und -Fertigung*. 1. Auflage. Vogel Communications Group GmbH & Co. KG, Würzburg, 2022
3. AUTORENKOLLEKTIV: *Photonisch-elektronische Integration, Schlüsseltechnologie für die Kommunikationstechnik und Sensorik*. VDE ITG – Informationstechnische Gesellschaft im VDE e.V., 2021
4. BLANK, T.: *Funktionale Schichten von Leiterplatten Entwicklung von intelligenten Mikrovibrationssensoren in mehrdimensionaler Leiterplattentechnologie*, Karlsruher Institut für Technologie (KIT), Fakultät für Maschinenbau, Diss., 2013
5. BOGATIN, E.: *Signal and Power Integrity*. 3. Auflage. Pentrice Hall, 2018
6. BROOKS, D.; ADAM, J.: *Pcb Design Guide to Via and Trace Currents and Temperatures*. Artech House Publishers, 2021
7. BROQUIN, J. E.; HONKANEN, S.: Integrated Photonics on Glass: A Review of the Ion-Exchange Technology Achievements. In: *Appl. Sci. 2021, 11(10)* https://doi.org/10.3390/app11104472

8. BUNDESMINISTERIUM DER JUSTIZ UND FÜR VERBRAUCHERSCHUTZ (Hrsg.): *Elektro- und Elektronikgeräte-Stoff-Verordnung – ElektroStoffV*. 19. April 2013 (BGBl. I S. 1111), Zuletzt geändert durch Art. 1 V v. 3.7.2018 I 1084. Berlin: Bundesministerium der Justiz und für Verbraucherschutz

9. CHAMMAS, H.: Embedded Passive Technology. In: *Honeywell – Advanced Manufacturing Engineering* (June 19, 2013)

10. DATENBLATT: *Designregeln FR4 Semiflex*. Version 2. Würth Elektronik GmbH & Co. KG, Circuit Board Technology, Juni 2020

11. DATENBLÄTTER: *VT-4BC vom 21.02.22; VT-4B7 Sp vom 18.08.19; VT-4B7 vom 18.05.20; VT-4B5 vom 18.05.20 und VT-4B3 vom 18.05.20*. Ventec International Group

12. FELDMANN, K.; FRANKE, J.: MID-Technologie und Marktentwicklung in Europa. In: *1. International Congress Moldes Interconnent Devices* (28.-29. September 1994), S. 5–21

13. FIRMENSCHRIFT: *Frontiers of Today's 3D-MID Technology*. LPKF Laser & Electronics SE

14. FIRMENSCHRIFT: *Next Generation Integrated Thin Film Resistor*. Ticer Technologies, Arizona 85224 (480.223.0891)

15. FIRMENSCHRIFT: *DEVICE.embedding, DESIGN GUIDE*. Version 3.0 / 05.2023 / 504726 DE. Würth Elektronik GmbH & Co. KG, Circuit Board Technology, 05/2023

16. FIRMENSCHRIFT: *LDS MID Designregeln, Designregeln für laserdirektstrukturierte MID-Komponenten*. LPKF Laser & Electronics SE, 09/2010

17. FIRMENSCHRIFT: *Tips für das Leiterplattendesign mit Kupferelementen (HSMtec)-Teil 2*. KSG GmbH, Gornsdorf, 18.08.2021

18. FIRMENSCHRIFT: *OhmegaPly Product Selection Guide*. Ohmega Technologies, Inc. Culver City, USA, 2015

19. FIRMENSCHRIFT; TOME, P. (Hrsg.): *common flex & rigid-flex PCB construtions*. Epec Engineered Technologies, New Beford, MA02745 https://blog.epectec.com/common-flex-rigid-flex-pcb-constructions

20. FIRMENSCHRIFT: *LDS (Laser Direct Strukturing) design specs*. Ebina Denka Kogyo Co., Ltd, Japan, 2017-03-28

21. FIRMENSCHRIFT: *THICK FILM (For Embedded Substrates), Flat Chip Resistors*. Koa Corporation, Tokyo, 2021

22. FIRMENSCHRIFT: *LOGIC & POWER WITHOUT COMPROMISE ALL ON ONE PCB - JUMA.SHAPE PRESENTION*. JUMATECH GmbH, Eckental, 2022

23. FIRMENSCHRIFT: *Thermal Clad – Comprehensive Selection Guide*. TCLAD, Inc., PRESCOTT, WI 54021 USA, 2022

24. FIRMENSCHRIFT: *Approved THERMO-PLASTIC LDS Materials*. LPKF Laser & Electronics SE, 2023-03

25. FIRMENSCHRIFT: *Dickkupfer- und Iceberg-Technologie*. KSG GmbH, Gornsdorf, Januar 2019

26. FIRMENSCHRIFT: *HDI Design Guide*. Version 1.2. Würth Elektronik GmbH & Co. KG, Circuit Board Technology, März 2018

27. FIRMENSCHRIFT: *Starrflex Design Guide*. Version 1.2. Würth Elektronik GmbH & Co. KG, Circuit Board Technology, März 2018

28. FISCHER-HIRCHERT, U. H.: *Photonic Packaging Sourcebook*. Springer Verlag GmbH, Berlin, Heidelberg, 2015

29. FRANKE, J.: *Räumliche elektronische Baugruppen (3D-MID)- Werkstoffe, Herstellung, Montage und Anwendung für spritzgegossene Schaltungsträger*. Carl Hanser Verlag, München, 2013

30. GAY, M. J.: *The Printed Circuit Designer's Guide to High Performance Materials*. BR Publisher, Inc. dba: I-connect007, 943 Windermere Dr. NW, Salem, OR 97304, U.S.A., 2022

31. GRÄF, D.: *Funktionalisierung technischer Oberflächen mittels prozessüberwachter aerosolbasierter Drucktechnologie*, Technische Fakultät der Friedrich-Alexander-UniversitätErlangen-Nürnberg, Diss., 2021

32. HACKL, J.: *Hochstrom- und Wärmemanagement mit FR4 Leiterplatten.* Online-Vortrag der FED-Regionalgruppen Jena, Dresden & Österreich, 2021

33. IPC: *IPC-2223E, Sectional Design Standard for Flexible/Rigid-Flexible Printed Boards.* Fachverband Elektronik Design (FED), Berlin, www.fed.de und weitere, Januar 2020

34. KOSTELNIK, J.: Multi-Funktionale Boards-MFB-mit embedded Components. In: *18. Europäisches Elektroniktechnologie-Kolleg, Colonia de Sant Jordi* (2015)

35. LEHNBERGER, C.: *Technologien für Hochstrom- und Power-Leiterplatten.* ANDUS ELECTRONIC GmbH, Berlin, Januar 2018

36. MÜLLER, D.: Neutraler, offener und globaler Standard für effizienten PCB-Design-Datenaustausch. In: *electronic-fab* 3 (2020)

37. OBERENDER, L.: *Belastbarkeit von Leiterbahnen auf und in Leiterplatten.* FED – Fachverband Elektronik Design, Berlin, 08.11.2018

38. PITWON, R.; WANG, K.; YAMAUCHI, A.; ISHIGURE, T.; SCHRÖDER, H.; NEITZ, M.; SINGH, M.: Competitive Evaluation of Planar Embedded Glass and Polymer Waveguides in Date Center Enviroments. In: *Applied Sciences* (2017). http://dx.doi.org/10.3390/app7090940

39. RITZ, K.: *Handbuch der Leiterplattentechnik, Band 5 Teil1 und 2.* 1. Auflage. Leuze Verlag, Bad Salgau, 2019

40. ROGOZINSKI, R.: Ion Exchange in Glass – The Changes of Glass Refraction. Version: Nov. 2012. http://dx.doi.org/10.5772/51427. In: *Ion Exchange Technologies.* InTech

41. SELBMANN, F.; ROSCHER, F.; SOUZA TARTATO, F. de; WIEMER, M.; OTTO, T.; JOSEPH, Y.: An ultra-thin and highly flexible multilayer Printed Circuit Board based von Parylene. In: *Smart Systems Integration (SSI)* (27–29 April 2021, Piscataway, NJ)

42. SIEBER, I.; ZELTNER, D.; UNGERER, M.; WENKA, A.; WALTER, T.; GENGENBACH, U.: Design and experimental setup of a new concept of an aerosol-on-demand print head. In: *Aerosol Science and Technology* 56, Issue 4 (April 2022), 305–402. https://doi.org/10.1080/02786826.2021.2022094

43. TAUBE, R.: *Das Neue Proportionale Anschlussflächen Dimensionierungskonzept.* Fachverband für Design, Leiterplatten- & Elektronikfertigung, Bibliothek des Wissens Bd. 18, 2018

44. TERVONEN, A.; WEST, B. R.; HONKANEN, S.: Ion-exchanged glass waveguide technology: a review. In: *Optical Engineering* Vol.50(7) (July 2011), p. 071107-1–071107-15

45. WEGO, A.: *Entwicklung einer thermopneumatischen Mikromembranpumpe auf Basis der Leiterplattentechnologie.* Dissertation, Universität Rostock, Fakultät für Ingenieurwissenschaften, 2001

46. WIEMERS, A.: *Leiterplatten- und Baugruppentechnik, Kapitel 20.* ElektronikPraxis, 2020

47. WILKINSON, N. J.; SMITH, M. A. A.; KAY, R. W.; HARRIS, R. A.: A review of aerosol jet printing—a non-traditional hybridprocess for micro-manufacturing. In: *The International Journal of Advanced Manufacturing Technology* https://doi.org/10.1007/s00170-019-03438-2 *(2019) 105:4599–4619* (2019), S. 105:4599–4619

48. WOLF, J.: *Die Welt der eingebetteten Bauteile in Leiterplatten.* Würth Elekronik GmbH & Co. KG, Circuit Board Technology, 2017

Verbindungstechnik 5

Inhaltsverzeichnis

© Der/die Autor(en), exklusiv lizenziert an Springer-Verlag GmbH, DE, ein Teil von
Springer Nature 2024
R. Schmidt, D. Hauschild, I. Kluge, *Elektronik Design: Theorie und Praxis*,
https://doi.org/10.1007/978-3-662-68676-8_5

5.1 Einführung

Die elektrischen Leitungsverbindungen haben zwei Hauptaufgaben.

Erstens dienen sie dem Ein- und Auskoppeln und der Aufrechterhaltung eines Energieflusses in Form von elektrischem Strom zwischen und innerhalb der unterschiedlichsten Hierarchiestufen von Geräten, angefangen von den Halbleiterchips, über gehäuste Bauelemente, Baugruppen und Geräten bis hin zu komplexen Anlagen.

Von besonderer Bedeutung dabei ist, dass auf diesen Verbindungen keine zusätzlichen störenden Hochfrequenzsignale liegen dürfen, wie sie beispielsweise von Schaltvorgängen einzelner Transistoren oder ICs herrühren können. Weiterhin ist die Strombelastbarkeit der Leitungen und Kontakte zu beachten. Nicht die Stromstärke ist dabei von Bedeutung, sondern die Stromdichte. Ausgedrückt wird das durch die Stromtragfähigkeit. Insbesondere bei großen und engen Leitungsbündeln kann es durch unzureichende Wärmableitung der inneren Leitungen schnell zu hohen Leitungstemperaturen kommen.

Zweitens dienen sie dem Ein- und Auskoppeln und der Aufrechterhaltung eines Signal(Informations)flusses.

Von besonderer Bedeutung ist hier, im Gegensatz zum Energiefluss, die Notwendigkeit der Nutzung immer höherer Frequenzen zur Übertragung großer Datenmengen. Das Problem der Signalüberkopplungen und der Elektromagnetischen Verträglichkeit (EMV) nimmt immer mehr zu und wird damit zu einer der dominierenden Fragestellungen bei der Zuverlässigkeit elektronischer Geräte überhaupt, Kap. 6.

Im Kap. 2 wird auf die drei Kategorien Energie, Signal (Information) und Stoff eingegangen. Energie- und Signalfluss sind die gewollten Kategorien elektrischer Leitungsverbindungen.

Es kommt aber die ungewollte Kategorie Stoff mit einem Stofftransport dazu, der infolge von Konzentrationsunterschieden, Temperaturgradienten, mechanischen Spannungen und elektrischen Feldern entsteht. Den Stofftransport durch die Anwesenheit elektrischer Felder bezeichnet man als Elektromigration. Die elektrischen Felder verursachen innerhalb der Leitungen eine elektrostatische Kraft (positive Ionen ziehen zum Minus-Pol, Elektronen zum Plus-Pol des Feldes). Eine weitere Kraft entsteht durch die Streuung der Elektronen an den Atomrümpfen (Impulsübertragung).

Wird die Stromdichte weiter erhöht, so nimmt die Kraft aus der Impulsübertragung weiter zu und führt insbesondere an den Korngrenzen der Metalle zum Abtrennen von Atomen, weil hier schwächere Bindungen vorliegen. Dieser Stofftransport führt zum Entstehen von Voids (Lunkern) und Hillocks (Stoffansammlungen), die dann zu offenen Leitungen bzw. Kurzschlüssen führen. Diese Elektromigration ist eine der Ursachen für den Ausfall von ICs.

Eine elektrische Leitungsverbindung besteht aus dem **Leitungs- oder auch Übertragungselement** und **mindestens zwei Kontaktelementen**, Abb. 5.1. Im allgemeinsten Fall hat ein Kontaktelement 3 Kontaktierstellen:

Bauteil-Anschlusselement 1; Anschlusselement 1-Anschlusselement 2 und Anschlusselement 2-Leitungselement.

Nur eine Kontaktstelle liegt vor, wenn die Leitung direkt auf die Leiterplatte gelötet wird. Zwei Kontaktstellen hat die Wickelverbindung, bei der die Leitung um einen Stift gewickelt wird (erste Kontaktstelle) und der Stift in eine metallisierte Bohrung gepresst wird (zweite Kontaktstelle). Ein Steckverbinder hat drei Kontaktstellen, Buchsenleiste-Leiterplatte; Steckkontakt Buchse-Stecker; Stecker-Leitung.

Es gibt auch Verbindungen, bei denen Anschlusselemente integraler Bestandteil der Baugruppe und/oder des Leitungselements sind.

Bei der Realisierung der Verbindugen sind drei Fälle zu unterscheiden:

1. Für die Energie- und Signalflüsse liegen physikalisch vollständig getrennte elektrische Leitungsverbindungen vor. Ein Beispiel ist eine Hausinstallation mit einem separaten 230 V-E-Netz und einem separaten LAN-Netz für die Informationstechnik.
2. Energie- und Signalflüsse nutzen das gleiche Netz. In diesem Fall werden die Informationen auf das Energienetz mittels Adapter aufmoduliert bzw. mittels Adapter vom

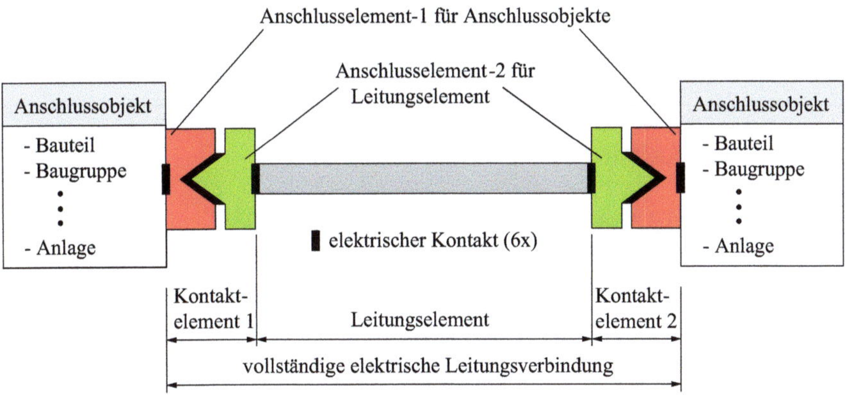

Abb. 5.1 Prinzip einer vollständigen Leitungsverbindung

Energienetz demoduliert (bekannt unter dem Begriff Powerline). Die Vorteile dieser Anordnung liegen auf der Hand. Es werden weniger Leitungen benötigt und ein nachträgliches Modifizieren der Informationsnetze ist unproblematisch, da i. d. R. auf ein relativ umfassendes Energienetz zurückgegriffen werden kann. (Aber nicht immer problemlos).

3. Energie- und Signalflüsse nutzen teilweise die gleichen elektrischen Leitungsverbindungen. Das trifft insbesondere auf die Auslegung der Signal- und Versorgungsnetze auf Verbindungssubstraten wie Leiterplatten und Multilayern zu. Hier werden für die Signalrückleitungen die Masseleitungen (allg. GND, AGND für die Massen von Analogteilen, DGND für Massen von Digitalteilen) der Versorgungsnetze mitgenutzt. Der Hauptgrund dafür ist, dass bei völlig getrennten Netzen die Anzahl der Leitungen stark ansteigen würde, wozu der Platz auf den Boards nicht ausreicht.

Aus der Betrachtung einer vollständigen Leitungsverbindung, Abb. 5.1, lassen sind 4 grundsätzliche konstruktiv-technologische Betrachtungen ableiten:

1. **Die Kabel und Leitungen** stellen die physikalische Realisierungsebene der Leitungselemente dar. Sie leiten Signale und Energie, verarbeiten sie jedoch nicht.
2. **Die Verdrahtungstechnologie** beschreibt, wie die Kabel und Leitungen zueinander und innerhalb von Geräten und Räumen verlegt werden.
3. **Die Kontaktiertechnologie** beschreibt die elektrischen Kontaktierungen *erstens* zwischen Anschlussobjekten und Kontaktelementen, *zweitens* zwischen Kontaktelementen selbst und *drittens* zwischen Kontaktelementen und Leitungselementen.
   Thermische Kontaktierungen betreffen die Montage von Halbleiterchips und Power-LEDs auf Verbindungssubstraten zur effektiven Ableitung der Verlustleistung.
4. **Die Verbindungssubstrate** sind dielektrische Substrate, die zusammen mit den darauf befindlichen Bauelementen und elektrischen Verbindungen zwischen diesen, die zentralen Elemente elektronischer Baugruppen darstellen. Dem Wesen nach sind sie der

Verdrahtungstechnologie zuzuordnen, werden jedoch aufgrund ihrer Bedeutung separat behandelt, Kap. 4.

5.2 Kabel und Leitungen

5.2.1 Begriffe und Funktionen

Die begrifflichen Unterscheidungen von Kabeln und Leitungen sind nicht immer eindeutig. Ob Kabel oder Leitungen verwendet werden, hängt in erster Linie von der Beanspruchung und dem Einsatzgebiet ab. Einige wesentliche Merkmale zur Unterscheidung sind der Tab. 5.1 zu entnehmen.

Es sei hier darauf hingewiesen, dass umgangssprachlich Leitungen häufig auch als Kabel bezeichnet werden, wie beispielsweise das LAN-Kabel für die Netzwerktechnik.

Kabel und Leitungen haben 4 grundsätzliche Funktionen, die entsprechend der Anforderungen und Einsatzgebiete die Ausführung der einzelnen Aufbauelemente bestimmen:

- Leitung des elektrischen Stroms durch das Aufbauelement Leiter
- Isolierung des Leiters zur Kurzschlussvermeidung (Spannungs- bzw. Potenzialisolation)
- Schirmung des Leiters vor elektrischen, magnetischen und elektromagnetischen Feldern, die aus der Leiterumgebung auf diesen einwirken und umgekehrt.
  Hinweis: Ab einer Frequenz von einigen 10 kHz können die elektrischen und magnetischen Felder nicht mehr separat betrachtet werden, sondern nur als eine Einheit im Sinne elektromagnetischer Felder.
- Schutz des gesamten Systems vor äußeren Einflüssen wie korrosiven Umgebungen, mechanischen Belastungen insbesondere Zug- und Biegebeanspruchungen, thermischen Einflüssen, Feuchte etc.

Tab. 5.1 Merkmale von Kabeln und Leitungen

Merkmale für Kabel	Merkmale für Leitungen
nur für ortsfeste Verlegung	ortsfeste Verlegung für Installationen in Gebäuden, Schaltschränken und Geräten
	flexible Ausführungen; flexible Anschlussleitungen an Geräten sind grundsätzlich Leitungen und keine Kabel
in Gebäuden und Außenräumen	in Gebäuden, mit Ausnahmen in Außenräumen
direkt im Erdreich und Wasser	nicht im Erdreich und nicht im Wasser
	Anwendungen für Heizzwecke sind Leitungen
Mantelausführungen aus Kunststoff, Gummi oder Metall	Einadrige Bauarten ohne Mantel, z.B. Verdrahtungsleitungen im Schaltschrankbau

5.2.2 Aufbau von Kabeln

5.2.2.1 Adern von Kabeln und Leitungen

Ein Kabel bzw. eine Leitung besteht aus einer oder mehreren Adern (Leitern) mit jeweils eigener Isolierung, Abb. 5.2:

- Einadriges Kabel bzw. Leitung: Bestehen aus nur einer Ader. Dazu zählt auch ein koaxiales Kabel mit einer konzentrischen Ader und einem Schirm als Rückleiter.
- Mehradrige Kabel bzw. Leitung: Weisen 2 bis 5 Adern auf; zusätzliche Adern für Signale mit geringem Querschnitt werden nicht dazu gezählt.
- Vieladrige Kabel/Leitungen: Haben 6 und mehr Adern gleichen Querschnitts.

Eine Ader besteht aus einem oder mehreren Leitern:

- Bei nur einem Leiter pro Ader spricht man von einem Draht.
- Besteht eine Ader aus mehreren Leitern, so ist es ein Litzenleiter, wobei deren Einzeldrähte auch als Litze bezeichnet werden.
  Umgangssprachlich wird ein Litzenleiter aber auch als Litze bezeichnet!
- Eine Ader kann aus mehreren Litzenleitern bestehen (Anwendung in der Hochstromtechnik, nicht im Gerätebau).

5.2.2.2 Komponenten von Kabeln und Leitungen

Elektrische Kabel und Leitungen können je nach Erfordernissen sehr komplex aufgebaut sein. Das reicht vom einfachen Draht, mit oder ohne Isolierung, über einen Klingeldraht mit zwei elektrischen Leitern und jeweils einer einfachen Isolierummantelung bis hin zu den extrem aufwändigen Leitungen für die Erd- oder Unterwasserverlegung von Starkstromleitungen (für das Elektronik Design nicht von Interesse). Die Abb. 5.3 zeigt den prinzipiellen Aufbau eines komplexeren zweiadrigen Kabels mit Schirmung.

Hieraus lassen sich die grundlegenden Komponenten von Kabeln und Leitungen ableiten, die sich auch in der Kabelkennzeichnung (schließt die Leitungen ein), Abschn. 5.2.6, wiederfinden.

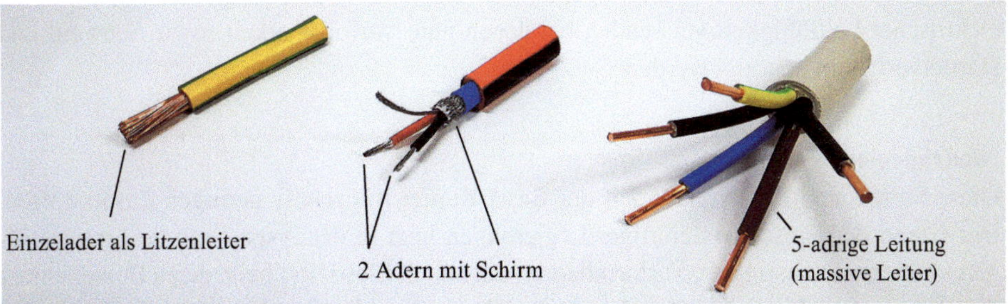

Abb. 5.2 Adern von Kabeln und Leitungen

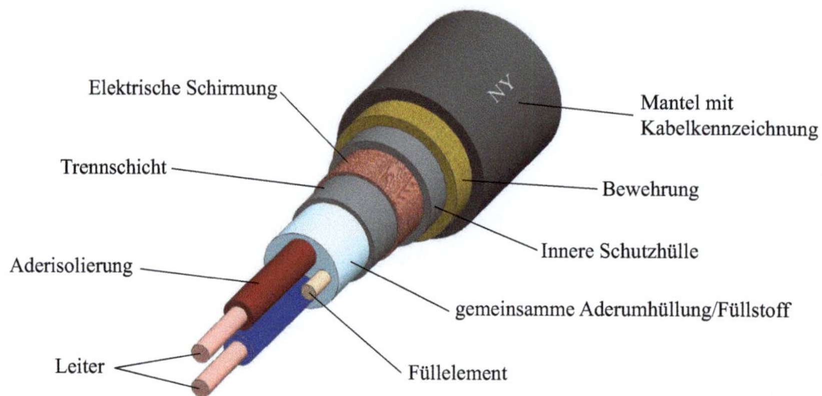

Abb. 5.3 Draht- und Kabelkomponenten, Beispiel eines zweiadrigen Kabels mit zusätzlicher Schirmung

5.2.3 Elektrische Leiter

5.2.3.1 Werkstoffe von Leitern

Folgende Werkstoffe finden bei den Leitern Anwendung:

Unlegierte Kupfersorten mit der Unterteilung in drei Gruppen [30]

Die *sauerstoffhaltigen Sorten* enthalten bis zu 0,04 % Sauerstoff und sind sehr weit verbreitet. Durch Löt- und Schweißprozesse und dem damit verbundenen Wärmeeintrag kann Wasserstoff eindiffundieren und mit dem Sauerstoff Wasserdampf bilden, der nicht entweichen kann. Die Kupferkristalle werden auseinander gedrückt, was letztlich zu einer Versprödung des Werkstoffs führt.

Das *sauerstofffreie Kupfer* kann in Qualitäten ohne weitere ausdampfende Elemente für hohe Anforderungen geliefert werden.

Dem *sauerstofffreien desoxidierten Kupfer* wird Phosphor beigesetzt, der sich mit dem Sauerstoff zu Oxiden verbindet und in Form von Schlacke aus der Schmelze aufsteigt. Die Sorten mit einem Phosphorrestgehalt von 0,003 % werden für Halbzeuge mit hoher elektrischer Leitfähigkeit verwendet, bei denen gute Verformbarkeit sowie Schweiß-und Hartlötverfahren benötigt werden.

Niedriglegiertes Kupfer

Diese Sorten sind Legierungen auf der Basis Kupfer mit relativ geringen Zusatzstoffen. Der Grund des Einsatzes derartiger Legierungen liegt in der Anpassung bestimmter Eigenschaften wie Festigkeit, Verformbarkeit oder auch Elastizität bei nahezu Beibehaltung der elektrischen Eigenschaften. Ein Beispiel dazu ist die Beryllium-Kupfer-Legierung (BeCu). Sie ist eine Kupferlegierung mit ca. 0,2 bis 2,75 % Beryllium und teilweise weiteren Bestandteilen wie Silizium, Nickel oder auch Cobalt. Neben Drähten findet sie besonders Anwendung bei EMV-Dichtungen, Abschn. 6.5.6.

Aluminium und Aluminiumlegierungen
Die elektrische Leitfähigkeit ist geringer als die von Kupfer. Das Basismaterial vieler Aluminiumlegierungen ist Al99,5. Wird ein Leiter beispielsweise mittels der Legierung AlMgSi ausgeführt, so benötigt er ca. den 1,9-fachen Leiterquerschnitt im Vergleich zur Kupferausführung.

Weitere Leiterwerkstoffe
Hier sind insbesondere Silber, Gold und auch Molybdän zu nennen.

Hochlegierte Leiterwerkstoffe
Zu den hochlegierten Werkstoffen zählt Monel. So besteht die Legierung Monel 400 aus ca. 65 % Nickel, 33 % Kupfer sowie 2 % Eisen und zeichnet sich besonders durch eine hohe Korrosionsbeständigkeit in Salzwasser sowie sauren und alkalischen Umgebungen aus.

Werkstoffe für besondere Anwendungen
Hierzu zählen als Widerstandsleiter die Kupferlegierungen wie CuNi2, CuNi6 und CuNi23Mn. Wolframdrähte findet man als Heizelement in Elektronenröhren. Der Einsatz von Wolframdrähten in Glühlampen gehört mit dem Verbot dieser der Vergangenheit an.

Werkstoffe für die Beschichtung von Leiterwerkstoffen
Die Beschichtung erfolgt ein- oder mehrlagig je nach Leiterwerkstoff und der zu erzielenden Eigenschaften, siehe auch folgendes Kapitel. Dazu zählen beispielsweise die Verbesserungen der Korrosionsbeständigkeit, der Lötbarkeit oder auch des Hochfrequenzverhaltens.

5.2.3.2   Bauformen von Einzelleitern
Die Abb. 5.4 zeigt typische Bauformen von Einzelleitern, wobei nur ein Teil im elektronischen und elektrischen Gerätebau Anwendung findet.

Massive Einzelleiter
Sie stellen die einfachste Bauform dar und werden in der Energie- und Signalübertragung eingesetzt. Am häufigsten ist der kreisförmige Querschnitt bei Einzelleitungen. Oval- und sektorförmige Querschnitte von Einzelleitern sind bei mehradrigen Leitungen zu finden, die verdichtet werden und somit den Kreisquerschnitt des gesamten Kabels dann besser ausnutzen. Nachteilig bei massiven Leitern mit größeren Querschnitten ist die zunehmende Stromverdrängung infolge des Skineffektes nach außen mit steigenden Frequenzen, wobei sich der Widerstand aufgrund einer verringerten effektiven Querschnittsfläche erhöht, Abschn. 6.3.4.3.

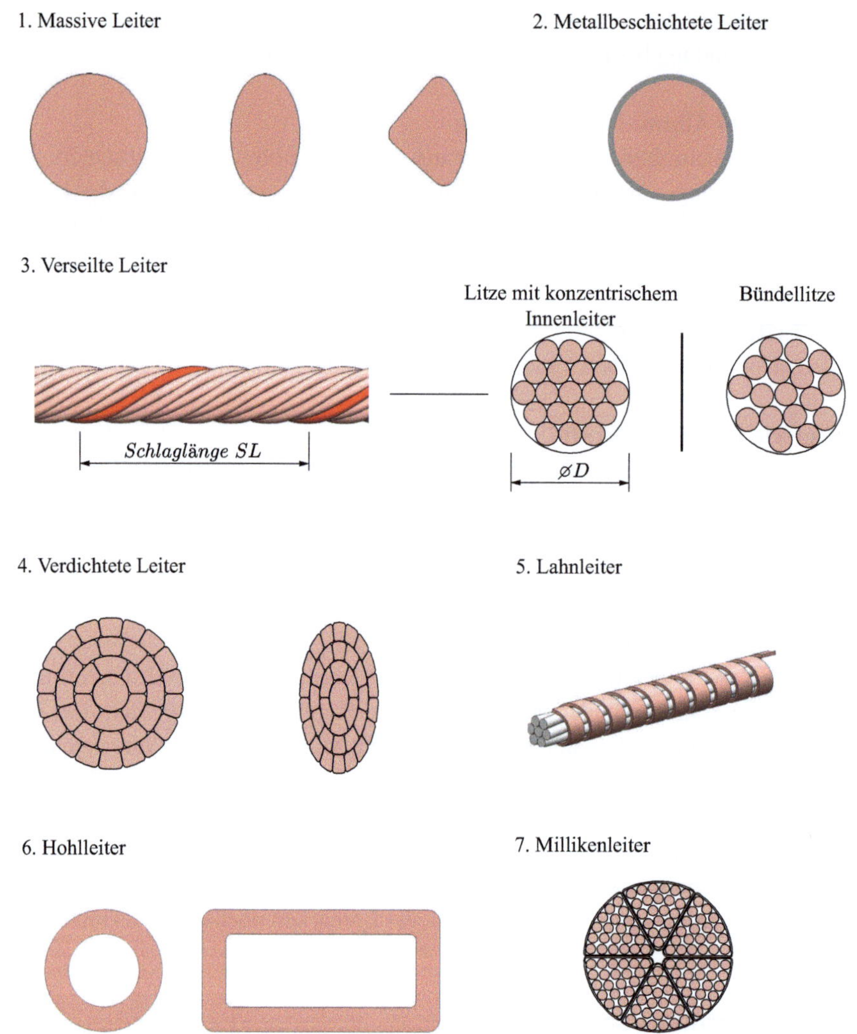

Abb. 5.4 Bauformen von Einzelleitern

Metallbeschichtete Leiter

Für die Beschichtung elektrischer Leiter mit bestimmten elektrisch leitfähigen Schichten gibt es eine Reihe von Gründen.

Die *Verbesserung der elektrischen Kontaktierbarkeit* bedeutet vor allen, dass die entsprechenden Flächen frei von Oxiden sein müssen. So oxidiert reines Kupfer sofort an der Luft, wobei die Oxidschicht mit der Zeit und höherer Temperatur wächst. Oxidfreie Beschichtungen erhöhen die Benetzbarkeit der Oberflächen für Lote bei Lötprozessen und gewährleisten damit zuverlässige Verbindungen. Auch bei anderen Kontaktiertechnologien, wie Schraub- oder Quetschverbindungen, kann nicht sichergestellt werden, dass durch den Kontaktierprozess die Oxide der Metallleiter zerstört werden.

Die *Verbesserung des Hochfrequenzverhaltens* wird durch die Metallbeschichtung mit einer höheren elektrischen Leitfähigkeit erreicht, da infolge der Stromverdrängung nach außen dort der Stromfluss größer wird (Skineffekt). Es werden dünne Schichtdicken verwendet, die eine möglichst kleine Oberflächenrauheit aufweisen müssen. Zu beachten ist die Empfindlichkeiten dieser Schichten.

Der *Korrosionsschutz* wird bei aggressiven Umgebungen oder auch bei sicherheitsrelevanten Anwendungen eingesetzt.

Bei den *Beschichtungen* ist in reine Elemente, Legierungen und Mehrschichtaufbauten zu unterscheiden. Typische Leiter und deren Beschichtungen sind:

- Drähte aus Kupfer, Silber, Messing und Beryllium-Kupfer mit einer Goldbeschichtung und einer Zwischenschicht aus Nickel, als Diffusionsbarriere.
- Drähte aus Wolfram (W) und Molybdän (Mo) mit einer Goldbeschichtung.
- Drähte aus Kupfer mit einer Zinnbeschichtung (Sn).
- Drähte aus Kupfer mit einer Zinn-Blei-Legierungsbeschichtung (SnPb).
- Drähte aus Aluminium mit einer Kupferbeschichtung (Copper Clad Aluminium – CCA).

Verseilte Leiter

Mehrere einzelne Drähte werden dabei miteinander verseilt, d. h. so miteinander verdreht, dass ein neuer Leiter, ein Litzenleiter, entsteht. Die einzelnen Drähte werden auch als Litze bezeichnet.

Die unterschiedlichen Typen entstehen durch verschiedene Arten der Verseilung. Bei der Bündellitze (Würgelitze) sind die einzelnen Drähte willkürlich miteinander verseilt, was zwar kostengünstig ist, jedoch den Querschnitt der Leiteranordnung nicht optimal ausfüllt. Konzentrische Litzen weisen dagegen einen Zentralleiter auf, um den die anderen Drähte verseilt werden. Betrachtet man den Leiterquerschnitt, so ist ein einheitliches geometrisches Muster zu erkennen.

Von Bedeutung sind die Parameter *Schlaglänge SL* und *Schlagrichtung SR*. Die *Schlaglänge* ist das Längenstück des Litzenleiters, das ein Draht für einen 360°-Umlauf benötigt. Je kürzer sie ist, umso steifer wird der Litzenleiter und umso größer wird der Litzenleiteraußendurchmesser D. Die *Schlagrichtung* zeigt an, in welcher Richtung die einzelnen Lagen verdreht werden.

Der Vorteil der Litzen gegenüber den Massivdrähten besteht in der deutlich höheren mechanischen Flexibilität, d. h. die Bruchgefahr beim Biegen ist deutlich geringer.

Hierarchisch betrachtet gibt es 4 Ebenen:

1. Einzelner Draht (Litze)
2. Litzenleiter, bestehend aus mehreren verseilten Drähten
3. Litzenstrang, bestehend aus mehreren verseilten Litzenleitern
4. Leiterseil, bestehend aus mehreren verseilten Litzensträngen

Verdichtete Leiter

Dabei werden runde, elliptische oder sektorförmige Leiter so verdichtet, dass der Gesamtquerschnitt maximal mit den Einzelleitern ausgefüllt wird, wobei die Anwendung in der Energieübertragung liegt. Für den Gerätebau sind diese Leiter nicht relevant, bis auf Einzelfälle in Schaltschränken und -anlagen.

Lahnleiter

Der Lahn (Plätt), auch als Lahnleiter oder Lahnlitze bezeichnet, ist ein flach gewalzter Metalldraht. Er besteht aus verzinntem oder versilbertem Kupfer. Diese sehr dünnen und flachen Leiter (Lahnlitzen) werden um Trägerfäden gewickelt. Für die Trägerfäden als Bündel kommen Materialien wie Kevlar, Nylon etc. zum Einsatz. Eine typische Lahnlitze hat eine Breite von 0,2 mm und eine Dicke von 0,01 bis 0,03 mm.

Hervorzuheben ist hier die besonders gute Biegewechselfestigkeit.

Hohlleiter

Hohlleiter werden in Hohlleiterkabel für Anwendungen in der Energieübertragung sowie der Hochfrequenztechnik und Hohlleiter zur Übertragung elektromagnetischer Wellen in der Höchstfrequenztechnik unterschieden.

Hohlleiterkabel

Der Hohlraum von Hohlleiterkabeln hat folgende Funktionen:

- Zur Verringerung von Verlusten bei der Energieübertragung werden Kühlmittel durch den Hohlraum des Kabels geführt. Als Kühlmittel dieser direkten Kühlung kommen Wasser, niedrigviskose Mineralöle sowie flüssiger Stickstoff (bei Eintritt $-206\,°\text{C}$, bei Austritt $-201\,°\text{C}$) zur Anwendung.
- Zur Fehlerüberwachung kann der Hohlraum mit Druckluft oder Schutzgas gefüllt werden. Eine zusätzliche Drucküberwachung dient zur Diagnose.
- Da bei hohen Frequenzen eine Stromverdrängung nach außen erfolgt (Skin-effekt), kann das Innere des Leiters hohl bleiben, was zur Gewichts- und Kostenersparnis beiträgt.

Hohlleiter als Wellenleiter

Im Rahmen der Höchstfrequenztechnik stellen Hohlleiter Wellenleiter für hochfrequente elektromagnetische Wellen, typisch für Frequenzen größer 1 GHz, dar. Der Hohlleiter dient zur Führung der elektromagnetischen Wellen und stellt selbst kein Kabel dar. Als Werkstoffe kommen Kupfer und Messing, teilweise auch mit Silber oder Gold beschichtet, und metallisierte Kohlefaserverbundwerkstoffe zur Anwendung. Sie haben rechteckige, runde oder elliptische Querschnitte. Am weitesten verbreitet sind die rechteckigen Querschnitte, bei denen die breitere Seite a doppelt so groß ist wie die schmalere Seite b. Eine Ausbreitung der zu übertragenden elektromagnetischen Welle erfolgt bei diesen erst ab

Tab. 5.2 Frequenzbereiche ausgewählter Hohlleiter [5, 53]

Bezeichnung		Breite a(max)	Breite a(max)	Frequenz-bereich	Grenz-frequenz
DIN47302	EIA (USA)	in mm	in Inch	in GHz	in GHz
R 3	WR 2300	584.20	23.000	0.32 - 0.49	0,257
⋮		⋮		⋮	⋮
R 14	WR 650	165,10	6,500	1,13 - 1,73	0,908
R 18	WR 510	129,54	5,100	1,45 - 2,20	1,157
R 22	WR 430	109,22	4,300	1,72 - 2,61	1,372
⋮		⋮		⋮	⋮
R 180	WR 51	12,954	0,510	14,5 - 22,0	11,571
R 220	WR 42	10,668	0,420	17,6 - 26,7	14,051
R 260	WR 34	8,636	0,340	21,7 - 33,0	17,357
⋮		⋮		⋮	⋮
R 2600	WR 3	0.864	0.0340	217 - 330	173.57

einer Grenzfrequenz f_g für die gilt:

$$f_g = \frac{c}{2 \cdot a} \qquad \text{c – Lichtgeschwindigkeit} \qquad \text{a – breitere Seite} \qquad (5.1)$$

Für eine verlustarme Übertragung und die Sicherung einer monomodigen Wellenausbreitung kann für einen definierten Kanal mit dem Seitenverhältnis $a/b = 2/1$ ein Frequenzbereich angegeben werden:

$$1{,}25 f_g \leq f \leq 1{,}90 f_g \qquad (5.2)$$

Die Einteilung erfolgt in 34 Frequenzbereiche R 3 ⋯ R 2600 nach IEC bzw. WR 2300 ⋯ WR 3 nach IEA (USA), Tab. 5.2.

Die Ziffern der WR-Bezeichnung ergeben sich aus der Breite des Hohlleiters in Inch mal eines %-Wertes. So gilt für den Hohlleiter WR 42: 0,42 mal 1 Inch = 0,42 Inch = 10,668 mm.

Teilweise werden die Faktoren 1,25 und 1,90 in der Gl. (5.2) anders angegeben. So sind Faktoren von 1,26 und 1,86 bzw. 1,89 zu finden, die dann zu geringfügig veränderten Grenzen der jeweiligen Frequenzbänder führen.

Millikenleiter

Das ist eine besondere Bauform zur Energieübertragung, bei der mehrere isolierte Segmentleiter zusammengefasst werden. Das Ziel besteht in der Minimierung der Leitungsverluste durch Unterdrückung von Wirbelströmen und den Einfluss des Skineffekts. Für den Gerätebau ist diese Bauform nicht relevant.

5.2.3.3 Drahtdurchmesser und Drahtquerschnitte

Bei der Auswahl von elektrischen Leitern sind Drahtdurchmesser und Drahtquerschnitt wichtige Kenngrößen. So ist der Drahtquerschnitt der wichtigste Faktor für die Strombelastbarkeit von Kabeln und Leitungen.

Bei der Kennzeichnung der Leiter gibt es Unterschiede, die aus der Anwendung des metrischen Systems mit „mm" und dem angloamerikanischen Maßsystem mit „Inch" als AWG (American Wire Gauge) resultieren.

Im metrischen System werden Drahtdurchmesser d und Drahtquerschnitt A direkt mittels der üblichen Beziehung $A = \pi d^2/4$ verwendet.

Das AWG-System dagegen basiert auf einer Kodierung von Arbeitsschritten (historisch), Tab. 5.3. So kennzeichnet AWG 30 (auch 30 AWG) einen Drahtdurchmesser von 0,0100 Inch. Der Querschnitt wird in Inch^2, mil^2 oder cmil (circular mil) angegeben. Ein cmil ist eine Kreisfläche mit dem Durchmesser von einem mil. Einige wichtige Umrech-

Tab. 5.3 AWG-Tabelle Drahtdurchmesser und Drahtquerschnitte für Einzelleiter

AWG	d/inch	d/mm	A/mm^2	AWG	d/inch	d/mm	A/mm^2
0000	0,4600	11,6840	107,2193	19	0,0359	0,9116	0,6527
000	0,4096	10,4049	85,0287	20	0,0320	0,8118	0,5176
00	0,3648	9,2658	67,4304	21	0,0285	0,7229	0,4104
0	0,3249	8,2515	53,4756	22	0,0253	0,6438	0,3255
1	0,2893	7,3481	42,4072	23	0,0226	0,5733	0,2581
2	0,2576	6,5437	33,6308	24	0,0201	0,5106	0,2048
3	0,2294	5,8273	26,6701	25	0,0179	0,4547	0,1624
4	0,2043	5,1894	21,1507	26	0,0159	0,4049	0,1288
5	0,1819	4,6213	16,7733	27	0,0142	0,3606	0,1021
6	0,1620	4,1154	13,3019	28	0,0126	0,3211	0,0810
7	0,1443	3,6649	10,5491	29	0,0113	0,2859	0,0642
8	0,1285	3,2636	8,3653	30	0,0100	0,2546	0,0509
9	0,1144	2,9064	6,6344	31	0,0089	0,2268	0,0404
10	0,1019	2,5882	5,2612	32	0,0080	0,2019	0,0320
11	0,0907	2,3048	4,1721	33	0,0071	0,1798	0,0254
12	0,0808	2,0525	3,3087	34	0,0063	0,1601	0,0201
13	0,0720	1,8278	2,6239	35	0,0056	0,1426	0,0160
14	0,0641	1,6277	2,0808	36	0,0050	0,1270	0,0127
15	0,0571	1,4495	1,6502	37	0,0045	0,1131	0,0100
16	0,0508	1,2908	1,3086	38	0,0040	0,1007	0,0080
17	0,0453	1,1495	1,0378	39	0,0035	0,0897	0,0063
18	0,0403	1,0237	0,8231	40	0,0031	0,0799	0,0050

nungen seien hier genannt:

$$1\,\text{mil} = 0{,}001\,\text{Inch} = 0{,}0254\,\text{mm} = 25{,}4\,\mu\text{m}$$

$$1\,\text{cmil} = 0{,}0005067075\,\text{mm}^2 = 0{,}7853981957\,\text{mil}^2$$

$$1\,\text{MCM} = 1\,\text{kcmil} = 1000\,\text{circular mils}$$

Für einen Draht AWG 30 mit einem Querschnitt von $0{,}0509\,\text{mm}^2$ ergibt sich damit ein Wert von $100{,}45\,\text{cmil}$.

Die Parameter für Litzenleiter werden in AWG-Tabellen-Litzenleiter, z. B. in [41], definiert. Hier erfolgen die Angaben für den Querschnitt als Summe aus der Anzahl der Einzellitzen multipliziert mit deren Querschnitt. Berücksichtigen muss man aber, dass bei Litzenleitern Hohlräume existieren, die den tatsächlichen Querschnitt um 10 bis 15 % vergrößern.

Die Kennzeichnung der Litzenleiter besteht aus:

- AWG-Nummer, bestimmt sich aus der Summe aller Einzelquerschnitte der Litzen (ohne Berücksichtigung der Hohlräume)
- Anzahl der Einzellitzen
- AWG-Kennung der Einzellitze

Ein Beispiel: Bezeichnung AWG 28 7/36 oder auch 28 AWG 7/36.

Der Litzenleiter besteht aus 7 Einzellitzen mit je 36 AWG, die zusammen einen Querschnitt haben, der 28 AWG entspricht.

5.2.3.4 Leiterklassen

Die Einteilung der Leiter erfolgt in 4 Klassen. Die Klassen 1 und 2 umfassen Kabel und Leitungen für die ortsfeste Verlegung und die Klassen 5 und 6 flexible Leitungen [6]:

- **Klasse 1**: Eindrähtige Leiter
  Sie bestehen aus blanken oder metallbeschichtem Kupfer, Aluminium oder Aluminiumlegierungen. Eindrähtige Kupferleitungen sind rund und weisen Querschnitte von $0{,}5$ bis $400\,\text{mm}^2$ (blankes Kupfer) und $0{,}5$ bis $16\,\text{mm}^2$ (metallbeschichtetes Kupfer) auf. Die Querschnitte von Aluminium reichen von 10 bis $1200\,\text{mm}^2$.
- **Klasse 2**: Mehrdrähtige Leiter
  Hierbei ist in mehrdrähtige unverdichtete Rundleiter und mehrdrähtige verdichtete Rund- und Sektorleiter zu unterscheiden.
- **Klasse 5 und 6**: Fein- und feinstdrähtige Leiter
  Die Drähte bestehen aus blankem oder metallbeschichtetem Kupfer. Bei Litzenleitern müssen alle Einzeldrähte den gleichen Durchmesser aufweisen.
  Die Querschnitte für feindrähtige Leiter (Klasse 5) reichen von $0{,}5$ bis $630\,\text{mm}^2$, die der feinstdrähtigen (Klasse 6) von $0{,}5$ bis $300\,\text{mm}^2$.

Darüber hinaus, in den Normen für Kabel und Leitungen nicht aufgeführt, sind Stromschienen.

5.2.4   Elektrische Isolierstoffe

Bei der Verwendung von Kunststoffen für elektrische Isolierungen und Mantelwerkstoffe sind 4 Gruppen zu unterscheiden:

Thermoplaste
Sie bestehen aus langgestreckten und teilweise vernetzten Polymerketten. Innerhalb eines Temperaturbereichs können sie plastisch verformt werden, wobei diese Verformung reversibel ist. Bei ausreichend hoher Temperatur und relativ geringem Druck lassen sie sich verschmelzen.

Der wohl am häufigsten eingesetzte Isolierstoff ist PVC-weich (PVC-P; plasticized), im Gegensatz zu hart-PVC (PVC-U; unplasticized). Die Anwendung erfolgt nicht als reines PVC, sondern mit Beimischungen von Weichmachern, Füllstoffen, Stabilisatoren, Gleitmitteln sowie Farbstoffen. Daraus resultieren dann auch Unterschiede in den Eigenschaften.

Thermoplastische Elastomere – TPE
Thermoplastische Elastomere bestehen aus weitmaschig vernetzten Polymeren, die aus harten und weichen Polymerteilen bestehen. Je nach Verhältnis können sehr unterschiedliche Eigenschaften erreicht werden. Charakteristisch für diese Polymere sind ein elastisches Verhalten im Bereich der Gebrauchstemperaturen und ein Erweichen und Aufschmelzen oberhalb einer definierten Temperatur.

Ein weit verbreiteter Vertreter ist Polyurethan (PUR) in verschiedensten Modifikationen. Ein besonderer Vorteil liegt in den sehr guten mechanischen Eigenschaften hinsichtlich Zug, Biegewechselfestigkeit, Dehnbarkeit, Kerbwirkung, Abrieb- und Verschleißverhalten. Nachteilig ist ein höherer Preis gegenüber PVC. Je nach Herstellung können die Eigenschaften so beeinflusst werden, das PUR auch den anderen Klassen zuzuordnen ist.

Elastomere
Sie bestehen aus langen Kettenmolekülen, wobei die einzelnen Kettenglieder gegeneinander verdrehbar sind. Damit entsteht eine Verdrillung, die ein Polymerknäuel entstehen lässt. Bei einer Zugbeanspruchung richten sich die Polymerketten in Richtung der Beanspruchung aus, wobei sich das Knäuel auflöst. Nach Wegnahme der Beanspruchung ziehen sich die Ketten wieder in den Ausgangszustand zusammen. Darin ist die Elastizität dieser Polymere begründet.

Eine besondere Gruppe sind die Silikon-Elastomere, bei denen Siliziumatome über Sauerstoffatome in den Ketten verbunden sind. Sie zeichnen sich hinsichtlich des Einsatzes durch einen großen Temperaturbereich von $-50\,°C$ bis $180\,°C$, kurzzeitig bis $250\,°C$, aus.

Duroplaste

Sie weisen eine vernetzte Struktur auf und sind nach dem Aushärtungsprozess nicht mehr verformbar. Bei Isolationen und Mantelwerkstoffen von Kabeln und Leitungen finden sie keine Verwendung.

Ein typischer Vertreter ist die Gruppe der Epoxidharze, die in Verbindung mit unterschiedlichsten Gewebeeinlagen die wichtigsten Substratwerkstoffe für Leiterplatten und Multilayer darstellen. Dazu sei der Kompositwerkstoff FR4 genannt, bei dem ein Glasgewebe in Epoxidharz eingebettet ist. Zur Verwendung der isolierenden Stoffe siehe auch Abschn. 5.2.6.2 und für weitere Eigenschaften [45, Kap. 3.2].

5.2.5 Klassifizierung von Kabeln und Leitungen nach Bauformen

Die Vielzahl der Kabel und Leitungen tragen die unterschiedlichsten Bezeichnen wie Starkstromkabel, Netzwerkkabel, LAN-Kabel, Antennenkabel etc., die jeweils vom Standpunkt des Betrachters und der Anwendung abhängig sind.

So wird ein Installationskabel für die ortsfeste Verbindung zweier Geräte mit drei Adern, eine für den Leiter (L), eine für den Neutralleiter (N) und eine für den Schutzleiter (PE), als Energiekabel angesehen. Eine zweiadrige Leitung kann, wenn nur die Adernzahl betrachtet wird als Energie- oder auch als Signalleitung fungieren. In keinem der Beispiele ist dabei eine Aussage darüber zu finden, wie die Kabel und Leitungen konstruktiv aufgebaut sind. So können bei der 3-adrigen Leitung alle Adern nebeneinander liegen (Flachband) oder sie liegen auf den Eckpunkten eines gleichseitigen Dreiecks (typisch). Bei der 2-adrigen Leitung liegen die beiden Adern nebeneinander oder sind miteinander verseilt (Twisted Pair).

Somit können Kabel und Leitungen nach den unterschiedlichsten Gesichtspunkten betrachtet werden. An dieser Stelle wird auf die Klassifizierung nach [45] zurückgegriffen:

- Bauform
- Signalübertragung
- Energieübertragung
- Einsatzumgebung
- mechanische Flexibilität für besondere Anwendungen
- verwendete Normen, Standards und Zertifizierungen

An dieser Stelle soll nur auf die Klassifizierung nach der Bauform, Abb. 5.5, eingegangen werden, da sie für den Gerätebau am günstigsten erscheint. Betrachtet man dazu beispielsweise eine Installationsleitung in einem Gebäude mit der Funktion der Energieübertragung, so kann mittels der Powerline-Technologie auch ein Datentransfer hierüber erfolgen. Eine Unterscheidung in Energie- und Signalübertragung hinsichtlich der Bauform ist dann überflüssig.

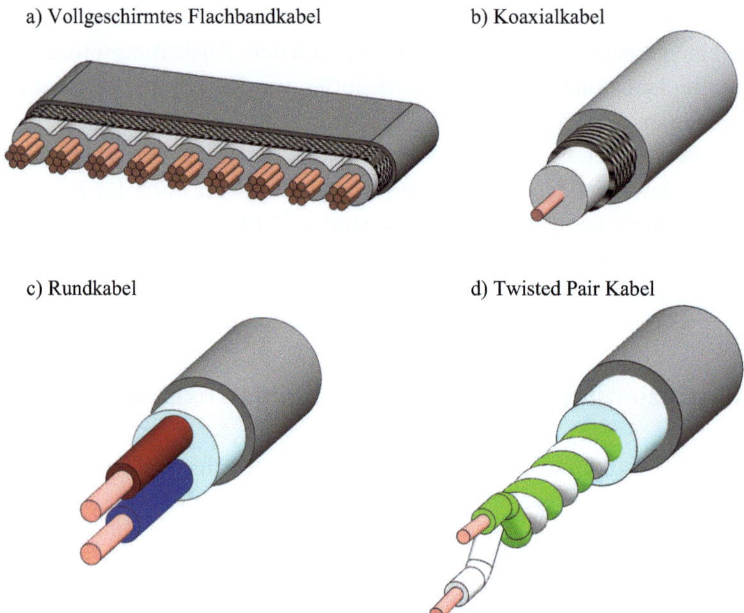

Abb. 5.5 Grundlegende Bauformen von Einzelleitungen

5.2.5.1 Flachbandkabel

Flachbandkabel, Abb. 5.5-a, bestehen aus nebeneinander liegenden Adern (bis zu 154), wobei Adern auch paarweise miteinander verdrillt werden können. Das dargestellte Flachbandkabel weist als Besonderheit eine vollständige Schirmung auf. Durch geeignete Wahl der Belegung von Adern mit Massen kann insbesondere das Übersprechen von Signalen stark beeinflusst werden, Abschn. 6.6.6 und Abb. 6.58. Eine parallele Kontaktierung der Adern besonders mit Schneidklemmverbindungen, Abschn. 5.4.5, ist möglich, wodurch sich die Montagezeiten und -kosten deutlich reduzieren lassen.

5.2.5.2 Koaxialkabel

Koaxialkabel (kurz Koaxkabel), Abb. 5.5-b, werden zur Übertragung von Hochfrequenzsignalen eingesetzt. Sie bestehen aus einem Innenleiter, der genau in der Mitte eines kreiszylindrischen Außenleiters angeordnet ist. Der Raum zwischen den Leitern besteht aus einem festen Dielektrikum oder auch teilweise Luft.

Die Ausführungen der Innen- und Außenleiter richten sich nach dem Einsatzgebiet. Bei ortsfester Verlegung kommt massives Kupfer zum Einsatz, wogegen für flexible Kabel der Innenleiter als massiver Draht und der Außenleiter flexibel in Form von Geflechten, Folienbändern u. a. ausgeführt wird, Abschn. 6.6.6. Die typischen Impedanzen sind 50, 60 und 75 Ω.

Das Triaxialkabel weist zwei Schirmlagen um den Innenleiter auf. Der innere Schirm dient als Bezugspotenzial für die Signale und der Außenschirm als EMV-Schirmung mit beidseitiger Erdkontaktierung. Es ist ersichtlich, dass diese Ausführung für besonders empfindliche Signale einzusetzen ist.

5.2.5.3 Rundkabel

Der Mantel dieser Bauformen, Abb. 5.5-c, ist immer kreisrund. Sie finden eine breite Anwendung in der Energie- und Informationstechnik, insbesondere für Steuerleitungen, wogegen sie für Datenleitungen weniger in Gebrauch sind.

Die Ausführungen können ein- und mehradrig sein. Für die Energieübertragung kommen besonders die 3-adrigen Leitungen mit einem Außenleiter (L1), dem Neutralleiter (N) und dem Schutzleiter (PE) sowie die 5-adrigen Leitungen mit 3 Außenleitern (L1, L2, L3), dem Neutralleiter (N) und dem Schutzleiter (PE) zur Anwendung, siehe dazu auch die Abschn. 2.7.2 und 2.7.3. Für die Informationstechnik werden i. d. R. mehradrige Leitungen verwendet.

Weiterhin können auch alle Adern miteinander leicht verdreht und die ganze Leitung geschirmt werden.

Als Leiter kommen Massivdrähte aus Kupfer und Aluminium sowie Kupferlitzen, teilweise verzinnt, zum Einsatz.

5.2.5.4 Twisted-Pair-Kabel

Twisted-Pair-Kabel (TP-Kabel), Abb. 5.5-d, werden hauptsächlich für die Übertragung von Steuersignalen und Daten verwendet.

Sie stellen prinzipiell eine Zweidrahtleitung dar, bei der die beiden Adern miteinander verseilt (auch verdrillt oder gekreuzt) sind. Durch die Verseilung heben sich äußere elektromagnetische Felder weitgehend auf. Einkoppelnde Störungen liegen auf beiden Adern, was unproblematisch ist, da empfängerseitig nur die Differenz der Signale auf den Adern ausgewertet wird.

Die Adern bestehen aus massivem Draht oder Litze. Häufig verwendete Kabel haben 4 Adernpaare. Zur Verringerung der gegenseitigen Beeinflussung weisen sie oftmals unterschiedliche Schlaglängen auf. Eine Schlaglänge ist die Länge einer vollständigen Drehung um die Verseilachse.

Zur weiteren Erhöhung der Störunempfindlichkeit gegenüber elektromagnetischen Feldern werden Schirme unterschiedlicher Bauart eingesetzt. Ungeschirmte Kabel werden als Unshielded Twisted Pair (UTP) bezeichnet. Je nach Art der Schirmung gibt es unterschiedliche Bauformen, Abb. 5.6.

Die Tab. 5.4 zeigt das Bezeichnungsschema für Twisted-Pair Kabel.

Die Tab. 5.5 zeigt die Klassifikation von Kommunikationskabeln ausschnittweise für drei Parameter; vollständig in DIN EN 50173-1 [20].

Die GG45-Buchsen sind abwärtskompatibel, so dass RJ45-Stecker dort passen. Umgekehrt passen aber GG45-Stecker nicht in RJ45-Buchsen, da die GG45-Stecker 4 zusätzliche High-Speed Pins auf der Oberseite enthalten.

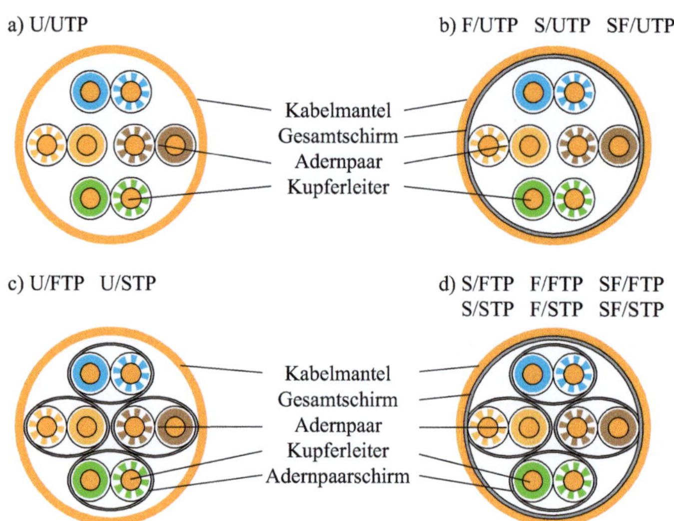

Abb. 5.6 Bauformen von Twisted-Pair Kabeln

Tab. 5.4 Kennzeichnung Twisted Pair

Bezeichnungsschema: XX/YZZ		
1. XX - Gesamtschirmung		**2. Y - Adernpaarschirmung**
U	ungeschirmt (Unshielded)	U	ungeschirmt
F	Folienschirm (Foiled)	F	Folienschirm
S	Geflechtschirm (Screened)	S	Geflechtschirm
SF	Geflecht- und Folienschirm		
3. ZZ - Verseilart		
TP	Twisted Pair	
QP	Quad Pair	

Die eindeutige Zuordnung einer speziellen Twisted-Pair-Bauform zu einer CAT-Klassifikation ist nicht immer gegeben. Kabel der Kategorien CAT 5 bis CAT 6_A können geschirmt wie auch ungeschirmt ausgeführt sein, wogegen ab CAT 7 nur geschirmte Kabel zur Anwendung kommen.

Ausführungsbeispiele sind für ein CAT 5e-Kabel F/UTP oder SF/UTP, für ein CAT 6_A-Kabel U/UTP, F/UTP, S/FTP oder auch U/FTP und für ein CAT 7-Kabel S/FTP.

Die Kategorien CAT 1 (0,4 kHz), CAT 2 (1 (4) MHz), CAT 3 (16 MHz) und CAT 4 (20 MHz) spielen in der Kommunikationstechnik nur noch eine untergeordnete Rolle.

Tab. 5.5 Klassifizierung der Kommunikationskabel, nach DIN EN 50173-1 (VDE 0800-173-1) [20]

Klasse	CAT	max. Frequenz	max. Datentransfer	max. Länge	Stecker
D	CAT 5	100 MHz	100 MBit/s	100 m	RJ45, 4-adrig
D	CAT 5e	100(350) MHz	1 GBit/s	100 m	RJ45
E	CAT 6	250 MHz	10 GBit/s	55 m	RJ45
E_A	CAT 6_A [2]	500 MHz	10 GBit/s	100 m	RJ45
F	CAT 7	600 MHz	10 GBit/s	100 m	kein RJ45 [1]
F_A	CAT 7_A	1 GHz	10 GBit/s	100 m	kein RJ45 [1]
I	CAT 8.1	2 GHz	40(100) GBit/s	30 m	RJ45
II	CAT 8.2	2 GHz	40(100) GBit/s	30 m	kein RJ45 [1]

CAT 8.1 funktioniert mit CAT 5, 6 und 6_A, mit RJ45-Stecker kompatibel

[1] CAT 8.2 funktioniert mit CAT 7 u. 7_A, mit GG45-, ARJ45- oder TERA-Steckern

[2] Schreibweise mit tiefgestelltem A (6_A) nach internationalen Normen ISO/IEC; mit normalgestelltem A (6 A) nach amerikanischen Normen TIA/EIA

5.2.6 Kabelkennzeichnung

Die Kennzeichnung von Kabeln kann durch Farbkodierung, Beschriftungsbänder, Etiketten und Kabelaufdrucke erfolgen.

5.2.6.1 Farbkennzeichnung der Adern in Kabeln und Leitungen

Bei Kabeln und Leitungen, die zwei bis fünf Adern haben, besteht eine Kennzeichnungspflicht, Tab. 5.6.

Tab. 5.6 Farbkennzeichnung der Adern von Kabeln und Leitungen

Leitungen mit Schutzleiter					
Aderzahl	Schutzleiter	Neutralleiter	Leiter-1	Leiter-2	Leiter-3
3	grün-gelb	blau	braun		
4	grün-gelb		braun	schwarz	grau
5	grün-gelb	blau	braun	schwarz	grau

Leitungen ohne Schutzleiter					
Aderzahl	Neutralleiter	Leiter-1	Leiter-2	Leiter-3	Leiter-4
2	blau	braun			
3		braun	schwarz	grau	
4	blau	braun	schwarz	grau	
5	blau	braun	schwarz	grau	schwarz

5.2.6.2 Kabelkennzeichnungen mit Typkurzzeichen

Im Folgenden wird auf die Kodierung der Kabelkennzeichnungen mit Kurzzeichen für die einzelnen Bestandteile der Kabel und Leitungen, das jeweilige Typkurzzeichen, eingegangen.

Das Bezeichnungsschema des Typkurzzeichens besteht aus drei Teilen:

- Bauartkurzeichen, das den Aufbau der Kabel und Leitungen von Innen nach Außen (von links nach rechts) beschreibt.
- Angaben zu Adernzahl, Leitungsnennquerschnitt, Leiterform und zum Schutzleiter(grün/gelb).
- Angaben zur Nennspannung U_0/U.
  U_0 ist der Effektivwert der Spannung zwischen einem Außenleiter und Erde
  U ist der Effektivwert der Spannung zwischen zwei Außenleitern

In der VDE-Schriftenreihe 29 [56] sind dazu umfangreiche Informationen zu finden.

1. Typkurzzeichen für Harmonisierte Leitungen

Harmonisierte Leitungen sind innerhalb von CENELEC[1] genormt, wobei die Kennzeichnung mit einer 11-stelligen Ziffern/Buchstaben-Codierung erfolgt.

$$\boxed{1}\,\boxed{2}\,\boxed{3}\,\boxed{4}\,\boxed{5}\,\boxed{6}\,\boxed{7}\,\boxed{8}\,\text{-}\,\boxed{9}\,\boxed{10}\,\boxed{11}$$

Zusätzlich wird dieser 11-stellige Block in drei Teile mit den Codefeldern 1-2, 3-8 und 9-11 unterteilt. Belegt werden dieser Codefelder mit den folgenden Parametern.

1. Kennzeichnung der Bestimmung

A   anerkannter nationaler Typ in Anlehnung an HAR

B   harmonisierte Typen (HAR) nach CENELEC

2. Nennspannung U_0/U

01   100/100 V

03   300/300 V

05   300/500 V

07   450/750 V

3. und 5. Isolierwerkstoffe und nicht-metallenen Mantelwerkstoffe

B   Ethylenpropylen-Gummi für eine Dauerbelastung von 90 °C

G   Ethylenvinylacetat

J   Glasfaserbeflechtung

M   Mineralisolierung

N   Polychloropren-Gummi (oder gleichwertiger Werkstoff)

N2   Spezial-Polychloropren-Gummi für Mäntel von Schweißleitungen

---

[1] CENELEC: Europäisches Komitee für Elektrotechnische Normung.

N4   Chlorsulfiniertes oder chloriertes Polyethylen
N8   Spezial-Polychloropren-Gummi-Mischung-wasserbeständig
Q   Polyurethan
Q4   Polyamid
R   Ethylenpropylen-Gummi od. gleichw. synthetisches Elastomer 60 °C
S   Silikon-Gummi
T   Textilbeflechtung über den verseilten Adern, getränkt oder nicht
T6   Textilbeflechtung über jeder Ader einer mehradr. Leitg., getränkt oder nicht
V   PVC, weich
V2   PVC, weich, für eine Dauerbelastung von 90 °C
V3   PVC, weich, für den Einsatz bei niedrigen Temperaturen
V4   PVC, weich, vernetzt
V5   PVC, weich, ölbeständig
Z   Vernetzte Polyolefine, im Brandfall wenig korrosiv u. raucharm
Z1   Thermoplastische Polyolefine, im Brandfall wenig korrosiv u. raucharm

4. Metallene Umhüllungen
C   Konzentrischer Kupferleiter
C4   Kupferschirm als Geflecht über den verseilten Adern

6. Zusätzliche Aufbauelemente und Sonderausführungen
D3   Konzentrischer Kupferleiter
D5   Kupferschirm als Geflecht über den verseilten Adern
*   bedeutet: kein Zeichen an dieser Stelle für runde Leitungskonstruktion
H   Flache Ausführung aufteilbarer Leitungen mit und ohne Mantel
H2   Flache Ausführung nicht aufteilbarer Leitungen
H6   Flache Leitung mit 3 oder mehr Adern
H7   Leitung mit extrudierter zweischichtiger Isolierhülle
H8   Wendelleitung

7. Leiterwerkstoff
*   bedeutet: kein Zeichen an dieser Stelle für Kupferleiter
A   Aluminiumleiter

8. Leiterform
D   Feindrähtiger Leiter für Schweißleitungen, Klasse 5
E   Feindrähtiger Leiter für Schweißleitungen, Klasse 6
F   Feindrähtiger Leiter einer flexiblen Leitung, Klasse 5
H   Feinstdrähtiger Leiter einer flexiblen Leitung, Klasse 6
K   Feindrähtiger Leiter einer Leitung für feste Verlegung, Klasse 5
R   Mehrdrähtiger Rundleiter
U   Eindrähtiger Rundleiter
Y   Lahnlitzenleiter

9. Anzahl der Adern

*   hier steht 1, 2, 3, 4, $\cdots$

10. Schutzleiter (Malzeichen)

X   ohne Schutzleiter

G   mit Schutzleiter

11. Leiternennquerschnitt

*   hier steht der Leiternennquerschnitt als Zahl, Einheit mm^2

Y   Lahnlitzenleiter, dessen Nennquerschnitt nicht festgelegt ist

Beispiele:

- **H05VV-F 3 G 1,0**

    Harmonisierte Leitung (H), Nennspannung 300/500 V (05), Leitungsisolation PVC (V), Mantelisolierung PVC (V), Feindrähtige Leitung für flexible Verlegung (F), 3 Adern (3), mit Schutzleiter (G), Nennquerschnitt 1 mm^2 (1,0)

- **H05SJ-K 1 x 6**

    Harmonisierte Aderleitung (H), Nennspannung 300/500 V (05), Silikonisolierung (S), Glasfaserbeflechtung (J), feindrähtige Kupferleitung für feste Verlegung (K), 1 Ader (1), Nennquerschnitt 6 mm^2 (6)

2. Typkurzzeichen für Starkstromkabel und -leitungen

Die Kennzeichnung entsprechend der Hauptnorm VDE 0250 mit Erläuterungen in [56] erfolgt mit einer 10-stelligen Ziffern/Buchstaben-Codierung,

$$\boxed{1}\,\boxed{2}\,\boxed{3}\,\boxed{4}\,\boxed{5}\text{-}\boxed{6}\,\boxed{7}\,\boxed{8}\,\boxed{9}\,\boxed{10}$$

wobei die einzelnen Codefelder den folgenden Parametern entsprechen.

1. Grundtyp

N   entsprechend VDE

X   in Anlehnung an die VDE

2. Isolierwerkstoff

Y   PVC

X   Vernetzte thermoplastische Kunststoffe

G   Elastomere

HX   Halogenfreie Werkstoffe

3. Leitungsbezeichnung

A   Aderleitung

D   Massivdraht

AF   Aderleitung, feindrähtig

F   Fassungsader

I	Installationsleitung
L	Leuchtröhrenleitung
LH	Anschlussleitung, leichte mechanische Belastung
M	Mantelleitung
MH	Anschlussleitung, mittlere mechanische Belastung
SH	Anschlussleitung, schwere mechanische Belastung
SSH	Anschlussleitung, spezielle Belastung
SL	Steuer- bzw. Schweißleitung
S	Steuerleitung
LS	Leichte Steuerleitung
FL	Flachleitung
Si	Silikonleitung
Z	Zwillingsleitung
GL	Glasseide
Li	Litzenleiter nach VDE 812
LiF	Litzenleiter nach VDE 812 feinstdrähtig

4. Besonderheiten

T	Tragorgan
Ö	Ölbeständig
U	Schwer entflammbar
W	Wärmebeständig/Wetterfest
FE	Isolationserhalt für eine bestimmte Zeit
C	Metallhülle über verseilten Adern, konzentrischer Leiter
S	Stahldrahtgeflecht

5. Mäntel

*	siehe Isolierstoffe nach Punkt 2
P	Polyurethan

6. Schutzleiter

O	ohne Schutzleiter
J	mit Schutzleiter

7. Aderzahl

*	hier steht 1, 2, 3, 4, $\cdots$

8. Leiternennquerschnitt

*	hier steht der Leiternennquerschnitt als Zahl, Einheit mm^2

9. Leitertyp

R	runder Leiter
E	eindrähtiger Leiter
M	mehrdrähtiger Leiter

10. Nennspannung U_0/U

Bei einer Leitungsart, die für verschiedene Spannungen hergestellt wird, erfolgt die Angabe der Spannung in kV.

Beispiel: NYM-J 3 x 1,5

Nationale Norm (N), Aderisolation(Leitungsisolation) PVC (Y), Mantelleitung (M), mit Schutzleiter (J), 3 Adern (3), Nennquerschnitt $1,5\,\text{mm}^2$ (1,5) VDE 0250 Teil 204

5.2.7 Beanspruchungen von Kabeln und Leitungen

Kabel und Leitungen, zur Begrifflichkeit siehe Abschn. 5.2.1, unterliegen insbesondere elektrischen, thermischen, mechanischen und chemischen Beanspruchungen, von denen im Folgenden wesentliche genannt werden:

1. Strombelastbarkeit

Aufgrund der Bedeutung wird sie im Abschn. 5.2.8 gesondert betrachtet.

In vielen Fällen wird auch der Ausdruck Stromtragfähigkeit verwendet.

2. Durchschlagsfestigkeit

Die Durchschlagsfestigkeit, oft auch als Spannungsfestigkeit bezeichnet, ist physikalisch gesehen eine elektrische Feldstärke E_d (typisch in kV/mm) und gibt an, bei welcher Spannung U_d ein Durchschlag zwischen zwei Leitern, getrennt durch ein Dielektrikum der Dicke d, erfolgt:

$$E_d = \frac{U_d}{d} \tag{5.3}$$

Die Dicke ist dabei der kleinste Abstand der Elektroden und wird auch als Schlagweite bezeichnet. Das ist speziell bei inhomogen Feldern von Bedeutung, da der Durchschlag beim geringsten Abstand erfolgt.

Die Durchschlagsfestigkeit ist von einer Reihe von Faktoren abhängig (Gl. (5.3) gibt nur zwei wesentliche Faktoren an):

- Spannung U_d zwischen den Leitern.
- Kleinster Abstand d zwischen den Leitern in Verbindung mit den Leitergeometrien der Leiter selbst und zueinander.
- Datenblätter geben den Wert E_d für ein homogenes Feld an. Mit zunehmenden inhomogenen Feldern sinkt dieser Wert! Unbedingt beachten!
- Einwirkzeit der Spannung und die Art der Spannung (DC, AC, Impulse) verbunden mit der Geschwindigkeit des Spannungsanstiegs, vgl. [7].
- Dielektrikum zwischen den Leitern.
- Reinheit des Dielektrikums (Störpartikelgrößen und -verteilung).

- Oberflächenbeschaffenheit, wie Rauheit.
- Bei Gasen gibt es eine ausgeprägte Abhängigkeit vom Druck, typisch steigt die Durchschlagsfestigkeit mit der Druckzunahme (bei Luft linear).
- Bei vielen Stoffen steigt die Durchschlagsspannung nicht proportional mit der Dicke, sondern schwächt sich mit zunehmender Dicke ab.

Die Tab. 5.7 gibt Werte für Durchschlagsfestigkeiten an. Hierbei handelt es sich um Richtwerte für homogene Felder. In der Literatur werden häufig Werte ohne eindeutige Prüfbedingungen, wie z. B. die Dielektrikumsdicke, angegeben, die einen Vergleich erschweren.

Gase als Dielektrika für Leitungen spielen im Gerätebau keine Rolle, sind aber für Vergleichszwecke hier aufgeführt [43, 55].

Anders verhält es sich, wenn sie als Löschgase zum Unterbrechen von Lichtbögen, beispielsweise bei Schaltkontakten, eingesetzt werden.

3. Temperaturstabilität

Der zulässige Temperatureinsatzbereich wird durch die Isolierstoffe vorgegeben. Für die vielfach eingesetzten PVC-Isoliermischungen gibt es 5 Mischungstypen TI 1 bis TI 5. So gelten für den Typ TI 1 (Standardanwendung) eine maximale Betriebstemperatur von $+70\,°C$ und für die Kältedehnungsprüfung $-15\,°C$, für den Typ TI 3 (wärmebeständig) entsprechend $+90\,°C$ und $-15\,°C$ und für den Typ TI 4 (Verlegung bei tiefen Temperaturen) entsprechend $+70\,°C$ und $-40\,°C$.

Tab. 5.7 Richtwerte für Durchschlagsfestigkeiten, [diverse Quellen]

Dielektrikum	Durchschlagsfestigkeit in kV/mm	
PVC-weich (Polyvinylchlorid)	20 - 150	150 bei $d = 40\,\mu m$
PE (Polyethylen)	40 - 100	
PUR (Polyurethan)	30 - 50	
PP (Poylypropylen)	55 - 200	200 bei $d = 40\,\mu m$
PA (Polyamid)	30 - 50	
PS (Polystyrol)	30 - 45	
PTFE (Polytetrafluorethylen)	20 - 80	spezieller Isolierstoff
FR4 (Flame Retardant)	20 - 60	Leiterplattenwerkstoff
FR4, Typ FT408 (Isola)	55	Leiterplattenwerkstoff
Luft (DC)	3,03 / 1 bar	bei $d = 1\,mm$
SF_6 (Schwefelhexafluorid)[*]	9 / 1 bar	bei $d = 1\,mm$
Luft (AC bei 50 Hz)	2 / 1 bar	wachsend auf 96 bei 10 bar
95 % N_2 +5 % SF_6 (AC bei 50 Hz)	3,5 bei 1 bar	wachsend auf 142 bei 10 bar

[*]Isolier- u. Schutzgas; Löschgas zum Unterbrechen von Lichtbögen; Treibhausgas

Eine weitere Beanspruchung besteht auch in den Temperaturwechselvorgängen. Gehen sie langsam vonstatten, so wird der Einfluss gering sein. Bei Schaltvorgängen im Leistungsbereich mit schnellen Erwärmungs- und Abkühlzyklen wird ein negativer Einfluss auf die Zuverlässigkeit bestehen.

4. Wärmeausdehnung

Alle elektrischen Leitungen weisen einen positiven Wärmeausdehnungskoeffizienten α auf, wodurch sie sich bei Temperaturerhöhungen ausdehnen. Wird eine Leitung an mehreren Stellen im Gerät, bzw. allgemein in der Umgebung, mit Befestigungselementen fixiert und ein späterer Betrieb erfolgt bei deutlich niedrigeren Temperaturen, so unterliegen die Leitung und die Befestigungselemente mechanischen Beanspruchungen. Mögliche Schäden sind das Reißen einer Leitung und eine Rissbildung in der Isolation.

5. Kerbwirkung

Werden Leitungen nicht sachgemäß abisoliert und der elektrische Leiter wird dabei durch eine Kerbe beschädigt, so kann hier die Ursache für einen Leitungsbruch entstehen. Das ist besonders kritisch, wenn massive Leiter und Litzen von Litzenleitern kleine Durchmesser aufweisen.

6. Zugbeanspruchungen

Dabei sind zwei Fälle zu unterscheiden:

Erstens die Zugbeanspruchung in der Leitung durch das Eigengewicht und mögliche angehängte Massen und *zweitens* die Zugbeanspruchung im Bereich der elektrischen Kontaktierung. Bei der letzteren muss grundsätzlich eine Zugentlastung der Kontakte vorgesehen werden.

7. Biegewechselfestigkeit

Bei häufigen Lastwechseln von Biegebeanspruchungen, beispielsweise wenn Leitungen von festen Installationen in Türen übergehen, können Leitungsbrüche erfolgen. Entscheidend dabei ist der Leitungsdurchmesser im Verhältnis zum Biegeradius. Je größer der Durchmesser eines massiven elektrischen Leiters ist, desto größer muss auch der zulässige Biegeradius werden. Beim Biegen eines Leiters wird seine Außenseite einem Zug und seine Innenseite einem Druck ausgesetzt. Beim Hin- und Herbiegen der Leiter ändern sich die Zug- und Druckseiten und es liegt eine Wechselbeanspruchung vor. Wird der Leiter dagegen nur in eine Richtung gebogen und wieder zurück nur in die Ausgangslage gebracht, so verbleiben die Zug- und Druckbeanspruchungen an den gleichen Stellen und es liegt eine Schwellbeanspruchung vor.

Ist ein zu kleiner Biegeradius erforderlich, so muss die Leitungsbauform angepasst werden, beispielsweise dadurch, dass bei einem Litzenleiter kleinere Litzendurchmesser verwendet werden.

8. Vibrationen

Vibrationen sind periodische mechanische Schwingungen, die abhängig vom Frequenzbereich zu Materialermüdungen und somit zum Bruch führen können. Hinsichtlich des Auftretens lassen sich folgende Fälle unterscheiden:

- Kabel und Leitungen sind im Gerät verbaut und das ganze Gerät schwingt.
- Kabel und Leitungen verbinden ein stationäres Gerät bzw. eine feste Installation mit einem beweglichen Gerät verbinden welches Vibrationen unterliegt, z. B. die Verbindung einer rotierenden Maschine mit einer Steuerung.
- An einer Kontaktstelle kann es infolge der Vibrationen zum Bruch der elektrischen Verbindung an bzw. in der Kontaktstelle kommen. Wird beispielsweise eine Kontaktierung mittels der Wire-Wrap Technologie hergestellt, bei der ein Draht um einen prismatischen Stift gewickelt wird, so kann die Vibrationsbeanspruchung dadurch verringert werden, dass der erste Wickel mit Isolierung gewickelt wird, vgl. Abschn. 5.4.3.

9. Brandverhalten

Brände von Kabeln und Leitungen stellen ein enormes Risiko hinsichtlich der Gesundheit und der materieller Werte dar. Durch die langen, verzweigten und oftmals schwer zugänglichen Verlegeorte wird ein sehr schnelles Ausbreiten des Feuers und Rauchs begünstigt. Die Rauchgase stellen im Brandfall ein großes Risiko dar, weil diese zu Rauchvergiftungen führen.

Zu unterscheiden ist in das **Brandverhalten** und den **Funktionserhalt**:

Zum **Brandverhalten** gehören die Brandentwicklung, die Flammausbreitung, die Rauchentwicklung, die Wärmefreisetzung, brennendes Abtropfen und die Entwicklung schädlicher Gase.

Der **Funktionserhalt** gibt dagegen an, wie lange ein Kabel bzw. eine Leitung funktioniert.

Hierbei haben die halogenfreien (zu den Halogenen gehören Brom, Jod, Chlor und Fluor) Kabel und Leitungen besondere Vorteile:

- Sie setzen im Brandfall keine toxischen und korrosiven Bestandteile frei, im Gegensatz zu PVC-Kabeln und -Leitungen.
- Sie weisen ein verbessertes Verhalten im Brandfall auf, d. h. sie sind schwerer entflammbar und haben eine geringere Brandfortleitung.
- Sie sind raucharm, was Fluchtwege begünstigt.

Die Tab. 5.8 zeigt die Klassifizierung des Brandverhaltens von elektrischen Kabeln mit 7 definierten Klassen und 11 zusätzlichen Eigenschaften [19, 63].

10. Wasseraufnahme

Die Wasseraufnahme von Kabeln und Leitungen ist für den Gerätebau insofern von Interesse, als es um die Verbindungen zwischen Geräten in feuchten Umgebungen, einschließlich unter Wasser, geht.

Tab. 5.8 Klassifizierung des Brandverhaltens von elektrischen Kabeln [19, 63]

Klassen des Brandverhaltens elektrischer Kabel	
A_{CA}	nicht brennbar
$B1_{CA}$	kein oder sehr geringer Abbrand, geringe Wärmefreisetzung (innerhalb 20 Minuten ≤ 10 MJ)
$B2_{CA}$	bei Beflammung keine stetige Flammausbeitung, begrenzte Wärmefreisetzung (innerhalb 20 Minuten ≤ 15 MJ)
C_{CA}	bei Beflammung keine stetige Flammausbreitung, mäßige Wärmefreisetzung (innerhalb 20 Minuten ≤ 30 MJ)
D_{CA}	stetige Flammenausbreitung, mäßige Brandentwicklung und höhere Wärmefreisetzung (innerhalb 20 Minuten ≤ 70 MJ)
E_{CA}	entzündlich bei kleinen Flammen, geringe Beständigkeit gegenüber Temperaturerhöhungen
F_{CA}	keine Leistungskriterien festgelegt
Zusatz für Rauchentwicklung für die Klassen $B1_{CA}$, $B2_{CA}$, C_{CA} und D_{CA}	
s1	schwache Qualmbildung
s1a	schwache Qualmbildung, Transmissionsgrad $\geq 80\%$
s1b	schwache Qualmbildung, Transmissionsgrad $\geq 60\%$ und $< 80\%$
s2	mittlere Qualmbildung
s3	keine Leistungsangaben, möglicherweise starke Qualmbildung
Zusatz für flammende Partikel für die Klassen $B1_{CA}$, $B2_{CA}$, C_{CA} und D_{CA}	
d0	kein brennendes Abtropfen innerhalb 1200 s
d1	max. 10 s andauerndes Abtropfen innerhalb 1200 s
d2	keine Leistungsangaben, möglicherweise starkes Abtropfen
Zusatz für Azidität (saure Gase) für die Klassen $B1_{CA}$, $B2_{CA}$, C_{CA} und D_{CA}	
a1	leicht korrosive Rauchgase
a2	mittel korrosive Rauchgase
a3	keine Leistungsangaben, möglicherweise stark korrosive Rauchgase
Beispiel:	$B2_{CA}$-s2,d1,a2

Temperaturerhöhungen führen zu schnellerer und vergrößerter Wasseraufnahme. Die Wasseraufnahme, in den Datenblättern typisch für 20 °C angegeben, liegt zwischen 0,01 % für PTFE und 2 % für Silikonkautschuk. Bei dem sehr häufig verwendeten PVC beträgt sie 0,4 %.

Für ein gutes mechanisches und elektrisches Langzeitverhalten sind vor allen der Diffusionskoeffizient und die Sättigung der Isolierstoffe von Bedeutung. Beide Faktoren müssen möglichst niedrig sein.

Schädigungen infolge von Wassereinlagerungen können Extraktionen von Werkstoffbestandteilen sein, wie beispielsweise Weichmachern, die dann zu einer Erhöhung der Härte und somit zur Versprödung führen.

11. Korrosionsbeständigkeit

Kupferleiter oxidieren an der Luft und bilden insbesondere bei porösen Isolierungen auf der Kupferoberfläche einen Oxidfilm (Cu_2O) aus. Diese Oxideschicht weist, wie auch die Aluminiumoxidschicht, erhöhte Widerstände auf, so dass sich die Kontaktwiderstände vergrößern. Für Kontakte werden metallisch reine Oberflächen gefordert.

Bei Lötverbindungen müssen diese Schichten mittels geeigneter Flussmittel entfernt werden, damit eine Benetzbarkeit mit dem Lot ermöglicht wird.

Dabei ist zu beachtet, dass Flussmittel bestimmter Flussmittelklassen korrosiven Rückstände hinterlassen, die nach dem Fertigungsprozess entfernt werden müssen.

12. Weitere Beanspruchungen

Weitere Beanspruchungen mit geringerer Bedeutung für den Gerätebau sind:

- Beständigkeit gegenüber Lösungsmitteln, Ölen und Kraftstoffen
- Allgemeine Witterungsbeständigkeit z. B. UV-Beständigkeit
- Reißdehnung
- Festigkeit gegenüber Kriechvorgängen bei mechanischen Belastungen (insbesondere bei Schraubverbindungen), Abschn. 8.8.4.

5.2.8 Strombelastbarkeit

Die Strombelastbarkeit von Kabeln und Leitungen wird typischerweise als eine Stromstärke in Ampere in Zusammenhang mit einem Leiterquerschnitt und der Verlegeart, Tab. 5.9 und Tab. 5.10 angegeben. Damit kann die jeweilige Stromdichte ermittelt werden, die für die Strombelastbarkeit entscheidend ist.

Die ausschließliche Angabe einer Stromstärke in Ampere ist grundsätzlich nicht aussagefähig!

Beispiel:

Zwei Leiter sind mittels einer Schraubverbindung miteinander verbunden.

Durch diese Kontaktstelle fließt ein maximaler Strom von 25 A. Der Querschnitt des Kontaktes sei genau so groß wie die beiden zu verbindenden Leiterquerschnitte und betrage $A = 2{,}5\,mm^2$, Werte Tab. 5.9 mit der Verlegeart E3, Tab. 5.10. Damit ergibt sich für den korrekten Betriebszustand eine maximale zulässige Stromdichte von $S_{max} = 10\,A/mm^2$.

Tab. 5.9 Strombelastbarkeit (Kupferleiter) für verschiedene Verlegearten, Auszüge DIN VDE 0298-4 Tab. 3 und 4 [8]

Ader zahl	B1		B2		C		E		F			G	
	2	3	2	3	2	3	2	3	2	3	3	3	3
A_n	Strombelastbarkeit in A für Kupferleiter												
1,5	17,5	15,5	16,5	15,0	19,5	17,5	22	18,5	-	-	-	-	-
2,5	24	21	23	20	27	24	30	25	-	-	-	-	-
4	32	28	30	27	36	32	40	34	-	-	-	-	-
6	41	36	38	34	46	41	51	43	-	-	-	-	-
10	57	50	52	46	63	57	70	60	-	-	-	-	-
16	76	68	69	62	85	76	94	80	-	-	-	-	-
25	101	89	90	80	112	96	119	101	131	114	110	146	130
35	125	110	111	99	138	119	148	126	162	143	137	181	162
50	151	134	133	118	168	144	180	153	196	174	167	219	197
70	192	171	168	149	213	184	232	196	251	225	216	281	254
95	232	207	201	179	258	223	282	238	304	275	264	341	311
120	269	239	232	206	299	259	328	276	352	321	308	396	362
150	300	262	258	225	344	299	379	319	406	372	356	456	419
185	341	296	294	255	392	341	434	364	463	427	409	521	480
240	400	346	344	297	461	403	514	430	546	507	485	615	569
300	458	394	394	339	530	464	593	497	629	587	561	709	659

A_n Nennquerschnitt in mm^2

Lockert sich die Verbindungsstelle, z. B. durch Vibrationen oder Korrosion, dann verringert sich der Kontaktquerschnitt, der Strom bleibt gleich. Dadurch vergrößert sich die Stromdichte über den Wert S_{max}. Die im Betriebszustand schon erreichte maximale Strombelastbarkeit (maximale Stromdichte) wird jetzt u. U. drastisch überschritten, was mit einer deutlichen Zunahme der Erwärmung verbunden ist. Die Folge ist eine Brandgefahr nicht nur im Bereich der Kontaktstelle, sondern auch an den Leitungen (Kabelbrand).

Der Leiternennquerschnitt muss so ausgelegt werden, dass die folgende Bedingung eingehalten wird:

$$I_z \geq I_b \tag{5.4}$$

Dabei sind I_z und I_b die reale (zulässige) Strombelastung der Leitung bzw. die Strombelastung im ungestörten Betriebsfall.

Die reale Strombelastbarkeit (maximal zulässige Stromstärke) I_z für einen Leiternennquerschnitt ergibt sich aus:

$$I_z = I_r \cdot \prod_{i=1}^{n} f_i \tag{5.5}$$

I_r ist die Strombelastbarkeit entsprechend den Betriebsbedingungen (Verlegearten), Tab. 5.9 und 5.10. f_i sind die Umrechnungsfaktoren, die für den jeweiligen Anwen-

Tab. 5.10 Verlegearten für Leitungen mit einer max. Betriebstemperatur von 70 °C, nach DIN VDE 0298-4 Tab. 3 und 4 [8]

Verlegeart: B1	Verlegeart: B2	Verlegeart:C
Verlegung in Installationsrohren		Verlegung auf einer Wand
Aderleitungen im Elektroinstallationsrohr auf einer Wand	mehradriges Kabel oder mehradrige, ummantelte Installationsleitung in einem Elektroinstallationskanal auf einer Wand	ein- oder mehradriges Kabel oder ein- oder mehradrige, ummantelte Installationsleitung
Verlegeart: E	Verlegeart: F	Verlegeart: G
Verlegung in Luft		
mehradriges Kabel mit Abstand von mindestens 0,3 × Durchmesser D zur Wand	einadrige Kabel mit Abstand von mindestens 1 × Durchmesser D zur Wand	
	mit Berührung	mit Abstand D

dungsfall gelten. Drei Umrechnungsfaktoren für den Gerätebau werden anschließend erläutert.

Der **Umrechnungsfaktor** f_1 beschreibt die Veränderung der Strombelastbarkeit I_z bei Vorliegen von Umgebungstemperaturen, die von der Basistemperatur von 30 °C abweichen, Tab. 5.11 (Grenztemperatur der Leitung 70 °C).

Für Leitungen, die eine Isolierung mit einer höheren Grenztemperatur als 70 °C aufweisen, ergibt sich die Strombelastung zu [24, S. 152]:

$$I_z = I_r \cdot 0{,}17 \sqrt{\vartheta_l - \vartheta_u} \qquad [\vartheta_l, \vartheta_u] = {}^\circ\,\mathrm{C}, \qquad [I_z, I_r] = \mathrm{A} \qquad (5.6)$$

ϑ_l ist die Grenztemperatur der Leitung und ϑ_u die Umgebungstemperatur.

Leitungen mit einer erhöhten Wärmebeständigkeit sind beispielsweise:

- PVC-Verdrahtungsleitung (NYFAW) $\quad \vartheta_l = 90\,°\mathrm{C}$
- Gummiaderleitung (N4GA) $\quad \vartheta_l = 120\,°\mathrm{C}$
- Silikon-Aderleitung (H05SJ) $\quad \vartheta_l = 180\,°\mathrm{C}$

Tab. 5.11 Umrechnungsfaktor f_1 für Leitungen mit einer max. Betriebstemperatur von 70 °C, nach DIN VDE 0298-4 Tab. 17 [8]

Umgebungs-temp. in °C	Umrechnungs-faktor f_1	Umgebungs-temp. in °C	Umrechnungs-faktor f_1
10	1,22	40	0,87
15	1,17	45	0,79
20	1,12	50	0,71
25	1,06	55	0,61
30	1,00	60	0,50
35	0,94	65	0,35

Tab. 5.12 Umrechnungsfaktor f_2 für gehäufte Leitungen, nach DIN VDE 0298-4 Tab. 21 [8]

Anzahl der mehradrigen Kabel oder Leitungen oder Anzahl der Wechsel- oder Drehstromkreise aus einadrigen Kabeln oder Leitungen

1	2	3	4	5	6	7	8	9	10	12	14	16	18	20

Verlegeanordnung:

- Leitungsbündel direkt auf einer Wand

- in einem Installationskanal

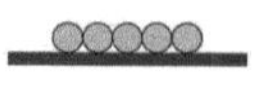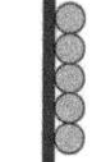

Umrechnungsfaktoren f_2

1,00	0,80	0,70	0,65	0,60	0,57	0,54	0,52	0,50	0,48	0,45	0,43	0,41	0,39	0,38

Verlegeanordnung:

- einlagig auf einem Boden

- einlagig auf einer Wand

Umrechnungsfaktoren f_2

1,00	0,85	0,79	0,75	0,73	0,72	0,72	0,71	0,70	0,70	0,70	0,70	0,70	0,70	0,70

Der **Umrechnungsfaktor** f_2 gibt die Reduzierung der Strombelastbarkeit für gehäufte Stromkreise (Leitungen) an, wie sie typisch für Kabelbäume sind oder die Verlegung in Installationskanälen insbesondere in Schaltschränken, Tab. 5.12.

Der **Umrechnungsfaktor** f_3 gibt die Reduzierung der Strombelastbarkeit bei mehr als drei Adern an, Tab. 5.13. Der Grund besteht darin, dass die durch den elektrischen Strom verursachte Wärme mit Zunahme der Adernzahl immer schlechter abgeführt werden kann.

Tab. 5.13 Umrechnungsfaktor f_3 für vieladrige Kabel und Leitungen bis 10 mm^2 in Luft, nach DIN VDE 0298-4 Tab. 26 [8]

Anzahl der bel. Adern	5	7	10	14	19	24	40	61
Umrechnungsfaktor f_3	0,75	0,65	0,55	0,50	0,45	0,40	0,35	0,30

Beispiel:

Drei Drehstromverbraucher, wie z. B. Heizgeräte höherer Leistung, werden mittels dreier Relais geschaltet, die sich in einem Schaltschrank befinden. Folgende Bedingungen sind zu berücksichtigen:

- Drei Leitungen zu je drei Adern im Installationskanal eines Schaltschranks.
- Die dreiadrigen Leitungen sind PVC-Installationsleitungen (NYM) mit einer Grenztemperatur von 70 °C.
- Der Betriebsstrom jedes Verbrauchers beträgt 13 A.
- Die Umgebungstemperatur soll 45 °C nicht überschreiten.

Welcher Leiterquerschnitt ist erforderlich?

- Erste Annahme: Der Querschnitt 2,5 mm^2 ergibt einen zulässigen Strom von $I_r = 20$ A, Tab. 5.9
- Der Umrechnungsfaktor f_1 beträgt 0,79, Tab. 5.11
- Der Umrechnungsfaktor f_2 beträgt 0,70, Tab. 5.12

Damit ergibt sich die Strombelastbarkeit entsprechend Gl. (5.5) zu:

$$I_z = I_r \cdot \prod_{i=1}^{2} f_i = I_r \cdot f_1 \cdot f_2 = 20\,\text{A} \cdot 0{,}79 \cdot 0{,}70 = \underline{11{,}1\,\text{A}} \tag{5.7}$$

Der Wert ist kleiner als der Betriebsstrom der Verbraucher mit 13 A und die Gl. (5.4) ist somit nicht erfüllt.

Für den nächstgrößeren Querschnitt von **4 mm^2** gilt ein $I_r = 27$ A, Tab. 5.9, womit sich die folgende Strombelastbarkeit ergibt:

$$I_z = 27\,\text{A} \cdot 0{,}79 \cdot 0{,}70 = \underline{14{,}9\,\text{A}} \tag{5.8}$$

Die Bedingung nach Gl. (5.4) (14,9 A $\geq$ 13 A) ist nun erfüllt.

Um den starken Einfluss der Umgebungstemperatur zu verdeutlichen, soll eine Umgebungstemperatur von 65 °C zugelassen werden.

Damit verändert sich der Umrechnungsfaktor f_1 von 0,79 auf 0,35. Erst bei einem Querschnitt von **16 mm^2** mit einem $I_r = 62$ A folgt die Strombelastbarkeit zu:

$$I_z = 62\,\text{A} \cdot 0{,}35 \cdot 0{,}70 = \underline{15{,}2\,\text{A}} \tag{5.9}$$

Und die Bedingung nach Gl. (5.4) (15,2 A $\geq$ 13 A) ist erfüllt.

5.2.9   Lichtwellenleiter

Lichtwellenleiter (LWL) dienen hauptsächlich zur Übertragung analoger und digitaler Signale. Weiterhin finden sie Anwendung bei der Energieübertragung z. B. bei Augenoperationen und als faseroptische Sensoren für mechanische Größen wie Druck, Zug, Biegung, Vibrationen etc. und Temperatur, wobei die Änderungen der Lichtleitungseigenschaften ausgenutzt werden.

Die Anwendungsgebiete hinsichtlich der Signalübertragung sind:

- Weitverkehrsnetze der Telekommunikation.
- Kurzstreckendatenverkehr, insbesondere in Rechenzentren.
- In der Gerätetechnik auf Baugruppenebene mit der Integration von LWL direkt in Baugruppen (Multilayer) und zur Verbindung von Baugruppen untereinander, Abschn. 4.8.

Die Gründe für den Einsatz der Lichtwellenleiter sind vielfältig:

- Erzielung deutlich höherer Datenraten. Während mit Kupferkabeln Datenraten von 112 Gbit/s erreicht werden, sind bei Lichtwellenleitern mehr als 10 Tbit/s pro eine Faser möglich.
- Es gibt kein Übersprechen von Signalen bei benachbarten Leitungen.
- Elektromagnetische Felder haben keinen Einfluss auf die Signale.
- So gut wie keine Wärmeentwicklung in den Leitungen.

Im Rahmen der Signalausbreitung sind die Art und Weise der Lichtführung und die Dämpfungs- und Dispersionseffekte (Signalverzerrungen) im Lichtwellenleiter von Bedeutung.

Bei der Strahlführung in LWL gibt es zwei grundsätzliche Prinzipien.

5.2.9.1   Lichtausbreitung in Stufenindex-Fasern infolge Totalreflexion

Ein Faserkern mit der Brechzahl n_k ist von einem Mantel mit niedrigerer Brechzahl n_m umgeben, wobei die Stirnseiten der Faser die jeweiligen Ein- und Austrittsöffnungen des Lichtstrahls sind, Abb. 5.7.

Der Strahl tritt unter dem Einfallswinkel θ_{grenz} am Fasereintritt ein, wird dort zur Mittellinie hin gebrochen, trifft dann auf die Grenzfläche Kern/Mantel von der er reflektiert wird und durchläuft so die gesamte Faser bis zum Faseraustritt. Dieser Einfallswinkel θ_{grenz} ist so groß, dass die auf die Grenzflächen Kern/Mantel auftreffenden Strahlen unter dem Grenzwinkel der Totalreflexion ε_g auftreffen und reflektiert werden:

$$\sin(\varepsilon_g) = \frac{n_m}{n_k} \tag{5.10}$$

Somit ist auch für alle Strahlen mit Einfallswinkeln $\theta \leq \theta_{\mathrm{grenz}}$ immer der Fall der Totalreflexion an den Grenzflächen Kern/Mantel gegeben, womit diese in der Faser geführt

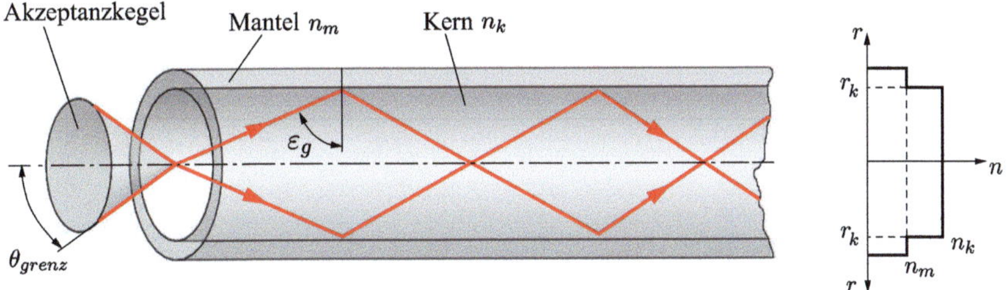

Abb. 5.7 Strahlausbreitung in einer Stufenindexfaser mit konstantem Brechzahlprofil der Faser

werden können. Damit kommt diesem Winkel eine besondere Bedeutung zu und er wird als Akzeptanzwinkel bezeichnet und führt zu einem Akzeptanzkegel der einfallenden Strahlen, Abb. 5.7. Typisch wird er in Form der numerischen Apertur A_N angegeben (n_0 Brechzahl der Luft):

$$A_N = n_0 \sin(\theta_{\text{grenz}}) = \sqrt{n_k{}^2 - n_m{}^2} = n_k \sqrt{2\Delta} \qquad \text{mit} \qquad (5.11)$$

$$\Delta = \frac{n_k^2 - n_m^2}{2n_k^2} \qquad \text{relative Brechzahldifferenz} \qquad (5.12)$$

Hinweis: Für kleine Brechzahlunterschiede mit der Näherung $n_k + n_m \approx 2n_k$ ergibt sich die relative Brechzahldifferenz zu $\Delta \approx (n_k - n_m)/n_k$.

Große Brechzahlunterschiede zwischen Kern und Mantel ergeben große Öffnungswinkel und führen damit zu einem größeren einzukoppelnden Lichtanteil. Einerseits können damit längere Fasern realisiert werden, andererseits begrenzt das die Bandbreite der zu übertragenden Frequenzen, siehe Dispersionen.

5.2.9.2 Lichtausbreitung in Gradientenindexfasern

Der Faserkern besteht hier nicht mehr aus einem Material mit konstanter Brechzahl, sondern die Brechzahl des Kerns verringert sich parabelförmig von der Fasermitte mit n_{k0} bis zur Grenze Kern/Mantel mit n_m. Da die Brechzahländerungen zu Reflexionen und damit Richtungsänderungen führen, entsteht durch die stetige Brechzahländerung die gekrümmte Bahn der Strahlen im Faserkern, Abb. 5.8.

Das Brechzahlprofil im Kern ergibt aus:

$$n(r) = \sqrt{n_k^2 - (n_k^2 - n_m^2)\left(\frac{r}{r_k}\right)^g} \qquad g \approx 2 \qquad (5.13)$$

Für den Profilexponenten gilt $g = g(\lambda)$. So ergeben sich für für die Wellenlängen 950 und 1300 nm optimale g-Werte von 2,0 bzw. 1,87 [27, S. 146].

Der Akzeptanzwinkel und somit die numerische Apertur sind vom Ort des Strahleinfalls auf der Stirnseite der Faser abhängig und ergeben sich dann analog zu den Gln. (5.11)

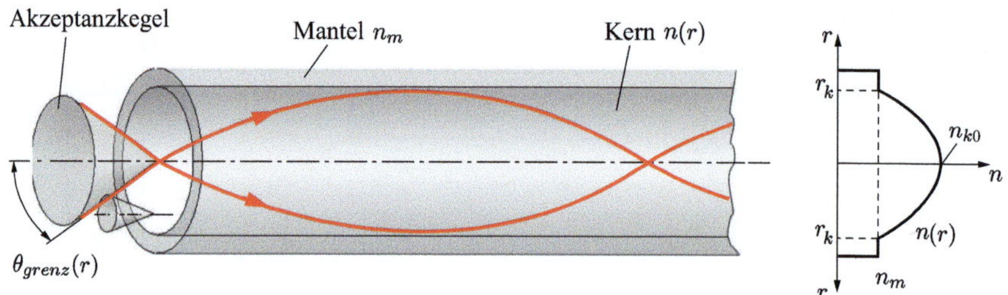

Abb. 5.8 Strahlausbreitung in einer Gradientenindexfaser mit parabelförmigem Brechzahlprofil der Faser

und (5.12) sowie mit Gl. (5.13) zu:

$$A_N(r) = n_0 \sin[\theta(r)] = \sqrt{n(r)^2 - n_m{}^2} = n_k \sqrt{2\Delta}\sqrt{1 - (r/r_k)^2} \tag{5.14}$$

$$A_N(r) = A_N(r = 0)\sqrt{1 - (r/r_k)^2} \tag{5.15}$$

Während der Akzeptanzwinkel bei Stufenprofilen an jedem Ort der Faserstirnseite gleich ist, nimmt er beim Gradientenprofil von der Stirnmitte nach außen hin ab.

5.2.9.3 Moden und LWL-Fasertypen

Von den Strahlen, die innerhalb des Akzeptanzkegels ($\theta \leq \theta_{\text{grenz}}$), Abb. 5.7, auf die Stirnfläche des Lichtwellenleiters auftreffen, können sich nur Strahlen mit bestimmten Neigungswinkeln θ im Wellenleiter ausbreiten.

Diese bezeichnet man als **Moden**. Deren Ausbreitung ist von weiteren Parametern abhängig, die in der normierten Frequenz V (V-Parameter, Strukturparameter) zusammengefasst sind:

$$V = \frac{\pi \cdot d_{\text{kern}} \cdot A_N}{\lambda} \tag{5.16}$$

Ist für die Stufenindexfaser die Bedingung:

$$V < V_{\text{grenz}} \qquad \text{mit} \qquad V_{\text{grenz}} = 2{,}405 \tag{5.17}$$

gegeben, so kann sich im Wellenleiter nur ein Mode ausbreiten.

Mit diesen beiden Gln. ergibt sich die Grenzwellenlänge λ_{min} des einfallenden Lichtes, ab der in dem LWL die Strahlausbreitung einmodig (Singlemode) ist:

$$\lambda_{\text{min}} = \frac{\pi \cdot d_{\text{kern}} \cdot A_N}{V_{\text{grenz}}} \tag{5.18}$$

Beispiel:

Ein LWL hat den Kerndurchmesser $d_{\text{kern}} = 8\,\mu\text{m}$ und der Einfallswinkel des Lichtes beträgt $A_N = 0{,}1$, entspricht $\theta = 5{,}74°$.

Die Grenzwellenlänge des einkoppelnden Lichtes ergibt sich zu: $\lambda_{\text{grenz}} = 1045\,\text{nm}$. Als Ergebnis folgt:

- Für $\lambda \geq 1045\,\text{nm}$ gilt: Der LWL ist einmodig.
- Für $\lambda < 1045\,\text{nm}$ gilt: Der LWL ist mehrmodig.

Die Anzahl der Moden N ergibt sich aus:

$$N = \frac{V^2}{2} \cdot \frac{g}{g+2} \tag{5.19}$$

Stufenindexfaser: $\qquad g \to \infty$
Gradientenindexfaser: $\quad g = 2$

Daraus ist ersichtlich, dass eine Stufenindexfaser mit $N = V^2/2$ doppelt so viele Moden führt wie eine Gradientenindexfaser mit $N = V^2/4$. Damit ergibt sich auch eine größere Impulsverbreiterung beim Durchlauf durch die Stufenindexfaser, verbunden mit der Reduzierung der zu übertragenden Bandbreite, siehe dazu auch Abschn. 5.2.9.5 Dispersionen.

Die gebräuchlichen **LWL-Fasertypen** ergeben sich aus den Modenbetrachtungen und der Stufen- und Gradientenprofile, siehe dazu auch die Kennzeichnung von LWL:

1. Mehrmodenfaser mit Gradientenprofil
   - Glaskern/Glasmantel
   - Glaskern/Kunststoffmantel
2. Mehrmodenfaser mit Stufenprofil
   - Glaskern/Kunststoffmantel
   - Kunststoffmantel/Kunststoffmantel
   - Glaskern/Glasmantel
3. Einmodenfaser mit Stufenprofil
   - Glaskern/Glasmantel
   - bei Einmodenfasern sind Gradientenprofile unüblich

5.2.9.4 Dämpfung in Lichtwellenleitern

Beim Durchlaufen der Faser in z-Richtung verringert sich die Leistung der eingekoppelten Strahlen:

$$P(z) = P_0 \cdot 10^{\left[-\frac{a(z)}{10\,\text{dB}}\right]} = P_0 \cdot 10^{\left[-\frac{\alpha(\lambda) \cdot z}{10\,\text{dB}}\right]} \tag{5.20}$$

Dabei sind P_0 die Leistung am Ort der Einkopplung bei $z = 0$ und $a(z)$ die Dämpfung in $[a] = \text{dB}$, die mit zunehmender LWL-Länge zunimmt.

Der **Dämpfungskoeffizient** $\alpha(\lambda)$ mit $[\alpha] = \text{dB/km}$ bzw. $[\alpha] = \text{dB/cm}$ für integrierte optische Wellenleiter in Verbindungssubstraten ist von besonderer Bedeutung. Er ist auch ein Parameter bei der Kennzeichnung von Lichtwellenleitern, Abschn. 5.2.9.7.

Um die Dämpfung in Lichtwellenleitern zu minimieren, ist die Kenntnis der Ursachen von entscheidender Bedeutung. Dazu zählen:

Absorption

Die Absorption von Strahlung tritt speziell durch Verunreinigungen des Kernmaterials auf.

Rayleigh-Streuung

Hierbei werden die Strahlen an Partikeln, die im Bereich von $(1/100) \cdot \lambda$ bis $(1/20) \cdot \lambda$ liegen, gestreut. Diese können Fremddotierungen im Glas oder Dichte- bzw. Brechzahlunterschiede im Kern selbst sein. Für den Dämpfungskoeffizient der Rayleigh-Streuung gilt $\alpha_r \sim 1/\lambda^4$.

Streuung

Die Streuung der Strahlen an der Grenzfläche Kern/Mantel ist besonders bei den planaren Lichtwellenleitern, die in Verbindungssubstrate integriert werden, von Bedeutung. Die Rauheit des Mantels muss (deutlich) kleiner sein als $0{,}1 \cdot \lambda$ sein, was für eine Lichtwellenlänge von 850 nm eine Rauheit von < 85 nm bedeutet, was höchste Anforderungen an den Herstellungsprozess bedeutet. Aufgrund der geringen Rauheiten grenzt diese Streuung an die Rayleigh-Streuung.

Mikrobiegungen

Diese entstehen, da reale Fasern keine ideale Mittellinie aufweisen, d. h. die Abweichungen der realen von der idealen Mittellinie führen zu Mikroverbiegungen.

Makrobiegungen

Sie treten bei der Verlegung der Fasern auf. Sind die Biegeradien zu klein, so trifft das Licht u. U. mit einem Winkel, der kleiner ist als der Grenzwinkel der Totalreflexion, auf den Mantel und wird somit nicht mehr vollständig reflektiert. Für Biegeradien gelten:

- Standard Singlemode-Fasern: Biegeradius $r \geq 30$ mm
- Fasern mit Kern/Mantel $50/125\ \mu$m und $62{,}5/125\ \mu$m:
  $r \geq 10 \cdot \phi_{\text{kabel}}$ (ohne Zugbeanspruchung)
  $r \geq 15 \cdot \phi_{\text{kabel}}$ (mit Zugbeanspruchung)
- Biegeunempfindliche Fasern weisen eine Verringerung der Brechzahl zwischen Kern und Mantel auf, optischer Graben [31, S. 43], und werden in beengten Raumverhältnissen eingesetzt.

5.2.9.5 Dispersionen in Lichtwellenleitern

Unter Dispersionen werden alle Effekte zusammengefasst, die zu einer Verbreiterung des Eingangslichtimpulses beim Durchgang durch den Lichtwellenleiter führen.

Laufzeiteffekte, Wellenlängenabhängigkeiten, spektrale Breiten der Einkoppelstrahlung, Brechzahlprofile, Lichteinfallswinkel, Modenanzahl etc. beeinflussen die Verbreiterung des Eingangsimpulses auf dem Weg zum Faserende.

Dispersionseffekte, die zur Impulsverbreiterung führen, lassen sich in zwei Hauptgruppen unterteilen.

Modendispersion

Sie beschreibt die Ausbreitung der Strahlen auf den unterschiedlichen Wegen durch den Lichtwellenleiter. Da bei den Stufenprofilen der Kern eine konstante Brechzahl aufweist, haben alle Strahlen die gleiche Ausbreitungsgeschwindigkeit, wodurch es zu Laufzeitunterschieden der Strahlen mit den Einfallswinkeln zwischen $0°$ und θ_{grenz} in die Faser kommt. Für den maximalen Laufzeitunterschied Δt_{mod} gilt [62, S. 59]:

$$\Delta t_{\text{mod}} = \frac{L}{2 \cdot c \cdot n_m} \cdot A_N^2 \approx \frac{L \cdot n_k}{c} \cdot \Delta \tag{5.21}$$

Fazit: Legt man für eine typische Stufenindex-Faser eine Brechzahldifferenz von 1 % zwischen Kern und Mantel zugrunde, so ergibt sich nach einer Leitungslänge von 100 m eine Laufzeitdifferenz von ca. 5 ns.

Bei Gradientenindexfasern nimmt die Brechzahl von der optischen Achse der Faser nach außen ab, wodurch die Ausbreitungsgeschwindigkeit der Strahlen zunimmt. Trotz eines längeren Weges werden dadurch die Laufzeitunterschiede ausgeglichen. Da aber das optimale Brechzahlprofil von der Wellenlänge abhängt und aus technologischen Gründen immer Abweichungen vorhanden sind, verbleibt eine Restdispersion, die als **Profildispersion** bezeichnet wird. Für den dadurch entstehenden maximalen Laufzeitunterschied gilt [62, S. 63]:

$$\Delta t_{\text{prof}} \approx \frac{L \cdot n_k}{c} \cdot \frac{\Delta^2}{2} \tag{5.22}$$

Damit ist die Impulsverbreiterung um den Faktor $\Delta/2$ geringer als bei den Stufenindex-Fasern, was ca. 2 Größenordnungen bedeutet.

Die Modendispersion ist der entscheidende Dispersionseffekt bei Stufenindex-Fasern. Er tritt deutlich schwächer bei Gradientenindex-Fasern auf und bei Singlemode-Fasern gar nicht.

Mit zunehmender Anzahl der Moden nimmt die Impulsverbreiterung zu.

Chromatische Dispersion

Sie unterteilt sich in die Wellenleiter- und Materialdispersionen.

Die **Wellenleiterdispersion** entsteht dadurch, dass sich ein Teil der Strahlung auch im Fasermantel ausbreitet. Da hier die Brechzahl kleiner ist als im Kern, ist die Ausbreitungsgeschwindigkeit im Mantel größer, was zur Impulsverbreiterung führt. Die Wellenleiterdispersion ist typisch für Singlemode-Fasern und bei Multimode-Fasern vernachlässigbar, da sich hier die höheren Moden überwiegend im Kern ausbreiten.

Die **Materialdispersion** beschreibt die Impulsverbreiterung infolge der spektralen Breite des eingekoppelten Lichtes mit $\Delta\lambda > 0$. Die Brechzahl ist von der Wellenlänge abhängig und damit auch die Ausbreitungsgeschwindigkeit $v(\lambda) = c/n(\lambda)$. Je breiter der Spektralbereich, desto größer die Impulsverbreiterung. Das tritt in Multimode- und Singlemode-Fasern auf.

Die gesamte Impulsverbreiterung ergibt sich aus der Überlagerung der beiden Dispersionen Δt_{mod} bzw. Δt_{prof} und Δt_{chro} zu:

$$\Delta t = \sqrt{\Delta t^2_{\text{mod(prof)}} + \Delta t^2_{\text{chro}}} \qquad (5.23)$$

Bei höheren Frequenzen können somit einzelne Lichtimpulse nicht mehr aufgelöst werden, was die zu übertragende Bandbreite B begrenzt [39]:

$$B \approx \frac{0{,}44}{\Delta t} \qquad (5.24)$$

Zur Beschreibung der Dispersion werden die beiden folgenden Parameter herangezogen.

Die **Dispersion** D als Quotient aus dem Laufzeitunterschied und dem Produkt Wellenlänge × LWL-Länge mit $[D] = \text{ps}/(\text{nm} \cdot \text{km})$ und das **Bandbreite-Längen-Produkt** BLP $= B \cdot L$ mit $[\text{BLP}] = \text{MHz} \cdot 100\,\text{m}$ bzw. MHz $\cdot$ km als spezifische Übertragungsbandbreite finden sich als beschreibende Parameter in der Kennzeichnung von Lichtwellenleitern wieder.

5.2.9.6 Kategorien und Normen von Lichtwellenleitern

Die Wellenlängenbereiche insbesondere für die Singlemode-Fasern sind wie folgt festgelegt:

O (Original):	1260–1360 nm
E (Extended):	1360–1460 nm
S (Short Wavelength):	1460–1530 nm
C (Conventional):	1530–1565 nm
L (Long Wavelength):	1565–1625 nm
U (Ultralong Wavelength):	1625–1675 nm

Die **ITU** (International Telecommunication Union) unterteilt mittels der ITU-T-Empfehlungen (Telecommunication Standardization Sector) die Lichtwellenleiter gemäß ihrer geometrischen und optischen Eigenschaften in 7 Klassen:

- ITU-T G.651.1: 50/125 μm Gradientenindex Multimode-Faser
- ITU-T G.652: Standard SingleModes Faser umfasst 4 Kategorien A-D, wobei die Kat. A und B einen reduzierten Einsatz haben. Die Kat. C und D umfassen die optischen Bänder O, E, S, C und L.
- ITU-T G.653: Dispersionsverschobene Singlemode-Faser mit den Kategorien A und B und mit einem Dispersionswert ≈ 0 und minimaler Dämpfung um $\lambda = 1550\,\text{nm}$. Reduzierter Einsatz und Ersatz durch G.655.
- ITU-T G.654: Cut-off Shifted Singlemode-Faser im Wellenlängenbereich 1550–1600 nm. Die Kategorien A-D sind für Langstrecken-Unterseeanwendungen und die Kategorie E deckt terrestrische Langstrecken (Ultrahochgeschwindigkeit) ab.

Tab. 5.14 Kategorien von Lichtwellenleitern nach DIN EN 50173-1 (VDE 0800-173-1) [20], ergänzt mit [37]

Kategorie Multimode-LWL	OM3		OM4		OM5		
Wellenlänge in nm	850	1300	850	1300	850	953	1300
Dämpfung in dB/km	3,5	1,5	3,5	1,5	3,0	1,8[2]	1,5
Bandbreite[1] in $MHz \cdot km$	1500	500	3500	500	3500	1850	500
ϕ-Kern/Mantel in μm	50/125						
Kategorie Singlemode-LWL	OS1a			OS2			
Wellenlänge in nm	1310	1383	1550	1310	1383	1550	1625[2]
Dämpfung in dB/km	1,0			0,4			0,23
ϕ-Kern/Mantel in μm	<1/125, typisch 9/125						

[1] Die Vollanregung ist die Ausleuchtung der gesamten Stirnfläche des Kerns unter Einhaltung des Akzeptanzwinkels

[2] zusätzlich aufgenommene Werte aus [37]

- ITU-T G.655: Singlemode-Faser für Backbone- und Langstreckenanwendungen. In der Anwendung ersetzt durch G.652.D.
- ITU-T G.656: Singlemode-Faser mit nicht verschwindender Dispersion im Breitbandbereich mit den optischen Bändern S, C und L.
- ITU-T G.657: Biegeunempfindliche Singlemode-Faser für Breitbandanwendungen mit den optischen Bändern O bis L. Die Kategorie A entspricht ITU-T G.652.D aber mit ca. 10-fach höherer Biegeunempfindlichkeit. Bei der Kategorie B ist die Biegeunempfindlichkeit nochmals deutlich höher.

Die Tab. 5.14 zeigt die LWL-Kategorien entsprechend der **europäischen** bzw. **deutschen Norm** [20].

Die hier nicht aufgeführten Kategorien, OM1 und OM2, sind in der Norm zwar noch aufgeführt, haben aber den Hinweis, dass sie in der Folgenorm nicht mehr erscheinen (technisch überholt). Zu den Bezeichnungen OS1 bzw. OS1a gibt es die Aussage, dass diese beiden technisch identisch sind. Die Bedeutung von OS1 ist ebenfalls abnehmend. Für die OS2 LWL gibt es weitere Typen mit verbesserter Biegeunempfindlichkeit.

Zuordnung der IEC-Normen/ITU-T-Empfehlungen siehe VDE 0888-325.

5.2.9.7 Kennzeichnung von Lichtwellenleitern mit Typkurzzeichen

Die Kennzeichnung von Lichtwellenleitern mit Typkurzzeichen erfolgt mit einer 7-stelligen Ziffern/Buchstaben-Codierung [16].

$$\boxed{1} - \boxed{2}\,\boxed{3}\,\boxed{4}\,\boxed{5}\,\boxed{6}\,\boxed{7}$$

1. Produkt/Einsatzbereich

A	Außenkabel
AT	aufteilbares Außenkabel
B	Bündelader, ungefüllt
D	Bündelader, gefüllt
F	Faser
H	Hohlader, ungefüllt
J	Innenkabel
U	Universalkabel (innen u. außen)
V	Vollader
W	Hohlader, gefüllt

2. Adertyp

B	Bündelader, ungefüllt
D	Bündelader, gefüllt
D(A)	Bündelader aus Alu, gefüllt
D(C)	Bündelader aus Kupfer, gefüllt
D(S)	Bündelader aus Stahl, gefüllt
D(SA)	Bündelader zweilagig, gefüllt Innen/Außenschicht Stahl/Alu
H	Hohlader, ungefüllt
V	Vollader
W	Hohlader, gefüllt

3. Konstruktionsaufbau

(Angabe von links nach rechts, im Kabel von innen nach außen)

B	Bewehrung
1B	Bewehrung, eine Stahlbandlage
2B	Bewehrung, zwei Stahlbandlagen
F	Seele gefüllt
0F	Seele mit Feststoffanteilen
Q	trock. Quellmittel in Kabelseele
(L)	glattes, überlapptes Al-Band
(Rxx)	Bewehrung Runddrähte, ϕ in mm
S	Metallleiter in der Kabelseele
(SR)	überlappendes Stahlrillenband
(ZN)	nichtmetallische Zugentlastung
(ZS)	metallenes Zug-/Stützelement in der Kabelseele

4. Mantelmaterialien (Mantel oder Schutzhüllen)

H	halogenfreies Material
M	Bleimantel
Y	PVC

2Y	PE
4Y	PA
5Y	PTFE
6Y	FEP
7Y	ETFE
9Y	PP
10Y	PVDF
11Y	TPE-U (PUR)
12Y	TPE-E

5. Anzahl der Fasern/Bündeladern × Anzahl der Fasern je Bündelader

6. Faser/Faserabmessungen

E	Einmodenfaser (Glaskern/Glasmantel)
G	Mehrmodenfaser-Gradientenindex (Glaskern/Glasmantel)
GK	Mehrmodenfaser-Gradientenindex (Glaskern/Kunststoffmantel)
K	Mehrmodenfaser-Stufenindex (Glaskern/Kunststoffmantel)
P	Mehrmodenfaser-Stufenindex (Kunststoffkern/Kunststoffmantel)
S	Mehrmodenfaser-Stufenindex (Glaskern/Glasmantel)

Kerndurchmesser/Felddurchmesser in μm (Nennwert)

Manteldurchmesser in μm (Nennwert)

7. Optische Qualität)

xx A yy	Dämpfungskoeffizient (xx dB/km), Bandbreite (yy MHz $\cdot$ 100 m), $\lambda \approx 650$ nm
xx B yy	Dämpfungskoeffizient (xx dB/km), Bandbreite (yy MHz $\cdot$ km), $\lambda \approx 850$ nm
xx F yy	Dämpfungskoeffizient (xx dB/km), Bandbreite (yy MHz $\cdot$ km), $\lambda \approx 1300$ nm (Mehrmodenfasern)
xx F zz	Dämpfungskoeffizient (xx dB/km), Dispersion (zz ps/(nm $\cdot$ km), $\lambda \approx 1310$ nm
xx H zz	Dämpfungskoeffizient (xx dB/km), Dispersion (zz ps/(nm $\cdot$ km), $\lambda \approx 1550$ nm (Einmodenfasern)

Beispiel [16, S. 6]:

Außenkabel mit gefüllten Bündeladern. Füllmasse zur Füllung der Verseilhohlräume in der Kabelseele. Nichtmetallische Zugentlastungselemente und PE-Mantel, 4 Bündeladern mit je 2 Einmodenfasern mit Feld-/Mantel-Nenndurchmesser 9/125 μm. Dämpfungskoeffizient $< 0{,}36$ dB/km und Dispersionsparameter $< 3{,}5$ ps/(nm $\cdot$ km) bei 1310 nm Wellenlänge:

$$\text{A-D F (ZN) 2Y 4 x 2 E 9/125 0,36 F 3,5}$$

Im Rahmen des elektronischen Gerätebaus finden **integrierte planare Lichtwellenleiter** in Baugruppen und Backplanes Anwendung.

Dabei handelt es sich um Lichtwellenleiter, die vollständig in Trägersubstrate eingebettet werden und eigenständige Lagen von Multilayern darstellen. Sie bestehen aus

Polymer- oder Glaslagen mit jeweils modifizierten Kernen aus Polymeren bzw. Gläsern mit größeren Brechzahlen als das jeweils umgebende Polymer oder Glas, ausführlicher siehe Abschn. 4.8.3 und 4.8.4.

5.3 Verdrahtungstechnologie

Im Kap. 6 wird im Rahmen der Elektromagnetischen Verträglichkeit erläutert, dass Kabel und Leitungen die Bauelemente eines Systems sind, bei denen elektromagnetische Störungen am meisten einkoppeln. Aus diesem Grund muss der Ausführung und Verlegung besondere Aufmerksamkeit geschenkt werden.

Die Verdrahtungstechnologie (auch nur Verdrahtung) beschreibt die Art und Weise der Leitungsverlegungen und umfasst damit:

- Den Aufbau von Leitungen (Querschnitte, Schirmungen, Isolationswerkstoffe usw.), vgl. dazu Abschn. 5.2.
- Die räumliche Lage von Leitungen zueinander, wie beispielsweise eine lange Parallelführung von Einzelleitern mit der Problematik des Signalübersprechens oder eine orthogonale Leitungsstruktur zur Vermeidung dessen.
- Die Verlegeart von Leitungen, wie in Luft, in Installationskanälen und in gebündelter Form.
- Als besondere Verdrahtungstechnologie muss die Verlegung von Leitungen auf bzw. auch im Inneren von Verbindungssubstraten (Leiterplatten, Multilayern) angesehen werden, die aufgrund der Bedeutung im Kap. 4 gesondert betrachtet werden.

Generell wird in ortsfeste und ortsveränderliche Verlegungen unterschieden. Zu den Letzteren gehören beispielsweise die Kaltgeräteleitungen, die elektrische Verbraucher mit dem 230 V Wechselstromnetz verbinden. Für den Gerätebau von Bedeutung sind die ortsfesten Verlegungen, bei denen in geordnete und ungeordnete Strukturen zu unterscheiden ist. Aus praktischer Sicht ergeben sich die folgenden 8 Verdrahtungstechnologien:

1. Frei- oder Zweckverdrahtung
2. Bündelverdrahtung
3. Kabelbäume (Formkabel)
4. Einzelleitungen
5. Kanalverdrahtung
6. Flachbandleitungen
7. Stromschienen
8. Verbindungssubstrate (2- und 3-dimensionale Ausführungen), Kap. 4

Bei den Verdrahtungstechnologien 1 bis 7 gibt es stärkere Überlappungen zwischen den Verdrahtungen in Geräten und der Installationstechnik.

5.3.1 Frei- oder Zweckverdrahtung

Die Frei- oder auch Zweckverdrahtung ist eine ungeordnete Verlegung von einadrigen Leitungen.

Ein Einsatzgebiet ist die Rückverdrahtung von Geräten, insbesondere auch von Schaltschränken, wobei die Anschlüsse auf dem kürzesten Weg mit einer einadrigen Leitung miteinander verbunden werden. Aus Sicht der Verkopplung von Leitungen ist das, aufgrund der kürzesten Leitung und der häufig nicht vorhandenen Parallelführung von Leitungen, vorteilhaft. Sind aber Signalkopplungen vorhanden, weil beispielsweise eine örtliche Häufung von Leitungen entsteht, so kann das durchaus problematisch werden. Infolge einer schnellen Verlegung entstehen niedrige Montagekosten.

Eine weitere Anwendung ist auf der Ebene der Verbindungssubstrate (Leiterplatten, Multilayer) zu sehen, Abb. 5.9. Derartige Designs sollten die Ausnahme sein (HF-untauglich, höherer Montageaufwand).

Für die Verlegung von Drahtbrücken sind folgende Regeln anzustreben, [44]:

- Die Drahtbrücken sollen auf dem kürzesten Weg verlegt werden. Für das High-Speed-Design (Anstiegszeit der Impulsflanken kleiner 1 ns) kann davon abgewichen werden, da hierbei die Ausführung des Rückleiters, i. d. R. die Massefläche, berücksichtigt werden muss, siehe dazu Abschn. 6.7 Regel 16.
- Die Drähte dürfen nicht über oder unter einem Bauteil verlaufen.
- Testpunkte müssen freigehalten werden.
- Die Drähte dürfen keine Bauteil- oder Anschlussflächen kreuzen.
- Drahtbrücken können am Substrat oder anderen Befestigungspunkten mittels Klebstoffen oder Klebebändern befestigt werden, wobei aber benachbarte Anschlussflächen nicht beeinträchtigt werden dürfen.

Abb. 5.9 Zusätzliche Drahtbrücken auf einer Leiterplatte

Entsprechend der unterschiedlichen Anforderungen hinsichtlich der Produktklassen 1, 2 und 3 können Abweichungen zugelassen werden. Ein Beispiel dazu: Bei der Produktklasse 1 kann ein Draht über ein Bauteil geführt werden, was bei den Produktklassen 2 und 3 aber nicht zulässig ist.

5.3.2 Bündelverdrahtung

Bei der Bündelverdrahtung werden parallel laufende Leitungen zu Bündeln zusammengefasst. Damit die fertigen Bündel nicht auseinanderfallen, müssen sie in geeigneter Art und Weise durch bestimmte Kabelbündeltechniken und Kabelbinder zusammengehalten werden. Durch Befestigungsmechanismen werden diese Bündel dann in den Geräten örtlich fixiert.

Kabelbündeltechnik
Die Abb. 5.10 zeigt drei typische Techniken.

Kabelbinder
Kabelverbinder sind prinzipiell in lösbare und unlösbare Typen zu unterscheiden. Unlösbar heißt in diesem Zusammenhang, dass bei der Demontage der Kabelbinder zerstört wird, wobei die lösbaren wieder verwendbar sind.

Die Abb. 5.11 zeigt typische lösbare Ausführungen. Die Klettverbinder (Bildmitte) und die Ausführungen aus Polyamid sind insbesondere für eine schonende Bündelung von sensiblen Leitungen geeignet.

Die Abb. 5.12 zeigt die häufig eingesetzten unlösbaren Standard-Kabelbinder. Stahlkabelbinder mit und ohne Kunststoffbeschichtungen finden insbesondere in stark beanspruchten Umgebungen wegen ihrer Korrosionsbeständigkeit und chemischen Resistenz Anwendung, sind aber im Gerätebau eher selten.

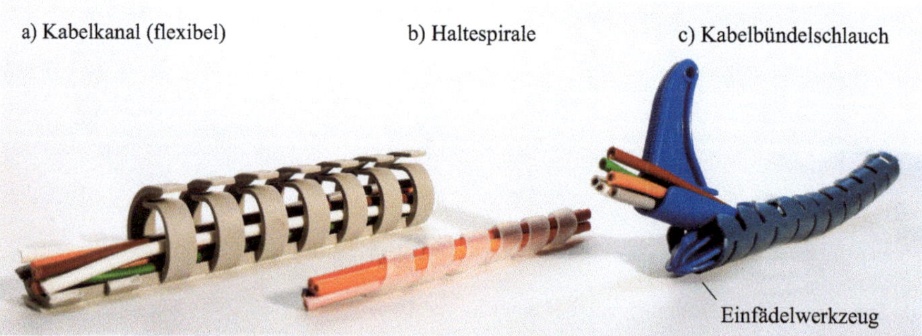

Abb. 5.10 Kabelbündeltechniken

Abb. 5.11 Lösbare Kabelbinder

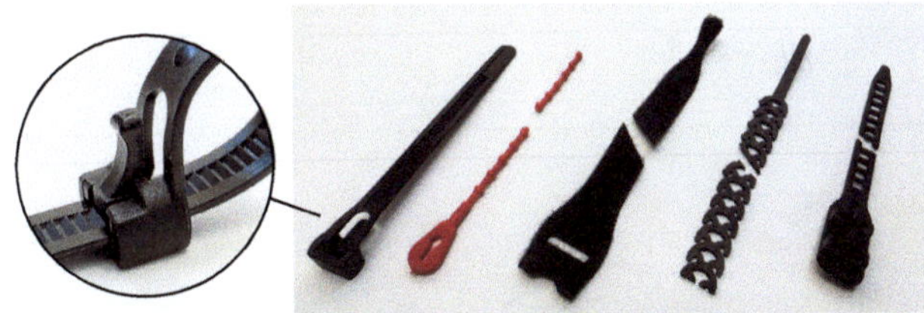

Abb. 5.12 Unlösbare Standard-Kabelbinder

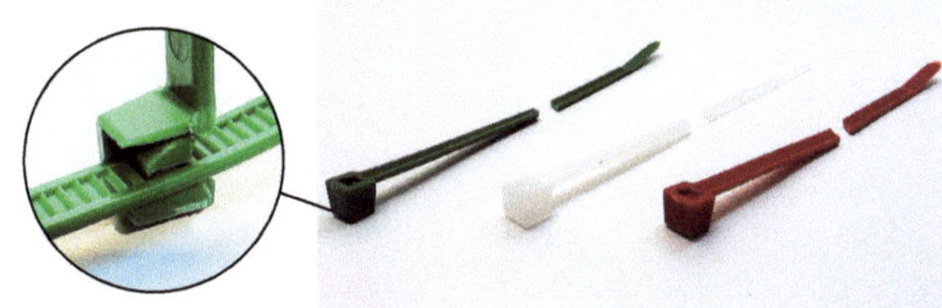

Kabelbindersockel

Kabelbindersockel werden für die die örtliche Fixierung einer Bündelverdrahtung verwendet. Die Abb. 5.13 zeigt dazu drei Beispiele.

Der selbstklebende bzw. verschraubte Bindersockel, Abb. 5.13-a, nimmt den Kabelbinder in einem Schlitz auf. Damit liegt hier eine Systemintegration von Bündelung von
Leitungen und gleichzeitiger örtlicher Fixierung vor. Die selbstklebende Halterung benötigt keine Montagewerkzeuge.

Die Abb. 5.13-b und -c zeigen eine selbstklebende Halterung mit einer Einfachklem-
mung für ein Flachbandkabel für eine schnelle und werkzeuglose Montage bzw. eine
Nylon-Klemme zur Bündelung von Einzeladern in einer aufschraubbaren Ausführung.

Schutzmäntel

Wird ein zusätzlicher Schutz vor mechanischen Einflüssen gefordert, so kommen Schutzmäntel zum Einsatz. Die Abb. 5.14 zeigt drei Beispiele.

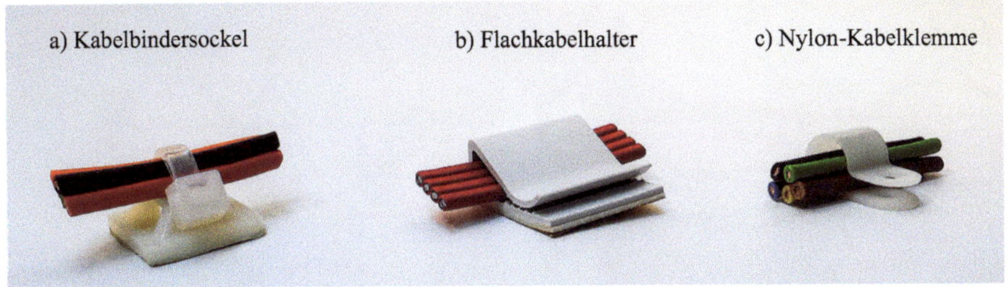

Abb. 5.13 Beispiele für Kabelbindersockel

Abb. 5.14 Schutzmäntel für Kabel und Leitungen

Der Schutzmantel, der sich auf die gesamte Länge hin öffnen lässt, sei hier besonders erwähnt, da er auch bei Kabelbäumen einen partiellen Schutz gewährleisten kann. Neben der Schutzfunktion hat er eine Bündelfunktion und kann somit auch der Kabelbündeltechnik zugeordnet werden.

5.3.3 Kabelbäume (Formkabel)

Der 3-dimensionale Kabelbaum stellt prinzipiell eine Bündelverdrahtung dar, Abb. 5.15. Vorteilhaft ist, dass er als eigenständige Baugruppe unabhängig vom Gerät vorgefertigt werden kann.

Das Fixieren der Leitungen zueinander, die korrekten Leitungsabgänge und die Richtungsänderungen der Leitungen des Kabelbaumes erfolgen mit geeigneten Kabelbindern und speziellen Abbindegarnen.

Eines der Hauptprobleme beim Betrieb sind die kapazitiven gegenseitigen Beeinflussungen bei länger parallel verlaufenden Leitungen.

Abb. 5.15 Kabelbäume, mit Genehmigung der ADAPT Elektronik GmbH

Die Bedeutung von Kabelbäumen wächst mit der Zunahme der zu verbindenden Schaltungsteile und Baugruppen, was insbesondere für den Automobilbau und komplexere Schaltschränke zutrifft. Ziele dabei sind:

- Will man die Stromdichte bei gleicher Leistungsübertragung reduzieren, so muss die Spannung erhöht werden. So führt eine Verdopplung der Spannung zur Halbierung der Stromstärke. Damit kann dann der Leiterdurchmesser bei gleicher Stromdichte auf den Wert $0{,}7 \cdot d$ verringert werden.
- Bei größeren zu übertragenden Leistungen müssen die Spannungen erhöht werden. Verbleibt die Stromstärke, so kann der Ursprungsquerschnitt erhalten bleiben. Dann muss allerdings die Durchschlagsfestigkeit E neu betrachtet werden gemäß $E = U/s$; s = Abstand des Leiters zum weiteren Leiter (Abstand der Leiteroberflächen = Lichte Weite)
- Ersatz von Kupfer als Leitungswerkstoff mit dem Ziel der Gewichts- und Kostenreduktion. Da bieten sich Aluminium und seine Legierungen sowie Messing als Alternativen an, sowie Glasfaser für die Signalübertragung.
- Bei bestimmten Anwendungen kann die Leitungszahl in einem Kabelbaum dadurch reduziert werden, dass stromführende Leitungen auch Daten übertragen. Das erhöht aber den Schaltungsaufwand für das Auf- und Demodulieren der Signale auf und von den Leitungen.
- Ersetzen der Kabelbäume mit diskreten Leitungen durch flexible und starrflexible Leiterplatten. Dabei befinden sich die Leitungen in Form von strukturiertem Kupfer auf flexiblen Polymerfolien und werden entsprechend der Leiterplattentechnologien gefertigt, Abschn. 4.4.1 und 4.4.3. Der Übertragung hoher Ströme sind aber hierbei Grenzen gesetzt.

So betragen die Querschnitte für Kupferkabelbäume im Automobilbau für Signalleitungen $0{,}35$ bis $0{,}5\,\text{mm}^2$ und für Energieleitungen $0{,}5$ bis $6\,\text{mm}^2$.

Die örtliche Fixierung eines Kabelbaumes an seine Umgebung muss mit geeigneten Bauelementen erfolgen. Das können Kabelbindersockel sein, wie sie auch für die Bündelverdrahtung verwendet werden oder auch einfache Metallbänder, die sich an Geräten befinden und dann um den Kabelbaum gebogen werden.

Ein zusätzlicher partieller Schutz des Hauptstranges kann mit einer Schutzummantellungen aus Polymergeflechten, die geöffnet werden können, erzielt werden, Abb. 5.14-b.

5.3.4 Einzelleitungen

Einzelne Leitungen mit einer unterschiedlichen Zahl von Leitern werden oft auch parallel nebeneinander verlegt, wobei die Montage an Gehäuseteilen mit unterschiedlichen Montagebauelementen realisiert werden kann, Abb. 5.16.

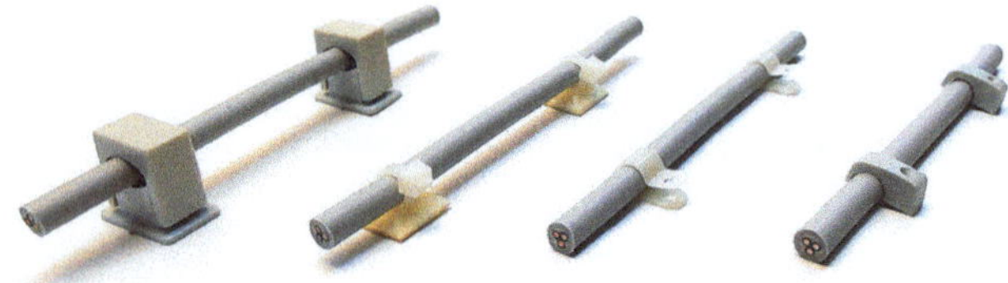

Abb. 5.16 Einzelne Leitungen mit verschiedenen Montagemöglichkeiten

Bei der Verlegung ist zu beachten:

- Das Quetschen des Mantels durch das Montagebauelement ist zu vermeiden.
- Eine zu enge Verlegung bei mehreren parallel verlaufenden Leitungen kann zur übermäßigen Erwärmung der Anordnung führen.
- Die zulässigen Biegeradien nehmen mit dem Leitungsdurchmesser zu.
- Bei zu dicht verlaufenden Leitungen entstehen kapazitive Signalüberkopplungen. Auch bei Netzleitungen koppeln Spannungen schon nachweisbar bei 1 m Parallelführung über, was zu Störspannungen auf den vom Netz getrennten einzelnen Leitern einer Leitung führt.

5.3.5 Kanalverdrahtung

Bei der Kanalverdrahtung werden die Leitungen in U-förmigen Kanälen verlegt, die anschließend mit Deckeln verschlossen werden, Abb. 5.17. Im Gerätebau werden fast ausschließlich Kunststoffe für die Kanalsysteme eingesetzt.

Grundsätzliche Ausführungen sind:

- **Geschlossene Kunststoffkanäle**: Installationsteile wie Steckdosen und Schalter können in die Deckel montiert werden. Loch/Schlitz-Stanzungen in den U-Profilseiten ermöglichen Leitungsabgänge.
- **Kunststoffkanäle mit seitlichen Öffnungen**: Durch die seitlichen Schlitze können Leitungen aus dem Kanal geführt werden. Für größere Öffnungen lassen sich einzelne Stege aus der Seitenwand herausbrechen.
- **Ein- und Mehrkammerkanäle**: Mehrkammerprofile erlauben eine räumliche Trennung von Energie- und Signalleitungen sowie Lichtwellenleitern und eine Zuordnung von Teilkanälen zu bestimmten Clustern im Gerät.
  Die Montage von Installationsteilen und Leitungsabgängen ist möglich.

5.3.6 Flachbandkabel

Bei einem Flachbandkabel liegen die einzelnen Leiter, die als massiver Draht oder als Litze ausgeführt sein können, nebeneinander und sind von einem flexiblen Kunststoffmantel wie PVC, PU oder weiteren umgeben, Abb. 5.18.

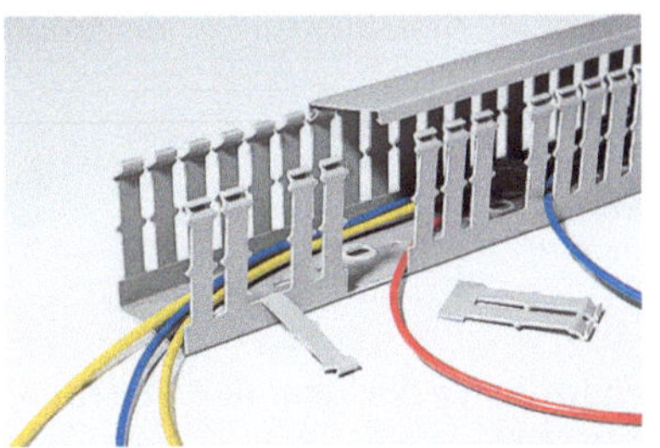
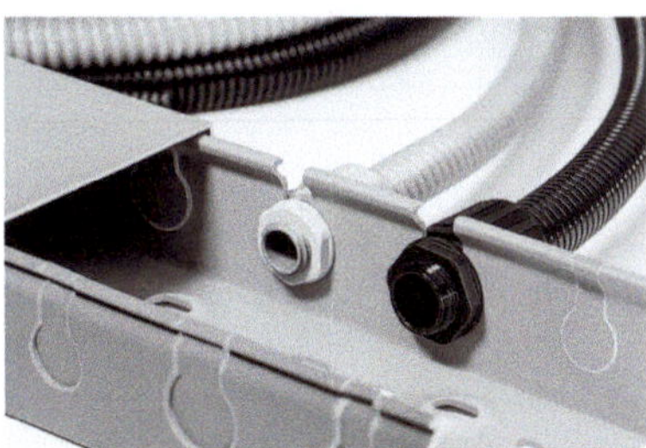

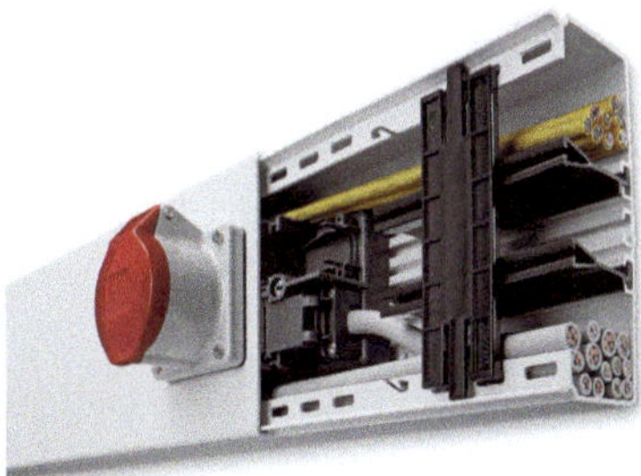
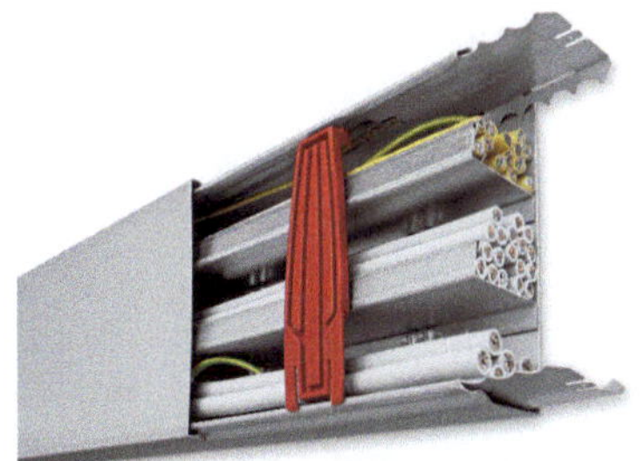

Abb. 5.17 Ausführungen von Kabelkanälen, mit Genehmigung d. HellermannTyton GmbH (oben) u. Hager.de (unten)

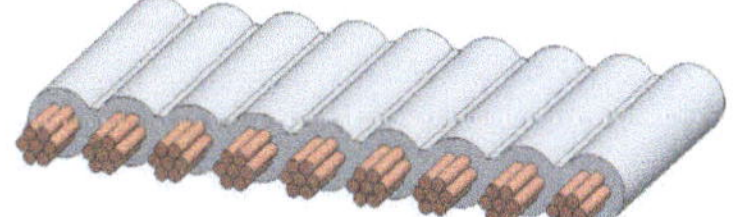
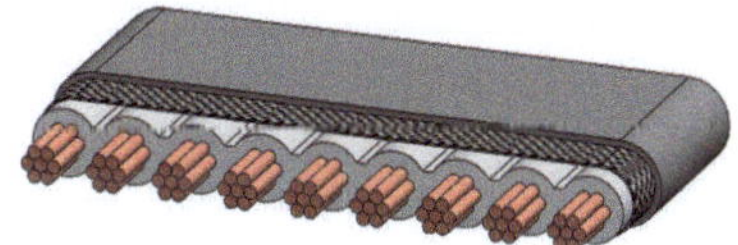

Abb. 5.18 Flachbandkabel

Die einzelnen Adern eines Flachbandkabels liegen entweder parallel zueinander oder sind paarweise verdrillt entsprechend einer Twisted Pair Ausführung. Innerhalb eines Flachbandes können auch beide Varianten realisiert werden.

Mittels der Schneidklemmtechnik, Abschn. 5.4.5, zur Kontaktierung lassen sich Flachbandkabel, insbesondere auch die vieladrigen, schnell, zuverlässig und kostengünstig konfektionieren. Innerhalb eines solchen Kabels kann eine sehr hohe Leitungs(Adern)zahl (bis zu 154) realisiert werden.

Das Hauptproblem bei Flachbandkabeln besteht in der Lage von Signal- und Masseleitungen zueinander, da durch die kompakte Lage der Leitungen zueinander die Gefahr des Übersprechens besonders hoch ist. Mehrere Varianten der Beschaltung dieser Kabel mit Signal- und Masseleitungen unter EMV-Gesichtspunkten werden im Abschn. 6.6.6 (Abb. 6.58) aufgezeigt, wobei ein Teil der Leitungen als Masseleitungen ausgeführt werden.

5.3.7   Sammelschienen

Sammelschienen sind Anordnungen von Leitern und dienen der zentralen Verteilung elektrischer Energie. Sie können in Form von Einzelleitern oder parallel verlaufenden Vielfachsammelschienen aufgebaut sein.

Querschnittformen wie T-, U-, Kreis- und Rechteck-Profile sind in der Anwendung, wobei die Rechteck-Profile am weitesten verbreitet sind. Weiterhin kommen Lamellenschienen, bestehend aus mehreren Lagen blanker oder verzinnter Cu-Einzelbänder, zum Einsatz. Aufgrund ihrer Flexibilität sind sie sehr anpassungsfähig und platzsparend. Neben diesen 2D-Profilen gibt es aber auch aufwändigere 3D-Profile für besondere Anwendungen, Abb. 5.19.

Sammelschienensysteme sind 1- bis 5-polig. Die Abb. 5.20 zeigt ein 3-poliges Sammelschienensystem mit verschiedenen Reitertypen, wobei der Ausdruck Reiter ein Synonym für die Komponenten auf den Schienen ist.

Hervorgehoben werden hier die Sicherungstechniken nach IEC (für Europa) und nach UL (für Nordamerika), da diese unterschiedlich sind. Die typischen Sammelschienenmittenabstände, Abb. 5.20, sind 40/60/100/185 mm.

Werden mehrere Sammelschienen zu einem Schienenpaket zusammengefasst, so ergeben sich entsprechend der Schienenanzahl entsprechende maximale Stromwerte [3, 4].

Für rechteckförmige Kupferstromschienen [4] reichen die Maße von $(12 \times 2)\,\text{mm}^2$ bis $(200 \times 10)\,\text{mm}^2$ und für runde von 20 bis 250 mm Durchmesser.

3D - Sammelschiene   Sammelschiene mit Abgängen

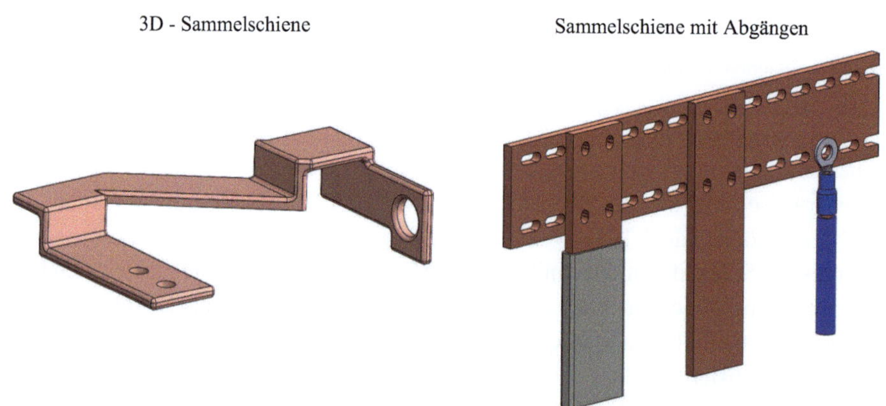

Abb. 5.19 Dreidimensionale Sammelschiene für besondere Raumeinbauten und Sammelschiene mit Abgängen

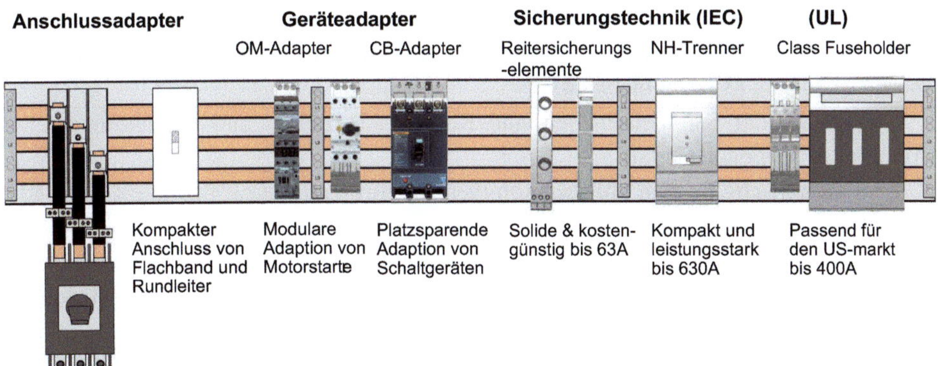

Abb. 5.20 Sammelschienensystem 3-polig mit verschiedenen Reitern, mit Genehmigung der Rittal GmbH & Co. KG, Wetzlar

Angegeben werden dazu die Dauerströme für 35 °C Lufttemperatur und 65 °C Schienentemperatur, für Wechsel-, Dreh– und Gleichströme und die Einbauart hochkant.

Die Korrekturen entsprechend der jeweiligen Anwendungen erfolgen mittels 5 Korrekturfaktoren:

- k_1 für leitfähigkeitsabhängige Belastungsänderungen
- k_2 für von 35 °C abweichende Temperaturen
- k_3 für thermisch bedingte Belastungsänderungen
- k_4 für bei Wechselstrom bedingten Belastungsänderungen
- k_5 für standortspezifische Einflüsse

So gelten beispielsweise für die Kupfersammelschiene 50 × 5 bei $I_\sim$ (bis 60 Hz) für Anordnungen von 1, 2 bzw. 3 parallel und hochkant liegenden Sammelschienen Dauerströme von 583, 994, bzw. 1260 A für 35 °C Luft- und 65 °C Schienentemperatur, entspricht $k_2 = 1$.

Lässt man bei gleichbleibender Umgebung eine Schienentemperatur von 80 °C zu, so ergibt sich ein $k_2 = 1{,}25$ [4, Bild 2] und damit um diesen Faktor höhere Ströme.

Zu bemerken ist, dass mit zunehmender Anzahl der parallel und hochkant liegenden Schienen der zulässige Dauerstrom im Vergleich zur Einzelschiene nicht proportional ansteigt.

Der Grund liegt in einer Stromverdrängung in den parallel verlaufenden Schienen infolge der Skin- und Proximityeffekte (nur bei Wechselstrom) und der damit verbundenen Widerstandserhöhung. Der Skineffekt beschreibt die Stromverdrängung nach außen in einem Leiter infolge des Magnetfeldes seines eigenen Stromes, während der Proximityeffekt die Stromverdrängung in einem Leiter durch das Magnetfeld eines anderen Leiters beschreibt und somit nur bei mindestens zwei Leitern vorkommt. [45, S. 234–237].

Für den Einsatz sind insbesondere der maximal zulässige Dauerstrom für Sammelschienen und die Verlustleistung von Bedeutung. Dauerstromwerte für Aluminiumsammelschienen sind [3] zu entnehmen.

Werkstoffe der Sammelschienen sind Kupfer, Aluminium und kupferummanteltes Aluminium (Cuponal, Cupal).

Drei **metallische Beschichtungen** kommen zur Anwendung:

- Nickel, als bevorzugtes Material, mit den Vorteilen einer härten Beschichtung als andere Materialien und seiner niedrigen Kosten. Nachteilig sind die harten Nickeloxide, die höhere Anpresskräfte für zuverlässige Verbindungen erfordern.
- Zinn mit der Problematik der Wiskerbildung und der damit verbundenen Gefahr von Kurzschlüssen.
- Silber ist sehr effektiv, außer wenn Schwefelverbindungen vorliegen, aber auch kostenintensiv.

Die Beschichtung mit einem **matt schwarzen Lack** erhöht den Emissionsgrad ε auf 0,9 bis 0,95 (im Vergleich ε von Cu erhöht sich von 0,5 im Laufe der Zeit auf 0,7). Dem entgegen steht aber aufgrund des isolierenden Lacks eine geringere Wärmeabfuhr durch Konvektion. In Summe führt das bei einem Temperaturanstieg von 60 °C zu einem um maximal 6 % höheren Dauerstrom [29, S. 103–104].

Bei der **Kontaktierung** von Cu- und Al-Sammelschienen ist zu beachten, dass eine direkte Kontaktierung infolge der Legierungsbildung in den Mikrokontakten (bedingt durch die Rauheit der Oberflächen) zu schlecht leitenden Verbindungen führt. Ag-, Ni- oder Sn-beschichte Al-Sammelschienen mit einer Mindestschichtdicke von 10 µm in Verbindung mit Cu-Sammelschienen zeigen ein gutes Langzeitverhalten.

Bei Schraub- und Pressverbindungen zwischen Geräteanschlüssen werden Cupalbleche oder Cupal Unterlegscheiben verwendet, Al mit Cu plattiert, wobei die Cu-Seite des Cupalblechs mit der Cu-Schiene und die Al-Seite des Cupalblechs mit der Al-Schiene verbunden werden [58, S. 147–163]. Die Cupalbleche weisen eine langzeitstabile Verbindung zwischen den Cu- und Al-Flächen infolge der ganzflächigen Berührung auf, im Vergleich zu den Mikrokontakten von Cu- auf Al-Teilen (Schienen).

Eine umfassende Abhandlung über Sammelschienen ist in [29] zu finden.

5.4 Kontaktiertechnologien für elektrische Kontakte

5.4.1 Einführung und Klassifikationen

Die Kontaktiertechnologien, auch als Anschlusstechniken bezeichnet, beschreiben das Zustandekommen von elektrischen Kontakten im weitesten Sinne. Das kann der direkte Kontakt zwischen zwei Leitungsenden sein, der Kontakt zwischen einem elektronischen Bauelement und einem Pad auf einer Leiterplatte oder der Steckkontakt zwischen einer Leitung und einer Buchse. So vielfältig wie die Kontaktiertechnologien mit ihren unterschiedlichen Anforderungen, sind auch die konstruktiven Lösungen in Form der Kontaktelemente.

Bei der Auswahl der Anschlusstechnik gilt der Grundsatz, dass die Applikation die Anschlusstechnik bestimmt.

Die Geometrien und die stofflichen Aufbauten der Kontakte bestimmen, wie die Verbindungen aufgebaut und aufrechterhalten werden. Weiterhin werden von den Kontakten hohe Langzeitstabilitäten erwartet. Das bedeutet einerseits eine große Zuverlässigkeit der einmal zustande gekommenen Verbindung, wie beispielsweise bei einer Lötverbindung. Andererseits müssen Kontakte ausreichende Vielfachkontaktierungen, wie bei Steckern, Buchsen oder Schalterkontakten gewährleisten.

Von wesentlicher Bedeutung ist dabei die Realisierung von möglichst geringen Kontaktwiderständen. Oxide, die sich schnell bilden wie bei Kupfer vergrößern die Kontaktwiderstände, so dass die Kontaktierung ausfällt oder die elektrischen Eigenschaften derart beeinflussen, dass die Funktion eingeschränkt wird, beispielsweise durch Verringerung der Stromstärke.

Die Lösung besteht in diesem Fall in einer Nickel-Gold-Beschichtung der Kupferkontaktflächen.

Zuverlässigkeit bedeutet auch die Sicherung des elektrischen Kontaktes bzgl. mechanischer und thermischer Belastungen. So sind häufig zusätzliche konstruktive Maßnahmen z. B. für die Zugentlastungen notwendig.

Kontaktiertechnologien können im Wesentlichen nach den folgenden vier Gesichtspunkten klassifiziert werden.

5.4.1.1 Schlussart

Bei einer **stoffschlüssigen Verbindung** werden Teile, die gleiche oder auch ungleiche chemische Zusammensetzungen aufweisen können, auf atomarer und molekularer Ebenen miteinander verbunden. Das kann entweder direkt zwischen den Teilen erfolgen oder unter Zuhilfenahme von Zusatzstoffen mit sehr unterschiedlichen Stoffzusammensetzungen.

Vertreter dieser Schlussart sind Schweiß- Löt- und Klebverbindungen.

Eine **kraftschlüssige Verbindung** entsteht, wenn eine Normalkraft F_N auf die Flächen der zu verbindenden Teile einwirkt. Die nach dem Coulombschen Reibungsgesetz entstehende Haftreibung F_H, tangential zu den Flächen, verhindert eine Relativbewegung der

Teile solange, wie sie größer ist als eine entgegengesetzte wirkenden Kraft F_L:

$$F_L \leq F_H = \mu_0 \cdot F_N \qquad \mu_0 \quad \text{Haftreibungskoeffizient} \qquad (5.25)$$

Daraus folgt, dass eine Schraubverbindung für eine elektrische Leitung so fest angezogen werden muss, dass die entstehende Haftkraft größer ist als die Kraft mit der an der Leitung gezogen wird.

Der Kraftschluss muss dazu führen, dass eine Abplattung bei mindestens einem der Teile erfolgt, damit eine Verbindungsfläche entsteht, die mindestens genauso groß sein muss wie der Querschnitt der anzuschließenden Leitung. Ist das nicht gegeben, so entsteht an dieser Stelle eine Stromdichteerhöhung mit den bekannten Folgen, angefangen von einer Funktionsminderung bis hin zur Brandgefahr.

Bei **formschlüssigen Verbindungen** sind ein oder beide Teile so ausgeformt, dass sie ineinandergreifen und dabei eine ausreichend große Kontaktfläche zwischen den Teilen aufbauen.

Dabei gibt es zwei Möglichkeiten der Realisierung. *Erstens* werden die beiden Teile unmittelbar, d. h. ohne Zusatzelemente, miteinander verbunden und *zweitens* erfolgt die Verbindung mittelbar mit Zusatzelementen, wie beispielsweise Nieten.

Eine weitverbreitete Verbindung ist die mechanische Snap-In-Verbindung, die bei der Montage von Gehäuseteilen eingesetzt wird. Sie benötigt keine Werkzeuge für die Montage und ist somit schnell und kostengünstig.

5.4.1.2 Lösbarkeit

Die **lösbaren Verbindungen** werden dadurch charakterisiert, dass beim Lösen der Verbindung die Teile, einschließlich möglicher Zusatzelemente, nicht beschädigt werden. Ein mehrfaches Lösen und Fügen ist möglich.

Dazu zählen Schraub-, Klemm- und Federklemmverbindungen.

Bei den **bedingt lösbaren Verbindungen** werden beim Lösen Verbindungsteile und/ oder Verbindungselemente bzw. -stoffe beschädigt, so dass ein nochmaliges Fügen nur unter bestimmten Bedingungen möglich ist und die Anzahl der Fügeprozesse beschränkt wird.

Dazu zählen die Einpress- und Wickelverbindungen, die Schneidklemmtechnik sowie die Lötverbindungen. Letztere gehört zu den stoffschlüssigen und nicht lösbaren Verbindungen, da sich die Materialeigenschaften durch Legierungsbildung ändern und die Lötstelle beim Lösen zerstört wird. Bei Fügeprozessen auf Verbindungssubstraten können die Bauelementepads und die Bauelemente, falls diese nicht selbst defekt sind, wieder verwendet werden.

Bei den **unlösbaren Verbindungen** werden bei Demontagevorgängen Teile oder Zusatzelemente zerstört, so dass ein mehrfaches Lösen und Fügen nicht möglich ist.

Dazu zählen Niet-, Bond-, Kleb-, und Crimpverbindungen sowie die Silber-Sinter-Verbindungen, die eine Fügetemperatur von 240 bis 300 °C und eine Temperatur zum Lösen der Verbindung von ca. 962 °C (Schmelztemperatur des Silbers) aufweisen, was zu irreversiblen Schädigungen der Verbindung, des Chips und i. d. R. auch des Verbindungssubstrats führt.

5.4.1.3 Verwendung von Zusatzelementen oder Zusatzstoffen

Bei den **mittelbaren Verbindungen** erfolgt die Verbindung unter Zuhilfenahme von Zusatzelementen oder Zusatzstoffen. Bei einer Schraubverbindung sind das die Konstruktionselemente der Verschraubung, bei einer Lötverbindung ist es das Lot.

Bei den **unmittelbaren Verbindungen** werden die Teile direkt, d. h. ohne Verwendung zusätzlicher Elemente oder Stoffe, miteinander verbunden. Das setzt voraus, dass beide Teile konstruktive Ausführungen dafür aufweisen. So kann ein Teil einen integrierte Zapfen haben, der über das zweite Teil verdreht wird und damit den Kontakt herstellt.

5.4.1.4 Löt- und lötfreie Verbindungen

Aufgrund der Bedeutung von Lötverbindungen, insbesondere bei der Montage elektronischer Baugruppen, macht eine derartige Unterteilung Sinn. Besonderes Unterscheidungsmerkmal zu den anderen Kontaktierungen sind, bis auf die Ausnahmen der Niedertemperaturtechnologien wie die Silber-Sinter-Technologien und einschränkend die Bondverfahren, die Temperaturbelastungen beim Lötprozess. Mit der Einführung der bleifreien Löttechnologien sind die Löttemperaturen gegenüber den bleihaltigen im Durchschnitt um ca. 20 °C gestiegen, wodurch man deutlich dichter an den Schädigungsbereich der Bauelemente heranreicht.

Hinweis: Die folgenden Betrachtungen zu den Kontaktiertechnologien erfolgen aus der Sicht des Designers und sollen die Grundkenntnisse der Kontaktiertechnologien vermitteln. Die für die technologischen Umsetzungen notwendigen Prozesskenntnisse sind der Spezialliteratur vorbehalten.

5.4.2 Lötverbindungen

Eine Lötverbindung ist eine stoffschlüssige Verbindung, bei der der Zusatzwerkstoff Lot eine niedrigere Schmelztemperatur als die zu verbindenden Teile aufweist. Zum Aufbau einer elektrischen Verbindung kommen in der Elektrotechnik Weichlötverfahren mit Schmelztemperaturen < 450 °C zum Einsatz (Hartlötverfahren haben Schmelztemperaturen ≥ 450 °C).

Aus funktioneller Sicht sind die Lötverbindungen zu unterscheiden in:

- Aufbau einer elektrischen Verbindung von Bauelementen und Chips.
- Aufbau einer besonders gut wärmeableitenden und mechanischen Verbindung von Bauelementen (wie Power LEDs) und Chips (Leistungshalbleiter) mit dem Substrat.

Letzteres wird auch als Chipbonden bezeichnet, wobei es außer dem Löten weitere Technologien wie das Silber-Sintern von Chips gibt, Abschn. 3.8.2.6.

Im Folgenden werden die Prozessschritte der Löttechnologie erläutert.

5.4.2.1 Entfernen von störenden Oberflächenschichten

Das Ziel besteht darin, metallisch reine Oberflächen zu schaffen. Neben der Freiheit von Fett- und Ölrückständen bedeutet das insbesondere das Entfernen von Metalloxiden, wozu Flussmittel eingesetzt werden, Abschn. 5.4.2.7. Ein wesentlicher Parameter beim Einsatz von Flussmitteln sind deren Aktivierungstemperaturen, die oberhalb 100 °C liegen. Unterhalb dieser Temperatur ist der Einsatz wirkungslos bzw. erheblich eingeschränkt. Beachtet werden muss, dass zum Entfernen dickerer Oxidschichten häufig aggressivere Flussmittel eingesetzt werden müssen. Da die Rückstände nach dem Löten Korrosion verursachen können, wird ein Reinigen der Baugruppe unerlässlich.

5.4.2.2 Oberflächenbenetzung

Die Benetzung der zu verbinden Teile mit dem flüssigen Lot ist die entscheidende Voraussetzung, dass sich eine Lötstelle ausbilden kann. Die Oberflächenenergien (Grenzflächenenergien) der Teile und des flüssigen Lots führen zu Adhäsionskräften, jeweils zwischen einem Teil und dem Lot. Sind diese Adhäsionskräfte größer als die Kohäsionskräfte im Lot, so kann sich das Lot auf dem zu verbinden Teil ausbreiten und es benetzen.

Ein flüssiges Lot breitet sich auf dem Festkörper, z. B. Pad einer Leiterplatte, entsprechend der vorhandenen drei Grenzflächenspannungen aus, Abb. 5.21.

Das sind die Grenzflächenspannung γ_{sl} zwischen dem festen Substrat und dem flüssigen Lot, die Grenzflächenspannung γ_{lv} zwischen dem flüssigen Lot und der gasförmigen Umgebung (typisch Luft, Stickstoff oder die Gase beim Dampfphasenlöten) und die Grenzflächenspannung γ_{sv} zwischen dem festen Körper und der gasförmigen Umgebung. Der entstehende Benetzungswinkel θ zeigt den Grad der Benetzung an. Der Zusammenhang zwischen diesen 4 Größen wird durch die Young'sche Gleichung beschrieben:

$$\cos(\theta) = \frac{\gamma_{sv} - \gamma_{sl}}{\gamma_{lv}} \tag{5.26}$$

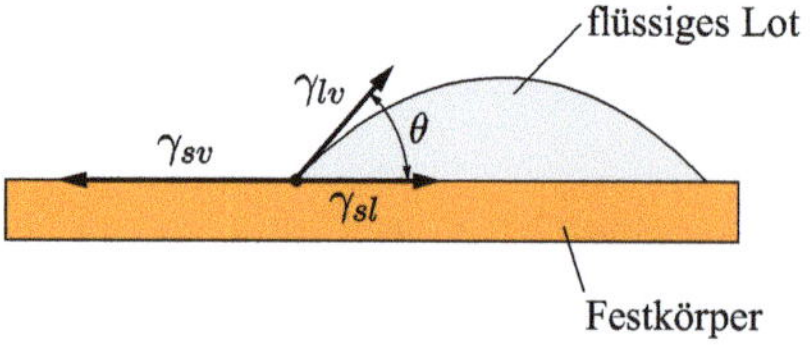

Abb. 5.21 Benetzung mit Grenzflächenspannungen und Benetzungswinkel

Qualitativ gibt es drei Bereiche: Die ideale Benetzung mit $\theta = 0°$, keine Benetzung mit $\theta = 180°$ sowie eine Teilbenetzung mit dazwischen liegenden Winkeln (gute Benetzung mit $\theta \approx 30°$).

Für eine gute Benetzung gilt unter Beachtung der Gl. (5.26):

- Die Grenzflächenspannungen γ_{lv} und γ_{sl} müssen klein sein gegenüber γ_{sv}.
- Oxide der Kontaktflächen müssen entfernt werden, da sie eine geringere Grenzflächenspannung als Metalle aufweisen, d. h. dass dadurch γ_{sv} vergrößert wird. Das erfolgt durch den Einsatz von Flussmitteln.
- Die Grenzflächenspannung γ_{lv} nimmt mit zunehmender Temperatur ab, was zu einer Verringerung des Benetzungswinkels bis hin zur vollständigen Benetzung der Oberflächen (Pads) führt.
- Der Einsatz von Stickstoff als umgebendes inertes Schutzgas verhindert die Bildung von Oxiden und verbessert dadurch das Benetzungsverhalten. Das ist von Bedeutung, da die Oxydationsprozesse an der Luft mit zunehmenden Temperaturen steigen.

Die Abb. 5.22 zeigt die Kontaktwinkel ausgebildeter Lötstellen, wobei Kontaktwinkel bis 90° zulässig sind. Winkel > 90° sind zulässig, wenn die Kontur der Lötstelle über das Pad ragt, beispielsweise bei BGAs. Die rechte Darstellung in der Abbildung zeigt eine unzulässige Lötstelle mit zu großem Kontaktwinkel und einer Benetzungsfehlstelle. Umfangreiche Ausführungen zu Lötstellen und Lötfehlern sind in [44] zu finden.

5.4.2.3 Diffusion und Legierungsbildung

Während des Lötvorganges beginnt sich zwischen den Stoffen eine Diffusionszone mit einer intermetallischen Phase (IMP) auszubilden. Während eine reine Diffusionszone durch ein Konzentrationsgefälle der Stoffe gekennzeichnet ist, stellt die IMP eine Zone mit konstanter Konzentration und sich entwickelnder neuer Kristallstruktur dar. Diese hat besondere Eigenschaften wie sehr fest, aber auch spröde. Das Ausbilden dieser Struktur ist kennzeichnend für eine korrekte Lötstelle. Sie wächst mit der Temperatur und der Zeit und darf nicht zu dick werden.

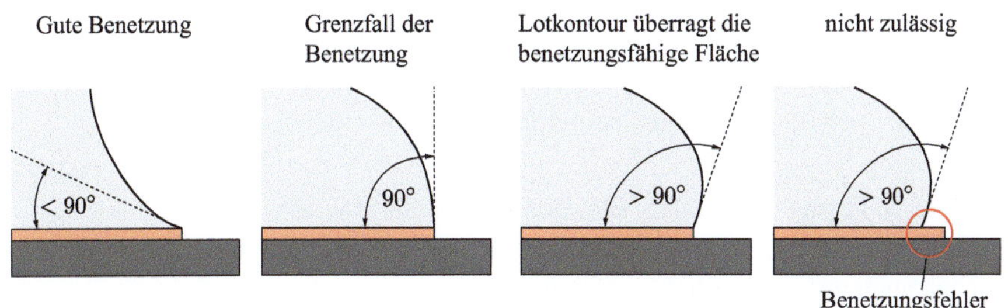

Abb. 5.22 Kontaktwinkel ausgebildeter Lötstellen

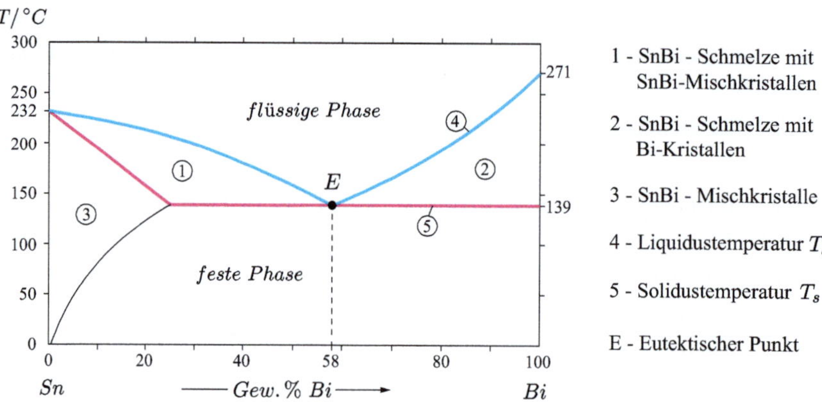

Abb. 5.23 Phasendiagramm der Lotlegierung Zinn (Sn)-Bismut (Bi)

5.4.2.4 Lote – Das Phasendiagramm

Lote sind Zwei – oder Mehrstoffsysteme (Metalllegierungen). Die Beschreibung der Zustände von Lotlegierungen erfolgt durch Phasendiagramme, die den Zustand in Abhängigkeit von der Zusammensetzung des Stoffgemisches und der Temperatur darstellen. Zur Veranschaulichung zeigt die Abb. 5.23 das Phasendiagramm der Lotlegierung Zinn-Bismut (SnBi). Für den Lötprozess sind vor allem die Liquidus- und die Solidustemperaturen T_l und T_s sowie der eutektische Punkt E von Bedeutung. Oberhalb der Liquiduslinie ist die Legierung immer flüssig, unabhängig von der Stoffzusammensetzung, unterhalb der Soliduslinie entsprechend immer fest. Für Lötprozesse muss die Prozesstemperatur immer oberhalb der Liquiduslinie liegen. Eine Faustformel besagt, dass die Prozesstemperatur ca. 20 °C über der Liquidustemperatur sein sollte.

Beim eutektischen Punkt liegt die eutektische Legierung vor, die dadurch gekennzeichnet ist, dass bei dieser Temperatur die niedrigste Schmelztemperatur einer Stoffzusammensetzung vorliegt und die Liquidus- gleich der Solidustemperatur ist. Die Bereiche 1 und 2 haben pastösen Charakter.

5.4.2.5 Lote

Bestimmend für die Lote sind die Legierungsbestandteile und die Lotformen.

Die Tab. 5.15 zeigt eine Auswahl von eingesetzten Loten in der Elektronik-Fertigung, wobei in bleihaltige und bleifrei Lote zu unterscheiden ist.

Bei der Verwendung von Loten sind drei Lotformen zu unterscheiden:

- Festlote, in Form von Stangen, Barren, Drähten und Bändern.
- Flussmittelgefüllte Lote, insbesondere in Draht- und Bandformen. Derartige Formen können auch mit Flussmittel beschichtet sein.

Tab. 5.15 Auswahl von Lotlegierungen

Lotlegierung	$T_{Schmelz}$ °C	Bemerkungen
SN100C [1] (SnCu0,7Ni)	227	Mikrozusätze, Ni-Dotierung verhindert Cu-Anreicherungen im Lotbad
SN100CV [1] (Sn Bi1,5 Cu0,7 Ni)	221 - 225	für höchste Anforderungen an die Zuverlässigkeit
Sn95,5 Ag3,8 Cu0,7	217	eutektisches Standardlot, für sehr hohe Anforderungen an die Zuverlässigkeit
Sn95,6 Ag3,5 Cu0,9	217	eutektisches Lot
Sn96,5Ag3,5	221	eutektisches Lot
Sn96,5Ag3 Cu0,5	217 - 220	Standardlot für hohe Anforderungen an die Zuverlässigkeit
SnCu0,7Ag0,3NiGe	217 - 228	für normale Anforderungen an die Zuverlässigkeit
SnCu0,7 Ag0,3	217 - 227	Standardlot ohne besondere Anforderungen an die Zuverlässigkeit
SnCu0,7	227	eutektisches Lot, bes. für Wellenlöten
Lote für Anwendungen bei temperatursensiblen Bauelementen		
In52Sn48	118	eutektische Lot
Bi58Sn42	138	eutektisches Lot
Bi57Sn42Ag1	137 - 139	alle drei mit deutlich höherer Duktilität
Lote für das Die-Bonding (Chipbonding)		
Au80Sn20	280	eutektisches Lot
Au88Ge12	356	eutektisches Lot
Bleihaltige Lote dürfen nur in Ausnahmefällen verwendet werden [28] [2]		
Sn63 Pb37	183	eutektisches Lot
Sn60 Pb40	183 - 191	
Hinweis: Die Temperaturwerte können je nach Herstellern geringfügig abweichen!		

[1] gehört zu einer Lotserie SN100C

[2] Elektro- und Elektronikgeräte-Stoff-Verordnung - ElektroStoffV [28]: Verbot der Verwendung gefährlicher Stoffe mit <0,1 Gew.%; ist die nationale Umsetzung der internationalen ROHS-Richtlinie (Restriction of certain Hazardous Substances)

- Lotpasten, die neben unterschiedlichen Partikelgrößen der Legierungen, Flussmittel und Zusatzstoffe enthalten und für die Montage von SMD-Bauteilen verwendet werden.
- Kombination von Lotpaste und massiven Lotstücken in Chip-Bauform, Lot-Preforms. Das findet Anwendung, wenn die Lotpastenmenge nicht ausreicht wie in der Pin-in-Paste Technologie mit Lot-Preforms, Abschn. 3.5.3.

5.4.2.6 Lotpasten

Lotpasten bestehen aus Legierungspartikeln, Flussmittel und Zusätzen wie Lösungsmittel und Fließmittel. Wenn mindestens 90 % der Lotpartikel ein Länge zu Breite Verhältnis von $\leq 1{,}2$ aufweisen, so werden sie als kugelförmig angesehen.

Beim Einsatz von Lotpasten sind folgende Faktoren von Bedeutung:

- Die *Druckeigenschaften*, insbesondere Thixotropie und Viskosität der Pasten. Beim Druckvorgang, bei dem ein Rakel die Lotpaste durch die Schablonenöffnungen drückt, entstehen Scherkräfte, die die *Viskosität* der Paste reduzieren und sie damit fließfähiger machen. Damit kann die Paste überhaupt erst mit ausreichender Güte gedruckt werden. Nach dem Druckvorgang, d. h. durch das Wegfallen der Scherkräfte, steigt die Viskosität der Lotpaste wieder (Thixotropie), so dass ein formstabiles Lotdepot auf dem SMD-Pad des Verbindungssubstrates ausgebildet werden kann.
- Der *Lotpulvertyp*, Tab. 5.16, muss der Anwendung angepasst sein, d. h. je kleiner die SMD-Pads sind und umso kleiner die Schablonenöffnungen damit werden, desto kleiner müssen die Lotpartikel der Paste werden. Eine der Regeln besagt, dass mindestens 5 Partikel nebeneinander durch die Schablonenöffnung passen müssen. Für die Montage eines 0201-Bauelements (Bezeichnung imperial, EIA) mit einer Padgröße von $(300 \times 300)\,\text{mm}^2$, wobei die Breite der Schablonenöffnung 80 bis 90 % der Padbreite beträgt, werden typischerweise Lotpastentypen 3 oder 4 verwendet.
  Hinweis: Häufig wird noch die Pulverklassifizierung nach DIN 32513 verwendet, die aber zurückgezogen wurde.
- Die *Lotpastenlagerungen* mit den Alterungen durch chemische Vorgänge, den Topfzeiten, d. h. wie lange eine geöffnete Lotpaste verarbeitet werden kann und den Standzeiten des Lotpastendepots auf dem Pad, d. h. wie groß die Zeit ist zwischen Lotpastendruck und Bestückung/Lötprozess.

5.4.2.7 Flussmittel

Flussmittel haben die Aufgabe, die auf einer Lötoberfläche vorhandenen Oxide zu beseitigen und damit die Benetzung mit dem Lot zu ermöglichen. Ebenso wird damit die Oxidneubildung während der Lötprozesse verhindert, da die Oxidbildung mit der Temperatur steigt. Beispielsweise bildet reines Kupfer sofort an der Oberfläche eine nm-dünne Oxidschicht, die im Verlaufe einiger Wochen stärker anwächst, leicht schwarz anläuft und die Benetzung nahezu unmöglich macht.

Tab. 5.16 Standardlotpulver nach [21]

Typ	1	2	3	4	5	6	7
$< 0{,}5\,\%$ der Partikel /μm	>160	>80	>60	>50	>40	>25	>15
$\geq 80\,\%$ der Partikel /μm	75-150	45-75	25-45	20-38	15-25	5-15	2-11

Tab. 5.17 Flussmittel nach [17, 21] mit den Wirksamkeiten L, M und H, Flussmittelrückstände nicht korrosiv, geringfügig korrosiv und stark korrosiv und Halogenidanteilen

1. Flussmitteleinteilung nach der Stoffzusammensetzung			
Kolophonium (RO)	Harz (RE)	Organisch (OR)	Anorganisch (IN)
2. Wirksamkeit der Flussmittel, als Zusatz zu 1.			
L0 oder L1	M0 oder M1	H0 oder H1	
L: gering; Flussmittelrückstände nicht korrosiv			
M: mäßig; Flussmittelrückstände geringfügig korrosiv			
H: hoch; Flussmittelrückstände stark korrosiv			
Ziffer 0: Halogenidanteil <0,05 %, Ziffer 1: Halogenidanteil >0,05 %			

Die Einteilung der Flussmittel erfolgt nach der Stoffzusammensetzung und ihrer Wirksamkeit, Tab. 5.17.

Besondere Beachtung gilt den No-Clean Lotpasten (Flussmitteln). Häufig wird davon ausgegangen, dass Rückstände von Lotpasten mit Flussmitteln L0 bzw. L1 nach den Lötprozessen zu keinen schädigenden Langzeitfolgen führen. Diese Lotpasten sind nahezu halogenidfrei, so liegt beispielsweise der Wert der Lotpaste FELDER ISO-Cream Clear (Typ REL0) bei < 0,001 %.

Die zunehmende Miniaturisierung der Elektronik, insbesondere durch die Anwendung der Flip-Chip-Technologien (FC), der BGA- und CSP-Packages sowie der Verringerung der Leiterabstände, führt auch bei der Verwendung von No-Clean Pasten zu Problemen wie Leckagen, Kurzschlüssen und Dendritenwachstum (wie das nadelförmige Wachsen von Zinn, Zinnwhisker). Die Reinigung dieser Baugruppen mit No-Clean Pasten muss demzufolge auch besonders beachtet werden.

5.4.2.8 Lötverfahren

Lötverfahren können in parallele und sequentielle Verfahren eingeteilt werden. Zu den parallelen Verfahren gehören die Wellen- und Reflowlötverfahren, bei denen alle Bauelemente innerhalb einer sehr kurzen Zeit (quasi-parallel) bzw. nahezu gleichzeitig gelötet werden. Unter Reflowlöten ist das Aufschmelzen von Lotdepots zu verstehen, wobei der dazu erforderliche Energieeintrag durch Konvektion, Konvektionslöten, und Kondensation (Dampfphasenlöten auch Kondensationslöten) erfolgt. Das Reflowlöten mit Infrarotstrahlen spielt eine untergeordnete Rolle.

Zu den sequentiellen Verfahren zählen u. a. das Kolbenlöten, Laserlöten und das Selektivlöten mit speziellen Lötdüsen.

Wellenlöten

Die Abb. 5.24 zeigt das Prinzip des Wellenlötens, auch als Schwalllöten bezeichnet. Charakteristisch ist, dass der Wärmeeintrag durch das flüssige Lot einer oder zweier Lotwellen erfolgt, anders als beim Reflow- und Dampfphasenlöten.

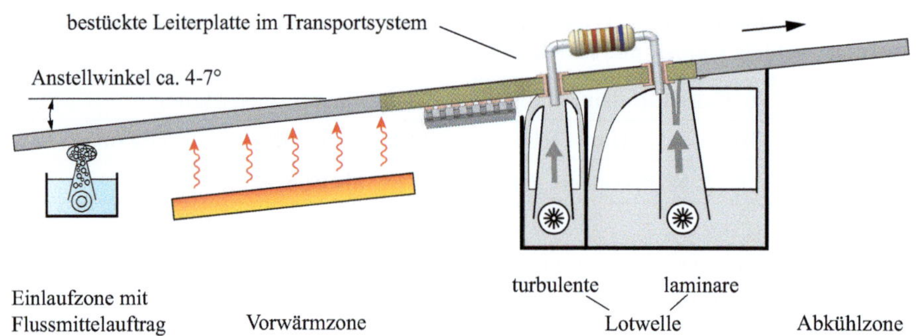

Abb. 5.24 Wellenlöten

Der gesamte Prozess lässt sich in 5 Prozessschritte, die konstruktiv auch 5 Bereichen entsprechen, unterscheiden:

1. Die *Einlaufzone* für die Baugruppe. Der Transport der Baugruppe durch die Anlage erfolgt unter einem Neigungswinkel von ca. 7°.
2. Der *Flussmittelauftrag*, bei dem es unterschiedliche Verfahren gibt. Häufig werden Flussmittel aufgeschäumt.
3. Die *Vorwärmzone* hat im Wesentlichen zwei Aufgaben. *Erstens* wird die Temperatur der Baugruppe erhöht, um einen Temperaturschock beim Durchgang durch die flüssigen Lotwellen abzufangen, und *zweitens* braucht das Flussmittel eine bestimmte Aktivierungstemperatur mit > 100 °C um sein Wirksamkeit entfalten zu können.
4. Die *Zone der Lotwellen*. Bei Baugruppen mit ausschließlich THDs wird i. d. R. nur eine Einfachwelle mit laminarer Strömung verwendet. Baugruppen mit SMDs und gemischte Baugruppen mit THDs und SMDs, wie in der Abb. 5.24 zu sehen, verwenden zwei Lotwellen. Mit der ersten erfolgt die Primärbelotung mit höherem Druck (turbulente Strömung), um insbesondere das Lot in die Abschattungsbereiche der SMDs zu bringen. Mit der zweiten Welle (laminare Strömung) erfolgt die Fertiglötung, wobei entstandene Lotkurzschlüsse entfernt werden.
   Die Prozesstemperatur des Lotes liegt ca. 20° über der jeweiligen Liquidustemperatur.
5. Die *Abkühlzone* ist zugleich die Auslaufzone und dient der definierten Kühlung der Baugruppe. Der Temperaturgradient darf dabei nicht zu hoch sein, um Rissbildungen zu vermeiden.

Konvektionslöten

Nach dem Bestückvorgang der Bauelemente in die Lotpastendepots erfolgt der Energieeintrag zum Aufschmelzen der Lotpaste durch Konvektion, wobei als Wärmeübertragungsmedium Luft oder Stickstoff verwendet werden [26]. In den Konvektionsanlagen wird ein Temperatur-Zeit-Profil gefahren, dass den z. T. sehr unterschiedlichen Erfordernissen der Bauelemente entsprechen muss. Das Aufheizen der Bauelemente lässt sich nach [46, S. 102–104] abschätzen:

$$T(t) - T_0 = (T_s - T_0)(1 - e^{-\frac{t}{\tau}}) \quad \text{mit} \tag{5.27}$$

$$\tau = R \cdot C = \left(\frac{1}{\alpha \cdot A}\right) \cdot (\rho \cdot c \cdot V)$$

Dabei sind R der Wärmewiderstand und α der Wärmeübergangskoeffizient. C ist die Wärmkapazität mit ρ der Dichte, c der spezifischen Wärmekapazität und V dem Bauelementevolumen. T_0 ist die Ausgangstemperatur mit 20 °C und τ die thermische Zeitkonstante.

Unter der Maßgabe praktisch gleicher Wärmeübergangsbedingungen, charakterisiert durch den Wärmeübergangskoeffizienten α, ist ersichtlich, dass mit größerem Bauelementevolumen die Wärmekapazität steigt und sich das Bauteil dann langsamer erwärmt, sowie sich dann auch entsprechend langsamer abkühlt. Die Abb. 5.25 zeigt die beiden Grenzfälle kleiner und großer Bauelemente. Durch die Vielzahl der Bauelemente auf einem Board gibt es eine Kurvenschar, die sich innerhalb des Bereichs der beiden Grenzfälle befindet. Entsprechend lassen sich 4 Bereiche unterscheiden:

1. In der *Vorheizzone* wird das Board, ausgehend von der Anfangstemperatur T_a, erwärmt und die Lösungsmittel beginnen zu verdampfen. Am Ende soll die Temperatur erreicht werden, bei der die Flussmittelaktivität beginnt. Ist der Temperaturgradient zu groß, so kann es durch den thermischen Stress zu Schädigungen kommen, ist er zu gering, wird die notwendige Temperatur nicht erreicht. Die typischen Werte liegen zwischen 2 und 3 °C/s.

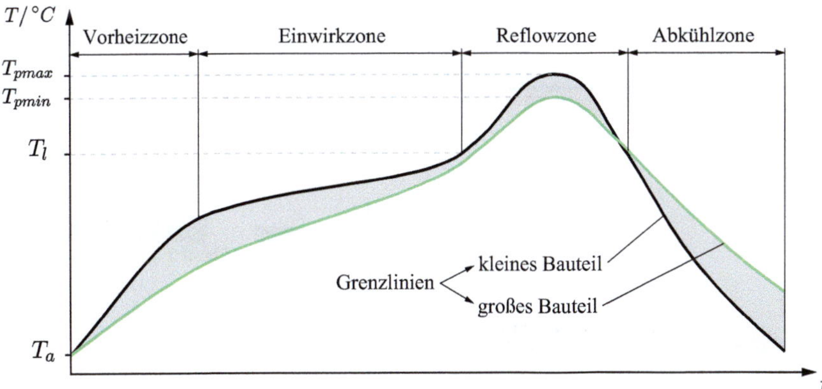

Abb. 5.25 Temperaturprofile beim Reflowlöten

2. In der *Einwirkzone* (Durchwärmungs- und Aktivierungszone) verdampfen die Reste
   der Lösungsmittel und das Flussmittel entfaltet seine Wirksamkeit. Ziel ist es, dass die
   Temperaturdifferenz aller Bauteile ein Minimum erreicht. Die Verweilzeit beträgt 60
   bis 120 s.
3. In der *Reflowzone* werden die höchsten Prozesstemperaturen T_{pmax} und T_{pmin} für die
   kleinsten bzw. größten Bauteile mit typisch 20 bis 40 °C über der Liquidustemperatur T_l erreicht. Einerseits soll die Zeit hier möglichst kurz sein, um das zu schnelle
   Anwachsen der Intermetallischen Phase (IMP) zu bremsen, andererseits muss sie für
   eine gute Benetzung ausreichend lang sein. Typische Werte liegen zwischen 30 und
   60 s.
4. Die *Abkühlzone* dient der Minimierung des thermischen Stresses und begrenzt das
   Wachsen der Intermetallischen Phase. Im Temperaturbereich von 100 bis 30 °C formt
   eine schnelle Abkühlung eine feinkörnige Lotstruktur. Der Temperaturgradient liegt
   unter 6 °C/s.

Dampfphasenlöten

Das Grundprinzip des Dampfphasenlötens [48] besteht darin, dass der Wärmeeintrag für
das Aufschmelzen der Lotpaste durch die Kondensationswärme erfolgt, die entsteht, wenn
ein Dampf an den kälteren Lötstellen kondensiert. Die Abb. 5.26 zeigt das Grundprinzip:

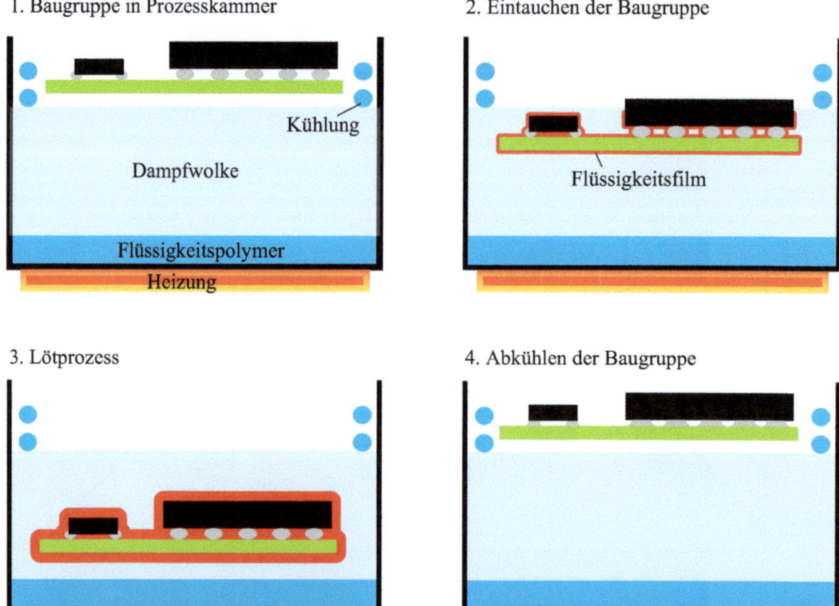

Abb. 5.26 Prinzip des Dampfphasenlötens

1. In einem Behälter befindet sich eine Dampfwolke, die sich durch das Verdampfen eines inerten Flüssigpolymers (Kondensationsmedium) bildet und durch entsprechende Kühlschlangen in der Höhe begrenzt wird. Die Baugruppe befindet sich in der Prozesskammer über der Dampfwolke.

2. Mit dem Eintauchen der Baugruppe beginnt der Kondensationsprozess der sofort zur Ausbildung eines Flüssigkeitsfilms zwischen der kälteren Baugruppe und dem Dampf führt.

3. Mit der Verweildauer der Baugruppe in der Dampfwolke vergrößert sich der Flüssigkeitsfilm. Der Wärmeeintrag in die aufzuschmelzende Lotpaste erfolgt durch diesen und verläuft solange, bis die Baugruppe die Temperatur des Dampfes erreicht hat, wobei sich der Flüssigkeitsfilm wieder abbaut.

   Da eine höhere Temperatur als die Dampf- bzw. Siedetemperatur nicht möglich ist, begrenzt diese die Prozesstemperatur und verhindert somit ein Überhitzen der Baugruppe. Weiterhin schützt die inerte Dampfwolke vor weiterer Oxydation, was die Benetzung fördert.

4. Die Baugruppe wird aus dem Dampf in die Prozesskammer transportiert und kühlt ab.

Als Verdampfungsflüssigkeit werden die inerten Flüssigpolymere der Galden-HT-Reihe eingesetzt. Die Ziffer nach dem Galden zeigt dann die Siedetemperatur mit Toleranzen von einigen Grad an, wie Galden 240 mit ca. 237 bis 243 °C.

Der Wärmeübergangskoeffizient beim Dampfphasenlöten liegt zwischen 400 und 700 W/(m$^2 \cdot$ K) und ist damit um bis zum 10-fachen größer als beim Konvektionslöten mit Werten zwischen 30 und 120 W/(m$^2 \cdot$ K).

Eine Vakuumunterstützung führt zur weiteren Verringerung von Hohlräumen (Voids) in den ausgebildeten Lötstellen, was insbesondere für Leistungsbauelement von Bedeutung ist. Die negativen Eigenschaften von Voids sind u. a. schlechtere Wärmeableitung von Bauelementen, reduzierte Festigkeit und Vibrationssicherheit sowie Lötfehlerausbildungen.

5.4.2.9 Lötstellen und Lötfehler

Ein wesentlicher Punkt bei der Bewertung der technologischen Qualität einer gefertigten Baugruppe ist die Qualität aller Lötstellen. Lötstellen und Lötfehler werden in der IPC-A-610 [44] umfangreich dargestellt und gelten als (nicht gesetzlicher) Standard für die Abnahme von elektronischen Baugruppen.

Gute Lötstellen zeichnen sich durch folgende Charakteristika aus:

- Die Oberfläche ist glatt und benetzt die Anschlüsse der Bauelemente und die Pads der Leiterplatte vollständig.
- Die Lötstelle soll möglichst allseitig die Form eines Meniskus mit einer konkaven Kontur aufweisen, Abb. 5.27. Wenn Bauelementanschluss (Pin) und Pad gleich breit sind entfällt das auf diesen beiden Seiten.
- Zu viel Lot ist aufgrund von Kurzschlussgefahren zu vermeiden.

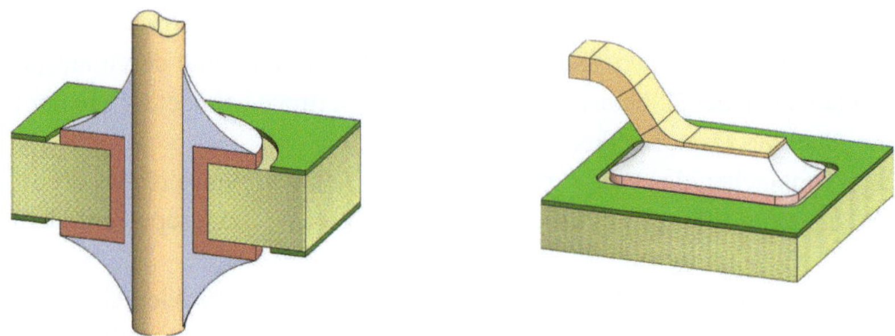

Abb. 5.27 Korrekte Lötstellen mit Meniskusausformungen bei THD und SMD

- Der Lötprozess muss in einem definierten Prozessfenster erfolgen. Bei zu hoher Temperatur stößt man in den Schädigungsbereich der Bauelemente und bei zu niedriger Temperatur (unterhalb der Liquidustemperatur) entsteht keine ausreiche stoffschlüssige Verbindung (kalte Lötstelle), was visuell nicht immer erkennbar ist.

Lötstellenfehler und Ursachen:

- Zu geringe Löttemperatur mit unzureichender stoffschlüssiger Verbindung und fehlender intermetallischer Phasen. Derartige Lötstellen sind oft schwer zu analysieren, da sie manchmal einen Kontakt aufweisen und manchmal eben nicht. Lotpaste schmilzt nicht ganz auf und die Kugeln der Lotpaste sind teilweise noch zu erkennen.
- Fehlende oder unzureichende Benetzung der zu verbindenden Teile z. B. durch Verunreinigungen wie oxidierte Oberflächen oder bedingt durch längere Liegezeiten ein Durchwachsen der intermetallischen Phasen. Letzteres tritt beispielsweise auf, wenn die intermetallische Phase eines Cu-Pads, welches mit einer dünnen Sn-Schicht zum Schutz vor Korrosion beschichtet ist, durchwächst.
- Zu viel Lot, was zu konvexen Konturen der Lötstellen führt, Abb. 5.28.
- Rissbildung in der Lötstelle oder an den Lotanbindungen der Bauelemente.
- Das Wachstum von Zinnwhiskern. Das sind lange nadelförmige einkristalline Sn-Strukturen, die auf Sn-Oberflächen wachsen und Kurzschlussbrücken verursachen können.
- Voids (Hohlräume) reduzieren den effektiv nutzbaren Querschnitt in den Lötstellen, was bei Leistungsbauelementen zur Verringerung der Wärmabfuhr führt. Die typische Obergrenze für den Voidanteil einer Lötstelle liegt bei 25 %, wobei ein Überschreiten zur Bauelementschädigung führen kann. Beim Dampfphasenlöten mit Vakuum lassen sich Voidanteile < 2 % erzielen.
- Zu geringes Lotvolumen der Lötstelle, Abb. 5.28. Bei THDs mit zu wenig Lot in den Durchkontaktierungen infolge unzureichender Kapillarwirkung. Das tritt ein, wenn das Verhältnis von Drahtdurchmesser zu lichtem Durchmesser der Durchkontaktierung nicht eingehalten wird.

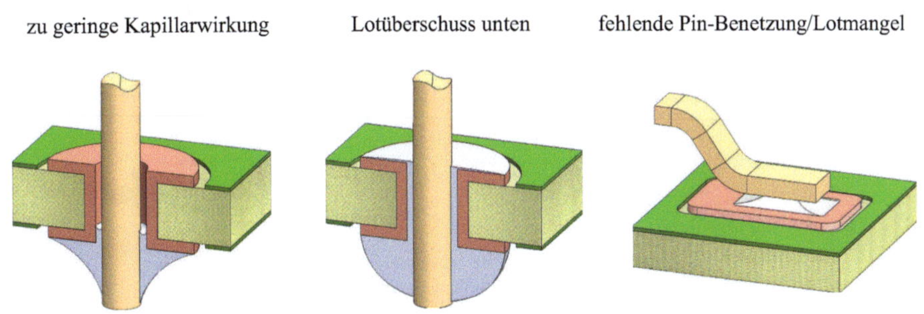

Abb. 5.28 Fehlerhafte Lötstellen

5.4.3 Wickelverbindung (Wire-Wrap-Verbindung)

5.4.3.1 Prinzip

Die Wickelverbindung ist eine lötfreie elektrische Verbindung, bei der ein massiver Draht um einen quadratischen oder rechteckigen Wickelstift gewickelt wird. Die Verwendung von Litzenleitern ist hier nicht erlaubt.

An den Ecken der Wickelstifte entstehen durch den Anpressdruck beim Wickeln Deformationen des Wickeldrahts als auch des Wickelstifts. Dabei werden mögliche Oxidschichten aufgerissen und verschoben, so dass saubere Kontaktflächen entstehen, die kaltverschweißt werden und zu gasdichten Verbindungen führen.

Da beim Wickelvorgang die Elastizitätsgrenzen nicht überschritten werden, bleibt insbesondere der Draht nach einer gewissen Entspannung (Relaxation mit der Relaxationszeit) noch weiter elastisch, womit der Kontaktdruck über einen langen Zeitraum aufrechterhalten werden kann. Das wiederum erklärt auch die hohe Zuverlässigkeit der Verbindung, die ca. eine Größenordnung besser ist als die einer maschinellen Lötverbindung.

Bei der Ausführung von Wickelverbindungen sind zwei Typen zu unterscheiden, Abb. 5.29.

Konventionelle Wickelverbindung

Hierbei werden ausschließlich die abisolierten Drahtteile um den Wickelstift gewickelt. Zur Vermeidung von Kurzschlüssen zu benachbarten Wickelstiften mit Wickeln müssen die Drahtisolationen dicht am Wickelstift geführt werden, Abb. 5.29-links.

Modifizierte Wickelverbindung

Hier wird nicht nur der abisolierte Draht um den Wickelstift gewickelt, sondern auch ein zusätzliches Stück des isolierten Drahts. Dieses muss mindestens drei Kontaktstellen mit dem Wickelstift aufweisen, Abb. 5.29-rechts. Damit wird ein deutlich besseres Vibrationsverhalten erreicht, was bei mobilen Anwendungen wie in der Fahrzeugtechnik und in Flugzeugen von Bedeutung ist.

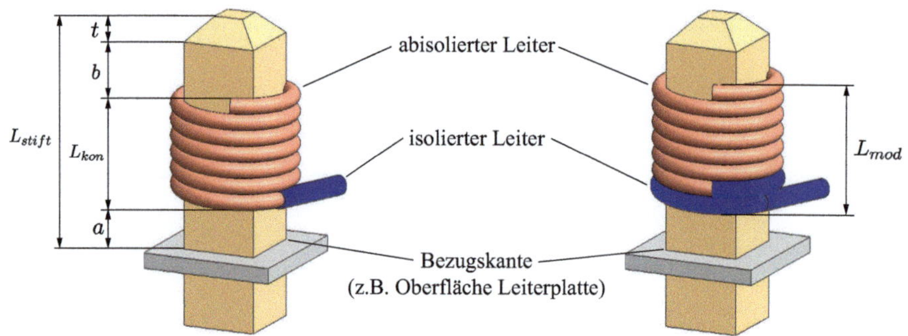

Abb. 5.29 Konventionelle (links) u. Modifizierte (rechts) Wickelverbindungen

5.4.3.2 Wickelstifte und Wickeldrähte

Die **Wickelstifte** [10] werden in 11 Gruppen entsprechend den Querschnitten eingeteilt und reichen von $0,3 \times 0,3\,\text{mm}$ bis $0,8 \times 2,4\,\text{mm}$ mit überwiegend quadratischen Querschnitten.

Die Kanten haben je nach Größe der Stiftdiagonalen Kantenradien von 0,025 bis 0,08 mm an mindestens zwei Kanten, wobei einige Stiftgrößen auch an zwei Kanten Fasen aufweisen können. Die Form der Stiftspitzen ist kegel- oder pyramidenförmig und abgeflacht.

Als typische Werkstoffe kommen Kupferlegierungen wie Kupfer-Zink (Messing), Kupfer-Zinn (Bronze), Nickel-Silber-Legierungen und Edelstahl zur Anwendung. Die Oberflächen können blank sein oder mit Schichten aus Zinn, in Ausnahmefällen Zinn-Blei unter Berücksichtigung der ROHS, oder einem Schichtenaufbau aus Nickel/Gold versehen werden.

Die **Wickeldrähte** müssen eine Bruchdehnung von min. 20 % aufweisen.

Grundsätzlich gilt, dass die Querschnitte der Wickelstifte und Leiter aufeinander abgestimmt werden müssen, d. h. dass nicht jeder Leiterquerschnitt für jeden Wickelstift verwendet werden kann.

5.4.3.3 Designregeln

Eine Reihe von Designregeln sind [10, 44, 52] zu entnehmen. Auf die technologischen Prozesse und Werkzeuge wird hier nicht eingegangen.

- Der Abstand zwischen zwei Windungen darf nicht größer als 50 % des blanken Drahtdurchmessers sein.
- Die Summe aller Windungsabstände dürfen nicht größer sein, als der Durchmesser des blanken Drahtes.
- Das Ende der letzten Windung darf maximal den Drahtdurchmesser über die Wicklung herausragen.

- Die effektiven Wickellängen für die beiden Wickelverbindungstypen L_{kon} und L_{mod} sowie die gesamte Länge des Wickelstiftes L_{stift} ergeben sich zu [10], Abb. 5.29:

$$\text{konventionelle Verb.:} \quad L_{\text{kon}} = (n_1 + 1)d_1 + s \cdot n_1 \tag{5.28}$$

$$\text{modifizierte Verb.:} \quad L_{\text{mod}} = n_1 \cdot d_1 + (n_2 + 1)d_2 + s(n_1 + n_2) \tag{5.29}$$

$$\text{gesamte Stiftlänge} \quad L_{\text{stift}} = (L_{\text{kon}} \text{ oder } L_{\text{mod}}) + a + b + t \tag{5.30}$$

n_1 Anzahl der Windungen des abisolierten Leiters pro Wickelverbindung
n_2 Anzahl der Windungen des isolierten Leiters pro Wickelverbindung
d_1 Durchmesser des abisolierten Leiters
d_2 Durchmesser des isolierten Leiters
s Abstand der Windungen innerhalb einer Wicklung $s \le 0{,}5d_1$; $\sum s \le d_1$
a Abstand des ersten Wicklung von der Bezugsfläche $a \le 3d_2$
Diagonalen $\le 1{,}3\,\text{mm}$: $b = 0{,}5\,\text{mm}$ und $t = 0{,}2$ bis $0{,}7\,\text{mm}$
Diagonalen $> 1{,}3\,\text{mm}$: $b = 1{,}0\,\text{mm}$ und $t = 0{,}3$ bis $1{,}1\,\text{mm}$

- Bis zu drei Wicklungen pro Wickelstift sind möglich.
- Bei zwei oder drei Wicklungen pro Wickelstift sollen die Wicklungsabstände deutlich sichtbar sein. Es modifiziert sich die Gl. (5.30) derart, dass Wicklungsabstände und entsprechend 1 bzw. 2 effektive Längen L_{kon} bzw. L_{mod} dazu addiert werden müssen.
- Ein Übereinanderwickeln von Windungen ist nicht zulässig.
- Pro Wicklung sind minimale Windungszahlen einzuhalten, Tab. 5.18. Isolierte Drahtwindungen werden nicht mitgezählt. Diese Tabelle ist in der IPC-610G noch enthalten, aber nicht mehr in der IPC-610H [44]; dort wird ein Hinweis auf den Standard MIL-STD-1130 gegeben.
- Für Drahtdurchmesser $\le 0{,}32\,\text{mm}$ werden grundsätzlich modifizierte Wickelverbindungen verwendet.
- Nach [10] und [44] werden bei modifizierten Wickelverbindungen mindestens drei Kontaktstellen gefordert. Praktisch sind es eher 1 bis 1,5 Windungen mit entsprechend 4 bis 6 Kontaktstellen.
- Für das Verhältnis der Stift- und Leiterquerschnitte gilt: $A_{\text{stift}} > 1{,}5\,A_{\text{leiter}}$
- Für das Verhältnis der Kontakt- und Leiterflächen gilt:
  Die Summe der gasdichten Kontaktflächen $>$ Fläche des Leiters. Damit wird die Strombelastung des Leiters der begrenzende Faktor für die Auslegung der Wickelverbindung.

Tab. 5.18 Minimale Windungszahlen pro Wickel für abisolierten Draht

Drahtdurchmesser mm	0,16	0,20	0,26	0,32	0,4	0,5	0,65	0,8	1,0
Drahtquerschnitt AWG	34	32	30	28	26	24	22	20	18
Min. Windungszahl	7	7	7	7	6	5	5	4	4

- Löt- und Wickelverbindungen auf einem Stift sollten vermieden werden. Ist das aber nicht möglich, so muss sicher gestellt werden, dass das Lot nicht in den Bereich der Wickelverbindung kommt.
- Nach dem Wickelvorgang einer Wicklung darf diese nicht mehr auf dem Wickelstift verschoben werden.

Die Anwendung dieser Kontaktiertechnologie in der Industrie ist allerdings rückläufig.

5.4.4 Einpresstechnik

Die Einpresstechnik [2, 42] ist eine lötfreie Verbindungstechnik, bei der ein Einpressstift in eine metallisierte Bohrung einer Leiterplatte gepresst wird. Dabei entstehen elektrische und mechanischen Verbindungen zeitgleich.

Für die korrekte Herstellung und Funktion dieser Verbindung muss die Geometrie der unterschiedlichen Arten von Einpressstiften den Durchmessern der metallisierten Bohrungen so angepasst werden, dass in jedem Fall eine Presspassung entsteht.

Diese Stifte finden Anwendung in der Wickelverdrahtung, als Anschlusselemente bei Steckverbindern, Relais etc., als Kontakte zwischen Leiterplatten, in der Verbindung von Leiterplatten und Stromschienen und bei Hochstromanwendungen. Bedeutsam ist diese Technologie im Automotive-Bereich.

Von Hochstromkontakten spricht man, wenn die zu übertragenden Ströme zwischen 10 und 500 A, in Spitzen bis zu 1000 A, liegen.

Die Einpresstechnik kann entsprechend der Konstruktion der Einpressstifte in zwei Arten unterschieden werden, Abb. 5.30:

- Einpressstifte mit flexiblen Einpresszonen (flexible Einpresstechnik)
- massive Einpressstifte (massive Einpresstechnik)

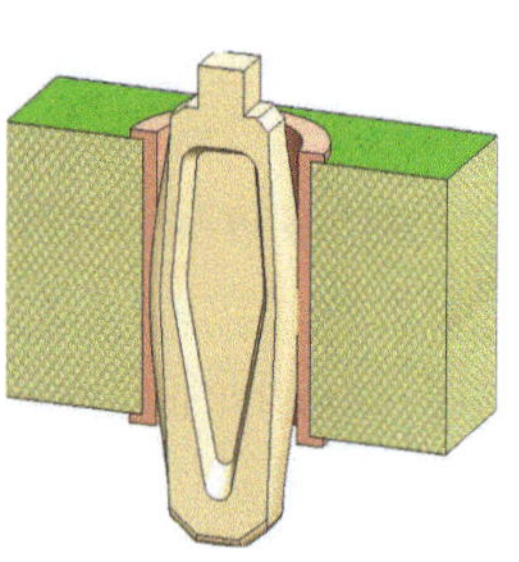
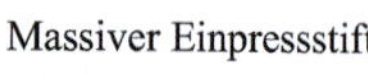
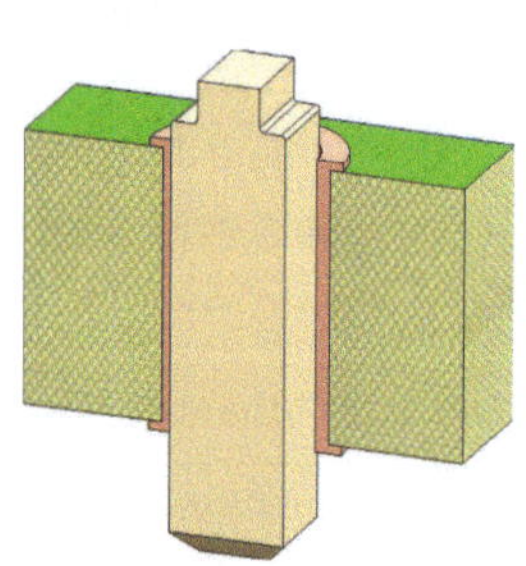

Abb. 5.30 Flexible und massive Einpresstechnik

5.4.4.1 Prozesse des Einpressens

Nach dem Zentrieren der Stifte zu den Bohrungen, erfolgt der eigentliche Einpressvorgang. Die dabei notwendige Einpresskraft verursacht über die Reibung zwischen Bohrwandung und Einpressstift Normalkräfte, die senkrecht auf den Kontaktflächen stehen und zu einem Kraftschluss führen.

Bei der *flexiblen Einpresstechnik* kommt es zu plastischen und elastischen Verformungen von Bohrung und flexibler Einpresszone des Stifts, während bei der *massiven Einpresstechnik* im Wesentlichen nur die Bohrung an den Kontaktstellen mit dem massiven Stift verformt wird. Bei den Verformungsvorgängen muss gewährleistet werden, dass die Bohrlochwand eine Mindestdicke von 8 μm behält [2].

Verbunden damit ist das Entfernen von Oxidschichten infolge der Reibungsvorgänge und ein Verschieben von Oberflächenschichten wie Zinn auf den Kupferhülsen der Bohrungen und Einpressstifte.

Im Ergebnis der Verformungsvorgänge entsteht eine Kaltverschweißung, die eine gasdichte und besonders korrosionsfeste Verbindung ergibt.

5.4.4.2 Einpressstifte und Designparameter

Einpressstifte

Bei den Einpressstiften mit *flexiblen Einpresszonen* lassen sich drei Grundtypen unterscheiden, Abb. 5.31. Die „Eye of the Needle"-Geometrie (EoN) hat die Form eines langgestreckten Nadelöhrs mit einem ausgestanzten Langloch zwischen den beiden Schenkeln. Die „Spring Shape"-Geometrien (SpS) zeichnen sich durch eine federnde Verbindung zwischen den beiden Schenkeln aus. Werden diese mit einer Sollbruchstelle versehen, so ergibt sich die „Cracking Zone"-Geometrie (CrZ).

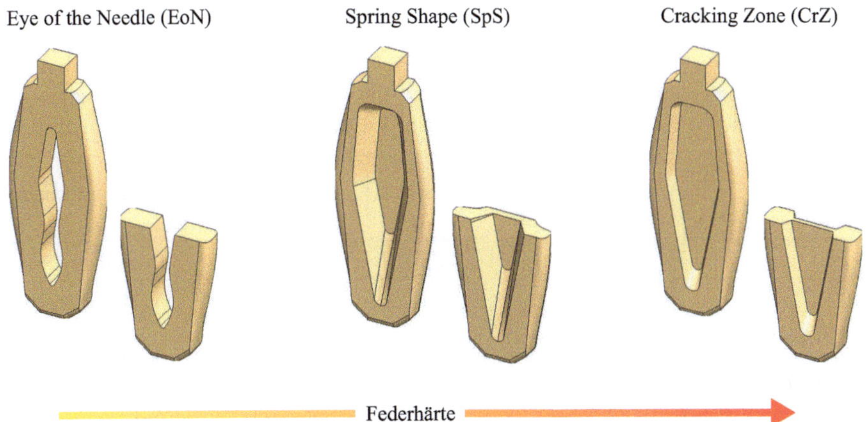

Abb. 5.31 Grundtypen von Einpressstiften mit flexiblen Einpresszonen und Schnittdarstellungen durch die Mitten

Die *massive Einpresstechnik* verwendet massive Stifte mit quadratischem Querschnitt, die unten Rundungen aufweisen, um eine bessere Einführung in die Bohrungen zu gewährleisten.

Designparameter der Bohrung

Neben den technologischen Parametern wie Einpresskraft und Einpressgeschwindigkeit, bestimmen drei Designparameter die Funktionsfähigkeit und Qualität der Verbindung, Abb. 5.32:

- Der Durchmesser der fertig metallisierten Bohrung.
- Die Wandstärke der Kupferhülse in der Bohrung liegt typisch zwischen 25 und 60 μm.
- Die Endoberflächen der Bohrung und das Zusammenspiel mit den Endoberflächen der Einpressstifte, Tab. 5.19.
  Die typischen Dicken des Bohrungsfinish (Leiterplattenfinish) sind:
  Chem. Sn max. 15 μm, optimal 2 μm [25]; HAL max. 15 μm, Ag 0,1–0,8 μm, Ni/Au 3–7 μm/0,05–0,12 μm und OSP 0,2–0,5 μm.

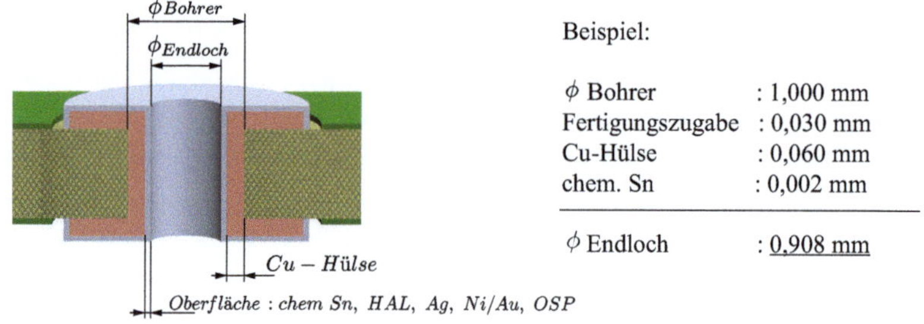

Abb. 5.32 Bohrungsgeometrie für einen Einpressstift

Tab. 5.19 Kombinierbarkeit von Beschichtungen für Einpresszonen (Pin) mit den gängigen Leiterplattentechnologien (LP-OF) [42], mit Genehmigung T. Heinisch: Einpresstechnik, E. Leuze Verlag

LP-OF / Pin	Sn-HAL	Chem. Sn	Chem. Ag	OSP	Chem. Ni/Au	Anmerkung
SnPb						Stoffverbote
Sn						Whiskerrisiko
Ni/SnAg-Leg.						
Ni/Sn/Ag						
Ni						Einpresskräfte
Bi						Neuentwicklung
In						Neuentwicklung

Insbesondere werden Zinnoberflächen aufgrund der guten Schmiereigenschaften sowie dünne Schichten als vorteilhaft eingestuft. Nickelschichten sind wegen ihrer Härte und der Gefahr von Rissbildungen weniger geeignet.

Die Abb. 5.32 zeigt die Geometrie einer Kupferhülse. Der Endlochdurchmesser 0,908 mm passt zu einem 0,63 mm-BIZON-Kontakt, Tab. 5.20.

5.4.4.3   Flexible Einpresstechnik: Der BIZON-Kontakt (Beispiel)

Er stellt eine besondere Form der EoN-Geometrie [59, 60] dar, Abb. 5.33.

Charakteristisch sind die Trennung der beiden Schenkel über die gesamte Pinlänge und die besondere Form des Nadelöhrs. Bei kleinen Kontakten bis 0,8 mm sind beide Schenkel an den Spitzen fest miteinander verbunden, wogegen bei größeren Kontakten ab 0,8 mm die Spitzen offen sind und damit ein aneinandergleiten der Schenkel beim Einpressvorgang ermöglicht wird.

Das Design des BIZON-Kontaktes verhindert, dass beim eingepressten Stift die Schenkel nach innen klappen (kollabieren) und damit die Kontaktfläche verringern. Konventionelle EoN-Geometrien, insbesondere in Verbindung mit dünnen Leiterplatten, sind dagegen anfällig für das Kollabieren der Schenkel, wobei die Schenkel nach innen klappen. Das führt zu einer verringerten Kontaktfläche und reduziert die mechanische Stabilität des Kontakts.

Die Tab. 5.20 zeigt eine Auswahl von BIZON-Kontakten.

Ein BIZON-Kontakt mit dem Pin-Maß 1,5 × 1,5 mm, Tab. 5.20, kann 80 A übertragen. Eine Parallelschaltung von 6 1,5 mm-BIZON-Kontakten, angeordnet im 3 mm-Raster mit einer Gesamtlänge von 19 mm, überträgt mit zusätzlichen Sicherheiten 350 A [59].

Eine **Reparatur** ist gut möglich, wobei nach dem Auspressen der Einpressstifte die Leiterplatte wieder verwendet werden kann. Nach der Norm sollen neue Einpressstifte verwendet werden.

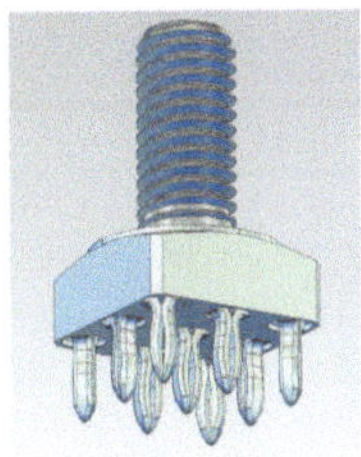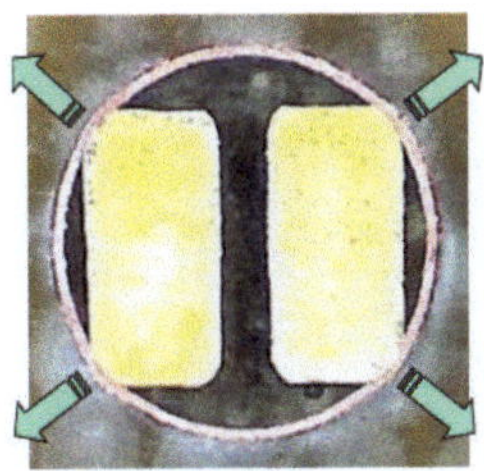

Abb. 5.33 Hochstromkontakt mit 9 parallelen BIZON-Kontakten und Gewindestift, Schliffbild durch die Einpresszone eines BIZON-Kontakts und einzelner BIZON-Kontakt, mit Genehmigung des Ingenieurbüros für Kontakttechnologie A. Veigel

Tab. 5.20 Maßtabelle für BIZON-Kontakte [59], Auswahl, mit Genehmigung des Ing.-büros für Kontakttechnologie A. Veigel

Blechdicke mm	Pin-Maße[1] mm	min. Pin-Raster mm	Fertigloch der LP mm
0,2	0,2 x 0,24	0,81	0,3 - 0,38
0,4	0,4 x 0,5	1,2	0,55 - 0,65
0,6	0,6 x 0,6	1,2	0,8 - 0,9
0,63	0,63 x 0,63	1,3	0,9 - 1,0
0,6[2]	0,60 x 0,85	1,45	0,95 - 1,05
0,8	0,8 x 0,8	1,6	1,05 - 1,15
0,8[2]	0,8 x 1,2	2,0	1,40 - 1,55
1,2	1,2 x 1,2	2,0	1,50 - 1,65
1,5	1,5 x 1,5	3,0	1,9 - 2,05
2,0	2,0 x 2,0	4,0	2,7

[1] Pin-Maße sind die Maße am Hals des Stiftes, nicht im aufgeweiteten Bereich

[2] sind am gebräuchlichsten

5.4.4.4 Massive Einpresstechnik: REDCUBE PRESS-FIT (Beispiel)

Die massive Einpresstechnik wird am Beispiel der REDCUBE PRESS-Fit-Technologie [25] erläutert. Das Einpressen eines massiven und Sn-beschichteten Messing-Einpressstiftesführt zur Verformung der Bohrlochhülse Abb. 5.34, wobei ein Einschneiden des Stiftes in die Hülse nicht immer zu vermeiden ist. Das verringert mehr oder weniger die Hülsendicke, was dazu führen kann, dass die oben erwähnte Mindestdicke der Hülse von 8 μm nicht eingehalten werden.

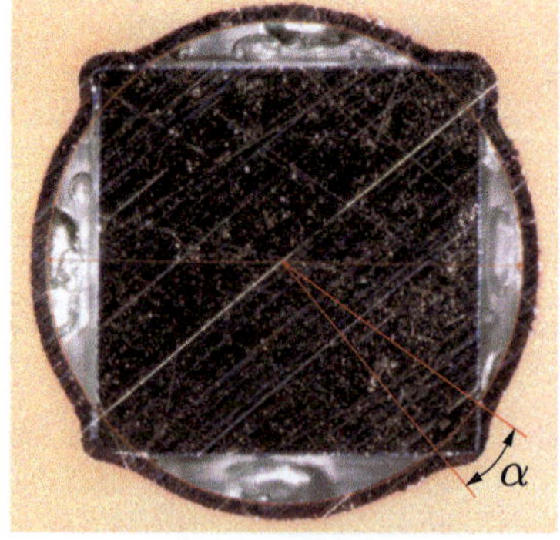

Abb. 5.34 REDCUBE-Würfel mit umlaufenden Kontakten, Schliffbild durch einen massiven Einpressstift und Einzelkontaktstelle mit der Verschiebung der Zinnschichten von Stift und Kupferhülse, mit Genehmigung der Würth Elektronik eiSos GmbH & Co. KG

Durch das Einpressen werden die Zinnschichten vom Einpressstift und der Kupferhülse verschoben. Das Kupfer des Messingeinpressstifts geht danach mit dem Kupfer der Hülse eine stoffschlüssige Verbindung ein, die praktisch zu einem Kontaktwiderstand von $< 200\,\mu\Omega$ führt (theoretisch wäre er Null).

Die 4 Kontaktierungen zwischen Stift und Hülse weisen je einen Kontaktbereich von $\alpha = 10$ bis $15°$ (min. $3°$) auf, Abb. 5.34-Mitte. Die Stifte der REDCUBE PRESS-FIT-Technologie haben eine Diagonale von 1,6 mm, woraus sich die in Tab. 5.21 dargestellten Maße der Montagebohrungen ergeben [25].

Der **REDCUBE-Würfel** selbst ist ein massives Bauteil, das über zweireihig, einreihig umlaufend oder vollflächig angeordnete Einpressstifte verfügt und damit hohe Ströme übertragen kann. Die Abb. 5.35 zeigt dazu zwei REDCUBE-Einpressverbindungen.

Deratingkurven geben die Stromtragfähigkeit von REDCUBE-Würfeln in Abhängigkeit von der Temperatur [32] an. Die Abb. 5.36 zeigt die Deratingkurven für vollflächig angeordnete Einpressstifte. Die waagerechten Linien geben dabei den zulässigen Strom der Kabelschuhe an.

Die **Reparatur**, d. h. ein Austausch der Einpresselemente, ist nicht möglich.

Vorteile der flexiblen Einpresstechnik liegen in den geringeren Einpresskräften und den größeren Toleranzen der Bohrungen, wogegen das Einpressen in massive Kupferschienen für sehr hohe Ströme Vorteile der massiven Einpresstechnik zeigt.

Tab. 5.21 Bohrungen für PRESS-Fit nach [25]

Oberfläche	ϕ mech. Bohrung mm	Schrumpf-Wert mm	Dicke der Cu-Hülse μm	Dicke Sn-Schicht μm	End ϕ optimal technologisch mm
Chem. Sn	$1{,}6_{-0,03}$	0,02	25 - 60	optimal: 2	$1{,}475 \pm 0{,}05$
HAL	$1{,}6_{-0,03}$	0,02	25 - 60	max.: 15	$1{,}45 \pm 0{,}05$

Kabelschuh 140A

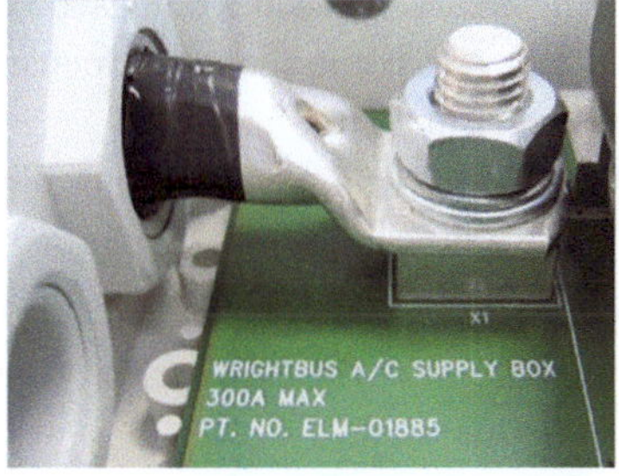

Kabelschuh 300A

Abb. 5.35 Einpressverbindungen, mit Genehmigung der Würth Elektronik eiSos GmbH & Co. KG

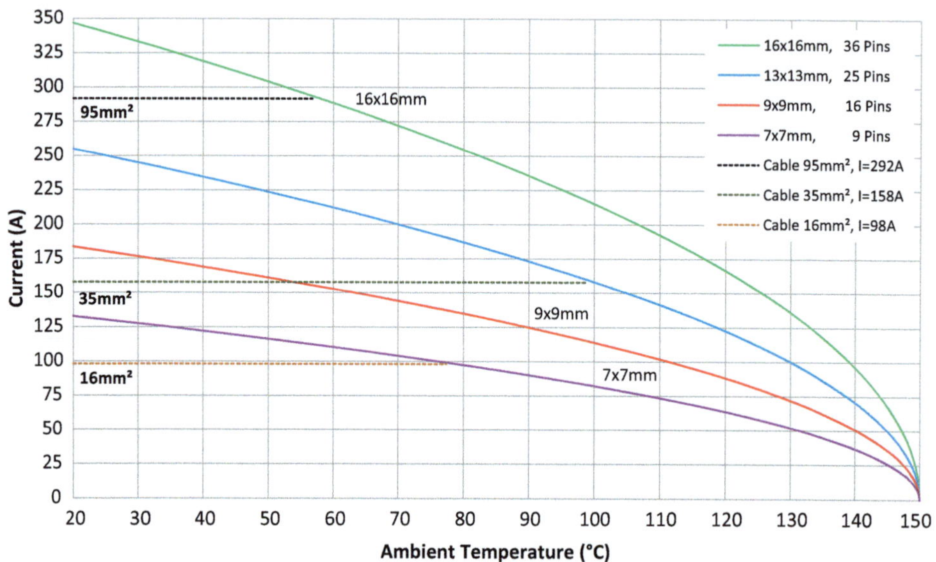

Abb. 5.36 Deratingkurve für REDCUBE-Würfel mit vollflächig angeordneten Einpressstiften, mit Genehmigung der Würth Elektronik eiSos GmbH & Co. KG

5.4.4.5 Layoutrichtlinien für das Baugruppendesign

Zu unterscheiden ist die Leitungsführung und -dimensionierung und das Layout von Einpress-Bauelementen.

Leitungsführung und -dimensionierung

Bei der Übertragung von Hochströmen gibt es zwei grundsätzliche Wege.

Erstens: Der Hochstrom wird mittels externer Stromschienen direkt dorthin geführt, wo er durch einen Verbraucher umgesetzt oder beispielsweise durch einen MOSFET geschaltet wird. Dadurch entfallen die Hochstromdimensionierungen von Leiterbahnen auf bzw. in den Leiterplatten.

Die Abb. 5.37 zeigt eine Stromschiene mit BIZON-Kontakten.

Zweitens: Der Hochstrom wird über kompakte Einpresselemente auf die Leiterplatte übertragen und dort weiter geleitet, wozu die Leiterbahnen entsprechend dimensioniert werden müssen.

In [25] wird eine Faustformel zur Berechnung von Leiterbahnen, die an die Hochstromkontakte eines REDCUBE-Würfels angeschlossen sind, angegeben.

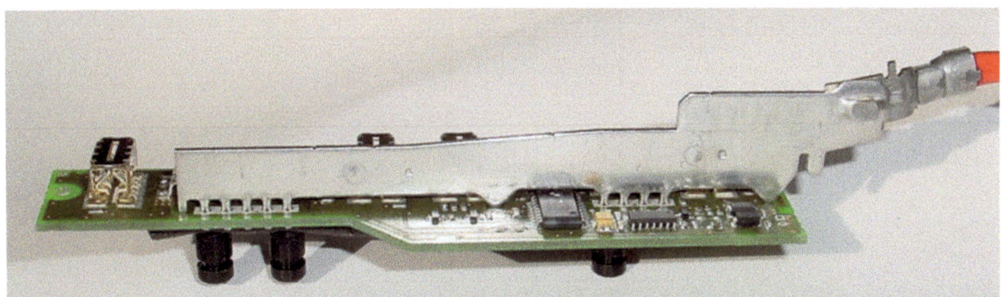

Abb. 5.37 Stromschiene mit BIZON-Kontakten auf einer Leiterplatte, mit Genehmigung des Ing.-büros für Kontakttechnologie A. Veigel

Die Leiterbreite b und die Leiterdicke d ergeben sich aus:

$$b \approx x \cdot 3\,\text{mm} \qquad [b, x] = \text{mm} \quad x\text{: Breite des REDCUBE-Würfels} \tag{5.31}$$

$$d \approx \frac{I}{0,3} \qquad [d] = \mu\text{m} \qquad [I] = \text{A}$$

Entsprechend der ermittelten Leiterdicke, muss diese in geeigneter Form auf die einzelnen Lagen der Leiterplatte aufgeteilt werden.

Beispiel:
Mittels eines REDCUBE-Würfels der Breite $b = 7\,\text{mm}$ mit 9 Einpresskontakten, die vollflächig angeordnet sind, sollen 100 A auf einen Multilayer übertragen werden. Die Umgebungstemperatur beträgt 35 °C.

Entsprechend der Deratingkurve in Abb. 5.36 können bei dieser Temperatur 125 A übertragen werden, was eine Sicherheit von 25 A ergibt. Der Anschluss sollte mit einem Kabelschuh 25 mm^2 (max. Strom bei 30 °C 129 A) erfolgen, da der 16 mm^2-Kabelschuh bei 30 °C nur einen max. Strom von 98 A zulässt.

Mit den Gl. (5.31) ergeben sich die Leiterbreite $b \approx 21\,mm$ und die Leiterdicke $d \approx 330\,\mu\text{m}$. Die Leiterdicke kann jetzt aufgeteilt werden auf 4 oder 5 Lagen zu je 70 μm oder 3 Lagen zu je 105 μm Dicke, womit teure Dickkupferschichten vermieden werden.

Layout von Einpress-Bauelementen
Die Abb. 5.38 zeigt 6 Designregeln zur Platzierung von massiven Einpress-Bauelementen mit mehrpoligen Einpressstiften [33]. In [25] werden für die Abstände nicht die Ränder der Kupferpads des Einpresselementes angegeben, sondern die Mitte des ersten Einpressstiftes, was zu geringen Differenzen führt. Mitte erster Einpressstift zu Cu-SMD-Pad und Leiterplattenrand 4 bzw. 3 mm.

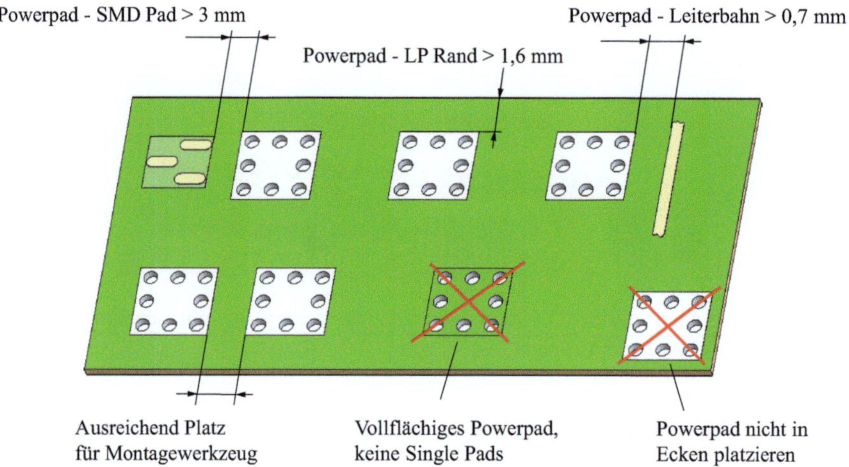

Abb. 5.38 6 Designregeln für Bauelemente mit Einpressstiften nach [33]

Die Abstände sollten unbedingt eingehalten werden, da durch den Einpressvorgang Biegebeanspruchungen entstehen, die bei zu dichter Platzierung zu Schäden führen können.

Da bei flexiblen Einpressstiften geringere Einpresskräfte auftreten, können dort geringere Abstände realisiert werden.

Grundsätzlich sollten die Bohrungen für die Einpressstifte mit den Herstellern der Einpresskontakte abgestimmt werden.

5.4.5 Schneidklemmverbindung

5.4.5.1 Prinzip

Die Schneidklemmverbindung (IDC, Insulation Displacement Connection) ist eine lötfreie und kraftschlüssige elektrische Verbindung, bei der ein isolierter Draht oder Drahtlitzenleiter in ein U-förmiges Kontaktelement gedrückt und dann mit diesem kontaktiert wird, Abb. 5.39.

Im Einführungsbereich des Schlitzes mit seinen abgeschrägten ID-Flanken wird die Isolierhülle des Drahtes verdrängt, wobei eine ausreichende Kantigkeit der inneren Ecken der ID-Flanken und eine ausreichende Oberflächenrauheit die Qualität der Abisolation positiv beeinflussen. Dabei darf es keine Beschädigungen des massiven Drahts oder eines Einzelleiters bei einem Drahtlitzenleiter geben. Um eine gute anschließende Kontaktierung zu erreichen, muss die Abisolation rückstandslos erfolgen.

Bei der weiteren Bewegung des Drahts nach unten in den Kontaktbereich des Schlitzes mit seinen beiden ID-Flanken (Kontaktschenkeln) werden diese auseinandergedrückt, was zu einer Kontaktkraft $F(l)$ zwischen Draht und ID-Flanke führt, jeweils links und rechts. Für diese Kontaktkraft gilt unter der Maßgabe eines konstanten Flächenträgheits-

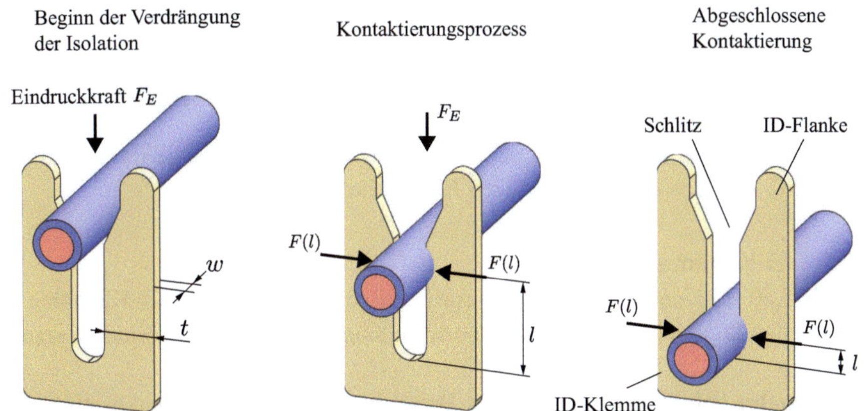

Abb. 5.39 Montageschritte der Schneidklemmverbindungen

moments der ID-Flanken, d. h. einer konstanten geometrischen Form über der gesamten
Länge der Flanke:

$$F(l) = \frac{E_k}{4} \cdot d \cdot w \cdot \frac{t^{\,3}}{l} \tag{5.32}$$

Dabei sind E_k der Elastizitätsmodul, w die Breite und t die Stärke einer ID-Flanke, d die
Auslenkung einer ID-Flanke (Abweichung von der Senkrechten) sowie l die Länge vom
Schlitzboden bis zum Drahtkontakt, Abb. 5.39.

Damit es nicht zu Stromdichteerhöhungen, verbunden mit Erwärmungen der Kontaktstelle kommt, müssen die Kontaktflächen zusammen mindestens so groß sein wie der
Drahtquerschnitt. Für eine Kontaktfläche gilt somit:

$$a \cdot w \geq \frac{1}{2} \cdot \frac{\pi}{4} \, d_{\text{draht}}^2 \tag{5.33}$$

Infolge der Hertz'schen Pressung entstehen die Kontaktfläche $(a \cdot w)$ und die Abplattung s
zwischen Draht und Kontaktstelle, für die gilt [47]:

$$a = 2{,}26 \cdot \sqrt{\frac{F \cdot d_{\text{draht}}}{w} \cdot \frac{1 - v_v^2}{E_v}} \qquad \text{Länge der Kontaktstelle} \tag{5.34}$$

$$s = 6{,}28 \cdot \frac{F}{w} \cdot \frac{1 - v_v^2}{E_v} \qquad \text{Abplattung} \tag{5.35}$$

$$E_v = \frac{2E_k \cdot E_d}{E_k + E_d} \qquad \text{Vergleichs-Elastizitätsmodul} \tag{5.36}$$

$$v_v = \sqrt{\frac{E_k \cdot v_d^2 + E_d \cdot v_k^2}{E_k + E_d}} \qquad \text{Vergleichs-Poissonzahl} \tag{5.37}$$

Die Indizees k und d stehen für die Werte von Klemme bzw. Draht.

Die Auslenkung einer ID-Flanke d entspricht der Abplattung s nach Gl. (5.35).

Nach Beendigung des Eindrückvorgangs entsteht ein Gleichgewicht zwischen der Federwirkung der ID-Flanken und Elastizität des Leiters selbst, mit dem Ergebnis einer gasdichten Verbindung.

Es wird unterschieden in zugängliche und nichtzugängliche Schneidklemmverbindungen [22, 23], was sich auf Prüfpunkte der ID-Verbindungen bezieht.

5.4.5.2 ID-Klemmen

Die Abb. 5.40 zeigt unterschiedliche konstruktive Ausführungen von ID-Klemmen. Hinsichtlich einer kompletten Schneidklemmverbindung lassen sich 4 Anwenderformen unterscheiden.

Die **einzelne Schneidklemme** hat eine Verbindungsstelle (zwei Kontaktstellen) und ist für einen Leiter ausgelegt, Abb. 5.40.

Bei den **Mehrfach-Schneidklemmen** sind die Schneidklemmen parallel angeordnet, so dass Flachbandkabel parallel in einem Prozessschritt kontaktiert werden können. Insbesondere für vieladrige Flachbandleitungen stellt das eine besonders schnelle und kostengünstige Montagetechnologie dar. Bauelemente dieser Ausführungen besitzen ein Oberteil, mit dem die Flachbandleitung in die ID-Klemmen drückt werden kann und somit ein zusätzliches Werkzeug erspart.

Bei der **Schneidklemme mit einem zweiten Verbindungsschlitz** sind die Schneidklemmkontakte elektrisch parallel geschaltet, so dass sich die Zuverlässigkeit der Gesamtkontaktierung erhöht und die Strombelastung pro Schneidklemmverbindung halbiert wird, Abb. 5.41-links.

Bei der **Schneidklemme mit zusätzlicher Zugentlastung** ist der 2. Schlitz so ausgelegt, dass die Pressung der ID-Flanken auf den Draht Zugkräfte des Drahtes aufnehmen kann, Abb. 5.41-rechts.

Als Werkstoffe kommen Kupferlegierungen wie Messing oder Bronze zum Einsatz, die einen entsprechend großen Elastizitätsmodul E_k für eine ausreichende Kontaktkraft F aufweisen müssen, vgl. Gl. (5.32).

5.4.5.3 Leiter

Zur Anwendung kommen massive Drähte mit Durchmessern von 0,25 bis 3,6 mm und Drahtlitzenleiter mit Querschnitten von 0,05 bis 10 mm^2. Die Drahtlitzenleiter bestehen entsprechend der Norm aus 7 Einzeldrähten, wobei von dieser Einzelleiteranzahl abgewichen werden kann, wenn die Prüfnormen [22] und [23] angewendet werden.

Abb. 5.40 Bauformen von Schneidklemmen mit unterschiedlichen Federwirkungen der ID-Flanken

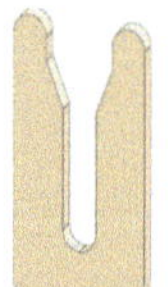

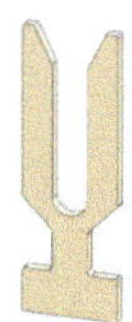

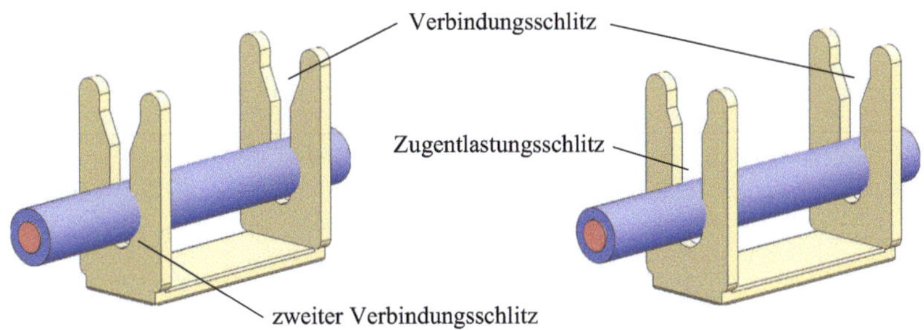

Abb. 5.41 ID-Klemme mit zwei Verbindungsschlitzen und ID-Klemme mit einem Verbindungs-schlitz und einer Zugentlastung

Als Werkstoff kommt weichgeglühtes Kupfer zur Anwendung, dass eine gute Verformbarkeit im kalten Zustand zur Ausbildung einer ausreichen großen Kontaktfläche garantiert.

Die Oberflächen der Massivdrähte sowie der Einzeldrähte bei Drahtlitzenleitern sind blank, verzinnt oder versilbert.

Als Isolierstoffe werden nur solche Materialien verwendet, die sich im Kontaktierprozess ausreichend gut verdrängen lassen.

Als Anwendungsbeispiel zeigt die Abb. 5.42 einen RJ45 Stecker mit einem 7-drähtigen Drahtlitzenleiter. Im Schliffbild ist zu sehen, dass auch mehr als 7 Einzelleiter eines Drahtlitzenleiters möglich sind.

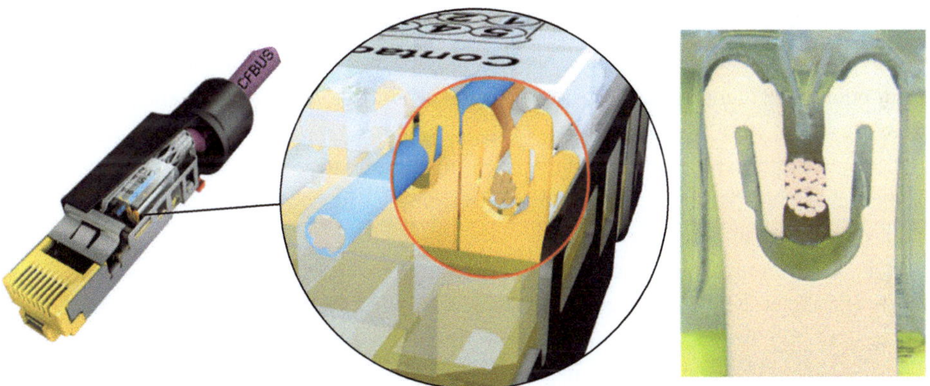

Abb. 5.42 RJ45 Stecker mit Schneidklemmkontakten und Schliffbild mit einem 19-drähtigen Drahtlitzenleiter [51], mit Genehmigung der igus GmbH

5.4.5.4 Ausfallmechanismen

Zu den wesentlichen Ausfallmechanismen zählen [40]:

- Eine unzureichende Federwirkung der ID-Flanken kann ein Fließen des Leiterwerkstoffes nicht mehr ausreichend kompensieren, so dass sich die Kontaktfläche verringert. Das führt zur Verringerung der zulässigen Stromdichte und einem erhöhten Kontaktwiderstand.
- Eine Relativbewegung zwischen ID-Klemmen und Leiter führt zu einer Oxidation in der Kontaktzone, die charakteristisch für eine Reibkorrosion ist. Hohe Temperaturen begünstigen die Oxidbildung. Damit verbunden ist eine Erhöhung des Kontaktwiderstands.
- Infolge einer mechanischen Wechselbelastung kommt es zu einem Ermüdungs- oder Gewaltbruch des Leiters.
- Temperaturbedingte Ausfälle bis 150° entstehen nur bei Vorhandensein mechanischer Beanspruchungen.
- Rein temperaturbedingte Ausfälle entstehen nur bei extrem hohen Temperaturen und längeren Einwirkzeiten.

5.4.6 Crimpverbindung

5.4.6.1 Prinzip

Crimpen ist ein physikalischer Prozess, bei dem ein Leiter in eine entsprechende Crimphülse gelegt wird und anschließend beide durch ein Presswerkzeug verformt werden, Abb. 5.43 bis 5.45. Bei offenen Crimphülsen werden diese Verformungen durch Bördeln (Umlegen von Metallrändern) und bei geschlossenen Crimphülsen durch Verpressen der Crimphülsen erreicht, Abschn. 5.4.6.3. Der Begriff Crimpen stellt somit einen Oberbegriff dar.

Zu unterscheiden ist in den Leitercrimp für die elektrischen Kontaktierung zwischen Leiter und Crimphülse und in den Isolationscrimp, der mechanische Belastungen wie Zug und Vibrationen abfängt.

Die Verformungen der einzelnen Adern von Drahtlitzenleitern sowie der Crimphülse führen zu vielen Kontaktflächen zwischen den Adern sowie den Adern und der Crimphülse, so dass sich die einzelnen Adern einem Massivdraht annähern und die Zwischenräume verschwinden. Entscheidend ist in jedem Fall, eine ausreichende Querschnittsverringerung zu erreichen. Es entsteht eine gasdichte und damit korrosionsbeständige elektrische Verbindung. Diese feste Verbindung ist ein Qualitätsmerkmal und bestimmt den Durchgangswiderstand und die Korrosionsfestigkeit.

Da Verformungen der Verbindungsteile entstehen, gehört die Crimpverbindung zu den unlösbaren Verbindungen. Nach dem Lösen der Verbindung und vor dem Wiederherstellen der Verbindung müssen eine neue Crimphülse und eines neues abisoliertes Leiterende verwendet werden.

5.4.6.2 Leiter

Als Leiter kommen Drahtlitzenleiter mit Querschnitten von 0,05 bis 10 mm^2 zum Einsatz. Massive Drähte mit Durchmessern von 0,25 bis 3,6 mm können bei erprobten Verbindungen ebenfalls verwendet werden.

Der Leiterwerkstoff besteht aus weichgeglühtem Kupfer mit einer guten Verformbarkeit und kann blank, verzinnt oder versilbert sein.

Die Isolierungen müssen sich leicht und rückstandsfrei entfernen lassen.

5.4.6.3 Crimpanschlusselemente

Die Crimpanschlusselemente (Hülsen) lassen sich prinzipiell in zwei Grundformen einteilen.

Bei **offenen Crimphülsen** wird die Leitung in einen U-förmigen Querschnitt eingelegt, damit die Montage des Leiters in vertikaler Richtung erfolgen kann. Bedingt durch die breite U-Form ist diese Crimphülse besonders für automatischen Montageprozesse geeignet.

Bei **geschlossenen Crimphülsen** muss der Leiter in axialer Richtung in die Crimphülse eingeführt werden, was bei sehr feinen Einzeldrähten von Drahtlitzenleitern schwieriger ist. Deshalb sind sie eher für manuelle und halbautomatischen Prozesse als für automatische Prozesse geeignet.

Als **Werkstoffe** kommen Kupfer und Kupferlegierungen zum Einsatz. Damit bei der Verformung der Crimphülsen die Rissbildung unterbunden wird, müssen diese mindestens einen 60%igen Kupferanteil aufweisen. Andere Werkstoffe wie Nickel, Stahl oder rostfreier Stahl dürfen bei geeigneten Eigenschaften verwendet werden, wenn sie den Prüfvorschriften der Norm [12] entsprechen.

Bei der Verwendung können die Crimphülsen blank sein oder Oberflächenbeschichtungen wie Zinn, Silber, Gold oder Palladium aufweisen. Weitere Materialien wie z. B. Nickel setzen eine Erprobung voraus.

Crimpformen

Diese zwei Typen von Crimphülsen mit ihren unterschiedlichen Anwendungen führen zu drei grundlegenden Formen:

B-Crimp   W-Crimp / C-Crimp   Enge-Crimp

B-Crimp

Der B-Crimp (auch F-Crimp) stellt die wohl am häufigsten verwendete Crimpform dar. Der charakteristische Aufbau ist anhand der Abb. 5.43 zu sehen und weist die folgenden 5 Hauptmerkmale:

- Das Kontaktelement dient zum Anschluss an andere Komponenten und kann in den unterschiedlichsten Formen ausgeführt werden, wobei die Abb. 5.43 4 der gebräuchlichsten Formen zeigt.

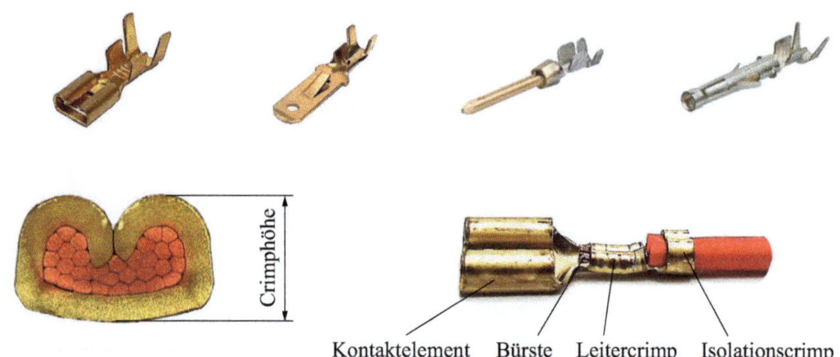

Abb. 5.43 B-Crimp, 4 typische Ausführungen für das Kontaktelement mit offenen Hülsen

- Die Bürste ist ein leichter Überstand des Leiters im Leitercrimp, sichert eine vollständige Längskontaktierung ab und gilt als ein Qualitätskriterium.
  Optional gibt es zur exakten Fixierung der Bürste einen Anschlag.
- Der Leitercrimp in Form einer offenen Crimphülse (Hauptcharakteristikum). Die Querprägungen dabei verbessern das elektrischen und teilweise mechanische Kontaktverhalten.
- Die Crimphöhe ist ein charakteristischer Parameter der Crimp-Verbindung und dient zur Überwachung der Crimpkraft.
- Der Isolationscrimp, ebenfalls in Form einer offenen Crimphülse (Hauptcharakeristikum) dient als Zugentlastung des Leitercrimps.

Bei den gezeigten Kontaktelementen sind diese in axialer Richtung zum Leiter angeordnet. Um in axialer Richtung Platz zu sparen, kann die Ausrichtung des Kontaktelementes auch radial erfolgen, wobei dieses dann neben dem Leitercrimp liegt und quer dazu nach außen gerichtet ist. Eine derartige Ausführung wird in [35] mit Tab-Lok-Crimp bezeichnet.

W-Crimp / C-Crimp

Der W-Crimp hat als Hauptmerkmal eine geschlossene Crimphülse und weist keine Isolationshalterung auf. Ist eine Kunststoffhülse über der metallischen Crimphülse angeordnet und werden diese beiden zusammen gecrimpt, so spricht man von einem C-Crimp, Abb. 5.44. Diese zusätzliche Isolation verbessert die mechanischen Eigenschaften des Übergangs von der Crimphülse zum Leiter. Typisch für diese Crimpformen ist der Einsatz von stempelförmigen Werkzeugen, die zu eingekerbten Crimphülsen führen, weshalb sie auch als Stempel-Crimp bezeichnet werden. Bei beiden können sowohl Massivdrähte als auch Drahtlitzenleiter verwendet werden. Auch hier finden diverse Kontaktelemente Anwendung.

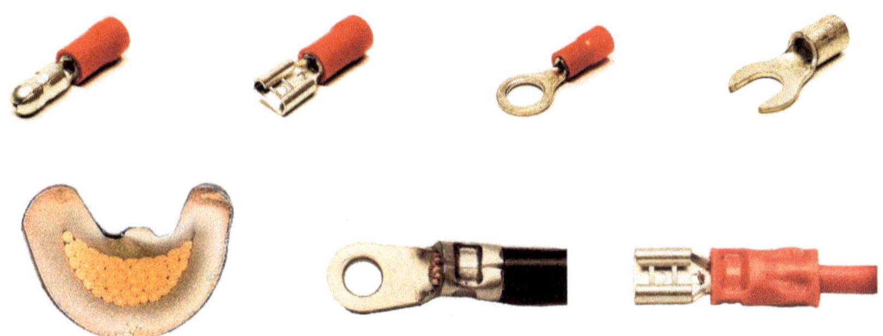

Abb. 5.44 W-Crimp ohne Isolationshalterung u. C-Crimp mit Isolationshülse

Der Bar-Crimp ist eine spezielle Ausführung für Aluminium-Crimp-Kontakte, wobei die Crimphülse über eine innenliegende Messing Siebhülse verfügt. Diese reißt beim Crimpvorgang Oxidschichten auf und schafft zusätzlich eine verbesserte mechanische Verzahnung.

Enge-Crimp

Der Enge-Crimp hat ebenfalls eine geschlossene Crimphülse. Nach dem Crimpen nimmt sie entsprechend der Werkzeugform die Form eines Sechsecks, Vierecks oder Ovals an, Abb. 5.45. Dieser Crimp zeichnet sich durch besondere Einheitlichkeit und Komprimierung der Einzeldrähte des Drahtlitzenleiters aus. Als Beispiel zeigt die Abbildung gecrimpte Aderendhülsen, wie sie in der Installationstechnik sehr häufig zum Einsatz kommen.

Die Abb. 5.46 zeigt die Prozessvorgänge zur Herstellung eines B-Crimps. Die Prozesse für die anderen Crimpformen unterscheiden sich in der Form der Crimphülsen und den Presswerkzeugen.

Abb. 5.45 Enge-Crimp mit Beispielen von Aderendhülsen

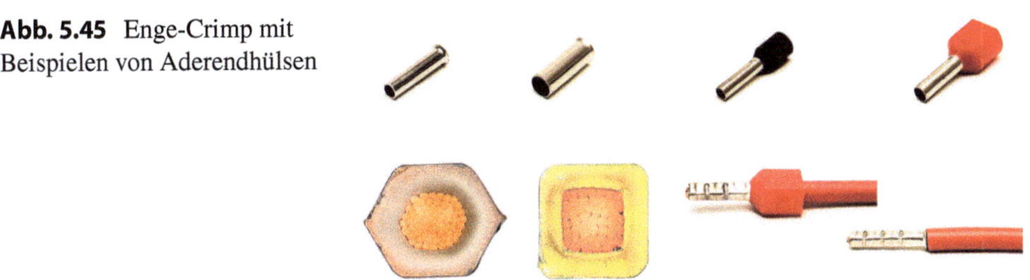

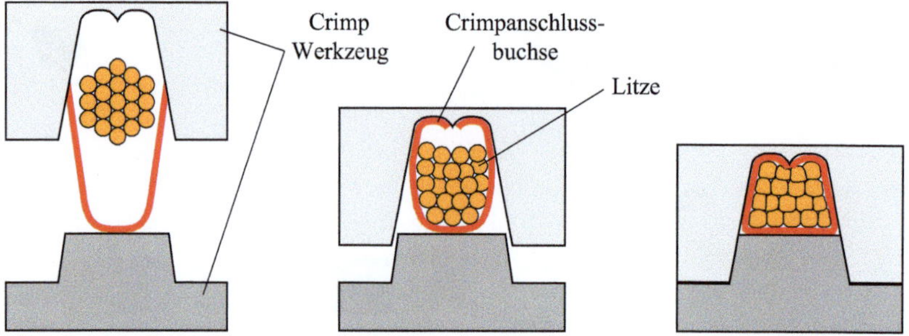

Abb. 5.46 Prozessfolgen zur Herstellung eines B-Crimps; C/W- und Enge-Crimps mit anderen Werkzeugformen

5.4.6.4 Crimpkraft und Verformung

Von entscheidender Bedeutung für die Qualität der Crimpverbindung ist die ausreichende Verringerung der Querschnittsfläche durch die Crimpkraft. Diese beeinflusst die mechanische und elektrische Performance und muss so eingestellt werden, dass eine Balance zwischen diesen entsteht. Für eine Prozessüberwachung hat sich die Messung der Crimphöhe als Maß für die Verformung der Crimphülse etabliert (zerstörungsfreie Messmethode).

Die Kurve der mechanischen Belastbarkeit, Abb. 5.47, zeigt die Zugfestigkeit der Verbindung als Funktion der Verformung, die der Abnahme der Crimphöhe bzw. der Zunahme der Crimpkraft entspricht. Durch die Zunahme der Crimpkraft steigen die Reibungskräfte zwischen den Adern und der Crimphülse und es kommt zur Kaltverschweißung an

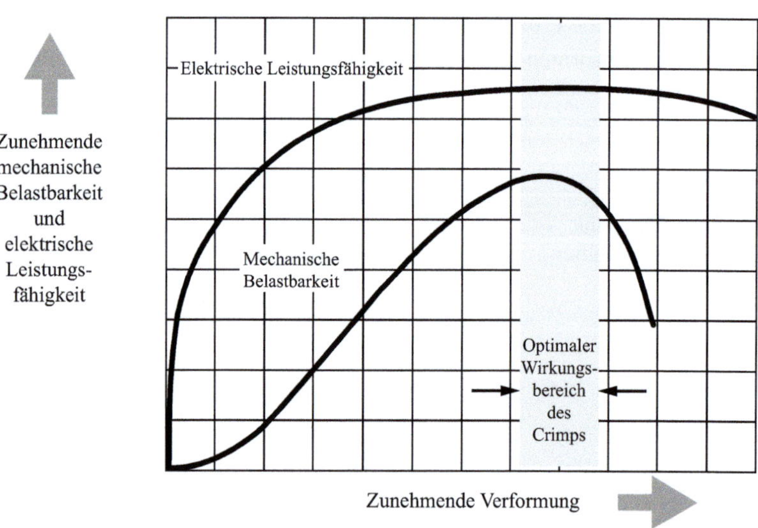

Abb. 5.47 Mechanische und elektrische Leistungsfähigkeit im Vergleich zur Crimpkraft/Verformung [50], mit Genehmigung der Würth Elektronik eiSos GmbH & Co. KG

den Kontaktstellen. Das Maximum ist erreicht, wenn die Zwischenräume verschwunden sind und sich Adern und Crimphülse wie ein Massivstück darstellen. Durch die darauf folgende Einschnürung des Querschnittes nimmt die Zugfestigkeit wieder ab.

Die Kurve der elektrischen Leistungsfähigkeit, Abb. 5.47, zeigt die elektrische Leistungsfähigkeit der Verbindung als Funktion der Verformung. Durch die zunehmende Crimpkraft kommt es zur Vergrößerung der Kontaktflächen, was die Vergrößerung der elektrischen Leistungsfähigkeit, verbunden mit der Verringerung des Kontaktwiderstandes, zu Folge hat.

Als Maß für die Verformung kann der Flächenindex verwendet werden, der das Verhältnis von gecrimpter Querschnittsfläche zur Ursprungsquerschnittsfläche angibt. Der optimale Bereich liegt zwischen 70 und 80 % [50, S. 130]. Messtechnisch erfolgt das im Rahmen der Prozessüberwachung über die Crimphöhe.

Hinweis: In der Literatur wird auch ein, von Abb. 5.47 abweichendes, Diagramm angegeben. Dabei zeigen die beiden Kurven für die elektrische Leistungsfähigkeit und die mechanische Belastbarkeit ausgeprägte Maxima, die nebeneinander liegen. Der optimale Bereich wird dann als der Bereich dazwischen liegend angegeben.

5.4.6.5 Fehlerursachen

Zur Qualitätskontrolle von Crimpverbindungen werden verschiedene Prüfmethoden verwendet, die den jeweiligen unterschiedlichen Fehlerursachen angepasst sind. Die *Sichtprüfung* wird für Geometrieveränderungen und Abisolationsfehler verwendet. Die Überwachung der *Crimphöhe* ist ein Indikator für die Verformung des Crimps und die *Kontrolle auf Zugfestigkeit* ist für den Nachweis der mechanischen Zuverlässigkeit notwendig.

Wesentlichen Fehlerursachen sind:

- Eine zu geringe Crimpkraft führt zu weniger Kontaktflächen und einem erhöhten Kontaktwiderstand. Zudem besteht die Gefahr, dass einzelne Adern von Drahtlitzenleitern oder auch ein Massivdraht aus der Crimphülse herausgezogen werden können.
- Eine zu große Crimpkraft verringert die Zugfestigkeit der Verbindung.
- Zu kurze Abisolationen führen dazu, dass Isolationsmaterial mit verpresst wird, was zu einer verringerten Gesamtkontaktfläche und infolgedessen einem erhöhten Kontaktwiderstand führt.
- Zu lange Abisolationen lassen Leiterwerkstoffe frei liegen und bei B-Crimps besteht die Gefahr, dass die Isolationscrimps nicht den Leiter mit Isolation crimpen, sondern nur den Leiter.
- Deformationen, wie Verbiegungen, Verdrehungen und Dehnungen der Verbindung nach dem Crimpen sind zu vermeiden.
- Bei fehlerhaften Crimps, die zu einer verringerten bzw. nicht ausreichen Gesamtkontaktfläche führen (s. o.) besteht die Gefahr, dass die Stromdichte stark ansteigt und Kontakte verschmoren können.

5.4.7 Federklemmverbindung

5.4.7.1 Prinzip

Bei allen Federklemmverbindungen, Abb. 5.48, wird die Kontaktkraft zwischen den zu verbindenden Teilen durch die Federkraft eines Bauteils der Gesamtverbindung erzeugt. Beim Montageprozess. d. h. beim Einführen des Leiters in die Klemme wird die Feder verformt. Die Rückstellkraft der Feder, infolge der Elastizität des Federwerkstoffes (Elastizitätsmodul E), ist der Verformung, dem Federweg, in erster Näherung linear proportional. Damit die elastischen Federeigenschaften immer erhalten bleiben, darf sich die Verformung nur im elastischen Bereich des Spannungs-Dehnungs-Diagramms bewegen. Der Anpressdruck ergibt sich aus dem Quotienten von Kontaktkraft und -fläche.

Die Federklemmtechnik wird im Folgenden an Beispielen der WAGO Klemmen erläutert. Eine Einführung in das Thema und die Normung sind in [61] bzw. [18] zu finden.

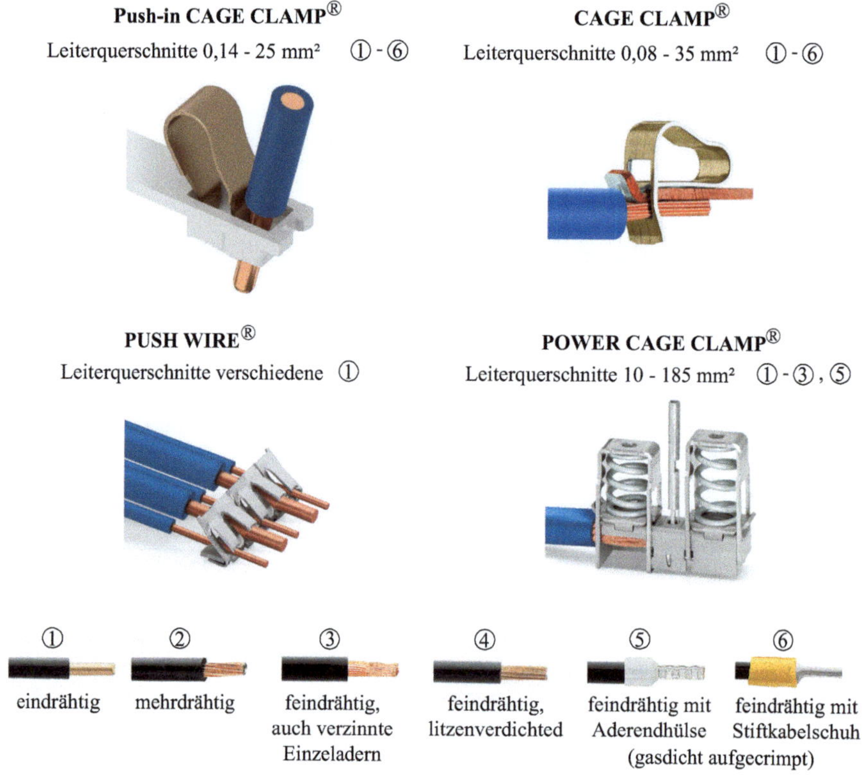

Abb. 5.48 Grundformen von Federklemmverbindungen nach [34, 38], mit Genehmigung der WAGO Kontakttechnik GmbH & Co. KG

5.4.7.2 Design der Federn

Die Feder stellt das zentrale Element einer Federklemmverbindung dar, wobei die unterschiedlichsten Federformen zur Anwendung kommen. Die Abb. 5.48 zeigt 4 typische Grundformen mit den dazugehörigen zulässigen Leitern bzw. Leiterend-Elementen [34, 38].

- Die Push-in CAGE CLAMP® weist eine U-förmige Blattfeder auf und vereint zwei Anschlusskonzepte. Werden knicksichere Leiter, wie feindrähtige Leiter mit Aderendhülsen oder massive Drähte verwendet, so können diese ohne Werkzeug direkt gesteckt werden. Damit ist eine zeit- und somit kostensparende Montage möglich. Bei nicht ausreichend knicksicheren Leitern werden die Klemmstellen entweder mit einem Werkzeug oder einem integrierten Betätigungselement, wie z. B. Hebel oder Drücker, geöffnet.
- Die CAGE CLAMP® hat eine CrNi-Käfigzugfeder, die entweder durch ein Werkzeug oder ein integriertes Betätigungselement geöffnet wird und im Ausgangszustand geschlossen ist. Zusammen mit der verzinnten Kupferstromschiene bildet sie eine Einheit.
- Bei der POWER CAGE CLAMP® wird die Kontaktkraft durch eine Schraubenfeder erzeugt, mit der größere Kräfte realisiert werden können und die Montage größerer Leiterquerschnitte möglich wird. Für größere Kontaktkräfte werden zusätzliche Spannbolzen, die über den Schraubenfedern angeordnet sind, verwendet.
  Im Ausgangszustand (rechts) ist die Klemme geschlossen. Zum Anschließen der Leitung wird die Feder mittels Sechskantschlüssel zusammengedrückt, wodurch sich der Zugbügel öffnet und in diesem Zustand arretiert wird (nicht in diesem Bild gezeigt). Der Leiter kann jetzt eingeschoben werden (links). Die Feder wird nun entspannt, wobei die Arretierung mit dem Sechskantschlüssel gelöst wird. Der Zugbügel wird dadurch nach oben gedrückt und die Kontaktierung erfolgt. Der Spannbolzen (hier nicht gezeigt) wird entlastet, wenn der Leiter angeschlossen ist. Das ist von Bedeutung, damit die Feder, die Stromschiene und der angeschlossene Leiter eine selbsttragende Einheit bilden und kein weiterer Kontaktdruck über diesen Spannbolzen erzeugt wird.
- Bei PUSH WIRE® wird der abisolierte Leiter direkt in die Klemme geschoben und verformt dabei die Feder. Ausgenutzt wird die Knicksicherheit des Leiters, woraus folgt, dass nur massive Drähte zur Anwendung kommen können. Das Lösen der Verbindung erfolgt durch hin- und herdrehen bei gleichzeitigem herausziehen des Leiters.

5.4.7.3 Modul Federklemmverbindung

Aus konstruktiv-technologischer Sicht stellt die funktionsfähige Federklemmverbindung eine Baugruppe (Modul) bestehend aus Einzelteilen wie Gehäuse, Federelementen, Stromschienen, Kontaktrahmen, optionalen Betätigungselementen, Halterungen, Arretierungen und weiteren dar. Ordnet man mehrere Federelemente parallel in einem Gehäuse an, so lassen sich sehr kompakte Verbinder für vieladrige Leitungen bzw. eine Vielzahl von Einzelleitern realisieren.

Die zentralen Elemente der Verbindung sind die Federelemente, bestehend aus einer CrNi-Legierung und Stromschienen/Kontaktrahmen aus Elektrolytkupfer, beschichtet mit Zinn. Diese Konstellation gewährleistet eine gasdichte Verbindung.

Die Abb. 5.49 zeigt die Kontaktierung von Schutzleitern mit einer mittig angeordneten Verbindung zum Potenzialausgleich – Anschluss Potenzialerde (PE). Die extern zugeführten Schutzleiter werden mittels der Push-in CAGE CLAMP® Technologie kontaktiert, während die interne Kontaktierung PUSH Wire® mit einem Massivdraht zur Potenzialerde erfolgt.

Die Abb. 5.50 zeigt modular aufgebaute CAGE CLAMP® Anschlüsse, angeordnet auf einer Montageschiene in einem Kabelkanal. Diese Montage ist besonders geeignet für feindrähtige und litzenverdichtete Leiter, feindrähtige Leiter mit Aderendhülsen und feindrähtige Leiter mit Stiftkabelschuhen (die beiden letzten mit gasdichten Crimpverbindungen).

Die Abb. 5.51 zeigt eine Klemmleiste mit Push-in CAGE CLAMP® Anschlüssen und Druckelementen zum Lösen der Federn, womit zusätzliche Werkzeuge entfallen. Hierbei können feindrähtige Leiter mit Aderendhülsen sowie massive Drähte direkt gesteckt werden.

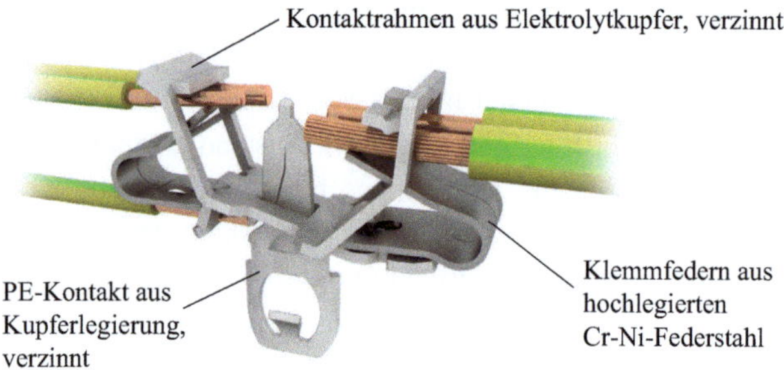

Abb. 5.49 Leitungsverbindung von Schutzleitern (Push-in CAGE CLAMP) mit einem Potenzialerde-Anschluss PE (PUSH WIRE) [38], mit Genehmigung der WAGO Kontakttechnik GmbH & Co. KG

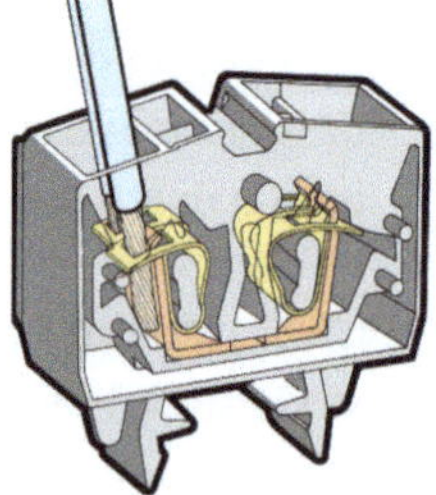

Abb. 5.50 CAGE CLAMP® Anschlüsse in einem Kabelkanal angeordnet [38], mit Genehmigung der WAGO Kontakttechnik GmbH & Co. KG

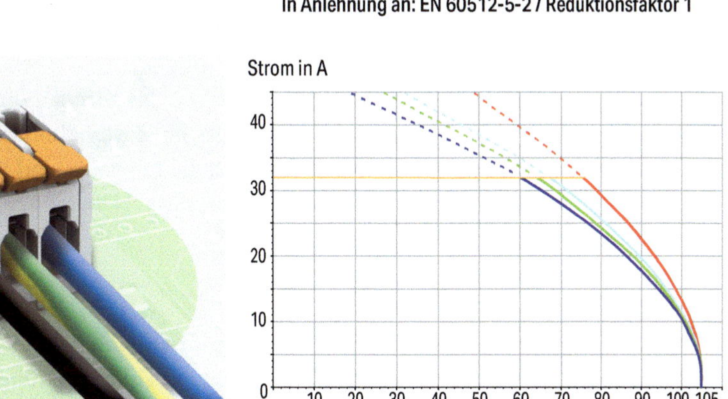

Abb. 5.51 Klemmleiste mit Push-in CAGE CLAMP® Anschlüssen und Betätigungselementen sowie Strombelastungskurven [38], mit Genehmigung der WAGO Kontakttechnik GmbH & Co. KG

5.4.7.4 Kontaktkraft

Betrachtet werden zwei typische Federklemmverbindungen mit U-förmigen Kontaktfedern entsprechend Abb. 5.52. Die Federn stellen gekrümmte Biegefedern (Blattfedern) dar. Die linke Abbildung zeigt eine CAGE CLAMP®-Verbindung und die rechte die typische Bauform eines Kontaktes mit zwei U-förmigen Federn, wie sie bei Steckverbindungen zum Einsatz kommen, jeweils mit den Modellen zur Berechnung der Federkräfte.

Die Federkraft auf eine Feder entspricht der Kontaktkraft F_k.

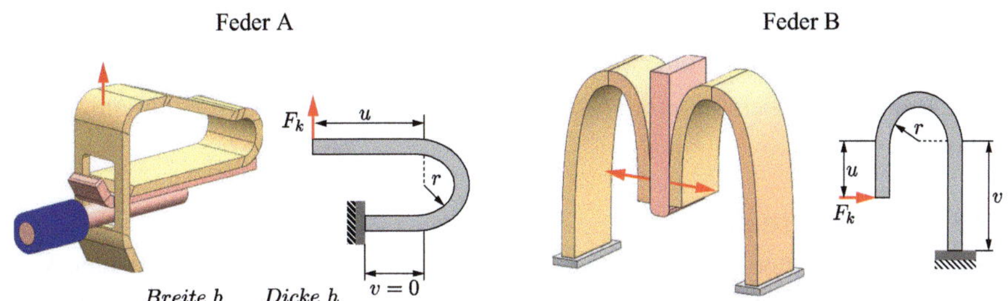

Abb. 5.52 Feder einer CAGE CLAMP®-Verbindung (links) und zwei U-förmige Kontaktfedern für Steckverbinder (rechts)

Für beide Federformen gilt der folgende Zusammenhang [54]:

$$F_k = \frac{3 \cdot E \cdot I}{r^3 \cdot [m^3 + n^3 + 3m^2(n + \pi) + 3m(4 - n^2) + 1{,}5\pi]} \cdot s \qquad (5.38)$$

Dabei sind E der Elastizitätsmodul, $I = b \cdot h^3/12$ das Flächenträgheitsmoment, s der Federweg und $m = u/r$ sowie $n = v/r$ die Krümmungsverhältnisse.

Durch die Verformung der Federn ändern sich die Längen u und v, was bei den jeweiligen Endstellungen der Federn beachtet werden muss. Näherungsweise kann das durch einen Korrekturfaktor k berücksichtigt werden:

$$u_{\text{eff}} = k \cdot u \qquad (5.39)$$

Der Korrekturfaktor k ist abhängig von der Konstruktion der Feder selbst und vom Leiterdurchmesser. Für die CAGE CLAMP-Verbindung kann näherungsweise mit $k = 0{,}6$ gerechnet werden.

Die Längsverschiebung in u-Richtung wird hier nicht weiter betrachtet.

Bei der Feder A wird in diesem Fall die Einspannung bei $v = 0$ angesetzt. Eine Verlängerung des Schenkels mit $v > 0$ hat nur geringen Einfluss auf das Ergebnis.

Weiteres zu gekrümmten Biegefedern ist in [49, S. 118–120] zu finden.

Beispiele:
- CAGE CLAMP für Leiterquerschnitt 2,5 mm^2:
  $b = 3{,}8\,\text{mm}$, $h = 0{,}38\,\text{mm}$, $u = 5{,}9\,\text{mm}$, $r = 1{,}6\,\text{mm}$, $E = 19 \cdot 10^4\,\text{N/mm}^2$, $k = 0{,}6$
  und ein Federweg von $s = 1\,\text{mm}$
  Mit den Gln. (5.38) und (5.39) ergibt sich die Kontaktkraft zu $F_c = 28\,\text{N}$.
- CAGE CLAMP für Leiterquerschnitt 6,0 mm^2:
  $b = 6{,}5\,\text{mm}$, $h = 0{,}5\,\text{mm}$, $u = 8{,}7\,\text{mm}$, $r = 2{,}3\,\text{mm}$, $E = 19 \cdot 10^4\,\text{N/mm}^2$, $k = 0{,}6$
  und ein Federweg von $s = 2\,\text{mm}$
  Mit den Gln. (5.38) und (5.39) ergibt sich die Kontaktkraft zu $F_c = 69\,\text{N}$

Die Abb. 5.53 zeigt die Kontaktkräfte von CAGE CLAMP-Verbindungen für verschiedene Leiterquerschnitte. Die obere Kurve zeigt die Auslenkung und die untere die Entspannung der jeweiligen Feder, wobei letztere die Kraft zeigt, die den Leiter klemmt. Die Hysterese kommt durch die sich ändernden Hebelverhältnisse und reibungsbehaftete Vorgänge zustande.

5.4.7.5 Ausfallverhalten

Zentraler Punkt für eine hohe Lebensdauer ist das Vorhandensein der gasdichten Verbindung mit der permanenten Aufrechterhaltung der Klemmkraft.

Werden oxidfreie Leitungen beim Montageprozess verwendet und unterliegen die Kontakte keiner außergewöhnlich hohen dynamischen Belastung, wie beispielsweise extremen Vibrationen oder wechselnder Zug- und Druckbelastungen, so ist die Lebensdauer außerordentlich hoch.

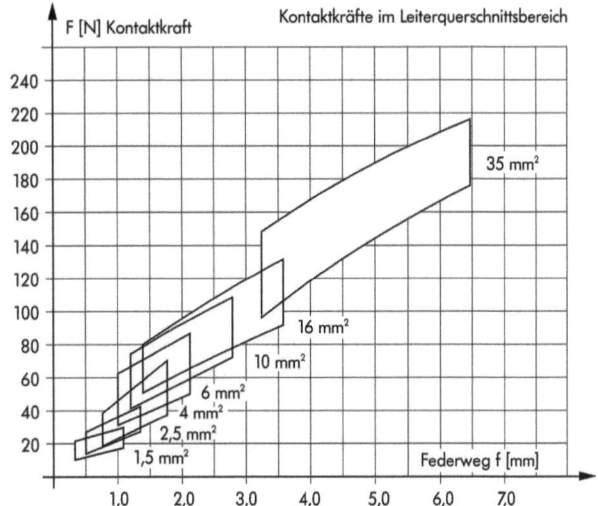

Abb. 5.53 Kontaktkräfte für verschiedene Leiterdurchmesser von CAGE CLAMP-Verbindungen, mit Genehmigung der WAGO Kontakttechnik GmbH & Co. KG

Liegen dynamische Belastungen vor, so besteht die Gefahr des Auflösens der Gasdichtigkeit, verbunden mit der Gefahr von Reibkorrosion, die zu oxidierten Oberflächen mit erhöhten Kontaktwiderständen und zu Mikrorissen führen.

Bekannt sind Ausfälle infolge fehlerhafter Montage durch unzureichende Abisolation des Leiters, bei der Teile der Isolation mit eingeklemmt wurden. Das führt zur Erhöhung des Kontaktwiderstands und letztlich zum Verschmoren der Kontakte.

Die Wiederanschließbarkeit von Federklemmverbindungen ist sehr gut.

Voraussetzung für eine Neuverdrahtung ist eine erneute Abisolierung des Leiters für eine oxidfreie Oberfläche.

5.4.8 Schraubverbindung, Schraubanschlusstechnik

5.4.8.1 Prinzip

Die Schraubverbindung (Schraubklemmverbindung) zählt zu den lösbaren Verbindungen, bei denen die krafterzeugenden Elemente Schrauben sind. Die Einteilung der Schraubverbindung erfolgt im Wesentlichen nach zwei Aspekten.

Der 1. Aspekt unterteilt die Verbindung in direkte und indirekte Verbindungen, Abb. 5.54.

Bei einer *direkten Schraubverbindung* wirkt die Schraube direkt auf einen Leiter und erzeugt so eine örtlich begrenzte Abplattung des Leiters und in der Folge eine Kontaktfläche. Ein Beispiel ist die einfache Lüsterklemme, wie sie sehr oft für den Anschluss von Kleingeräten und zur Leiterverbindung verwendet wird. Problematisch bei dieser Konstruktion und der Verwendung von Drahtlitzenleitern ist die Verdrängung oder Ab-

Abb. 5.54 Direkte und indirekte Schraubverbindung

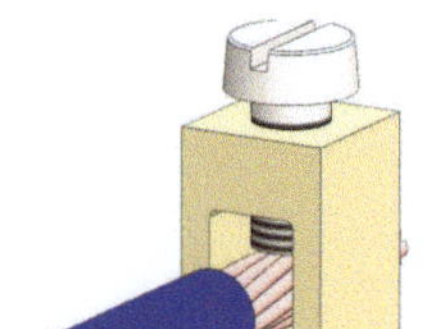
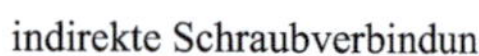
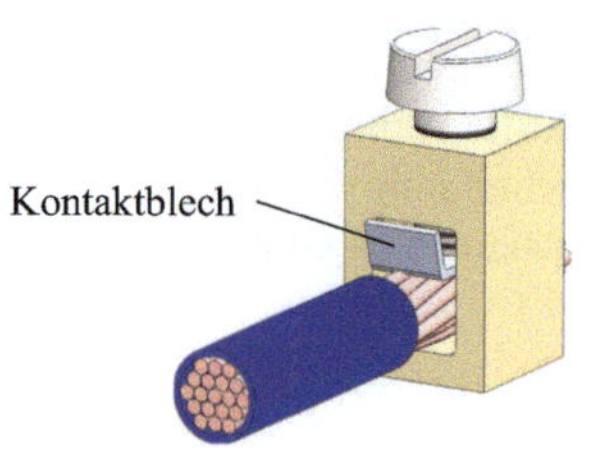

scherung einzelner Drähte durch die Schraube, wenn der Leiterquerschnitt deutlich kleiner
ist als die Querschnittsöffnung der Klemme.

Eine *indirekte Schraubverbindung* verwendet zwischen Leiter und Klemme ein zusätzliches Element, um das Pressverhalten zu verbessern und eine optimale Druckverteilung
von der Schraube auf den Leiter und die Klemme zu erzielen. Im einfachsten Fall ist
das ein Metallstreifen der zwischen Schraube und Leiter positioniert wird. Weitere Zusatzelemente sind beispielsweise Druckbügel, die wie eine Getriebeübersetzung wirken,
Abb. 5.55-c, oder auch die speziell geformte Kegelstruktur der Axialklemmschraube,
Abb. 5.57.

Der 2. Aspekt unterteilt die Verbindung danach, wie die Krafteinleitung zur Kontaktierung von Leiter und Kontaktelement durch die Schrauben erfolgt. Dabei ist zu unterteilen
in die *Standardschraubverbindungen* und *Schraubverbindungen mit Axialschrauben*.

5.4.8.2 Standardschraubverbindungen

Bei diesen Schraubverbindungen erfolgt die Krafteinleitung radial zum Leiter und presst
diesen auf das Kontaktelement, z. B. eine Stromschiene, Abb. 5.55.

Die krafterzeugenden Schrauben werden radial zum Leiter angeordnet, Abb. 5.55-a,-b.
Bei einer weiteren Ausführungsform wird die Kraft indirekt über ein radial zur Kontakt-

a) Schraubanschluss mit
   Drahtschutzbügel

b) Schraubanschluss mit
   Zughülse

c) Front- Schraubanschluss

Abb. 5.55 Typische Standardschraubverbindungen, mit Genehmigung der PHOENIX CONTACT
GmbH & Co. KG

stelle angeordnetes Zusatzelement, mit einer zum Leiter parallel verlaufenden Schraube, übertragen, Abb. 5.55-c.

Der **Schraubanschluss mit Drahtschutzbügel** weist große Klemmräume auf und ist für Leiter bis zu einem Leiterquerschnitt von $4\,\text{mm}^2$ geeignet.

Der **Schraubanschluss mit Zughülse** gehört zu den am meisten eingesetzten Anschlussarten. Die Querriefen des Zusatzelements brechen beim Kontaktieren des Leiters mögliche vorhandene Oxidschichten des Leiters auf, wodurch eine gasdichte Verbindung mit niedrigem Kontaktwiderstand entsteht. Die Deformation der Querriefen führt darüber hinaus zu einer mechanischen Zugentlastung durch den zusätzlichen Formschluss der Verbindung.

Der **Front-Schraubanschluss** verwendet als Zusatzelement einen frei pendelnden Druckbügel, der durch seine Drehbewegung eine Krafterhöhung auf den Leiter erzeugt und diesen gegen die Stromschiene drückt.

Ein **Bolzenanschluss** wird i. d. R. für höhere Ströme verwendet, Abb. 5.56. Bei der Montage muss die Reihenfolge der Verbindungskomponenten Mutter-Federring-Unterlegscheibe-Kabelschuh-Stromschiene bzw. Kontaktelement beachtet werden (falls überhaupt Federring-Sicherung vorgesehen ist).

Beim Verpressen des Leiters mit dem Kabelschuh oder Verbinders verlängern sie sich um etwa 10 %. Aus diesem Grund sollte die Länge der Abisolation des Leiters um etwa 10 % größer sein als das Einschubmaß von Kabelschuh oder Verbinder.

Qualität der Verbindung

Zur Beurteilung gibt es hauptsächlich zwei Kriterien, Tab. 5.22:

- Die *Ausziehkraft*, die vom Leiterquerschnitt abhängig ist.
- Das *Anzugsdrehmoment*, das von der Schraube (Gewindegröße) abhängt.
  Bei zu geringem Anzugsdrehmoment besteht die Gefahr, dass die Verbindung sich lockert und eine zu geringe Kontaktfläche entsteht, was zu einer erhöhten Stromdichte mit der Konsequenz eines möglichen Ausfalls führen kann. Ein zu großes Anzugsdrehmoment belastet die Schraube stärker auf Scherung bis hin zur Abscherung, was den Ausfall zur Folge hat.

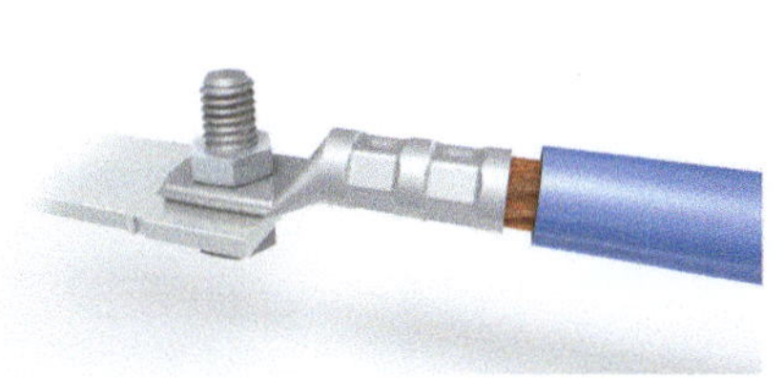 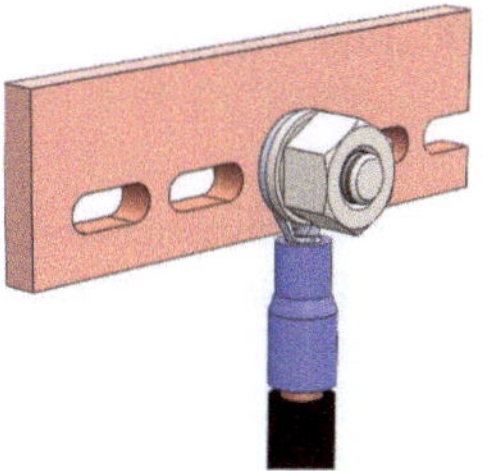

Abb. 5.56 Bolzenanschluss, Bild links mit Genehmigung der PHOENIX CONTACT GmbH & Co. KG

Tab. 5.22 Ausziehkräfte und Anzugsdrehmomente für Schraubklemmen [14]

Ausziehkraft als Funktion des Leiterquerschnitts							
Querschnitt /mm^2	0,75	1,0	1,5	2,5	4	6	10	16
Ausziehkraft /N	30	35	40	50	60	80	90	100
Anzugsdrehmoment als Funktion des metrischen Befestigungsgewindes						
Metrisches Gewinde	M3	M4	M5	M6	M8	M10
Anzugsdrehmoment /Nm	0,5	1,2	2,0	2,5	3,5	4,0
Werte gelten für montierte Schrauben und Muttern mit Schraubendrehern						

Für Leiterquerschnitte $\leq 35\,\text{mm}^2$ gilt die Norm [14] und für Leiterquerschnitte $> 35\,\text{mm}^2$ bis $300\,\text{mm}^2$ entsprechend [11].

Insbesondere für das Anzugsdrehmoment bei der Montage müssen die entsprechenden Datenblätter beachtet werden.

5.4.8.3 Schraubverbindungen mit Axialschrauben

Bei dieser Schraubverbindung wird der abisolierte Leiter, der aus fein- oder feinstdrähtiger Litze besteht, in den Kontaktbereich einer Buchse geführt. Die axial angeordnete krafterzeugende Schraube besitzt einen konusförmigen Kopf, der beim Eindrehen der Schraube in die Buchse zugleich axial in den Litzenleiter eindringt und die einzelnen Litzen nach außen gegen die Buchse presst, Abb. 5.57. Diese Konusschraube wird als Axialklemmschraube bezeichnet.

Diese Verbindung vereint in sich Crimp- und Schraubverbindungen. Sie erfordert sehr wenig Platz und ist vor allem einfach in der Montage, da nur ein Abisolationswerkzeug und ein Inbusschlüssel zum Einschrauben der Axialklemmschraube notwendig sind.

Es entsteht eine gasdichte Verbindung mit hoher Zuverlässigkeit, die unempfindlich gegenüber mechanischen Belastungen wie Schock oder Vibrationen ist. Die Anwendungsbereiche reichen von der Verkehrstechnik, der Windenergietechnik bis hin zur Automatisierungstechnik mit Strömen bis zu 650 A [36].

Qualität der Verbindung
Die Qualität wird im Wesentlichen von zwei Kriterien beeinflusst:

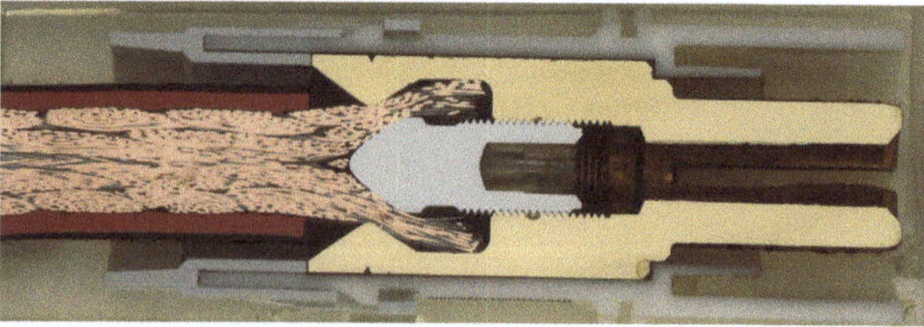

Abb. 5.57 Axialschraubanschluss mit konusförmiger Axialklemmschraube, mit Genehmigung der HARTING Electric Stiftung & Co. KG

- Die *Abisolation des Leiters* muss auf einer definierten Länge erfolgen. Wird zu kurz abisoliert, so verkleinert sich die Kontaktfläche und die geforderte Stromtragfähigkeit der Verbindung kann nicht sichergestellt werden. Eine zu lange Abisolation kann die Spannungsfestigkeit herabsetzen.
- Das Anzugsdrehmoment muss eingehalten werden.
  Zu große Anzugsdrehmomente können Litzen des Leiters zerstören und somit die Kontaktfläche verringern, bis hin zum Totalausfall.
  Zu geringe Anzugsdrehmomente führen zu kleineren Kontaktflächen zwischen Buchse und Litzen, wodurch sich die Stromdichte erhöht, verbunden mit einer (deutlichen) Erwärmung, was ebenfalls bis zum Totalausfall führen kann.
  Typische Anzugsdrehmomente liegen zwischen 1,5 Nm für 2,5 mm^2 und 8 Nm für 35 mm^2 [36, S. 32].

5.4.9   Durchdringverbindung – Piercing

5.4.9.1   Prinzip

Die Durchdringverbindung wird auch als Piercing bzw. Piercinganschlusstechnik bezeichnet, obwohl dieser Ausdruck in der Norm nicht vorkommt.

In [13, S. 8] wird diese Verbindung definiert als eine „lötfreie elektrische Verbindung, hergestellt mit metallischen Elementen, welche die Isolierung durchdringen und durch Verformung oder Durchdringung des Leiters Kontakt herstellen sollen".

Bei der durch diese Norm definierten Verbindung erfolgt die Durchdringung radial zum Leiter durch das Durchdringelement. Die Abb. 5.58 zeigt dazu ein Beispiel mit drei Durchdringelementen in Dreiecksform für einen Leiter. Da typischerweise der gesamte Kontaktbereich bei einer Durchdringung kleiner ist als der Leiterquerschnitt macht es Sinn, mehrere derartige Elemente pro Leiter zu verwenden.

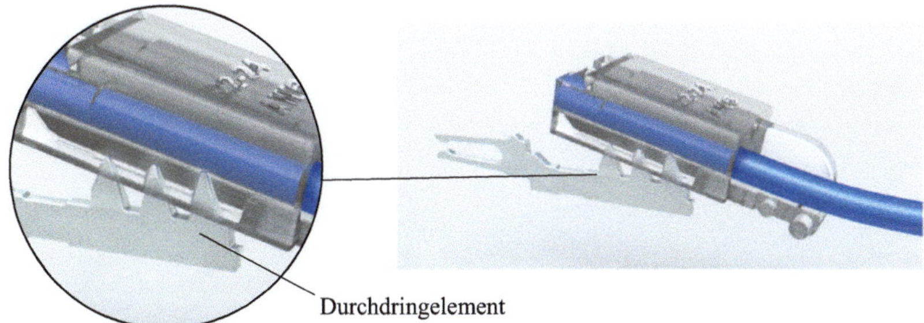

Abb. 5.58 Durchdringverbindung mit dreieckförmigen Durchdringelementen, mit Genehmigung der PHOENIX CONTACT GmbH & Co. KG

5.4.9.2　Leiter

Die zulässigen Leiter sind den Durchdringverbindungen zuzuordnen:

- Integrierte Durchdringverbindungen mit *Litzen- oder Lahnlitzenleitern* bei mehrpoligen Steckverbindern mit der parallelen Kontaktierung aller Leiter.
- Durchdringverbindung mit *Flachleitern* oder mit *flexiblen gedruckten Schaltungen*, welche ebenfalls Flachleiter darstellen.
- Durchdringverbindungen mit *Litzen- oder Lahnlitzenleitern*, wobei die Durchdringelemente die Form einer offenen Hülse haben, deren beide Enden während des Kontaktiervorganges die Isolierung durchdringen und die Litzen kontaktieren.

Als Werkstoff kommt weichgeglühtes Kupfer zum Einsatz, wobei die Oberflächen blank, verzinnt oder versilbert sein müssen.

5.4.9.3　Durchdringelemente

Durchdringelemente haben unterschiedliche Formen wie Lanzen, Spitzen und scharfe Kanten beispielsweise bei Hülsen s. o.

Als Werkstoffe werden Kupfer und Kupferlegierungen wie CuSn (Bronze), CuZn (Messing) oder BeCu (Beryllium-Kupfer) verwendet.

5.4.9.4　Piercing-Verbindung mit axialen Kontaktstiften

Diese Piercing-Verbindung gehört im engeren Sinn nicht zur Norm [13], da hier mit einem axialen Kontaktstift nicht die Isolation durchdrungen wird, sondern nur eine Verdrängung der Litzen erfolgt, Abb. 5.59.

Nach dem Einschieben der Litzen presst sich der Kontaktstift gegen die Litzen, wobei das Konstruktionsteil, in das die isolierten Leiter eingelegt werden, als Gegenlager wirkt und den Anpressdruck aufnimmt.

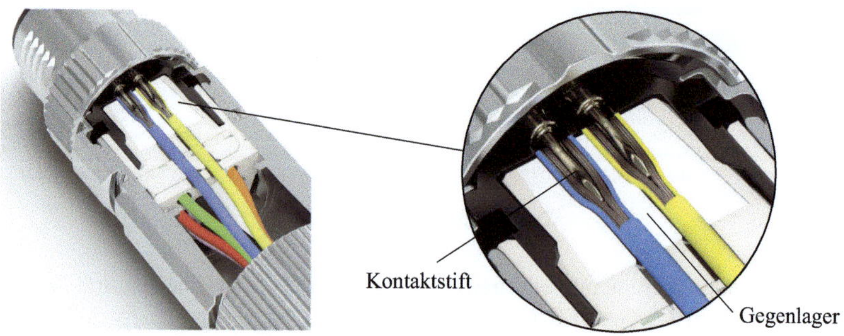

Abb. 5.59　„M12 Piercecon-Anschluss" mit axialen Kontaktstiften, mit Genehmigung der PHOENIX CONTACT GmbH & Co. KG

Diese axialen Piercings sind sehr kompakt und raumsparend. Damit kommen sie dem Trend zur immer weiteren Miniaturisierung in Elektronikgeräten sowie bei Sensor- und Aktorverdrahtungen besonders entgegen.

Das Abisolieren der Leiter entfällt und die Litzen werden nur bündig abgeschnitten. Mit dem Verschrauben von Vorder- und Hinterteil werden die Kontaktspitzen in die Litzen gedrückt, womit eine schnelle Montage ohne Spezialwerkzeuge vor Ort möglich ist.

5.4.10 Klammerverbindung

5.4.10.1 Prinzip

Die Klammerverbindung, auch Termi-Point-Verbindung, [9, 15] weist die vier Bestandteile Stift, Klammer, elektrischer Leiter und Isolationsunterstützung als Zugentlastung auf, die aufeinander abgestimmt sein müssen, Abb. 5.60.

Der Leiter wird mittels einer Klammer an den Stift gepresst, wobei sich die Klammer elastisch verformt. Die Federwirkung der Klammer gewährleistet den Langzeitkontakt und muss sich immer im elastischen Bereich des Werkstoffs befinden. Die beim Aufschieben der Klammer auf den Stift, mit aufgelegtem Leiter, entstehenden Reibungskräfte reinigen die Oberfläche, insbesondere von Oxiden, und führen so zu einer gasdichten elektrischen Verbindung.

5.4.10.2 Leiter

Als Leiter kommen massiver Draht oder Drahtlitzenleiter mit 7 Adern, welche blank, verzinnt oder versilbert sind, zur Anwendung. Die Durchmesser müssen entsprechend den Stiften und Klammern gewählt werden und können Tab. 5.23 entnommen werden.

Die Eigenschaft zu einer ausreichenden Verformung muss gegeben sein, um eine Kontaktfläche in Zusammenhang mit der Klammerverformung herstellen zu können.

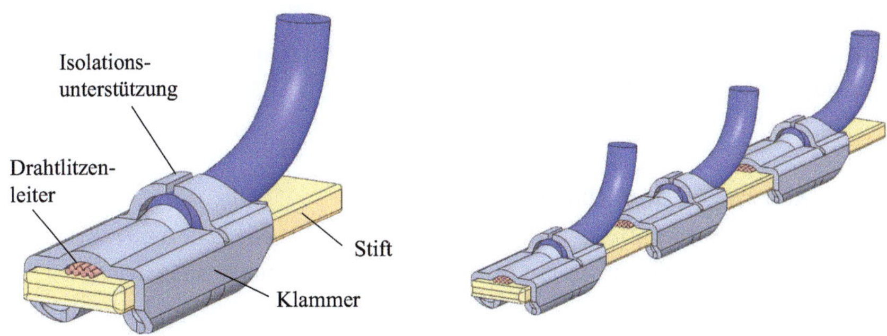

Abb. 5.60 Klammerverbindung

Tab. 5.23 Stiftkennzahlen, Stiftquerschnitte und Leiterdurchmesser

Stiftkennzahl	Massivdraht oder Drahtlitzenleiter	
	Stiftquerschnitt in mm^2	Leiterdurchmesser in mm
09	(0,6 x 0,9)	0,27 - 0,39
16	(0,8 x 1,6)	0,32 - 0,78
24	(0,8 x 2,4)	0,50 - 0,99

Die Stiftkennzahlen 16 und 24 sind auch für Wickelverbindungen verwendbar

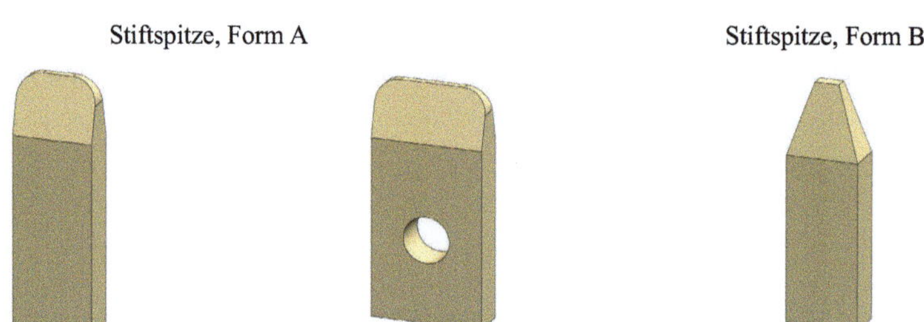

Abb. 5.61 Stiftformen mit unterschiedlichen Stiftspitzen entsprechend [9]

5.4.10.3　Stifte

Die Stifte können aus den unterschiedlichsten Kupferlegierungen wie CuSn, CuZn, CuNiZn, CuNi und CuBe bestehen.

Als Oberflächenschutz kommen Zinn (2 μm), Nickel (0,75 μm) und Gold (max. 0,3 μm) zur Anwendung.

Die Abb. 5.61 zeigt die Stiftformen mit unterschiedlichen Breiten, Stiftspitzen und mit bzw. ohne Loch, entsprechend der Norm.

Die Bezeichnung der Stifte erfolgt mit Stiftkennzahlen. Die Tab. 5.23 zeigt die Zuordnung der Stiftquerschnitte und Leiterdurchmesser zu den Stiftkennzahlen.

Neben den hier genannten Stiftgeometrien und Drahtlitzenleitern mit 7 Adern sind weitere Stiftgeometrien und Aderzahlen in der Anwendung.

5.4.10.4　Klammern und Klammerverbindung

Die **Klammer** muss gewährleisten, dass eine ausreichend große Federkraft (Kontaktkraft) erzeugt wird, um über die Verformung von Leiter und Klammer eine ausreichend große Kontaktfläche zu schaffen.

Als Werkstoff kommen Kupfer-Zinn-Legierungen mit Schutzüberzügen, die den Stiften entsprechen, zur Anwendung.

Die **Klammerverbindung** ist durch folgende Eigenschaften gekennzeichnet:

- Form und Werkstoff müssen es ermöglichen, dass die Klammer in axialer Richtung verschoben werden kann, um weitere Klammern, beispielsweise bei Erweiterungen, montieren zu können.
- Beim Auf- und Weiterschieben muss die Klammer den Stift symmetrisch umfassen.
- Pro Klammer darf nur ein Leiter angeschlossen werden.
- Pro Stift können mehrere Klammern montiert werden.
- Wird nach dem Lösen einer Klammer diese beschädigt, muss eine neue Klammer verwendet werden.
- Bei einer erneuten Montage sollte ein neuer Leiter bzw. Leiterende verwendet werden, da plastische Verformungen des alten Leiters die neue Kontaktierung beeinträchtigen könnten.
- Fehlerhafte Klammerverbindungen sind vor allem dadurch gekennzeichnet, dass die Federschenkel den Stift unsymmetrisch umfassen und keine ausreichende Federkraft vorhanden ist.

5.4.11 NanoWired Verbindungstechnologien

5.4.11.1 Prinzip

Die Nanowired Verbindungstechnologien (Nanowired GmbH) sind eine Gruppe von Technologien, bei denen sich mittels Nanodrähten, die auf elektrisch leitenden Oberflächen aufgewachsen sind, Kontakte herstellen lassen, Abb. 5.62. Diese müssen nicht immer elektrischer Art sein, sondern können auch thermische und mechanische Verbindungen darstellen [1, 57].

Basistechnologie

Sollen zwei elektrische Anschlussflächen miteinander verbunden werden, so müssen beide oder auch nur eine mittels einer *Basistechnologie* (NanoWiring) mit dieser Nanodrahtstruktur (metallischer Rasen) belegt werden.

Nanodrahtstruktur

KlettWelding-Tape

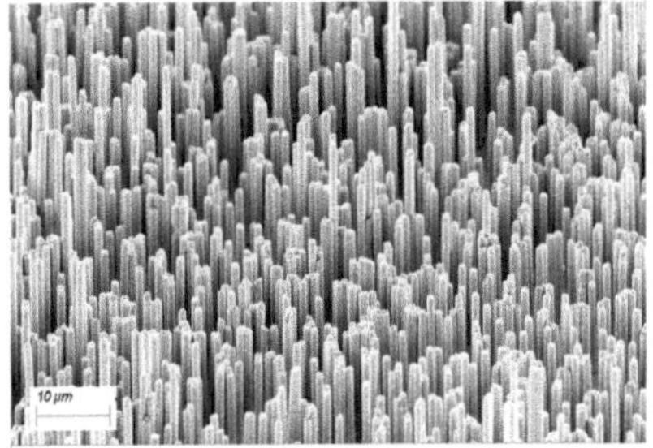
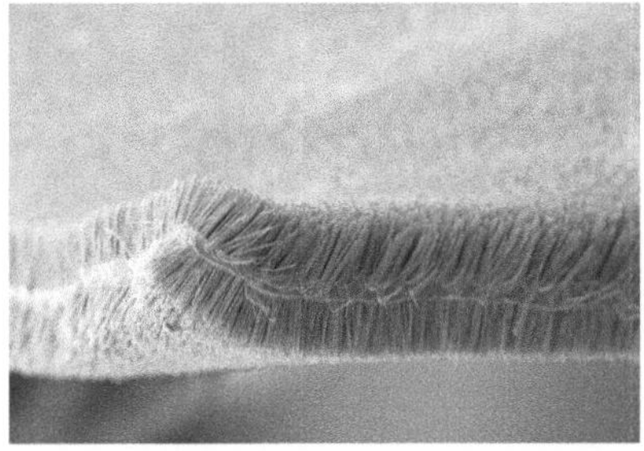

Abb. 5.62 Nanodrahtstukturen (metallischer Rasen), mit Genehmigung der NanoWired GmbH

Grundvoraussetzung ist, dass das zu kontaktierende Bauteil elektrisch leitfähig ist. Isolationsmaterialien erhalten die elektrische Leitfähigkeit durch geeignete Verfahren wie Sputtern, chemische und elektrochemische Metallabscheidung. Danach erfolgt der elektrochemische Aufbau der Nanodrahtstruktur.

Verbindungstechnologien

Die Kontaktierung der Bauteile erfolgt mit *Verbindungstechnologien*, entsprechend den unterschiedlichen Anwendungen und Anforderungen.

Diese Technologien unterscheiden sich in den grundsätzlichen Aufbauprinzipien, d. h. darin, wo die Nanodrahtstrukturen angeordnet werden, auf einem Verbindungselement, auf beiden oder auf einem zusätzlichen Element (Tape) dazwischen, sowie in den Prozessparametern.

Die so erzeugten Kontakte sind sehr fest und zählen zu den unlösbaren Verbindungen. Bei einem Tausch defekter Bauteile können die Verbindungen abgedreht oder abgeschert werden. Die dabei zerstörten Nanodrahtstrukturen werden danach entfernt und können anschließend neu aufgebaut werden.

Damit ergibt sich die folgende Grundeinteilung:

1. **NanoWiring** – das Basisverfahren erzeugt eine Nanodrahtstruktur auf metallischen Oberflächen (metallischer Rasen), Abb. 5.62.
2. **KlettWelding** – erzeugt eine Verbindung zwischen zwei mit NanoWiring erzeugten Oberflächen.
3. **KlettWelding-Tape** – elektrisch leitfähige Tapes oder isolierende Tapes mit jeweils beidseitig beschichteten Nanodrahtstrukturen, Abb. 5.62.
4. **KlettSintering** – schafft eine Verbindung zwischen einer mit NanoWiring erzeugten Oberfläche und einer ohne.
5. **KlettGlueing** – verwendet zusätzliche Kleber zwischen den Pads zur Reduktion von Druck und Temperatur beim Fertigungsprozess.

Die Abb. 5.62 zeigt die metallische Rasenstruktur und das Klettwelding-Tape.

5.4.11.2 NanoWiring

Das NanoWiring ist die Basistechnologie der NanoWired Verbindungstechnologien und erzeugt die metallischen Nanodrahtstrukturen auf den zu verbindenden Bauteilen bzw. Oberflächen für die darauf folgenden Verbindungstechnologien. Die Bereiche der Nanodrahtdurchmesser und -längen betragen dabei 30 nm–4 μm bzw. 1–50 μm und beeinflussen somit auch signifikant die Prozessparameter Druck und Temperatur. Als Werkstoffe finden Kupfer, Gold, Silber, Nickel und weitere Anwendung.

Die Abb. 5.63 zeigt die Kernprozesse für Wafer und Substrate.

1. Ausgangspunkt sind hier Substrate und Wafer mit Pads sowie Wafer mit der Rückseitenmetallisierung für das Die-Bonding.

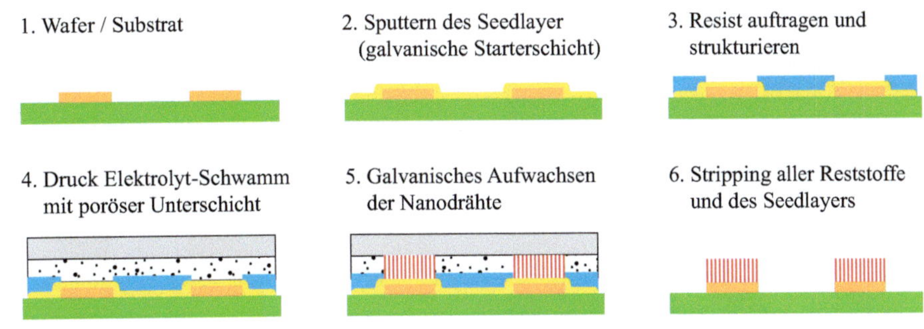

Abb. 5.63 Kernprozesse des NanoWiring zur Herstellung der Nanodrahtstrukturen am Beispiel für Wafer und Substrate

2. Da die Nanodrahtstrukturen galvanisch aufgebracht werden, müssen zuvor alle Pads leitend miteinander verbunden werden, was mit einem Seedlayer (Opfer- oder Keimschicht) als Starterschicht erfolgt.
3. Es schließt sich ein Resistauftrag und dessen Strukturierung an. Bei Strukturpads < 4 µm werden Photoresiste und > 4 µm auch Lötstopplacke verwendet.
4. Ein schwammartiger organischer Werkstoff, gefüllt mit einem Elektrolyten und einer porösen Unterschicht, wird auf die Wafer/Substrate gedrückt.
5. Im galvanischen Abscheideprozess, Schwamm mit Elektrolyten als Anode und Wafer/Substrat/Seedlayer als Kathode geschaltet, wachsen die Nanodrähte in die poröse Unterschicht. Diese bestimmt damit Drahtdurchmesser und -länge und die Drahtverteilung in der Nanodrahtstruktur.
6. Zuletzt werden der Schwamm, alle Reststoffe und der Seedlayer mechanisch und durch nasschemische Strippingprozesse entfernt.

Beim KlettWelding-Tape werden die Nanodrahtstrukturen beidseitig auf einer Kupferfolie mit Dicken von 5 µm bis 2 mm (Standard 20 µm) aufgebaut. Eingesetzt wird das Tape beim Klettsintering+ und KlettGlueing+ sowie Klett-Extensions zur Realisierung größerer Bauteilabstände.

Mit dem Isolation KlettWelding-Tape, bestehend aus einer metallisierten Polymerfolie mit Dicken von 12, 25 und 50 µm und Nanodrahtstrukturen, ergeben sich elektrisch isolierende und gut wärmeleitende Verbindungen.

5.4.11.3 KlettWelding

Die Abb. 5.64 zeigt die Prinzipien der drei Technologien – KlettWelding, KlettWelding+ und KlettWelding-Underfill.

Charakteristisch für alle drei Technologien ist, dass beide zu kontaktierenden Bauteile bzw. Oberflächen Nanodrahtstrukturen aufweisen. Nach der Positionierung der Bauteile erfolgt die Kontaktierung, wobei sich die Drähte zunächst innerhalb von Millisekunden

KlettWelding und KlettWelding +

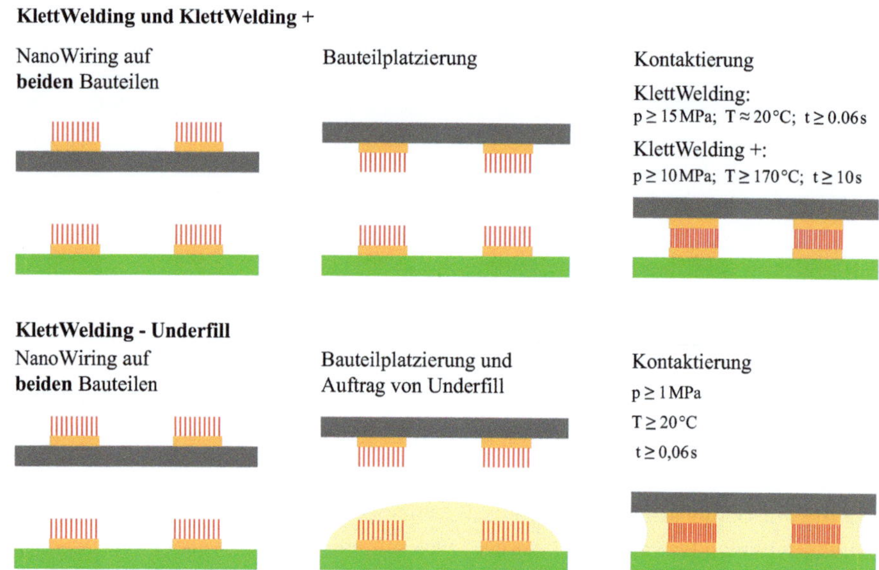

Abb. 5.64 KlettWelding, KlettWelding+ und KlettWelding-Underfill

miteinander verweben und sich eine feste mechanische Verbindung ausbildet. Danach entstehen durch Interdiffusionsprozesse atomare Verbindungen zwischen den Drähten, die eine Kontaktstelle entstehen lassen, deren Eigenschaften nahezu denen einer massiven Metallschicht entspricht.

KlettWelding

Besonderes Charakteristikum ist der Prozess bei Raumtemperatur.

Anwendungsgebiete:

- FlipChip (FC)
- Polymerverbindungen
- Die Attach
- Verbindungen FPC/PCB u. PCB/PCB
- Halbleiterproduktion
- Temperatursensible Bauelemente

KlettWelding+

Durch die höheren Temperaturen entstehen Verbindungen mit der größten Festigkeit.

Anwendungsgebiete:

- FlipChip (FC)
- Polymerverbindungen

- Die Attach
- Verbindungen FPC/PCB u. PCB/PCB
- Halbleiterproduktion
- Stromschienen

KlettWelding-Underfill
Erhöhung der Festigkeit der Verbindung, die bei niedrigen Temperaturen und Drücken erfolgt, durch zusätzliche Kleber (Underfiller).

Anwendungsgebiete:
- Gehäusetechnologien
- Verbindungen FPC/PCB u. PCB/PCB
- Stromschienen (Automotive)
- temperatursensible Bauelemente

5.4.11.4 KlettWelding-Tape

Hier ist in elektrisch leitende Tapes (a) und isolierende Tapes (b) mit den folgenden Aufbauten zu unterscheiden:

a) Nanodrahtstruktur-Kern: metallische Folie-Nanodrahtstruktur
b) Nanodrahtstruktur-Kern: metallisierte Polyimidfolie-Nanodrahtstruktur

Mit den Parametern:

- Kernmaterial Kupfer mit den Dicken: $5\,\mu m$, $\underline{20\,\mu m}$, $100\,\mu m \cdots 2\,mm$
- Kernmaterial beidseitig metallisiertes Polyimid: $12\,\mu m$, $25\,\mu m$, $50\,\mu m$
- Nanodrahtstruktur mit den Drahtdurchmessern: $30\,nm \cdots \underline{1\,\mu m} \cdots 4\,\mu m$
- Drahtmaterialien: $\underline{Cu}$, Ag, Au, Ni
- Nanodrahtfüllfaktor: $10\,\% \cdots \underline{18\,\%} \cdots 40\,\%$

Die Anwendung erfolgt bei KlettSintering+, KlettGlueing+ und Klett-Extensions und kann zur Verbindungsreparatur eingesetzt werden.

5.4.11.5 KlettSintering

Die Abb. 5.65 zeigt die Technologien – KlettSintering und KlettSintering+.

Beim KlettSintering weist nur ein Bauteil die Nanodrahtstruktur auf, die nach der Bauteilplatzierung mit der metallischen Oberfläche des zweiten Bauteils eine Sinterverbindung eingeht.

Beim KlettSintering+ werden die Nanodrahtstrukturen durch das zusätzliche KlettWelding-Tape bereitgestellt. Es wird zwischen die Bauteile platziert, deren Oberflächen keine Nanodrahtstrukturen aufweisen. Die Oberflächen der Bauteile gehen dann mit den beiden Nanodrahtstrukturen des Tapes eine Sinterverbindung ein, wobei Diffusionsvorgänge zwischen den Drähten und den metallischen Oberflächen ablaufen.

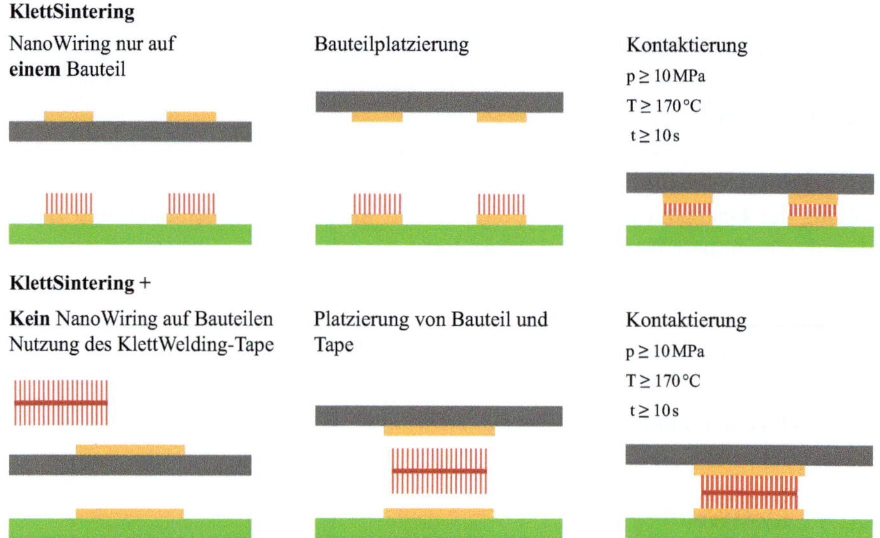

Abb. 5.65 KlettSintering und KlettSintering+

KlettSintering

Stellt eine besonders kosteneffektive Technologie dar und erreicht hochfeste Verbindungen.

Anwendungsgebiete:
- FlipChip (FC)
- Modulsintering
- Die Attach
- Stromschienen (Automotive)
- Gehäusetechnologien
- Keramik-Metall-Verbindungen
- 3D-Integration

KlettSintering+

Technologie mit dem geringsten Vorbereitungsaufwand und dem Erzielen hochfester Verbindungen. Es ist die Technologie mit der höchsten Flexibilität.

Anwendungsgebiete:
- Stromschienen (Automotive)
- 3D-Elektronik
- Modulsintering
- Die Attach

5.4.11.6 KlettGlueing

Die Abb. 5.66 zeigt die Prinzipien der beiden Technologien – KlettGlueing und KlettGlueing+.

Die Klettglueing und KlettGlueing+ Technologien weisen niedrige Prozesstemperaturen und -drücke auf, woraus zunächst geringere Festigkeiten der Verbindungen resultieren. Um das zu kompensieren, werden niedrigviskose Kleber eingesetzt, die die Festigkeit der Verbindungen deutlich erhöhen.

Beim KlettGlueing weist nur ein Bauteil die Nanodrahtstruktur auf und der Kleberauftrag erfolgt auf dem Bauteil ohne Nanodrähte.

Beim KlettGlueing+ gibt es keine Nanodrahtstrukturen auf den beiden Bauteilen. Das zusätzlichen KlettWelding-Tape stellt die Nanodrahtstrukturen bereit, wie beim KlettSintering+. Der Kleberauftrag erfolgt auf beiden Bauteilen.

KlettGlueing

Prozesse, die auch bei niedrigen Prozesstemperaturen erfolgen können. Die Festigkeit der Verbindung ist stark vom Kleber abhängig.

Anwendungsgebiete:

- temperatursensible Bauelemente
- fragile Geräte
- Verbindungen FPC/PCB u. PCB/PCB

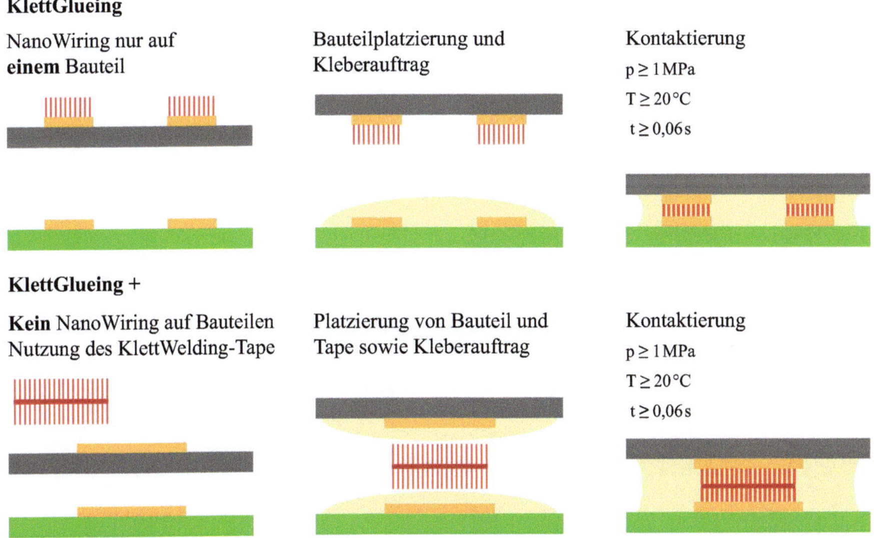

Abb. 5.66 KlettGlueing und KlettGlueing+

KlettGlueing+

Diese Technologie weist den geringsten Preparationsaufwand auf und die Verbindungen sind reparabel.

Anwendungsgebiete:
- temperatursensible Bauelemente
- fragile Geräte
- Verbindungen FPC/PCB u. PCB/PCB
- Prototypenbau

5.4.11.7 Klett-Extensions

Wird eine höhere Bonddicke (Bauteilabstand) erforderlich, so kann das mit Hilfe eines zusätzlichen KlettWelding-Tapes, wie es auch bei KlettSintering+ und Klettglueing+ zur Anwendung kommt, erreicht werden, Abb. 5.67. Damit entstehen die Technologien Klett-Welding-Extensions und KlettSintering-Extensions.

Wie beim KlettWelding und KlettSintering weisen beide zu verbindenden Oberflächen bzw. nur eine die Nanodrahtstrukturen auf. Die Prozessparameter entsprechen denen beim KlettWelding und KlettSintering, Tab. 5.24.

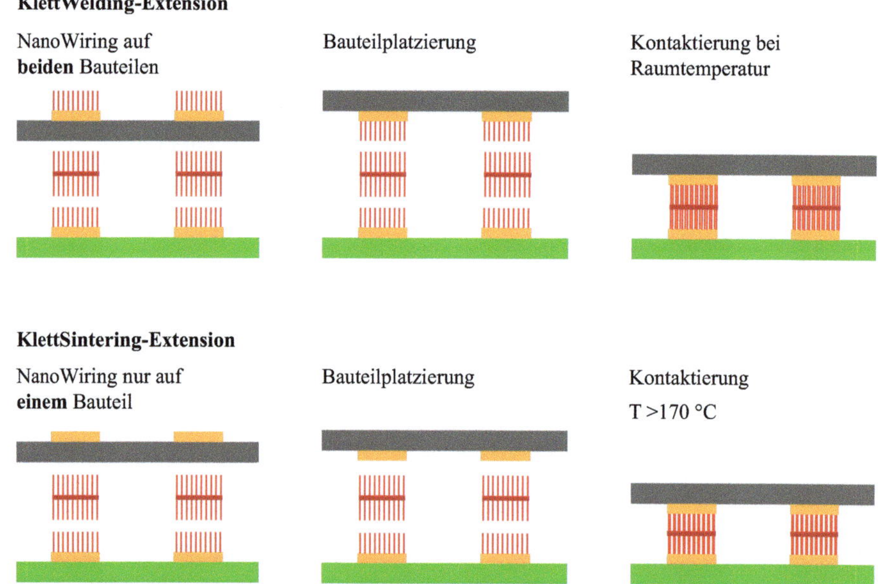

Abb. 5.67 KlettWelding-Extension und KlettSintering-Extension mittels KlettWelding-Tape

Tab. 5.24 NanoWired Verbindung: Prozessparameter und Scherfestigkeiten

Technologie	Temperatur °C	Druck MPa	Zeit s	Scherfestigkeit MPa
KlettWelding	≈ 20	> 15	0,06 - 60	6 - 25
KlettWelding+	170 - 240	> 10	120 - 300	20 - 65
KlettWelding-Underfill	$20^{1)}$	> 1	$> 0,06$	10 - 50
KlettSintering	$170 - 240^{2)}$	10 - 30	120 - 300	20 - 50
KlettSintering+	$170 - 240^{2)}$	10 - 30	120 - 300	30 - 60
KlettGlueing	$20 - 150^{3)}$	1 - 5	0,06 - 300	≈ 20
KlettGlueing+	$20 - 150^{3)}$	1 - 5	0,06 - 300	≈ 20

[1] je nach verwendetem Underfill-Material
[2] je nach Durchmesser und Länge der Nanodrähte
[3] je nach verwendetem Klebstoff

5.4.11.8   Zusammenfassung: Prozessparameter, Anwendungen, Fazit

Die Tab. 5.24 zeigt Prozessparameter und erzielbare Festigkeiten.

Zusammenfassend werden die Anwendungsgebiete genannt, welche die breiten Einsatzmöglichkeiten der Nanowired Verbindungstechnologien zeigen, wobei hier nur Anwendungen in der Elektronik aufgezeigt werden:

- Flipchip und 3D-Integration, wobei Chips und Substrate mit anderen Substraten oder anderen Chips durch Kontakte, die mit Nanodrähten belegt sind, verbunden werden.
- Kontaktierung von Sammelschienen.
- Kontaktierung temperaturempfindlicher Bauelemente durch Verbindungstechnologien bei Raumtemperatur.
- Verbindung von starren und flexiblen Substraten, auch als PCB to FPC bezeichnet (PCB-Printed Circuit Board, FPC-Flexible Printed Circuit).
- Kontaktierung von Chips mit dem Substrat (Die-Bonding, Abschn. 3.8.2) mit dem Ziel, eine besonders gute Wärmableitung infolge einer hohen Wärmeleitfähigkeit der Chip-Substrat-Verbindung zu erreichen.
- Anwendung bei Gehäusetechnologien, wie Einhäusung von Chips und Subbaugruppen beispielsweise HF-Teilen.

Fazit:

Es ist ersichtlich, dass sich die Nanowired Verbindungstechnologien in vielen Anwendungsgebieten als Alternativen oder/und Ergänzungen zu den etablierten Verbindungstechnologien wie Löten, Bonden und Kleben anbieten.

5.4.12   Kontaktiertechnologien: Bonden, Kleben, Sintern

Diese Technologien gehören zu den Chip-Montagetechniken (Direct Chip Attach, DCA) und sind deshalb dem Kap. 3 zugeordnet.

Die verschiedenen Technologien zum Bonden elektrischer Kontakte, wie Ultraschallbonden, Thermosonicbonden und Thermokompressionsbonden, werden im Zusammenhang mit den Chip and Wire Technologien in den Kap. 3.8.3 bis 3.8.5 behandelt.

Die elektrische Kontaktierung mittels anisotrop leitfähiger, isotrop leitfähiger und nichtleitender Kleber ist im Zusammenhang mit den Flipchip Technologien in den Kap. 3.9.6 bis 3.9.8 zu finden.

Das Kleben von Chips für die Chipmontage, Die-Bonding, wird im Abschn. 3.8.2.5 erläutert. Auf weitere Klebeverfahren von Gehäusen und Displays wird hier nicht weiter eingegangen.

Das Sintern, speziell das Silbersintern, für die Chipmontage ist im Abschn. 3.8.2.6 zu finden. Dabei werden auch Hinweise zum elektrischen Kontaktieren mittels Sintern gegeben.

Literatur

1. https://nanowired.de/
2. Norm IEC 60352-5 07-2020. *Solderless connections – Part 5: Press-in connections – General requirements, test methods and practical Guidance.* – VDE-Verlag
3. Norm DIN 43670 1975-12. *Stromschienen aus Aluminium.* – Beuth-Verlag
4. Norm DIN 43671 1975-12. *Stromschienen aus Kupfer.* – Beuth-Verlag
5. Norm DIN47302-Teil1 1980-03. *Hochfrequenzhohlleiter – Rechteck-Rohr, Maße, Frequenzen, Dämpfung.* – Deutsches Institut für Normung e. V., Berlin
6. Norm DIN EN60228 2005-09. *Leiter für Kabel und isolierte Leitungen.* – Beuth-Verlag, Berlin
7. Norm DIN EN 60243 2013. *Elektrische Durchschlagsfestigkeit von isolierenden Werkstoffen – Prüfverfahren.* – Beuth-Verlag
8. Norm DIN VDE0298-4 2013-06. *Verwendung von Kabeln und isolierten Leitungen für Starkstromanlagen – Teil 4: Empfohlene Werte für die Strombelastbarkeit von Kabeln und Leitungen für feste Verlegung in und an Gebäuden und von flexiblen Leitungen.* – Beuth-Verlag, Berlin
9. Norm DIN 41611 Teil 4 April 1986. *Lötfreie elektrische Verbindungen – Klammerverbindungen, Begriffe, Anforderungen, Prüfungen.* – Beuth-Verlag, Berlin
10. Norm DIN EN 60352-1 April 1998. *Lötfreie Verbindungen, Teil1: Wickelverbindungen.* – Beuth Verlag, Berlin
11. Norm DIN EN 60999-2 April 2004. *Verbindungsmaterial – Elektrische Kupferleiter – Sicherheitsanforderungen für Schraubklemmstellen und schraubenlose Klemmstellen; Teil 2: Besondere Anforderungen für Klemmstellen für Leiter über 35 mm^2 bis einschließlich 300 mm^2.* – Beuth-Verlag, Berlin
12. Norm DIN EN 60352-2 April 2014. *Lötfreie Verbindungen-Teil 2-Allgemeine Anforderungen, Prüfverfahren und Anwendungshinweise.* – Beuth-Verlag, Berlin
13. Norm – Entwurf DIN EN IEC 60352-6 April 2020. *Lötfreie Verbindungen Teil 6: Durchdringverbindungen – Allgemeine Anforderungen, Prüfverfahren und Anwendungshinweise.* – Beuth-Verlag, Berlin

14. Norm DIN EN 60999-1 Dezember 2000. *Verbindungsmaterial – Elektrische Kupferleiter – Sicherheitsanforderungen für Schraubklemmstellen und schraubenlose Klemmstellen; Teil 1: Allgemeine Anforderungen und besondere Anforderungen für Klemmstellen für Leiter von 0,2 mm² bis einschließlich 35 mm².* – Beuth-Verlag, Berlin

15. Norm DIN 41611-4 Berichtigung 1 Dezember 2018. *Lötfreie elektrische Verbindungen, Klammerverbindungen – Begriffe, Anforderungen, Prüfungen; Berichtigung 1.* – Beuth-Verlag, Berlin

16. Norm DIN VDE 0888-100-1-1, Berichtigung 1 Februar 2018. *Lichtwellenleiterkabel – Teil 100-1-1: Fachgrundspezifikation – Allgemeines – Kennzeichnung, Transport und Lagerung; Berichtigung 1.* – Beuth-Verlag, Berlin

17. Norm DIN EN 61190-1-1 Januar 2003. *Verbindungsmaterialien für Baugruppen der Elektronik – Teil 1-1:Anforderungen an Weichlöt-Flussmittel für hochwertigeVerbindungen in der Elektronikmontage.* – Beuth-Verlag, Berlin

18. Norm DIN EN 60352-7 Juli 2003. *Lötfreie Verbindungen, Teil 7: Federklemmverbindungen – Allgemeine Anforderungen, Prüfverfahren und Anwenderhinweise.* – Beuth-Verlag, Berlin

19. Norm DIN EN 13501-6 Juli 2014. *Klassifizierung von Bauprodukten und Bauarten zu ihrem Brandverhalten-Teil 6: Klassifizierung mit den Ergebnissen aus den Prüfungen zum Brandverhalten von elektrischen Kabeln.* – Beuth-Verlag, Berlin

20. Norm DIN EN 50173-1 (VDE 0800-173-1) Oktober 2018. *Informationstechnik-Anwendungsneutrale Kommunikationskabelanlagen – Teil 1: Allgemeine Anforderungen.* – Beuth-Verlag, Berlin

21. Norm DIN EN 61190-1-3 Sept. 2018. *Verbindungsmaterialien für Baugruppen der Elektronik – Teil 13:Anforderungen an Elektroniklote und an Festformlote mit oder ohne Flussmittel für das Löten von Elektronikprodukten.* – Beuth-Verlag, Berlin

22. Norm DIN EN IEC 60352-3 September 2021. *Lötfreie elektrische Verbindungen – Teil 3: Lötfreie zugängliche Schneidklemmverbindungen – Allgemeine Anforderungen, Prüfverfahren und Anwendungshinweise.* – Beuth-Verlag, Berlin

23. Norm DIN EN IEC 60352-4 September 2021. *Lötfreie Verbindungen – Teil 4: Nichtzugängliche Schneidklemmverbindungen – Allgemeine Anforderungen, Prüfverfahren und Anwendungshinweise.* – Beuth-Verlag, Berlin

24. Ayx, R.; Kasikci, I.: *Projektierungshilfe elektrischer Anlagen in Gebäuden.* 8. Auflage. VDE-Verlag, Berlin, 2018 (VDE-Schriftenreihe – Normen verständlich Band 148)

25. Bächle, S.: *REDCUBE: Alles zu hohen Stromen auf der Leiterplatte.* Würth Elektronik, Webinar, 2020

26. Bell, H.: *Reflowlöten.* Leuze Verlag, Bad Salgau, 2005

27. Bludau, W.: *Lichtwellenleiter in Sensorik und optischer Nachrichtentechnik.* Springer Verlag, 1998

28. Bundesministerium der Justiz und für Verbraucherschutz (Hrsg.): *Elektro- und Elektronikgeräte-Stoff-Verordnung – ElektroStoffV.* 19. April 2013 (BGBl. I S. 1111), Zuletzt geändert durch Art. 12 des Gesetzes vom 12. Mai 2021 (BGBl. I S.1087). Berlin: Bundesministerium der Justiz und für Verbraucherschutz

29. Chapmann, D.; Norris, T.: *Copper for Busbars Guidance for Design and Installation, Publication No 22.* Copper Development Association, May 2014. https://electrical-engineering-portal.com/download-center/   books-and-guides/power-substations/copper-for-busbars-guidance

30. Deutsches Kupferinstitut e. V. (Hrsg.): *Kupfer in der Elektrotechnik – Kabel und Leitungen.* 03/2000. Düsseldorf: Deutsches Kupferinstitut e. V.

31. Eberlein, D.; Manzke, C.; Sattmann, R.: *Lichtwellenleiter-Technik.* Expert Verlag, Tübingen, 2019

32. FIRMENSCHRIFT: *REDCUBE: Terminals für Hochstromanwendungen*. Würth Elektronik eiSos GmbH & Co. KG

33. FIRMENSCHRIFT: *Technologie Powerelemente*. https://powerelement.we-online.de/pa/power elementtechnology_1/Technologie, Fa. Würth

34. FIRMENSCHRIFT: *Die Federklemmtechnik*. WAGO Kontakttechnik GmbH & Co. KG, 02/2016 (0888-0176/0100-0101)

35. FIRMENSCHRIFT: *Crimp-Verbindungen*. 3-1773444-1. Tyco Electronics Corporation PO Box 3608, 161-09 Harrisburg, PA 17105, USA, 2014

36. FIRMENSCHRIFT: *HARTING Anwenderhandbuch Anschlusstechniken*. 4. Auflage. HARTING Electric GmbH & Co. KG, 2017

37. FIRMENSCHRIFT: *GigaLine Verkabelungssysteme in LWL für DataCenter, Office, Industrie*. Kerpen Datacom GmbH (Leoni), 2020

38. FIRMENSCHRIFT: *WAGO Anschlusstechnik für Leuchten und Geräte*. WAGO Kontaktechnik GmbH & Co. KG, 2020 (0888-0194/0400-0101)

39. GLASER, W.: *Photonik für Ingenieure*. Verlag Technik Berlin, 1997

40. GÜNTER, F.: *Ausfallmechanismen, Ausfallmodelle und Zuverlässigkeitsbewertung von kalten Kontaktiertechniken*. Universitätsverlag Ilmenau, 2010

41. HAARLÄNDER GMBH (Hrsg.): *AWG Tabelle-Litze*. D-91154 Roth: Haarländer GmbH, https://www.haarlaender-gmbh.com/ de/kompetenz-kundenservice/

42. HEINISCH, T.: *Einpresstechnik*. Eugen Leuze Verlag, Bad Salgau, 2019

43. HOPF, A.: *Elektrische Festigkeit von SF6 und alternativen Isoliergasen (Luft, CO2, N2, O2 und C3F7CN-Gemisch) bis 2,6 MPa*. Universitätsverlag Universitätsverlag Ilmenau, 2020

44. IPC: *IPC-A-610H DE, Abnahmekriterien für elektronische Baugruppen*. Fachverband Elektronik Design (FED), Berlin, www.fed.de und weitere, Oktober 2020

45. KATZIER, H.: *Elektrische Kabel und Leitungen*. Leuze Verlag, Bad Salgau, 2015

46. KLEIN-WASSINK, R. J.: *Weichlöten in der Elektronik*. 2. Auflage. Leuze Verlag, Bad Salgau, 1991

47. KUNZ, J.: Kontaktprobleme und ihre praktische Lösung. In: *Konstruktion-Sonderdruck Heft 11–12, S. 54–58* (2009)

48. LEIDER, W.: *Dampfphasenlöten*. Eugen Leuze Verlag, Bad Salgau, 2002

49. MEISSNER, M.; SCHORCHT, H.-J.; KLETZIN, U.: *Metallfedern*. Springer Vieweg Verlag, 2015

50. MROCZKOWSKI, R. S.; JUGY, R.; GERFER, A.: *Trilogie der Steckverbinder*. 3. Auflage. Würth Elektronik eiSos GmbH & Co. KG, 2016

51. MUCKES, A.: *Schneidklemmtechnik in beweglichen Leitungssystemen*. etz, elektrotechnik & automation-Sonderdruck, 11/2012

52. MUELLER, P.: *Solderless Wrapped Electrical Connections*. L3 Harris Technologies, Melboure, USA, 2020

53. NICKEL, H.-U.: *Cross Reference for hollow metallic waveguides*. Spinner GmbH, 2020-06-04 (TD-00036)

54. PALM, J.: Konstruktionsmerkmale und Berechnung einiger gekrümmter Biegefedern. In: *Feinwerktechnik 68(7)* (1964), S. 262–267.

55. REBHOLZ, H.; KÖHLER, W.; TENBOHLEN, S.: Dielektrische Festigkeit verschiedener Gase in GIS. In: *Konferenz: Grenzflächen in elektrischen Isolierstoffen – ETG-Fachtagung* (08.03.–09. 03.2005)

56. RITTINGHAUS, D.; RETZLAFF, E.: *Lexikon der Kurzzeichen für Kabel und isolierte Leitungen nach VDE, CENELEC und IEC*. 6. Auflage. VDE-Verlag, Berlin, 2003

57. ROUSTAIE, F.; QUEDNAU, S.; WEISSENBORN, F.; BIRLEM, O.: Low-Resistance Room-Temperature Interconnection Technique for Bonding Fine Pitch Bumps. In: *Journal of Material*

Engineering and Performance 30(5), DOI https://doi.org/10.1007/s11665-021-05649-9 (May 2021)
58. SCHOFT, S.: *Langzeitverhalten elektrotechnischer Verbindungen unter Berücksichtigung des Kriechverhaltens der Leitermaterialien.* Fortschritt-Berichte VDI Reihe 21 Nr. 381 VDI-Verlag, 2008
59. VEIGEL, A.: *Bizon-Kontakt.* www.bizon-kontakt.de. – Firmeninformation, Ingenieurbüro für Kontakttechnologie, Dipl.-Ing. (FH) Andreas Veigel, Lenningen
60. VEIGEL, A.: *Leitfaden für die Ermittlung der Kontaktgröße, der Leiterplatte und allgemeine Anwendungsrichtlinien.* Ingenieurbüro für Kontakttechnologie, Dipl.-Ing. (FH) Andreas Veigel, 2021
61. WITZSCH, M.; VOLRATH, K.; STRAUCH, A.; PATZELT, W.: *Federklemmtechnik – Grundlagen, Bauformen und Anwendungen in der elektrischen Verbindungstechnik.* Verlag Modere Industrie, 2010
62. ZIEMANN, O.; KRAUSER, J.; ZAMZOW, P.; DAUM, W.: *POF-Handbuch Optische Kurzstrecken-Übertragungssysteme.* 2. Auflage. Springer Verlag, 2007
63. ZVEI: *Brandschutzkabel erhöhen die Sicherheit.* 5. Auflage. ZVEI – Zentralverband Elektrotechnik-und Elektronikindustrie e. V. Fachverband Kabel und isolierte Drähte, 2017

Gerätedesign und Elektromagnetische Verträglichkeit

Inhaltsverzeichnis

6.1 Einführung

Das Gebiet der Elektromagnetischen Verträglichkeit – EMV (Electromagnetic Compatibility, EMC) beschreibt die Wechselwirkung zwischen Geräten und Geräten mit ihrer Umgebung hinsichtlich Elektromagnetischer Felder. Bei der Umgebung geht es besonders um Bioorganismen, wobei die Fragen nach der Beeinflussung des Menschen durch elektromagnetische Felder, z. B. die Strahlung der Funkmasten für die Telekommunikation, in den Vordergrund gerückt sind. Generell geht es bei der EMV um die technischen Fragen der gegenseitigen Beeinflussungen und die rechtlichen Rahmenbedingungen, die in Form von Gesetzen und Richtlinien gegeben sind und Grenzwerte festlegen.

Dazu führt das Gesetz über die elektromagnetische Verträglichkeit von Betriebsmitteln (EMVG) [8] aus:

„Betriebsmittel müssen nach dem Stand der Technik so entworfen und hergestellt sein, dass:

1. die von ihnen verursachten elektromagnetischen Störungen keinen Pegel erreichen, bei dem ein bestimmungsgemäßer Betrieb von Funk- und Telekommunikationsgeräten oder anderen Betriebsmitteln nicht möglich ist;
2. sie gegen die bei bestimmungsgemäßem Betrieb zu erwartenden elektromagnetischen Störungen hinreichend unempfindlich sind, um ohne unzumutbare Beeinträchtigung bestimmungsgemäß arbeiten zu können"

Ziel dabei ist es, die Geräte so zu entwickeln, dass keine ungewollten gegenseitigen Beeinflussungen entstehen. Das bedeutet, dass *erstens* die elektromagnetischen Felder, die ein Gerät selbst erzeugt, das Gerät selbst nicht stören dürfen und *zweitens* andere Geräte nicht beeinflusst werden. In diesem Zusammenhang werden die Geräte in Sender und

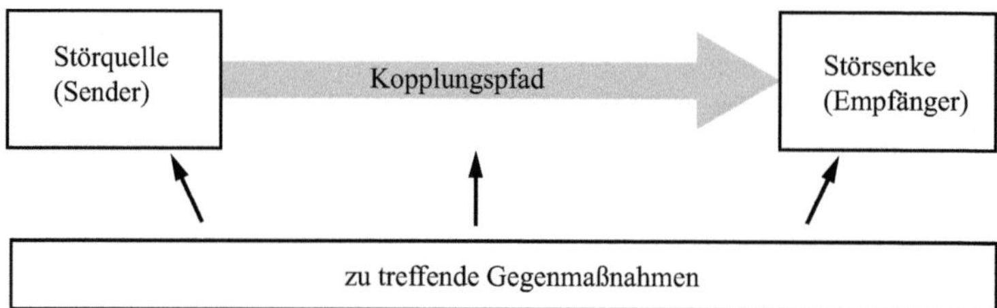

Abb. 6.1 Grundschema der Störbeeinflussung

Empfänger eingeteilt. Geräte die beides sind, wie beispielsweise Smartphones, sind je nach Betrachtung und aktueller Funktion als das eine oder das andere zu betrachten.

EMV-Probleme erscheinen zunächst am Empfänger und machen sich als Störungen des Nutzsignals bemerkbar. Man spricht von einer elektromagnetischen Beeinflussung (Electromagnetic Interference, EMI). Das Wesen der EMI ist somit der Mangel an EMC. Diese ungewollte Beeinflussung eines Empfängers wird durch einen Sender hervorgerufen, der allgemein als *Störquelle* bezeichnet wird. Analog erfolgt dann die Bezeichnung des Empfängers als *Störsenke*. Ob sich eine Störung tatsächlich auf eine Störsenke auswirkt, wird durch die Eigenschaften des *Kopplungspfads* bestimmt, Abb. 6.1.

Hieraus ist zu erkennen, dass es drei grundsätzliche Möglichkeiten gibt, die Störbeeinflussung zu unterbinden bzw. so zu reduzieren, dass die Funktionen des Empfängers erfüllt werden:

- *Störquelle (Sender)*: Schirmung, Reduktion der Sendeleistungen, Veränderung des Frequenzspektrums und/oder die Begrenzung dessen, Verwendung von Richtantennen u. a.
- *Kopplungspfad*: Schirmung, verändertes konstruktives Design der Kopplungsmechanismen (galvanische, kapazitive, induktive Kopplungen, Wellen- und Strahlungskopplung), Filterschaltungen, veränderte Leitungstopologien, Einsatz von Lichtwellenleitern (LWL) u. a.
- *Störsenke (Empfänger)*: Schirmung, Filterschaltungen, Antennendesign, veränderte Schaltungskonzepte, verändertes Baugruppendesign (z. B. der Einsatz von Lichtwellenleitern auch auf Baugruppenebene) u. a.

6.2 Störquellen

Eine Vielzahl elektromagnetischer Störquellen [9, 41] wirkt auf die unterschiedlichsten elektronischen und nicht elektronischen Produkte sowie biologische Strukturen und Lebewesen ein. Das Frequenzspektrum reicht dabei von einer Frequenz von 0 Hz bei elektro- und magnetostatischen Feldern bis in den Höchstfrequenzbereich hinein. Eine besondere Bedeutung dabei nehmen Schaltvorgänge ein. Die Schaltung mit besonders steilen Flanken erzeugt ein breites Spektrum von Sinusfrequenzen, dessen Bandbreite mit der Steilheit der Schaltflanken zunimmt. Die Betrachtung der Störquellen erfolgt hinsichtlich der prinzipiellen Herkunft, der funktionalen Einordnung und der technischen Eigenschaften und Parameter.

Natürliche und künstliche Störquellen

Alle von technischen Systemen ausgehenden Störungen sind den künstlichen Störquellen zuzuordnen.

Zu den natürlichen Störquellen zählen Blitze bzw. Blitzentladungen. Ein Blitz und jeder von einem Blitz hervorgerufene Blitzstrom bei einem Einschlag besitzt ein elektromagnetischen Feld. Dieses wiederum induziert in den elektrischen Leiterschleifen eine Störspannung, die Blitzüberspannung, die i. d. R. dann so hoch sein kann, dass Geräte und Anlagen irreversibel geschädigt werden können, vorwiegend bei einem Direkteinschlag.

Weiterhin gehören dazu die kosmische Strahlung, die den Funkverkehr erheblich beeinträchtigen kann sowie elektrostatische Aufladungen, wobei die Entladungen dabei zu Explosion führen können.

Funktionale und nicht funktionale Störquellen

Eine **funktionale Quelle** sendet grundsätzlich elektromagnetische Wellen aus, die Signale/Informationen trägt. Sie ist primär eine gewollte Quelle, z. B. ein Radiosender, kann aber auch ein Störsender sein wenn sie ein Funksignal aussendet, welches z. B. das Motormanagement eines Kfz stört.

Weitere Beispiele für derartigen Quellen sind alle möglichen Arten von Funkschaltern, HF-Generatoren für die Industrie z. B. als Quellen zur Generierung von Plasmen in Plasmaanlagen, Sender von Radarsystemen für die Abstandsmessung und die Sender von Sprechfunkanlagen.

Nicht funktionale Quellen sind Quellen, die elektromagnetische Wellen aufgrund ihrer eigenen Struktur aussenden, die aber zu unerwünschten Effekten und Störungen führen. Viele dieser Quellen können nicht eliminiert werden. Durch konstruktive und schaltungstechnische Veränderungen kann aber das Spektrum bzgl. der Amplituden und Frequenzen so verändert werden, dass die Störwirkungen soweit reduziert werden können, dass sie die Funktionen nicht mehr beeinflussen.

Derartigen Quellen sind beispielsweise Schaltvorgänge bei Leuchtstofflampen, die Abstrahlung elektromagnetischer Wellen von elektrischen Leitungen (Antennenwirkung) elektronischer Baugruppen oder auch elektrostatische Entladungen.

Spannungs- und Stromstörquellen

Spannungsstörquellen mit hohen Spannungen korrespondieren immer mit elektrischen Feldstärken und verursachen im gestörten Kreis eine entsprechende Störspannung. Spannungsänderungen koppeln kapazitiv in den gestörten Kreis ein, Abschn. 6.3.5.

Hohe elektrische Feldstärken können zu einem Spannungsüberschlag führen, was einen großen Strom zur Folge hat und i. d. R. zu irreversiblen Schädigungen führt. Die elektrische Feldstärke bei der das erfolgt, ist die Durchschlagfestigkeit E_{krit}, die abhängig ist vom Elektrodenabstand und dem Dielektrikum mit der Dielektrizitätskonstanten (Permittivität) ε.

Stromstörquellen mit hohen Stromstärken korrespondieren immer mit magnetischen Feldstärken. Hohe Ströme i und hohe Stromänderungen di/dt verursachen bei der galvanischen Kopplung Ohm'sche und induktive Störspannungen auf einer gemeinsamen (Signalrück)Leitung, Abschn. 6.3.4.

Stromänderungen induzieren mit der Änderung des gekoppelten magnetischen Flusses eine Störspannung in einem Nutzkreis (induktive Kopplung), Abschn. 6.3.6.

Bandbreiten von Störquellen

Nach [41] wird in schmalbandige und breitbandige Quellen unterschieden. Als schmalbandig gilt ein Spektrum, wenn seine Bandbreite geringer ist als die eines Empfängers. Entsprechend liegt eine breitbandige Quelle vor, wenn deren Spektrum größer ist als das eines Empfängers.

Schmalbandige Quellen verfügen über eine Grundfrequenz der Abstrahlung, die je nach Quellen auch einige Oberwellen z. B. durch Nichtlinearitäten beinhalten kann. Nach [41] zählen dazu:

- Kommunikationssender mit einer groben Einteilung in:
  - Drahtlose Datenübertragung (WLAN, Bluetooth, RFID, etc.)
  - Rundfunksender (AM, FM, VHF, UHF)
  - Sprechfunk (Luft, See, Mobilfunk, Amateurfunk, etc.)
  - Richtfunk (Richtfunkstrecken)
  - Navigation (Luft, See, Land)
  - Radar (Luft, See, Verkehrsüberwachung, Luftüberwachung)
- HF-Generatoren für die Industrie, Wissenschaft, Medizin und Haushalte, siehe dazu auch [9]:
  - Generatoren für Plasmaanlagen zum Zünden eines Plasmas
    So kann z. B. ein erzeugtes Sauerstoffplasma zur Reinigung von Schalterkontakten nach der Fertigung eingesetzt werden
  - Hochfrequenzerwärmung von Werkstücken
  - Kurzwellentherapiegeräte in der Physiotherapie (Wärmebehandlung)
  - Mikrowellengeräte im Haushalt zum Erwärmen von Nahrungsmitteln

- Beeinflussung durch Starkstromleitungen, insbesondere wenn Datenleitungen über einen längeren Weg parallel dazu verlaufen.

Breitbandige Quellen resultieren aus den digitalen periodischen Signalen und transienten Schaltvorgängen. Je steiler die Flanken der Strom- und Spannungsimpulse werden, desto mehr höherfrequente Anteile weist das Frequenzgemisch auf (Fourier-Reihen).

Durch die große Anzahl von Schaltvorgängen, angefangen vom Ein- und Ausschalten elektrischer Werkzeuge und Aggregate, Heizungs- und Klimaanlagen, über die Schaltvorgänge bei Leuchtstofflampen und die Zündfunken bei Kraftfahrzeugen, bis hin zu allgemeinen Funkstörungen, entsteht jeweils ein einzigartiges Breitbandgemisch in der Umgebung vieler Geräte. Das stellt ein Dauerrauschen elektromagnetischer Wellen dar.

Zusammen mit den funktionalen schmalbandigen Quellen ergibt sich eine sehr komplexe elektromagnetische Beeinflussung auf alle Geräte und Lebewesen, wird auch als Elektrosmog bezeichnet.

6.3 Kopplungsmechanismen

6.3.1 Kopplungswiderstand

Die Kopplungsmechanismen sind dadurch gekennzeichnet, dass das Störsignal, Störstrom i_s bzw. Störspannung u_{qs} mit der Eigenimpedanz Z_q, über die Koppelimpedanz Z_k in die Störsenke (Nutzkreis) mit Z_s einkoppelt, Abb. 6.2.

Für die Störspannung u_s, die in der Störsenke (Nutzkreis) dann entsteht, ergibt sich damit:

$$\underline{u}_s = \underline{u}_{qs} \cdot \frac{\underline{Z}_s}{\underline{Z}_q + \underline{Z}_k + \underline{Z}_s} = \underline{Z}_s \cdot \underline{i}_s \qquad \text{womit immer gilt:} \qquad \underline{u}_s < \underline{u}_{qs} \qquad (6.1)$$

Im Allgemeinen ist die Koppelimpedanz komplex mit $\underline{Z}_k = A + jB$, wobei der Realteil A den Ohm'schen Anteil durch Wirkwiderstände R und der Imaginärteil B die frequenzabhängigen Anteile durch Kapazitäten C und Induktivitäten L darstellen. Da das Störsignal i. d. R. ein Frequenzgemisch ist, werden die Frequenzen unterschiedlich in den Nutzkreis eingekoppelt, was zu einem veränderten Frequenzspektrum führt.

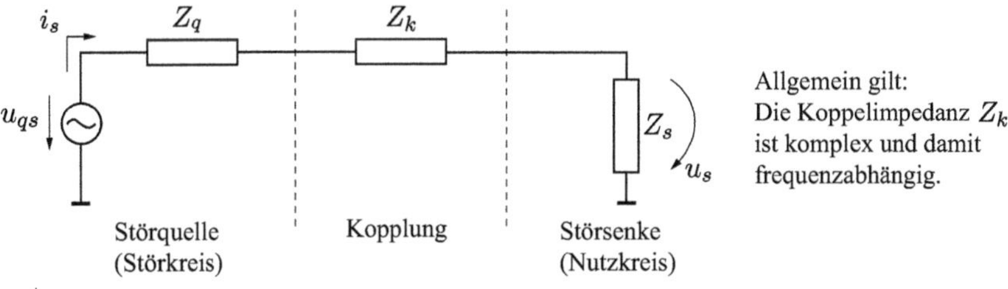

Abb. 6.2 Ersatzschaltbild der Störeinkopplung mittels Koppelimpedanz

6.3.2 Signalverteilungen

Dazu wird zunächst ein digitales Signal betrachtet. Die Anstiegs- und Abfallflanken eines realen Impulses sind nicht senkrecht, sondern weisen Anstiegs- und Abfallzeiten auf (rise time t_r, fall time t_f). Mit der Fourier-Transformation erfolgt die Zerlegung des trapezförmigen Impulses in Sinusschwingungen, womit man das Frequenzspektrum des Impulses erhält, Abb. 6.3.

Zwei spezielle Zeiten beschreiben dieses Frequenzspektrum:

Die erste Frequenz bezieht sich auf die Pulsbreite t_w und die zweite auf die rise time t_r bzw. die fall time t_f des Impulses. Primär von Bedeutung ist die zweite, die auch als Kniefrequenz f_k bezeichnet wird, dem Charakter nach eine Grenzfrequenz ist und für die gilt [9, 39]:

$$f_g = \frac{1}{\pi \cdot t_r} \qquad \text{mit} \quad t_r = 1\,\text{ns} \quad \text{folgt} \qquad f_g \approx 320\,\text{MHz} \tag{6.2}$$

Andere Betrachtungen geben für diese Grenzfrequenz $0{,}35/t_r$ an [3].

Je steiler die Impulsflanken werden, desto größer wird die Grenzfrequenz und um so mehr höherfrequente Anteile hat das Signal. Damit wird ersichtlich, dass das Hochfrequenzspektrum und somit störende Emissionen nur durch eine Vergrößerung der rise und fall time reduziert werden können.

Praktisch werden rise und fall time nicht für einen Übergang von 0 auf U_0 (0 bis 100 % des Logikpegels) angegeben, sondern sie werden als die Zeit definiert, die das Signal für den Übergang von 10 % zu 90 % seines Endwerts U_0 braucht, Abb. 6.3. Entsprechendes gilt für die fall time t_f mit dem Übergang von 90 % zu 10 % des Endwerts. Eine andere Definition setzt die Grenzen auf 20 % bzw. 80 % des Endwerts. Rise und fall time sind nicht immer gleich; insbesondere bei bipolaren Schaltungen ist die fall time kleiner (die Flanke ist steiler). Die typischen Werte sind den Datenblättern zu entnehmen und ergeben sich aus den Logikfamilien, Tab. 6.1.

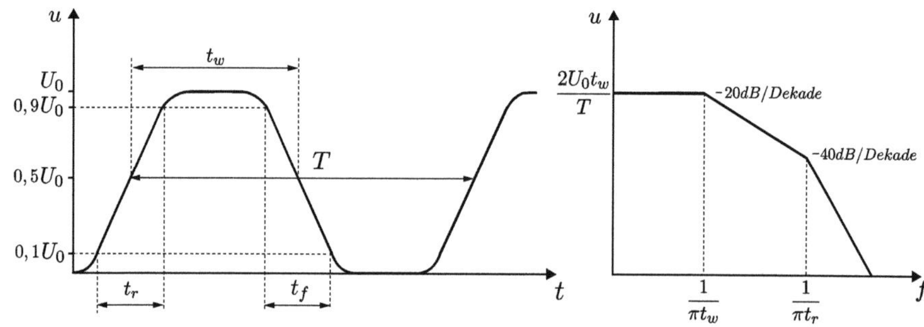

Abb. 6.3 Digitales Signal mit seinem Frequenzspektrum

Tab. 6.1 Typische rise and fall time von Logikfamilien (Auswahl), [35]

Logik	74L	74HC	74LS	74HCT	74ALS	74ACT	ECL	GaAs
t_r/ns	31-35	13-15	9,5	5-15	2-10	2-5	0,7-1,5	0,3

Hinweis: Die von Herstellern angegebenen t_r und t_f sind typische Werte, d. h. dass Werte dafür auch deutlich kleiner sein können. So wird z. B. in [35] die Spezifikation einer Logik mit einer maximalen Anstiegszeit von 2 ns angegeben, wobei die tatsächlichen Werte aber zwischen 0,5 ns und 1 ns lagen.

Der Parameter zur Unterscheidung ob eine *dynamische* oder eine *quasistationäre Signalverteilung* vorliegt, ist das Verhältnis von Leiterlänge l zu Wellenlänge λ. Eine dynamische Signalverteilung liegt dann vor, wenn die Leitung ausreichend lang ist (elektrisch lange Leitung) und sich das Signal ausbreiten kann. Damit hat jede Stelle der Leitung einen anderen Strom- bzw. Spannungswert. Ist die Leitung elektrisch kurz bei der gilt:

$$l < \frac{1}{10} \cdot \lambda = \frac{1}{10} \cdot \frac{v_{\text{sig}}}{f_g} = \frac{1}{10} \cdot \frac{1}{f_g} \cdot \frac{c}{\sqrt{\varepsilon_{\text{reff}}}} = \frac{1}{10} \cdot \frac{\pi \cdot t_r \cdot c}{\sqrt{\varepsilon_{\text{reff}}}} \tag{6.3}$$

f_g Grenzfrequenz, c Lichtgeschwindigkeit, t_r rise time
v_{sig} Signalausbreitungsgeschwindigkeit
$\varepsilon_{\text{reff}}$ effektive relative Dielektrizitätskonstante

so ist eine quasistationäre Signalverteilung vorhanden.

Der Faktor 1/10 in Gl. (6.3) ist ein zunächst willkürlich gewählter Faktor. Auf eine Periode bezogen entspricht das einer Phasendifferenz von 360°/10 = 36°. Das ist letztlich ein Maß, wie stationär das Signal zwischen Sender und Empfänger betrachtet werden kann. Wählt man den Faktor mit 1/20, so ist die Phasendifferenz nur 18°, die Signalunterschiede auf der Leitung werden kleiner und das Signal nähert sich weiter einem rein stationären Wert an.

Die Betrachtung eines quasistationären Falles zeigt, dass keine Probleme auf den Leitungen hervortreten, die infolge von Reflexionen an nicht angepassten Empfängern bei elektrisch langen Leitungen auftreten.

Die in Gl. (6.3) zu verwendende effektive relative Dielektrizitätskonstante $\varepsilon_{\text{reff}}$ ergibt sich aus dem Dielektrikum, das den Leiter umgibt.

Für einen Leiter, der vollständig von einem homogenen Dielektrikum mit ε_r umgeben ist gilt: $\varepsilon_{\text{reff}} = \varepsilon_r$. Die Werte für die verschiedenen Microstrip-Anordnungen sind im Abschn. 6.3.4.5 Punkt 11 zu finden. Für die Stripline-Anordnung gilt ebenfalls $\varepsilon_{\text{reff}} = \varepsilon_r$.

Das Ziel ist also die Realisierung einer elektrisch kurzen Leitung.

Das folgende Beispiel soll das verdeutlichen. Dazu wird eine Stripline-Anordnung entsprechend Abb. 6.7-c mit einem typischen Dielektrikum FR4 (Glasgewebe in Epoxy gebunden) betrachtet. Für das FR4 wird ein Wert von $\varepsilon_r = 4{,}5$ angesetzt. Sender ist ein Schaltkreis aus der Familie 74ALS mit $t_r \approx 2 \cdots 10$ ns. Der kritische Wert muss mit 2 ns angenommen werden und wird nochmals aus Sicherheitsgründen auf einen Wert von 1 ns reduziert. Damit ergibt sich mit Gl. (6.3):

$$l < \frac{1}{10} \cdot \frac{\pi \cdot t_r \cdot c}{\sqrt{\varepsilon_r}} = \frac{1}{10} \cdot \frac{\pi \cdot 1\,\text{ns} \cdot 3 \cdot 10^8\,\text{m/s}}{\sqrt{4{,}5}} = 4{,}4\,\text{cm} \tag{6.4}$$

Mit kleiner werdenden Signalanstiegszeiten und den damit verbundenen kleiner werdenden Signallängen wird es immer schwieriger, das auf den Leiterplatten/elektronischen Baugruppen zu realisieren. Zum Lösen dieser Probleme müssen Multilayeraufbauten entsprechend angepasst und/oder kleinere Bauelementepackages verwendet werden.

Werden die Leitungen länger, so müssen die mit kritischen Signalen in geeigneter Weise abgeschlossen (terminiert) werden.

Die kritische Leitungslänge kann auch nach dem Ansatz, dass das zweifache der Signallaufzeit t_{pd} (Signallaufzeit, propagation delay) multipliziert mit der Leitungslänge kleiner sein muss als die kleinste rise time t_r bzw. fall time t_f der Impulse, bestimmt werden:

$$2t_{pd} \cdot l_k \leq t_r \quad \text{bzw.} \quad t_f \tag{6.5}$$

Ersetzt man für eine höhere Sicherheit den Faktor 2 durch 3 und berücksichtigt die IC-Eingangskapazitäten und die Leitungskapazitäten, jeweils bezogen auf die Leitungslänge $l = l_k$, so ergibt sich:

$$l_k \leq \frac{t_r}{3 \cdot t_{pd} \cdot \sqrt{1 + \dfrac{C_D}{C_0}}} \tag{6.6}$$

C_D auf die Länge l verteilte Eingangskapazität des (der) Empfänger
C_0 Kapazität der Leitung, bezogen auf die Länge l
t_{pd} Signallaufzeit, siehe Microstrip- und Stripline-Anordnungen
t_r rise time
l_k kritische Länge

C_D ist den Datenblättern zu entnehmen. Bei mehreren ICs gilt $n \cdot C_E / l$, mit n Anzahl der Eingänge und C_E Eingangskapazität eines Eingangs.

Grundsatz:

Man nehme die langsamste Logik (d. h. die Logik mit den größten Signalanstiegszeiten), die die Funktion noch erfüllt!

Betrachtet wird der folgende Fall:

Auf einem Board ist eine Logik mit großen Anstiegszeiten realisiert und die Leitungslängen liegen im Bereich der kritischen Längen, Gl. (6.3) u. (6.6). Wird z. B. durch einen Reparaturfall diese Logik gegen eine wesentlich schnellere mit kürzeren Signalanstiegszeiten ausgetauscht, so muss mit Fehlfunktionen gerechnet werden, da die kritischen Leitungslängen überschritten werden können und die Signalverteilung deutlich dynamischer wird.

6.3.3 Systematik der Kopplungsarten

Wie bereits oben erläutert, ist der entscheidende Parameter bei der Betrachtung Quelle–Senke das Verhältnis von Leitungslänge l zur Wellenlänge λ. Das gilt ebenso für die Kopplung zwischen zwei Kreisen, wobei das Verhältnis Abstand a der Kreise zur Wellenlänge λ bestimmend wird. Analog ergibt sich eine quasistationäre Kopplung wenn gilt:

$$a < \frac{1}{10} \cdot \lambda \tag{6.7}$$

Damit sind folgende Kopplungsarten zu unterscheiden, siehe auch [9]:

1. Zwischen der Quelle und der Senke besteht eine leitende Verbindung
   - *Galvanische Kopplung*
2. Zwischen der Quelle und der Senke besteht ein Abstand $a < \lambda/10$
   - *Kapazitive Kopplung* mit $l < \lambda/10$
   - *Induktive Kopplung* mit $l < \lambda/10$
   - *Wellenleiterkopplung* mit $l \geq \lambda/10$
3. Zwischen der Quelle und der Senke besteht ein Abstand $a \geq \lambda/10$
   - *Strahlungskopplung*

6.3.4 Galvanische Kopplung (Impedanzkopplung)

6.3.4.1 Wirkprinzip

Eine galvanische Kopplung liegt dann vor, wenn zwei oder mehr elektrische Kreise einen gemeinsamen Leiter oder auch nur Leiterstück benutzen. Dieser Leiter weist in jedem Fall eine Koppelimpedanz Z_k auf, die dazu führt, dass dort infolge eines Stroms ein Spannungsabfall entsteht, der sich in den gekoppelten Stromkreisen bemerkbar macht. Abb. 6.4 zeigt dazu das Prinzip zweier gekoppelter elektrischer Kreise.

Betrachtet man einen der beiden Kreise als Störkreis und den anderen als Nutzkreis, so ergibt sich, dass jeweils einer immer als Stör- und der andere als Nutzkreis angesehen werden kann.

Die Sender S_1 und S_2 stellen immer reale Quellen mit einer Spannung $\underline{u}_{01}$ und einem Innenwiderstand $\underline{Z}_{01}$ bzw. $\underline{u}_{02}$ und $\underline{Z}_{02}$ dar. Die Empfänger E_1 und E_2 werden durch ihre Eingangsimpedanzen $\underline{Z}_{e1}$ und $\underline{Z}_{e2}$ charakterisiert.

Für die beiden Maschen ergibt:

$$\underline{u}_{01} = \underline{Z}_{01}\underline{i}_1 + \underline{Z}_{e1}\underline{i}_1 + \underline{Z}_k(\underline{i}_1 + \underline{i}_2) \tag{6.8}$$
$$\underline{u}_{02} = \underline{Z}_{02}\underline{i}_2 + \underline{Z}_{e2}\underline{i}_2 + \underline{Z}_k(\underline{i}_1 + \underline{i}_2)$$

Daraus ist zu erkennen, dass nur für den Fall $\underline{Z}_k = 0$ die beiden Maschen vollständig entkoppelt sind. Unterscheiden sich die Ströme in den Maschen deutlich, so ist der Kreis

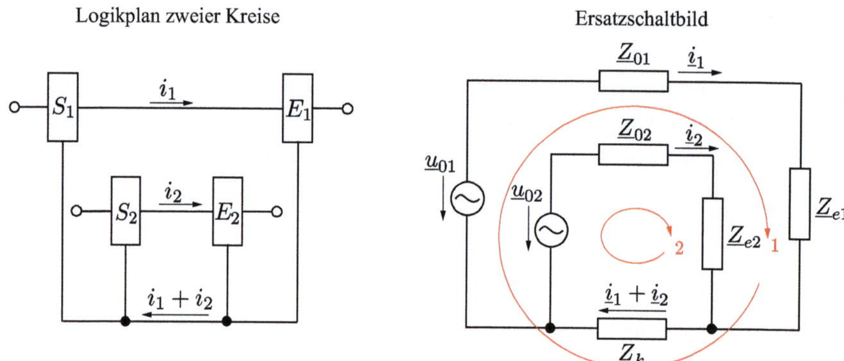

Abb. 6.4 Galvanische Kopplung mit Koppelimpedanz

mit dem größeren Strom unempfindlicher gegenüber dem kleineren Störstrom des Kreises mit dem geringeren Strom und umgekehrt. Damit sind die beiden Kreise gegenseitig verkoppelt, aber mit unterschiedlich großen Störeinflüssen.

Aufgrund von induktiven und kapazitiven Einflüssen muss die Koppelimpedanz Z_k im Allgemeinen als komplex angesehen werden, für die dann gilt:

$$\underline{Z}_k = R_k + j\omega L_k \tag{6.9}$$

Der Realteil R_k stellt die Ohm'schen Verluste dar und ist für Gleichstrom und niedrige Frequenzen frequenzunabhängig. Erst mit höheren Frequenzen nimmt die Frequenzabhängigkeit, infolge des Skineffektes, Abschn. 6.3.4.3, zu. Die Leitungsinduktivität L_k bestimmt sich aus der Geometrie der Leitungen.

Für die Störspannung der Koppelimpedanz ergibt sich damit:

$$|\underline{u}| = |\underline{i}| \cdot \sqrt{R_k^2 + (\omega L_k)^2} \tag{6.10}$$

Für hohe Frequenzen überwiegt der induktive Anteil und R_k kann vernachlässigt werden.

Ist der Kreis 2 der Störkreis, so ergibt sich die Störspannung im Nutzkreis 1 im engeren Sinne mit $i = i_2$ zu $u_s = Z_k \cdot i_2$. Aber der Nutzkreis 1 wird auch durch sich selbst gestört, womit sich dann die Störspannung im Nutzkreis 1 zu $u_s = Z_k \cdot (i_1 + i_2)$ ergibt.

6.3.4.2   Gleichstromwiderstand

Für den Gleichstromwiderstand einer Leitung, einschließlich des Widerstands für niedrige Frequenzen, gilt:

$$R_{dc} = \frac{\rho \cdot l}{A} \qquad [R_{dc}] = \Omega \tag{6.11}$$

Dabei sind A die Querschnittsfläche mit $[A] = \text{mm}^2$, l die Länge mit $[l] = \text{m}$ und ρ der spezifische Widerstand des Werkstoffs mit $[\rho] = (\Omega \cdot \text{mm}^2)/\text{m}$.

Wird der Strom nicht durch eine Leitung der Länge l geführt, sondern verteilt sich großflächig wie bei Multilayern, bei denen ganze leitende Ebenen der Stromversorgung vorbehalten sind, dann gilt unter den Voraussetzungen, dass die Ausdehnungen der Flächen viel größer als die Abstände der Kontakte und diese weit genug vom Rand entfernt sind, näherungsweise [9, 10]:

$$R_{dc-\text{fläche}} = \frac{\rho}{\pi \cdot d} \cdot \ln\left(\frac{s-a}{a}\right) \tag{6.12}$$

Dabei sind d die Dicke der leitenden Flächenschicht, s der Abstand zwischen den Einspeisepunkten und a deren Radius. Die Stromdichte ist stark inhomogen und hat den den Einspeisepunkten die höchten und zwischen diesen die niedrigsten Werte.

6.3.4.3 Skineffekt

Bei höherfrequenten Wechselströmen erfolgt eine Stromverdrängung vom Inneren zum Äußeren eines Leiterquerschnittes, d. h. die Stromdichte $J(z)$ ist über dem Leiterquerschnitt nicht mehr konstant, sondern verringert sich exponentiell mit der Zunahmen der Entfernung z von der Leiteroberfläche ($z = 0$) in Richtung Leitermitte:

$$J(z) = J_0 \cdot e^{-\frac{z}{\delta}} \tag{6.13}$$

$J_0 = J(z = 0)$ ist die Stromdichte auf der Oberfläche des Leiters.

Die Eindringtiefe δ ist die charakteristische Größe des Skineffektes. Bei einem Abstand von $z = \delta$ von der Leiteroberfläche verringert sich die Stromdichte auf das e^{-1}-fache ($\hat{=} 37\,\%$) von J_0. Bei $z = 2\delta$ ist sie bereits auf das e^{-2}-fache ($\hat{=} 13\,\%$) abgefallen. Die Eindringtiefe δ bestimmt sich durch:

$$\delta = \sqrt{\frac{\rho}{\pi \mu f}} \qquad \text{mit} \qquad \mu = \mu_0 \cdot \mu_r \tag{6.14}$$

Dabei sind ρ der spezifische Widerstand des Werkstoffes, μ die Permeabilität, μ_0 die magnetische Feldkonstante ($4\pi \cdot 10^{-7}$ Vs/Am), μ_r die relative Permeabilität und f die Frequenz. Für die nicht ferromagnetischen Stoffe, insbesondere Kupfer oder Aluminium für elektrische Leitungen, gilt $\mu_r \approx 1$. Für ferromagnetische Stoffe ist $\mu_r \gg 1$ (Eisen bis 10.000, FeNi-Legierungen bis 140.000).

Mit dem praktischen Einsetzen des Skineffekts sollte bereits bei $r > \delta$ gerechnet werden [39]. In [9] wird dazu $r = 2\delta$ angegeben. Die Tab. 6.2 zeigt die Eindringtiefen für Kupfer ($\rho = 0{,}018 \cdot 10^{-6}\,\Omega \cdot$ m, $\mu_r = 1$) bei verschiedenen Frequenzen.

Tab. 6.2 Eindringtiefen für Kupfer

f	50Hz	1kHz	10kHz	100kHz	1MHz	10MHz	100MHz	1GHz
δ	9,55mm	2,13mm	0,67mm	0,21mm	67μm	21μm	7μm	2μm

Es ist zu erkennen, dass bei einer Frequenz von 50 Hz erst ab einem Leiterdurchmesser von ca. 20 mm der Skineffekt wirksam wird.

Da infolge der Stromverdrängung der effektive Querschnitt für den Stromfluss kleiner wird, vergrößert sich der Widerstand = Hochfrequenzwiderstand R_{hf}. Zur Bestimmung der effektiven Querschnittsfläche wird die Eindringtiefe δ als einer der beiden Geometrieparameter für diese Fläche angenommen.

Für die typischen Leitungsausführungen, Abb. 6.5, können folgende Näherungen angegeben werden [21, 39].

1. Runder Leiter, Abb. 6.5-a:

$$R_{hf} = R_{dc} = \frac{\rho \cdot l}{\pi \cdot r_d^2} \qquad \text{für} \qquad r_d \ll \delta \tag{6.15}$$

$$R_{hf} = \frac{\rho \cdot l}{2\pi \cdot r_d \cdot \delta} = \frac{l}{2r_d} \cdot \sqrt{\frac{\mu_0 \cdot \rho}{\pi}} \cdot \sqrt{f} \qquad \text{für} \qquad r_d \gg \delta \tag{6.16}$$

2. Rechteckleiter, Abb. 6.5-b:

$$R_{hf} = R_{dc} = \frac{\rho \cdot l}{w \cdot t} = \qquad \text{für} \qquad t \ll \delta \tag{6.17}$$

$$R_{hf} = \frac{\rho \cdot l}{2 \cdot \delta(w + t)} = \frac{l \cdot \sqrt{\pi \cdot \mu_0 \cdot \rho}}{2 \cdot (w + t)} \cdot \sqrt{f} \qquad \text{für} \qquad t \gg \delta \tag{6.18}$$

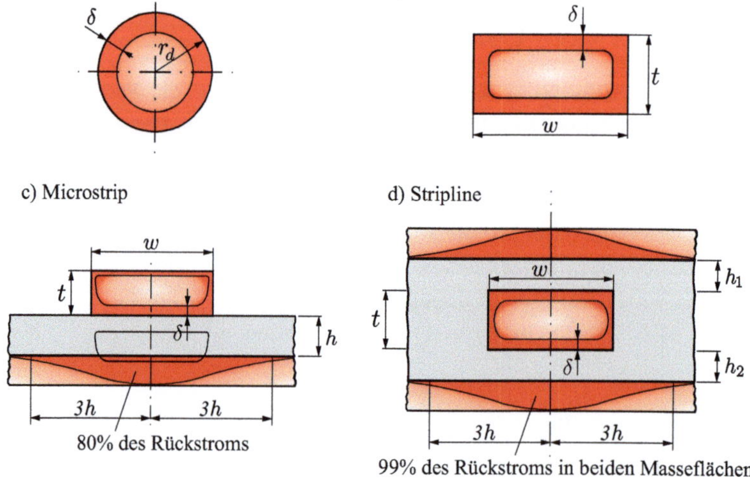

Abb. 6.5 Stromverdrängung infolge des Skineffekts

3. Leiter einer Microstrip-Anordnung, Abb. 6.5-c:

Der Strom konzentriert sich im Wesentlichen auf der Unterseite (Bottom) der Signalleitung, womit für den Widerstand gilt:

$$R_{hf} = \frac{\rho \cdot l}{w \cdot \delta} = \frac{l \cdot \sqrt{\pi \cdot \rho \cdot \mu_0}}{w} \cdot \sqrt{f} \qquad \text{für} \qquad t \gg \delta \tag{6.19}$$

Der gesamte Widerstand der Leitung ergibt sich aus dem HF-Widerstand der Signalleitung R_{hf} und dem Widerstand des Rückleiters $R_{hf\text{-masse}}$, in diesem Fall durch die Massefläche unterhalb des Leiters der Microstrip-Anordnung. Für die vom Rückstrom durchflossene Fläche (innerhalb der Massefläche) gilt näherungsweise $A_{\text{masse}} \approx \delta \cdot 6\,h$ [21, S. 80].

Damit folgt:

$$R_{hf\text{-masse}} \approx \frac{\rho \cdot l}{6 \cdot \delta \cdot h} = \frac{l \cdot \sqrt{\pi \cdot \rho \cdot \mu_0}}{6 \cdot h} \cdot \sqrt{f} \tag{6.20}$$

Damit gilt für den gesamten Widerstand:

$$R_{hf\text{-microstrip}} = R_{hf} + R_{fh-\text{masse}} \tag{6.21}$$

$$R_{hf\text{-microstrip}} \approx l \cdot \left(\frac{1}{w} + \frac{1}{6 \cdot h} \right) \cdot \sqrt{\pi \cdot \rho \cdot \mu_0} \cdot \sqrt{f} \tag{6.22}$$

80 % des Rückstroms in der Massefläche konzentrieren sich innerhalb der Breite von 6 h [38, S. 392–397].

4. Leiter einer Stripline-Anordnung, Abb. 6.5-d:

Der Strom konzentriert sich auf die Bottom- und Topseiten des Signalleiters. Für den Gesamtwiderstand der Anordnung gilt in guter Näherung [21, S. 82]:

$$R_{hf\text{-stripline}} = \frac{(R_{(h1)hf\text{-microstrip}}) \cdot (R_{(h2)hf\text{-microstrip}})}{(R_{(h1)hf\text{-microstrip}}) + (R_{(h2)hf\text{-microstrip}})} \tag{6.23}$$

In die Gl. (6.23) sind für die h-Werte entsprechend Gl. (6.22) die entsprechenden Werte h_1 bzw. h_2 der Stripline-Anordnung einzusetzen.

99 % des Rückstroms in den beiden Masseflächen konzentrieren sich innerhalb einer Breite von 6 h [38, S. 395–397].

Gründe für die Näherungen sind, dass *erstens* ein Geometriewert mit δ angenommen wird, wobei bei $z = \delta$ immerhin noch eine Stromdichte 37 % vorhanden ist und somit ein Stromteil nicht berücksichtigt wird und *zweitens* die Stromdichte über dem Querschnitt inhomogen verteilt ist.

6.3.4.4 Leitungsinduktivität

Neben dem Ohm'schen Widerstand hat jede Leitung eine Induktivität. Liegt eine geschlossene Leiterschleife vor, so entsteht in ihr infolge des Strome i ein magnetischer Fluss ϕ. Daraus ergibt sich die Definition der Induktivität zu:

$$L = \frac{\phi}{i} \qquad\qquad [L] = \frac{\text{V} \cdot \text{s}}{\text{A}} = \text{Wb} = \text{Weber} \tag{6.24}$$

Bei vielen Anwendungen interessieren nur Teilstücke eines Leiters. Da hier die Gl. (6.24) aufgrund des Fehlens der geschlossenen Schleife nicht anwendbar ist, kann die Induktivität mittels der Strom-Spannungsbeziehung an der Induktivität bestimmt werden:

$$u = L \cdot \frac{di}{dt} \tag{6.25}$$

Betrachtet man nur sinusförmige Strom- und Spannungsverläufe (die Zerlegung von Impulsen erfolgt ausschließlich in diese bzw. Cosinusfunktionen), so ergibt sich die Darstellung in der komplexen Ebene mit:

$$\underline{u} = j\omega L \cdot \underline{i} \tag{6.26}$$

Für die Impedanz $\underline{Z}_L$ und den Scheinwiderstand $|\underline{Z}_L|$ der Induktivität erhält man:

$$\underline{Z}_L = \frac{\underline{u}}{\underline{i}} = j\omega L \tag{6.27}$$

$$|\underline{Z}_L| = Z_L = \omega L = 2\pi f L \sim f \tag{6.28}$$

6.3.4.5 Leiteranordnungen und ihre Induktivitäten

Den Abb. 6.6 und 6.7 sind typische Leitertopologien zu entnehmen. Weiterführende Darstellungen und Berechnungen sind insbesondere in [40] zu finden.

1. **Gerade Leitung, kreisförmiger Querschnitt** [20, S. 35], Abb. 6.6-a:

$$L = 0{,}002 \cdot l \left[\ln\left(\frac{4l}{d}\right) - \frac{3}{4} \right] \qquad [l, d] = \text{cm} \quad [L] = \mu\text{H} \tag{6.29}$$

$$\text{Bsp.:} \quad l = 5\,\text{m} \quad d = 2\,\text{mm} \quad L = 8{,}5\,\mu\text{H}$$

2. **Zwei parallele Leitungen mit kreisförmigen Querschnitt** [20, S. 37–40], Abb. 6.6-b:

Leitungen mit gleichen Stromrichtungen

$$L = 0{,}002 \cdot l \left[\ln\left(\frac{2l}{\sqrt{ra}}\right) - \frac{7}{8} \right] \qquad [l, r, a] = \text{cm} \quad [L] = \mu\text{H} \tag{6.30}$$

$$\text{Bsp.:} \quad l = 5\,\text{m} \quad r = 1\,\text{mm} \quad a = 5\,\text{mm} \quad L = 7{,}5\,\mu\text{H}$$

Leitungen mit Rückstrom

$$L = 0{,}004 \cdot l \left[\ln\left(\frac{2a}{d}\right) + \frac{1}{4} - \frac{a}{l} \right] \qquad [l, d, a] = \text{cm} \quad [L] = \mu\text{H} \tag{6.31}$$

Leitungen mit Rückstrom und unterschiedlichen Durchmessern d_1 und d_2

$$L = 0{,}002 \cdot l \left[\ln\left(\frac{4a^2}{d_1 \cdot d_2}\right) + \frac{1}{2} \right] \qquad [l, d, a] = \text{cm} \quad [L] = \mu\text{H} \tag{6.32}$$

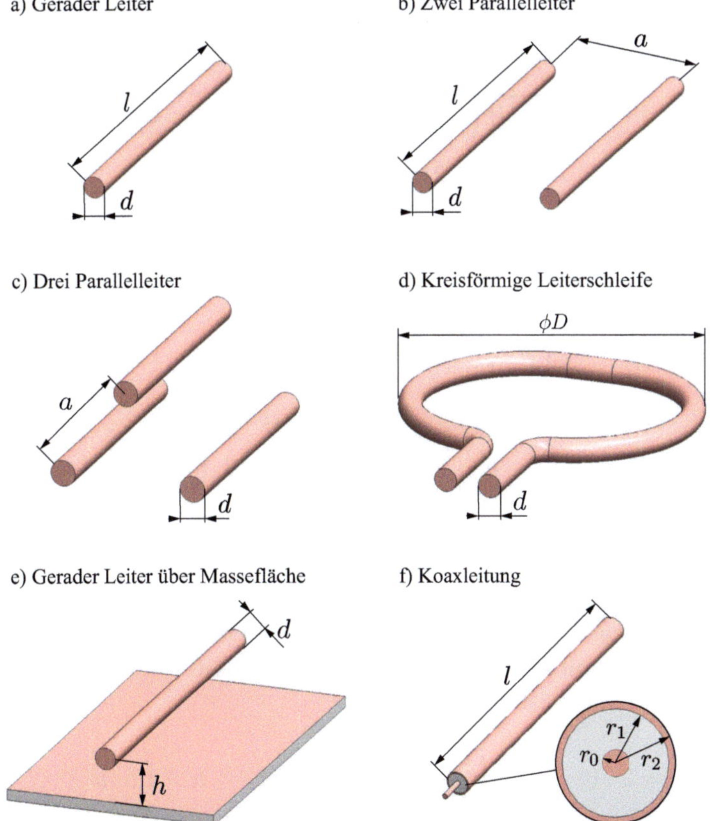

Abb. 6.6 Typische Leitertopologien-Kreisquerschnitte

Leitungen mit Rückstrom, Leiter aus magnetischem Werkstoff

$$L = 0{,}004 \cdot l \left[\ln\left(\frac{2a}{d}\right) + \frac{\mu_r}{4} - \frac{a}{l} \right] \qquad [l,d,a] = \text{cm} \quad [L] = \mu\text{H} \qquad (6.33)$$

3. **Drei parallele Leitungen mit kreisförmigen Querschnitt in den Ecken eines gleichschenkligen Dreiecks** [20, S. 37], Abb. 6.6-c:

$$L = 0{,}002 \cdot l \left[\ln\left(\frac{2l}{(xa^2)^{\frac{1}{3}}}\right) - 1 \right] \qquad [l,r,a,x] = \text{cm} \quad [L] = \mu\text{H} \qquad (6.34)$$

mit $\quad x = r \cdot e^{-0{,}25}$

Bsp.: $\quad l = 5\,\text{m} \quad r = 1\,\text{mm} \quad a = 5\,\text{mm} \quad L = 7{,}2\,\mu\text{H}$

4. **Kreisförmige Leiterschleife, kreisförmiger Leiterquerschnitt** [20, S. 143], vgl. auch [28, S. 417], Abb. 6.6-d:

$$L = 6{,}28 \cdot 10^{-3} \cdot D \left[\ln\left(\frac{8D}{d}\right) - 1{,}75 \right] \qquad [D, d] = \text{cm} \quad [L] = \mu\text{H} \qquad (6.35)$$

Bsp.: $\quad D = 10\,\text{cm} \quad d = 2\,\text{mm} \quad L = 0{,}27\,\mu\text{H}$

5. **Rechteckförmige Leiterschleife mit den Kantenlängen a und b; Leiterdurchmesser d** [34, S. E14] [20, S. 60]:

$$L = 0{,}004 \cdot a \cdot \left[\ln\frac{5ab}{d(a+q)} + \frac{b}{a} \cdot \ln\frac{5ab}{d(b+q)} + 2\left(\frac{q-b}{a} - 1\right) \right] \qquad (6.36)$$

mit $\quad q = \sqrt{a^2 + b^2} \qquad [L] = \mu\text{H} \qquad [a, b, d] = \text{cm}$

Bsp.: $\quad a = 10\,\text{cm} \quad b = 8\,\text{cm} \quad d = 2\,\text{mm} \quad L = 0{,}284\,\mu\text{H}$

Das ist die externe Induktivität. Die gesamte Induktivität ergibt sich aus der externen und internen Induktivität (im Leiter selbst), Gl. (6.39). Mit $\mu_r = 1$ ergibt sich eine auf die Länge bezogene interne Induktivität von $L' = 0{,}5\,\text{nH/cm}$. Diese beträgt bei der Gesamtlänge von 36 cm 0,018 µH und kann häufig vernachlässigt werden.

6. **Gerader Leiter mit kreisförmigem Leiterquerschnitt parallel über einer Massefläche** [38, S. 209], Abb. 6.6-e:

$$L = 2 \cdot 10^{-3} \cdot l \left[\ln\left(\frac{4h}{d}\right) \right] \qquad \text{gültig für} \qquad h > 1{,}5 \cdot d \qquad (6.37)$$

$$[l, h, d] = \text{cm} \quad [L] = \mu\text{H}$$

Bsp.: $\quad l = 20\,\text{cm} \quad h = 0{,}5\,\text{cm} \quad d = 2\,\text{mm} \quad L = 0{,}092\,\mu\text{H}$

7. **Koaxialleitung** [30, S. 383–384], Abb. 6.6-f:

$$L = L_1 + L_2 + L_3 \qquad \text{mit} \tag{6.38}$$

$$L_1 = \frac{\mu_0 \mu_{r1} l}{8\pi} \qquad \text{Teil Innenleiter} \qquad \mu_0 = 4\pi \cdot 10^{-7} \frac{\text{Vs}}{\text{Am}} \tag{6.39}$$

$$L_2 = \frac{\mu_0 l}{2\pi} \cdot \ln\left(\frac{r_1}{r_0}\right) \qquad \text{Teil Isolierstoff} \tag{6.40}$$

$$L_3 = \frac{\mu_0 \mu_{r3} l}{2\pi (r_2^2 - r_1^2)} \cdot \left[\frac{r_2^4}{r_2^2 - r_1^2} \cdot \ln\left(\frac{r_2}{r_1}\right) - \frac{3r_2^2 - r_1^2}{4} \right] \qquad \text{Teil Außenleiter} \tag{6.41}$$

Sind die Innen- und Außenleiter nicht magnetisch, so gilt $\mu_{r1} = \mu_{r3} \approx 1$.

Bsp.: $r_0 = 0{,}35\,\text{mm} \quad r_1 = 1{,}9\,\text{mm} \quad r_2 = 2{,}1\,\text{mm} \quad l = 1\,\text{m} \quad \mu_r = 1$

$$L = L_1 + L_2 + L_3 = 50\,\text{nH} + 338\,\text{nH} + 7\,\text{nH} = 395\,\text{nH}$$

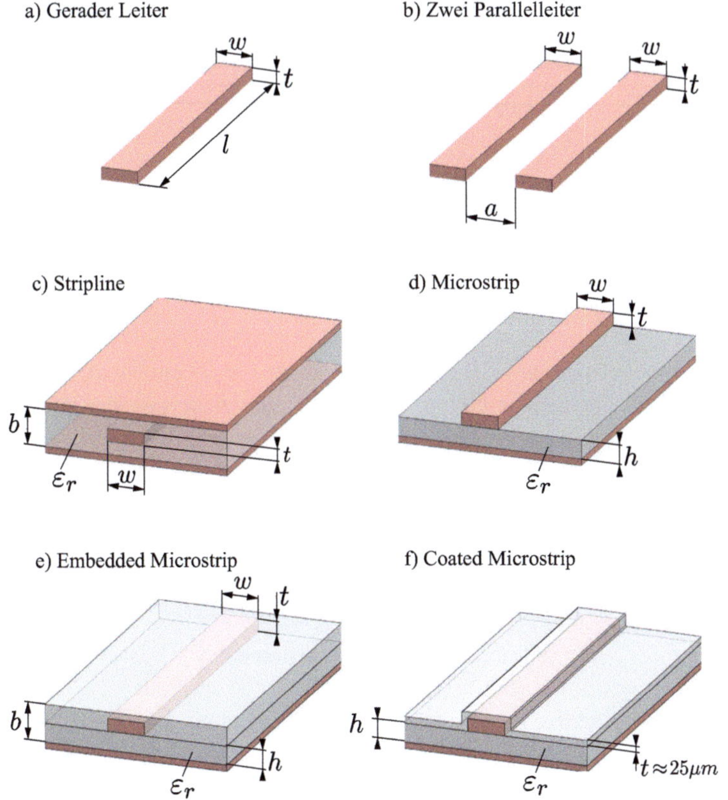

Abb. 6.7 Typische Leitertopologien-Rechteckquerschnitte

Für $r_1 \gg r_0$ und die Differenz zwischen r_2 und r_1 klein, gilt die folgende Näherung

$$L = L_2 = 0{,}002 \cdot \ln\left(\frac{r_1}{r_0}\right) \cdot l \qquad [L] = \mu\text{H} \quad [l] = \text{cm} \tag{6.42}$$

8. **Gerader Leiter mit rechteckförmigem Leiterquerschnitt (Streifenleiter), Rück-leiter weit entfernt und** $\mu_r = 1$ [32, S. 316], Abb. 6.7-a:

$$L = 0{,}002 \cdot l\left[\ln\left(\frac{2l}{w+t}\right) + \frac{1}{2} + 0{,}2235\left(\frac{w+t}{l}\right)\right] \tag{6.43}$$

$$[l, w, t] = \text{cm} \quad [L] = \mu\text{H} \tag{6.44}$$

Bsp.: $l = 5\,\text{m}$ $t = 2\,\text{mm}$ $w = 3\,\text{mm}$ $L = 8{,}1\,\mu\text{H}$

9. **Zwei parallel liegende gerade Leiter mit rechteckförmigen Querschnitten (Strei-fenleiter)** [9, S. 103], Abb. 6.7-b:

$$L \approx 0{,}002 \cdot l \cdot \frac{\mu_r}{\pi} \cdot \ln\left(1 + \frac{w}{w+a}\right) \qquad [L] = \mu\text{H} \quad [l] = \text{cm} \tag{6.45}$$

10. **Stripline-Anordnung mit rechteckförmigem Leiterquerschnitt zwischen zwei Referenzflächen (Masse, V_{CC})** [35, S. 174–176] [21, S. 13], Abb. 6.7-c:

$$L = Z_0 \cdot t_{pd} \cdot l \qquad \text{mit} \tag{6.46}$$

$$Z_0 = \frac{60}{\sqrt{\varepsilon_r}} \cdot \ln\left(\frac{1{,}9\,h}{0{,}8w + t}\right) \quad \text{gültig für} \quad \frac{w}{h} < 0{,}35 \quad \text{und} \quad \frac{t}{h} < 0{,}25 \tag{6.47}$$

$$t_{pd} = 0{,}0335\sqrt{\varepsilon_r} \qquad t_{pd} = \text{propagation delay} \qquad [t_{pd}] = \frac{\text{ns}}{\text{cm}} \tag{6.48}$$

$$[L] = \text{nH}, \quad Z_0 \text{ Impedanz der Leitung} \quad [Z_0] = \Omega \qquad [l] = \text{cm}$$

Beispiel: $h = 500\,\mu\text{m}$ $w = 150\,\mu\text{m}$ $t = 35\,\mu\text{m}$ $l = 28\,\text{cm}$ $\varepsilon_r = 4{,}5$ $L = 102\,\text{nH}$
Die Gl. für Z_0 (entspricht Gl. (6.102)) stellt eine Näherung dar. Die exakten Gl. sind [28, S. 436–439] oder auch [21, S. 319] zu entnehmen.

11. **Drei Microstrip-Anordnungen mit rechteckförmigem Leiterquerschnitt über einer Referenzfläche (Masse, V_{CC})** [35, S. 171–174], [21, S. 13], Abb. 6.7-d, e, f:

$$L = Z_0 \cdot t_{pd} \cdot l \qquad \text{mit} \tag{6.49}$$

$$t_{pd} = 0{,}0335\sqrt{\varepsilon_{\text{reff}}} \qquad \text{propagation delay} \quad [t_{pd}] = \frac{\text{ns}}{\text{cm}} \tag{6.50}$$

$\varepsilon_{\text{reff}}$ effektive relative Dielektrizitätskonstante

$$[L] = \text{nH} \qquad Z_0 \text{ Impedanz der Leitung} \quad [Z_0] = \Omega \qquad [l] = \text{cm}$$

Für die drei Microstrip-Anordnungen gelten die jeweiligen Impedanzen Z_0 und die modifizierten relativen Dielektrizitätskonstaten $\varepsilon_{\text{reff}}$, siehe dazu Abschn. 6.3.7.3:

Microstrip: Z_0:   Gl. (6.103) $\varepsilon_{\text{reff}} = 0{,}475 \cdot \varepsilon_r + 0{,}67$

Emb. Microstrip: Z_0:   Gl. (6.104) $\varepsilon_{\text{reff}} = \varepsilon_r\left(1 - e^{\frac{-1{,}55 \cdot b}{h}}\right), b \geq 1{,}2\,h$

Coated Microstrip: Z_0:   Gl. (6.106) $\varepsilon_{\text{reff}} \approx 3{,}5 \quad 25\,\mu\text{m} \text{ Lötstoppmaske}$

6.3.4.6 Leitungsführung des Bezugsleiters zur Reduktion der galvanischen Koppelimpedanz

Grundsätzlich gilt, je länger der gemeinsame Bezugsleiter bzw. Masseleiter zweier oder mehrerer Stromkreise ist, desto größer werden die Störspannungen, die den Nutzkreis beeinflussen. Abb. 6.8 zeigt das Prinzip zur Verringerung der Koppelimpedanz durch eine veränderte Leitungsführung des Rückleiters. Der Störkreis erzeugt mit seinem Störstrom $\underline{i}_2$ eine Störspannung $\underline{u}_s$ über der Koppelimpedanz $\underline{Z}_k$, die den Nutzkreis beeinflusst. Die Gesamtspannung u_k über der Koppelimpedanz $Z_k = R_k + j\omega L_k$ ergibt sich aus:

$$\underline{u}_k = \underline{i}_1 \cdot (R_k + j\omega L_k) + \underline{i}_2 \cdot (R_k + j\omega L_k) \tag{6.51}$$

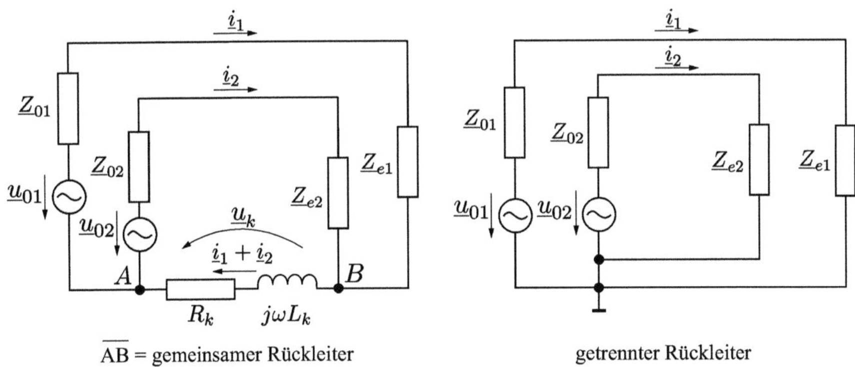

Abb. 6.8 Reduzierung der Koppelimpedanz durch getrennte Rückleiter

Für die Störspannung $\underline{u}_s(\underline{i}_2)$ gilt damit:

$$\underline{u}_s = \underline{i}_2 \cdot (R_k + j\omega L_k) \tag{6.52}$$

Die Störspannung im Zeitbereich ergibt sich aus:

$$u_s = R_k \cdot i_2 + L_k \cdot \frac{d\,i_2}{dt} \tag{6.53}$$

Wie bereits im Abschn. 6.3.4.1 hingewiesen, kann aber auch der Anteil $\underline{u}_1$ des Nutzstromes als Störung aufgefasst werden. Die veränderte Rückleiterführung in Abb. 6.8-rechts weist dagegen keine Koppelimpedanz auf.

Die Spannungen über den Leitungen des Nutzkreises 1, die aufgrund der Leitungsimpedanzen entstehen, können auch als Störungen im Kreis 1 aufgefasst werden, die aber nicht im Sinne einer Kopplung zu verstehen sind.

Das folgende Beispiel zeigt die sehr unterschiedlichen Einflüsse von Ohm'schen und induktiven Anteilen.

Gegeben ist ein runder Leiter aus Kupfer mit:

$$l = 5\,\mathrm{m} \qquad r_d = 5\,\mathrm{mm} \qquad \mu_0 = 4\pi \cdot 10^{-7}\,\frac{\mathrm{As}}{\mathrm{Vm}}$$

$$\mu_r = 1 \qquad \rho = 0{,}018 \cdot 10^{-6}\,\Omega\mathrm{m} \qquad f = 100\,\mathrm{kHz}$$

- Die Induktivität L ergibt sich nach Gl. (6.29) zu $L = 6{,}9\,\mu\mathrm{H}$
- Der induktive Anteil am Koppelwiderstand ist dann $\omega L = 4{,}3\,\Omega$
- Der Einfluss des Skineffektes infolge der 100 kHz-Frequenz ist nach Gl. (6.14) $\delta = 0{,}2\,\mathrm{mm}$
- Unter der Annahme, dass der weitaus größte Stromanteil durch die Fläche $A_{\mathrm{skin}} = 2 \cdot \pi \cdot r_d \cdot \delta$ mit $r_d \gg \delta$ fließt, so ergibt sich mit Gl. (6.16) der Ohm'sche Widerstand zu $R_{hf} = 0{,}013\,\Omega$

- Zum Vergleich: Der Ohm'sche Widerstand ohne Berücksichtigung des Skineffektes beträgt nach Gl. (6.11) $R = R_{dc} = \underline{0{,}001\,\Omega}$

Damit wird deutlich, dass die Leitungsinduktivitäten die Kopplungen maßgeblich bestimmen und der Ohm'sche Anteil nur bei Gleichstrom wirksam wird.

Selbst bei einer Frequenz von $f = 50\,\text{Hz}$, einer Kupferleitungslänge von 5 m und einem Leiterradius von 5 mm ist der Einfluss der Induktivität hier schon doppelt so hoch wie der des Ohm'schen Widerstands.

6.3.5 Kapazitive Kopplung

6.3.5.1 Wirkprinzip

Eine kapazitive Kopplung tritt auf, wenn kleine Leiterabstände mit $a < \lambda/10$ und kurze Leitungen bzw. Leitungsstücke mit $l < \lambda/10$ vorliegen.

Eine Kapazität zwischen elektrischen Leitern ist immer vorhanden, wirksam wird sie jedoch erst, wenn eine Potenzialdifferenz (Spannung) zwischen ihnen existiert. Ist diese zeitabhängig, dann fließt zwischen den Leitern ein Verschiebungsstrom, der sich in den Leitern als ein gleich großer Leitungsstrom fortsetzt. Dieser führt über die Impedanzen des Nutzkreises zu Störspannungen, Abb. 6.9.

Die Koppelkapazität C_k ist dem Wesen nach eine Streukapazität und wird in der Ersatzschaltung als ein konzentriertes Bauelement modelliert:

$$\underline{Z}_k = \frac{1}{j\omega C_k} \qquad \text{mit} \qquad |\underline{Z}_k| = Z_k = \frac{1}{\omega C_k} \tag{6.54}$$

Zur Vereinfachung werden die Impedanzen $\underline{Z}_{in}$, $\underline{Z}_{is}$, $\underline{Z}_s$ und $\underline{Z}_n$ als Ohm'sche Widerstände angesehen. Für die Störspannung u_{st}, die über dem Verbraucher R_n abfällt ergibt

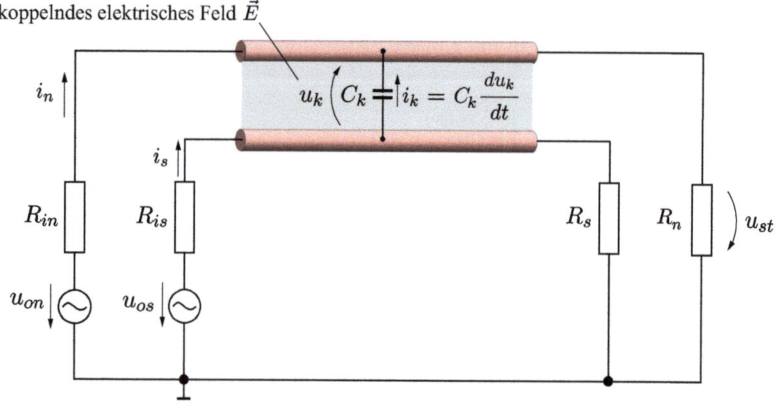

Abb. 6.9 Kapazitive Kopplung mit Koppelkapazität

sich:

$$u_{st} = i_k \cdot R_n = C_k \cdot \frac{du_k}{dt} \cdot R_n \tag{6.55}$$

Vernachlässigt man die Innenwiderstände R_{in} und R_{is} der beiden Quellen, so ergibt sich für u_k:

$$u_k = u_{os} - u_{on} \tag{6.56}$$

Schaltet man die Quelle u_{os} und den Lastwiderstand (Verbraucher) R_n ab, so fließt über R_s trotzdem ein Strom und das, obwohl die Last durch u_{os} abgeschaltet sein sollte! Siehe dazu Abschn. 6.3.5.3.

6.3.5.2 Leiteranordnungen und ihre Kapazitäten

Den Abb. 6.6 und 6.7 sind typische Leitertopologien zu entnehmen.

1. **Zwei parallele Leitungen mit kreisförmigem Leiterquerschnitt** [34, S. E9], Abb. 6.6-b:

$$C = \frac{0{,}28 \cdot \varepsilon_r}{\ln\left(\dfrac{a}{d} + \sqrt{\dfrac{a^2}{d^2} - 1}\right)} \cdot l \qquad [C] = \text{pF} \quad [l] = \text{cm} \tag{6.57}$$

2. **Gerader Leiter mit kreisförmigem Leiterquerschnitt parallel über einer Masse-fläche** [34, S.E9], Abb. 6.6-e:

$$C = \frac{0{,}56 \cdot \varepsilon_r}{\ln\left(\dfrac{2h}{d} + \sqrt{\dfrac{4h^2}{d^2} - 1}\right)} \cdot l \approx \frac{0{,}56 \cdot \varepsilon_r}{\ln\left(\dfrac{4h}{d}\right)} \cdot l \qquad [C] = \text{pF} \quad [l] = \text{cm} \tag{6.58}$$

3. **Koaxialleitung** [34, S. E9], Abb. 6.6-f:

$$C = \frac{0{,}56 \cdot \varepsilon_r}{\ln\left(\dfrac{r_1}{r_0}\right)} \cdot l \qquad [C] = \text{pF} \quad [l] = \text{cm} \tag{6.59}$$

4. **Zwei parallel liegende gerade Leiter mit rechteckförmigen Querschnitten (Streifenleiter)** [9, S. 114], Abb. 6.7-b:

$$C \approx 0{,}0064 \cdot l \cdot (1 + \varepsilon_r) \cdot \frac{w}{a} \qquad [C] = \text{pF} \quad [l] = \text{cm} \tag{6.60}$$

5. **Microstrip mit rechteckförmigem Leiterquerschnitt über einer Referenzfläche (Masse, V_{CC})** [3, S. 163], Abb. 6.7-d:

$$C = \frac{0{,}264 \cdot (1{,}41 + \varepsilon_r)}{\ln\left(\dfrac{5{,}98 \cdot h}{0{,}8 \cdot w + t}\right)} \cdot l \qquad [C] = \text{pF} \quad [l] = \text{cm} \tag{6.61}$$

6. **Stripline mit rechteckförmigem Leiterquerschnitt zwischen zwei Referenzflächen (Masse, V_{CC})** [3, S. 164], Abb. 6.7-c:

$$C = \frac{0{,}55 \cdot \varepsilon_r}{\ln\left(\dfrac{1{,}9 \cdot h}{0{,}8 \cdot w + t}\right)} \cdot l \qquad [C] = \mathrm{pF} \quad [l] = \mathrm{cm} \tag{6.62}$$

6.3.5.3 Dreileiteranordnung

Die Abb. 6.10 zeigt eine Anordnung von drei Leitungen mit zwei Signalleitern und einem gemeinsamen Rückleiter.

Die Kapazitäten C_{10} und C_{20} sind die Kapazitäten zwischen den Leitern 1 bzw. 2 und dem Rückleiter (Masse, Ground). C_k ist die Koppelkapazität zwischen den beiden Leitern 1 und 2. Der zweite Leiter ist an keine Quelle angeschlossen, der Widerstand R stellt einen Verbraucher dar.

Gibt es keine Koppelkapazität zwischen den Leitern, so gibt es im 2. Kreis auch keinen Strom und am Verbraucher wird keine Leistung umgesetzt. Nach dem Ersatzschaltbild mit einer Koppelkapazität C_k ergibt sich mittels des Spannungsteilers die Störspannung u_{st} am Verbraucher R:

$$\underline{u}_{st} = \frac{j\omega C_k}{j\omega(C_k + C_{20}) + \dfrac{1}{R}} \cdot \underline{u}_{01} \tag{6.63}$$

Für die praktischen Anwendungen sind die Anschlüsse niederohmiger und hochohmiger Verbraucher von Bedeutung.

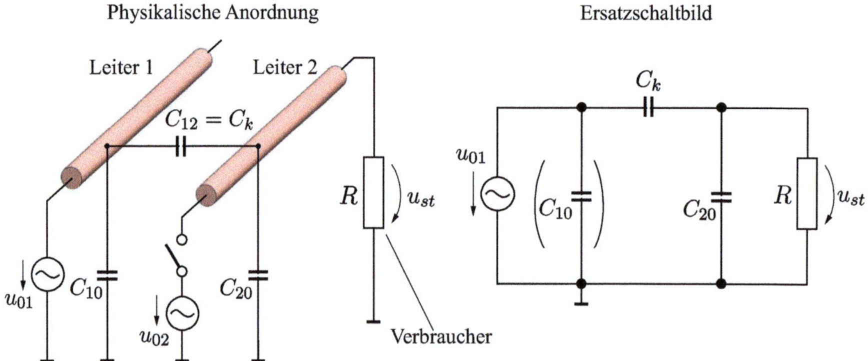

Abb. 6.10 Kapazitive Kopplung zweier Leiter 1 und 2 mit einem gemeinsamen Rückleiter (Drei-Leiter-Anordnung)

Fall 1: Niederohmiger Verbraucher
Ist die Impedanz des Verbrauchers R kleiner als die Impedanz der Koppelkapazität C_k plus der Kapazität C_{20} mit:

$$\frac{1}{R} \gg j\omega(C_k + C_{20}) \qquad \text{bzw.} \qquad \frac{1}{j\omega(C_k + C_{20})} \gg R \ , \tag{6.64}$$

so vereinfacht sich Gl. (6.63) zu:

$$\underline{u}_{st} = j\omega C_k R \cdot \underline{u}_{01} \tag{6.65}$$

Für die Darstellung im Zeitbereich mit $u_{01} = \hat{U}_{01} \sin(\omega t)$ folgt:

$$u_{st}(t) = C_k R \cdot \frac{du_{01}}{dt} = C_k R \omega \cdot \hat{U}_{01} \sin\left(\omega t + \frac{\pi}{2}\right) = \hat{U}_{st} \sin\left(\omega t + \frac{\pi}{2}\right) \tag{6.66}$$

Ist die Quelle u_{01} nicht beeinflussbar, d. h. die Amplitude $\hat{U}_{01}$ und die Frequenz $f = 2\pi\omega$ sind feste Werte, so kann mit der Reduzierung des Verbraucherwiderstands R und der Koppelkapazität C_k die Störspannung verringert werden.

Beispiel:
Gegeben ist ein 3-adriges Netzkabel mit einer Länge von $l = 5\,\text{m}$, Abb. 6.11, wobei die einzelnen Leiter in den Ecken eines gleichschenkligen Dreiecks angeordnet sind. Die Querschnitte der drei Leitungen und der Leiterabstand betragen $A = 2{,}5\,\text{mm}^2$ und $d = 3{,}5\,\text{mm}$.

Gemessen wird eine Kapazität zwischen je zwei 5 m langen Leitern von $C_{10} = C_{20} = C_k = 0{,}5\,\text{nF}$ (typisch erfolgt die Angabe einer Kapazität bezogen auf die Länge mit $C' = C/l$).

Der Außenleiter $L1$ ist an eine Netzquelle $230\,V_{\text{eff}}/50\,\text{Hz}$ angeschlossen und trägt damit dieses Potenzial. Ein Verbraucher ist nicht angeschlossen.

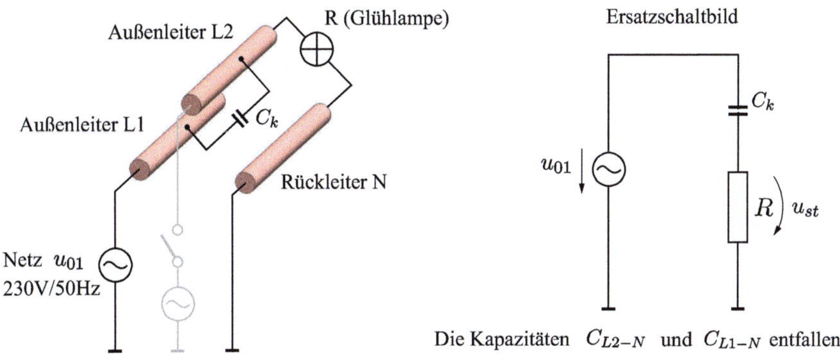

Abb. 6.11 Netzkabel mit Koppelkapazität an niederohmiger Last

Der Außenleiter $L2$ hat keine Verbindung zu einer Quelle. Der Verbraucher ist hier eine 75 W-Glühlampe mit einem gemessenen Widerstand $R = 755\,\Omega$ im Betriebszustand (im Einschaltmoment ist der gemessene Widerstand mit $R_{\text{ein}} = 52\,\Omega$ deutlich kleiner, bedingt durch den positiven Temperaturkoeffizienten des Glühdrahts) und liegt zwischen dem Außenleiter $L2$ und dem Rückleiter N.

Zuerst wird die Bedingung für den niederohmigen Fall nach Gl. (6.64) und Abb. 6.10 überprüft. Die Anwendung der Gl. (6.64) zeigt, dass die Bedingung für das Vorliegen des niederohmigen Falls gegeben ist:

$$\left| \frac{1}{j\omega(C_k + C_{20})} \right| = \frac{1}{2\pi\,50\,\text{Hz}(0{,}5 + 0{,}5)\,\text{nF}} = 3{,}2 \cdot 10^6\,\Omega \gg R = 755\,\Omega \qquad (6.67)$$

Die Amplitude $\hat{U}_{st}$ der Störspannung an der Glühlampe ergibt sich nach Gl. (6.66) zu:

$$\hat{U}_{st} = C_k R 2\pi f \hat{U}_{01} = 0{,}5\,\text{nF} \cdot 755\,\Omega \cdot 2 \cdot \pi \cdot 50\,\text{Hz} \cdot (230\,\text{V} \cdot \sqrt{2}) = \underline{38{,}6\,\text{mV}} \qquad (6.68)$$

Im Ersatzschaltbild, Abb. 6.11 fehlen die Kapazitäten C_{10} und C_{20} zwischen L_1 und N bzw. zwischen L_2 und N, siehe Abb. 6.10. Die Kapazität C_{10} liegt parallel zur (ideal angenommenen) Quelle und hat daher keinen Einfluss. Der Betrag der Impedanz von C_{20} mit $1/(\omega C_{20})$ ist viel größer als R, womit R diese Kapazität quasi kurzschließt. Damit verbleibt ein einfacher wechselstrommäßiger Spannungsteiler, bestehend aus der Koppelimpedanz C_k und dem Verbraucherwiderstand R. Mit der erfüllten Bedingung, dass auch R wesentlich kleiner ist als $(1/\omega C_k)$ ist, ergibt sich wieder die Gl. (6.65).

Fall 2: Hochohmiger Verbraucher

Ist die Impedanz des Verbrauchers R größer als die Impedanz der Koppelkapazität C_k plus der Kapazität C_{20} mit:

$$\frac{1}{R} \ll j\omega(C_k + C_{20}) \qquad \text{bzw.} \qquad \frac{1}{j\omega(C_k + C_{20})} \ll R \quad , \qquad (6.69)$$

so ergibt sich Gl. (6.63) zu:

$$u_{st} = \frac{C_k}{(C_k + C_{20})} \cdot u_{01} \qquad (6.70)$$

Damit ist die Störspannung nur vom kapazitiven Spannungsteiler C_k und C_{20} abhängig und unabhängig von der Frequenz.

6.3.5.4 Schirmwirkung bei kapazitiver Kopplung

Zur Veranschaulichung der Schirmwirkung wird die Drei-Leiter-Anordnung nach Abb. 6.10 so modifiziert, dass die Leitung 2 einen zusätzlichen Schirm erhält, Abb. 6.12. Hierbei ragt die Leitung 2 beidseitig aus dem Schirm heraus und stellt eine reale technische Anordnung dar. Die Koppelkapazität der Leiterstücke 1 und 2 ohne Schirm ist $C_{12} = C_k$. Die Leitung 1 trägt wieder das Potenzial der Quellspannung und die Leitung

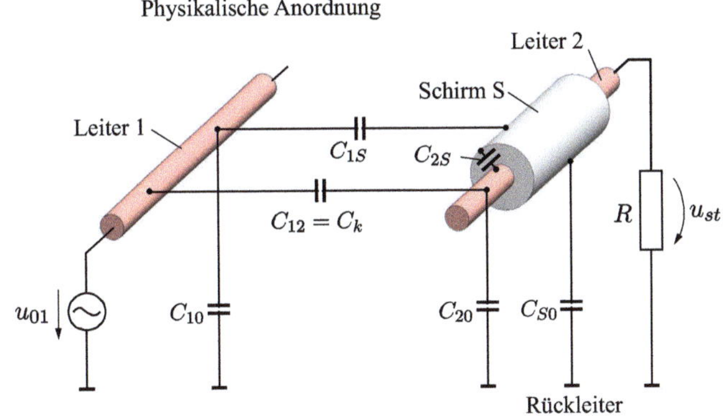

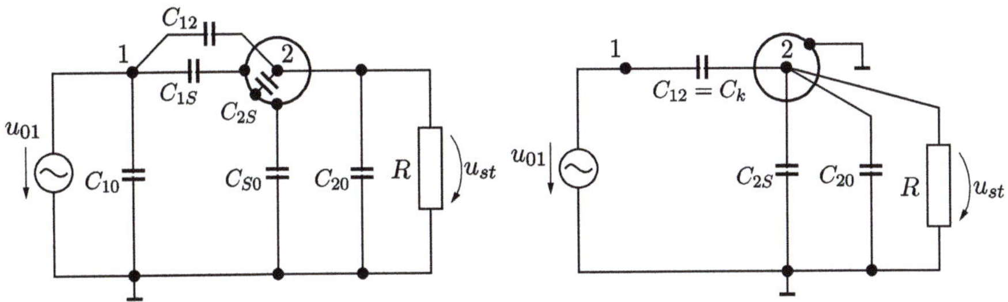

Abb. 6.12 Kapazitive Kopplung bei einer geschirmten Leitung

2 ist mit keiner Quelle verbunden. Das linke Ersatzschaltbild, ohne die Erdung des Schirmes, zeigt die 6 Koppelkapazitäten und einen Verbraucher. Wird der Schirm geerdet, so vereinfacht sich die Anordnung wie in der rechten Ersatzschaltung zu sehen ist. Betrachtet man zunächst den Fall ohne einen Verbraucher R (Leerlauf), so ergibt sich ein einfacher kapazitiver Spannungsteiler:

$$u_{st} = \frac{C_k}{C_k + C_{2S} + C_{20}} \cdot u_{01} \tag{6.71}$$

Die Koppelkapazität C_{12} hängt von den aus dem Schirm herausragenden Leitungsteilen ab. Es ist ersichtlich, dass für eine gute Schirmung die herausragenden Teile minimiert werden müssen.

Eine einzelne Erdungsverbindung reicht aus, wenn die Leitung nicht länger als $1/20$ der Wellenlänge ist. Ansonsten müssen multiple Erdungen realisiert werden.

Bei Anschluss eines Verbrauchers modifiziert sich die Gl. (6.63) derart, dass anstelle der Kapazität C_{20} nun die Summe der Kapazitäten C_{20} und C_{2S} einzusetzen ist.

Für den niederohmigen Fall gilt dann analog zu Gl. (6.64) die Bedingung:

$$\frac{1}{R} \gg j\omega(C_k + C_{20} + C_{2S}) \qquad \text{bzw.} \qquad \frac{1}{j\omega(C_k + C_{20} + C_{2S})} \gg R \tag{6.72}$$

Für die Störspannung am Verbraucher ergibt sich (identisch mit Gl. (6.65)):

$$\underline{u}_{st} = j\omega C_k R \cdot \underline{u}_{01} \quad \text{mit} \quad C_k = C_{12} \tag{6.73}$$

Daraus folgt, dass die aus dem Schirm ragenden Leiterteile zu minimieren sind.

6.3.5.5 Maßnahmen zur Reduzierung der kapazitiven Kopplungen

Zusammenfassende Maßnahmen, um die Koppelkapazitäten zu reduzieren:

- Verringerung der Leitungslängen parallel liegender Leitungen.
- Veränderung der Lage der Leitungen zueinander, insbesondere kreuzende Leitungen im 90°-Winkel zueinander verlegen.
- Verringerung der Leiterbreiten von Streifenleitungen.
- Vergrößerung der Leitungsabstände.
- Einsatz von geschirmten Leitungen bzw. von geerdeten Leitungen zwischen zwei Signalleitungen.
- Verringerung der Frequenz bei niederohmigen Lasten.

6.3.6 Induktive Kopplung

6.3.6.1 Wirkprinzip

Jeder stromdurchflossene Leiter wird von einem magnetischen Feld $\vec{H}$ umschlossen. Die beschreibenden magnetischen Feldlinien sind immer in sich geschlossen, im Gegensatz zu den elektrischen Feldlinien, die in den Ladungen jeweils einen Anfang und ein Ende haben.

Eine induktive Kopplung tritt dann auf, wenn ein zeitlich sich ändernder Strom $i_1(t)$ einen zeitlich sich ändernden magnetische Fluss $\phi_1(t)$ erzeugt und der Anteil $\phi_{21}(t)$ davon eine weitere Leiterschleife 2 durchsetzt, Abb. 6.13. Dabei zeigt der erste Index die Schleife, die vom Fluss durchsetzt wird und der zweite kennzeichnet den Strom, der diesen Fluss erzeugt. Die damit nach dem Induktionsgesetz induzierte Störspannung $u_s(t)$ treibt den Störstrom i_s an, der über die Ohm'schen Widerstände und Induktivitäten der Leitungen und insbesondere hochohmigen Verbrauchern zu störenden Spannungsabfällen führt. Im Ersatzschaltbild wird diese Störspannung als eine ideale Quelle u_s dargestellt.

Genauso gilt das auch umgekehrt vom Kreis 2 zum Kreis 1.

Die Flusskopplung zwischen den Kreisen über $\phi_{21}(t)$ führt zur Gegeninduktivität M_{21}, die definiert ist als:

$$M_{21} = \frac{\phi_{21}}{i_1} \quad \text{bzw.} \quad M_{12} = \frac{\phi_{12}}{i_2} \quad \text{es gilt:} \quad M_{12} = M_{21} = M \tag{6.74}$$

Bestimmt werden kann die Gegeninduktivität auch mittels:

$$M = k_1 k_2 \sqrt{L_1 L_2} \tag{6.75}$$

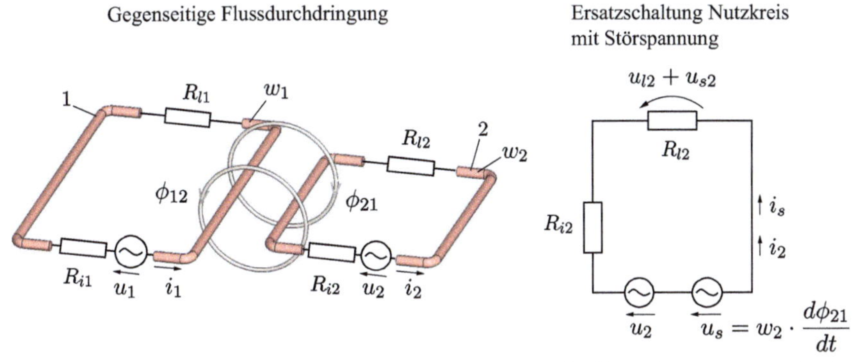

Abb. 6.13 Induktive Kopplung mit Gegeninduktivität

Dabei sind L_1 und L_2 die Induktivitäten der beiden Kreise 1 bzw. 2 und k_1 und k_2 sind die Koppelfaktoren, die bei komplizierteren Anordnungen schwierig zu bestimmen sind. Der Koppelfaktor k_1 zeigt an, wie viel vom erzeugten magnetischen Fluss ϕ_1 in den Kreis 2 einkoppelt (k_2 analog). Damit gilt für die Koppelfaktoren der Definitionsbereich $0 \leq (k_1, k_2) \leq 1$. Die im Kreis 2 induzierte Störspannung u_s folgt aus dem Induktionsgesetz:

$$u_{\mathrm{ind}} = u_s = w_2 \cdot \frac{d\phi_{21}}{dt} \tag{6.76}$$

Hinweis: Allgemein wird das Induktionsgesetz mit $-d\phi/dt$ ausgedrückt (Lenz'sche Regel). Hier ist das Minuszeichen durch die entsprechende Richtung von u_s in Abb. 6.13 bereits berücksichtigt.

Entsprechend Abb. 6.13 ist die Windungszahl $w_2 = 1$, es folgt mit Gl. (6.74):

$$u_{\mathrm{ind}} = u_s = M \cdot \frac{di_1}{dt} \tag{6.77}$$

6.3.6.2 Magnetisches Feld und magnetischer Fluss

Die Feldstärke außerhalb eines stromdurchflossenen Leiters ergibt sich aus dem Durchflutungsgesetz:

$$\oint_l \vec{H} \cdot d\vec{s} = \sum_{i=1}^{n} i_i(t) \tag{6.78}$$

Längs eines umlaufendes Weges um den stromdurchflossenen Leiter sind $\vec{H}$ und $d\vec{s}$ parallel. Wird nur ein Strom $i(t)$ umfasst, vereinfacht sich Gl. (6.78) und für den Betrag der magnetischen Feldstärke auf einem beliebigen Punkt des Umlaufes ergibt sich:

$$H = \frac{i(t)}{2 \cdot \pi \cdot r} \tag{6.79}$$

Für die magnetische Flussdichte folgt dann:

$$B = \mu_0 \cdot \mu_r \cdot H = \frac{\mu_0 \cdot \mu_r \cdot i(t)}{2 \cdot \pi \cdot r} \tag{6.80}$$

Für den magnetischen Fluss durch die Fläche einer Leiterschleife gilt allgemein:

$$\phi = \int_A \vec{B} \cdot d\vec{A} \tag{6.81}$$

Durchsetzt der magnetische Fluss die Fläche senkrecht ($A_\perp$), so sind die beiden Vektoren $\vec{B}$ und $d\vec{A}$ parallel, der eingeschlossenen Winkel ist 0° und Gl. (6.81) vereinfacht sich zu:

$$\phi = \int_A B \cdot dA_\perp \tag{6.82}$$

6.3.6.3   Gegeninduktivität von zwei Doppelleitungen

Zwei Leiterpaare a-b und c-d verlaufen parallel zueinander und die Flächen, die die Leiterpaare jeweils aufspannen, liegen in einem beliebigen Winkel zueinander, Abb. 6.14-links. Zur Bestimmung der Gegeninduktivität wird davon ausgegangen, dass bei a der Strom i hinein und bei b mit $-i$ heraus fließt.

Für den Teilfluss ϕ_1 von i herrührend, der die aufgespannte Fläche der Doppelleitung c-d durchsetzt, gilt mit den Gl. (6.80) und (6.82) und $dA = l \cdot dr$:

$$\phi_1 = \int_{r_{ac}}^{r_{ad}} \frac{\mu_0 \cdot \mu_r \cdot i(t)}{2 \cdot \pi \cdot r} \cdot l \cdot dr = \frac{\mu_0 \cdot \mu_r \cdot l \cdot i(t)}{2 \cdot \pi} \cdot \ln \frac{r_{ad}}{r_{ac}} \tag{6.83}$$

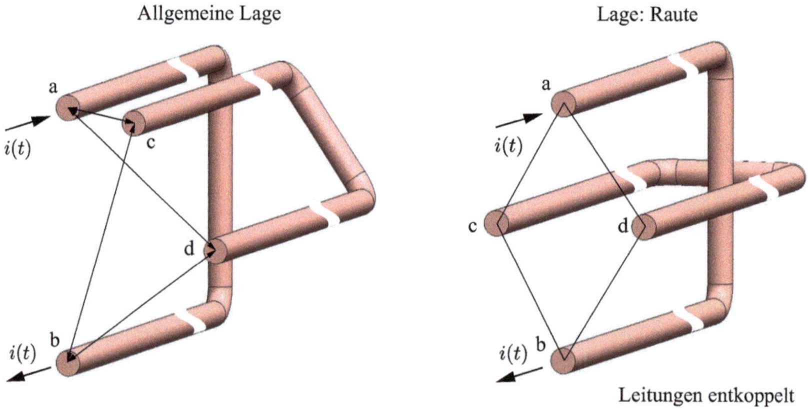

Abb. 6.14 Gegeninduktivität von zwei parallelen Doppeldrahtleitungen

Für den Teilfluss ϕ_2 von $-i$ herrührend gilt analog:

$$\phi_2 = \int\limits_{r_{bc}}^{r_{bd}} \frac{\mu_0 \cdot \mu_r \cdot (-i(t))}{2 \cdot \pi \cdot r} \cdot l \cdot dr = -\frac{\mu_0 \cdot \mu_r \cdot l \cdot i(t)}{2 \cdot \pi \cdot} \cdot \ln \frac{r_{bd}}{r_{bc}} \qquad (6.84)$$

Der gesamte Fluss ϕ_{c-d}, der die Fläche der Doppelleitung c-d durchsetzt, ergibt sich dann aus der Addition der beiden Teilflüsse:

$$\phi_{c-d} = \phi_1 + \phi_2 = \frac{\mu_0 \cdot \mu_r \cdot l}{2 \cdot \pi \cdot} \cdot \ln\left(\frac{r_{ad} \cdot r_{bc}}{r_{ac} \cdot r_{bd}}\right) \cdot i(t) \qquad (6.85)$$

Mit den Gl. (6.74) und (6.85) ergibt sich die Gegeninduktivität der Anordnung:

$$M = \frac{\phi_{c-d}}{i(t)} = \frac{\mu_0 \cdot \mu_r \cdot l}{2 \cdot \pi \cdot} \cdot \ln\left(\frac{r_{ad} \cdot r_{bc}}{r_{ac} \cdot r_{bd}}\right) \qquad (6.86)$$

Liegen die aufgespannten Flächen der beiden Doppelleitungen symmetrisch und parallel zueinander mit $r_{ac} = r_{bd}$ und $r_{ad} = r_{bc}$ und ist $\mu_r = 1$ (Luft oder nichtferromagnetische Umgebungen wie isolierende Kunststoffe, $\mu_0 = 4\pi \cdot 10^{-7} \frac{Vs}{Am}$), ergibt sich:

$$M = 4 \cdot l \cdot \ln\left(\frac{r_{ad}}{r_{ac}}\right) \qquad [M] = \text{nH} \quad [l] = \text{cm} \qquad (6.87)$$

Liegen die aufgespannten Flächen der beiden Doppelleitungen symmetrisch und senkrecht zueinander in Form einer Raute, Abb. 6.14-rechts, so sind die beiden Doppelleitungen entkoppelt.

6.3.6.4 Störspannung einer Doppelleitung in einer Leiterschleife

Die Abb. 6.15 zeigt die Anordnung einer Doppelleitung mit einer benachbarten Leiterschleife.

Die beiden Leitungen werden jeweils von gleich großen und entgegengesetzt fließenden Strömen $i(t)$ bzw. $-i(t)$ durchflossen. Jeder der beiden Ströme erzeugt ein Magnetfeld mit einem magnetischen Fluss. Für die magnetische Feldstärke außerhalb eines Leiters kann Gl. (6.79) angewendet werden, wobei für die Radiuskoordinate r die folgenden Koordinatentransformationen durchgeführt werden müssen:

$$\text{Leiter 1 mit } i(t): \qquad r \Rightarrow x + a \qquad (6.88)$$

$$\text{Leiter 2 mit } -i(t): \qquad r \Rightarrow x - a \qquad (6.89)$$

Damit ergibt sich die Feldstärke im Bereich rechts neben dem Leiter 2 in der Ebene der Leiterschleife (x-z-Ebene) zu:

$$H = H_1 + H_2 = \frac{i(t)}{2\pi(x+a)} + \frac{-i(t)}{2\pi(x-a)} = \frac{-i(t)a}{\pi(x^2-a^2)} \qquad (6.90)$$

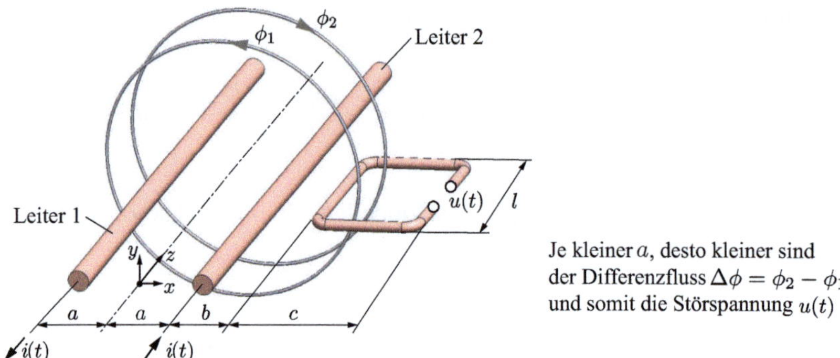

Abb. 6.15 Störeinkopplung einer Doppelleitung in eine Leiterschleife

Liegt die Leiterschleife nicht in dieser Ebene, so sind die Feldstärkevektoren nicht mehr parallel und es muss die vektorielle Addition erfolgen.

Da die Schleife in der x-z-Ebene senkrecht vom Feld durchsetzt wird und deshalb die Feldlinien der magnetischen Flussdichte $\vec{B}$ und der Flächenvektor $d\vec{A}$ die gleiche Richtung aufweisen, kann Gl. (6.82) zur Bestimmung des magnetischen Flusses verwendet werden.

Mit den Gln. (6.90) und (6.80) sowie $dA = l \cdot dx$ ergibt sich:

$$\phi = \int_A B \cdot dA_\perp = \int_{x=a+b}^{a+b+c} \frac{-i(t)a}{\pi(x^2 - a^2)} \cdot \mu_0 \cdot l \cdot dx \tag{6.91}$$

$$\phi = \frac{\mu_0 \cdot l}{2\pi} \cdot \ln\left(\frac{2a+b+c}{2a+b} \cdot \frac{b}{b+c}\right) \cdot i(t) \tag{6.92}$$

Mit dem Induktionsgesetz, der Windungszahl $w = 1$ der Schleife und einem Strom $i(t) = \hat{I}\sin(\omega t)$ ergibt sich die in der Leiterschleife induzierte Störspannung zu:

$$u_{\text{ind}} = -\frac{d\phi}{dt} = -\frac{\mu_0 \cdot l}{2\pi} \cdot \ln\left(\frac{2a+b+c}{2a+b} \cdot \frac{b}{b+c}\right) \cdot \omega \cdot \hat{I} \cdot \cos(\omega t) \tag{6.93}$$

Daraus wird sofort ersichtlich, dass sich die in der Leiterschleife induzierte Störspannung in dem Maße reduziert, wie sich der Leiterabstand verringert, mit dem theoretischen Grenzfall $u_{\text{ind}} = 0$ bei $a = 0$.

6.3.6.5 Schirmung zur Verringerung der magnetischen Störeinkopplung

Neben einem stromdurchflossenen Leiter mit einem Strom $i_1(t)$ liegt eine Leiterschleife-2, die den Nutzkreis darstellt und vom magnetischen Flussanteil ϕ_{12} des magnetischen Flusses des Stromes $i_1(t)$ durchsetzt wird. Zusätzlich ist diese Leiterschleife-2 von einem Kurzschlussring umgeben, Abb. 6.16.

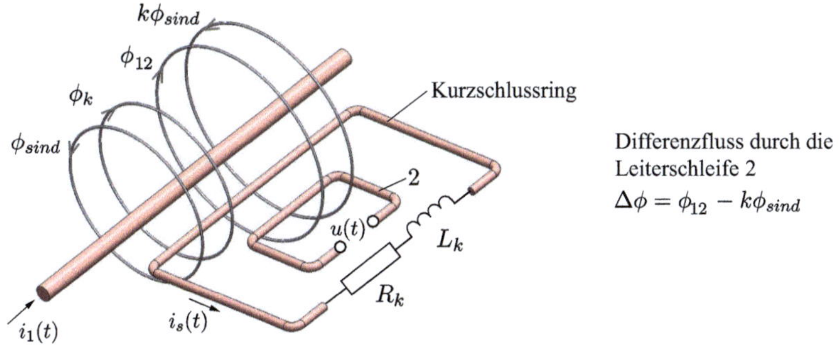

Abb. 6.16 Reduktion der magnetischen Störeinkopplung: Leiterschleife mit Kurzschlussring

Die Leiterschleife-2 ist offen mit $u(t)$, so dass dort kein Stromfluss entsteht und keinen weiteren magnetischen Fluss generieren kann.

Der Teil ϕ_k des magnetischen Flusses von $i_1(t)$ durchsetzt den Kurzschlussring und induziert in diesem einen Störstrom $i_s(t)$, der wiederum einen magnetischen Fluss ϕ_{sind} erzeugt, der dem ursprünglichen entgegengesetzt ist (Lenz'sche Regel).

Ist die Fläche der Leiterschleife kleiner als die des Kurzschlussringes, so durchsetzt nur ein Teil des Flusses ϕ_{sind} die Leiterschleife, $k\phi_{sind}$ mit $k \leq 1$. Damit verbleibt nur der Differenzfluss $\phi_{12} - k\phi_{sind}$ in der Leiterschleife und verringert die in der Leiterschleife induzierte Störspannung. Durch die Begrenzung des Störstroms $i_s(t)$, infolge des Ohm'schen Widerstandes R_k und der Induktivität L_k des Kurzschlussringes, ist der sekundär erzeugte Fluss kleiner als der von $i(t)$ herrührende Fluss. Damit verbleibt immer ein magnetischer Differenzfluss und die Störspannung kann nicht Null werden (Idealfall).

6.3.6.6 Schirmung zur Verringerung der magnetischen Abstrahlung

Zur Reduktion der Abstrahlung von einer Quelle muss diese geschirmt werden.

Diese Quelle ist ein Leiter, durch den der Strom $i_1(t)$ fließt. Ein Schirm, in dem der Schirmstrom $i_s(t)$ in entgegengesetzter Richtung und gleicher Stärke fließt, umschließt diesen Leiter. Die sich außerhalb des Schirms aufbauenden, entgegengesetzt gerichteten, Magnetfelder heben sich aufgrund der entgegensetzten Ströme auf, so dass eine vollständige Schirmung entsteht. Letztlich geht es darum, praktisch realisierte Anordnungen so zu gestalten, dass Hinstrom $i_1(t)$ gleich Schirmstrom $i_s(t)$ ist.

Die Abb. 6.17-links zeigt eine Anordnung, bei der Nutzkreis und Schirm beidseitig geerdet sind.

Aus der entsprechenden Ersatzschaltung Abb. 6.17-rechts ergibt sich die Maschengleichung der Schirmmasche:

$$\underline{i}_s(j\omega L_s + R_s) - \underline{i}_1(j\omega M) = 0 \tag{6.94}$$

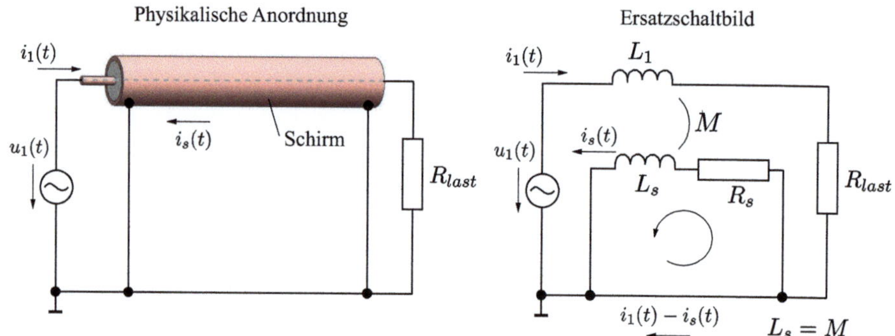

Abb. 6.17 Schirmung eines Leiters mit beidseitiger Erdung [37]

Mit der Substitution $M = L_s$, vgl. [38, S. 58–61], und der Umstellung von Gl. (6.94) folgt:

$$\underline{i}_s = \underline{i}_1 \left(\frac{j\omega}{j\omega + R_s/L_s} \right) = \underline{i}_1 \left(\frac{j\omega}{j\omega + \omega_g} \right) \tag{6.95}$$

Dabei ist ω_g die Grenzfrequenz, für die gilt:

$$\omega_g = \frac{R_s}{L_s} \qquad \text{bzw.} \qquad f_g = \frac{R_s}{2\pi L_s} \tag{6.96}$$

Mit der Zunahme der Frequenz deutlich über der Grenzfrequenz, nähert sich der Schirmstrom $i_s(t)$ der Größe des Leiterstromes $i(t)$. Unterhalb $5\omega_g$ wird die magnetische Schirmung immer schwächer. Bei $\omega = 5\omega_g$ beträgt der Schirmstrom $i_s(t) = 0.98 i_1(t)$. Das bedeutet, dass bei Frequenzen oberhalb der Grenzfrequenz ein beidseitig geerdeter Schirm eine magnetische Abstrahlung des stromführenden Leiters verhindert. Hauptursache dafür ist, dass der Rückstrom ein Gegenfeld zum Feld des inneren Leiters aufbaut und somit das Feld außerhalb des Leiters kompensiert.

Wird ein Ende des Nutzkreises nicht geerdet, so sollte der Schirm am Ende ebenfalls nicht geerdet sein, Abb. 6.18, wodurch der Rückstrom vollständig über den Schirm fließt. Diese Anordnung ist für Frequenzen unterhalb der Grenzfrequenz effektiv.

6.3.6.7 Maßnahmen zur Reduzierung der induktiven Kopplungen

Zusammenfassend sind hier wesentliche Maßnahmen aufgeführt, die induktiven Kopplungen zu reduzieren oder gar zu beseitigen:

- Reduzierung des Stroms zur Verringerung der magnetischen Feldstärke entsprechend des Durchflutungsgesetzes, vgl. Gl. (6.78) bzw. Gl. (6.79), $H \sim i$.
- Reduzierung der Frequenz des Stroms, womit ein kleineres di/dt entsteht und somit die induzierte Störspannung kleiner wird.
- Reduzierung des magnetischen Flusses ϕ, der die Fläche der Leiterschleife des gestörten Kreises durchdringt, durch Verringerung der Fläche selbst.

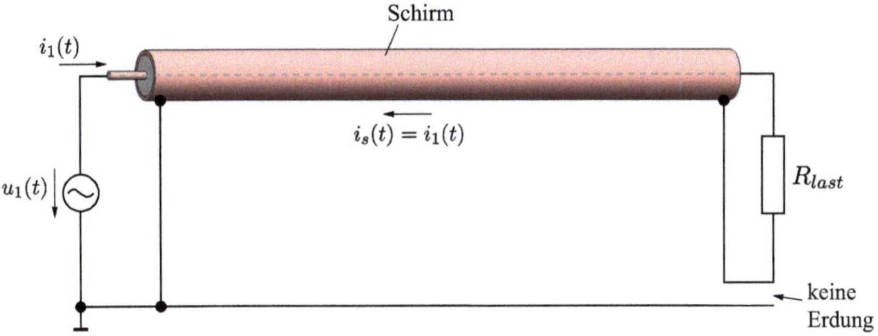

Abb. 6.18 Schirmung eines Leiters ohne Schirmerdung am Ende [37]

- Vergrößerung des Leiterschleifenabstands von stromführenden Leitern, da die Feldstärke mit $H \sim 1/r$ abnimmt.
- Verringerung des Abstands von Hin- und Rückleitern. Je kleiner er ist, desto kleiner wird das Feld an einem umgebenden Ort, da die Felder entgegengerichtet sind und sich somit teilweise aufheben. Das bedeutet auf elektronischen Boards eine enge Führung von Signal- und Rückleitern.
- Veränderung der Lage einer Leiterschleife derart, dass die Vektoren des Feldes $\vec{B}$ und der Flächenvektor $\vec{A}$ bzw. $d\vec{A}$ senkrecht aufeinander stehen, womit das Skalarprodukt $\vec{B} \cdot d\vec{A} = 0$ wird und keine Spannung induziert werden kann, vgl. Gl. (6.81).
- Reduktion eines einfallenden Magnetfelds durch Verwendung eines Kurzschlussrings um den Nutzkreis.
- Anordnung eines metallischen Schirms um eine Störquelle, wobei das abgestrahlte Magnetfeld mit zunehmender Frequenz bis auf nahezu Null reduziert werden kann.

6.3.7 Wellenleiterkopplung

6.3.7.1 Wirkprinzip

Bei den kapazitiven und induktiven Kopplungen werden die elektrischen und magnetischen Felder unabhängig voneinander behandelt. Ab ca. 30 kHz können beide Felder nicht mehr getrennt voneinander betrachtet werden, sondern sind als elektromagnetische Felder bzw. elektromagnetische Wellen anzusehen.

Die Bedingungen einer Wellenleiterkopplung sind [9]:

- Die elektrische Leitung l muss so lang sein, dass eine dynamische Signalverteilung vorliegt, d. h. dass an verschiedenen Orten der Leitung unterschiedliche Spannungs- und Stromwerte existieren ($l \geq \lambda/10$).
- Der Abstand a zweier zu koppelnder Leitungen muss so klein sein, dass das Signal gleichphasig überkoppelt ($a < \lambda/10$).

Die Kopplung setzt mindestens drei Leitungen mit zwei Signalleitungen und einem gemeinsamen Rückleiter voraus.

Die Überkopplung eines Signals (Übersprechen) ist weiterhin abhängig von:

- den Koppelimpedanzen zwischen den Leitungen, bestehend aus den Gegeninduktivitäten M und den Koppelkapazitäten C_k der Leitungen
- den Impedanzen der Leitungen Z_0 mit ihren Selbstinduktivitäten L und Kapazitäten C, vgl. vorherige Kapitel
- der Signallaufzeit t_{pd}
- den Anstiegs- und Abfallzeiten t_r, t_f der Impulse auf den Leitungen und
- den Leitungsterminierungen

6.3.7.2   Impedanz

Die Abb. 6.19 zeigt das Ersatzschaltbild einer allgemeinen elektrischen Leitung.

Für die Impedanz einer elektrischen Leitung gilt:

$$Z_0 = \sqrt{\frac{R' + j\omega L'}{G' + j\omega C'}} \tag{6.97}$$

R', L' und C' sind die jeweiligen elektrischen Werte, bezogen auf die zu betrachtenden Längen Δz und l.

Für hohe Frequenzen mit $\omega L' \gg R'$ und $\omega C' \gg G'$ bzw. eine verlustlose Leitung vereinfacht sich Gl. (6.97):

$$Z_0 = \sqrt{\frac{L'}{C'}} = \sqrt{\frac{L}{C}} \qquad [Z_0] = \Omega \tag{6.98}$$

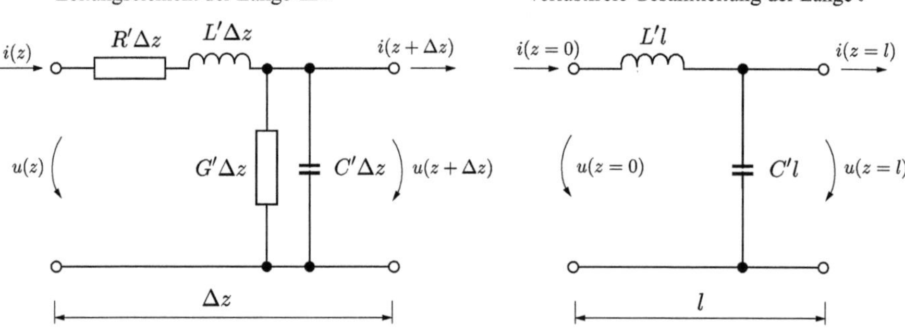

Abb. 6.19 Ersatzschaltbild einer elektrischen Leitung

6.3.7.3 Impedanzen typischer Anordnungen

Im Folgenden sind die Berechnungsvorschriften für die typischen Leiteranordnungen entsprechend der Abb. 6.6 und 6.7 zusammengefasst.

1. **Zwei parallele Leitungen mit kreisförmigem Querschnitt** [3, S. 298], Abb. 6.6-b:

$$Z_0 = \frac{120}{\sqrt{\varepsilon_r}} \cdot \ln\left(\frac{a}{d} + \sqrt{\left(\frac{a}{d}\right)^2 - 1} \right) \qquad [Z_0] = \Omega \qquad (6.99)$$

2. **Gerader Leiter mit kreisförmigem Leiterquerschnitt parallel über einer Massefläche** [3, S. 299], Abb. 6.6-e:

$$Z_0 = \frac{120}{\sqrt{\varepsilon_r}} \cdot \ln\left(\frac{2h}{d} + \sqrt{\left(\frac{2h}{d}\right)^2 - 1} \right) \qquad [Z_0] = \Omega \qquad (6.100)$$

3. **Koaxialleitung** [3, S. 298], Abb. 6.6-f:

$$Z_0 = \frac{60}{\sqrt{\varepsilon_r}} \cdot \ln\left(\frac{r_1}{r_0} \right) \qquad [Z_0] = \Omega \qquad (6.101)$$

4. **Stripline (symmetrisch) mit rechteckigem Leiterquerschnitt zwischen zwei Referenzflächen (Masse, V_{CC})** [35, S. 174–175], Abb. 6.7-c:

$$Z_0 = \frac{60}{\sqrt{\varepsilon_r}} \cdot \ln\left(\frac{1{,}9b}{0{,}8w + t} \right) \qquad [Z_0] = \Omega \qquad (6.102)$$

$$\text{gültig für} \quad \frac{w}{b} < 0{,}35 \quad \text{und} \quad \frac{t}{b} < 0{,}25$$

Weitere Gln. sind [28, S. 436–439] oder auch [21, S. 319] zu entnehmen, wo auch die Gln. für einen unsymmetrische Stripline-Aufbau zu finden sind.

5. **Microstrip mit rechteckigem Leiterquerschnitt über einer Massefläche** [35, S. 171–172], Abb. 6.7-d:

$$Z_0 = \frac{k}{\sqrt{\varepsilon_r + 1{,}41}} \cdot \ln\left(\frac{5{,}98\,h}{0{,}8w + t} \right) \qquad (6.103)$$

$$k = 87: 15 < w < 25\,\text{mil} \qquad k = 79: 5 \leq w < 15\,\text{mil}$$

$$0{,}1 < (w/h) < 3{,}0 \qquad 1 < \varepsilon_r < 15$$

$$\text{Bsp.1:} \quad \varepsilon_r = 4{,}5 \quad h = 125\,\mu\text{m} \quad w = 200\,\mu\text{m} \quad t = 35\,\mu\text{m} \quad Z_0 = 44\,\Omega$$

Die Gl. (6.103) erreicht Genauigkeiten von $\pm 5\,\%$ für $w/h < 0{,}6$ und von $\pm 20\,\%$ für w/h von $> 0{,}6$ bis 2 [35, S. 172].

6. **Embedded Microstrip** [6], Abb. 6.7-e:

Dabei werden die Leiterzüge vollständig eingebettet. Die ebene Oberfläche ermöglicht es, weitere Leiterzüge auf dem Einbettmaterial zu realisieren.

$$Z_0 = \frac{60}{\sqrt{\varepsilon_{\text{reff}}}} \cdot \ln\left(\frac{5{,}98\,h}{0{,}8w + t}\right) \quad \text{gültig für} \quad 0{,}1 < \frac{w}{h} < 3{,}0 \tag{6.104}$$

$$\varepsilon_{\text{reff}} = \varepsilon_r\left(1 - e^{-\frac{1{,}55 \cdot b}{h}}\right) \quad \text{gültig für } b > 1{,}2\,h \tag{6.105}$$

Es sei darauf hingewiesen, dass es in einigen Veröffentlichungen fehlerhafte Gleichungen für $\varepsilon_{\text{reff}}$ und Z_0 gibt. Die Fehlerdiskussion ist in [6] zu finden.

7. **Coated Microstrip** [43], Abb. 6.7-f:

Hierbei ist die gesamte Oberfläche mit einem Lötstopplack, typisch $25\,\mu\text{m}$ dick, beschichtet. Im Gegensatz zum Embedded Microstrip werden darauf keine weiteren Leiterzüge aufgebracht. Für die Impedanz gilt:

$$Z_0 = \frac{60}{\sqrt{\varepsilon_{\text{reff}}}} \cdot \ln\left(\frac{6{,}8\,h}{0{,}8w + t}\right) \quad \text{Näherung für} \quad 0{,}5 < \frac{w}{h} < 5{,}0 \tag{6.106}$$

$$\varepsilon_{\text{reff}} \approx 3{,}5 \pm 0{,}15 \quad \text{für } 25\,\mu\text{m-Lötstoppmaske} \tag{6.107}$$

Weitere modifizierte Microstrip- und Striplineanordnungen sind in den Tab. 6.11 und 6.12 zusammengestellt.

Für die Mikrostrip und Stripline stellen die Gleichungen Näherungen zum Abschätzen der Größenordnungen dar. Wesentlich exaktere Gleichungen sind in der IPC-2141A [25] zusammen mit der Korrektur IPC-2141A Errata Information [26] zu finden. Für praktische Anwendungen sind sie aber kritisch zu sehen, da immer nur von einem Leiter ausgegangen wird und der Einfluss benachbarter Leiter nicht mitbetrachtet wird.

6.3.7.4　Reflexionsfaktor

Allgemein durchläuft eine elektromagnetische Welle die Leitung und wird an ihrem Ende reflektiert. Das Verhältnis der Spannungen bzw. Ströme von hin- und rücklaufender Wellen ergibt den Reflexionsfaktor r, der sich aus den entsprechende Leitungs- und Abschlusswiderständen ergibt. Der Reflexionsfaktor entsteht demzufolge aus einer Fehlanpassung des Leitungswiderstands und des jeweiligen Empfangswiderstands der Welle. Das ist am Anfang der Empfänger und wenn die Welle zurückläuft, auch der ursprüngliche Sender. Für r gilt:

$$r = \frac{Z_L - Z_0}{Z_L + Z_0} \tag{6.108}$$

Die Gl. (6.108) gilt auch für den Sonderfall einer als verlustfrei anzusehenden Leitung, wobei an jeder Stelle der Leitung der Betrag von r konstant ist.

Dabei sind Z_0 der Wellenwiderstand der Leitung und Z_L der Widerstand am jeweiligen Ende der Leitung. Für offene und kurzgeschlossenen Leitungen ergeben sich die Grenzfälle zu $r = +1$ bzw. $r = -1$. Ist am Ende der Leitung ein IC angeschlossen, so stellt Z_L den Eingangswiderstand des ICs dar. Für den Fall $Z_L = Z_0$ wird $r = 0$ und es liegt Leitungsanpassung vor.

Aus Gl. (6.108) ist zu entnehmen, dass jede Impedanzänderung innerhalb einer Leitung Reflexionen hervorruft, die letztlich Störgrößen darstellen. Daraus folgt, dass Leitungsgeometrien nicht verändert werden sollten und die Anzahl der Vias in Boards zu minimieren ist.

6.3.7.5 Störüberkopplung

Dazu soll die Signalüberkopplung eines Einschaltimpulses auf einer Leitung betrachtet werden, die infolge einer Gegeninduktivität und einer Koppelkapazität zwischen zwei Leitungen entsteht, Abb. 6.20.

Das in den Leiter 1 eingespeiste Signal $u_0(t)$ generiert über die Koppelkapazität C_k einen Störstrom im Leiter 2, der sich aus den beiden Anteilen $i_{\text{near}}(C_k)$ und $i_{\text{far}}(C_k)$ zusammen setzt, die entgegengesetzt zu den Leitungsenden C und D, near-end und far-end, des Leiters 2 fließen. Ein weiterer Störstromanteil $i(M)$ wird durch die Gegeninduktivität M im Leiter 2 generiert, der vom far-end zum near-end fließt. Die entgegengesetzte Richtung zu $i(t)$ ergibt sich aus der Induktion durch die Gegeninduktivität. Damit ergeben sich die Störströme an den Enden far-end und near-end:

$$i_{\text{near}}(t) = i_{\text{near}}(C_k) + i(M) \tag{6.109}$$

$$i_{\text{far}}(t) = i_{\text{far}}(C_k) - i(M) \tag{6.110}$$

Die Anteile in Richtung der near-end und far-end werden als near-end und far-end Übersprechen (Crosstalk) bezeichnet. Die Höhe und die Signalform des Übersprechens sind

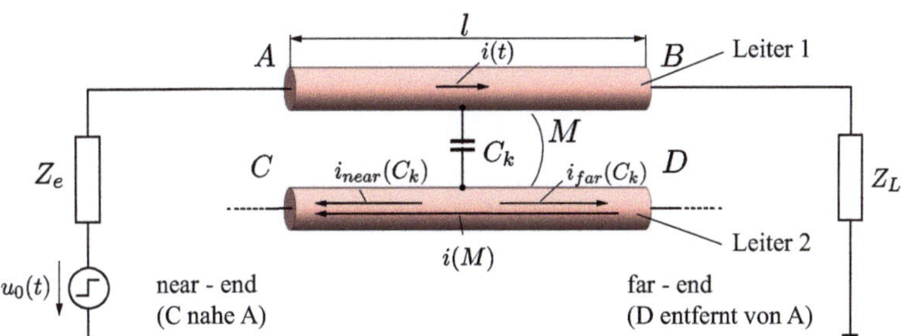

Abb. 6.20 Signalüberkopplung durch Gegeninduktivität und Koppelkapazität

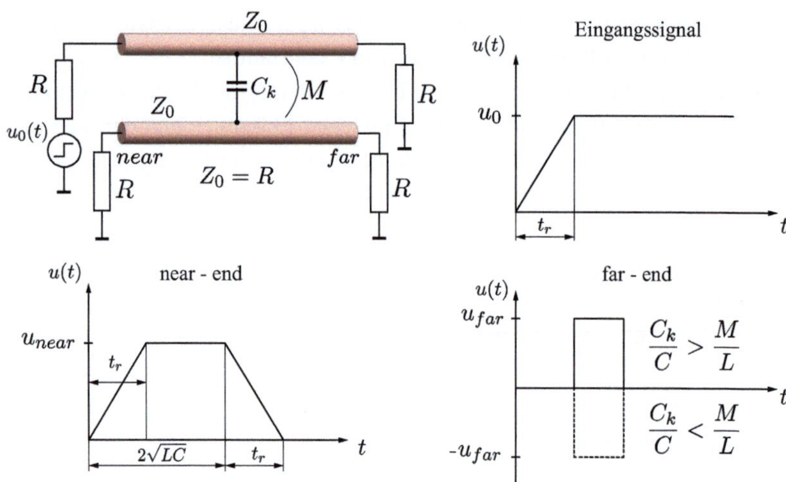

Abb. 6.21 Übersprechen bei zweiseitiger Leitungsterminierung

von der Stärke der Kopplungen und der Leitungsterminierungen abhängig. Die Abb. 6.21 zeigt den Fall, bei dem beide Leitungen an beiden Enden eine Leitungsanpassung mit $R = Z_0$ aufweisen. Für die Amplituden am near-end und am far-end ergeben sich:

$$u_{\text{near}} = \frac{u_0}{4} \cdot \left(\frac{C_k}{C} + \frac{M}{L} \right) \tag{6.111}$$

$$u_{\text{far}} = \frac{u_0 \cdot \sqrt{LC}}{2t_r} \cdot \left(\frac{C_k}{C} - \frac{M}{L} \right) = \frac{u_0}{2t_r} \cdot \left(Z_0 \cdot C_k - \frac{M}{Z_0} \right) \tag{6.112}$$

Die Gleichungen gelten für $t_{pd} \cdot l > 2 \cdot t_r$. Dabei sind L und C die Selbstinduktivität und die Kapazität der Leitung. Ist $t_r > 2 \cdot t_{pd} \cdot l$, so muss das near-end Übersprechen mit dem Faktor $2 \cdot t_{pd} \cdot l / t_r$ multipliziert werden, beim far-end ergeben sich keine Änderungen [21, S. 48].

Die Leitung mit dem Eingangssignal u_0 ist beidseitig angepasst, um störende Reflexionen auf der Leitung zu vermeiden.

Hinweis: An dieser Stelle sei darauf hingewiesen, dass in den beiden Gleichungen die C_k, C, M und L Absolutwerte sind. Teilweise werden in der Literatur die Werte pro Längeneinheit angegeben. Dann ist die Gesamtlänge der Leitungen in die Gleichungen mit einzubeziehen.

6.3.7.6 Maßnahmen zur Reduzierung der Wellenleiterkopplung

Zusammenfassend seien hier Maßnahmen zur Reduzierung der Wellenleiterkopplungen aufgeführt:

- Reduzierung der Leitungslängen parallel liegender Leitungen.
- Veränderung der Lage der Leitungen zueinander; insbesondere kreuzende Leitungen mit 90° (Orthogonalstrukturen) zueinander verlegen.
- Vergrößerung der Leitungsabstände verringert die Einkopplung durch Verkleinerung der Koppelkapazität.
- Einsatz von geschirmten Leitungen.
- Einsatz von verdrillten Leitungen (Twisted Pair).
- Bei Flachbandkabeln jeden zweiten Leiter als Masse(rück)leiter auslegen.
- Anwendung der symmetrischen Signalübertragung.
- Führen die genannten Maßnahmen nicht zum Erfolg, müssen Lichtwellenleiter für die Signalübertragung eingesetzt werden.

6.3.8 Strahlungskopplung

6.3.8.1 Wirkprinzip

Jeder stromdurchflossene Leiter strahlt Signale in Form elektromagnetischer Wellen ab, die von entfernten Leitungen aufgenommen werden. Es entsteht ein Strahlungsfeld, das sich in einem leeren Raum ausbreitet. Gerätetechnisch liegen also für das Senden und Empfangen Antennen vor. Einerseits sind für eine optimale Signalübertragung effektive Empfangsantennen notwendig, andererseits soll die Anordnung auf der Geräteseite besonders ineffektiv sein, um Störeinkopplungen zu minimieren.

Zur Entstehung des Strahlungsfeldes wird ein differenziell kleines Leitungsstück eines stromführenden Leiters als Punktquelle betrachtet. Diese ist von einer Kugelwelle umgeben, auf deren Fläche die elektrischen und magnetischen Feldstärken $\vec{E}$ und $\vec{H}$ senkrecht aufeinander stehen. Mit der Ausbreitung der Kugelwelle vergrößert sich der Abstand zur Punktquelle und gleichzeitig verringern sich die beiden Feldstärken. Die Kugelfelder aller dieser Punktquellen überlagern sich im Raum und ergeben das Strahlungsfeld, das durch den Feldwellenwiderstand Z_F beschrieben werden kann.

Da die Überlagerungen der Feldstärken von den Leiteranordnungen abhängig sind, sollen zwei Anordnungen (Antennentypen) hier betrachtet werden.

- Hertz'scher Dipol (Stabantenne) mit einer Leiterlänge $l < \lambda$ mit einer quasistatischen Signalverteilung auf der Leitung.
- Magnetischer Dipol (Rahmenantenne) mit einer geschlossenen Leiterschleife der Fläche A und einer Umfangslänge $< \lambda$.

6.3.8.2 Feldwellenwiderstand

Die elektrische Feldstärke korreliert mit der Spannung und die magnetische Feldstärke mit dem Strom. Analog zum Ohm'schen Gesetz kann damit der Feldwellenwiderstand definiert werden:

$$Z_f = \frac{|\vec{E}|}{|\vec{H}|} \qquad [E] = \frac{\text{V}}{\text{m}} \qquad [H] = \frac{\text{A}}{\text{m}} \qquad [Z_f] = \Omega \qquad (6.113)$$

Entsprechend der Wellengleichungen [9, S. 154] [39, S. 178–183] wird das Strahlungsfeld hinsichtlich des Feldwellenwiderstandes in zwei Bereiche eingeteilt [9, S. 149]. Zur genaueren Beschreibung kann auch zwischen beiden ein Übergangsfeld definiert werden [41].

- Der Fernfeldbereich mit $r > 0{,}8 \cdot \lambda$, wobei r der Abstand zwischen dem Sender und einem betrachteten Punkt ist, z. B. eine Leiteranordnung am Empfangsteil oder ein Gerätegehäuse.
- Der Nahfeldbereich mit $r \leq 0{,}8 \cdot \lambda$.

In [39, S. 179] wird als Grenze $r = \lambda/2\pi$ angegeben.

Im **Fernfeldbereich** überwiegt die $1/r$-Abhängigkeit der $\vec{E}$ und $\vec{H}$-Felder und beide liegen in Phase zueinander, d. h. die Felder verschieben sich nicht zueinander. Damit ergibt sich für den Feldwellenwiderstand im Fernfeld:

$$Z_{f0} = \frac{|\vec{E}|}{|\vec{H}|} = \sqrt{\frac{\mu_0}{\varepsilon_0}} = 120\pi\,\Omega = 377\,\Omega \qquad (6.114)$$

Im **Nahfeldbereich** sind hinsichtlich der Abstrahlung zwei Fälle zu unterscheiden.

Beim Hertz'schen Dipol überwiegt die E-Komponente ($E \sim 1/r^3$; $H \sim 1/r^2$) und für den Feldwellenwiderstand im Nahfeld ergibt sich dann:

$$Z_{ne} = \frac{\lambda}{j\,2\pi\,r} \cdot Z_{f0} \qquad (6.115)$$

Beim magnetischen Dipol überwiegt die H-Komponente ($H \sim 1/r^3$; $E \sim 1/r^2$) und für den Feldwellenwiderstand im Nahfeld ergibt sich dann:

$$Z_{nm} = \frac{j\,2\pi\,r}{\lambda} \cdot Z_{f0} \qquad (6.116)$$

Wenn die elektromagnetische Welle auf den Schirm eines Gerätes oder Geräteteiles trifft, so ist für die Betrachtung der Schirmwirkung die Kenntnis des Wellenwiderstands des Schirms (Schirmimpedanz) notwendig, für die gilt:

$$Z_s = \sqrt{\frac{j\omega\mu_0\mu_r}{j\omega\varepsilon_0\varepsilon_r + \dfrac{1}{\rho}}} \qquad (6.117)$$

Dabei ist ρ der spezifische Widerstand des Schirms.

6.3.8.3 **Strahlungswiderstand und Strahlungsleistung**

Die durchschnittliche Leistung, die ein Strahler abgibt, bestimmt sich aus:

$$P = Z_r \cdot i_{\text{eff}}^2 = \frac{1}{2} \cdot Z_r \cdot \hat{I}^2 \tag{6.118}$$

Der Strahlungswiderstand Z_r stellt einen fiktiven Widerstand dar, der bei einem Strom i_{eff} eine Verlustleitung P hat, die genauso groß ist, wie die abgestrahlte Leistung der Antenne beim gleichen Strom i_{eff}.

Für den Hertz'schen Dipol (Stab) und den magnetischen Dipol (Rahmen) ergeben sich die Strahlungswiderstände zu [39, S. 181–183], [34, S. N16]:

$$Z_{\text{rstab}} = 80\pi^2 \left(\frac{l}{\lambda}\right)^2 \qquad [l, \lambda] = \text{cm} \quad [Z_{\text{rstab}}] = \Omega \tag{6.119}$$

$$Z_{\text{rrah}} = 3{,}117 \cdot 10^4 \left(\frac{n \cdot A}{\lambda^2}\right)^2 \qquad [A] = \text{cm}^2 \quad [\lambda] = \text{cm} \quad [Z_{\text{rrah}}] = \Omega \tag{6.120}$$

Dabei ist n die Anzahl der Windungen pro Rahmen.

So ergibt sich für einen Hertz'schen Dipol mit einer Stablänge von $l = 1\,\text{cm}$, einer Frequenz von $f = 300\,\text{MHz}$ ($\lambda = 100\,\text{cm}$) und einem Effektivstrom $i_{\text{eff}} = 5\,\text{A}$ eine Strahlungsleistung von $P = 2\,\text{W}$.

Reduziert man die Frequenz auf $f = 30\,\text{MHz}$ ($\lambda = 1000\,\text{cm}$), so wird für die $P = 2\,\text{W}$ Strahlungsleistung ein Effektivstrom von $i_{\text{eff}} = 50\,\text{A}$ benötigt.

Ähnlich verhält es sich beim magnetischen Dipol. Die Rahmenfläche sei $A = \pi r^2$ mit $r = 1\,\text{cm}$, die Frequenz $f = 300\,\text{MHz}$ und die zu erzielende Strahlungsleistung betrage $P = 2\,\text{W}$. Das erfordert einen Effektivstrom von $i_{\text{eff}} = 25\,\text{A}$. Reduziert man auch hier die Frequenz auf $f = 30\,\text{MHz}$, erhöht sich der Effektivstrom auf $i_{\text{eff}} = 2{,}5 \cdot 10^3\,\text{A}$ (1 Windung des Rahmens!).

Es ist zu erkennen, dass beide Antennentypen keine effizienten Strahler sind.

6.3.8.4 **Leiterschleifen-Rahmenantennen**

Leiterschleifen werden als magnetische Dipole (Rahmenantennen) angesehen. Für die **Abstrahlung** wird eine Leiterschleife der Fläche A betrachtet, die mit einem Strom $\hat{I}$ der Frequenz f beaufschlagt wird. Für die elektrische Feldstärke im Fernfeld E_f, im freien Raum und ohne weitere Reflexionen, mit einem Abstand r zwischen Quelle und betrachtetem Punkt gilt dann:

$$E_f = 131{,}6 \cdot 10^{-4}(f^2 A \hat{I})\left(\frac{1}{r}\right)\sin(\theta) \tag{6.121}$$

$$[E_f] = \frac{V}{m} \quad [f] = \text{MHz} \quad [A] = \text{m}^2 \quad [I] = \text{A} \quad [r] = \text{m}$$

Senkrecht auf der Schleife (x-y-Ebene) steht die z-Achse und dabei ist θ der Winkel zwischen dieser z-Achse und einem davon abweichenden Punkt. Die maximale elektrische Feldstärke ergibt sich bei $\theta = \pi/2$.

Die Gl. (6.121) gilt exakt für kleine Schleifen mit der Bedingung:
Umfang der Schleife < 1/4 der Wellenlänge. Für große Schleifen stellt sie eine Näherung dar.

Für die Anordnungen, bei denen die Schleife über einer Massefläche liegt wie typischerweise bei Multilayern, wird Gl. (6.121) mit dem Faktor 2 multipliziert um die Einfluss der Reflexionen zu berücksichtigen [38, S. 467]:

$$E_{\text{fmax}} = 263 \cdot 10^{-4} (f^2 A \hat{I}) \left(\frac{1}{r} \right) \tag{6.122}$$

$$[E_{\text{fmax}}] = \frac{V}{m} \quad [f] = \text{MHz} \quad [A] = \text{m}^2 \quad [I] = \text{A} \quad [r] = \text{m}$$

Die magnatische Feldstärke ergibt sich dann aus Gl. (6.113).

Beim Design des Layouts von elektronischen Boards treten verschiedene Anordnungen der Leiterschleifen auf.

Bei einer Einlagen-Leiterplatte befinden sich Signal- und Rückleiter auf einer gemeinsamen Lage und bilden in dieser Ebene eine Leiterschleife, wobei der Flächenvektor der Schleife senkrecht auf der Leitungsebene steht. Hier können die Schleifen relativ groß werden.

Bei Zweilagen-Leiterplatten können Signalleiter und Rückleiter auf beiden Leitungslagen, auch abwechselnd verlaufen und bilden Leiterschleifen, deren Flächenvektoren senkrecht oder auch geneigt auf den Leitungsebenen stehen.

Auf Multilayern, bei denen ganze Leitungslagen als Versorgungsebenen ausgelegt werden, ergibt sich die Fläche der Leiterschleife aus der Länge der Signalleitung und dem senkrechten Abstand zur Masse-Versorgungsebene, da der Rückstrom hier direkt unter dem Signalstrom in dieser Ebene fließt. Mit zunehmender Frequenz sucht sich der Rückstrom in der Masse-Versorgungsebene den Pfad mit der niedrigsten Impedanz, vgl. Gl. (6.97), d. h. mit der niedrigsten Schleifeninduktivität [3, S. 274–278]. Der Flächenvektor dieser Schleife verläuft damit parallel zu den Leitungsebenen.

Die in die Gleichungen einzusetzenden Ströme I_n ergeben sich aus der Fourier-Reihe eines trapezförmigen Signals mit $t_r = t_f$, vgl. auch Abb. 6.3:

$$I_n = 2Id \cdot \frac{\sin(n\pi d)}{n\pi d} \cdot \frac{\sin(n\pi t_r / T)}{n\pi t_r / T} \quad \text{für} \quad n \neq 0 \tag{6.123}$$

Dabei sind I die Amplitude des Impulses, $d = t_w / T$ das Tastverhältnis, t_r die Impulsanstiegszeit und n die Zahl der harmonischen Schwingungen entsprechend der Fourier-Zerlegung. Für die erste Harmonische (Grundschwingung) ergibt sich $I_1 = 0{,}64I$.

Bei einer **Einstrahlung** mit der Feldstärke E ergibt sich in einer Leiterschleife die Spannung [34, S. N16]:

$$U = \frac{2 \cdot \pi \cdot n \cdot A}{\lambda} \cdot E \cdot \cos(\varphi) \tag{6.124}$$

$$[U] = V \quad [A] = \text{m}^2 \quad [\lambda] = \text{m} \quad [E] = \frac{V}{m}$$

Dabei sind U die empfangene Leiterspannung, A die Schleifenfläche, λ die Wellenlänge, E die elektrische Feldstärke in der Schleifenebene und n die Anzahl der Windungen der Empfangsschleife (bei Microstrip = 1). φ ist der Winkel zwischen der Schleifenebene und dem Sender. Hinweis: Wird der Flächenvektor der Schleifenfläche $\vec{A}$ angesetzt, dann ergibt sich $\sin(\varphi)$ in Gl. (6.124).

6.3.8.5 Leitungen-Stabantennen

Die **abstrahlenden** Leitungen eines Systems entsprechen Hertz'schen Dipolen (Stabantennen). Das sind Kabel und Leitungen, die unterschiedliche Lagen und Anbindungen auf elektronischen Boards (Leiterplatten) haben. Die Abb. 6.22 zeigt dazu typische Dipolstrukturen. Für die elektrische Feldstärke im Fernfeld gilt [2, 10, Blatt 0.2.4.3]:

$$E_{\max} = \frac{3 \cdot f \cdot I \cdot l}{r} \tag{6.125}$$

$$[E] = \frac{\mu V}{m} \quad [f] = \mathrm{MHz} \quad [I] = \mathrm{mA} \quad [l] = \mathrm{cm} \quad [r] = \mathrm{m}$$

Dabei sind r der Abstand vom Dipol, I der Einspeisestrom in die Leitung und l eine effektive Länge, abhängig von der Lage der Leitung. Für die einzusetzenden Ströme I_n gilt wie bei den Leiterschleifen Gl. (6.123).

Ist die Spannung bekannt, so errechnet sich der Strom aus $i = u2\pi f C_s$ mit:

$$C_s = \frac{0{,}4}{\ln(2\,s/d)} \cdot l_c \quad [C_s] = \mathrm{pF} \quad [l_c] = \mathrm{cm} \tag{6.126}$$

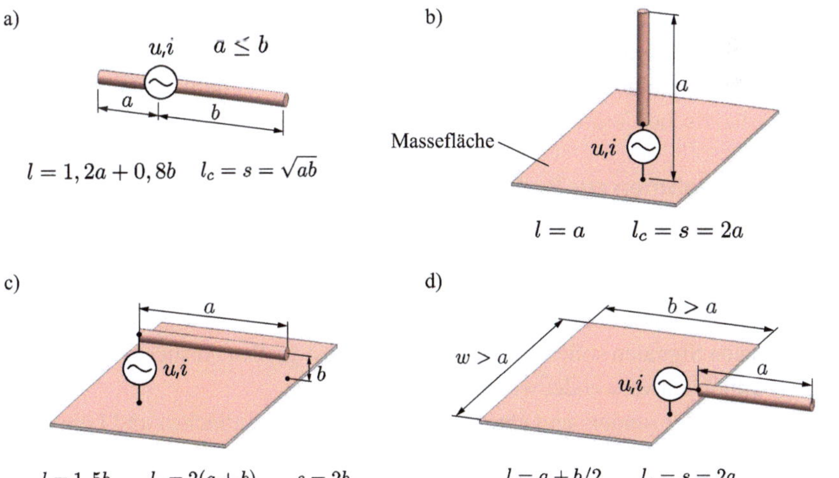

Abb. 6.22 Hertz'sche Dipole mit effektiven Längen l, l_c und s, [10, Bl.0.2.4.3] mit Genehmigung des FED e. V.

Tab. 6.3 Grenzwerte für elektromagnetische Störstrahlung bei 10 m Messentfernung, [1]

Frequenzbereich in MHz	Spitzenwerte in dB(μV/m)		
	Klasse A, $\leq$ 20kVA	Klasse A, $\geq$ 20kVA	Klasse B
30 - 230	40	50	30
230 - 1000	47	50	37

Für u ist der Fourieransatz analog Gl. (6.123) zu nehmen.

Die in einem elektrischen Leiter **erzeugte Spannung** ergibt sich aus der Anwesenheit eines elektrischen Feldes:

$$U = \vec{E} \cdot d\vec{l} = |\vec{E}| \cdot |d\vec{l}| \cdot \cos(\vec{E}, d\vec{l}) \qquad (6.127)$$

Damit wird ersichtlich, dass die maximale Spannung dann entsteht, wenn das $\vec{E}$-Feld und der Leiter $d\vec{l}$ bzw. $\vec{l}$ parallel verlaufen. Ist das nicht der Fall, so sind die Komponentenanteile entsprechend der cos-Funktion einzusetzen. Die Gesamtspannung auf einem Leiter ergibt sich aus der Summe der jeweiligen E_i-Anteile und den zugehörigen parallel verlaufenden Längenanteilen l_i des Leiters:

$$U = \sum_{i=1}^{n} E_i \cdot l_i \qquad [U] = \text{V} \quad [E_i] = \frac{\text{V}}{\text{m}} \quad [l_i] = \text{m} \qquad (6.128)$$

Eine umfangreiche Betrachtung zu den Antennentypen ist in [19, A4] zu finden.

6.3.8.6 Emissionsgrenzwerte für hochfrequente elektromagnetische Felder

Für alle Produktklassen gibt es Produktnormen, die Emissionsgrenzwerte enthalten. Damit ist es möglich, durch Umstellen der obigen Gleichungen die entsprechenden elektrischen Größen und geometrischen Abmessungen (Schleifenfläche, Leitungslängen) bei definierten Abständen zu ermitteln. Die Tab. 6.3 zeigt Grenzwerte für industrielle, wissenschaftliche und medizinische Geräte mit den Klassen A und B (Industrie- und Heimbereiche) [1].

6.3.8.7 Maßnahmen zur Reduzierung der Strahlungskopplungen

Zur Reduzierung der störenden Abstrahlung gilt

- Reduktion der Stromamplitude des Senders.
- Reduktion der Senderfrequenzen.
- Bei digitalen Signalen sollen Impulse mit möglichst großen Anstiegs- und Abfallzeiten der Schaltflanken verwendet werden.
- Minimierung der sender- und empfängerseitigen Schleifenflächen und Leiterlängen.
- Realisierung eines möglichst großen Abstands zwischen Störstrahler und Nutzanordnung.
- Veränderung des Winkels von Störstrahler und Nutzanordnung zueinander (durchstrahlte Flächen minimieren, Leitungen senkrecht zu den elektrischen Feldern).

6.4 Referenz- und Massesysteme (Grounding)

6.4.1 Überblick und Definitionen

Referenzpunkte, Referenzebenen und Referenzsysteme müssen hinsichtlich aller Ebenen elektronischer und elektrischer Baugruppen, Geräte, Anlagen und Systeme betrachtet werden. Allen gemeinsam ist, dass sie als Bezugspotenzial φ_0, typischerweise mit $\varphi_0 = 0\,\mathrm{V}$, für analoge und digitale Signale verwenden. Ein Referenzpunkt stellt φ_0 örtlich begrenzt in einem einzelnen Punkt dar, während eine Referenzebene einer teilweisen oder ganzen Lage eines Multilayers entspricht. Ein Referenzsystem umfasst mehrere Referenzen für digitale, analoge oder elektromechanische Teile (z. B. einen kleinen Motor), die dann an einem Punkt zusammen geführt werden.

Die Begriffe Masse und Massensysteme sind nicht eindeutig und abhängig von den verschiedenen Sichtweisen der Designer und Ingenieure.

Der Designer einer elektronischen Baugruppe versteht hinsichtlich des physikalischen Aufbaus (Geometrie und Werkstoff) üblicherweise Masse als Masselage eines Multilayers oder als Masseleitung einer Leiterplatte, wobei in digitale, analoge und u. U. weitere unterschieden werden muss. Aus elektrischer Sicht stellt diese Masse die Signalbezugsreferenz mit $\varphi_0 = 0\,\mathrm{V}$ für die digitalen und analogen Spannungen bzw. Potenziale eines Schaltungsdesigns dar.

Aus Gerätesicht versteht man unter Masse einen Leiter, der mit dem Chassis bzw. dem Metallgehäuse des Gerätes verbunden ist und mit den Signalmassen verbunden wird.

Aus der Sicht einer z. B. 230 V-Netzanbindung von Geräten meint man dagegen die Verbindung des Gerätes mit dem Schutzleitersystem PE aus Sicherheitsgründen.

Die Abb. 6.23 zeigt die verwendeten Masse- und Erdungssymbole.

Grundsätzlich lassen sich zwei Kategorien unterscheiden [38]:

1. Erdung aus Sicherheitsgründen (Safety Grounds).
2. Masse- und Referenzsysteme für Signale (Signal Grounds), wobei diese Kategorie weiter in Signal- und Versorgungsmassen unterteilt werden kann.

⏚	Erde, allgemeines Symbol
 ⏚	Schutzerde, Schutzleiteranschluß PE mit festgelegter Schutzfunktion, z.B. Schutz gegen elektrischen Schlag
⏚	Masse, insb. auch Gehäusemasse
⏚	Masse, wenn die Verwendung eindeutig ist, z.B. bei einer digitalen Baugruppe
⏚	allg. Masse (Äquipotenzial), optional mit Buchstabe D oder A für digitale oder analoge Massen, häufig bei elektronischen Baugruppen

Abb. 6.23 Masse- und Erdungssymbole

Dem Design der Masse- und Referenzsysteme für Signale muss hinsichtlich der richtigen Auslegung des **Bezugspotenzials** besondere Bedeutung geschenkt werden. Ziel muss es in jedem Falle sein, das Referenzpotenzial φ_0 stabil auf 0 V zu halten. Probleme treten auf bei: 1. geometrisch ausgedehnten Systemen, da Ohm'sche Verluste und Leitungsinduktivitäten zu Potenzialdifferenzen führen, und 2. wenn keine zeitliche Konstanz des Potenzials gewährleistet ist. Das kann bei HF-Anwendungen, aufgrund der mit der Frequenz wachsenden induktiven Spannungsabfälle, problematisch werden.

Aus der Sicht eines Messsystems, beispielsweise zum Messen von Potenzialen in einzelnen Schaltungspunkten zum Einstellen von Arbeitspunkten von Verstärkern oder zur Fehlersuche, darf es nur einen Punkt für dieses Bezugspotenzial geben. Zwei sind schon einer zu viel!

Die **Erde** ist das Potenzial, das alle Leiter gemeinsam haben und mit dem Boden verbunden sind. Dazu zählen beispielsweise die Fundamenterder von Gebäuden und die Verbindung von Rohrsystemen für Heizung und Wasser. Ziel dabei ist es, niederohmige Verbindungen zum Boden zu schaffen, um das Entstehen höherer Spannungen gegenüber dem Boden zu vermeiden, was unverzichtbar für die elektrische Sicherheit ist. Ansonsten könnte beispielsweise ein Heizkörper ein elektrisches Potenzial tragen, welches bei Berührung zu einer Spannung über dem menschlichen Körper führen würde, einen Strom durch diesen zur Folge hätte und zu gesundheitlichen Schäden führen kann.

Die **Massen** sind das Bezugspotenzial einer Schaltung, auf das alle Spannungen der Schaltung bezogen werden und das Potenzial 0 V trägt. Diese Spannungen stellen also immer Potenziale gegenüber dem Bezugspotenzial Masse dar. Unterschiedliche Schaltungen weisen ganz allgemein unterschiedliche Massen auf. Selbst innerhalb einer Schaltung kann bzw. muss mit unterschiedlichen Massen gearbeitet werden. Das trifft auf Schaltungen zu, die digitale und analoge Schaltungsteile mit den Massen DGND (Digital Ground) und AGND (Analog Ground) aufweisen.

6.4.2 Erdung aus Sicherheitsgründen

Dabei werden bei der *Schutzklasse I* bestimmte elektrisch leitenden Teile von Geräten mit dem Schutzleiter PE (Protective Earth) so verbunden, dass im Fehlerfall die Sicherheit von Mensch, Tier und Umgebung gewährleistet ist, vgl. dazu auch Abschn. 2.7.2.

Aus Sicht dieses Sicherheitsaspektes kann man nie genug Erdungen haben.

6.4.3 Masse- und Referenzsysteme für Signale (Signal Grounds)

Dieses System umfasst die folgenden Bestandteile:

- Signalmassen, die alle Rückleiter von Signalen umfassen, angefangen von unterschiedlichen Formen von Einzelleitungen bis hin zu großflächigen Ausführungen, z. B. einzelne Lagen von Multilayern.

- Stromversorgungsmassen (Powermassen), die alle Rückleiter von Stromversorgungs- und Signalleitern sind. Bei Energieversorgungsnetzen sind das die Neutralleiter, bezeichnet mit **N**.
- Leitungs- bzw. Kabelschirmungen mit ein-, zwei- oder auch mehrfachen Verbindungen zu Massen oder Erden, die nach zwei funktionellen Gesichtspunkten ausgeführt sein können. Während nach dem Prinzip der Funktionsintegration der Schirm den Schirm- und den Signalrückstrom trägt, sind nach dem Prinzip der Funktionstrennung diese beiden Ströme so getrennt, dass der Schirm nur den Schirmstrom trägt. Detailliert behandelt wird diese Problematik im Abschn. 6.6.

Häufig wird eine Masse (Ground) als ein Äquipotenzialpunkt oder eine Äquipotenzialfläche definiert, die als Bezugspotenzial für elektrische Kreise und ganze Systeme dient. Das entspricht aber nicht den praktischen Gegebenheiten. Realistischer ist es, die Masse als einen Pfad mit einer niedrigen Impedanz Z_m für den Rückstrom I_m zur Quelle zu betrachten. Dazu heißt es bereits in [36] *„signal ground is a low-impedanz (hopefully) path for current to return to the source"*. Die wichtigste Eigenschaft eines solchen Masseleiters ist diese Impedanz, für die gilt:

$$Z_m = R_m + j\omega L_m \tag{6.129}$$

Hieraus ist ersichtlich, dass bei niedrigen Frequenzen der Ohm'sche Widerstand R_m und bei höheren Frequenzen die Leitungsinduktivität L_m dominiert.

Der Rückstrom verursacht einen Spannungsabfall über der Leitungsimpedanz:

$$u_m = \varphi_1 - \varphi_2 = \Delta\varphi = i_m \cdot Z_m \tag{6.130}$$

Hieraus wird deutlich, dass ein zunehmender Rückstrom die Potenzialdifferenz $\Delta\varphi$ vergrößert und somit der Masseleiter kein $\varphi = $ const. haben kann. Die dadurch entstehenden örtlich unterschiedlichen Bezugspotenziale für die Signalpegel können zu Problemen der Signalintegrität führen, was insbesondere bei sehr kleinen logischen Pegelabständen bei leistungsarmer Digitaltechnik von Bedeutung ist.

Mit zunehmender Frequenz verschärft sich diese Problematik.

Massesysteme lassen sich wie folgt unterteilen:

- Single-Point Massen
- Multi-Point Massen
- Hybridmassen

6.4.3.1 Single-Point Massesysteme

Zwei Varianten sind zu unterscheiden:

Reihenverbindungen (Daisy Chain) und Parallelverbindungen (Sternstruktur), Abb. 6.24.

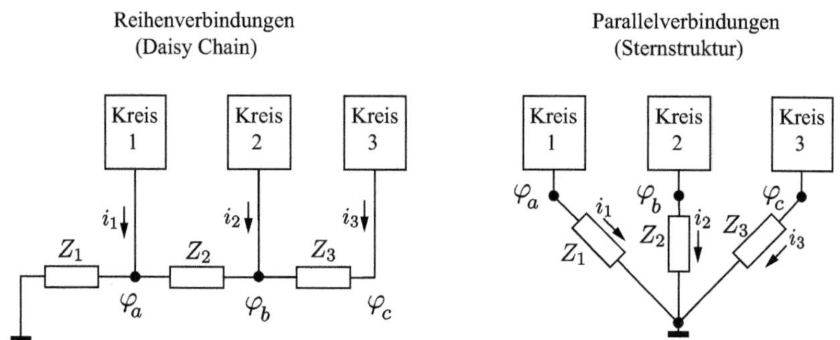

Abb. 6.24 Single-Point Massen mit Reihen- und Parallelverbindungen

Single-Point Massesysteme sind am effektivsten bis 20 kHz und sollten nicht über 100 kHz, in Ausnahmen 1 MHz, betrieben werden. Durch die Leitungsführung kann exakt festgelegt werden, wo der Rückstrom fließen soll, anders als bei großen Masseflächen von Multilayern, vgl. Abb. 6.26. Weiterhin verhindert diese Struktur die Bildung von Masseschleifen mit der damit verbundenen Gefahr induktiver Störeinkopplungen.

Die Struktur mit den *Reihenverbindungen* ist ungünstig, da sich aufgrund unterschiedlicher Ströme i_1, i_2, i_3 und Leitungsimpedanzen Z_1, Z_2, Z_3 sehr unterschiedliche Potenziale φ_a, φ_b und φ_c aufbauen, womit kein eindeutiges Bezugspotenzial mehr vorhanden ist:

$$\varphi_a = (i_1 + i_2 + i_3)Z_1 \qquad \varphi_b = (i_1 + i_2 + i_3)Z_1 + (i_2 + i_3)Z_2 \quad \cdots \qquad (6.131)$$

Alle Impedanzen setzen sich grundsätzlich aus einem Ohm'schen und induktiven Anteil zusammen $Z_i = R_i + j\omega L_i$ mit $i = 1, 2, \cdots n$. Aufgrund des einfachen Aufbaus und bei unkritischen Schaltungen wird sie häufig angewandt. Dabei sollte die kritischste Schaltung möglichst dicht am Massepunkt (hier Keis 1) liegen.

Die Struktur mit den *Parallelverbindungen* (Sternstruktur) ist vorteilhafter als die der Reihenverbindungen. Der Hauptgrund liegt darin, dass das Potenzial eines einzelnen Kreises sich aus seinem eigenen Massestrom und seiner Leitungsimpedanz ergibt und damit unabhängig von den anderen Kreisen ist:

$$\varphi_a = i_1 \cdot Z_1 \qquad \varphi_b = i_2 \cdot Z_2 \qquad \varphi_c = i_3 \cdot Z_3 \qquad (6.132)$$

Allerdings kann es bei sehr vielen Masseleitungen problematisch werden, diese zu verlegen.

Viele Single-Point Massesysteme sind Kombinationen aus Reihen- und Parallelverbindungen, womit sich ein Kompromiss zwischen dem Einhalten von Entstörkriterien und der Vermeidung zu komplexer Leitungsverlegung ergibt, Abb. 6.25.

Das bedeutet, dass die Kreise 1.1 bis 1.3, 2.1 bis 2.3 und 3.1 bis 3.3 Baugruppen eines Gerätes darstellen, die jeweils in drei Ebenen hinsichtlich der Masse in Reihe verschaltet

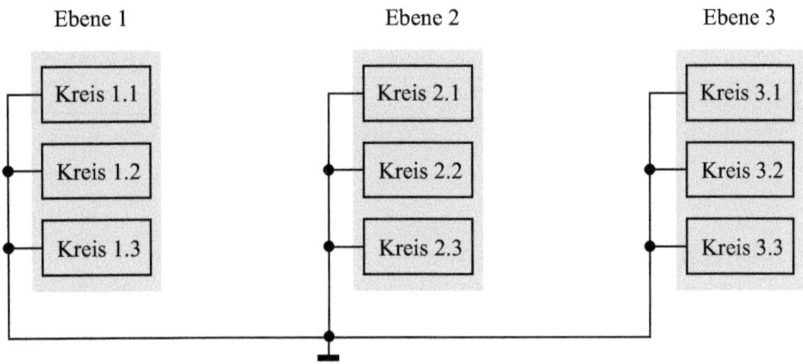

Abb. 6.25 Kombination von Reihen- und Parallelverbindungen eines Single-Point Massesystems

sind. Diese drei Massestränge werden dann sternförmig zu einem zentralen Massepunkt (Gerätemasse) zusammengeführt.

Werden die Frequenzen zu hoch, so steigen die Leitungsimpedanzen entsprechend $Z_L = j\omega L$ an, wobei gleichzeitig die kapazitiven Streuimpedanzen gemäß $Z_c = 1/j\omega C$ abnehmen. Die Signalrückströme fließen über die niederohmigen (kapazitiven) Streuimpedanzen zur Masse, wodurch sich die Single-Point Masse zu einer Multi-Point Masse bzgl. der Signale wandelt.

6.4.3.2 Multi-Point Massesysteme

Derartige Systeme liegen vor, wenn die einzelnen Kreise mittels der geringsten Impedanz mit der Masse verbunden sind, Abb. 6.26.

Diese niedrige Impedanz wird vor allem durch die Anwendung von Masseflächen ZSRP (Zero Signal Referenz Plane) oder Massemaschen ZSRG (Zero Signal Referenz Grid) erreicht. Weiterhin sollen bzw. müssen die Zuleitungen zu diesen so kurz wie möglich ausgeführt werden. Um die Impedanz weiter zu verringern, schafft man multiple Verbindungen zwischen den Kreisen und den Masseflächen. Anwendung finden die Multi-Point Massesysteme bei Frequenzen über 100 kHz und bei digitalen Signalen.

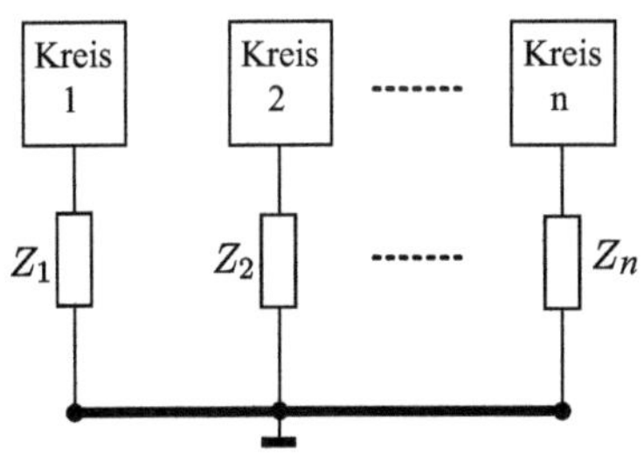

Die Verbindung zwischen einem Kreis und der Massefläche muss so kurz wie möglich sein. (Ziel: Z klein)

Abb. 6.26 Multi-Point Massen

Praktisch umgesetzt wird das mittels der Masseflächen bei den Microstrip- und Stripline-Designs, wobei die Dicke einer Massefläche keinen Einfluss auf das HF-Verhalten hat, da die Induktivität der bestimmende Faktor ist und nicht der Ohm'sche Widerstand. Maschen von Masseleitern findet man bei zweilagigen Leiterplatten, Abb. 6.62.

6.4.3.3 Hybridmassen

Die Hybridmasse stellt eine Kombination von Single-Point und Multi-Point Massen dar und findet Anwendung bei Vorhandensein breiter Frequenzspektren, Abb. 6.27. Unterschiedliche Frequenzen haben also unterschiedliches Verhalten bzgl. der Masseverbindungen zur Folge.

Die Abb. 6.27-a zeigt die Ausführung mit vornehmlich kapazitiven Kopplungen, die bei niedrigen Frequenzen als Single-Point Masse wirkt, wobei die Verbindung Z_1 besonders niederohmig ausgeführt werden muss, beispielsweise durch einen Kupferleiter mit großem Querschnitt.

Die Abb. 6.27-b zeigt die Ausführung mit hauptsächlich induktiven Kopplungen. Diese Anordnung wird eingesetzt, wenn mehrere Geräte oder Teile davon mit der Masse aus Sicherheitsgründen verbunden werden müssen und niedrige Signalfrequenzen vorliegen. Die Induktivitäten verhindern das Überkoppeln der HF-Störungen von den Geräteteilen in die Massesysteme und umgekehrt. Infolge möglicher Streukapazitäten kann es mit den Induktivitäten zu Resonanzen und infolge dessen zu Störströmen kommen.

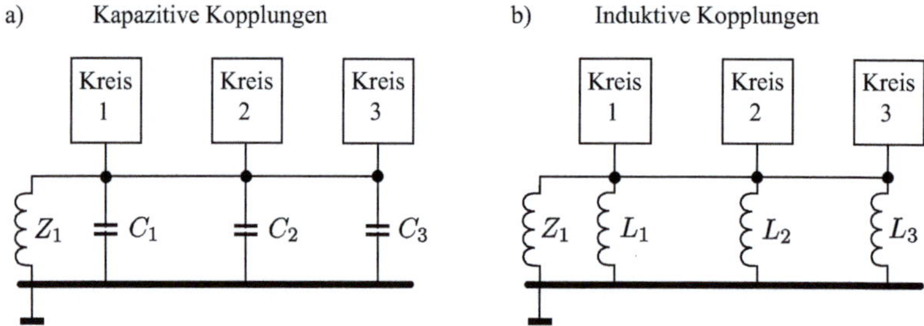

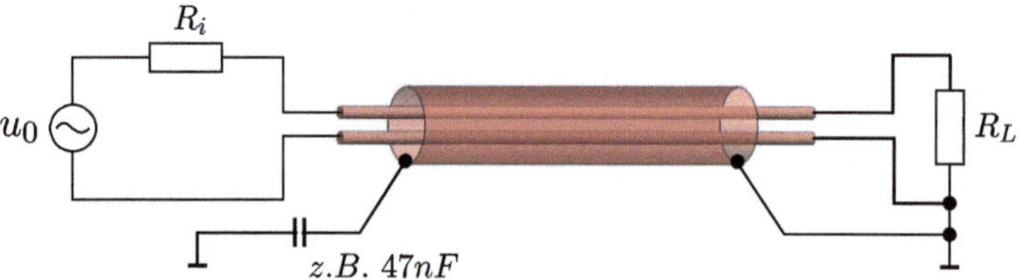

Abb. 6.27 Hybridmassen mit kapazitiven und induktiven Kopplungen und kapazitive Hybrid-Kabelschirmung

Die Abb. 6.27-c zeigt als Beispiel die Hybridschirmung einer Signalleitung. Dabei liegen für niedrige Frequenzen eine Single-Point Masse, entspricht einer einseitigen Schirmerdung, und bei hohen Frequenzen eine Multi-Point Masse, entspricht einer zweiseitigen Schirmerdung, vor, siehe auch Abschn. 6.6.

6.4.4 Impedanz der Massefläche

Wie oben bereits erläutert muss es das Ziel sein, die Impedanz Z_m der Massefläche zu minimieren, Gl. (6.129). Wird die Induktivität einer Massefläche der Höhe h auf die Länge bezogen, so kann folgende empirische Gleichung angegeben werden [38, S. 404]:

$$L'_m = \frac{L_m}{l} = 0{,}073 \cdot 10^{15{,}62 \cdot h} \qquad [l, h] = \text{in} \qquad [L_m] = \text{nH} \quad \text{bzw.} \tag{6.133}$$

$$L'_m = \frac{L_m}{l} = 0{,}00287 \cdot 10^{0{,}615 \cdot h} \qquad [l, h] = \text{mm} \qquad [L_m] = \text{nH} \tag{6.134}$$

Zu bemerken ist hierbei, dass die Leiterzugbreite kaum eine Rolle spielt und daher in den Gleichungen nicht berücksichtigt wird [23]. Die auf die Länge bezogene induktive Reaktanz ergibt sich damit zu:

$$X'_m = 2\pi f L'_m = 4{,}59 \cdot 10^{-10} \cdot f \cdot 10^{15{,}62 \cdot h} \tag{6.135}$$
$$[f] = Hz \qquad [h] = \text{in} \qquad [X'_m] = \Omega/\text{in} \qquad \text{bzw.}$$

$$X'_m = 2\pi f L'_m = 0{,}18 \cdot 10^{-10} \cdot f \cdot 10^{0{,}615 \cdot h} \tag{6.136}$$
$$[f] = Hz \qquad [h] = \text{mm} \qquad [X'_m] = \Omega/\text{mm}$$

Für den auf die Länge bezogenen Ohm'schen Widerstand gilt [22]:

$$R'_m = \frac{R_m}{l} = \frac{2R_s}{w\pi} \left\{ \tan^{-1}\left(\frac{w}{2h}\right) - \frac{h}{w}\left[\ln\left(1 + \left(\frac{w}{2h}\right)^2\right)\right]\right\} \tag{6.137}$$

$$R_s = \sqrt{\frac{\pi f \mu_r \mu_0}{\kappa}} \qquad [w, h, l] = \text{in} \quad \text{oder in} \quad \text{mm} \qquad [R_m, R_s] = \Omega$$

Die Abb. 6.28 zeigt die Diagramme $X'_m = f(h)$ und $R'_m = f(h)$ für eine Leiterzugbreite $w = 0{,}250\,\text{mm}$ bei jeweils 50 und 150 MHz. Die Massefläche besteht aus Kupfer mit der elektrischen Leitfähigkeit $\kappa = 56 \cdot 10^6\,\text{S}/m$ und einer rel. Permeabilität $\mu_r = 1$. Aus der Abb. 6.28 ist zu entnehmen, dass es je nach Frequenz und Leiterzugbreite eine bestimmte Höhe gibt, bei der Widerstand und induktive Reaktanz gleich sind. Diese Höhe kann als *kritische Höhe* h_k bezeichnet werden [38, S. 406–408]. Es ist zu erkennen, dass oberhalb h_k der induktive Einfluss und unterhalb der Ohm'sche Anteil dominieren. Verringert man die Höhe unter h_k, so führt das zu keiner weiteren Verringerung der Impedanz der Massefläche!

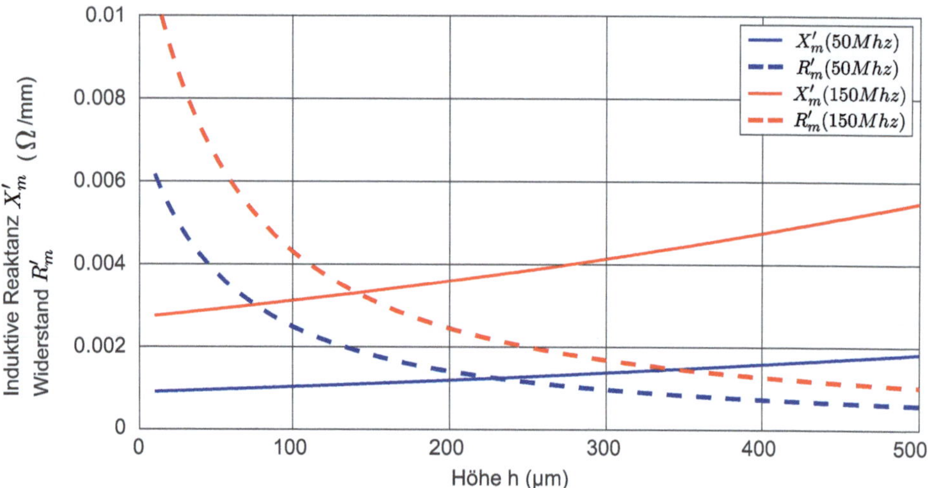

Abb. 6.28 Induktive Reaktanz und Widerstand einer Masselage für eine Leiterzugbreite $w = 0{,}250$ mm bei Frequenzen von 50 und 150 MHz

Aber von Bedeutung ist nicht die Impedanz, sondern die daraus resultierende Spannung in bzw. über der Massefläche. Für diese, auf die Länge bezogene Spannung über der Impedanz der Massefläche, gilt:

$$u'_m = i_m(R'_m + j\,2\pi f L'_m) \tag{6.138}$$

Dabei sind für L'_m und R'_m die obigen Gleichungen einzusetzen, jeweils für die Maße in inch oder mm.

6.4.5 Gehäuse- und Systemmassen

In den meisten Fällen sind die Elektronik-Baugruppen in einzelnen Gehäusen oder bei komplexeren Systemen in einem oder mehreren Baugruppenträgern angeordnet und können hinsichtlich ihrer geometrischen Abmessungen und der Lage zueinander mitunter sehr stark variieren. Daraus können drei Typen von Systemen abgeleitet werden.

Isolierte Systeme, (Stand-alone Systeme)
Diese Systeme liegen vor, wenn alle Funktionen in einem einzelnen Gehäuse untergebracht sind. Dabei ist es am einfachsten, die Potenzialdifferenzen zwischen den einzelnen Masseverbindungen zu minimieren. Gerätetechnisch werden alle metallischen Gehäuseteile miteinander verbunden und nur eine einzelne Verbindung zur Erde, der Schutzleiters PE (grün/gelb), realisiert den Schutz von Mensch und Tier.

Darüber hinaus sind zwei Varianten zu unterscheiden, die in der Praxis vorkommen.

Erstens: Die Massen von elektronischen Baugruppen, die Gleichspannungsversorgungen typ. 1,8 V bis 12 V und für analoge Schaltungen mit OPVs auch die entsprechenden $\pm$ Spannungen aufweisen, werden zusätzlich mit den metallischen Gehäusen und dadurch mit dem Schutzleiter PE verbunden.

Liegt ein unsauberes Schutzsystem vor, bei dem insbesondere die 50 Hz Netzversorgung auf den Schutzleiter, wenn auch nur leicht, überkoppelt, so kann es bei analogen Systemen, die Signalfrequenzen in diesem Bereich und kleine Amplituden haben, zu Problemen kommen.

Zweitens: Die unter erstens genannten Verbindungen der Massen der elektronischen Baugruppen werden nicht mit dem Schutzleiter PE verbunden.

Cluster-Systeme

Hierbei ist das Gesamtsystem auf mehrere physikalisch getrennte Gehäuse (einzelne Geräte, Schaltschränke, Baugruppenträger, etc.) verteilt, die aber in relativer Nähe zueinander angeordnet und miteinander durch einzelne oder mehrfache Signalleitungen verbunden sind.

Die Massesysteme für die Sicherheit können nach dem Prinzip der Single-Point Massesysteme, Abb. 6.24 ausgeführt werden. Dabei ist beim Design mit Reihenverbindungen (Daisy Chain) aber nachteilig, dass es erhebliche Potenzialunterschiede in der Referenzverbindung geben kann, Abschn. 6.4.3.1. Aus diesem Grund ist das Design mit Parallelverbindungen (Sternstruktur) vorzuziehen.

Bei Massesystemen für die Signale können alle drei erläuterten Massesysteme – Single-Point, Multi-Point und Hybridmassen – zur Anwendung kommen, wobei die verwendeten Frequenzen ein entscheidendes Auswahlkriterium darstellen, vgl. Abschn. 6.4.3. Die Signalmassen selbst können als induktivitätsarme Leitungen in Form runder oder rechteckförmiger Kupferleiter mit großem Querschnitt, vgl. Gl. (6.29) und (6.43) ausgeführt werden. Besser noch sind Signalmassen in Form von Massenetzen ZSRG (Zero Signal Referenz Grid) mit Maschenweiten $< \lambda/20$ der größten zu betrachtenden Frequenz oder sogar metallische geschlossene Masseflächen ZSRP (Zero Signal Referenz Plane).

Verteilte Systeme

Hierbei besteht das Gesamtsystem wie bei Cluster Systemen aus mehreren physikalisch getrennten Gehäusen (einzelne Geräte, Schaltschränke, Baugruppenträger etc.), die aber deutlich voreinander getrennt angeordnet sein können, beispielsweise in verschiedenen Räumen und Gebäuden.

Derartige Systeme sind dadurch charakterisiert, dass die einzelnen Teile des Gesamtsystems unterschiedliche Versorgungsspannungen, unterschiedliche Schutzeinrichtungen (beispielsweise ein Gerät hat einen Schutzleiter PE, ein anderes nicht) und unterschiedliche Referenzebenen aufweisen. Bei der Signalübertragung sind eine Reihe von Aspekten zu betrachten.

Dazu zählen:

- Frequenz und Amplitude der Signale.
- Bei der leitungsgebundenen Signalübertragung die physikalische Ausführung, hier insbesondere Koaxkabel und Twisted Pair und deren Schirmung.
- Bei den Schirmungen stellt sich die Frage nach ein- oder beidseitiger Schirmung oder die Verwendung der Hybridschirmung.
- Sind Filter notwendig?
- Sollte die Signalübertragung aufgrund problematischer Umgebungsbedingungen, wie Vorhandensein elektromagnetischer Störfelder, beispielsweise optisch erfolgen (Einsatz von Lichtwellenleitern LWL)?
- Ist der Datentransfer so hoch, dass Lichtwellenleiter aufgrund der Übertragung größerer Bandbreiten zum Einsatz kommen müssen (was auch auf Cluster Systeme zutrifft)?

Eine große Rolle spielen aufgrund der auftretenden Leitungslängen Masseschleifen, die zu einem Problem führen können und demzufolge durch geeignete Schaltungsmaßnahmen zu beseitigen sind, Abschn. 6.4.6.

6.4.6   Masseschleifen und deren Verhinderung

Masseschleifen stellen häufig die Ursache von Störungen dar. Die Abb. 6.29 zeigt die Entstehung einer Masseschleife zwischen zwei Kreisen mit unterschiedlichen Referenzmassen (φ_1 und φ_2), was den allgemeinsten Fall ausdrückt.

Für die Entwicklung einer Störspannung u_s am Eingang des Kreises 2 gibt es im Wesentlichen folgende Hauptursachen:

- Die Potenzialdifferenz zwischen den zwei Referenzmassen φ_1 und φ_2 generiert die Spannung u_{m1}, die ihrerseits den Störstrom i_{s1} nur im Signalrückleiter antreibt, wodurch ein Teil der Störspannung u_s am Eingang des Kreises 2 entsteht.

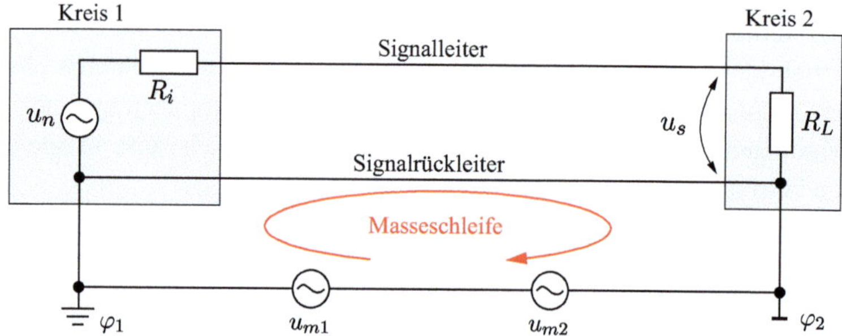

Abb. 6.29 Masseschleife zwischen zwei Kreisen mit unterschiedlichen Referenzmassen

- Ist ein Magnetfeld in der Nähe der Schleife, so wird eine Spannung u_{m2} induziert, die einen weiteren Störstrom i_{s2} in der Schleife antreibt und einen weiteren Anteil der Störspannung generiert.
- Die Masseschleifen sind bei niedrigeren Frequenzen (< 100 kHz) von Bedeutung. Bei höheren Frequenzen wird die Induktivität der Schleife größer als im Rückleiter, womit die Schleife dann eine untergeordnete Rolle spielt.

Um die Probleme rund um die Masseschleife zu beheben, gibt es die folgenden zwei grundsätzlichen Möglichkeiten:

- Aufbrechen der Schleife durch Realisierung einer Single-Point Masse oder Nutzung einer Hybridmasse.
- Nutzung der folgenden 4 Schaltungstechniken.

1. Übertrager

Die Abb. 6.30 zeigt die Anordnung eines Übertragers zwischen zwei Kreisen zum Aufbrechen einer Masseschleife. Die Störspannung in der Masse u_m wirkt sich als eine Störkopplung u_s über den beiden Wicklungen des Übertragers aus. Ursache dafür ist die parasitäre Kapazität C_k zwischen den Wicklungen. Es muss das Ziel sein, diese Koppelkapazität so klein wie möglich zu machen. Das erreicht man durch eine Schirmlage zwischen den beiden Wicklungen, die mit einem der Potenziale φ_1 oder φ_2 verbunden wird. Eine weitere Verbesserung erreicht man durch eine zweite, getrennte Schirmlage, wobei die beiden Schirme jeweils mit einem Potenzial verbunden werden.

Ein Vorteil der Anwendung liegt in der Möglichkeit, über das Verhältnis der Windungszahlen der beiden Wicklungen, eine Impedanzwandlung vornehmen zu können. Sind Z_p und Z_s die primären bzw. sekundären Impedanzen des Übertragers und n_p und n_s die entsprechenden Windungszahlen, so ergibt sich die Impedanzwandlung aus:

$$\frac{Z_p}{Z_s} = \frac{n_p^2}{n_s^2} \tag{6.139}$$

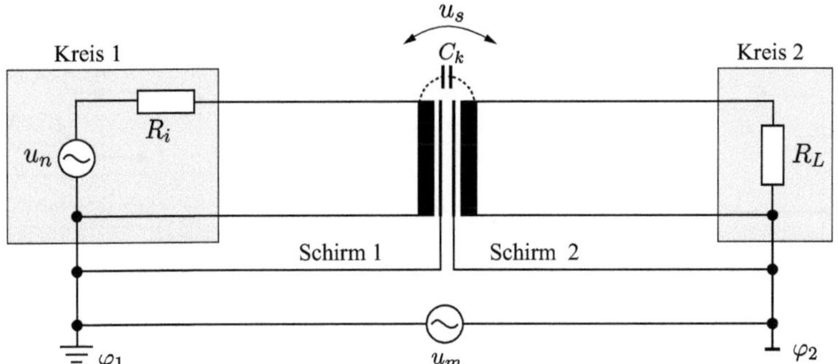

Abb. 6.30 Aufbrechen einer Masseschleife mittels Übertrager mit zwei getrennten Schirmlagen

Eine niedrige Ausgangsimpedanz des Kreises 1 kann dann einfach an eine höhere Eingangsimpedanz des Kreises 2 angepasst werden, was in dieser Konstellation häufig der Fall ist.

Nachteilig sind die begrenzte Übertragungsgeschwindigkeit von bis zu 10 MHz, keine Übertragung von Gleichspannungssignalen und relativ geometrisch große Bauformen.

Weitere Schaltungsvarianten beinhalten sender- und empfängerseitig je einen Übertrager mit teilweise Mittelanzapfungen der Windungen, die auf die Bezugspotenziale geschaltet werden [9, S. 537–541].

2. Gleichtaktdrossel (stromkompensierte Drossel)

Die Abb. 6.31 zeigt die Anordnung einer Gleichtaktdrossel zwischen zwei Kreisen zur Unterdrückung von Gleichtaktsignalen (Störsignalen) i_s in Signal- und Signalrückleitern.

Die Gleichtaktdrossel stellt zwei stark magnetisch gekoppelte Induktivitäten dar. Sie sind gekennzeichnet durch zwei komplett identische Wicklungen in den Signal- und Signalrückleitern, wobei die Wicklungsrichtung beachtet werden muss.

Das Gegentaktsignal mit den Signal- und Signalrückströmen i_n führt zu entgegengesetzt verlaufenden magnetischen Flüssen ϕ_n im Kern, die sich im Idealfall aufheben, so dass die Impedanz bzgl. des Nutzsignals nahezu Null wird. Die magnetischen Flüsse ϕ_s der Gleichtaktströme i_s addieren sich dagegen im Kern, so dass eine induktive Reaktanz entsteht und somit die Übertragung eines Gleichtaktsignales unterdrückt wird.

Die Effizienz der Drossel wird bestimmt durch parasitäre Kapazitäten zwischen den Windungen der jeweiligen Wicklungen sowie der Gleichheit der beiden Wicklungen.

Verwendet werden hochpermeable Ferritkerne, für die gilt $L \cong M$, d. h. kaum Streufluss außerhalb des Kerns.

Begrenzt werden das Übertragungsverhalten für das Gegentaktsignal i_n und das Dämpfungsverhalten für das Gleichtaktsignal i_s durch zwei wesentliche Faktoren:

Erstens ist die Permeabilität des Kernes eine Funktion der Frequenz, wobei ab einem bestimmten Frequenzbereich ein starkes Absinken der relativen Permeabilität erfolgt.

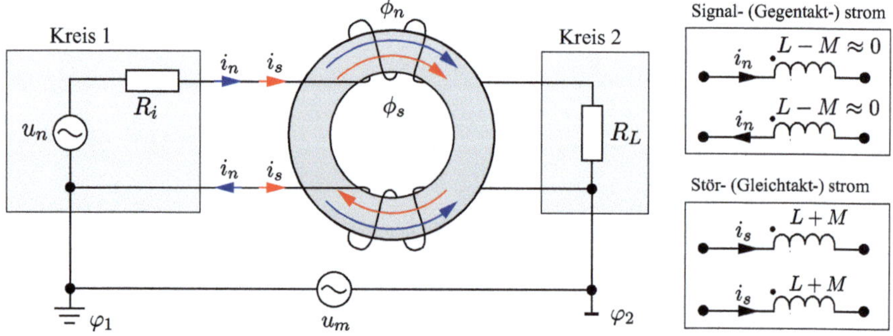

Abb. 6.31 Verwendung einer Gleichtaktdrossel zur Unterdrückung von Gleichtaktstörsignalen

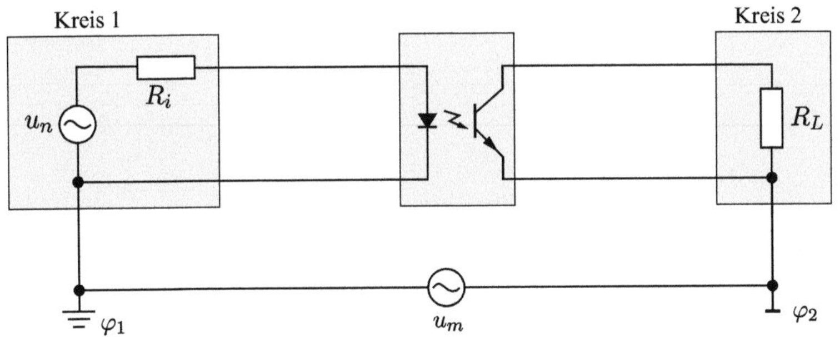

Abb. 6.32 Optokoppler zwischen zwei Kreisen mit galvanischer Trennung

Zweitens geht bei höherem magnetischen Fluss der Kern in die Sättigung, verbunden mit einem deutlichen Absinken der Permeabilität. Infolgedessen tritt mehr Fluss in die Umgebung über und die Beziehung $L \cong M$ gilt dann nicht mehr, womit sich die Dämpfungswirkung bei Gleichtaktsignalen abschwächt. Letztlich lässt sich das für eine bestimmte Anwendung in der Angabe einer Grenzfrequenz oder eines Grenzfrequenzbereichs und einen zulässigen Strom für die einzusetzende Drossel zusammenfassen.

3. Optokoppler

Ein Optokoppler zwischen den Kreisen bricht eine Masseschleife vollständig auf (galvanische Trennung), Abb. 6.32.

Besondere Anwendung findet diese Technik bei Vorhandensein einer großen Potenzialdifferenz zwischen den beiden Referenzpotenzialen φ_1 und φ_2, die bis zu einigen hundert Volt betragen kann [38, S. 146]. Weiterhin werden die Optokoppler in digitalen Schaltungen (auf elektronischen Boards) verwendet. In analogen Schaltungen sind sie wegen der nichtlinearen Kennlinien von Strom und Spannung der beiden Koppelelemente des Optokopplers nur bedingt im Einsatz.

4. Symmetrierung

Unter Symmetrierung, Abb. 6.33, sind zwei Haupteigenschaften zu verstehen:

Erstens: Bei einer symmetrischen Schaltung weisen die Impedanzen der zwei Leiter und die beiden angeschlossenen Kreise die gleiche Impedanz zur Referenzmasse auf. Grund für diese Schaltungssymmetrierung ist, dass die eingekoppelten Störspannungen u_{s1} und u_{s2} und damit auch deren Störströme i_{s1} und i_{s2} dann auf beiden Leitern gleich sind. Die Konditionen dafür sind:

$$R_{q1} = R_{q2} \quad ; \quad R_{L1} = R_{L2} \quad ; \quad u_{s1} = u_{s2} \quad ; \quad i_{s1} = i_{s2} \tag{6.140}$$

Zweitens: Symmetrischer Aufbau der beiden Quellspannungen u_{q1} und u_{q2} hinsichtlich des Bezugspotenzials φ_1 mit unterschiedlichen Vorzeichen. Mittels der Maschenstrom-

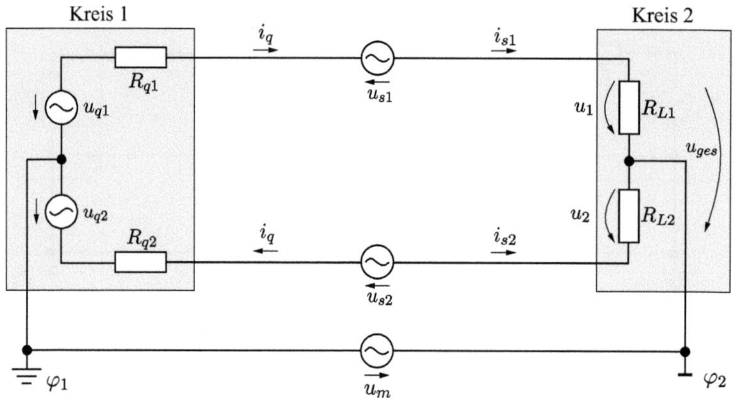

Abb. 6.33 Symmetrierung zur Gleichtaktunterdrückung

analyse mit den Bedingungen entsprechend Gl. (6.140), der Voraussetzung $R_{q1} = R_{q2} = 0$ und $u_{q1} = u_{q2} = u_q$, ergeben sich die Spannungen u_1, u_2 und u_{ges} am Kreis 2 zu:

$$u_1 = u_q + u_m \qquad u_2 = u_q - u_m \qquad \text{sowie} \tag{6.141}$$

$$u_{\text{ges}} = 2 \cdot u_q \qquad \text{Ausgang Kreis 2} \tag{6.142}$$

Der symmetrische Schaltungsaufbau für die Störunterdrückung der Gleichtaktsignale ist zwar entscheidend, die beiden Quellspannungen müssen aber nicht gleich sein, d. h. dass eine oder sogar beide auch Null sein können. Sind z. B. $u_2 = 0$ und $u_1 = u_q$ so ergibt $u_{\text{ges}} = u_q$.

Eine Signalsymmetrierung, wie sie Kreis 1 zeigt, kann durch ein Symmetrierglied (engl.: Balu = balanced-unbalanced) oder einen IC-Treiber mit symmetrischem Signalausgang bereitgestellt werden.

6.5 Schirmung von elektromagnetischen Feldern

Bei der konstruktiven Auslegung von Schirmen sind eine Reihe von Gesichtspunkten zu beachten:

- Die Beeinflussung durch die $\vec{E}$- und $\vec{H}$-Felder (Nah- und Fernfelder, Frequenzbereiche und Amplituden).
- Die geometrische Form des Schirms.
- Das Design von notwendigen Öffnungen im Schirm z. B. für Belüftungen.
- Die Betrachtung von Dichtungen an Stellen, wo Schirmwände zusammenstoßen und die Abdichtung von Türen z. B. bei Schaltschränken.

- Die Auswahl von Schirmmaterialien.
- Die Betrachtung der Ausbildung von Potenzialen auf dem Schirm und die Möglichkeiten der Verbindung mit stabilen Bezugspotenzialen.
- Elektrische Auslegung des Schirms derart, dass dieser keinen Signalstrom tragen darf.

Aus konstruktiver Sicht sind für die Schirmungen zwei grundsätzliche Unterscheidungen zu treffen:

Erstens: Das zu schirmende Objekt wird von einem Gehäuse aus einem elektrisch gut leitendem Werkstoff umschlossen, typischerweise Metalle.

Zweitens: Besteht das Gehäuse aus einem Nichtleiter, wie elektrisch nicht leitenden Kunststoffen, so müssen diese in geeigneter Weise mit leitenden Stoffen beschichtet werden. Dazu eignen sich dünne metallische Schichten, Lacke, bestehend aus einem Polymerbinder und eingeschlossenen elektrisch leitenden Metallpartikeln, oder auch elektrisch leitfähige Oxide wie Indium-Zinn-Oxid (ITO Indium-Tin-Oxid).

6.5.1 Frequenzspektrum, Schirmfaktor, Schirmdämpfung und Pegel

Durch die Schirmung von Schaltungsteilen, angefangen bei einzelnen Leitungen über einzelne Schaltungsmodule, ganzen Baugruppen und Geräten bis hin zu vollständigen Räumen, soll der Einfluss der magnetischen und elektrischen Feldstärken reduziert oder gar vollständig eliminiert werden. Dazu sind die Betrachtungen der Störquellen mit deren Strömen, Leistungen und Frequenzen, deren Abstand und Lage von den zu schirmenden Anordnungen und den Wirkprinzipien und Eigenschaften der Schirmung selbst zu betrachten.

Da elektrische, magnetische und elektromagnetische Felder hinsichtlich ihrer Frequenzen unterschiedliche Eigenschaften aufweisen, sind auch die Schirmungen entsprechend zu betrachten.

Frequenzspektrum

Die Tab. 6.4 zeigt die Einteilung des Frequenzspektrums.

Dieses Spektrum setzt sich mit den Frequenzspektren des Infrarot (300 GHz–384 THz), des sichtbaren Lichtes (384 THz–789 THz) und des UV-Lichtes (> 789 THz) fort, die aber hier keine Rolle spielen.

Ein wesentliches Unterscheidungsmerkmal ist beispielsweise, dass nur zeitlich veränderliche Magnetfelder Induktionsspannungen erzeugen können.

Schirmfaktor Q

Der Schirmfaktor Q beschreibt das Verhältnis der gedämpften elektrischen und magnetischen Feldanteile nach einem Schirm $\underline{E}_i$ bzw. $\underline{H}_i$ zu den ungedämpften Feldanteilen vor

Tab. 6.4 Frequenzspektrum der zu schirmenden Felder

Felder	Frequenz	Unterteilung/Bemerkungen
Gleichfelder	0 Hz	elektrostatische und magnetostatische Felder
Niederfrequente Wechselfelder	0,1 - 30 kHz	elektrische und magnetische Felder können noch als entkoppelt betrachtet werden
Hochfrequente Wechselfelder	30 kHz - 300 GHz	Mit Zunahme der Feldänderungen steigen die wechselseitigen Verknüpfungen der $\vec{E}$ und $\vec{H}$-Felder, so dass sie ab ca. 30 kHz nicht mehr getrennt betrachtet werden können. Es erfolgt die Betrachtung als elektromagnetische Wellen. 30 kHz - 300 MHz Radiofrequenzbereich 300 MHz - 300 GHz Mikrowellen

dem Schirm $\underline{E}_a$ bzw. $\underline{H}_a$:

$$Q_e = \frac{E_i}{E_a} \qquad \text{für elektrische Felder} \qquad (6.143)$$

$$Q_m = \frac{H_i}{H_a} \qquad \text{für magnetische Felder} \qquad (6.144)$$

Der Schirmfaktor hat Phasenverschiebungen mit Real- und Imaginäranteilen. Von praktischem Interesse ist aber i. d. R. der Betrag $|\underline{Q}| = Q$.

Hinweis: Teilweise wird in der Literatur für den Schirmfaktor das umgekehrte Verhältnis angegeben.

Schirmdämpfung S (Shielding Effectiveness SE)

Die Dämpfungswirkung für die elektrischen und magnetischen Feldanteile (e, m) wird bei Vorhandensein eines Schirms durch die Schirmdämpfungen definiert:

$$S_e = 20 \cdot \lg \left| \frac{E_a}{\underline{E}_i} \right| = 20 \cdot \lg \frac{1}{Q_e} \qquad [S_e] = \text{dB} \qquad (6.145)$$

$$S_m = 20 \cdot \lg \left| \frac{H_a}{\underline{H}_i} \right| = 20 \cdot \lg \frac{1}{Q_m} \qquad [S_m] = \text{dB} \qquad (6.146)$$

Dabei sind wieder $\underline{E}_a$ bzw. $\underline{H}_a$ die Feldstärken vor und $\underline{E}_i$ bzw. $\underline{H}_i$ hinter dem Schirm.

Dezibel (dB), Neper (Np) und bezogene Pegel

Die Schirmdämpfungen entsprechend Gl. (6.145) und (6.146) stellen mit der Einheit Dezibel (dB) relative Werte dar.

Eine weitere Einheit zur Beschreibung von physikalischen Dämpfungsverhältnissen stellt das Neper (Np) dar. Die Umrechnung von Np in dB erfolgt nach:

$$S = 20 \cdot \lg \frac{1}{Q}\, \mathrm{dB} = \ln \frac{1}{Q}\, \mathrm{Np} \qquad \text{oder} \qquad (6.147)$$

$$1\,\mathrm{Np} = 8{,}686\,\mathrm{dB} \qquad \text{bzw.} \qquad 1\,\mathrm{dB} = 0{,}115\,\mathrm{Np}$$

Zur Beschreibung von Absolutwerten werden jeweilige Bezugsgrößen festgelegt, die bei der dB-Angabe mit erscheinen. So wird beispielsweise die elektrische Feldstärke relativ zu $1\,\mu\mathrm{V/m}$ ausgerückt durch $\mathrm{dB}_{\mu\mathrm{V/m}}$:

$$\text{Bezugsgröße:} \qquad 1\,\mu\mathrm{V/m}$$

$$\text{Definition:} \qquad S_e = 20 \cdot \lg\left(\frac{E}{1\,\mu\mathrm{V/m}}\right)$$

Beispiel: Die Bezugsgröße ist $1\,\mu\mathrm{V/m}$, die elektrische Feldstärke beträgt $1\,\mathrm{V/m}$. Damit ergibt sich:

$$S_e = 20 \cdot \lg\left(\frac{1\,V/m}{1\,\mu\mathrm{V/m}}\right) = 20 \cdot \lg(10^6) = 120\,\mathrm{dB}_{\mu\mathrm{V/m}} \qquad (6.148)$$

$120\,\mathrm{dB}_{\mu\mathrm{V/m}}$ entsprechen einer Dämpfung von 6 Größenordnungen.

6.5.2 Schirmung von Gleichfeldern

6.5.2.1 Elektrostatische Felder

Umgibt ein elektrostatisches Feld ein Gehäuse mit elektrisch leitenden Wänden, so erfolgt in den Wänden eine Ladungstrennung durch Influenz, Abb. 6.34-a. Diese Ladungen bewirken ein elektrisches Feld gleicher Stärke und entgegengesetzter Richtung, so dass das Innere des Gehäuses feldfrei ist. Das funktioniert auch, wenn das Gehäuse nicht nur aus einem geschlossenen Gehäuse besteht, sondern nur einen elektrisch leitenden Rahmen bzw. Netz aufweist, bekannt auch als Faradayscher Käfig.

Eine Schirmwirkung kann auch mit einer dielektrischen Hülle realisiert werden, Abb. 6.34-b. Dabei wird der elektrische Fluss durch den Schirm mit einer großen Permittivität (Dielektrizitätskonstante) ε (ähnlich wie der magnetische Fluss in einem Eisenkreis mit hoher Permeabilität μ) geführt. Grund ist die Brechung der elektrischen Feldlinien an der Grenzfläche. Für einen Kugelschirm wird in [29], zitiert in [41, S. 206], für die Schirmdämpfung dazu angegeben:

$$S_e \approx 20 \cdot \lg\left(1 + \frac{4}{3} \cdot \frac{d}{D} \cdot \varepsilon_r\right) \qquad [S_e] = \mathrm{dB} \qquad (6.149)$$

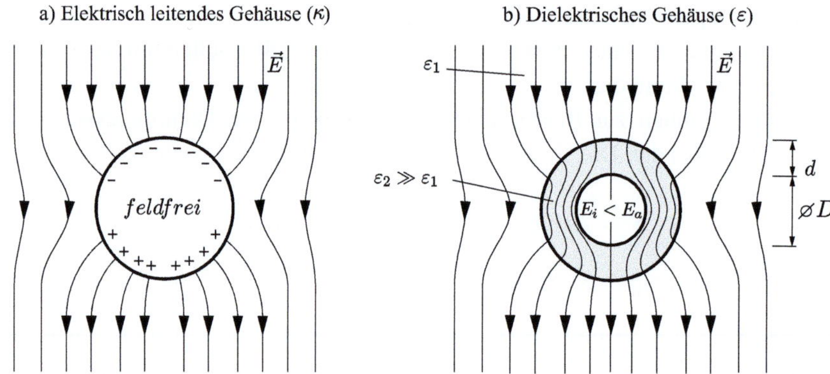

Abb. 6.34 Schirmwirkung bei elektrostatischen Feldern

Im Allgemeinen ist ε_r relativ klein und liegt beispielsweise bei mineralischen Baustoffen unter 50. Eine Schirmung von Gebäuden auf dieser Basis ist damit deutlich geringer, als bei zusätzlicher Eisenarmierung in den Wänden, wobei die Schirmung entsprechend eines Faradayschen Käfigs erfolgt.

6.5.2.2 Magnetostatische Felder

Ein erstes Funktionsprinzip für die Schirmwirkung bei statischen Magnetfeldern zeigt Abb. 6.35-a. Dabei verlaufen die in sich geschlossenen magnetischen Feldlinien durch die Gehäuseteile, da sie den geringsten magnetischen Widerstand mit $R_m \sim 1/\mu_r$ aufweisen, wobei sich eine inhomogene Feldverteilung einstellt. Zum Vergleich hier der Zusammenhang bei homogenen Feldern $R_m = l/(\mu_o \mu_r A)$. Daraus folgt, dass hierfür hochpermeable weichmagnetische Materialien (schmale Hysteresekurve) mit $\mu_r \gg 1$ zum Einsatz kommen. In diesem Sinn stellt ein solches Gehäuse einen magnetischen Bypass dar. Dabei gibt

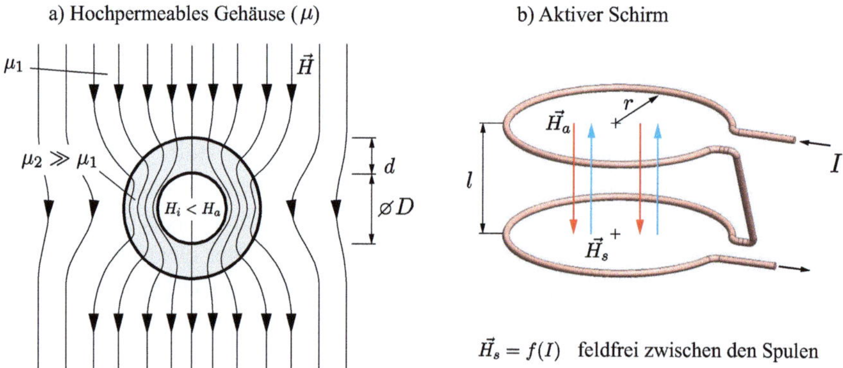

Abb. 6.35 Magnetostatische Schirmung mit hochpermeablen Werkstoffen $\mu_r \gg 1$ und aktiver Schirm mit Helmholtz-Spulen

es zwei Faktoren, die die Effektivität der Anordnung mit hochpermeablen Materialien begrenzen:

- Die Permeabilität von ferromagnetischen Materialien verringert sich mit der Frequenz. In [37] wird gezeigt, dass es zwischen $1\,\text{kHz}$ und $20\,\text{kHz}$ einen extremen Abfall der Permeabilität gibt.
- Die Permeabilität verringert sich mit der Zunahme des Magnetfeldes, insbesondere, wenn das Material in den Sättigungsbereich kommt (horizontaler Bereich der Hysteresekurve).

Die Abb. 6.36 zeigt einige Schirmgeometrien.

1. **Zwei elektrisch verbundene Platten im Abstand** $2x_0$ ($z \gg x_0$), Abb. 6.36-a. Die Verbindungen zwischen den Platten dienen dem Schließen der Ringströme um den zu schirmenden Raum [29, S. 74]:

$$S_m = 0 \qquad (6.150)$$

2. **Kugel, Innenradius** r_0 **und Wandstärke** d, Abb. 6.36-b [29, S. 89]:

$$S_m = 20 \cdot \log\left(1 + \frac{2}{3} \cdot \frac{d}{r_0} \cdot \mu_r\right) \qquad [S_m] = \text{dB} \qquad (6.151)$$

3. **Zylinder, Innenradius** r_0 **und Wandstärke** d, Abb. 6.36-c [29, S. 82]:

$$S_m = 20 \cdot \log\left(1 + \frac{1}{2} \cdot \frac{d}{r_0} \cdot \mu_r\right) \qquad [S_m] = \text{dB} \qquad (6.152)$$

4. **Würfel, Kantenlänge** a **und Wandstärke** d, Abb. 6.36-d [16]:

$$S_m = 20 \cdot \log\left(1 + \frac{4}{5} \cdot \frac{d}{a} \cdot \mu_r\right) \qquad [S_m] = \text{dB} \qquad (6.153)$$

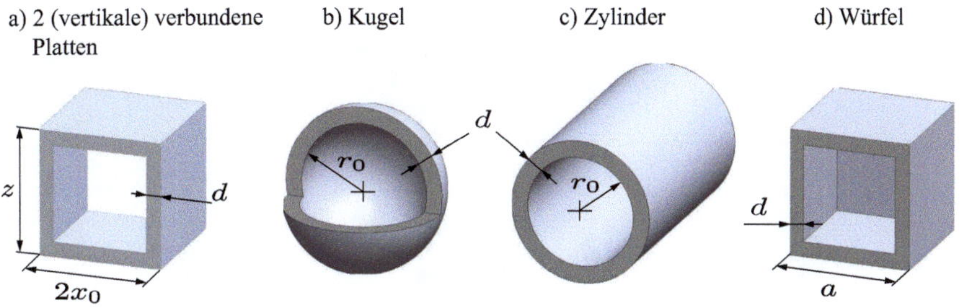

Abb. 6.36 Schirmgeometrien

Die Schirmungsangaben in [29] sind in Neper (Np). Zitierte Formeln z. B. in [41] und [45] sind in Dezibel (dB).

Ein zweites Funktionsprinzip nutzt einen aktiven Schirm, Abb. 6.35-b, wobei die Helmholtz-Spulenpaar-Anordnung zur Anwendung kommt. Charakteristisch dabei ist, dass der Raum zwischen den beiden Spulen ein nahezu homogenes Feld aufweist. Ist das Außenfeld H_a auch homogen, so kann mit dem Spulenstrom I das Feld zwischen den beiden Spulen $\vec{H}_s$ so eingestellt werden, dass es genauso groß, aber entgegengesetzt zu $\vec{H}_a$ ist, womit dieser Raum feldfrei wird. Für die Helmholtz-Anordnung gilt:

$$l = r \qquad \text{kreisförmige Spulen} \tag{6.154}$$

$$l = 0{,}544 \cdot a \qquad \text{quadratische Spulen mit Kantenlänge a} \tag{6.155}$$

6.5.3 Schirmung niederfrequenter Wechselfelder

Entsprechend Tab. 6.4 umfasst das den Frequenzbereich bis 30 kHz. In [29, 45] wird er bis ca. 1 MHz ausgeweitet. Nicht ausreichend ist hierbei, nur die Frequenz zu beachten. Eher ist das Verhältnis von Wellenlänge und geometrischer Ausdehnung des Schirmes von Bedeutung. In dem Fall der quasistatischen Felder ist die Wellenlänge deutlich größer, als die geometrische Ausdehnung.

Reale Schirme bestehen nicht immer aus vollständig geschlossenen Anordnungen. Häufig treten Fugen zwischen den einzelnen senkrechten und horizontalen Wänden des Schirms auf. Das führt dann dazu, dass sich die Schirmströme aufgrund zu geringer Wandflächen nicht richtig ausbilden können. Die Störfelder können in der Folge nicht ausreichend kompensiert werden und die Schirmwirkung lässt nach. Um das zu verhindern, müssen die einzelnen Schirmwände zusätzlich elektrisch verbunden werden, Abb. 6.37.

Die Abb. 6.37-a zeigt einen ineffektiven Schirm, bei dem sich infolge der vorhandenen Fugen kaum Schirmströme ausbilden können.

Abb. 6.37 Elektrische Verbindung von Schirmwänden zur Ausbildung von Schirmströmen

Die Abb. 6.37-b zeigt dazu punktförmige Verbindungen. Das können beispielsweise Verschraubungen der Schirmwände mit dem Rahmen eines Schaltschranks sein, worüber die Schirmströme geleitet werden. Auch wenn dabei eine flächige Verbindung von Wand und Rahmen entsteht, fehlt jedoch i. d. R. die flächige elektrische Verbindung, da Rahmen und Wand vor der Montage lackiert werden. Infolge der punktförmigen Verbindungen kommt es allerdings zu inhomogenen Schirmstromverteilungen, die zu Potenzialunterschieden führen können, die die Schirmwirkung herab setzen.

Besser ist es in jedem Fall, linienförmige Verbindungen zwischen den einzelnen Schirmwänden zu schaffen, Abb. 6.37-c. Das ist besonders für Schaltschränke von Bedeutung, bei denen die Türen mittels leitfähiger Dichtungen (EMV-Dichtungen) elektrisch mit dem übrigen Schaltschrank verbunden werden. Es sei angemerkt, dass hier Edelstahl oder verzinke Stahlbleche bzw. Teile davon zur Anwendung kommen müssen, da die Lacke ansonsten die Wirkung der Dichtungen verhindern. Mehr zu Dichtungen siehe Abschn. 6.5.6.

Für die drei ausgewählten Schirmgeometrien entsprechend Abb. 6.36-a,-b,-c sind hier die Schirmdämpfungen nach [29], auch zitiert in [45] angegeben:

1. **Zwei elektrisch verbundene Platten im Abstand** $2x_0$ ($z \gg x_0$), Abb. 6.36-a. Die Verbindungen zwischen den Platten dienen dem Schließen der Ringströme um den zu schirmenden Raum [29, S. 74–76]:

$$S_m = 20 \cdot \lg(\cosh kd + K \cdot \sinh kd) \qquad [S_m] = \mathrm{dB} \qquad (6.156)$$

$$\text{mit} \quad K = \frac{k \cdot x_0}{\mu_r} \quad \text{und} \qquad\qquad\qquad\qquad (6.157)$$

$$k = \sqrt{j\omega\mu/\rho} \qquad \text{Wirbelstromkonstante} \quad \rho \text{ spez. Widerstand} \qquad (6.158)$$

Soll eine bestimmte Schirmdämpfung S_m erzielt werden, so lässt sich näherungsweise die Schirmdicke d bestimmen (δ ist die Eindringtiefe, siehe Gl. (6.14)):

$$d \approx \frac{\mu_r \cdot \delta^2}{2 \cdot x_0} \sqrt{10^{S_m/10} - 1} \qquad \text{für} \qquad d < \delta \qquad [S_m] = \mathrm{dB} \qquad (6.159)$$

$$d \approx \frac{\delta}{20}\left(S_m - 20 \cdot \lg \frac{x_0}{\mu_r \cdot \delta \cdot \sqrt{2}}\right)\ln(10) \qquad \text{für} \qquad d > \delta \qquad (6.160)$$

2. **Kugel, Innenradius** r_0 **und Wandstärke** d, Abb. 6.36-b [29, S. 87]:

$$S_m = 20 \cdot \lg\left(\cosh kd + \frac{1}{3}\left(K + \frac{2}{K}\right) \cdot \sinh kd\right) \qquad [S_m] = \mathrm{dB} \qquad (6.161)$$

$$\text{mit} \quad K = \frac{k \cdot r_0}{\mu_r} \qquad\qquad\qquad\qquad\qquad (6.162)$$

3. Zylinder, Innenradius r_0 und Wandstärke d, Abb. 6.36-c [29, S. 80]:

$$S_m = 20 \cdot \lg\left(\cosh kd + \frac{1}{2}\left(K + \frac{1}{K}\right) \cdot \sinh kd\right) \quad [S_m] = \mathrm{dB} \qquad (6.163)$$

$$\text{mit} \quad K = \frac{k \cdot r_0}{\mu_r} \qquad (6.164)$$

Gilt für das transversale Feld (H-Feld quer zur Zylinderachse). Für das longitudinale Feld (H-Feld längs der Zylinderachse) entfällt der Faktor $1/K$. Bei unmagnetischen Schirmmaterialien geht $1/K$ gegen Null, womit diese sich bzgl. der unterschiedlichen Richtungen der magnetischen Felder gleich verhalten.

Die Schirmungsangaben in [29] sind in Neper (Np). Zitierte Formeln z. B. [45, S. 113–134] sind in Dezibel (dB).

An **Ecken** kommt es zu einer Erhöhung der Feldstärke. Um das zu kompensieren, verstärkt man die Wände zu den Ecken hin, beispielsweise stufenförmig oder rundet die Ecken ab.

6.5.4   Schirmung elektromagnetischer Wellen

6.5.4.1   Impedanzkonzept

Für praktische Abschätzungen der Schirmwirkungen bietet sich das Impedanzkonzept von *Schelkunoff* an. Dieses überträgt das Prinzip der Wellenausbreitung auf elektrisch langen Leitungen auf die Wellenausbreitung im freien Raum. So wie der Wellenwiderstand die Eigenschaften der elektrischen Leitungen beschreibt, erfolgt das analog für die Wellenausbreitung in zu betrachtenden Räumen durch Feldwellenwiderstände. Die Abb. 6.38 zeigt die Beeinflussung der elektromagnetischen Welle durch einen Schirm mit zwei Grenzflächen.

Ein Teil der auftreffenden Welle des Außenraumes $\vec{E}_a$, $\vec{H}_a$ wird an der Grenzfläche-1 (Außenraum–Schirm) reflektiert, Teil $\vec{E}_r$, $\vec{H}_r$. Der in den Schirm eintretende Teil $\vec{E}_{d1}$, $\vec{H}_{d1}$ wird beim Durchgang durch den Schirm auf $\vec{E}_{d2}$, $\vec{H}_{d2}$ an der Grenzfläche-2 (Schirm–Innenraum) abgeschwächt (Absorption). Davon tritt ein Teil $\vec{E}_i$, $\vec{H}_i$ in den Innenraum über (Transmission) und ein weiterer Teil wird in den Schirm zurück reflektiert und erfährt dann an den beiden Grenzflächen multiple Reflexionen.

Es ergibt sich für den Schirm eine gesamte Schirmdämpfung S (Shielding Effectiveness SE) infolge der Reflexionen R an den beiden Grenzflächen, der Absorption A im Schirm selbst und multiplen Reflexionen M an den Schirminnenseiten:

$$S = R + A + M \qquad (6.165)$$

Betrachtet man Abb. 6.38 so wird ersichtlich, dass eine Grenzfläche für sich betrachtet keinen praktischen Sinn ergibt, da ein Schirm immer mindestens zwei Grenzflächen aufweist.

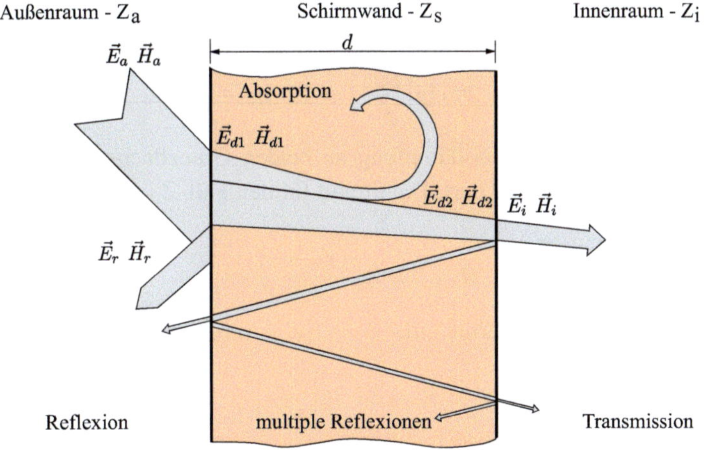

Abb. 6.38 Beeinflussung der elektromagnetischen Welle durch einen Schirm mit zwei Grenzflächen

So wird allgemein für eine Dämpfung bei Vorhandensein eines Schirms die Schirmdämpfung definiert:

$$S_e = 20 \cdot \lg \left| \frac{\hat{E}_a}{\hat{E}_i} \right| \qquad [S_e] = \mathrm{dB} \tag{6.166}$$

$$S_m = 20 \cdot \lg \left| \frac{\hat{H}_a}{\hat{H}_i} \right| \qquad [S_m] = \mathrm{dB} \tag{6.167}$$

6.5.4.2   Reflexionsdämpfung

Reflexionen treten an den Grenzschichten von Materialien auf, was bedeutet, dass die Schichtdicken daher keine Rolle spielen. Somit können geschirmte Gehäuse auch aus Werkstoffen mit relativ großen Impedanzen wie Polymeren, die eine dünne und besonders gut leitende Oberflächenschicht erhalten, aufgebaut werden. Hier kommt das Prinzip der Funktionstrennung zur Anwendung, wobei eine ausreichend dicke Polymerwand die Funktion der mechanischen Stabilität übernimmt und die dünnen leitfähigen Oberflächenschichten für die Schirmung – Teil Reflexionsdämpfung – ausgelegt werden.

Für die Reflexionsdämpfung an der Grenzfläche-1 gilt:

$$R_1 = 20 \cdot \lg \left| \frac{\hat{E}_a}{\hat{E}_{d1}} \right| = 20 \cdot \lg \frac{Z_s + Z_a}{2 Z_s} \tag{6.168}$$

Nach Durchlaufen des Schirmes ergibt sich die Reflexionsdämpfung an der Grenzfläche-2
zu:

$$R_2 = 20 \cdot \lg \left| \frac{\hat{E}_{d2}}{\hat{E}_i} \right| = 20 \cdot \lg \frac{Z_i + Z_s}{2 Z_i} \tag{6.169}$$

Zur Bestimmung der Reflexionsdämpfung an beiden Grenzflächen werden die beiden
Feldstärkeverhältnisse multipliziert. Damit und für den Fall $Z_a = Z_i$ ergibt sich die Reflexionsdämpfung R zu:

$$R = 20 \cdot \lg \left| \frac{(Z_a + Z_s)^2}{4 Z_s Z_a} \right| \tag{6.170}$$

Da für gut leitenden Metallschirme gilt: $|Z_s| < |Z_a|$, vereinfacht sich Gl. (6.170):

$$R = 20 \cdot \lg \left| \frac{Z_a}{4 Z_s} \right| \tag{6.171}$$

Für Z_a bzw. Z_i sind die entsprechenden Feldwellenwiderstände des Fernfeldes Z_{f0} und
der beiden Nahfelder Z_{ne} und Z_{nm} vgl. Gl. (6.114), (6.115), (6.116) einzusetzen.

Für die Schirmimpedanz gilt, vgl. Abschn. 6.3.8 Gl. (6.117):

$$Z_s = \sqrt{\frac{j\omega\mu_0\mu_r}{j\omega\varepsilon_0\varepsilon_r + \dfrac{1}{\rho}}} \quad \text{mit} \quad \rho = \text{spezifischer Widerstand} \tag{6.172}$$

Für gut leitende Schirmmaterialien gilt:

$$\frac{1}{\rho} \gg |j\omega\varepsilon_0\varepsilon_r| \tag{6.173}$$

Der spezifische Widerstand ρ wird durch das Verhältnis ρ_r des spezifischen Widerstandes
des Schirms zum spezifischen Widerstand von Kupfer ersetzt:

$$\rho_r = \frac{\rho}{\rho_{Cu}} \tag{6.174}$$

Damit vereinfacht sich Gl. (6.172):

$$|Z_s| = 3{,}7 \cdot 10^{-4} \sqrt{f \mu_r \rho_r} \quad [Z_s] = \Omega \quad [f] = \text{MHz} \tag{6.175}$$

Für Kupfer ergibt sich bei $f = 1\,\text{GHz}$ ein $|Z_s| = 0{,}01\,\Omega$.

Die Tab. 6.5 zeigt die spezifischen Widerstände von Kupfer und weiterer Schirmwerk-
stoffe und deren Verhältnis zu Kupfer.

Für die Reflexionsdämpfungen entsprechend der drei Felder gilt:

$$R_{ff} = 108 - 10 \cdot \lg(\mu_r f \rho_r) \qquad \text{Fernfeld} \tag{6.176}$$

$$R_{ne} = 142 - 10 \cdot \lg(\mu_r f^3 r^2 \rho_r) \qquad \text{Elektrisches Nahfeld} \tag{6.177}$$

$$R_{nm} = 75 - 10 \cdot \lg\left(\frac{\mu_r \rho_r}{f r^2}\right) \qquad \text{Magnetisches Nahfeld} \tag{6.178}$$

r Abstand zur Quelle $[r] = \text{m}$ $[R] = \text{dB}$ $[f] = \text{MHz}$

Tab. 6.5 Spezifische Widerstände und Relativwerte zu Kupfer

Werkstoff	ρ in $\frac{\Omega \cdot mm^2}{m}$	ρ_r	Werkstoff	ρ in $\frac{\Omega \cdot mm^2}{m}$	ρ_r
Kupfer	0,0172	1	Zinn	0,109	6,34
Aluminium	0,0265	1,54	Messing	$\approx 0,08$	4,65
Nickel	0,0693	4,03	Edelstahl (V2A)	0,72	41,9

6.5.4.3 Absorptionsdämpfung

Ein Teil, der in den Schirm eintretenden elektromagnetischen Welle, wird durch das Schirmmaterial absorbiert. Grund dafür sind die Ohm'schen Verluste, wobei eine Umwandlung in Wärme erfolgt. Die Absorptionsdämpfung zwischen den beiden Grenzflächen des Schirms wird durch die exponentielle Abschwächung der Welle beschrieben:

$$E_{d2} = E_{d1} \cdot e^{-\alpha d} \tag{6.179}$$

Dabei ist d die Schirmdicke und α die Dämpfungskonstante:

$$\alpha = \sqrt{\frac{\pi \mu_0 \mu_r f}{\rho}} = \frac{1}{\delta} \tag{6.180}$$

δ ist die Eindringtiefe, siehe Skineffekt Gl. (6.14).

Die Absorptionsdämpfung ergibt sich somit zu:

$$A = 20 \cdot \lg \frac{E_{d1}}{E_{d2}} = 20 \cdot \lg e^{\alpha d} \approx 8,7 \cdot \frac{d}{\delta} \tag{6.181}$$

Die Absorptionsdämpfung beträgt bei einer Schirmdicke von $d = \delta$ ca. 9 dB. Setzt man die Gl. (6.174) und (6.180) in Gl. (6.181) ein, so erhält man:

$$A = 131,4 \cdot d \cdot \sqrt{\frac{f \cdot \mu_r}{\rho_r}} \qquad [A] = \mathrm{dB} \quad [d] = \mathrm{mm} \quad [f] = \mathrm{MHz} \tag{6.182}$$

Bei einer gegebenen Frequenz und konstruktiv eingeschränkter Variabilität der Schirmdicke gewinnt die Betrachtung der relativen Permeabilität μ_r besondere Bedeutung. Der Tab. 6.6 sind dazu die Werte einiger wesentlicher Werkstoffe bzw. Werkstoffgruppen zu entnehmen. Zu beachten sind die Frequenzabhängigkeit und die Betriebsbedingungen einiger Werkstoffe. Beim Betrieb von ferromagnetischen Stoffen sollte der Sättigungsbereich vermieden werden.

Weiterhin muss, um die magnetischen Eigenschaften zu erhalten, unterhalb der Curie-Temperatur gearbeitet werden, da sich oberhalb dieser die magnetischen Eigenschaften verlieren.

Tab. 6.6 Relative Permeabilität μ_r ausgewählter Werkstoffe [5, 14]

	Werkstoff/Gruppe	$\mu_{r-initial}$	μ_{r-max}
Kupfer	diamagnetisch, geringst kleiner als 1		≈ 1
Aluminium	paramagnetisch, geringst größer als 1		≈ 1
Edelstahl	(1.4003) ohne Schlussglühen		440
Edelstahl	(1.4003) mit Schlussglühen		2200
Eisen, rein	Laborbedingungen, geglüht	25.000	350.000
Eisen, Silizium	96 Fe, 4 Si	500	7.000
Isoperm 36	36 Ni, 9 Cu, 55 Fe	60	65
Permalloy 45	45 Ni, 55 Fe	2.500	25.000
Permalloy 78	78 Ni, 21,4 Fe, 0,6 Mo	9.000	100.000
Mu-Metalle	71-78 Ni, 4,3-6 Cu, 0-2 Cr, Rest Fe	20.000	100.000
Supermalloy	79 Ni, 5 Mo, 16 Fe	100.000	1000.000
Amorphe Metalle	(Entstehen durch extrem schnelles Abkühlen aus der Schmelze mit dem Ergebnis eines ungeordneten Gefüges, wie Glas, daher auch als metallisches Glas bezeichnet, diverse Metgläser)		600.000
Mn-Zn-Ferrite	Keramiken aus Eisenoxid mit Mn, Zn	1.250	15.500
Ni-Zn-Ferrite	Keramiken aus Eisenoxid mit Ni, Zn	15	4.500

6.5.4.4 Korrektur für multiple Reflexionen

An den inneren Grenzflächen des Schirms kommt es zu multiplen Reflexionen aufgrund der Impedanzunterschiede, welche die Gesamtdämpfung beeinflussen und durch den Korrekturterm M berücksichtigt werden [39, S. 642] [41, S. 270]:

$$M = 20 \cdot \lg |1 - e^{-2d/\delta} \cdot e^{-j2d/\delta}| \tag{6.183}$$

Für eine Schirmdicke mit $d \ll \delta$ wird M negativ. So erhält man für $d/\delta = 0{,}1$ $M = -11{,}8\,\text{dB}$. In diesem Fall wird die Effektivität des Schirms reduziert. Der Korrekturterm M wird Null für $d \gg \delta$ und kann dann vernachlässigt werden. So erhält man für $d = 2\delta$ nur noch $M = 0{,}1\,\text{dB}$.

6.5.4.5 Erweitertes Impedanzkonzept

Im Gerätebau ist nur selten eine einzelne Wand als Schirm zu finden. Vielmehr kommen geschlossene Gehäuse vor, bei denen die Rückwand einen entscheidenden Einfluss auf die Feldstärke im Innenraum des Gehäuses hat. Das Konzept von *Schelkunoff* berücksichtigt dies aber nicht, sondern betrachtet nur eine Schirmwand. Der Einfluss der Rückwand verringert sich in dem Maße, wie die Eindringtiefe, vgl. Gl. (6.14), kleiner als die Schirmwand wird. Weiterhin treten bei Abmessungen des Schirms in der Größenordnung der Wellenlänge Vielfachreflexionen auf, womit die Rückwand mit berücksichtigt werden muss. Das führte zur Entwicklung des erweiterten Impedanzkonzepts.

Ausführliche Erläuterungen sind in [24, S. 437–441], [41, S. 271–279, Gl. 6-134, 6-135] und [45] zu finden.

6.5.4.6 Die Erdung und Potenzialausgleich von Schirmen

Gilt für Schirmabmessungen $l \leq \lambda$, so können sich die Schirmströme nicht ausreichend ausbreiten, wodurch die Störfelder nicht effektiv kompensiert werden können. Durch die dabei entstehenden schwankenden Potenziale können störende Koppelkapazitäten auftreten, womit eine kapazitive Signalüberkopplung wahrscheinlich wird. In diesem Fall muss der Schirm geerdet, d. h. mit dem Bezugspotenzial verbunden werden.

Bei Schirmabmessungen $l \gg \lambda$ breiten sich die Schirmströme aus, was prinzipiell keine Erdung erforderlich macht; es sollte aber trotzdem geerdet werden.

Zur Erzielung eines Potenzialausgleichs müssen alle Teile des Gehäuses elektrisch miteinander verbunden werden oder aber jedes einzelne Gehäuseteil wird mit dem Bezugspotenzial verbunden.

6.5.5 Öffnungen in Schirmen

6.5.5.1 Einfluss der Öffnungen

Häufig sind Schirmungen (Gehäusewandungen) nicht vollständig geschlossen. Durch Öffnungen (Aperturen) in Form von Löchern, Spalten und Schlitzen kann der Durchgriff einer elektromagnetischen Welle erfolgen, was die Effektivität eines geschlossenen Schirms reduziert. Diese Öffnungen haben eine Reihe von Funktionen wie beispielsweise:

- Durchführung von Leitungen
- Größere Aussparungen in der Gehäusewand für direkt eingebaute Displays
- Lüftungsöffnungen zur Kühlung (Verbesserung der Konvektion)
- Öffnungen für Zugriffe auf Bauelemente zur Parametereinstellung
- Öffnungen, häufig in Form von Schlitzen, bei fehlender oder unzureichender Überlappung von Gehäuseblechen oder nicht ausreichend schließenden Türen bei Schaltschränken

Öffnungen sind geometrisch als Diskontinuitäten im Schirm aufzufassen, wobei der Verlust der Schirmungseffektivität von folgenden Faktoren abhängig ist:

- Maximale lineare Ausdehnung der Öffnung (nicht der Fläche), d. h. bei Spalten ist es die Spaltlänge
- Anzahl und Lage der Öffnungen
- Lokale Dickenvergrößerung des Schirms bei Löchern durch Kaminstrukturen, Abb. 6.42, oder von Wabenstrukturen bei Locharrays, Abb. 6.43-d.
- Frequenz der Störquelle
- Wellenimpedanz

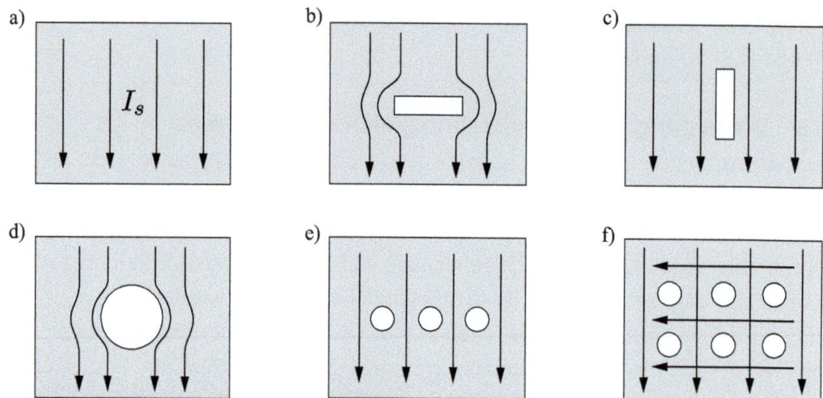

Abb. 6.39 Schirmströme bei unterschiedlichen Öffnungsgeometrien

6.5.5.2 Induzierte Schirmströme

Die Ströme I_s, die im Schirm induziert werden, bauen ein Gegenfeld zum äußeren Feld auf. Dazu müssen sie sich im Schirm möglichst unbeeinflusst ausbilden können, was durch unterschiedliche Geometrien der Öffnungen mehr oder weniger behindert wird, Abb. 6.39.

Die Abb. 6.39-b zeigt, dass bei den Schlitzen die Länge und nicht die Breite bestimmend ist. Die Veränderungen des Feldes (inhomogenes Feld) betreffen hier einen Bereich von $\sim (l + s)$, wobei die Mittellinie des Schlitzes in der Mitte des Bereichs liegt, l die Länge und s die Breite des Schlitzes darstellen.

Große Öffnungen, Abb. 6.39-d, führen zu inhomogenen Feldern und vergrößern den störenden Durchgriff der elektromagnetischen Welle.

6.5.5.3 Einzelne Öffnungen

Die Abb. 6.40 zeigt drei typische Einzelöffnungen in Schirmwänden.

Für die Schirmdämpfung dieser Einzelöffnungen gilt [44, S. 7.10-7.14]:

$$S = 97 - 20 \cdot \lg(g \cdot f) + 20 \cdot \lg\left(1 + \ln\left(\frac{g}{s}\right)\right) + a_{\text{sch}} + 30 \cdot \frac{d}{g} \qquad (6.184)$$

$$\text{für} \quad g < \lambda/2 \quad \text{und} \quad [S, a_{\text{sch}}] = \text{dB} \quad [g, s, d] = \text{mm} \quad [f] = \text{MHz}$$

Abb. 6.40 Einzelöffnungen in Schirmen

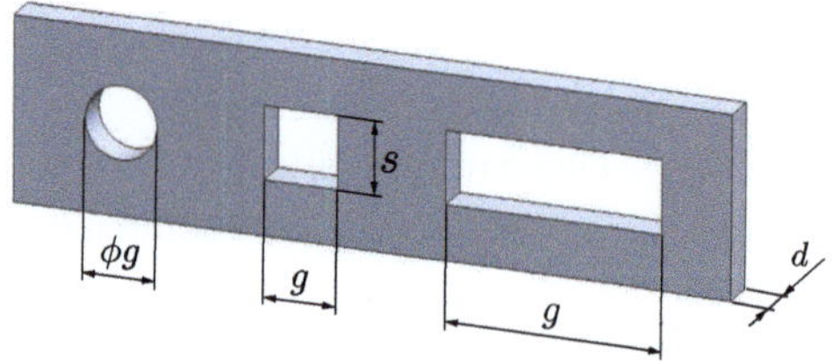

Aufgrund der kleineren Fläche des Kreises, gegenüber einem Rechteck mit Kantenlänge g, müssen für ein Einzelloch mit dem Durchmesser g 2 dB zu den 97 dB addiert werden. In der Gleichung beschreibt der Teil $(30 \cdot d/g)$ die Absorptionsdämpfung (vgl. dazu auch die Gln. (6.199) bis (6.202)) und a_{sch} ist ein Abschattungseffekt hinter dem Schirm. Für ein Tiefen- zu Breitenverhältnis eines Gerätes zwischen 0,5 und 1,5 ist a_{sch} kleiner als 5 dB. Will man diesen Effekt nicht weiter detailliert betrachten, so können näherungsweise 3 dB zu den 97 in Gl. (6.184) addiert werden. Damit ergibt sich die Näherung:

$$S = 100 - 20 \cdot \lg(g \cdot f) + 20 \cdot \lg\left(1 + \ln\left(\frac{g}{s}\right)\right) + 30 \cdot \frac{d}{g} \tag{6.185}$$

$$\text{für} \quad g < \lambda/2 \quad [S] = \mathrm{dB} \quad [g, s, d] = \mathrm{mm} \quad [f] = \mathrm{MHz}$$

Für dünne Schirme mit $g \gg d$ entfällt der letzte Term.

Eine gute Näherung für Lochdurchmesser und dünne Schirme ergibt sich damit zu:

$$S = 20 \cdot \lg\left(\frac{\lambda}{2 \cdot g}\right) \quad \text{für} \quad g > d \quad \text{und} \quad g < \lambda/2 \tag{6.186}$$

$$[S] = \mathrm{dB} \quad [g, \lambda] = \text{gleiche Einheiten}$$

6.5.5.4 Unterteilung von Öffnungen

Eine Möglichkeit zur Reduzierung des Wellendurchgriffs bei Öffnungen besteht darin, eine große Öffnung durch eine Anzahl kleinerer zu ersetzten, was für. für Löcher und Rechtecköffnungen gilt, Abb. 6.41.

Für die Verbesserung der Schirmdämpfung ergibt sich, [44, S. 7.18-7.19]:

$$\Delta S = 20 \cdot \lg\left(\frac{g_v}{g_n}\right) - 20 \cdot \lg\left(\frac{1 + \ln(g_v/s_v)}{1 + \ln(g_n/s_n)}\right) \tag{6.187}$$

mit den Indizes v und n vor bzw. nach der Unterteilung.

Für das Beispiel nach Abb. 6.41 mit den Werten: $g_v = 100\,\mathrm{mm}$, $s_v = 1\,\mathrm{mm}$, $g_n = 30\,\mathrm{mm}$, $s_n = 1\,\mathrm{mm}$ und dem daraus folgenden Abstand der drei Schlitze mit jeweils 5 mm ergibt sich:

$$\Delta S = 20 \cdot \lg\left(\frac{100\,\mathrm{mm}}{30\,\mathrm{mm}}\right) - 20 \cdot \lg\left(\frac{1 + \ln(100\,\mathrm{mm}/1\,\mathrm{mm})}{1 + \ln(30\,\mathrm{mm}/1\,\mathrm{mm})}\right) \tag{6.188}$$

$$\Delta S = 8,4\,\mathrm{dB}$$

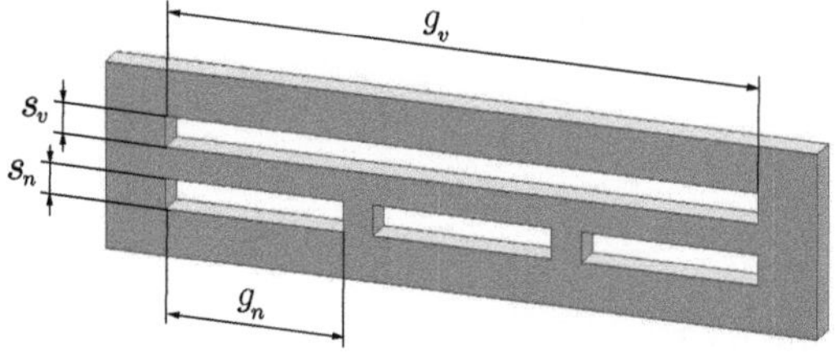

Abb. 6.41 Unterteilung einer Einzelöffnung in drei Einzelöffnungen

Für den Einzelspalt mit $g_v = 100\,\text{mm}$, $s_v = 1\,\text{mm}$ und $f = 1\,\text{MHz}$ ergibt sich nach Gl. (6.185) $S_v = 75{,}3\,\text{dB}$.

Die verbesserte Schirmdämpfung aus der Unterteilung folgt aus der Addition der beiden Werte:

$$S_n = S_v + \Delta S = 75{,}3\,\text{dB} + 8{,}4\,\text{dB} = \underline{83{,}7\,\text{dB}} \tag{6.189}$$

Wird eine große Öffnung in ein Array vieler kleiner Öffnungen (Anzahl N) unterteilt mit $g_v/g_n = s_v/s_n$, so ergibt sich:

$$\Delta S = 20 \cdot \lg N \quad \text{bzw.} \quad \Delta S = 20 \cdot \lg \sqrt{N} \tag{6.190}$$

Siehe Hinweis in Abschn. 6.5.5.6.

6.5.5.5 Tiefe Öffnungen – dicke Schirme und Kamine

Eine weitere Verbesserung der Schirmwirkung wird durch dicke Schirme erreicht. Das sind entweder vollständig dicke Schirmwandungen oder Ausführungen in Form von Einzelkaminen oder Kaminarrays.

Tiefe Löcher unterschiedlicher Querschnitte, Abb. 6.42, verhalten sich wie Wellenleiter.

Unterhalb der Grenzfrequenz f_c (cut-off frequency) wird das Feld beim Durchgang durch den Wellenleiter nach der e-Funktion abgeschwächt.

Für die Dämpfungskonstante α unterhalb der Grenzfrequenz gilt:

$$\alpha = \frac{2\pi}{\lambda_c} \cdot \sqrt{1 - \left(\frac{f}{f_c}\right)^2} \tag{6.191}$$

Dabei sind λ_c die Grenzwellenlänge und f die höchste Frequenz, die zu betrachten ist. Gilt $f \ll f_c$, so vereinfacht sich Gl. (6.191) zu:

$$\alpha = \frac{2\pi}{\lambda_c} \tag{6.192}$$

Betrachtet man einen praktischen Fall mit $f_c = 3f$, so entsteht mit der Näherung ein Fehler von kleiner 6 %.

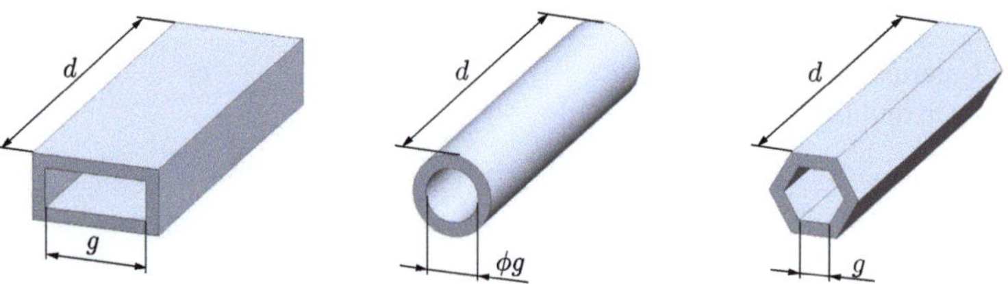

Abb. 6.42 Querschnitte von Wellenleitern – Kaminstrukturen

Die Grenzwellenlänge λ_c ist abhängig vom Wellenleiterquerschnitt, Abb. 6.42:

- Rechteckförmige Öffnungen: $\lambda_c = 2 \cdot g$; g = Längere der Rechteckseiten
- Runde Öffnungen: $\lambda_c = 1{,}706 \cdot g$; g = Lochdurchmesser
- Hexagonaler Querschnitt: $\lambda_c = 3{,}104 \cdot g$; g = Seitenlänge des Hexagons

Damit folgt für die Grenzfrequenzen:

$$\text{Rechteck} \qquad f_c = \frac{c}{\lambda_c} = \frac{1{,}5 \cdot 10^5}{g} \tag{6.193}$$

$$\text{Kreis} \qquad f_c = \frac{c}{\lambda_c} = \frac{1{,}758 \cdot 10^5}{g} \tag{6.194}$$

$$\text{Hexagon} \qquad f_c = \frac{c}{\lambda_c} = \frac{0{,}96659 \cdot 10^5}{g} \tag{6.195}$$

Für die Schirmdämpfungen der drei Querschnitte folgt mit den Gl. (6.181), (6.191) sowie den Werten von λ_c, vgl. auch [31]:

$$\text{Rechteck} \qquad S = 27{,}3 \cdot \frac{d}{g} \sqrt{1 - \left(\frac{gf}{1{,}5 \cdot 10^5}\right)^2} \tag{6.196}$$

$$\text{Kreis} \qquad S = 31{,}95 \cdot \frac{d}{g} \sqrt{1 - \left(\frac{gf}{1{,}758 \cdot 10^5}\right)^2} \tag{6.197}$$

$$\text{Hexagon} \qquad S = 17{,}6 \cdot \frac{d}{g} \sqrt{1 - \left(\frac{gf}{0{,}96659 \cdot 10^5}\right)^2} \tag{6.198}$$

Die drei Gln. vereinfachen sich unter der Bedingung $f \ll f_c$ zu:

$$\text{Rechteck} \qquad S = 27{,}3 \cdot \frac{d}{g} \qquad\qquad f \ll f_c \tag{6.199}$$

$$\text{Kreis} \qquad S = 31{,}95 \cdot \frac{d}{g} \qquad\qquad f \ll f_c \tag{6.200}$$

$$\text{Hexagon} \qquad S = 17{,}6 \cdot \frac{d}{g} \qquad\qquad f \ll f_c \tag{6.201}$$

Für die Gln. (6.193) bis (6.201) gilt: $[S] = \mathrm{dB}$ $[d, g] = \mathrm{mm}$ $[f] = \mathrm{MHz}$

Eine weitere Vereinfachung ergibt sich, wenn man den näherungsweisen Mittelwert verwendet (die Approximation des Hexagons erfolgt hier durch einen Kreis mit dem Durchmesser $2g$). Siehe letzter Term in Gl. (6.184):

$$S \approx 30 \cdot \frac{\text{Tiefe}}{\text{max. Breite}} \tag{6.202}$$

Die gesamte Schirmdämpfung für beispielsweise eine kreisförmige Öffnung ergibt sich aus den Gl. (6.186) und (6.200):

$$S_{\text{ges}} = 20 \cdot \lg\left(\frac{\lambda}{2g}\right) + 31{,}95\frac{d}{g} \tag{6.203}$$

6.5.5.6 Multiple Öffnungen

Die Abb. 6.43 zeigt einige typische multiple Öffnungen in Schirmwänden. Bei der Mehrfachanordnung von kreisförmigen und rechteckigen Öffnungen sind neben der Größe der Öffnungen die Abstände zueinander von Bedeutung.

1. Locharray in dünnen Schirmen, Abb. 6.43-a, gilt mit Gl. (6.186):

$$\text{Fall 1:} \quad S_{\text{ges}} = S_{1\text{loch}} \qquad\qquad a \leq \sqrt{A/2} \quad \text{und} \tag{6.204}$$

$$S_{\text{ges}} = 20 \cdot \lg\left(\frac{\lambda}{2 \cdot g}\right) \qquad g > d, \quad g < \lambda/2$$

$$\text{Fall 2:} \quad S_{\text{ges}} = S_{1\text{loch}} - 20 \cdot \lg N \qquad\qquad a > \sqrt{A/2} \quad \text{und} \tag{6.205}$$

$$S_{\text{ges}} = 20 \cdot \lg\left(\frac{\lambda}{2 \cdot g}\right) - 20 \cdot \lg N \qquad g > d, \quad g < \lambda/2$$

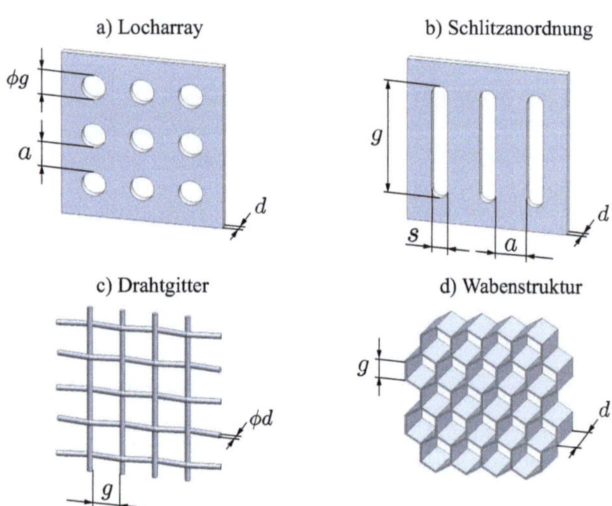

Abb. 6.43 Multiple Öffnungen in Schirmwänden

2. Schlitzanordnung in dünnen Schirmen, Abb. 6.43-b, gilt mit Gl. (6.185):

$$\text{Fall 1:}\quad S_{\text{ges}} = S_{1\text{schlitz}} \qquad\qquad \text{für}\quad a \leq \sqrt{A/2} \qquad\qquad (6.206)$$

$$S_{\text{ges}} = 100 - 20 \cdot \lg(g \cdot f) + 20 \cdot \lg\!\left(1 + \ln\!\left(\frac{g}{s}\right)\right)$$

$$\text{Fall 2:}\quad S_{\text{ges}} = S_{1\text{schlitz}} - 20 \cdot \lg N \qquad \text{für}\quad a > \sqrt{A/2} \qquad\qquad (6.207)$$

$$S_{\text{ges}} = 100 - 20 \cdot \lg(g \cdot f) + 20 \cdot \lg\!\left(1 + \ln\!\left(\frac{g}{s}\right)\right) - 20 \cdot \lg N$$

$$g < \lambda/2, \qquad d \ll g, N = \text{Anzahl der Öffnungen}, A = \text{Fläche einer Öffnung}$$

Sind die Abstände der Öffnungen $a \geq \sqrt{A/2}$, so stellen sie in ihrer Gesamtheit keine Arrays mehr dar, sondern sind als Einzelöffnungen anzusehen.

Hinweis: Teilweise wird in den obigen Formeln im Ausdruck $[20 \cdot \lg(N)]$ die Anzahl der Öffnungen N durch $\sqrt{N}$ ersetzt. Dieser Ansatz erfolgt dann, wenn die Arrayausdehnung D einen kleinen Abstand r von der Quelle, beispielsweise $r = 0{,}1D$ hat, für eine große Anzahl N [44, S. 7.38].

3. Drahtgitter und leitfähige Maschen, Abb. 6.43-c, [44, S. 2.46-2.52]
Für das Fernfeld und die beiden Nahfelder gilt mit der Bedingung: $\phi d \ll g$:

$$\text{Fernfeld}\qquad\qquad S = 20 \cdot \lg\!\left(\frac{\lambda}{2g}\right) \qquad\qquad g < \lambda/2 \qquad (6.208)$$

$$S \cong 0 \qquad\qquad g \geq \lambda/2 \qquad (6.209)$$

$$\text{Magnetisches Nahfeld}\qquad S_m = 20 \cdot \lg\!\left(\frac{\pi r}{g}\right) \qquad\qquad r \gg g \qquad (6.210)$$

$$\text{Elektrisches Nahfeld}\qquad S_e = 20 \cdot \lg\!\left(\frac{\lambda^2}{4\pi r g}\right) \qquad\qquad r \gg g \qquad (6.211)$$

4. Array von Wellenleitern, Abb. 6.43-d
Ordnet man tiefe Öffnungen mit den Eigenschaften von Wellenleitern parallel an, wie Kaminstrukturen vgl. oben, so entstehen Arrays von Wellenleitern, wobei besonders die hexagonalen Ausführungen, die Wabenstrukturen (waveguide honeycomb vents), Abb. 6.43-d, hervorzuheben sind. Sie werden oft eingesetzt, um große Öffnungen zu überdecken und damit eine Schirmung an dieser Stelle zu erzielen. Für diese Wabenstrukturen (honeycombs) gilt [31]:

$$S = 17{,}5\frac{d}{g}\sqrt{1 - \left(\frac{g f}{96.659}\right)^2} - 20 \cdot \lg \frac{2kg}{\pi}\cos\phi \qquad\qquad (6.212)$$

$$[g, d] = \text{mm}, \quad [f] = \text{MHz}, \quad k = \text{Wellenzahl}, \quad \phi = \text{Einfallswinkel der Welle}$$

Für den Fall niedriger Frequenzen wird ein Korrekturfaktor K dazu addiert:

$$K = -20 \cdot \lg \frac{2Rg}{f} \qquad \text{man beachte das Minuszeichen!} \qquad (6.213)$$

$$\text{für} \quad \frac{f_c}{f} > 5R \quad R = \frac{3{,}18}{g} \quad [R] = \text{dimensionslos} \quad [g] = \text{mm} \quad [f] = \text{MHz}$$

Entgegen der bisher häufig akzeptierten N-Abhängigkeit, wird hier auch gezeigt, dass nahezu keine Abhängigkeit von N, als vielmehr von der Größe und der Länge des einzelnen Wellenleiters, besteht.

Ein praktisch verwendetes Verhältnis von Dicke der Wabe (Tiefe) zur Breite liegt bei 4:1 (dabei wird als Breite der Abstand zwischen zwei gegenüberliegenden Seiten verwendet). Weiterhin können auch zwei Wabenstrukturen übereinander montiert werden.

6.5.6   EMV-Dichtungen und Verbindungsstellen

6.5.6.1   Aufgaben und Anforderungen

Gehäuseteile müssen so miteinander verbunden werden, dass kein Durchgriff einer elektromagnetischen Welle erfolgen kann, was ideal nur durch Verschweißen, Verlöten oder unendliche Steifigkeit und Ebenheit der Teile erreicht werden kann.

Werden Gehäuseteile verschraubt oder verbolzt, so entstehen durch die real nicht ebenen Teile und deren Durchbiegungen Schlitze.

Weitere Undichtigkeiten sind bei der Verwendung von Türen im Schaltschrankbau unvermeidlich.

Abhilfe schafft der Einsatz von Dichtungen aus gut leitfähigen Materialien (EMV-Dichtungen). Bei deren Einsatz sind eine Reihe von Designregeln zu beachten:

- Die Gehäuseoberflächen müssen fest und biegesteif (unelastisch) sein. Werden sehr dünne Gehäusewandungen verwendet, so empfiehlt sich der Einsatz zusätzlicher besonders biegesteifer Flansche im Bereich der Dichtungen.
- Die Ebenheitstoleranzen der zu verbindendem Teile sollten so klein möglich sein, was zur Minimierung der Spalte führt.
- Der Ohm'sche Widerstand von Gehäusewand zur Dichtung muss minimiert werden. Dazu sind nicht-korrosive Oberflächenteile im Bereich der Gehäuse zu schaffen.
- Die EMV-Dichtungen sollen eine möglichst große elektrische Leitfähigkeit aufweisen.
- Es muss eine Werkstoffkompatibilität zwischen Dichtung und Gehäuseoberfläche geschaffen werden, wobei die chemischen und elektrochemischen Korrosionsprozesse zu betrachten sind.
- Zu beachten ist die Werkstoffkompatibilität der Dichtung mit seiner Umwelt, wie hohe Temperaturen oder eine aggressive, beispielsweise hochkorrosive, Umgebung.

- Design und Werkstoff der Dichtungen und Gehäuseteile müssen aufeinander abgestimmt werden, d. h. unterschiedliche Dichtungen erfordern unterschiedliche Montagetechnologien.

6.5.6.2 Dichtungstypen und Dichtungswerkstoffe

1. Kontaktfedern (Fingerstocks)

Die Kontaktfedern können als Einzelfeder, Kontaktstreifen oder Kontaktring ausgeführt werden, wobei es eine große Designvielfalt gibt. Zusammen mit einfachen Montagetechnologien ergeben sich universelle Einsatzmöglichkeiten. Die Abb. 6.44 zeigt einige Ausführungsformen, verbunden mit typischen Montagetechnologien.

Wesentlich bei der Anwendung ist die Regel, dass die Höhe der Dichtung 20 % größer sein soll, als der maximale Abstand der zu verbindenden (abzudichtenden) Teile. So wird immer sichergestellt, dass durch das elastische Verhalten des Werkstoffs eine dauerhafte Dichtung gewährleistet wird.

Bei vielen Kontaktfedern kommt Beryllium-Kupfer (BeCu) aufgrund seiner hervorragenden Eigenschaften zur Anwendung. Dazu zählen insbesondere die hohe Elastizität, gute elektrische und thermische Leitfähigkeiten, Korrosionsbeständigkeit (hinsichtlich Ozon, UV- und Nuklearstrahlung) sowie eine hohe Ermüdungsfestigkeit. Sie sind nicht brennbar, gasen nicht aus und sind in einem weiten Temperaturbereich einsetzbar, da die Schmelztemperatur bei 900 °C liegt.

Zur Erzielung einer guten elektrochemischem Kompatibilität zwischen Dichtung und Geräteteilen, kann die BeCu-Dichtung beschichtet werden. Möglich sind Gold, Silber, Zinn, Zink und Nickel [13].

Die Dämpfung wird für ein Clip-on Design, Abb. 6.44, beispielsweise mit 100 dB bei 100 MHz [17] angegeben.

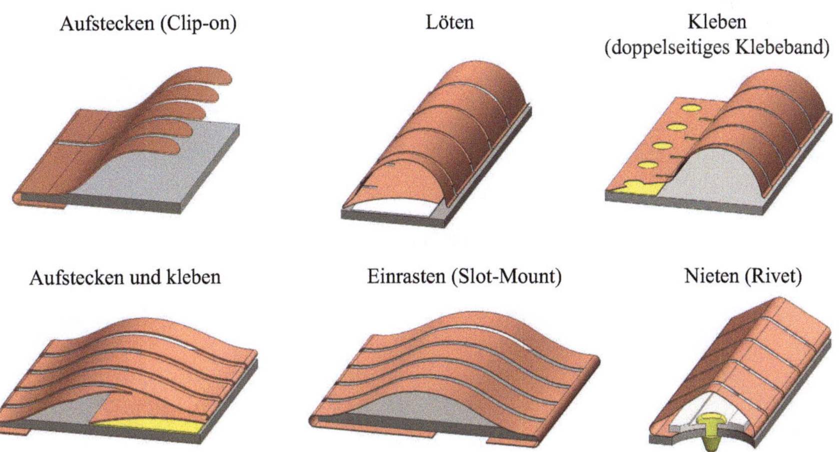

Abb. 6.44 Formen von Kontaktstreifen mit typischen Montagetechnologien

Ein weiterer Werkstoff ist Edelstahl (Werkstoff 1.4310) mit einer guten Elastizität, einer hohen Lebensdauer und sehr guter Korrosionsbeständigkeit mit fast immer blanken Kontakten. Die Dämpfungswerte sind geringfügig niedriger als die von BeCu.

2. Drahtgestricke – Mesh-Dichtungen

Die Mesh-Dichtungen bestehen aus Drahtgestricken kleiner Drahtmaschen, die sich durch eine sehr gute Verformbarkeit auszeichnen. Vier grundsätzliche Querschnitte der Dichtungen sind dabei zu unterscheiden, Abb. 6.45-oben.

Die Kerne der Querschnitte können unterschiedliche Füllungen aufweisen, angefangen von aufgerollten Drahtgefechten, reinen Hohlprofilen, vollen Elastomerkernen bis hin zu Elastomerschläuchen, Abb. 6.45-unten.

Typische Drahtwerkstoffe sind Kupfer-Nickel-Legierungen, verkupferte und verzinnte Stähle, silberbeschichtetes Messing, zinnbeschichtete Phosphor-Bronze, Edelstahl, Aluminium und Beryllium-Kupfer.

Werkstoffkerne bestehen typisch aus Neopren und Silikon in fester Form oder als Schaum.

3. Drahtgewebe-Tapes

Eine weitere Form in dieser Gruppe sind Drahtgewebe-Tapes, die auf Rollen geliefert werden. Hierbei sind unterschiedliche Ausführungen möglich.

In [12] wird ein doppellagiges Tape mit einer Breite von 25,4 mm angegeben. Der Drahtdurchmesser von 0,114 mm besteht aus einem Stahlkern, umhüllt von einem Kupfermantel und einer dünnen Zinnbeschichtung. Je nach Frequenzen bis 10 GHz werden 30 bis 60 dB Schirmdämpfung angegeben.

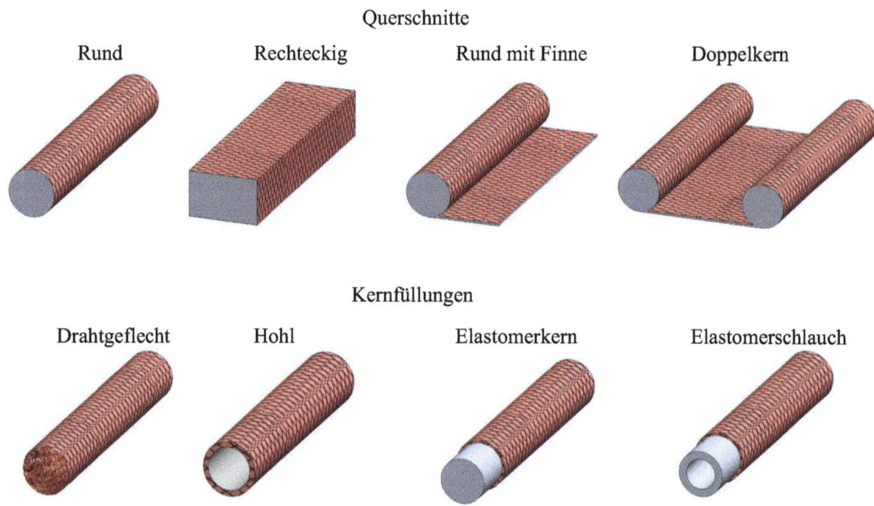

Abb. 6.45 Querschnitte von Mesh-Dichtungen

In [17] sind Tapes (Bands) zu finden, die einlagig sind. Die Drähte bestehen aus Stahl mit einem Kupfermantel und Zinnbeschichtung (Durchmesser 0,1 mm), Edelstahl, einer Kupfer-Nickellegierung (Monel) oder Aluminium und werden auf Rollen mit Längen von 25 bis 500 m geliefert werden.

4. Leitfähige Metalltapes

Das sind Metallfolien aus Kupfer, poliert oder mit Zinn beschichtet, und Aluminium. Zusätzlich für eine einfache Montage können sie eine Beschichtung mit einem leitfähigen Kleber aufweisen, wobei die Schichtdicken < 0,1 mm sind [17]. Reine Kupferfolien mit Dicken von 75 µm haben eine Dämpfung von 50 dB [13].

5. Elektrisch leitfähige Elastomere

Das sind elastische Kompositwerkstoffe, die aus einem Basiswerkstoff (Binder) und leitfähigen Füllern bestehen. Die Abb. 6.46 zeigt typische Dichtungsquerschnitte. Die Binder sind Silikone, Fluorsilikone, EPDM und Polyurethane.

Eingesetzte Füller sind Kohlenstoff, Silber, Nickel, silberbeschichtetes Nickel, -Aluminium, -Kupfer und -Glas oder auch vernickeltes Graphit.

Hohe Temperaturbeständigkeiten und große Dämpfungswerte sind hierbei erreichbar, beispielsweise bei Silikon mit Silberpartikeln ein Temperaturbereich von -55 bis $200\,^{\circ}\mathrm{C}$ und eine Dämpfung von 120 dB bei 1 GHz [12].

6. Form(ed)-In-Place leitfähiger Elastomere

Hier werden die leitfähigen Elastomere durch den Anwender in Form einer pastösen Masse durch Dispenser (automatisierte Dosierdüsen) auf die Gehäuseteile aufgetragen. Dadurch entsteht eine hohe Flexibilität bei der Linienführung des Elastomerauftrags. Die guten Klebekräfte des Elastomers verhindern ein Verschieben dieser Dichtung bei den weiteren Montageprozessen.

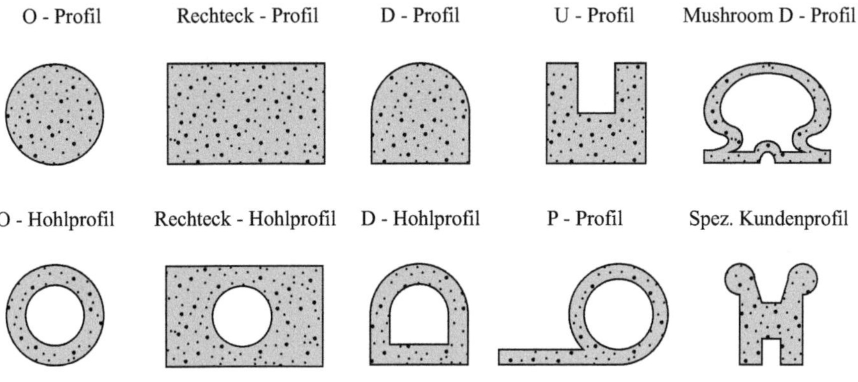

Abb. 6.46 Querschnitte leitender Elastomerdichtungen

Der typische Binder ist Silikon und die Werkstoffe der leitfähigen Partikel sind Silber, silberbeschichtes Kupfer, -Nickel, -Aluminium sowie -Glas und besonders hervorzuheben aluminiumbeschichtetes Wolframcarbid, aufgrund seiner hervorragenden Korrosionsbeständigkeit in aggressiven Umgebungen.

Auf Kunststoffgehäusen kann das Elastomer bei Raumtemperaturen aushärten. Im Bereich von 10 MHz bis 10 GHz sind Dämpfungswerte > 65 dB erzielbar und der Temperaturbereich liegt zwischen −55 und 125 °C [12].

Anwendung finden derartige Dichtungen, insbesondere bei Kleingeräten der Kommunikationstechnik oder dem medizinischen Gerätebau.

7. Elastomere mit elektrisch leitfähiger Außenbeschichtung

Der Elastomerkern besteht aus einem Rundprofil aus Silikon ohne leitende Partikel, wobei das Silikon je nach Design als Schaum, Vollmaterial oder Schlauchform Anwendung findet. Die äußere Beschichtung besteht typisch aus Silber oder silberbeschichtetem Kupfer, Abb. 6.47.

Diese Dichtungen zeichnen sich durch ein besonders weiches Verhalten bei Druckbeanspruchungen der Montageprozesse aus. Die Temperaturbeständigkeit beträgt 200 °C und die Schirmdämpfungen liegen über 90 dB [17].

8. Silikondichtungen mit eingebetteten Metalldrähten

In das Elastomer, bestehend aus Silikon oder Fluorsilikon, sind feine Drähte aus Aluminium, Kupfer-Nickellegierungen (Monel) oder Phosphor-Bronze eingebettet, die senkrecht zu den verbindenden Flächen angeordnet sind.

Gängige Formate sind Streifen mit einer Breite von 9,5 mm bis 19,1 mm und 914 mm lang sowie Sheets mit einer Größe von 228,6 mm × 914 mm [17]. In [12] sind beispielsweise Streifen mit den Breiten von 2,36 mm bis 25,4 mm und einer Standardlänge von 3400 mm und Sheets mit Breiten von 79 mm, 152 mm sowie 229 mm und einer Länge von 900 mm zu finden. Der Temperaturbereich beträgt −60(−55) bis 200 °C und eine Dämpfung bis zu 120 dB wird erreicht.

9. Elektrisch leitfähige Kleber

Hierbei handelt es sich um Komposite, die aus einem 1-komponentigen Kleber auf Silikonbasis und leitfähigen Partikeln bestehen und die Aushärtung bei Raumtemperatur

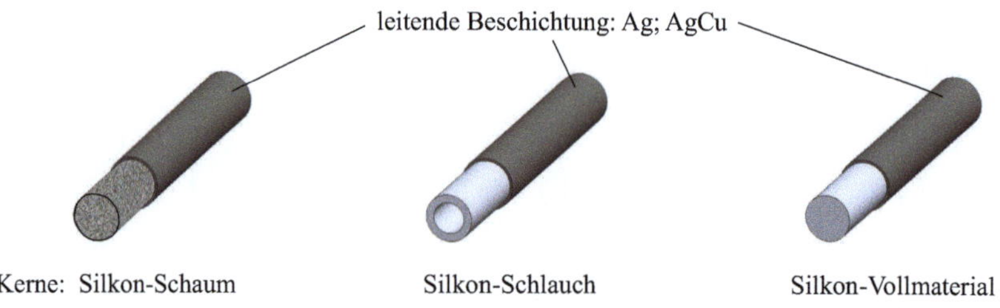

Abb. 6.47 Nichtleitende Elastomerdichtung mit leitender Aussenbeschichtung

erfolgt. Für die Aushärtezeiten werden sehr große Spannen angegeben, die nach Hersteller und Klebertyp zwischen 4 Minuten und 4 Tagen (je nach relativer Feuchte) liegen können [13, 17]. Als leitfähige Partikel kommen zum Einsatz Nickel, Silber, silberbeschichtetes Kupfer, -Aluminium, -Graphit und -Glas. Diese Dichtungen zeichnen sich durch eine gute Elastizität sowie Stabilität hinsichtlich Ozon- und UV-Einflüssen aus.

10. Kombinierte Dichtungen

Diese Dichtungen kombinieren zwei Dichtungstypen, Abb. 6.48. Zum einen dient die Dichtung dem Schutz vor Umwelteinflüssen, wie Staub, Feuchtigkeit etc. und besteht aus Neopren oder Silikonen in Form von Schaum oder Vollmaterial. Zum anderen sind es eine oder zwei EMV-Dichtungen aus Meshgestricken mit und ohne Kern, wobei das Drahtgewebe aus Edelstahl, zinnbeschichtem Kupferdraht oder einer Nickel-Kupferlegierung besteht.

11. Elektrisch leitfähige Farben

Diese Beschichtungen werden auf Kunststoffe aufgebracht wie PC, ABS, PET und PVC. Sie bestehen aus einem Polymer (Binder) und elektrisch leitfähigen Partikeln. Typische Polymere sind Acryl, Epoxidharze und Polyester und als leitfähige Partikel kommen Silber, silberbeschichtetes Kupfer und Nickel zur Anwendung. Die Schichtdicken liegen zwischen $12{,}5\,\mu\text{m}$ und $50\,\mu\text{m}$, mit denen Dämpfungen je nach Materialzusammensetzung deutlich $> 55\,\text{dB}$ erreicht werden können.

12. HF-dichte Fenster

HF-dichte Fenster, auch als geschirmte Fenster bezeichnet, weisen zwei charakteristische Eigenschaften auf. Zum einen sind sie durchsichtig mit einem bestimmten Transparenzgrad und zum anderen zeichnen sie sich durch eine elektromagnetische Schirmung aus.

Grundsätzlich besteht der Aufbau aus zwei transparenten Scheiben mit einer leitenden Drahtgewebeeinlage (Mesh). Der Drahtdurchmesser und die Maschenweite bestimmen damit den Transparenzgrad und die Dämpfung. Die Scheiben bestehen aus Glas, Polycarbonat oder Acryl, woraus sich auch unterschiedliche Montageprinzipien ergeben. Die Materialien der Drahtgewebe sind Kupfer, Bronze, Edelstahl, silberbeschichteter Edel-

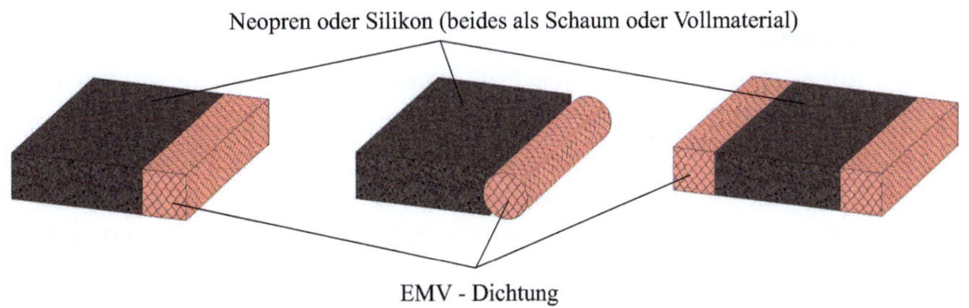

Abb. 6.48 Kombinierte Dichtungen für Umwelteinflüsse und EMV

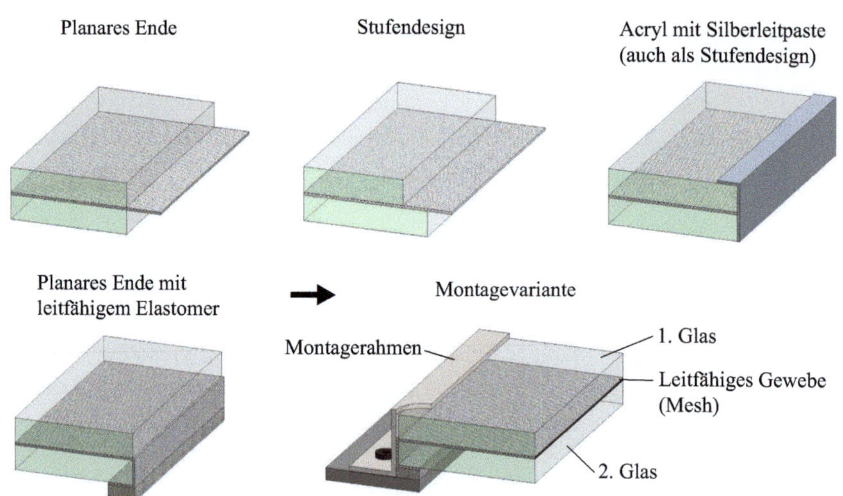

Abb. 6.49 Aufbauprinzipien HF-dichter Fenster und eine Montagevariante

Tab. 6.7 Eigenschaften ausgewählter HF-dichter Fenster [13]

Material	Drahtϕ/Maschenweite in μm/μm	Transparenz in %	S_H(100 kHz) in dB	S_E(1 GHz) in dB
Kupfer	50/150	56	48	69
	50/350	77	21	54
Bronze	71/144	45	40	65
	71/355	69	37	54
Edelstahl, versilbert	50/204	65	-	60
Polyesterfolie	175/IOT-bedampft	80	-	35

stahl sowie ITO-beschichtetes Polyestergewebe (Indium-Zinn-Oxid). Die Abb. 6.49 zeigt einige typische Aufbauprinzipien und eine daraus folgende Montagetechnologie.

Der Tab. 6.7 sind einige technische Parameter für Hf-dichte Fenster zu entnehmen.

6.5.6.3 Verbindungsstellen

Neben den offensichtlichen Öffnungen in Gehäusen gibt es weitere, die oft nicht als solche erkannt werden. Dabei geht es um die Verbindungsstellen von Gehäuseverkleidungen (Blechen). Optisch können diese Verbindungen geschlossen sein, z. B. mit einem Lack. Der Durchgriff elektromagnetischer Wellen erfolgt hier, weil Gehäuseteile, wie überlappende Bleche, nicht ausreichend elektrisch leitfähig miteinander verbunden sind. Ursachen für das Fehlen der elektrischen Leitfähigkeit zwischen den leitenden Gehäuseteile sind:

- Chemisch oder elektrochemisch korrodierte Oberflächen. Dazu zählen Oxidschichten von Aluminium und Rostschichten von Stahllegierungen, vgl. Abschn. 6.5.6.4.
- Lackierte Oberflächen von elektrisch leitfähigen Gehäuseteilen.
- Eloxierte Aluminiumoberflächen, wie sie besonders im dekorativen Bereich zu finden sind.
- Unsaubere Oberflächen mit Anhaftungen von Schmutz, Kleberresten, Resten von Schutzfolien, Öl und Fett.

Durch das Fehlen elektrisch leitender Verbindungen von Gehäuseteilen wird nicht nur der Durchgriff der elektromagnetischen Welle begünstigt, sondern auch die Ausbildung von Schirmströmen erschwert oder sogar unterbunden. Fehlende Schirmströme führen zu schwankenden Potenzialen, die wiederum kapazitive Störkopplungen hervorrufen.

Die Abb. 6.50 zeigt typische Montageformen zur Erzielung der EMV-Dichtheit.

1. Flach aufliegende Dichtungen, Abb. 6.50-a–c
Die Dichtung wird auf ein ebenes, erstes Gehäuseteil montiert:

Trocken aufgelegt mit der Gefahr des Verrutschens, Fixierung der Dichtung mit pastösen Klebespots oder mit Klebebändern und formschlüssige Verbindungen mit Montageclipsen.

Anschließend wird darüber das zweite Gehäuseteil gelegt und mit dem ersten und der Dichtung zusammen verschraubt. Im Bereich der Verschraubung wird die Dichtung auf die Dicke d_{min} und im Bereich zwischen zwei Verschraubungen auf das Maß d_{max} zusammengedrückt. Daraus lässt sich die Originaldicke der Dichtung d_{org} näherungsweise bestimmen [11]:

$$d_{org} \approx 4(d_{max} - d_{min}) \tag{6.214}$$

2. In Nuten liegende Dichtungen, Abb. 6.50-d, e
Ein Gehäuseteil muss die Ausformung einer Nut enthalten, die die Dichtung aufnimmt. Das kann die Nut in einem Massivteil oder die spezielle Ausformung eines Gehäusebleches sein. Zum Einsatz kommen hier leitende Elastomerdichtungen mit O-Profilen und O-Hohlprofilen, vgl. Abb. 6.46, aber auch andere. Für ein korrektes Zusammenspiel von Nut und Dichtung müssen die Nut-Tiefe und -Breite der Dichtungsgeometrie angepasst werden.

Die Nutgeometrie für ein O-Profil kann mittels der folgenden Zusammenhänge bestimmt werden, Abb. 6.51.

a) Nuttiefe

$$\text{Nenntiefe der Nut:} \quad t_n = \frac{(k_{max} + k_{min})d_n}{2} - \frac{(k_{max} - k_{min})\dfrac{T_d}{2}}{2} \tag{6.215}$$

$$\text{Toleranz der Nuttiefe:} \quad T_t = (k_{max} - k_{min})d_n - (k_{max} + k_{min})\frac{T_d}{2} \tag{6.216}$$

Mit der Bedingung: $T_t > 0$

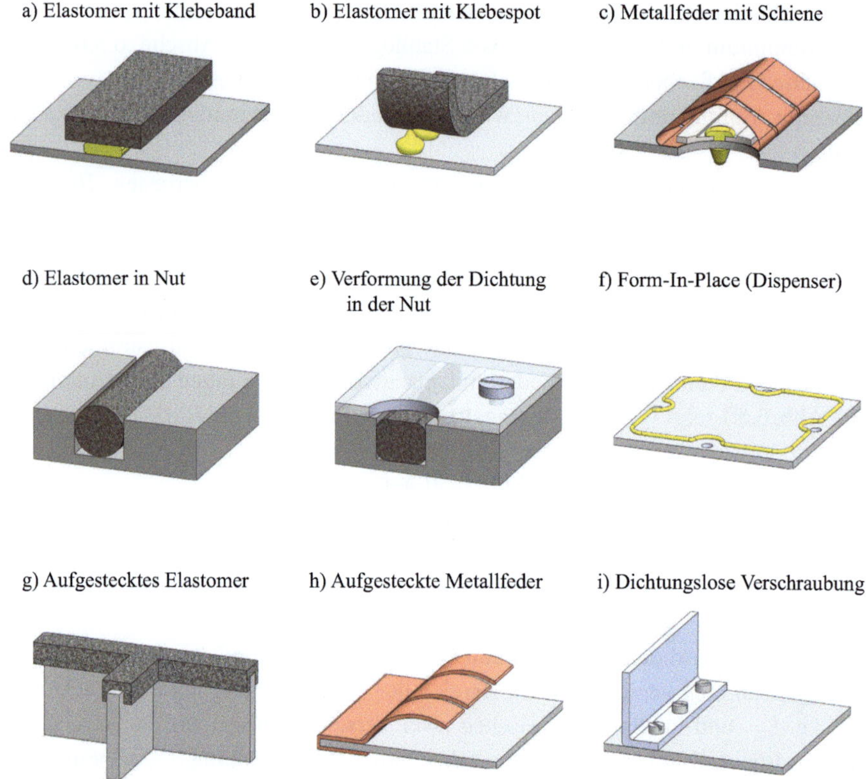

Abb. 6.50 Typische Montagen von EMV-Dichtungen

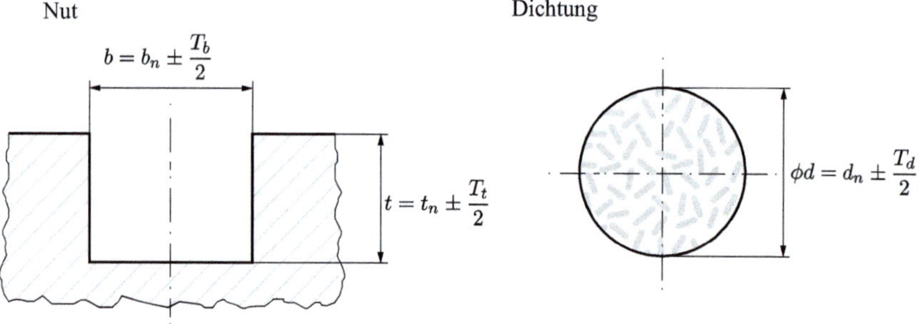

Abb. 6.51 Geometrie von Nut und Dichtung

Ist diese Bedingung nicht erfüllt, so passen die Toleranzfelder von Nuttiefen und Dichtungsdurchmessern nicht zusammen. Das führt unter anderem dazu, dass nicht jede Dichtung in jede Nut passt, d. h. dass es Kombinationen von beiden gibt, die die Bedingungen von $k_{\min}$ und $k_{\max}$ nicht einhalten.

Der Faktor k ist der prozentuale Wert auf den die Dichtung zusammengedrückt wird (Durchmesserverkürzung auf $k \cdot d$). Es ergibt sich ein zulässiger Bereich von $k_{\min} \leq k \leq k_{\max}$.

Nach [11] gelten beispielsweise für ein O-Profil $k_{\min} = 0{,}75$ und $k_{\max} = 0{,}90$:

$$\text{Nuttiefe:} \qquad t = t_n \pm \frac{T_t}{2} \tag{6.217}$$

b) Nutbreite b

Die Dichtungsgröße darf nicht zu einer Überfüllung der Nut mit dem verformten Dichtungsstoff führen. Daher wird in [18, S. 19] vorgeschlagen, den Nutquerschnitt mindestens 5 % größer zu machen als den Dichtungsquerschnitt. Hier wird 10 % mit dem Faktor 1,1 gewählt:

$$\text{min. Nutbreite:} \qquad b_{\min} = 1{,}1 \cdot \frac{A_{\max}}{t_{\min}} = \frac{1{,}1 \cdot \pi}{4 \cdot t_{\min}} \left(d_n + \frac{T_d}{2} \right)^2 \tag{6.218}$$

$$\text{Nennbreite der Nut:} \qquad b_n = b_{\min} + \frac{T_b}{2} \tag{6.219}$$

$$\text{Nutbreite:} \qquad b = b_n \pm \frac{T_b}{2} \tag{6.220}$$

c) Toleranzen T_t, T_b und T_d

Diese Toleranzen sind jeweils die Differenzen zwischen den max. und min. Werten der entsprechenden Maße (d. h. $T/2$ ist die Differenz zwischen max. und dem Nennwert n bzw. min. und dem Nennwert n):

- Je nach Nutausführung können technologisch geringere Toleranzen für die Nutgeometrien, als oben bestimmt, erreicht werden. Folgender Zusammenhang kann damit für eine erste Bestimmung herangezogen werden:
  $$\pm 0{,}05\,\text{mm} \leq \frac{T_t}{2} = \frac{T_b}{2} \leq \pm 0{,}15\,\text{mm}$$
- Die Toleranzen T_d der Dichtungen sind den Datenblättern zu entnehmen und liegen im Bereich von:
  $$\pm 0{,}1\,\text{mm} \leq \frac{T_d}{2} \leq \pm 0{,}3\,\text{mm}$$
- Bei Durchmessern > 10 mm werden sie dann größer, häufig mit Angaben in % vom Durchmesser (z. B. 3 %)

Beispiel: Gegeben ist eine O-Profil Dichtung mit $d_n \pm T_d/2 = (5 \pm 0{,}2)$ mm, $k_{\min} = 0{,}8$, $k_{\max} = 0{,}9$ und der Annahme $T_t = T_b$.

Mit den Gl. (6.215) bis (6.220) ergeben sich die Nuttiefe und die Nutbreite zu $t = (4{,}24 \pm 0{,}08)$ mm und $b = (5{,}70 \pm 0{,}08)$ mm.

3. Form-In-Place Dichtungen, Abb. 6.50-f

Mittels eines Dispensers werden elektrisch leitfähige Pasten auf ein Gehäuseteil aufgebracht. Der besondere Vorteil dieses Verfahrens besteht in der großen Variabilität der

Tab. 6.8 Beispiele für Schraubenabstände und Schirmdämpfungen [9, S. 797]

Verbindungsstelle zweier Alu-Platten mit den Eigenschaften:	Schraubenabstand d in mm	Schirmdämpfung S in dB
- je 2,5 mm Plattendicke	10	110
- 12 mm Plattenüberlappung	50	80
- bei 200 MHz	150	62

Dichtungsformen und dem schnellen Anpassen an veränderte Formen, da nur die Bewegung des Dispensers umprogrammiert werden muss. Auch können größere Höhenunterschiede bzw. Differenzen zwischen den zu verbindenden Teilen ausgeglichen werden.

4. Aufsteckbare Dichtungen, Abb. 6.50-g, h
Unterschiedlichste Elastomer- oder Metalldichtungen mit nutförmigen Ausprägungen werden auf Gehäuseteile mit entsprechenden Gegenstücken (Stege) aufgesteckt. Dabei muss eine Klemmwirkung vorhanden sein, damit die aufgesteckte Dichtung in der Lage fixiert wird. Das ist insbesondere bei Dichtungen von Schaltschranktüren von Bedeutung. Dabei gilt:

$$\text{maximale Nutbreite } b_{\max} < \text{minimale Stegbreite } d_{\min} \qquad (6.221)$$

In diesem Fall ist immer eine Presspassung vorhanden, welche die Lagefixierung gewährleistet.

5. Verbindungsstelle ohne EMV-Dichtung, Abb. 6.50-i
Die beste Lösung für diese Problematik ist eine Lötverbindung zwischen den Gehäuseteilen, die aber hinsichtlich Kosten, Wartung, Reparatur (Problem der Zugänglichkeit) und Temperatureintrag nachteilig ist.

Eine vielfach anzutreffende Lösung, besonders auch für größere Teile, ist das Verschrauben, Nieten oder Punktschweißen von überlappenden Gehäuseplatten. Beispiele für zu erzielende Schirmdämpfungen sind Tab. 6.8 zu entnehmen[1]. Als allgemeine Faustformel kann ein Schraubenabstand $d \leq 50$ mm angesehen werden, der sich bei Frequenzen von 1 GHz bis auf $d \approx 10$ mm verringert.

6.5.6.4 Korrosionsbeständigkeit
Die Fragen der Korrosionsbeständigkeit betreffen hier das Zusammenspiel der EMV-Dichtungen mit den Gehäusewandungen. Beim Auftreten von Korrosion ist in chemische und elektrochemische (galvanische- bzw. Kontaktkorrosion) zu unterscheiden, wobei letztere eine deutlich größerer Bedeutung hat.

Bei der **chemischen Korrosion** gehen die Reaktionspartner eine Verbindung ein, wo bei Anwesenheit von Sauerstoff Oxidschichten ausgebildet werden. Das kann darunter-

---

[1] Hinweis: Die Einheit für den Schraubenabstand in [9, S. 797] muss cm sein.

liegende Schichten vor weiterer Korrosion schützen, aber der Übergangswiderstand steigt deutlich an, da die Metalloxide, hier insbesondere die Kupfer- und Aluminiumoxide, nicht leitend sind. Für montierte EMV-Dichtungen sind derartige Oxidschichten nachteilig.

Das Zustandekommen der **elektrochemischen Korrosion** ist an drei Voraussetzungen gebunden. *Erstens* müssen die Metalle des Verbundsystems unterschiedliche Korrosionspotenziale haben, *zweitens* muss eine elektrisch leitende Verbindung zwischen den Metallen bestehen und *drittens* müssen beide Metalle mittels eines elektrisch leitfähigen Elektrolyten miteinander verbunden sein.

Die folgenden Faktoren bestimmen den Grad der elektrochemischen Korrosion [15]:

- Aus der Höhe der Potenzialdifferenz zwischen zwei Metallen, entsprechend der bekannten Spannungsreihe der Metalle (Standardpotenziale), kann nur darauf geschlossen werden, ob mit einer Korrosionsgefährdung zu rechnen ist und nicht auf die reale Gefährdung. Entscheidend sind die Potenziale unter den realen Einsatzbedingungen, die erheblich von den denen der Standardpotenziale abweichen können.
- Je größer die Elektrolytwiderstände sind, desto geringer wird die Korrosionsgefahr. Auftretendes Kondenswasser hat einen hohen Widerstand, während ein Elektrolytfilm aus Salzwasser einen deutlich geringeren Widerstand aufweist, woraus sich eine Erhöhung der Korrosionsgeschwindigkeit ergibt.
- Mit der Befeuchtungsdauer steigt die Korrosionsgefahr. Tritt kein Elektrolytfilm auf, so können alle Metalle miteinander verbunden werden, was für alle Innenräumen, ohne Gefahr einer Kondenswasserbildung, gilt.
- Die Metalle weisen eine unterschiedliche Kinetik der Elektrodenreaktionen auf. So können Potenzialunterschiede von 100 mV schon zur Korrosion führen, was nach der Spannungsreihe der Standardpotenziale nahezu ausgeschlossen wäre, wogegen größere Potenzialunterschiede sogar problemlos sein können.
- Der Quotient aus Kathodenfläche zu Anodenfläche spielt eine weitere Rolle. Keine Korrosionsprobleme sind zu erwarten, wenn die Kathodenfläche mit dem edleren Metall deutlich kleiner ist, als die Anodenfläche mit dem unedleren Metall (die Fläche der Dichtung wird im Verhältnis zur Gehäusefläche i. d. R. immer deutlich kleiner sein).

Für den praktischen Gebrauch kann die Tab. 6.9 [11] herangezogen werden.

Für eine elektrochemische Verträglichkeit werden Metalle der gleichen Gruppe bzw. der jeweils benachbarten Gruppen verwendet. Wird eine Beschichtung notwendig, weil die zu verbindenden Materialien mehr als eine Gruppe auseinander liegen, so ist das Material mit der niedrigeren Gruppennummer zu beschichten [11].

Als Beispiel werden Kupfer und eine Aluminiumlegierung als zu verbindende Materialien betrachtet. Beide Materialien liegen mehr als eine Gruppe auseinander (Al-Leg. in Gr. 5 und Cu in Gr. 3), weshalb eine Beschichtung des Kupfers erfolgen muss. Gewählt wird Material aus den Gruppen 4 und 5, in diesem Fall Zinn, was als Beschichtung auf dem Kupfer zu realisieren ist.

Tab. 6.9 Metallgruppen für elektrochemische Verträglichkeit nach [11]

Gruppe	Metalle und Legierungen
1	Au - Pt - Au/Pt-Leg. - Rh - Graphit - Pd - Ag - Ag-Leg. - Ti - Ag gefüllte Elastomere und Beschichtungen
2	Rh - Graphit - Pd - Ag - Ag-Leg. - Ti - Ni - Monel (NiCuFe) - Co - Ni-Leg. - Co-Leg. - Ni/Co-Leg. - Edelstahl - Ag gefüllte Elastomere und Beschichtungen
3	Ti - Ni - Monel - Co - Ni-Leg. - Co-Leg.- NiCu-Leg. - Cu - Cu-Leg. - Bronze - Messing - Ag-Lot - Edelstahl - Cr-Beschichtungen - W - Mo - Ag gefüllte Elastomere
4	Marine-Messing - Bronze - Edelstahl - Cr-Beschichtungen - W - Mo - Sn - In - SnPb-Lote - Al200 und 700-Serien - C-Stahl - bestimmte Ag-gefüllte Elastomere
5	Cr-Beschichtungen - W - Mo - Edelstahl - Sn - In - SnPb-Lote - Al - Al-Leg. - Zn Be - Zn-Guss
6	Mg - Sn

6.6   Geschirmte Kabel und Leitungen

6.6.1   Grundlegende Betrachtungen

Elektrische Kabel haben je nach Anwendung drei Funktionen:

- Energieübertragung
- Signalübertragung
- Energie- und Signalübertragung
  In diesem Fall werden die Signale an einem Ende des Energiekabels mittels eines Adapters auf dieses aufmoduliert und am anderen Ende wieder mittels eines zweiten Adapters vom Energiekabel getrennt. Das funktioniert in beiden Richtungen, so dass gesendet und empfangen werden kann. Bekannt ist diese Technologie aus den WLAN-Netzen unter dem Begriff „Powerline".

Zur Begrifflichkeit: Ein Kabel besteht aus einer oder mehreren Adern oder auch Leitungen. Diese Leitungen können in unterschiedlichster Form aufgebaut sein. Eine massive runde Leitung wird als Draht bezeichnet. Besteht eine Leitung aus einer Menge von einzelnen Drähten, dann spricht man von einer Litze. Weiterhin kann eine Leitung auch als Drahtgeflecht o. ä. ausgeführt werden, was insbesondere bei Koaxialkabeln für den Außenleiter zutrifft. Im Weiteren wird in diesem Zusammenhang nur von Leitungen gesprochen.

Leitungen müssen als Bauelemente sowohl in, als auch zwischen, Geräten angesehen werden, bei denen die Störeinkopplungen elektromagnetischer Wellen bzw. die Aussendung von Störsignalen hauptsächlich erfolgen. Der Signalintegrität auf den Leitungen muss aus diesem Grund besondere Aufmerksamkeit geschenkt werden, wobei bei der physikalischen Realisierung dieser, die *Schirmung* von Signalleitungen eine entscheidende Rolle spielt.

Für die effektive Auslegung einer Schirmung muss ein Reihe von Fragen und Einflussgrößen betrachtet werden wie:

- Die grundsätzlichste Frage lautet: Ist eine Schirmung überhaupt notwendig oder kann mit anderen einfachen Mitteln der geforderte Zweck erreicht werden? Das sind dann beispielsweise ein verändertes Verlegen von Leitungen, wie Abstand vergrößern, einen Winkel von Leitungen zueinander in Richtung 90° realisieren oder einfach Hin- und Rückleiter miteinander verdrillen.
- Wie groß ist die Bandbreite der Störfrequenzen? Dabei stellen die digitalen Signale mit ihrem Breitbandspektrum an Sinusfrequenzen eine besondere Herausforderung dar, wobei mit zunehmender Flankensteilheit der Impulse diese Bandbreite weiter zunimmt.
- Für die Schirmauslegung ist in hohe und niedrige Frequenzen zu unterscheiden, mit einer Grenze bei 30 kHz, Tab. 6.4 (bei 100 kHz nach [38, S. 91]).
- Eine geeignete Kabelschirmung ist abhängig von der Kabellänge. Dabei muss in *elektrisch kurze* und *elektrisch lange Leitungen* unterschieden werden. Eine Leitung wird als *elektrisch kurz* angesehen, wenn die Leitungslänge kleiner ist als 1/20 der Wellenlänge der höchsten Störfrequenz. Im anderen Fall ist sie *elektrisch lang*. Beispielsweise ergibt sich für die 50 Hz Netzfrequenz eine elektrisch kurze Leitung bei einer Leitungslänge, die kleiner ist als 300 km ($l < c/(20f)$. Für die im Vergleich dazu im Gerätebau vorhandenen kurzen Leitungen bedeutet das, dass die Amplitude des Störsignals über der gesamten Leitungslänge als konstant angesehen werden kann und der Kopplungsmechanismus kapazitiv (elektrisches Feld) ist.
- Da oft mehrere Leitungen zu schirmen sind, stellt sich die Frage, sollen alle Leitungen einen gemeinsamen Schirm erhalten oder soll jede Leitung einzeln geschirmt werden?
- Soll bzw. darf der Rückstrom des Signals über den Schirm laufen?
- Wie geht man mit Erdschleifen um, die entstehen, wenn zwei oder auch mehrere Geräte geerdet sind und diese Erden aber unterschiedliche Potenziale aufweisen? Diese Potenzialdifferenz treibt dann einen Störstrom durch den Schirm, der zu Störspannungen an den Sender- und Empfängerimpedanzen führt. Das Gleiche trifft auf Masseschleifen elektronischer Baugruppen/Leiterplatten zu, die entstehen können aufgrund unterschiedlicher Massen für digitale und analoge Schaltungsteile oder bei Massepunkten mit Potenzialdifferenzen infolge eines ineffektiven Leitungsdesigns.
- Wie sind geschirmte Leitungen auf Leiterplatten auszuführen?
- Neben der Betrachtung, dass Signale galvanisch über Leitungen übertragen werden, bieten sich auch galvanisch getrennte Systeme an, wie Optokoppler, Übertrager oder für längere Strecken auch Lichtwellenleiter (LWL), vgl. Abschn. 6.4.6.

Diese genannten Punkte führen letztlich zu der entscheidenden Frage, die bei einer Leitungsschirmung auftritt:

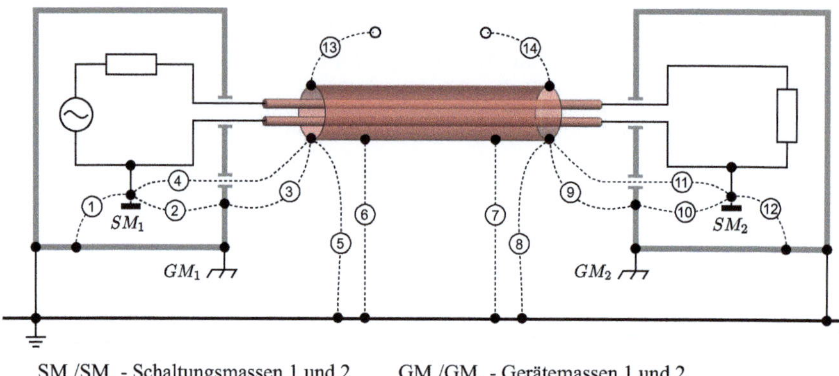

SM$_1$/SM$_2$ - Schaltungsmassen 1 und 2   GM$_1$/GM$_2$ - Gerätemassen 1 und 2

Abb. 6.52 Problematik der Massenanbindung an einen Leitungsschirm, in Erweiterung zu [27]

„Muss der Leitungsschirm mit einer Masse, welcher auch immer, verbunden werden und wenn ja, in welcher Art und Weise".

Die Abb. 6.52 zeigt die Gesamtproblematik. Diese besteht nicht nur aus den unterschiedlichsten Möglichkeiten der Masseanbindungen des Leitungsschirmes, sondern gewinnt zusätzlich durch die verschiedenen Masseankopplungen der Schaltungsmassen selbst an Komplexität.

6.6.2 Experimentaldaten von Schirmvarianten

Das Zusammenspiel dieser verschiedenen Einflussgrößen und Fragestellungen kann gut an einem Beispiel illustriert werden [38, S. 70–74]. Dazu zeigt die Abb. 6.53 die Eigenschaften der magnetischen Feldschirmung bei verschiedenen Erdungen und einer Störfrequenz von 50 kHz, wobei die angegebenen Schirmdämpfungen experimentell ermittelt wurden. Der Abbildung ist klar zu entnehmen, dass das Erden der Schaltungen beidseitig deutlich schlechtere Schirmdämpfungen ergibt, als die Erdung der Schaltungen an nur einem Ende.

- Abb. 6.53-a: Stellt die Referenzanordung für alle nachfolgenden Anordnungen dar und weist die Schirmdämpfung $S_s = 0$ dB auf. Der Hinstrom fließt durch den Leiter innerhalb des Schirms, der Rückstrom fließt über das gemeinsame Bezugspotenzial.
- Abb. 6.53-b: Die Anordnung hat einen einseitig geerdeten Schirm, was keinen Einfluss auf die magnetische Schirmung hat, mit $S_s = 0$ dB. Hin- und Rückstrom fließen im Leiter innerhalb des (wirkungslosen) Schirms bzw. über das gemeinsame Bezugspotenzial.
- Abb. 6.53-c: Zeigt die beidseitige Erdung des Schirms. Nachteilig ist eine mögliche größere Schleife, bestehend aus dem Schirm und den beiden Endpunkten des Bezugs-

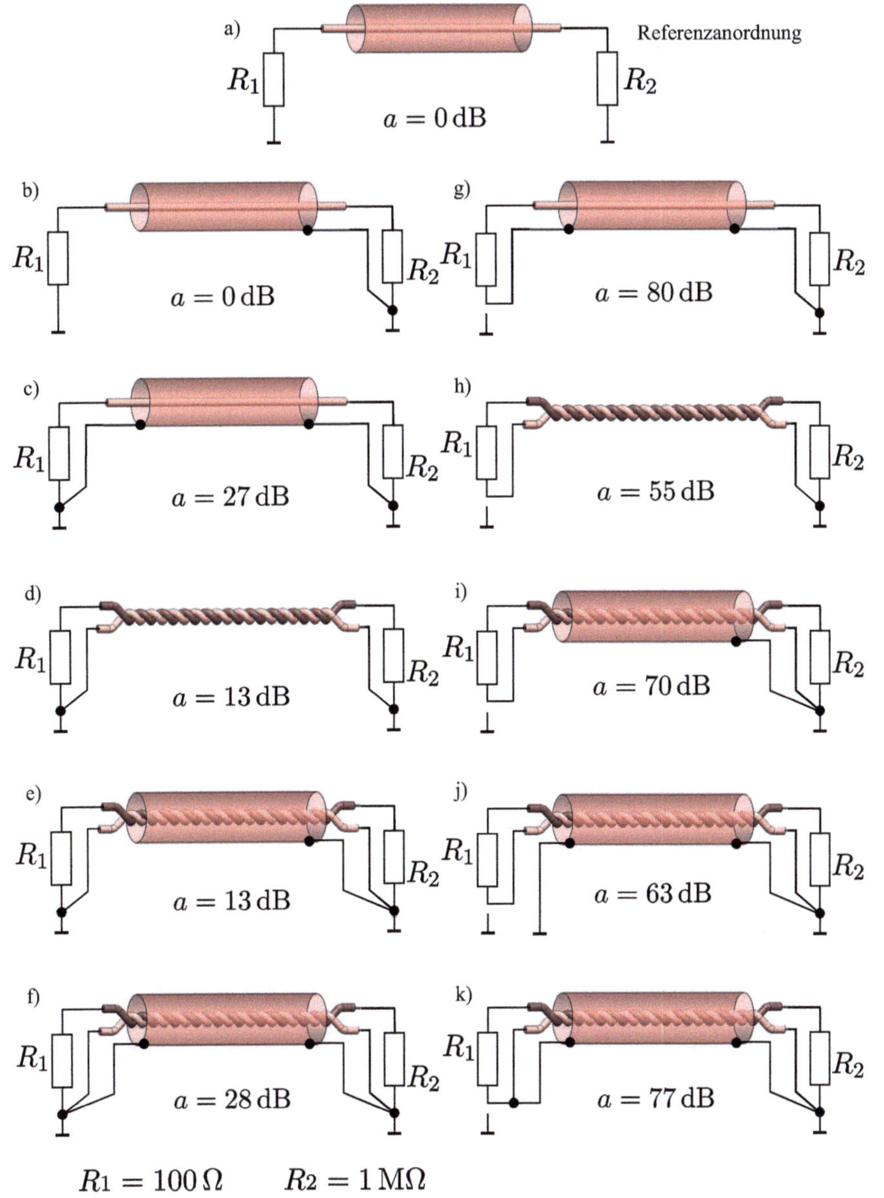

Abb. 6.53 Experimentelle Ergebnisse der induktiven Kopplung von ein- und beidseitig geerdeten Schaltungen und verschiedenen Schirmerdungen bei 50 kHz nach [38]

potenzials. Die hier induzierte Störspannung generiert im Schirm einen Störstrom, der über die Eingangswiderstände der Schaltung als Störspannung wirkt. Der Rückstroms kann über das Bezugspotenzial und über den Schirm verlaufen. Der Vergleich mit g) zeigt, wie stark die Schirmdämpfung zunimmt, wenn nur ein Ende des Schirm geerdet wird.

- Abb. 6.53-d: Das Twisted Pair (20 Schläge/Meter) sollte eine hohe Dämpfung liefern. Der Effekt wird aber durch die Masseschleife mit der Erdung an beiden Seiten stark reduziert. Der Einfluss der Masseschleife ist gut zu erkennen, wenn mit der Anordnung h) ohne Masseschleife verglichen wird.
- Abb. 6.53-e: Das Twisted Pair mit einem einseitig geerdetem Schirm zeigt keine Verbesserungen gegenüber d), der Schirm ist wirkungslos.
- Abb. 6.53-f: Die beidseitige Schirmerdung des Twisted Pair verschiebt einen Teil des magnetisch induzierten Störstrom weg von den Signalleitern, was zu einer Verbesserung der Schirmwirkung, im Vergleich zu e), führt.
- Abb. 6.53-g: Eine deutliche Verbesserung der magnetischen Schirmung entsteht aufgrund der sehr kleinen Schleife, bedingt durch die Koaxialanordnung. Es kann keine Masseschleife auftreten, die die Schirmung reduziert.
- Abb. 6.53-h: Es wird die Schirmung gegenüber g) reduziert, da elektrische Felder aufgrund des fehlenden Schirms beginnen einzukoppeln und die Terminierung unsymmetrisch ist (ein Leiter hat einen geerdeten Rückleiter).
- Abb. 6.53-i: Wird für niedrige Frequenzen der magnetischen Schirmung g) vorgezogen, da der Schirm kein Bestandteil eines Signalstroms ist.
- Abb. 6.53-j: Die geringfügig reduzierte Schirmwirkung entsteht durch den Schirmstrom in der Masseschleife, der infolge ungleicher induzierte Spannungen auf den beiden Twisted Pair Leitern entsteht.
- Abb. 6.53-k: Hier werden Eigenschaften der Anordnungen g) und i) kombiniert. Als nachteilig erweist sich, dass Störströme des Schirms auch durch Signalleiter fließen können, weshalb dieses Design nicht empfohlen wird.

Zusammenfassend muss festgestellt werden, dass keine der Anordnungen der Abb. 6.53-a bis -f einen guten Schutz vor magnetischen Feldern liefert. Sind die Schaltungen beidseitig geerdet, aus welchen Gründen auch immer, so sind die Varianten Abb. 6.53-c oder -f zu verwenden.

Ähnliche Ergebnisse hinsichtlich magnetischer Beeinflussung werden bei einer Frequenz von 100 kHz erzielt [27, S. 566], wobei noch weitere Anordnungen hinsichtlich der Masseanbindungen an der Senderseite aufgezeigt werden.

6.6.3   Leitungsschirmung bei niedrigen Frequenzen

Wie oben bereits erwähnt, liegt die Grenze für niedrige Frequenzen bei 30 kHz, Tab. 6.4, nach [38, S. 91] beträgt sie 100 kHz.

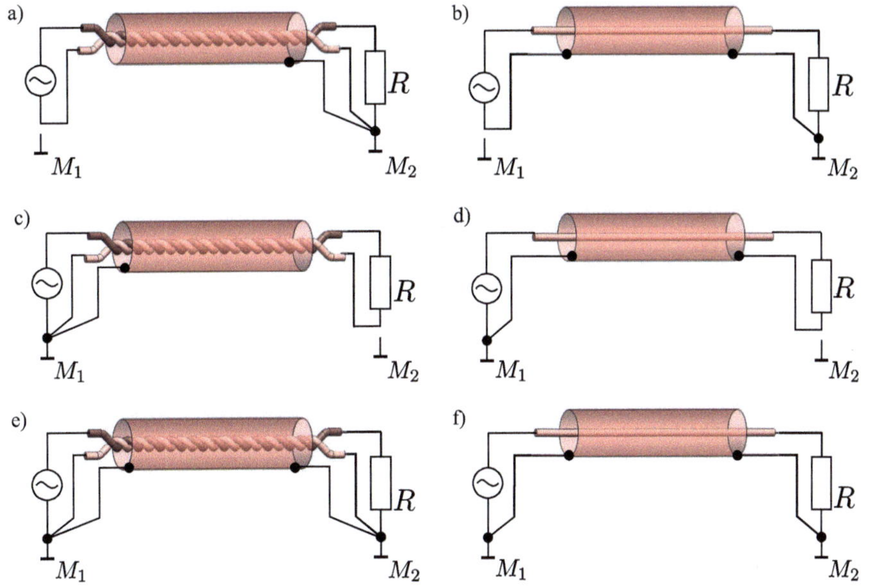

Abb. 6.54 Bevorzugte Schirm-Masse-Anbindungen für niedrige Frequenzen für Twisted Pair und Koaxkabel nach [38]

Von besonderer Bedeutung ist der Schutz gegenüber elektrischen Feldstörungen der Netzfrequenz von 50 Hz. Bei niedrigen Frequenzen liefert ein Schirm keinen Schutz vor magnetischen Störungen, vgl. Abschn. 6.3.6.6, aber einen Schutz gegen elektrische Feldkopplungen.

Prinzipiell sollte ein Schirm, der nicht den Signalrückstrom trägt, an einem Ende mit Masse verbunden werden (Mehrleitersysteme). Wird der Schirm an seinen beiden Enden mit Masse verbunden und weisen die Massen unterschiedliche Potenziale auf, so fließt infolge dieser Potenzialdifferenz ein Schirmstrom.

Wird der Schirm nur an einem Ende mit Masse verbunden, so sollte das möglichst an der Quelle erfolgen, da das Potenzial der Masse an dieser Stelle die Referenz für das Signal ist.

Die Abb. 6.54 zeigt bevorzugte Schirm-Masse-Anbindungen für Twisted Pair und Koaxkabel [38, S. 88–91].

Man beachte hier insbesondere die unterschiedlichen Massen M_1 und M_2 bei Sendern und Empfängern (allgemeiner Fall):

- Die in den Abb. 6.54a–d dargestellten Anordnungen zeichnen sich durch zwei Charakteristika aus. *Erstens* sind entweder der Sender oder der Empfänger mit Masse verbunden, aber nicht beide und *zweitens* erfolgt die Masseanbindung des Schirms jeweils dort, wo auch der Sender oder der Empfänger mit der Masse verbunden sind.

- Die in den Abb. 6.54e–f dargestellten Anordnungen zeichnen sich dadurch aus, dass Sender und Empfänger und die beiden Schirmenden mit der jeweiligen Masse verbunden sind. Die Verringerung der Störeinkopplung wird begrenzt durch die Potenzialdifferenz der beiden Massen, die einen Störstrom antreibt, und durch die Empfindlichkeit der Masseschleife selbst, insbesondere durch ihre Größe.

Das geschirmte Twisted Pair Kabel (Shielded Twisted Pair, STP) der Anordnung e) erhält eine zusätzliche (geringe) Verbesserung, da durch die niedrige Impedanz des Schirmes der Massestrom durch den Schirm fließt.

Bei der Koaxkabel-Anordnung f) sind die beidseitigen Massenanbindungen des Schirms notwendig, da er zugleich der Rückleiter des Signals ist. Ziel muss es sein, die Impedanz des Schirms so klein wie möglich zu gestalten. Aus funktionellen Gründen muss der Schirm dann an die Schaltungsmassen gelegt werden, Abb. 6.52 Schirmanbindungen 4 und 11.

Betrachtet man den Schirm als eine Verlängerung eines geschirmten Gehäuses, so muss er zuerst an die Gehäusesmasse und vom gleichen Punkt aus dann an die Schaltungsmasse gelegt werden, Abb. 6.52 Schirmanbindungen 3 und 2 sowie 9 und 10. (Der Rückleiter zwischen Sender und Empfänger der innerhalb des Schirmes verläuft, Abb. 6.52, entfällt dann, da er durch den Koaxialschirm ersetzt wird).

Da hier eine Masseschleife vorliegt, kann eine weitere Verbesserung nur durch Auftrennen dieser Schleife erfolgen. Dazu kommen Übertrager, Gleichtaktdrosseln, Optokopplern oder eine Symmetrierung der Anordnung zum Einsatz, vgl. Abschn. 6.4.6.

Zur Abschätzung der Performance können die Werte entsprechend Abb. 6.53 und für weitere Anordnungen [27, S. 566–568] herangezogen werden.

6.6.4 Leitungsschirmung bei höheren Frequenzen

Liegen die Frequenzen oberhalb von 100 kHz bzw. Überschreiten die Leitungslängen 1/20 der Wellenlänge sind notwendigerweise beide Leitungsenden mit Masse zu verbinden.

Die Abb. 6.55-a zeigt die Masseanbindungen eines Koaxkabels (unsymmetrische Signalübertragung).

Dabei lassen sich drei Fälle betrachten, die sich im Vorhandensein bzw. Fehlen der Verbindungen A bzw. B unterscheiden:

1. Masseanbindungen beidseitig und die Verbindungen A und B sind vorhanden. Hierbei hat der Signalrückstrom zwei Pfade. *Erstens* über den Schirm und *zweitens* über die Masseverbindungen.

   Der Schirmstrom stellt damit den einen Teil des Signalrückstromes dar und nähert sich mit nehmender Frequenz dem Signalstrom an, was beim 5-fachen der Grenzfrequenz $f_g = R_s/(2\pi L_s)$ mit 98 % nahezu erreicht ist, vgl. Abschn. 6.3.6.6 mit Gl. (6.96). Sind

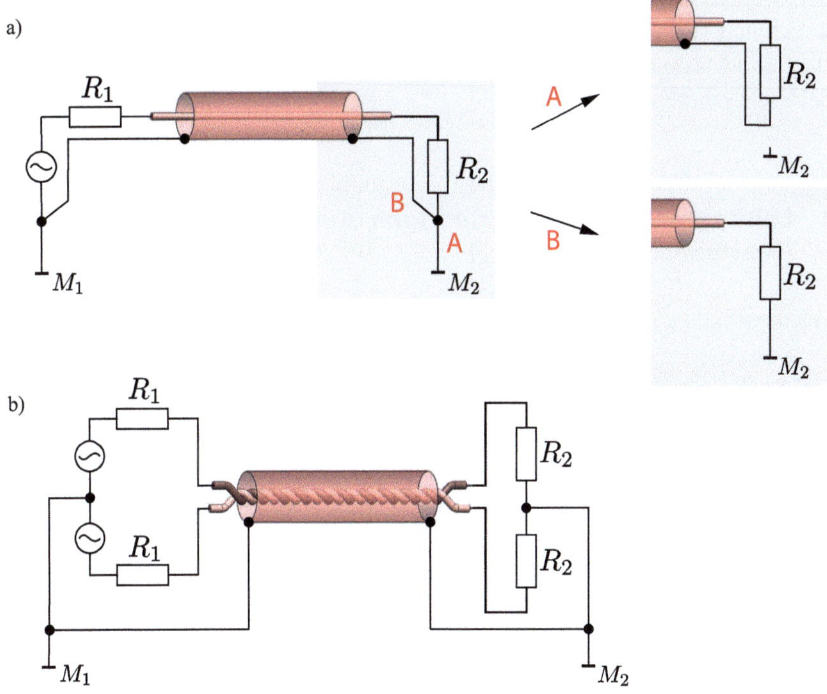

Abb. 6.55 Masseanbindungen eines Koaxkabels bei hohen Frequenzen

jetzt Signal- und Schirmstrom gleich (entgegengesetzte Richtung), so heben sich die von beiden Strömen erzeugten Magnetfeder auf, womit die Abstrahlung magnetischer Felder unterbunden wird.

2. Ist eine der Masseverbindung an einem Schaltungsteil nicht vorhanden, so muss auch die Masseverbindung des Schirms an dieser Stelle entfernt werden, vgl. Abschn. 6.3.6.6. In Abb. 6.55 wird dazu die Verbindung A entfernt. Das führt dazu, dass der Rückstrom jetzt vollständig über den Schirm fließt. Das gilt insbesondere für Frequenzen, die kleiner sind als die Grenzfrequenz.

3. Sind beide Schaltungsteile mit Masse verbunden, aber an einem Ende fehlt die Schirmanbindung an die Masse und die Verbindung B in Abb. 6.55 ist unterbrochen, so fließt der Signalrückstrom über das Massesystem. Damit entsteht u. U. eine große Strahlungsfläche mit der Wirkung einer Rahmenantenne. Je größer Fläche und Frequenz sind, um so größer werden die Störeinflüsse, vgl. Abschn. 6.3.8.4.

Die Abb. 6.55-b zeigt die beidseitige Masseanbindung des Schirms um ein Twisted Pair Kabel (Twinaxial Kabel) mit einer symmetrischen Signalübertragung. Weder der Signalstrom noch der Signalrückstrom fließen durch den Schirm, so dass er ausschließlich für die Schirmung genutzt werden kann. Damit hat die Masseanbindung des Schirms keinen

Einfluss auf die Masseanbindung der einzelnen Schaltungen. Durch diese unabhängige Betrachtung (Prinzip der Funktionstrennung) brauchen unerwünschte Interaktionen zwischen den Masseanbindungen von Schaltungsteilen und Schirm, wie bei einem Koaxkabel, nicht betrachtet werden.

6.6.5 Leitungsschirmung bei niedrigen und hohen Frequenzen (Breitband)

Die Abb. 6.56 zeigt zwei Möglichkeiten zur Schirmung von niedrigen und hohen Frequenzen.

Das Twisted Pair Kabel mit zwei unabhängigen Schirmen (doppelt geschirmtes Twinaxial Kabel), Abb. 6.56-a, erlaubt unterschiedliche Möglichkeiten der Masseanbindung der Schirme. Die beidseitige Masseanbindung des äußeren Schirms liefert die Schirmung hinsichtlich der höheren Frequenzen und die einseitige Masseanbindung des inneren Schirmes die für die niedrigen Frequenzen.

Der äußere Schirm wird mit den beiden Gerätemassen M_2 und M_3 verbunden, während der innere Schirm mit den Gerätemassen M_2 bzw. M_3 oder den Schaltungsmassen M_1 bzw. M_4 verbunden werden kann, je nachdem wo die Wirkung am besten ist.

Die Gerätemassen M_2 und M_3 müssen nicht mit den jeweiligen Schaltungsmassen M_1 bzw. M_4 verbunden sein. Im Beispiel entsprechen die Masseverbindungen M_2 und M_3 den Verbindungen 3 und 9 und die Massen M_1 und M_4 den Massen $SM1$ und $SM2$ in Abb. 6.52.

Abb. 6.56 Breitbandschirmung mit a) doppelt geschirmten Twinaxial Kabel und b) Hybridmasseanbindung

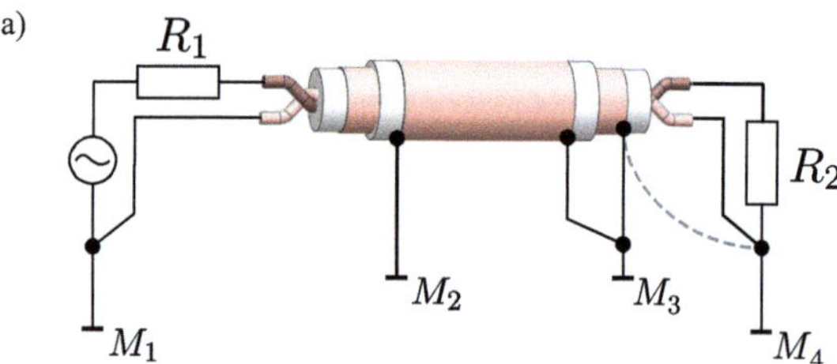

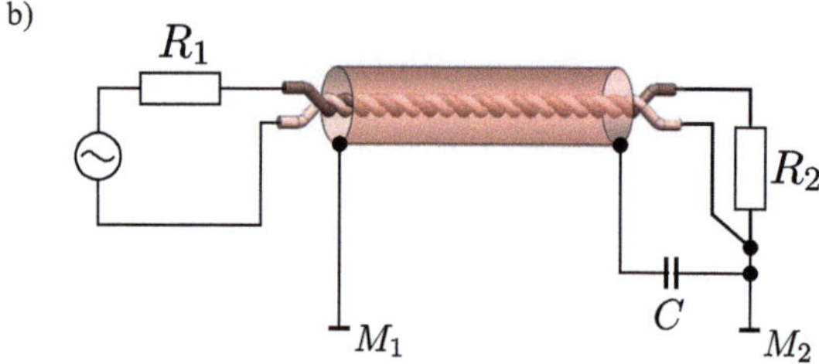

Eine weitere Möglichkeit besteht darin, die beiden Schirme nur einseitig mit einer Gerätemasse, den jeweils entgegengesetzten, zu verbinden. Die Folge ist, dass keine Masseschleifen hinsichtlich niedriger Frequenzen entstehen. Aufgrund der Potenzialdifferenzen der beiden Gerätemassen entsteht eine Schirm-Schirm Kapazität C_{ss}, die wie ein elektrischer Kurzschluss bei hohen Frequenzen an den Enden der Leitungen wirkt.

Diese Schirm-Schirm Kapazität ergibt ich aus:

$$C_{ss} = \frac{2\pi\varepsilon_0\varepsilon_r}{\ln\left(\dfrac{r_a}{r_i}\right)} \cdot l \tag{6.222}$$

Dabei sind r_a der Innenradius des äußeren Schirms, r_i der Außenradius des inneren Schirms, ε_r die rel. Dielektrizitätskonstante des Raumes zwischen den beiden Schirmen und l die Kabellänge.

Dieser Fall trifft vor allem für lange Kabel zu, bei denen die Potenzialdifferenz der Gerätemassen relativ groß werden kann. Die wachsende Schirm-Schirm Kapazität verbunden mit hohen Frequenzen ergibt dann den Hochfrequenzkurzschluss.

Die Abb. 6.56-b zeigt eine Möglichkeit der Masseanbindung des Schirms nach dem Prinzip der Hybridmassen, Abschn. 6.4.3.3. Bei niedrigen Frequenzen ist eine Single-Point Anbindung vorhanden, da die Impedanz der Kapazität C hoch ist. Dieser Kondensator ist ein induktivitätsarmer Keramikkondensator mit Werten von 10 nF bis 100 nF (typisch 47 nF). Mit zunehmender Frequenz wird diese Impedanz immer kleiner, so dass bei hohen Frequenzen eine Multi-Point Massenanbindung des Schirms vorliegt.

Die Anordnung kann problematisch werden, da diese Kapazität zusammen mit der Schirminduktivität zu störenden Resonanzerscheinungen führen kann. Idealerweise sollte diese Kapazität in den Kabelverbinder integriert werden. In [38, S. 92] wird dazu ein Steckverbinder gezeigt, der 10 parallel geschaltete und im Steckverbinder radial angeordnete SMD-Kondensatoren aufweist. Die effektive Schirmung wird dabei mit bis zu 1 GHz angegeben.

6.6.6 Kabelschirmung

Prinzipiell können Schirme vollständig oder teilweise geschlossen und ein- oder mehrlagig ausgeführt sein, wobei auch unterschiedliche Formen kombiniert werden können. Die Abb. 6.57 zeigt typische Ausführungsformen.

Eine einzelne Leitung kann neben einem Einzelschirm auch mit einem doppelten Schirm ausgestattet werden.

Bei mehradrigen Kabeln bestehen mehrere Möglichkeiten der Schirmung, je nach Anforderungen. Bei der *ersten Variante* werden alle Leitungen des Kabels zusammen mit einem einzelnen Schirm versehen. Bei der *zweiten Variante* erfolgt die Schirmung jeder

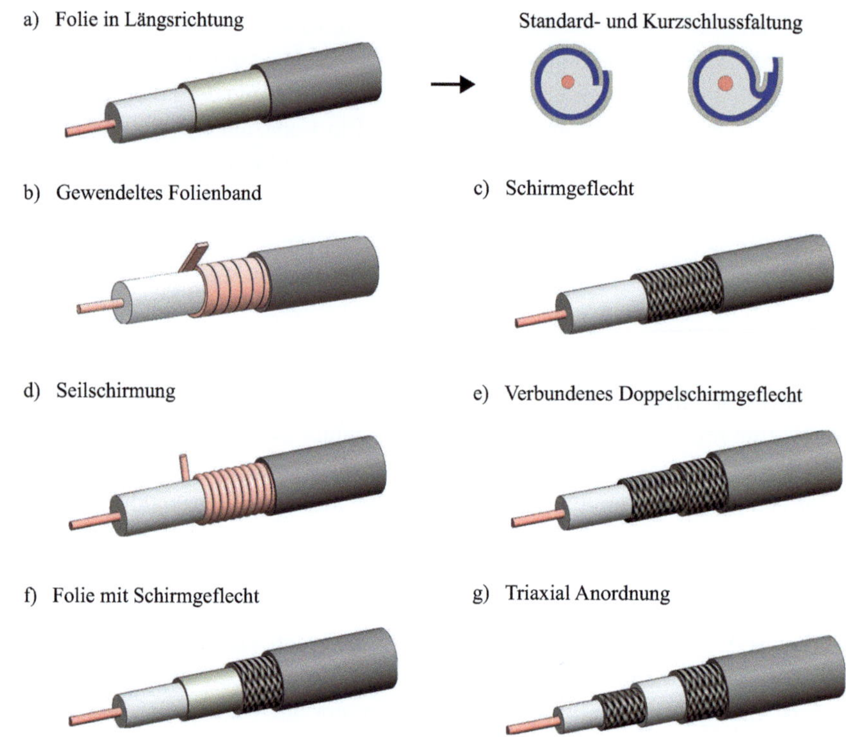

Abb. 6.57 Typische Ausführungsformen von Kabelschirmungen

einzelnen Leitung für sich oder paarweise (wie bei Twisted Pair). Und die *dritte Variante* ist die Kombination der beiden.

Folie in Längsrichtung

Die Folienschirme, Abb. 6.57-a, bestehen aus Metallfolien (Al, Cu) oder metallisierten Kunststofffolien und werden in Längsrichtung um einen oder auch mehrere isolierten Leiter gelegt.

Bei der *Standardfaltung* entsteht im Überlappungsbereich der beiden Folien eine dielektrische schlitzförmige Öffnung in Längsrichtung durch die Kunstofffolie selbst, bei der ein Felddurchgriff erfolgen kann, der aber erst bei Frequenzen größer 100 MHz von Bedeutung ist.

Bei der *Kurzschlussfaltung* einer metallisierten Kunststofffolie wird die innere Folienseite kurz umgefaltet (umbördelt) und die äußere Seite dann darüber gelegt, womit sich ein elektrischer Kurzschluss der beiden Folienseiten ergibt.

Eine *weitere Möglichkeit* besteht darin, die Naht zu verschweißen. Diese und die Kurzschlussfaltung sind vollständig geschlossene Schirme.

Gewendeltes Folienband
Eine Metallfolie, Abb. 6.57-b, wird hier überlappend auf die Leiterisolation gewickelt.
In der Regel sind diese Überlappungen nicht leitend (Korrosionsschicht des Aluminium).
Häufig wird diese Ausführung in Verbindung mit einem Geflecht eingesetzt, um dieses
weiter zu schließen.

Schirmgeflecht (C-Schirm)
Schirmgeflechte, Abb. 6.57-c, sind Drahtgewebe mit den unterschiedlichsten Gewebeformen, die ein extrem dichtes Netz über die zu schirmende(n) Leitung(en) legen und damit
besonders für hochflexible Kabel geeignet sind. Wie gut die Schirmung ist, hängt von der
Dichtigkeit des Gewebes, dem Drahtdurchmesser der Gewebedrähte sowie deren Material
ab. Je dichter das Gewebe, desto schlechter ist der magnetische Felddurchgriff. Kommerzielle Gewebe weisen eine Dichtigkeit (Abdeckung) von bis zu 95 % auf.

Seilschirmung (D-Schirm)
Hierbei wird ein Schirmdraht, Abb. 6.57-d, um das Dielektrikum, welches den zu schirmenden Leiter ummantelt, unter einem Winkel gewickelt (ähnlich wie das Gewinde einer
Schraube). Damit ergeben sich eine sehr hohe Flexibilität und ein Überdeckungsgrad von
über 90 %. Nachteilig ist, dass sich im Bereich von Biegungen der Schirm öffnet und damit
die Dichtigkeit und die Schirmwirkung sinken. Zur Verbesserung der Dichtigkeit kann eine weitere Lage mit entgegengesetzter Wickel(schlag)richtung aufgebracht werden. Diese
Seilschirmungen stellen Spulen mit relativ hohen Induktivitäten dar, wodurch sich diese
Schirmungen auf Frequenzen unterhalb von 100 kHz beschränken. Die Anwendung ist für
HF-Kabel stark rückläufig.

Verbundenes Doppelschirmgeflecht
Die Schirmwirkung kann weiter verbessert werden, indem zwei Schirmgeflechte mit
unterschiedlich verlaufender Gewebestruktur übereinander angeordnet und elektrisch
miteinander verbunden werden, Abb. 6.57-e. Das Ergebnis ist eine höhere Dichtigkeit
(< 95 %) des Netzes, womit der Felddurchgriff weiter verringert wird. Es wird als Koaxkabel bezeichnet.

Folien mit Schirmgeflecht
Zur Verbesserung der Schirmwirkung (E-Felder) kann bei Einzelleitern die leitfähige, geschlossene Schirmfolie mit einem darüber liegenden Schirmgeflecht, welches leitend mit
der Folie verbunden ist, versehen werden, Abb. 6.57-f.

Triaxial-Anordnung
Das Triaxkabel, Abb. 6.57-g hat zwei elektrisch nicht miteinander verbundene Schirmlagen. Damit können Signalrückstrom und Schirmstrom voneinander getrennt und an
unterschiedliche Potenziale angeschlossen werden.

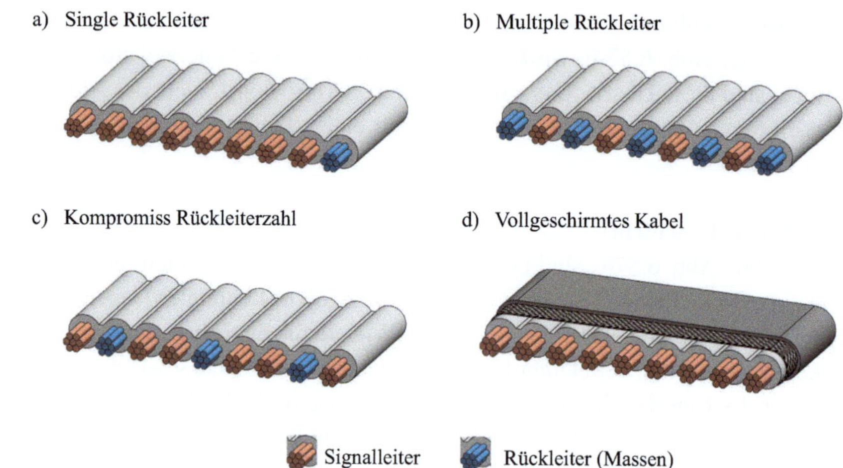

Abb. 6.58 Anordnung von Signal- und Masseleitungen in Flachbandkabeln

Flachbandkabel

Bei einem Flachbandkabel liegen die einzelnen Leiter, die als massiver Draht oder als Litze ausgeführt sein können, nebeneinander und sind von einem flexiblen Kunststoffmantel wie PVC, PU und weiteren umschlossen, Abb. 6.58.

Die einzelnen Adern eines Flachbandkabels liegen entweder parallel zueinander oder sind paarweise verdrillt, entsprechend einer Twisted Pair Ausführung. Innerhalb eines Flachbands können auch beide Varianten realisiert werden. Mittels der Schneidklemmtechnik, Abschn. 5.4.5, lassen sich auch vieladrige Flachbandkabel besonders schnell, zuverlässig und kostengünstig konfektionieren. Leitungs(Adern)zahl bis zu 154 werden realisiert.

Das Hauptproblem bei Flachbandkabeln besteht in der Lage von Signal- und Masseleitungen zueinander.

Die Abb. 6.58-a zeigt eine Anordnung mit mehreren Signalleitungen und nur einer Rückleitung (Masseleitung). Das minimiert zwar die Gesamtzahl der Leitungen, führt aber zu Problemen.

Erstens entstehen große Schleifen zwischen den äußeren Signalleitern und der Masseleitung, die zu Abstrahlungen und Empfindlichkeiten bei Störeinstrahlungen führen. *Zweitens* teilen sich die Signalleiter einen Rückleiter. Dadurch sind die Rückleiter aller Signalleitungen miteinander galvanisch gekoppelt (und somit auch mögliche Störungen auf dem Rückleiter). Und *drittens* kommt es zwischen den Signalleitungen zu einem Übersprechen von Signalen.

Die Abb. 6.58-b zeigt eine deutlich verbesserte Leitungsanordnung. Die Schleifengrößen werden reduziert, da der jeweilige Rückleiter direkt neben dem Signalleiter liegt. Dadurch wird ein Signalleiter zwischen zwei Masseleitern eingebettet, was das Übersprechen reduziert. Nachteilig ist die nahezu Verdopplung der Leitungszahl gegenüber a). Wenn das Übersprechen problematisch wird, so können auch zwei Masseleitungen nebeneinander gelegt werden.

Die Anordnung nach Abb. 6.58-c stellt eine Kompromisslösung dar, bei der sich zwei Signalleitungen einen Rückleiter teilen. Die Schleifenbildung ist kleiner als bei a) und es entsteht eine Kopplung zwischen diesen beiden Signalleitern sowie die Möglichkeit eines Übersprechens. Für geringere Anforderungen stellt diese Variante eine kostengünstige Anordnung dar.

Die Abb. 6.58-d zeigt ein vollständig geschirmtes Flachbandkabel. Die Schirmungen können Geflechte und Folien sein. Bei der hier gezeigten Anordnung wurde die Struktur des Bandkabels, flach und die einzelnen Leiter nebeneinander, beibehalten. Bei anderen Varianten ist das Bandkabel zusammengerollt und die Abschirmung stellt eine rohrähnliche Anordnung dar.

6.6.7   Schirmanbindungen

An die Anbindungen unterschiedlichster Schirme an Stecker oder Geräte werden mehrere Anforderungen gestellt. *Einerseits* sollen sie eine niedrige Impedanz, insbesondere eine niedrige Induktivität, aufweisen und *andererseits* sollen sie dem Wellenwiderstand des Kabels entsprechen, was praktisch kaum zu erzielen ist. Auch ist das nur bei elektrisch langen Leitungen von Bedeutung.

Bei ungeeigneter Schirmanbindung kann sich die Schirmwirkung deutlich reduzieren. Es besteht die Gefahr, dass unerwünschte Reaktionen zwischen dem Schirm und den Signalleitern entstehen, die als solche dort nicht erkannt werden und eher der Schirmung selbst zugeordnet werden, was wiederum eine mögliche Fehlersuche erschweren wird.

Prinzipiell kann die konstruktiv-elektrische Schirmanbindung nach zwei Methoden erfolgen:

Bei der **peripheren Schirmanbindung**, die eine 360°-Kontaktierung darstellt, muss der Schirm mittels geeigneter Verbindungstechniken, wie beispielsweise Löten oder Quetschen, rundum mit der entsprechenden Masse kontaktiert werden, Abb. 6.59-a.

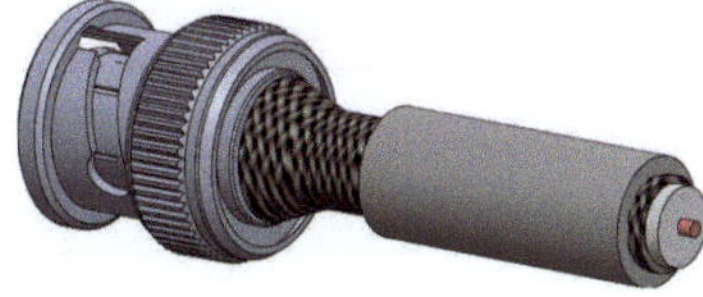

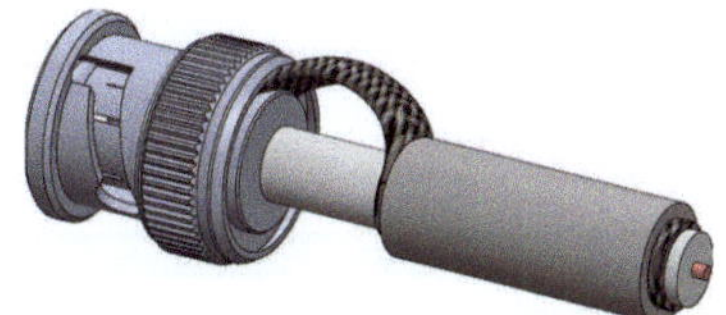

Abb. 6.59 Schirmanbindungen

Bei der **punktförmigen Schirmanbindung (Pigtail)** wird das Schirmgeflecht oder die Folie zusammengedreht, es entsteht eine Art seitlicher Zopf, der dann an einem Punkt des Steckers oder Geräts kontaktiert wird, Abb. 6.59-b.

Eine Pigtail-Anbindung ist nur für niedrige Frequenzen effektiv einsetzbar. Bei hohen Frequenzen wird die Zunahme der Impedanz der Pigtail-Anbindung (Induktivität) im Vergleich zur Impedanz des Schirmes größer, womit diese Art der Schirmanbindung dann ineffektiv wird. Eine Grenzfrequenz zwischen niedrigen und hohen Frequenzen kann nicht formal angegeben werden. Um eine praktikable Grenze für die Anwendung ziehen zu können, wird ein noch akzeptabler Abfall der Schirmperformance herangezogen. Zur Bestimmung für diesen Ansatz gilt, dass die Anschlussimpedanz maximal 10 % der Schirmimpedanz betragen darf, [27, S. 527]. Ein Beispiel zeigt, dass eine Pigtaillänge von 5 cm unterhalb 100 kHz akzeptabel ist. Bei höheren Frequenzen müssen periphere Schirmanbindungen verwendet werden.

6.6.8 Schirmung von Leiterzügen auf Verbindungssubstraten

Liegen auf Leiterplatten zwei oder auch mehrere Leiterzüge nebeneinander, so entsteht das Problem des Signalübersprechens, Abb. 6.60.

Das Eingangssignal der Störleitung verursacht am nahen Ende (near-end) und am fernen Ende (far-end) der gestörten Leitung unterschiedliche Signalstörungen NEXT (near-end cross talk) und FEXT (far-end cross talk), vgl. auch Abschn. 6.3.7.5. Zur Reduzierung

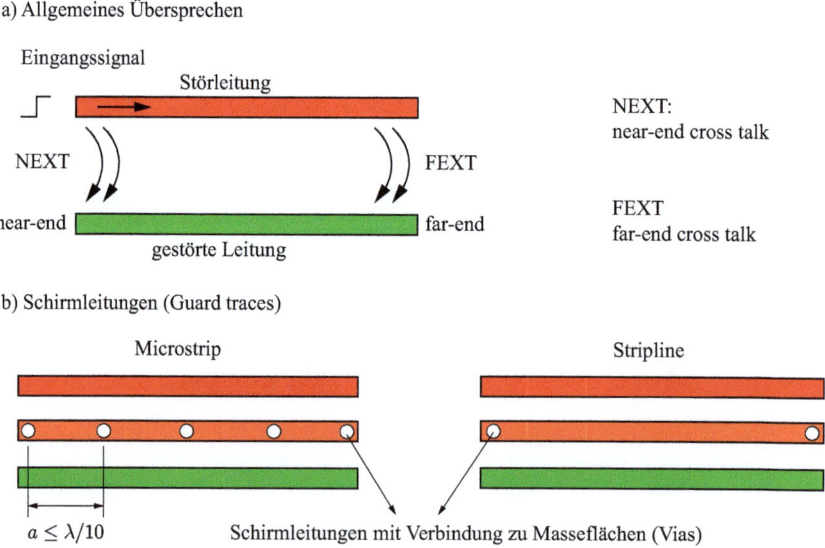

Abb. 6.60 Übersprechen an near-end und far-end

Tab. 6.10 Übersprechen bei verschiedenen Leitungsgeometrien nach [3]

Microstrip-Anordnung: Signaleinspeisung 3,3 V		
Anordnung der Leitungen Leiterbahnbreite/Abstand/Schirmleitung	Übersprechen	
	in mV	in %
5 mil/5 mil/ keine Schirmleitung	130	4
5 mil/15 mil/keine Schirmleitung	39	1,18
5 mil/15 mil/Schirmleitung zwischen 2 Leitungen Leitungsenden offen	40	1,21
5 mil/15 mil/Schirmleitung zwischen 2 Leitungen Leitungsenden terminiert mit Leitungswiderstand	25	0,75
5 mil/15 mil/Schirmleitung zwischen 2 Leitungen Leitungsenden mit Masse kurzgeschlossen	22	0,66

dessen gibt es grundsätzlich zwei Möglichkeiten (von der Verkürzung der Leitungen einmal abgesehen).

Erstens Vergrößerung der Leiterbahnabstände und *zweitens* Einfügen einer Schirmleitung (Guard Trace, Guarding) zwischen zwei Leitungen.

Wie sich das Übersprechen mit der Geometrie und einer Schirmleitung verändert, zeigen Beispiele in der Tab. 6.10 [3, S. 512–519].

Für besonders empfindliche HF-Signale muss ein elektrischer Isolationsabstand von $-100\,\mathrm{dB}$ angesehen werden. Das bedeutet bei einem 3,3 V-Signal eine Reduzierung auf $33\,\mu\mathrm{V}$, bzw. $0{,}001\,\%$ $(-100\,\mathrm{dB} = 20 \cdot \lg(33\,\mu\mathrm{V}/3{,}3\,\mathrm{V})$.

Für Microstrip und Stripline gelten die folgenden Design Regeln [4, 42]:

1. Der größte Sprung bei der Reduzierung des Übersprechens ist mit einer Vergrößerung der Abstände von Signalleitungen zu erzielen. Gute praktische Werte sind zu erreichen, wenn die Abstände der Signalleitungen das 5-fache der Leiterbahnbreiten bei Microstrip und das 3-fache der Leiterbahnbreiten bei Stripline betragen.
2. Die Länge der Schirmleitung soll denen der Signalleitungen entsprechen. Verlängerungen darüber hinaus sind ineffektiv.
3. Die Schirmleitung ist an den Enden kurzzuschließen.
4. Werden die Schirmleitungen über ihrer Länge mehrfach mit Masse verbunden (ground stitching), so verringert sich das NEXT bei Microstrip und bei Stripline. Das FEXT verringert sich dagegen nur bei Microstrip, da bei Stripline das FEXT nahezu Null ist. Die multiplen Masseverbindungen leiten die reflektierten Signale zur Masse ab und verringern somit das Übersprechen. Das bedeutet, dass multiple Masseverbindungen bei Stripline keine weiteren Effekte haben und entfallen können (FEXT ≈ 0). Der Abstand a der multiplen Masseverbindungen bei Microstrip soll dabei $\leq \lambda/10$ betragen, wobei λ die kürzeste noch zu betrachtende Wellenlänge ist. Dazu wird die

Gl. (6.3) herangezogen und es gilt:

$$a \leq 9{,}43 \cdot \frac{t_r}{\sqrt{\varepsilon_{\mathrm{reff}}}} \qquad \text{Abstand Masseverbindungen} \quad [a] = \mathrm{cm} \qquad (6.223)$$

t_r rise time　$[t_r] = \mathrm{ns}$　　　$\varepsilon_{\mathrm{reff}}$ effektive rel. Dielektrizitätskonst.

Hinweis: Der Faktor 9,43 weicht bei einigen Autoren geringfügig ab. Grund ist ein anderer Faktor bei der Bestimmung der Grenzfrequenz für die zu betrachtende größte Frequenz, vgl. Gl. (6.2).

5. Eine besonders effektive und platzsparende Anordnung ergibt sich für Microstrip mit folgenden 4 Regeln:

   - Der Abstand der Signalleiter (lichte Weite) beträgt das dreifache der Signalleiterbreiten.
   - Die Breite der Schirmleitung ist gleich der Signalleitungen und der Abstand zwischen Schirm- und Signalleitungen beträgt folglich eine Signalleiterbahnbreite.
   - Die Schirmleitung ist an den Enden kurzgeschlossen.
   - Die multiplen Masseverbindungen haben den Abstand $\lambda/10$.

6. Besonders empfindliche Leitungen sollen in einer Stripline-Anordnung ausgeführt werden.

6.7　EMV-gerechter Baugruppenentwurf

Im Folgenden werden 30 Designregeln zum Baugruppenentwurf zusammengefasst, wobei der Schwerpunkt auf der EMV-gerechten Auslegung liegt.

Voraussetzung ist, dass alle Bauelemente platziert werden können bzw. sind und ein Routing aller logischen Verbindungen des Schaltplans erfolgt. Unter Routing versteht man die Umsetzung logischer Verbindungen des Schaltplanes in physikalische Leitungen (tracks), d. h. wie verlaufen die Leitungen, wie breit und hoch sind diese.

Zusammengefasste Maßnahmen zur Reduzierung von Störkopplungen befinden sich jeweils am Ende der vorherigen Kapitel (Kopplungen).

6.7.1　Partitionierung von Funktionseinheiten

Regel 1: Partitionierung auf Geräteebene

Partitionierung aller Gerätefunktionen entsprechend der möglichen bzw. vorhandenen Baugruppen (Gerätepartitionierung), d. h. es werden logische Strukturen den physikalischen Realisierungen zugeordnet. Das kann nach den unterschiedlichsten Prinzipien erfolgen.

Wird beispielsweise nur eine Funktion einer Baugruppe zugeordnet, so wird u. U. der Platz auf der Baugruppe nicht voll ausgeschöpft. Das kann die unterschiedlichsten Gründe haben: Baugruppen unterschiedlichster Hersteller werden im Gerät eingesetzt, eine besondere Testung und Wartungsfreundlichkeit werden angestrebt oder bestimmte Funktionen benötigen bestimmte Plätze im Gerät (Displays, Sicherungen, Schalter oder auch HF-Teile).

Regel 2: Partitionierung auf Leiterplattenebene
Partitionierung der Schaltungsteile entsprechend ihrer jeweiligen Funktionen auf der Leiterplatten- und Baugruppenebene. Das bedeutet das Zusammenfassen von Digital- und Analogteilen sowie ggfs. der Stromversorgung (wenn nicht von anderen Baugruppen bereitgestellt) und die Zuordnung zu bestimmen Bereichen auf der Leiterplatte bzw. Baugruppe.

Regel 3: Kanaltrennung von Signalen
Werden zwei (oder mehr) Signalkanäle auf einer Baugruppe realisiert, so sollten diese physisch getrennt aufgebaut werden. Benutzen beide Kanäle beispielsweise je zwei NAND-Gatter, so sollten zwei ICs mit jeweils zwei Gattern verwendet werden. Ein IC mit vier Gattern (z. B. Typ 7400 mit vier NAND-Gattern) für beide Kanäle zu verwenden wäre ungünstig. Nachteilig in diesem Fall ist die nur 50%ige IC-Auslastung.

6.7.2 Bauelemente

Regel 4: Prinzip des langsamsten Schaltkreises
Grundsätzlich sollten IC-Technologien mit der geringst möglichen Flankensteilheit der Impulse verwendet werden. Es gilt der Grundsatz:
„Man nehme die langsamsten ICs, welche die Funktion noch erfüllen".
Unter langsam sind die ICs mit den flachsten Impulsflanken zu verstehen, also der größten Flankenanstiegs- und -abfallzeiten t_{rise} bzw. t_{fall}. Legt man das Design dazu aus und tauscht z. B. im Rahmen einer Reparatur einen solchen IC gegen einen schnelleren aus, so müssten sich die dazugehörigen Leitungslängen verkürzen, was aber bei einem vorliegenden Board konstruktiv kaum möglich ist. Als Folge treten verstärkt Reflexionen auf, wodurch die Zuverlässigkeit der gesamten Schaltung verringert wird oder es sogar zum Ausfall kommt.

Regel 5: Reduktion der Pinkapazitäten und -induktivitäten
Es sollten nach Möglichkeit Bauelementepackages oder sogar Bare Chips, insbesondere Flipchips, verwendet werden, die die geringsten Kapazitäten und Induktivitäten der Pins bzw. Anschlüsse aufweisen und damit zu höherer Signalqualität führen.

Regel 6: Minimierung der Bauelementepackages
Möglichst kleine Bauelementepackages auswählen, da diese auf dem Board zu kürzeren Leitungslängen führen. Das ist der Weg THD–SMD–DCA (Direct Chip Attach). Andere

Gründe für die Miniaturisierung sind die damit verbundenen Reduktionen von Gewicht und Baugruppengröße.

Regel 7: Verzicht auf Bauelementesockel
Auf Sockel für Bauelemente sollte verzichtet werden, da damit immer eine Vergrößerung der Pinkapazitäten und -induktivitäten verbunden ist und die Anzahl der Kontaktstellen steigt, was die Zuverlässigkeit reduziert.

Regel 8: Hochohmige Schaltungsteile mit kurzen Leitungen
Die Platzierungen hochohmiger Schaltungsteile, wie z. B. Eingangsverstärker, sollten so dicht wie möglich an den Steckverbindern erfolgen, um die Leitungslängen so kurz wie möglich zu halten. Falls das nicht realisiert werden kann, so sind Guardingleitungen zu verwenden, Abschn. 6.6.8 u. Regel 27.

6.7.3 Leitungsnetze

Regel 9: Unterscheidung in Netztypen
Grundsätzlich muss in zwei, teilweise auch drei, Typen von Leitungsnetzen unterschieden werden. Das sind die *Versorgungsnetze*, bei Notwendigkeit mit mehreren Versorgungsspannungen sowie verschiedenen Referenzmassen für analoge und digitale Schaltungsteile, und die *Signalnetze*.

Es kann auch sinnvoll sein, die Signalnetze nochmals in die *Signale* und *Takte*, insbesondere bei komplexeren Schaltungen, zu unterteilen.

Regel 10: Routingreihenfolge:
Beim Routen der einzelnen Leitungstypen sind zuerst die Versorgungsnetze anzulegen und erst danach die Signalnetze.

Regel 11: Effektive Multilayer-Stackups
Bei Multilayern müssen zur Erzielung einer hohen Signalintegrität beim High Speed Design (Taktfrequenz > 100 MHz bzw. Impulsflankensteilheit < 1 ns) den Signalebenen entsprechende Masse- und Versorgungsebenen (GND, Power) zugeordnet werden, vgl. Tab. 6.11 und 6.12. Die Abb. 6.61 zeigt effektive (a, c) und ineffektive (b, d) Multilayer Stackups als Beispiele.

Zwei Regeln für effektive Stackups sind dabei einzuhalten [7, S. 307]:

- Jede Signalebene benötigt eine vollständige Referenzebene beim Microstrip-Design und zwei beim Stripline-Design.
- Die Lagen einer Versorgungsspannung und einer Masse sollten direkt übereinander liegen und somit einen Plattenkondensator bilden.

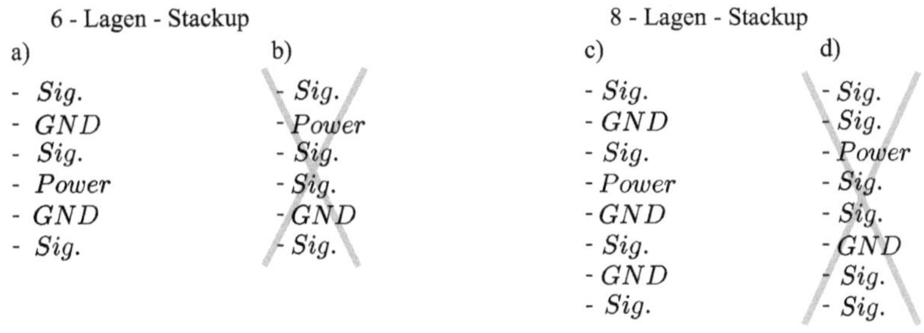

Abb. 6.61 Beispiele für effektive und ineffektive Stackups von Multilayern

6.7.4 Versorgungsnetze

Regel 12: Beachtung der Verlegestrukturen:

Die Abb. 6.62 zeigt typische Verlegestrukturen, wobei die Strukturen a) bis f) für zweiseitige Leiterplatten, die Struktur c) auch für einseitige verwendet werden. V_{CC} und GND sind dabei parallel und möglichst dicht zueinander anzuordnen. Bedeutsam ist die Verlegung der Signalleitungen, wobei die Abb. 6.62-a, -c große Schleifen für starke induktive Störeinkopplungen zeigen. Um das zu verhindern, müssen die Signalpfade dicht neben den GND-Leitungen platziert werden, was die Leitungslängen vergrößert und Routingprobleme aufgrund fehlendes Platzes und u. U. auch Laufzeitprobleme von Signalen schafft.

Beim Multilayer-Design, Abb. 6.62-f, liegen die Versorgungsleitungen, bedingt durch den Schichtenaufbau, schon dicht nebeneinander, so dass die o. g. Problematik entfällt.

Regel 13: Verlustarme Versorgungs- und Masseleitungen

Die Induktivitäten und Ohm'schen Widerstände der Versorgungs- und Masseleitungen sind zu minimieren.

Die Leitungsinduktivität L und der Ohm'sche Widerstand R ergeben sich aus den Leitungslängen vom Chip über den Anschlusspin bis zur Masseleitung. Sie verursachen bei einem Schaltvorgang eine Spannung über diesem Leitungsstück $u = L \cdot di/dt + R \cdot i$. Die Folge davon ist ein schwimmendes Potenzial (floating Ground) am Massepin des IC, so dass kein eindeutiges Bezugspotenzial für die digitalen *high- und low-Pegel* mehr vorliegt und Fehlschaltungen möglich werden. Der Effekt wird auch als Ground bounce bezeichnet.

Es ist zu beachten, dass bei gleichbleibender Leitergeometrie der Einfluss von di/dt mit größer werdenden Frequenzen deutlich wächst und dominierend werden kann.

Regel 14: Kapazitätslagen bei Multilayern

Bei Multilayern sind die Versorgungslagen V_{CC} und GND so auszuführen, dass eine möglichst große Kapazität, $C = \varepsilon_0 \varepsilon_r A/d$, entsteht.

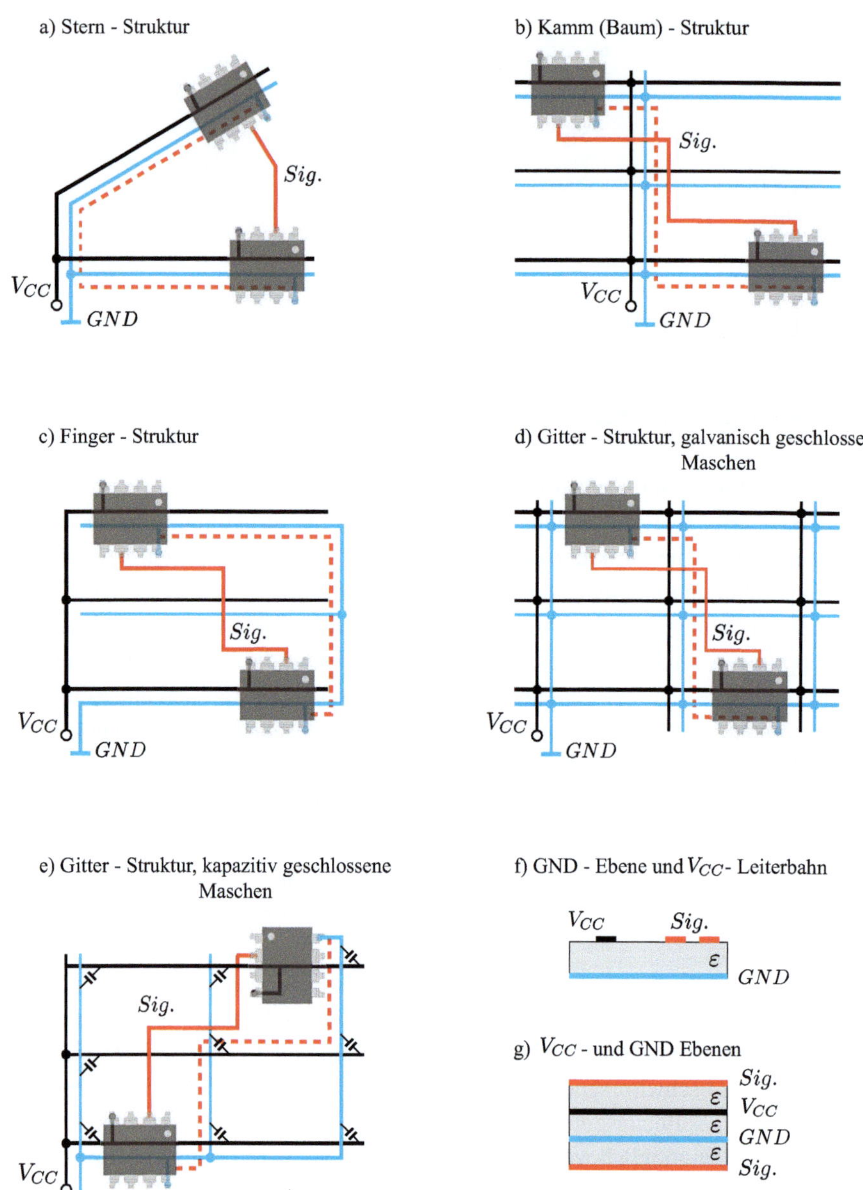

Abb. 6.62 Routen von Versorgungsleitungen auf einer bzw. zwei Ebenen

Da die Fläche einer solchen Kapazität durch die Multilayerfläche vorgegeben ist, kann das nur erzielt werden durch einen möglichst kleinen Abstand der beiden Lagen zueinander und ein Dielektrikum mit einer höchst möglichen relativen Dielektrizitätskonstante ε_r, siehe Abb. 6.61-c.

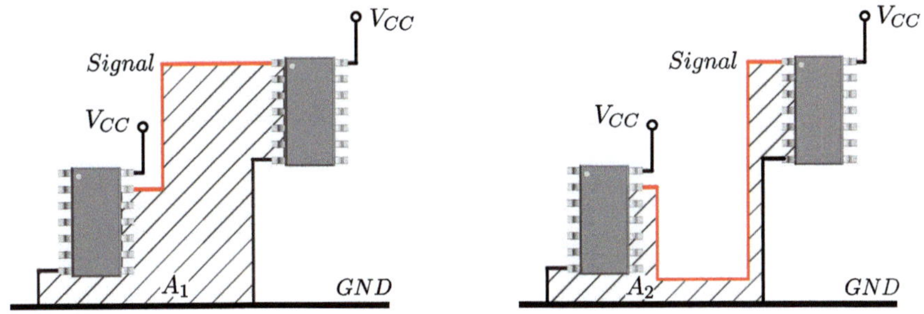

Abb. 6.63 Schleifenflächen bei ungünstiger (links) und günstiger Signalnetzverlegung

Es ist zu unterscheiden in die geometrische Fläche A und die tatsächlich zur Verfügung stehende effektive Fläche A_{eff}. Je steiler die Impulsflanken sind, desto kleiner wird dieses A_{eff}, siehe dazu Regel 28.

6.7.5 Signalnetze

Regel 15: Kleine Schleifenbildung zwischen Signal und Rückleiter
Jede Fläche A, die von einem Signal- und Rückleiter aufgebaut wird, muss so klein wie möglich gehalten werden, was praktisch bedeutet, dass Signal- und Rückleiter dicht nebeneinander geführt werden müssen, Abb. 6.63.

Große Schleifen erhöhen die Störabstrahlung und generieren in sich eine erhöhte induzierte Störspannung, die von den Strömen benachbarter Kreise und von Fremdeinstrahlung herrührt.

Die Verlegung der Signalpfade nach Abb. 6.63-rechts wird zu größeren Leitungslängen führen. Das kann Platz- und Laufzeitprobleme auf der Leiterplatte verursachen und ändert auch die Abstrahlcharakteristik der Leitungen und der Schleife.

Regel 16: Rückstrompfade, Pfade mit geringster Impedanz
Bei Multilayern mit Masseebenen, die Rückströme der Signale tragen, verlaufen diese Ströme entsprechend der geringsten Leitungsimpedanzen.

Das bedeutet, dass bei HF-Signalen die Rückströme in den Masseebenen unterhalb der Signalströme verlaufen und somit den Leitungsverläufen der Signalströme direkt folgen, Abb. 6.64-a. Bei dem hier gezeigten Microstrip-Design fließen ca. 80 % des Rückstromes innerhalb eine Breite von $6 \times$ der Dielektrikumsdicke in der Massefläche, Abschn. 6.3.4.3.

Bei NF-Signalen und Gleichstrom nimmt die Rückleitung den kürzesten geometrischen Weg, Abb. 6.64-b.

Ein Schlitz in einer Masseebene, der einen Signalpfad kreuzt, muss demzufolge vermieden werden, da sich ansonsten eine große Schleife mit erhöhtem Abstrahlvermögen

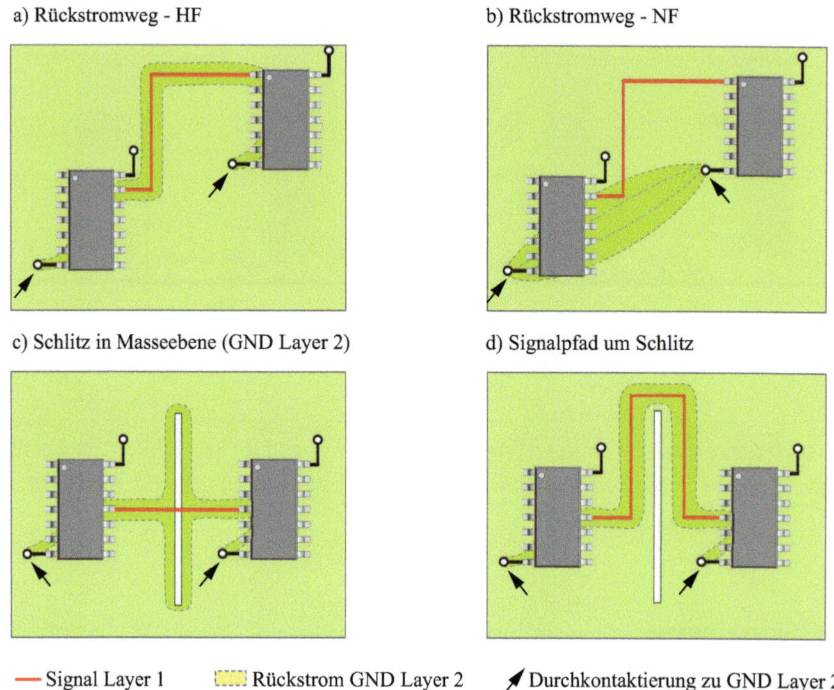

Abb. 6.64 HF und NF-Rückströme in Masseflächen und Einfluss von Schlitzen in einer GND-Lage

aufbaut, Abb. 6.64-c. Ist ein Schlitz nicht zu vermeiden, so muss der Signalpfad um den Schlitz herum geführt werden, Abb. 6.64-d.

Regel 17: Kritische Leitungslängen
Reflexionen sind als unkritisch anzusehen, wenn die Leitungslänge kleiner als $\lambda/10$ ist. Für die kritische Leitungslänge gilt (vgl. Gl. (6.3)):

$$l = 9{,}43 \cdot \frac{t_r}{\sqrt{\varepsilon_{\text{reff}}}} \tag{6.224}$$

$[l] = \text{cm}, \quad [\text{rise time } t_r] = \text{ns}, \quad \varepsilon_{\text{reff}} \; \textit{eff.}\ \text{rel. Dielektrizitätskonstante}$

Mehr Sicherheit erhält man unter der Bedingung $l < \lambda/20$, womit sich der Faktor 9,43 halbiert, ausführlicher siehe Abschn. 6.3.2.

Regel 18: Leitertopologien und Leitungsimpedanzen
Beim High Speed Design müssen die Signalleitungen und Versorgungsnetze als eine Einheit betrachtet werden, da nur hieraus definierte Leitungsimpedanzen abgeleitet werden können. Deren Kenntnis ist für die Unterdrückung von Signalreflexionen von entscheidender Bedeutung.

Eine allgemeine Übersicht über die Leitungstopologien zeigt die Abb. 4.9. Von besonderer Bedeutung für das High Speed Design sind dabei die Microstrip- und Stripline-Designs, Tab. 6.11 und Tab. 6.12.

An dieser Stelle ist anzumerken, dass die hier aufgeführten Formeln für die **Leitungsimpedanzen Näherungen** darstellen und auch nur für eine Leiterbahn ohne Berücksichtigung benachbarter gelten. Dennoch sind sie sehr gut geeignet, die grundlegende Zusammenhänge darzustellen und zu verstehen.

In der Praxis werden Fieldsolver verwendet.

Regel 19: Impedanzkontrollierte Multilayer

Sind die Leitungslängen größer als die kritischen Längen, so müssen Leitungsterminierungen (Regel 21) erfolgen. Das erfordert die genaue Kenntnis und Einhaltung der Leitungsimpedanz, die nur mit definierten Microstrip- und Stripline-Designs erreicht werden kann – *impedanzkontrollierte Multilayer*.

Bei der Fertigung der Multilayer müssen die Einzeltoleranzen der Geometrie- und Materialwerte betrachtet werden. Eine Toleranzrechnung für jedes Design zeigt den Einfluss der Geometrie- und Materialparameter. Für das Microstrip-Design, Tab. 6.11 Gl. (6.228) wird damit ersichtlich, dass der Einfluss der Dielektrikumsdicke h deutlich gegenüber w, t und ε_r dominiert.

Regel 20: Differenzielle Signalübertragung

Für sehr schnelle Signale und eine hohe Störunempfindlichkeit wird die differentielle Signalübertragung eingesetzt. Zur Realisierung wird ein Ausgangstreiber für zwei Signalleitungen, die ein differentielles Leitungspaar bilden, verwendet. Eine Leitung trägt das Signal u_1 und die andere das dazu komplementäre Signal u_2 (Gegentakt, odd-mode), Abb. 6.65.

Störungen auf der Masseebene haben keinen Einfluss auf das Differenzsignal.

Das Leitungspaar hat die differenzielle Impedanz:

$$Z_{\text{diff}} = 2 \cdot Z_0(1 - k) \tag{6.225}$$

Dabei ist Z_0 die Impedanz der Einzelleitung (Single-Ended Leitung, entspricht einer Signalleitung mit der Rückleitung über das Massesystem) und ergibt sich für Microstrip nach Tab. 6.11 Gl. (6.228) und für Stripline nach Tab. 6.12 Gl. (6.233). Der Koppelfaktor k beschreibt die Signalüberkopplung zwischen den beiden Leitungen.

Für die beiden Anordnungen, Abb. 6.65-c und -d, gilt näherungsweise für die differenziellen Impedanzen [33]:

$$\text{Microstrip:} \qquad Z_{\text{diff}} \cong 2 \cdot Z_0\left(1 - 0{,}48 \cdot e^{-0{,}96\frac{d}{h}}\right) \tag{6.226}$$

$$\text{Stripline:} \qquad Z_{\text{diff}} \cong 2 \cdot Z_0\left(1 - 0{,}374 \cdot e^{-2{,}9\frac{d}{h}}\right) \tag{6.227}$$

Für entkoppelte Leitungen mit $k = 0$ ergibt sich $Z_{\text{diff}} = 2Z_0$.

Tab. 6.11 Microstrip – Design mit Leitungsimpedanzen Z_0 und differentiellen Impedanzen von „edged–coupled" Microstrip Z_{diff} (Z in Ohm)

Surface Microstrip

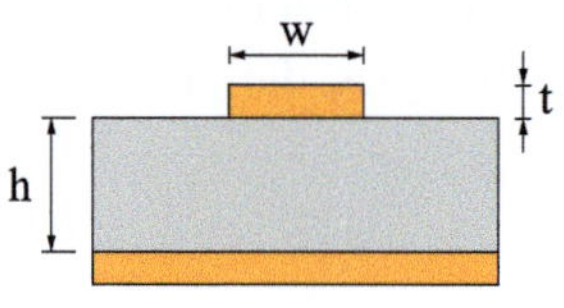

$$Z_0 = \frac{k}{\sqrt{\varepsilon_r + 1,41}} \cdot ln\left(\frac{5,98h}{0,8w+t}\right) \tag{6.228}$$

$$Z_{diff} = 2Z_0\left(1 - 0,48e^{-0,96\frac{d}{h}}\right) \tag{6.229}$$

$$k = 87 : 15 < w < 25\,\text{mil} \qquad 0,1 < (w/h) < 3,0$$
$$k = 79 : \ 5 \leq w < 15\,\text{mil} \qquad\quad 1 < \varepsilon_r < 15$$

Embedded Microstrip

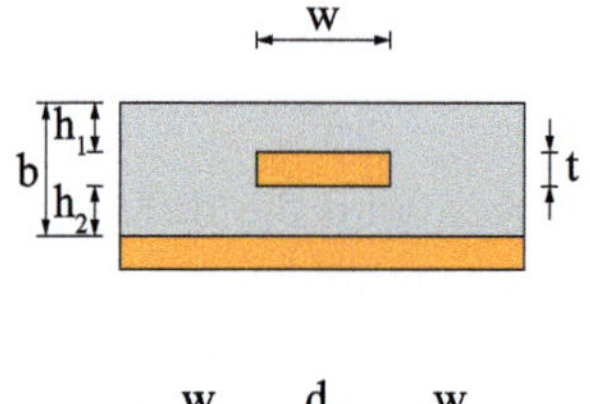

$$Z_0 = \frac{60}{\sqrt{\varepsilon_r \left(1 - e^{-1,55 \cdot b/h_2}\right)}} \cdot ln\left(\frac{5,98h_2}{0,8w+t}\right) \tag{6.230}$$

$$Z_{diff} = 2Z_0\left(1 - 0,48e^{-0,96\frac{d}{h_1+h_2+t}}\right) \tag{6.231}$$

$$0,1 < (w/h_2) < 3,0 \qquad\qquad 1 < \varepsilon_r < 15$$

Die Gl. für Z_0 ist eine Korrektur nach Brooks [6]

Coated Microstrip

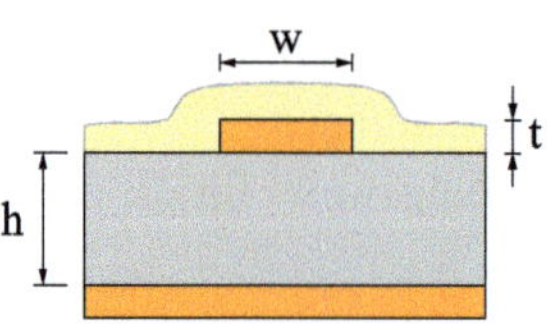

$$Z_0 = \frac{60}{\sqrt{\varepsilon_{reff}}} \cdot ln\left(\frac{6,8h}{0,8w+t}\right) \tag{6.232}$$

$\varepsilon_{reff} = 3,5$ Mittelwert einer 25 μm Lötstoppmaske und dem FR4 Basismaterial

Tab. 6.12 Stripline-Design mit Leitungsimpedanzen Z_0 und differentiellen Impedanzen von „edged–coupled" Striplin eZ_{diff} (Z in Ohm)

Stripline - symmetric

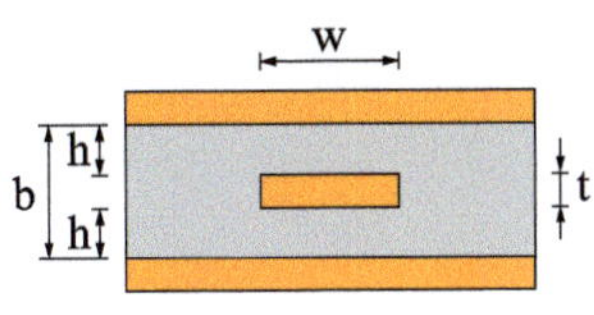

$$Z_0 = \frac{60}{\sqrt{\varepsilon_r}} \cdot ln\left(\frac{1,9b}{0,8w + t}\right) \tag{6.233}$$

$$Z_{diff} = 2Z_0\left(1 - 0,374e^{-2,9\frac{d}{b}}\right) \tag{6.234}$$

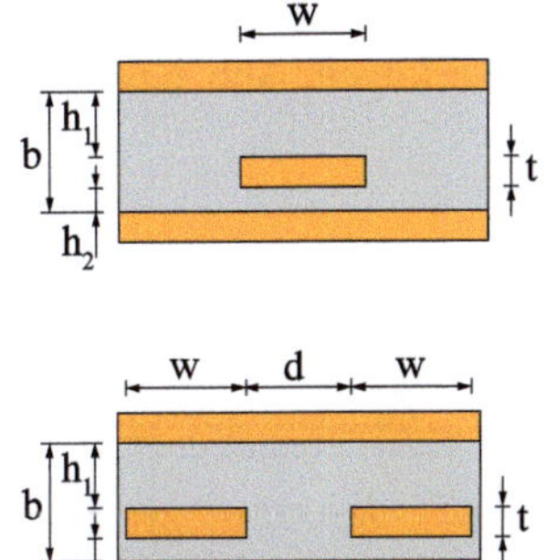

$$w/b < 0,35 \qquad w/b < 3,0$$

$$5 < w < 15\,\text{mil} \qquad t/b < 0,25$$

Stripline - asymmetric

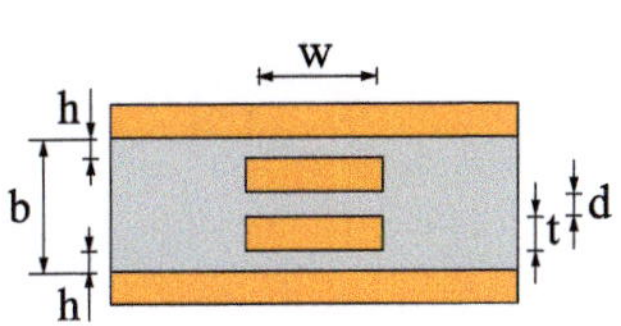

$$Z_0 = \frac{80}{\sqrt{\varepsilon_r}} \cdot ln\left(\frac{1,9b}{0,8w + t}\right) \cdot \left(1 - \frac{h_2}{4b}\right) \tag{6.235}$$

$$Z_{diff} = 2Z_0\left(1 - 0,374e^{-2,9\frac{d}{b}}\right) \tag{6.236}$$

Stripline - broadside coupled

$$Z_{diff} = \frac{80}{\sqrt{\varepsilon_r}} \cdot ln\left(\frac{1,9(2h + t)}{0,8w + t}\right) \cdot \left(1 - \frac{h}{4(h + d + t)}\right) \tag{6.237}$$

Praktisch entkoppekt sind die Signalleitungen bei Micostrop für $d/h > 3$ und bei Stripline für $d/h > 1$.

Das Design des Leitungspaars ist nach folgenden Regeln auszulegen:

- Um die Reflexionen auf den Leitungen zu unterbinden, müssen die Leitungen mit einer Leitungsterminierung abgeschlossen werden. Für den Widerstand R dieser Terminierung, Abb. 6.65-a, gilt:

$$R = Z_{\text{diff}} \tag{6.238}$$

- Beide Signalleitungen des Differenzpaares müssen gleich lang und der Abstand über die gesamte Länge konstant sein.

Wird auch ein Gleichtaktsignal (Even-Mode) mit identischen Signalen auf beiden Leitungen übertragen und ist die Schaltung diesbezüglich empfindlich, so müssen die beiden Signalleitungen ebenfalls terminiert werden [3].

Regel 21: Leitungsterminierungen
Kann keine Leitungsanpassung durch die Leitung selbst erfolgen, weil der Eingangswiderstand eines Schaltkreises zu hoch ist und die Leitungsimpedanz die Realisierung eines solchen Wertes nicht zulässt, müssen Leitungsterminierungen erfolgen, Abb. 6.66.

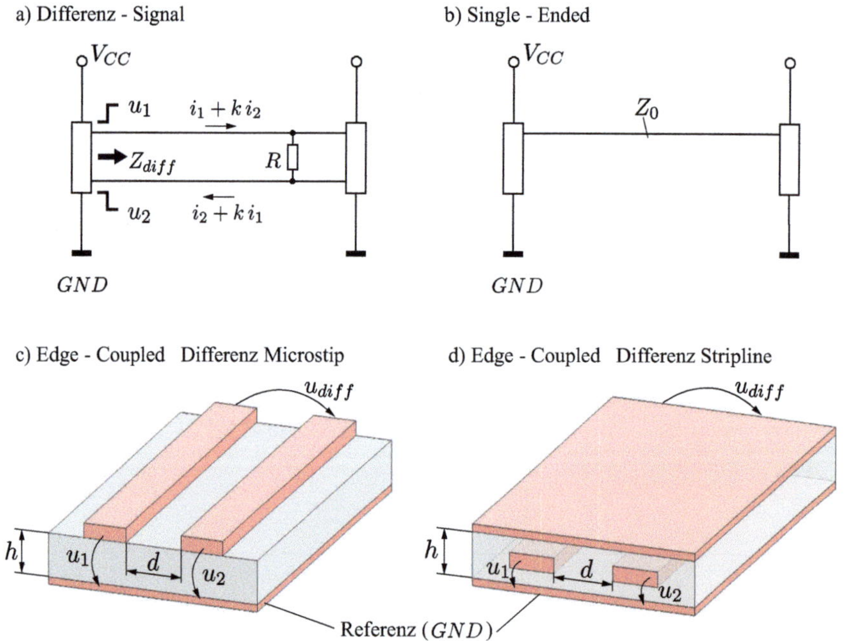

Abb. 6.65 Differentielle Signalübertragung

a) Parallel Terminierung

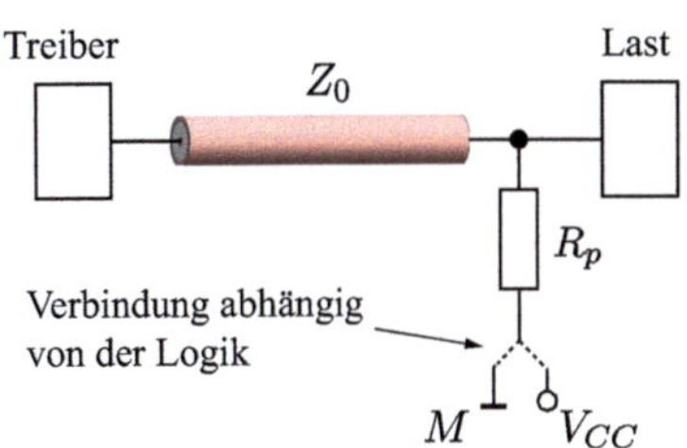

b) Serien Terminierung

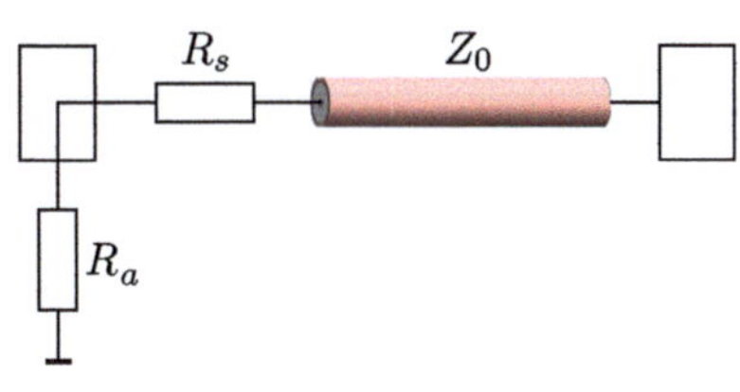

c) Thevenin Terminierung (asymetrische und symetrische Signalübertragung)

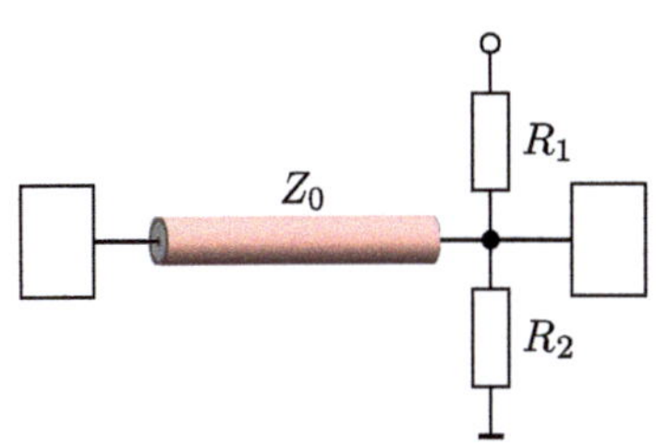

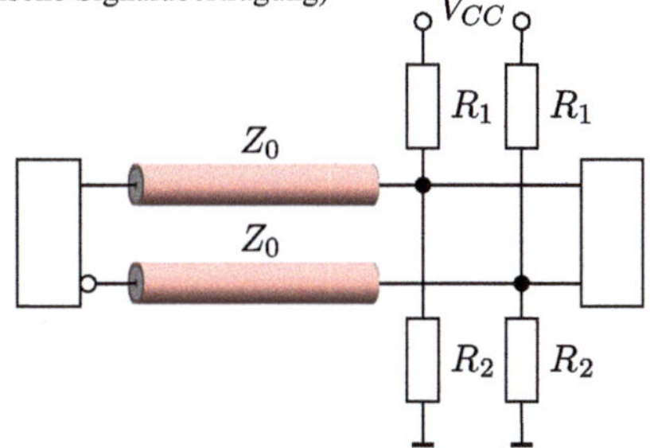

d) RC Terminierung (asymetrische und symetrische Signalübertragung)

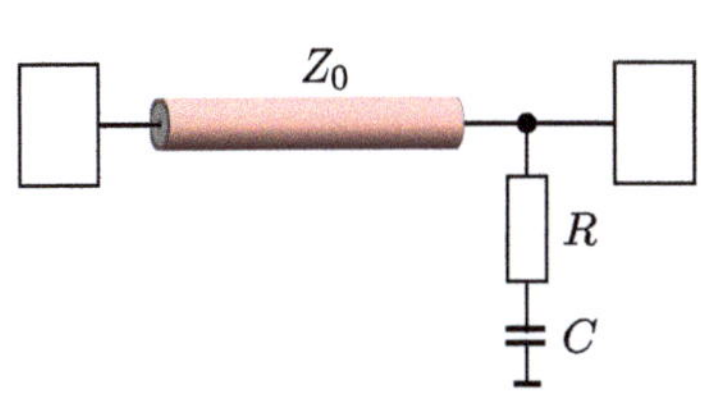

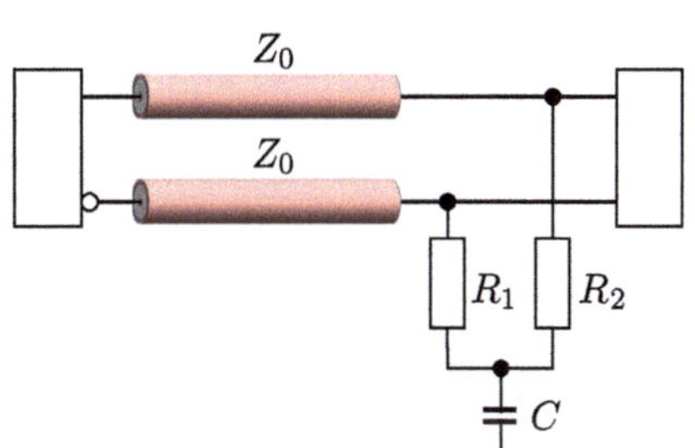

e) Dioden Terminierung mit Masse/V_{cc} und Dioden Terminierung für ECL

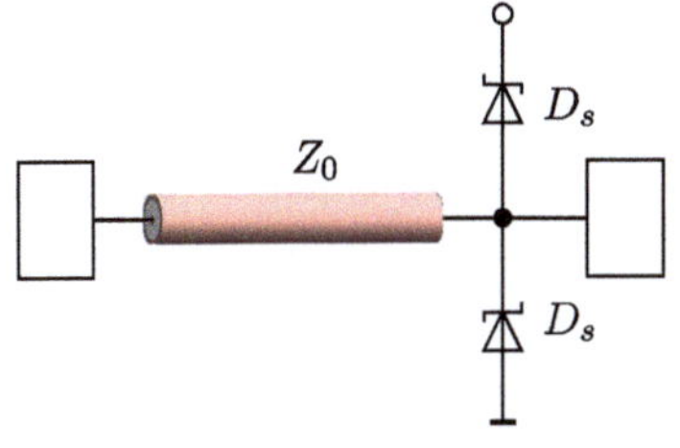

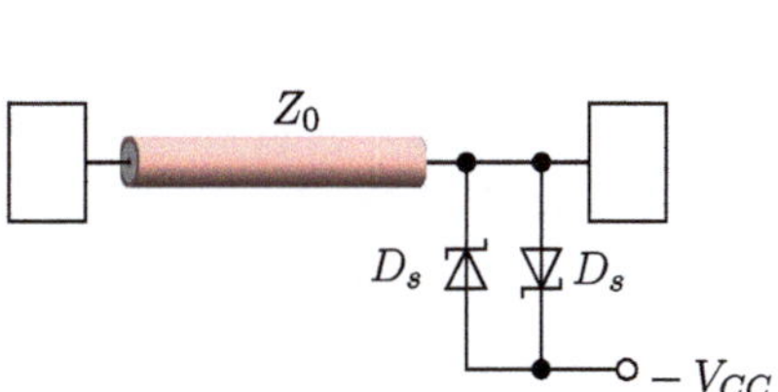

Abb. 6.66 Leitungsterminierungen

a) Parallel Terminierung

Ein einzelner Widerstand wird am Ende der Leitung entweder mit der Versorgungsspannung oder mit Masse verbunden (pull-up bzw. pull-down Widerstand). Typisch ist die Verbindung zur Masse, bei ECL-Logik wird er mit der Versorgungsspannung verbunden. Die Bedingung lautet:

$$R_p = Z_0 \tag{6.239}$$

Die Signalform wird entlang der Leitung kaum gestört, wobei aber geringe Vergrößerungen der Signallaufzeit entstehen. Gut geeignet ist diese Technik für verteilte Lasten. Nachteilig ist die Verlustleistung des Widerstands, was insbesondere bei batteriebetriebenen Geräten beachtet werden sollte.

b) Serien Terminierung

Ein Widerstand wird in die Signalleitung gelegt und so dicht wie möglich am Treiberausgang angeordnet. Es gilt die Bedingung:

$$R_s = Z_0 - R_a \tag{6.240}$$

Die vom Empfänger rücklaufende Welle trifft auf den Treiber, wobei lt. der Bedingung dann gilt $R_a + R_s = Z_0$, d. h. dass für diese Welle eine Anpassung vorliegt. Diese Art der Terminierung wird als Backmatching bezeichnet. Das Ergebnis ist eine gute Signalqualität mit geringem Über- und Unterschwingen der Signale. Weniger gut ist diese Technik geeignet, wenn TTL- und CMOS- ICs im gleichen Netz liegen. Bei verteilten Lasten liegt dann in jeder Zuleitung ein Serienwiderstand.

c) Thevenin Terminierung

Bei der **asymmetrischen Signalübertragung** c) links werden zwei Widerstände, die jeweils mit der Versorgungsspannung und der Masse verbunden sind (Pull-up und Pull-down Widerstände) verwendet. Die Parallelkombination der beiden Widerstände muss gleich der Leitungsimpedanz Z_0 sein:

$$Z_0 = \frac{R_1 R_2}{R_1 + R_2} \tag{6.241}$$

Die beiden Widerstände unterstützen den Treiber in Richtung High-Pegel (R_1) bzw. Low-Pegel (R_2). Die Dimensionierungen der Widerstände müssen in jedem Fall so erfolgen, dass die Ausgangsströme des Treibers I_{OH} und I_{OL} nicht überschritten werden, womit für die Widerstände gilt:

$$R_1 = \frac{Z_0 \cdot V_{CC}}{U_{OHmin} - I_{OHmax}(R_a + Z_0)} \tag{6.242}$$

$$R_2 = \frac{Z_0 V_{CC}}{V_{CC} - (U_{OHmin} - I_{OHmax}(R_a + Z_0))} \tag{6.243}$$

Hierbei sind V_{CC} die Versorgungsspannung, Z_0 die Leitungsimpedanz, R_a die Ausgangsimpedanz des Treibers und I_{OHmax} der maximale Ausgangsstrom des Treibers beim Minimum des High-Pegels U_{OHmin}, wobei die drei letztgenannten Werte den Datenblättern zu entnehmen sind.

Die Signalform entlang der Leitung wird kaum gestört und zeigt ein fast identisches Bild, verglichen mit der Parallel Terminierung. Der Vorteil dieser Terminierung liegt darin, dass die beiden Widerstände den Störabstand verbessern. Sie ist geeignet für verteilte Lasten und Bussysteme.

Nachteilig sind der größere Bauelementeaufwand, verbunden mit einem größeren Platzbedarf auf dem Board, sowie die erhöhte Verlustleistung.

Geeignet ist diese Terminierung für die TTL-Logiken, ECL und u. U. auch für CMOS. Typische Werte für das R_1/R_2-Verhältnis sind:

- $R_1/R_2 = 220\,\Omega/330\,\Omega$ für $Z_0 = 132\,\Omega$, TTL
- $R_1/R_2 = 180\,\Omega/220\,\Omega$ für $Z_0 = 100\,\Omega$, TTL
- $R_1/R_2 = 200\,\Omega/470\,\Omega$ für $Z_0 = 140\,\Omega$, CMOS, wobei die Parallelschaltung von R_1 und R_2 nicht kleiner sein darf als $140\,\Omega$, was die Auslegung der Leitungsimpedanz deutlich einschränkt.
- $R_1/R_2 = 120\,\Omega/200\,\Omega$ für $Z_0 = 75\,\Omega$, ECL

Bei der **symmetrischen Signalübertragung** c) rechts werden, analog zur Thevenin Terminierung für die asymmetrische Signalübertragung, die beiden komplementären Signalleitungen mit jeweils zwei Widerständen beschaltet. Für die LVPECL-Technologie gilt:

$$R_1 = \frac{Z_0 V_{CC}}{V_{CC} - 2V} \qquad \text{und} \qquad (6.244)$$

$$R_2 = \frac{Z_0 V_{CC}}{2V} \qquad (6.245)$$

damit ist auch die Bedingung $R_1//R_2 = Z_0$ erfüllt.

Es ergeben sich folgende Werte:

- $Z_0 = 50\,\Omega$ $\quad$ $V_{CC} = 3,3\,V$ $\quad$ $R_1 = 127\,\Omega$ $\quad$ $R_2 = 82,5\,\Omega$
- $Z_0 = 50\,\Omega$ $\quad$ $V_{CC} = 2,5\,V$ $\quad$ $R_1 = 250\,\Omega$ $\quad$ $R_2 = 62,5\,\Omega$

d) RC Terminierung

Diese Terminierung besteht aus der Reihenschaltung von Widerstand R und Kondensator C mit einer Verbindung zur Masse. Unter der Bedingung, das R deutlich größer ist als die Impedanz des Kondensators Z_c mit $R \gg |Z_c|$, werden während des Schaltvorgangs die Frequenzen der Schaltflanke durch den Kondensator kurzgeschlossen, womit nur der Widerstand wirksam ist. Der Kondensator entkoppelt diesen Kreis gleichstrommäßig, so dass ohne Schaltvorgang keine Gleichstromverlustleistung anfällt. Für den Widerstand gilt somit:

$$R = Z_0 \tag{6.246}$$

Die Bestimmung der Kapazität C ist deutlich komplexer. Einerseits soll sie so klein wie möglich sein, um die Schaltverzögerungen durch die Zeitkonstante RC klein zu halten, und andererseits soll sie möglichst groß sein, um die o. g. Bedingung erfüllen zu können. Die Dimensionierung der Kapazität ergibt sich aus der Regel, dass die Zeitkonstante größer sein muss, als das 2-fache der Signallaufzeit mal die Leitungslänge:

$$RC > 2 \cdot t'_{pd} = 2 \cdot t_{pd} \cdot l \cdot \sqrt{1 + \frac{C_D}{C_0}} \tag{6.247}$$

t_{pd}　Signallaufzeit (propagation delay)　$[t_{pd}] = \frac{\text{ns}}{\text{cm}}$

C_D　Verteilte Eingangskapazität des (der) Empfänger　$[C_D] = \frac{\text{pF}}{\text{cm}}$

C_0　Intrinsische Kapazität der Leitung　$[C_0] = \frac{\text{pF}}{\text{cm}}$

Beispiel:　Microstrip-Anordnung, vgl. Abb. 6.7-d mit $h = 0,3\,\text{mm}$, $w = 0,25\,\text{mm}$, $t = 0,018\,\text{mm}$, $\varepsilon_r = 4,5$ und $l = 20\,\text{cm}$

$n = 4$ Empfänger an der Leitung

Eingangskapazität je Empfänger $C_E = 10\,\text{pF}$

$$Z_0 = \frac{87}{\sqrt{\varepsilon_r + 1,41}} \cdot \ln\left(\frac{5,98\,h}{0,8w + t}\right) = 75,4\,\Omega \qquad \text{vgl. Gl. (6.103)}$$

$$t_{pd} = 0,0335 \cdot \sqrt{0,475 \cdot \varepsilon_r + 0,67} = 0,056\,\frac{\text{ns}}{\text{cm}} \qquad \text{vgl. Gl. (6.50)}$$

$$C_0 = \frac{t_{pd}}{Z_0} = 0,74\,\frac{\text{pF}}{\text{cm}} \qquad \text{analog Gl. (6.49)} \quad \text{und} \qquad C_D = \frac{n \cdot C_E}{l} = 2\,\frac{\text{pF}}{\text{cm}}$$

$$2 \cdot t_{pd} \cdot l \cdot \sqrt{1 + \frac{C_D}{C_0}} = 4,3\,\text{ns} \qquad \text{siehe Gl. (6.247)}$$

$$C \geq \frac{2 \cdot t'_{pd}}{R} = 57\,\text{pF}$$

Für C wird beispielsweise in [35, S. 234] ein Bereich von 20–600 pF angegeben. Ein Wert von C unter 50 pF ist aber nicht zu empfehlen, da die Impedanz der Kapazität im Vergleich zum Widerstand R dann zu groß wird.

Zur Erhöhung der Sicherheit kann der Faktor 2 durch den Faktor 3 ersetzt werden, was zu einem $C = 86\,\text{pF}$ führt.

Insbesondere bei höheren Taktfrequenzen kann es von Nachteil sein, dass die RC-Zeitkonstante die Signallaufzeit vergrößert.

e) Dioden Terminierung

Die Dioden Terminierung umfasst zwei Schottky-Dioden, bei denen die kurzen Schaltzeiten und die niedrige Flussspannung von Bedeutung sind. Die beiden Dioden begrenzen das Über- und Unterschwingen (Overshoot, Undershoot) an den Enden der Impulsflanken, verhindern jedoch nicht das Entstehen von Mehrfachreflexionen. Im Vergleich zu den Widerstands-Terminierungen weisen sie eine geringere Verlustleistung auf.

Der besondere Vorteil dieser Terminierung liegt darin, dass keine Impedanzanpassung notwendig ist. Somit können auch Leitungen mit unbekannter Impedanz terminiert werden. Das trifft für Leitungen zu, bei denen die kapazitiven Lasten unbekannt sind oder ICs wie DRAMs und SRAMs zugefügt oder entfernt werden.

Zu berücksichtigen sind die kapazitiven Lasten, da sie die Impedanz der Leitung beeinflussen. Die tatsächliche Impedanz ergibt sich aus:

$$Z_0' = \frac{Z_0}{\sqrt{1 + \dfrac{C_D}{C_0}}} \tag{6.248}$$

Regel 22: Taktsignale mit gleichen Leitungslängen

Taktleitungen sollten so kurz wie möglich ausgeführt werden, um insbesondere die Signalverzögerungen der Taktsignale so klein wie möglich zu halten und mögliches Übersprechen zu reduzieren oder ganz zu vermeiden.

Entscheidend allerdings sind gleich lange Taktleitungen, da die ansonsten unterschiedlichen Taktsignallaufzeiten im Zusammenhang mit den an den ICs anliegen Signalen zu Fehlschaltungen führen können.

Regel 23: Taktleitungen und Signalleitungen

Beim Routen der Taktleitungen sind längere parallele Verlegungen mit Signalleitungen zu vermeiden, um die kapazitiven Überkopplungen zu reduzieren. Die beste Leitungsführung ist daher rechtwinklig zu den Signalleitungen.

Regel 24: Taktleitungen auf separaten Lagen

Bei komplexeren Schaltungen lassen sich die Regeln u. U. nur schwer umsetzen. Daher sollte auch die Verlegung des gesamten Taktsystems auf einer extra Lage eines Multilayers in Betracht gezogen werden.

Regel 25: Vermeidung von Inhomogenitäten

Inhomogenitäten innerhalb von Leitungen sollen vermieden werden, da jede zu einer Impedanzänderung führt, die wiederum Signalreflexionen zur Folge hat und somit die Signalqualität verschlechtert. Das bedeutet praktisch:

- Die Leiterbahnbreiten eines Signalnetzes sollen nicht geändert werden.
- Die Anzahl der Vias ist zu minimieren (Impedanzänderungen).
- Bei Änderungen der Leitungsorientierung, i. d. R. um 90°, sind die Ecken entweder in $2 \times 45°$ Ausführungen zu unterteilen oder in Form eines Viertelkreises auszuführen.

Regel 26: Guarding sensibler Leitungen

Empfindliche Leitungen, wie längere Leitungen zu hochohmigen Eingangs-stufen von ICs, sollten mit zusätzlichen Leitungen (Guard Traces, Guarding) geschirmt werden, die zwischen den Signalleitungen geroutet werden. Ausführlich wird diese Problematik im Abschn. 6.6.8 erläutert.

Bei Microstrip- und Stripline-Anordnungen sind die Enden der Schirmleitungen mit Masse zu verbinden.

Beste Ergebnisse ergeben sich für Microstrip mit einem Signalleiterabstand der dreifachen Leiterbreite und der dazwischen liegenden Guardleitung mit zusätzlichen multiplen Masseverbindungen (ground Stitching), die einen Abstand von $a \leq \lambda/10$ von einander haben (vgl. Gl. (6.3)):

$$a \leq 9{,}43 \cdot \frac{t_r}{\sqrt{\varepsilon_{\text{reff}}}} \quad \text{Abstand Masseverbindungen} \quad [a] = \text{cm} \tag{6.249}$$

t_r rise time $[t_r] = \text{ns}$ $\varepsilon_{\text{reff}}$ effektive rel. Dielektrizitätskonst.

6.7.6   Entkopplungskondensatoren und Pufferkondensatoren

Regel 27: Entkopplungs- und Pufferkondensatoren

Grundsätzlich ist in Entkopplungskondensatoren (Abblockkondensatoren) und Pufferkondensatoren zu unterscheiden. Die Entkopplungskondensatoren haben folgende Funktionen:

- Ableitung von Störsignalen auf Versorgungsleitungen zu GND bevor sie den IC erreichen.
- Ableitung von Störsignalen, die ein IC bei Schaltvorgängen generiert und in die Versorgungsleitungen leitet.

Die Aufgabe der Pufferkondensatoren liegt in der schnellen Strom(nach)lieferung bei Schaltvorgängen, allerdings in begrenzten Maße.

Regel 28: Entkopplungskondensatoren – das Prinzip

Ein Entkopplungskondensator stellt immer einen Reihenschwingkreis dar, bestehend aus der Kapazität C des Entkopplungskondensators, der gesamten Zuleitungsinduktivität L (Reihenschaltung der Induktivitäten des Kondensators L_c, der Leitungen auf dem Board L_{leit} und den IC-Anschüssen L_{ic}) sowie dem Ohm'schen Widerstand R. Die Abb. 6.67 zeigt die Ersatzschaltung des Enkopplungskondensators (Entkopplungsnetzwerk) und seine Anschaltung an einen IC.

Es muss darauf hingewiesen werden, dass parallel zum IC kein Kondensator, sondern ein Serienresonanzkreis liegt, was immer wieder verkannt wird. Die Unterscheidung ist

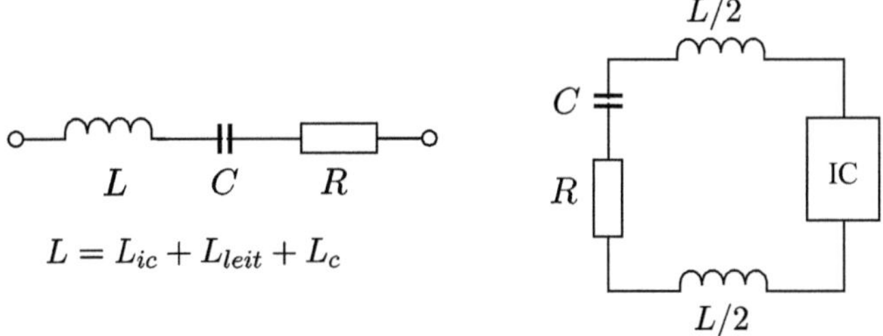

Abb. 6.67 Ersatzschaltbild des Entkopplungsnetzwerks (Resonanzkreis) und technische Beschaltung des IC

deshalb so von Bedeutung, weil beide ein völlig unterschiedliches Verhalten hinsichtlich der Störfrequenzen und Impedanz der Entkopplung zeigen.

Da ein Reihenschwingkreis nur in einem relativ schmalen Frequenzbereich eine niedrige Impedanz aufweist, kann er nur ein eingeschränktes Störspektrum ableiten, was häufig zusätzliche Maßnahmen erfordert.

Die **Entkopplung mit Einzelkondensatoren** (Einzelschwingkreisen) zeigt Abb. 6.68, wobei drei typische Werte verglichen werden.

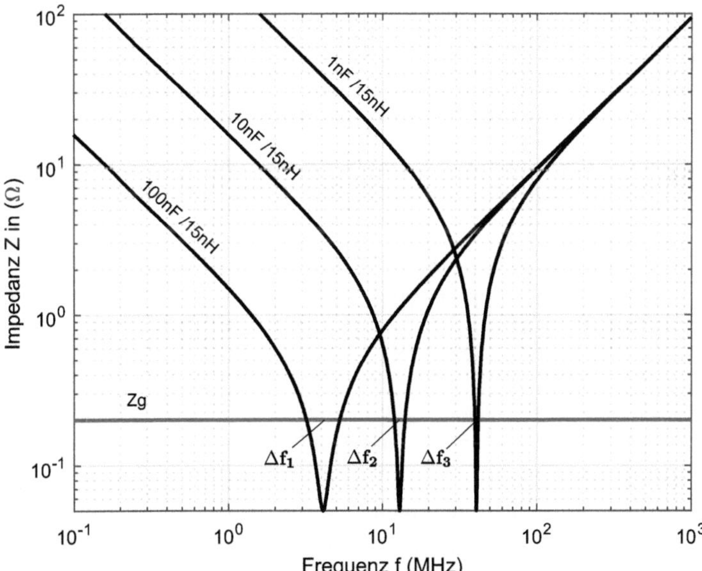

Abb. 6.68 Unabhängige Entkopplungsnetze mit unterschiedlichen Kondensatoren (1 nF, 10 nF und 100 nF)

Für die drei Induktivitäten des Reihenschwingkreises lassen sich die folgenden Bereiche angeben, die von den Bauteilgehäusen und dem Design der Zuleitungen abhängig sind:

$$L = 2L_{ic} + L_{\text{leit}} + 2L_c \tag{6.250}$$

$0{,}4\,\text{nH} \le L_{ic} \le 15\,\text{nH}$ Induktivität eines IC-Anschlusses

$5{,}0\,\text{nH} \le L_{\text{leit}} \le 20\,\text{nH}$ Induktivität der Zuleitung

$0{,}4\,\text{nH} \le L_c \le 2\,\text{nH}$ Induktivität eines C-Anschlusses

Für den Ohm'schen Widerstand wird ein Wert von $R = 0{,}05\,\Omega$ angesetzt, der aber für das Frequenzverhalten von untergeordneter Bedeutung ist. Für die Betrachtungen wird eine Induktivität von $L = 15\,\text{nH}$ angesetzt. Die Teilinduktivitäten der SMD-Ausführungen sind deutlich kleiner als die der THD-Bauelemente und werden sich mit neuen Packages weiter verringern.

Für eine effektive Entkopplung, d. h. Ableitung der Störfrequenzen von den V_{CC}-Leitungen zur Masse GND (DGND), muss die Impedanz des Entkopplungsnetzwerks Z kleiner sein als eine Grenzimpedanz Z_g [38, S. 445–447]:

$$Z = \sqrt{R^2 + \left(2\pi f L - \frac{1}{2\pi f C}\right)^2} \le Z_g = k\frac{dV}{dI} \tag{6.251}$$

k Korrekturfaktor mit $k \approx 2$

Beispiel:

Die Versorgungsspannung beträgt $V_{\text{CC}} = 5\,\text{V}$ mit einer Abweichung von $\le 5\,\%$ und der transiente Strom des IC $I = 2{,}5\,\text{A}$. Mit Gl. (6.251) bestimmt sich die Grenzimpedanz zu $Z_g = 200\,\text{m}\Omega$.

Damit ergeben sich für die drei Entkopplungsnetze mit $Z \le Z_g$ die folgenden Bandbreiten Δf_1, Δf_2 und Δf_3 (Frequenzbänder, die effektiv entstört werden):

$$\Delta f_1 = (3{,}2 \cdots 5{,}3)\,\text{MHz} \quad \text{Kreis mit:} \quad 100\,\text{nF}/15\,\text{nH}$$
$$\Delta f_2 = (12 \cdots 14{,}1)\,\text{MHz} \quad \text{Kreis mit:} \quad 10\,\text{nF}/15\,\text{nH}$$
$$\Delta f_3 = (40 \cdots 42{,}1)\,\text{MHz} \quad \text{Kreis mit:} \quad 1\,\text{nF}/15\,\text{nH}$$

Um ein **größeres Störspektrum** ableiten zu können, muss die Bandbreite des Entkopplungsnetzwerks, für das gilt $Z \le Z_g$, aufgespreizt werden, wozu die Abb. 6.69 zwei Varianten zeigt.

Die erste Variante ist die Parallelschaltung zweier Kondensatoren 1 nF und 100 nF mit je 15 nH und 0,05 Ω in Reihe (zwei parallel geschaltete Serienresonanzkreise). Problematisch ist die Impedanzspitze zwischen den beiden Resonanzfrequenzen $f_{r1}(100\,\text{nF}) = 4{,}1\,\text{MHz}$ und $f_{r2}(1\,\text{nF}) = 41{,}1\,\text{MHz}$ bei der Parallelresonanzfrequenz der beiden Kreise $f_{rp} = 29{,}1\,\text{MHz}$. Erklären lässt sich das mit dem kapazitiven Verhalten des Kreises mit

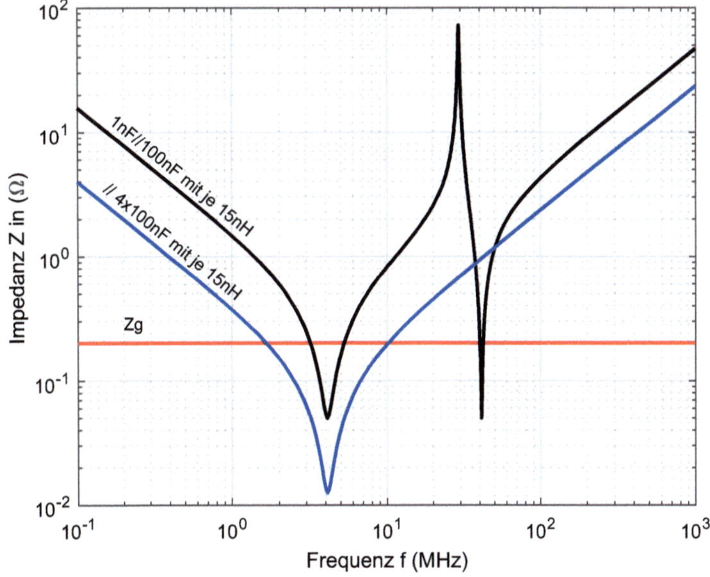

Abb. 6.69 Entkopplungsnetzwerk mit 2 unterschiedlichen (1 nF, 100 nF) Kreisen und Netzwerk mit 4 parallelen identischen Kreisen (100 nF)

der höheren Resonanzfrequenz (Netz mit kleinerem Kondensator) und dem induktiven Verhalten des Kreises mit der niedrigeren Resonanzfrequenz.

Nun ist sofort ersichtlich, dass Störfrequenzen um diese Parallelresonanzfrequenz nicht abgeleitet werden können und demzufolge eine erhebliche Störquelle für den IC darstellen.

Bei *der zweiten Variante* erfolgt die Aufspreizung des Frequenzbands mittels Parallelschaltung identischer Serienresonanzkreise, Abb. 6.69 mit 4 Serienkreisen zu je 100 nF, 15 nH und 0,05 Ω. Damit ergibt sich ein resultierendes Entkopplungsnetz, bestehend aus C_{res}, L_{res}, R_{res} und n indentischen Kreisen:

$$C_{res} = n \cdot C \qquad L_{res} = \frac{L}{n} \qquad R_{res} = \frac{R}{n} \tag{6.252}$$

Hier gibt es keine Parallelresonanzfrequenz, so das im gesamten Frequenzbereich von 1,7 MHz bis 10,2 MHz mit $Z \leq Z_g$ eine effektive Entstörung gegeben ist.

Weiterhin zeigt sich, dass nicht die Resonanzfrequenz von Bedeutung ist, sondern der Bereich für den gilt $Z \leq Z_g$.

Die Betrachtungen beziehen sich auf parallele Kreise, bei denen die Gegeninduktivität der Kreise vernachlässigt wird. Liegen die Leiterzüge sehr dicht zusammen, so sind bei zwei Leiterzügen die Gegeninduktivität und die Selbstinduktivität ungefähr gleich groß $M \approx L$ (Strom gleiche Richtung) und die resultierende Induktivität beträgt dann nicht

$L/2$ sondern L. Bei dicht zusammenliegenden Leitern vergrößert sich dieser Effekt, der im Ergebnis zu einer Verschiebung des zu entstörenden Frequenzbandes führt. Die Lösung ist eine geometrische Trennung der Kreise [38, S. 386–387].

Die **Vergrößerung der Grenzimpedanz** Z_g über die obere Grenzfrequenz $f_g = 1/\pi t_r$, vgl. Abschn. 6.3.2, hinaus kann unter bestimmten Bedingungen erreicht werden, ohne dabei auf eine effektive Entstörung verzichten zu müssen.

Grundlage dafür ist, dass sich oberhalb dieser Grenzfrequenz die Amplituden der Sinusschwingungen der Impulse mit 40 dB abschwächen. Als Folge davon kann die Grenzimpedanz oberhalb der Grenzfrequenz ansteigen, ohne Erhöhungen der Störungen hervorzurufen. Nimmt man einen 20 dB Anstieg der Grenzimpedanz, Abb. 6.70, und gestaltet das Entkopplungsnetzwerk so, dass es oberhalb der Grenzfrequenz auf der Z_g-Kurve oder darunter liegt, so kann mit der o. g. Bedingung $Z \leq Z_g$ der Frequenzbereich nach oben deutlich erweitert werden. Das kann mit n-parallel geschalteten, identischen Entkopplungsnetzen erreicht werden. Für die Anzahl der parallel geschalteten, identischen Kondensatoren C gilt:

$$n = \frac{2 \cdot L}{Z_g \cdot t_r} \tag{6.253}$$

Hierbei sind L die Induktivität eines Serienkreises mit C und t_r die Flankenanstiegszeit der Impulse (Datenblätter der ICs), Z_g siehe Gl. (6.251).

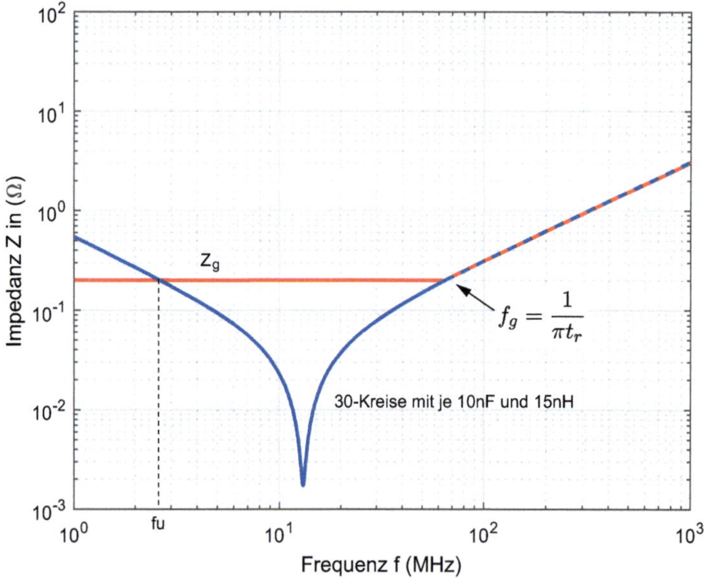

Abb. 6.70 Entkopplungsnetzwerk mit 30 Serienkreisen und Grenzimpedanz

Die untere Grenzfrequenz f_u des zu entstörenden Frequenzbereichs ergibt sich aus der Bedingung:

$$Z_g^2 = R_{\mathrm{res}}^2 + \left(2\pi L_{\mathrm{res}} f_u - \frac{1}{2\pi C_{\mathrm{res}} f_u} \right)^2 \tag{6.254}$$

Dabei sind R_{res}, L_{res} und C_{res} die Werte des Ersatzkreises mit n-identischen Einzelkreisen und ergeben sich aus Gl. (6.252).

Die Umstellung von Gl. (6.254) liefert mit Gl. (6.252) den Kapazitätswert C eines jeden der n-identischen Kreise

$$C = C_{\mathrm{res}} \cdot \frac{1}{n} = \frac{1}{2\pi f_u \left(\sqrt{Z^2 - R_{\mathrm{res}}^2} + (2\pi f_u L_{\mathrm{res}}) \right)} \cdot \frac{1}{n} \tag{6.255}$$

Beispiel, Abb. 6.70:
Die Induktivität und der Widerstand eines Kreises betragen $L = 15\,\mathrm{nH}$ und $R = 0{,}05\,\Omega$, die Grenzimpedanz wird mit obigem Wert $Z_g = 200\,\mathrm{m\Omega}$ übernommen und die Flankensteilheit der Impulse ist $t_r = 5\,\mathrm{ns}$. Die unterste Frequenz des Entstörbereichs beträgt $2{,}55\,\mathrm{MHz}$.

Damit ergeben sich die folgenden Werte:

$$f_g = 63{,}7\,\mathrm{MHz} \quad n = 30$$
$$L_{\mathrm{res}} = 0{,}5\,\mathrm{nH}$$
$$C_{\mathrm{res}} = 300\,\mathrm{nF} \quad C = 10\,\mathrm{nF}$$

In **Multilayer eingebettete Kapazitäten** sind komplette Lagen eines Multilayers und stellen eingebettete Plattenkondensatoren mit geringer Induktivität dar. Sie tragen zugleich die Versorgungsspannungen und Masse. Für Frequenzen oberhalb 50 MHz wird eine Kapazität von ca. $150\,\mathrm{pF/cm^2}$ erforderlich. Entsprechend der Dimensionierungsgleichung für den Plattenkondensator $C = \varepsilon_0 \varepsilon_r A / d$ liegt der Wert hier bei $40\,\mathrm{pF/cm^2}$ ($d = 0{,}1\,\mathrm{mm}$, $\varepsilon_r = 4{,}5$).

Daraus folgt, dass es drei Möglichkeiten gibt, die Effektivität der eingebetteten Kapazitätslagen zu erhöhen:

- Verringerung des Lagenabstands von V_{CC}- und Masselagen. So sind z. B. Abstände von $50\,\mu\mathrm{m}$ mit FR4-Dielektrikum (Glasgewebe mit Epoxy) und $12{,}5\,\mu\mathrm{m}$ mit Polyimidfolien (PI) realisierbar. Die relative Dielektrizitätskonstante ε_r von PI beträgt aber nur 3,6, was den Einsatz wieder relativiert.
- Vergrößerung der relativen Dielektrizitätskonstante. Das gilt aber nur mit Einschränkungen, wie nachfolgend erläutert wird.
- Vergrößerung der Kapazität durch das Parallelschalten weiterer eingebetteter Kapazitätslagen mit dem Nachteil, dass mit der zunehmenden Lagenzahl die Kosten steigen.

Entsprechend der o. g. Dimensionierungsgleichung müsste mit zunehmender Fläche auch die Kapazität steigen, was aber nicht so ist. Als effektive Fläche muss hier die Fläche eingesetzt werden, die mit ihrem Radius r in der Lage ist, während der Schaltzeit der Impulse (Flankenanstiegszeit t_r) ausreichend elektrische Ladungen zum IC nachzuführen. Es sind zwei Fälle zu unterscheiden.

Fall 1: Der Radius r ist kleiner als die kleinste Abmessung des Boards.

Für diesen Radius gilt:

$$r = vt = \frac{c}{\sqrt{\varepsilon_r}} t_r \tag{6.256}$$

Die effektive Entkopplungskapazität bestimmt sich zu:

$$C_{\text{eff}} = \frac{\varepsilon_0 \varepsilon_r A_{\text{eff}}}{d} \qquad \text{mit} \qquad A_{\text{eff}} = \pi r^2 \tag{6.257}$$

Mit Gl. (6.256) ergibt sich:

$$C_{\text{eff}} = 2{,}5 \cdot \frac{t_r^2}{d} \qquad \text{mit} \quad [C_{\text{eff}}] = \text{nF} \quad ; \quad [t_r] = \text{ns} \quad ; \quad [d] = \text{mm} \tag{6.258}$$

In diesem Fall hat die relative Dielektrizitätskonstante ε_r keinen Einfluss!

Fall 2: Die Fläche A_{eff} ist größer als die Boardfläche.

In diesem Fall kann die gesamte Fläche des Boards ausreichend Ladungen beim Schaltvorgang nachliefern, womit die gesamte Fläche des Boards in die Gl. (6.257) eingesetzt wird. In diesem Fall führt eine Vergrößerung der relativen Dielektrizitätkonstante zu einer Erhöhung von C_{eff}.

Die eingebetteten Kapazitäten sind für die Entkopplung nicht ausreichend. Deshalb müssen weitere diskrete Kapazitäten dazu parallel geschaltet. Ein besonderer Vorteil ist, dass sich Resonanzen nicht so stark bemerkbar machen, da eingebettete Kondensatoren nur eine sehr kleine Induktivität aufweisen. Man könnte sie näherungsweise als eingebettete ideale Kondensatoren auffassen.

Bei mehreren parallel geschalteten, eingebetteten Kapazitätslagen sind die Induktivitäten der Verbindungen u. U. nicht mehr vernachlässigbar.

Regel 29: Pufferkondensatoren

Pufferkondensatoren (bulk capacity) haben die Aufgabe, konstante Spannungs- und Stromlevel innerhalb des Versorgungsnetzes bereitzustellen. *Erstens* gleichen sie Schwankungen der Versorgungsquellen aus. *Zweitens* liefern sie Ladungen nach, die während der Schaltflanken der Impulse über die ICs zur Masse hin abfließen. Es ist praktisch ein Nachladen der Entkopplungskondensatoren.

Während die Entkopplungskondensatoren bei der Schaltgeschwindigkeit der entsprechenden Logik arbeiten, haben die Pufferkondensatoren deutlich mehr Zeit für das

Nachladen (mindestens die Hälfte eines Taktzyklus). Die Größe der Pufferkondensatoren soll mindestens das 10-fache der Summe aller Entkopplungskondensatoren betragen [39, S. 749].

Zur Anwendung kommen besonders Keramik-Vielschicht- und Tantalkondensatoren mit Größen zwischen und 1 und $1000\,\mu F$ (typ. $10\,\mu F$).

Die Platzierung erfolgt dort, wo die Versorgungsspannung für das Board eingespeist wird und in der Nähe von ICs mit größerer Verlustleistung, wie Prozessoren mit großer Leistung.

Regel 30: Kantenmetallisierung
Die Kantenmetallisierung in Form von U-förmigen metallisierten Kanten um die Leiterplatte hat folgende Funktionen:

- *HF-Schirmung* zur Vermeidung der Emission eigener Störstrahlung und der Immission von Fremdstrahlung.
- *Versorgungsspannung* (V_{CC}, GND) großflächig an jeweils einer Leiterplattenkante anbinden.
- *Wärmeableitung* direkt und über weitere zu kontaktierende Elemente.

Literatur

1. Norm DIN EN 5501 (1 VDE 0875-11) 2022-05. *Industrielle, wissenschaftliche und medizinische Geräte – Funkstörungen – Grenzwerte und Messverfahren.* – VDE Verlag GmbH, Berlin
2. BALANIS, C. A.: *Antenna Theory.* Harper & Row, Publishers, New York, 1982
3. BOGATIN, E.: *Signal and Power Integrity.* 3. Auflage. Pentrice Hall, 2018
4. BOGATIN, E.; SIMONIVICH, L.: Dramatic Noise Reduction using Guard Traces with Optimized Shorting Vias. In: *DesignCon* (2013)
5. BOLZ, R. E. (Hrsg.); TUVE, G. L. (Hrsg.): *Handbook of tables for applied engineering science.* 2. Auflage. CRC Press, Cleveland, 1976
6. BROOKS, D.: Embedded Microstrip. In: *Printed Circuit Design* (Febr. 2000)
7. BROOKS, D.: *Signal Integrity Issues and Printed Circuit Board Design.* Prentice Hall PTR, 2003
8. BUNDESMINISTERIUM DER JUSTIZ UND FÜR VERBRAUCHERSCHUTZ (Hrsg.): *Gesetz über die elektromagnetische Verträglichkeit von Betriebsmitteln (Elektromagnetische-Verträglichkeit-Gesetz – EMVG).* 14. Dezember 2016 (BGBl. I S. 2879), geändert durch Artikel 3 Absatz 1 des Gesetzes vom 27. Juni 2017 (BGBl. I S. 1947). Berlin: Bundesministerium der Justiz und für Verbraucherschutz
9. DURCANSKY, G.: *EMV-gerechtes Gerätedesign.* 5. Auflage. Franzis Verlag, 1999
10. FED: *EMV-Kochbuch.* FED e. V. Berlin, 1998
11. FIRMENSCHIFT: *Conductive Elastomer Engineering Handbook.* Parker Hannifin Corporation Engineered Materials Group, Chomerics Division, 2018
12. FIRMENSCHRIFT: *EMI Shielding Gaskets Categories.* Parker Comerics. https://ph.parker.com/us/en/category/emi-shielding/emi-shielding-gaskets
13. FIRMENSCHRIFT: *EMV-Abschirmungen.* Feuerherdt GmbH, Berlin. https://www.feuerherdt.de/sites/default/files/2021-07/Katalog-Deutsch.pdf

14. FIRMENSCHRIFT: *Magnetic Materials.* Ness Engineering, Inc., San Diego. https://www.nessengr.com/techdata/magmtrl.html

15. FIRMENSCHRIFT: *Edelstahl Rostfrei in Kontakt mit anderen Werkstoffen.* Informationsstelle Edelstahl Rostfrei, Düsseldorf, 2005, aktualisierter Nachdruck 2018

16. FIRMENSCHRIFT: *Magnetic Shielding.* Sekels Gmbh, 2012

17. FIRMENSCHRIFT: *Hauptkatalog.* Euro Technologies, Concrezzo (Italien). https://www.euro-technologies.eu/de. Version: März 2013

18. FIRMENSCHRIFT: *Kemtron Catalogue.* Kemtron Ltd., 19–21 Finch Drive, Springwood Industrial Estate, Braintree, Essex UK, CM7 2SF, United Kingdom, 2020

19. GONSCHOREK, K.-H.: *EMV für Geräteentwickler und Systemintegratoren.* Springer Verlag, 2005

20. GROVER, F. W.: *Inductance Calculations.* Dover Publications, Inc. Mineola, New York, 1946, 1973, 2009

21. HALL, S. H.; HALL, G. W.; McCALL, J. A.: *High-Speed Digital System Design.* John Wiley & Sons, Inc., 2000

22. HOLLOWAY, C. L.; HUFFORD, G. A.: Internal Inductance and Conductor Loss Associated with the Ground Plane of a Microstrip Line. In: *IEEE Transaction on Electromagnetic Compatibility, New York* Vol.39, No. 2 (May 1997), Nr. p. 73-77

23. HOLLOWAY, C. L.; KUESTER, E. F.: Net and Partial Inductance of a Microstrip Ground Plane. In: *IEEE Transaction on Electromagnetic Compatibility, New York* Vol. 40, No. 1 (Feb. 1998), S. 33–46

24. IMO, F.; FUCHS, C.; SCHWAB, A.: Erweitertes Impedanzkonzept zur Berechnung von geschlossenen Schirmen. In: *Archiv für Elektrotechnik 76* (1993), S. 437–441

25. IPC: *IPC-2141A Design Guide for High-Speed Controlled Impedance Circuit Boards.* IPC-Association Connecting Electronics Industries, zu beziehen über Fachverband Elektronik Design (FED), Berlin, www.fed.de, März 2004

26. IPC: *IPC-2141A Errata Information.* IPC-Association Connecting Electronics Industries, zu beziehen über Fachverband Elektronik Design (FED), Berlin, www.fed.de, März 2018

27. JOFFE, E. B.; KAI-SANG, L.: *Grounds for Grounding, a Circuit-to-System Handbook.* John John Wiley & Sons, Inc., 2010

28. JOHNSON, H.; GRAHAM, M.: *High-Speed Digital Design.* Prentice Hall, Inc., 1993

29. KADEN, H.: *Wirbelströme und Schirmung in der Nachrichtentechnik.* Springer Verlag, 1959. – Unveränderter Nachdruck 2006

30. KÜPFMÜLLER, K.; MATHIS, W.; REIBIGER, A.: *Theoretische Elektrotechnik.* Springer Verlag, 2013

31. LEE, K.-W.; CHEONG, Y.-C.; HONG, I.-P.; YOOK, J.-G.: Design Equation of Shielding Effectiveness of Honeycomb. In: *Proceedings of ISAP. Korea* (2005)

32. LEWIS, W. H.: *Handbook of Electromagnetic Compatibility.* Akademic Press, New York, 1995

33. MEARS, J. A.: *Transmission LineRAPIDESIGNER Operation and Applications Guide.* National Semiconductor Application Note AN-905, May 1996

34. MEINKE; GUNDLACH; LANGE, H. (Hrsg.); LÖCHERER (Hrsg.): *Taschenbuch der Hochfrequenztechnik.* 5. Auflage. Springer Verlag, 1992

35. MONTROSE, I. Mark: *EMC and the Printed Circuit Board.* IEEE Press Series on Electronic Technology, 1999

36. OTT, H. W.: Ground – A Path for Current Flow. In: *IEEE International Symposium on Electromagnetic Compatibility, New York* (1979)

37. OTT, H. W.: *Noise Reduction Techniques in Electronic Systems.* 2. Auflage. John John Wiley & Sons, Inc., 1988

38. OTT, H. W.: *Electromagnetic Compatibility Engineering.* John Wiley & Sons, Inc., 2009

39. PAUL, C. R.: *Introduction to Electromagnetic Compatibility*. John Wiley & Sons, 1992

40. PAUL, C. R.: *Inductance*. John Wiley & John, 2010

41. SCHWAB, A. J.; KÜRNER, W.: *Elektromagnetische Verträglichkeit*. 6. Auflage. Springer Verlag, 2011

42. SIMONOVICH, L.: Guard traces. In: *White Paper, Lamsin enterprises inc.* (2012)

43. THÜRINGER, R.: High-Speed-Design, Teil 1: Anforderungen an High-Speed-Leiterplatten. In: *FED-Seminar* (2002)

44. WHITE, D. R. J.; MARDIGUIAN, M.: *Electromagnetic Shielding*. Interference Control Technologies, Inc., Gainesville Virginia, 1988

45. WOLFSPERGER, H. A.: *Elektro-magnetische Schirmung*. Springer Verlag, 2008

Thermisches Design $\qquad$ 7

Inhaltsverzeichnis

© Der/die Autor(en), exklusiv lizenziert an Springer-Verlag GmbH, DE, ein Teil von
Springer Nature 2024
R. Schmidt, D. Hauschild, I. Kluge, *Elektronik Design: Theorie und Praxis*,
https://doi.org/10.1007/978-3-662-68676-8_7

7.1 Einführung

Beim Betreiben elektronischer Schaltungen und Geräte bis hin zu komplexen Systemen entsteht immer eine Verlustleistung P_v, die sich aus der Differenz der zugeführten elektrischen Leistung P_{elzu} und der abgeführten Leistung P_{ab} (Nutzleistung) ergibt:

$$P_v = P_{\text{elzu}} - P_{\text{ab}} \tag{7.1}$$

Diese Verlustleistung stellt in einem definierten Zeitintervall eine Energie in Form von Wärmeenergie Q dar, die als ein Wärmestrom $\dot{Q}$ abgeführt werden muss. Ebenfalls häufig vorkommende mechanische Verformungsenergien spielen dabei zunächst eine untergeordnete Rolle. Die Einheit von $\dot{Q}$ ist das Watt W, wie bei den Leistungen. Aus der Definition des Wirkungsgrades η ist zum einen sofort ersichtlich, dass das Ziel immer sein muss, diese Verlustleistung zu minimieren:

$$\eta = \frac{P_{ab}}{P_{elzu}} = \frac{P_{elzu} - P_v}{P_{elzu}} \tag{7.2}$$

Weiterhin ist zu sehen, dass die Verlustleistung maximal den Wert der zugeführten elektrischen Leistung annehmen kann.

Bei einem typischen Ohm'schen Widerstand wird keine elektrische Leistung abgeführt, sondern die zugeführte Leistung wird vorrangig in Wärme und eine geringfügige mechanische Verformung (es existieren Wärmeausdehnungskoeffizienten) umgesetzt mit $P_{elzu} = P_v$. Rechnerisch ist aus elektrischer Sicht damit der Wirkungsgrad Null. Eine Wirkungsgradbetrachtung macht in diesem Zusammenhang wenig Sinn.

Wird dieser Widerstand jedoch als ein elektrisch-thermischer Wandler angesehen, z. B. für eine Heizung, dann wäre das aus Sicht des Wirkungsgrads anders. Der Wirkungsgrad für eine elektrische Fußbodenheizung im Sinne eines großen Verhältnisses von Wärme zu zugeführter elektrischer Leistung wäre zwar hoch, aber die Verluste aufgrund der mechanischen Verformungen und der zusätzlichen elektrischen Isolierungen dämpfen den Wirkungsgrad des Gesamtsystems deutlich.

Die abgeführte Leistung muss also nicht immer elektrischer Natur sein. So setzt sich bei einem Elektromotor die abgegebene Leistung im Wesentlichen aus einer mechanischen Leistung (Hauptziel) und einem abzugebenden Wärmestrom zusammen. Bei einer LED ist die Angabe einer abgegebenen elektrischen Leistung ebenfalls nicht sinnvoll. Daher verwendet man hier als Ausgangsgröße den Lichtstrom in Lumen (lm), womit sich anstelle des Wirkungsgrads eine Lichtausbeute η_v in lm/W angeben lässt.

Kann die Verlustleistung nicht abgeführt werden, so entsteht ein Wärmestau, der eine weitere Temperaturerhöhung zur Folge hat und letztlich zu einer irreversiblen Schädigung der Bauteile führt. Weiterhin beeinflusst die entstehende Wärme die Lebensdauer der Bauelemente erheblich. So führen schon geringe Temperaturerhöhungen (typ. Vergleichstemperatur ist 20 °C) zu einer Verringerung der Lebensdauer. Die Faustformel „10 Grad Temperaturerhöhung halbiert die Lebensdauer" zeigt diese Problematik besonders deutlich, siehe Abschn. 8.8.1.

Hieraus wird ersichtlich, dass mit zunehmender Leistungsfähigkeit der Geräte, insbesondere durch rechenintensive Funktionen wie beispielsweise in den Smartphone-Apps, das Management dieser thermischen Verlustleistung immer wichtiger wird. Immer schnellere Prozessoren mit stetig steigenden Taktfrequenzen f_{Takt} führen bei gleicher Schaltkreistechnologie zu höheren elektrischen Verlustleistungen und somit zu größer werdenden abzuführenden Wärmeströmen wobei gilt: $P_{el} \sim f_{Takt}$. Die unzureichende Betrachtung der thermischen Zusammenhänge kann häufig zum Ausfall führen, wobei das Worst-Case Szenario in Bränden mündet, was eine Vielzahl von Akkubränden beweist.

Thermisches Management bedeutet nicht einfach nur die Abfuhr der Verlustleistung, sondern ist weit umfassender zu sehen:

- So greift das Kühlmanagement in das Design der Verbindungssubstrate ein und erfordert in zunehmendem Maße den Einsatz neuer Werkstoffe mit verbessertem Wärmeleitvermögen. So kann beispielsweise ein Aluminium-Kühlkörper, der ein elektrisches Potenzial tragen kann, durch eine Hochleistungskeramik wie Aluminiumnitrid (AlN), die in jedem Fall potenzialfrei ist, ersetzt werden. Nachteilig ist aber der deutlich Kostenanstieg. Ein weiteres Beispiel ist das Design von Power-LED-Baugruppen mit neuen Verbindungssubstraten aus sehr dünnen Keramiklagen (ca. 50 μm) und dickeren Al- oder Cu-Schichten im mm-Bereich.

- Ein weiteres Problem entsteht mit den immer kompakteren Bauweisen, die weniger Raum für Kühlkonzepte lassen.

- Eine besondere Herausforderung sind Geräte im Outdoorbereich, da hier keine konstanten Umgebungsbedingungen vorliegen. Temperaturdifferenzen von bis zu 80 °C und mehr pro Tag, sowie hohe Luftfeuchtigkeiten der Umgebung sind zu beherrschen. In diesen Fällen müssen oft Klimatisierungen eingesetzt werden.

- Mit dem immer größeren Einsatz von mobilen Geräten steigt der Bedarf an Akkus. Die damit verbundene Forderung nach höheren Energiedichten und Leistung pro Volumen bzw. Leistung pro Gewicht (Masse), rückt die Wärmeproblematik noch weiter in den Fokus.

Unzulässige Temperaturbelastungen sind eine der häufigsten Ausfallursachen von Geräten. Somit darf das thermische Management nicht erst nach einer Elektronikentwicklung erfolgen, sondern muss parallel dazu betrachtet werden. Die Nichtbeachtung dieses Grundsatzes wird in vielen Fällen zu Redesigns führen, was nicht nur längere Entwicklungszeiten bedeutet, sondern zugleich Kostensteigerungen erwarten lässt.

7.2 Energiebilanz

Die entstehende Wärme Q der einzelnen Bauelemente, Baugruppen, Geräte und Systeme wird in der Zeit $\Delta t = t_1 - t_0$ durch den Wärmestrom $\dot{Q}$ mit $[\dot{Q}] = W$ von diesen abgeführt:

$$Q = \int_{t_0}^{t_1} \dot{Q}\,dt \qquad (7.3)$$

Dieser Wärmestrom stellt die übertragbare elektrische Leistung dar, wobei der Wärmetransfer durch drei physikalische Arten der Wärmeübertragung realisiert werden kann.

Bei der **Wärmeleitung** $\dot{Q}_L$ erfolgt der Energietransport zwischen benachbarten Molekülen infolge eines Temperaturgradienten grad(ϑ). Während bei strahlungsundurchlässigen Festkörpern der Energietransfer nur durch Wärmeleitung erfolgt, kommt bei Gasen und Flüssigkeiten eine Überlagerung durch Konvektion und Strahlung dazu. Gase und Flüssigkeiten werden unter dem Begriff Fluid zusammengefasst.

$$\dot{Q}(t) = \dot{Q}_l(t) + \dot{Q}_k(t) + \dot{Q}_s(t) = \dot{Q}_l + \dot{Q}_k + \dot{Q}_s + \frac{dQ(t)}{dt}$$

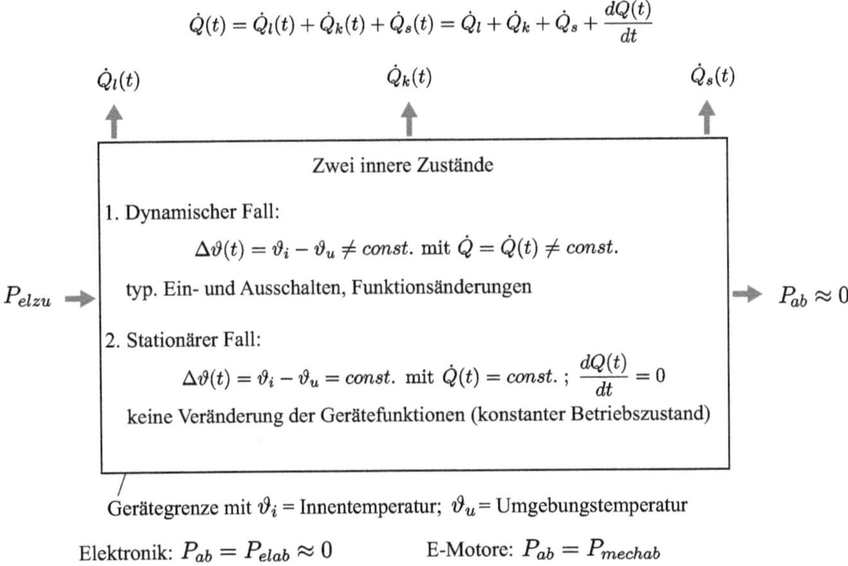

Abb. 7.1 Energiebilanz elektronischer und elektromechanischer Geräte

Unter **konvektivem Wärmeübergang** $\dot{Q}_K$ oder nur Konvektion versteht man die Wärmeübertragung zwischen einer Wand und einem strömenden Fluid, wobei dieser Transfer in beiden Richtungen erfolgen kann und in Eigen- und Fremdkonvektion unterschieden wird. Ursache der Eigenkonvektion sind Temperaturdifferenzen und somit Dichteunterschiede im Fluid. Bei der Fremdkonvektion entsteht die Strömung durch einen Druckunterschied, hervorgerufen durch Fluidantriebe wie Ventilatoren, Lüfter, Pumpen etc.

Bei der **Wärmestrahlung** $\dot{Q}_S$ erfolgt ein Energieaustausch zwischen Festkörpern und Fluiden mit unterschiedlichen Oberflächentemperaturen durch elektromagnetische Wellen. Das betrifft den Wellenlängenbereich von 0,1 bis 1000 μm, im Vergleich dazu das Spektrum des sichtbaren Lichtes von 0,38 bis 0,78 μm. Trifft eine solche Welle auf einen Stoff, so wird ein Teil absorbiert, ein Teil reflektiert und ein Teil geht durch den Stoff hindurch. Zum Wärmetransport mittels der elektromagnetischen Wellen ist keine Materie notwendig (Strahlung der Sonne zur Erde).

Für ein Gerät kann allgemein, ausgehend von Gl. (7.1), die folgende Energiebilanz angegeben werden, Abb. 7.1:

$$P_v = P_{\text{elzu}} - P_{\text{ab}} = \dot{Q}_l + \dot{Q}_k + \dot{Q}_s + \frac{dQ}{dt} \tag{7.4}$$

Für elektronische Geräte kann näherungsweise $P_{\text{ab}} = P_{\text{elab}} = 0$ angenommen werden, was bedeutet, dass die gesamte Verlustleistung in Wärme umgewandelt wird und abgeführt werden muss.

Bei Elektromechanik wie E-Motoren ergibt sich für $P_{ab} = P_{mechab}$, wobei die zugeführte elektrische Energie teilweise in Wärme und teilweise in mechanische Energie des Antriebs umwandelt wird.

$\dot{Q}_l$, $\dot{Q}_k$ und $\dot{Q}_s$ sind hierbei die konstanten Wärmeströme.

dQ/dt stellt die zeitabhängige Veränderung der Wärmeenergie Q dar, die durch Ein- und Ausschaltvorgänge sowie Zu- und Abschalten weiterer Funktionen entsteht. Sie ist dadurch gekennzeichnet, dass die Temperaturdifferenz $\Delta\vartheta$ zwischen Innen- und Außentemperatur ϑ_i und ϑ_a sich noch ändert und charakterisiert somit das dynamische Verhalten. Stellt sich eine konstante Temperaturdifferenz zwischen innen und außen ein, so ist $dQ/dt = 0$ und es liegt der stationäre Zustand vor.

Für die Berechnung wärmetechnischer Probleme ist eine Analogiebetrachtung von Wärmegrößen und elektrischen Äquivalenten für Ingenieure aus der Elektrotechnik vorteilhaft. Dabei werden geometrisch-stoffliche Parameter wie wärmedurchsetzte Flächen, Längen sowie spezifische Wärmeparameter und Wärmegrößen wie Wärmestrom, Wärmestromdichte und Temperaturdifferenzen durch entsprechende elektrische Größen ersetzt sowie die aus der Elektrotechnik bekannten Netzwerkberechnungsverfahren verwendet, Abschn. 7.6

7.3 Wärmeleitung

Der Energietransport durch einen Stoff wird durch die Wärmestromdichte $\vec{q}_l$ mit $[\dot{q}_l] =$ W/m^2 beschrieben und stellt ein Vektorfeld dar, wogegen die Temperaturverteilung in einem beliebigen Raum ein Skalarfeld ist:

$$\vec{q}_l = -\lambda \operatorname{grad} \vartheta \tag{7.5}$$

In dieser Grundgleichung der Wärmeleitung ist $\lambda = \lambda(\vartheta, p)$ die Wärmeleitfähigkeit (eine Stoffkonstante) mit $[\lambda] = $ W/(m K), die isotropen (d. h. in allen Richtungen gleich) und anisotropen Charakter haben kann. Die Tab. 7.1 zeigt eine Auswahl der für die Elektronik wichtigen Werkstoffe, wobei hier alle isotrope Eigenschaften aufweisen. Anisotropes Wärmeleitverhalten ist insbesondere bei Carbonröhren zu beobachten.

Das Temperaturgefälle in allen 3 Raumrichtungen wird durch den Temperaturgradienten grad ϑ beschrieben:

$$\operatorname{grad} \vartheta = \frac{\partial\vartheta}{\partial x}\vec{e}_x + \frac{\partial\vartheta}{\partial y}\vec{e}_y + \frac{\partial\vartheta}{\partial z}\vec{e}_z \tag{7.6}$$

Das Minuszeichen in der Gl. (7.5) drückt aus, dass die Wärme in Richtung des Temperaturgefälles strömt, also vom Ort der höheren zum Ort der niedrigeren Temperatur, Abb. 7.2.

Für einen differentiell kleinen Wärmestrom $d\dot{Q}_l$, der ein beliebiges differentiell kleines Flächenelement dA durchsetzt, gilt:

$$d\dot{Q}_l = \vec{q}_l \cdot \vec{dA} = -\lambda \cdot (\operatorname{grad} \vartheta) \cdot \vec{dA} \tag{7.7}$$

Tab. 7.1 Wärmeleitfähigkeit λ mit $[\lambda] = \mathrm{W}/(\mathrm{m\,K})$ wichtiger Werkstoffe der Elektronik bei $\vartheta = 20\,^\circ\mathrm{C}$ und 1 bar bei Fluiden

Metalle [5]	λ	Polymere [5]	λ
Kupfer (Cu)	395	Polyimid (PI)	0,37...0,52
Aluminium, rein (Al)	234	Polycarbonat (PC)	0,19...0,22
Alu-Legierungen	121...230	Polyvinylchlorid (PVC)	0,15...0,29
Wolfram (W)	174	Polypropylen (PP)	0,11...0,17
Gold (Au)	300	Polymethylmethacrylat	
Silber (Ag)	425	(PMMA, Plexiglas)	0,08...0,25
Zinn (Sn)	67	Polystyrol (PS)	0,12
Blei (Pb)	35	Epoxidharze (EP)	0,18...0,50
Nickel (Ni)	86	Phenolharze (PF)	0,14...0,15
Messing (Ms)	88...160	**Gläser [5]**	
Lote [6]		Glas, allgemein	0,20...1,60
SnAg3,5 - Lot	57	Quarzglas	1,4
SnAg1Cu0,5 - Lot	60	E-Glass	1,0...1,3
SnAg20 - Lot	120	**Halbleiter [32]**	
PbIn2,5Ag5 - Lot	28	Silizium (Si)	148
Keramiken [29]		Galliumnitrid (GaN)	130
Aluminiumoxid 99 % (Al_2O_3)	19...30	Galliumarsenid (GaAs)	50
Zirkoniumoxid (ZrO_2)	1,5...3	Siliziumcarbid 6H-SiC	490
Aluminiumnitrid (AlN)	180...220	Siliziumcarbid 4H-SiC	490
Bornitrid(BN), in [29] Wert 1!	≤ 400	**Komposite [9]**	
Siliziumcarbid (SiC) z.B.		Glas/Epoxy (FR408)	0,4
SSiC = gesintertes SiC	40...120	Glas/Epoxy (IS550H),	
Siliziumnitrid (Si_3N_4)	15...40	bes. thermisch stabil	0,7
Kohlenstoffe [30]		**Fluide [34]**	
Diamant, Typ IIa (27 °C)	2300	Luft	0,02587
Pyrolyt. Graphit $\parallel$ (27 °C)	1950	Stickstoff	0,02547
Pyrolyt. Graphit $\perp$ (27 °C)	5,7	Wasser	0,598

Diese Gleichung wird nun auf den praktischen Fall der Wärmeströmung durch Gehäusewände angewandt, wobei für die Wärmeleitfähigkeit $\lambda = \text{const.}$ gelten soll. Hierbei durchsetzt der differentiell kleine Wärmestrom $d\dot{Q}_l$ eine differentiell kleine Wandfläche senkrecht mit $dA \to dA_\perp$, so das nur eine Richtung, hier die x-Richtung, zu betrachten ist, Abb. 7.3.

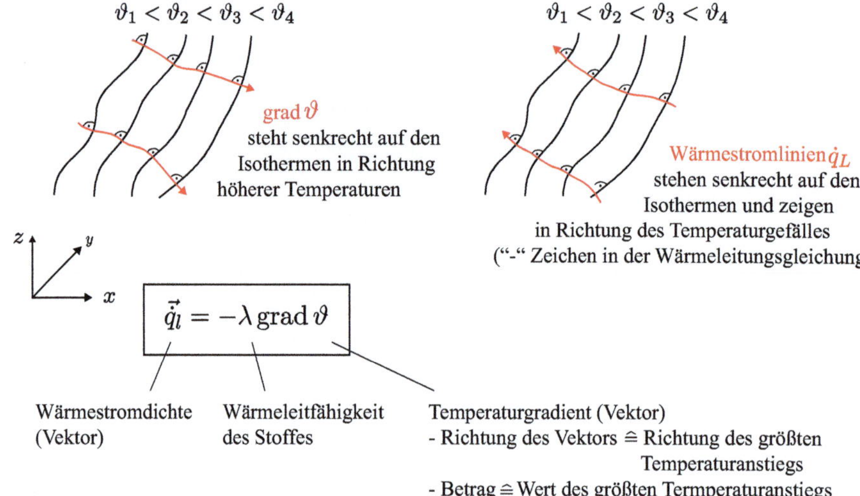

Abb. 7.2 Darstellung der Wärmeleitungsgleichung

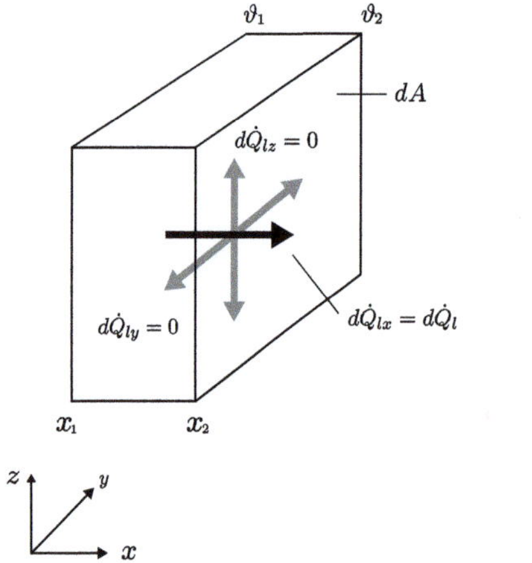

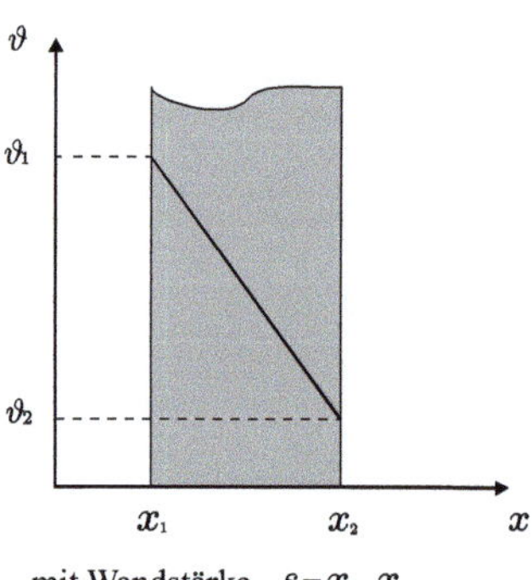

Abb. 7.3 Wärmeleitung durch eine Wand

Damit vereinfacht sich die Gl. (7.7) zu:

$$d\dot{Q}_l = -\lambda \frac{d\vartheta}{dx} dA_\perp \tag{7.8}$$

Die Integration führt zu:

$$\dot{Q}_l = -\lambda \frac{d\vartheta}{dx} A_\perp \tag{7.9}$$

Durch Umformung erhält man:

$$\int\limits_{x1}^{x2} \dot{Q}_l dx = -\int\limits_{\vartheta_1}^{\vartheta_2} \lambda A_\perp d\vartheta \tag{7.10}$$

Die Integration mit $x_2 - x_1 = s$ und $\vartheta_1 - \vartheta_2 = \Delta\vartheta$ sowie eine weitere Umformung liefern das Ergebnis:

$$\dot{Q}_l = \frac{\lambda \cdot A_\perp}{s}(\vartheta_1 - \vartheta_2) = \frac{(\vartheta_1 - \vartheta_2)}{R_l} \tag{7.11}$$

7.3.1 Wärmeleitwiderstand R_l

In Gl. (7.11) stellt R_l den Wärmeleitwiderstand (thermischen Leitungswiderstand) der Wand dar:

$$R_l = \frac{(\vartheta_1 - \vartheta_2)}{\dot{Q}_l} = \frac{\Delta\vartheta}{\dot{Q}_l} = \frac{s}{\lambda \cdot A_\perp} \qquad [R_l] = \frac{K}{W} \tag{7.12}$$

Damit wird der Wärmeleitwiderstand R_l im ersten Ausdruck mit den thermischen Parametern Temperaturdifferenz $\Delta\vartheta$ und Wärmestrom $\dot{Q}_l$ und im zweiten Teil mit den geometrisch-stofflichen Eigenschaften wie Wandstärke s und durchsetzte Fläche A sowie Wärmeleitfähigkeit λ definiert.

Die Abb. 7.4 zeigt die thermisch – elektrische Äquivalenz (siehe auch Abschn. 7.6), wobei φ_1 und φ_2 die elektrischen Potenziale darstellen.

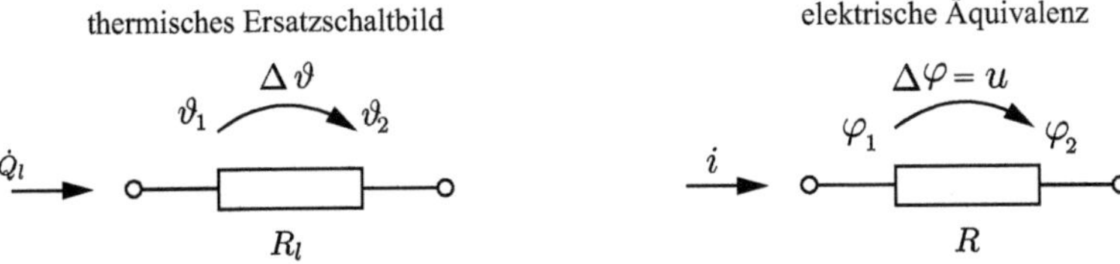

Abb. 7.4 Wärmeleitwiderstand und elektrische Äquivalenz

Die Abb. 7.5, Abb. 7.6, Abb. 7.7, Abb. 7.8, Abb. 7.9 und Abb. 7.10 zeigen typische Grundformen von Wandaufbauten mit ihren Berechnungen, wobei unterschiedliche Grundformen weiter zu komplexeren Aufbauten kombiniert werden können.

- Gehäusewand aus Metall mit 2-seitiger Lackbeschichtung
- Gehäusewand aus Kunststoff mit 1-seitiger Metallisierung (Schirmung)
- Gehäusewand (Außenputz, Wärmedämmung, Ziegel, Innenputz)

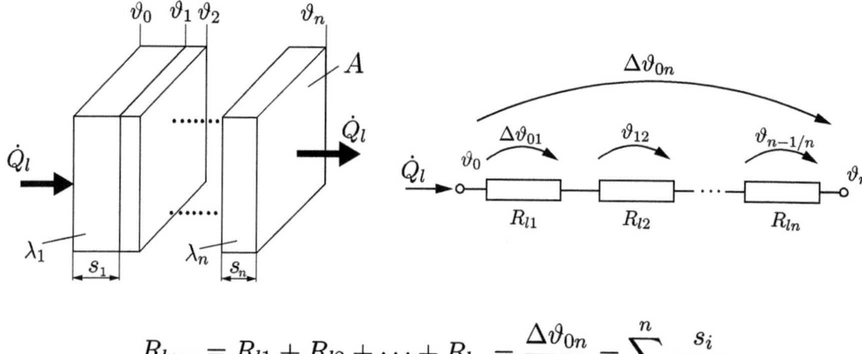

$$R_{lges} = R_{l1} + R_{l2} + \cdots + R_{ln} = \frac{\Delta\vartheta_{0n}}{\dot{Q}_l} = \sum_{i=1}^{n} \frac{s_i}{\lambda_i \cdot A}$$

Abb. 7.5 Ebene Wand mit in Reihe geschalteten Schichten

- Chassisteil aus Metall sowie Seiten- und Deckwände aus Kunststoff
- Gehäusewände aus undurchsichtigem Kunststoff oder Metall
  und eingebaute Sichtfenster (transparenter Kunststoff, Glas)
- Gebäudewand mit Fenstern

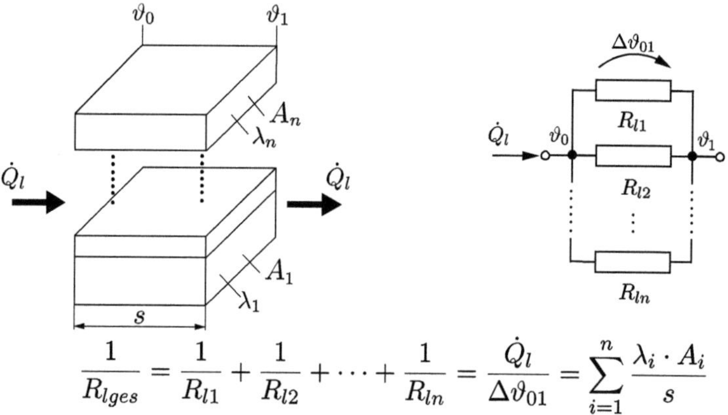

$$\frac{1}{R_{lges}} = \frac{1}{R_{l1}} + \frac{1}{R_{l2}} + \cdots + \frac{1}{R_{ln}} = \frac{\dot{Q}_l}{\Delta\vartheta_{01}} = \sum_{i=1}^{n} \frac{\lambda_i \cdot A_i}{s}$$

Abb. 7.6 Ebene Wand mit parallel geschalteten Schichten

- Gehäusewand aus Metall mit 2-seitiger Lackbeschichtung
- Gehäusewand aus Kunststoff mit Beschichtungen
- Gebäudewände-Türme (Außenputz, Wärmedämmung, Ziegel, Innenputz)
- vielfältige Designs besonders im Konsumgüterbereich

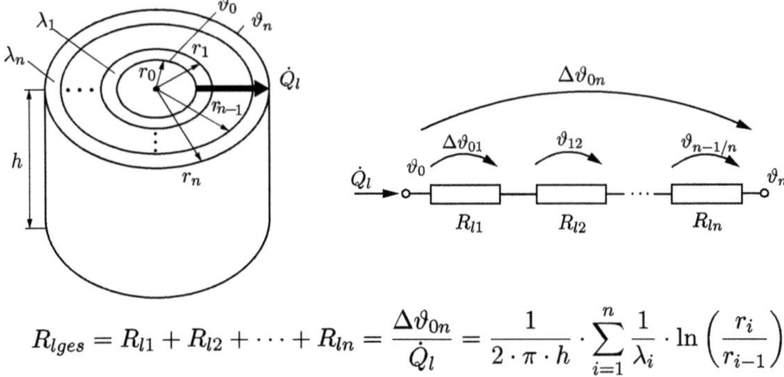

$$R_{lges} = R_{l1} + R_{l2} + \cdots + R_{ln} = \frac{\Delta\vartheta_{0n}}{\dot{Q}_l} = \frac{1}{2 \cdot \pi \cdot h} \cdot \sum_{i=1}^{n} \frac{1}{\lambda_i} \cdot \ln\left(\frac{r_i}{r_{i-1}}\right)$$

Abb. 7.7 Zylinderwand mit in Reihe geschalteten Schichten

- Gehäusewände aus verschiedenen Werkstoffen
- Gehäusewände mit Luftöffnungen
- Einzelne Teilsegmente können aus mehreren in Reihe geschichteten
  Schalenteilen bestehen, typisch für Gebäude

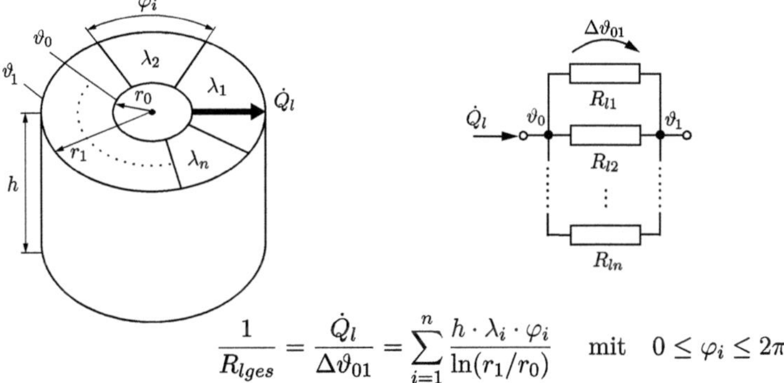

$$\frac{1}{R_{lges}} = \frac{\dot{Q}_l}{\Delta\vartheta_{01}} = \sum_{i=1}^{n} \frac{h \cdot \lambda_i \cdot \varphi_i}{\ln(r_1/r_0)} \quad \text{mit} \quad 0 \le \varphi_i \le 2\pi$$

Abb. 7.8 Zylinderwand mit parallel geschalteten Schichten

- Wärmeleitung in Durchkontaktierungen von Leiterplatten
- Werden Hohlzylinder zusätzlich mit gut wärmeleitenden Stoffen
  verfüllt (geplugged), so entsteht eine Parallelschaltung von Hülse
  und Plugg-Werkstoff
- bei vollständiger Verkupferung von Durchkontaktierungen gilt $r_0 = 0$

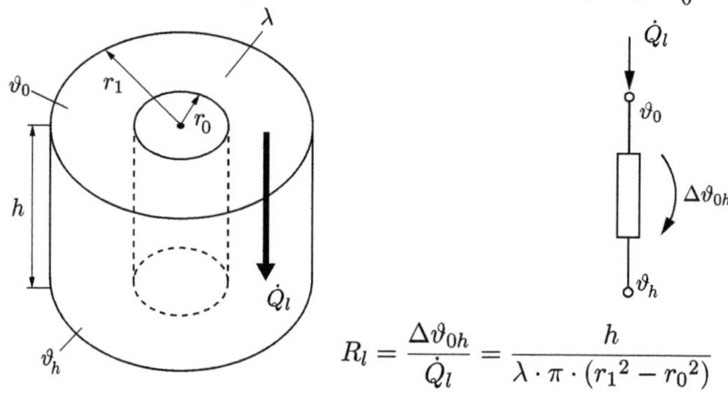

$$R_l = \frac{\Delta\vartheta_{0h}}{\dot{Q}_l} = \frac{h}{\lambda \cdot \pi \cdot (r_1{}^2 - r_0{}^2)}$$

Abb. 7.9 Wärmeleitwiderstand längs durch einen Zylinder

- Halbkugeln als Abschlüsse von Zylinderformen
- Kugel-Designs im Konsumgüterbereich, wie z.B. Lautsprecher

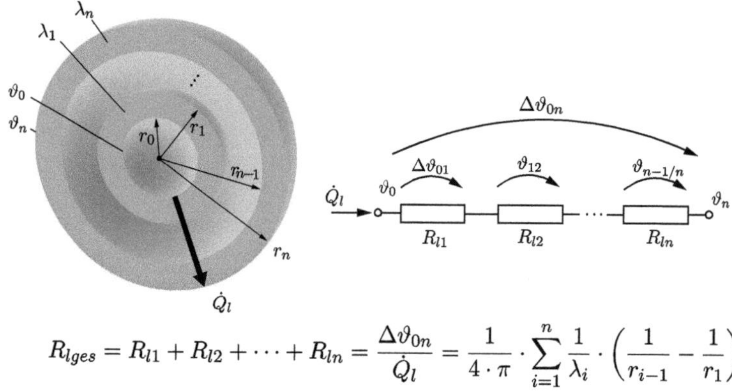

$$R_{lges} = R_{l1} + R_{l2} + \cdots + R_{ln} = \frac{\Delta\vartheta_{0n}}{\dot{Q}_l} = \frac{1}{4 \cdot \pi} \cdot \sum_{i=1}^{n} \frac{1}{\lambda_i} \cdot \left(\frac{1}{r_{i-1}} - \frac{1}{r_1} \right)$$

Abb. 7.10 Kugelwand mit in Reihe geschalteten Kugelschalen

7.3.2 Wärmekapazität C_{th}

Zusätzlich zum Vermögen der Wärmeleitung kann das Material auch Wärme aufnehmen
und speichern, hat also eine Wärmekapazität. Für den Zusammenhang Wärmestrom $\dot{Q}$
und Temperaturdifferenz $\Delta\vartheta$ an dieser Wärmekapazität C_{th} gilt:

$$\dot{Q} = C_{th} \frac{d(\Delta\vartheta)}{dt} \quad \text{bzw.} \quad \Delta\vartheta = \frac{1}{C_{th}} \int \dot{Q}\, dt \tag{7.13}$$

Tab. 7.2 Spezifische Wärmekapazität

	Al	**Cu**	**Al$_2$O$_3$**	**AlN**
spezifische Wärme c in Ws/(kg K)	896	382	990	738

Hierbei ist die Integrationskonstante des Integrals $K = \Delta\vartheta_0$ die Temperaturdifferenz über dem Bauteil mit der Wärmekapazität C_{th} zu Beginn des Wärmestromes.

Für die Wärmekapazität C_{th} selbst gilt mit den stofflichen und geometrischen Parametern:

$$C_{th} = c \cdot m = c \cdot \rho \cdot V \qquad [C_{th}] = \frac{\text{Ws}}{\text{K}} \qquad (7.14)$$

Dabei sind m die Masse, V das Volumen und c die spezifische Wärmekapazität (spezifische Wärme), Tab. 7.2.

Die Standardkeramik Al$_2$O$_3$ (Aluminiumoxid) und die Hochleistungskeramik AlN (Aluminiumnitrid) sind besonders für Kühlkörper interessant, da sie sehr gute Wärmeleitungseigenschaften aufweisen und gegenüber Kühlkörpern z. B. aus Aluminium elektrisch potentialfrei sind.

Dem steht ein deutlich höherer Preis entgegen, der gegen den Vorteil der Potenzialfreiheit abzuwägen ist.

7.3.3 Transienter Wärmewiderstand Z_{th} und thermische Zeitkonstante τ_{th}

Das Produkt aus Wärmeleitwiderstand R_l und der Wärmekapazität C_{th} ist die thermische Zeitkonstante $\tau_{th} = R_l \cdot C_{th}$, die ein wesentlicher Parameter zur Beschreibung der thermischen Ausgleichsvorgänge beim Aufwärmen und Abkühlen von Bauteilen ist. Die Modellierung erfolgt durch eine Parallelschaltung dieser beiden Elemente. Wird der Schaltung schlagartig ein Wärmestrom zugeführt, was einer thermischen Sprungfunktion entspricht, wie das beim Ein- bzw. Zuschalten von elektronischen Bauelementen angenommen werden kann, so ist die thermische Sprungantwort immer eine e-Funktion mit einem asymptotischen Endwert, Abb. 7.11.

Je größer die Wärmekapazität und die thermische Zeitkonstante sind, desto langsamer erwärmt sich das Material. Nach $t = \tau_{th}$ ist ca. 63 % der Endtemperatur ϑ_0 erreicht. Nach $t = 5\tau_{th}$ ist der Wärmeausgleich nahezu abgeschlossen und die Endtemperatur fast erreicht. Vergleicht man beispielsweise zwei gleich große Kühlkörper aus Aluminium und Kupfer, wie sie zum Kühlen von Elektronik verwendet werden, so ergibt sich mit den Stoffparametern $\tau_{th}(\text{Cu}) \approx 0{,}82\,\tau_{th}(\text{Al})$.

Sind mehrere Schichten hintereinander angeordnet, so hat jede Schicht ihren eigenen Transienten Widerstand und damit auch eine eigene thermische Zeitkonstante.

Für die Aufwärm- und Abkühlvorgänge ergeben sich unterschiedliche Transiente Widerstände. Im eingeschwungenen Zustand, d. h. die Temperaturänderungen sind abgeklungen, geht der Transiente Widerstand in den Wärmeleitwiderstand über und die Wärmekapazität spielt dann keine Rolle mehr.

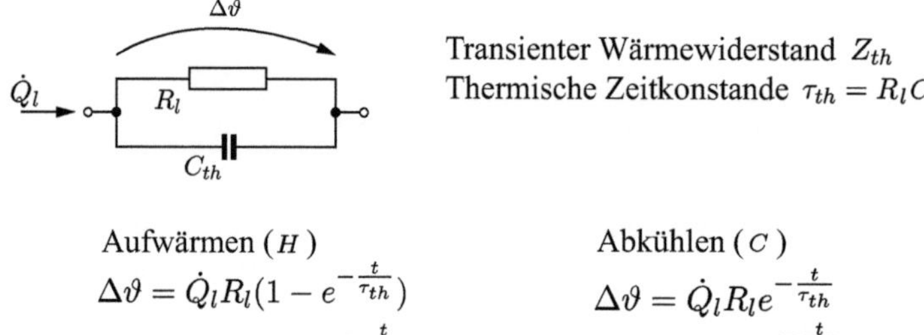

Aufwärmen (H)

$$\Delta\vartheta = \dot{Q}_l R_l \left(1 - e^{-\frac{t}{\tau_{th}}}\right)$$

$$Z_{th-H} = R_l \left(1 - e^{-\frac{t}{\tau_{th}}}\right)$$

Abkühlen (C)

$$\Delta\vartheta = \dot{Q}_l R_l e^{-\frac{t}{\tau_{th}}}$$

$$Z_{th-C} = R_l e^{-\frac{t}{\tau_{th}}}$$

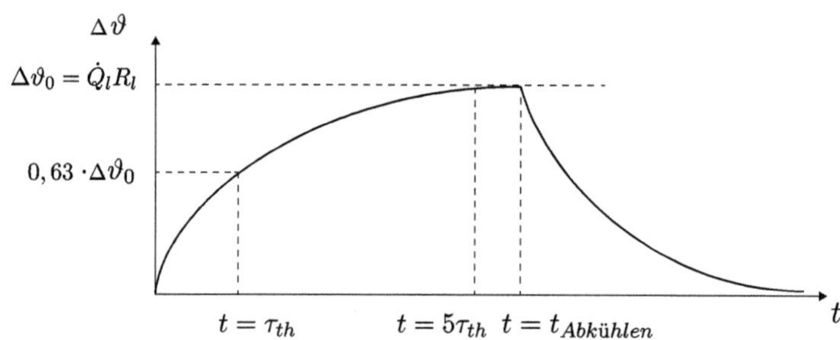

Abb. 7.11 Transienter Wärmewiderstand und Temperaturausgleich

7.3.4 Thermischer Kontaktwiderstand R_{tk}

Werden zwei Bauteilschichten in Kontakt miteinander gebracht und ein Wärmestrom durchströmt diese Berührungsstelle, so entsteht darüber ein Temperaturgefälle. Beschrieben wird dieser Vorgang durch den thermischen Kontaktwiderstand R_{tk} bzw. den spezifischen thermischen Kontaktwiderstand r_{tk}.

$$R_{tk} = \frac{(\vartheta_1 - \vartheta_2)}{\dot{Q}_l} = \frac{1}{\alpha_{\ddot{u}} \cdot A} \quad \text{bzw.} \quad r_{tk} = R_{tk} \cdot A \tag{7.15}$$

Dabei sind $\alpha_{\ddot{u}}$ der Kontaktkoeffizient und A die Gesamtkontaktfläche. Dieser thermische Kontaktwiderstand ist abhängig von der Werkstoffpaarung, den beiden Oberflächenrauheiten, dem Spalt ausfüllendem Stoff sowie dem Anpressdruck.

Abb. 7.12 zeigt ein einfaches Modell dieses thermischen Kontaktwiderstands bei Festkörpern in Anlehnung an [17, S. 56–59].

Mit der Bedingung **Abstand d_k < Rautiefe** ergibt sich damit für den Kontaktwiderstand R_{tk}:

$$R_{tk} = (R_{k1} + R_{k2}) \parallel R_{kf} = \left(\frac{d_{k1}}{\lambda_1 \cdot A_k} + \frac{d_{k2}}{\lambda_2 \cdot A_k}\right) \parallel \frac{d_k}{\lambda_f \cdot A_f} \tag{7.16}$$

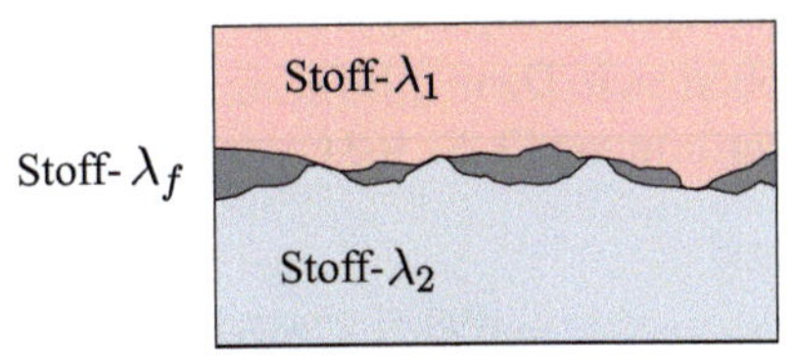

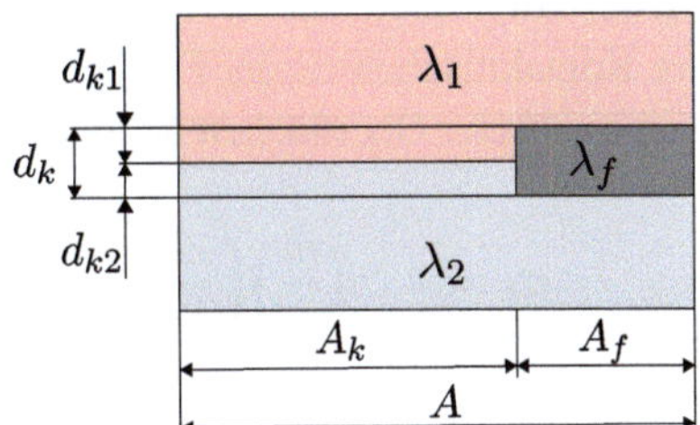

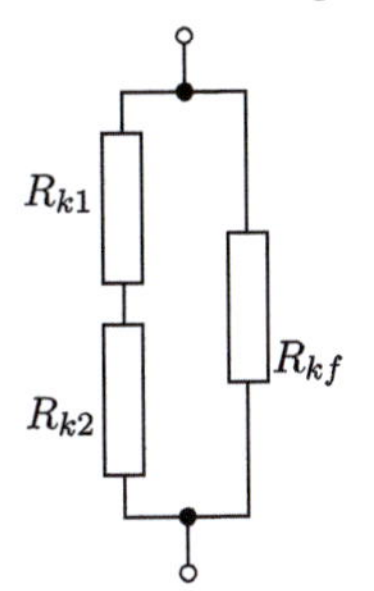

A_k = Kontaktfläche der Feststoffe

mit dem Ziel $A_k \rightarrow A$

Abb. 7.12 Kontaktwiderstand zweier Festkörper

Hierbei sind A_k und A_f die Kontaktflächen der Festkörper bzw. der Fluidschicht, λ_1, λ_2 und λ_f die Wärmeleitfähigkeiten der Kontakt- und Spaltwerkstoffe, d_{k1} und d_{k2} die Rautiefen der Kontaktwerkstoffe sowie d_k die Dicke des Ersatzspalts. Mit der Annahme:

$$d_{k1} = d_{k2} = d_k/2 \qquad \text{sowie} \qquad A_k + A_f = A$$

und den Gl. (7.15) und (7.16) ergibt sich der Kontaktkoeffizient $\alpha_{\ddot{u}}$:

$$\alpha_{\ddot{u}} = \frac{1}{d_k}\left(\frac{A_k}{A} \cdot \frac{2\lambda_1\lambda_2}{\lambda_1 + \lambda_2} + \frac{A_f}{A}\lambda_f \right) \qquad [\alpha_{\ddot{u}}] = \frac{W}{m^2 \cdot K} \qquad (7.17)$$

Das Hauptproblem hierbei ist die Bestimmung von A_k, A_f und d_k im Kontaktzustand. Die Tab. 7.3 zeigt einige ermittelte Kontaktkoeffizienten.

Tab. 7.3 Kontaktkoeffizienten mit Luftspalt nach [17, S. 59]

Werkstoffpaarung/Oberfläche	Rauheit	Druck	$1/\alpha_{\ddot{u}}$
	in μm	in bar	in $(10^{-4}\,m^2\,K)/W$
Edelstahl V2A/V2A, geschliffen	1,14	40 - 70	5,28
Al/Al, geschliffen	2,54	12 - 25	0,88
Al/Al, geschliffen	0,25	12 - 25	0,18
Cu/Cu, geschliffen	1,27	12 - 200	0,07

Vergrößern sich die plastischen bzw. elastischen Verformungen infolge der Vergrößerung des Anpressdrucks, so werden die Rauheitsspitzen (d_{k1}, d_{k2}) abgeflacht und der relative Kontaktflächenteil der Festkörper vergrößert sich. Dann gilt für $\alpha_{ü}$ unter der Bedingung oxidfreier Oberflächen bei plastischer Verformung [3, S. 363]:

$$\alpha_{ü} = 1{,}25 \left(\frac{m}{\sigma}\right)\left(\frac{2\lambda_1\lambda_2}{\lambda_1 + \lambda_2}\right)\left(\frac{P}{H_S}\right)^{0{,}95} \qquad [\alpha_{ü}] = \frac{\text{W}}{\text{m}^2 \cdot \text{K}} \qquad (7.18)$$

Dabei sind $\sigma = (\sigma_1^2 + \sigma_1^2)^{0{,}5}$ und $m = (m_1^2 + m_2^2)^{0{,}5}$ der effektive quadratische Mittenrauwert bzw. die effektive mittlere Rauheitsneigung (dy/dx).

H_S ist die Mikrohärte des weicheren Materials und P der Anpressdruck.

Umfangreichere Ausführungen zum thermischen Aufspreizen und den Kontaktwiderständen sind in Abschn. 7.3.5 bzw. [3, S. 261–393] zu finden.

Ist die Bedingung **Abstand d_k > Rautiefe** erfüllt, d. h. die beiden Festkörper berühren sich nicht, so werden die Eigenschaften des Kontakts im Wesentlichen durch den Spaltwerkstoff mit λ bestimmt und die Gl. (7.16) vereinfacht sich zu:

$$R_{tk} = \frac{d_k}{\lambda \cdot A} \qquad (7.19)$$

Ziel einer gut wärmeleitenden Verbindung zweier Werkstoffe muss es sein, die Luftbrücken zu minimieren. Nicht immer können Verbindungen mit einem hohen Anpressdruck hergestellt werden, der zu starken Abplattungen der Rauheitsspitzen führt und damit das A_k vergrößert und entsprechend das A_f verringert.

Viele Technologien, wie das thermische Kontaktieren von Kühlkörpern an elektronische Bauelemente oder das thermische Ankoppeln von Temperatursensoren an Gehäuse, nutzen die Eigenschaften der „Thermal Interface Materials (TIM)", um optimale thermische Anpassungen realisieren zu können, siehe dazu Abschn. 7.7.2.

7.3.5　Thermischer Aufspreizwiderstand R_{sp}

Dieser Widerstand R_{sp} entsteht überall dort, wo ein Wärmestrom vorhanden ist und die beiden benachbarten Gebiete (Bauelemente) unterschiedliche Querschnittsflächen haben oder ungleiche Temperaturverteilungen in den Oberflächen vorliegen. Diese Temperaturaufspreizung erfolgt insbesondere dort, wo ein Bare Chip oder ein gehäuster IC mit einem Kühlkörper verbunden werden, der eine größere Fläche aufweist. Dabei entsteht ein deutlicher lateraler (aufspreizender) Wärmestrom in der Grundplatte des Kühlkörpers, Abb. 7.13.

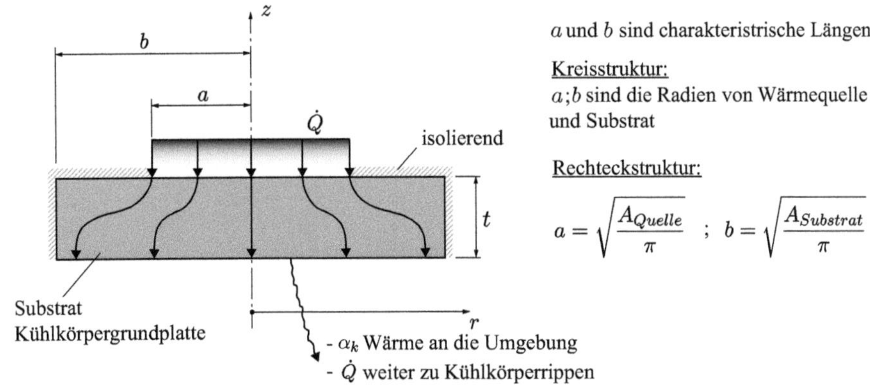

Abb. 7.13 Thermischer Aufspreizwiderstand

Die Berechnung des thermischen Aufspreizwiderstands R_{sp} kann mit guter Näherung für kreis- und rechteckförmige Formen nach [19] erfolgen:

$$R_{sp,\text{mittel}} = \frac{0{,}5(1-\epsilon)^{\frac{3}{2}} \cdot \phi_c}{\lambda \cdot \sqrt{A_{\text{Quelle}}}} \qquad \text{bzw.} \tag{7.20}$$

$$R_{sp,\text{max}} = \frac{(1/\sqrt{\pi})(1-\epsilon) \cdot \phi_c}{\lambda \cdot \sqrt{A_{\text{Quelle}}}} \qquad \text{mit} \qquad \phi_c = \frac{Bi \cdot \tanh(\lambda_c \cdot \tau) + \lambda_c}{Bi + \lambda_c \cdot \tanh(\lambda_c \cdot \tau)} \; ;$$

$$\tau = \frac{t}{b} \quad ; \quad \epsilon = \frac{a}{b} \quad ; \quad Bi = \frac{\alpha_k \cdot b}{\lambda} \quad ; \quad \lambda_c = \pi + \frac{1}{\epsilon \cdot \sqrt{\pi}}$$

Einschränkend gilt, dass die Quelle mittig angeordnet ist und die Ober- und Seitenflächen adiabatisch betrachtet werden.

Dabei sind a und b charakteristische Längen, welche die Ausdehnung von Quelle und Substrat (Kühlkörpergrundplatte) in Abhängigkeit der geometrischen Form beschreiben. Bei kreisförmigen Wärmequellen und Substraten sind a und b die jeweiligen Radien. Für rechteckförmige Ausführungen gelten die äquivalenten Längen:

$$a = \sqrt{\frac{A_{\text{Quelle}}}{\pi}} \qquad \text{und} \qquad b = \sqrt{\frac{A_{\text{Substrat}}}{\pi}} \tag{7.21}$$

A_{Quelle} und A_{Substrat} sind die realen Flächen von Wärmequelle und Substrat, t ist die Dicke des Substrats (Kühlkörpergrundplatte), α_k der Wärmeübergangskoeffizient der Konvektion (siehe Abschn. 7.4.1) und λ die Wärmeleitfähigkeit der Substratplatte. Bi ist die Biot-Zahl und stellt das Verhältnis von Wärmeleitwiderstand R_l zum konvektiven Wärmewiderstand R_k dar.

Zur Bestimmung des thermischen Gesamtwiderstands des ausgedehnteren Teils wird dieser thermische Aufspreizwiderstand zum Wärmeleitwiderstand addiert. Bei kleinen Flächen der Wärmequellen und großen, dünnen Kühlplatten ist der Aufspreizwiderstand in der Platte dominierend [27].

Hinweis: Häufig wird auch ein dimensionsloser Aufspreizwiderstand R_{sp}^* betrachtet, für den allgemein gilt:

$$R_{sp}^* = \lambda \cdot L_{\text{char}} \cdot R_{sp} \qquad L_{\text{char}} = \text{charakteristische Länge} \qquad (7.22)$$

Berechnungen zu weiteren geometrischen Formen sind in [31] zu finden.

7.4　Konvektiver Wärmeübergang

7.4.1　Konvektiver Wärmewiderstand R_k

Strömt ein Fluid mit der Temperatur ϑ_F, das kann ein Gas wie Luft oder eine Flüssigkeit wie Wasser sein, entlang einer festen Wand mit der Temperatur ϑ_W und haben beide unterschiedliche Temperaturen, so erfolgt hier ein Wärmeübergang durch den konvektiven Wärmestrom $\dot{Q}_k$, Abb. 7.14.

Von Bedeutung ist die wandnahe Grenzschicht.

Hier ändern sich *erstens* die Strömungsgeschwindigkeit parallel zur Wand von Null auf die Geschwindigkeit des vorbei strömenden Fluids und *zweitens* die Temperatur des Fluids von der Wandtemperatur auf die Fluidtemperatur im Abstand $\delta_T = $ Temperaturgrenzschicht von der Wand. Da sich dieser Temperaturverlauf von der Wand asymptotisch ändert, wird

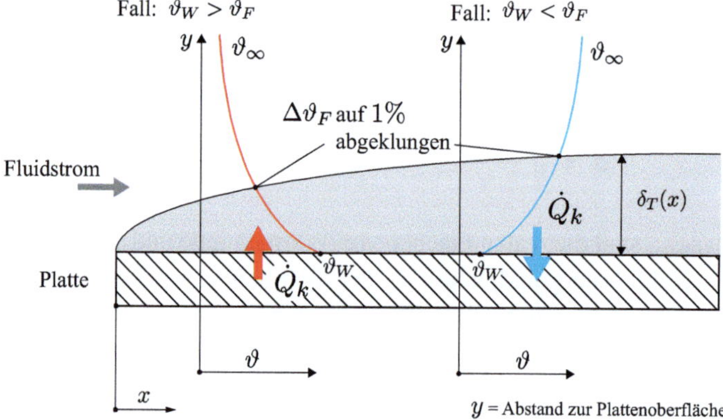

Abb. 7.14 Konvektiver Wärmeübergang

für diese Temperaturgrenzschicht δ_T definiert:

$$\text{Grenze für } \delta_T \text{ definiert bei:} \quad \frac{\vartheta_F - \vartheta_\infty}{\vartheta_\infty} \approx 0{,}01 \qquad (7.23)$$

Dabei ist ϑ_∞ die Temperatur, bei der es keine Temperaturänderungen im Fluid mehr gibt. Gl. (7.23) definiert δ_T somit als die Dicke, bei der die Fluidänderungen auf 1 % abgeklungen sind. Für den Fall $\vartheta_W > \vartheta_F$ erfolgt der Wärmetransfer von der Wand in das Fluid und für den Fall $\vartheta_W < \vartheta_F$ umgekehrt.

So wie bei der Wärmeleitung der Ausgangspunkt die Wärmestromdichte $\vec{q}_l$ ist, gilt nun für die Konvektion die Wärmestromdichte $\vec{q}_k$:

$$\dot{q}_k = \frac{d\dot{Q}_k}{dA} \qquad \text{mit } \dot{q}_k = \text{const. gilt:} \qquad \frac{\dot{Q}_k}{A} = \alpha_k \cdot (\vartheta_W - \vartheta_F) \qquad (7.24)$$

Dabei stellt α_k den Wärmeübergangskoeffizienten der Konvektion dar mit $[\alpha_k] = \mathrm{W}/(\mathrm{m}^2\,\mathrm{K})$. Da α_k umgekehrt proportional zu $\delta_T(x)$ ist, ist α_k auch über die Wandlänge nicht konstant. Für praktische Anwendungen kann häufig ein Mittelwert verwendet werden. Er ist schwierig bestimmbar aufgrund zahlreicher Parameter wie Geometrie, Strömungsart, Temperaturdifferenz, Stoffwerte etc. Er wird aus den experimentell ermittelten Nußeltzahlen ermittelt. Formt man Gl. (7.24) nach $\dot{Q}_k$ um, so folgt:

$$\dot{Q}_k = \alpha_k \cdot A \cdot (\vartheta_W - \vartheta_F) = \frac{1}{R_k}\Delta\vartheta \qquad (7.25)$$

Für den konvektiven Wärmewiderstand R_k gilt damit:

$$R_k = \frac{1}{\alpha_k \cdot A} \qquad\qquad [R_k] = \frac{\mathrm{K}}{\mathrm{W}} \qquad (7.26)$$

So wie für den Wärmeleitwiderstand R_l, vgl. Abb. 7.4, kann auch für den konvektiven Wärmeübergangswiderstand R_k eine Ersatzschaltung angegeben werden, Abb. 7.15.

Für eine gute Wärmeabfuhr von Bauelementen, Baugruppen und Geräten ist ein großes $\dot{Q}_k$ notwendig, d. h. der konvektive Wärmewiderstand R_k muss so klein wie möglich bzw. der Wärmeübergangskoeffizient der Konvektion α_k so groß wie möglich werden. Sieben Einflussgrößen bestimmen den konvektiven Wärmeübergang, Tab. 7.4, woraus sich 5 Kennzahlen ableiten lassen, Tab. 7.5.

Die Stoffwerte für Luft sind Tab. A.1 zu entnehmen.

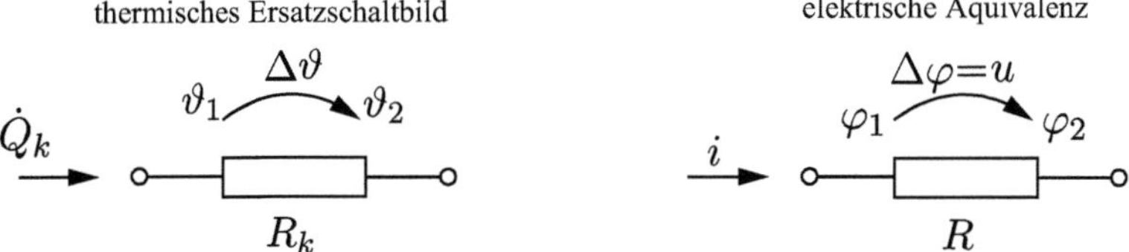

Abb. 7.15 Konvektiver Wärmewiderstand

Tab. 7.4 Einflussgrößen des konvektiven Wärmeübergangs

Zeichen	Einheit	Physikalische Parameter
L_0	m	charakteristische geometrische Abmessung
v	m/s	Strömungsgeschwindigkeit
$\Delta\vartheta$	K bzw. °C	Temperaturdifferenz
Stoffwerte		
ν	m^2/s	kinematische Viskosität
λ	W/(m·K)	Wärmeleitfähigkeit
ρ	kg/m^3	Dichte
c_p	kJ/(kg·K)	spezifische Wärme

Tab. 7.5 Kennzahlen für den konvektiven Wärmeübergang

Kennzahl	Berechnung	Bedeutung
Reynolds-Zahl	$Re = \dfrac{v \cdot L_0}{\nu}$ (7.27)	zeigt den Umschlag von laminarer in turbulente Strömung bei **erzwungener** Konvektion an
Grashof-Zahl	$Gr = \dfrac{g \cdot \beta_f \cdot \Delta\vartheta \cdot L_0^3}{\nu^2}$ (7.28)	zeigt den Umschlag von laminarer in turbulente Strömung bei **freier** Konvektion an β_f ist der isobare Wärmeausdehnungskoeffizient, bei einem idealen Gas gilt $\beta_f = 1/T$ mit [T]=K
Prandtl-Zahl	$Pr = \dfrac{\nu}{a} = \dfrac{\nu \cdot c_p \cdot \rho}{\lambda}$ (7.29)	Pr ist eine reine Stoffkennzahl a ist die Temperaturleitfähigkeit Wasser: $Pr(20\,°C, 1bar) \approx 7$ Luft: $Pr(20\,°C, 1bar) \approx 0{,}7$
Rayleigh-Zahl	$Ra = Gr \cdot Pr$ (7.30)	ist eine abgeleitete Kennzahl für **freie** Konvektion
Nußelt-Zahl	$Nu = \dfrac{\alpha_K \cdot L_0}{\lambda_{Fluid}}$ (7.31)	aus den empirisch ermittelten Nu-Zahlen werden die Wärmeübergangskoeffizienten α ermittelt

7.4.2 Einteilungen der Strömungen

Grundsätzlich ist zu unterscheiden in die erzwungene Strömung (Fremdkonvektion) und die freie Strömung (Eigenkonvektion).

Bei der **erzwungenen Strömung** erfolgt die Bewegung des Fluids durch äußere Antriebe wie Pumpen, Gebläse und Lüfter. Daraus ergibt sich die Strömungsgeschwindigkeit v als charakteristischen Größe. Für die Nußelt-Zahl zur Berechnung des Wärmeübergangskoeffizienten (Konvektion) α_k gilt der prinzipielle Zusammenhang:

$$Nu = f(Re, Pr, \text{Geometrieparameter}) \tag{7.32}$$

Bei der **freien Strömung** erfährt das Fluid einen Auftrieb durch seinen Dichtegradienten, der infolge eines Temperaturgradienten entsteht. Die charakteristische Größe v der erzwungenen Strömung entfällt. Da es sich um einen Auftrieb handelt, kommt die Erdbeschleunigung g hinzu. Für die Berechnung der Nußelt-Zahl gilt nun der prinzipielle Zusammenhang:

$$Nu = f(Gr, Pr, \text{Geometrieparameter}) \tag{7.33}$$

Weiterhin wird in **laminare Strömung** und **turbulente Strömung** unterschieden, Abb. 7.16.

Für den Gerätebau sind die ebenen Platten, in Form vertikaler, horizontaler und geneigter Flächen, die zylinderförmigen Anordnungen sowie Kugeln als Verkleidungen und Gehäuse von Interesse.

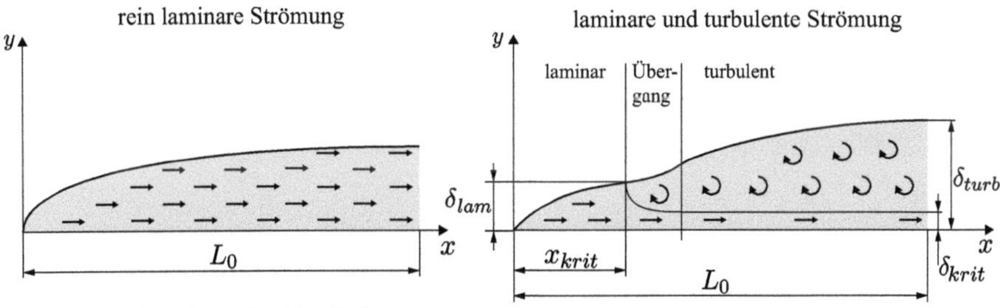

y = Abstand von der Oberfläche

L_0 = Charakteristische Länge der überströmten Fläche

δ_{lam} und δ_{turb} = laminare und turbulente Grenzschichten; $\quad \delta_{krit}$ = laminare Unterschicht

x_{krit} definiert den Umschlag von laminar in turbulent

Abb. 7.16 Laminare und turbulente Strömungen

7.4.3 Anordnungen bei erzwungener Konvektion

Derartige Anordnungen sind *erstens* Geräte und Schaltschränke im Außenbereich (Outdoor-Shelter), die einer Windgeschwindigkeit ausgesetzt sind. Durch niedrige Lufttemperaturen, d. h. $\vartheta_{\text{Fluid}} < \vartheta_{\text{Wand}}$, und hohe Windgeschwindigkeiten kann die Wärme vom Gerät gut abgeführt werden, wogegen bei hohen Lufttemperaturen das Ganze ins Gegenteil umschlägt. Die Auslegung der Wärmeabfuhr stellt in dieser Hinsicht eine größere Herausforderung dar, als bei Geräten im Innenbereich, wo i. d. R. eindeutige Temperaturverhältnisse vorherrschen.

Zweitens ist die erzwungene Konvektion in Geräten zu finden, bei denen Lüfter für einen zusätzlichen Luftstrom und somit kleinerem R_k sorgen.

Das Kriterium des Umschlags laminarer in turbulente Strömung bei der erzwungenen Konvektion ist die Größe der *Re*-Zahl.

Berechnungen typischer Anordnungen siehe [34, S. 805- 818] [22, S. 187–188].

a) Ebene Platte, mit Geschwindigkeit *v* angeströmt

Die Anströmung der Platte ist besonders strömungsgünstig, was zu einer laminaren mit in Strömungsrichtung (x-Richtung) wachsender Grenzschicht führt. Der Umschlag erfolgt erst bei einer bestimmten Reynoldszahl $Re = (v \cdot x_{\text{krit}})/\nu$, Abb. 7.16-rechts. Für die mittlere Nußelt-Zahl gilt dann:

$$Nu_{\text{lam}} = 0{,}664 \cdot Re^{\frac{1}{2}} \cdot Pr^{\frac{1}{3}} \qquad Re < 10^5 \quad ; \quad 0{,}5 < Pr < \infty \qquad (7.34)$$

Bei ungünstigen Anströmungen, wie an einem Wulst und rauen Oberfläche bildet sich schon in der Nähe des Plattenanfangs eine turbulente Strömung:

$$Nu_{\text{turb}} = \frac{0{,}037 \cdot Re^{0{,}8} \cdot Pr}{1 + 2{,}443 \cdot Re^{-0{,}1} \cdot \left(Pr^{\frac{2}{3}} - 1\right)} \qquad (7.35)$$

$$5 \cdot 10^5 < Re < 10^7 \quad ; \quad Re = (v \cdot L_0)/\nu \quad ; \quad 0{,}5 < Pr < 2000$$

Für die Stoffwerte sind die jeweiligen Mittelwerte des Fluids einzusetzen.

Bei vielen praktischen Fällen liegen anfangs laminare Strömungen vor, die in turbulente umschlagen und einen Übergangsbereich aufweisen, Abb. 7.16-rechts. Mit den entsprechenden *Re*-und *Pr*-Zahlen ergibt sich:

$$Nu_0 = \sqrt{Nu_{\text{lam}}^2 + Nu_{\text{turb}}^2} \quad \text{mit} \quad 10^1 < Re < 10^7 \quad ; \quad 0{,}5 < Pr < 2000 \qquad (7.36)$$

Darüber hinaus lässt sich auch eine mittlere *Nu*-Zahl ermitteln, die einen großen *Re*-Zahl-Bereich abdeckt.

Beispiel:

Ein Gehäuse mit einer ebenen Deckplatte $A = (0,5 \cdot 0,5)\,\mathrm{m}^2$ und einer Oberflächentemperatur von $\vartheta_{\mathrm{Wand}} = 60\,°\mathrm{C}$ befindet sich im Außenbereich. An der Oberfläche strömt Luft mit einer Geschwindigkeit von $v_1 = 3\,\mathrm{m/s}$ (entspricht Windstärke 2 der Beaufort-Skala) und einer Temperatur $\vartheta_{\mathrm{Fluid}} = 20\,°\mathrm{C}$ diese Platte an. Dann erhöht sich die Windgeschwindigkeit auf $v_2 = 20\,\mathrm{m/s}$ (entspricht Windstärke 8).

Gesucht werden die Wärmeströme $\dot{Q}_{k1}(v_1 = 3\,\mathrm{m/s})$ und $\dot{Q}_{k2}(v_2 = 20\,\mathrm{m/s})$, die ausschließlich über diese Deckplatte abgegeben werden.

Lösung:

Für die charakteristische Länge L_0 ergibt sich:

$$L_0 = 0,5\,\mathrm{m}$$

Die Stoffwerte sind für die mittleren Temperaturen $\vartheta_m = 40\,°\mathrm{C}$ Tab. A.1 zu entnehmen:

$$\nu = 172{,}3 \cdot 10^{-7}\,\mathrm{m}^2/\mathrm{s} \qquad Pr = 0{,}7056 \qquad \lambda = 27{,}35 \cdot 10^{-3}\,\mathrm{W/(m \cdot K)}$$

Zuerst wird der Wärmestrom $\dot{Q}_{k1}(v_1 = 3\,\mathrm{m/s})$ berechnet.

Mit den Werten und Gl. (7.27) ergibt sich für die Re-Zahl:

$$Re = \frac{v_1 \cdot L_0}{\nu} = 8{,}7 \cdot 10^4 < 10^5 \tag{7.37}$$

Damit liegt eine laminare Strömung vor und für die Berechnung der Nußelt-Zahl wird Gl. (7.34) verwendet:

$$Nu_{\mathrm{lam}} = 0{,}664 \cdot Re^{\frac{1}{2}} \cdot Pr^{\frac{1}{3}} = 174{,}4 \tag{7.38}$$

Mit den Gl. (7.31) und (7.26) kann der Wärmeübergangskoeffizient (Konvektion) α_k bzw. der konvektive Wärmewiderstand R_k angegeben werden:

$$\alpha_{k1} = \frac{Nu \cdot \lambda_{\mathrm{Fluid}}}{L_0} = 9{,}5\,\frac{\mathrm{W}}{\mathrm{m}^2\mathrm{K}} \qquad R_{k1} = \frac{1}{\alpha_{k1} \cdot A} = 0{,}42\,\frac{\mathrm{K}}{\mathrm{W}} \tag{7.39}$$

Damit ergibt sich für den Wärmestrom $\dot{Q}_{k1}$ von der Platte in die strömende Luft nach Gl. (7.25):

$$\dot{Q}_{k1} = \alpha_{k1} \cdot A \cdot (\vartheta_W - \vartheta_F) = \frac{1}{R_{k1}}\Delta\vartheta = 95\,\mathrm{W} \tag{7.40}$$

Für den Wärmestrom $\dot{Q}_{k2}(v_2 = 20\,\mathrm{m/s})$ ergibt sich die Re-Zahl zu:

$$Re = \frac{v_2 \cdot L_0}{\nu} = 5{,}8 \cdot 10^5 > 5 \cdot 10^5 \tag{7.41}$$

Jetzt wird von turbulenter Strömung ausgegangen und Gl. (7.35) ergibt:

$$Nu_{\mathrm{turb}} = 1231 \tag{7.42}$$

Für den Wärmestrom $\dot{Q}_{k2}(v_2 = 20\,\text{m/s})$ folgt dann mit den Gl. (7.31) und (7.25):

$$\dot{Q}_{k2} = 673\,\text{W} \qquad\qquad (7.43)$$

Das bedeutet, dass von dem Gerät nur über die obere Deckplatte elektrische Leistungen von $P_1(v = 3\,\text{m/s}) = 95\,\text{W}$ bzw. $P_2(v = 20\,\text{m/s}) = 673\,\text{W}$ abgeführt werden können, unter der o. g. Bedingung der Temperaturdifferenz von $\Delta\vartheta = \vartheta_{\text{Fluid}} - \vartheta_W = 40\,^\circ\text{C}$.

b) Körper und Profile, mit Geschwindigkeit v quer angeströmt

In Abb. 7.17 sind einige typische Körper (Gehäuse) dargestellt, die von einem Fluid quer angeströmt werden.

Derartige Formen sind vor allem im Außenbereich zu finden, bei denen die Fluidgeschwindigkeit die Geschwindigkeit der vorbei strömenden Luft ist.

Die charakteristische Länge L_0 bezeichnet man auch als „Überströmlänge". Sie wird definiert als das Verhältnis von umströmter Fläche des Körpers zum Umfang der Projektionsfläche des Körpers in Strömungsrichtung, wobei beim Umfang nur die Längen gerechnet werden, die auch zu den umströmten Flächen gehören [35, S. 92–93].

Die Nu-Zahl bestimmt sich dann zu [22, S. 187], [34, S. 817]:

$$Nu_0 = 0{,}3 + \sqrt{Nu_{\text{lam}}^2 + Nu_{\text{turb}}^2} \qquad 10^1 < Re < 10^7 \quad ; \quad 0{,}6 < Pr < 1000 \qquad (7.44)$$

Für die Ermittlung der Nu-Zahlen Nu_{lam} und Nu_{turb} sind die Gl. (7.34) und (7.35) zu verwenden.

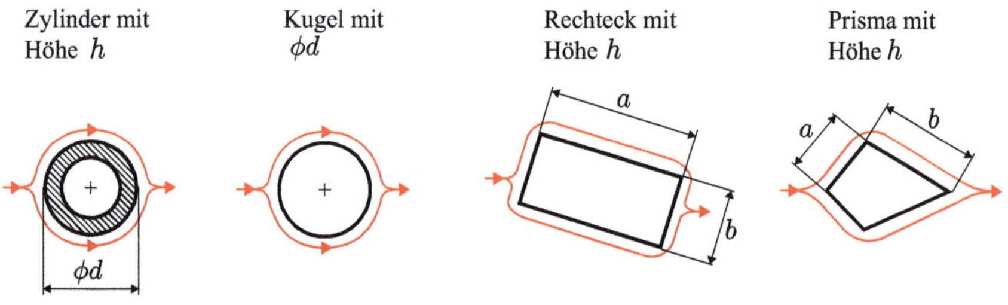

Abb. 7.17 Überströmlängen quer angeströmter Körper

7.4.4 Anordnungen bei freier Konvektion

Die folgenden Anordnungen widerspiegeln die typischen Formen von Bauelementen und Gehäuseteilen. Bei elektronischen Bauelementen wie ICs sind überwiegend die horizontalen Flächen von Bedeutung, insbesondere dann, wenn Kühlkörper montiert werden. Feststehende Geräte weisen überwiegend vertikale und horizontale Gehäuseverkleidungen auf, wobei bei mobilen, wie Smartphones, diese dann häufig zu geneigten Ebenen werden.

Auch hier kommen laminare und turbulente Strömungen vor, wobei jetzt das wesentliche Unterscheidungskriterium die Ra-Zahl ist.

Berechnungen für typische Anordnungen können [34, S. 757–761] und [22, S. 192–194] entnommen werden.

a) Vertikale ebene Platte

Die Bestimmung der Nu-Zahlen für die laminaren und turbulenten Bereiche erfolgt nach:

$$Nu = \left[0{,}825 + 0{,}387 \cdot [Ra \cdot f_1(Pr)]^{\frac{1}{6}}\right]^2 \qquad 10^{-1} < Ra < 10^{12} \tag{7.45}$$

$$f_1(Pr) = \left[1 + \left(\frac{0{,}492}{Pr}\right)^{\frac{9}{16}}\right]^{-\frac{16}{9}} \qquad 0{,}001 < Pr < \infty \tag{7.46}$$

Als charakteristische Länge L_0 ist hier die Höhe h der vertikalen Fläche einzusetzen.

b) Vertikaler Zylinder

Hier wird die Nu_{Zyl}-Zahl eines vertikalen Zylinders aus der Nu_P-Zahl, entsprechend Gl. (7.45) und (7.46) (vereinfacht als vertikale Platte angesehen), sowie einem Verhältnis Höhe zu Durchmesser des Zylinders ermittelt:

$$Nu_{\mathrm{Zyl}} = Nu_P + 0{,}435 \cdot \frac{h}{D} \tag{7.47}$$

In der Nu_P ist die charakteristischen Länge L_0 der Höhe h des Zylinders.

c) Horizontale ebene Platte

Für die charakteristische Längen L_0 gelten hier:

$$L_0 = \frac{\text{Fläche}}{\text{Umfang}} = \frac{a \cdot b}{2 \cdot (a + b)} \qquad \text{Rechteck mit Kanten } a \text{ und } b \tag{7.48}$$

$$L_0 = \frac{\text{Fläche}}{\text{Umfang}} = \frac{D}{4} \qquad \text{Kreisfläche mit Durchmesser } D \tag{7.49}$$

Für die **Wärmeabgabe auf der Oberseite** gilt:

$$Nu = 0{,}766 \cdot [Ra \cdot f_2(Pr)]^{\frac{1}{5}} \quad \text{laminar} \quad Ra \cdot f_2(Pr) \lesssim 7 \cdot 10^4 \tag{7.50}$$

$$Nu = 0{,}15 \cdot [Ra \cdot f_2(Pr)]^{\frac{1}{3}} \quad \text{turbulent} \quad Ra \cdot f_2(Pr) \gtrsim 7 \cdot 10^4 \tag{7.51}$$

$$f_2(Pr) = \left[1 + \left(\frac{0{,}322}{Pr}\right)^{\frac{11}{20}}\right]^{-\frac{20}{11}} \quad 0 < Pr < \infty \tag{7.52}$$

Für die **Wärmeabgabe an der Unterseite** gilt:

$$Nu = 0{,}6 \cdot [Ra \cdot f_1(Pr)]^{\frac{1}{5}} \quad \text{laminar} \quad 10^3 < Ra \cdot f_1(Pr) < 10^{10} \tag{7.53}$$

$f_1(Pr)$ ist nach Gl. (7.46) zu ermitteln.

Beispiel:

Ein Gehäuse hat eine obere Abdeckplatte mit $A = (0{,}5 \cdot 0{,}5)\,\text{m}^2$ und eine Oberflächentemperatur von $\vartheta_{\text{Wand}} = 60\,°\text{C}$. Die Temperatur des Umgebungsmediums Luft beträgt $\vartheta_{\text{Luft}} = \vartheta_\infty = 20\,°\text{C}$.

Gesucht wird der Wärmestrom $\dot{Q}_k$, den nur die Deckplatte abgibt.

Lösung:

Die charakteristische Länge L_0 bestimmt sich nach Gl. (7.48) zu:

$$L_0 = \frac{a \cdot b}{2 \cdot (a + b)} = 0{,}125\,\text{m} \tag{7.54}$$

Die Temperaturdifferenz für die Berechnung der Gr-Zahl und den Wärmestrom $\dot{Q}_K$ ergibt sich aus:

$$\Delta\vartheta = \vartheta_W - \vartheta_\infty = 40\,\text{K} \tag{7.55}$$

Die Stoffwerte sind für die mittleren Temperaturen $\vartheta_m = 40\,°\text{C}$ Tab. A.1 zu entnehmen:

$$\nu = 172{,}3 \cdot 10^{-7}\,\text{m}^2/\text{s} \qquad Pr = 0{,}7056 \qquad \lambda = 27{,}35 \cdot 10^{-3}\,\text{W/m} \cdot \text{K}$$

$$\beta_f(\vartheta_\infty = 20\,°\text{C}) = 3{,}421 \cdot 10^{-3}/\text{K}$$

Hinweis: Für β_f gilt nicht die mittlere Temperatur, sondern die Temperatur, bei der die Temperaturänderungen auf 1 % abgeklungen sind, also bei ϑ_∞.

Mit diesen Werten und den Gl. (7.52), (7.28)und (7.30)ergibt sich für die Kennzahl des Umschlags laminarer in turbulente Strömung $Ra \cdot f_2(Pr)$:

$$Ra \cdot f_2(Pr) = 2{,}51 \cdot 10^6 > 7 \cdot 10^4 \tag{7.56}$$

Damit liegt turbulente Strömung vor und die *Nu*-Zahl ist nach Gl. (7.51) zu bestimmen:

$$Nu = 0{,}15 \cdot [Ra \cdot f_2(Pr)]^{\frac{1}{3}} = 20{,}4 \tag{7.57}$$

Mit den Gl. (7.31) und (7.26) ergeben sich der Wärmeübergangskoeffizient (Konvektion) α_k bzw. der konvektive Wärmewiderstand R_K:

$$\alpha_k = \frac{Nu \cdot \lambda_{\text{Fluid}}}{L_0} = 4{,}46 \, \frac{\text{W}}{\text{m}^2 \cdot \text{K}} \quad ; \quad R_k = \frac{1}{\alpha_k \cdot A} = 0{,}9 \, \frac{\text{K}}{\text{W}} \tag{7.58}$$

Der abzugebende Wärmestrom bestimmt sich nach Gl. (7.25):

$$\dot{Q}_k = \alpha_k \cdot A \cdot (\vartheta_W - \vartheta_F) = \frac{1}{R_k} \Delta\vartheta = 44{,}6 \, \text{W} \tag{7.59}$$

Wird die Wand umgebende Luft durch Wasser ersetzt, so ergeben sich dann:

$$\alpha_k(\text{H}_2\text{O}) = 772{,}6 \, \text{W}/(\text{m}^2 \cdot \text{K}) \quad \text{und} \quad \dot{Q}_k(\text{H}_2\text{O}) = 7726 \, \text{W} \tag{7.60}$$

Der große Einfluss des Kühlmediums ist hiermit sehr deutlich zu erkennen (Faktor hier ≈ 173).

d) Geneigte Platte

Wird eine Platte um einem Winkel γ zur Senkrechten geneigt, so gilt für den Fall der Wärmeabgabe nach oben:

$$Nu = 0{,}56 \cdot (Ra_{\text{krit}} \cdot \cos\gamma)^{\frac{1}{4}} + 0{,}13 \cdot \left(Ra^{\frac{1}{3}} - Ra_{\text{krit}}^{\frac{1}{3}}\right) \tag{7.61}$$

$$Ra_{\text{krit}} = 10^{8{,}9-0{,}00178\cdot\gamma^{+1{,}82}} \tag{7.62}$$

Dabei ist γ in Grad einzusetzen.

7.4.5 Überlagerung von erzwungener und freier Konvektion

In technischen Anordnungen überlagern sich sehr häufig erzwungene und freie Konvektion. Während bei Geräten im Innenbereich, die ohne aktive Kühlung (d. h. ohne Lüfter) betrieben werden, die freie Konvektion vorherrscht, müssen bei aktiv betriebenen Kühlanordnungen und Geräten im Außenbereich diese Überlagerungen immer zusammen betrachtet werden. Damit ergibt sich die Nußeltzahl der Überlagerung:

$$Nu_{\text{ges}} = \sqrt[3]{Nu_{\text{erzw}}^3 \pm Nu_{\text{frei}}^3} \qquad 0{,}1 < Pr < 100 \tag{7.63}$$

Das „+" Zeichen gilt für gleichgerichtete und das „-" Zeichen für entgegengesetzte Strömungen. Für entgegengesetzte Richtungen gilt die Einschränkung $\frac{Nu_{\text{frei}}}{Nu_{\text{erzw}}} < 0{,}8$.

7.5 Wärmestrahlung

Geben Körper durch elektromagnetische Wellen Energie ab oder nehmen Energie auf, so spricht man von Wärmestrahlung (Thermische Strahlung, Temperaturstrahlung). Diese Wärmestrahlung umfasst den Wellenlängenbereich von $0{,}1\,\mu\text{m}$ bis $1000\,\mu\text{m}$. Abb. 7.18 zeigt die Einordnung in das Spektrum elektromagnetischer Wellen.

Dieser Energietransport ist nicht an Materie gebunden, sondern erfolgt auch im „leeren Raum" wie z. B. die Energieübertragung von der Sonne zur Erde.

Entscheidend hierbei sind nicht die Temperaturgradienten und Temperaturdifferenzen wie bei der Wärmeleitung und Konvektion, sondern die Unterschiede in der vierten Potenz der absoluten Temperaturen der am Austausch beteiligten festen und flüssigen Körper.

Weiterhin verteilt sich die Energie unterschiedlich im Wellenlängenspektrum und ist von den Einstrahl- bzw. Abstrahlwinkeln abhängig. Absorbierte Strahlung wird in innere Energie umgewandelt und führt zu einer Erwärmung.

Da Gase und Flüssigkeiten teilweise strahlungsdurchlässig sind, erfolgen Absorption und Emission auch im Inneren dieser Stoffe. Dagegen finden bei den strahlungsundurchlässigen Körpern diese Vorgänge nur in den dünnen Oberflächenschichten statt, weshalb man eher von strahlenden oder absorbierenden Oberflächen anstatt von Körpern spricht.

Analog zu den Wärmestromdichten für die Wärmeleitung bzw. Konvektion, gilt für die Wärmestromdichte $\dot{q}_s$ einer real strahlenden Körperoberfläche:

$$\dot{q}_s = \varepsilon(T) \cdot \sigma \cdot T^4 \tag{7.64}$$

Dabei ist $\varepsilon(T) \leq 1$ der Emissionsgrad der strahlenden Oberfläche, der die Werkstoffeigenschaft beschreibt und wie folgt definiert ist:

$$\varepsilon(T) = \frac{\text{Strahlung eines beliebigen Körpers (Oberfäche)}}{\text{Strahlung des schwarzen Körpers}} \tag{7.65}$$

$$\sigma = 5{,}670400 \cdot 10^{-8}\,\text{W}/(\text{m}^2 \cdot \text{K}^4) \quad \text{Stefan-Boltzmann-Konstante}$$

T absolute (thermodynamische) Temperatur

Für schwarze Körper gilt $\varepsilon = 1$. Er stellt damit einerseits den idealen Strahler dar und andererseits absorbiert er alle auftreffenden Strahlen, womit er als Referenz für alle realen Körper bzw. Oberflächen anzusehen ist.

Trifft eine Strahlung auf einen Körper, so wird ein Teil dieser Strahlung reflektiert, ein Teil wird absorbiert (was typischerweise zur Erwärmung führt) und ein Teil geht durch ihn hindurch, Abb. 7.19.

Das drückt sich in den Reflexions-, Absorptions- und Transmissionskoeffizienten r, a und τ aus und es gilt:

$$r + a + \tau = 1 \tag{7.66}$$

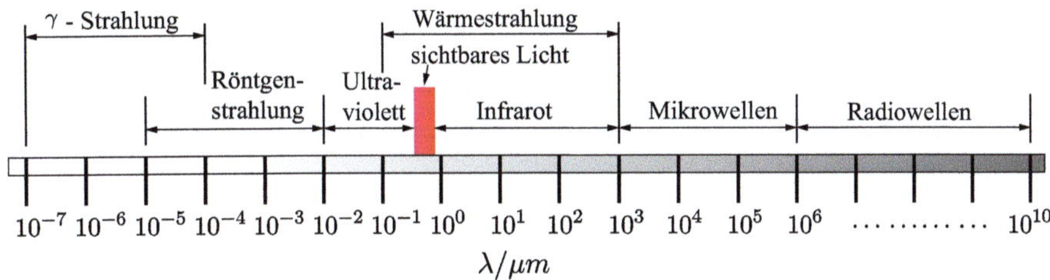

$$\text{sichtbares Licht:}\ \ 0,38\mu m\,(Violett)\cdots 0,7\mu m\,(Rot)$$
$$\text{nahes Infrarot:}\ \ 0,78\mu m\cdots 3\mu m$$

Abb. 7.18 Spektrum elektromagnetischer Wellen

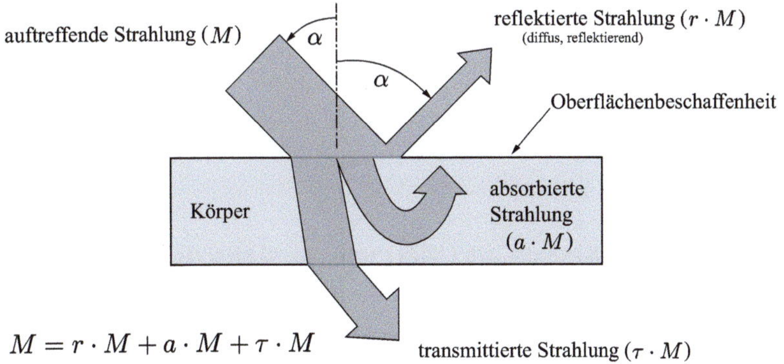

Abb. 7.19 Strahlungsverteilung an einem Körper

Für die Beschreibung realer Körper kann in guter Näherung das Modell eines diffus und grau strahlenden Körpers (grauer Lambert-Strahler) verwendet werden. Diffus bedeutet eine Strahlung in allen Richtungen und grau zeigt an, dass alle auftreffenden Strahlen in gleichem Maße absorbiert werden, d. h. es liegt keine Wellenlängenabhängigkeit vor. In diesem Fall gilt dann:

$$\varepsilon(T) = a(T) \tag{7.67}$$

Hinweis: Zur Beschreibung aller weiteren Abhängigkeiten, wenn kein grauer Lambert-Strahler vorliegt, gibt es jeweils 3 weitere Emissions- und Absorptionsgrade, die im Falle des genannten grauen Lambert-Strahlers alle gleich sind [2, S. 660–662].

Der Tab. 7.6 sind die Gesamt-Emissionsgrade ε bzw. die Emissionsgrade in Richtung der Flächennormalen zu entnehmen.

Tab. 7.6 Gesamt-Emissionsgrade ε und Emissionsgrade in Normalenrichtung mit Index n nach [34]

Werkstoff	ε	Werkstoff	ε
Aluminium, walzblank	$0{,}039n$	Silber, poliert	$0{,}022n$
Aluminium, hochglanzpoliert	$0{,}039n$	Zink, rein poliert	$0{,}045n$
Aluminium, poliert	$0{,}095n$	verzinktes Eisenblech, blank	$0{,}228n$
Aluminium, stark oxidiert	$0{,}2n$	verzinktes Eisenblech, oxidiert	$0{,}276n$
Chrom, poliert	$0{,}058n$	Aluminiumoxid	$0{,}9$
Gold, hochglanzpoliert	$0{,}018n$	Siliziumoxid	$0{,}82$
Kupfer, poliert	$0{,}03n$	Emaille, weiß auf Eisen	$0{,}897n$
Kupfer, leicht angelaufen	$0{,}037n$	Glas	$0{,}94n$
Kupfer, schwarz oxidiert	$0{,}78n$	Gummi	$0{,}92n$
Eisen/Stahl, hochglanzpoliert	$0{,}052$	Papier	$0{,}92$
Gusseisen, poliert	$0{,}21$	Holz, Buche	$0{,}91$
Stahlguss, poliert	$0{,}52$	Lack, weiß	$0{,}925n$
Messing, nicht oxidiert	$0{,}035n$	Lack, matt schwarz	$0{,}97n$
Nickel, nicht oxidiert	$0{,}045$	Wasser	$0{,}95n$

7.5.1 Strahlungsaustausch und Wärmewiderstand der Strahlung R_S

Betrachtet man zwei Körper mit unterschiedlichen Temperaturen, so emittiert jeder eine Wärmestrahlung, die der jeweils andere absorbiert. Es kommt also immer zu einem Strahlungsaustausch (Energieaustausch) anders als bei der Wärmeleitung und der Konvektion. Wie dieser Austausch erfolgt, hängt von der Größe der zu betrachtenden Flächen, ihrer Lage und Orientierung im Raum sowie den Temperaturen und Strahlungseigenschaften ab. Die zusammenfassenden geometrischen Eigenschaften werden in einem Sichtfaktor zusammengefasst.

Dazu wird der resultierende Wärmestrom zwischen zwei Flächen A_1 und A_2 mit den Temperaturen T_1 und T_2 in einem Hohlraum betrachtet, Abb. 7.20.

Für den resultierenden Wärmestrom $\dot{Q}_{12}^{*}$ von A_1 nach A_2 ergibt sich:

$$\dot{Q}_{12}^{*} = \dot{Q}_{12} - \dot{Q}_{21} = \varepsilon_x \cdot A_1 \cdot \sigma \cdot (T_1^4 - T_2^4) \qquad \text{mit} \qquad (7.68)$$

$$\frac{1}{\varepsilon_x} = \frac{1}{\varphi_{12}} + \frac{1}{\varepsilon_1} - 1 + \frac{A_1}{A_2}\left(\frac{1}{\varepsilon_2} - 1\right) \qquad (7.69)$$

Hierbei sind ε_x die Strahlungsaustauschzahl, ε_1 und ε_2 die Emissionsgrade der beiden Flächen und φ_{12} der Sichtfaktor (auch Einstrahlzahl). Dieser ist das Verhältnis der auf den Körper 2 auftreffenden Strahlen zu den vom Körper 1 ausgesendeten Strahlen mit $0 \leq \varphi_{ij} \leq 1$. Wird beispielsweise eine Kugel 1 von einer Kugel 2 umfasst, so trifft die

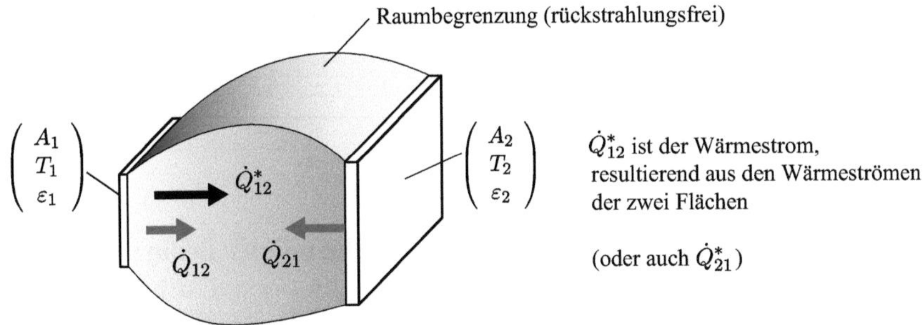

Abb. 7.20 Strahlungsaustausch zwischen 2 Flächen

gesamte von 1 ausgehende Strahlung auf 2 und der Sichtfaktor φ_{12} ist somit 1. Weitere Methoden zur Berechnung und Werte von Einstrahlzahlen typischer Anordnungen sind in [22, S. 255–258] und [34, S. 1097–1110] zu finden.

Erweitert man Gl. (7.68) mit $\Delta\vartheta$, so ergeben sich daraus der Wärmewiderstand der Strahlung R_s und der Wärmeübergangskoeffizient der Strahlung (Wärmestrahlungskoeffizient) α_s:

$$\dot{Q}^*_{12} = \varepsilon_x \cdot A_1 \cdot \sigma \cdot (T_1^4 - T_2^4) \cdot \frac{\Delta\vartheta}{\Delta\vartheta} = \frac{\Delta\vartheta}{R_s} \qquad \text{mit} \qquad (7.70)$$

$$R_s = \frac{\Delta\vartheta}{\varepsilon_x \cdot A_1 \cdot \sigma \cdot (T_1^4 - T_2^4)} = \frac{1}{\alpha_s \cdot A_1} \qquad [R_s] = \frac{\text{K}}{\text{W}} \qquad (7.71)$$

$$\alpha_s = \frac{\sigma \cdot \varepsilon_x \cdot (T_1^4 - T_2^4)}{\Delta\vartheta} \qquad [\alpha_s] = \frac{\text{W}}{\text{m}^2 \cdot \text{K}} \qquad (7.72)$$

7.5.2 Praktische Fälle

a) Zwei große und parallele Platten 1 und 2

Die gesamte von 1 ausgehende Strahlung trifft auf 2 und umgekehrt. Die Sichtfaktoren sind somit $\varphi_{12} = \varphi_{21} = 1$. Damit ergeben sich mit den Gl. (7.69) und (7.68) für den Wärmestrom von 1 nach 2:

$$\frac{1}{\varepsilon_x} = \frac{1}{\varepsilon_1} + \frac{1}{\varepsilon_2} - 1 \qquad (7.73)$$

$$\dot{Q}^*_{12} = \varepsilon_x \cdot A_1 \cdot \sigma \cdot (T_1^4 - T_2^4) \qquad (7.74)$$

(b) Eine Fläche 2 umschließt eine Fläche 1 vollständig

Konstruktiv erfolgt das beispielsweise in Form zweier Kugeln oder Quader. Weiterhin sei die Fläche 2 schwarz, es gilt $\varepsilon_2 = 1$. Für den Sichtfaktor gilt $\varphi_{12} = 1$, d. h. die gesamte von 1 emittierte Strahlung trifft auf 2 (was umgekehrt auch zutrifft). Die Gl. (7.69) und (7.68) führen zu:

$$\varepsilon_x = \varepsilon_1 \tag{7.75}$$

$$\dot{Q}_{12}^* = \varepsilon_1 \cdot A_1 \cdot \sigma \cdot (T_1^4 - T_2^4) \tag{7.76}$$

(c) Eine Fläche 2 umschließt eine Fläche 1 vollständig mit der Bedingung $A_2 \gg A_1$
Die Emissionsgrade sind beliebig. Für den Sichtfaktor gilt $\varphi_{12} = 1$, d. h. die gesamte von 1 emittierte Strahlung trifft auf 2, entsprechend Beispiel b. Da der Quotient $(A_1/A_2) \approx 0$ ist, folgt mit Gl. (7.69) und (7.68):

$$\varepsilon_x = \varepsilon_1 \tag{7.77}$$

$$\dot{Q}_{12}^* = \varepsilon_1 \cdot A_1 \cdot \sigma \cdot (T_1^4 - T_2^4) \tag{7.78}$$

Vergleicht man die Beispiele b und c so ist zu erkennen, dass die Strahlungseigenschaften einer großen Umhüllung wie ein schwarzer Körper erscheinen, d. h. die Strahlungseigenschaft (Emissionsgrad) ist dann unwesentlich. Praktisch gilt das für Geräte in Räumen.

(d) Beispiel: Abführbare elektrische Verlustleistung durch Strahlung von einem IC 7400 im DIL14 -Gehäuse
Der IC 7400 ist ein Integrierter Schaltkreis mit 4 NAND-Gattern, wobei jedes Gatter 2 Eingänge und 1 Ausgang hat. Zusammen mit den 2 Anschlüssen des elektrischen Versorgungssystems (V_{CC} und GND) sind das 14 Pins. Das DIL 14 ist ein Gehäuse für die THT. Abb. 7.21 zeigt diese Bauform mit den relevanten minimalen geometrischen Maßen, hier entsprechend dem Datenblatt von Texas Instruments. Die minimalen Abmessungen führen zur kleinsten abstrahlenden Oberfläche und somit zur geringsten abführbaren elektrischen Verlustleistung (Prinzip des Worst-Case Szenario).

Die Oberflächentemperatur des Bauelementes soll max. $\vartheta_{\text{oberf}} = 60\,°C$, entspricht $T_{\text{oberf}} = 333\,K$, betragen. Die Umgebungstemperatur wird mit $\vartheta_{\text{umgeb}} = 20\,°C$, entspricht $T_{\text{umgeb}} = 293\,K$, angenommen.

Der Emissionsgrad beträgt $\varepsilon = 0{,}97$ für die IC-Oberfläche matt schwarz lt. Tab. 7.6. Da die Emissionsgrade mit größeren Unsicherheiten behaftet sind, soll aus Sicherheitsgründen mit einem $\varepsilon = 0{,}8$ gerechnet werden.

Abb. 7.21 DIL14-Bauform und relevante Maße

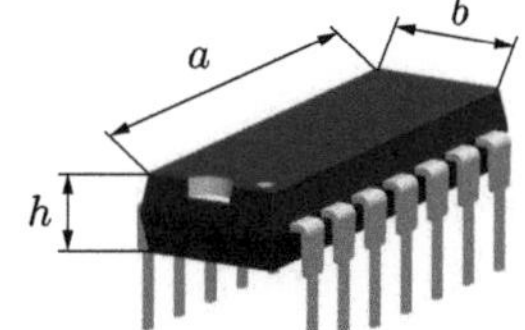

	max.	min. /mm
a	$19,69$	$18,92$
b	$6,60$	$6,10$
h	$4,57$	$k.A.$

Die minimale Fläche $A_{\min}$ ergibt sich aus der Deckfläche und jeweils 2 gegenüber liegenden Seitenflächen.

Die Unterseite des Gehäuses soll nicht betrachtet werden, da über sie aufgrund einer anzunehmenden Erwärmung des Substrates eine geringere Temperaturdifferenz zwischen der Umgebung und der unteren Gehäusefläche angenommen werden kann (Worst-Case Fall):

$$A_{\min} = 1(18{,}92 \cdot 6{,}10) + 2(18{,}92 \cdot 4{,}57) + 2(6{,}10 \cdot 4{,}57) \tag{7.79}$$

$$A_{\min} = 344\,\text{mm}^2$$

Damit ergibt sich mit Gl. (7.78):

$$\dot{Q}_{\min} = \varepsilon \cdot A_{\min} \cdot \sigma \cdot (T^4_{\text{oberf}} - T^4_{\text{umgeb}}) \tag{7.80}$$

$$\dot{Q}_{\min} = 0{,}8 \cdot 344\,\text{mm}^2 \cdot 5{,}67 \cdot 10^{-8}\,\frac{\text{W}}{\text{m}^2 \cdot \text{K}^4}[(333\,\text{K})^4 - (293\,\text{K})^4]$$

$$\dot{Q}_{\min} = 77\,\text{mW} = P_v$$

Bei 4 Gattern im IC ergibt sich somit:

$$\frac{\text{abstrahlbare Leistung}}{\text{Gatter}} = \frac{77\,\text{mW}}{4} = 19{,}25\,\text{mW} \tag{7.81}$$

Für die Schaltkreistechnologie TTL-S (Transistor-Transistor-Logik-Standard) gilt eine zulässige Verlustleistung von 20 mW/Gatter. Berücksichtigt man die o. g. Sicherheitsreserve bei ε, die doch vorhandene Wärmeabfuhr durch Strahlung von der Unterseite und die vernachlässigte konvektive Wärmeabgabe, so werden die Bedingungen eingehalten.

Für die leistungsarme Schaltkreistechnologie TTL-LS (Transistor-Transistor-Logik-Low Power Schottky) gilt dagegen 2 mW/Gatter. In diesem Falle liegt ein großes thermisches Sicherheitspolster vor.

7.6 Thermisch-elektrische Analogien und Netzwerkberechnungen

7.6.1 Hauptgruppen thermischer Prozesse

Bei der Betrachtung thermischer Prozesse auf den unterschiedlichsten Ebenen elektronischer Systeme, angefangen bei den Bare Chip Technologien, den gehäusten Bauelementen (SMD, THD) über die Baugruppen bis hin zu Geräten und komplexeren Systemen sind 3 Hauptgruppen hinsichtlich unterschiedlichster Berechnungsmethoden von Interesse.

1. Statische und dynamische Systeme

Die statischen Systeme beschreiben den thermisch eingeschwungenen Zustand, wobei thermische Ausgleichsvorgänge abgeschlossen sind. Dazu gehören beispielsweise die sich einstellenden konstanten Temperaturen auf der Innen- und Außenseite einer Gehäusewand mit der sich dann ebenfalls einstellenden konstanten Wandtemperaturdifferenz. Die Wärmekapazität der Wand spielt dabei keine Rolle mehr. Auch die Wärmeabgabe eine Geräts, wie ein E-Motor, unter gleichbleibender Belastung ist hier einzuordnen.

Die dynamischen Systeme sind vor allem durch Ein- und Ausschaltvorgänge, Laständerungen mit damit verbundenen Leistungsänderungen und Änderungen der Umgebungsbedingungen gekennzeichnet. Bei den Umgebungsbedingungen sind das vor allem Änderungen der Umgebungstemperatur, Luftfeuchtigkeit und Strömungsgeschwindigkeit der Luft im Außenbereich.

Die Beschreibung der thermischen Vorgänge kann hier durch ein System von Gleichungen erfolgen, wobei bei dynamischen Systemen Differenzialgleichungen aufgrund der Wärmekapazitäten auftreten.

2. Temperaturverteilungen

Da jedes Bauelement eine elektrische Verlustleistung hat und somit eine Wärmequelle darstellt, entsteht auf jedem Verbindungssubstrat (Leiterplatten, Multilayer) eine Temperaturverteilung in x- und y-Richtung (Temperaturverteilung in der Fläche) sowie in z-Richtung (Temperaturverteilung innerhalb der Dicke des Substrats). Die Analyse der Verteilung $\vartheta = f(x, y, z)$ zeigt, wo konstruktive Maßnahmen ergriffen werden müssen, um örtliche Überhitzungen zu vermeiden und eine Homogenisierung der Temperatur über dem gesamten Substrat realisieren zu können.

Entsprechend ähnlich verhält es sich in Geräten. Insbesondere bei Schaltschränken müssen die Wärmeströme zwischen den Baugruppen und Einschüben betrachtet werden, damit durch abgehende und vorbeifließende Wärmeströme nicht weitere Baugruppen erwärmt werden.

Eine typische Berechnungsmethode ist hier die Finite-Elemente-Methode.

3. Übertragbare Wärmeströme

Hier interessiert vor allem eine Frage: Kann die elektrische Verlustleistung eines Bauelements, einer Baugruppe oder eines Geräts, die sich in einen Wärmestrom umsetzt so abgeführt werden, dass keine Überhitzung und damit Schädigung auftritt. So ist beispielsweise folgende Problemstellung zu klären:

Gegeben ist ein Schaltschrank mit seiner Geometrie (b, t, h), den thermischen Parametern der Verkleidung (λ) und der Umgebung $(\vartheta_{\text{innen}}, \vartheta_{\text{aussen}}, \alpha_k, \alpha_s,$ etc.). Wie groß darf demnach die elektrische Verlustleistung der gesamten Elektronik in diesem Schaltschrank sein, um die geforderten Bedingungen einhalten zu können?

Zur Lösung der Aufgabe können sehr gut die „Netzwerkanalysemethoden für elektrische Stromkreise" verwendet werden, wobei die thermisch-elektrischen Analogien zu verwenden sind, Tab. 7.7. Siehe auch das Beispiel in Abschn. 7.9.1.

Tab. 7.7 Thermisch – elektrische Analogien

Thermische Größen		Elektrische Größen	
Wärmestrom $\dot{Q}$	W	Strom i	A
Wärmestromdichte $\dot{q}$	W/m^2	Stromdichte S	A/m^2
Temperatur ϑ	$^\circ$C	Potenzial φ	V
absolute Temperatur T	K	Potenzial φ	V
Temperaturdifferenz $\Delta\vartheta=\Delta T$	$^\circ$C, K	Spannung u	V
Wärmeleitwiderstand R_L	K/W	Widerstand R	Ω
konvektiver Wärmewiderstand R_K	K/W	Widerstand R	Ω
Wärmewiderstand d. Strahlung R_S	K/W	Widerstand R	Ω
Wärmekapazität C_{th}	Ws/K	Kapazität C	As/V
Wärmeleitfähigkeit λ	W/(mK)	elektr. Leitfähigkeit κ	A/(Vm)
Wärmeübergangskoeffizient der Konvektion α_k	$W/(m^2K)$		
Wärmeübergangskoeffizient der Strahlung α_s	$W/(m^2K)$		
Wärmequelle $\dot{Q}_q$	W	Stromquelle I_q	A
Temperaturquelle $\Delta\vartheta_q=\Delta T_q$	$^\circ$C, K	Spannungsquelle u_q	V

7.6.2 Netzwerkanalysemethoden

Bei der Anwendung dieser Methoden geht man wie folgt vor:

Erstens: Alle relevanten thermischen Größen müssen anhand einer Analogie in elektrische Größen transformiert werden, Tab. 7.7. Weitere Analogiebetrachtungen sind in [23, Tafel 7] zu finden.

Zweitens: Die gesuchten Größen werden mit den Methoden der Elektrotechnik berechnet. Dazu zählen:

- Spannungs- und Stromteilerregeln
- Zweigstromanalyse
- Maschenstromanalyse
- Knotenpotenzialanalyse
- Zweipoltheorie (Methode der Ersatzschaltungen)

Drittens: Die berechnete elektrische Größe wird vom elektrischen ins thermische anhand der Tab. 7.7 zurück transformiert.

7.7 Bauelemente der Wärmeableitung

7.7.1 Kühlkörper

Grundsätzlich sind Kühlkörper mechanische Komponenten aus gut wärmeleitenden Materialien, die zur verbesserten Wärmeabgabe eine Oberflächenvergrößerung durch Rippen und Nadeln aufweisen (flächenhafte bzw. stabförmige Gebilde), Abb. 7.22. Rippen können in Längs- oder Querrichtung hinsichtlich des Rippenfußes angeordnet sein, siehe hierzu die Nr. 1, 2 und 5, 6. Der abzuleitende Wärmestrom $\dot{Q}$ vom elektronischen Bauelement, der zugleich der abzuführenden elektrischen Verlustleistung P_v entspricht, ist gleich dem Wärmestrom $\dot{Q}_0$ am Fuß des Kühlkörpers.

Entsprechend dieser Formen kann ein dimensionsloser Rippenparameter X angegeben werden:

$$X = \varphi \cdot \frac{d}{2} \cdot \sqrt{\frac{2 \cdot \alpha}{\lambda_{\text{Rippe}} \cdot s}} \tag{7.82}$$

φ stellt den Korrekturfaktor in Abhängigkeit der Rippen- bzw. Nadelform dar.

1. Rechteckrippe mit konstantem Querschnitt

$$\varphi = \frac{2 \cdot h}{d} \tag{7.83}$$

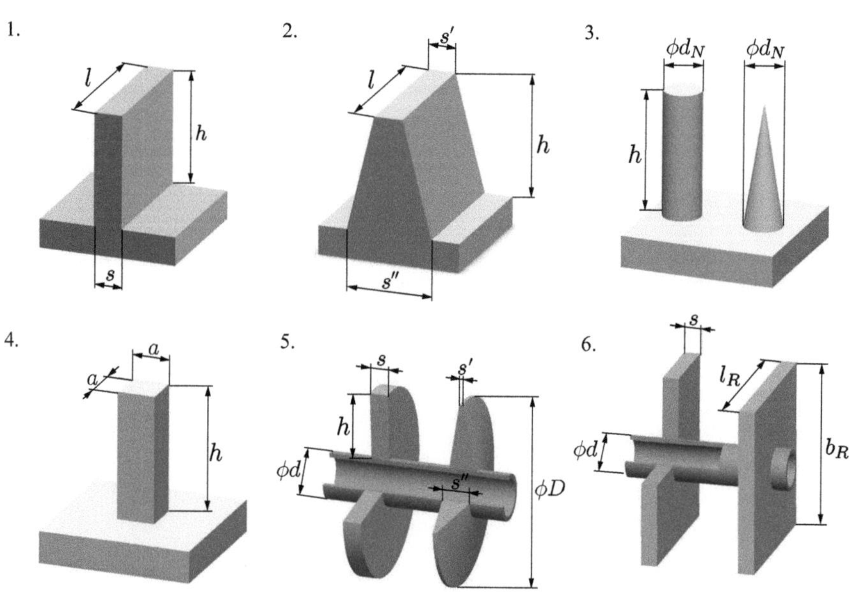

Abb. 7.22 Rippenformen

2. Konische Rippe (trapezförmige Querschnittsänderung)

$$\varphi = \frac{2 \cdot h}{d} \qquad \text{und} \qquad s = 0{,}75 \cdot s'' + 0{,}25 \cdot s' \tag{7.84}$$

3. Zylindrische und kegelförmige Nadelrippe

$$\varphi = \frac{2 \cdot h}{d} \qquad \text{und} \qquad s = \frac{d_N}{2} \qquad \text{(zylindrisch)} \tag{7.85}$$

$$s = 1{,}125 \cdot d_N \quad \text{(kegelförmig)}$$

4. Quadratische Nadelrippe

$$\varphi = \frac{2 \cdot h}{d} \qquad \text{und} \qquad s = \frac{a}{2} \tag{7.86}$$

5. Kreisrippe

$$\varphi = \left(\frac{D}{d} - 1\right) \cdot \left[1 + 0{,}35 \cdot \ln\left(\frac{D}{d}\right)\right] \tag{7.87}$$

s Rippe mit konst. Dicke

$s = 0{,}75 \cdot s'' + 0{,}25 \cdot s'$ für konische Rippe

6. Rechteckrippe

$$\varphi = (\varphi' - 1) \cdot (1 + 0{,}35 \cdot \ln \cdot \varphi') \quad \text{mit} \quad \varphi' = 1{,}28 \cdot \frac{b_R}{d} \cdot \sqrt{\frac{l_R}{b_R} - 0{,}2} \tag{7.88}$$

Mit Gl. (7.89) kann der Rippenwirkungsgrad η_R bestimmt werden, der das Verhältnis des tatsächlich zu übertragenden zum idealen (maximalen) Wärmestrom angibt[1]:

$$\eta_R = \frac{\tanh(X)}{X} \tag{7.89}$$

Der zu übertragende Wärmestrom $\dot{Q}_0$ kann mittels der Rippenhauptgleichung berechnet werden:

$$\dot{Q}_0 = \eta_R \cdot \alpha \cdot A_O \cdot (\vartheta_0 - \vartheta_\infty) \tag{7.90}$$

Dabei sind A_0 die Rippenoberfläche, ϑ_0 die Temperatur am Rippenfuß und ϑ_∞ die Umgebungstemperatur.

Bei Kühlkörpern mit mehreren Rippen, Abb. 7.23, ist der Rippenabstand von Bedeutung.

---

[1] Hinweis: Weitere Berechnungsformeln, insbesondere wenn auch die Wärmeabgabe am Rippenende und die schmalen Rippenseiten betrachtet werde sollen, sind in [22] zu finden.

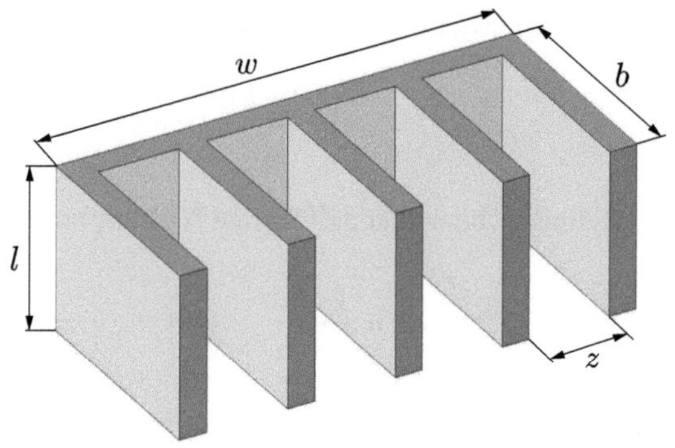

Abb. 7.23 Kühlkörper mit Mehrfach-Rippen

Bei Verringerung des Abstands nimmt die gegenseitige Beeinflussung der Oberflächen zu und bei Vergrößerung nimmt die effektive Oberfläche ab. Daraus resultiert ein optimaler Rippenabstand z_{opt}. Näherungsweise können die zugeschnittenen Größengleichungen nach [23] verwendet werden:

$$z_{\mathrm{opt}}/\mathrm{cm} = 1{,}3 \cdot \sqrt[4]{\frac{b/\mathrm{cm}}{\Delta\vartheta/\mathrm{K}}} \qquad \text{freie Konvektion} \qquad (7.91)$$

$$z_{\mathrm{opt}}/\mathrm{cm} = 0{,}4 \cdot \sqrt[2]{\frac{b/\mathrm{cm}}{v/(\mathrm{m}\cdot\mathrm{s}^{-1})}} \qquad \text{erzwungene Konvektion} \qquad (7.92)$$

$\Delta\vartheta$ Temperaturdifferenz zwischen Rippen- und Umgebungstemperatur
v Strömungsgeschwindigkeit der Luft

Ausführlichere Darstellungen sind in [18, S. 34–94] zu finden, wobei gilt:

$$z_{\mathrm{opt}}/\mathrm{cm} = l \cdot 2{,}714 \cdot Ra^{-0{,}25} \qquad \text{freie Konvektion} \qquad (7.93)$$

$$z_{\mathrm{opt}}/\mathrm{cm} = l \cdot 3{,}24 \cdot Re^{-0{,}5} \cdot Pr^{-0{,}25} \qquad \text{erzwungene Konvektion} \qquad (7.94)$$

Beispiel:
Ein Si-Transistor BC160-16 im TO39-Gehäuse trägt einen Kühlstern mit $n = 10$ Rippen einer Aluminiumlegierung, Abb. 7.24.

Gegeben sind die Geometrie des Kühlsterns, der Wärmeübergangskoeffizient $\alpha = \alpha_k + \alpha_s = 10\,\mathrm{W}/(\mathrm{m}^2\cdot\mathrm{K})$ und die Wärmeleitfähigkeit $\lambda = 180\,\mathrm{W}/(\mathrm{m}\cdot\mathrm{K})$. Die Addition der beiden Wärmeübergangskoeffizienten ergibt sich aus der, immer vorhandenen, Parallelschaltung von konvektivem Wärmewiderstand und dem Wärmewiderstand der Strahlung Gl. (7.26) bzw. Gl. (7.71). Die Umgebungstemperatur beträgt $\vartheta_\infty = 20\,°\mathrm{C}$ und die Oberflächentemperatur des Transistorgehäuses soll $\vartheta_0 = 60\,°\mathrm{C}$ nicht überschreiten.

Welcher Wärmestrom $\dot{Q}$, gleich der Verlustleistung P_v, ohne innere thermische Widerstände des Transistors, kann unter diesen Bedingungen vom Kühlkörper übertragen

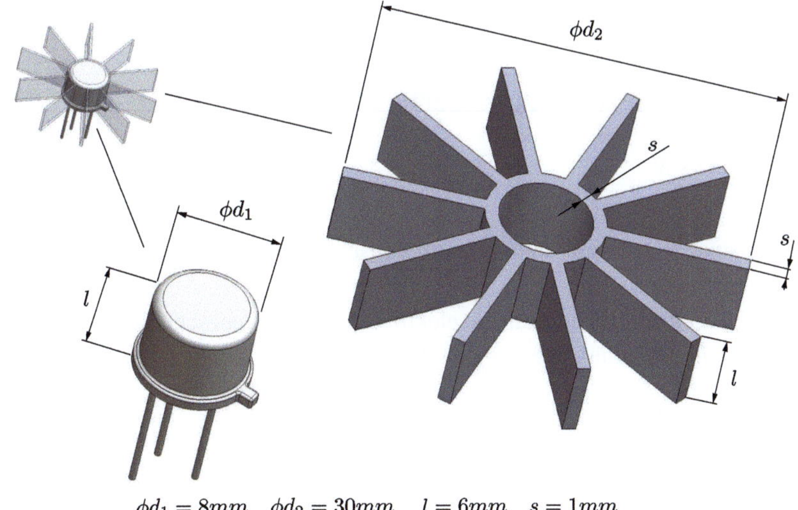

Abb. 7.24 Transistor mit Kühlstern

werden? Zur Betrachtung der inneren thermischen Widerstände mit einer zulässigen Temperatur siehe dazu das Abschn. 7.8.

Ziel ist es, 2 Wege zu vergleichen. Dazu wird nur die Wärmeabgabe über die Rippen betrachtet. Die Fläche zwischen den Rippen am Fuß soll vernachlässigt werden.

1. Weg: Bestimmung von $\dot{Q}$ mittels des Rippenparameters und des Rippenwirkungsgrades

Entsprechend Abb. 7.24 errechnen sich die Rippenhöhe h und die Wärme abgebende Rippenoberfläche aller 10 Rippen A_0 (Stirnseiten vernachlässigt):

$$h = \frac{d_2 - d_1}{2} = \frac{30\,\text{mm} - 8\,\text{mm}}{2} = 11\,\text{mm} \tag{7.95}$$

$$A_0 = n \cdot 2 \cdot h \cdot l = 10 \cdot 2 \cdot 11\,\text{mm} \cdot 6\,\text{mm} = 1{,}32 \cdot 10^{-3}\,\text{m}^2 \tag{7.96}$$

Faktor 2, da 2 Flächen pro Rippe.

Der dimensionslose Rippenparameter ergibt sich aus den Gl. (7.82) und (7.83):

$$X = \sqrt{\frac{2 \cdot \alpha \cdot h^2}{\lambda_{\text{Rippe}} \cdot s}} = \sqrt{\frac{2 \cdot 10\,\text{W/(m}^2 \cdot \text{K)} \cdot (11 \cdot 10^{-3}\,\text{m})^2}{180\,\text{W/(m} \cdot \text{K)} \cdot 1{,}0 \cdot 10^{-3}\,\text{m}}} = 0{,}116 \tag{7.97}$$

Entsprechend Gl. (7.89) beträgt der Rippenwirkungsgrad somit:

$$\eta_R = \frac{\tanh(X)}{X} = \frac{\tanh(0{,}116)}{0{,}116} = 0{,}995 \tag{7.98}$$

Mit der Rippenhauptgleichung Gl. (7.90) folgt für den gesuchten Wärmestrom:

$$\dot{Q} = \eta_R \cdot \alpha \cdot A_O \cdot (\vartheta_0 - \vartheta_\infty) = 0{,}995 \cdot 10\,\frac{\text{W}}{\text{m}^2\text{K}} \cdot 1{,}32 \cdot 10^{-3}\,\text{m}^2 \cdot 40\,\text{K} \qquad (7.99)$$

$$\underline{\dot{Q} = 0{,}525\,\text{W}}$$

2. Weg: Bestimmung von $\dot{Q}$ mittels der thermisch-elektrischen Analogien und den Netzwerkanalysemethoden.

Die Abb. 7.25 zeigt das äquivalente elektrische Ersatzschatzschaltbild des Kühlsterns. Für die Parallelschaltung aller Rippen des Kühlsternes gilt allgemein:

$$\frac{1}{R_{\text{ges}}} = \frac{1}{R_{l1} + R_{a1}} + \frac{1}{R_{l2} + R_{a2}} \cdots \frac{1}{R_{l10} + R_{a10}} \qquad (7.100)$$

R_{li} Wärmeleitwiderstände der einzelnen Rippen entsprechend Gl. (7.12)

R_{ai} parallel geschaltete konvektive Wärmewiderstände R_{ki} und Widerstände der Strahlung R_{si} nach Gl. (7.26) bzw. Gl. (7.71), $(i = 1, 2, \cdots 10)$ mit:

$$R_{ai} = R_{si} \| R_{ki} = \frac{R_{si} \cdot R_{ki}}{R_{si} + R_{ki}} \qquad (7.101)$$

Da in diesem Fall alle Rippen gleich sind gilt:

$$R_{l1} = R_{l2} = \cdots R_{l10} = R_l \qquad \text{und} \qquad R_{a1} = R_{a2} = \cdots R_{a10} = R_a \qquad (7.102)$$

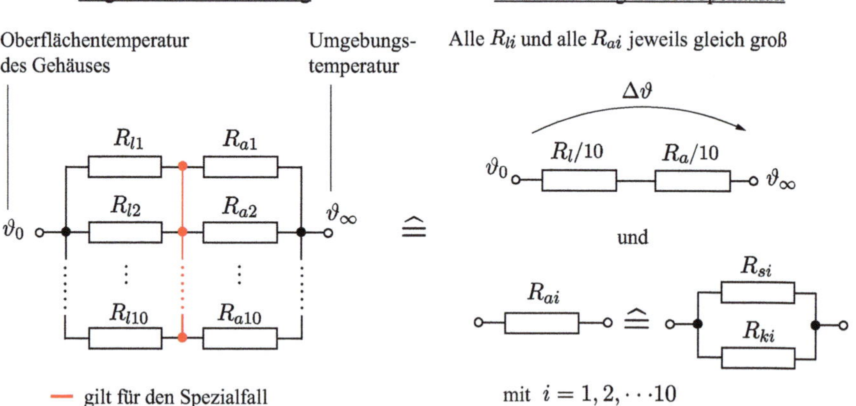

Abb. 7.25 Ersatzschaltung eines Kühlsterns

Damit ergibt sich der Gesamtwiderstand:

$$R_{\text{ges}} = \frac{1}{10}(R_l + R_a) = \frac{1}{10}\left[\frac{h}{\lambda \cdot (s \cdot l)} + \frac{1}{(\alpha_s + \alpha_k) \cdot 2(h \cdot l)}\right] \qquad (7.103)$$

$$R_{\text{ges}} = \frac{1}{10}\left[\frac{11 \cdot 10^{-3}\,\text{m}}{180\,\dfrac{\text{W}}{\text{mK}} \cdot (1{,}0 \cdot 6) \cdot 10^{-6}\,\text{m}^2} + \frac{1}{10\,\dfrac{\text{W}}{(\text{m}^2 \cdot \text{K})} \cdot 2(11 \cdot 6)\,10^{-6}\,\text{m}^2}\right]$$

$$R_{\text{ges}} = 76{,}8\,\frac{\text{K}}{\text{W}}$$

Aus dem „Ohm'schen Gesetz" für thermische Prozesse folgt, Tab. 7.7:

$$\dot{Q} = \frac{\Delta\vartheta}{R_{\text{ges}}} = \frac{40\,\text{K}}{76{,}8\,\text{K/W}} = \underline{0{,}520\,\text{W}} \qquad (7.104)$$

Die Ergebnisse 0,525 W und 0,520 W zeigen eine sehr gute Übereinstimmung.

Hinsichtlich der Tatsache, dass die Kühlkörperhersteller bzw. Distributoren für alle Kühlkörper den Wärmeleitwiderstand angeben, erscheinen die Netzwerkanalysemethoden mit den thermisch-elektrischen Analogien besonders vorteilhaft. In den Fällen, bei denen diese Angabe fehlt, muss auf Weg 1 zurückgegriffen werden.

7.7.2 Thermische Interface Materialien (TIM)

Grundsätzliches Ziel des Einsatzes der TIMs ist es, den Thermischen Kontaktwiderstand R_{tk}, vgl. Abschn. 7.3.4, zu minimieren. Dazu müssen die Zwischenräume, die beim Verbinden entstehen und mit dem schlecht wärmeleitenden Stoff Luft λ_f gefüllt sind, durch einen deutlich besser wärmeleitenden Stoff ersetzt werden. Für Zweistoffgemische mit einem Basiswerkstoff der Wärmeleitfähigkeit λ_b, z. B. Silikonöl oder Epoxidharz und einem gut leitenden Zusatzpulver der Wärmeleitfähigkeit λ_z, gilt für die resultierende Wärmeleitfähigkeit λ, die anstelle von λ_f einzusetzen ist [10, S. 142]:

$$\lambda = \frac{2\lambda_b + \lambda_z - 2v_z(\lambda_b - \lambda_z)}{2\lambda_b + \lambda_z + v_z(\lambda_b - \lambda_z)} \cdot \lambda_b \qquad (7.105)$$

Dabei ist v_z der Volumenanteil des leitenden Zusatzpulvers.

Eine weitere Funktion der TIMs ist die thermo-mechanische Entkopplung zwischen Bauelement und Kühlkörper. Infolge der unterschiedlichen Wärmeausdehnungskoeffizienten α (CTE Coefficient of Thermal Expansion) der beiden Werkstoffe entsteht dazwischen eine thermische Fehlanpassung (Thermal Mismatch). Diese kann zu Verformungen der Bauteile oder sogar zur Zerstörung der thermischen Verbindung führen. Die TIMs nehmen an dieser Stelle Schubkräfte auf und erhöhen damit die Zuverlässigkeit der Anordnung. Nach Art der Ausführung können die TIMs wie folgt eingeteilt werden.

7.7.2.1 Wärmeleitpasten (Thermal Grease)

Sie stellen viskose Pasten mit Silikon oder auch silikonfreien Basiswerkstoffen dar, die mit gut wärmeleitenden Partikeln (Ag, Al, Cu) und Keramiken (Al_2O_3-Aluminiumoxid, BN-Bornitrid, AlN-Aluminiumnitrid oder ZnO-Zinkoxid) gefüllt sind. Graphithaltige Pasten, gebunden in einer silikonfreien organischen Matrix, sind typischerweise elektrisch leitend. Damit werden Anwendungen, die eine potenzialfreie Ankopplung von Kühlkörpern an Bauelemente erfordern, ausgeschlossen.

Die Wärmeleitfähigkeiten λ liegen im Bereich von 0,8 bis 10,5 W/(m K).

Die Pasten werden mittels Schablonen- oder Siebdruckverfahren, Dispensen und teilweise mit Pinseln aufgetragen. Anpressdruck und Viskosität sind wesentliche Prozessparameter bei der Montage beispielsweise eines Kühlkörpers oder Temperatursensors mittels Wärmeleitpaste zur Verringerung der Luftzwischenräume.

7.7.2.2 Wärmeleitfolien (Wärmeleitpads, Thermal Tapes)

Das sind vorgefertigte Zuschnitte, die ganzflächig oder auch mit Ausschnitten versehen sein können. Da sie ein festes Material darstellen, besteht hier nicht die Gefahr der Separierung von Basiswerkstoff und Füller, wie das bei Wärmeleitpasten vorkommen kann, woraus eine höhere Langzeitstabilität resultiert. Es gibt eine große Vielzahl:

- Polyimidfolien mit ein- oder beidseitig aufgebrachtem Acrylkleber.
- Gefüllte Silikonelastomere mit und ohne Glasfaserverstärkung sowie mit und ohne Kleberschichten.
- Polyurethanfolien mit thermisch gut leitfähigen Keramikfüllern.
- Silikonfolien mit Kohlefasereinlagen sind besonders hervorzuheben, da sie Wärmeleitfähigkeiten bis zu 50 W/(m K) aufweisen.

7.7.2.3 Thermal Gap Filler

Hier kommen silikonhaltige Basismaterialien mit Keramikfüllungen und silikonfreie Elastomere für silikonempfindliche Anwendungen zum Einsatz. Die silikonfreien Gap Filler werden bei Gefahr eines Lichtbogens oder Funkenüberschlags verwendet. Bei den silikonhaltigen Materialien können sich Si-Bestandteile des Polymers in isolierendes Siliziumoxid umwandeln und dadurch den thermischen Widerstand erhöhen und somit die Kühlung beeinträchtigen.

Diese Materialien zeichnen sich besonders durch einen niedrigen E-Modul aus, sind damit weich und gut verformbar und weisen auch nach dem Prozessieren einen Gel-Charakter auf. Damit verbunden ist ein geringer Anpressdruck, ein sehr gutes Verfüllen von Lufträumen und das Überbrücken größerer Bauteiltoleranzen bzw. unterschiedlicher Bauelementehöhen.

Unterschieden werden diese Gap Filler in Gap-Pads, das sind vorgeformte und den Bauelementen angepasste Folien, und flüssig zu applizierende Gele (Cure-in-Place). Diese Gele gibt es als 1- und 2-Komponenten-Systeme. Die 1-K-Systeme sind schon vorgehärtet, während die 2-K-Systeme beim Zusammenmischen während des Auftrages beginnen auszuhärten. Das kann bereits bei Raumtemperatur erfolgen und mit erhöhter Temperatur deutlich beschleunigt werden.

Obwohl diese schnell härtenden Materialien eine geringere Wärmeleitfähigkeit als Pads aufweisen, haben sie doch insgesamt gesehen ein besseres Wärmeleitvermögen aufgrund einer dünneren Fuge des flüssigen Gels und eines besseren Benetzungsverhaltens, was zu weniger Lufteinschlüssen führt.

Die Wärmeleitfähigkeiten liegen im Bereich von 1 bis 8 W/(m K).

7.7.2.4 Phase Change Material (PCM, Phasenwechselmaterialien)

Diese Materialien haben die Eigenschaft, bei Raumtemperaturen fest zu sein und sich bei Erreichen einer definierten Phasenwechseltemperatur, typ. 40 und 70 °C, zu verflüssigen. Sie bestehen aus einem Binder (Polyester oder Polyimid mit niedrigschmelzenden Komponenten wie Wachs) und Keramikpartikeln (Al_2O_3, BN, AlN oder ZnO wie bei Wärmeleitpasten). Optional können sie zur Unterstützung auf Aluminiumfolien oder Glasgeweben aufgebracht werden und Klebereigenschaften zur einfacheren Fixierung aufweisen. Weiterhin gibt es Komposite aus Paraffin und Graphit mit einer Phasenumwandlungstemperatur von 42 bis 45 °C und einer thermischen Leitfähigkeit von 1,2 W/(m K) für den Einsatz in Smartphones und Tablets [21].

Beim Montageprozess werden Bauelement, PCM und Kühlkörper durch Federklemmen mit einem Druck von 35 kPa zusammengedrückt. Zunächst verhält sich diese Verbindung wie ein Trockenfilm. Erwärmt sich das Bauelement durch Zuschalten der elektrischen Leistung, so erwärmt sich das PCM und verflüssigt sich bei der materialspezifischen Phasenwechseltemperatur. Durch den anliegenden Druck verfließt das PCM und verhält sich jetzt wie eine Wärmeleitpaste. Ist die Verbindung einmal hergestellt, verbleibt sie so lange stabil, bis eine komplette Demontage erfolgt.

Je mehr thermisch leitende Füller eingebracht werden können, desto größer ist die Wärmeleitfähigkeit. Je höher aber der Filleranteil wird, desto größer wird auch die Viskosität, das heißt, dass die Fließfähigkeit abnimmt und somit nicht mehr alle Leerstellen (Voids) optimal verfüllt werden können.

Grundsätzlich soll die Dicke der fertigen PCM-Schicht so gering wie möglich sein. Sie ist abhängig von der Rauheit der Oberflächen, dem Anpressdruck, der Viskosität und Rheologie des flüssigen PCM.

Typische Dicken liegen bei 100 µm, bei größeren Bauelementen auch darüber.

7.7.2.5 Polymer Solder Hybrids

Charakteristisch ist hierbei das Vorhandensein einer Binderstruktur mit integrierten Lotfillern. In [24] wird eine solche Struktur beschrieben. Dabei sind in einer aushärtbaren Polymermatrix (Siloxe, Olefine, Epoxy) schmelzbare und nicht schmelzbare thermisch gut leitfähige Partikel verteilt. Die schmelzbaren Partikel haben eine mittlere Größe von gleich oder leicht größer 60 µm und die größten nicht schmelzbaren Partikel dürfen nicht größer sein.

Die Schmelzpunkte der schmelzbaren Materialien liegen unter 250 °C, wodurch In und Sn infrage kommen. Es können auch Legierungen aus Metallen wie Cu, Bi, Ag, Sn, Sb, Se und weiteren eingesetzt werden.

Zusätze wie die nicht schmelzbaren Partikel und Tenside verbessern die Benetzbarkeit und Adhäsion zu den verschiedensten Oberflächen.

7.7.2.6   Isolierscheiben aus Glimmer, Polyimid und Aluminiumoxid

Alle 3 Scheibenmaterialien werden als elektrisch isolierende und relativ gut wärmeleitende Schichten zwischen Leistungshalbleitern und Kühlkörpern eingesetzt, was immer zur Potenzialfreiheit des Kühlkörpers führt, wenn die Bauelementefläche zugleich ein elektrischer Anschluss ist. Das trifft beispielsweise für ein TO3-Gehäuse eines Leistungstransistors zu, bei dem die Grundfläche den Kollektoranschluss darstellt. Die Größen der Scheiben sind den Bauelementeflächen angepasst. Daher wird für die entsprechende Größe häufig nur der Wärmeleitwiderstand angegeben, der diese Fläche direkt beinhaltet.

Bei *Glimmerscheiben* liegen die typischen Dicken im Bereich von 0,05 bis 0,1 mm. Für ein TO3-Gehäuse und ein TO220-Gehäuse[2] betragen die Wärmeleitwiderstände von 0,05 mm dicken Glimmerscheiben ca. 0,4 K/W bzw. 1,2 K/W.

Die typischen 0,05 mm dicken *Polyimidscheiben* weisen eine Wärmeleitfähigkeit von 0,45 W/(m K) auf, was bei einem TO3-Gehäuse zu einem Wärmeleitwiderstand von ca. 0,15 K/W führt.

Bei *Aluminiumoxidscheiben* liegen die Dicken zwischen 1 bis 3 mm und die Wärmeleitfähigkeit beträgt 25 W/(m K). Eine 3 mm dicke Scheibe für ein TO3-Gehäuse führt damit zu einem Wärmeleitwiderstand von ca. 0,3 K/W.

Alle Scheiben werden in der Regel mit Wärmeleitpasten montiert, so dass sich auch daraus Abweichungen von der Rechnung (ohne Berücksichtigung der Paste) für den Wärmeleitwiderstand der Scheibe und den realen Größen ergeben.

7.7.2.7   Graphitfolien

Die Graphitfolien (Pyrolytic Graphite Sheets, PGS) zeichnen sich besonders durch eine sehr hohe Wärmeleitfähigkeit aus. Diese ist stark anisotrop geprägt, wobei in der flächigen x-y-Ausdehnung Wärmeleitfähigkeiten bis zu 1950 W/(m K) bei einer Dicke von 10 μm [25] erreicht werden. In der z-Richtung, der Foliendicke, beträgt sie dagegen „nur" bis zu 16 W/(m K) [8].

Die Abb. 7.26 zeigt die prinzipielle Montage einer Graphitfolie zwischen Kühlkörper und IC, der sich in einem Package befindet. Die deutlich homogenere Wärmeverteilung mit PGS, verbunden mit einem gleichmäßigeren Wärmestrom in den Kühlkörper, verringert den Aufspreizwiderstand, vgl. Abschn. 7.3.5, erheblich.

Die großen Wärmeleitfähigkeiten in der x-y-Ausdehnung lassen neue Anordnungen von Bauelementen und Kühleinrichtungen (nicht nur passiven Kühlkörpern) zu, was wiederum neue Freiheitsgrade beim gesamten Gerätedesign erschließt.

---

[2] TO3- und TO220-Gehäuse siehe Tab. 3.1, Klassen THD-4 bzw. THD-6.

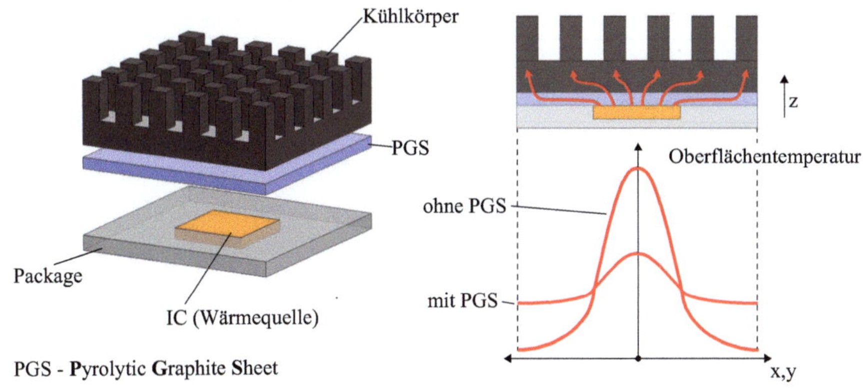

Abb. 7.26 Prinzipielle Montage von Graphitfolien

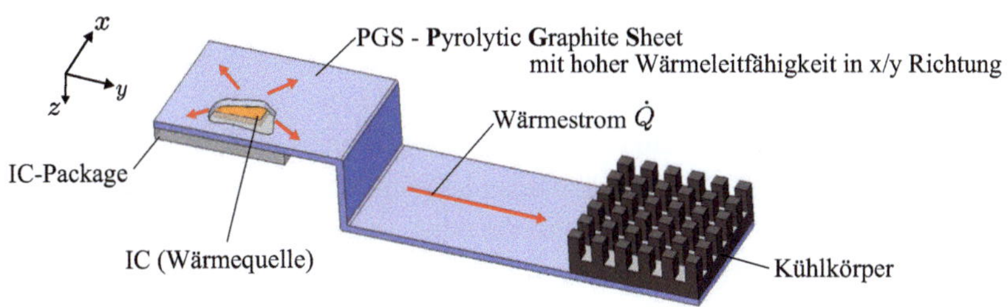

Abb. 7.27 Designvariante mit einer Graphitfolie

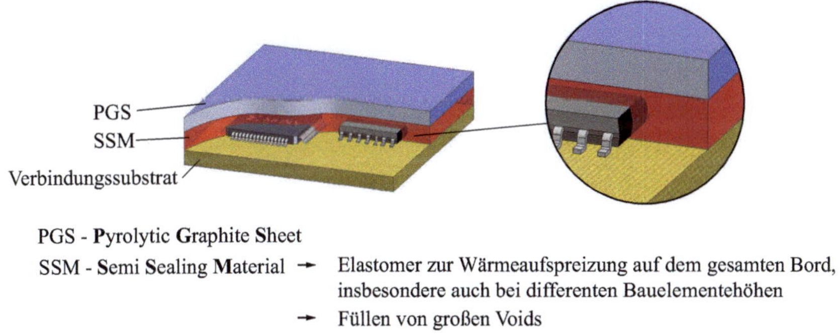

Abb. 7.28 Designvariante mit Semi-Sealing Material (SSM)und Graphitfolien [25]

Die Abb. 7.27 zeigt eine Variante mit einem vom Bauelement deutlich abgesetzten Kühlkörper.

Bei einer weiteren Variante, Abb. 7.28, wird zwischen die Bauelemente und das Verbindungssubstrat einerseits und die Graphitfolie PGS andererseits ein Semi-Sealing Material (SSM), eine extrem weiche Elastomerfolie, gelegt [25]. Damit lassen sich auch größere

Höhenunterschiede der Bauelemente, sogar bis auf die Oberfläche des Verbindungssubstrates hin ausgleichen, womit sich die Wärme vom gesamten Board in das PGS abführen lässt.

7.7.3　Aktive Baugruppen – Lüfter

7.7.3.1　Lüfteranordnungen

Durch den Einsatz von Lüftern kommt es zu einer erzwungenen Konvektion, die zu einer Erhöhung des Volumenstroms führt. Damit wird der Wärmeübergangskoeffizient der Konvektion α_k deutlich erhöht und somit der konvektive Wärmewiderstand R_k in gleichem Maße reduziert, vgl. Abschn. 7.4.1.

Folgende Einsatzmöglichkeiten der Lüfter sind gegeben:

- Ein Lüfter befindet sich direkt auf einem Kühlkörper, der auf einem Bauelement montiert ist, was zu einer lokalen Konvektionserhöhung führt.
- Ein oder mehrere Lüfter für ein Gerät, welche den Luftstrom über die Baugruppen des Geräts führen. Während bei der *drückenden Lüfteranordnung* am Lufteintritt Frischluft ansaugt und dann durch das Gerät gedrückt wird, so wird bei der *saugenden Lüfteranordnung* die erwärmte Geräteluft angesaugt und nach außen gedrückt. Öffnungen der Geräteverkleidungen sind damit unerlässlich, was bezüglich des Geräteschutzes nachteilig ist. Das betrifft den Schutz vor Wasser, Schmutzpartikeln und den Durchgriff elektromagnetischer Wellen.
- Bei geschlossenen Geräten erhöhen die im Gerät befindlichen Lüfter die Luftzirkulation und verringern dadurch die konvektiven Wärmewiderstände der Bauelemente und der Geräteinnenwand.
- Prinzipiell können auch Lüfter außerhalb der Geräte angeordnet werden, deren Luftströme den konvektiven Wärmewiderstand der Geräteaußenwand reduzieren, was aber nur in geschlossenen Räumen Sinn macht.

7.7.3.2　Lüftertypen

Vier Lüftertypen finden in der Gerätetechnik Anwendung, Abb. 7.29.

Axiallüfter

Hierbei wird der Luftstrom durch eine Art Propeller angetrieben, wobei die Richtungen von Luftansaugung und Luftaustritt parallel zur Lüfterantriebswelle verlaufen. Besonders flache Bauweisen können hier realisiert werden. Abb. 7.29 zeigt das Prinzip, allerdings ohne das typische Gehäuse zur Luftführung um das Lüfterrad herum. Der Arbeitsbereich zeichnet sich durch einen relativ hohen Volumenstrom $\dot{V}$ bei einem geringen statischen Druck Δp aus, blaue Kennlinie in Abb. 7.30. Weitere Leistungsdaten siehe Abb. 7.31.

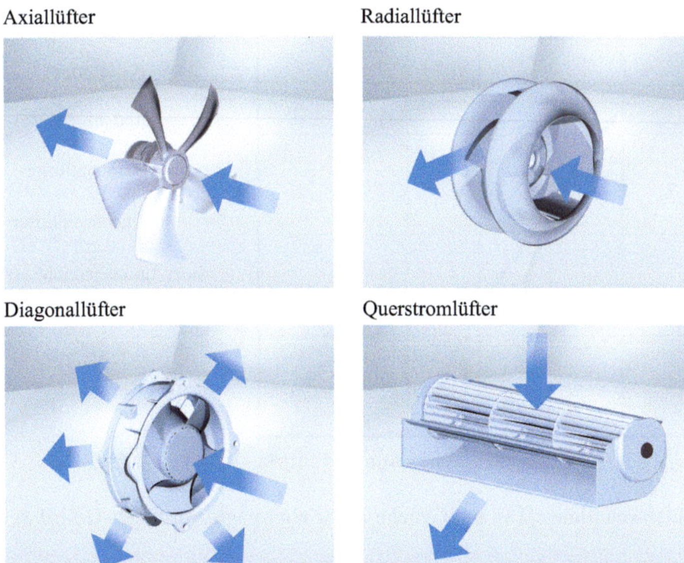

Abb. 7.29 Lüftertypen, [13], mit Genehmigung ebm-papst Mulfingen GmbH & Co. KG

Radiallüfter

Der Luftstrom wird axial zur Lüfterwelle angesaugt und im Lüfter um 90° umgelenkt, so dass der Luftaustritt dann in radialer Richtung erfolgt. Ein höherer Gegendruck als bei Axiallüftern kann überwunden werden, was beispielsweise bei dicht gepackten Geräten mit einem größeren Strömungswiderstand der Geräteeinbauten, wie Baugruppenträgern und Baugruppen, der Fall ist. Im Vergleich zum Axiallüfter weist der Arbeitsbereich eine steilere Charakteristik auf, schwarze Kennlinie Abb. 7.30.

Diagonallüfter

Hier liegt ein Verhalten zwischen den Axial- und Radiallüftern vor, graue Kennlinie Abb. 7.30. Die Luft wird axial angesaugt und diagonal abgegeben, wobei der Ausströmwinkel in weiten Grenzen variabel gestaltet werden kann.

Querstromlüfter

Die Luft wird durch eine Lüfterwalze angesaugt und gegenüber oder um 90° versetzt abgegeben. Der Luftaustritt erfolgt durch längere Rechteckquerschnitte. Charakteristisch sind eine sehr gleichmäßige Luftverteilung und ein hoher Volumenstrom $\dot{V}$ bei relativ geringem statischen Druck Δp, grüne Kennlinie Abb. 7.30. Weiterhin zeichnen sie sich durch einen geringen Geräuschpegel aus.

Bei den **gehäuselosen Lüftern** fehlt der umschließende Luftkanal und damit das Gehäuse. Typische Anwendungen sind Raumlüfter.

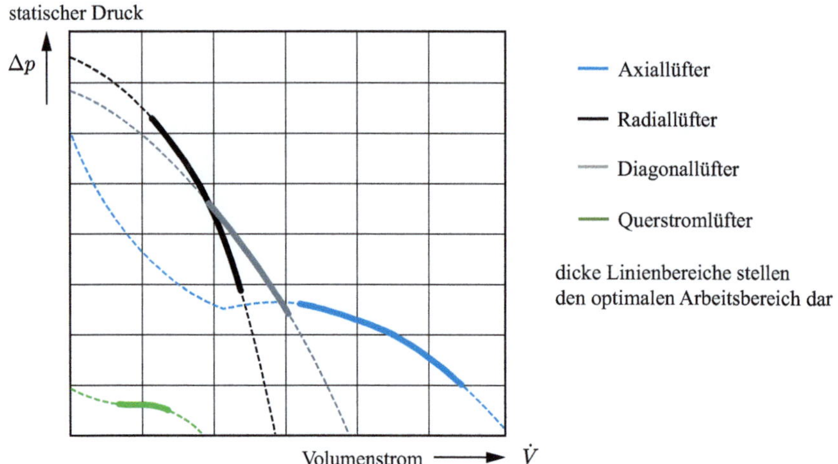

Abb. 7.30 Lüfterkennlinien [13], mit Genehmigung ebm-papst Mulfingen GmbH & Co. KG

7.7.3.3 Lüfterauswahl

Für die Auswahl eines Lüfters sind folgende Punkte zu beachten:

- Netzspannung und Netzfrequenz.
- Der Volumenstrom und der Gegendruck und damit die Lüfterkennlinien $\Delta p = f(\dot{V})$ entsprechend Abb. 7.30, der Geräuschpegel und die Anforderungen an den Wirkungsgrad.
- Die Einflüsse der Umwelt wie Schutzart, Temperatur, Einbaulage und Strömungswege, zu erwartende Lebensdauer etc.

Dazu zeigt Abb. 7.31 die Leistungsbereiche eines Axiallüfters.

Geräteeinbauten wie Baugruppenträger, Baugruppen und einzelne Bauelemente setzen dem vom Lüfter generierten Luftstrom einen Widerstand entgegen, der sich durch eine Gerätekennlinie (Strömungswiderstand) darstellen lässt. Der Arbeitspunkt AP der gesamten Anordnung ergibt sich aus der Scherung von Lüfter- und Gerätekennlinie, Abb. 7.32.

Für den erforderlichen Luftstrom $\dot{V}_{\mathrm{erf}}$, vgl. Abschn. 7.9.3, muss grundsätzlich gelten:

$$\dot{V}_{\mathrm{erf}} < \dot{V}_{AP} \tag{7.106}$$

Ist die Bedingung nicht erfüllt, so muss ein größerer Lüfter ausgewählt werden oder auf eine Zusammenschaltung (in Reihe oder parallel) von Lüftern zurück gegriffen werden.

Weiterhin sollte der Arbeitspunkt im optimalen Kennlinienbereich eines Lüftertyps liegen, vgl. dazu die dicke Linie in Abb. 7.32.

Ist die Gerätekennlinie nicht bekannt oder kann sie nur schwer berechnet werden, so muss sie ausgemessen werden.

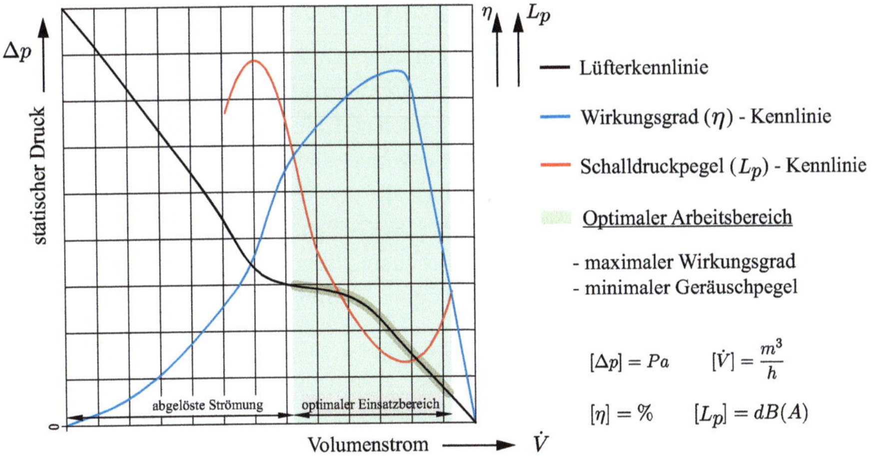

$$[\Delta p] = Pa \qquad [\dot{V}] = \frac{m^3}{h}$$

$$[\eta] = \% \qquad [L_p] = dB(A)$$

Abb. 7.31 Leistungsbereiche eines Axiallüfters [13], mit Genehmigung ebm-papst Mulfingen GmbH & Co. KG

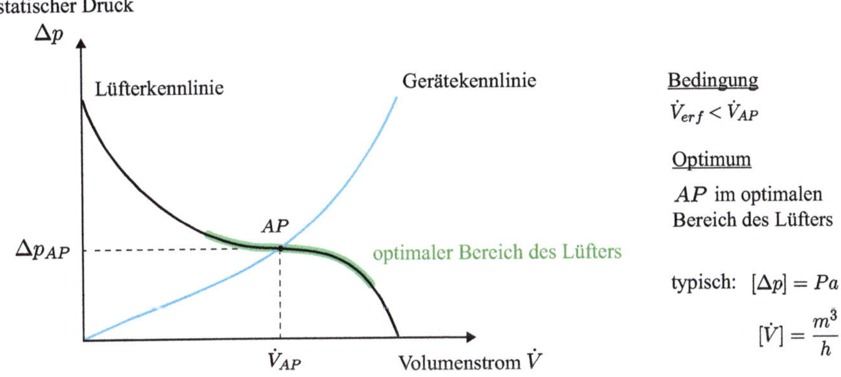

Bedingung
$$\dot{V}_{erf} < \dot{V}_{AP}$$

Optimum

AP im optimalen Bereich des Lüfters

typisch: $[\Delta p] = Pa$

$$[\dot{V}] = \frac{m^3}{h}$$

Abb. 7.32 Arbeitspunkt von Lüfter- und Gerätekennlinien [13], mit Genehmigung ebm-papst Mulfingen GmbH & Co. KG

7.7.3.4 Analogiebetrachtung

Eine Analogiebetrachtung Fluidik (Strömungsmechanik)-Elektrotechnik unter Verwendung von Berechnungsmethoden der Elektrotechnik kann zur Lüfterauswahl verwendet werden.

Die beiden Parameter Δp und $\dot{V}$ der Kennlinien entsprechen dann der elektrischen Spannung U bzw. dem elektrischen Strom I.

Die Lüfterkennlinie kann somit als aktiver Zweipol aufgefasst werden. Dieser weist die charakteristischen Parameter Leerlaufspannung U_l, entspricht dem Δp bei einem abgedichteten System, und Kurzschlussstrom I_k, entspricht einem frei ausblasendem System, auf. Der dritte Parameter ist der Innenwiderstand R_i des aktiven Zweipols und bestimmt sich aus dem Quotienten U/I. Die Lüfterkennlinien sind nicht linear, so dass der Innenwiderstand des Lüfters auch nicht konstant ist. Betrachtet man nur den optimalen Bereich der jeweiligen Lüfter, Abb. 7.30, so kann man diesen Bereich mit guter Näherung linearisieren und erreicht hier einen konstanten Innenwiderstand.

Die Gerätekennlinie (Strömungswiderstand), die den Widerstand aller Geräteeinbauten gegenüber dem Luftstrom darstellt, ist in der elektrischen Äquivalenz ein Lastwiderstand und stellt einen passiven Zweipol dar. Der Arbeitspunkt von aktivem und passivem Zweipol mit dem Wertepaar (U_{AP}, I_{AP}) entspricht dem Wertepaar $(\Delta p_{AP}, \dot{V}_{AP})$.

7.7.3.5 Schutzgitter und Luftfilter

Schutzgitter

Sie reduzieren den statischen Druck bzw. die statische Druckdifferenz eines Lüfters und verschieben damit den Arbeitspunkt auf der Lüfterkennlinie, womit sich der Volumenstrom $\dot{V}$ verkleinert. Dieser Druckverlust Δp eines Schutzgitters ergibt sich aus [13]:

$$\Delta p = \zeta \cdot \frac{\rho}{2} \cdot \left(\frac{\dot{V}}{\frac{\pi}{4} \cdot D^2} \right)^2 \quad \text{mit} \quad \zeta = 0{,}8 \cdot \frac{\frac{s}{t}}{\left(1 - \frac{s}{t}\right)^2} \tag{7.107}$$

Hierbei sind ρ die Dichte des Strömungsmediums Luft, D der Durchmesser des Lüfterrades, s der Durchmesser des Drahtes aus dem das Schutzgitter besteht und t der Drahtabstand von Mitte zu Mitte der Drähte.

Luftfilter

Sie [14] filtern entsprechend ihrer Charakteristik Staubpartikel unterschiedlichster Größen und führen wie Schutzgitter zu einem Druckverlust. Während bei Schutzgittern der Druckverlust über die Betriebszeit konstant bleibt, wird er bei Filtermatten durch das Zusetzen mit Staubpartikeln immer größer. Weitere Druckverluste sind von einer Reihe von Parametern abhängig. So verläuft der Druckabfall proportional zur Luftgeschwindigkeit oder sogar zu deren Quadrat (Grobfilter). Zusammengedrückte Filtermatten und zu kleine Lufteintrittsöffnungen können darüber hinaus dominant werden.

Die Filter werden nach der Norm ISO 16890 in 4 Filterklassen eingeteilt, wobei für die Einteilung das Abscheideverhalten der Partikelgrößen innerhalb des Bereiches von $0{,}3$–$10\,\mu$m bestimmend ist.

In der Kategorie Feinstaub gibt es die Klassen **PM1** mit $0{,}3$–$1\,\mu$m, **PM2** mit $0{,}3$–$2{,}5\,\mu$m und **PM3** mit $0{,}3$–$10\,\mu$m Partikelgrößen. Kann ein Filter keiner dieser Klassen zugeordnet werden, wird er als **Coarse** (Grobstaubfilter) definiert.

Die Zuordnung zu einer der drei PM-Filterklassen setzt einen Abscheidegrad von $\geq 50\,\%$ voraus. Wird der minimale Abscheidegrad nicht erreicht, so erfolgt die Zuordnung des Filters in die Filterklasse Coarse.

Weiterhin gibt es Prozentangaben, die nach der Bezeichnung der Filterklassen stehen. Diese werden in Stufen von 5 %-Schritten (50 %, 55 % $\cdots$ 95 %) für die PM-Filterklassen angegeben, womit sich insgesamt 30 Filterklassen plus Coarse ergeben.

Dazu zwei Beispiele:

- ISO ePM1 80 % bedeutet einen Abscheidegrad von 80–85 % im Partikelbereich 0,3–1 μm.
- ISO Coarse 70 % bedeutet, dass der minimale Abscheidegrad von 50 % im Partikelbereich von 0,3–10 μm nicht erreicht wird. Der Anfangsabscheidegrad liegt zwischen 70 und 75 %.

7.7.4 Heatpipes – Bauelemente zur Wärmeleitung

7.7.4.1 Prinzip der Heatpipe

Die Heatpipe (Wärmerohr) ist ein besonders hocheffizientes passives zwei-Phasen-Bauelement zur schnellen Ableitung von Wärme. Der Einsatz erfolgt dort, wo die Wärme von Bauelementen nicht ausreichend abgeführt wird. Das trifft insbesondere dann zu, wenn diese Bauelemente mit oder ohne Kühlkörper schwer zugänglich sind und die Konvektion und Strahlung nicht ausreicht, um den Wärmestrom abzuführen und ein Wärmestau entsteht. Weiterhin kann eine sehr kompakte Bauweise einer Baugruppe verhindern, dass ein Kühlkörper überhaupt montiert werden kann. In diesem Fall wird die Heatpipe direkt an das Bauelement angekoppelt.

Eine Heatpipe, Abb. 7.33, besteht aus einem vakuumdichten geschlossenen Rohr, welches mit einem verdampfungsfähigen Medium gefüllt ist und ein Unterdruck vorherrscht [3, 16, 18].

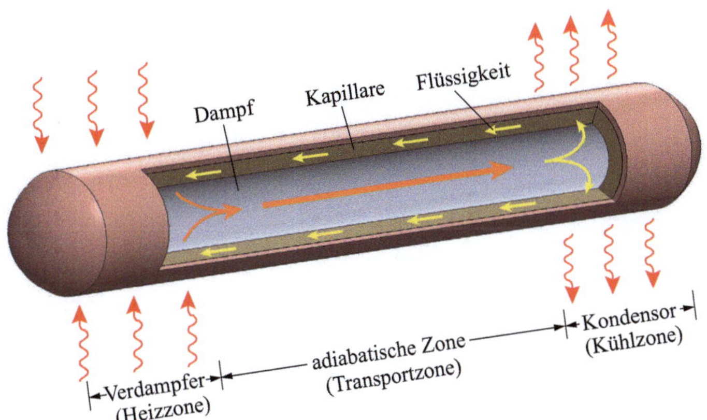

Abb. 7.33 Prinzip einer Heatpipe

Das System besteht aus 3 Bereichen:

In der *Heizzone* (Verdampferzone) erfolgt die Aufnahme des Wärmestroms und das im Rohr befindliche flüssige Medium wird verdampft.

Der Dampf bewegt sich durch die *Transportzone* (adiabatische Zone), über deren Länge keine Wärmeabgabe stattfindet. Diese Zone kann, muss aber nicht, thermisch isoliert sein.

In der *Kühlzone* (Kondensationszone) kondensiert der Dampf und die Wärme wird nach außen abgegeben.

Der kondensierte Dampf wird nun durch die *Kapillarstruktur* an der Rohrinnenwand zur Heizzone zurückgeführt. Sie kann als 4. Zone aufgefasst werden.

Ausgenutzt wird dabei die Verdampfungswärme von Flüssigkeiten, womit sich große Wärmeströme bei kleinen Temperaturdifferenzen zwischen Heiz- und Kühlzonen transportieren lassen. Die effektive Wärmeleitfähigkeit liegt je nach Ausführung zwischen 10^4 und 10^5 W/(m K) [1]. Je nach Wahl des wärmeführenden Mediums (Arbeitsmedium) im Rohr ergibt sich der Betriebsbereich einer Heatpipe, Tab. 7.8. In der Literatur sind von der Tab. 7.8 abweichende Temperaturbereiche der Arbeitsmedien zu finden, z. B. [18]. Besondere Beachtung muss auf die Kompatibilität zwischen diesem Medium und dem Rohrmaterial gelegt werden, was für den Anwender weniger interessant ist, da er die Heatpipe als fertiges Bauelement verwendet.

Die treibende Kraft für den Kreislauf des Arbeitsmediums in der Heatpipe ist der, häufig auch sehr geringe, Temperaturunterschied zwischen den Heiz- und Kühlzonen. Wird der Verdampferzone ein Wärmestrom zugeführt, so erhöht sich der Dampfdruck gegenüber der Kondensationszone, wobei das entstehende Druckgefälle den Dampf zur Kühlzone treibt. Die Funktion bleibt bestehen, solange der Dampfdruck größer ist als der Druck der Flüssigphase.

Tab. 7.8 Typische Arbeitsmedien von Heatpipes [3]

Arbeitsmedium	Temperaturbereich in K	Temperaturbereich in °C
Sauerstoff	55 ... 154	-218 ... -119
Stickstoff	65 ... 125	-208 ... -148
Ethanol	100 ... 305	-173 ... -32
Butan	260 ... 350	-13 ... 77
Aceton	250 ... 475	-23 ... 202
Wasser	273 ... 643	0 ... 370
Kalium	400 ... 1800	127 ... 1527
Natrium	400 ... 1500	127 ... 1227
Lithium	500 ... 2100	227 ... 1827
Silber	1600 ... 2400	1327 ... 2127

7.7.4.2 Kapillarstruktur der Heatpipes

Von Bedeutung ist die Kapillarstruktur an der Rohrwandung der Heatpipe für den Rücktransport des Arbeitsmediums von der Kühlzone zur Heizzone. Die Abb. 7.34 zeigt dazu drei typische Ausführungen.

Heatpipes können so weit gebogen werden, solange die interne Kapillarstruktur nicht unterbrochen wird, weil sonst der Rückfluss des Arbeitsmediums unterbleibt.

Die Einbaulage einer Heatpipe hat entscheidenden Einfluss auf die Effektivität des Wärmetransfers und kann durch den Faktor des zu übertragenden Wärmestromes F_w beschrieben werden. Für eine horizontale Anordnung gilt $F_w = 1$. Bei der vertikalen Anordnung, Verdampfer unten und Kondensor oben, erfolgt der Rückfluss des Arbeitsmediums durch die Kapillarwirkung und die Schwerkraft, weshalb der Faktor bei ca. $F_w = 2$ liegt. Bei umgekehrter Lage, Verdampfer oben und Kondensor unten, reduziert sich der Faktor auf ca. $F_w = 0{,}5$ bis 0, da der Rückfluss des Arbeitsmittels nun entgegen der Schwerkraft erfolgen muss und die Kapillarwirkung allein wirkt.

Für die Heatpipes können, wie bei allen anderen Bauelementen auch, die thermisch – elektrischen Analogien Anwendung finden. Allgemein kann sie als Wärmeleitungselement mit einem **Wärmeleitungswiderstand** R_{HP} aufgefasst werden, für den gilt:

$$R_{HP} = \frac{\Delta \vartheta}{\dot{Q}} \tag{7.108}$$

Dabei ist $\Delta \vartheta$ die Temperaturdifferenz zwischen Heiz- und Kühlzone und $\dot{Q}$ der eingekoppelte Wärmestrom (elektrische Verlustleistung). Der Wärmewiderstand R_{HP} besteht aus 11 in Reihe und parallel geschalteten Widerständen, wobei die radialen Wärmewiderstände zwischen Wärmequelle und Verdampferzone sowie Kondensorzone und Wärmesenke (angeschlossener Kühlkörper) dazugehören. Diese beiden Widerstände ergeben sich jeweils aus den Kontakt- und Aufspreizwiderständen [34, S. 1681–1682].

Sinterstruktur

Drahtgewebe

Rillenstruktur

Abb. 7.34 Typische Kapillarstrukturen einer Heatpipe

7.7.4.3　Grenzen des Wärmetransfers in der Heatpipe

Der Wärmetransfer in einer Heatpipe wird durch eine Reihe physikalischer Einflüsse begrenzt:

- Kapillarkraftgrenze: Ist der Kapillardruck so groß wie alle Druckverluste, so ist die Wärmetransfergrenze erreicht. Eine weitere Steigerung der Heizleistung führt dann dazu, dass der Rücktransport des Arbeitsmediums unterbrochen wird.
- Siedegrenze: Übersteigt die radiale Wärmestromdichte in der Heizzone einen Grenzwert, so können Blasen entstehen. Verbleiben diese in der Kapillarstruktur, so wird der Flüssigkeitsrücklauf verringert, was dann zum Austrocknen der Kapillaren führt. Während bei offenen Kapillarstrukturen, wie Rillen, dieser Prozess nicht stattfindet, spielt er bei porösen Sintermetallen und Netzstrukturen eine Rolle.
- Wechselwirkungsgrenze: Starke Scherkräfte können bei offenen Kapillarstrukturen an der Phasengrenze Dampf – Flüssigkeit entstehen. Das führt dazu, dass der Dampf Flüssigkeitstropfen aus der Kapillarstruktur herausreißt und mit sich führt. Die Grenze ist erreicht, wenn nicht mehr genügend Flüssigkeit in die Heizzone zurückfließt und sie austrocknet.
- Viskositätsgrenze: Bei niedrigen Betriebstemperaturen des Arbeitsmediums ist der Dampfdruck in der Heizzone relativ niedrig und erzeugt eine rein viskose (reibungsbehaftete) axiale Dampfströmung, die mit abnehmendem Druck in der Kühlzone steigt. Die Reibungskräfte im Dampf wirken diesem Dampfdruck entgegen, so dass der Nettodampfdruck verringert wird und kein weiteres Ansteigen des Wärmestromes mehr möglich ist.
- Schallgeschwindigkeitsgrenze: Die Grenze ist typisch für Flüssigmetall-Heatpipes bei niedrigen Temperaturen, verbunden mit einer niedrigen Dampfdichte. Das führt zu einer Erhöhung der Dampfgeschwindigkeit, die ihre Schallgeschwindigkeit in der Kühlzone erreichen kann und damit die Leistungsfähigkeit begrenzt.
- Kondensorgrenze: Der Wärmetransfer von der Kühlzone an die Umgebung wird bestimmt durch Strahlung und Konvektion, d. h. durch die Temperaturdifferenz, Oberfläche der Kühlzone und die Wärmeübergangskoeffizienten der Konvektion und der Strahlung. Bei gegebener Temperaturumgebung vergrößert sich der Wärmetransfer durch Vergrößerung der drei letztgenannten Parameter z. B. bei Ankopplung der Kühlzone an einen Kühlkörper.

Da eine Reihe von Parametern wie Innendruck, Viskosität, Größe der Kapillarstrukturen, Innendurchmesser etc., die den Wärmetransfer beschreiben, dem Anwender häufig nur schwer zugänglich sind, bieten sich unterstützende Leistungstabellen der Hersteller an, wie die Serie CRS-500 [28], Tab. 7.9.

Tab. 7.9 Leistungsdaten der Heatpipe Serie CRS-500 [28]

CRS-500	Maximale Leistung in Watt bei $\Delta\vartheta$				
ϕ in mm	20°C	40°C	60°C	80°C	120°C
2,0	9,0	11,0	12,0	13,0	14,0
2,5	12,5	16,0	17,5	19,5	21,5
3,0	16,0	23,5	24,5	26,5	29,0
4,0	22,0	27,5	30,5	32,0	37,0
5,0	50,0	58,0	63,0	65,0	68,0
6,0	72,0	86,0	93,0	98,0	108,0
8,0	90,0	108,0	115,0	122,0	134,0
10,0	112,0	134,0	143,0	152,0	169,0
12,0	148,0	178,0	186,0	197,0	218,0

Beispiel entsprechend Tab. 7.9:

Danach gilt für eine Heatpipe mit $\phi = 2,0$ mm, einer Bauteiloberflächentemperatur von 60 °C und einer Temperatur des Kühlmediums an der Kühlzone der Heatpipe von 20 °C eine Temperaturdifferenz von $\Delta\vartheta = 40$ °C und somit eine abführbare Leistung von $P = 11$ W. Grundsätzlich sollte immer ein Sicherheitsfaktor, typisch 0,7–0,9, berücksichtigt werden. Nimmt man für das Beispiel den Faktor 0,7 an, so ergibt sich die praktisch abführbare Leistung zu $P_{\text{prak}} = 7,7$ W.

7.7.4.4 Montage von Heatpipes

Bei der Montage der Heatpipes sind neben der Leistungscharakteristik der Heatpipe selbst, vgl. Tab. 7.9, folgende Punkte zu betrachten:

- Die Ankopplungen der Heatpipe-Heizzone an das Wärme abführende Bauelement und der Heatpipe-Kühlzone an die weiteren Kühlanordnungen müssen einen geringen Wärmewiderstand aufweisen. Typische Kontaktierungen sind Lötverbindungen, Quetschverbindungen (Crimpen) mit leichter Deformation der Heatpipes, der Einbau in vorgebohrte Komponenten und je nach Montage der zusätzliche Einsatz von Thermal Interface Materialien (TIM) wie beispielsweise Wärmeleitpasten.

- Für die höchste Effektivität sollte eine vertikale Einbaulage mit unten liegender Heizzone gewählt werden, s. o. Heatpipes können bis zu einem kritischen Radius gebogen werden. Beim Unterschreiten dieses Radius besteht die Gefahr einer Beschädigung der Kapillarstrukturen, was zu einer Leistungsminderung oder sogar zum Ausfall führen kann.

- Die Kühlzone wird an eine Kühlanordnung angekoppelt. Das können einfache Platten, aktive und passive Kühlkörperprofile, Abb. 7.35, oder auch Kopplungen an Wärmetauscher sein. Insbesondere Platten können als umgebendes Medium Flüssigkeiten wie Wasser aufweisen.

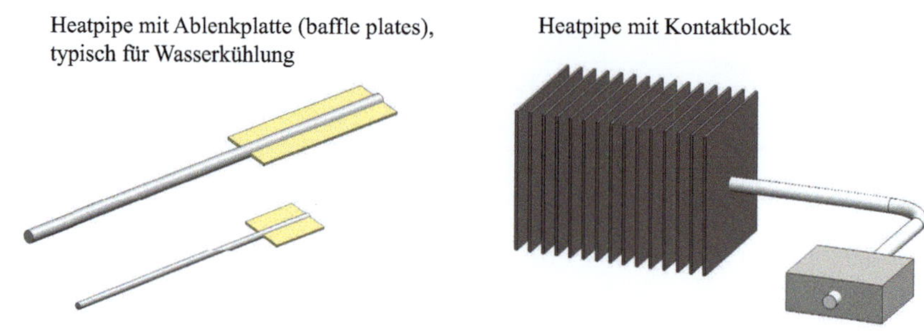

Abb. 7.35 Heatpipe mit Kühlkörperkopplungen

7.7.4.5 Spezialisierte Ausführungsformen von Heatpipes

Neben der erläuterten Klasse der Constant Conductance Heatpipes (CCHP) oder auch Standard-Heatpipes, gibt es ein Reihe weiterer spezialisierter Ausführungsformen.

Die Klasse der **Gas-Loaded Heatpipes** ist dadurch gekennzeichnet, dass ein zusätzliches Reservoir, gefüllt mit einem nicht siedenden Inertgas, direkt mit der Heatpipe-Vakuumkammer verbunden ist. Die Abb. 7.36 zeigt das Design einer Variable Conductance Heatpipe (VCHP). Dabei steigt der Druck in der Heatpipe infolge der Temperaturerhöhung in der Verdampferzone und das gasförmige Arbeitsmedium drängt das Inertgas in das Reservoir zurück. Dadurch wird eine größere Fläche der Kondensorzone freigegeben und ein erhöhter Wärmestrom kann vom Kondensor zum angeschlossenen Kühlkörper übertragen werden. Sinkt die Temperatur in der Verdampferzone, so sinkt der Dampfdruck, das Inertgas dehnt sich aus und verringert damit die wärmeabgebende Fläche der Kondensorzone.

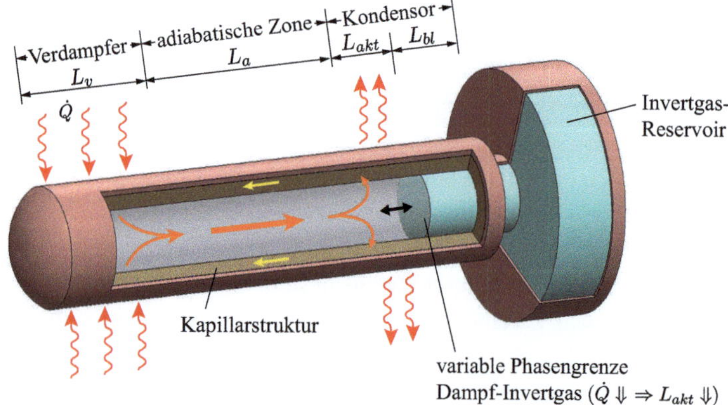

L_{akt} und L_{bl} sind die aktiven bzw. blockierten Kondensorzonen

Abb. 7.36 Gas-Loaded Heatpipe

Dieses Design ist ein selbstregelndes System, das die Temperatur in der Verdampferzone konstant hält, unabhängig von den Änderungen des einkoppelnden Wärmestroms, angewandt z. B. bei der Temperierung einer Batterie. Da hier ein geschlossenes System vorliegt, können die Parameter wie Reservoirgröße, Inertgasmenge und Betriebsdruck nicht variiert werden, wodurch der variable Teil der Kondensorzone L_{akt} festgelegt ist.

Bei der **Druck gesteuerten Heatpipe (Pressure Controlled Heatpipe, PCHP)** kann eine Veränderung der Größe des Inertgasreservoirs von außen durch einen Kolben erfolgen, was zu einer Vergrößerung des Arbeitsbereiches der Heatpipe führt.

Eine weitere Klasse sind **Vapor Chambers**, bei denen die Wärmeaufnahme in der Verdampferzone über eine größere Fläche erfolgt und danach der Wärmestrom entweder 2-dimensional aufgespreizt wird oder durch einen zusätzlichen Kühlpfad weiter abgeführt werden kann. Von der Anwendung her ist das vergleichbar mit den im Abschn. 7.7.2 erläuterten Graphitfolien.

Zwei Beispiele der Klasse mit alternativer Flüssigkeitsrückführung:

Beim **Thermosyphon** erfolgt die Rückführung des Arbeitsmediums durch die Gravitationskraft. Dies bedeutet, dass grundsätzlich die Verdampferzone unterhalb der Kondensorzone liegen muss, am besten eine vertikale Einbauanordnung. Nahezu unbegrenzte Längen sind dabei realisierbar. Anwendung finden sie bei der Gebäudetechnik, insbesondere in Verbindung mit Wärmetauschern zur Heizung.

Ein weiterer Typ sind die **rotierenden Heatpipes**, Abb. 7.37.

Die Rückführung des Arbeitsmediums erfolgt durch die unterschiedlichen Zentrifugalkräfte im Inneren, die durch die Rotation mit der Drehzahl ω der gesamten Heatpipe und deren inneres konisches Design mit dem Winkel α entstehen. Dabei ist keine weitere Kapillarstruktur notwendig.

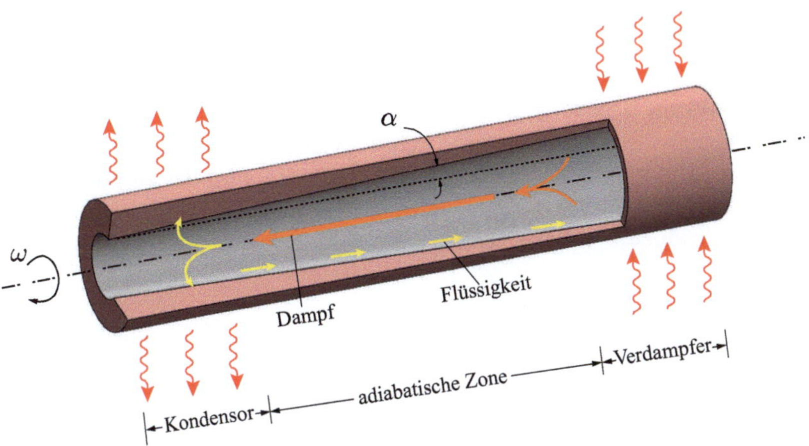

Abb. 7.37 Rotierende Heatpipe

Anwendung findet dieser Typ bei der Kühlung von Elektromotoren und Getrieben. Bei konventionellen Konstruktionen wird die entstehende Wärme von innen nach außen abgeführt. Ist dieser Wärmestrom zu groß, müssen Kühlrippen und/oder Flüssigkeitskühlung in das Gehäuse integriert werden.

Wird die Motorwelle eines E-Motors durch eine rotierende Heatpipe ersetzt, so „saugt" die Verdampferzone der Heatpipe die entstehende Wärme nach innen und führt sie über die Kondensorzone viel schneller nach außen ab. In [1] wird das Design einer solchen rotierenden Heatpipe vorgestellt, welches mit Methanol gefüllt ist und bei 2000 U/min eine Leistung von 526 W überträgt.

Die **Mikro Heatpipes** weisen keine Kapillarstrukturen wie oben genannt auf, sondern haben dreieck- oder trapezförmigförmige Querschnitte mit nach innen geformten Seiten. Die Querschnittbreiten liegen im Bereich 0,1 bis 1 mm und die Längen im Bereich von 10 bis 60 mm.

Die Kapillarwirkung entsteht in den scharfen und tiefen Ecken, wobei die Funktionsweise denen der konventionellen, oben erläuterten, Heatpipes entspricht. Je schmaler und schärfer diese Ecken ausgeführt werden können, umso effektiver arbeitet dieser Heatpipe Typ.

Eine Steigerung des Wärmetransfers um den Faktor 3 bis 4 kann erreicht werden, wenn die Oberflächen von Verdampfer und Kondensor deutlich vergrößert werden. Erzielt werden kann das durch den Auftrag von Kupfersinterpulver [33].

7.7.5 Peltier-Elemente

Peltier-Effekt, Seebeck-Effekt (Umkehrung des Peltier-Effekts) und der Thomson-Effekt beschreiben die Vorgänge der Thermoelektrizität.

Der **Peltier-Effekt** (realisiert durch ein Peltier-Element) beschreibt, wie ein elektrischer Strom I, der durch die Kontakte zweier leitfähiger Materialien fließt, einen Temperaturunterschied $\Delta\vartheta$ an den Kontaktstellen erzeugt. Eine Kontaktstelle wird also gekühlt und die andere erwärmt, Abb. 7.38. Polt man die elektrische Quelle um, so vertauschen sich warme und kalte Seiten.

Wird ein Peltier-Element zum Kühlen genutzt, so bezeichnet man es auch als thermoelektrischen Kühler TEC (Thermoelectric Cooler). Dazu wird das zu kühlende Bauelement auf der kalten Seite des Peltier-Elementes montiert, womit dieses die Wärme des Bauelements absorbiert und die Bauelementetemperatur konstant halten oder verringern kann.

Für die Energiebilanz des Peltier-Elementes gilt:

$$\dot{Q}_{ab} = \dot{Q}_c + P_{el} \tag{7.109}$$

Die zugeführte elektrische Leistung kann damit als ein Antrieb aufgefasst werden, der den Wärmestrom, also die Kühlleistung, vergrößert.

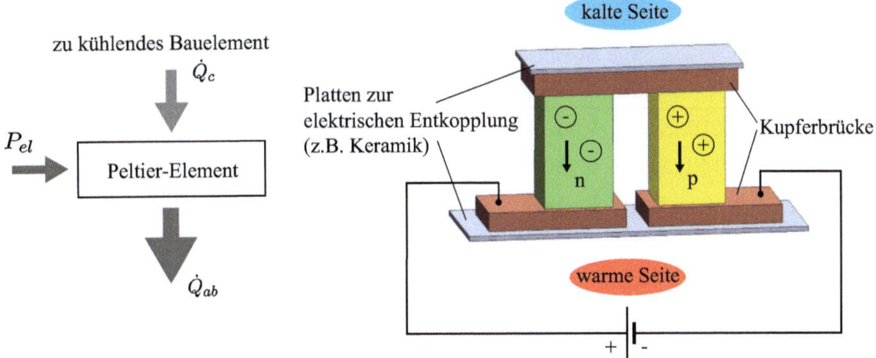

Abb. 7.38 Peltier-Effekt

Der Betrag des Wärmestroms $\dot{Q}_c$, der durch das Peltier-Element auf der kalten Seite absorbiert wird, bestimmt sich nach:

$$\dot{Q}_c = S_{AB} \cdot T_c \cdot I - \dot{Q}_V - \dot{Q}_R \quad \text{mit} \quad S_{AB} = S_A - S_B \tag{7.110}$$

S_A und S_B sind die Seebeck-Koeffizienten der beiden Materialien und T_c ist die absolute Temperatur auf der kalten Seite.

$\dot{Q}_v$ stellt die Verlustleistung im Element infolge des elektrischen Stroms dar:

$$\dot{Q}_v = \frac{1}{2} \cdot I^2 \cdot R \tag{7.111}$$

Dabei sind I der elektrische Strom durch das Element und R der elektrische Widerstand.

Durch die entstehende Temperaturdifferenz $\Delta\vartheta$ kommt es zu einem Rückfluss des Wärmestroms $\dot{Q}_r$ von der warmen zur kalten Seite:

$$\dot{Q}_r = \frac{1}{d} \cdot \lambda \cdot 2\,\mathrm{N} \cdot A \cdot \Delta\vartheta \tag{7.112}$$

Dabei sind d die Höhe, λ die Wärmeleitfähigkeit und A die Querschnittsflächen der Thermopaare. N ist die Anzahl der Thermopaare des gesamten Peltier-Elements und $\Delta\vartheta$ die Temperaturdifferenz über diesem.

Aus den Gl. (7.111) und (7.112) ist zu ersehen, dass mit zunehmendem Strom und zunehmender Temperaturdifferenz die Effizienz des Peltier-Elements sinkt.

Für effektive Peltier-Elemente müssen die beiden Materialien über eine möglichst große elektrische Leitfähigkeit, geringe Wärmeleitfähigkeit und eine große Differenz der beiden Seebeck-Koeffizienten verfügen. Daher sind elektrische Leiter nicht so gut geeignet, da sie neben einer guten elektrischen Leitfähigkeit auch gute Wärmeleiter sind.

Ein Ausweg besteht in der Verwendung von dotierten Halbleitern z. B. auf Basis von Bismut-Tellurid, Bismut-Selenid oder Antimon-Tellurid, Tab. 7.10. Der Wärmestrom

Tab. 7.10 Seebeck Koeffizienten S in $\mu V/K$ zitiert in [26]

Material	S	Material	S	Material	S
Silizium	≈ 450	NiCr(80/20)	25	Nickel	-15
$(Bi_{2-x}Sb_x)Te_3$	210...250	Chrom	22	CuNi(Konstantan)	-34
p-Bi_2Te_3	140...220	Kupfer	7,5	Wismut	-70
Tellur	500	Platin	0	n-Bi_2Te_3	-110...-250
Antimon	47,5	Palladium	-11	$Bi_2(Se_xTe_{3-x})$	-200

fließt in n-dotierten Halbleitern entgegen der Stromrichtung, d. h. in Richtung der Elektronen, und in p-dotierten Halbleitern mit dem Strom, d. h. in Richtung der Defektelektronen. In beiden Fällen wird die Energie von oben abgesaugt, womit sich die obere Seite abkühlt und die untere Seite nimmt diese Energie auf und erwärmt sich. Die Peltierkoeffizienten von Halbleitern sind eine Funktion der Dotierungsdichte, der Temperatur und der Boltzmannkonstanten.

Der **Seebeck-Effekt** beschreibt die Entstehung einer elektrischen Spannung U_{AB}, wenn zwei verbundene elektrische Leiter A und B an ihren Kontaktstellen unterschiedliche Temperaturen ϑ_A und ϑ_B aufweisen:

$$U_{AB} = (S_A - S_B) \cdot (\vartheta_A - \vartheta_B) = S_{AB} \cdot (\vartheta_A - \vartheta_B) \tag{7.113}$$

Die praktische Realisierung eines Peltier-Elements erfolgt durch Kaskadierung der beiden Werkstoffe A und B zur Erzielung einer ausreichend großen Leistung, d. h. eines zu übertragenden Wärmestroms, Abb. 7.39.

Gezeigt wird hier ein single-staged Peltier-Element, d. h. alle leitfähigen Materialien (n- und p-Halbleiter) liegen in einer Ebene. Die Leistung kann durch das Stapeln von single-staged Elementen weiter gesteigert werden, wodurch multi-staged Module entstehen. Die Leistungsfähigkeit oder Effizienz eines Peltier-Elements wird durch die Kennzahl Z ausgedrückt.

Für die p- und n-dotierten Halbleiter gilt entsprechend oben $A = p$ und $B = n$:

$$Z = \frac{S_{pn}^2}{\rho \cdot \lambda} \qquad \text{mit} \qquad [Z] = \frac{1}{K} \tag{7.114}$$

Hierbei sind S_{pn} die Differenz der Seebeck-Koeffizienten, ρ der spezifische elektrische Widerstand und λ die Wärmeleitfähigkeit.

Für ähnliche Materialien (gleiches Basismaterial) gilt dabei:

$$S_{pn} = \overline{S_p} - \overline{S_n} \quad ; \quad \rho = \overline{\rho_p} + \overline{\rho_n} \quad ; \quad \lambda = \overline{\lambda_p} + \overline{\lambda_n} \tag{7.115}$$

Die Mittelwerte beziehen sich auf die Temperaturdifferenz zwischen kalter und warmer Seite.

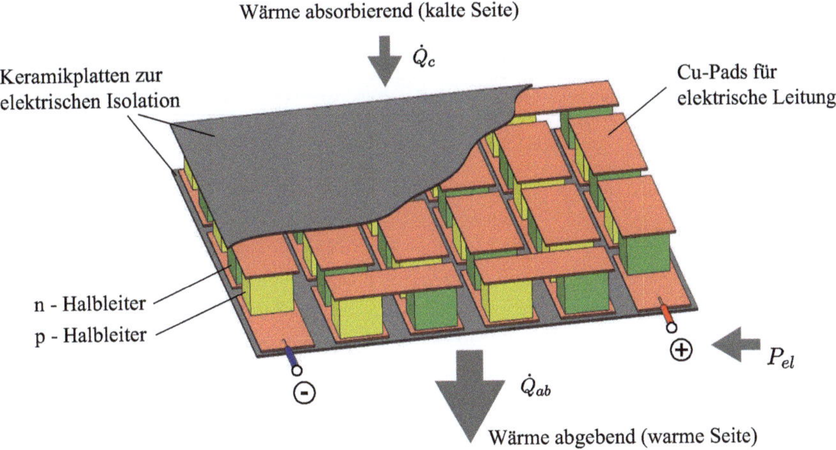

Abb. 7.39 Aufbau eines Peltier-Elements

Für unterschiedliche Materialien gilt:

$$Z = \frac{(S_p - S_n)^2}{\left[(\lambda_p \rho_p)^{\frac{1}{2}} + (\lambda_n \rho_n)^{\frac{1}{2}}\right]^2} \qquad (7.116)$$

Häufig wird anstelle von Z die dimensionslose Leistungsfähigkeit (figure of merit) $ZT = Z \cdot T$ verwendet, wobei T die Durchschnittstemperatur zwischen den kalten und warmen Seiten ist. Für gute Werkstoffe liegt ZT im Bereich von 1 bis 3.

Für den Wärmestrom $\dot{Q}_c$ des Peltierelements gilt [18]:

$$\frac{\dot{Q}_c}{\dot{Q}_{max}} = 2\left(\frac{I}{I_{max}}\right) - \left(\frac{I}{I_{max}}\right)^2 - \left(\frac{\Delta\vartheta}{\Delta\vartheta_{max}}\right) \qquad (7.117)$$

$\dot{Q}_{max}$, I_{max} und $\Delta\vartheta_{max}$ sind die maximalen Werte und den Datenblättern der Hersteller zu entnehmen. Die Tab. 7.11 zeigt eine Auswahl aus dem großen Anwendungsspektrum.

Das Verhältnis von Aufwand und Nutzen wird mittels des Leistungskoeffizienten COP (Coefficient of Performance) beschrieben:

$$\text{COP} = \frac{\dot{Q}_c}{P_{el}} \qquad (7.118)$$

Detailliertere Informationen über den Zusammenhang zwischen den Parametern des Peltier-Elements, insbesondere zum Bestimmen des gewählten Betriebszustands, zeigt der

Tab. 7.11 Leistungsdaten von Peltier-Elementen, Auswahl nach [7]

Breite	Länge	Kühlleistung	max. Temperaturdifferenz	max. Betriebstemperatur
[mm]	[mm]	[W]	[K] bzw. [°C]	[°C]
4,3	4,3	1,1	78	80
5	5	1,1	76	120
15	20	16	74	120
40	40	98	80	80
62	62	437	75	120

folgende Zusammenhang [18]:

$$\text{COP} = \frac{2\left(\dfrac{I}{I_{\max}}\right) - \left(\dfrac{I}{I_{\max}}\right)^2 - \left(\dfrac{\Delta\vartheta}{\Delta\vartheta_{\max}}\right)}{\left(\dfrac{I}{I_{\max}}\right)\left(\dfrac{\Delta\vartheta}{\Delta\vartheta_{\max}}\right)ZT_c + 2\left(\dfrac{I}{I_{\max}}\right)^2} \tag{7.119}$$

Die Abb. 7.40 stellt diesen Zusammenhang für den Fall $ZT_c = 1$ graphisch dar.

Bei der Anwendung des Peltier-Elements sind vor allem zwei Betriebszustände von Bedeutung:

- Erzielen einer maximalen Kühlleistung, was großen Strom und große Temperaturdifferenzen erfordert, aber energetisch nicht optimal ist.
- Maximale Effizienz, was bei geringen Temperaturdifferenzen erzielt wird, aber nicht die maximale Kühlleistung erreicht. Dieser Betriebszustand wird in etwa erreicht, wenn das Verhältnis von Strom zu maximalem Strom gleich ist dem Verhältnis von Temperaturdifferenz zu maximaler Temperaturdifferenz, vgl. Extremwerte in Abb. 7.40.

Bei kleinen Temperaturdifferenzen und dem Betrieb deutlich unter seiner Nennleistung kann der COP Werte von 2–3 annehmen, wogegen bei großen Temperaturdifferenzen dieser Wert auf unter 0,2 zurückgehen kann.

Beispiel:

Ein Prozessor in einem Gehäuse $(40 \cdot 40)$ mm^2 wird mit einem Peltier-Element und einem Kühlkörper gekühlt, Abb. 7.41.

Die Verlustleistung des Prozessors sei 20 W (entspricht der Wärmelast $\dot{Q}_c$) und seine Oberflächentemperatur betrage $\vartheta_c = 50\,°\text{C}$ und ist zugleich die kalte Seite des Peltier-Elements. Die Unterseite des Kühlkörpers, zugleich die warme Seite des TEC, soll $\vartheta_h = 66\,°\text{C}$ betragen, womit sich ein $\Delta\vartheta = 16\,°\text{C}$ ergibt. Weiterhin wird angenommen, dass $ZT_c = 1$ ist.

Als Betriebszustand wird der mit der höchst möglichen Effektivität gewählt, d. h. COP soll ein Maximum sein, siehe Kurven in Abb. 7.40.

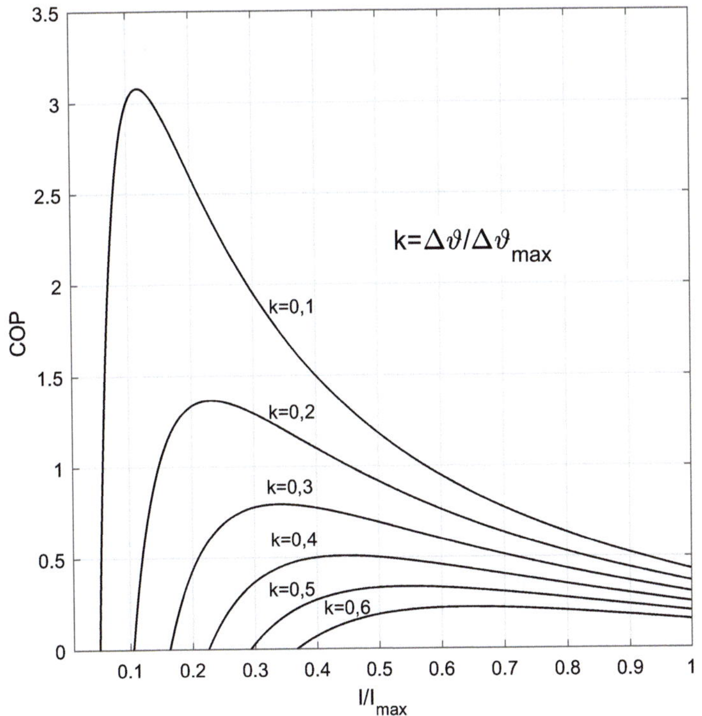

Abb. 7.40 Leistungskoeffizient als Funktion des Stromverhältnisses für ein single-staged Peltier-Element mit $Z\vartheta = 1$

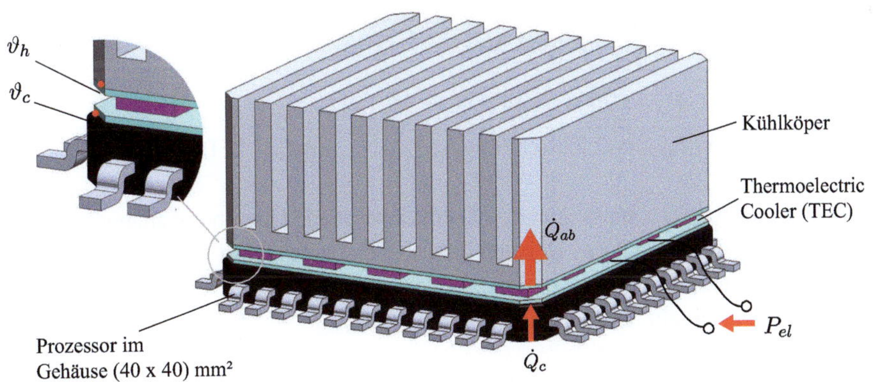

Abb. 7.41 Prozessorkühlung mit Peltier-Element und Kühlkörper

1. Bestimmung des maximalen Wärmestroms $\dot{Q}_{max}$

Die Vorauswahl zeigt einen TEC mit $(40 \cdot 40)\,\text{mm}^2$ (kann auch kleiner gewählt werden), einer maximalen Kühlleistung von 98 W und einem $\Delta\vartheta_{max} = 80\,°\text{C}$, Tab. 7.11. Für das Temperaturverhältnis folgt damit:

$$\frac{\Delta\vartheta}{\Delta\vartheta_{max}} = \frac{16\,°\text{C}}{80\,°\text{C}} = 0{,}2 \tag{7.120}$$

Aus Abb. 7.40 ermittelt sich ein maximaler COP von $\approx 1{,}4$ und ein Stromverhältnis von $I/I_{max} \approx 0{,}23$.

Mit den Werten und Gl. (7.117) ergibt sich die Kühlrate $\dot{Q}_c/\dot{Q}_{max} = 0{,}21$. Daraus folgt:

$$\dot{Q}_{max} = \frac{\dot{Q}_c}{0{,}21} = \frac{20\,\text{W}}{0{,}21} = 95{,}2\,\text{W} \tag{7.121}$$

2. Auswahl eines TEC und Abgleich mit der Vorauswahl

Mit dem TEC der Vorauswahl ergibt sich:

$$\frac{\dot{Q}_c}{\dot{Q}_{max}} = \frac{20\,\text{W}}{98\,\text{W}} = 0{,}2 \quad \text{und mit Abb. 7.40} \quad \frac{I}{I_{max}} = 0{,}23 \tag{7.122}$$

Damit kann die Auswahl des TEC bestätigt werden. Weicht der unter 1. ermittelte Wert für $\dot{Q}_{max}$ signifikant vom TEC-Tabellenwert des Herstellers ab, so ist neu zu kalkulieren.

3. Bestimmung von elektrischer Leistung des TEC, des Stroms und des Wärmestroms am Kühlkörper

Mit den Gl. (7.117) für COP und Gl. (7.109) für die Energiebilanz folgt:

$$P_{el} = \frac{\dot{Q}_c}{\text{COP}} = \frac{20\,\text{W}}{1{,}4} = 14{,}3\,\text{W} \tag{7.123}$$

$$\dot{Q}_{ab} = \dot{Q}_c + P_{el} = 20\,\text{W} + 14{,}3\,\text{W} = 34{,}3\,\text{W}$$

$$I = 0{,}23 \cdot I_{max} = 0{,}23 \cdot 11\,\text{A} = 2{,}53\,\text{A} \quad \text{mit } I_{max} \text{ lt. Datenblatt}$$

Dieser Wärmestrom $\dot{Q}_{ab}$ muss über den Kühlkörper an die Umgebung abgegeben werden.

Für einen Vergleich soll das Beispiel dahingehend modifiziert werden, dass die Oberflächentemperatur um 16 °C auf nun $\vartheta_c = 34\,°\text{C}$ gesenkt werden soll.

Damit ergibt sich ein neues Temperaturverhältnis:

$$\frac{\Delta\vartheta}{\Delta\vartheta_{max}} = \frac{32\,°\text{C}}{80\,°\text{C}} = 0{,}4 \tag{7.124}$$

Mit der Kurve des Temperaturverhältnis 0,4 in der Abb. 7.40 lässt sich ein max. COP $\approx 0{,}5$ und ein Stromverhältnis von $I/I_{max} \approx 0{,}4$ ermitteln.

Mit den Werten und Gl. (7.117) ergibt sich die Kühlrate zu $\dot{Q}_c/\dot{Q}_{max} = 0{,}24$. Daraus folgt:

$$\dot{Q}_{max} = \frac{\dot{Q}_c}{0{,}24} = \frac{20\,\text{W}}{0{,}24} = 83{,}3\,\text{W} \qquad (7.125)$$

Analog Pkt.3 folgt:

$$P_{el} = \frac{\dot{Q}_c}{\text{COP}} = \frac{20\,\text{W}}{0{,}5} = 40\,\text{W} \qquad (7.126)$$

$$\dot{Q}_{ab} = \dot{Q}_c + P_{el} = 20\,\text{W} + 40\,\text{W} = 60\,\text{W}$$

$$I = 0{,}4 \cdot I_{max} = 0{,}4 \cdot 11\,\text{A} = 4{,}4\,\text{A} \qquad \text{mit } I_{max} \text{ lt. Datenblatt}$$

Das bedeutet, dass eine weitere Verringerung der Prozessortemperatur um $16\,^{\circ}\text{C}$ eine zusätzliche Leistung von $40\,\text{W} - 14{,}3\,\text{W} = 25{,}7\,\text{W}$ erfordert. Zudem wird die Effizienz des TEC von 1,4 auf 0,5 reduziert.

7.7.6 Wärmeübertrager

Wärmeübertrager [4, 22] sind Apparate, bei denen ein Austausch thermischer Energien zwischen zwei Fluiden erfolgt. Umgangssprachlich wird vor allem der Ausdruck Wärmetauscher (Heat Exchanger, HX), verwendet, der thermodynamisch nicht ganz korrekt ist. Ein Wärmeaustausch zwischen den beiden Fluiden erfolgt hier nicht, sondern es findet ein Wärmetransport vom Fluid mit der höheren Temperatur zum Fluid mit niedrigerer Temperatur statt.

Klassifiziert werden die Wärmeübertrager entsprechend ihrer Fluidströme zueinander:

- Glcichstrom-Wärmeübertrager, bei denen die beiden Fluide in gleicher Richtung strömen.
- Gegenstrom-Wärmeübertrager, bei denen die beiden Fluide in entgegengesetzter Richtung strömen.
- Kreuzstrom-Wärmeübertrager, bei denen zwischen den strömenden Fluiden ein Winkel von 90° vorliegt.

Die Abb. 7.42 zeigt die Wärmeübertragung für die Gleichstrom- und Gegenstromprinzipien. Geht man von Wärmeübertragern ohne Phasenübergang aus, d. h. die Fluide kondensieren und verdampfen nicht, so ergeben sich die Wärmeströme in den beiden Fluiden zu:

$$\dot{Q}_1 = \dot{m}_1 \cdot c_{p1} \cdot (\vartheta_{1,in} - \vartheta_{1,\text{out}}) \quad \text{und} \quad \dot{Q}_2 = -\dot{m}_2 \cdot c_{p2} \cdot (\vartheta_{2,in} - \vartheta_{2,\text{out}}) \qquad (7.127)$$

Die Ausdrücke $(\dot{m}_1 \cdot c_{p1})$ und $(\dot{m}_2 \cdot c_{p2})$ sind die Kapazitätsströme der beiden Fluide. Dabei sind $\dot{m}_1$ und $\dot{m}_2$ die Massenströme mit $[\dot{m}] = \text{kg/s}$ die angeben, wie viel Masse des Flu-

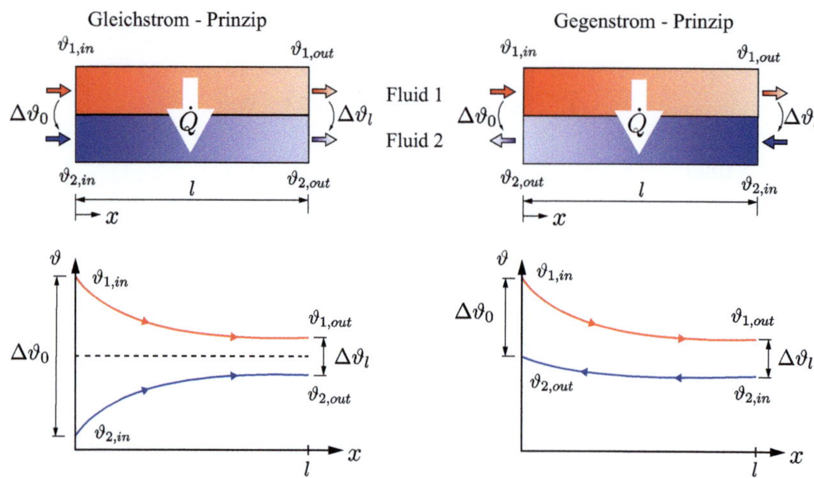

Abb. 7.42 Wärmeübertrager: Gleichstrom- und Gegenstromprinzipien

ids sich pro Zeiteinheit durch den Querschnitt bewegt. c_{p1} und c_{p2} sind die spezifischen Wärmen der Fluide mit $[c_p] = \mathrm{J}/(\mathrm{kg} \cdot \mathrm{K})$.

Zur Berechnung wird eine weitere Größe, die mittlere logarithmische Temperaturdifferenz (Gleich- und Gegenstromprinzip) $\Delta\vartheta_m$, eingeführt:

$$\Delta\vartheta_m = \frac{\Delta\vartheta_0 - \Delta\vartheta_l}{\ln\left(\dfrac{\Delta\vartheta_0}{\Delta\vartheta_l}\right)} \tag{7.128}$$

Die Temperaturdifferenzen $\Delta\vartheta_0$ und $\Delta\vartheta_l$ bestimmen sich aus Abb. 7.42. Damit folgt für den zu übertragenden Wärmestrom zwischen den Fluiden:

$$\dot{Q} = k \cdot A \cdot F \cdot \Delta\vartheta_m \tag{7.129}$$

A ist die Wärmetransferoberfläche, F ein Korrekturfaktor (abhängig von den Strömungsrichtungen, für den Gegenstrom gilt $F = 1$) und k ist der über A gemittelte Wärmedurchgangskoeffizient [23], siehe dazu auch Abschn. 7.9.1:

$$k_{\mathrm{Platte}} = \frac{1}{\dfrac{1}{\alpha_i} + \dfrac{s}{\lambda} + \dfrac{1}{\alpha_e}} \quad \text{bzw.} \tag{7.130}$$

$$k_{\mathrm{Rohr}} = \frac{1}{\dfrac{1}{\alpha_i} + \dfrac{r_i}{\lambda} \cdot \ln\left(\dfrac{r_e}{r_i}\right) + \dfrac{r_i}{r_e \cdot \alpha_e}} \tag{7.131}$$

Hierbei wird vorausgesetzt, dass k konstant ist.

Darüber hinaus gibt es weitere Kennzahlen, die bei unterschiedlichen Berechnungsverfahren zur Anwendung kommen [4, 18, 22].

Zur Auswahl von Wärmetauschern geben die Hersteller unterschiedliche Daten an. Das reicht von den Kühlleistungen, über Diagramme, Berechnungsangeboten bis hin zur Angabe einer spezifischen Wärmeleistung q_{spec}, mit der sich wie folgt der abführbare Wärmestrom eines Wärmeübertragers bestimmen lässt:

$$\dot{Q} = q_{spec} \cdot \Delta\vartheta \qquad \text{mit} \qquad [q_{spec}] = \frac{W}{K} \qquad (7.132)$$

Dabei ist $\Delta\vartheta$ die Temperaturdifferenz z. B. zwischen den Innen- und Umgebungstemperaturen eines Schaltschranks, vgl. dazu auch Abschn. 7.9.1.

Bei der konstruktiven Umsetzung dieser Prinzipien lassen sich folgende Bauformen unterscheiden, Abb. 7.43:

- Der Zwei-Rohr-Wärmeübertrager besteht aus zwei konzentrischen Rohren und ist besonders geeignet für Fluide mit höheren Drücken, allerdings mit vergleichsweise geringen zu übertragenden Wärmeströmen. Konstruktiv ist er die einfachste Bauform.
- Beim Rohrbündel-Wärmeübertrager wird ein ganzes Bündel von Rohren parallel durchströmt, wobei dieses Rohrbündel in einem Gehäuse, das nicht zwangsläufig ein Rohr sein muss, montiert wird (a). Diese Bauform stellt damit die Erweiterung des einfachen Zwei-Rohr-Wärmeübertragers dar.
- Der Platten-Wärmeübertrager (b) besteht aus profilierten Platten, die hintereinander montiert werden und dadurch zwischen 2 Platten ein Zwischenraum entsteht. In diesen Zwischenräumen fließt jeweils das wärmeabgebende bzw. das wärmeaufnehmende Fluid, wobei der Wärmestrom durch die Plattenwände erfolgt. Entweder kommen kompakte verlötete Anordnungen zur Anwendung oder die Platten werden mittels Dichtungen verschraubt, so dass eine variable Anordnung entsteht, die den unterschiedlichsten Erfordernissen leicht angepasst werden kann.
- Beim Spiral-Wärmeübertrager (c) werden 2 Bleche mit einem definierten Abstand zueinander in Form einer Spirale aufgerollt, wobei beim Aufrollen ein zweiter Abstand zwischen den Spiralteilen eingehalten werden muss. Dadurch entstehen zwei voneinander getrennte Kanäle, die an den Enden verschlossen und mit den Zu- und Abläufen der Fluide versehen werden. Typischerweise werden diese Wärmeübertrager nach dem Gegenstromprinzip betrieben.
- Der Rohrschlangen-Wärmeübertrager hat eine gewendelte Rohrschlange in einem Gehäuse, wodurch eine einfache Bauweise realisiert werden kann (d).
- Beim Wärmeübertrager mit gerippten Röhren, werden die Strömungsröhren mit Rippen versehen, hier eine Anordnung mit kreisförmiges Rippen (e).
- Kompakt-Wärmeübertrager haben eine Vielzahl von Strömungskanälen für kalte und warme Fluide mit dreieckigen, rechteckigen oder wellenförmigen Querschnitten, wodurch die kompakteste Bauform erzielt werden kann (f).

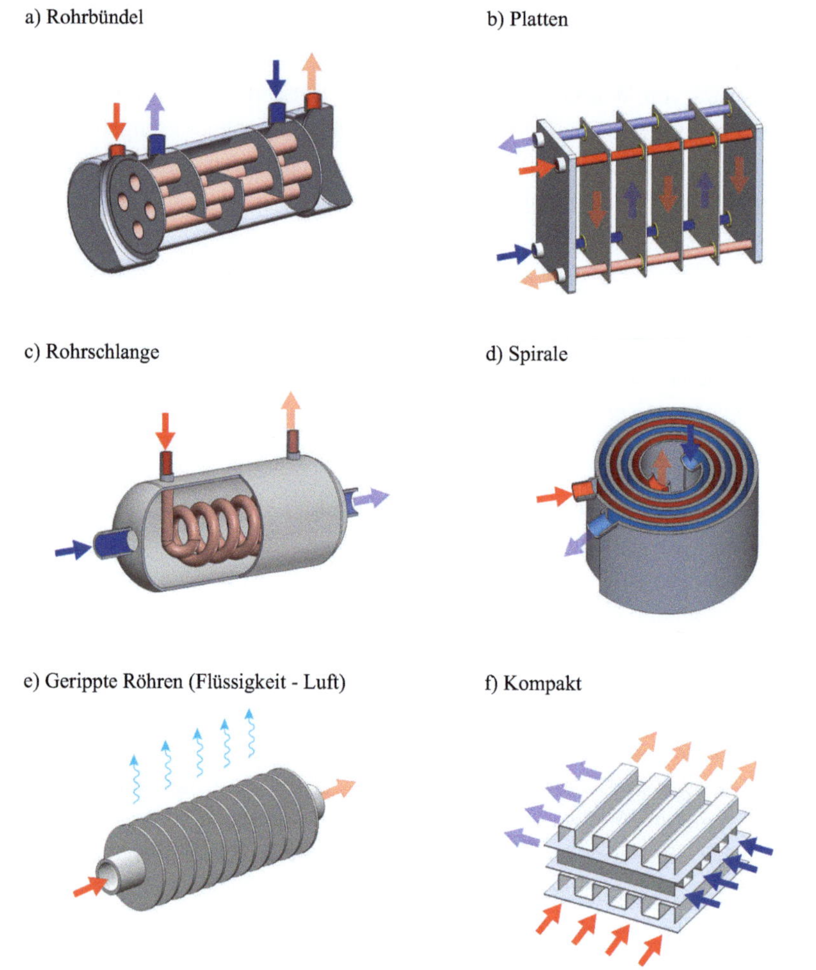

Abb. 7.43 Typische Wärmeübertrager

7.8 Wärmeabfuhr von Bauelementen

7.8.1 Faktoren für die Wärmeabfuhr von Bauelementen

Alle Bauelemente, denen eine elektrische Leistung zugeführt wird, unterliegen der Problematik der Wärmeabfuhr. Sie müssen in jedem Fall so auf den Boards und im Gerät angeordnet werden, dass eine ausreichende Wärmeabfuhr gewährleistet ist. Das bedeutet, dass für die Bauelemente eine bestimmte innere Temperatur nicht überschritten werden darf. Bei Halbleiterbauelementen ist das i. d. R. die zulässige Sperrschichttemperatur, die den Datenblättern zu entnehmen ist. Bei Siliziumbauelementen liegt sie im Bereich von 100–180 °C.

Häufig wird für Bauelemente eine Lebensdauer in Stunden bei einer definierten Temperatur (typ. 20 °C oder 25 °C) angegeben. Im Betriebszustand soll die Temperatur möglichst nicht überschritten werden, da sonst die Lebensdauer gemäß der Faustformel „10 °C Temperaturerhöhung halbiert die Lebensdauer", abnimmt, ausführlicher siehe Abschn. 8.8.1.

Die zulässige Sperrschichttemperatur bei Halbleitern zusammen mit der Umgebungstemperatur und der elektrischen Verlustleistung bestimmen die notwendigen konstruktiven Erfordernisse der Wärmeabfuhr. Das Ziel sollte dabei immer sein, im Betriebszustand deutlich unterhalb dieser Grenztemperatur zu bleiben.

Entscheidend für eine sichere Funktion der Bauelemente sind 3 Faktoren:

1. Leistungsauslastung des Bauelements
Dieser Parameter beschreibt, wie viel Leistung im Verhältnis zur maximalen möglichen Leistung tatsächlich umgesetzt wird. Hier können keine klar definierten Verhältnisse angegeben werden, zu unterschiedlich sind die Anwendungen. Grundsätzlich gilt aber, dass ein ausreichender Sicherheitsabstand zum Maximum gewählt werden sollte. Ein Richtwert könnte der Faktor 0,66 sein. Das würde beispielsweise für einen 1 W-Widerstand eine zulässige Belastung von 0,66 W ergeben.

2. Anordnung im Gerät
Sie beschreibt, wo das Bauelement auf seinem Verbindungssubstrat platziert ist und wo die gesamte Baugruppe dann im Gerät angeordnet wird. Ein Beispiel soll das beschreiben.

Auf einer Baugruppe befindet sich ein IC mit einem größeren Leistungsumsatz. Diese Baugruppe ist so im Gerät angeordnet, dass genau an der Position des IC ein Wärmestau aufgrund einer mangelnden Konvektion entsteht, der zum vorzeitigen Ausfall des IC und somit des gesamten Gerätes führt. Mehrere Möglichkeiten zur Behebung des Problems sind möglich.

Erstens wird die Konvektion an der aktuellen Position vergrößert beispielsweise durch veränderte Kühlkörper oder den zusätzlichen Einsatz von Lüftern.

Zweitens kann die Lage der gesamten Baugruppe im Gerät verändert werden, wobei der u. U. einfachste Fall, das Drehen der Baugruppe, schon ausreichend sein kann.

Drittens wird die Platzierung des IC auf dem Verbindungssubstrat geändert, wobei die Lage der Baugruppe im Gerät beibehalten werden kann.

3. Art und Weise der Kühlung
Hier wird festgelegt, wie und durch welche konstruktiven Maßnahmen die Wärmeabfuhr erfolgen kann. Folgende Möglichkeiten gibt es:

- Passive Kühlkörper, ohne zusätzliche Lüfter.
- Aktiver Kühlkörper mit integriertem Lüfter zur Verbesserung des konvektiven Wärmeübergangs, d. h. Verringerung des konvektiven Wärmewiderstands.

- Passiver Kühlkörper, wobei die Verringerung des konvektiven Wärmewiderstands durch zusätzliche Gerätelüfter realisiert wird. Damit ist ein zusätzlicher Luftstrom für weitere Bauelemente oder auch gleich für eine komplette Baugruppe verbunden.
- Flüssigkeitskühlung.
- Kühlung abseits von Bauelementen, wenn zu wenig Raum für Kühlanordnungen direkt auf oder an Bauelementen vorhanden ist. Das bedeutet den Einsatz von Heatpipes oder Graphitfolien mit besonders großer Wärmeleitfähigkeit in der x-y-Ebene, Abb. 7.27, zur schnellen Ableitung der Wärme in Richtung externer Kühleinrichtungen.

7.8.2 Modellbildung und Simulation

Zwei weit verbreitete Methoden zur Modellbildung und Simulation des Wärmestroms sind die Finite Elemente Methode (FEM) und die Netzwerkanalyse Methode mit den thermisch-elektrischen Äquivalenzen, Tab. 7.7. Die letztere Methode wird näher erläutert.

Sie hat zum Hauptziel, die entstehenden Sperrschichttemperaturen der Halbleiterbauelemente ohne oder mit Kühleinrichtungen vorherzusagen. Ein Überschreiten dieser Temperatur führt zum Ausfall und die Kenntnis der zu erwartenden Sperrschichttemperatur lässt einen Rückschluss auf die Lebensdauer des Bauelements zu.

Durch Vorgabe einer Sperrschichttemperatur können die Dimensionierungen der Kühlanordnungen abgeleitet werden.

Nicht immer ist die Kenntnis der Temperaturverteilung in der gesamten Anordnung notwendig, da in der Regel die zulässige Sperrschichttemperatur das entscheidende Kriterium ist. Somit können unterschiedliche Modelle (mit unterschiedlichem mathematischen Aufwand) zur Anwendung kommen.

Weiterhin spielt das Wärmespeichervermögen von Kühlkörpern aufgrund ihrer z. T. großen Wärmekapazität eine besondere Rolle. Eine schlagartig entstehende elektrische Verlustleistung in einem Transistor durch einen Schaltvorgang führt zu einem verzögerten Temperaturanstieg im Kühlkörper, d. h. zu einer verzögerten Aufnahme des Wärmestroms. Ist diese „Phasenverschiebung" zu groß, kann u. U. die Erhöhung der Sperrschichttemperatur nicht rechtzeitig abgebaut werden und ein Ausfall des Bauelements ist wahrscheinlich.

Die Bestandteile des gesamten elektrisch-thermischen Designs werden jeweils durch 2 Parameter beschrieben. Die Wärmekapazität (thermische Masse) und der thermische Widerstand werden mittels einer Kapazität C_{thi} bzw. einen Widerstand R_{thi} modelliert. Wärmekapazität und thermischer Widerstand sind in einem Bauelement immer verteilte Eigenschaften. In der Modellbildung werden sie als konzentrierte Bauelemente dargestellt, was zu unterschiedlichen Ersatzschaltungen führen kann.

Die gebräuchlichsten Ersatzschaltungen sind [15], [20, S. 239–284]:

- Zwei Cauer-Netzwerk-Modelle I und II (Transmission Line Model, Leitungsersatzschaltbild)
- Zwei Foster-Netzwerk-Modelle I und II (Partialbruch-Netzwerk).

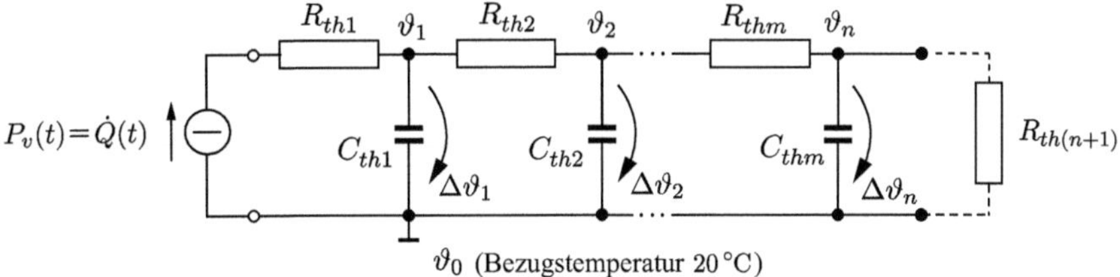

Abb. 7.44 Cauer-I Netzwerk-Modell

Cauer-I Modell

Bei diesem Modell, Abb. 7.44, wird für die Modellierung des gesamten thermischen Systems dieses in einzelne Materialblöcke gegliedert, wobei jeder Block i durch ein konzentriertes Elementpaar $R_{\text{thi}}C_{\text{thi}}$ modelliert wird.

Ist diese Modellierung für einen Materialblock zu ungenau, so kann sie durch eine Summe von n kleineren Elementepaaren $R_{x,\text{thi}}C_{x,\text{thi}}$ mit $x = 1 \cdots n$ ersetzt werden:

$$R_{x,\text{thi}} = \frac{R_{\text{thi}}}{n} \quad \text{und} \quad C_{x,\text{thi}} = \frac{C_{\text{thi}}}{n} \quad \text{mit} \quad x = 1 \cdots n \tag{7.133}$$

Das Cauer-I Modell mit diesen Elementepaaren beschreibt den physikalischen Sachverhalt des gesamten thermischen Systems so, dass den Knotenpunkten Temperaturen ϑ_i zugeordnet werden und somit ein sehr genaues Bild der Temperaturverteilungen im gesamten thermischen System liefern. Die Temperaturdifferenzen $\Delta\vartheta_i$ sind immer die Differenzen zwischen den Knotentemperaturen und der Referenztemperatur ϑ_0, die 20 °C beträgt. Dazu sei nochmals auf die Tab. 7.7 mit der Analogie verwiesen, dass die Temperatur einem elektrischen Potenzial und die Temperaturdifferenz einer Spannung entsprechen.

Der Abschlusswiderstand $R_{th(n+1)}$ des Cauer-Modells stellt die Wärmeabgabe durch Strahlung und Konvektion dar und wird durch eine Parallelschaltung von konvektivem Wärmewiderstand R_k und Wärmewiderstand der Strahlung R_s modelliert.

Cauer-II Modell

Das unterscheidet sich vom Cauer-I Modell dahingehend, dass die in Abb. 7.44 dargestellten Kapazitäten nicht hinter den jeweiligen Widerständen liegen, sondern davor.

Foster-Modelle

Diese sind rein formale Strukturen und modellieren nicht das innere Temperaturverhalten des thermischen Systems. Im Gegensatz zu den Cauer-Modellen, die 2-Tore darstellen, sind die Foster-Modelle 1-Tor Systeme, Abb. 7.45.

Das hier gezeigte Foster-I-Modell zeigt in Reihe geschaltete Transiente Widerstände Z_{thi}, die jeweils aus parallel geschalteten R'_{thi} und C'_{thi} bestehen, vgl. auch Abschn. 7.3.3 und Abb. 7.11.

Damit kann nur das Eingangsverhalten erfasst werden, das heißt z. B. der Verlauf der Sperrschichttemperatur bei unterschiedlichster Anregung von Bauelementen.

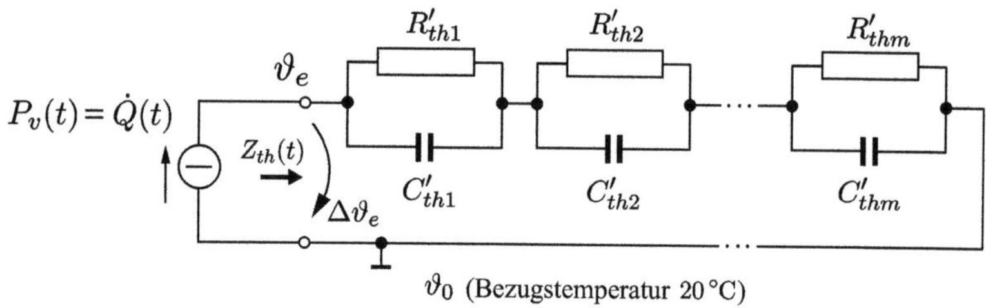

$$\vartheta_0 \text{ (Bezugstemperatur 20 °C)}$$

Abb. 7.45 Foster-I Netzwerk-Modell

Für den Transienten Widerstand bei Aufwärmung gilt:

$$Z_{\text{thi}}(t) = R'_{\text{thi}}\left(1 - e^{-\frac{t}{\tau_{\text{thi}}}}\right) \qquad \text{mit} \qquad \tau_{\text{thi}} = R'_{\text{thi}} \cdot C'_{\text{thi}} \qquad (7.134)$$

Damit folgt für den Transienten Widerstand Z_{th} am Eingang des thermischen Systems:

$$Z_{th}(t) = \sum_{i=1}^{m} R'_{\text{thi}}\left(1 - e^{-\frac{t}{\tau_{\text{thi}}}}\right) = \frac{\Delta\vartheta_e(t)}{P_v(t)} = \frac{\vartheta_e(t) - \vartheta_0}{P_v(t)} \qquad (7.135)$$

Damit kann die Temperatur $\vartheta_e(t)$ am Eingang bestimmt werden, die der Sperrschichttemperatur eines Bauelements entspricht.

Vergleich der Modelle

Betrachtet man beide Modelle so ist ersichtlich, dass die in den Kapazitäten C'_{thi} des Foster-Modells gespeicherten Wärmeenergien von den Temperaturdifferenzen jeweils zweier benachbarter Knoten abhängen, wogegen die in den Kapazitäten C_{thi} des Cauer-Modells gespeicherte Wärme mit den absoluten Temperaturen des entsprechenden Materialblocks korreliert.

Geht man vom dynamischen in den statischen Betrieb über, d. h. die Temperaturen im thermischen System haben sich auf konstante Werte eingepegelt, so entfallen die Kapazitäten. Ausgehend vom Cauer-Modell zeigt die Abb. 7.46 das Wärmeersatzschaltbild eines Bauelements mit Kühlkörper.

Hierbei bedeuten:

- P_v ist die konstante Verlustleistung des Bauelements, die vollständig in einen konstanten Wärmestrom $\dot{Q}$ umgesetzt wird.
- R_i ist der thermische Innenwiderstand des Bauelements.
- R_{bea} ist der thermische Außenwiderstand des Bauelements ohne Kühlkörper.
- R_{anp} stellt den thermischen Kopplungswiderstand dar und umfasst die in Reihe geschalteten Widerstände: Kontaktwiderstand Bauelement-Thermisches Interface Material (TIM), Wärmeleitungswiderstand des TIM und Kontaktwiderstand TIM-Kühlkörper.

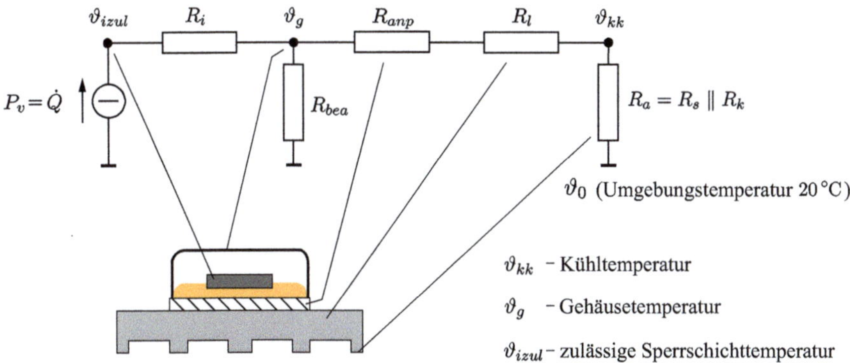

Abb. 7.46 Statisches Wärmeersatzschaltbild eines Bauelements mit Kühlkörper für den statischen Betriebszustand

- R_l ist der thermische Leitungswiderstand des Kühlkörpers (im engeren Sinne gehört auch der Thermische Aufspreizwiderstand R_{sp} dazu).
- R_a beschreibt den Wärmeübergangswiderstand vom Kühlkörper zur Umgebung und setzt sich zusammen aus der Parallelschaltung von konvektivem Wärmewiderstand R_k und Wärmewiderstand der Strahlung R_s.

Da $R_{bea} \gg (R_{anp} + R_l + R_a)$ ist, kann R_{bea} in der Praxis vernachlässigt werden, womit sich der zu übertragende Wärmestrom (Verlustleistung) ergibt:

$$\dot{Q} = P_v = \frac{\vartheta_{izul} - \vartheta_0}{(R_i + R_{anp} + R_l + R_a)} \tag{7.136}$$

Damit lässt sich die folgende Gleichung zur Auswahl eines Kühlkörpers bestimmen:

$$(R_l + R_a) = \frac{\vartheta_{izul} - \vartheta_0}{P_v} - (R_i + R_{anp}) \tag{7.137}$$

$(R_l + R_a)$ stellt den Parameter zur Kühlkörperauswahl dar. Je kleiner dieser Ausdruck wird, desto größer ist die abführbare Verlustleistung.

Die zulässige Sperrschichttemperatur ϑ_{izul} ergibt sich aus der maximalen Sperrschichttemperatur ϑ_{imax}, entsprechend den Datenblättern der Bauelementehersteller, und einer selbst zu wählenden Sicherheitsreserve ϑ_{is} mit typisch 20 bis 30 °C zu:

$$\vartheta_{izul} = \vartheta_{imax} - \vartheta_{is} \tag{7.138}$$

Beispiel:

Für den Transistor MJ11016(NPN) im TO3-Gehäuse soll ein Kühlkörper ausgewählt werden.

Gegeben sind laut Datenblatt:

$$R_i = 0{,}87\,°\text{C}/\text{W}$$

$$\vartheta_{\text{imax}} = 200\,°\text{C} \quad \text{max. Sperrschichttemperatur}$$

Die Umgebungstemperatur beträgt $\vartheta_0 = 20\,°\text{C}$.

Es soll eine Verlustleistung von $P_v = 30\,\text{W}$ übertragen werden.

Typ. Anpassungen zwischen Bauelement und Kühlkörper Tab. 7.12, [11].

Es wird eine Glimmerscheibe 0,05 mm dick mit WLP und einem Wert von $R_{\text{anp}} = 0{,}9\,°\text{C}/\text{W}$ ausgewählt.

Für die zulässige Sperrschichttemperatur ϑ_{izul} soll eine Sicherheitsreserve von $\vartheta_{is} = 25\,°\text{C}$ angesetzt werden, womit sich ϑ_{izul} ergibt:

$$\vartheta_{\text{izul}} = \vartheta_{\text{imax}} - \vartheta_{is} = 175\,°\text{C}$$

Mit Gl. (7.137) kann jetzt der Parameter zur Kühlkörperauswahl bestimmt werden:

$$(R_l + R_a) = \frac{(175 - 20)°\text{C}}{30\,\text{W}} - (0{,}87 + 0{,}9)°\text{C}/\text{W} = \underline{3{,}4\,°\text{C}/\text{W}}$$

Mit dem ermittelten Wert erfolgt die Bestimmung des Kühlkörpers.

(Da es um Temperaturdifferenzen geht, ist $°\text{C} = \text{K}$).

Für den vorliegenden Fall wurde ein Kühlkörper SK 99 (Fischer Elektronik) ausgewählt. Die Abb. 7.47 zeigt die Geometrie des Kühlkörperprofils, hier ein Aluminium-strangussprofil, und das dazu gehörige Diagramm.

Mit dem Wert 3,4 °C/W ergibt sich eine Profillänge von ca. 66 mm.

Tab. 7.12 Anpassungen für ein TO3-Gehäuse nach [11]

Anpassung Bauelement-Kühlkörper	R_{anp} in $°\text{C}/\text{W}$
Trocken ohne Isolator	0,05 - 0,20
Mit Wärmeleitpaste WLP, ohne Isolator	0,005 - 0,10
Aluoxidscheiben mit WLP	0,20 - 0,60
Glimmerscheibe 0,05 mm dick mit WLP	0,40 - 0,90

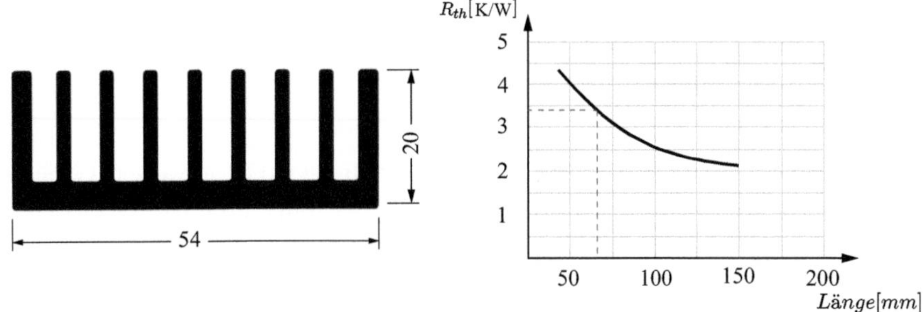

Abb. 7.47 Kühlkörper SK 99: Geometrie und Diagramm, mit Genehmigung der Fischer Elektronik GmbH & Co. KG

7.9 Wärmeabfuhr von Geräten

Bei der Wärmeabführung von Geräten, angefangen von Kleingeräten wie beispielsweise Smartphones, bis hin zu Schaltschränken sind eine Reihe unterschiedlichster Ausführungen zu unterscheiden, wobei nicht alle Ausführungen bei allen Geräten vorkommen. So ist ein Smartphone nicht mit einem Wärmeübertrager ausgestattet. Folgende Gerätedesigns sind zu unterscheiden:

- Allseitig geschlossene Geräte
- Offene Geräte mit Eigenkonvektion (natürliche Konvektion)
- Offene Geräte mit Fremdkonvektion

7.9.1 Allseitig geschlossene Geräte

Die Einteilung dieser Geräte erfolgt hauptsächlich durch die unterschiedlichen Arten der Konvektion im Geräteinneren und an der Außenwand:

1. Geräte mit Eigenkonvektion im Inneren sowie Eigenkonvektion von den Gerätewänden außen. Diese Anordnung ist typisch für viele Kleingeräte, wie Taschenrechner und Smartphones.
2. Geräte mit Fremdkonvektion im Inneren und Eigenkonvektion außen. Diese Ausführungen sind nur praktikabel, wenn genügend Raum im Geräteinneren vorhanden ist. Allgemein stellt das keine optimale Anordnung dar.
3. Geräte mit Eigenkonvektion im Inneren und Fremdkonvektion außen. Dieser Fall ist bei Geräten gegeben, die einem zusätzlichen Luftstrom an den Geräteaußenwänden ausgesetzt sind, wie es bei Schaltschränken im Außenbereich (Outdoor-Shelter) durch die Windgeschwindigkeiten gegeben ist.

4. Geräte mit Fremdkonvektion im Inneren und Fremdkonvektion von den Gerätewänden außen, was zum größten übertragenden Wärmestrom der ersten 4 Varianten führt.
5. Geräte mit einem Wärmeübertrager.

Allen Geräten gemeinsam ist, dass sie einen hohen Schutzgrad IP aufweisen. Geräte nach Pkt. 1 weisen i. d. R. den geringsten abführbaren Wärmestrom (abführbare elektrische Verlustleistung) bezogen auf die Geräteoberfläche auf.

Entscheidend bei den Geräten ist die Betrachtung der Gehäusewand. Die Abb. 7.48 zeigt die Verhältnisse von Konvektion, Strahlung und Wärmeleitung an bzw. in einer Wand und das dazugehörige statische Wärmeersatzschaltbild, die Wärmekapazitäten der Wandungen werden hierbei nicht mitbetrachtet.

An der Innenseite der Wand (i) erfolgt die Aufnahme der Wärme durch Konvektion und Strahlung ausgedrückt durch den konvektiven Wärmewiderstand R_{ki} und den Wärmewiderstand der Strahlung R_{si}. Die Wärmeleitung durch die Wand wird durch den Wärmeleitwiderstand R_l modelliert. Die Wärmeabgabe nach außen (a) erfolgt wieder durch Konvektion und Strahlung und wird durch den konvektiven Wärmewiderstand R_{ka} und den Wärmewiderstand der Strahlung R_{sa} beschrieben. Damit ergibt sich der thermische Wärmewiderstand der Wand:

$$R_{\text{thWand}} = R_{\text{thi}} + R_l + R_{\text{tha}} = \frac{R_{ki} \cdot R_{si}}{R_{ki} + R_{si}} + R_l + \frac{R_{ka} \cdot R_{sa}}{R_{ka} + R_{sa}} \tag{7.139}$$

Mit den Gl. (7.12), (7.26) und (7.71) der drei Wärmewiderstände für jeweils Wärmeleitung, Konvektion und Strahlung folgt:

$$R_{\text{thWand}} = \frac{1}{(\alpha_{ki} + \alpha_{si}) \cdot A} + \frac{s}{\lambda \cdot A} + \frac{1}{(\alpha_{ka} + \alpha_{sa}) \cdot A} \tag{7.140}$$

Gebräuchlich ist auch die Verwendung des Wärmedurchgangskoeffizienten k, der die thermischen Eigenschaften einer Wandung ohne Berücksichtigung der Wandfläche beschreibt.

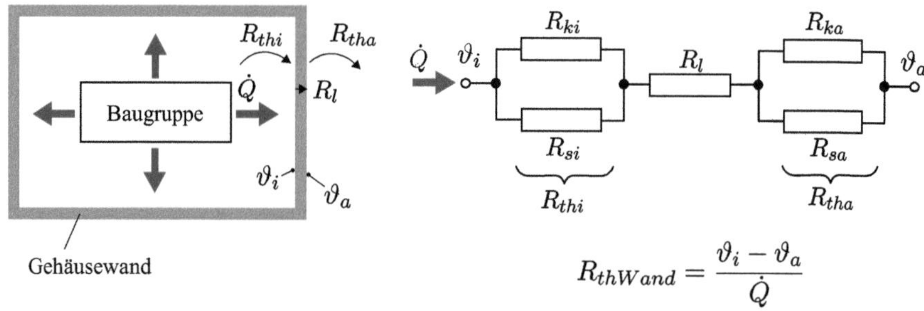

Abb. 7.48 Gehäusewand und Wärmeersatzschaltbild

Klammert man in Gl. (7.140) die Fläche A aus, so ergibt sich:

$$R_{\text{thWand}} = \frac{1}{k \cdot A} \quad \text{mit} \quad \frac{1}{k} = \frac{1}{(\alpha_{ki} + \alpha_{si})} + \frac{s}{\lambda} + \frac{1}{(\alpha_{ka} + \alpha_{sa})} \tag{7.141}$$

Mit den Vereinfachungen:

$\alpha_{ki} = \alpha_{ka} = \alpha_k$ und $\alpha_{si} = \alpha_{sa} = \alpha_s$ sowie

Wandstärke s ist sehr klein und die Wärmeleitfähigkeit der Wand λ sehr groß, so gilt $R_l \ll R_{\text{thi}}$ und $R_l \ll R_{\text{tha}}$, womit R_l vernachlässigt werden kann. Für diesen Fall gilt für den thermischen Wärmewiderstand der Wand:

$$R_{\text{thWand}} \approx \frac{2}{(\alpha_k + \alpha_s) \cdot A} \quad \text{und} \quad \frac{1}{k} = \frac{2}{\alpha_k + \alpha_s} \tag{7.142}$$

Mit den Näherungsgleichungen Gl. (7.142) lässt sich nun der abführbare Wärmestrom (elektrische Verlustleistung) bestimmen:

$$\dot{Q} = P_v = \frac{\Delta\vartheta}{R_{\text{thWand}}} = \frac{(\alpha_k + \alpha_s)}{2} \cdot A \cdot \Delta\vartheta = k \cdot A \cdot \Delta\vartheta \tag{7.143}$$

Für den Wärmestrom pro Wandfläche folgt damit:

$$\frac{\dot{Q}}{A} = \frac{P_v}{A} = 0{,}5 \cdot \Delta\vartheta \cdot (\alpha_k + \alpha_s) = k \cdot \Delta\vartheta \tag{7.144}$$

Beispiel:

Gegeben ist ein freistehender und lackierter Schaltschrank, der direkt auf dem Boden steht. Die Wärmeabgabe durch das Bodenblech wird vernachlässigt.

Abmessungen sind Höhe $h = 2$ m, Breite $b = $ Tiefe $t = 0{,}6$ m.

Die Wandstärke und der Emissionsgrad betragen $s = 1{,}5$ mm bzw. $\varepsilon = 0{,}8$. Der Emissionsgrad wird aus der Tab. 7.6 mit $\varepsilon = 0{,}94$ entnommen, wobei für die Anwendung eine Sicherheit mit einbezogen wurde. Die Wärmeleitfähigkeit der Stahlwand beträgt $\lambda = 50$ W/(m $\cdot$ K). Die Umgebungstemperatur beträgt $\vartheta_u = 20\,^\circ$C und die Schrankinnentemperatur soll $\vartheta_i = 40\,^\circ$C nicht überschreiten werden.

Zu ermitteln ist die abführbare Verlustleistung.

Für den thermischen Wandwiderstand gilt nach Gl. (7.140) und der Annahme $\alpha_{ki} = \alpha_{ka} = \alpha_k$ und $\alpha_{si} = \alpha_{sa} = \alpha_s$

$$R_{\text{thWand}} = \frac{2}{(\alpha_k + \alpha_s) \cdot A} + \frac{s}{\lambda \cdot A} \tag{7.145}$$

Zunächst werden die Wärmeübergangskoeffizienten α_s und α_k bestimmt. Der Wärmeübergangskoeffizient der Strahlung α_s folgt nach Gl. (7.72):

$$\alpha_s = \frac{\sigma \cdot \varepsilon_x \cdot (T_1^4 - T_2^4)}{\Delta\vartheta} = \frac{5{,}67 \cdot 10^{-8} \, \text{Wm}^{-2}\text{K}^{1} \cdot 0{,}8 \cdot (313^4 - 293^4)\,\text{K}^4}{20\,\text{K}} \tag{7.146}$$

$$\alpha_s = 5{,}05 \, \frac{\text{W}}{\text{m}^2\text{K}}$$

Für die vier gleich großen vertikalen Seitenflächen ergeben sich die Grashof-Zahl, die Prandtl-Zahl und die Rayleigh-Zahl nach den Gleichungen in Tab. 7.5. Die Nußelt-Zahl bestimmt sich nach den Gl. (7.45) und (7.46). Die dazu gehörigen Stoffwerte sind den Tabellen im Anhang zu entnehmen:

$$Gr = \frac{g \cdot \beta_f \cdot \Delta\vartheta \cdot L_0^3}{\nu^2} = \frac{9{,}81\,\mathrm{ms}^{-2} \cdot 3{,}307 \cdot 10^{-3}\,\mathrm{K}^{-1} \cdot 20\,\mathrm{K} \cdot 2^3\,\mathrm{m}^3}{(162{,}6 \cdot 10^{-7}\,\mathrm{m}^2\mathrm{s}^{-1})^2}$$

$$Gr = 1{,}9632 \cdot 10^{10} \tag{7.147}$$

$$Pr = 0{,}7068 \quad \text{und} \quad Ra = Gr \cdot Pr = 1{,}3876 \cdot 10^{10} \tag{7.148}$$

$$Nu = 550{,}507 \tag{7.149}$$

Nach Umstellen der Gl. (7.31) in Tab. 7.5 folgt mit der charakteristischen Länge $L_0 = 2\,\mathrm{m}$ für α_k:

$$\alpha_{\mathrm{kseite}} = \frac{Nu \cdot \lambda_{\mathrm{Luft}}}{L_0} = \frac{550{,}507 \cdot 26{,}62 \cdot 10^{-3}\,\mathrm{W(m \cdot K)}^{-1}}{2\,\mathrm{m}} \tag{7.150}$$

$$\alpha_{\mathrm{kseite}} = 7{,}33\,\frac{\mathrm{W}}{\mathrm{m}^2\mathrm{K}}$$

Der thermische Widerstand einer Seitenwand ergibt sich nach Gl. (7.145):

$$R_{\mathrm{thseite}} = \frac{2}{(\alpha_{\mathrm{kseite}} + \alpha_s) \cdot A_{\mathrm{seite}}} + \frac{s}{\lambda \cdot A_{\mathrm{seite}}} \tag{7.151}$$

$$R_{\mathrm{thseite}} = \frac{2}{(7{,}33 + 5{,}05)\,\mathrm{Wm}^{-2}\mathrm{K}^{-1} \cdot 1{,}2\,\mathrm{m}^2} + \frac{1{,}5 \cdot 10^{-3}\,\mathrm{m}}{50\,\mathrm{Wm}^{-1}\mathrm{K}^{-1} \cdot 1{,}2\,\mathrm{m}^2}$$

$$R_{\mathrm{thseite}} = (0{,}135 + 0{,}25 \cdot 10^{-4})\,\frac{\mathrm{K}}{\mathrm{W}}$$

Aus der Betrachtung der beiden Terme ist ersichtlich, dass der Wärmeleitwiderstand R_l hier vernachlässigt werden kann (große Wärmeleitfähigkeit der Metallwand und dünne Wandung).

Entsprechende Betrachtungen werden für die horizontale Deckplatte gemacht.

Die charakteristische Länge L_0 ergibt sich dabei nach Gl. (7.48) zu:

$$L_0 = \frac{b \cdot t}{2 \cdot (b + t)} = \frac{0{,}6\,\mathrm{m} \cdot 0{,}6\,\mathrm{m}}{2 \cdot (0{,}6\,\mathrm{m} + 0{,}6\,\mathrm{m})} = 0{,}15\,\mathrm{m} \tag{7.152}$$

Analog zu den vertikalen Platten folgt für die Deckplatte:

$$Gr = 8{,}2825 \cdot 10^6 \quad Pr = 0{,}7068 \quad Ra = 5{,}8541 \cdot 10^6 \tag{7.153}$$

Für das Unterscheidungskriterium ergibt sich $Ra \cdot f_2(Pr) = 2{,}36 \cdot 10^6$ vgl. Gl. (7.50), (7.51) und (7.53). Somit folgt, dass der Fall der turbulenten Strömung anzusetzen ist und sich die Nußelt-Zahl nach Gl. (7.51) und (7.52) und der Wärmeübergangskoeffizient der Konvektion nach Gl. (7.31) ergeben:

$$Nu = 20 \qquad \alpha_{\text{kdecke}} = 3{,}55 \tag{7.154}$$

Der thermische Widerstand der Decke ergibt:

$$R_{\text{thdecke}} = \frac{2}{(3{,}55 + 5{,}05)\,\text{Wm}^{-2}\text{K}^{-1} \cdot 0{,}36\,\text{m}^2} + \frac{1{,}5 \cdot 10^{-3}\,\text{m}}{50\,\text{Wm}^{-1}\text{K}^{-1} \cdot 0{,}36\,\text{m}^2} \tag{7.155}$$

$$R_{\text{thdecke}} = (0{,}646 + 0{,}833 \cdot 10^{-4})\,\frac{\text{K}}{\text{W}}$$

Die 4 Seitenwände und die Deckplatte sind thermisch parallelgeschaltet, womit sich der gesamte thermische Widerstand R_{thges} des Gehäuses ergibt:

$$\frac{1}{R_{\text{thges}}} = 4 \cdot \frac{1}{R_{\text{thseite}}} + \frac{1}{R_{\text{thdecke}}} = 4 \cdot \frac{1}{0{,}135\,\text{KW}^{-1}} + \frac{1}{0{,}646\,\text{KW}^{-1}} \tag{7.156}$$

$$R_{\text{thges}} = 0{,}032\,\frac{\text{K}}{\text{W}}$$

Damit ergibt sich die abführbare Verlustleistung P_v entsprechend Gl. (7.143):

$$P_v = \frac{\Delta\vartheta}{R_{\text{thges}}} = \frac{20\,\text{K}}{0{,}032\,\text{KW}^{-1}} = \underline{625\,\text{W}} \tag{7.157}$$

Das entspricht einer abführbaren Leistung pro Fläche:

$$\frac{P_v}{A_{\text{ges}}} = \frac{625\,\text{W}}{4(2 \cdot 0{,}6)\,\text{m}^2 + (0{,}6 \cdot 0{,}6)\,\text{m}^2} = \underline{121\,\frac{\text{W}}{\text{m}^2}} = \underline{1{,}21\,\frac{\text{W}}{\text{dm}^2}} \tag{7.158}$$

Gerade flächenbezogene Werte sind für praktische Vergleiche besonders gut geeignet.

Für eine **erste Näherung** mit den Bedingungen:

- $\alpha_{ki} = \alpha_{ka} = \alpha_{si} = \alpha_{sa} \approx 5\,\text{W}/(\text{m}^2 \cdot \text{K})$
- $\Delta\vartheta = 20\,\text{K}$
- ein vernachlässigbarer Wärmeleitwiderstand der Wand

ergibt sich eine abführbare Verlustleistung pro Gehäusefläche nach Gl. (7.144):

$$\frac{P_v}{A} = 0{,}5 \cdot 20\,\text{K} \cdot 10\,\text{Wm}^{-2}\text{K}^{-1} = \underline{1\,\frac{\text{W}}{\text{dm}^2}} \tag{7.159}$$

7.9.2 Offene Geräte mit Eigenkonvektion

Offene Geräte sind Geräte mit unterschiedlichen Formen von Öffnungen zur Belüftung mit dem Ziel, die Eigenkonvektion zu erhöhen, um damit eine größere Verlustleistung als bei geschlossenen Geräten abführen zu können.

Nachteilig bei diesem Gerätedesign ist, dass der Schutzgrad IPXX, Tab. 2.6 und 2.7, gegenüber einem geschlossenen Gerät reduziert wird. Weiterhin kann der Durchgriff einer elektromagnetischen Welle erfolgen, entweder als Störgröße von außen in das Gerät oder vom Geräteinneren nach außen.

Die Grundformen dieser Öffnungen sind Schlitze und Löcher. Diese Perforationen im Gehäuse müssen hinsichtlich der Luftein- und -austritte so angeordnet werden, dass eine Luftströmung ausgebildet werden kann. Je nach Anordnung und Ausführung dieser Perforationen ist zwischen der geometrischen Fläche der Öffnung und ihrem wirksamen Luftquerschnitt zu unterscheiden, Abb. 7.49 [23]. Die Effektivität der Öffnungen wird durch den Belüftungsfaktor Ψ beschrieben [23]:

$$\Psi = \frac{2 \cdot A_{\text{luft}}}{A_{\text{ges}}} \cdot 100\,\% \qquad \text{mit} \qquad 2\,\% < \Psi < 25\,\% \qquad (7.160)$$

A_{luft} ist der gesamte wirksame Querschnitt, der für die Luftströmung zur Verfügung steht und A_{ges} ist die gesamte Gehäuseoberfläche. Für Vergrößerungen von Ψ über 25\,% hinaus gibt es keine weiteren signifikanten Verbesserungen der Wärmeabfuhr, zumal dann auch der Schutzgrad weiter sinkt und der Durchgriff elektromagnetischer Störwellen deutlich ansteigt. Mit dem Belüftungsfaktor vergrößert sich der Wärmeübergangskoeffizient der Konvektion:

$$\alpha_k^* = \alpha_k (\sqrt{\Psi} + 1) \qquad (7.161)$$

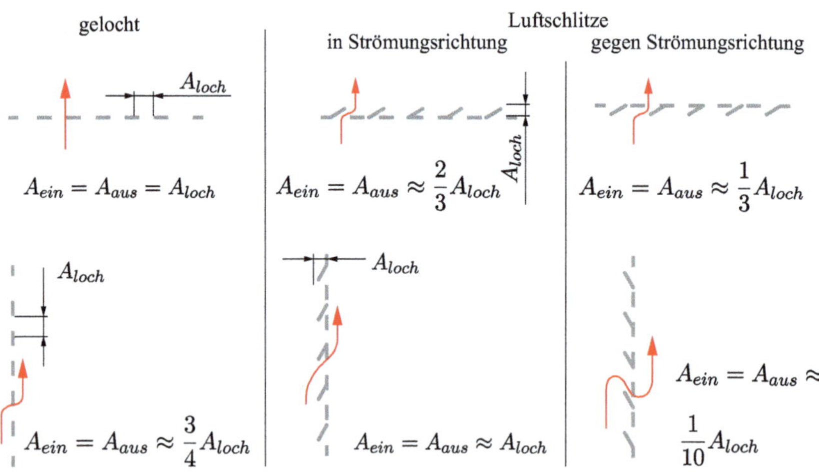

Abb. 7.49 Wirksame Luftquerschnitte von Schlitzen und Löchern [23]

Für den den gesamten Wärmeübergangskoeffizienten folgt:

$$\alpha^*_{\text{ges}} = \alpha_k(\sqrt{\Psi} + 1) + \alpha_s \tag{7.162}$$

Damit modifiziert sich die Gl. (7.144) zu:

$$\frac{\dot{Q}}{A} = 0{,}5 \cdot \Delta\vartheta \cdot [\alpha_k(\sqrt{\Psi} + 1) + \alpha_s] \tag{7.163}$$

Die Abb. 7.50 zeigt 6 prinzipielle Anordnungen für die Perforationen der Luftein- und -austritte. Es ist zu erkennen, dass die beiden Varianten oben links keinen wirksamen Luftquerschnitt aufweisen und daher wirkungslos sind. Aus Gründen der Effektivität ist die Variante unten Mitte die optimale Lösung, da hier der geometrische gleich dem wirksamen Querschnitt ist.

Beispiel:
Gehäuse mit: Breite $b = 400\,\text{mm}$, Tiefe $t = 300\,\text{mm}$ und Höhe $h = 200\,\text{mm}$.

Die Temperaturdifferenz zwischen innen und außen beträgt $\Delta\vartheta = 20\,°\text{C}$.

Wärmeübergangskoeffizient der Konvektion ist $\alpha_k = 5\,\text{W}/(\text{m}^2\,\text{K})$.

Gehäusewand: Stahlblech, matt schwarz, Emissionsgrad $\varepsilon = 0{,}97$, Tab. 7.6, gewählt zur Sicherheit $\varepsilon = 0{,}8$.

Belüftungsfaktor, gewählt $\Psi = 1\,\%$; Lochperforation, Abb. 7.50-unten Mitte, mit einem Lochdurchmesser von $d = 5\,\text{mm}$.

Wie groß ist die abführbare Verlustleistung P_v?

Die gesamte Gehäuseoberfläche ergibt sich aus:

$$A_{\text{ges}} = 2(0{,}3 \cdot 0{,}4 + 0{,}3 \cdot 0{,}2 + 0{,}4 \cdot 0{,}2)\,\text{m}^2 = 0{,}52\,\text{m}^2 \tag{7.164}$$

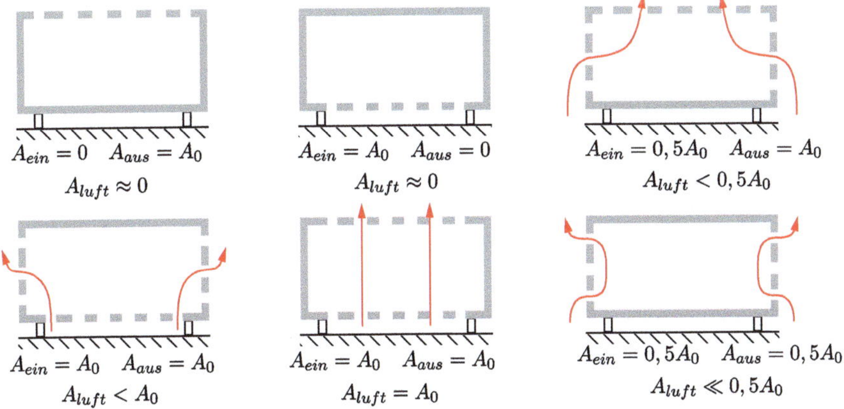

Abb. 7.50 Varianten der Gerätebelüftung

Nach umstellen der Gl. (7.160) für den Belüftungsfaktor folgt:

$$A_{\text{luft}} = \frac{\Psi \cdot A_{\text{ges}}}{2 \cdot 100\,\%} = \frac{1\,\% \cdot 0{,}52\,\text{m}^2}{2 \cdot 100\,\%} = 0{,}0026\,\text{m}^2 \qquad (7.165)$$

Die Lochanzahl der Perforation bestimmt sich aus ($A_{\text{geom}} = A_{\text{eff}}$):

$$z = \frac{A_{\text{luft}}}{A_{\text{loch}}} = \frac{4 \cdot A_{\text{luft}}}{\pi \cdot d^2} = \frac{4 \cdot 0{,}0026\,\text{m}^2}{\pi \cdot 0{,}005^2\,\text{m}^2} = 132{,}5 \quad \text{gewählt} \quad 140 \qquad (7.166)$$

Damit kann eine Lochmatrix von (14×10) Löchern jeweils in den Deck- und Bodenplatten realisiert werden.

Der Wärmeübergangskoeffizient der Strahlung bestimmt sich nach Gl. (7.72):

$$\alpha_s = \frac{\sigma \cdot \varepsilon_x \cdot (T_1^4 - T_2^4)}{\Delta \vartheta} = \frac{5{,}67 \cdot 10^{-8}\,\text{W} \cdot 0{,}8 \cdot (313^4 - 293^4)\,\text{K}^4}{\text{m}^2\text{K}^4\,20\,\text{K}} \qquad (7.167)$$

$$\alpha_s = 5\,\frac{\text{W}}{\text{m}^2\text{K}} \qquad (7.168)$$

Nach Gl. (7.163) ergibt sich dann:

$$P_v = 0{,}5 \cdot \Delta \vartheta \cdot A_{\text{ges}} \cdot [\alpha_k (\sqrt{\Psi} + 1) + \alpha_s] \qquad (7.169)$$

$$P_v = 0{,}5 \cdot 20\,\text{K} \cdot 0{,}52\,\text{m}^2 \cdot \left[5\,\frac{\text{W}}{\text{m}^2\text{K}}(\sqrt{1} + 1) + 5\,\frac{\text{W}}{\text{m}^2\text{K}} \right] = 78\,\text{W} \qquad (7.170)$$

Entfällt die Belüftung mit dem Faktor $(\sqrt{\Psi} + 1)$, so ergibt sich die abführbare Verlustleistung zu $P_v = 52\,\text{W}$. Durch die Belüftung können also 26 W mehr Verlustleistung abgeführt werden.

7.9.3 Offene Geräte mit Fremdkonvektion

7.9.3.1 Strömungsgeschwindigkeit und Volumenstrom

Reicht die vorhandene Gerätebelüftung nicht aus, so müssen zusätzliche Volumenströme durch Fremdkonvektion mittels aktiver Baugruppen wie Lüfter eingesetzt werden.

Die Wärmeübergangskoeffizienten der Konvektion für freie Konvektion liegen im Bereich von $\alpha_k = (5\ldots25)\,\text{W}/(\text{m}^2\,\text{K})$ und für erzwungene Konvektion im Bereich von $\alpha_k = (12\ldots120)\,\text{W}/(\text{m}^2\,\text{K})$.

Durch die Erhöhung der Strömungsgeschwindigkeit v vergrößert sich der Wärmeübergangskoeffizient α_k und der Wärmewiderstand bei erzwungener Konvektion $R_{\text{kerzw}} \sim 1/\sqrt{v}$ wird in gleichem Maße verringert, Gl. (7.34).

Für Kühlkörperprofile geben dazu Hersteller, wie Wakefield-Vetten [12], Diagramme der Form $R_{\text{kerzw}} = f(v)$ an.

Mit den Gln. (7.27), (7.31) und (7.34) sowie den Bedingungen $\vartheta_{\text{umgeb}} = 20\,°\text{C}$ und $\vartheta_{\text{gehäuse}} = 60\,°\text{C}$ ergibt sich für die laminare Strömung:

$$\alpha_{\text{kerzw}} = 3{,}9 \cdot \sqrt{\frac{v}{l}} \qquad \text{mit} \tag{7.171}$$

$$[\alpha_{\text{kerzw}}] = \frac{\text{W}}{\text{m}^2\,\text{K}} \qquad [v] = \frac{\text{m}}{\text{s}} \qquad [l] = \text{m}$$

Das strömende Fluid nimmt die Wärmemenge Q auf:

$$Q = \dot{Q} \cdot t = P_v \cdot t = V \cdot \rho_f \cdot c_p \cdot \Delta\vartheta_m \tag{7.172}$$

Daraus ergibt sich der notwendige Volumenstrom des Fluids $\dot{V}$:

$$\frac{V}{t} = \dot{V} = \frac{1}{\rho_f \cdot c_p} \cdot \frac{P_v}{\Delta\vartheta_m} \tag{7.173}$$

Dabei ist $\Delta\vartheta_m$ die Temperaturdifferenz des strömenden Fluids zwischen den Temperaturen an den Ein- und Ausgangskanälen ϑ_e bzw. ϑ_a des Geräts.

Die mittlere Fluidtemperatur ϑ_{fm} ist näherungsweise gleich der mittleren inneren Gerätetemperatur ϑ_{gm}:

$$\vartheta_{fm} = \frac{\vartheta_e + \vartheta_a}{2} \approx \vartheta_{gm} \tag{7.174}$$

ρ_f Dichte des Volumenstroms mit $[\rho_f] = \text{kg/m}^3$,
c_p spezifische Wärme des Volumenstroms mit $[c_p] = \text{J/(kg\,K)}$
P_v abzuführende elektrische Verlustleistung mit $[P_v] = \text{W}$.
$\dot{V}$ Volumenstrom mit $[\dot{V}] = \text{m}^3/\text{h}$.

Die mittlere innere Gerätetemperatur ϑ_{gm} kann nur ein grober Anhaltspunkt sein, da die maximale lokale innere Gerätetemperatur immer den Worst-Case hinsichtlich von Bauelementen- und Baugruppenausfällen darstellt und deutlich höher als ϑ_{gm} sein kann.

Für trockene Luft als Fluid mit $c_p = 1{,}007\,\text{J/(kg\,K)}$, $\rho_f = 1{,}149\,\text{kg/m}^3$ bei $\vartheta_{gm} = 30\,°\text{C}$, ergibt sich nach Gl. (7.173) die zugeschnittene Größengleichung:

$$\dot{V} = 3{,}1 \cdot \frac{P_v}{\Delta\vartheta_m} \qquad \text{mit} \tag{7.175}$$

$$[\dot{V}] = \frac{\text{m}^3}{\text{h}} \qquad [P_v] = \text{W} \qquad [\Delta\vartheta_m] = °\,\text{C}$$

Selbst bei der Erhöhung um weitere $20\,°\text{C}$ im Geräteinneren vergrößert sich der Faktor nur von 3,1 auf 3,3.

7.9.3.2 Auswahl eines Lüfters bzw. von Lüftergruppen

Hier erfolgt die Auswahl der Lüftertypen, Abb. 7.29, entsprechend der Anwendungen. Sollte ein Lüfter nicht ausreichen, so sind Lüftergruppen einzusetzen.

1. Berechnung des erforderlichen Volumenstroms $\dot{V}_{erf}$

Die Bestimmung des notwendigen Volumenstroms $\dot{V}_{erf}$ erfolgt allgemein nach Gl. (7.173) bzw. zugeschnitten auf trockene Luft nach Gl. (7.175).

2. Ermittlung der Gerätekennlinie

Die Geräteeinbauten wie Baugruppenträger, Baugruppen, Kabel, Leitungen und Leitbleche für die Luftleitungen etc. stellen in ihrer Gesamtheit einen Strömungswiderstand dar, der sich entsprechend dem Volumenstrom des Fluids mit Geschwindigkeit v diesem widersetzt. Dieser Strömungswiderstand ist die Gerätekennlinie.

Bei komplizierten inneren Aufbauten ist diese Kennlinie jedoch schwer zu berechnen, wogegen sich einfaches Ausmessen hier eher anbietet. Insbesondere, wenn sich Änderungen der Geräteeinbauten im Betrieb ergeben, z. B. durch Erweiterungen mit Baugruppen, wird die exakte Kenntnis der Gerätekennlinie zum Problem. Liegen derartige Fälle vor und kann kein neues Ausmessen der Gerätekennlinie erfolgen bzw. ist aus Kostengründen nicht sinnvoll, so muss den variablen Bedingungen mit angepassten Kühlkonzepten Rechnung getragen werden.

3. Ermittlung der Arbeitspunkte von vor-ausgewählten Lüftern

Für den Anwendungsfall werden nun die entsprechenden Typen mit ihren Leistungsparametern, den Lüfterkennlinien, ausgewählt, vgl. dazu Abschn. 7.7.3.

In das Diagramm, mit drei gleichen Lüftertypen unterschiedlicher Leistungen, wird die Gerätekennlinie eingetragen, Abb. 7.51. Die Scherungen der 3 Lüfterkennlinien, jeweils mit der Gerätekennlinie, ergeben die 3 Arbeitspunkte AP_1, AP_2 uns AP_3 mit den dazu gehörigen Volumenströmen $\dot{V}_1$, $\dot{V}_2$ und $\dot{V}_3$.

4. Auswahl von Lüftern

Die Volumenströme der Arbeitspunkte werden mit dem unter 1. ermittelten Wert $\dot{V}_{erf}$ verglichen. Es wird der Lüfter ausgewählt, für den gilt:

$$\dot{V}_{AP} \geq \dot{V}_{erf} \tag{7.176}$$

Entsprechend Abb. 7.51 bedeutet das, dass Lüfter 1 und 3 unter- bzw. überdimensioniert sind und der Lüfter 2 den Vorgaben entspricht.

Reicht ein Lüfter nicht aus oder wird beispielsweise ein Luftstrom mit sehr großem Querschnitt erforderlich, so müssen Lüfter in Reihe oder parallel zusammengeschaltet werden.

Bei der **Reihenschaltung** von Lüftern addieren sich näherungsweise die Druckwerte bei jeweils gleichem Volumenstrom, Abb. 7.52, mit dem Ziel einer Druckerhöhung. Schaltet man jeweils große bzw. kleine Strömungswiderstände R_{gr} bzw. R_{kl} dazu, so ist zu

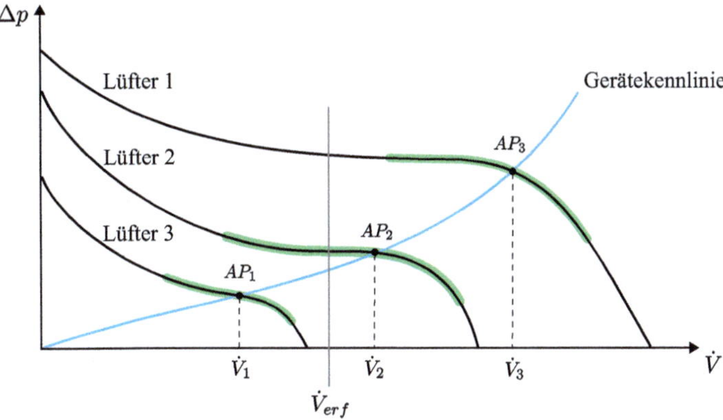

Abb. 7.51 Kennlinien zur Lüfterauswahl mit einer Gerätekennline

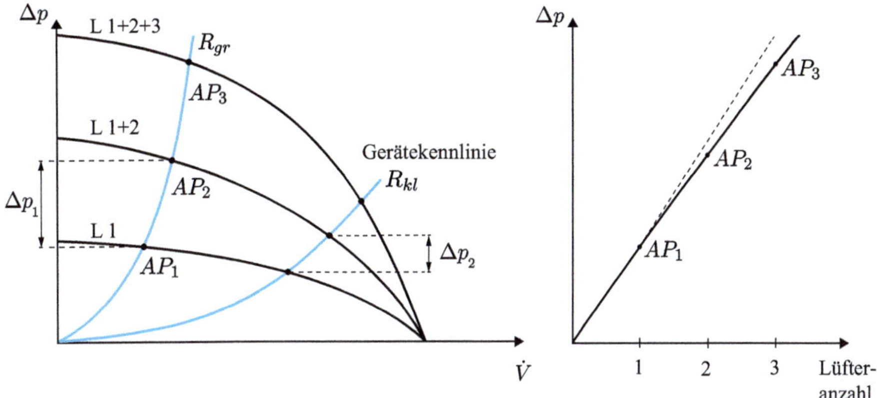

Abb. 7.52 Reihenschaltung von gleichen Lüftern

erkennen, dass $\Delta p_1 > \Delta p_2$ ist. Daraus resultiert die Anwendung bei größeren Strömungswiderständen. Je steiler die Gerätekennline (je größer der Strömungswiderstand), umso effektiver arbeitet die Reihenschaltung. Der Lüfterarbeitsbereich sollte flache Kennlinien aufweisen.

In der thermodynamisch-elektrischen Analogie entspricht die Reihenschaltung der Lüfter der Reihenschaltung von Spannungsquellen und stellt gemäß der Zweipoltheorie den aktiven Zweipol dar. Die Kennlinie des Strömungswiderstands (Gerätekennlinie) entspricht dann der eines nichtlinearen elektrischen Widerstands und ist der passive Zweipol. Kombinationen von aktiven und passiven Komponenten können, ebenso wie bei der thermisch-elektrischen Analogie, mit den Netzwerkanalysemethoden der Elektrotechnik behandelt werden.

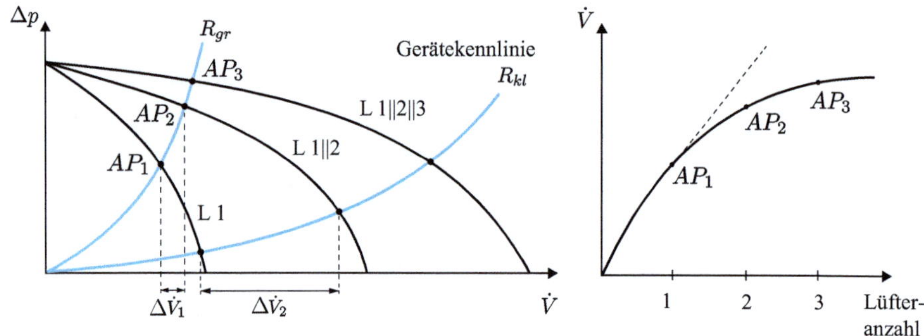

Abb. 7.53 Parallelschaltung von Lüftern

Bei der **Parallelschaltung** von Lüftern addieren sich näherungsweise die Volumenströme bei gleichem Druck, Abb. 7.53, mit dem Ziel einer Erhöhung des Volumenstroms. Schaltet man jeweils große bzw. kleine Strömungswiderstände R_{gr} bzw. R_{kl} dazu, so ist zu erkennen, dass $\Delta \dot{V}_1 < \Delta \dot{V}_2$ ist, woraus die Anwendung bei kleineren Strömungswiderständen resultiert. So wie bei der Reihenschaltung der Druck weniger linear zunimmt, vergrößert sich der Volumenstrom mit der Anzahl der Lüfter auch weniger linear. Der Lüfterarbeitsbereich sollte, im Gegensatz zur Reihenschaltung, steile Kennlinien aufweisen.

Das gilt nicht für die Parallelschaltung von Axiallüftern, z. B. wenn diese flächenhaft angeordnet sind und einen Luftstrom von unten nach oben durch einen Schaltschrank erzeugen. Hierbei sind die einzelnen zu kühlenden Bereiche als entkoppelt anzusehen, die jeweils von einem Axiallüfter mit Kühlluft versorgt werden.

7.9.3.3 Angepasste Kühlung

Veränderungen bei den Geräteeinbauten und variable Verlustleistungen erfordern angepasste Konzepte:

- Sind die Geräteeinbauten und die elektrische Verlustleistung relativ konstant, so kann diesen Verhältnissen ein Lüfter exakt angepasst werden.
- Sind die Geräteeinbauten konstant oder variabel und die Verlustleistung schwankt, so muss der Lüfter auf den Worst-Case dimensioniert werden, was temporär zur Überdimensionierung führt.
  Höhere Lüfterleistungen führen i. d. R. auch zu einem höheren Geräuschpegel und stellen damit eine ungünstige Lösung dar.
- Bei konstanten oder variablen Geräteeinbauten sowie schwankender Verlustleistung kann der Lüfter mittels einer oder mehrerer Temperaturmessungen im Gerät ein- und ausgeschaltet werden.
- Schwankt die Verlustleistung, so kann die Drehzahl des Lüfters entsprechend der Gerätetemperatur geregelt werden, was die optimale Variante darstellt.

- Sind alle Möglichkeiten ausgeschöpft, so muss die Taktfrequenz des Prozessors verringert werden, was zur Reduzierung der elektrischen Verlustleistung führt $P_v \sim f$. Das funktioniert nur solange, wie die Verlangsamung eines Prozesses die geforderte Funktion aufrecht halten kann.

Literatur

1. ANDERSON, W. G.: Different Types of Heat Pipes. In: *Thermal & Fluids Analysis Workshop TFAWS 2014, NASA Glenn Research Center Cleveland, OH* (August 4–8, 2014)
2. BAEHR, H. D.; STEPHAN, K.: *Wärme- und Stoffübertragung*. 10. Auflage. 2019
3. BEJAN, A.; KRAUS, A. D.: *HEAT Transfer Handbook*. John Wiley & Sons, Inc., 2003
4. BÖCKH, P. v.; WETZEL, T.: *Wärmeübertragung*. Springer Vieweg, 2015
5. CZICHOS, H.; HENNECKE, M.: *Das Ingenieurwissen*. 34. Auflage. Springer Vieweg, 2012
6. DATENBLATT: *Alloy Properties Table*. Heraeus Deutschland Gmbh & Co. KG, 63450 Hanau, (HET25016-1116-1)
7. DATENBLATT: *Peltier-Elemente*. Eureca Messtechnik GmbH, Köln
8. DATENBLATT: *HITHERM – Thermal Interface Materials*. Dreyer Systems, D-65510 Idstein, Germany, 2015
9. DATENBLATT: *Datenblätter IS550H und FR408*. Isola Gmbh, D-52348 Düren, 2020
10. FAUNER, G.; ENDLICH, W.: *Angewandte Klebtechnik*. Carl Hanser Verlag München, 1979
11. FIRMENSCHRIFT: *Auslegung und Berechnung von Kühlkörpern*. Fischer Elektronik GmbH & Co. KG, Lüdenscheid, Deutschland
12. FIRMENSCHRIFT: *Thermal Management, Standard Product Catalog*. Wakefield-Vetten, Pelham, NH 03076, 2018
13. FIRMENSCHRIFT: *Technologie – Grundlagen*. ebm -papst Mulfingen GmbH & Co. KG, Mulfingen, Deutschland, 38009-7-8811/2017-05
14. FIRMENSCHRIFT: *Filtertechnik*. HS-Luftfilterbau GmbH, Kiel, Deutschland, Febr. 2018, Rev.21
15. GERSTENMAIER, Y. C.; KIFFE, W.; WACHUTKA, G.: Combination of Thermal Subsystems Modeled by Rapid Circuit Transformation. In: *EDA Publishing/THERMINIC, Budapest* (17–19 September 2007)
16. GOLL, M.: Grundlagen und Anwendungen des Wärmerohrs. In: *Naturwissenschaften 67, S. 72–79* (1980)
17. HOLMAN, J.: *Heat Transfer*. 8. Auflage. McGraw-Hill Publishing Company, 1997
18. LEE, H.: *Thermal Design*. John Wiley & Sons, Inc., 2010
19. LEE, S.; SONG, S.; AU, V.; MORAN, K. P.: Constriction/Spreading Resistance Model for Electronic Packaging. In: *ASME/JSME Themal Engineering Conference* Volume 4 (1995)
20. LUTZ, J.: *Halbleiter-Leistungsbauelemente*. Springer-Verlag, 2012
21. MALTZ, W.; MOORE, D.; RAGHUPATHY, A.: Application of Phase Change Materials in Handheld Computing Devices. In: *Electronics Cooling magazine* (July 7, 2016), p. 30–36
22. MAREK, R.; NITSCHE, K.: *Praxis der Wärmeübertragung*. 5. Auflage. Fachbuchverlag Leipzig, 2019
23. MARKERT, C.: *Erwärmungsprobleme in elektronischen Geräten und ihre konstruktive Berücksichtigung*, TU Dresden, Diss., 1965
24. MATAYABAS, J. C.; ASHAY A. DANI, A. A.: *Polymer solder hybrid interface material with improved solder filler particle size and microelectronic package application*. Patent US7030483 B2, 2006

25. PANASONIC: *Pyrolytic Graphite Sheet*. PGS Brochure FY16-027-3.000. 2016
26. PEIL, S.; ROLAND, S.; WINKLER, R.: *Wandlung von Abwärme in elektrische Energie – Entwicklung und Herstellung eines thermoelektrischen Generators aus nanokristallinem Silizium unter Berücksichtigung ökologischer Aspekte*. Abschlussbericht des geförderten Vorhabens 364 ZN der AiF -Forschungsvereinigung, 2013
27. RAZAVI, M.: Review of Advances in Thermal Spreading Resistance Problems. In: *Journal of thermophysics and heat transfer* 30(4) (2016), S. 863–879
28. REPORT: *Heat-pipes and Thermal Management Systems*. CRS Engineering Limited, Northumberland, United Kingdom,
29. REPORT: *Brevier Technische Keramik*. Verband der Keramischen Industrie e. V. Informationszentrum Technische Keramik. Verlag Hans Carl, Nürnberg, 2003
30. RUMBLE, J. R. (Hrsg.): *CRC Handbook of Chemistry and Physics*. 100. Auflage. CRC Press, Taylor & Francis Group, 2019
31. SADEGHI, E.; BAHRAMI, M.; DJILALI, N.: Thermal Spreading Resistance of Arbitrary-Shape Heat Sources on a Half-Space: A Unified Approach. In: *IEEE TRANSACTIONS ON COMPONENTS AND PACKAGING TECHNOLOGIES* VOL. 33, NO. 2 (2010), p. 267–277
32. SCHRÖDER, D.: *Elektrische Antriebe 3 – Leistungselektronische Bauelemente*. Springer- Fachbuchverlag Leipzig, 1996
33. VASILIEV, L. L.: Micro and Miniature Heat Pipes -Electronic Components Coolers. In: *Proceedings of the VI Minsk International Seminar* (2005), S. 74–86
34. VDI: *Wärmeatlas*. 11. Auflage. Springer Vieweg, 2013
35. WAGNER, W.: *Wärmeübertragung*. 7. Auflage. 2011

Zuverlässigkeit 8

Inhaltsverzeichnis

© Der/die Autor(en), exklusiv lizenziert an Springer-Verlag GmbH, DE, ein Teil von   675
Springer Nature 2024
R. Schmidt, D. Hauschild, I. Kluge, *Elektronik Design: Theorie und Praxis*,
https://doi.org/10.1007/978-3-662-68676-8_8

8.1 Einführung

Jedes Produkt aus dem Industrie- und Konsumerbereich unterliegt der Betrachtung und Bewertung nach den unterschiedlichsten Qualitätskriterien. Die Qualität eines Produkts selbst ist der Indikator, inwieweit dieses Produkt den spezifizierten Anforderungen entspricht.

Aus der Anwendersicht kann ein und dasselbe Produkt unterschiedlich bewertet werden. Grund dafür sind die unterschiedlichen Wichtungen der Parameter und Eigenschaften hinsichtlich des Nutzerverhaltens.

So kann für den einen Anwender eine hohe Qualität der Haptik eines Smartphones besonders wichtig sein und die Zuverlässigkeit, im Sinne einer hohen Lebensdauer, von untergeordneter Bedeutung. Der Grund dafür liegt dann mit hoher Wahrscheinlichkeit in der kurzen Nutzungsdauer des Geräts, da der Anwender sich lange vor Ende der Lebensdauerdauer ein neues Smartphone zulegt. Bei einem anderen Nutzer kann es genau anders herum sein.

Die Zuverlässigkeit (Reliability) stellt ein Teilgebiet der Qualität dar.

8.2 Kenngrößen der Zuverlässigkeit

8.2.1 Kenngrößen von Stichproben

Für die statistische Auswertung von Daten, insbesondere im Hinblick auf die Verwendung in den Lebensdauerverteilungen, sind die folgenden Kenngrößen von Interesse. Diese stellen Parameter dar, welche die Lage einer Verteilung zusammenfassend beschreiben.

1. Der **arithmetische Mittelwert** (empirischer Mittelwert) beschreibt das arithmetische Mittel von n-Beobachtungs- bzw. Messwerten:

$$\bar{x} = \frac{1}{n} \cdot \sum_{i=1}^{n} x_i \approx \mu \qquad (8.1)$$

   Der Erwartungswert μ ist der Wert, den die Zufallsvariable im Mittel annimmt. Je größer die Zahl n wird, desto mehr nähern sich $\bar{x}$ und μ an, was für praktische Untersuchungen i. d. R. angenommen werden kann.

2. Die **Standardabweichung** gibt an, wie die Werte einer Variablen um ihren Mittelwert streuen. Dabei gibt es zwei unterschiedliche Fälle.

   Erstens: Es stehen alle Werte (Grundgesamtheit) der zu betrachtenden Variablen zur Verfügung:

$$\sigma = \sqrt{\frac{1}{n} \cdot \sum_{i=1}^{n} (x_i - \bar{x})^2} \qquad (8.2)$$

   Zweitens: Es kann nur eine Stichprobe verwendet werden, da nicht auf alle Werte zugegriffen werden kann:

$$s = \sqrt{\frac{1}{n-1} \cdot \sum_{i=1}^{n} (x_i - \bar{x})^2} \approx \sigma \qquad (8.3)$$

3. Die **Varianz** gibt die durchschnittliche quadratische Abweichung der Werte von ihrem Mittelwert an, Quadrierung der Standardabweichung:

$$\text{Var} = \sigma^2 \qquad (8.4)$$

Die technische Interpretation ist schwierig, da hier ein quadratischer Wert vorliegt. Wenn beispielsweise der Mittelwert eine Zeit in h ist und die quadratische Abweichung in Form der Varianz mit h^2 vorliegt, so ist das Interpretationsproblem ersichtlich. Aus diesem Grund ist es sinnvoll, zur Beschreibung einer Stichprobe die Standardabweichung (mit der gleichen Einheit wie der Mittelwert) anzugeben.

Es sei darauf hingewiesen, dass die beiden o. g. Formeln sich nur durch die Faktoren $1/n$ bzw. $1/(n-1)$ unterscheiden, was bei kleinen Stichproben berücksichtigt werden muss.

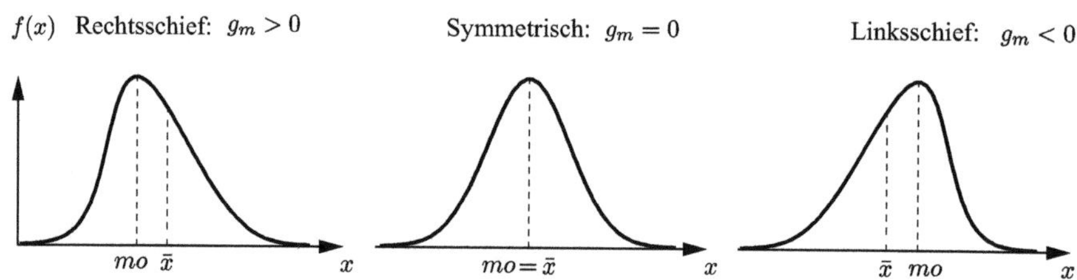

Abb. 8.1 Kennwerte: Schiefe g_m, Modalwert *mo*, Median *me* (Mitte m_o; $\bar{x}$)

4. Die **Schiefe der Verteilung** gibt an, wie stark eine Verteilung von der Symmetrie abweicht, Abb. 8.1, und bestimmt sich nach:

$$g_m = \frac{1}{n \cdot s^3} \cdot \sum_{i=1}^{n} (x_i - \bar{x})^3 \tag{8.5}$$

Bei einer rechtsschiefen Verteilung mit $g_m > 0$ ist der Anstieg der Verteilung rechts flacher als links, bei einer linksschiefen entsprechend umgekehrt mit $g_m < 0$. Bei einer symmetrischen Verteilung gilt $g_m = 0$. Rechtsschiefe Verteilungen sind die Exponential- und Lognormalverteilungen, Abschn. 8.3.3 und 8.3.5. Die Normalverteilung, Abschn. 8.3.4, ist mit $g = 0$ symmetrisch.

5. Der **Modalwert** *mo* ist der Maximalwert der Dichtefunktion bzw. der Wert mit der größten Häufigkeit, Abb. 8.1.

8.2.2 Ausfallwahrscheinlichkeit (Verteilungsfunktion) $F(t)$

$F(t)$ gibt die Wahrscheinlichkeit dafür an, dass eine betrachtete Einheit (einzelnes Bauelement bis hin zu einer komplexen Anlage) in einem definierten Zeitintervall $[0; t]$, der Betriebsdauer, ausfällt. Das heißt, dass die Lebensdauer der Einheit kleiner als die vorgegebene Betriebsdauer ist. Unterschiedliche Lebensdauerverteilungen kommen zur Anwendung, Abschn. 8.3. Die Abb. 8.2 zeigt eine Exponentialverteilung für die sich eine konstante Ausfallrate ergibt.

Charakteristische Eigenschaften von $F(t)$:

- $F(t)$ ist eine monoton steigende Funktion. Das bedeutet, dass zu einem Zeitpunkt t_2 mit $t_2 > t_1$ mindestens so viele Ausfälle erfolgt sein müssen wie zum Zeitpunkt t_1.
- $F(t = 0) = 0$: Zum Zeitpunkt $t = 0$ ist noch kein Ausfall erfolgt.
- $F(t = \infty) = 1$: Nach theoretisch unendlicher Zeit, praktisch langem Zeitraum, ist die Einheit ausgefallen.

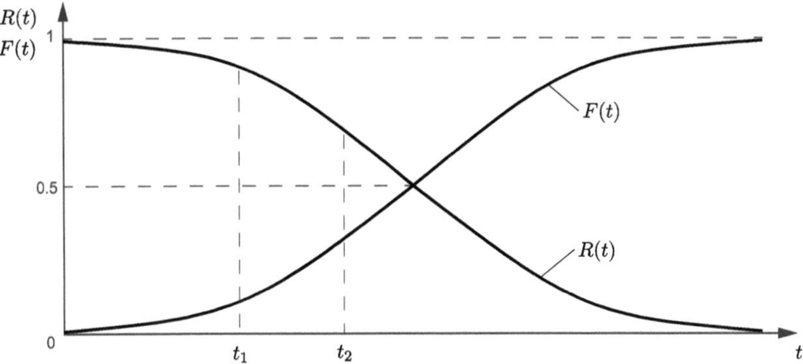

Abb. 8.2 Ausfallwahrscheinlichkeit $F(t)$ und Überlebenswahrscheinlichkeit $R(t)$ bei Exponentialverteilung

8.2.3 Überlebenswahrscheinlichkeit (Zuverlässigkeit) $R(t)$

$R(t)$ gibt die Wahrscheinlichkeit dafür an, dass eine betrachtete Einheit bis zu einem definierten Zeitpunkt t noch nicht ausgefallen ist.

Charakteristische Eigenschaften von $R(t)$, Abb. 8.2:

- $R(t)$ ist eine monoton fallende Funktion. Das bedeutet, dass zu einem Zeitpunkt t_2 mit $t_2 > t_1$ noch mindestens so viele Einheiten nicht ausgefallen sind wie zum Zeitpunkt t_1.
- $R(t = 0) = 1$: Zum Zeitpunkt $t = 0$ ist noch kein Ausfall erfolgt.
- $R(t = \infty) = 0$: Nach theoretisch unendlicher Zeit, praktisch langem Zeitraum, ist die Einheit ausgefallen.

Die Abb. 8.2 zeigt die Überlebenswahrscheinlichkeit bei einer Exponentialverteilung.

Somit ergibt sich die Überlebenswahrscheinlichkeit $R(t)$ als komplementäre Wahrscheinlichkeit zur Ausfallwahrscheinlichkeit zu 1 bzw. 100 %.

$$F(t) + R(t) = 1 \tag{8.6}$$

8.2.4 Ausfallwahrscheinlichkeitsdichte (Dichtefunktion) $f(t)$

Betrachtet man die Ausfallwahrscheinlichkeit $F(t)$ so wird ersichtlich, dass die Wahrscheinlichkeit eines Ausfalls in jedem Zeitintervall dt bzw. Δt unterschiedlich ist. Bildet man die erste Ableitung der Ausfallwahrscheinlichkeit $F(t)$, so ergibt sich die Häufigkeit eines Ausfalls in Abhängigkeit von der Zeit.

$$f(t)) = \frac{dF}{dt} \tag{8.7}$$

8.2.5 Ausfallrate $\lambda(t)$

$\lambda(t)$ beschreibt die Ausfälle in einem Zeitintervall dt, bezogen auf die Anzahl der noch nicht ausgefallenen Einheiten vor diesem Zeitintervall.

$$\lambda(t) = \frac{f(t)}{1 - F(t)} = \frac{f(t)}{R(t)} = -\frac{1}{R(t)} \cdot \frac{dR(t)}{dt} \tag{8.8}$$

$$[\lambda] = \frac{1}{h} \quad \text{typische Angabe in} \quad [\lambda] = \frac{1}{10^9\,h} = \text{FIT}$$

FIT (Failure In Time = Ausfälle pro Zeit)

Es kann mit der Ausfallrate eine Vorhersage getroffen werden, wie anfällig die Einheit zum Zeitpunkt t bezüglich eines Ausfalls ist.

Die gesamte Lebenszeit eines Produkts, angefangen von seiner Fertigstellung über die Nutzungszeit bis zum Lebensende (Außerdienststellung), zeigt, dass die Ausfallrate keine konstante Größe λ ist, sondern eine zeitabhängige $\lambda(t)$. Die Abb. 8.3 zeigt das typischen Ausfallverhalten mit dem Verlauf von $\lambda(t)$ anhand der typischen „Badewannenkurve".

Auf den für diese Bereiche typischen Formfaktor b der Weibull-Verteilung wird im Abschn. 8.3 näher eingegangen.

Charakteristisch für diese Kurve sind drei Bereiche, für die im Folgenden die Hauptursachen der Ausfällen angegeben werden.

Bereich 1: Frühausfälle
- Fertigungsfehler von Einzelteilen wie elektrischen, elektronischen, mechanischen und optischen Bauelementen sowie Leiterplatten/Multilayern.
- Montagefehler bei elektronischen Baugruppen (wie Bestückfehler, Lötfehler wie kalte Lötstellen etc.), Schaltschränken und Geräten (Verkabelungen).

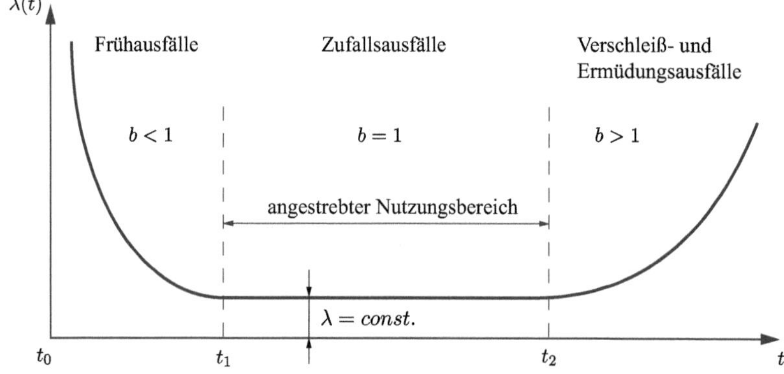

Abb. 8.3 Ausfallverhalten mit der typischen Form der Badewannenkurve

- Werkstofffehler.
- Konstruktionsfehler bei Schaltschränken/Geräten und Fehler im Design von elektronischen Baugruppen mit Verletzung der geometrischen und vor allem der EMV-Regeln.
- Fehlerhafte Lagerung (wie Feuchte) von Einzelteilen und Fertigprodukten sowie Transportfehler (Vibrationen).

Bereich 2: Zufallsausfälle
- Bedienungsfehler. Nicht immer kann durch geeignete Maßnahmen ein derartiger Fehler ausgeschlossen werden. Ein Beispiel um einen Bedienungsfehler zu vermeiden, ist die gegenseitige Verriegelung der beiden Schalter für das Bewegen von Jalousien am Fenster.
- Schmutz- und Wasserpartikel, wenn das Gerät nicht entsprechend des vorgesehenen Schutzgrades, siehe Schutzgrade IPXX, betrieben werden.
- Zu große mechanische Beanspruchungen, beispielsweise durch Vibrationen, Druck oder Stoß.
- Wartungsfehler.
- Einsatz von leicht beschädigten Teilen. Wird ein Draht abisoliert und es entsteht dabei ein Kerbe im Draht, so erhöht sich dort die Bruchgefahr bei Biegebeanspruchungen.
- Konstruktionsfehler. Wird eine elektrische Leitung einer häufigen Biegebeanspruchung unterworfen und ist der Biegeradius des Drahts im Verhältnis zum Drahtdurchmesser zu klein, einsteht eine Bruchgefahr. Zu finden bei Leitungen, die in Türen von Schaltschränken verlaufen oder in Heckklappen von Autos geführt werden.

Typisch für diesen Bereich ist eine nahezu konstante Ausfallrate λ.

Bereich 3: Verschleiß- und Ermüdungsausfälle
- Betrachtet man die Ausfallrate in diesem Bereich, so ist ein Anstieg festzustellen, der typischerweise mit Zeit immer größer wird.
- Dauerbrüche von Leitungen infolge von Biegebeanspruchungen. Ursache sind häufig Konstruktionsfehler, bei denen der Biegeradius der Leitung zu klein im Verhältnis zum Draht bzw. Litzendurchmesser der Leitung ausgelegt wurde.
- Ausfall durch Materialkriechvorgänge. Besonders Aluminium ist dafür anfällig. Das bedeutet praktisch, dass verschraubte Aluleitungen sich lockern und somit den Stromfluss entweder unterbinden oder die Kontaktfläche erheblich verkleinern, was dann zu einer stark erhöhten Stromdichte mit einer anwachsenden Brandgefahr führt.
- Verschleiß (mechanische Abnutzung), beispielsweise an Dichtungen von Antriebswellen, die zu Undichtigkeiten führen.
- Materialdiffusion. Dazu zählen ein verändertes Korrosionsverhalten, eine Verringerung des elektrischen Widerstandes oder auch eine Verringerung der Lötbarkeit von elektrischen Kontakten. Ein Weg die Diffusion zu unterbinden ist die Nutzung einer Diffusionsbarriere wie z. B. Nickel zwischen Kupfer und Gold bei elektrischen Kontakten.

- Feuchtigkeitsabsorption. Bestimmte Kunststoffe haben eine größere Neigung, Feuchtigkeit zu absorbieren. Das kann zur Folge haben, dass längerfristig Beschichtungen, insbesondere auch von elektrischen Leitungen, an Haftung verlieren und einen Ausfall hervorrufen.

8.2.6 Der Erwartungswert $E(T)$

Der Erwartungswert ist der Wert, den eine Zufallsvariable im Mittel annimmt (nicht zu verwechseln mit dem arithmetischen Mittelwert). Er ist definiert durch:

$$E(T) = \int\limits_0^\infty R(t)\,dt \qquad \text{Bedingung:} \quad E(T) < \infty \tag{8.9}$$

8.2.7 Die Kennwerte MTTF, MTBF, MTTFF, MTTR und A

MTTF

Der Kennwert MTTF (Mean Time To Failure) wird den nicht reparierbaren Komponenten und Systemen zugeordnet was bedeutet, dass keine Reparatur nach dem ersten Ausfall erfolgt [24, S. 17], [11, S. 577]. Ausgedrückt wird das durch die mittlere Lebensdauer. Weiterhin geht man dabei von einer konstanten Ausfallrate aus.

Zu den Komponenten gehören aktive und passive Bauelemente wie Transistoren, Dioden, ICs, LEDs, Widerstände, Kondensatoren, Induktivitäten etc. Zu den nicht reparierbaren Systemen, bestehend aus mehreren Komponenten, zählen die, bei denen die Systemkomponente ausfällt, die nicht repariert bzw. ausgetauscht werden kann, z. B. weil sie fest verbaut ist. Ein Beispiel dafür sind Smartphones mit fest verbautem Akku. Auch eingegossene Baugruppen oder Kleingeräte, wie kleine Netzteile, können bei Ausfall einer Systemkomponente nicht repariert werden. Bestimmt wird MTTF nach:

$$\text{MTTF} = \frac{1}{n} \cdot \sum_{i=1}^{n} t_i = \frac{1}{\lambda} \tag{8.10}$$

Dabei sind t_i die jeweiligen Zeiten bis zum Ausfall der einzelnen Komponenten und Systeme und n deren Anzahl einer bewerteten Charge (Los).

Beispiel:

Betrachtet werden fünf Bauteile einer Charge mit den jeweiligen Zeiten bis zum Ausfall $t_1 \cdots t_5$: 91, 93, 96, 103 und 107 h. Damit ergibt sich:

$$\text{MTTF} = \frac{(91 + 93 + 96 + 103 + 107)\,\text{h}}{5} = 98\,\text{h} \tag{8.11}$$

Das bedeutet, dass im Durchschnitt dieses Bauteil nach 98 h ausfällt bzw. ersetzt werden muss. Die mittlere Ausfallrate ergibt sich zu $\approx 0{,}01/\text{h}$.

MTBF

Der Kennwert MTBF (Mean Time Between Failures) findet Verwendung bei reparierbaren Einheiten und ist das Verhältnis aller Betriebszeiten T zur Anzahl der Ausfälle k innerhalb T. Angewendet wird dieser Wert nur für konstante Ausfallraten in den betrachteten Einzelnutzungszeiten:

$$\text{MTBF} = \frac{\text{Summe aller Betriebszeiten } T}{\text{Anzahl der Ausfälle } k} \tag{8.12}$$

In [30] wird sich mit dieser gängigen Praxis kritisch auseinandergesetzt. Dort wird deutlich gemacht, dass in der Regel die MTBF nicht für einzelne Produkte anwendbar ist, sondern einen statistischen Kennwert für eine Losgröße von Produkten darstellt. Weiterhin heißt es dort, Zitat:

> „Grenzfälle, in denen die MTBF im Bereich der vorgesehenen Gebrauchsdauer liegt sind beispielsweise PKW und LKW. Bei sehr umfangreichen Systemen ist die Ausfallwahrscheinlichkeit so hoch, dass ein einzelnes Gerät während seiner Lebensdauer unter Umständen mehrfach ausfallen wird. Dann, und nur dann, ist die MTBF als Zeitdauer interpretierbar, nämlich als die mittlere Zeitdauer zwischen 2 Ausfällen ein und desselben Geräts."

Weiterhin wird in [30] folgende modifizierte Gleichung für die MTBF angegeben, welche die wahre MTBF um maximal 1 % unterschätzt.

$$\text{MTBF} = \frac{\text{Summe aller Betriebszeiten } T}{\text{Anzahl der Ausfälle } k + 0{,}695} \tag{8.13}$$

Bestimmt werden kann MTBF auch mittels des Integrals der Überlebenswahrscheinlichkeit. Geht man von exponentiell verteilten Betriebsdauern einer Einheit aus, so ergibt sich eine konstante Ausfallrate λ:

$$\text{MTBF} = \int_0^\infty R(t)\,dt = \int_0^\infty e^{-\lambda t}\,dt = \frac{1}{\lambda} \tag{8.14}$$

Der Kennwert MTBF beeinflusst die Zuverlässigkeit (Überlebenswahrscheinlichkeit) $R(t)$ und die Verfügbarkeit (Availability) A einer Einheit. Geht man von einer exponentiell verteilten Überlebenswahrscheinlichkeit ($\lambda = \text{const.}$) aus, so ergibt sich:

$$R(t) = e^{-\lambda \cdot t} = e^{-\frac{t}{\text{MTBF}}} \tag{8.15}$$

Ist MTBF wesentlich größer als eine betrachtete Betriebsdauer t, so ergibt sich die Zuverlässigkeit zu 1 bzw. 100 %.

Erreicht MTBF die betrachtete Betriebszeit t (Grenzfall), so sinkt die Zuverlässigkeit auf 0,37 bzw. 37 %. Das bedeutet, dass bei Erreichen von $t = $ MTBF nur noch 37 % der bei Beginn funktionsfähigen Einheiten noch intakt sind.

Hinweis: Häufig ist zu finden, das MTBF in der Übersetzung mit dem mittleren Ausfallabstand gleichgesetzt wird. Das ist nicht korrekt und kann dazu führen, dass bei der MTBF die Ausfallzeit mitgerechnet wird, vgl. dazu die DIN 40041 Nr. 3.5.2 [1].

Beispiel 1:

50 Geräte sind insgesamt 30.000 h in Betrieb. Dabei kommt es zu 15 Ausfällen mit entsprechenden Reparaturen. MTBF ergibt sich damit zu:

$$\text{MTBF} = \frac{\sum(\text{Betriebsdauer})}{\text{Anzahl der Ausfälle}} = \frac{30.000\,\text{h}}{15} = 2000\,\text{h} \tag{8.16}$$

Mit einer angenommenen konstanten Aufallrate λ folgt:

$$\lambda = \frac{1}{\text{MTBF}} = \frac{1}{2000} = 0{,}0005\,\frac{\text{Ausfälle}}{\text{h}} \tag{8.17}$$

Beispiel 2:

25 Geräte werden über einen Zeitraum von 30.000 h getestet. Das Testergebnis ergibt: Ein Gerät fällt nach 10.000 h aus, weitere 3 nach 15.000 h und weitere 6 nach 20.000 h. Der Rest erreicht die 30.000 h Testzeit. MTBF ergibt sich damit zu:

$$\text{MTBF} = \frac{(1 \cdot 10.000 + 3 \cdot 15.000 + 6 \cdot 20.000 + 15 \cdot 30.000)\,\text{h}}{10} = 62.500\,\text{h} \tag{8.18}$$

Und für die wieder als konstant angenommene Ausfallrate λ folgt:

$$\lambda = \frac{1}{\text{MTBF}} = \frac{1}{62.500} = 1{,}6\,\frac{\text{Ausfälle}}{10^5\,\text{h}} = 16 \cdot 10^3\,\text{FIT} \tag{8.19}$$

MTTR

Der Kennwert MTTR wird teilweise sehr unterschiedlich verwendet. Zwei der gebräuchlichsten Betrachtungen sind die mittlere Reparaturzeit (Mean Time To Repair) und die mittlere Zeit zur vollständigen Wiederherstellung der Funktionsfähigkeit (Mean Time To Recovery) des Produkts.

Zur mittleren Reparaturzeit zählt die reine Reparaturzeit, das Testen und die Rückkehr zur vollen Funktionsfähigkeit. Die mittlere Wiederherstellungszeit umfasst nicht nur die mittlere Reparaturzeit, sondern auch die Zeiten bis zur Diagnose, die Diagnosezeit selbst sowie die Transport- und Lagerzeiten. Gerade die Lagerzeiten sind oft viel länger als alle vorher genannten zusammen genommen. Bestimmt wird MTTR nach:

$$\text{MTTR} = \frac{\sum(\text{Reparatur-bzw. Wiederherstellungszeiten})}{\text{Anzahl der Reparaturen/Wiederherstellungszyklen}} \tag{8.20}$$

Beispiel:
Ein Gerät fällt innerhalb einer Woche dreimal aus. Die Zeiten zur Wiederherstellung der Funktion betragen 1, 2 und 4,5 h. Damit ergibt sich MTTR zu:

$$\text{MTTR} = \frac{(1 + 2 + 4,5)\,\text{h}}{3} = 2,5\,\text{h} \tag{8.21}$$

MTTFF

Der Kennwert MTTFF (Mean Time To First Failure) gilt bei reparierbaren Einheiten und gibt die mittlere Dauer bis zum ersten Ausfall an.

Verfügbarkeit A

Die Verfügbarkeit (Availability) A ist die Wahrscheinlichkeit dafür, dass eine Einheit sich in einem Zustand befindet der sie in die Lage versetzt, die geforderte Funktion realisieren zu können. Bestimmt wird sie durch die Zuverlässigkeit der Einheit und die Zeiten zur Wiederherstellung:

$$A = \frac{\text{MTBF}}{\text{MTBF} + \text{MTTR}} \tag{8.22}$$

Die Verfügbarkeit ist bei den Fällen von Bedeutung, bei denen die Ausfallzeiten besonders kritisch sind. Dazu zählen beispielsweise Serversysteme oder medizinische Geräte zur Lebenserhaltung.

Für nicht reparierbare Einheiten gilt: $A = R(t)$.

8.3 Lebensdauerverteilungen

8.3.1 Die typischen Lebensdauerverteilungen

Das Ausfallverhalten, siehe Badewannenkurve Abb. 8.3, kann in den einzelnen Bereichen durch verschiedene statistische Funktionen, die Lebensdauerverteilungen, beschrieben werden. Grundlage sind empirisch ermittelte Ausfallfunktionen, die durch mathematische Funktionen beschrieben werden.

Dabei muss ein hoher Korrelationsfaktor[1] mit größer 0,9 angestrebt werden, um eine realitätsgetreue Nachbildung des Ausfallgeschehens abbilden zu können.

Die wohl am häufigsten verwendeten Lebensdauerverteilungen sind:

- Weibull-Verteilung
- Exponentialverteilung
- Normalverteilung
- Logarithmische Normalverteilung

---

[1] Der Korrelationsfaktor k zeigt die Übereinstimmung zwischen einer empirisch ermittelten Kurve und dem analytischen Ausdruck an. $k = 0$ keine, $k = 1$ 100 % Übereinstimmung.

8.3.2 Die Weibull-Verteilung

Die Weibull-Verteilung ist eine universelle Wahrscheinlichkeitsverteilung. Mit ihr kann die Ausfallrate in einem weiten Bereich unabhängig davon modelliert werden, ob die Ausfallrate sinkt, gleich bleibt oder steigt, Abb. 8.3. Sie zählt daher zu den wichtigsten Lebensdauerverteilungen überhaupt.

Für die Ausfallwahrscheinlichkeit $F(t)$ und die Ausfallwahrscheinlichkeitsdichte $f(t)$ mit drei charakteristischen Parametern gelten:

$$F(t) = 1 - e^{-\left(\frac{t-t_0}{T-t_0}\right)^b} \tag{8.23}$$

$$f(t) = \frac{F(t)}{dt} = \frac{b}{T-t_0} \cdot \left(\frac{t-t_0}{T-t_0}\right)^{b-1} \cdot e^{-\left(\frac{t-t_0}{T-t_0}\right)^b} \tag{8.24}$$

Mit Gl. (8.6) ergibt sich die Zuverlässigkeit (Überlebenswahrscheinlichkeit) zu:

$$R(t) = 1 - F(t) = e^{-\left(\frac{t-t_0}{T-t_0}\right)^b} \tag{8.25}$$

b ist der Formparameter (auch Ausfallsteilheit), der die Änderungsgeschwindigkeit der augenblicklichen Ausfallrate angibt. Die typischen Werte liegen zwischen $0{,}25 \leq b \leq 5$.

T ist die charakteristische Lebensdauer bei der 63,2 % aller Einheiten ausgefallen sind. Der Wert ergibt sich aus Gl. (8.25), wenn $t = T$ gesetzt wird.

t_0 ist die ausfallfreie Zeit (auch Verschiebeparameter) und stellt den Ausgangswert für den Beginn der zu betrachtenden Funktion dar.

Nach Gl. (8.8) bestimmt sich dann die Ausfallrate zu:

$$\lambda(t) = \frac{f(t)}{R(t)} = \frac{b}{T-t_0} \cdot \left(\frac{t-t_0}{T-t_0}\right)^{b-1} \qquad \text{für} \quad t > t_0 \tag{8.26}$$

$$\lambda(t) = 0 \qquad \text{für} \quad t \leq t_0$$

Der Erwartungswert (mittlere Lebensdauer) ergibt nach den Gl. (8.9) und (8.25) mit den Parametern b und T:

$$E(T) = T \cdot \Gamma\left(\frac{1}{b} + 1\right) + t_0 \tag{8.27}$$

Die Werte der Gammafunktion $\Gamma(1/b + 1)$ können der Tabelle A7 im Anhang entnommen werden, wo auch der graphische Verlauf dieser Funktion zu finden ist.

Die ausfallfreie Zeit t_0 ist für elektronische Bauteile häufig Null, so dass die 3-parametrische Weibull-Verteilung in eine 2-parametrische übergeht.

Die Abb. 8.4 zeigt $F(t)$, $f(t)$ und $\lambda(t)$ für unterschiedliche Formparameter. Anhand dieser wird ersichtlich, dass die Weibull-Verteilung in bestimmten Bereichen durch andere Verteilungen (vgl. folgende Kap.) approximiert werden kann.

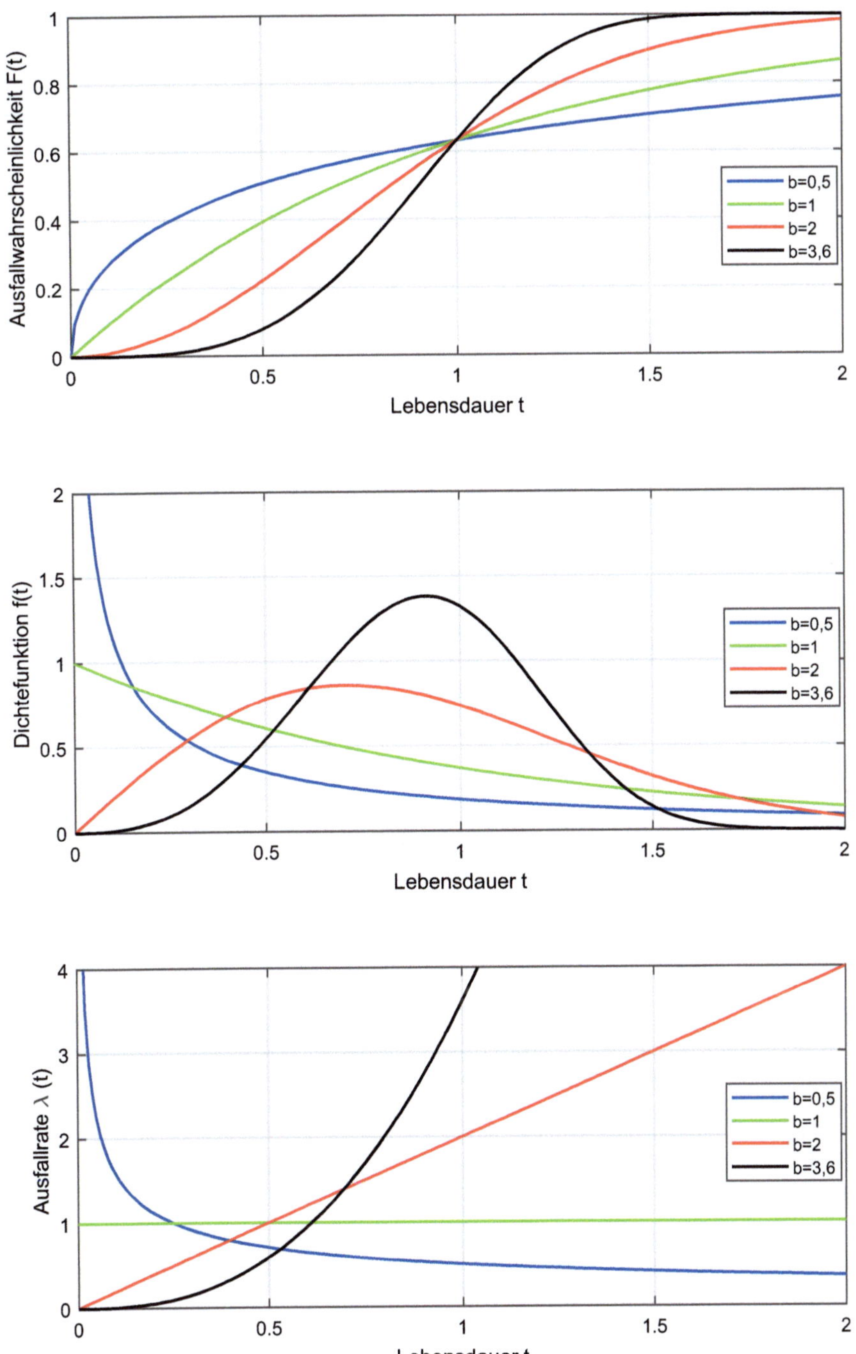

Abb. 8.4 Drei Zuverlässigkeitskenngrößen der Weibull-Verteilung mit $T = 1$

$b = 1$ Exponentialverteilung mit konstanter Ausfallrate $\lambda(t) = \lambda$
$1{,}5 \leq b \leq 3{,}5$ Logarithmische Normalverteilung
$b = 2$ Rayleigh-Verteilung mit einem linearen Anstieg von $\lambda(t)$
$b = 3{,}6$ Normalverteilung

Beispiel:

Für TV-Geräte sind typische Lebensdauern von 5 bis 10 Jahren zu finden. Für eine sichere Betrachtung der Zuverlässigkeitsfragen wird der ungünstigste Fall (Worst Case) mit einer Lebensdauer von 5 Jahren betrachtet, wobei die Betriebszeit gleichmäßig auf die einzelnen Tage verteilt sein soll. Es wird weiterhin davon ausgegangen, dass sich die Lebensdauer durch eine Weibull-Verteilung mit dem Formparameter $b = 2$ beschreiben lässt und der Verschiebeparameter t_0 Null ist.

1. Wie hoch ist die Zuverlässigkeit (Überlebenswahrscheinlichkeit) für einen Zeitraum von 3 Jahren? Siehe Gl. (8.25).

$$R(t = 3\,a) = e^{-\left(\frac{3\,a}{5\,a}\right)^2} = 0{,}698 \tag{8.28}$$

2. Wie groß ist die mittlere Lebensdauer (Erwartungswert)?
   Siehe Gl. (8.27) und Werte für die Gammafunktion Tab. A.7.

$$E(T = 5\,a) = 5\,a \cdot \Gamma\left(\frac{1}{2} + 1\right) = 5\,a \cdot 0{,}8862 = 4{,}43\,a \tag{8.29}$$

3. Wie hoch ist die Ausfallrate, wenn die obige Betriebsdauer von 3 Jahren zugrunde gelegt wird? Siehe Gl. (8.26).

$$\lambda = \frac{2}{5\,a} \cdot \left(\frac{3\,a}{5\,a}\right)^{2-1} = 0{,}24\frac{1}{a} = 2{,}74 \cdot 10^{-5}\,\frac{1}{\text{h}} \tag{8.30}$$

8.3.3 Die Exponentialverteilung

Für elektronische Bauteile kann das Ausfallverhalten häufig mittels einer Exponentialverteilung modelliert werden. Hier ergibt sich eine konstante Ausfallrate, womit sich Zuverlässigkeitsberechnungen deutlich vereinfachen.

Beschrieben wird die Exponentialverteilung allein durch die charakteristische Lebensdauer T bzw. die Ausfallrate λ mit $T = 1/\lambda$. Für die Ausfallwahrscheinlichkeit $F(t)$ und die Ausfallwahrscheinlichkeitsdichte $f(t)$ gelten:

$$F(t) = 1 - e^{-\lambda t} \tag{8.31}$$

$$f(t) = \frac{F(t)}{dt} = \lambda \cdot e^{-\lambda t} \tag{8.32}$$

Die Zuverlässigkeit (Überlebenswahrscheinlichkeit) als komplementäre Wahrscheinlichkeit zur Ausfallwahrscheinlichkeit ergibt sich nach Gl. (8.6) zu:

$$R(t) = 1 - F(t) = e^{-\lambda t} \tag{8.33}$$

Nach Gl. (8.8) bestimmt sich die Ausfallrate zu:

$$\lambda(t) = \frac{f(t)}{R(t)} = \frac{\lambda \cdot e^{-\lambda t}}{e^{-\lambda t}} = \lambda = \frac{1}{T} = \frac{1}{\mathrm{MTBF}} = \mathrm{const.} \tag{8.34}$$

Der Erwartungswert ergibt sich mit den Gl. (8.9) und (8.33):

$$E(T) = \frac{1}{\lambda} \tag{8.35}$$

Die Abb. 8.5 zeigt $F(t)$, $f(t)$ und $\lambda(t)$ für jeweils drei unterschiedliche Ausfallraten. Man beachte insbesondere den überproportionalen Anstieg der Ausfallwahrscheinlichkeit mit zunehmender Ausfallrate.

Beispiel:
Für einen Tantal-Elektrolytkondensator des Typs CL gilt eine Ausfallrate von $\lambda_{\mathrm{ref}} = 0{,}0004 \cdot 10^{-6} \cdot 1/\mathrm{h}$, [36, S. 10-2 bis 10-6]. Unter Berücksichtigung der Minderungsfaktoren (π_i-Faktoren), die alle Betriebs- und Qualitätsbedingungen umfassen und hier mit einem Gesamtwert von ≈ 100 angenommen werden, ergibt sich die zugrundelegende Ausfallrate (ausführlich siehe Abschn. 8.4):

$$\lambda = \lambda_{\mathrm{ref}} \cdot \prod_{i=1}^{6} \pi_i = 0{,}0004 \cdot 10^{-6} \frac{1}{\mathrm{h}} \cdot 100 = 0{,}04 \cdot 10^{-6} \frac{1}{\mathrm{h}} \tag{8.36}$$

1. Wie hoch ist die Wahrscheinlichkeit, dass dieses Bauelement eine Lebensdauer von 10 Jahren (87.600 h) erreicht? Siehe Gl. (8.33).

$$R(t = 87.600\,\mathrm{h}) = e^{-0{,}04 \cdot 10^{-6} \cdot 87.600} = 0{,}9965 \tag{8.37}$$

2. Wie groß ist die Ausfallwahrscheinlichkeit, dass das Bauelement im Zeitraum ΔT_{25} von 2 bis 5 Jahren bzw. 17.520 h bis 43.800 h ausfällt? Siehe Gl. (8.31).

$$F(\Delta T_{25}) = F(5\,a) - F(2\,a) = (1 - e^{-0{,}04 \cdot 10^{-6} \cdot 43.800}) - (1 - e^{-0{,}04 \cdot 10^{-6} \cdot 17.520}) \tag{8.38}$$
$$F(\Delta T_{25}) = 0{,}00105$$

3. Nach welcher Zeit sind noch 20 % der Bauelemente intakt, wenn die obige Ausfallrate zugrunde gelegt wird? Die Umstellung der Gl. (8.33) liefert:

$$t = -\frac{\ln(R(t))}{\lambda} = -\frac{\ln(0{,}2))}{0{,}04 \cdot 10^{-6}\,\mathrm{h}^{-1}} = 4{,}0 \cdot 10^{7}\,h \tag{8.39}$$

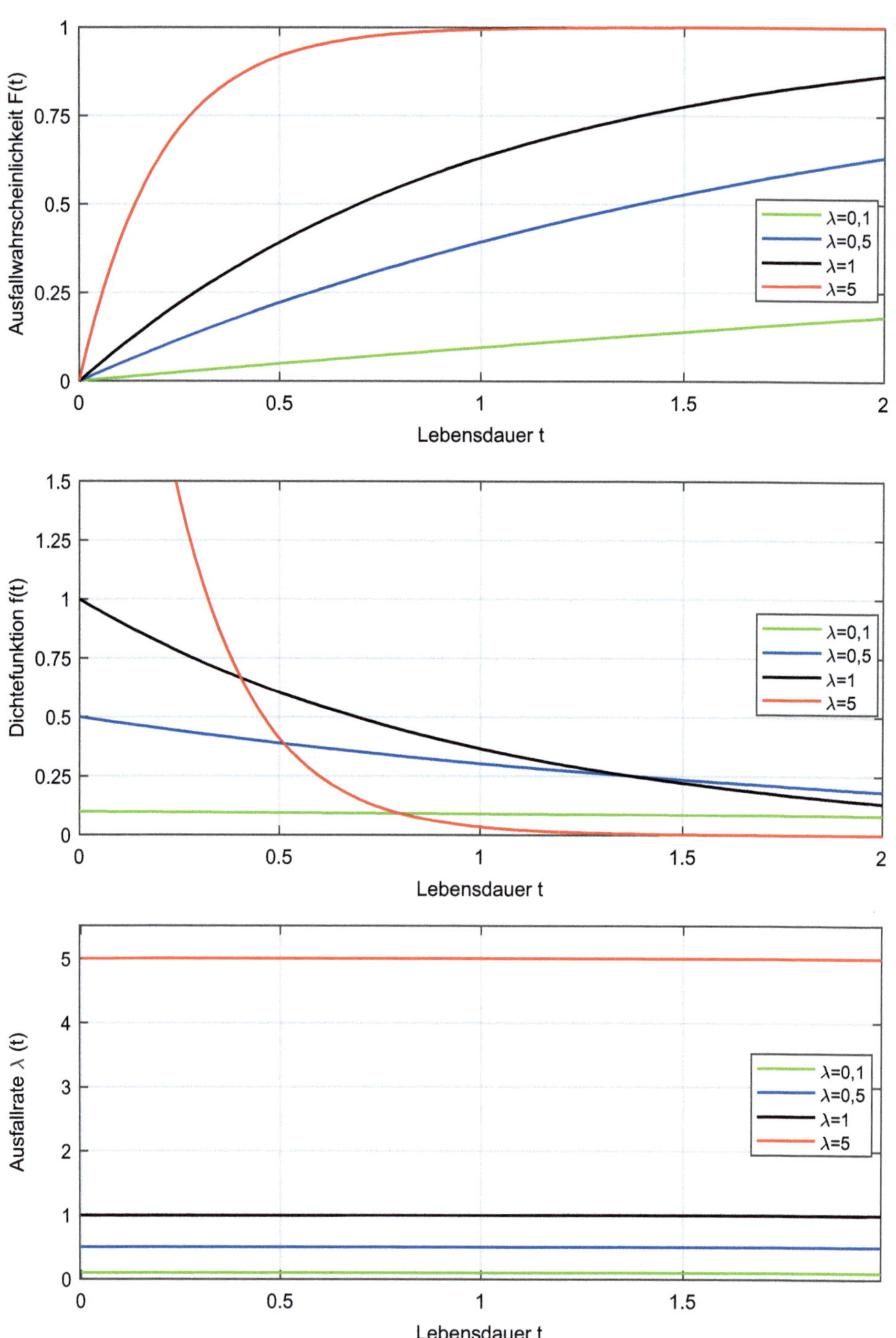

Abb. 8.5 Drei Zuverlässigkeitskenngrößen der Exponentialverteilung

8.3.4 Die Normalverteilung

Die Normalverteilung wird durch den Erwartungswert (Lageparameter) μ und die Standardabweichung (Formparameter) σ beschrieben. Anstelle der Standardabweichung kann auch die Varianz σ^2 verwendet werden.

Für die Ausfallwahrscheinlichkeit $F(t)$ und die Ausfallwahrscheinlichkeitsdichte $f(t)$ gelten:

$$F(t) = \frac{1}{\sigma \cdot \sqrt{2 \cdot \pi}} \cdot \int_0^t e^{-\frac{1}{2}\left(\frac{\tau-\mu}{\sigma}\right)^2} d\tau \tag{8.40}$$

$$f(t) = \frac{1}{\sigma \cdot \sqrt{2 \cdot \pi}} \cdot e^{-\frac{1}{2}\left(\frac{t-\mu}{\sigma}\right)^2} \tag{8.41}$$

Mathematisch definiert ist die untere Integrationsgrenze mit $-\infty$. Da die Lebensdauer t aber immer positve Werte hat, wird diese Grenze mit Null angesetzt.

Oft wird auch die standardisierte Normalverteilung verwendet, bei der sich die Kurve um den Erwartungswert μ so verschiebt, dass er im Koordinatenursprung liegt, mit der Tranformation:

$$u = \frac{t - \mu}{\sigma} \tag{8.42}$$

Die Zuverlässigkeit (Überlebenswahrscheinlichkeit) ergibt sich dann wieder nach Gl. (8.6):

$$R(t) = 1 - F(t) = \frac{1}{\sigma \cdot \sqrt{2 \cdot \pi}} \cdot \int_t^\infty e^{-\frac{1}{2}\left(\frac{\tau-\mu}{\sigma}\right)^2} d\tau \tag{8.43}$$

Nach Gl. (8.8) ergibt sich die Ausfallrate:

$$\lambda(t) = \frac{f(t)}{R(t)} = \frac{e^{-\frac{1}{2}\left(\frac{t-\mu}{\sigma}\right)^2}}{\int_t^\infty e^{-\frac{1}{2}\left(\frac{\tau-\mu}{\sigma}\right)^2} d\tau} \tag{8.44}$$

Zur Veranschaulichung zeigt Abb. 8.6 die Kenngrößen $F(t)$, $f(t)$ und $\lambda(t)$ jeweils mit dem Erwartungswert $\mu = 1$.

Beispiel:
Für einen Keramikkondensator (SMD Multilayer Ceramic Chip Capacitor) mit einem Kapazitätswert von $100\,\text{pF}$ gibt das Datenblatt die 5 Toleranzklassen F ($\pm 1\,\%$), G ($\pm 2\,\%$), J ($\pm 5\,\%$), K ($\pm 10\,\%$) und M ($\pm 20\,\%$) an. Aus der Fertigung ist bekannt, dass die Kondensatoren normalverteilt sind mit dem Erwartungswert $\mu = 100\,\text{pF}$ und der Standardabweichung $\sigma = 5\,\text{pF}$.

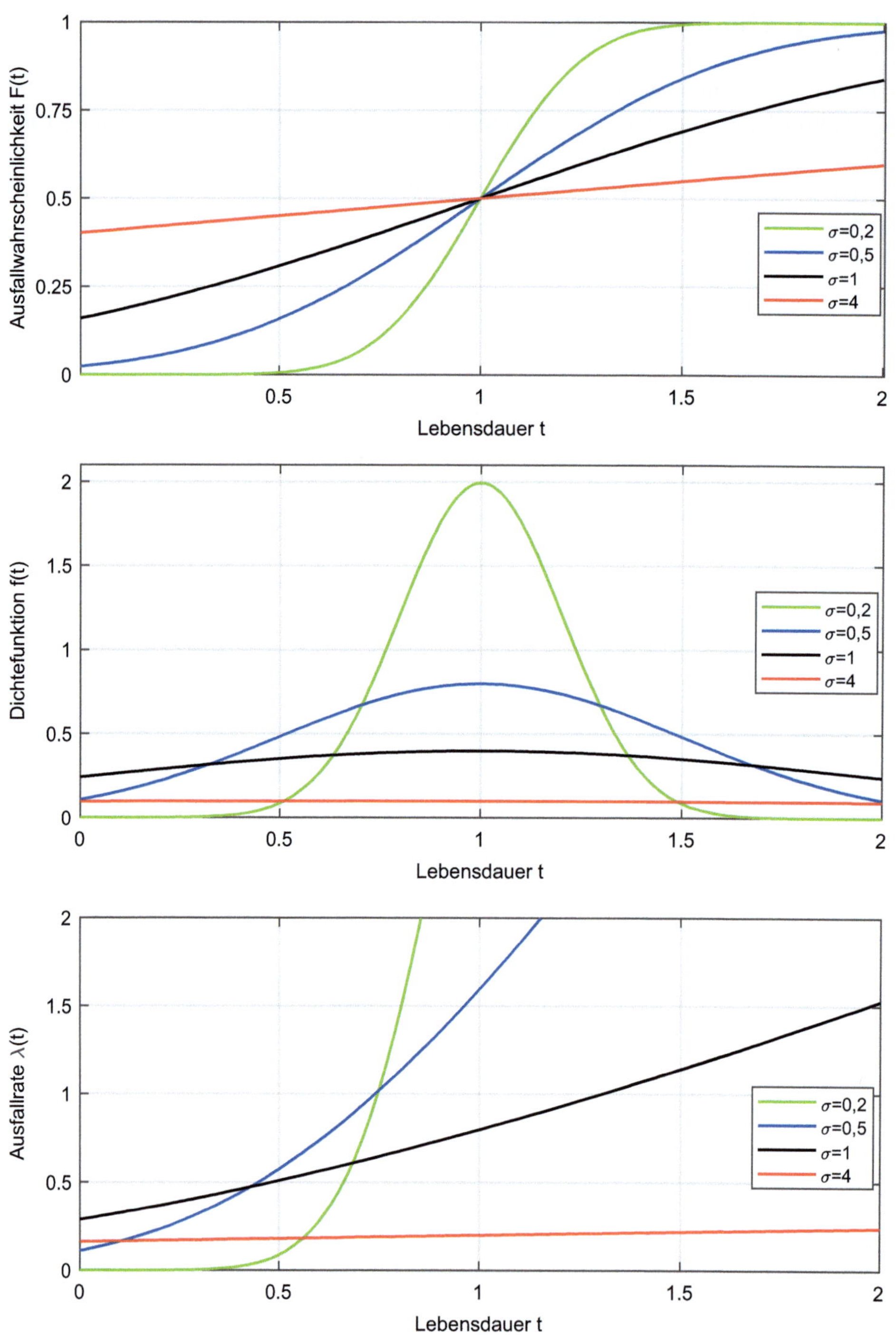

Abb. 8.6 Drei Zuverlässigkeitskenngrößen der Normalverteilung mit $\mu = 1$

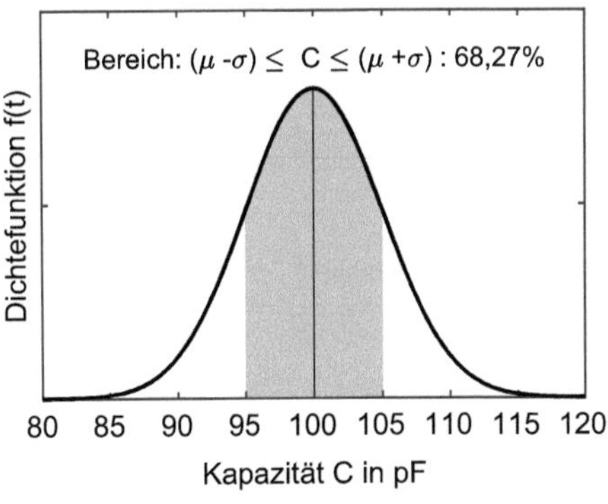

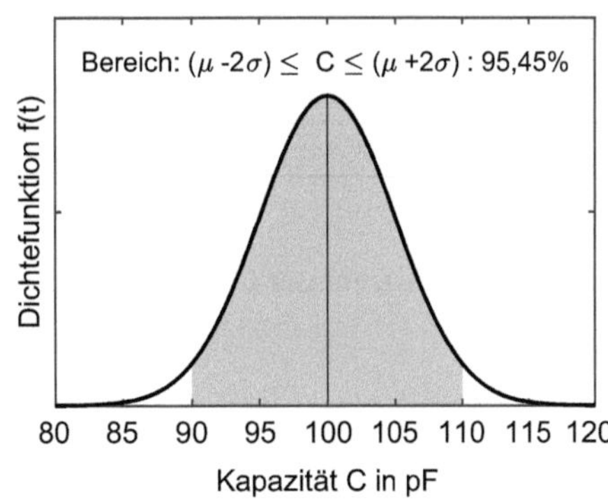

Abb. 8.7 Normalverteilung einer Kondensatorcharge mit 1σ- und 2σ-Bereichen

1. Wie groß ist die Wahrscheinlichkeit P, dass aus der Charge dieser 100 pF-Kondensatoren die Werte mit der Toleranzklasse J ($\pm 5\,\%$) entnommen werden können?

   Dazu muss das Integral der Dichtefunktion $f(t)$ in den Grenzen der gesuchten Bauteiltoleranzen, hier 95 pF und 105 pF, betrachtet werden, was der Funktion $F(t)$ mit diesen Grenzen entspricht. Die gesuchte Wahrscheinlichkeit ist der Flächeninhalt unter der Kurve $f(t)$ in den genannten Grenzen.

$$P(95\,\text{pF} \le C \le 105\,\text{pF}) = F = \frac{1}{5\,\text{pF} \cdot \sqrt{2 \cdot \pi}} \cdot \int_{95\,\text{pF}}^{105\,\text{pF}} e^{-\frac{1}{2}\left(\frac{\tau - 100\,\text{pF}}{5\,\text{pF}}\right)^2} d\tau \qquad (8.45)$$

$$P(95\,\text{pF} \le C \le 105\,\text{pF}) = 0.6827$$

68,27 % der Kondensatoren der Charge erfüllen somit die Forderung nach Einhaltung der Toleranz von 5 %, Abb. 8.7-links.

2. Wie groß wird die Wahrscheinlichkeit P, wenn Kondensatoren bis zur Toleranzklasse K ($\pm 10\,\%$) entnommen werden?

   Jetzt verschieben sich die Grenzen von 95 pF und 105 pF zu 90 pF und 110 pF.

$$P(90\,\text{pF} \le C \le 110\,\text{pF}) = F = \frac{1}{5\,\text{pF} \cdot \sqrt{2 \cdot \pi}} \cdot \int_{90\,\text{pF}}^{110\,\text{pF}} e^{-\frac{1}{2}\left(\frac{\tau - 100\,\text{pF}}{5\,\text{pF}}\right)^2} d\tau \qquad (8.46)$$

$$P(90\,\text{pF} \le C \le 110\,\text{pF}) = 0.9545$$

Das bedeutet, dass 95,45 % der Bauelemente dem geforderten Toleranzbereich entsprechen, Abb. 8.7-rechts.

Tab. 8.1 Bereiche mit verschiedenen Standardabweichungen und zugehörige Wahrscheinlichkeiten

$\mu \pm 1\sigma$	0,682689492	$\mu \pm 3\sigma$	0,997300203	$\mu \pm 5\sigma$	0,999999426
$\mu \pm 2\sigma$	0,954499736	$\mu \pm 4\sigma$	0,999936657	$\mu \pm 6\sigma$	0,999999998

3. Wie viel Prozent der Charge liegen innerhalb der Toleranzklasse F $\pm 1\,\%$?

$$P(99\,\mathrm{pF} \leq C \leq 101\,\mathrm{pF}) = F = \frac{1}{5\,\mathrm{pF} \cdot \sqrt{2 \cdot \pi}} \cdot \int_{99\,\mathrm{pF}}^{101\,\mathrm{pF}} e^{-\frac{1}{2}\left(\frac{\tau - 100\,\mathrm{pF}}{5\,\mathrm{pF}}\right)^2} d\tau \qquad (8.47)$$

$$P(99\,\mathrm{pF} \leq C \leq 101\,\mathrm{pF}) = 0.1586$$

Nur 15,85 % der Kondensatoren der Charge erfüllen die Forderung nach Einhaltung der Toleranz von $\pm 1\,\%$.

Um auch hier die 68,27 % wie unter 1. zu erreichen, muss die Standardabweichung von 5 pF auf 1 pF reduziert werden.

Aus diesem Beispiel ist zu erkennen, dass die alleinige Angabe eines Toleranzbereichs für die Beurteilung eines technischen Werts nicht ausreichend ist. Vielmehr muss dazu immer die Standardabweichung mit angegeben werden. Häufig fehlt die Angabe der Standardabweichung, wobei dann i. d. R. eine 3σ-statistische Sicherheit zugrunde gelegt wird, was aber keine verlässliche Annahme ist.

Die Tab. 8.1 zeigt die Bereiche $\mu \pm n\sigma$ mit den Wahrscheinlichkeiten dafür, dass Werte von Bauteil- und Gerätechargen in diesem Bereich liegen.

8.3.5　Die Logarithmische Normalverteilung

Die logarithmische Normalverteilung (Lognormalverteilung) ergibt sich aus der Normalverteilung, wenn die Parameter, hier Ausfallzeiten t, logarithmisch verteilt sind. Sie wird häufig als Modell für Lebensdauerdaten verwendet.

Diese Verteilung basiert darauf, dass jedes Element zu einem beliebigen Zeitpunkt einen bestimmten Anstieg der Abnutzung, Ermüdung, Zersetzung etc. erfährt. Die Akkumulation dieser Anstiege, man kann auch sagen Zustände, geschieht solange, bis der Ausfall eintritt. Daher auch die Bezeichnung als multiplikatives Wachstumsmodell. Anwendungen sind:

- Zersetzungsprozesse durch chemische oder elektrochemische Korrosion, Migration wie die Elektromigration mit Stofftransporten in ICs, die bei Leitungsstrukturen zu Kurzschlüssen und getrennten Verbindungen führen oder Diffusionsprozesse, die Materialeigenschaften stark verändern können.

- Bei mechanischer Beanspruchung (Biegung, Torsion) kann es zur Rissbildung oder einem kompletten Ausfall des Bauteil kommen. Das trifft beispielsweise auf Leiterbahnen von Leiterplatten zu, die einer stärkeren Vibration unterliegen. Maßnahmen dagegen sind eine stärkere Dimensionierung hinsichtlich Breite und Dicke der Leiterbahnen und dämpfende Lagerungen.
- Elektronische Bauteile sind dann hier zu betrachten, wenn in einem absehbaren Zeitraum ein Ausfall erfolgen kann. Wird der Ausfall von Bauelementen aber erst nach einer definierten Lebensdauer erwartet, so ist von einer Exponentialverteilung mit konstanter Ausfallrate auszugehen.

Für die Ausfallwahrscheinlichkeit $F(t)$, die Ausfallwahrscheinlichkeitsdichte $f(t)$, die Überlebenswahrscheinlichkeit $R(t)$ und die Ausfallrate λ gelten:

$$F(t) = \frac{1}{\sigma_L \cdot \sqrt{2 \cdot \pi}} \cdot \int_0^t \frac{1}{\tau} \cdot e^{-\frac{1}{2}\left(\frac{\ln(\tau)-\mu_L}{\sigma_L}\right)^2} \, d\tau \tag{8.48}$$

$$f(t) = \frac{1}{t \cdot \sigma_L \cdot \sqrt{2 \cdot \pi}} \cdot e^{-\frac{1}{2}\left(\frac{\ln(t)-\mu_L}{\sigma_L}\right)^2} \tag{8.49}$$

$$R(t) = 1 - F(t) = \frac{1}{\sigma_L \cdot \sqrt{2 \cdot \pi}} \cdot \int_t^\infty \frac{1}{\tau} \cdot e^{-\frac{1}{2}\left(\frac{\ln(\tau)-\mu_L}{\sigma_L}\right)^2} \, d\tau \tag{8.50}$$

$$\lambda(t) = \frac{f(t)}{R(t)} = \frac{f(t)}{1 - F(t)} \tag{8.51}$$

Zur Veranschaulichung zeigt Abb. 8.8 die Kenngrößen $F(t)$, $f(t)$ und $\lambda(t)$ jeweils mit dem Erwartungswert $\mu_L = 1$.

Beim Umgang mit der Lognormalverteilung müssen die Daten, wie ermittelte Messwerte, logarithmiert werden. Diese logarithmierten Werte werden in die allgemeingültigen Gln. (8.1) und (8.2) bzw. (8.3) eingesetzt und ergeben die Parameter μ_L und σ_L (nicht die Parameter μ und σ, denn diese gelten für nicht logarithmierte Werte). Danach müssen diese Ergebnisse in die Parameter μ und σ der nicht logarithmierten Werte umgerechnet werden:

$$\mu = e^{\left(\mu_L + \frac{\sigma_L^2}{2}\right)} \tag{8.52}$$

$$\sigma = e^{\left(\mu_L + \frac{\sigma_L^2}{2}\right)} \cdot \sqrt{e^{\sigma_L^2} - 1} \tag{8.53}$$

Alternativ können auch nicht logarithmierte Werte verwendet werden. Eingesetzt in die Gln. (8.1) und (8.2) bzw. (8.3) ergeben sich dann die Parameter μ und σ. Die Umrechnung

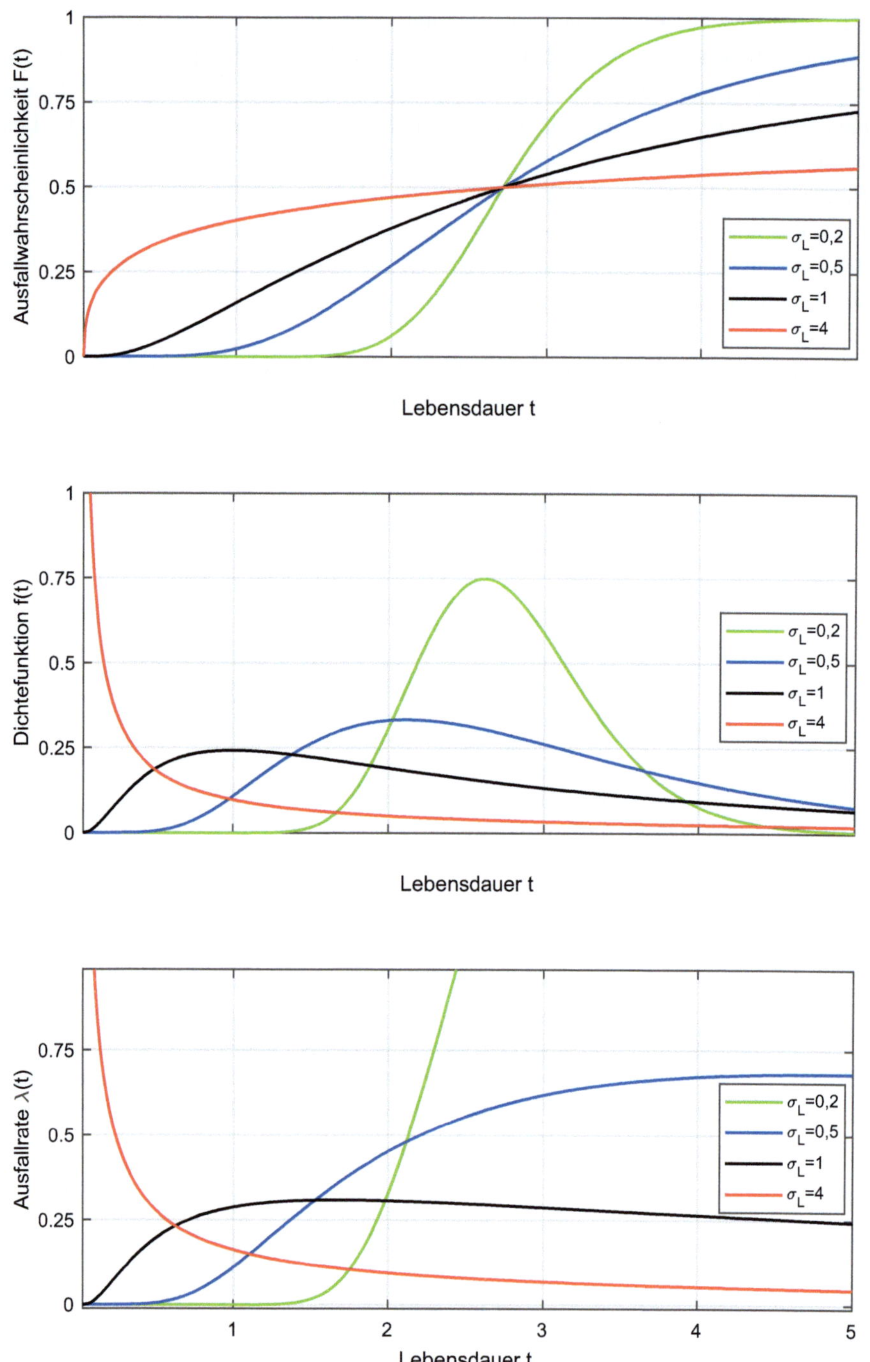

Abb. 8.8 Drei Zuverlässigkeitskenngrößen der Lognormalverteilung mit $\mu_L = 1$

in die Parameter μ_L und σ_L erfolgt dann mittels der obigen umgestellten Formeln:

$$\mu_L = \ln(\mu) - \frac{\sigma_L^2}{2} \tag{8.54}$$

$$\sigma_L = \sqrt{\ln\left(\frac{\sigma^2}{\mu^2} + 1\right)} \tag{8.55}$$

Beispiel:
Aus dem Fertigungslos eines Bauteils wird eine Stichprobe entnommen, um das Ausfallverhalten zu ermitteln. Eine erste Auswertung der Stichprobe lässt erkennen, dass die Werte logarithmisch normalverteilt sind.

Es ist die Wahrscheinlichkeit für den Fall zu bestimmen, dass das Bauteil mindestens eine Lebensdauer von 3000 h erreicht.

Dazu werden die Werte der Stichprobe logarithmiert. Mittels der Gln. (8.1) und (8.3) bestimmen sich die Parameter der Lognomalverteilung zu $\mu_L = 7{,}509\,$h und $\sigma_L = 0{,}4294\,$h.

Die Anwendung der Gl. (8.48) führt zu:

$$F(t = 3000) = \frac{1}{0{,}4294 \cdot \sqrt{2 \cdot \pi}} \cdot \int_0^{3000} \frac{1}{\tau} \cdot e^{-\frac{1}{2}\left(\frac{\ln(\tau)-7{,}509}{0{,}4294}\right)^2} \, d\tau$$

$$F(t = 3000) = 0{,}8766 \mathrel{\hat{=}} 87{,}66\,\%$$

Das heißt, dass die geforderte Lebensdauer von 3000 h mit einer Wahrscheinlichkeit von 87,66 % erreicht wird. Der Erwartungswert μ und die Standardabweichung σ ergeben sich nach den Gln. (8.52) und (8.53) zu:

$$\mu = e^{\left(7{,}509 + \frac{0{,}4294^2}{2}\right)} = 2000\,\text{h}$$

$$\sigma = e^{\left(7{,}509 + \frac{0{,}4294^2}{2}\right)} \cdot \sqrt{e^{0{,}4294^2} - 1} = 900\,\text{h}$$

Die Abb. 8.9 zeigt die Verläufe der Ausfallwahrscheinlichkeit und der Dichtefunktion.

Der Modalwert *mo* (Ort des Maximums der Dichtefunktion) ergibt aus:

$$mo = e^{\left(\mu_L - \sigma_L^2\right)} = e^{\left(7{,}509 - 0{,}4294^2\right)} = 1517\,\text{h}$$

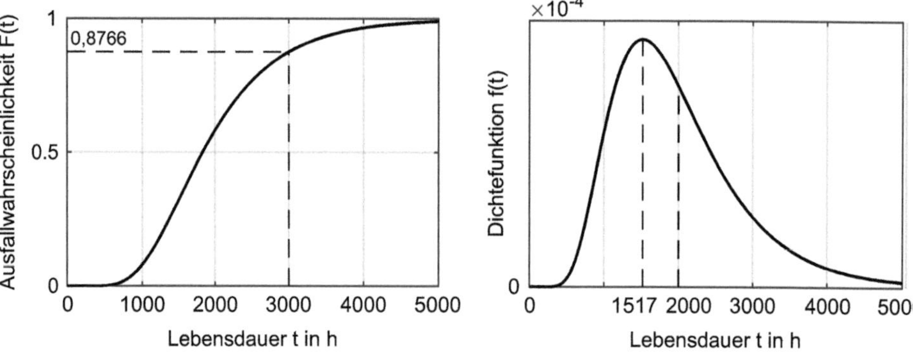

Abb. 8.9 Ausfallwahrscheinlichkeit und Dichtefunktion einer logarithmisch normalverteilten Stichprobe mit $\mu_L = 7{,}509\,\text{h}$ und $\sigma_L = 0{,}4294\,\text{h}$

8.4 Beanspruchungsfaktoren von Bauelementen

Die Betriebsbedingungen von Bauelementen stimmen in den seltensten Fällen mit den Referenzbedingungen, die für Ausfallraten der jeweiligen Bauelemente bzw. Bauelementgruppen angegeben werden, überein. Das ist nicht verwunderlich, da die Betriebsbedingungen in der Praxis viel zu differenziert sind.

So müssen mit entsprechenden Beanspruchungsfaktoren (π_i-Faktoren) die Referenzausfallraten λ_{ref} in praktisch nutzbare Ausfallraten λ, entsprechend den jeweils vorliegenden Betriebsbedingungen, umgerechnet werden.

Nach dem allgemeinen Beanspruchungsmodell gilt:

$$\lambda = \lambda_{\text{ref}} \cdot \prod_{i=1}^{n} \pi_i \tag{8.56}$$

Hierin sind auch die Lastminderungsfaktoren enthalten. Lastminderung (Derating) ist eine Methode, die Beanspruchungen der Bauteile zu reduzieren um eine Verringerung der Ausfallrate und damit eine Erhöhung der Zuverlässigkeit zu erreichen.

Liegt beispielsweise eine Betriebsspannung von 16 V vor, so sollte man nicht einen Kondensator mit einer Spannung von 16 V verwenden, sondern einen mit einer größeren Spannungsfestigkeit auswählen.

Es gibt eine Reihe von Quellen, die für die Bestimmung der Referenzausfallraten und der Beanspruchungsfaktoren herangezogen werden können. Auf drei dieser Quellen wird im Folgenden näher eingegangen.

8.4.1 Beanspruchungsmodelle nach IEC 61709

Der internationale Standard IEC 61709 „Electric components – Reliability – Reference conditions for failure rates and stress models for conversion" [4] gibt den Unternehmen und Institutionen einen Leitfaden in die Hand, um Zuverlässigkeitsvorhersagen unter Betriebsbedingungen zu ermöglichen.

Die folgenden 4 Punkte charakterisieren die Norm:

1. **Die Angaben zu den Ausfallraten werden unter Referenzbedingungen** λ_{ref} gemacht, die für die jeweiligen Bauelemente angegeben werden.

2. **Das allgemeine Beanspruchungsmodell der Ausfallraten unter Betriebsbedingungen:**

$$\lambda = \lambda_{\text{ref}} \cdot \pi_U \cdot \pi_I \cdot \pi_T \cdot \pi_E \cdot \pi_S \cdot \pi_{ES} \tag{8.57}$$

λ_{ref} Ausfallrate unter Betriebsbedingungen

π_U Faktor der Spannungsabhängigkeit

π_I Faktor der Stromabhängigkeit

π_T Faktor der Temperaturabhängigkeit

π_E Faktor der Umgebungsbedingungen

π_S Faktor der Schalthäufigkeiten

π_{ES} Faktor, der die Abhängigkeit der elektrischen Beanspruchung bei bestimmten Bauelementen beschreibt

Die Tab. 8.2 zeigt die jeweiligen Beanspruchungsmodelle für die einzelnen Bauelementegruppen.

3. **Die einzelnen π-Faktoren** sind den Tabellen, die den jeweiligen Bauelementegruppen zugeordnet sind, zu entnehmen. Neben den tabellarischen Werten können auch die aufgeführten empirisch ermittelten Formeln verwendet werden, auf deren Wiedergabe hier verzichtet wird.

Beispiel:
Ein Keramikkondensator wird in einer Baugruppe eingesetzt und bei einer Temperatur von 60 °C betrieben. Die Bemessungs- und Betriebsspannungen des Kondensators betragen $U_{\text{rat}} = 100\,\text{V}$ bzw. $U_{op} = 60\,\text{V}$.
Die Spannungsabhängigkeit bestimmt sich aus dem Verhältnis von Betriebs- und Bemessungsspannung sowie der Tab. 8.3:

$$S = \frac{U_{op}}{U_{\text{rat}}} = \frac{60\,V}{100\,V} = 0,6 \qquad \text{mit der Tab. 8.3 folgt} \quad \pi_U = 1,5 \tag{8.58}$$

Die Temperaturabhängigkeit für 60 °C ergibt sich nach Tab. 8.3 zu $\pi_T = 2,2$

Tab. 8.2 Bauelementetypen mit Beanspruchungsmodellen nach [4]

Nr.	Bauelementetyp	Beanspruchungsmodell
1.1	Digitale CMOS und bipolare analoge ICs	$\lambda = \lambda_{ref} \cdot \pi_U \cdot \pi_T$
1.2	sonstige integrierte Schaltkreise (IC)	$\lambda = \lambda_{ref} \cdot \pi_T$
2.1	Transistoren	$\lambda = \lambda_{ref} \cdot \pi_U \cdot \pi_T$
2.2	Dioden und Leistungshalbleiter	$\lambda = \lambda_{ref} \cdot \pi_T$
3.1	Phototransistoren	$\lambda = \lambda_{ref} \cdot \pi_U \cdot \pi_T$
3.2	optische Halbleiter-Signalempfänger, Optokoppler, Lichtschranken, LWL-Steckverbinder, LWL-Anschlussfasern, Transceiver, Transponder	$\lambda = \lambda_{ref} \cdot \pi_T$
3.3	Licht-emittierende Halbleiter (LEDs) und Infrarot-emittierende Dioden (IREDs)	$\lambda = \lambda_{ref} \cdot \pi_I \cdot \pi_T$
3.4	sonstige optische Bauelemente	$\lambda = \lambda_{ref}$
4	Kondensatoren	$\lambda = \lambda_{ref} \cdot \pi_U \cdot \pi_T$
5	Widerstände und Widerstandsnetzwerke	$\lambda = \lambda_{ref} \cdot \pi_T$
6	Induktivitäten, Transformatoren und Spulen	$\lambda = \lambda_{ref} \cdot \pi_T$
7	Mikrowellenbauelemente	keine Werte bekannt
8	sonstige Bauelemente wie Varistoren, Thermistoren, Piezo-Bauelemente etc.	keine Werte bekannt
9	Elektrische Verbindungsstellen	keine Werte bekannt
10	Steckverbinder und Steckfassungen	keine Werte bekannt
11	Relais	$\lambda = \lambda_{ref} \cdot \pi_{ES} \cdot \pi_S \cdot \pi_T$
12	Schalter und Tasten	$\lambda = \lambda_{ref} \cdot \pi_{ES}$
13	Signal- und Meldelampen	$\lambda = \lambda_{ref} \cdot \pi_U$

Tab. 8.3 π-Faktoren für Keramikkondensatoren, [4, Auszug Tab. 38 u. 40]

Faktor: π_U für S $=$ U$_\text{op}$/U$_\text{rat}$									
S	0,1	0,2	0,3	0,4	0,5	0,6	0,7	0,8	0,9	1,0
π_U	0,20	0,30	0,45	0,67	1,0	1,5	2,2	3,3	5,0	7,4

Faktor: π_T für die Betriebstemperatur, Referenztemperatur 40 °C												
θ	20	30	40	50	60	70	80	85	90	100	105	110	120	125
π_T	0,41	0,65	1,0	1,5	2,2	3,1	4,4	5,1	6,0	8,1	9,3	11	14	16

Das Beanspruchungsmodell für den Kondensator nach Tab. 8.2 und den beiden ermittelten π-Faktoren führt zur Ausfallrate:

$$\lambda_1 = \lambda_{\text{ref}} \cdot \pi_U \cdot \pi_T = \lambda_{\text{ref}} \cdot 1{,}5 \cdot 2{,}2 = \lambda_{\text{ref}} \cdot 3{,}3 \tag{8.59}$$

Bei einer zweiten Betrachtung soll die Spannungsabhängigkeit verringert werden, indem ein anderer Kondensator mit einer höheren Bemessungsspannung, jetzt $U_{\text{rat}} = 200\,\text{V}$, eingesetzt wird. Das Verhältnis von $60\,\text{V}/200\,\text{V} = 0{,}3$ führt mit Tab. 8.3 zu $\pi_U = 0{,}45$. Damit folgt für die Ausfallrate:

$$\lambda_2 = \lambda_{\text{ref}} \cdot \pi_U \cdot \pi_T = \lambda_{\text{ref}} \cdot 0{,}45 \cdot 2{,}2 \approx \lambda_{\text{ref}} \cdot 1 \tag{8.60}$$

Fazit: Setzt man wie hier einen gleichen Wert der Referenzausfallrate λ_{ref} voraus und verdoppelt die Bemessungsspannung, so verringert sich die Ausfallrate um den Faktor 3,3.

4. **Diese Norm enthält keine Referenzausfallraten** λ_{ref}, sondern ausschließlich Beanspruchungsmodelle mit ihren Beanspruchungsfaktoren.

8.4.2 Military Handbook – Reliability Prediction of Electronic Equipment MIL-HDBK-217F

Die beiden Teile MIL-HDBK-217F [35] und MIL-HDBK-217F, Notice 2 [36] des Military Handbook stammen aus den Jahren 1991 bzw. 1995 und wurden vom US-Verteidigungsministerium entwickelt. Die Werte sind konservativer als beispielsweise die der Siemens-Norm 29500, da sie militärischer Anwendung entsprechen und stärker überdimensioniert sind. Seit 1995 sind keine weiteren Aktualisierungen bekannt, so dass auch ein gewisser Grad an Überalterung der Daten infolge neuer Technologien vorliegt. Trotzdem können sie einen Anhaltspunkt für die Schätzung der Ausfallraten und damit der Überlebenswahrscheinlichkeiten geben.

Wie auch bei der Norm IEC 61709 gibt es hier 4 charakteristische Punkte:

1. **Die Angaben zu den Ausfallraten werden unter Referenzbedingungen**, hier mit λ_b bezeichnet, gemacht, die bei den jeweiligen Bauelementen angegeben werden. Bei Integrierten Schaltungen gibt es keine direkte Angabe der λ_b-Werte. Die Ausfallraten unter Betriebsbedingungen werden direkt aus den π-Beanspruchungsfaktoren und weiteren Konstanten bestimmt.

2. **Das allgemeine Beanspruchungsmodell der Ausfallraten unter Betriebsbedingungen**, bei der genannten Ausnahme der ICs:

$$\lambda = \lambda_b \cdot \pi_T \cdot \pi_A \cdot \pi_R \cdot \pi_S \cdot \pi_C \cdot \pi_E \cdot \pi_Q \tag{8.61}$$

π_T Faktor der Temperaturabhängigkeit

π_A Anwendungsfaktor

π_R Belastungsfaktor, bei verschiedenen Bauelementen entspricht er verschiedenen Beanspruchungsarten, z. B. der Leistungsfaktor bei Dioden oder der Strombelastung bei Thyristoren

π_S Faktor für elektrische Beanspruchungen

π_C Faktor der elektrischen Verbindungen

π_E Faktor der Umgebungsbedingungen

π_Q Qualitätsfaktor

3. **Die einzelnen π-Faktoren** sind den Tabellen, die den jeweiligen Bauelementegruppen zugeordnet sind, zu entnehmen. Darüber hinaus gibt es weitere π-Faktoren, die speziellen Bauelementen zugeordnet werden, wie beispielsweise der π_L-Lernfaktor. Bei fast allen Bauelementen kommen die π_Q- und π_E-Faktoren zur Anwendung, wobei letztere viele Klassen enthält.

4. **Diese Norm enthält Referenzausfallraten** λ_b, Tab. 8.4 und 8.5.

8.4.3 Siemens-Norm SN29500

Die Siemens-Norm SN29500 [3] besteht aus 12 Teilen, die unterschiedliche Bauelementegruppen beinhalten, wobei die SN29500-1 H1, Edition 2016, eine Übersicht enthält. Die 12 Einzeldokumente weisen einen jeweils eigenen Änderungsstand auf, der sich im Bereich vom Jahr 2004 mit den Teilen „passive Bauelemente" und „elektrische Verbindungen" bis zum Jahr 2016 mit dem Teil „elektromechanische Schutzgeräte" bewegt.

Die elektromechanischen Bauelemente, wie Schalter, Relais, Schütze und Stecker, stellen den derzeitig ausgereiftesten Stand dar. Weiterhin ist die Aufsplittung bei den Integrierten Schaltkreisen in analoge und digitale Schaltungen, Speicher und Schaltregler relativ umfangreich. Auch findet die Norm Anwendung in Softwarepaketen zur Berechnung von Ausfallraten.

Wie bei den vorherigen Standards, gibt es auch hier die 4 charakteristische Punkte:

1. **Die Angaben zu den Ausfallraten werden unter Referenzbedingungen** λ_{ref} gemacht, die bei den jeweiligen Bauelementen angegeben werden. Das sind insbesondere die Referenztemperaturen bei elektrischen und elektronischen Bauelementen und die Anzahl der Schaltzyklen bei Schaltern.

Tab. 8.4 Referenzausfallraten λ_b von Bauelementen (Auswahl) nach [35, 36]

Bauelement	λ_{min} in $10^{-9}h^{-1}$	λ_{max} in $10^{-9}h^{-1}$
Bipolare ICs	2,5	80
MOS-ICs	10	290
CMOS-ICs > 60000 Gatter	160	240
MOS-μProzessoren 8 Bit	140	
MOS-μProzessoren 32 Bit	560	
Dioden, niedrige Frequenzen	1	25
Zenerdioden	2	
Dioden, hohe Frequenzen	2,3	220
Transistor, bipolar $< 200\,\mathrm{MHz}$	0,74	
Transistor, bipolar $> 200\,\mathrm{MHz}$, $< 1\,\mathrm{W}$	180	
Transistor, FET $\leq 400\,\mathrm{MHz}$	4,5	12
Transistor, FET $> 400\,\mathrm{MHz}$	23	60
Leistungstransistor, bipolar	38	1300
Transistor, GaAs, FET $> 1\,\mathrm{GHz}$	52	3500
Thyristor	2,2	
Fototransistor (Fotodiode)	5,5 (4,0)	
LED	0,23	
Kompositwiderstand	1,7	
Schichtwiderstand	3,7	
Drahtwiderstand, fest	2,4	
Widerstand, variabel	3,7	
Thermistor	1,9	
Keramikkondensator	0,99	
Tantalkondensator, Fest- u. Flüssigelektrolyt	0,40	
Elko, Al, Al_2O_3	0,12	
Papier- u. Kunststoffkondensator	0,37	
Feste Spulen und Drosseln	0,030	
Variable Spule	0,050	
Mechanisches Relais $\theta_{rat}=85\,^\circ\mathrm{C}$ ($\theta_{rat}=125\,^\circ\mathrm{C}$)	5,9 (5,9)	21 (31)
Festkörper Relais	29	
Schalter, verschiedene Prinzipien	1	4300
Schalter im DIL-Package	0,12	
Leistungsschalter	340	
Steckverbinder-Paar, diverse Ausführungen	0,41	150
Sockel, verschiedene ICs	0,64	

Tab. 8.5 Referenzausfallraten λ_b von Verbindungen (Auswahl) nach [35, 36]

Verbindung																	λ_{min} in $10^{-9}h^{-1}$
Via, p= Anzahl der Lagen des Multilayers mit																	$\pi_c \cdot$ 0,017
p	2	3	4	5	6	7	8	9	10	11	12	13	14	15	16	17	18
π_c	1.0	1.3	1.6	1.8	2.0	2.2	2.4	2.6	2.8	2.9	3.1	3.3	3.4	3.6	3.7	3.9	4.0
Crimp-Verbindung (Bördeln bzw. Quetschen)																	0,26
manuelle Lötstelle																	1,3
Reflow-Lötung																	0,069
Wickelverbindung (Wrap)																	0,0068
Steckverbindung																	0,12
Federkontakt																	170

2. **Das allgemeine Beanspruchungsmodell der Ausfallraten unter Betriebsbedingungen** λ mit den wichtigsten Beanspruchungsfaktoren (π-Faktoren):

$$\lambda = \lambda_{\text{ref}} \cdot \pi_U \cdot \pi_I \cdot \pi_T \tag{8.62}$$

λ_{ref} Ausfallrate unter Betriebsbedingungen

π_U Faktor der Spannungsabhängigkeit

π_I Faktor der Stromabhängigkeit

π_T Faktor der Temperaturabhängigkeit

3. **Die einzelnen π-Faktoren** sind den Tabellen, die den jeweiligen Bauelementegruppen zugeordnet sind, zu entnehmen. Darüber hinaus gibt es weitere π-Faktoren nur für spezielle Bauelemente. Dazu gehören:

π_D Driftfaktor bei analogen Schaltungen

π_E Faktor der Umgebungsabhängigkeit bei elektromech. Bauelementen

π_Q Qualitätsfaktor bei Kondensatoren

π_K Faktor für Ausfallkriterien bei Relais

π_L Faktor für die Lastabhängigkeit bei Relais, Schaltern und Tastern

π_S Faktor der Schalthäufigkeit

Für den unterbrochenen Betrieb (Aussetzbetrieb) gilt:

$$\pi_W = W + R \cdot \frac{\lambda_0}{\lambda}(1 - W) \quad \text{mit} \quad 0 \leq W \leq 1, \quad R \geq 0$$

W Beanspruchungsdauer bzw. Betriebszeit

R Erfahrungenwert für den Ausfall auch nicht beanspruchter Teile

λ_0 Ausfallrate bei Stillstandtemperatur θ_0 unter Last, $\lambda_0 = \lambda_{\text{ref}} \cdot \pi(\theta_0)$

λ Ausfallrate bei Betriebsbedingungen

4. **Diese Norm enthält Referenzausfallraten** λ_{ref}, Tab. 8.6 und 8.7.

Tab. 8.6 Referenzausfallraten λ_ref elektronischer und elektrischer Bauelemente nach Siemens-Norm SN29500 (Auswahl) [3]

Bauelement	λ_{ref} in $10^{-9}h^{-1}$	Modell
CMOS RAM, dynamisch, 2M	10	$\lambda = \lambda_{ref} \cdot \pi_T$
CMOS μProzessoren, Gatterzahl 1 M - 10 M	120	·
Bipolar μProzessoren, Gatterzahl $\leq 1\,$k	50	·
Bipolar Treiber ECL 100 k	15	·
Operationsverstärker, Transistorzahl 300-3 k	12	$\lambda = \lambda_{ref} \cdot \pi_U \cdot \pi_T \cdot \pi_D$
Universal- u. Schottky-Dioden, bei θ_j=55 °C	1	$\lambda = \lambda_{ref} \cdot \pi_D \cdot \pi_T$
Schottky-Dioden, bei θ_j=85 °C	10	·
Z-Dioden, < 1 W (Leistung)	1 (25)	$\lambda = \lambda_{ref} \cdot \pi_T$
Bipolartransistor, universal - NF	3	$\lambda = \lambda_{ref} \cdot \pi_U \cdot \pi_T \cdot \pi_D$
Bipolartransistor, kl- Leistung (Leistung), NF	20 (60)	·
FET - NF	5	$\lambda = \lambda_{ref} \cdot \pi_U \cdot \pi_T$
MOS (Leistung) - NF	60	·
GaAs FET, Kleinsignal (Hochleistung) - HF	25 (250)	·
MOSFET, Kleinsignal (Leistung) - HF	10 (200)	·
Thyristor	50	$\lambda = \lambda_{ref} \cdot \pi_T$
Fototransistor	2	$\lambda = \lambda_{ref} \cdot \pi_U \cdot \pi_T$
Fotodiode Si (InP)	2 (10)	$\lambda = \lambda_{ref} \cdot \pi_T$
Fotoelement	3	·
LED-Infrarot InP	20	$\lambda = \lambda_{ref} \cdot \pi_I \cdot \pi_T$
LED-Sichbares Licht, Standard SMD (Power)	1,5 (4)	·
Laserdioden GaAs , InP	30	·
Kohleschichtwiderstand $\leq 100\,$kΩ (> 100 kΩ)	0,3 (1)	$\lambda = \lambda_{ref} \cdot \pi_T$
Metallschichtwiderstand	0,2	·
Drahtwiderstand, fest	5	·
Widerstand, variabel	30	·
Kaltleiter	5	$\lambda = \lambda_{ref}$
Heißleiter	3	·
Schmelzsicherung	25	·
Keramikkondensator NDK (MDK)(HDK)	1 (2) (5)	$\lambda = \lambda_{ref} \cdot \pi_U \cdot \pi_T \cdot \pi_Q$
Ta-Elko flüssiger Elektrolyt (fester Elektrolyt)	10 (1)	·
Al-Elko flüssiger Elektrolyt (fester Elektrolyt)	5 (3)	·
Kondensatoren, metallisierter Belag (MKT, MKC, ...)	0,7	·
variable Kondensatoren	10	·
Induktivitäten für EMV $\leq 3\,$A (> 3 A)	1,5 (3)	$\lambda = \lambda_{ref} \cdot \pi_T$
Drosseln $\leq 25\,$kHz (> 25 kHz)	3 (5)	·
Netztrafos u. Übertrager für Schaltnetzteile	10	·

Tab. 8.7 Referenzausfallraten λ_{ref} elektromechanischer Bauelemente und Verbindungen nach Siemens-Norm SN29500 (Auswahl) [3]

Relais, Schalter und Taster	λ_{ref} in $10^{-9}h^{-1}$	Modell
Einfache Relais	10	$\lambda = \lambda_{ref} \cdot \pi_L \cdot \pi_E \cdot \pi_T \cdot \pi_K$
Relais, hermetisch u. staubdichte Bauformen		
Schalter und Tasten für Schwachstrom	2	$\lambda = \lambda_{ref} \cdot \pi_L \cdot \pi_E$
Schalter u. Tasten f. höhere Belastungen	4	
Folientaster	20	

Befehls- und Meldegeräte, Positionsschalter	$\lambda = \lambda_{ref} \cdot \pi_S \cdot \pi_I \cdot \pi_E \cdot \pi_T \cdot \pi_U$		
	λ_{ref} in $10^{-9}h^{-1}$	Elektrische Lebensdauer	Mechan. Lebensdauer
		Anzahl der Lastspiele	
Befehlsgerät-Betätiger 3SB2			
- Not-Halt-Betätiger	125	—	$0{,}1 \cdot 10^6$
- Drucktaster nicht verrastend, unbeleuchtet	10	—	$10 \cdot 10^6$
- Drucktaster nicht verrastend, beleuchtet	35	—	$3 \cdot 10^6$
- Drucktaster verrastend, Schlüsselschalter	350	—	$0{,}3 \cdot 10^6$
Schaltelemente 3SB2			
- Schaltelement 1-polig	10	$10 \cdot 10^6$	$10 \cdot 10^6$
- Schaltelement 2-polig	20	$10 \cdot 10^6$	$10 \cdot 10^6$
Positionsschalter mit 2 (3) Kontakten	20 (30)	$10 \cdot 10^6$	$10 \cdot 10^6$
Scharnierschalter mit 2 (3) Kontakten	120 (130)	$1 \cdot 10^6$	$1 \cdot 10^6$
Meldeelement 3SB2/3SB3 nur Leuchtmelder	10		
Lampenfassung 3SB2	20		

Elektrische Verbindungen	λ_{ref} in $10^{-9}h^{-1}$	Modell
Löten manuell (maschinell)	0,5 (0,03)	Erfahrungswerte über
28 μm Al- und 25 μm Au-Wirebonds	0,1	das Langzeitverhalten
Wire-wrap-Verbindung	0,002	der Beanspruchungen
Crimpen	0,25	liegen derzeit nicht vor
Einpressen	0,005	
Schneidklemmverbindung	0,25	
Schraubverbindung	0,5	
Federklemmverbindungen	0,5	
Steckkontakte ohne elektr. Last gesteckt		
- Gold 1-fach (mehrfach)-Kontakte	1 (0,1)	
- Silber 1-fach (mehrfach)-Kontakte	3 (0,3)	
Koaxialstecker	3	

Beispiel nach [3, Teil 9], Beispiel 1:
Ein Messstellenumschalter (6 beschaltete Kontakte mit insgesamt 12 Kontaktstellen) wird im Jahresdurchschnitt 5-mal täglich in gepflegten Räumen betätigt. Die maximal zulässige Anzahl Schaltzyklen laut Datenblatt beträgt 20.000. Das Schalten erfolgt ohne wesentliche Last (5 V, 1 mA).

Für das Beanspruchungsmodell gilt:

$$\lambda = \lambda_{\text{ref}} \cdot \pi_L \cdot \pi_E$$

Es gelten:

$\pi_L = 1$ entsprechend 5 V, 1 mA, siehe Teil 9, Tab. 2, Lastfall II

$\pi_E = 1$ offene u. staubgeschützte Räume, siehe Teil 9, Tab. 4

$\lambda_{\text{ref}} = 2 \cdot 10^{-9}\,\text{h}^{-1}$ siehe Tab. 8.7 – Schalter und Taster für Schwachstrom

Damit folgt:

$$\text{1 Kontaktstelle:} \quad \lambda_{1K} = 2 \cdot 10^{-9}\,\text{h}^{-1} \cdot 1 \cdot 1 = 2 \cdot 10^{-9}\,\text{h}^{-1} = 2\,\text{FIT}$$

$$\text{12 Kontaktstellen:} \quad \lambda_{12K} = 12 \cdot \lambda_{1K} = 24 \cdot 10^{-9}\,\text{h}^{-1} = 24\,\text{FIT}$$

Erweiterung der Betrachtung mit der Anzahl der Schaltzyklen (SZ):

Das 5-mal tägliche Schalten ergibt bei einer maximalen Anzahl der Schaltzyklen von 20.000:

$$\frac{5\,\text{SZ}}{Tag} = \frac{5\,\text{SZ}}{24\,\text{h}} = \frac{0{,}21\,\text{SZ}}{\text{h}} \tag{8.63}$$

Bestimmung der Lebensdauer bzgl. der Schaltzyklen MTTF$_{SZ}$ und der Ausfallrate λ_{SZ}:

$$\frac{0{,}21\,\text{SZ}}{\text{h}} = \frac{20\,000\,\text{SZ}}{\text{MTTF}_{SZ}}$$

$$\text{MTTF}_{SZ} = \frac{20\,000\,\text{SZ}}{0{,}21\,\text{SZ} \cdot \text{h}^{-1}} = 9{,}5 \cdot 10^4\,\text{h}$$

$$\lambda_{SZ} = \frac{1}{\text{MTTF}_{SZ}} = \frac{1}{9{,}5 \cdot 10^4\,\text{h}} = 1{,}1 \cdot 10^{-5}\,\text{h}^{-1} \tag{8.64}$$

Für die Ausfallrate λ_1 eines beschalteten Kontakts mit 2 Kontaktstellen gilt: Es liegt eine Reihenschaltung von Kontakt – Schaltzyklus – Kontakt vor. Im Vorgriff auf Abschn. 8.6.1 Gl. (8.69) ergibt sich:

$$\lambda_1 = 2 \cdot \lambda_{1K} + \lambda_{SZ} = 2 \cdot 2 \cdot 10^{-9}\,\text{h}^{-1} + 1{,}1 \cdot 10^{-5}\,\text{h}^{-1} \approx 1{,}1 \cdot 10^{-5}\,\text{h}^{-1} \tag{8.65}$$

Hier liegt eine um rund 4 Größenordnungen größere Ausfallrate, bedingt durch die Schaltzyklen gegenüber der Kontaktstellen, vor.

Die Kontakte sollten nur dann berücksichtigt werden, wenn die Ausfallraten in etwa in der gleichen Größenordnung liegen. Im vorliegenden Fall würde sich unter der Prämisse $\lambda_{1K} = \lambda_{SZ}$ ergeben, dass die Anzahl der Schaltzyklen pro Tag $\approx 0{,}001$ SZ beträgt, oder es liegen Schalter mit extrem niedrigen maximalen Schaltzyklen vor.

Das ist auch der Grund, warum Hersteller von Schaltern die maximale Anzahl von Schaltzyklen angeben. Ein Beispiel dafür sind die SMD-Taster THC00S, Fa. PTR Hartmann, mit 50.000 bis 1.000.000 Schaltzyklen und Betätigungskräften von 70 bis 250 gf (1 gf = 0,0098 N).

Hinweis:

An dieser Stelle sei nochmals deutlich darauf hingewiesen, dass die Tabellen für die Referenzausfallraten λ_{ref} bzw. λ_b nicht direkt verwendet werden dürfen. Nur zusammen mit den Beanspruchungsmodellen (π-Faktoren) lassen sie Aussagen zu den tatsächlichen Ausfallraten im Betrieb zu.

8.5 Derating Lastminderung

Unter Derating-Technik (auch Unterlasttechnik) ist eine Methode zu verstehen, bei der Bauelemente und somit auch Baugruppen und Geräte deutlich unter den Nennwerten betrieben werden. Das Ziel dieser Methode ist es, einen signifikanten Beitrag zur Erhöhung der Zuverlässigkeit zu leisten.

Das Betreiben unter den Nennwerten wird durch Deratingfaktoren (Stressfaktoren) beschrieben. Ein solcher Faktor zeigt das Verhältnis eines tatsächlichen Betriebswerts zu seinem Nennwert. Das sind insbesondere die Deratingfaktoren für die Spannung (Betriebsspannung zur Nennspannung) sowie analog für Ströme, Leistungen und Temperaturen, Tab. 8.8.

Wird ein Kondensator mit einer Nennspannung von 20 V, lt. Datenblatt, an einer Betriebsspannug von 12 V betrieben, so ergibt sich ein Deratingfaktor für die Spannung von 0,6.

Ausgangspunkt für die Derating-Betrachtungen sind die maximalen Beanspruchungswerte, die sich entsprechend der jeweiligen Datenblätter ergeben. Die Abb. 8.10 zeigt die Verlustleistung des Leistungstransistors 2N3055 in Abhängigkeit von der Temperatur. Die obere, rote Kennlinie gibt die maximal möglichen Werte an, die im Betrieb nicht überschritten werden dürfen. Bedeutsam ist, dass bereits ab 25 °C die Verlustleistung linear abnimmt.

Die Abb. 8.11 zeigt das typische Derating einer Stromversorgung und eines Chip-Widerstands.

Tab. 8.8 Deratingfaktoren [37]

Bauteil	Deratingfaktoren		
	Leistung	Spannung	Strom
Widerstand, fest	0,8		
Widerstand, variabel	0,75		
Thermistor	0,5		
Leistungsdiode		0,5	0,7
Allgemeine Diode		0,85	0,85
Transistor	0,75	0,9	0,9
Kondensator		0,75	
IC, linear			0,85
IC, digital	Fan-out 0,8		
Trafo, Übertrager	0,8		
Spulen, Drosseln	0,8		
Schalter, Relais		0,5	

Hauptparameter bei mehreren Deratingfaktoren ist der jeweils linksstehende

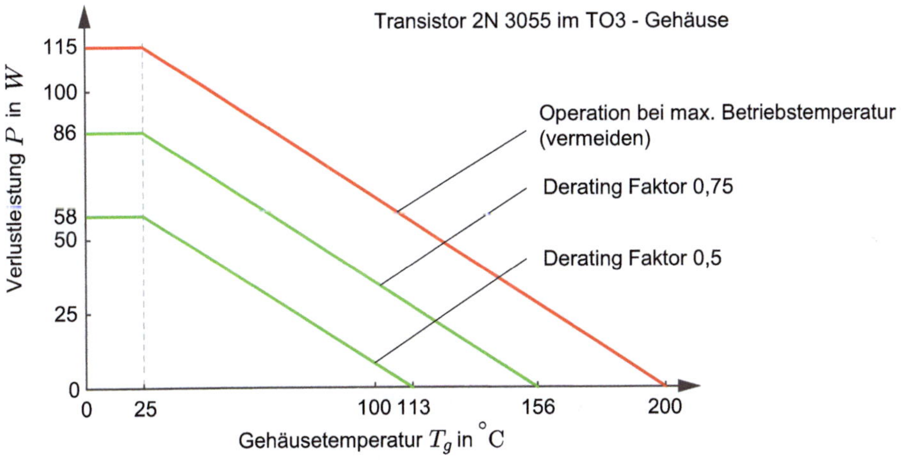

Abb. 8.10 Derating mit Deratingfaktoren, Transistor 2N 3055

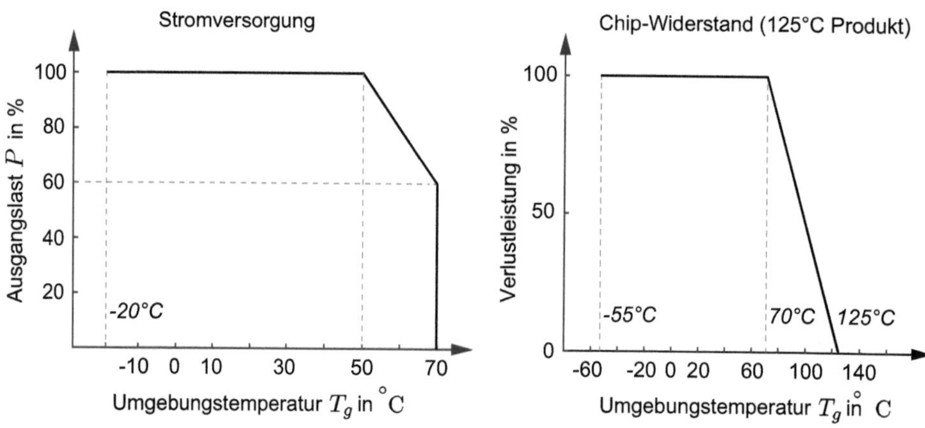

Abb. 8.11 Derating einer Stromversorgung und eines Chip-Widerstands

8.6 Systemstrukturen und Zuverlässigkeit

Ausgangspunkt der Zuverlässigkeitsbetrachtung ist die Funktionsstruktur des Produkts, welche die geforderten Funktionen abbilden muss. Daraus wird die Zuverlässigkeitsstruktur abgeleitet.

Beide Strukturen dürfen nicht gleichgesetzt werden!

Die Zuverlässigkeitsstruktur, häufig in Form eines Blockdiagramms, zeigt an, welche Elemente einer Struktur zur Erfüllung der geforderten Funktionen notwendig sind und welche Elemente ausfallen dürfen, ohne die Funktionen zu gefährden (Redundanz). Dazu wird das System nach dem Prinzip der Top-Down-Methode bis auf die Bauelemente zerlegt. Für ein Gerät bedeutet das zum Beispiel eine *erste* Zerlegung in Baugruppen, eine *zweite* in Funktionscluster auf den Baugruppen und *drittens* die Zerlegung in die einzelnen Bauelemente selbst.

Die Synthese einer Zuverlässigkeitsstruktur erfolgt dann in der Art, dass die Elemente, die für die Funktion notwendig sind in Reihe geschaltet und die redundanten Elemente in einer Parallelschaltung angeordnet werden.

Die nächsten Betrachtungen haben folgende Voraussetzungen:

- Ein Element kann nur zwei Zustände haben, funktionsfähig oder ausgefallen.
- Die einzelnen Elemente werden als unabhängig voneinander angenommen, das bedeutet, dass keine gegenseitige Beeinflussung des Ausfallverhaltens vorliegt.
- Es wird von einer Exponentialverteilung mit konstanter Ausfallrate der Elemente ausgegangen.

8.6.1 Reihensysteme

Ein Reihensystem besteht aus n unabhängigen Elementen. Das betrachtete System ist nur funktionsfähig, wenn alle n Elemente funktionsfähig sind. Fällt auch nur ein Element aus, so fällt auch das System aus. Damit ist festgelegt, dass alle Elemente hinsichtlich der Zuverlässigkeitsbetrachtung in Reihe (Serien) liegen. Das bedeutet aber nicht, das schaltungstechnisch, d. h. funktional, auch eine Reihenschaltung vorliegen muss. Die Abb. 8.12 zeigt zwei Beispiele. Während beim Spannungsteiler, hinsichtlich der Funktions- und Zuverlässigkeitsstrukturen, eine Reihenstruktur liegt, haben wir beim Schwingkreis funktional eine Parallelstruktur und hinsichtlich der Zuverlässigkeit eine Reihenstruktur.

Die Überlebenswahrscheinlichkeit $R(t)$ und die Ausfallwahrscheinlichkeit $F(t)$ eines Systems bestimmen sich nach:

$$R_s(t) = R_1(t) \cdot R_2(t) \cdot \ldots \cdot R_n(t) = \prod_{i=1}^{n} R_i(t) = \prod_{i=1}^{n} e^{-\lambda_i(t)t} \tag{8.66}$$

$$F_s(t) = 1 - R_s(t) = 1 - \prod_{i=1}^{n} R_i(t) \tag{8.67}$$

Daraus ist ersichtlich, dass die Überlebenswahrscheinlichkeit des Systems immer kleiner ist, als die kleinste Überlebenswahrscheinlichkeit eines einzelnen Elementes.

Weisen die im Reihensystem liegenden Bauelemente alle konstante Ausfallraten auf, d. h. es liegt eine Exponentialverteilung vor, so gilt für die Überlebenswahrscheinlichkeit:

$$R_s(\lambda_i = \text{const.}, t) = \prod_{i=1}^{n} R_i(t) = \prod_{i=1}^{n} e^{-\lambda_i(t)t} \tag{8.68}$$

Nach Gl. (8.66) kann die Ausfallrate des Systems λ_s bestimmt werden:

$$\lambda_s = \sum_{i=1}^{n} \lambda_i(t) \tag{8.69}$$

Damit ergibt sich die Überlebenswahrscheinlichkeit des Systems:

$$R_s(t) = e^{-\lambda_s(t)t} \tag{8.70}$$

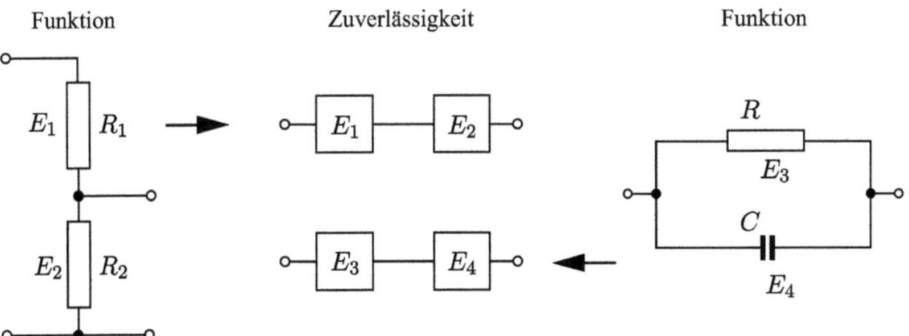

Abb. 8.12 Reihenstruktur der Zuverlässigkeit von Spannungsteiler und Schwingkreis

Beispiel:

Es werden die Schaltungen, Spannungsteiler und Schwingkreis, in Abb. 8.12 betrachtet. Zugrunde gelegt werden die Ausfallraten nach MIL-HDBK-217F [35] und MIL-HDBK-217f, Notice 2 [36]. Zum Einsatz kommen die Schichtwiderstände R_1 bis R_3 sowie ein Keramikkondensator C und pro Bauelement 2 manuelle Lötstellen.

Zu bestimmen ist für beide Schaltungen die Überlebenswahrscheinlichkeit für eine Zeit von $2 \cdot 10^6$ h.

1. Bestimmung der Ausfallrate des Schichtwiderstands
   Zugrunde liegt das Beanspruchungsmodell für den Widerstand:

$$\lambda_R = \lambda_b \cdot \pi_T \cdot \pi_P \cdot \pi_S \cdot \pi_Q \cdot \pi_E$$

Für die Beanspruchungsfaktoren gilt:
- Widerstandstemperatur $\theta = 40\,°\mathrm{C}$: $\pi_T = 1{,}2$
- Nennleistung $P = 0{,}5\,\mathrm{W}$: $\pi_P = 0{,}76$
- Leistungsfaktor $S = 0{,}7$ (tatsächliche Leistung/Nennleistung): $\pi_S = 1{,}5$
- Qualitätsfaktor sei: $\pi_Q = 1{,}0$
- Umgebungsfaktor (kontrollierte Umgebung in Racks-Klasse G_F): $\pi_E = 4{,}0$
- $\lambda_b = 3{,}7 \cdot 10^{-9}\,\mathrm{h}^{-1}$, siehe auch Tab. 8.4

Damit ergibt sich die Ausfallrate:

$$\lambda_R = 3{,}7 \cdot 10^{-9}\,\mathrm{h}^{-1} \cdot 1{,}2 \cdot 0{,}76 \cdot 1{,}5 \cdot 1{,}0 \cdot 4{,}0 = 20{,}25 \cdot 10^{-9}\,\mathrm{h}^{-1}$$

2. Bestimmung der Ausfallrate des Kondensators
   Zugrunde liegt das Beanspruchungsmodell für den Kondensator:

$$\lambda_C = \lambda_b \cdot \pi_T \cdot \pi_C \cdot \pi_V \cdot \pi_{SR} \cdot \pi_Q \cdot \pi_E$$

Für die Beanspruchungsfaktoren gilt:
- Kondensatortemperatur $\theta = 40\,°\mathrm{C}$: $\pi_T = 1{,}9$
- Kapazität $C = 1\,\mathrm{nF}$: $\pi_C = 0{,}54$
- Spannungsfaktor $S = 0{,}7$ (tatsächliche Spannung/Nennspannung): $\pi_V = 2{,}6$
- Faktor Serienwiderstand: $\pi_{SR} = 1{,}0$
- Qualitätsfaktor sei: $\pi_Q = 1{,}0$
- Umgebungsfaktor (kontrollierte Umgebung in Racks-Klasse G_F): $\pi_E = 10{,}0$
- $\lambda_b = 0{,}99 \cdot 10^{-9}\,\mathrm{h}^{-1}$, siehe auch Tab. 8.4

Damit ergibt sich die Ausfallrate:

$$\lambda_C = 0{,}99 \cdot 10^{-9}\,\mathrm{h}^{-1} \cdot 1{,}9 \cdot 0{,}54 \cdot 2{,}6 \cdot 1{,}0 \cdot 1{,}0 \cdot 10 = 26{,}41 \cdot 10^{-9}\,\mathrm{h}^{-1}$$

3. Bestimmung der Ausfallrate der manuellen Lötverbindung
   Zugrunde liegt das Beanspruchungsmodell für die Verbindung:

$$\lambda_{\mathrm{Verb}} = \lambda_b \cdot \pi_E$$

Für den Beanspruchungsfaktor gilt:

- Umgebungsfaktor (kontrollierte Umgebung in Racks-Klasse G_F): $\pi_E = 2{,}0$
- $\lambda_b = 1{,}3 \cdot 10^{-9}\,\mathrm{h}^{-1}$, siehe auch Tab. 8.5

Damit ergibt sich die Ausfallrate:

$$\lambda_{\text{Verb}} = 1{,}3 \cdot 10^{-9}\,\mathrm{h}^{-1} \cdot 2{,}0 = 2{,}6 \cdot 10^{-9}\,\mathrm{h}^{-1}$$

4. Für die Gesamtausfallraten der beiden Schaltungen folgt:

$$\text{Spannungsteiler:} \quad \lambda_{\text{Spt}} = 2 \cdot \lambda_R + 4 \cdot \lambda_{\text{Verb}} = 50{,}90 \cdot 10^{-9}\,\mathrm{h}^{-1}$$

$$\text{Schwingkreis:} \quad \lambda_{\text{Sch}} = 1 \cdot \lambda_R + 1 \cdot \lambda_C + 4 \cdot \lambda_{\text{Verb}} = 57{,}06 \cdot 10^{-9}\,\mathrm{h}^{-1}$$

5. Die Überlebenswahrscheinlichkeiten für die Zeit von $2 \cdot 10^6\,\mathrm{h}$ ergeben:

$$\text{Spannungsteiler:} \quad R_{\text{Spt}}(t = 2 \cdot 10^6\,\mathrm{h}) = e^{-50{,}90 \cdot 10^{-9}\,\mathrm{h}^{-1} \cdot 2 \cdot 10^6\,\mathrm{h}} = \underline{0{,}90}$$

$$\text{Schwingkreis:} \quad R_{\text{Sch}}(t = 2 \cdot 10^6\,\mathrm{h}) = e^{-57{,}06 \cdot 10^{-9}\,\mathrm{h}^{-1} \cdot 2 \cdot 10^6\,\mathrm{h}} = \underline{0{,}89}$$

8.6.2   Parallelsysteme

Ein Parallelsystem besteht aus n unabhängigen Elementen, die aus Sicht der Zuverlässigkeitsbetrachtung parallel angeordnet sind. Sind k Elemente notwendig um die Funktion noch zu gewährleisten, so können $(n - k)$ Elemente ausfallen. Diese Anzahl von Elementen erhöht demzufolge die Zuverlässigkeit und wird als Redundanz bezeichnet, Abschn. 8.6.3. Für die folgenden Betrachtungen wird die „heiße Redundanz" zugrunde gelegt, bei der die redundanten Elemente parallel und unabhängig neben dem Hauptelement in Betrieb sind.

Die Ausfallwahrscheinlichkeit $F_s(t)$ und die Überlebenswahrscheinlichkeit $R_s(t)$ eines Systems bestimmen sich nach:

$$F_s(t) = F_1(t) \cdot F_2(t) \cdot \ldots \cdot F_n(t) = \prod_{i=1}^{n} F_i(t) \qquad (8.71)$$

$$R_s(t) = 1 - F_s(t) = 1 - \prod_{i=1}^{n} [1 - R_i(t)] \qquad (8.72)$$

Bei Parallelsystemen gilt stets $F_s(t) \leq F_i(t)$ bzw. $R_s(t) \geq R_i(t)$. Damit folgt, dass die Zuverlässigkeit des Parallelsystems größer ist, als die der Elemente (mehrere Elemente übernehmen die gleiche Funktion).

Eine der wichtigsten Fragen lautet: Wie verändert sich die Zuverlässigkeit mit der Zunahme der redundanten Elemente?

Dazu wird von der Annahme ausgegangen, dass bei Verwendung gleicher oder ähnlicher Elemente die Ausfallraten gleich und konstant sind:

$$\lambda = \frac{1}{\overline{T}} \qquad (8.73)$$

Für die Überlebenswahrscheinlichkeit ergibt sich:

$$R_s(t) = 1 - (1 - e^{-\lambda t})^n \qquad (8.74)$$

Die Integration liefert die mittleren Lebensdauer $\overline{T}_s(t)$ des Systems:

$$\overline{T}_s = \int_0^\infty R_s(t)dt = \int_0^\infty [1 - (1 - e^{-\lambda t})^n]dt = \frac{1}{\lambda}\left(1 + \frac{1}{2} + \frac{1}{3} + \cdots \frac{1}{n}\right) \qquad (8.75)$$

Es ist zu erkennen, dass die Wirksamkeit der Redundanz mit zunehmendem n immer geringer wird. So führt die Dopplung der Elemente, einfache Redundanz, nur zur Erhöhung der mittleren Lebensdauer um den Faktor 1,5. Praktisch dürfte für viele Anwendungen, die einer Redundanz bedürfen, $n \leq 3$, sein.

Die Erhöhung der Lebensdauer ist aber nur ein Aspekt, ein viel bedeutenderer ist, dass die Funktion eines Systems durch den Ausfall des Hauptelements durch $n > 1$ unterbrechungsfrei sichergestellt wird (zur Erinnerung: heiße Redundanz).

Haben die Elemente unterschiedliche Ausfallraten, weil zur Sicherstellung der Funktion unterschiedliche Funktionsprinzipien innerhalb der Elemente zur Anwendung kommen, so müssen in die Gl. (8.74) die einzelnen Überlebenswahrscheinlichkeiten mit ihren entsprechenden Ausfallraten der Elemente eingesetzt werden.

Die Ausfallrate des Parallelsystems λ_s ergibt sich unter den Bedingungen einer exponentiell verteilten Lebensdauer mit jeweils konstanten und identischen Ausfallraten der Einzelelemente mit der Gl. (8.8) zu:

$$\lambda_s(t) = -\frac{1}{R_s(t)} \cdot \frac{dR_s(t)}{dt} = \lambda \cdot n \cdot \frac{e^{-\lambda t}(1 - e^{-\lambda t})^{n-1}}{1 - (1 - e^{-\lambda t})^n} \qquad (8.76)$$

Die Grenzwerte der Funktion sind:

$$\lambda(t = 0) = 0 \qquad \text{und} \qquad \lambda_s(t) = \lim_{t \to \infty} \lambda_s(t) = \lambda \qquad (8.77)$$

Für $t \to \infty$ nähert sich die Systemausfallrate λ_s der Ausfallrate des zuletzt noch intakten Elementes λ, da von den n-Elementen letztlich $(n - 1)$ ausgefallen sein werden.

Beispiel 1:

Der Antrieb einer Kranbahn soll durch Endlagenschalter (Öffner) von seiner Spannungsversorgung getrennt werden. Um eine erhöhte Zuverlässigkeit zu gewährleisten, sollen 2 bzw. 3 identische Schalter in Reihe geschaltet werden.

Gesucht werden die Ausfallraten von 2-Schalter- und 3-Schaltersystemen. Das Ausfallverhalten von Spannungsversorgung und Antrieb wird nicht betrachtet.

1. Darstellung der Funktions- und Zuverlässigkeitsstrukturen, Abb. 8.13
2. Bestimmung der Ausfallrate λ identischer Schalter an induktiver Last [36]

$$\lambda = \lambda_b \cdot \pi_C \cdot \pi_U \cdot \pi_Q \cdot \pi_E = 340 \cdot 10^{-9}\,\mathrm{h}^{-1}(1{,}0)(2{,}5)(1{,}0)(2{,}0) = 1{,}7 \cdot 10^{-6}\,\mathrm{h}^{-1}$$

3. Bestimmung der Ausfallraten mit $n = 2$ und $n = 3$, Gl. (8.76) und Abb. 8.14

$$\text{2-Schaltersystem}: \quad \lambda_{2s}(t) = \frac{2 \cdot \lambda \cdot (1 - e^{-\lambda t})}{2 - e^{-\lambda t}}$$

$$\text{3-Schaltersystem}: \quad \lambda_{3s}(t) = \frac{3 \cdot \lambda \cdot (1 + e^{-2\lambda t} - 2 \cdot e^{-\lambda t})}{3 \cdot (1 - e^{-\lambda t}) + e^{-2\lambda t}}$$

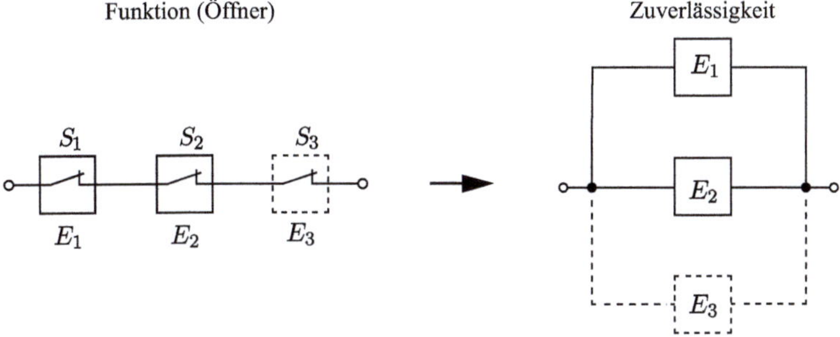

Abb. 8.13 Funktions- und Zuverlässigkeitsstrukturen von Endlagenschaltern

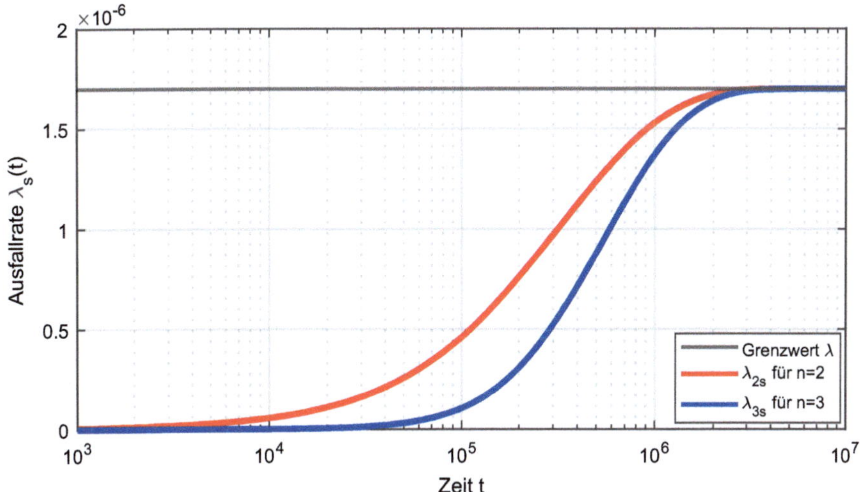

Abb. 8.14 Ausfallraten von Schaltersystemen mit 2 und 3 Schaltern (Öffnern) in funktioneller Reihenschaltung

Beispiel 2:

Die Sicherstellung einer definierten Zuverlässigkeit erfordert, dass identische Geräte die Funktionen gleichzeitig ausführen. Gefordert wird eine Überlebenswahrscheinlichkeit von mindestens 98 % für eine Betriebsdauer von $t = 1000\,\text{h}$. Die Ausfallrate eines einzelnen Geräts ist konstant mit $\lambda = 3 \cdot 10^{-4}\,\text{h}^{-1}$.

Wie viele Geräte n sind erforderlich, um diese Anforderungen zu erfüllen und wie ändert sich die Überlebenswahrscheinlichkeit, wenn die Anzahl der Geräte reduziert wird?

1. Bestimmung der notwendigen Gerätezahl n mit Gl. (8.74):

$$R_s(t) = 1 - (1 - e^{-\lambda t})^n \tag{8.78}$$

Das Umstellen der Gleichung führt mit den Werten zu:

$$n = \frac{\ln[1 - R_s(t)]}{\ln(1 - e^{-\lambda t})} = \frac{\ln(1 - 0{,}98)}{\ln(1 - e^{-3 \cdot 10^{-4}\,\text{h}^{-1} \cdot 1000\,\text{h}})} = 2{,}9 \quad \text{gewählt 3} \tag{8.79}$$

2. Bei $n = 2$ Geräten reduziert sich die Überlebenswahrscheinlichkeit (Gl. (8.74)):

$$R_s(t = 1000\,\text{h}) = 1 - (1 - e^{-3 \cdot 10^{-4}\,\text{h}^{-1} \cdot 1000\,\text{h}})^2 = 0{,}93 \tag{8.80}$$

8.6.3 Redundanzen

Redundanz bedeutet das Vorhandensein von zusätzlichen Elementen (Bauelemente, Baugruppen, Geräte etc.) über die, für die Funktion notwendigen Elemente, hinaus. Redundante Elemente haben immer die Aufgabe, Funktionen innerhalb eines Systems zu übernehmen, wenn Teile davon ausfallen. Es gibt unterschiedliche Möglichkeiten das zu erreichen, was zu diversen Formen der Redundanz führt.

Eine große Zuverlässigkeit des Systems erfordert, neben hohen Zuverlässigkeiten der Systemkomponenten, auch eine höhere Anzahl von redundanten Systemen. Aus wirtschaftlichen Gründen wird man diese immer begrenzen. Bei Systemen, die schnell ersetzt oder auch repariert werden können, wird i. d. R. auf eine Redundanz verzichtet.

Aktive und passive Redundanzen

Die allgemeinste Unterscheidung ist in aktive und passive Redundanzen.

Während die Elemente der aktiven Redundanz nicht nur eingeschaltet sind, sondern sich auch in Betrieb befinden, werden bei der passiven Redundanz die Zusatzelemente erst bei Ausfall des Hauptelements zugeschaltet. Das führt i. d. R. bei passiven Redundanzen zu Zeitverzögerungen infolge von Einschalt- und Hochlaufprozessen.

Heiße Redundanz

Die Haupt- und Redundanzelemente arbeiten parallel und unabhängig voneinander. Beim Ausfall des Hauptelements wird die Funktion ohne Unterbrechung durch das redundante

Element weitergeführt. Das bedeutet, dass sich beide Elemente im gleichen Betriebszustand befinden müssen. Die Zuverlässigkeitsberechnung unterscheidet hier nicht in Haupt- und Redundanzelemente.

Warme Redundanz

Während das Hauptelement im Betriebszustand unter Last arbeitet, ist das redundante Element nur gering belastet, beispielsweise ein Leerlaufbetrieb. Unterschiedlichste Typen von Umschalteinrichtung (Automatikschalter, Prozesssynchronisation) müssen aktiviert werden, um die Funktionsübernahme zu realisieren.

Kalte Redundanz

Das redundante Element ist nicht im Betriebszustand und wird erst durch eine Umschalteinrichtung bei Ausfall des Hauptelements zugeschaltet.

Das bedeutet eine Zeitverzögerung durch die Umschalteinrichtung selbst und die Zeit, die das redundante Element braucht, um in den Betriebszustand zu gelangen. Dabei beginnt die Lebensdauer erst mit der Inbetriebnahme nach dem Zuschaltvorgang.

Betriebsredundanz (($N + 1$)-Redundanz)

Sie ist die einfachste Redundanz und stellt N Funktionselementen ein weiteres redundantes Element mit dem gleichen Leistungsumfang zur Verfügung. Somit wird sichergestellt, dass bei Ausfall eines der N Elemente die Funktion noch vollständig aufrechterhalten werden kann. Fällt nun ein weiteres Element aus, so gibt es zwei Möglichkeiten. *Erstens* das System wird als ausgefallen betrachtet und *zweitens* die Leistung des Systems wird reduziert, wenn es durch die Funktion möglich ist.

Beispiel: Eine Baugruppe wird mittels $N = 5$ Lüftern gekühlt. Ein Lüfter fällt aus, so bleibt die Leistung durch das redundante (quasi 6. Element) erhalten. Fällt nun ein weiterer Lüfter aus, so schaltet sich entweder die Baugruppe ab, oder die Leistung der Baugruppe wird reduziert, beispielsweise durch Verringerung der Taktfrequenz von Prozessoren auf der Baugruppe.

Dem Gesamtsystem sind auch Grenzen gesetzt. Wird nun eines der N Elemente außer Betrieb genommen, beispielsweise wegen Wartungs-, Instand-haltungs- oder Austauscharbeiten, so fehlt ein redundantes Element im Fehlerfall. Um das auszuschließen, müssen derartige Systeme nach einer Wartungsredundanz aufgebaut werden.

Wartungsredundanz (($N + 2$)-Redundanz

Es werden dem System mit N Funktionselementen 2 redundante Elemente zugeschaltet.

Betrachtet man den häufigen Fall mit $N = 1$ ist sofort ersichtlich, dass bei Ausfall eines Elements durch die Wartung eines der verbleibenden Elemente als eine Betriebsredundanz wirkt. Damit geht das ganze Systeme im Wartungsfall in die ($N + 1$)-Redundanz über.

Diese doppelte Redundanz kann auch erhöht werden, je nach Anforderungen. So werden bei speziellen Serversystemen deutlich mehr als 2 redundante Systeme verwendet.

$2N$- und $(2N + 1)$-Redundanzen

Diese sind besonders in Datensystemen (Datenredundanz) anzutreffen.

Bei der $2N$-Redundanz gibt es ein zweites komplett unabhängiges, gespiegeltes System zum ersten, das im Offline-Betrieb des ersten die volle Funktionsfähigkeit übernimmt. Charakteristisch dabei ist der ununterbrochene Betrieb, unabhängig von der Art auftretender Fehler in einem System. Daher werden sie auch als fehlertolerante Systeme bezeichnet.

Die $(2N + 1)$-Redundanzen, als noch höherer Redundanzlevel, weisen ein komplettes unabhängiges Backup-System mit einer weiteren redundanten Komponente auf. Damit sind sie in der Lage, sich auf fehlerhafte Komponenten in einem System einzustellen, ohne komplett in ein Backup-System zu wechseln, womit ein hoher Grad an Flexibilität erreicht wird.

Beispiel: Ein Datencenter hat 10 Server (N) und ist nach dem Prinzip der $(2N + 1)$-Redundanz organisiert. Damit sind weitere 10 Server jederzeit erforderlich, plus 1 Server für das Backup eines fehlerhaften Servers.

Temporäre Redundanz

Die Realisierung einer ständigen Wartungsredundanz kann sehr oft nicht umgesetzt werden, weil die Kosten zu hoch sind, notwendiger Platz fehlt oder die Anwendung einer Wartungsredundanz relativ selten erforderlich ist.

In diesem Fall wird eine permanente $(N + 1)$-Redundanz aufgebaut, die für die geplanten Aufgaben, wie Wartung, Instandhaltung oder Austausch von Elementen, ein zusätzliches redundantes Element zuschaltet.

Homogene Redundanz

Hierbei sind gleiche Elemente parallel geschaltet. Vorteilhaft ist, dass sich dabei der Aufwand in Entwicklung und Fertigung der Elemente reduzieren lässt. Nachteilig ist, dass bei gleichen Elementen mit gleichen Funktionsprinzipien die Ausfallwahrscheinlichkeit des Systems steigt. Das wird dadurch begründet, dass gleiche Ausfallmechanismen wirken und gleiche systematische Fehler bzw. Unzulänglichkeiten, infolge fehlerhaftem Design, vorhanden sind.

Redundanz durch Diversität

Die Redundanz von Systemen wird hierbei nicht durch gleiche redundante Elemente wie bei den homogenen Redundanzen erreicht, sondern durch eine Vielzahl unterschiedlicher Realisierungen. Dazu zählen:

- Die *isolierte Anordnung der redundanten Elemente* von potentiellen Fehlerquellen. Beispielsweise gehört dazu die räumliche Trennung von Stromversorgungen.

- Nutzung von *differenten Funktionsprinzipien* mit unterschiedlichen Ausfallmechanismen und Konstruktionsausführungen. Für das obige Beispiel von drei Endlagenschaltern, Abb. 8.13, würde das bedeuten, dass nicht drei gleiche Schalterprinzipien zur Anwendung kommen, sondern dass man besser drei verschiedene Funkrionsprinzipien auswählen sollte, wie beispielsweise mechanisch, kapazitiv und optisch.
- Bei *gleichen Funktionsprinzipien die Verwendung von Produkten unterschiedlicher Hersteller.* Damit verbunden sind unterschiedliche konstruktive Ausführungen, teilweise auch mit anderen Fertigungstechnologien, woraus sich Unterschiede im Ausfallverhalten ergeben können. Nachteile liegen im zusätzlichem Logistik-, Kosten- und Wartungsaufwand und in möglichen Kommunikationsproblemen zwischen den Elementen.
- Bei der *angepassten Diversität* sind die redundanten Elemente so anzuordnen, dass sie in den jeweiligen Bereichen mit der höchsten Zuverlässigkeit arbeiten, z. B. definierte Temperaturbereiche für einzelne Elemente.

Standby-Redundanz

Warme (eingeschaltete) und kalte (ausgeschaltete) Redundanzen kann man auch als Hot- bzw. Cold-Standby-Redundanzen auffassen, wobei eine Umschalteinrichtung das redundante Element zuschaltet. Entscheidend für die Zuverlässigkeit des Systems ist außer der Zuverlässigkeit der beiden Elemente die des Umschaltelements.

Betrachtet wird ein (1+1)-System. Das Hauptelement und das redundante Element haben die Ausfallraten λ_1 und λ_2. Die Überlebenswahrscheinlichkeit der Umschalteinrichtung ist R_u. Für die Überlebenswahrscheinlichkeit des Systems R_s gilt nach [28]:

$$\text{Für } \lambda_1 \neq \lambda_2 \text{ gilt:} \qquad R_s(t) = e^{-\lambda_1 t} + R_u \frac{\lambda_1}{\lambda_1 - \lambda_2}\left(e^{-\lambda_2 t} - e^{-\lambda_1 t}\right) \qquad (8.81)$$

$$\text{Für } \lambda_1 = \lambda_2 = \lambda \text{ gilt:} \qquad R_s(t) = e^{-\lambda t}(1 + R_u \cdot \lambda \cdot t) \qquad (8.82)$$

Redundanz durch Modularität

Der modulare Aufbau aus Sicht der Zuverlässigkeit gibt an, ob das System aus einem einzigen Element (Modul) oder aus N parallel geschalteten kleineren besteht.

Das redundante Modul ist dann immer so groß wie eines der N-Hauptmodule. Die Abb. 8.15 zeigt für die (N+1)- und (N+2)-Systeme wie sich die Überkapazitäten mit zunehmender Modulzahl N verringern.

Damit verbessert sich zwar die Effektivität des Gesamtsystems, da der Anteil der Redundanz am Gesamtsystem immer kleiner wird, aber es gibt auch Nachteile. Mit zunehmender Modulzahl N werden die Systemkosten und die Komplexität, insbesondere der Kommunikationsaufwand, des Gesamtsystems steigen. Es ist immer eine Abwägungsfrage, wie groß man N wählt.

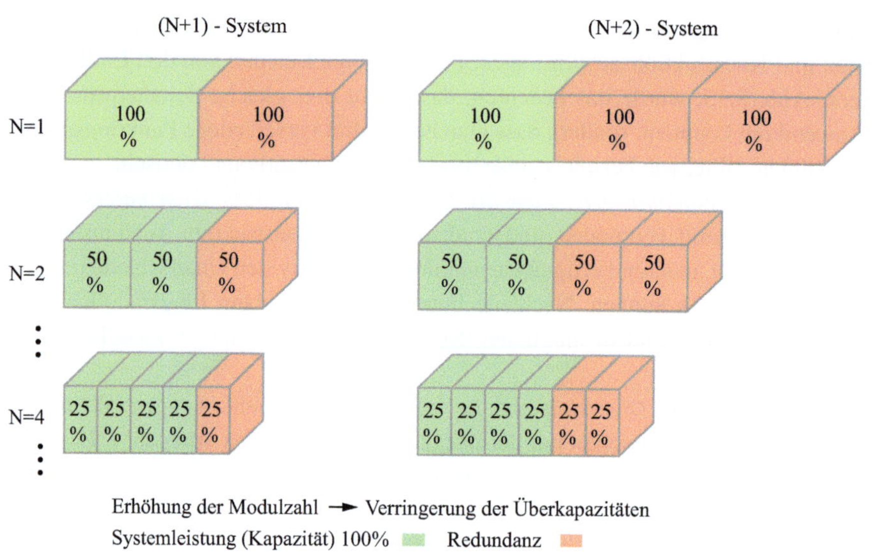

Abb. 8.15 Modularität und Überkapazitäten der Redundanzmodule

8.6.4 Gemischte Systeme

Gemischte Systeme bestehen aus Reihen- und Parallelanordnungen einzelner Elemente. Die Funktion und damit auch die Zuverlässigkeit werden durch die unterschiedlichen Wege durch das System bestimmt.

Bei **einfachen Systemstrukturen** lassen sich die Reihen- und Parallel-anordnungen ohne größere Umrechnungen mittels der Gln. (8.66) bzw. (8.71) zusammenfassen.

Im Beispiel, Abb. 8.16, ist zu erkennen, dass es jeweils zwei Wege zur Erfüllung der Funktion gibt, womit die Zuverlässigkeiten der beiden Wege in die Systemzuverlässigkeit eingehen. Eine vergleichende Betrachtung der zwei Schaltungen S_a und S_b mit gleichen Funktionen in Abb. 8.16 zeigt, wie sich die Systemzuverlässigkeiten R_{Sa} und R_{Sb} beein-

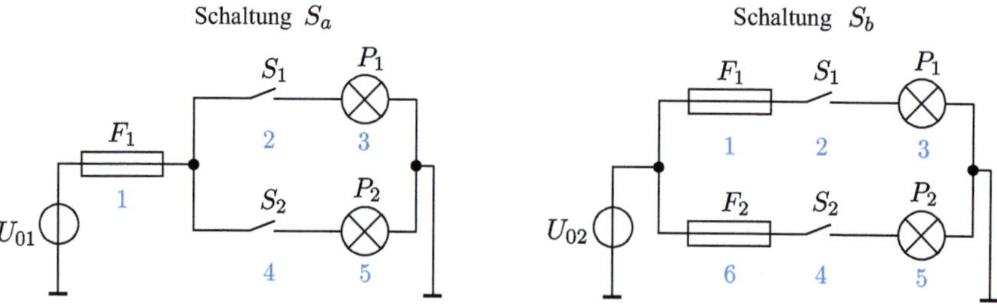

Abb. 8.16 Beispiel gemischter Systeme

flussen lassen. Dabei sind R_i und F_i die den Bauelementen zugeordneten Überlebens- und Ausfallwahrscheinlichkeiten. Für die Bestimmung von R_{Sa} und R_{Sb} werden die Gln. (8.66) und (8.67) bzw. (8.71) und (8.72) für die Reihen- bzw. Parallelanordnungen verwendet.

Schaltung S_a, Abb. 8.16-links:

$$\text{Zweig (Elemente 2–3):} \qquad R_{23} = R_2 \cdot R_3 \qquad \Rightarrow \qquad F_{23} = 1 - R_2 \cdot R_3$$

$$\text{Zweig (Elemente 4–5):} \qquad R_{45} = R_4 \cdot R_5 \qquad \Rightarrow \qquad F_{45} = 1 - R_4 \cdot R_5$$

$$\text{Zweig (2–3)} \parallel \text{Zweig (4–5):} \quad F_{2-5} = F_{23} \cdot F_{45} \qquad \Rightarrow \qquad R_{2-5} = 1 - F_{23} \cdot F_{45}$$

$$R_{2-5} = 1 - (1 - R_2 \cdot R_3)(1 - R_4 \cdot R_5)$$

$$\text{Beide Zweige und } R_1: \qquad R_{Sa} = R_1 \cdot R_{2-5}$$

$$R_{Sa} = R_1[1 - (1 - R_2 \cdot R_3)(1 - R_4 \cdot R_5)]$$

Für die Schaltung S_b, Abb. 8.16-rechts, wird entsprechend vorgegangen und man erhält für R_{Sb}:

$$\text{Beide Zweige parallel:} \qquad R_{Sb} = 1 - (1 - R_1 \cdot R_2 \cdot R_3)(1 - R_7 \cdot R_4 \cdot R_5)$$

Mit den Ausfallraten der einzelnen Elemente in Anlehnung an [35, 36] und einer geforderten Lebensdauer von 50.000 h bestimmen sich die Überlebenswahrscheinlichkeiten der Elemente nach Gl. (8.33) zu:

$$F_1 = F_2 \text{ (Elemente 1 und 6) mit:} \quad \lambda_F = 0{,}5 \cdot 10^{-6}\,\text{h}^{-1}$$

$$R_F = e^{-0{,}5 \cdot 10^{-6}\,\text{h}^{-1} \cdot 5 \cdot 10^4\,\text{h}} = 0{,}98$$

$$S_1 = S_2 \text{ (Elemente 2 und 4) mit:} \quad \lambda_S = 3 \cdot 10^{-6}\,\text{h}^{-1}$$

$$R_S = e^{-3 \cdot 10^{-6}\,\text{h}^{-1} \cdot 5 \cdot 10^4\,\text{h}} = 0{,}86$$

$$P_1 = P_2 \text{ (Elemente 3 und 5) mit:} \quad \lambda_P = 8 \cdot 10^{-6}\,\text{h}^{-1}$$

$$R_P = e^{-8 \cdot 10^{-6}\,\text{h}^{-1} \cdot 5 \cdot 10^4\,\text{h}} = 0{,}67$$

Damit ergeben sich die Überlebenswahrscheinlichkeiten der beiden Schaltungen nach den obigen Gleichungen:

$$R_{Sa} = 0{,}80 \qquad \text{und} \qquad R_{Sb} = 0{,}81$$

Der geringe Unterschied ist auf die im Verhältnis zu den anderen Elementen deutlich geringere Ausfallrate der Sicherung(en) zurückzuführen.

Vergrößert sich die Ausfallrate der Sicherungen auf $\lambda_F = 6 \cdot 10^{-6}\,\mathrm{h}^{-1}$ beispielsweise infolge einer stark korrosiven Umgebungen der Sicherungen, so verändern sich die Werte:

$$R_{Sa} = 0{,}61 \qquad \text{und} \qquad R_{Sb} = 0{,}67$$

Neben der Reduzierung der Überlebenswahrscheinlichkeiten ist auch der Zuverlässigkeitsabstand beider Schaltungen größer geworden.

Will man in die Betrachtung der Schaltungen die Überlebenswahrscheinlichkeit der Spannungsquelle mit einbeziehen, so multipliziert man die Werte R_{Sa} bzw. R_{Sb} mit dem entsprechenden Wert der Überlebenswahrscheinlichkeit R_{Quelle} (Reihensystem zu den anderen Bauelementen). Dieser Ansatz gilt auch für elektrische Verbindungen (in Reihe zum jeweiligen Bauelement).

8.7 Ausfallverhalten

Zunächst müssen die Begriffe „Fehler" und „Ausfall" unterschieden werden.

Ein *Fehler* liegt schon vor, wenn ein Bauelement nicht der Spezifikation entspricht, beispielsweise wenn der physikalische Nennwert, wie ein Widerstands- oder Kapazitätswert, einschließlich seiner Toleranz nicht eingehalten wird.

Bei einem Messwiderstand würde das unweigerlich zu einer größeren Messtoleranz führen, wobei die Funktion noch gewährleistet ist. Ein Fehler liegt dann vor, wenn ein Widerstand mit einem falschen Wert bestückt wird, der dann zum Systemausfall führt.

Ein *Ausfall* dagegen beendet die Funktionsfähigkeit einer Funktion, was nicht unbedingt zum Ausfall des Geräts/Systems führen muss. Das ist davon abhängig, ob Haupt- oder Nebenfunktionen ausfallen.

Im Folgenden werden Aspekte des Ausfallverhaltens in Erweiterung der DIN-Norm [1] erläutert.

8.7.1 Beeinträchtigung bei Funktionsausfällen

Weisen Systeme Haupt- und Nebenfunktionen auf, so muss der Ausfall einer Nebenfunktion nicht zwangsläufig zum Ausfall des ganzen Systems führen.

Daher ergibt sich die folgende Einteilung.

Vollausfall
Eine oder mehrere Hauptfunktionen fallen aus und führen dadurch zum Vollausfall (Gesamtausfall) des Geräts. Dazu gehört z. B. der Ausfall einer Batterie (defekt oder Ladezustand ist Null) eines Systems, welches keine Batterieredundanz aufweist und auch kein Zugriff auf weitere Energiequellen (Netz) möglich ist. In diesem Fall sind alle anderen Funktionen gleichzeitig vom Batterieausfall betroffen.

Teilausfall

Eine oder mehrere Nebenfunktionen fallen aus, aber die Hauptfunktion(en) ist (sind) vom Ausfall nicht betroffen. Insofern kann man von tolerierbaren Ausfällen sprechen. Ein Beispiel ist der Ausfall der Wassertemperaturanzeige eines Wasserkochers, wobei die Hauptfunktion des Wasserkochens erhalten bleibt. Ein zweites Beispiel ist der Ausfall einer Geschwindigkeitsregelung (Tempomat) in einem Automobil.

8.7.2 Änderungsgeschwindigkeit von Merkmalen und Eigenschaften

Zu unterscheiden ist in schnelle und langsame Änderungsgeschwindigkeiten, die ihre Ursache in unterschiedlichen physikalischen und chemischen Vorgängen haben. Damit ergeben sich folgende Fälle:

Sprungausfall

Bei schnellen Änderungsgeschwindigkeiten von Merkmalen und Eigenschaften erfolgt ein Ausfall sofort oder kurze Zeit nach der Änderung (Einwirkung).

Dazu gehören Sprünge von Umgebungsparametern (z. B. Temperatur, Druck), mechanische Stöße sowie Strom- und Spannungssprünge. Ein Beispiel ist das Herunterfallen eines Geräts aus großer Höhe und das Aufschlagen auf den Boden mit einer hohen Beschleunigung, durchaus bis zum 50-fachen der Erdbeschleunigung, mit dem Ergebnis eines Totalschadens.

Driftausfall

Driftvorgänge, Abschn. 8.8.11, sind zeitlich langsame Vorgänge, bei denen sich die Ausfälle erst nach einem längeren Zeitraum bemerkbar machen. Ursachen sind physikalische und chemische Vorgänge, die zu Änderungen von Eigenschaften führen. Überschreiten diese Änderungen Grenzwerte, so erfolgen Teil- oder Vollausfälle. Beispiele dazu sind die Drift der Offsetspannung bei Operationsverstärkern oder die Frequenzdrift bei Oszillatoren, kritisch, wenn sie für Uhren oder Timer verwendet werden.

8.7.3 Ausfallquellen

Ursachen für Ausfälle sind in allen Phasen des Lebenszyklus eines Produkts, vgl. Abb. 1.1 im Kap. 1, zu finden. Während der Nutzungsphase kommen physikalisch und chemisch bedingte Ausfälle dazu, die nur teilweise bereits vor der Nutzung durch angepasste Designs und Fertigungs- und Montagegestaltungen ausgeschlossen werden können. Auch besondere Störungen während der Nutzung durch nicht vorhersehbare Ereignisse beeinflussen die Zuverlässigkeit unter Umständen so stark, dass Reparaturen von Geräten unmöglich werden, beispielsweise bei einem Blitzschlag. Die folgende Einteilung zeigt 4 Fehlerquellen und ist somit hilfreich zur vorausschauenden Betrachtung potentieller Fehlerquellen und deren Vermeidung.

1. Ausfälle infolge von Fehlern bei der Aufgabenstellung/Produktplanung, der Schaltungsentwicklung und des Elektronik-Designs

Fehlerhafte, unzureichende und technisch ungünstige Formulierungen im Lastenheft, als Ergebnis der Produktplanunug und Formulierung der Aufgabenstellung, können in den nachfolgenden Prozessen der Schaltungsentwicklung und des Elektronik-Design zu Lösungen führen, die Fehler implizieren. Aus diesem Grund ist der sorgfältigen Ausarbeitung des Lastenhefts und der kontinuierlichen Fortschreibung dessen, insbesondere bei längeren Entwicklungszyklen, bei denen sich die Anforderungen an das Produkt im Laufe der Entwicklungszeit ändern, von großer Bedeutung.

Ein Beispiel dazu: In einem Lastenheft wird etwas ungenau formuliert, dass aus Kostengründen nur bestimmte Mikroprozessoren mit maximaler Taktfrequenz einzusetzen sind und die Baugruppe oder das Gerät hinsichtlich der Geometrie bestimmte maximale Abmessungen nicht überschreiten darf.

Die in der nachfolgenden Entwicklung möglichen Fehlerquellen liegen in der Problematik der Wärmeabfuhr, da die Leistung (Wärme) der Mikroprozessoren aufgrund fehlenden Platzes nicht ausreichend abgeführt wird. Einerseits kann das zur Überhitzung und damit zum Totalausfall führen und andererseits wird, wenn vorgesehen, die Taktfrequenz und somit auch die Verlustleistung des Mikroprozessors reduziert, was zur Verringerung der Operationsgeschwindigkeit führt. Infolgedessen werden nachfolgende Operationen u. U. zu spät ausgeführt, was Fehlfunktionen auslösen kann.

2. Ausfälle infolge von Fertigungs-, Montage- und Prüffehlern

Die *erste Gruppe* sind Verunreinigungen während der Fertigung und Montage.

So können Staubpartikel bei der Herstellung von feinsten Leiterzügen auf Leiterplatten zu offenen Leiterzügen führen.

Galvanikbäder, die eine zu große Anreicherung mit Fremdmetallen aufweisen, führen zu fehlerhaften Metallisierungen, die entweder sofort erkannt werden können oder sich als Langzeitfehler darstellen.

Eine *zweite Gruppe* sind die Prozessfehler.

So führen zu niedrige Löttemperaturen beim Löten zu den bekannten kalten Lötstellen. Das passiert dann, wenn die Löttemperatur der Lotlegierung unterhalb der Liquidustemperatur des entsprechenden Lots (zu finden in den Datenblättern der Lote) liegt, siehe auch Abschn. 5.4.2 Lötverbindungen.

Eine weitere Fehlerquelle liegt im Umgang von Flussmitteln zum Löten.

Erstens muss bei der Anwendung die Aktivierungstemperatur des Flussmittels erreicht werden, da ansonsten keine Wirksamkeit gegeben ist.

Zweitens ist die Flussmittelklasse zu berücksichtigen. Bei aggressiven Flussmitteln, die bei stärkeren Metalloxidschichten zu deren Entfernung verwendet werden entstehen

Rückstände, die mehr oder weniger Korrosion hervorrufen. Die Folge davon ist, dass derartig gelötete Baugruppen nach dem Lötprozess gereinigt werden müssen. Bei Nichtbeachtung entstehen Langzeitschäden an der Verbindungsstelle, die zum Ausfall führen.

Ein *dritte Gruppe* sind Fehler in der Prüftechnologie infolge unvollständiger Prüfprozesse.

Zu unterscheiden sind hier die Prüfungen auf Fertigungs- bzw. Montagefehler und Funktionsfehler.

Fehler treten bei der Baugruppenmontage beispielsweise da auf, wo nicht alle Verbindungsstellen (Bauelementeanschlüsse-Lot-Pads der Leiterplatten) geprüft werden, sondern nur eine statistische Prüfung durchgeführt wird.

Typisch dafür ist das Röntgen der Verbindungsstellen von BGA-Packages, bei denen keine Zugänglichkeit der Anschlüsse vorhanden ist, da sie sich auf der Unterseite des IC-Packages befinden.

Bei einer Funktionsprüfung sind die Funktionen mit Parametern, die den real zu erwartenden Bedingungen entsprechen, zu prüfen. Werden aber beispielsweise die Spannungsspitzen bei Schaltvorgängen nicht ausreichend berücksichtigt, so sind Fehlfunktionen (Spannungsüberkopplungen) und Ausfälle vorprogrammiert.

3. Ausfälle infolge Fehlern bei Gebrauch, Wartung, Instandsetzung

Fehler im Gebrauch und der Handhabung können je nach Gerätetyp nicht vollständig ausgeschlossen werden. So kann ein mobiles Gerät wie ein Smartphone auf einem harten Untergrund aufschlagen und das Glas oder/und das Gehäuse beschädigen. Fehler z. B. bei einer Rollladenbedienung für die Auf- und Abwärtsbewegung werden schon im Design dadurch ausgeschlossen, dass die Schalter für die Bewegungen gegeneinander verriegelt werden.

Wartungs- und Instandsetzungsfehler entstehen durch fehlerhafte Montagen und durch falsche oder nicht geeignete Ersatzteile. Das können nicht geeignete Öle oder Fette für Lagerungen in elektromechanischen Baugruppen oder falsche oder ungeeignete Bauelemente in elektronischen Baugruppen sein.

Wird beispielsweise ein IC in einer TTL-Technologie (Transistor-Transistor-Logik) mit einer Flankensteilheit der digitalen Signale von 30 ns durch einen IC in ECL-Technologie (Emittergekoppelte Logik) mit einer Flankensteilheit von unter 1 ns ersetzt, dann können Fehlschaltungen auftreten. Der Grund dafür ist, das nun wesentlich mehr höherfrequente Sinusfrequenzen (Zerlegung der Impulse in Sinusschwingungen nach Fourier) auf der Leitung für eine dynamische Signalverteilung mit deutlichen Signalreflexionen sorgen.

Um das zu verhindern gibt es in diesem Fall zwei Möglichkeiten.

Die Verringerung der Leitungslänge auf dem Board, was ein Redesign der Leiterplatte erfordert oder eine zusätzliche Leitungsterminierung mit zusätzlichen Bauelementen, deren Montage durchaus sehr aufwändig sein kann. Die Reparatur setzt voraus, dass das Personal diese Zusammenhänge prinzipiell kennt und die o. g. richtigen Schlüsse zieht. Ein formaler Austausch wird ansonsten zwangsläufig zu Ausfällen führen.

Weiterhin gehören Abnutzung und Alterung (Werkstoffermüdung) in diese Gruppe

4. Intermittierender Ausfall

Der Ausfall beruht auf Mechanismen, die zu temporären Änderungen von Eigenschaften des Systems und somit zum Ausfall führen. Nach einer Erholungsphase ohne den Einwirkmechanismus werden die ursprünglichen Eigenschaften in vollem Funktionsumfang wieder hergestellt (reversible Vorgänge).

So kann z. B. ein Bauteil bis zu einer Elastizitätsgrenze (Spannungs-Dehnungs-Diagramm) verformt werden und durch die Formänderung seine Funktion verlieren. Nach Wegnahme der Verformungskraft nimmt das Bauteil seinen Ursprungszustand, verbunden mit der Funktionsfähigkeit, wieder ein.

8.7.4 Ausfallfolgen

In Abhängigkeit von den Funktionsausfällen ergeben sich folgende Varianten:

Kritischer Ausfall I

Hier besteht die Möglichkeit, nach dem Ausfall der Hauptfunktion(en) durch Reparaturen die Funktionsfähigkeit wiederherzustellen.

Kritischer Ausfall II

Der Ausfall ist als Totalausfall anzusehen. Es bestehen keine Möglichkeiten durch Reparaturen die Funktionsfähigkeit wiederherzustellen, außer mit einem i. d. R. wirtschaftlich nicht vertretbaren Aufwand.

Unkritischer Ausfall (tolerierbarer Ausfall)

Eine oder mehrere Nebenfunktionen fallen aus, aber die Hauptfunktion bleibt erhalten, womit das System weiter genutzt werden kann (siehe Teilausfall).

8.7.5 Ausfallarten: Zufällige und systematische Ausfälle

Diese beiden Ausfallarten definieren sich (neben weiteren) nach der DIN EN 61508-4 (VDE 0803-4) [7, Kap. 3.6].

Zufälliger Ausfall (Hardware)

„Ausfall, der zu einem zufälligen Zeitpunkt auftritt und der aus einem oder mehreren möglichen Mechanismen in der Hardware resultiert, die zu einer Verschlechterung der Eigenschaften der Bauteile führen" [7, Kap. 3.6.5].

Werden Bauteile entsprechend ihrer Spezifikation betrieben, so sind Ausfälle zufällig. Dazu zählen z. B. ICs, die infolge von Elektromigration ausfallen, da sich durch Materialtransportprozesse Hillocks (Materialanhäufungen) und Voids (Hohlräume) bilden, die zu Kurzschlüssen bzw. Leitungstrennungen führen, Abschn. 8.8.9. Auch Ausfälle durch Fehlschaltungen, die durch Reflexionen auf den Leiterbahnen von Leiterplatten entstehen, zählen dazu.

Systematischer Ausfall

„Systematisches Versagen/Ausfall, bei dem eindeutig auf eine Ursache geschlossen werden kann, die nur durch eine Modifikation des Entwurfs oder des Fertigungsprozesses, der Art und Weise des Betreibens, der Bedienungsanleitung oder anderer Einflussfaktoren beseitigt werden kann" [7, Kap. 3.6.6].

Hierbei werden Bauteile mit Eigenschaften eingesetzt, die nicht den Einsatzbedingen entsprechen. So führt z. B. eine einfache Türdichtung eines Schaltschranks zu einem EMV-Durchgriff, wobei die durchgreifende elektromagnetische Welle die Funktionen im Schaltschrank stört.

8.8 Physikalische und chemische Ausfallmechanismen

Die unterschiedlichen Beanspruchungen und die damit verbundenen Fehlermechanismen lassen sich grundsätzlich in 3 Gebiete einteilen:

1. Mechanische Überlast- und Verschleißmechanismen
2. Elektrische Überlast- und Verschleißmechanismen
3. Chemische und elektrochemische Prozesse

Die Temperatur und die Temperaturgradienten sind die Faktoren, die elektrische, chemische und elektrochemische Reaktionen der unterschiedlichsten Fehlermechanismen am stärksten beeinflussen. Sie gehen auch bei fast allen Bauelementen mittels der π_T-Faktoren in die Bestimmung der Ausfallraten ein. Aus diesem Grund soll der Temperatureinfluss zunächst behandelt werden, der sich in der Arrhenius Gleichung niederschlägt.

8.8.1 Die Arrhenius Temperaturabhängigkeit

Grundlage ist das Arrhenius-Gesetz, das die Abhängigkeit einer chemischen Reaktionsgeschwindigkeit von der Temperatur beschreibt. Bei Anwendung hinsichtlich der Zuverlässigkeitsbetrachtungen, entspricht die chemische Reaktionsgeschwindigkeit der Ausfallrate λ_0 bei einer Temperatur T_0.

Der Index 0 ist die Referenz der Ausfallrate bzw. Lebensdauer:

$$\lambda_0 = A \cdot e^{-\dfrac{E_a}{k \cdot T_0}} \tag{8.83}$$

A (präexponentieller) Faktor
E_a Aktivierungsenergie, $[E_a] = \mathrm{eV}$
T_0 Temperatur bei der Ausfallrate λ_0, $[T_0] = \mathrm{K}$
k Boltzmann-Konstante $8{,}617 \cdot 10^{-5}\,\mathrm{eV/K}$

Für die Ausfallrate λ bei einer beliebigen Temperatur T gilt:

$$\lambda = A \cdot e^{-\dfrac{E_a}{k \cdot T}} \tag{8.84}$$

Werden A und E_a als konstant vorausgesetzt, ergibt sich Gl. (8.84) mit Gl. (8.83):

$$\lambda = \lambda_0 \cdot e^{\dfrac{E_a}{k}\left(\dfrac{1}{T_0}-\dfrac{1}{T}\right)} \tag{8.85}$$

Geht man von einer konstanten Ausfallrate aus, so folgt für die mittlere Lebensdauer $t = 1/\lambda$ und man erhält:

$$t = t_0 \cdot e^{\dfrac{E_a}{k}\left(\dfrac{1}{T}-\dfrac{1}{T_0}\right)} \tag{8.86}$$

Bildet man die Quotienten der jeweiligen Mittelwerte der Lebensdauern t_0 (MTTF$_0$) und t (MTTF) bzw. der Ausfallraten λ und λ_0, so ergibt sich der Beschleunigungsfaktor $A(T)$, nicht zu verwechseln mit dem o. g. Faktor A. Dieser Faktor gibt an, um wie viel sich die Ausfallrate bei einer beliebigen Temperatur gegenüber einer (üblichen Referenz)Temperatur ändert:

$$A(T) = \frac{t_0}{t} = \frac{\lambda}{\lambda_0} = e^{\dfrac{E_a}{k}\left(\dfrac{1}{T_0}-\dfrac{1}{T}\right)} \tag{8.87}$$

Neben der Temperatur T ist die Aktivierungsenergie E_a von Bedeutung, die angibt, wie hoch die Energie für eine Veränderung sein muss bzw. ist. Sie hängt damit ab vom Fehlermechanismus und dessen Ursachen, oder auch mehreren. Aus den Gln. (8.83) und (8.84) bestimmt sie sich zu:

$$E_a = k \cdot \frac{T_0 \cdot T}{T - T_0} \cdot \ln\left(\frac{\lambda}{\lambda_0}\right) = k \cdot \frac{T_0 \cdot T}{T - T_0} \cdot \ln\left(\frac{t_0}{t}\right) \tag{8.88}$$

Die typischen Aktivierungsenergien reichen von 0,1 bis 1 eV, Tab. 8.9.

Tab. 8.9 Aktivierungsenergien verschiedener Ausfallmechanismen [11, S. 581]

Fehlermechanismus	Aktivierungsenergie in eV	Fehlermechanismus	Aktivierungsenergie in eV
Oxide	0,3 - 0,5	Korrosion	0,45
Silizium	0,3 - 0,5	Kontamination	1,0
Fertigung	0,5 - 0,7	Elektromigration	0,6 - 0,9
Unbekannter Fehlermechanismus:		Aktivierungsenergie $E_a \approx 0,7\,\mathrm{eV}$	

Zur Ermittlung der Aktivierungsenergie werden mindestens drei Tests durchgeführt. Bei drei verschiedenen Temperaturen werden die Ausfallraten bzw. Lebensdauern ermittelt und der E_a-Wert ergibt sich dann nach Gl. (8.88).

Für die Veränderungen der Ausfallrate eines Bauteils, bei unbekanntem Fehlermechanismus in Abhängigkeit der Temperatur, werden die folgenden 3 Fälle betrachtet:

1. Referenzausfallrate λ_0 bei 20 °C   Ausfallrate bei 30 °C
2. Referenzausfallrate λ_0 bei 70 °C]   Ausfallrate bei 80 °C
3. Referenzausfallrate λ_0 bei 120 °C]   Ausfallrate bei 130 °C

Die Beschleunigungsfaktoren werden mit Gl. (8.87) und $E_a = 0,7\,\mathrm{eV}$ nach Tab. 8.9 bestimmt:

$$A_1(T = 30\,°\mathrm{C}) = e^{\dfrac{0,7\,\mathrm{eV}}{8,617 \cdot 10^{-5}\mathrm{eV\,K^{-1}}}\left(\dfrac{1}{293\,\mathrm{K}} - \dfrac{1}{303\,\mathrm{K}}\right)} = 2,5$$

$$A_2(T = 80\,°\mathrm{C}) = e^{\dfrac{0,7\,\mathrm{eV}}{8,617 \cdot 10^{-5}\mathrm{eV\,K^{-1}}}\left(\dfrac{1}{343\,\mathrm{K}} - \dfrac{1}{353\,\mathrm{K}}\right)} = 2$$

$$A_3(T = 130\,°\mathrm{C}) = e^{\dfrac{0,7\,\mathrm{eV}}{8,617 \cdot 10^{-5}\mathrm{eV\,K^{-1}}}\left(\dfrac{1}{393\,\mathrm{K}} - \dfrac{1}{403\,\mathrm{K}}\right)} = 1,7$$

Aus dieser Betrachtung leitet sich die **Faustformel** ab, dass bei einer Temperaturerhöhung von $\Delta T = 10\,°\mathrm{C}$ eine Verdopplung der Ausfallrate bzw. eine Halbierung der Lebensdauer zu erwarten ist.

Die erweiterte Arrhenius Gleichung mit zwei Aktivierungsenergien und Temperaturabhängigkeiten findet in den π_T-Faktoren der einzelnen Bauelementetypen ihren Ausdruck, siehe dazu [3, 4].

8.8.2 Korrosion

Beim Auftreten von Korrosion ist in chemische und elektrochemische zu unterscheiden, wobei letztere deutlich größere Bedeutung hat.

Bei der **chemischen Korrosion** gehen die Reaktionspartner eine Verbindung ein, wobei bei Anwesenheit von Sauerstoff Oxidschichten ausgebildet werden. Dadurch können darunterliegende Schichten vor weiterer Korrosion schützen werden. Der Übergangswiderstand steigt deutlich an, da die Metalloxide elektrisch weniger gut leitend sind.

Das Zustandekommen der **elektrochemischen Korrosion** ist an drei Voraussetzungen gebunden. *Erstens* müssen die Metalle des Verbundsystems unterschiedliche Korrosionspotenziale haben, *zweitens* muss eine elektrisch leitende Verbindung zwischen den Metallen bestehen und *drittens* müssen die Metalle mittels eines leitfähigen Elektrolyten miteinander verbunden sein.

Die folgenden Faktoren bestimmen den Grad der elektrochemischen Korrosion [16]:

- Aus der Höhe der Potenzialdifferenz zwischen zwei Metallen, entsprechend der bekannten Spannungsreihe der Metalle (Standardpotenziale), kann nur darauf geschlossen werden, ob mit einer Korrosionsgefährdung zu rechnen ist und nicht auf die reale Gefährdung. Entscheidend sind die Potenziale unter den realen Einsatzbedingungen, die erheblich von denen der Standardpotenziale abweichen können.
- Je größer die Elektrolytwiderstände sind, umso geringer wird die Korrosionsgefahr. So hat auftretendes Kondenswasser einen hohen Widerstand, während ein Elektrolytfilm aus Salzwasser einen deutlich geringeren Widerstand aufweist, woraus sich eine Erhöhung der Korrosionsgeschwindigkeit ergibt.
- Mit der Befeuchtungsdauer steigt die Korrosionsgefahr. Tritt kein Elektrolytfilm auf, so können alle Metalle miteinander verbunden werden, was für alle Innenräume, ohne Gefahr einer Kondenswasserbildung, gilt.
- Die Metalle weisen eine unterschiedliche Kinetik der Elektrodenreaktionen auf. So können Potenzialunterschiede von $100\,\text{mV}$ schon zur Korrosion führen, was nach der Spannungsreihe der Standardpotenziale nahezu ausgeschlossen wäre. Aufgrund der Kinetik können größere Potenzialunterschiede sogar problemlos sein können.
- Der Quotient aus Kathodenfläche zu Anodenfläche spielt eine weitere Rolle. Keine Korrosionsprobleme sind zu erwarten, wenn die Kathodenfläche mit dem edleren Metall deutlich kleiner ist, als die Anodenfläche mit dem unedleren Metall (die Fläche der Dichtung wird im Verhältnis zur Gehäusefläche i. d. R. immer deutlich kleiner sein).

Für die Praxis kann die Tab. 8.10 [14] herangezogen werden. Für eine elektrochemische Verträglichkeit werden Metalle der gleichen Gruppe bzw. der jeweils benachbarten Gruppen verwendet. Wird eine Beschichtung notwendig, weil die zu verbindenden Materialien mehr als eine Gruppe auseinander liegen, so ist das Material mit der niedrigeren Gruppennummer zu beschichten.

Tab. 8.10 Metallgruppen für elektrochemische Verträglichkeit nach [14]

Gruppe	Metalle und Legierungen
1	Au - Pt - Au/Pt-Leg. - Rh - Graphit - Pd - Ag - Ag-Leg. - Ti - Ag gefüllte Elastomere und Beschichtungen
2	Rh - Graphit - Pd - Ag - Ag-Leg. - Ti - Ni - Monel (NiCuFe) - Co - Ni-Leg. - Co-Leg. - Ni/Co-Leg. - Edelstahl - Ag gefüllte Elastomere und Beschichtungen
3	Ti - Ni - Monel - Co - Ni-Leg. - Co-Leg.- NiCu-Leg. - Cu - Cu-Leg. - Bronze - Messing - Ag-Lot - Edelstahl - Cr-Beschichtungen - W - Mo - Ag gefüllte Elastomere
4	Marine-Messing - Bronze - Edelstahl - Cr-Beschichtungen - W - Mo - Sn - In - SnPb-Lote - Al200 und 700-Serien - C-Stahl - bestimmte Ag-gefüllte Elastomere
5	Cr-Beschichtungen - W - Mo - Edelstahl - Sn - In - SnPb-Lote - Al - Al-Leg. - Zn Be - Zn-Guss
6	Mg - Sn

Als Beispiel werden Kupfer und eine Aluminiumlegierung als zu verbindende Materialien betrachtet. Beide Materialien liegen mehr als eine Gruppe auseinander (Al-Leg. in Gr. 5 und Cu in Gr. 3), weshalb eine Beschichtung des Kupfers erfolgen muss. So ist z. B. das Gruppe 4 Metall Zinn als Beschichtung auf Kupfer zu realisieren.

Für effektiv montierte EMV-Dichtungen sind Oxidschichten, wie sie beim Aluminium vorkommen, nachteilig.

8.8.3 Plastische Verformung

Wird ein Material durch Überschreiten der Elastizitätsgrenze σ_E dauerhaft plastisch verformt, so kann das Bauteil je nach Anwendung seine Funktion teilweise oder vollständig verlieren (Spannungs-Dehnungs-Diagramm).

Ein *erstes Beispiel* ist die Reduktion der Federkraft zum Rückstellen von Steckkontakten. Wird durch unsachgemäßes Kontaktieren die Feder übermäßig beansprucht und verliert dadurch ihre Elastizität, so fehlt eine ausreichende Rückstellkraft der Feder für einen ausreichenden Kontaktdruck.

Ein *zweites Beispiel* ist das Beschädigen von Gebäuseverkleidungen, die z. B. mittels Snap-In Locking Devices (Rastvorrichtungen) mit dem Gerät hergestellt werden. Dabei kann es leicht zu plastischen Verformen der Snap-In-Verbindungen selbst und/oder der umgebenden Verkleidungsteile (Polymere, Metalle) kommen, so dass ein wiederholtes Einrasten aller oder nur einiger Verbindungen unmöglich wird.

Ein *drittes Beispiel* sind überdehnte elastische Dichtungen, die ihre Wirkung verlieren (EMV-Dichtungen, Dichtungen entsprechend IPXX).

8.8.4 Kriechen

Unter Kriechen (Retardation) versteht man bei Werkstoffen die zeit- und temperatur-abhängigen viskoelastischen (partielles elastisches und viskoses, zähflüssiges Verhalten) oder plastischen langsamen Verformungen unter Belastung. Das Kriechen muss bei der Auswahl von Bauteilen und Kontaktmechanismen berücksichtigt werden, da mit fortschreitender Zeit die Dimensionsstabilität und Maßhaltigkeit verringert werden und es zum vollständigen Funktionsausfall kommen kann. Die Kriechkurve, Abb. 8.17, zeigt die plastische Verformung bei einer konstanten Beanspruchung σ_0 und bei konstanter Temperatur T_0.

Bei Metallen beginnen die thermisch aktivierten Gefügeänderungen ab einer Übergangstemperatur T_t, für die näherungsweise $T_t \approx 0{,}3 \cdot T_s$ (T_s Schmelztemperatur) gilt. Charakteristisch ist, dass schon bei geringen Belastungen plastische und langsam fortschreitende Verformungen entstehen.

Bei Aluminium- und Magnesiumlegierungen tritt das Kriechen schon deutlich unterhalb von 100 °C auf, was für Hochtemperatur-und Hochstromanwendungen problematisch werden kann.

Eine Schraubverbindung, die Aluminiumleitungen verbindet, zeigt die Problematik. Durch die Schraube wird eine Druckbeanspruchung auf die Al-Leitung aufgebracht. Das Kriechen des Aluminiums führt zu einer Druckverringerung und somit auch zur Verringerung der Kontaktfläche. Das hat eine Vergrößerung der Stromdichte und somit der Kontakttemperatur zur Folge. Das verstärkt das Kriechen weiter, so dass eine Kettenreaktion mit dem Ergebnis erfolgt, dass die Verbindung ausfällt und u. U. ein Brand an dieser Stelle entsteht. Durch die Bildung von Oxiden wird dieser Prozess zusätzlich beschleunigt.

Während der Betriebszeit muss gewährleistet werden, dass die mechanischen Spannungen in der Kontaktstelle homogen verteilt sind und die Verbindungskraft durch das

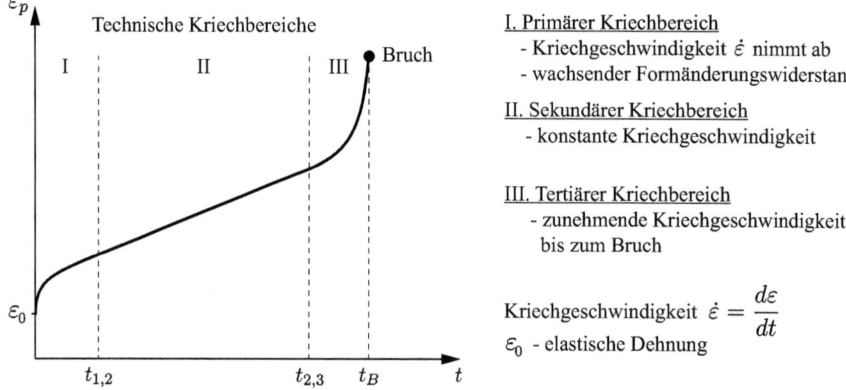

Abb. 8.17 Kriechkurve unter den Bedingungen $T_0 = $ const. und $\sigma = $ const.

Kriechen nicht abnimmt. Abhilfe kann eine Wartung der Kontaktstellen schaffen, bei der die Anpresskräfte der Schrauben nachjustiert werden oder aber Federelemente, wie Spannscheiben, Tellerfedern oder Druckfedern, für ein selbständiges Nachspannen sorgen. Der Einfluss des Kriechens auf Hochstromkontakte von Al-Stromschienen und das Langzeitverhalten von Verbindungen werden ausführlich in [32] und [31] behandelt.

Bei Kunststoffen, insbesondere Thermoplasten, treten je nach Material und Füllstoff Dehnungen bis zu 100 % auf. Mittels der Füllstoffe und der Füllgrade können die Eigenschaften den Anforderungen angepasst werden.

Hinsichtlich der thermisch bedingten Verformung ist die Glasübergangtemperatur T_g von Bedeutung. Unterhalb dieser sind die Polymere und Verbundwerkstoffe, wie auch das typische Leiterplattenmaterial FR4 (Glasgewebe in Epoxidharz eingebettet), in einem glasartigen Zustand und damit stabil. Oberhalb T_g werden die Moleküle beweglicher und der Werkstoff geht in einen gummiartigen Zustand über und verliert damit seine Festigkeit und Dimensionsstabilität. Die Werte für FR4 liegen bei 130 °C (Standard) und 180 °C (Hochtemperatur HTg).

8.8.5   Materialermüdung durch Biege- und Torsionsspannungen

Werden Bauteile einer ständigen mechanischen Beanspruchung unterworfen, so führt das zur Materialermüdung und folglich zum Bruch. Dabei sind 3 Fälle zu unterscheiden:

- statische Beanspruchung mit zeitlich konstanter Belastung (Lastfall I).
- dynamische Beanspruchung mit schwellender Belastung, die sich in der Größe jedoch nicht in der Richtung ändert (Lastfall II). Beispielsweise mal mehr oder mal weniger Druck, aber kein Wechsel mit Zug.
- dynamische Belastung, wobei wechselnde Richtungen der Belastung auftreten (Lastfall III). Das ist der Fall, wenn sich Zug- und Druckbelastung miteinander abwechseln.

Ein Beispiel für eine Biegebeanspruchung mit einer Wechselbeanspruchung (Lastfall III) ist ein bewegliches Kabel, das hin- und hergebogen wird und abwechselnd auf den gegenüberliegenden Seiten des Kabels Druck- und Zugzonen entstehen. Weniger kritisch sind Schwellbelastungen (Lastfall II), wobei Kabel mehr oder weniger in nur eine Richtung gebogen werden, es aber immer an den gleichen Stellen bei Zug- bzw. Druckbelastungen bleibt.

Torsionsbeanspruchungen treten bei Antriebswellen von Elektromotoren auf. Besonders beim Anfahren einer Antriebswelle wird diese verdreht, da sich der Motor beginnt zu drehen und die Last an der Welle die Drehbewegung noch bremst. Im Betriebszustand unterliegt diese Welle hinsichtlich der Biegung dem Lastfall III, da sich Zug- und Druckseiten abwechseln und bezüglich Torsion dem Lastfall II, da mal mehr und mal weniger die Welle verdreht wird, was z. B. auch durch 2-Punktregelungen hervorgerufen wird.

Wann es zur Materialermüdung kommt, ist vom Lastfall, der Anzahl der Lastwechsel und der Amplitude der Belastung abhängig. Wann eine Dauerfestigkeit bei dynamischen Belastungen der Lastfälle II und III vorliegt, beschreibt die Wöhlerkurve [20].

8.8.6 Vibration und Schock

Schock- und Vibrationsbeanspruchungen entstehen während der Fertigung, des Transports und im Betriebszustand.

8.8.6.1 Vibration

Elektronische Baugruppen und Geräte reagieren mit Vibrationen auf dynamische Störungen, die in Form von Kräften und Verschiebungen/Verlagerungen auftreten. Sie sind mechanische, periodische Schwingungen, gekennzeichnet durch Frequenz und Amplitude. Wirken Vibrationen zu lange ein, so treten mit zunehmender Lastwechselzahl N und zu großer Amplitude Materialermüdungen auf, die bei N_{krit} zum Bruch führen.

Die Vibrationsantworten können aufgrund unterschiedlicher Einwirkungsrichtungen (Freiheitsgrade), Frequenzen und Amplituden sehr komplex sein. Häufig reicht die Betrachtung eindimensionaler Erregungen aus, wozu im Folgenden zwei Fälle betrachtet werden.

Erzwungene Schwingung

Bei der erzwungenen Schwingung wird das elektronische System periodisch mit $F_e(t) = \hat{F}_e \sin(\omega t)$ erregt. Die Abb. 8.18 zeigt das Modell für den Schwingungsfall und die Antwort des elektronischen/mechanischen Systems auf die Erregung mit $x/y_e = f(\omega/\omega_0)$:

$$\frac{\hat{x}}{\hat{y}_e} = \frac{1}{\sqrt{(1-r^2)^2 + (2\vartheta r)^2}} \qquad \text{mit} \qquad r = \omega/\omega_0 \qquad (8.89)$$

Dabei sind ω die erzwungene Schwingung, ω_0 die ungedämpfte freie Schwingung (Eigenkreisfrequenz) und ϑ der Dämpfungsgrad, der das Verhältnis von Dämpfungskonstante und kritischer Dämpfungskonstante darstellt.

Aus dem Diagramm ergeben sich folgende Interpretationen:

1. Niederfrequente Erregung ($r \ll 1$): Das System folgt der Erregung mit geringfügig erhöhter Amplitude. Die Phasenverschiebung φ zwischen Erregung und elektr./mech. System ist gering [13, S. 144].
2. Resonanzbereich ($0{,}9 < r < 1{,}1$): Ohne Dämpfung, $\vartheta = 0$, geht die Geräteamplitude für $r = 1$ gegen unendlich, was zum Ausfall führt.
   Mit Dämpfung, $\vartheta > 0$, sinkt die Amplitudenüberhöhung und wird bei $\vartheta = 0{,}5$ null ($\hat{x}/\hat{y}_e = 1$). Die Phasenverschiebung ist unabhängig vom Dämpfungsgrad und beträgt $\varphi = +\pi/2$.

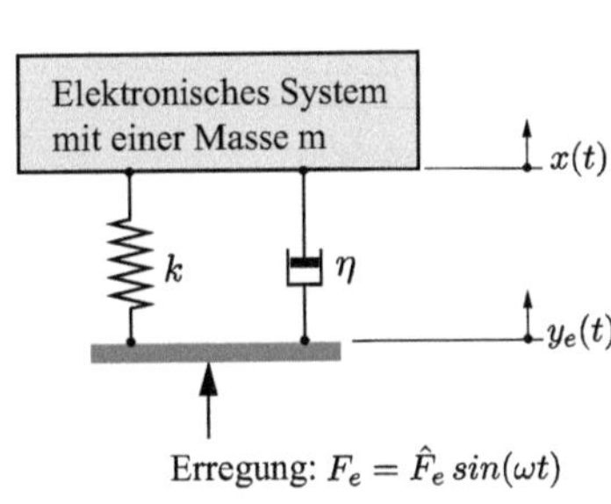

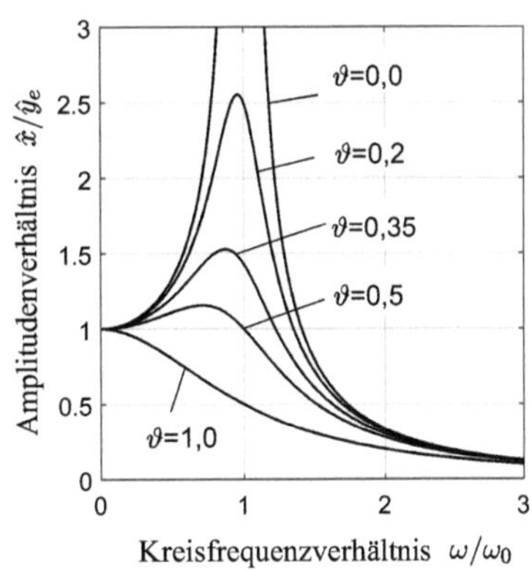

Abb. 8.18 Erzwungene Schwingung: Modell mit Feder (k), Dämpfer (η) und elektr./mech. System; Amplitudenverhältnis als Funktion des Kreisfrequenzverhältnisses

3. Hochfrequente Erregung (r $\gg$ 1): Ab einem Kreisfrequenzverhältnis $r > 2$ ist die Amplitude des elektr./mech. Systems unabhängig von der Dämpfung und geht gegen null. Damit reagiert das System nur noch geringfügig auf äußere Störungen. Die Phasenverschiebung ist $\varphi = +\pi$ (gegenphasig).

Kann der Faktor zwei ($\omega > 2\omega_0$) nicht eingehalten werden, wird eine Isolation des elektronischen Systems von der Erregung erforderlich.

Schwingungsisolation

Bei der Schwingungsisolation wird das elektronische System mittels Feder (k) und Dämpfer (η) vom Gehäuse, auf das die Erregung $F_e(t) = \hat{F}_e \, \sin(\omega t)$ unmittelbar einwirkt, getrennt. Die Abb. 8.19 zeigt das Modell und die Antwort des Systems auf die Erregung mit $x/y_e = f(\omega/\omega_0)$:

$$\frac{\hat{x}}{\hat{y}_e} = \sqrt{\frac{1 + (2\vartheta r)^2}{(1 - r^2)^2 + (2\vartheta r)^2}} \qquad \text{mit} \qquad r = \omega/\omega_0 \qquad (8.90)$$

Drei Bereiche lassen sich unterscheiden:

1. Erregung bis $r < \sqrt{2}$: Die Amplitude des Systems ist immer größer als die der Erregung, d. h. das System wird in keinem Fall gedämpft. Bei $r = 1$ gibt es eine Resonanz, die mit einem Dämpfungsgrad $\vartheta = 0$ zu einer unendlichen Systemamplitude und damit zum Ausfall führt.
2. Grenzfall bei $r = \sqrt{2}$: Die Amplituden von Erregung und System sind unabhängig von den Dämpfungsgraden gleich groß.
3. Dämpfungsbeginn bei $r > \sqrt{2}$: Je größer der Dämpfungsgrad ist, desto größer ist das Amplitudenverhältnis, was die Isolationseffektivität verringert.

In [11, S. 533] werden für Silikon- und Butylgummi Dämpfungsgrade ϑ von 0,15 bzw. 0,12 angegeben.

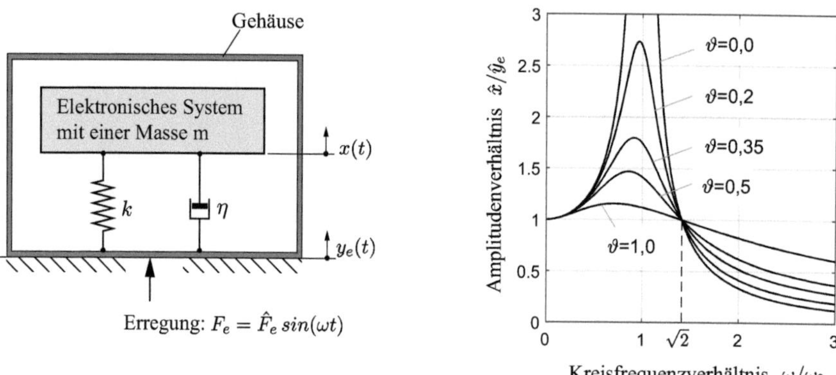

Abb. 8.19 Isoliertes System: Modell mit Feder (k), Dämpfer (η) und getrenntem elektronischen System vom Gehäuse; Amplitudenverhältnis als Funktion des Kreisfrequenzverhältnisses

Vibration von Leiterplatten

Vibrationen führen zu Schäden am Dielektrikum und den Leiterbahnen. Da Leiterplatten i. d. R. rechteckig sind, können sie als Rechteckplatten modelliert werden. Die Eigenfrequenz einer Platte ist abhängig von Größe, Dichte des Leiterplattenmaterials, Plattensteifigkeit und Einspannverhältnissen an den vier Seiten. Sie steigt mit abnehmender Größe und zunehmender Plattensteifigkeit. Bei den Einspannungen sind drei Falle zu unterscheiden: Keine Einspannung, einfache Unterstützung und Klemmungen. In [22, S. 41–159] werden 18 Kombinationen ausführlich behandelt.

Je größer die Amplitude der Plattenfrequenz $\hat{x}$ ist, desto größer ist auch die Biegespannung an der Leiterplattenoberfläche. Um dem entgegenzuwirken ist eine große Eigenfrequenz der Leiterplatte notwendig. Für den einfachen Fall, dass die Platte an 2 gegenüberliegenden Seiten frei und an den beiden anderen einfach unterstützt wird gilt: $\hat{x} \sim 1/\omega_0^2$.

Keramiksubstrate mit einer max. Fläche von ca. 200×200 mm^2 und einer hohen Plattensteifigkeit aufgrund eines hohen E-Moduls haben eine sehr hohe Eigenfrequenz und sind resistent gegen Verformungen.

Die Cu-Leiterbahnen der Leiterplatten werden stärker beansprucht als das Dielektrikum (z. B. FR4-Glasgewebe/Epoxy). Ausgangspunkt dabei ist, dass bei der Biegeverformung beide die gleiche Dehnung, $\varepsilon_{cu} = \varepsilon_{die}$, aufweisen. Für die Biegebeanspruchung der Cu-Leiterbahn gilt [11, S. 543]:

$$\sigma_{cu} = \frac{E_{cu}}{E_{die}}(1 - \nu_{die}^2)\sigma_{die} \tag{8.91}$$

Dabei sind σ_{cu} und σ_{die} die Biegespannungen von Kupfer bzw. Dielektrikum, ν_{die} die Poisson Zahl sowie E_{cu} und E_{die} die Elastizitätsmodule von Kupfer und Dielektrikum.

Mit den Werten für $E_{cu} \approx 120\,\mathrm{GPa}$, $E_{\mathrm{die}} \approx 22\,\mathrm{GPa}$ und $\nu_{\mathrm{die}} = 0{,}25$ ergibt sich eine ca. 5-fach größere Beanspruchung der Cu-Leiterbahn.

Der Maximalwert von σ ist die Spannungsamplitude $\max(\sigma)$. Im Wöhlerdiagramm (Wöhlerkurve, engl. *S-N* Diagramm), das die Spannungsamplituden als Funktion der Lastwechselzahl darstellt, kann die kritische Lastwechselzahl (Lastspiele) N_{krit} ermittelt werden, bei der es zum Bruch oder Anrissen des Materials kommt.

8.8.6.2 Schock

Der Schock wird als ein Single-Impuls definiert, der seine Energie mit großer Beschleunigung in kurzer Zeit auf das elektronische System überträgt.

Während des Schocks werden alle Frequenzen, die in der erregenden Schockform enthalten sind, gleichzeitig übertragen (im Unterschied zur Vibration).

Betrachtet wird die **Schockisolation** mit Schwingungsdämpfern.

Der Schwingungsdämpfer speichert die Energie und setzt sie über eine längere Periode mit seiner Eigenfrequenz frei. Typische Pulsformen sind Dreieck, Rechteck und eine halbe Sinusschwingung.

Eine Möglichkeit zur Schockanalyse ist die Methode der Geschwindigkeitsänderung [17] mit folgenden Gleichungen:

$$\text{Übertragener Schock} \qquad G = \frac{a}{g} = \frac{2\pi f_n v}{g} \tag{8.92}$$

$$\text{dynamische Auslenkung} \quad \Delta y = \frac{v}{\omega_n} = \frac{v}{2\pi f_n} \tag{8.93}$$

$$\text{Eigenfrequenz} \qquad f_n = \frac{1}{2\pi}\sqrt{\frac{k}{m}} \tag{8.94}$$

$$\text{Aufprallgeschwindigkeit} \quad v = \sqrt{2gh} \tag{8.95}$$

Beispiel:

Ein Gerät mit der Masse von $m = 1\,\mathrm{kg}$ fällt aus einer Höhe von $h = 2\,\mathrm{m}$.

Beim Aufprall darf die 30-fache Erdbeschleunigung $G = 30$ nicht überschritten werden.

1. Die Eigenfrequenz ergibt sich aus der Umstellung der Gl. (8.92) mit Gl. (8.95):

$$f_n = \frac{G}{2\pi}\sqrt{\frac{g}{2h}} = \frac{30}{2\pi}\sqrt{\frac{9{,}81\,\mathrm{m/s^2}}{2\cdot 2\,\mathrm{m}}} = \underline{7{,}5\,\mathrm{Hz}} \tag{8.96}$$

2. Die Auslenkung bestimmt sich nach Gl. (8.93) mit Gl. (8.95):

$$\Delta y = \frac{v}{2\pi f_n} = \frac{\sqrt{2gh}}{2\pi f_n} = \frac{\sqrt{2\cdot 9{,}81\,\mathrm{m/s^2}\cdot 2\,\mathrm{m}}}{2\pi\cdot 7{,}5/\mathrm{s}} = \underline{133\,\mathrm{mm}} \tag{8.97}$$

3. Die Federkonstante ergibt sich nach Umstellen der Gl. (8.94):

$$k = 4\pi^2 \cdot f_n^2 \cdot m = 4\pi^2 \cdot (7{,}5/\,\mathrm{s})^2 \cdot 1\,\mathrm{Kg} = 2221\,\mathrm{Kg/s}^2 = \underline{2{,}221\,\mathrm{N/mm}} \qquad (8.98)$$

Alle drei Bedingungen sind für ein maximales G von 30 einzuhalten.

8.8.7 Scherbeanspruchung

Eine Scher- oder Schubbeanspruchung tritt auf, wenn zwei entgegengesetzt wirkende Kräfte nicht auf einer gemeinsamen Wirkungslinie liegen, sondern ein Abstand der beiden Wirkungslinien vorhanden ist.

Diese Kräfte können mechanischer Art sein oder wie bei den Verbindungsstellen der Flipchip-Technologie, den Bumps, durch thermische Fehlanpassungen der benachbarten Bauteile, Chip und Substrat, hervorgerufen werden [29] [26, S. 337–347].

Die Abb. 8.20 zeigt die Scherbeanspruchung einer Flipchip-Verbindung und den Einsatz eines Underfillers zu deren Reduktion.

Die unterschiedlichen Wärmeausdehnungskoeffizienten α von Chip und Substrat führen bei Temperaturwechseln zu zyklischen Scherdehnungen und somit Scherbeanspruchungen innerhalb der Lotbumps, die letztlich zum Bruch der Verbindungen führen. Die Scherdehnungen innerhalb der Bumps sind darauf zurückzuführen, dass Chip und Substrat nur durch die Bumps gekoppelt sind.

Der Underfiller verhindert die relativ unabhängigen Dehnungen von Chip und Substrat und wandelt teilweise die Scherspannungen innerhalb der Bumps in Biegespannungen des Gesamtsystems, bestehend aus Substat, Chip, Underfiller und Bumps, um. Insbeson-

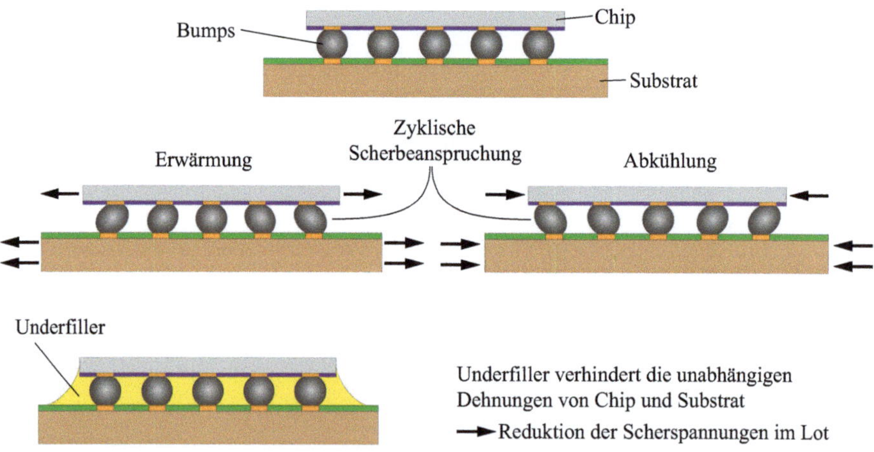

Abb. 8.20 Scherbeanspruchung einer Flipchip-Kontaktierung und Einsatz eines Underfillers

dere führt die Schrumpfung des Underfillers während der Aushärtung, zusammen mit der α-Fehlanpassung, beim folgenden Abkühlprozess zu einer Biegung des Gesamtsystems, so dass die Oberseite des Chips einer starken Beanspruchung unterliegt, die zu Brüchen führen kann.

Fehler beim Standardprozess in der Fertigung, wenn der Underfiller erst nach dem Lötvorgang aufgetragen wird, entstehen hauptsächlich in der Delamination zwischen Chippassivierung und Underfiller.

Verwendet man einen No-Flow-Underfiller, so verschiebt sich der Ausfallmechanismus hin zu den Brüchen der Lotbumps in der Nähe des Substrats. No-Flow Underfiller werden zusammen mit dem Flussmittel vor dem Bestückvorgang aufgetragen und härten zusammen mit dem Lötprozess aus.

Damit wird ersichtlich, dass den Eigenschaften des Underfillers eine dominierende Rolle zur Erzielung einer hohen Zuverlässigkeit zukommt. Dazu gehören:

- Eine hohe Adhäsion des Underfillers zu Chip und Substrat.
- Eine hohe Kohäsion, damit der Underfiller nicht selbst reißt.
- Die Wärmeausdehungskoeffizienten von Lotbumps und Underfiller sollten möglich gleich sein, typisch $\approx 24 \cdot 10^{-6}\,\mathrm{K}^{-1}$.
- Glasübergangstemperatur $T_g > 125\,°\mathrm{C}$.
- Aushärtetemperatur/Aushärtezeit: $< 150\,°\mathrm{C}/< 30\,\mathrm{Minuten}$.
- E-Modul $\geq 10\,\mathrm{GPa}$.
- 50 bis 70 Gew.% Füllstoffe, wie Aluminiumoxid und -nitrid, zur Erzielung der o. g. Eigenschaften.

8.8.8   Diffusion

Diffusionsvorgänge erfolgen zwischen zwei oder mehr Materialien, wobei grundsätzlich zwei Fälle zu unterscheiden sind.

Notwendige Diffusionsvorgänge
Sie sind für die Entstehung funktioneller Strukturen notwendig.

Dazu zählen die Sinterprozesse von Schichten aus Silberpartikeln im Nano- und Mikrometerbereich zur Ausbildung homogener und dünner Verbindungsschichten. Anwendung findet diese Technologie beim Die-Bonding, Abschn. 3.8.2.6.

Bei unzureichender Diffusion entstehen zu viele Voids, was zu einer erheblichen Verringerung der thermischen Leitfähigkeit führen kann. Die Folge ist eine Begrenzung der Wärmeableitung, also der Verlustleistung, von Leistungshalbleitern.

Findet keine Begrenzung der Verlustleistung statt und wird sie so hoch, dass sie infolge des zu großen Wärmewiderstands nicht abgeführt werden kann, kommt es zum Bauteilausfall.

Unerwünschte Diffusionsvorgänge

Diese, i. d. R. langsam ablaufenden, unerwünschten Diffusionsvorgänge verändern die Materialeigenschaften, so dass Funktionseinschränkungen und -ausfälle auftreten. Durch geeignete Maßnahmen muss gegengesteuert werden, wie zwei Beispiele zeigen.

Das zeit- und temperaturabhängige Wachsen der Intermetallischen Phase eines mit Zinn beschichteten Kupferpads kann bis hin zum vollständigen Durchwachsen dieser Phase führen. Im Ergebnis dessen wird die Lötbarkeit stark eingeschränkt oder geht sogar ganz verloren. Das kann man umgehen, indem die Lagerfähigkeit eingeschränkt wird (6 Monate, Tab. 4.6).

Sollen Kupferpads mit einer Goldschicht vor Oxidation geschützt werden, dann wird zwischen das Kupfer und die Goldschicht eine Nickelschicht chemisch abgeschieden. Sie dient als Diffusionsbarriere, so dass die Goldschicht als Oxidationsschutz erhalten bleibt. Damit wird eine Lagerfähigkeit weit über 12 Monate erhalten.

8.8.9 Elektromigration

Die Entwicklung zu immer feineren Strukturen, verbunden mit der deutlichen Erhöhung der Stromdichten und Temperaturen, rückt die Materialmigration immer stärker in den Fokus der Betrachtungen. Bei ICs führt der Weg zu 2 nm und 1,4 nm-Strukturen bis 2025 bzw. 2027 (Quelle Samsung) verbunden mit den entsprechenden Metallisierungen.

Materialmigration sind Materialtransportvorgänge in Festkörpern, die nach unterschiedlichen Prinzipien erfolgen. Dazu zählen die chemische Diffusion, Diffusionen durch erhöhte Temperaturen und mechanische Spannungen und die hier zu betrachtende Elektromigration aufgrund eines elektrischen Felds.

Die Elektromigration [23, Chap. 2] tritt in metallischen Leitern infolge eines Stromflusses auf und hat zwei Ursachen, Abb. 8.21.

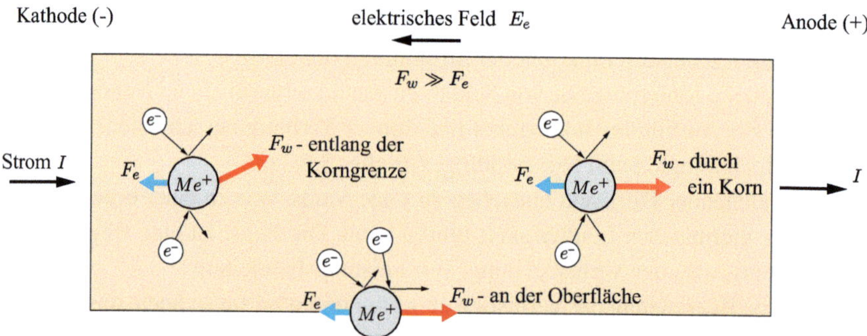

Abb. 8.21 Elektrostatische Kräfte F_e und Kräfte infolge der Impulsübertragung F_w bei der Elektromigration

Erstens wirkt auf die Metallionen eine elektrostatische Kraft F_e aufgrund des sich ausbildenden elektrischen Felds im Leiter, die wegen der abschirmenden Wirkung der Elektronen vernachlässigbar ist.

Zweitens entsteht eine Kraft F_w (auch als Elektronenwind bezeichnet) auf die Metallionen durch die Stöße frei beweglicher Elektronen (Impulsübertragung), die in Richtung des elektrischen Stroms gerichtet ist. Für sie gilt $F_w \gg F_e$. Die elektrischen Leiter in ICs weisen eine polykristalline Struktur, bestehend aus Körnern mit unterschiedlicher Orientierung, auf. Die Metallionen sind an den Korngrenzen und an den Oberflächen (Materialgrenzflächen) wegen geringerer Bindungsenergien weniger stark gebunden, womit auch die für die Diffusionsprozesse benötigten Aktivierungsenergien geringer sind.

Dementsprechend ist in die Korngrenzendiffusion, die Oberflächendiffusion und die Volumendiffusion zu unterscheiden.

Ein empirisches Modell für die Ausfälle metallischer Verbindungen durch den Einfluss der Elektromigration liefert die Black'sche Gleichung [10], wobei der Wert MTF (median time to failure, auch als t_{50} bezeichnet) die Zeit angibt, bis zu der 50 % aller Leitungen ausgefallen sind[2]:

$$\mathrm{MTF} = \frac{A}{J^2} \cdot e^{\left(\frac{E_a}{kT}\right)} \tag{8.99}$$

A Konstante, die die Geometrie und Materialeigenschaften beinhaltet
J Stromdichte, typisch $[J] = \mathrm{A/cm^2}$
E_a Aktivierungsenergie, $[E_a] = \mathrm{eV}$
T Betriebstemperatur, $[T] = \mathrm{K}$
k Boltzmann-Konstante $8{,}617 \cdot 10^{-5}\,\mathrm{eV/K}$

Eingeschränkt wird die Black'sche Gleichung durch zwei Punkte.

Erstens wird eine konstante Leitertemperatur angenommen, was oft nicht realistisch ist.

Zweitens können die Diffusionsprozesse nicht gleichzeitig betrachtet werden, sondern immer nur ein einzelner Prozess, sinnvollerweise der mit der niedrigsten Aktivierungsenergie.

Tab. 8.11 gibt die Aktivierungsenergien für die typischen Leiterwerkstoffe an, wobei andere Quellen einige Abweichungen zeigen.

In Verbindung mit Gl. (8.99) ist zu erkennen, dass die vorwiegenden Materialtransportprozesse an den Orten der niedrigsten Aktivierungsenergien, also an den Korngrenzen und Oberflächen erfolgen.

Verlaufen diese Prozesse über eine längere Zeit mit einem konstanten Strom, so entstehen einerseits Materialanhäufungen (Hillocks) und andererseits Hohlräume (Voids). Hillocks führen zu Kurzschlüssen mit benachbarten Leitungen. Voids reduzieren den Lei-

---

[2] Der Faktor A in der Gl. (8.99) ist in der Originalgleichung 7 in [10] in 2 Faktoren unterteilt, welche die Geometrie und die Materialeigenschaften getrennt aufführen.

Tab. 8.11 Diffusionsmechanismen und ihre Aktivierungsenergien

	Aktivierungsenergie in eV		
Diffusionsmechanismus	Al [10]	Cu [18]	Ag [19]
Volumendiffusion	1,2 (mit SiO_2-Film)	2,2	1,95
Korngrenzendiffusion	0,7 [1]	1,1	0,8 - 0,95
Oberflächendiffusion	0,8 [2]	0,9	0,3 - 0,43

[1] 0,48 für Korngröße 1,2 μm und 0,84 für Korngröße 8 μm

[2] 0,28 für oxidfreie Oberflächen [33]

tungsquerschnitt, was zu einem weiteren Anstieg der Stromdichte führt und trennen letztlich die Leitung auf.

Mit der Zunahme der Korngrößen reduzieren sich die Korngrenzen und damit die Transportkanäle mit der Folge, dass der Materialtransport verringert wird, siehe Tab. 8.11 Korngrößen 1,2 μm und 8 μm.

Der Materialtransport wird noch weiter verringert, wenn die Leiterbreite der Korngröße entspricht und eine Bambusstruktur entsteht, Abb. 8.22.

Wird der Strom umgepolt, so dreht sich auch der durch Elektromigration induzierte Materialfluss um, so dass ein örtlicher Schaden teilweise behoben werden kann. Dieser Selbstheilungseffekt ist frequenzabhängig. Mit zunehmender Frequenz steigt der Effekt bis in den Bereich von 1 kHz–10 kHz. Danach kommt es zu keiner weiteren Verbesserung. Ausgedrückt wird der Effekt durch das Verhältnis [34]:

$$\frac{\text{MTF(AC)}}{\text{MTF(DC)}} \approx 500 \ (\text{Cu}) \ \text{und} \ \approx 1000 \ (\text{AlSi}_2 \ \text{und} \ \text{AlCu}_4) \qquad \text{für } f > 10\,\text{kHz} \quad (8.100)$$

MTF(AC)/MTF(DC)- Median time to failure für Wechsel- bzw. Gleichstrom.

Daraus ist ersichtlich, dass Gleichstromversorgungsnetze deutlich empfindlicher gegenüber Elektromigration sind als Wechselstromnetze.

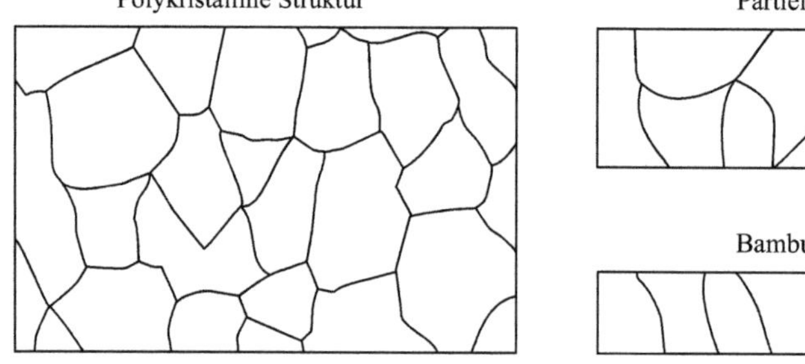

Abb. 8.22 Typische Kristallgitterstrukturen

Aus der Black'schen Gleichung (8.99) ergeben sich die Beeinflussungsmöglichkeiten auf die MTF. Hauptsächlich der IC-Designer kann hier maßgeblich zur Verbesserung beitragen. Der Einfluss der Geräteentwickler beschränkt sich auf das Design eines effektiven Wärmemanagements und auf Deratingmaßnahmen mit Strom- und Leistungsminderungen und den damit verbundenen Temperaturreduktionen. Bei einigen diskreten Bauelementen kann ebenfalls Elektromigration auftreten, z. B. bei SiC-Schottkydioden die Metallauflösung der Metallelektrode.

Erweiterungen der Black'schen Gleichung werden in [25] vorgeschlagen, eine umfassende Darstellung der Problematik Elektromigration ist in [23] zu finden.

8.8.10 Schädigung von Dielektrika

Schäden an Dielektrika treten bei Kondensatoren, Gate-Oxiden und Substratmaterialen für Baugruppen auf.

Ursachen sind:

- **Überspannungen.** Dabei werden die zulässigen Durchschlagsfestigkeiten (kritische elektrische Feldstärke, typ. in KV/mm) überschritten.
- **Alterungsprozesse**, die zu Veränderungen der elektrischen Parameter führen, insbesondere Verringerung von Kapazitätswerten, inneren Verlustwiderständen (ESR) und Leckströmen von Kondensatoren.
- **Eindringende Feuchtigkeit** verändert die relative Dielektrizitätskonstante und kann dadurch zu Fehlfunktionen führen.

8.8.11 Drift

Drift ist die i. d. R. langsame, zeitliche Veränderung von Bauteilparametern unter bestimmten Bedingungen und wird durch chemische und physikalische Prozesse verursacht. Diese Vorgänge laufen im Material und an den Oberflächen ab. Zu den Bauteilen gehören alle elektronischen, mechatronischen und mechanischen Bauteile sowie alle Leitungen und Kontaktstellen. Bei Leiterplatten zählen die einzelnen Bestandteile wie Leiterbahnen und Vias sowie Änderungen von Dielektrikaparametern dazu.

Die Drift verursacht dann Ausfälle, wenn die Änderungen der Parameter einen zulässigen Toleranzbereich verlassen. Im Ergebnis können Überlastungen und Funktionseinschränkungen bis hin zum Totalausfall entstehen sowie Fehlfunktionen bei Bauelementen für messtechnische Aufgaben.

So zählen Widerstands- und Kapazitätsänderungen bei Kohleschichtwiderständen bzw. Elektrolytkondensatoren, die Zunahme von Restströmen bei Halbleitern oder auch die Drift von Offsetspannungen bei Operationsverstärkern dazu. Bei Motoren wird häufig eine Betriebskapazität in Form eines Elektrolytkondensators verwendet (z. B. für Antriebe von

Jalousien), die für den Motoranlauf notwendig ist. Wird hier der Mindestkapazitätswert unterschritten, so läuft der Motor nicht an.

Im Sinne der obigen Definition kann auch das Kriechen von Aluminiumleitern unter Druckbelastung (Schraubverbindung), Abschn. 8.8.4, und das zeit- und temperaturabhängige Wachsen der Intermetallischen Phase eines mit Zinn beschichteten Kupferpad bis hin zum vollständigen Durchwachsen der Zinnschicht, Abschn. 8.8.8, zur Drift gerechnet werden, da hier langsame Parameterveränderungen vorliegen.

8.8.12 Ausfälle durch Feuchtigkeit

Feuchtigkeitsschäden entstehen während der Fertigung, Lagerung, speziell auch der Langzeitlagerung (Abschn. 8.8.14), Transport und Nutzung von einzelnen Bauteilen und Geräten.

Kurzschluss

In ein undichtes Gerät eindringendes Wasser oder auch nur Feuchtigkeit stellen eine erhebliche Kurzschlussgefahr dar. Wenn z. B. die Lötstellen von Bauelementen frei liegen (Lötstopplack bedeckt nur die Leiterbahnen), müssen bei entsprechenden Einsatzbedingungen zusätzliche Schutzmaßnahmen ergriffen werden, Abschn. 3.12.

Korrosion

Der im Wasser enthaltene Sauerstoffanteil führt zur Korrosion eisenhaltiger Materialien wie Schaltschrankelementen, wenn sie keinen Korrosionsschutz (mehr) aufweisen.

Ist die Feuchtigkeit leitfähig wie z. B. Salzwasser, dann korrodieren auch andere Werkstoffe wie einige Messinglegierungen.

Im Zusammenspiel leitfähiger Feuchte/Elektrolyten mit elektrischem Strom kommt es zur elektrochemischen Korrosion, Abschn. 8.8.2.

Feuchtigkeitsaufnahme und -entzug

Eine Reihe von Polymeren nimmt aus der Umgebung Feuchtigkeit auf.

Kommt es bei der Fertigung zu größeren Temperaturgradienten wie beim Löten einer Baugruppe, dann verdampft die Feuchtigkeit. Das kann zum Delaminieren von auf Polymeren aufgebrachten Kupfer führen (beobachtet bei Kupferflächen auf Polyimidfolie). Die mit dem Verdampfen verbundene Volumenvergrößerung kann Risse in Polymeren verursachen.

Bei Verbundwerkstoffen führt eine Delamination zu irreversiblen Schäden.

Ausfälle durch Fehlfunktionen

Fehlfunktionen durch Feuchtigkeit entstehen durch Änderungen von Bauelementeparametern.

Eine Überlagerung mit Feuchtigkeit muss nicht zwangsläufig zum Kurzschluss führen. So ändert sich ein Widerstandswert durch parallelgeschaltete Feuchtigkeit. Der veränderte Wert kann eine Fehlschaltung oder einen erheblichen Messfehler hervorrufen.

8.8.13 Elektrostatische Entladung

8.8.13.1 Ursachen und Ausfälle

Ausgangspunkt für eine elektrostatische Entladung (Electrostatic Discharge, ESD) ist das Vorhandensein eines elektrischen Feldes. Das entsteht durch Potenzialdifferenzen zwischen den zu betrachtenden Körpern, Flüssigkeiten und Gasen (bei letzteren werden die darin befindlichen Feststoffpartikel aufgeladen). Je höher die Potenzialdifferenzen und somit die Spannungen zwischen ihnen ist, umso größer werden die Ströme, die bei einer Entladung auftreten.

Unkontrollierte Entladungen führen zu Schäden an aktiven und passiven elektronischen Bauteilen als auch an mechanischen Komponenten wie Folien, Abdeckgläsern und Gehäuseteilen.

Das elektrischen Feld kann auf unterschiedlichen Wegen erzeugt werden. Der häufigste ist durch Reibungselektrizität infolge des Kontakts zwischen zwei Körpern und anschießende Trennung dieser. Dieses Phänomen entsteht zwischen Nichtleitern, Nichtleiter und Metall sowie zwischen Metallen.

Werden zwei Körper *unterschiedlicher Materialien* aneinander gerieben, so gibt ein Körper Elektronen ab und der andere absorbiert sie. Bei gleichen Materialien kann das auch erfolgen, wenn die Oberflächen unterschiedlich groß sind oder unterschiedliche Oberflächenbeschaffenheiten haben.

Werden die Körper voneinander getrennt, so entsteht das elektrische Feld. Da keine Ladungsträger nachgeliefert werden können, bleiben die Ladungen auf den Körpern konstant. Je größer der Abstand zwischen den Körpern wird, desto kleiner wird die Kapazität zwischen ihnen und die Spannung steigt:

$$\varphi_1 - \varphi_2 = U = \frac{Q}{C} \tag{8.101}$$

Die Polarität der Aufladungen wird durch die Stellung der Materialien in der triboelektrischen Reihe bestimmt, Tab. 8.12, und kann sich mit Feuchtigkeit, Temperatur und Oberflächenbeschaffenheiten ändern.

Wird Glas mit einem Bernstein gerieben, so lädt sich das Glas positiv auf.

Die Stärke der Aufladung hängt nicht nur von der triboelektrischen Differenz ab, sondern auch von Oberflächenreinheit und -rauheit, dem Kontaktdruck, der Reibgeschwindigkeit und besonders von der Feuchtigkeit der Umgebung.

Einige Beispiele für **Ausfälle** werden im Folgenden genannt.

Tab. 8.12 Triboelektrische Reihe (Näherungen) nach [27]

Positiv ⇑		
Luft	Papier	Gold, Platin
Menschliche Haut	Baumwolle	Acryl
Asbest	Holz	Polyester
Glas	Stahl	Zelluloid
Glimmer	Bernstein	Polyurethanschaum
Nylon	Hartgummi	Polyethylen
Fell	Mylar	Polypropylen
Blei	Epoxy/Glas	PVC
Seide	Nickel, Kupfer	Silikon
Aluminium	Messing, Silber	PTFE (Teflon)
		Negativ ⇓

Bei ICs werden durch die Entladungsströme die dünnen Siliziumoxidschichten und dünnen Leiterbahnen geschädigt. Bei MOSFETs sind die Gateoxid-Isolatorschichten betroffen und bei Kondensatoren die Dielektrika.

Große Entladungsströme führen zu lokalen Erwärmungen, die bei niedrigschmelzenden Kunststoffgehäusen zu Formänderungen oder Zerstörungen führen können.

Außer den Schäden an Bauteilen und Geräten treten auch Sekundärschäden auf. So kann sich eine Folie, die in Kontakt mit einer Metallwalze steht, stark aufladen und beim Trennen zu einer elektrostatischen Entladung führen. Grund ist der hohe Widerstand der Folie, der eine Ladungsableitung verhindert bzw. erschwert. In einer entzündlichen Umgebung kann das zu Explosionsvorgängen führen.

ESD-Schutz

Grundsätzlich erfolgt die Übertragung der Energie bei der elektrostatischen Entladung auf Geräte und elektronische Kreise auf zwei Wegen:

- galvanische Kopplung
- kapazitive und induktive Feldkopplungen

Entsprechend den Schutzmaßnahmen sind zwei Gruppen zu unterschieden.

8.8.13.2 ESD-Schutz durch gerätetechnische Maßnahmen

Überspannungsableiter

Der Einsatz von Überspannungsableitern ist direkte Aufgabe des Designs, wobei damit einzelne Bauelemente und komplette Geräte vor Überspannungen geschützt werden können.

Dazu gehören Klemmdioden, Gasentladungsableiter, Funkenstrecken, Varistoren und Suppressordioden (TVR-Dioden), Abschn. 2.7.4.2.

Metallgehäuse

Das Metallgehäuse wird mit einer induktivitätsarmen Multi-Point-Verbindung, Abb. 6.26, geerdet und stellt damit einen Bypass für den ESD-Strom dar (galvanische Stromableitung). Öffnungen und schlitzförmige Gehäusenahtstellen sind zu vermeiden, da hier eine ESD-Feldkopplung erfolgen kann.

Nichtleitende Gehäuse

Der wesentliche Vorteil liegt darin, dass diese Gehäuse eine Entladung verhindern. Eingeschränkt wird das jedoch durch Gehäusenahtstellen und Durchbrüche z. B. für elektrische Leitungen.

Als nachteilig erweist sich, dass kein elektrischer Pfad (Bypass) zur Ladungsableitung vorhanden ist und es keine Schirmung hinsichtlich der kapazitiven und induktiven Feldeinkopplungen gibt.

Um diese Nachteile zu kompensieren, gibt es die folgenden Möglichkeiten [27, S. 604–607]:

- Alle Leitungen, die das Gehäuse passieren, werden in einem Leiterplattenbereich mit einer separierten Masse zusammengefasst. Die Ladungsableitung erfolgt dann über die parasitären Kapazitäten, die zwischen dieser Massefläche und der tatsächlich vorhandenen äußeren Masse (Erde) entstehen.
- Effektiver ist der Einsatz einer zusätzlichen ESD-Masseplatte (verbunden mit der Leiterplattenmasse), die als Referenzpotenzial und induktivitätsarmer ESD-Pfad fungiert. Dabei sind nicht Dicke und Masse entscheidend, sondern dass sie so groß wie möglich ist, um eine große parasitäre Kapazität zur äußeren Masse zur Ableitung des ESD-Stroms zu schaffen. Dazu eignen sich besonders Metallfolien, da sie gut mit der Innenseite des Gehäuses verbunden werden können.
- Die Elektronik im isolierten Gehäuse sollte einen Sicherheitsabstand von 1 mm/kV von der Gehäusewand haben. Wenn das nicht möglich ist, muss eine zusätzliche dielektrische Schicht zwischen den Öffnungen und der Elektronik installiert werden.

Feldinduzierte Störungen

Nicht nur bei galvanischen Kopplungen der beiden ESD-Potenziale entstehen durch den hohen Strom Schäden. Auch der transiente Strom einer elektrostatischen Entladung in der Nähe eines Geräts kann zu Schäden führen.

In einer Leiterschleife, z. B. auf einer Leiterplatte, induziert der hohe ESD-Strom in der Nähe eine Störspannung entsprechend [27, S. 611]:

$$dV = \frac{2A}{d} \cdot \frac{di}{dt} \tag{8.102}$$

Dabei sind A die Schleifenfläche mit $[A] = \mathrm{cm}^2$, d der Abstand der Schleife von der Entladung mit $[d] = \mathrm{cm}$ und di/dt der ESD-Strom mit $[di/dt] = \mathrm{A/ns}$.

So ergibt z. B. ein ESD-Strom von 25 A/ns in einer Schleife von 15 cm² und einem Abstand von 5 cm eine induzierte Störspannung von 150 V, die zu Fehlfunktionen oder einem Bauteilschaden führen kann.

Reduzieren lässt sich der Feldeinfluss durch Verringerung der Schleifenfläche und Vergrößerung des Abstands der Schleife von der Entladungsstelle.

Befindet sich Elektronik in einem Kunststoffgehäuse auf einem Tisch, neben dem eine Entladung erfolgt z. B. über einen metallischen Schalt- oder Aktenschrank, so entsteht über die parasitäre Koppelkapazität Schaltschrank-Elektronik ein transienter Strom:

$$i = C \cdot \frac{du}{dt} \tag{8.103}$$

Beträgt die Koppelkapazität z. B. 10 pF, so führt ein $du/dt = 2000\,\mathrm{V/ns}$ zu einem transienten Strom von 20 A in die Elektronik hinein [27, S. 611–612].

Zur Reduzierung des kapazitiven Feldeinflusses ist der Geräteabstand zur Entladungsstelle zu vergrößern, wodurch die Koppelkapazität weiter verringert wird.

8.8.13.3   ESD-Schutz durch Handhabung, Nutzung und Umwelt

1. Maßnahmen für Leiter

Erstens minimieren diese Maßnahmen die Erzeugung statischer Aufladungen und *zweitens* dienen sie dazu, Ladungen schnell abfließen zu lassen. Die Stärke das Ladungsabflusses muss begrenzt werden, um den ESD-Kurzschlussstrom zu verhindern.

ESD-Bänder (Handgelenksbänder) bestehen aus einer Manschette, die fest um das Handgelenk gelegt werden muss, einem Druckkontakt für die Verbindungsleitung, der Verbindungsleitung und einem Erdanschluss. Ziel ist es, dass von Personen erzeugte statische Aufladungen durch die Erdung sich nicht auf andere Objekte auswirken können. Der Widerstand eines ESD Bands ist $< 5\,\mathrm{M\Omega}$ oder wird vom Nutzer festgelegt [8, Tab. 2]. Bei sitzenden Arbeiten an einem ESD-Arbeitsplatz müssen vom Personal ESD-Bänder, die mit Erde verbundene sind, getragen werden.

ESD-Schuhe weisen einen Widerstand $< 100\,\mathrm{M\Omega}$ auf. Bei stehenden Arbeiten wird das Personal über das System Schuhwerk-Boden geerdet, wobei der Gesamtwiderstand von 1 GΩ und die Körperspannung von 100 V nicht überschritten werden dürfen [8, Tab.2]. Bei stehenden Arbeiten können auch ESD-Bänder verwendet werden.

ESD-Kleidung/Handschuhe besitzen leitfähige Fasern, um Ladungen abzuleiten. Das ist notwendig, da nicht ausgeschlossen werden kann, dass selbst wenn der der menschliche Körper geerdet ist, die Kleidung noch Ladungen aufweist.

ESD-Böden leiten elektrostatische Aufladungen zu einem Erder kontrolliert ab. Unterschieden wird in ESD-Matten für lokal begrenzte Bereiche, ESD-Bodenbeläge wie Fliesen und Teppichböden und ESD-Bodenbeschichtungen auf Basis von Epoxid-, Acryl-

und Polyurethanharzen mit leitfähigen Additiven (Partikel, Fasern). Charakteristisch ist das Vorhandensein definierter Widerstände. Leitfähige Böden weisen einem Durchgangswiderstand von $< 10^6\ \Omega$ auf und dienen besonders dem Schutz elektronischer Bauteile. Ableitfähige Böden mit einem Durchgangswiderstand von $< 10^9\ \Omega$ [8, 9] leiten langsamer die Ladungen ab und verhindern dadurch die Entladung zum und vom menschlichen Kontaktpunkt. Der Einsatz erfolgt als Geräte- und Personenschutz. Eine Funkenbildung wird unterbunden.

2. Maßnahmen für Nichtleiter

Ein Nichtleiter kann wegen fehlender Leitfähigkeit nicht geerdet werden. Um einen aufgeladenen Nichtleiter trotzdem erdungsfähig zu machen, muss eine Leitfähigkeit hergestellt werden, was auf zwei Arten realisiert werden kann:

- Herstellen einer leitfähigen Oberflächenbeschichtung z. B. mit Ruß oder Silber.
- Das Produkt selbst wird durch leitfähige Zusätze leitfähig gemacht.

3. ESD-Verpackungen

Folgende Materialien werden für ESD-Verpackungen verwendet [5, 6]:

- *Leitfähige Materialien* mit Oberflächen- bzw. Volumenwiderständen $< 10^4\ \Omega$. Das Material besteht aus einem Polymer oder Polymerblends, die mit Additiven wie Kohlenstoff ihre Leitfähigkeit erhalten. Bei Oberflächenmodifikationen und Beschichtungen entstehen oberflächenleitfähige Materialien, wozu auch die Verwendung von Folien zählt. Durch das Aneinanderreiben und die folgende Trennung entsteht keine elektrostatische Aufladung.
- *Abschirmende Materialien* weisen eine homogene Schicht mit einem Oberflächenwiderstand $< 10^3\ \Omega$ oder einen Volumenwiderstand $< 10^3\ \Omega$ auf. Das äußere elektrische Feld führt zu einer Ladungstrennung (Influenz) auf der Verpackung aus abschirmendem Material, so dass ein Feld gleicher Stärke, aber entgegengesetzter Polarität entsteht. Im Ergebnis ist das Innere der Verpackung feldfrei (Faradayscher Käfig).
- *Ableitfähige Materialien* weisen Oberflächen- bzw. Volumenwiderstände im Bereich von 10^4 bis $10^{11}\ \Omega$ auf und erlauben eine Ladungsableitung. Additive in Polymeren erzeugen die Ableitfähigkeit des Volumenmaterials und Oberflächenbehandlungen sowie Beschichtungen führen zu oberflächenableitfähigen Materialien. Elektrische Ladungen können aber in das Innere der Verpackung gelangen, da die abschirmende Wirkung eines Faradayschen Käfigs fehlt.
- *Isolierende Materialien* mit Oberflächen- und Volumenwiderständen $> 10^{11}\ \Omega$ können sich zwar stark aufladen, entladen sich aber sehr langsam, was für ESD-sensible Produkte inakzeptabel ist.

ESD-Verpackungen werden mit dem Klassifizierungszeichen nach IEC 60417-6202 und dem Kennzeichen für die Hauptfunktion angegeben:

S   Schirmwirkung gegen elektrostatische Entladung
F   Schirmwirkung gegen elektrostatische Felder
C   elektrostatisch leitfähig
D   elektrostatisch ableitfähig

Fehlt diese Kennzeichnung, so muss sie in anderen Verträgen, Dokumenten etc. fixiert werden.

4. ESD-Schutz durch Feuchtigkeitsbeeinflussung
Die Aufladungen sind besonders von der relativen Feuchte abhängig.

Die höchsten Spannungen ergeben sich bei trockener Luft (relative Feuchte 5 bis 15 %). Bei gesättigter Luft (relative Feuchte 100 %) gehen sie gegen null [12, S. 254].

Die Entstehung von 10 bis 20 kV in Heim- und Arbeitsbereichen bei einer relativen Feuchte < 20 % ist nicht unüblich. Bei einer relativen Feuchte > 65 % wird die Spannung auf ≤ 1500 V begrenzt [27, S. 583].

Daraus ergibt sich, dass die Einhaltung und Überwachung der relativen Feuchte, speziell bei Fertigungsprozessen, von großer Bedeutung ist.

8.8.14 Langzeitlagerfähigkeit

In [2] heißt es dazu: „Unter Langzeitlagerung ist hier die langfristige, d. h. über den vom Hersteller gewährleisteten Zeitraum hinausgehende Aufbewahrung unter Beibehaltung der funktionalen Bauteilintegrität zu verstehen.“

Langlebige Produkte benötigen eine entsprechende Versorgungssicherheit, was besonders für die Ersatzteilversorgung, angefangen bei Bauelementen (einschließlich ungehäuster Chips), über Baugruppen bis hin zu vollständigen Geräten, reicht.

Bei einer Bevorratung sind die Lagerbedingungen von ausschlaggebender Bedeutung, um die Alterungsprozesse so weit wie möglich zu reduzieren oder sogar auszuschließen.

Folgende Prozesse sind dabei von Bedeutung, die in [2] näher erläutert werden:

Kontaminationen	Korrosion	Diffusion	Feuchtigkeit	UV-Licht
Versprödung	Lötbarkeit	Popkorn-Effekt	Wiskerbildung	Zinnpest

Die verschiedenen Alterungsprozesse können dazu führen, dass innerhalb einer zweijährigen Standard- oder Stickstofflagerung (Stickstoff-Dry-Pack, Stickstoffschrank) Komponenten ihre Verarbeitbarkeit und Funktionalität teilweise oder ganz verlieren.

So werden durch Stickstoff Oxidationsprozesse reduziert bzw. unterbunden, um z. B. um die Lötfähigkeit zu erhalten. Andere Prozesse wie Diffusion und Korrosion werden durch Stickstoff nicht beeinflusst.

Die Lagerungen unter Stickstoffatmosphäre, in Trockenkammern oder Korrosionsschutzbeuteln stellen keine Lösungen für eine Langzeitlagerung dar.

Das HTV-TAB-Verfahren (Thermisch Absorptive Begasung) [15, 21] der HTV Halbleiter-Test & Vertriebs-GmbH löst das Problem und erlaubt mit dem Verfahren eine Lagerung über einen Zeitraum von 50 Jahren ohne nennenswerte Alterung.

Drei Faktoren bestimmen die drastische Reduktion der Alterungsprozesse [15]:

- Eine gezielte individuelle Temperaturreduktion, welche die Schwelle der Aktivierungsenergie deutlich erhöht, so dass chemische Reaktionen sehr langsam ablaufen oder gar unterbunden werden.
- Spezielle Funktionsfolien und individuell zusammengestellte komponentenspezifische Absorptionsmaterialien bewirken die Absorption organischer und anorganischer Schadstoffe, die aus den elektronischen Komponenten ausgasen oder von außen in die Verpackungen diffundieren.
- Spezielle konservierende Gascocktails umspülen die Komponenten und wirken der Korrosion entgegen.

Mit dieser Technologie werden Lieferengpässe sowie Bauelemente- und Geräteabkündigungen beherrschbar und Produktlebenszyklen können erweitert werden. Ob das aus betriebswirtschaftlicher und technischer Sicht immer sinnvoll ist, das sei dahingestellt.

Literatur

1. Norm DIN 40041 1990-12. *Zuverlässigkeit-Begriffe*
2. ZVEI E. V. VERBAND DER ELEKTRO- UND DIGITALINDUSTRIE, FRANKFURT: Langzeitlagerfähigkeit von Bauelementen, Baugruppen und Geräten. 2013. – Forschungsbericht
3. Norm SN 29500 2016. *Ausfallraten von Bauelementen.* – Siemens AG, CT TIMRS Corporate Regulation & Standardization, Müchen und Erlangen
4. Norm IEC 61709 2017-02. *Electric components – Reliability – Reference conditions for failure rates and stress models for conversion.* – International Electrotechnical Commission
5. Norm DIN EN 61340-5-3(VDE 0300-5-3) April 2016. *Elektrostatik – Teil 5-3: Schutz von elektronischen Bauelementen gegen elektrostatische Phänomene – Eigenschaften und Anforderungen für die Klassifizierung von Verpackungen, welche für Bauelemente verwendet werden, die gegen elektrostatische Entladungen empfindlich sind*
6. Norm DIN EN 61340-5-2(VDE 0300-5-2) April 2019. *Elektrostatik – Teil 5-1: Schutz von elektronischen Bauelementen gegen elektrostatische Phänomene – Benutzerhandbuch*
7. Norm DIN EN 61508-4(VDE 0803-4) Februar 2011. *Funktionale Sicherheit sicherheitsbezogener elektrischer/elektronischer/programmierbarer elektronischer Systeme – Teil 4: Begriffe und Abkürzungen*
8. Norm DIN EN 61340-5-1(VDE 0300-5-1) Juli 2017. *Elektrostatik – Teil 5-1: Schutz von elektronischen Bauelementen gegen elektrostatische Phänomene – Allgemeine Anforderungen*
9. Norm DIN EN 14041 Mai 2008. *Elastische, textile und Laminat-Bodenbeläge-Wesentliche Eigenschaften*
10. BLACK, J. R.: Electromigration Failure Modes in Aluminum Metallization for Semiconductor Devices. In: *Proceedings of the IEEE* VOL. 57, NO.9 (September 1969), S. 1587–1594
11. DALLY, J. W.; LALL, P.; SUHLING, J. C.: *Mechanical Design of Electronic Systems*. College House Enterprices, LLC, Knoxville, Tennessee, 2008

12. DURCANSKY, G.: *EMV-gerechtes Gerätedesign.* 5. Auflage. Franzis Verlag, 1999
13. EICHLER, J.; MODLER, A.: *Physik für das Ingenieurstudium.* Springer Verlag, 2023
14. FIRMENSCHIFT: *Conductive Elastomer Engineering Handbook.* Parker Hannifin Corporation Engineered Materials Group, Chomerics Division, 2018
15. FIRMENSCHRIFT: *Weltweit einzigartige Langzeitlagerung von elektronischen Komponenten für bis zu 50 Jahre.* HTV Halbleiter-Test & Vertriebs-GmbH. https://evertiq.de/nanews/37574
16. FIRMENSCHRIFT: *Edelstahl Rostfrei in Kontakt mit anderen Werkstoffen.* Informationsstelle Edelstahl Rostfrei, Düsseldorf, 2005, aktualisierter Nachdruck 2018
17. FIRMENSCHRIFT: *Vibration and Shock Isolaton Products.* Tech Products, Miamisburg, Ohio USA, 2023. – www.novibes.com
18. HU, C.-K.; ROSENBERG, R.; LEE, K.: Electromigration path in thin-film lines. In: *Applied Physics Letters, Volume 74, Number 20, p. 2945–2947 (1999)*
19. HUMMEL, R. E.; GEIER, H. J.: Activation energy for electrotransport in thin silver and gold films. In: *Thin Solid Films 25, 335 (1975)*
20. KRAUSE, W.: *Grundlagen der Konstruktion: Elektronik-Elektrotechnik-Feinwerktechnik-Mechatronik.* 10. Auflage. Hanser Verlag, München, 2018
21. KRUMME, H.; MALETIC, A.: *Eine Alternative zum Redesign.* Markt & Technik, 40/2021
22. LEISSA, A. W.: *Vibration of Plates.* NASA SP-160, 1969
23. LIENIG, J.; THIELE, M.: *Fundamentals of Electromigration-Aware Integrated Circuit Design.* Springer Verlag, 2018
24. LINSS, G.: *Qualitätssicherung-Technische Zuverlässigkeit.* Hanser Springer Verlag, 2016
25. LLOYD, J. R.: Black's law revisited—Nucleation and growth in electromigration failure. In: *Microelectronics Reliability, 47(9–11) 2007, pp. 1468–1472*
26. LU, D.; WONG, C. P.: *Materials for Advanced Packaging.* 2. Auflage. Springer Verlag, 2017
27. OTT, H. W.: *Electromagnetic Compatibility Engineering.* John Wiley & Sons, Inc., 2009
28. PHAM, H. (Hrsg.): *Handbook of Reliability Engineering.* Springer Verlag, 2014
29. RAU, I.: *Bewertung und Zuverlässigkeitsanalyse von Underfillmaterialien für die Flip-Chip-Technik.* Dissertation, Technische Universität Berlin, Fakultät Elektrotechnik und Informatik, 2005
30. REITER, T.: *MTBF, MTBF – Mean Time between Failure + MTTF.* www.mtbf-berechnung.de. Statistik, Zuverlässigkeit & Qualitätsmanagement, Dipl. Phys. Thomas Reiter, Reutlingen, 2016
31. SCHOFT, S.: *Langzeitverhalten elektrotechnischer Verbindungen unter Berücksichtigung des Kriechverhaltens der Leitermaterialien.* Fortschritt-Berichte VDI Reihe 21 Nr. 381 VDI-Verlag, 2008
32. SCHOFT, S.: Zur Alterung von Aluminium-Hochstromverbindungen unter besonderer Berücksichtigung des Kriechens der Leitermaterialien. In: *Kontaktverhalten und Schalten, 18. Fachtagung Albert-Keil-Kontaktseminar, Universität Karlsruhe* (5. bis 7. Oktober 2005)
33. SCHREIBER, H.-U.: Activation Energies for the different Electromigration Mechanisms in Aluminum. In: *State-Electronics* Vol. 24, (1981), S. 583–589
34. TAO, J.; CHEUNG, N. W.; HU, C.: Metall Electromigration Damage Healing Under Bidirectional Current Stress. In: *IEEE Electron Device Letters* Vol.14, No.12 (1993), S. 554–556
35. U.S. DEPARTMENT OF DEFENSE, WASHINGTON DC (Hrsg.): *Military Handbook, Reliability Prediction of Electronic Equipment, MIL-HDBK-217F.* U.S. Department of Defense, Washington DC, 2. December 1991
36. U.S. DEPARTMENT OF DEFENSE, WASHINGTON DC (Hrsg.): *Military Handbook, Reliability Prediction of Electronic Equipment, MIL-HDBK-217F, Notice 2.* U.S. Department of Defense, Washington DC, 28. Febrary 1995
37. WOOD, A.; DENNING, R.: *Applied R&M Manual for Defence Systems, Part C – R&M Related Techniques, Capture 7, Derating* https://sars.org.uk/BOK/Applied R&M Manual for Defence Systems (GR-77)/p0c00.pdf

Anhang

Tab. A.1 Stoffdaten für trockene Luft bei 1 bar (Auszug aus VDI-Wärmeatlas, 2013, Springer Verlag)

ϑ	ρ	c_p	β_f	λ	η	ν	a	P_r
°C	kg/m^3	kJ/(kg K)	10^{-3}/K	mW/(m K)	10^{-6}Pa s	10^{-7}m^2/s	10^{-7}m^2/s	–
-50	1,563	1,006	4,509	20,42	14,61	93,49	129,8	0,7202
-40	1,496	1,006	4,313	21,22	15,15	101,3	141,1	0,7181
-30	1,434	1,006	4,133	22,02	15,68	109,4	152,7	0,7161
-20	1,377	1,006	3,967	22,81	16,20	117,7	164,7	0,7143
-10	1,325	1,006	3,815	23,59	16,71	126,2	177,1	0,7126
0	1,276	1,006	3,674	24,36	17,22	135,0	189,8	0,7110
10	1,231	1,006	3,543	25,12	17,72	144,0	202,9	0,7095
20	1,189	1,006	3,421	25,87	18,21	153,2	216,3	0,7081
30	1,149	1,007	3,307	26,62	18,69	162,6	230,1	0,7068
40	1,112	1,007	3,201	27,35	19,17	172,3	244,1	0,7056
50	1,078	1,008	3,101	28,08	19,64	182,2	258,5	0,7045
60	1,046	1,008	3,007	28,80	20,10	192,2	273,2	0,7035
70	1,015	1,009	2,919	29,52	20,56	202,5	288,2	0,7026
80	0,9862	1,010	2,836	30,22	21,01	213,0	303,5	0,7018
90	0,9590	1,011	2,758	30,93	21,46	223,7	319,1	0,7011
100	0,9333	1,011	2,683	31,62	21,90	234,6	335,0	0,7004
120	0,8857	1,014	2,546	32,99	22,76	257,0	367,5	0,6994
140	0,8428	1,016	2,423	34,34	23,61	280,1	401,0	0,6986
160	0,8039	1,019	2,310	35,66	24,44	304,0	435,4	0,6982
180	0,7684	1,022	2,208	36,96	25,25	328,6	470,8	0,6980
200	0,7359	1,025	2,115	38,25	26,05	353,9	507,0	0,6981

© Der/die Autor(en), exklusiv lizenziert an Springer-Verlag GmbH, DE, ein Teil von Springer Nature 2024

R. Schmidt, D. Hauschild, I. Kluge, *Elektronik Design: Theorie und Praxis*,

https://doi.org/10.1007/978-3-662-68676-8

Tab. A.2 Codierungen von Widerständen – THD (Farbringe)

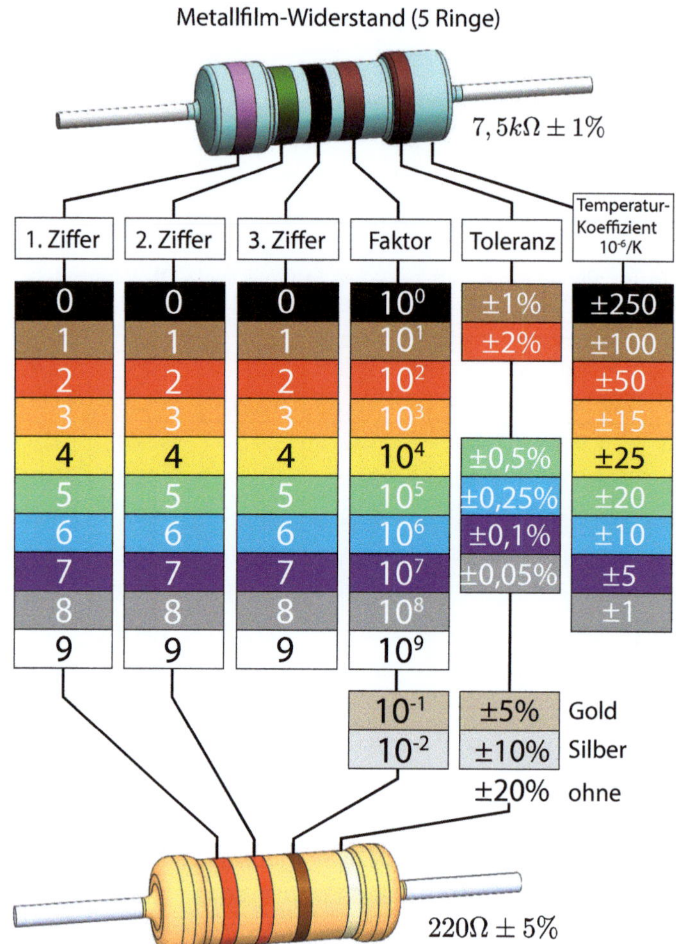

Tab. A.3 Codierungen von Kondensatoren – THD

1. Kondensator-Zifferncodes mit optionalem Buchstaben für die Toleranzangabe

Pikofarad (pF)	Nanofarad (nF)	Mikrofarad (μF)	Code	Pikofarad (pF)	Nanofarad (nF)	Mikrofarad (μF)	Code
10	0,01	0,00001	100	4700	4.7	0,0047	472
15	0,015	0,000015	150	5000	5.0	0,005	502
22	0,022	0,000022	220	5600	5.6	0,0056	562
33	0,033	0,000033	330	6800	6.8	0,0068	682
47	0,047	0,000047	470	10000	10	0,01	103
100	0,1	0,0001	101	15000	15	0,015	153
120	0,12	0,00012	121	22000	22	0,022	223
130	0,13	0,00013	131	33000	33	0,033	333
150	0,15	0,00015	151	47000	47	0,047	473
180	0,18	0,00018	181	68000	68	0,068	683
220	0,22	0,00022	221	100000	100	0,1	104
330	0,33	0,00033	331	150000	150	0,15	154
470	0,47	0,00047	471	200000	200	0,2	254
560	0,56	0,00056	561	220000	220	0,22	224
680	0,68	0,00068	681	330000	330	0,33	334
750	0,75	0,00075	751	470000	470	0,47	474
820	0,82	0,00082	821	680000	680	0,68	684
1000	1,0	0,001	102	1000000	1000	1,0	105
1500	1,5	0,0015	152	1500000	1500	1,5	155
2000	2,0	0,002	202	2000000	2000	2,0	205
2200	2,2	0,0022	222	2200000	2200	2,2	225
3300	3,3	0,0033	332	3300000	3300	3,3	335

Toleranz-Buchstabencodes

	Buchstabe	B	C	D	F	G	J	K	M	Z
Toleranz	C <10pF ±pF	0,1	0,25	0,5	1	2				
	C >10pF ±%			0,5	1	2	5	10	20	+80 -20

2. Eine weitere Codierung besteht aus einer Zeichenkette mit Ziffern und Buchstaben.
  - Die ersten beiden Ziffern bilden eine Wertzahl.
  - Die dritte Ziffer ist der Zehnerexponent } Nennkapazität in pF.
   (die Anzahl der anzuhängenden Nullenstellen).
  - Das 4. Zeichen, ein Großbuchstabe, steht für die Toleranz.
   (die Angabe erfolgt bei Kapazitäten kleiner 10 pF in pF, bei Nennwerten über 10 pF in Prozent)

Beispiele:

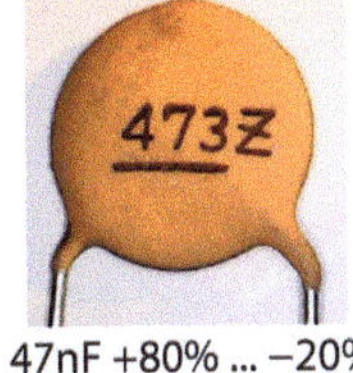

47nF +80% ... −20%

1nF

10nF 2kV

3. Eine Codierung mittels Farbcode (ähnlich den Widerständen) ist möglich aber veraltet.

Tab. A.4 Codierungen von Induktivitäten – THD (Farbringe)

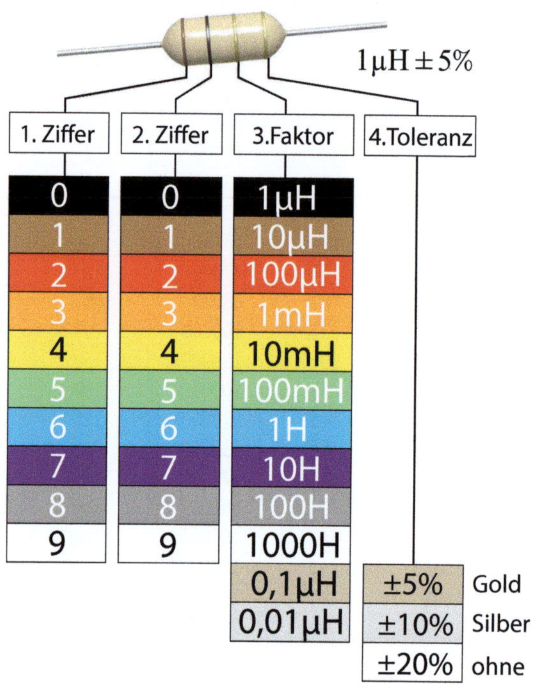

Tab. A.5 Codierungen von Widerständen – SMD

1. Zweistelliger Zeichencode

Die Codierung besteht aus einem Buchstaben und einer Ziffer.

1. Großbuchstabe für Normwerte: Wert aus 1. Dekade (1... <10)																								
A	**B**	**C**	**D**	**E**	**F**	**G**	**H**	**I**	**K**	**L**	**M**	**O**	**P**	**Q**	**R**	**S**	**T**	**U**	**V**	**W**	**X**	**Y**	**Z**	
1,0	1,1	1,2	1,3	1,5	1,6	1,8	2,0	2,2	2,4	2,7	3,0	3,3	3,6	3,9	4,3	4,7	5,1	5,6	6,2	6,8	7,5	8,2	9,1	

1. Kleinbuchstabe für Sonderwerte: Wert aus der 1. Dekade (1... <10)								
a	**b**	**d**	**e**	**f**	**m**	**n**	**t**	**y**
2,5	3,5	4,0	4,5	5,0	6,0	7,0	8,0	9,0

2. Ziffer: Multiplikator mit 10^n für n = (0 ... 8) und 0,1 für n = 9									
0	**1**	**2**	**3**	**4**	**5**	**6**	**7**	**8**	**9**

S3 $4,7 \cdot 10^3 = 4,7 k\Omega$ **K9** $2,4 \cdot 10^{-1} = 0,24 \Omega$ **b2** $3,5 \cdot 10^2 = 350 \Omega$

2. Dreistelliger Zifferncode

Die Ziffer für den Zehnerexponenten kann fehlen, dann besteht die Codierung aus zwei Ziffern und dem Buchstaben R. Der Buchstabe wird dabei als Kommastelle benutzt.

1. Ziffer	Wert, Normenreihe E24 (±5%)	-	1	2	3	4	5	6	7	8	9
2. Ziffer		0	1	2	3	4	5	6	7	8	9
3. Ziffer	Multiplikator mit 10^n	0	1	2	3	4	5	6	7		

560 $56 \cdot 10^0 = 56 \Omega$ **474** $47 \cdot 10^4 = 470 k\Omega$ **3R6** $3,6 \Omega$

3. Dreistelliger Zeichencode

Codeziffer	**01**	**02**	**03**	**04**	**05**	**06**	**07**	**08**	**09**	**10**	**11**	**12**	**13**	**14**	**15**	**16**
Wertziffer	100	102	105	107	110	113	115	118	121	124	127	130	133	137	140	143
Codeziffer	**17**	**18**	**19**	**20**	**21**	**22**	**23**	**24**	**25**	**26**	**27**	**28**	**29**	**30**	**31**	**32**
Wertziffer	147	150	154	158	162	165	169	174	178	182	187	191	196	200	205	210
Codeziffer	**33**	**34**	**35**	**36**	**37**	**38**	**39**	**40**	**41**	**42**	**43**	**44**	**45**	**46**	**47**	**48**
Wertziffer	215	221	226	232	237	243	249	255	261	267	274	280	287	294	301	309
Codeziffer	**49**	**50**	**51**	**52**	**53**	**54**	**55**	**56**	**57**	**58**	**59**	**60**	**61**	**62**	**63**	**64**
Wertziffer	316	324	332	340	348	357	365	374	383	392	402	412	422	432	442	453
Codeziffer	**65**	**66**	**67**	**68**	**69**	**70**	**71**	**72**	**73**	**74**	**75**	**76**	**77**	**78**	**79**	**80**
Wertziffer	464	475	487	499	511	523	536	549	562	576	590	604	619	634	649	665
Codeziffer	**81**	**82**	**83**	**84**	**85**	**86**	**87**	**88**	**89**	**90**	**91**	**92**	**93**	**94**	**95**	**96**
Wertziffer	681	698	715	732	750	768	787	806	825	845	866	887	909	931	953	976

Codezeichen	**A**		**B**		**C**		**D**		**E**		**F**		**X**		**Y**	
10er Exponent	0		1		2		3		4		5		-1		-2	
Multiplikator	1		10		100		1000		10 000		100 000		0,1		0,01	

20D $158 \cdot 10^3 = 158 k\Omega$ **04C** $107 \cdot 10^2 = 10,7 k\Omega$ **10X** $124 \cdot 10^{-1} = 12,4 \Omega$

4. Vierstelliger Zifferncode   ... wie Dreistellig und hat eine Ziffer mehr.

2100 $210 \cdot 10^0 = 210 \Omega$ **6803** $680 \cdot 10^3 = 680 k\Omega$ **4R70** $4,70 \Omega$

Tab. A.6 Codierungen von Kondensatoren – SMD

1. Zweistelliger Zeichencode

Die Codierung besteht aus einem Buchstaben und einer Ziffer. Bezugswert Kapazität in pF.

1. Großbuchstabe für Normwerte: Wert aus 1. Dekade (1… <10)																							
A	B	C	D	E	F	G	H	I	K	L	M	O	P	Q	R	S	T	U	V	W	X	Y	Z
1,0	1,1	1,2	1,3	1,5	1,6	1,8	2,0	2,2	2,4	2,7	3,0	3,3	3,6	3,9	4,3	4,7	5,1	5,6	6,2	6,8	7,5	8,2	9,1

1. Kleinbuchstabe für Sonderwerte: Wert aus der 1. Dekade (1… <10)								
a	b	d	e	f	m	n	t	y
2,5	3,5	4,0	4,5	5,0	6,0	7,0	8,0	9,0

2. Ziffer: Multiplikator mit 10^n für n = (0 … 8) und 0,1 für n = 9									
0	1	2	3	4	5	6	7	8	9

S3 $\;4,7 \cdot 10^3 pF = 4,7nF$ **a4** $\;2,5 \cdot 10^4 pF = 25nF$ **U9** $\;5,6 \cdot 0,1 pF = 0,56 pF$

2. Dreistelliger Zifferncode

Die Ziffer für den Zehnerexponenten kann fehlen, dann besteht die Codierung aus zwei Ziffern und einem Buchstaben aus dem SI-Einheitensystem an der Kommastelle des Werts.

1. Ziffer	Wert, Normenreihe E24 (±5%)	-	1	2	3	4	5	6	7	8	9
2. Ziffer		0	1	2	3	4	5	6	7	8	9
3. Ziffer	Multiplikator mit 10^n	0	1	2	3	4	5	6	7	$8 \triangleq -2$	$9 \triangleq -1$

339 $\;33 \cdot 10^{-1} pF = 3,3 pF$ **4n7** $\;56 \cdot 10^4 pF = 560nF$ **103** $\;10 \cdot 10^3 pF = 10nF$

3. Vierstelliger Zeichencode bei Tantalkondensatoren

Die ersten beiden Ziffern geben den Wert in der Grundeinheit pF an. Die dritte Ziffer ist die Zehnerpotenz des Multiplikators. Die Decodierung erfolgt wie beim oben beschriebenen dreistelligen Zifferncode. Bei Werten mit Dezimalpunkt erfolgt die Angabe in µF.

SMD Tantal	e	G	J	A	C	D	E	V	H
U / V	2,5	4	6,3	10	16	20	25	35	50

237G $\;23 \cdot 10^7 pF = 230\mu F/4V$ **477A** $\;47 \cdot 10^7 pF = 470\mu F/10V$ **3.3 25V** $\;3,3\mu F/25V$

4. Vierstelliger Zeichencode bei Alu-Elektrolytkondensatoren

Bei drei Ziffern und einem Buchstaben erfolgt die Decodierung zum Nennwert wie bei den Tantalkondensatoren mit dem Unterschied, dass die Grundeinheit in µF mit dem Zehnerexponenten der dritten Ziffer zu multiplizieren ist. Anstelle der Buchstaben gelten die Spannungswerte der folgenden Tabelle.

SMD Elko	C	D	E	F	G	H
U / V	6,3	10	16	25	40	63

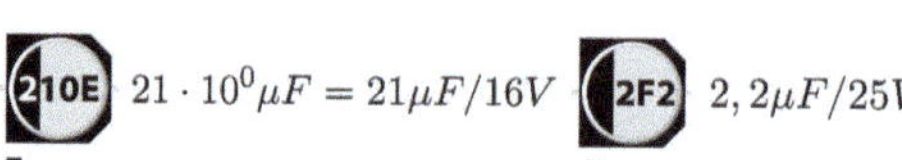 $21 \cdot 10^0 \mu F = 21\mu F/16V$ $2,2\mu F/25V$

 $3,3\mu F/40V$

Tab. A.7 Gammafunktion, auf 4 Stellen gerundet, Interpolationen zwischen den Werten möglich

b	$\Gamma\left(\frac{1}{b}+1\right)$	b	$\Gamma\left(\frac{1}{b}+1\right)$	b	$\Gamma\left(\frac{1}{b}+1\right)$	b	$\Gamma\left(\frac{1}{b}+1\right)$
0,20	120	1,10	0,9649	2,00	0,8862	3,80	0,9038
0,25	24	1,15	0,9517	2,10	0,8857	3,90	0,9051
0,30	9,2603	1,20	0,9406	2,20	0,8856	4,00	0,9064
0,35	5,0295	1,25	0,9314	2,30	0,8859	4,10	0,9076
0,40	3,3233	1,30	0,9236	2,40	0,8865	4,20	0,9089
0,45	2,5055	1,35	0,9169	2,50	0,8872	4,30	0,9101
0,50	2,0000	1,40	0,9114	2,60	0,8882	4,40	0,9113
0,55	1,7024	1,45	0,9067	2,70	0,8893	4,50	0,9125
0,60	1,5045	1,50	0,9027	2,80	0,8903	4,60	0,9137
0,65	1,3603	1,55	0,8994	2,90	0,8917	4,70	0,9149
0,70	1,2657	1,60	0,8966	3,00	0,8930	4,80	0,9160
0,75	1,1906	1,65	0,8942	3,10	0,8943	4,90	0,9171
0,80	1,1330	1,70	0,8922	3,20	0,8956	5,00	0,9182
0,85	1,0878	1,75	0,8906	3,30	0,8970	5,20	0,9202
0,90	1,0522	1,80	0,8892	3,40	0,8984	5,40	0,9222
0,95	1,0238	1,85	0,8882	3,50	0,8997	5,60	0,9241
1,00	1,0000	1,90	0,8874	3,60	0,9011	5,80	0,9260
1,05	0,9808	1,95	0,8867	3,70	0,9024	6,00	0,9277

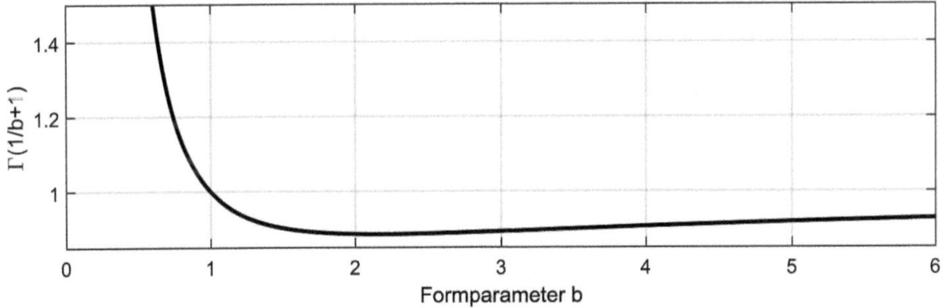

Tab. A.8 Tentingtechnik – Hauptprozessschritte der Fertigung einer durchkontaktierten Leiterplatte

1. Zuschnitt Basismaterial

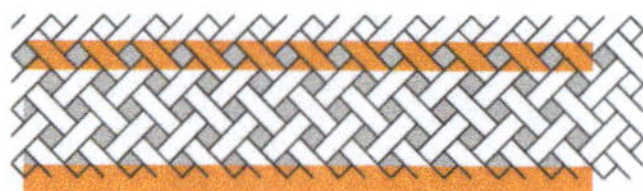

Laminatkupfer mit Dielektrikum
(z.B. FR4 = Epoxy/Glas)

2. Lochbild bohren

Oberfläche reinigen und bürsten

3. Chemisch Verkupfern

Oberfläche katalysieren und chemisch
verkupfern (ca. 3 μm)

4. Galvanisieren

ganzflächige galvanische
Kupferabscheidung

5. Feststoff Fotoprozeß

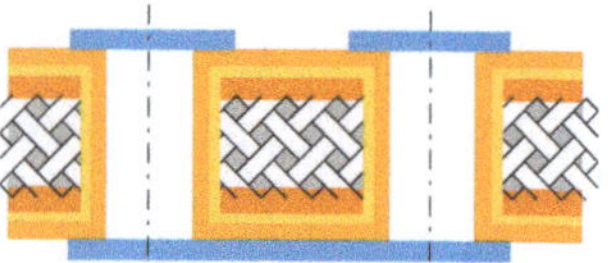

Fotoresist verschließt die Bohrung
(Funktion als Ätzresist)

6. Ätzen

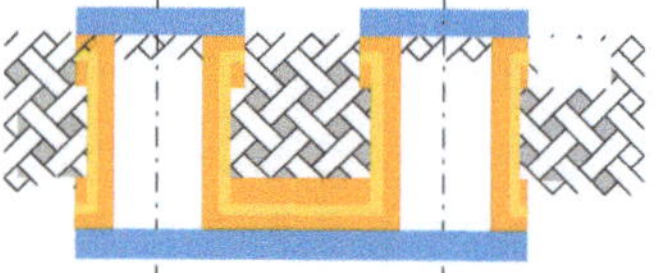

mit sauren oder ammoniakalischen
Ätzmedien

7. Entfernen Fotoresist (Stripping)

Freilegen der Cu-Flächen

8. Oberflächenschutz

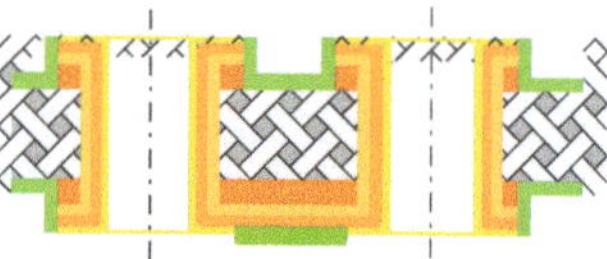

Lötstopplack auftragen und strukturieren
Kontaktflächen vergüten, z.B. Sn, Ni/Au

Tab. A.9 Metallresisttechnik – Hauptprozessschritte der Fertigung einer durchkontaktierten Leiterplatte

1. Zuschnitt Basismaterial

Laminatkupfer mit Dielektrikum
(z.B. FR4 = Epoxy/Glas)

2. Lochbild bohren

Oberfläche reinigen und bürsten

3. Chemisch Verkupfern

Oberfläche katalysieren und chemisch
verkupfern (ca. 3μm)

4. Layoutstrukturierung

flüssiger oder fester Fotoresist
(Galvanoresist, typisch 20 ... 40 μm)

5. Leiterzugverstärkung

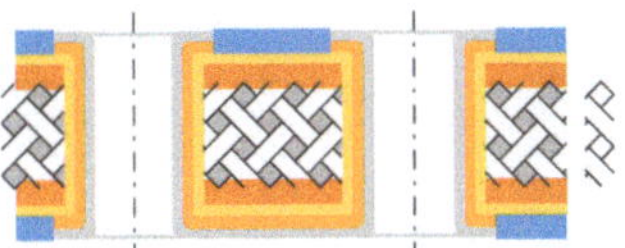

Kupferabscheidung, typisch 18 μm
Zinnabscheidung als Ätzresist

6. Entfernen Fotoresist (Stripping)

Freilegen der Cu-Flächen

7. Ätzen

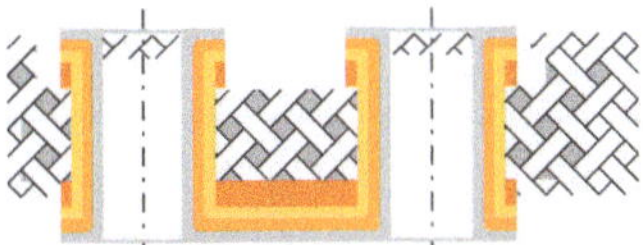

mit ammoniakalischen Ätzmedien

8. Oberflächenschutz

Lötstopplack auftragen und strukturieren
Kontaktflächen vergüten, z.B. Sn, Ni/Au

Tab. A.10 Fertigung eines 4-Lagen-Multilayers

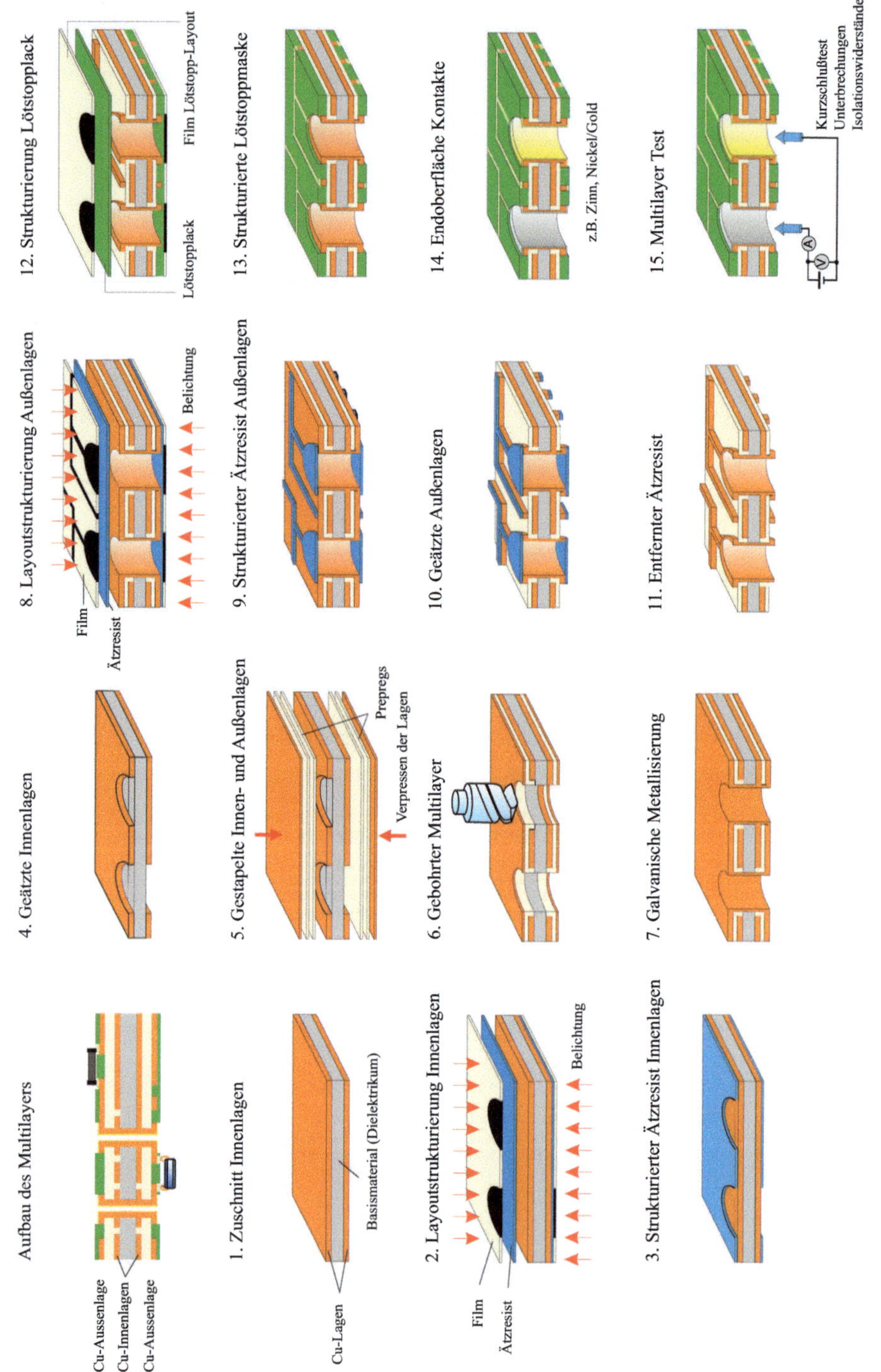

Stichwortverzeichnis

Biegewechselfestigkeit, 242, 362

Biegezyklus, 270

Biegfestigkeit, 242

Biokompatibilität, 265

Biostabilität, 265

BIZON-Kontakt, 411, 412, 415

Black'sche Gleichung, 741, 743

Blattfeder, 427

Blind Via, 247

Blitzschutzableiter, 86

Bolzenanschluss, 433

Bonden, 448

Bondgeometrie Ball/Wedge, 166

Bondgeometrie Wedge/Wedge, 168

Bondply, 263, 264, 268

Bondtechnologien, 147

Brandverhalten, 363

Brechzahl, 370, 371

Brechzahldifferenz, relative, 371

B-Stage, 253

Bumping-simultan, 188

Bumps, 181, 183, 184, 189, 194, 206
    C4-Bumps, 180
    C4NP-Bumps, 187
    CNF-Bumps, 190
    CNT-Bumps, 190
    Coines Stud Bumps, 193
    Cu-Bumps, 183
    Doppel Stud Bumps, 193
    ICA Bumps, 203
    IN-Sn-Bumps, 193
    Kompositbumps, 193
    Lotbumps, 180, 185, 186, 188, 196, 199
    Metall-Polymer, 204
    Nichtlotbumps, 181
    Polymerbumps, 190, 200, 202, 203
    Säulenbumps, 204
    Stud Bumps, 193
    thermoplastische, 203

Bumps-Grundformen, 179

Bündelverdrahtung, 382

Buried Via, 247, 248

Burn-in Test, 176

Bürste, 422

Bypass, 141

Bypasskondensator, 325, 329

C

C4NP-Technologie, 187

C4-Technologie, 180

CAGE CLAMP, 426

Carbon Fiber, 191

Cauer Modell, 656

C-Crimp, 421, 422

CE-Kennzeichnung, 89

CE-Logo, 94

Chassiskonstruktion, 63

chemische Korrosion, 542, 730

Chip and Wire, 146

Chip-Bauform
    Metric, 120
    Non Metric, 120

Chip-Bauformen, 120

Chromatische Dispersion, 375

Cluster-Systeme, 507

cmil, 349

CNF-Bumps, 190

CNF-Lot-Kompositbump, 193

CNT-Bumps, 190

Coarse, 636

Coefficient of Thermal Expansion COP, 627

Coined Stud Bump, 193

Collect & Place, 126

Concurrent Engineering, 50

Coplanar-Aufbau, 258

Coulombsches Gesetz, 392

Coverlayer, 262–264
    embedded, 268
    selektiv, 268

Crimphöhe, 422, 424

Crimphülse
    geschlossen, 420
    offen, 420

Crimpkraft, 422, 424, 425

Crimpverbindung, 420
    Crimpformen, 421
    Crimphülse, 420
    Fehlerursachen, 425
    Isolationscrimp, 420
    Kaltverschweißung, 424
    Leistungsfähigkeit, 424
    Leitercrimp, 420

C-Stage, 253

CVD, 280

CVD-Prozess, 230

CVD-Verfahren, 265